PROBABILITY THEORY
THE LOGIC OF SCIENCE

TURING 图灵数学经典 · 15

概率论沉思录

[美] 埃德温 · 汤普森 · 杰恩斯（E. T. Jaynes）/ 著
廖海仁 / 译

人 民 邮 电 出 版 社
北 京

图书在版编目（CIP）数据

概率论沉思录 /（美）埃德温 · 汤普森 · 杰恩斯著；
廖海仁译. -- 北京：人民邮电出版社，2024.6
（图灵数学经典）
ISBN 978-7-115-64336-0

I. ①概… II. ①埃… ②廖… III. ①概率论 IV.
①O211

中国国家版本馆 CIP 数据核字（2024）第 086548 号

内 容 提 要

本书将概率论和统计推断融合在一起，用新的观点生动地描述了概率论在物理学、数学、经济学、化学和生物学等领域中的广泛应用，特别阐述了贝叶斯理论的丰富应用，弥补了其他概率论和统计学教材的不足. 全书分为两部分：第一部分包括 10 章，讲解抽样理论、假设检验、参数估计等概率论的原理及其初级应用；第二部分包括 12 章，讲解概率论的高级应用，如在物理测量、通信理论中的应用. 本书还附有大量习题，内容全面，体例完整.

本书内容不局限于某一特定领域，适合涉及数据分析的各领域工作者阅读，也可作为本科生和研究生相关课程的教材.

◆ 著　　[美] 埃德温 · 汤普森 · 杰恩斯（E. T. Jaynes）
译　　廖海仁
责任编辑　杨　琳
责任印制　胡　南

◆ 人民邮电出版社出版发行　　北京市丰台区成寿寺路 11 号
邮编 100164　　电子邮件 315@ptpress.com.cn
网址 https://www.ptpress.com.cn
北京天宇星印刷厂印刷

◆ 开本：700 × 1000　1/16
印张：47.5　　2024 年 6 月第 1 版
字数：905 千字　　2024 年 10 月北京第 4 次印刷

著作权合同登记号 图字：01-2020-0431 号

定价：179.80 元

读者服务热线：(010)84084456-6009 印装质量热线：(010)81055316
反盗版热线：(010)81055315
广告经营许可证：京东市监广登字 20170147 号

版权声明

谨以此书献给并纪念

看到真理且将其记录、保存下来的

哈罗德·杰弗里斯爵士

编 者 序

埃德温·汤普森·杰恩斯于 1998 年 4 月 30 日去世. 去世之前, 他请我帮助完成并出版他的这本概率论著作. 我为此苦恼了一段时间, 因为我知道杰恩斯希望完成本书, 这一点毫无疑问. 遗憾的是, 后面大部分章节(杰恩斯设想的关于应用的第二部分)要么缺失, 要么不完整, 而且前面的一些章节中也有缺失的片段. 我本可以写完后面的章节并填补缺失的片段, 但是, 如果我这么做, 本书就不再是杰恩斯的著作, 而是杰恩斯和布雷特索斯特的合著作品, 并且无法分辨哪些文字出自哪位作者. 最后, 我决定让有缺陷的章节保持原状——本书仍是杰恩斯的著作.

有许多不同长度的缺失片段, 杰恩斯是通过插入"未完待续"来标识的. 我本可以在正文中留下这些标识, 但是这将使本书显得很难看且很不完整. 杰恩斯希望本书既可以充当参考书也可以充当教科书, 因此在大多数章节中散布着问题框(练习). 最终, 我决定引入"新编练习"来代替"未完待续". 如果你能回答这些问题, 就说明已经掌握了缺失的内容.

杰恩斯曾想在书中保留一系列实现某些计算过程的计算机程序. 我原本也打算在书中保留这些程序, 但是, 随着时间的推移, 许多程序显然已经不再可用: 它们是用 BASIC 语言以一种非常晦涩的方式写成的(不是 BASIC 晦涩, 而是程序本身晦涩). 因此, 我删除了这些程序, 并在必要时插入了几句话, 以引导人们使用必要的软件工具来实现计算.

书中还缺少许多参考资料信息, 必须补充. 通常, 通过作者和日期可以找到一个或多个可能的参考资料. 当有多个候选资料, 而我又无法确定杰恩斯引用的是哪一个时, 我就会列出多个参考资料并修改引文. 有时候信息非常模糊, 以至于找不到合适的候选资料. 幸运的是, 我能够删除这些引文而不产生不利影响. 为了使读者能够区分引用材料和其他资料来源, 杰恩斯带注释的原始参考资料分为两部分: 引用文献(reference list)和参考文献(bibliography).

虽然我是本书出版的主要负责人, 但并不是唯一付出努力的人. 杰恩斯的一些挚友帮助我完成了这项工作, 其中包括 Tom Grandy、Ray Smith、Tom Loredo、Myron Tribus 和 John Skilling, 我要感谢他们的帮助. 我还要感谢 Joe Ackerman 允许我抽出大量时间来悉心出版本书.

G. 拉里·布雷特索斯特

前　言

本书的读者应该：(1) 熟悉应用数学，具有相关专业本科高年级及以上文化程度；(2) 了解需要进行推断①的某一学科，如物理学、化学、生物学、地质学、医学、经济学、社会学、工程学、运筹学等. 学习本书不需要事先熟悉概率论与统计学. 事实上，对这一领域知之甚少或许更理想，因为这样需要抛弃的固有观念会较少.

我们关注的是概率论及其所有常规数学知识，不过审视视角比标准教科书更广. 第 1 章之后的每一章中都有一些新结论，我们认为这些结论是有趣且有用的. 书中的许多应用超出了传统概率论的范畴，但是我们认为其结论不言而喻，它们阐述的理论将成为未来的“传统概率论”内容.

历史

本书是我的思想多年演化的产物. 我对概率论的兴趣最初来自阅读哈罗德 · 杰弗里斯的著作（Harold Jeffreys，1939）. 我意识到他的观点能让我们以一种与众不同的视角看待理论物理学的所有问题. 随后，考克斯（R. T. Cox，1946）、香农（Shannon，1948）和波利亚（Pólya，1954）的著作陆续为我开启了新思想的一扇扇大门. 我对这些探索的兴趣持续了大约 40 年之久. 在这个更加广阔、永恒的理性思维世界中，理论物理学的当前问题似乎只是短期内的细枝末节.

本书的写作其实源于 1956 年在斯坦福大学举办的一系列讲座的笔记. 这些讲座的目的是讲解波利亚关于“数学与合情推理”的令人振奋的新著作②. 他将我们直观的“常识”分解为一组基本的定性条件，并且表明：数学家一直在使用它们来引导发现的过程，而且这种引导必然发生在找到严格证明之前. 这些结果很像詹姆斯 · 伯努利的《猜度术》(James Bernoulli，1713）中古典概率论的内容，在它的基础上，拉普拉斯在 18 世纪晚期发展出了分析概率论③. 但是波利亚认为

① 我们的意思很简单：“推断”（inference）是指有足够的信息用来进行的演绎推理，以及没有必要的信息时进行的归纳或合情推理——在实际问题中几乎总是如此. 如果一个问题可以通过演绎推理解决，就不需要利用概率论. 因此我们的主题是对不完全的信息的最优处理.

② George Pólya, *Mathematics and Plausible Reasoning. Vol 1 & 2*. Princeton University Press. 1954. ——编者注

③ 1812 年，拉普拉斯的《分析概率论》出版，标志着概率论进入分析概率论阶段. 对这部分历史感兴趣的读者可参考徐传胜的《从博弈问题到方法论学科——概率论发展史研究》(科学出版社，2010 年). ——译者注

这种相似性只是定性的.

波利亚对这种定性一致性做出了完整而详尽的展示，说明合情推理与概率论之间一定存在更多联系. 幸运的是，应用考克斯的一致性定理足以证明这一点. 将波利亚的定性条件与考克斯的一致性定理结合起来就能证明：如果合情程度由实数表示，那么只能确定唯一一套用于推断的定量规则. 也就是说，与其矛盾的任何其他规则都必然会违反一条基本的合理性条件或者一致性原则.

但是，最终结果只是丹尼尔 · 伯努利和拉普拉斯已经得出的概率论的标准规则. 那又有什么值得大惊小怪的呢? 这里重要的新特征是：这些规则现在被视为唯一有效的一般性逻辑原则，不涉及“偶然性”或“随机变量”. 因此，它们的应用范围远远大于 20 世纪早期发展起来的传统概率论. 结果就是，“概率论”与“统计推断”之间的假想区别消失了，该领域不仅实现了逻辑上的统一性和简单性，而且在应用中有更强的效力与灵活性.

因此，这些讲座把重点放在推演波利亚观点的定量规则上，以便将该规则用于科学推断的一般性问题. 几乎所有的推断问题都产生于不完全的信息，而非“随机性”. 第 5 章将介绍波利亚的生平及这项工作是如何开始的.

一旦涉及应用，哈罗德 · 杰弗里斯的著作就又成为我关注的焦点. 他凭着直觉获得了许多洞见，并且几乎预见了我后来遇到的每一个问题. 本书的献词只是我对他的感激之情的部分体现. 对他著作的更多评论及其对我的影响分散在多个章节中.

1957~1970 年，这些讲座不断在其他许多大学和研究实验室举办，内容不断增加.[①] 在这一过程中，人们逐渐明白，传统的“统计推断”的突出困难很容易被理解和克服. 但是，取而代之的规则在概念上非常微妙，需要深入思考才能明白如何正确运用. 人们过去认为运用拉普拉斯的概率论方法会导致某些不可克服的困难，从而拒绝这些方法. 他们最终明白这些困难只是由误用概率论方法造成的，通常是因为没有明确地定义问题或者没有意识到看似微不足道的信息存在重要的影响. 一旦意识到这一点，原先的困难就很容易被克服. 我们的“扩展逻辑”方法与通常的“随机变量”方法之间的各种关系以不同的形式出现在几乎每一章中.

最终，我积累的材料多到无法被囊括在一系列简短的讲座中，本书的用途也演化到了教学之外. 在克服原有困难之后，我们发现已经有了处理新问题的强大工具. 大约自 1970 年以来，材料一直在以同样的速度增加，但是主要来自我及同事的研究活动. 我们希望本书的最终版本能体现材料来源的多样性，既可用作教

① 早期的一些材料由美孚石油公司于 1958 年在其“理论与应用科学学术研讨会讲座”系列中作为第 4 号作品发布.

科书，也可用作参考书. 事实上，我的好几批学生已经把早期几个版本的笔记传授给了他们的学生.

综上所述，我们在这里引用查尔斯 · 达尔文在《物种起源》绪论中所写的话："我希望读者原谅我赘述这些个人的细枝末节，我只是想借此说明，我未曾仓促立论而已."[①] 人们可能会认为 30 年前的著作在今天已经过时了. 幸运的是，杰弗里斯、波利亚和考克斯的著作是基础性且永恒的，其中的真理并不随着时间而改变，其重要性反而会随着时间的推移而上升. 他们对于推断本质的洞察在 30 年前只是令人好奇，而今在几个科学领域中愈显重要，并会在未来 100 年的所有领域中都至关重要.

基础

凭借多年将概率论应用于数以百计实际问题的经验，我们对概率论基础的看法已经变得非常复杂，不能简单地使用"是此非彼"这样的词语来表述. 比如，我们的概率系统在风格、哲学和目标上都与柯尔莫哥洛夫系统截然不同. 我们认为"通过分析不完全信息的逻辑来分配概率的原则"在概率论中占至少一半的比重，而这一原则在柯尔莫哥洛夫系统中根本不存在.

我们最终却惊讶地发现，我们几乎在所有技术问题上都与柯尔莫哥洛夫一致，与其批评者不一致. 正如附录 A 所述，针对所有实际目标，柯尔莫哥洛夫系统的每个公理都可以从波利亚和考克斯的合理性和一致性条件中导出. 简而言之，我们认为我们的概率系统与柯尔莫哥洛夫系统并不矛盾，只是在寻求更深厚的逻辑基础，使其朝着现代应用所需要的方向扩展. 在这一努力过程中，许多问题已经解决，那些尚未解决的问题将成为开拓新领域的契机.

又比如，似乎每个人乍一看都认为我们的系统与德菲内蒂概率系统非常接近. 事实上我也曾这样认为. 但是最终我们同样惊讶地发现，两者之间只存在些许松散的哲学一致性. 在许多技术问题上，我们与德菲内蒂持截然不同的观点. 在我们看来，他对于无限集合的处理方式打开了一个潘多拉魔盒，其中充满无用、不必要的悖论. 非聚集性与有限可加性的示例将在第 15 章中讨论.

无限集合的悖论如今已呈病态式扩散，以致威胁到概率论的根基，需要立即通过"手术"剔除. 我们的系统在"手术"后会自动避免这种悖论. 正确应用我们的基本规则不会产生这种悖论，因为这些规则只适用于有限集合，以及产生于有明确定义和良好表现的有限集合极限的无限集合. 这种悖论的产生是由于：(1) 不指定任何极限过程就直接定义无限集合的性质；(2) 对于无限集合提出依赖于如

① 摘自《物种起源》(苗德岁译，译林出版社，2013 年 10 月). 在此表示感谢. ——编者注

何取极限的问题.

例如，对于“一个整数是偶数的概率是多少”这个问题，答案可以是开区间 (0,1) 中的任何一个实数. 这取决于使用什么极限过程来定义“所有整数的集合”(正如条件收敛的数列可以根据各项的排列顺序收敛到任一数值).

在我们看来，至少在概率论中，无限集合根本不能说真实“存在”或者说拥有任何数学性质——除非我们已经指定了从有限集合生成它的极限过程. 换句话说，我们在高斯、克罗内克和庞加莱的旗帜下航行，而不是在康托尔、希尔伯特和布尔巴基的旗帜下. 我们希望那些对此感到震惊的读者能研读数学家莫里斯 · 克莱因的著作 (Morris Kline，1980)，了解他对布尔巴基主义的控诉，然后耐心地阅读本书，从而看到我们的方法的优势. 这种例子散见于本书的每一章.

比较

许多年来，一直存在着“频率派”与“贝叶斯”推断方法之争，而我一直是贝叶斯一方的公开支持者. 截至 1981 年的情况记录在早期的一本书 (Jaynes，1983) 中. 在这类早期的著作中，双方都有一种强烈的倾向，就是在哲学或意识形态层面进行争论. 我们现在不再这样做了，因为我们拥有已证明的定理以及大量示例，已经不再需要诉诸这样的论证. 贝叶斯方法的优越性现已在上百个领域中得到充分验证. 人们可以与哲学争论，却不能与计算机的输出结果争论. 这种输出结果对我们说：“无论你们的哲学如何，这是实际执行的结果.”只要两种方法的最终结果存在显著差异，我们就会在书中详细指出. 因此，我们将继续为贝叶斯方法热情辩护，但需要提醒读者注意的是，现在的论证手段是引用事实，而不是宣称哲学或意识形态方面的优越性.

然而，无论是贝叶斯方法还是频率派方法，都不是普遍适用的. 因此，在这本一般性的著作中，我们采用一种更广阔的视角. 我们的主题很简单：*作为扩展逻辑的概率论*. 这一新的认知相当于意识到概率论的数学规则不仅仅是计算“随机变量”频率的规则，它们也是进行任何形式的推断 (即合情推理) 的唯一一致性规则，必须得到广泛的应用.

确实，所有贝叶斯计算方法都自动归属于我们规则的特殊情况，所有频率派计算方法也是如此. 然而，我们的基本规则比这两者中的任何一个都更广泛. 在许多应用中，我们的计算方法不属于两种派别中任何一派的范畴.

我们目前看到的情况是：只使用抽样分布的传统的频率派方法只对许多特别简单、理想化的问题适用. 它们代表了概率论中最少见的特殊情形，因为它们预先假设了在实际问题中很难满足的条件 (独立重复随机试验，但没有相关的先验信息）. 这种方法难以满足科学的实际需求.

此外，频率派方法没有提供消除冗余参数或考虑先验信息的技术手段，在没有充分统计量或从属统计量时甚至不能使用数据中的所有信息. 由于缺乏必要的理论原则，人们被迫根据直觉而不是概率论选择一个统计量，然后被迫发明了在概率论规则中并不存在的特定工具[①]（如无偏估计、置信区间、尾区显著性检验等）. 每个特定工具都可以在它所为之发明的小范围内使用. 但是，正如考克斯定理所确定的那样，这种随意的工具在应用于极端情况时总会导致不一致甚至荒谬的结论. 我们将看到许多这样的示例.

频率派方法的这些错误都可以使用贝叶斯方法纠正，贝叶斯方法适于解决“完善”（well-developed）的推断问题. 正如哈罗德·杰弗里斯阐明的那样，它们拥有一流的分析工具，能够毫不费力地处理令频率派方法失效的技术难题. 它们能自动确定最佳估计量和算法，同时考虑先验信息，并允许合理使用冗余参数，即使在极端的情况下也会继续产生合情的结果而不会失效. 因此，它们使我们能够解决甚至无法使用频率派术语讨论的复杂问题. 我们的主要目标之一是说明所有这些功能如何包含在作为扩展逻辑的概率论的简单规则之中，而不需要——事实上也没有空间——使用任何特定工具.

在使用贝叶斯方法之前，一个问题必须从“探索阶段”演化到具有足够的结构来确定所有需要的工具（模型、样本空间、假设空间、先验概率、抽样分布）. 几乎所有的科学问题都一定会经历一个有推断需求的初始探索阶段. 这时，频率派的假设是无效的，而贝叶斯工具还不可用. 实际上，某些问题永远不会从探索阶段演化到下一步. 这个阶段的问题需要从不完全的信息中分配概率的更基础方法.

为达到这一目标，最大熵原理提供了目前最清晰的理论依据. 最大熵方法在计算上高度发展，也带有一个与贝叶斯方法一样强大且通用的分析工具. 为了使用最大熵原理，我们必须定义样本空间，但不需要模型或抽样分布. 实际上，熵最大化会从数据中为我们生成一个模型. 这个模型在许多不同的标准[②]评估下都

---

① 英文原文是 *ad hoc* device，原意是为某特殊用途而设计的专有装置或临时器具. 正统统计学的许多重要概念（无偏估计、置信区间等）在作者看来都不是基础的，也不普遍有用（本书各章节中对此有论证），所以只是 *ad hoc* device，主要用于与贝叶斯方法这种通用、一般的方法做对比. 本书中统一译为“特定工具”. ——译者注

② 这涉及有效的信息处理. 比如：(1) 生成的模型在获取了约束条件下所有信息的模型中是最简单的（第 11 章）；(2) 当约束条件是充分统计量时它是唯一的模型（第 8 章）；(3) 如果模型被视为从新数据 D 构建后续贝叶斯推断所使用的抽样分布，则在后续推断使用的 D 中，测量误差的唯一属性是该抽样分布包含一些明确的先验信息（第 7 章）. 因此这种形式系统自动考虑了我们拥有的所有信息并且避免了不必要的假设，与正统方法形成了鲜明的对比：在正统方法中根本不考虑信息，并且总体上违反合理性与一致性条件.

是最优的. 因此，在存在样本空间而没有模型的情况下使用最大熵原理，何乐而不为呢?

贝叶斯和最大熵方法在另一个方面也有不同. 两种方法都能根据已知信息获得最优的推断，但是我们可以为贝叶斯方法选择一个模型，以表达某些关于所观察现象的先验知识或者可行的假设. 通常，这种假设超出了数据中可直接观察的范围，在这种意义上，我们可以说贝叶斯方法是（或者至少可能是）推测性的. 如果额外的假设是正确的，那么我们期望贝叶斯方法的结果将改进最大熵方法；如果额外假设是错误的，贝叶斯推断则可能会比最大熵方法更糟.

最大熵是一种非推测性过程，因为它在样本空间和可用数据的证据之外不做任何假设. 因此，它只预测可观测的事实（未来或过去的观测值的函数）而不是可能只在我们的想象中存在的参数值. 正是出于这一原因，当我们对原始数据之外的知识所知甚少时，最大熵是适当的（最安全的）工具. 它可以使我们避免得出基于数据本身无法保证的结论. 但是，当信息非常模糊，甚至可能难以定义适当的样本空间时，人们能否找到比最大熵更基础的原理呢? 这里还有很多运用创造性思维的空间.

目前，在许多重要且非凡的应用实例中，最大熵是我们需要的唯一工具. 本书的第二部分将详细探讨这些内容. 通常，它们比第一部分的一般性应用需要更多的领域内专业知识. 例如，所有的统计力学应用都是如此，当前非常成功的最大熵谱分析和图像重建算法也是如此. 然而，我们认为，当知道合适的模型和假设空间从而能融入更多先验信息时，后两种应用将演变为适合使用贝叶斯方法的情况.

我们有许多理论内容需要解释，所以没有花很多笔墨用于举例. 幸运的是，有三本书在很大程度上弥补了这一缺陷，应该视为本书的补充材料：*Bayesian Spectrum Analysis and Parameter Estimation*（Bretthorst，1988）、*Maximum Entropy in Action*（Buck & Macaulay，1991）和 *Data Analysis – A Bayesian Tutorial*（Sivia，1996）. 这三本书中的观点与我们的观点一致，并包含大量数值示例. 当然，这些著作没有本书中这么多的理论内容. 此外，1981 年以来的年度最大熵研讨会（MAXENT workshops）的会议公报汇集了大量有用的应用实例.

心理活动

正如人们从波利亚的例子中预期的那样，作为扩展逻辑的概率论再现了人类心理活动的许多方面，有时展示出了令人惊讶甚至不安的细节. 在第 5 章，我们的方程式展现了一个人说真话但不被相信的现象. 其中，尽管倾听者一直在进行一致性推理，但这个推理使他不相信对方说了真话. 我们的概率论解释了为什么以及在什么情况下会发生这种情况.

我们的方程式还重现了一个更复杂的现象：意见分歧. 人们可能认为公开讨论公共事务易于产生普遍的共识，但事实恰恰相反. 我们反复观察到，当一些有争议的问题被激烈讨论几年后，社会会分裂为两个极端的阵营，几乎不可能找到保持中立观点的人. 作为扩展逻辑的概率论表明，获知相同信息的两个人如何在相反的方向上强化自己的观点，以及需要采取哪些措施来避免这种情况发生.

在这些方面，概率论显然在告诉我们一些东西，关乎我们做直觉判断时的思维方式. 这些东西是我们原先可能没有意识到的. 有些人也许会对这些启示感到不适，其他人则可能会在其中发现心理学、社会学或法学研究的实用工具.

"安全性"

我们不仅仅关注数学和逻辑等抽象问题. 本书的主要作用之一是揭示先验信息会对人们从给定数据中所得结论产生的巨大影响. 如果只关注当前的数据而忽略科学家关于所考察现象的先验信息，就不能对当前讨论的许多问题（例如环境公害或食品添加剂的毒性）做出合理的判断. 这可能导致人们高估或低估危险.

当判断放射性物质的影响或某些物质的毒害时，一种常见的错误是采用没有阈值效应的线性响应模型（即模型中没有考虑剂量率，低于某剂量率不会产生不良影响）. 对于重金属离子（汞、铅等）这样的累积毒物，可以假定没有阈值效应；即使有，也只能非常缓慢地被消除. 但是，对于几乎所有有机物质（如糖精或甜蜜素），有限代谢率的存在意味着一定存在有限的阈值剂量率. 低于该剂量率，物质会迅速分解、消除或发生化学变化，从而不造成不良影响. 如果事实并非如此，一直在吃各种食物的人类绝不可能繁衍到现在.

事实上，我们吃过的每一口食物都含有数十亿种复杂的分子，绝大部分结构和生理作用从未被确定过——其中数百万种超过一定剂量就可能有毒甚至致命. 不用怀疑，我们每天都在摄入数千种比糖精更危险的物质. 但是，由于这些物质的数量远远低于其毒性阈值，所以是安全的. 目前，除了一些普通药物，我们实际上不知道绝大多数物质的阈值.

因此，在这种领域进行推断的目标应该不仅是估计响应曲线的斜率，*更重要的是*确定是否存在阈值效应；如果有，估计其大小（最大安全剂量）. 以一种糖替代品为例，如果当其剂量是实际中可能添加量的 1000 倍以上时会产生可以忽略不计的癌症发病率，这就不能成为反对使用该替代品的理由. 事实上，为了发现任何不良影响而必须使用千倍剂量确实是一种确凿的证据，但证明的不是被测物质的危险性，而是其*安全性*. 千倍剂量的糖危险得多，导致的不是几乎检测不到的有害影响，而是立即死于糖尿病昏迷. 然而，还没有人提议禁止在食物中使用糖.

千倍剂量效应无关紧要，因为我们不会服用千倍剂量. 在使用糖替代品的情况下，重要的问题是：与正常剂量相比，糖替代品和糖的毒性阈值分别是多少？如果糖替代品的阈值更高，那么合情的结论是糖替代品作为食品成分实际上比糖更安全. 根据不允许阈值效应存在的模型来分析数据，无论数据有多好，都可能得出错误的结论. 如果我们希望检测某一现象是否存在，就必须使用至少允许这一可能性存在的模型.

之所以在前言中强调这一点，是因为类似的错误结论不仅正在造成经济上的巨大浪费，而且在给公共健康和安全带来不必要的风险. 社会用于处理这些问题的资源有限，任何花费在虚假危险上的努力都意味着真正的危险无人问津. 更糟糕的是，目前最常用的数据分析程序无法纠正这种错误：再多的新数据都无法消除内置于模型中、无人置疑的错误前提. 使用能正确表达科学家关于工作机制的先验信息的模型可以防止这种错误发生.

这些考虑并不是先验信息在推断中至关重要的唯一原因，科学本身也可能由于没有使用合适的先验信息而无法进步. 要明白这一点，请注意前一段的一个必然推论：坚持根据旧观念（即未被质疑的旧模型）分析的新数据*不能使我们脱离旧观念*. 无论记录和分析的数据有多少，我们都可能会不断重复地犯相同的错误，错过本能从实验中找到的极其重要的结论. 这就是忽略先验信息可能造成的影响. 无论再怎么通过随机模型分析抛硬币的数据，也不能导致我们发现牛顿力学，尽管牛顿力学本身就确定了这些数据.

从新观念出发，旧数据也可以让我们对现象产生全新的见解. 在核磁共振数据的贝叶斯频谱分析中有一个令人印象深刻的例子. 新观念使我们能够做出更准确的定量测定，这是先前通过傅里叶变换的数据分析方法完全无法获得的. 当数据集根据错误的假设被“肢解”（或者说得更委婉些，“过滤”）时，其中的重要信息可能会被不可逆转地破坏. 正如人们已经认识到的那样，这种情况经常发生在计量经济学里消除长期趋势或做季节性调整的正统方法中. 但是，旧的数据集如果未被旧的假设破坏，则可能会在我们的先验信息取得进展时获得新生.

陈述风格

本书第一部分阐述原则和初级应用，其中大多数章的开头以几页的篇幅直接讨论问题的性质. 首先，我们试图解释看待所讨论问题的建设性方法，以及导致过去错误的逻辑陷阱. 之后才诉诸数学，解决一些相同类型的问题，直到读者可以通过数学上的直接推广继续向前推进. 第二部分阐述更高级的应用，从一开始就专注于数学.

我从许多经验中学到，首先强调问题的逻辑而不是数学在早期阶段是必要的. 对于现在的学生来说，数学是最容易的部分：一旦问题被简化为一个明确的数学习题，大多数学生可以毫不费力地解决它并且不断地推广它，不需要书本或老师的进一步帮助. 让他们感到困惑、不确定如何前进的通常是概念性问题（如何在现实问题和抽象数学之间建立初始联系）.

最近的事实表明，任何莽撞到将自己的工作描述为“严格”的人都难免栽跟头. 因此，我们只声称不会故意提出错误的论证. 我们也意识到，要面向广泛、形形色色的读者写作. 对于他们中的大多数人来说，意义的明晰比数学上的狭义“严格”更重要.

将重点放在逻辑和清晰度上还有两个更重要的原因. 首先，没有什么论证比它的前提更可靠. 正如哈罗德 · 杰弗里斯指出的，那些极为强调数学严格性的人正是对现实世界缺乏确定感的人，他们将论证与不切实际的前提联系起来，从而切断了与现实世界的联系. 杰弗里斯将这种情形比喻为试图通过在石膏中锚入钢梁来加固建筑物. 能凭直觉说明结论为什么正确的论证实际上更值得信赖，更有可能在科学中获得永恒的地位，而不是在未作理解的情况下展示所谓“数学严格性”的论证.

其次，我们必须认识到，在已经拥抱了无限集合理论的数学中没有真正值得信赖的严格性标准. 与杰弗里斯的比喻类似，莫里斯 · 克莱因（Morris Kline，1980，第 351 页）说：“会有人用无限集合的理论或者选择公理设计桥梁吗？桥梁难道不会倒塌吗？”今天，唯一拥有真正严格性的是有限整数的有限集合上的基本算术运算. 如果将这一点铭记于心，我们自己的桥梁将是最安全的，是不会倒塌的.

当然，只要对结果有意义，我们就遵循这种有限集合策略，但是不要盲从. 特别是，计算与逼近的技巧和基本原则所处的层次不同. 因此，一旦通过严格地应用基本规则导出结论，就可以使用任何方便的分析方法进行计算或逼近（例如用积分代替求和），不必展示如何生成作为有限集合极限的不可数集合.

相比“正统”统计文献，我们更加严格地遵守概率论的数学法则. “正统”统计文献的作者们反复使用前面提到的凭直觉获得的特定工具，随意且不圆满地处理问题，而概率论法则本可以唯一且最优地处理这些问题. 正是对概率论数学法则的严格遵守使我们避免了正统统计学中的人造悖论与矛盾. 这将在第 15 章和第 17 章详细讨论.

同样重要的是，这一策略通常以两种方式简化了计算：(1) 避免了确定“统计量”的抽样分布的问题，数据的证据完全展示在很容易写出的似然函数之中；

(2) 可以在计算之初消除冗余参数，从而减少搜索算法的维度. 如果问题中存在多个参数，这就可能意味着相对于最小二乘法或最大似然算法有数量级上的参数减少. 布雷特索斯特（Bretthorst，1988）的贝叶斯计算机程序充分展示了这些优点：相较于以前使用的方法，这个程序在某些情况下从数据中提取信息的能力有了重大改进. 对于使用复杂贝叶斯模型所能做到的事而言，这仅仅是冰山一角. 我们预计这一领域在不久的将来将得到迅猛的发展.

在能力与通用性方面，学会使用作为扩展逻辑的概率论的科学家比仅掌握了一堆无关的特定工具的人具有更大的优势. 随着问题复杂性的增加，这种相对优势也会扩大. 因此，我们认为，由于实际需要，未来所有定量科学的工作者都会以本书阐明的方式使用概率论. 这一趋势已经在计量经济学、天文学、磁共振波谱学等领域中得到了证实. 要在一个新的领域中取得进展，就需要对传统和权威持一种健康的怀疑与批判态度，这种传统和权威在整个 20 世纪都阻碍了我们的进步.

最后，需要提醒一些读者的是，不要试图在本书的文字中寻找并不存在的微妙含义. 当然，我们将解释和使用概率统计的所有标准术语，因为这是我们的主题. 除此之外，尽管关注逻辑推理的本质会导致我们讨论的许多问题与逻辑学家和哲学家们讨论的相同，但是我们的语言与他们的生硬术语还是有很大差别的：没有语言技巧，没有晦涩难懂的元语言，只是平实的叙述. 我们认为这能将我们的信息清楚地传达给任何真正想要了解它的人. 在任何情况下我们都确信，不停地追问“你说的‘存在’究竟是什么意思”并不能让我们明白更多.

致谢

除了从杰弗里斯、考克斯、波利亚和香农的著作中获得灵感之外，我还受益于与大约 300 名学生的互动. 他们努力找出我的错误，迫使我更加深入地思考许多问题. 此外，许多年来，我的想法也得益于与许多同事的讨论. 下面列出一些同事的名字（姓氏按照一些人喜欢的逆字母顺序排列）：Arnold Zellner、Eugene Wigner、George Uhlenbeck、John Tukey、William Sudderth、Stephen Stigler、Ray Smith、John Skilling、Jimmie Savage、Carlos Rodriguez、Lincoln Moses、Elliott Montroll、Paul Meier、Dennis Lindley、David Lane、Mark Kac、Harold Jeffreys、Bruce Hill、Mike Hardy、Stephen Gull、Tom Grandy、Jack Good、Seymour Geisser、Anthony Garrett、Fritz Fröhner、Willy Feller、Anthony Edwards、Morrie de Groot、Phil Dawid、Jerome Cornfield、John Parker Burg、David Blackwell 和 George Barnard. 尽管我并不完全赞同他们的观点，但是这些观点已经以各种方式融入了本书各章节. 即使我们在某些问题上意见不一致，我也相信这些坦诚的

私人讨论能够使我避免误解他们的立场，同时澄清自己的思想．我对他们的耐心表示感谢．

埃德温·汤普森·杰恩斯
1996 年 7 月

目录

第一部分 原则和初级应用

第 1 章 合情推理 …… 2
- 1.1 演绎推理与合情推理 …… 2
- 1.2 与物理理论的类比 …… 5
- 1.3 思维计算机 …… 6
- 1.4 推理机器人 …… 7
- 1.5 布尔代数 …… 8
- 1.6 完备运算集合 …… 11
- 1.7 基本的合情条件 …… 16
- 1.8 评注 …… 18
  - 1.8.1 普通语言与形式逻辑 …… 19
  - 1.8.2 吹毛求疵 …… 21

第 2 章 定量规则 …… 23
- 2.1 乘法规则 …… 23
- 2.2 加法规则 …… 29
- 2.3 定性属性 …… 33
- 2.4 数值 …… 35
- 2.5 记号与有限集合策略 …… 41
- 2.6 评注 …… 42
  - 2.6.1 主观与客观 …… 43
  - 2.6.2 哥德尔定理 …… 43
  - 2.6.3 维恩图 …… 46
  - 2.6.4 柯尔莫哥洛夫公理 …… 47

第 3 章 初等抽样论 …… 49
- 3.1 无放回抽样 …… 49
- 3.2 逻辑与倾向 …… 57
- 3.3 根据不精确信息推理 …… 61
- 3.4 期望 …… 63
- 3.5 其他形式和推广 …… 64
- 3.6 作为数学工具的概率 …… 65
- 3.7 二项分布 …… 66
- 3.8 有放回抽样 …… 69
- 3.9 相关性校正 …… 72
- 3.10 简化情形 …… 77
- 3.11 评注 …… 78

第 4 章 初等假设检验 …… 82
- 4.1 先验概率 …… 82
- 4.2 使用二元数据检验二元假设 …… 85
- 4.3 超出二元情形的不可扩展性 …… 92
- 4.4 多重假设检验 …… 94
- 4.5 连续概率分布函数 …… 102
- 4.6 检验无数假设 …… 104
- 4.7 简单假设与复合假设 …… 109
- 4.8 评注 …… 110
  - 4.8.1 词源 …… 110
  - 4.8.2 已有成就 …… 111

第 5 章 概率论的怪异应用 …… 113
- 5.1 特异功能 …… 113
- 5.2 斯图尔特夫人的心灵感应能力 …… 114
  - 5.2.1 关于正态近似 …… 115
  - 5.2.2 回到主题 …… 116
- 5.3 意见分歧与趋同 …… 120
- 5.4 视觉感知——进化出“贝叶斯性”? …… 125
- 5.5 海王星的发现 …… 126
  - 5.5.1 关于备择假设 …… 128
  - 5.5.2 回到牛顿理论 …… 130
- 5.6 赛马和天气预报 …… 132
- 5.7 关于直觉的悖论 …… 136
- 5.8 贝叶斯法理学 …… 137
- 5.9 评注 …… 139

第 6 章 初等参数估计 ·················· 141
6.1 坛子问题的逆 ·················· 141
6.2 N 和 R 均未知 ·················· 142
6.3 均匀先验 ·················· 144
6.4 预测分布 ·················· 146
6.5 截断均匀先验 ·················· 148
6.6 凹先验 ·················· 149
6.7 二项式猴子先验 ·················· 151
6.8 变化为连续参数估计 ·················· 154
6.9 使用二项分布进行估计 ·················· 154
6.10 复合估计问题 ·················· 158
6.11 简单贝叶斯估计：定量先验信息 ·················· 159
6.12 定性先验信息的影响 ·················· 167
6.13 先验的选择 ·················· 168
6.14 关于计算 ·················· 169
6.15 杰弗里斯先验 ·················· 171
6.16 全部要点 ·················· 173
6.17 区间估计 ·················· 175
6.18 方差的计算 ·················· 176
6.19 泛化与渐近形式 ·················· 177
6.20 矩形抽样分布 ·················· 180
6.21 小样本 ·················· 182
6.22 数学技巧 ·················· 182
6.23 评注 ·················· 184

第 7 章 中心分布、高斯分布或正态分布 ·················· 187
7.1 吸引现象 ·················· 187
7.2 赫歇尔-麦克斯韦推导 ·················· 189
7.3 高斯推导 ·················· 190
7.4 高斯推导的历史重要性 ·················· 191
7.5 兰登推导 ·················· 193
7.6 为什么普遍使用高斯分布？ ·················· 195
7.7 为什么普遍成功？ ·················· 198
7.8 应该使用什么估计量？ ·················· 199
7.9 误差抵消 ·················· 201
7.10 抽样频率分布之近无关性 ·················· 203
7.11 出色的信息传输效率 ·················· 204
7.12 其他抽样分布 ·················· 205
7.13 作为保险工具的冗余参数 ·················· 206
7.14 更多一般性质 ·················· 207
7.15 高斯函数的卷积 ·················· 208
7.16 中心极限定理 ·················· 209
7.17 计算准确度 ·················· 211
7.18 高尔顿的发现 ·················· 213
7.19 种群动力学与达尔文进化 ·················· 216
7.20 蜂鸟和花的进化 ·················· 217
7.21 在经济学中的应用 ·················· 219
7.22 木星和土星的巨大时差 ·················· 220
7.23 分解为高斯分布 ·················· 221
7.24 埃尔米特多项式解 ·················· 222
7.25 傅里叶变换关系 ·················· 223
7.26 终有希望 ·················· 224
7.27 评注 ·················· 226

第 8 章 充分性与辅助性 ·················· 229
8.1 充分性 ·················· 229
8.2 费希尔充分性 ·················· 231
8.2.1 示例 ·················· 232
8.2.2 布莱克韦尔-拉奥定理 ·················· 233
8.3 广义充分性 ·················· 234
8.4 带冗余参数的充分性 ·················· 235
8.5 似然原理 ·················· 236
8.6 辅助性 ·················· 238
8.7 广义辅助信息 ·················· 239
8.8 渐近似然：费希尔信息 ·················· 242
8.9 结合不同来源的证据 ·················· 243
8.10 合并数据 ·················· 245
8.11 萨姆的坏温度计 ·················· 247
8.12 评注 ·················· 249
8.12.1 样本重复使用的错误 ·················· 249
8.12.2 民间定理 ·················· 251
8.12.3 先验信息的作用 ·················· 252
8.12.4 技巧和花招 ·················· 252

第 9 章 重复实验：概率与频率 ·················· 255
9.1 物理实验 ·················· 255

9.2 孤陋寡闻的机器人 …… 258
9.3 归纳推理 …… 260
9.4 是否有一般性归纳法则? …… 261
9.5 重数因子 …… 264
9.6 分拆函数算法 …… 265
9.7 熵算法 …… 268
9.8 另一种视角 …… 272
9.9 熵最大化 …… 273
9.10 概率和频率 …… 275
9.11 显著性检验 …… 276
9.12 ψ 和 χ^2 的比较 …… 282
9.13 卡方检验 …… 284
9.14 推广 …… 286
9.15 哈雷的死亡率表 …… 287
9.16 评注 …… 291
9.16.1 非理性主义者 …… 291
9.16.2 迷信 …… 293

第 10 章 随机试验物理学 …… 295
10.1 有趣的关联 …… 295
10.2 历史背景 …… 296
10.3 如何在抛硬币与掷骰子中作弊 …… 298
10.4 一手牌 …… 302
10.5 一般随机试验 …… 304
10.6 再论归纳 …… 306
10.7 但是量子理论呢? …… 307
10.8 云层下的力学 …… 309
10.9 关于硬币与对称性的更多讨论 …… 310
10.10 抛掷的独立性 …… 315
10.11 无知者的傲慢 …… 318

第二部分 高级应用

第 11 章 离散先验概率：熵原理 …… 320
11.1 一种新的先验信息 …… 320
11.2 最小化 $\sum p_i^2$ …… 322
11.3 熵：香农定理 …… 323
11.4 沃利斯推导 …… 327
11.5 一个示例 …… 329
11.6 推广：更严格的证明 …… 331
11.7 最大熵分布的形式性质 …… 333
11.8 概念问题-频率对应 …… 340
11.9 评注 …… 345

第 12 章 无知先验和变换群 …… 346
12.1 我们要做什么? …… 346
12.2 无知先验 …… 347
12.3 连续分布 …… 348
12.4 变换群 …… 351
12.4.1 位置和比例参数 …… 351
12.4.2 泊松率 …… 355
12.4.3 未知成功概率 …… 355
12.4.4 贝特朗问题 …… 358
12.5 评注 …… 365

第 13 章 决策论：历史背景 …… 368
13.1 推断与决策 …… 368
13.2 丹尼尔 · 伯努利的建议 …… 369
13.3 保险的理论依据 …… 371
13.4 熵与效用 …… 372
13.5 诚实的天气预报员 …… 373
13.6 对丹尼尔 · 伯努利和拉普拉斯的反应 …… 374
13.7 沃尔德的决策论 …… 376
13.8 最小损失参数估计 …… 380
13.9 问题的重新表述 …… 382
13.10 不同损失函数的影响 …… 385
13.11 通用决策论 …… 387
13.12 评注 …… 388
13.12.1 决策论的“客观性” …… 388
13.12.2 人类社会中的损失函数 …… 391
13.12.3 杰弗里斯先验的新视角 …… 393
13.12.4 决策论并不基础 …… 393
13.12.5 另一维度? …… 394

第 14 章 决策论的简单应用 ············ 396
14.1 定义和基础 ············ 396
14.2 充分性和信息 ············ 398
14.3 损失函数和最优性能准则 ············ 400
14.4 离散例子 ············ 402
14.5 我们的机器人将如何做? ············ 407
14.6 历史评述 ············ 407
14.7 小部件问题 ············ 409
14.7.1 阶段 2 的解 ············ 412
14.7.2 阶段 3 的解 ············ 414
14.7.3 阶段 4 的解 ············ 418
14.8 评注 ············ 419

第 15 章 概率论中的悖论 ············ 420
15.1 悖论如何生存和发展? ············ 420
15.2 序列求和的简单方式 ············ 421
15.3 非聚集性 ············ 422
15.4 翻滚的四面体 ············ 424
15.5 有限次抛掷的解 ············ 427
15.6 有限与可列可加性 ············ 432
15.7 博雷尔-柯尔莫哥洛夫悖论 ············ 435
15.8 边缘化悖论 ············ 438
15.9 讨论 ············ 446
15.9.1 DSZ 示例 5 ············ 448
15.9.2 小结 ············ 451
15.10 结果最终有用吗? ············ 452
15.11 如何批量生产悖论 ············ 453
15.12 评注 ············ 454

第 16 章 正统方法：历史背景 ············ 458
16.1 早期问题 ············ 458
16.2 正统统计社会学 ············ 459
16.3 费希尔、杰弗里斯和奈曼 ············ 461
16.4 数据前和数据后考量 ············ 467
16.5 估计量的抽样分布 ············ 468
16.6 亲因果与反因果偏差 ············ 470
16.7 什么是真实的，概率还是现象? ············ 473
16.8 评注 ············ 474

第 17 章 正统统计学原理与病理 ············ 476
17.1 信息损失 ············ 476
17.2 无偏估计量 ············ 477
17.3 无偏估计的病理 ············ 482
17.4 抽样方差的基本不等式 ············ 484
17.5 周期性：中央公园的天气 ············ 487
17.6 贝叶斯分析 ············ 492
17.7 随机化的愚蠢 ············ 496
17.8 费希尔：洛桑农业研究所的常识 ············ 498
17.9 缺失数据 ············ 499
17.10 时间序列中的趋势和季节性 ············ 500
17.10.1 正统方法 ············ 500
17.10.2 贝叶斯方法 ············ 501
17.10.3 贝叶斯和正统估计的比较 ············ 504
17.10.4 改进的正统估计 ············ 506
17.10.5 效果的正统准则 ············ 508
17.11 一般情况 ············ 509
17.12 评注 ············ 514

第 18 章 A_p 分布与连续法则 ············ 518
18.1 旧机器人的记忆存储 ············ 518
18.2 相关性 ············ 520
18.3 令人惊讶的结果 ············ 521
18.4 外层和内层机器人 ············ 524
18.5 应用 ············ 526
18.6 拉普拉斯连续法则 ············ 528
18.7 杰弗里斯的异议 ············ 530
18.8 鲈鱼还是鲤鱼? ············ 531
18.9 连续法则什么时候有用? ············ 532
18.10 推广 ············ 533
18.11 证实和证据的权重 ············ 535
18.12 卡尔纳普的归纳法 ············ 537
18.13 可交换序列中的概率与频率 ············ 539
18.14 频率预测 ············ 540
18.15 一维中子倍增 ············ 542

18.15.1 频率解 543
18.15.2 拉普拉斯解 544
18.16 德菲内蒂定理 548
18.17 评注 550

第 19 章 物理测量 552
19.1 条件方程的简化 552
19.2 重表述为决策问题 554
19.3 欠定情形：$\boldsymbol{K}$ 奇异 557
19.4 超定情形：$\boldsymbol{K}$ 非奇异 557
19.5 结果的数值计算 558
19.6 估计的精度 559
19.7 评注 561

第 20 章 模型比较 563
20.1 问题表述 564
20.2 公正的法官与残酷的现实主义者 565
20.2.1 参数预先已知 565
20.2.2 参数未知 566
20.3 简单性概念何在？ 567
20.4 示例：线性响应模型 569
20.5 评注 573

第 21 章 离群值与稳健性 576
21.1 实验者的困境 576
21.2 稳健性 578
21.3 双模模型 580
21.4 可交换选择 581
21.5 一般贝叶斯解 582
21.6 确定异常值 584
21.7 一个远离值 585

第 22 章 通信理论导论 587
22.1 理论起源 587
22.2 无噪声信道 588
22.3 信息来源 593
22.4 英语有统计性质吗？ 595
22.5 已知字频的最佳编码 597
22.6 依据二元字母频率知识的更好编码 599
22.7 与随机模型的关系 602
22.8 噪声通道 605

附录 A 概率论的其他流派 609
A.1 柯尔莫哥洛夫概率系统 609
A.2 德菲内蒂概率系统 614
A.3 比较概率 615
A.4 对普遍可比性的反对 617
A.5 关于网格理论的推测 618

附录 B 数学形式与风格 620
B.1 记号和逻辑层次结构 620
B.2 我们的“谨慎”策略 621
B.3 威廉 · 费勒对于测度论的态度 622
B.4 克罗内克与魏尔斯特拉斯的比较 624
B.5 什么是合法数学函数？ 626
B.5.1 德尔塔函数 628
B.5.2 不可微函数 629
B.5.3 臆造的不可微函数 629
B.6 无限集合计数？ 632
B.7 豪斯多夫球体悖论与数学病理学 633
B.8 我应该发表什么？ 635
B.9 数学礼仪 636

附录 C 卷积和累积量 639
C.1 累积量和矩的关系 641
C.2 示例 643

引用文献 645

参考文献 677

译后记 701
一位物理学家的概率观 701
概率论公理与可列可加性 704
也论无穷大 707
随机变量的迷雾 708
波利亚的合情推理 709
杰弗里斯概率论 710

丹尼斯·林德利的概率统计思想 ···· 712
频率派、客观贝叶斯派、主观贝叶斯派，究竟谁正确？ ········ 713
概率论与因果推断 ················ 716
本书的影响 ························ 717
概率观世界 ························ 718
翻译因缘 ·························· 719
致谢 ······························ 720
人名索引 ························ 721
术语索引 ························ 733

第　一　部　分
原则和初级应用

第 1 章　合情推理

> 当前，实际的逻辑学只擅长处理确定的、不可能的或者完全可疑的事情．幸运的是，这三者都不需要我们推理．因此，这个世界真正的逻辑是概率演算的逻辑，它考虑的是一名理性思考者的大脑中已经或者应该存在的概率大小．[①]
>
> ——詹姆斯·克拉克·麦克斯韦（James Clerk Maxwell，1850）

假设在某个黑夜，一名警察在空荡荡的街上巡逻．突然，他听到防盗报警器的响声．他立即向街对面看过去，发现一家珠宝店的窗户被砸破了，一名戴着面具的男子从破碎的窗户里爬了出来，身后还背着一个装满了昂贵珠宝的袋子．警察会毫不犹豫地判定这名男子是坏人．但他是通过什么推理过程得出这个结论的呢？让我们先来看看这类问题的一般性质．

1.1　演绎推理与合情推理[②]

只要稍微想一想，我们就会明白，警察的结论并非是依靠证据做演绎推理得出的．实际上，完全可能存在这名男子无辜的合理解释．比如，这名男子是珠宝店的老板，刚从化妆舞会回家，没有带钥匙．正当他经过自己的店面时，从一辆路过的卡车里甩出来的石头砸碎了窗玻璃．他为了保护自己的财产，才从窗户带走了珠宝．

尽管警察的推理过程并非逻辑演绎推理，我们仍然会认为它具有一定程度的有效性．已有的证据并不能使该男子是坏人这件事*确信无疑*（certain），但确实使这件事变得极其*合理可信*（plausible）[③]．在学习任何数学理论之前，我们或多

---

① 本章的开篇引文与杰弗里斯《概率论》第 1 章（基本概念）的开篇引文基本相同，只是后者开头多了以下两句："他们说，理解应该遵循正确的理性原则．这些原则包含或者说应该包含在逻辑学中，但是……"

——译者注

② 合情推理（plausible reasoning），又称"似真推理"或"或然推理"，在本书中是指与演绎推理（必然推理）不同的一种合情（合乎直觉）合理（合乎理性）的推理方式．根据本书避免使用哲学化术语的风格，这里采用常见的"合情推理"这一翻译．——译者注

③ 这里对本书中两个重要用词 plausibility 和 plausible 的意思与翻译进行说明．本书采用一种客观贝叶斯主义的立场，因此使用 plausibility 一词来描述可能性．它指的是一种合理的信念（reasonable belief），其中既有主观的成份（它是指人的一种信念），又有客观的成份（这种信念对于任何掌握相同信息、按照理性进行推理的人应该是相同的），在本书中译为"合情性"．相应地，plausible 的意思是"合理可信的""可能的"或"合情的"，在本书中一般译为"合情的"．——译者注

或少已经精于此类推理. 在现实生活中，我们经常会碰到这种情况：没有足够的信息来进行演绎推理，但是又不得不马上采取行动. 例如，判断今天是否会下雨，然后采取相应的行动.

尽管我们对此并不陌生，但合情结论的形成是一个非常微妙的过程. 虽然历史上对这个问题的讨论已经延续了 24 个世纪，但至今还没有人对该过程做出过完全令人满意的分析. 本书将阐述一些有用且激动人心的新进展，其中，明确的定理将取代相互矛盾的直觉判断，确定的规则将取代特定的处理流程——这些规则由一些几乎不可避免的基本的理性准则确定.

所有对这些问题的讨论都是从举例说明演绎推理与合情推理之间的区别开始的. 归功于亚里士多德的《工具论》(公元前 4 世纪)[①]，演绎推理通常最终可以分解为以下两种强三段论的重复应用：[②]

$$\frac{\begin{array}{r}A\text{ 真则 }B\text{ 真}\\ A\text{ 真}\end{array}}{B\text{ 真}} \tag{1.1}$$

和它的逆

$$\frac{\begin{array}{r}A\text{ 真则 }B\text{ 真}\\ B\text{ 假}\end{array}}{A\text{ 假}}. \tag{1.2}$$

这是我们希望能一直使用的推理模式. 但是，如上所述，在我们面临的几乎所有实际情况中，都没有适当的信息来进行这种推理. 我们不得不依赖于以下弱三段论：

$$\frac{\begin{array}{r}A\text{ 真则 }B\text{ 真}\\ B\text{ 真}\end{array}}{A\text{ 变得更合情}}. \tag{1.3}$$

证据并不能证明 A 真，但验证其结果之一（B 真）能让我们对 A 真更有信心. 例如，我们定义：

$$A \equiv \text{最迟在上午 10 点开始下雨；}$$
$$B \equiv \text{天空会在上午 10 点之前变得多云.}$$

① 今天，关于亚里士多德贡献的确切性质，有几种不同的观点. 这些问题与我们目前的目的无关，感兴趣的读者可以在卢卡西维茨的著作（Lukasiewicz，1957）中找到对它们的详细讨论.

② 对于强三段论的大前提，一些中文书可能翻译为“A 蕴涵 B”. 正如后文所解释的，“蕴涵”一词具有一定的误导性，所以本书没有采用这种译法. 英文原文“if A is true，then B is true”的直接含义是“如果 A 为真，那么 B 为真”，本书中简译为“A 真则 B 真”. ——译者注

上午 9:45 观察到天空多云并不能从逻辑上保证随后一定会下雨. 然而, 我们的常识遵从弱三段论: 如果乌云密布, 可能会促使我们改变计划, 并表现得好像我们相信随后会下雨.

这个例子还表明, 大前提"A 真则 B 真"只表示 B 是 A 的*逻辑*结果, 两者并不一定存在物理上的因果关系 (若是因果关系, B 只能在 A 之后发生). 上午 10 点下雨不是 9:45 多云的物理原因. 然而, 正确的逻辑关系也不是由 B 推出 A 这种并不确定的因果方向 (多云 $\Longrightarrow$ 下雨), 而是由 A 推出 B 这种确定但非因果的逻辑方向 (下雨 $\Longrightarrow$ 多云).

我们在一开始就强调我们关注的是*逻辑关系*, 原因是一些关于推理的讨论和应用由于未能看到逻辑蕴涵关系与物理因果关系之间的区别, 而陷入了严重的错误. 西蒙和雷舍尔 (Simon & Rescher, 1966) 曾深入分析了这种区别, 他们指出, 所有试图将蕴涵关系解释为因果关系的行为都会导致第二种三段论 (1.2) 中的 A 与 B 之间产生不可置换性. 也就是说, 如果将大前提解释为"A 是 B 的物理原因", 那么我们将很难接受"非 B 是非 A 的物理原因". 在第 3 章我们将看到, 用物理因果关系来解释合情推理也好不到哪里去.

另一种弱三段论使用了同样的大前提:

$$\frac{\begin{array}{r}A\text{ 真则 }B\text{ 真}\\ A\text{ 假}\end{array}}{B\text{ 变得更不合情}}. \tag{1.4}$$

在这种情况下, 证据并不能证明 B 假. 但是, 保证 B 真的一个可能的依据已经被排除了, 所以我们对 B 真的信心会减少. 科学家接受或拒绝某理论的推理过程几乎全部由第二或第三种三段论组成.

现在来看, 前述警察的推理过程甚至不属于以上几种模式中的任何一种. 它用一种更弱的三段论来描述最合适:

$$\frac{\begin{array}{r}A\text{ 真则 }B\text{ 更合情}\\ B\text{ 真}\end{array}}{A\text{ 变得更合情}}. \tag{1.5}$$

尽管抽象地用 A 和 B 来描述的这种论证模式看似存在明显的缺陷, 但我们意识到警察的结论仍然有很强的说服力. 有某种东西让我们相信, 在这一特定情况下, 警察的论证几乎与演绎推理有同样的效力.

这些例子表明, 大脑在做合情推理的过程中不仅会判断某件事是变得更合情还是变得更不合情, 而且会以某种方式来评估合情的*程度*. 10 点之前下雨的合情程度非常依赖天空在 9:45 是否乌云密布. 大脑会同时使用旧信息与新数据来决定如何行动. 我们会试图回忆关于云与雨的过往经验以及前一天晚上的天气预报来做判断.

为了说明警察也在使用过往经验来做判断，我们只需要改变这种经验即可. 假设类似事件每天晚上都会发生多次，每个警察几乎都碰到过，但是那名男子每次都被证明是完全无辜的. 很快，警察们将学会忽略这些无关紧要的事件.

因此，在推理过程中，我们非常依赖*先验信息*来评估新问题的合情程度. 这种推理过程是无意识的，几乎是即时的. 为了隐藏其复杂性，我们称之为*常识*.

数学家乔治·波利亚写了三本关于合情推理的书（George Pólya, 1945, 1954），举了一大批有意思的例子，表明我们在做合情推理时存在确定的规则（尽管在他的著作中，这些规则是以定性的形式给出的）. 以上弱三段论模式出现在《数学与猜想（第二卷）: 合情推理模式》中. 强烈建议读者阅读波利亚的这部著作，它是本书很多思想的最初来源. 下面将展示波利亚的原则如何以定量的形式给出，并提供有用的应用.

显然，上面描述的演绎推理有一种性质，即我们可以用 (1.1) 和 (1.2) 进行一系列推理，所得结论和前提一样有说服力. 对于另外的推理模式 (1.3) ~ (1.5)，在经过几步推理后，结论的可靠性可能发生改变. 但是，在它们的定量形式中，我们发现结论的可靠性在很多情况下可能接近于演绎推理（就像警察的例子让我们相信的那样）. 波利亚向我们展示了，即使是纯数学家，在大多数时候其实也在使用这种弱三段论模式进行推理. 当然，在发表一个新定理时，数学家将努力发明一种仅依赖于演绎推理的证明方式. 然而，在得到该定理的推理过程中，难免使用弱三段论模式（比如，用类比的方法得到后续的猜测）. 斯特凡 · 巴拿赫也曾经表述过类似的想法（引自 S. Ulam，1957）:

> 优秀的数学家在定理之间看到类比，伟大的数学家在类比之间看到类比.

作为出发点，我们先来看看与另一个领域非常有启发性的类比，它本身也是基于合情推理的.

1.2 与物理理论的类比

在物理学中，我们很快就发现世界太过复杂，无法一次性地进行总体分析. 只有“分而治之”，才能取得进展. 有时候，我们可以发明一种数学模型来重现某一小部分的若干特征，每当发生这种情况时，我们就会感觉已经取得了进展. 这些模型称为*物理理论*. 随着知识的进步，我们能够发明越来越好的模型，这些模型能够越来越准确地再现现实世界中越来越多的特征. 没有人知道这个过程是否存在自然的终点，是否将无限期继续下去.

在试图理解常识时，我们将采取类似的方法. 我们不会试图一下子全部理解，但是如果能够构建可以再现其一些特征的理想化数学模型，我们就认为取得了进展. 我们希望当前构建的所有模型在未来被更全面的模型取代，我们不知道这个过程是否存在自然的终点.

与物理理论做类比比与纯粹方法做类比更加深刻. 通常，我们最熟悉的事情是最难以理解的. 绝大多数人不知道的物理现象（例如铁和镍的紫外光谱的差异）能通过详尽的数学细节来解释，然而面对像一片草叶的生长这样的普通事实的复杂性，现代科学却显得无能为力. 因此不应该对我们的模型期望太高. 对于人们最熟悉的一些心理活动特征，我们可能会发觉很难构建适当的模型，必须对此做好心理准备.

还有更多类比. 在物理学中，我们常常发现任何知识的进步都会带来巨大的实用价值，但是这些价值具有不可预测的性质. 例如，伦琴发现的 X 射线带来了医学诊断的新方法；麦克斯韦发现了磁场旋度方程式的一个额外项，使得全球准实时通信成为可能.

我们关于常识的数学模型也表现出了实用的特征. 任何成功的模型，即使只能重现常识的一小部分特征，也会在某个应用领域中被证明是常识的强大扩展. 在这个领域内，模型使我们能够解决涉及复杂细节的推理问题. 如果没有模型的帮助，我们永远不会试图解决这些问题.

1.3 思维计算机

模型有一种类型完全不同的实际应用. 很多人喜欢说：“人类永远不能制造出可以代替人类大脑的机器，人类大脑能做机器做不到的许多事情.”对于这个问题，冯 · 诺伊曼在 1948 年普林斯顿大学举办的一次演讲中给出了一个美妙的回答，我有幸参加了那次演讲. 对于听众的典型问题（“当然，机器并不能真正思考，是吗?”），他回答说：

> 你们坚持认为有一些事情机器是不能做的，但是如果你们能确切地告诉我机器不能做什么，那么我总能制造一台能做这件事的机器！

原则上，机器不能为我们执行的操作仅是那些我们无法清晰描述的事情，或者无法在有限步骤内完成的事情. 当然，有些人会想到哥德尔不完备性定理、不可判定性、图灵机永不停止，等等. 但要回答所有这些疑问，我们只需要指出人类大脑能完成这些任务就够了. 正如冯 · 诺伊曼指出的那样，制造“思维机器”的唯一真正限制是我们自己的局限性，因为我们不知道“思维”的确切含义.

但在对常识的研究过程中，我们将得到一些关于思维机制的明确观点. 每当我们通过一组明确的操作来构建一个能够重现部分常识的数学模型时，都展示了如何“构建一台机器”（即编写一个计算机程序）对不完全的信息进行操作，并通过应用上述弱三段论的定量版本进行合情推理而不是演绎推理.

实际上，针对某些特定的推理问题开发这种计算机软件是当前该领域中最活跃和最有用的趋势之一. 实际处理的问题可能是：给定大量数据，包括 10 000 个单独的观察实例，根据这些数据和已知的先验信息，确定关于其内部工作机制的 100 种可能的假设的相对合情性.

我们凭借常识可能足以在两种后果截然不同的假设中做出判断. 但是，在处理 100 个差别不大的假设时，如果不借助计算机及指导编程的完善数学理论，我们就会感到无能为力. 换句话说，在警察的弱三段论 (1.5) 中，是什么决定了 A 的合情性是大幅增加到几乎确定的程度，还是只提升了可以忽略不计的一点点，使得数据 B 几乎无关紧要? 本书的目标是发展一种数学理论，以目前可能的最大深度和一般性来问答这个问题.

我们期望数学理论对计算机编程有用，思维计算机的思想在发展数学理论时也能反过来提供心理学上的帮助. 人类大脑进行推理时所用的问题带有情绪及各种怪诞的误解. 如果未曾卷入对某些问题的辩论，就几乎不可能对这件事有任何看法. 总之，这些问题不仅以我们目前的知识水平难以判断，而且与我们的目标无关.

显然，人类大脑的实际运作方式非常复杂，我们不能假装能解释它的全部奥秘. 无论如何，我们并没有试图解释，更不用说重现人类大脑的所有反常现象和不一致性. 这是一个有趣而重要的问题，但不是这里要研究的主题. 我们的主题是*逻辑的规范原理*，而不是心理学或神经生理学的原理.

因此，我们不应问：“我们怎样才能建立人类常识的数学模型?” 我们要问：“遵循表达理想化常识的明确原理，我们怎样才能构建一个能够进行有用的合情推理的机器?”

1.4　推理机器人

为了将注意力集中于有建设性的方面，而非有争议的无关紧要的方面，我们将发明一个虚拟的生命体. 它的大脑由我们设计，以便它能根据某些确定的规则进行推理. 这些规则是从简单的合理性条件推导出来的，在我们看来，这些合情条件是人类大脑进行合情推理所需要满足的：我们认为，如果一个理性的人发现自己违反了一个合情条件，会希望修正自己的想法.

原则上，我们可以自由采用任何规则，这是我们定义将研究何种机器人的方法．将推理机器人的推理方式与你的推理方式进行比较，如果你发现没有任何相似之处，可以拒绝使用我们的机器人，根据自己的喜好设计不同的机器人．如果你发现它的推理方式与你的非常类似，并且决定相信这个机器人可以帮助你解决推断问题，那么这将是该理论成功的标志，但不是前提．

我们的机器人将对命题进行推理．如前所述，我们用斜体大写字母（A、B、C，等等）来表示各种命题，并且暂时要求所使用的命题必须对机器人具有明确的意义，必须属于一种简单、明确的逻辑类型（非真即假）．也就是说，除非特殊说明，我们只关注二值逻辑，即亚里士多德逻辑．我们不要求通过任何切实可行的调查研究确定这种“亚里士多德命题”的真假性．事实上，我们无法做到这一点通常就是需要机器人帮助的原因．例如，我认为以下两个命题都是正确的：

$A \equiv$ 贝多芬和柏辽兹从未见过面；

$B \equiv$ 贝多芬的音乐比柏辽兹的音乐具有更持久的价值，
尽管柏辽兹最好的音乐可以与任何人最好的音乐媲美．

命题 B 是我们的机器人目前思考不了的，而命题 A 是可以的，尽管当下不太可能确定 A 的真假[①]．在我们的理论发展之后，一个有趣的问题是，现在是否可以放宽类似 A 这样的亚里士多德命题的限制，以便机器人能帮助我们处理类似 B 这样更模糊的命题（参见第 18 章关于 A_p 分布的部分）．[②]

1.5 布尔代数

为了更正式地陈述这些想法，我们引入了一些常用符号逻辑（或称布尔代数）的记号．之所以称为布尔代数，是因为乔治 · 布尔（George Boole，1854）引入了类似下文中的记号．当然，演绎逻辑本身的原理在布尔引入记号的好几个世纪之前就已得到了很好的理解．正如我们将看到的，布尔代数的所有结果都已作为特殊情况包含在了拉普拉斯（Laplace，1812）[③]给出的合情推理规则中．符号

$$AB \tag{1.6}$$

称为**逻辑积**或**合取**，表示命题“A 和 B 都为真”．显然，陈述它们的顺序无关紧要：AB 和 BA 说的是同样的事情．表达式

① 他们的见面在时间上是可能的，因为他们的生活时间有 24 年的重叠．我怀疑该命题的原因是柏辽兹没有在他的回忆录中提到过这样的见面．但是，他也没有明确说过他们没有见面．

② 使机器在某种意义上“理解”像 A 这样的命题对人类而言具有的概念意义似乎非常困难，人工智能的大部分主题是发明特定工具来处理这个问题．但是，我们在第 4 章中将会发现，这个问题几乎不存在：我们的合情推理规则自动提供了数学上的等价方法．

③ 原文漏掉了书的作者名字，按照上下文，应该是指拉普拉斯 1812 年出版的《分析概率论》．——译者注

$$A + B \tag{1.7}$$

称为**逻辑和**或**析取**，表示“A 和 B 两个命题中至少有一个为真”，并且与 $B + A$ 的含义相同. 这些符号只是命题的简写方式，并不代表数值.

给定两个命题 A 和 B，如果一个为真当且仅当另一个为真，我们说它们具有相同的**真值**. 这可能只是一个简单的重言式（即 A 和 B 明显在说同样的事情），也可能是在经过艰难的数学推导后最终证明 A 是 B 的充分必要条件. 从逻辑的角度来看，这无关紧要. 一旦确定 A 和 B 具有相同的真值，那么它们就是逻辑上等价的命题. 意思是说，涉及一个命题真实性的任何证据都同样与另一个命题的真实性相关，并且在任何进一步推理中，它们都有同样的含义.

显然，两个具有相同真值的命题有相同的合情性，这应该是合情推理的最原始的公理. 如果不是因为布尔（Boole，1854，第 286 页）本人在这一点上犯了错误，这可能显得不值一提. 他错误地认为两个实际上不同的命题是一致的，并且没有看出两者的不同合情性产生了矛盾. 三年后，布尔（Boole，1857）给出一个修正的理论，取代了他早期书中的理论. 凯恩斯（Keynes，1921，第 167~168 页）和杰恩斯（Jaynes，1976，第 240~242 页）对这个事件有进一步的评论.

在布尔代数中，等号用于表示相同的真值而不是相等的数值：$A = B$ 这个布尔代数的“等式”断言左侧的命题与右侧的命题具有相同的真值. 与通常一样，符号“$\equiv$”的意思是“按定义等于”.

在表示复杂命题时，我们以与普通代数相同的方式使用括号，即表示命题组合的顺序（有时我们仅使用它们来使表达更清晰，尽管它们并非严格必要的）. 在没有括号的情况下，遵守代数优先级的规则. 经常使用计算器的人对此很熟悉：$AB + C$ 表示 $(AB) + C$ 而非 $A(B + C)$.

命题的**否定**由上横线表示：

$$\overline{A} \equiv A \text{ 假}. \tag{1.8}$$

A 和 $\overline{A}$ 之间的关系是相互的：

$$A \equiv \overline{A} \text{ 假}, \tag{1.9}$$

无所谓哪个命题带上横线，哪个命题不带上横线. 但还是要注意，必须无歧义地使用上横线. 例如，根据上述约定，我们有

$$\overline{AB} \equiv AB \text{ 为假}, \tag{1.10}$$

$$\overline{A}\,\overline{B} \equiv A \text{ 和 } B \text{ 均为假}. \tag{1.11}$$

它们是完全不同的命题. 实际上，$\overline{AB}$ 不是逻辑积 $\overline{A}\,\overline{B}$，而是逻辑和：$\overline{AB} = \overline{A} + \overline{B}$.

理解了这些，就知道布尔代数由一些相当简单而明显的基本等式表征，具有以下性质.

$$
\begin{aligned}
&\text{幂等性:} && \begin{cases} AA = A, \\ A + A = A. \end{cases} \\
&\text{交换性:} && \begin{cases} AB = BA, \\ A + B = B + A. \end{cases} \\
&\text{结合性:} && \begin{cases} A(BC) = (AB)C = ABC, \\ A + (B + C) = (A + B) + C = A + B + C. \end{cases} \\
&\text{分配性:} && \begin{cases} A(B + C) = AB + AC, \\ A + (BC) = (A + B)(A + C). \end{cases} \\
&\text{对偶性:} && \begin{cases} \text{若 } C = AB\text{，则 } \overline{C} = \overline{A} + \overline{B}, \\ \text{若 } D = A + B\text{，则 } \overline{D} = \overline{A}\,\overline{B}. \end{cases}
\end{aligned}
\tag{1.12}
$$

应用这些性质可以进一步证明任意数量的关系，其中一些并不显而易见. 例如，我们现在将使用较为基本的定理：

$$\text{若 } \overline{B} = AD\text{，则 } A\overline{B} = \overline{B} \text{ 且 } B\overline{A} = \overline{A}. \tag{1.13}$$

蕴涵关系

命题

$$A \Rightarrow B \tag{1.14}$$

读作“A 蕴涵 B”，并不断言 A 为真或 B 为真，只意味着 $A\overline{B}$ 为假，或者说 $(\overline{A} + B)$ 为真. 这也可以写成逻辑方程 $A = AB$. 也就是说，给定 (1.14)，如果 A 为真，则 B 一定为真；或者，如果 B 为假，则 A 一定为假. 这正是强三段论 (1.1) 和 (1.2) 表达的内容.

此外，如果 A 为假，(1.14) 对 B 无法说明任何事；如果 B 为真，(1.14) 对 A 也没无法说明任何事. 但这些正是弱三段论 (1.3) 和 (1.4) 确实传达了一些信息的情况. 在这一点上，“弱三段论”一词具有一定的误导性：基于弱三段论的合情推理理论并不是一种“弱化”的逻辑形式，而是拥有传统演绎逻辑中不存在的新内容的逻辑的扩展. 我们将在下一章清楚地看到 [见 (2.69) 和 (2.70)]，演绎逻辑是推理规则的特例.

陷阱

注意，在普通语言中，“A 蕴涵 B”表示 B 在逻辑上可以从 A 中推导出来. 但是，在形式逻辑中，“A 蕴涵 B”仅表示命题 A 和 AB 具有相同的真值. 一般来说，在逻辑上 B 是否可以从 A 中推导出来并不仅仅取决于命题 A 和 B，还依赖于我们接受为真且可以在演绎推理中使用的一系列命题（$A, A', A'', \cdots$）的总和. 德维纳茨（Devinatz，1968，第 3 页）和哈密顿（Hamilton，1988，第 5 页）给出了把蕴涵关系作为二元运算的真值表，说明只有当 A 真且 B 假时 $A \Rightarrow B$ 才为假，在所有其他情况下 $A \Rightarrow B$ 都为真.

乍一看这似乎令人吃惊. 但是请注意，实际上，若 A 和 B 都为真，则 $A = AB$，因此 $A \Rightarrow B$ 为真. 在形式逻辑中，每一个真命题都蕴涵所有其他真命题. 此外，若 A 为假，则对于任何 Q，AQ 也为假，因此 $A = AB$ 和 $A = A\overline{B}$ 都为真，所以 $A \Rightarrow B$ 和 $A \Rightarrow \overline{B}$ 都为真. 一个假命题蕴涵所有命题. 如果我们试图将蕴涵关系解释为逻辑可推导性（即 B 和 $\overline{B}$ 都可以从 A 中推导出来），那么每个假命题在逻辑上都是自相矛盾的. 尽管命题“贝多芬比柏辽兹更长寿”是假的，但在逻辑上一点儿矛盾也没有（贝多芬确实比许多与柏辽兹同时代的人寿命更长）.

显然，仅仅知道命题 A 和 B 都为真，并不能提供足够的信息来判断是否可以从其中一个命题推导出另一个命题，即使加上一些其他命题作为辅助工具也是如此. 在第 2 章末尾讨论的哥德尔定理中，命题的逻辑可推导性问题占有核心地位. 日常语言与形式逻辑中“蕴涵”含义的巨大差异是一个陷阱，如果没有正确理解，可能会导致严重的错误. 在我们看来，“蕴涵”这个词是一个差劲的选择，而在传统的逻辑阐述中并没有充分强调这一点.

1.6 完备运算集合

我们注意到推理机器人的设计中需要演绎逻辑的一些性质. 我们已经定义了四种运算符或者说“联结词”. 通过这些运算，从两个命题 A 和 B 开始，可以定义其他命题：逻辑积（合取）AB，逻辑和（析取）$A+B$，蕴涵关系 $A \Rightarrow B$，否定 $\overline{A}$. 通过各种可能的方式组合这些运算，可以产生任意数量的新命题，例如

$$C \equiv (A+\overline{B})(\overline{A}+A\overline{B})+\overline{A}B(A+B). \tag{1.15}$$

然后我们会产生许多疑问：这样生成的新命题有多少？是有无限多，还是存在这些运算下的有限闭集？通过 A 和 B 定义的每个命题是否都可以由此表示，还是需要上述四种之外的其他联结词？或者说这四种已经过度完备了，以至于其中一些可以省掉？什么是足以产生 A 和 B 的所有“逻辑函数”的最小完备运算集合？

如果我们不只有两个命题 A 和 B，而是有 n 个命题 $\{A_1, \cdots, A_n\}$，那么对于生成 $\{A_1, \cdots, A_n\}$ 的所有可能的逻辑函数，这组运算符是否完备?

所有这些问题都很容易回答，其结论对于逻辑、概率论和计算机设计很有用. 广义地说，我们要问的是，从目前的角度来看，是否可以 (1) 增加函数数量，(2) 减少运算符的个数. 第一个问题可以通过注意到以下这一点简化：两个命题，即使以类似 (1.15) 的方式写出看起来大相径庭，但是如果具有相同的真值，那么从逻辑的角度来看就是相同的命题. 例如，留待读者验证的是：(1.15) 中的 C 在逻辑上与蕴涵关系 $C = (B \Rightarrow \overline{A})$ 等价.

由于在目前阶段，我们仅将注意力放在亚里士多德命题上，任何类似 (1.15) 的逻辑函数 $C = f(A, B)$ 只有两个可能的函数值：真或假. 同样，自变量 A 和 B 也只能取这两个值.

在这一点上，逻辑学家可能会反对我们的记号法. 他会说："符号 A 已经被定义为代表某个固定命题，其真值不能改变. 因此如果想考虑逻辑函数，那么应该引入新的符号 $z = f(x, y)$，而不是 $C = f(A, B)$，其中 x, y, z 是'命题变量'，其值是具体命题 A, B, C." 但是，如果 A 代表某一固定但未确定真假的命题，那么它同样可能是真或假的. 只要理解像 (1.15) 这样的等式定义的逻辑函数对于 A 和 B 的所有可能值都是正确的，我们就可以达到同样的灵活性. 因此，这里我们使用变量命题而不是命题变量.

我们关心的是，具有形式 $C = f(A, B)$ 的逻辑函数仅在离散空间 S 的 $2^2 = 4$ 个点上有定义，即 A 和 B 的取值范围是 $\{\mathrm{TT}, \mathrm{TF}, \mathrm{FT}, \mathrm{FF}\}$[①]. 并且，在每个点上，函数 $f(A, B)$ 可以独立地取两个值 $\{\mathrm{T}, \mathrm{F}\}$. 因此，总共有 $2^4 = 16$ 个不同的逻辑函数 $f(A, B)$. 一个涉及 n 个命题的表达式 $B = f(A_1, \cdots, A_n)$ 是在 $M = 2^n$ 个点的空间 S 上的逻辑函数，正好有 2^M 个这样的函数.

在 $n = 1$ 时，有 4 个逻辑函数 $\{f_1(A), \cdots, f_4(A)\}$，它们可以通过枚举定义. 在一个真值表中列出所有可能的值如下.

A	T	F
$f_1(A)$	T	T
$f_2(A)$	T	F
$f_3(A)$	F	T
$f_4(A)$	F	F

① T 代表 true，即真；F 代表 false，即假. ——编者注

仔细观察，这些函数显然只是

$$\begin{aligned} f_1(A) &= A + \overline{A}, \\ f_2(A) &= A, \\ f_3(A) &= \overline{A}, \\ f_4(A) &= A\overline{A}. \end{aligned} \tag{1.16}$$

所以，我们通过枚举证明了，三种运算符（析取、合取和否定）足以生成单个命题的所有逻辑函数.

对于一般的 n 值，首先考虑一些特殊的函数，其中每个函数在 S 的一个且仅一个点上为真．对于 $n = 2$，存在 $2^n = 4$ 个这样的函数.

A, B	TT	TF	FT	FF
$f_1(A, B)$	T	F	F	F
$f_2(A, B)$	F	T	F	F
$f_3(A, B)$	F	F	T	F
$f_4(A, B)$	F	F	F	T

可以很清楚地看出，这些函数只是四种基本的合取式：

$$\begin{aligned} f_1(A, B) &= A\,B, \\ f_2(A, B) &= A\,\overline{B}, \\ f_3(A, B) &= \overline{A}\,B, \\ f_4(A, B) &= \overline{A}\,\overline{B}. \end{aligned} \tag{1.17}$$

现在考虑在 S 的某些指定点上为真的任意逻辑函数．例如，定义为

A, B	TT	TF	FT	FF
$f_5(A, B)$	F	T	F	T
$f_6(A, B)$	T	F	T	T

的 $f_5(A, B)$ 和 $f_6(A, B)$. 我们断言，这些函数是在相同的点上为真的合取函数 (1.17) 的逻辑和（这不是显而易见的，应该仔细验证）．因此，我们有

$$\begin{aligned} f_5(A, B) &= f_2(A, B) + f_4(A, B) \\ &= A\,\overline{B} + \overline{A}\,\overline{B} \\ &= (A + \overline{A})\overline{B} \\ &= \overline{B}, \end{aligned} \tag{1.18}$$

以及

$$\begin{aligned} f_6(A,B) &= f_1(A,B) + f_3(A,B) + f_4(A,B) \\ &= AB + \overline{A}B + \overline{A}\,\overline{B} \\ &= B + \overline{A}\,\overline{B} \\ &= \overline{A} + B. \end{aligned} \tag{1.19}$$

也就是说，$f_6(A,B)$ 是蕴涵关系：$f_6(A,B) = (A \Rightarrow B)$，其真值表已在上面讨论过. 任何在 S 中至少一点上取值为真的逻辑函数都可以通过基本合取式 (1.17) 的逻辑和构造，总共有 $2^4 - 1 = 15$ 个这样的函数. 剩余一个是在所有点上均为假的函数，只要定义为矛盾的命题即可：$f_{16}(A,B) \equiv A\overline{A}$.

这种方法（在逻辑教科书中称为“**简化为规范析取范式**”）对于任何 n 都成立. 例如，在 $n = 5$ 的情况下，有 $2^5 = 32$ 个基本合取式

$$\{ABCDE, ABCD\overline{E}, ABC\overline{D}E, \cdots, \overline{A}\,\overline{B}\,\overline{C}\,\overline{D}\,\overline{E}\} \tag{1.20}$$

和 $2^{32} = 4\,294\,967\,296$ 个不同的逻辑函数 $f_i(A,B,C,D,E)$，其中 4 294 967 295 个可以写为基本合取式的逻辑和，还有一个是矛盾式：

$$f_{4\,294\,967\,296}(A,B,C,D,E) \equiv A\overline{A}. \tag{1.21}$$

因此，人们可以通过“思想构造”验证三种运算

$$\{\text{合取, 析取, 否定}\} \quad \text{即} \quad \{\text{AND, OR, NOT}\} \tag{1.22}$$

足以生成所有可能的逻辑函数. 更简洁地说，它们构成了一个**完备集合**.

(1.12) 中的对偶性表明一个更小的集合就足够了：A 与 B 的析取等价于它们均为假的否定：

$$A + B = \overline{\overline{A}\,\overline{B}}. \tag{1.23}$$

因此，两种运算（AND 和 NOT）已经构成了演绎逻辑的完备集合.[①] 这一事实对于我们确定是否有合情推理的完备规则集合至关重要，详见第 2 章.

显然，我们不能删除这两种运算中的任意一种，只留下另一种. 也就是说，合取运算 AND 不能简化为否定运算 NOT，否定运算 NOT 也不能通过任意数量的 AND 运算实现. 但是，仍然存在这样的可能性：合取与否定都可以简化为尚未引入的另一种运算，因此单个逻辑运算可以构成一个完备集合.

令人惊喜的是，有不止一种（而是两种）这样的运算. 与非运算（NAND）定义为 AND 的否定：

$$A \uparrow B \equiv \overline{AB} = \overline{A} + \overline{B}, \tag{1.24}$$

① 请思考：是否可以推出，编写任何计算机程序只需要这两种运算就足够了？

可以读作“A 与非 B”. 我们立即可以得到：

$$\begin{aligned} \overline{A} &= A \uparrow A, \\ AB &= (A \uparrow B) \uparrow (A \uparrow B), \\ A + B &= (A \uparrow A) \uparrow (B \uparrow B). \end{aligned} \tag{1.25}$$

因此，每个逻辑函数都可以仅用 NAND 构建. 与之类似，或非运算（NOR）定义为：

$$A \downarrow B \equiv \overline{A + B} = \overline{A}\,\overline{B}, \tag{1.26}$$

它也足以生成所有的逻辑函数：

$$\begin{aligned} \overline{A} &= A \downarrow A, \\ A + B &= (A \downarrow B) \downarrow (A \downarrow B), \\ AB &= (A \downarrow A) \downarrow (B \downarrow B). \end{aligned} \tag{1.27}$$

人们可以在设计计算机和逻辑电路时利用这一点. 一个“逻辑门”是除了公共接地端之外还具有两个输入端和一个输出端的电路. 输入端和输出端相对于接地端的电压只能取两个值：比如 +3 伏或“上”，代表“真”；0 伏或“下”，代表“假”. 因此，与非门的输出为“上”当且仅当至少一个输入为“下”，输出为“下”当且仅当两个输入均为“上”；对于或非门，当且仅当两个输入均为“下”时，输出才会为“上”.

逻辑电路的标准组件之一是“四与非门”，即在一个半导体芯片上包含四个独立与非门的集成电路. 给定足够数量的“四与非门”，不需要其他电路组件就可以通过各种方式的相互连接来生成任何所需的逻辑函数.

对于我们的目标来说，这一段对于演绎逻辑的简短讨论已经足够. 许多教科书中有进一步的讨论. 例如，柯匹（Copi，1994）对亚里士多德逻辑做了现代处理. 对于特别强调哥德尔不完备性、可计算性、可判定性及图灵机等的非亚里士多德形式，可参见哈密顿的著作（Hamilton，1988）.

现在转向我们的扩展逻辑，它们将根据以下讨论的条件进行推导. 我们将这些条件称为“合情条件”（desiderata）而不是“公理”（axiom），因为它们并不断言任何东西是真的，只是表明什么是理想的目标. 这些目标是否可以无矛盾地实现，以及它们是否是逻辑的唯一扩展方式，是第 2 章中的数学分析需要解决的问题.[①]

① 本段是对 desiderata 一词解释得最为详细的地方：desiderata 不同于数学公理或公设，它们只是一些条件，说明了扩展逻辑的期望目标（desirable goal）. 本书一般将 desiderata 翻译为“合情条件”，可以理解为根据合理性原则确定的“合情推理的必备条件”，有时候简译为“条件”. desiderata of rationality 翻译为“合理性条件”，desiderata of consistency and rationality 翻译为“一致性与合理性条件”. ——译者注

1.7 基本的合情条件

对于每一个要推理的命题，我们的推理机器人会根据我们给予的证据分配一定程度的合情性. 一旦接收到新的证据，它就必须考虑新的证据并且调整分配. 为了能在它的“大脑”电路中存储与修改这些合情性的分配，必须将其与某种确定的物理量关联，比如电压、脉冲时间或者二进制编码的数值，等等. 我们的工程师会设计这些细节. 对于目前的目的，这意味着在合情程度与实数之间必须有某种关联：

$$\text{(I)}\quad \text{用实数表示合情程度.} \tag{1.28}$$

合情条件 (I) 实际上决定于机器人的“大脑”必须执行某种确定的物理过程来运作. 但是，看起来（见附录 A）它在理论上也是必要的. 我们还没有见过哪一种一致性的概率理论缺乏与合情条件 (I) 功能等价的性质.

我们采取一种自然但非至关重要的约定：更高的合情性对应更大的数值. 另外，假定存在一种连续性也是方便的. 虽然在目前阶段这还很难确切地描述，但是从直觉上说，合情性的微小增加应该对应数值的微小增大.

一般来说，机器人为某个命题 A 分配的合情性依赖于我们是否告诉它另一个命题 B 的真假. 根据凯恩斯（Keynes，1921）和考克斯（Cox，1961）的记号，我们用符号

$$A|B \tag{1.29}$$

表示这一点，可以读作“给定 B 为真，A 为真的（条件）合情性”或者简读作“给定 B 的 A”. 它代表某个实数. 因此，

$$A|BC \tag{1.30}$$

（可以读作“给定 BC 的 A”）表示给定 B 和 C 都为真，A 为真的合情性. 此外，

$$A+B\,|\,CD \tag{1.31}$$

表示给定 C 和 D 都为真，A 和 B 至少有一个为真的合情性，依此类推. 我们已经决定使用更大的数值表示更大的合情性，因此，

$$(A|B) > (C|B) \tag{1.32}$$

表示“给定 B 为真，A 比 C 更合情”. 在这种记号中，合情性的符号可以不加括号，但是为清晰起见，我们经常会添加括号. 因此，(1.32) 与

$$A|B > C|B \tag{1.33}$$

表达的是同样的意思，但是 (1.32) 显得更清晰.

为了避免不可解决的问题，我们不会要求机器人根据相互矛盾的前提进行推理，这样也不可能有正确的答案．因此，当 B 和 C 相互矛盾时，我们不试图定义 $A|BC$．每当出现这样的符号时，就意味着 B 和 C 是兼容的命题.

此外，我们也不希望这个机器人以与人类思维方式相悖的方式思考．因此，我们将以一种至少在定性上与人类推理方式类似的方式来设计它，如前述弱三段论和许多其他相似的模式那样.

因此，假设它拥有的旧信息 C 更新到 C'，从而更新了 A 的合情性：

$$(A|C') > (A|C). \tag{1.34}$$

但是给定 A，B 的合情性没有改变：

$$(B|AC') = (B|AC). \tag{1.35}$$

这当然只能导致 A 和 B 同时为真的合情性增加，而不能导致其减少：

$$(AB|C') \geqslant (AB|C). \tag{1.36}$$

并且 A 为假的合情性必须减少：

$$(\overline{A}|C') < (\overline{A}|C). \tag{1.37}$$

这种定性条件简单地给出了机器人推理的"方向感"．它没有提及合情性改变的多少，只体现了我们的连续性假设（这也是定性地与常识相符的条件）要求：如果 $A|C$ 只做微小的变化，那么只会引起 $AB|C$ 和 $\overline{A}|C$ 的微小变化．我们使用这些定性条件的具体方式将在下一章给出，那时我们将了解为什么需要它们．目前我们将它们简单地概括为：

(II) 定性地与常识相符. (1.38)

最后，我们希望为机器人提供另一个理想的性质（诚实的人总是努力这样做，但并不总是能做到）：它总是一致地推理．这里强调的是"一致"这个词的三个常见含义.

(IIIa) 如果可以通过多种方式推理出结论，那么每种可能的方式都必须给出相同的结果. (1.39a)

(IIIb) 机器人总是考虑它拥有的与问题有关的所有证据．它不会随意忽略一些信息，只根据剩余信息得出结论．换句话说，机器人是完全无意识形态的. (1.39b)

(IIIc) 机器人总是通过分配相同的合情性来表示相同的知识状态．也就是说，如果在遇到两个问题时机器人的知识状态是相同的（除了可能的命题标记之外），那么它必须为两者分配相同的合情性. (1.39c)

合情条件 (I) (II) (IIIa) 是机器人“大脑”内部运作的基本“结构性”条件，而 (IIIb) 和 (IIIc) 是“接口”条件，表明机器人的行为应如何与外部世界关联.

到此为止，大多数人会惊讶于我们对合情条件的寻找已经结束. 事实证明，上述这些条件唯一决定了机器人的推理规则，即只有一套满足所有这些性质的处理合情性的数学运算规则. 这些规则将在第 2 章中推导出来.

（在大多数章节的最后，我们将插入一段非正式的评注，其中收集了各种评论、背景材料等. 跳过它们不会影响我们理解总体论证的脉络.）

1.8　评注

正如广告商、推销员以及各种宣传机构非常了解的那样，人类思想很容易被各种花言巧语所欺骗，从而违背以上合情条件. 我们将尽力确保他们在我们的机器人面前不能成功.

这里强调机器人和人类大脑之间的另一个差别. 根据合情条件 (I)，机器人关于任何命题的心理状态将由一个实数表示. 现在很明显的是，我们对任何特定命题的态度可能不止一个“维度”. 我们对一个命题的判断，不仅在于它是否合情，还可能在于它是否可取、是否重要、是否有用、是否有趣、是否好笑、是否合乎道德，等等. 如果我们假设这些判断中的每一个维度都可以用一个数值表示，那么对人类心理状态的充分完备描述将由多维空间中的向量来表示.

并非所有命题都需要多个维度. 例如，命题“水的折射率小于 1.3”不会激发任何情绪，因此它产生的心态只有极少的维度. 然而，命题“你的岳母刚刚毁了你的新车”会激发多维度的心理反应. 一般来说，日常生活的情况会涉及多个维度. 正是出于这个原因，我们认为，最常见的心理活动通常是模型最难以重现的. 也许我们能通过这一点理解为什么科学和数学是最成功的人类活动：它们处理的是激发最简单的心理状态的命题，这些心理状态受人类思维的不完美性的干扰最少.

当然，出于多种目的，我们不希望我们的机器人采用其他维度产生的这些人类特征. 事实上，正是由于计算机不受情感因素的影响，它们不会对冗长的问题感到厌倦，也不会像人类那样追求隐藏动机，这使得它们比人类更适合执行某些任务.

插入这些评论是为了指出，本书中的理论还有很大的推广与扩展空间. 这可能会激励其他人探索心理活动的“多维理论”，而这种理论会越来越精确地模拟人类大脑的行为. 这些并非都是坏事. 这种理论一旦成功，可能具有超出我们目前

想象的重要性. [①]

然而，就目前而言，我们不得不满足于一种更保守的做法. 是否有可能建立一种一致的“一维”合情推理模型? 显然，如果我们能够设法通过单个实数唯一地表示合情程度，并且忽略刚刚提到的其他维度，那么问题将变得最为简单.

值得强调的是，我们绝没有断言实际人类思维中的合情程度只有唯一的数值度量. 我们的工作不是假设——实际上是猜测——任何这样的事情，而是探索是否可能在没有矛盾的情况下在我们的机器人中建立这样的对应关系.

但对某些人来说，我们似乎已经做了不必要的假设，从而限制了理论的一般性. 为什么必须用实数来表示合情程度? 难道一种基于定性排序关系系统的“比较”理论 [如 $(A|C) > (B|C)$] 不足以表示它吗? 这一点将在附录 A 中进一步讨论，其中描述了概率论的其他方法，并提到我们已经进行了一些尝试来建立人们认为在逻辑上更简单或更具一般性的比较理论. 但结果却并非如此. 因此，尽管完全可能以其他方式建立基础理论，但最终结果并不会有所不同.

1.8.1 普通语言与形式逻辑

我们应该注意形式逻辑的语句与普通语言的语句之间的区别. 人们有可能认为后者只是一种不太精确的表达形式. 但是，在仔细考察后，我们发现两者的实际关系似乎并不是这样. 在我们看来，精心组织的普通语言不一定比形式逻辑更不精确. 普通语言的规则更复杂，因此能比形式逻辑表达更丰富的内容.

特别是，因为普通语言除了陈述逻辑之外还常用于其他目的，所以能够表达微妙的差别，不直接说出来也能做出暗示. 形式逻辑则不具备这些功能. A 先生为了证实自己的客观性，说:“我相信我所看到的.”B 先生回应道:“他看不到他不相信的东西.”从形式逻辑的角度看，他们说的似乎是同样的意思. 但是从普通语言的角度来看，这两个句子具有传达相反含义的意图和效果.

下面是一个更能说明问题的例子，摘自某数学教科书. 设 L 是平面中的直线，S 是该平面中的一个无限点集，将其中的每个点都投影到 L. 现在考虑以下语句.

(I) 极限的投影是投影的极限.

(II) 投影的极限是极限的投影.

它们具有相同的语法结构“A 是 B”和“B 是 A”，因此逻辑上看起来是等价的. 然而，在该教科书中，(I) 被认为是正确的，但 (II) 一般不正确，理由是当集合的

① 事实上，一些心理学家认为，只要五个维度就足以描述一个人的人格特征. 也就是说，我们所有人的不同之处只在于可能由基因决定的五种基本人格特质的不同组合. 但在我们看来，这一定是过分简化了. 在空间和时间上连续变化的可识别化学因子（例如大脑中葡萄糖代谢的分布）会影响心理活动，但不能在一个只有五维的空间中准确、可靠地表示. 然而，凭五个数值可能足以捕获足够的真相，以用于许多目的.

极限不存在时，投影的极限可能存在.

正如我们从例子中看到的那样，在普通语言（甚至数学教科书）中，我们已经学会了使用精确的措辞表达意义的细微差别. 但是在看到这样的例子之前，我们可能意识不到这一点. 我们将“A 是 B”解释为，首先断言 A 存在，作为一种大前提，而该语句的其余部分被理解为以该前提为条件. 换句话说，在普通语言的语法中，动词“是”意味着主语和宾语之间存在差别. 而形式逻辑和传统数学中等号“=”的两边却没有差别.（但是，在计算机语言中，我们会遇到诸如 `J = J + 1` 之类的语句，每个人似乎都能看懂. 现在等号两边终于有了隐含的差别.）

另一个有趣的例子是古老的格言“知识就是力量”，它在人际关系和热力学中都是非常有说服力的真理. 一个化学贸易杂志[①]的广告撰稿人将这句话调整为“力量就是知识”，这就是荒谬、离谱的错误了.

在英语中，动词“is”与其他任何动词一样，在使用时要有主语和谓词，但很少有人注意到这个动词有两种完全不同的含义. 母语为英语的人可能需要付出一些努力才能看出以下语句有不同的含义：“The room is noisy”（房间里很吵）和“There is noise in the room”（房间里有噪声）. 但是，在土耳其语中，这两种意思是用不同的词语表达的，区分得非常清楚，如果用错词将无法理解. 具体来说，后一种说法是本体论的，断言某种东西的物理存在；前一种说法是认识论的，只表达说话者的个人感知.

普通语言（至少是英语）有一种普遍的倾向：通过语法形式将认识论的语句伪装成本体论的语句. 当前概率论的一个主要错误来源就是没有认识到这一点. 以本体论的意义解释认识论语句，是断言一个人的思想和感觉是自然界中存在的事实. 我们称之为“思维投射谬误”，要注意它会对随后的语句造成各种问题. 这种问题并不局限于概率论. 一旦指出这一点，就可以明显地看出，许多哲学家和格式塔心理学家的话语，以及一些物理学家解释量子理论的尝试，由于一再陷入思维投射谬误而沦为无意义.

这些例子说明，当我们尝试将普通语言的复杂语句翻译成形式逻辑的简单语句时，需要小心谨慎. 当然，普通语言通常不如形式逻辑那样精确. 但是，因为每个人都明白这一点，并且时刻警惕，所以没有那么危险.

我们对机器人能掌握普通语言的所有微妙差别的期望实在太高了，毕竟人类也需要花费大约 20 年的时间才能掌握. 在这方面，我们的机器人像一个小孩子一样——它从字面上解释所有语句并将事实脱口而出，而不考虑这可能会冒犯谁.

我不清楚设计一种能够识别这些精细意义的新模型机器人有多么困难，更不

---

① *LC-CG Magazine*，1988 年 3 月号，第 211 页.

清楚这有多么令人期待. 当然, 人类大脑能立刻解决原则上的问题. 但是在实践中, 冯 · 诺伊曼提出的原则依然在发挥作用: 我们设计的机器人无法做到这一点, 除非有人发展出"细微差别识别"理论, 将此过程简化为明确规定的一组操作. 我们很乐意将此工作留给其他人.

无论如何, 我们现在的模型机器人是相当现实的, 因为目前几乎所有重要的概率计算都是由计算机执行的. 无论编程人员是否这样想, 他们都不可避免地根据一些关于机器人应该如何表现的先入为主的观念来设计机器人"大脑"的一部分. 但是, 现在的计算机程序很少能满足我们所有的合情条件. 实际上, 大多数计算机程序是直观的特定流程, 根本没有考虑任何明确定义的合情条件.

任何这样的特定技巧应该都可以在一些特殊的应用领域中使用, 这是选择它们的标准, 但正如第 2 章的证明所示, 任何与概率论规则冲突的特定技巧在超出其有限应用范围时都会产生明显的不一致性. 我们的目标是直接从一致性条件出发, 以一种能应用于所有合情推理问题的方式, 一劳永逸地发展出推理的一般性原理, 避免这种情况发生.

1.8.2 吹毛求疵

从以上内容明显可以看出, 本书使用术语"布尔代数"指代传统的二值逻辑, 其中用 A 这样的符号代表特定的命题. 一个吹毛求疵者向我们抱怨: "一些数学家对这些术语的用法与你们略有不同, 其中 A 指的是一类命题." 这两种用法并没有冲突, 我们也了解这种更广泛的含义, 但是认为并没有必要使用它.

我们称为"布尔代数"的这套规则和符号系统有时被称为"命题演算"(propositional calculus). 该术语似乎意味着我们还需要另一套称为"谓词演算"(predicate calculus) 的规则和符号系统. 然而, 这些新符号其实只是原有短语的简写. 比如, "全称量词"(universal qualifier) $\forall$ 是"对于所有"(for all) 的简写, "存在量词"(existential qualifier) $\exists$ 是"存在一个"(there is a) 的简写. 如果我们只用直白的语言写出语句, 就会自动使用所需的谓词演算, 并且更加清晰明了.

二值逻辑中第二种强三段论的有效性有时也会受到质疑. 然而, 在当前的数学中, 似乎仍然可以通过展示反例来否定一个所谓的定理: 如果我们能从一系列语句中推出矛盾, 它们就是不相容的; 一个命题可以通过**归谬法**来证明, 即从其否定中得出矛盾. 这对我们来说已经足够了, 我们非常满足于遵循这种悠久的传统. 我们持这种立场的安全感来自这样一种信念: 虽然逻辑未来可能向前发展, 但几乎不可能倒退. 一种新的逻辑可能会对亚里士多德逻辑无法得出结果的情形得到新结果. 实际上, 我们在这里试图创立的正是这种新逻辑. 但可以肯定的是, 如果发现的新逻辑在亚里士多德逻辑适用的领域中与之冲突，我们会认为这是新逻辑的致命缺陷.

因此，对于那些感觉被二值演绎逻辑束缚的人，我们只能说："如果你愿意，尽管去探索其他可能性. 如果发现了不包含在二值逻辑或我们的扩展逻辑中，但是在科学推断中有用的新结果，请尽快告诉我们." 实际上，文献中已经有许多相互矛盾的多值逻辑. 在附录 A 中，我们引用的一些论据表明，其中并没有二值逻辑不包含的有用内容. 也就是说，应用于一组命题的 n 值逻辑，要么等价于应用于更大集合的二值逻辑，要么包含内在的不一致性.

我们的经验与以下猜想是一致的：在实践中，多值逻辑似乎不是用来寻找新的有用结果的，而是试图解决二值逻辑中所谓的困难的，特别是在量子理论、模糊集和人工智能领域中. 但仔细研究后，所有这些困难都被证明只是思维投射谬误的示例，需要的是直接修正概念，而不是新的逻辑.

第 2 章 定量规则

概率论只不过是把常识用数学公式表达了出来.

——拉普拉斯（Laplace，1819）

我们已经定义了问题，现在可以通过简单的数学推导来得到合情条件的推论. 这些合情条件大致如下：

(I) 用实数表示合情程度；

(II) 定性地与常识相符；

(III) 具有一致性.

本章将完全致力于推导出满足这些合情条件的合情推理定量规则. 这些规则有漫长、复杂、惊人的历史，其中充满了一般科学方法论的经验教训（参见某些章末尾的评注）.

2.1 乘法规则

我们首先寻找将逻辑积 AB 的合情性与 A 和 B 的合情性相关联的一致性规则，也就是找到 $AB|C$ 的表达式. 由于推理过程有些微妙，让我们从几个不同的角度来考察.

作为第一个视角，请注意决定 AB 为真的过程可以分解为两个关于 A 和 B 的基本决策. 机器人可以

(1) 判定 B 为真； $(B|C)$

(2) 接受 B 为真，判定 A 为真. $(A|BC)$

也可以

(1′) 判定 A 为真； $(A|C)$

(2′) 接受 A 为真，判定 B 为真. $(B|AC)$

在每种情况下，我们都将对应于该步骤的合情性表示如上.

现在，让我们用语言描述第一个流程. 为了使 AB 为真，B 必须为真. 因此，需要合情性 $B|C$. 此外，如果 B 为真，则进一步需要 A 为真，所以也需要合情性 $A|BC$. 但是，如果 B 为假，那么不管是否知道 A 的合情性——由 $A|\overline{B}C$ 表示，AB 当然都为假. 如果机器人首先考虑 B，那么 A 的合情性只有在 B 为真

时才有意义. 因此，如果机器人知道 $B|C$ 和 $A|BC$，则它不需要 $A|C$. $A|C$ 并没有增加什么关于 AB 的新信息.

同样，并不需要知道 $A|B$ 和 $B|A$. 在不知道信息 C 的情况下，A 或 B 可能具有的合情性与机器人知道 C 为真时的判断无关. 例如，如果机器人已经知道地球是圆的，那么在对今天的宇宙学问题做判断时，就不需要考虑如果不知道地球是圆的，它可能具有的观点（即它需要考虑的额外可能性）.

当然，由于逻辑积是可交换的，即 $AB = BA$，所以我们可以在上述语句中互换 A 和 B. 也就是说，$A|C$ 和 $B|AC$ 的知识都适用于确定 $AB|C = BA|C$. 机器人必须从任意一个流程获得相同的 $AB|C$ 值，这是我们的一致性条件之一，即合情条件 (IIIa) 所决定的.

我们可以更明确地陈述这一点. $AB|C$ 是 $B|C$ 和 $A|BC$ 的某个函数：

$$(AB|C) = F[(B|C), (A|BC)]. \tag{2.1}$$

现在，如果这里的推理并不显而易见，那么，让我们考察一下可能的替代方案. 例如，我们可能会想到，

$$(AB|C) = F[(A|C), (B|C)] \tag{2.2}$$

可能是一种可行的函数形式. 但是很容易证明，这种形式不能满足定性合情条件 (II). 给定 C，命题 A 可能非常合情，命题 B 也可能非常合情，但 AB 仍然可能非常合情或非常不合情.

例如，你遇到的一个人有蓝色的眼睛，这非常合情；这个人的头发是黑色的，也非常合情；这个人既有蓝色眼睛又有黑色头发，同样是合情合理的. 然而，你遇到的人左眼是蓝色的，这非常合情；这个人的右眼是棕色的，也非常合情；这个人既有蓝色左眼又有棕色右眼，就极其不合情了. 如果试图使用 (2.2)，我们就无法将这些影响考虑在内. 我们的机器人不能用这种函数关系像人类那样（哪怕是定性地）进行推理.

但是我们还会想到其他可能性. 可以采用如下尝试所有可能性的方法——“穷举法”的一种. 引入实数

$$u = (AB|C), \quad v = (A|C), \quad w = (B|AC), \quad x = (B|C), \quad y = (A|BC). \tag{2.3}$$

如果 u 表示为 v, w, x, y 中的两个或更多个量的函数，则存在 11 种可能性. 你可以写出每一个，并将每一个函数的自变量替换为各种极端条件，如棕色的右眼和蓝色的左眼（它的抽象陈述是：A 真蕴涵 B 假）. 其他极端条件包括 $A = B$、$A = C$、$C \Rightarrow \overline{A}$ 等. 通过这个有些单调乏味的分析，特里布斯（Tribus, 1969）发现，在某些极端情况下，除了两个函数关系之外的所有函数都会定性地违背常识. 这两个函

数是 $u = F(x, y)$ 和 $u = F(w, v)$，正是我们之前的推理已经提出的两种函数形式.

我们现在应用第 1 章中讨论的定性需求. 给定先验信息的变化 $C \to C'$，使 B 变得更合情，但 A 不变：

$$B|C' > B|C, \tag{2.4}$$

$$A|BC' = A|BC. \tag{2.5}$$

常识要求 AB 只能变得更合情，而不能相反：

$$AB|C' \geqslant AB|C, \tag{2.6}$$

等号当且仅当 $A|BC$ 对应于不可能时成立. 同样，给予先定信息 C''，使得

$$B|C'' = B|C, \tag{2.7}$$

$$A|BC'' > A|BC. \tag{2.8}$$

我们要求

$$AB|C'' \geqslant AB|C, \tag{2.9}$$

等号只有在给定 C 时 B 不可能的情况下才能成立（尽管 $A|BC$ 没有定义，但在给定 C'' 时 AB 可能仍然是不可能的）. 此外，函数 $F(x, y)$ 必须是连续的，否则 (2.1) 右侧一个合情性值的小幅度增大可能导致 $AB|C$ 大幅度增大.

总之，$F(x, y)$ 必须是 x 和 y 的连续单调递增函数. 如果假设它是可微的（这并不必要，见 (2.13) 后面的讨论），那么有

$$F_1(x, y) \equiv \frac{\partial F}{\partial x} \geqslant 0, \tag{2.10a}$$

等号当且仅当 y 代表不可能时成立，另外也有

$$F_2(x, y) \equiv \frac{\partial F}{\partial y} \geqslant 0, \tag{2.10b}$$

等号当且仅当 x 代表不可能时成立. 注意，为了以后考虑，在这种记号体系中，F_i 表示关于 F 的第 i 个参数的微分，无论它可能是什么.

接下来，我们施加“结构一致性”合情条件 (IIIa). 假设我们试图找到三个命题同时为真的合情性 $ABC|D$. 由布尔代数的结合性：$ABC = (AB)C = A(BC)$，我们可以用两种不同的方式做到这一点. 如果规则是一致的，无论通过哪一种顺序执行运算，一定会得到相同的结果. 我们可以先认为 BC 是一个命题，然后应用 (2.1)：

$$(ABC|D) = F[(BC|D), (A|BCD)], \tag{2.11}$$

最后，对合情性 $BC|D$ 再次应用 (2.1)，得到

$$(ABC|D) = F\{F[(C|D), (B|CD)], (A|BCD)\}. \tag{2.12a}$$

但是，我们也可以先把 AB 作为一个命题来考虑. 由此，可以通过另一种顺序推理，得到不同的表达式：

$$(ABC|D) = F[(C|D),(AB|CD)] = F\{(C|D),F[(B|CD),(A|BCD)]\}. \tag{2.12b}$$

要让此规则代表一种一致的推理方式，则两个表达式 (2.12a) 和 (2.12b) 必须始终相等. 在这种情况下，机器人进行一致性推理的必要条件是，函数必须满足函数方程

$$F[F(x,y),z] = F[x,F(y,z)]. \tag{2.13}$$

这个方程在数学上有着悠久的历史，阿贝尔（N. H. Abel，1826）最早在书中使用了这个方程. 奥采尔在他的关于函数方程的巨著（Aczél，1966）中，非常恰当地称之为“结合方程”，并列出了 98 条讨论或使用它的参考文献. 奥采尔没有假定可微性，推导出了该方程的一般解 (2.27). 遗憾的是，他的证明过于繁复，占用了他书中 11 页的篇幅（第 256～267 页）（另见 Aczél，1987）. 我们在这里给出考克斯（R. T. Cox，1961）假定了可微性的较短证明. 另外参见附录 B 中的讨论.

显然，(2.13) 有一个平凡解：$F(x,y) = 常数$. 但这违反了我们的单调性需求 (2.10)，并且在任何情况下都对我们的目的没有用处. 除非 (2.13) 有非平凡解，否则这种方法将失效. 因此，我们寻求的是最一般的非平凡解. 使用缩写

$$u \equiv F(x,y), \qquad v \equiv F(y,z), \tag{2.14}$$

但仍视 x,y,z 为自变量，待解的函数方程为

$$F(x,v) = F(u,z). \tag{2.15}$$

遵循 (2.10) 的记号，对 x 和 y 微分，我们有

$$\begin{aligned} F_1(x,v) &= F_1(u,z)F_1(x,y), \\ F_2(x,v)F_1(y,z) &= F_1(u,z)F_2(x,y). \end{aligned} \tag{2.16}$$

从上面的方程中消去 $F_1(u,z)$，并记 $G(x,y) \equiv F_2(x,y)/F_1(x,y)$，得到

$$G(x,v)F_1(y,z) = G(x,y). \tag{2.17}$$

显然，(2.17) 的左侧必须独立于 z. 现在，(2.17) 可以等价地写成

$$G(x,v)F_2(y,z) = G(x,y)G(y,z). \tag{2.18}$$

分别用 U 和 V 表示 (2.17) 和 (2.18) 的左侧，可以验证 $\partial V/\partial y = \partial U/\partial z$. 因此，$G(x,y)G(y,z)$ 必须独立于 y. 具有此属性的最一般函数 $G(x,y)$ 是

$$G(x,y) = r\frac{H(x)}{H(y)}, \tag{2.19}$$

其中 r 是常数，函数 $H(x)$ 是任意的. 在本例中，由函数 F 的单调性知 $G > 0$，因此要求 $r > 0$，并且 $H(x)$ 在定义域中不会改变符号. 使用 (2.19)，则 (2.17)

和 (2.18) 变为

$$F_1(y,z)=\frac{H(v)}{H(y)}, \tag{2.20}$$

$$F_2(y,z)=r\frac{H(v)}{H(z)}. \tag{2.21}$$

关系 $\mathrm{d}v=\mathrm{d}F(y,z)=F_1\mathrm{d}y+F_2\mathrm{d}z$ 变为如下形式:

$$\frac{\mathrm{d}v}{H(v)}=\frac{\mathrm{d}y}{H(y)}+r\frac{\mathrm{d}z}{H(z)}. \tag{2.22}$$

积分后可得

$$w[F(y,z)]=w(v)=w(y)w^r(z), \tag{2.23}$$

其中,

$$w(x)\equiv\exp\left\{\int^x\frac{\mathrm{d}x}{H(x)}\right\}. \tag{2.24}$$

积分没有下限，表示 w 中可以有任意乘法因子. 对 (2.15) 取函数 $w(\cdot)$ 并应用 (2.23)，得到 $w(x)w^r(v)=w(u)w^r(z)$. 再次应用 (2.23)，我们的函数方程变为

$$w(x)w^r(y)[w(z)]^{r^2}=w(x)w^r(y)w^r(z). \tag{2.25}$$

因此，只有当 $r=1$ 时，我们才能得到非平凡解. 最终结果可以表示为以下两种形式之一:

$$w[F(x,y)]=w(x)w(y), \tag{2.26}$$

$$F(x,y)=w^{-1}[w(x)w(y)]. \tag{2.27}$$

逻辑积的结合性与可交换性要求所寻找的关系必须采取如下函数形式:

$$w(AB|C)=w(A|BC)w(B|C)=w(B|AC)w(A|C), \tag{2.28}$$

今后称之为**乘法规则**. 根据其构造函数 (2.24)，$w(x)$ 一定是连续单调正值函数，根据 $H(x)$ 的符号的正负增大或减小. 在当前阶段，它是任意的.

(2.28) 已被推导为要达成合情条件 (IIIa) 的一致性而必须满足的必要条件. 反过来，很明显，(2.28) 也足以确保任意数量的联合命题的这种一致性. 例如，以 (2.12) 的方式连续分解 $ABCDEFG|H$ 的方法有很多种，但只要满足 (2.28)，它们都会产生相同的结果.

定性地与常识相符的要求对函数 $w(x)$ 施加了额外的条件. 例如，在 (2.28) 的第一种形式中，假设当给定 C 时 A 是确定的，那么，在由 C 的知识产生的“逻辑环境”中，命题 AB 和 B 是相同的：一个为真当且仅当另一个为真. 根据我们在第 1 章中讨论的最原始的公理，具有相同真值的命题必须具有相同的合情程度:

$$AB|C=B|C, \tag{2.29}$$

而且我们有

$$A|BC = A|C. \tag{2.30}$$

这是因为，如果当给定 C 时 A 是确定的（即 C 蕴涵 A），那么，当给出任何与 C 不矛盾的其他信息 B 时，A 仍然是确定的. 在这种情况下，(2.28) 变为

$$w(B|C) = w(A|C)w(B|C). \tag{2.31}$$

无论 B 对机器人有多么合情或不合情，它都必须成立. 所以，我们的函数 $w(x)$ 必须具有如下性质：

$$\text{确定性由 } w(A|C) = 1 \text{ 表示.} \tag{2.32}$$

现在假设当给定 C 时 A 是不可能的，那么当给定 C 时命题 AB 也是不可能的：

$$AB|C = A|C. \tag{2.33}$$

如果当给定 C 时 A 已经变得不可能（即 C 蕴涵 $\overline{A}$），那么，当给出任何不与 C 矛盾的进一步信息 B 时，A 仍然是不可能的：

$$A|BC = A|C. \tag{2.34}$$

在这种情况下，(2.28) 变为

$$w(A|C) = w(A|C)w(B|C). \tag{2.35}$$

无论 B 具有怎样的合情性，这个等式都必须成立. 只有两个可能的 $w(A|C)$ 值满足这个条件：0 或 $+\infty$（$-\infty$ 被排除了，否则，根据连续性，$w(B|C)$ 必须能够取负值，这与 (2.35) 矛盾）.

总之，定性地与常识相符要求 $w(x)$ 是连续单调正值函数. 它可能增大，也可能减小. 如果是增函数，它的范围必须是从 0（不可能）到 1（确定）. 如果是减函数，它的范围必须是从 $+\infty$（不可能）到 1（确定）. 到目前为止，我们的条件根本没有说明它们如何在这些范围内变化.

然而，这两种可能的表示在内容上没有什么不同. 给定符合上述标准并且用 $+\infty$ 表示不可能的任意函数 $w_1(x)$，我们可以定义同样符合上述标准并且用 0 表示不可能的新函数 $w_2(x) \equiv 1/w_1(x)$. 因此，如果我们现在选择 $0 \leqslant w(x) \leqslant 1$ 作为约定，将不会失去一般性. 也就是说，就内容而言，与我们的合情条件一致的所有可能性都包含在这种形式中.（正如读者可以验证的那样，我们也可以选择相反的约定. 从这一点开始发展整个理论及其所有应用，也会很顺利，虽然其方程式的形式不太常见，却有相同的内容.）

2.2 加法规则

由于我们现在考虑的命题属于亚里士多德逻辑类型, 它们必须是非真即假的, 其逻辑积 $A\overline{A}$ 总是假的, 逻辑和 $A+\overline{A}$ 总是真的. A 为假的合情性必须在某种程度上取决于它为真的合情性. 如果我们定义 $u \equiv w(A|B)$ 和 $v \equiv w(\overline{A}|B)$, 则必定存在某种函数关系

$$v = S(u). \tag{2.36}$$

显然, 定性地与常识相符要求 $S(u)$ 是 $0 \leqslant u \leqslant 1$ 的连续单调递减函数, 并且有极值 $S(0) = 1$ 和 $S(1) = 0$. 但它不能是具有这些属性的任意函数, 因为它必须与对于 AB 或 $A\overline{B}$ 的乘法规则一致:

$$w(AB|C) = w(A|C)w(B|AC), \tag{2.37}$$

$$w(A\overline{B}|C) = w(A|C)w(\overline{B}|AC). \tag{2.38}$$

应用 (2.36) 和 (2.38), (2.37) 变为:

$$w(AB|C) = w(A|C)S[w(\overline{B}|AC)] = w(A|C)S\left[\frac{w(A\overline{B}|C)}{w(A|C)}\right]. \tag{2.39}$$

我们再次应用交换性: $w(AB|C)$ 关于 A 和 B 对称, 因此一致性要求

$$w(A|C)S\left[\frac{w(A\overline{B}|C)}{w(A|C)}\right] = w(B|C)S\left[\frac{w(B\overline{A}|C)}{w(B|C)}\right]. \tag{2.40}$$

这对于所有命题 A, B, C 都必须成立. 特别地, 给定任意新命题 D, 当

$$\overline{B} = AD \tag{2.41}$$

时 (2.40) 必须成立. 在条件 (2.41) 下, 从前面的 (1.13) 可知

$$A\overline{B} = \overline{B}, \qquad B\overline{A} = \overline{A}, \tag{2.42}$$

这样, 我们可以在 (2.40) 中进行替换

$$\begin{aligned} w(A\overline{B}|C) &= w(\overline{B}|C) = S[w(B|C)], \\ w(B\overline{A}|C) &= w(\overline{A}|C) = S[w(A|C)]. \end{aligned} \tag{2.43}$$

令

$$x \equiv w(A|C), \qquad y \equiv w(B|C), \tag{2.44}$$

(2.40) 就变成了函数方程

$$xS\left[\frac{S(y)}{x}\right] = yS\left[\frac{S(x)}{y}\right], \qquad 0 \leqslant S(y) \leqslant x,\ 0 \leqslant x \leqslant 1, \tag{2.45}$$

这表明, 为与乘法规则一致, $S(x)$ 必须具有缩放属性. 在 $y = 1$ 的特殊情况下, 它变为

$$S[S(x)] = x, \tag{2.46}$$

这表明 $S(x)$ 是自反函数：$S(x)=S^{-1}(x)$. 因此，从 (2.36) 可以得出 $u=S(v)$. 但这只体现了一个明显的事实，即 A 和 $\overline{A}$ 之间的关系是自反的，至于字母和带上横线的字母哪个表示原命题，哪个表示命题的否定，都无关紧要. 之前在 (1.8) 中我们就注意到了这一点，即使当时这还不够明显，现在我们也应该完全意识到了.

(2.45) 给出的有效定义域的推导如下. 由于命题 D 是任意的，通过 D 的各种选择，我们可以得到 $w(D|AC)$ 在

$$0\leqslant w(D|AC)\leqslant 1 \tag{2.47}$$

内的所有值. 但是 $S(y)=w(AD|C)=w(A|C)w(D|AC)$，所以 (2.47) 就是 $0\leqslant S(y)\leqslant x$，如 (2.45) 所述. 该区域对于 x 和 y 是对称的：x 和 y 互换，它同样成立. 几何上，它由 xy 平面中单位正方形（$0\leqslant x,y\leqslant 1$）内、曲线 $y=S(x)$ 上方（含该曲线）的所有点组成.

实际上，该曲线的形状已经由 (2.45) 对在它上方无限小处的点的论述确定. 这是因为，如果我们令 $y=S(x)+\varepsilon$，那么随着 $\varepsilon\to 0^+$，(2.45) 中的两项会以不同的速率趋于 $S(1)=0$. 因此，一切都取决于当 $\delta\to 0$ 时 $S(1-\delta)$ 趋于 0 的具体方式. 为了研究这一点，我们用

$$\frac{S(x)}{y}=1-\exp\{-q\} \tag{2.48}$$

定义一个新变量 $q(x,y)$. 然后，我们可以选择 $\delta=\exp\{-q\}$，用

$$S(1-\delta)=S(1-\exp\{-q\})=\exp\{-J(q)\} \tag{2.49}$$

定义函数 $J(q)$，并找出当 $q\to+\infty$ 时 $J(q)$ 的渐近形式.

现在视 x 和 q 为自变量，从 (2.48) 得到

$$S(y)=S[S(x)]+\exp\{-q\}S(x)S'[S(x)]+O(\exp\{-2q\}). \tag{2.50}$$

利用 (2.46) 及其导数 $S'[S(x)]S'(x)=1$，得到

$$\frac{S(y)}{x}=1-\exp\{-(\alpha+q)\}+O(\exp\{-2q\}), \tag{2.51}$$

其中

$$\alpha(x)\equiv\ln\left[\frac{-xS'(x)}{S(x)}\right]>0. \tag{2.52}$$

通过这些替换，函数方程 (2.45) 变为

$$J(q+\alpha)-J(q)=\ln\left[\frac{x}{S(x)}\right]+\ln(1-\exp\{-q\})+O(\exp\{-2q\}), \quad 0<q<+\infty,\ 0<x\leqslant 1. \tag{2.53}$$

当 $q\to+\infty$ 时，最后两项以指数方式快速变为 0，因此 $J(q)$ 必定是渐近线性的：

$$J(q)\sim a+bq+O(\exp\{-q\}), \tag{2.54}$$

且具有正斜率

$$b = \alpha^{-1} \ln \left[\frac{x}{S(x)} \right]. \tag{2.55}$$

在 (2.54) 中，没有周期为 α 的周期项，因为 (2.53) 必须对于连续的不同 x 值保持成立，进而对于连续的 $\alpha(x)$ 值成立. 但是，根据定义，J 只是 q 的函数，因此 (2.55) 的右侧必须独立于 x. 利用 (2.52) 可以得到

$$\frac{x}{S(x)} = \left[\frac{-xS'(x)}{S(x)} \right]^b, \quad 0 < b < +\infty. \tag{2.56}$$

也可以变形一下，则 $S(x)$ 必须满足微分方程：

$$S^{m-1}\mathrm{d}S + x^{m-1}\mathrm{d}x = 0, \tag{2.57}$$

其中 $m \equiv 1/b$ 是正常数. 满足 $S(0) = 1$ 的唯一解是

$$S(x) = (1 - x^m)^{1/m}, \quad 0 \leqslant x \leqslant 1, \ 0 < m < +\infty. \tag{2.58}$$

反过来，我们可以立即验证 (2.58) 是 (2.45) 的解.

通过一种不同的证明方式，考克斯（R. T. Cox，1946）首先得出了结果 (2.58). 他在证明中假定了 $S(x)$ 二次可微. 另外，奥采尔（Aczél，1966）在没有假定可微性的情况下得出了相同的结果.（但是，在目前的应用中，假设可微性无伤大雅. 这是因为，如果函数方程导致我们得到不可微的函数，我们就可以认为它违反常识，从而拒绝整个理论.）无论如何，(2.58) 都是满足函数方程 (2.45) 和左边界条件 $S(0) = 1$ 的最一般函数. 然后，我们会发现它自动满足正确的右边界条件 $S(1) = 0$.

由于对函数方程 (2.45) 的推导使用了 (2.41) 对 B 的特殊选择，我们到目前为止只表明了 (2.58) 是满足一般的一致性要求 (2.40) 的必要条件. 要检查其是否充分，将 (2.58) 代入 (2.40). 我们得到

$$w^m(A|C) - w^m(A\overline{B}|C) = w^m(B|C) - w^m(B\overline{A}|C), \tag{2.59}$$

这是由 (2.28) 和 (2.38) 可以轻易得到的等式. 因此，(2.58) 是 $S(x)$ 在 (2.40) 意义下的一致性的充分必要条件.

到目前为止，我们的结果可总结如下. 逻辑积的结合性要求合情性 $x = A|B$ 的单调函数 $w(x)$ 必须遵守乘法规则 (2.28). 我们的结果 (2.58) 指出，这个函数也必须遵守**加法规则**：对于正数 m 有

$$w^m(A|B) + w^m(\overline{A}|B) = 1. \tag{2.60}$$

当然，乘法规则也可以写成

$$w^m(AB|C) = w^m(A|C)w^m(B|AC) = w^m(B|C)w^m(A|BC). \tag{2.61}$$

我们发现 m 的值实际上无关紧要. 这是因为, 无论 m 取什么值, 都可以定义一个新函数

$$p(x) \equiv w^m(x). \tag{2.62}$$

这样, 我们的规则将变成

$$p(AB|C) = p(A|C)p(B|AC) = p(B|C)p(A|BC), \tag{2.63}$$

$$p(A|B) + p(\overline{A}|B) = 1. \tag{2.64}$$

事实上, 这并没有丧失一般性, 因为我们对函数 $w(x)$ 施加的唯一要求是, 它是定义于不可能性 $w = 0$ 和确定性 $w = 1$ 之间的连续单调递增函数. 如果 $w(x)$ 满足此条件, 那么 $w^m(x)$（$0 < m < +\infty$）也是如此. 因此, 使用不同的 m 值并不能给我们带来 $w(x)$ 的任意性中所没有的自由度. 我们的合情条件所允许的所有可能性都包含在 (2.63) 和 (2.64) 中, 其中 $p(x)$ 是任意连续单调递增函数, 值域为 $0 \leqslant p(x) \leqslant 1$. ①

是否需要更多的关系来得到一套完备的合情推理规则, 以便确定任意逻辑函数 $f(A_1, \cdots, A_n)$ 的合情性呢? 在乘法规则 (2.63) 和加法规则 (2.64) 中, 我们得到了合取 AB 和否定 $\overline{A}$ 的合情性公式. 在 (1.23) 之后的讨论中, 我们已经注意到合取和否定是运算的完备集合, 可以从中构造所有逻辑函数.

因此, 大家可能会猜测, 我们应该已经完成了对基本规则的探索. 通过反复应用乘法规则和加法规则, 我们应该可以得到 $\{A_1, \cdots, A_n\}$ 生成的布尔代数中任意命题的合情性.

为了验证这一点, 我们首先寻找逻辑和 $A + B$ 的公式. 反复应用乘法规则和加法规则, 可以得到

$$\begin{aligned} p(A+B|C) &= 1 - p(\overline{A}\,\overline{B}|C) \\ &= 1 - p(\overline{A}|C)p(\overline{B}|\overline{A}C) \\ &= 1 - p(\overline{A}|C)[1 - p(B|\overline{A}C)] \\ &= p(A|C) + p(\overline{A}B|C) \\ &= p(A|C) + p(B|C)p(\overline{A}|BC) \\ &= p(A|C) + p(B|C)[1 - p(A|BC)]. \end{aligned} \tag{2.65}$$

最后, 我们有

$$p(A+B|C) = p(A|C) + p(B|C) - p(AB|C). \tag{2.66}$$

① 至此, 作者完成了概率论中两个重要公式（乘法公式和加法公式）的推导. 本书一般仍然使用通常的翻译, 称之为“乘法规则”和“加法规则”, 但是读者应该清楚, 严格来说, 称其为“乘法法则”和“加法法则”更为恰当. ——译者注

在应用中，这个广义加法规则是最有用的公式之一．显然，原始加法规则 (2.64) 是 (2.66) 在 $B = \overline{A}$ 时的特例.

练习 2.1 能否从乘法规则和加法规则中得到类似 (2.66) 的 $p(C|A+B)$ 的一般性公式？如果能，推导出该公式；如果不能，解释原因.

练习 2.2 假设有一组命题 $\{A_1, \cdots, A_n\}$，它们对于信息 X 是互斥的：$p(A_iA_j|X) = p(A_i|X)\delta_{ij}$．证明 $p(C|(A_1 + A_2 + \cdots + A_n)X)$ 是合情性函数 $p(C|A_iX)$ 的加权平均值：

$$\begin{aligned} p(C|(A_1 + \cdots + A_n)X) &= p(C|A_1X + A_2X + \cdots + A_nX) \\ &= \frac{\sum_i p(A_i|X)p(C|A_iX)}{\sum_i p(A_i|X)}. \end{aligned} \tag{2.67}$$

为了扩展结果 (2.66)，我们在 (1.17) 之后注意到，除相互矛盾之外的任何逻辑函数都可以用规范析取范式表示为基本合取式的逻辑和，如 (1.17)．现在，任何一个基本合取式 $\{Q_i, 1 \leqslant i \leqslant 2^n\}$ 的合情性都可以通过重复应用乘法规则确定，然后，重复应用 (2.66) 将产生 Q_i 的任意逻辑和的合情性．事实上，这些合取是互斥的，所以我们会发现 [见后面的 (2.85)]，这可以简化为一个最多有 $2^n - 1$ 项的简单和式 $\sum_i p(Q_i|C)$.

因此，正如合取和否定是演绎逻辑的一组完备运算集，上述乘法规则和加法规则在以下意义上是合情推理的一组完备规则集：每当背景信息足以确定基本合取式的合情性时，我们的规则就足以确定 $\{A_1, \cdots, A_n\}$ 生成的布尔代数中每个命题的合情性．因此，在 $n = 4$ 的情况下，我们需要 $2^4 = 16$ 个基本合取式的合情性，从而我们的规则将确定布尔代数中 $2^{16} = 65\,536$ 个命题的合情性.

然而，这几乎总是比我们在实际应用中需要的更多．如果背景信息足以确定一些基本合取式的合情性，那么这些合情性对于我们关注的一小部分布尔代数来说可能已经足够了.

2.3 定性属性

现在让我们检验一下基于 (2.63) 和 (2.64) 的推理理论如何与演绎逻辑理论及第 1 章一开始提到的各种定性三段论相关联．显而易见的是，在 $p(A|B) \to 0$ 或 $p(A|B) \to 1$ 的极限情形下，加法规则 (2.64) 表述了亚里士多德逻辑的原始假设：若 A 为真，则 $\overline{A}$ 必定为假，等等.

实际上，所有这些逻辑都包括两种强三段论 (1.1) 和 (1.2) 及从它们推演出的所有内容. 现在使用蕴涵标记 (1.14) 来表示大前提，(1.1) 和 (1.2) 变为

$$\frac{\begin{array}{r} A \Rightarrow B \\ A \text{ 真} \end{array}}{B \text{ 真}} \qquad \frac{\begin{array}{r} A \Rightarrow B \\ B \text{ 假} \end{array}}{A \text{ 假}}, \tag{2.68}$$

它们有无穷无尽的推论. 如果我们用 C 表示它们的大前提，即

$$C \equiv A \Rightarrow B, \tag{2.69}$$

那么，这两种三段论分别对应乘法规则 (2.63) 的以下形式：

$$p(B|AC) = \frac{p(AB|C)}{p(A|C)}, \qquad p(A|\overline{B}C) = \frac{p(A\overline{B}|C)}{p(\overline{B}|C)}. \tag{2.70}$$

从 (2.68) 我们得到 $p(AB|C) = p(A|C)$ 和 $p(A\overline{B}|C) = 0$，因此 (2.70) 简化为

$$p(B|AC) = 1, \qquad p(A|\overline{B}C) = 0. \tag{2.71}$$

这正是三段论 (2.68) 陈述的内容. 因此，关系很简单：亚里士多德演绎逻辑是我们的合情推理规则在机器人对其结论越来越确信时的极限形式.

但是，我们的规则也包含了演绎逻辑中没有的内容：弱三段论 (1.3) 和 (1.4) 的定量形式. 为了表明那些原创性的定性陈述总是可以从当前规则中推演出来，请注意第一种弱三段论

$$\frac{\begin{array}{r} A \Rightarrow B \\ B \text{ 真} \end{array}}{A \text{ 变得更合情}} \tag{2.72}$$

对应乘法规则的如下形式：

$$p(A|BC) = p(A|C)\frac{p(B|AC)}{p(B|C)}. \tag{2.73}$$

但是，根据 (2.68) 有 $p(B|AC) = 1$. 由于 $p(B|C) \leqslant 1$，(2.73) 表明

$$p(A|BC) \geqslant p(A|C), \tag{2.74}$$

正如 (2.72) 所述. 同样，第二种弱三段论

$$\frac{\begin{array}{r} A \Rightarrow B \\ A \text{ 假} \end{array}}{B \text{ 变得更不合情}} \tag{2.75}$$

对应乘法规则的如下形式：

$$p(B|\overline{A}C) = p(B|C)\frac{p(\overline{A}|BC)}{P(\overline{A}|C)}. \tag{2.76}$$

从 (2.74) 可以得到 $p(\overline{A}|BC) \leqslant p(\overline{A}|C)$，因此 (2.76) 表明

$$p(B|\overline{A}C) \leqslant p(B|C), \tag{2.77}$$

正如 (2.75) 所述.

最后，警察推理所使用的三段论 (1.5)，虽然抽象地来看似乎非常弱，但也包含在形式为 (2.73) 的乘法规则中. 现在用 C 代表背景信息 [在 (1.5) 中没有明确指出，因为它的必要性在那时还不明显], 则大前提“A 真则 B 更合情”的形式是

$$p(B|AC) > p(B|C). \tag{2.78}$$

(2.73) 立刻给出

$$p(A|BC) > p(A|C), \tag{2.79}$$

正如 (1.5) 所述.

现在我们有的不只是定性陈述 (2.79). 在第 1 章我们就考虑过，但是当时没有回答的问题是: 是什么决定了证据 B 是将 A 提升到几乎确定的程度，还是对 A 的合情性产生几乎可以忽略不计的影响呢? (2.73) 给出的答案是: 因为 $p(B|AC)$ 不会大于 1，所以只有当 $p(B|C)$ 非常小时，A 的合情性才会大幅增加. 几乎可以肯定观察到男子的行为（B）使他有罪（A），因为这种行为在已知背景信息的条件下是非常不可能发生的: 没有警察见过无辜的人这样做. 此外，如果知道 A 为真只能使 B 的合情性有微不足道的增加，那么观察到 B 反过来也只能使 A 的合情性有几乎可以忽略不计的增加.

我们还可以对这种类型给出更多的比较. 事实上，许多作者已经注意到并且证明了这些规则与常识的完全定性对应关系，其中包括凯恩斯（Keynes，1921）、杰弗里斯（Jeffreys，1939）、波利亚（Pólya，1945，1954）、考克斯（R. T. Cox，1961）、特里布斯（Tribus，1969）、德菲内蒂（de Finetti，1974a,b）和罗森克兰茨（Rosenkrantz，1977）. 我们在前言和第 1 章中简要描述了波利亚的处理方式，刚刚则更全面地重述了考克斯的处理方式. 但是，我们现在的目标是向前推进到定量化的应用，所以要回到理论发展本身.

2.4 数值

到目前为止，我们已经发现了机器人操作合情性的最一般化的一致性规则，前提是它必须将合情性与实数相关联，以便它的“大脑”可以通过执行某些明确的物理过程来运作. 虽然我们对这些规则的常见形式和刚刚提到的定性属性感到欢欣鼓舞，但两个明显的情况表明我们设计机器人“大脑”的工作尚未完成.

首先，虽然规则 (2.63) 和 (2.64) 对不同命题的合情性必须怎样关联做了一些

限制，但我们似乎还没有找到我们的机器人可以进行合情推理的唯一规则，只是找到了无数可能的规则. 单调函数 $p(x)$ 的不同选择，似乎对应着不同的规则，具有不同的内容.

其次，到目前为止，没有什么规则告诉我们在问题开头应该如何给合情性实际赋值，以便机器人开始计算. 机器人如何将背景信息的初始编码转化为合情性的确定数值呢? 为此，我们必须诉诸 (1.39) 中尚未使用的“接口”合情条件 (IIIb) 和 (IIIc).

以下分析用有趣和意外的方式回答了这两个问题. 考虑合情性 $(A_1+A_2+A_3|B)$ 的值，即三个命题 $\{A_1, A_2, A_3\}$ 中至少一个为真的合情性. 我们可以通过两次应用广义加法规则 (2.66) 来找到这个合情性. 第一次应用 (2.66) 得到

$$p(A_1+A_2+A_3|B)=p(A_1+A_2|B)+p(A_3|B)-p(A_1A_3+A_2A_3|B), \tag{2.80}$$

其中我们将 (A_1+A_2) 作为一个命题，并且应用了逻辑关系

$$(A_1+A_2)A_3=A_1A_3+A_2A_3. \tag{2.81}$$

再次应用 (2.66) 得到七项，分组如下：

$$\begin{aligned}p(A_1+A_2+A_3|B)=&\,p(A_1|B)+p(A_2|B)+p(A_3|B)\\&-p(A_1A_2|B)-p(A_2A_3|B)-p(A_3A_1|B)\\&+p(A_1A_2A_3|B).\end{aligned} \tag{2.82}$$

现在假设这些命题是互斥的，即证据 B 蕴涵没有两个命题可以同时为真:

$$p(A_iA_j|B)=p(A_i|B)\delta_{ij}. \tag{2.83}$$

这样，(2.82) 的最后四项都为 0，我们有

$$p(A_1+A_2+A_3|B)=p(A_1|B)+p(A_2|B)+p(A_3|B). \tag{2.84}$$

添加更多命题 A_4, A_5 等，通过数学归纳法很容易证明，如果我们有 n 个两两互斥的命题 $\{A_1,\cdots,A_n\}$，那么 (2.84) 可以推广为

$$p(A_1+\cdots+A_m|B)=\sum_{i=1}^{m}p(A_i|B),\qquad 1\leqslant m\leqslant n. \tag{2.85}$$

从现在开始，我们将不断使用此规则.

在概率论的传统论述中，(2.85) 通常被作为看似很随意的基本公理引入. 本书的方法表明，该规则可从简单的一致性定性条件中推导出来. 我们力图避免将 (2.85) 视为原始的基本关系（参见 2.6 节）.

现在假定命题 $\{A_1,\cdots,A_n\}$ 不仅是互斥的，而且是穷尽的，即背景信息 B 决定了其中一个且仅一个必须为真. 在这种情况下，当 $m=n$ 时，和式 (2.85) 必

须等于 1:

$$\sum_{i=1}^{n} p(A_i|B) = 1. \tag{2.86}$$

仅凭这一点还不足以确定每个数值 $p(A_i|B)$. 根据信息 B 的不同细节，可能有许多不同的选择是可行的. 一般来说，通过 B 的逻辑分析找到 $p(A_i|B)$ 可能是一个难题. 事实上，这是一个开放性问题，因为 B 中可能包含的各种复杂信息没法穷尽. 因此，将该信息转换为 $p(A_i|B)$ 的数值的复杂数学问题也没有尽头. 正如我们将要看到的，这是当前最重要的研究问题之一. 可以将信息 B 转化为 $p(A_i|B)$ 的数值的每一个新原理，都将为该理论开辟一类有用的新应用.

然而，有一种情况下的答案特别简单，只需要直接应用已经给出的原理. 但是，我们现在正进入一个非常微妙的领域，过去一个多世纪以来，这个领域一直是混乱和争议的根源. 在该理论的早期阶段，就像在初等几何中一样，我们的直觉往往比逻辑分析走得更远，以至于逻辑分析的重要性经常被忘记. 问题随之而来：直觉虽然能让我们更快地得出相同的最终结论，但没有让我们正确理解其有效范围. 结果就是，该理论的发展停滞了大约 150 年，因为不同的人对于这些问题总是基于相互矛盾的直觉进行辩论，而不是基于逻辑论证.

因此，我们必须要求读者压制住所有直觉，让自己完全受以下逻辑分析的引导. 我们要非常谨慎地阐明以下要点. 如果不能清楚地理解它，此后我们将面临概念上的巨大困难.

我们考虑两个不同的问题. 问题 I 是前面刚刚构想的问题：我们有一个互斥且穷尽的命题集合 $\{A_1, \cdots, A_n\}$，试求 $p(A_i|B)_{\mathrm{I}}$ 的值. 问题 II 与问题 I 的不同在于，前两个命题 A_1 和 A_2 互换了下标. 当然，这些下标完全是任意的，哪个命题称为 A_1，哪个称为 A_2 并没有差别. 因此，在问题 II 中，我们也有一个互斥和穷尽的命题集合 $\{A'_1, \cdots, A'_n\}$，其中

$$\begin{aligned} A'_1 &\equiv A_2, \\ A'_2 &\equiv A_1, \\ A'_k &\equiv A_k, \qquad 3 \leqslant k \leqslant n. \end{aligned} \tag{2.87}$$

对于 $i = 1, 2, \cdots, n$，试求 $p(A'_i|B)_{\mathrm{II}}$ 的数值.

在交换下标后，我们有了两个不同但密切相关的问题. 显然，无论机器人对问题 I 中的 A_1 有怎样的知识状态，都必须与对问题 II 中 A'_2 的知识状态相同. 因为它们是相同的命题，而且在两个问题中给定的背景信息 B 是相同的. 在这两

个问题中，机器人都在考虑相同的命题 $\{A_1, \cdots, A_n\}$. 因此必须有

$$p(A_1|B)_{\text{I}} = p(A_2'|B)_{\text{II}}, \tag{2.88}$$

类似地有

$$p(A_2|B)_{\text{I}} = p(A_1'|B)_{\text{II}}. \tag{2.89}$$

上述两个方程称为**变换方程**. 它们只描述了这两个问题是如何相互关联的，因此对于任何信息 B 都必须成立，无论问题 I 中的命题 A_1 和 A_2 对于机器人来说是多么合情合理或难以置信，都是如此.

现在假设信息 B 对于命题 A_1 和 A_2 没有区别. 也就是说，如果它关于一个命题说明了什么，那么它关于另一个命题也说明了同样的东西. 因此它没有包含可以让机器人偏向某一命题的理由. 在这种情况下，问题 I 和问题 II 不仅是相关的，而且是完全等同的：机器人在问题 II 中关于命题集合 $\{A_1', \cdots, A_n'\}$ 的知识状态，包括它们的下标，与问题 I 中关于命题集合 $\{A_1, \cdots, A_n\}$ 的相同.

现在我们在 (1.39) 和 (IIIc) 的意义上应用一致性合情条件. 它表明，必须分配等同的合情性值来表示等同的知识状态. 我们用方程表示这个陈述：

$$p(A_i|B)_{\text{I}} = p(A_i'|B)_{\text{II}}, \qquad i = 1, 2 \cdots, n, \tag{2.90}$$

称为**对称方程**. 结合 (2.88)、(2.89) 和 (2.90) 可以得到：

$$p(A_1|B)_{\text{I}} = p(A_2|B)_{\text{II}}. \tag{2.91}$$

换句话说，在问题 I 中，命题 A_1 和命题 A_2 必须被赋予相同的合情性.（当然，在问题 II 中也是如此.）

在这一点上，根据你的个性和对这个主题的背景知识，你可能会对 (2.91) 的结果感到赞许，也可能会非常失望. 我们刚刚给出的论证是用来给合情性赋值的群不变性原则的第一个“婴儿”版本. 在第 6 章中，当我们考虑给“无信息先验”赋值的一般性问题时，它会被大幅扩展.

更一般地，假设 $\{A_1'', \cdots, A_n''\}$ 是 $\{A_1, \cdots, A_n\}$ 的任意排列. 问题 III 是确定 $p(A_i''|B)$ 的值. 如果排列由 $A_k'' \equiv A_i$ 确定，将有 n 个如下形式的变换方程：

$$p(A_i|B)_{\text{I}} = p(A_k''|B)_{\text{III}}. \tag{2.92}$$

它们表明了问题 I 和问题 III 是如何相互关联的. 对于任意给定的信息 B，这些关系都成立.

但是，如果信息 B 对于所有命题 A_i 都没有区别，那么，对于问题 III 中的命题集合 $\{A_1'', \cdots, A_n''\}$ 和问题 I 中的集合 $\{A_1, \cdots, A_n\}$，机器人有完全相同的知识状态. 同样，我们的一致性合情条件要求机器人对于等同的知识状态中赋予等

同的合情性，从而导出 n 个对称条件：

$$p(A_k|B)_{\rm I} = p(A_k''|B)_{\rm III}, \qquad k=1,2,\cdots,n. \tag{2.93}$$

根据 (2.92) 和 (2.93)，我们得到形如

$$p(A_i|B)_{\rm I} = p(A_k|B)_{\rm I} \tag{2.94}$$

的 n 个等式. 现在, 对于任何我们定义问题 III 的特定排列, 这些关系都必须成立. 有 $n!$ 种这样的排列，因此实际上有 $n!$ 个等价的问题. 对于给定的 i，(2.94) 中的下标 k 将遍历所有其他 $n-1$ 个下标. 因此，唯一的可能性是所有 $p(A_i|B)_{\rm I}$ 都相等（实际上，如果考虑单个置换的 n 阶循环，它也必须成立）. 由于 $\{A_1,\cdots,A_n\}$ 是穷尽的，(2.86) 必须成立，从而唯一的可能性是

$$p(A_i|B)_{\rm I} = \frac{1}{n}, \qquad 1 \leqslant i \leqslant n. \tag{2.95}$$

我们终于得出了一组确定的数值！根据凯恩斯的著作（Keynes，1921），我们将这个结果称为**无差别原则**.

尽管我们警告了不要使用直觉，但读者也许已经凭直觉得出了同样的结论，并且不需要刚刚那样曲折的推理. 如果是这样，那么至少这种直觉与我们的合情条件是一致的. 但是，若直截了当地凭直觉写出 (2.95)，就不能让人认识到这个结果的重要性和唯一性. 要看到其唯一性，请注意，如果机器人给出与 (2.95) 不同的赋值，那么仅通过下标的重新排列，我们就可以看到另一个问题：机器人会对相同的知识状态赋予不同的合情性.

要明白其重要性，请注意，(2.95) 实际上回答了本节一开始提出的两个问题. 它表明给予机器人的信息如何产生确定的数值，从而可以开始计算（这在特殊情况下可以大幅一般化）. 此外，它还显示了更为重要的东西，这在直觉上并不明显：给予机器人的信息确定了量 $p(x)=p(A_i|B)$ 的数值，而不是我们开始定义的合情性 $x=A_i|B$ 的数值. 这在一般情况下也是正确的.

认识到这一点，为本节开头提出的第一个问题提供了美妙的答案. 在找到乘法规则和加法规则之后，我们似乎还没有找到任何唯一的推理规则，因为单调函数 $p(x)$ 的不同选择将导致不同的一套套规则（即具有不同内容的一套套规则）. 但是，现在我们看到，无论选择什么函数 $p(x)$，都会得到相同的结果 (2.95) 以及 p 的相同数值. 此外，正如乘法规则和加法规则所表明的那样，可以完全通过操纵量 p 来执行机器人的推理过程. 机器人的最终结论可以用 p 而不是 x 来表示.

因此，我们现在看到，函数 $p(x)$ 的不同选择仅对应于我们设计机器人内部存储器电路的不同方式. 对于每个要推理的命题 A_i，机器人都需要一个存储器地址，用于存储根据所有数据信息得到的代表 A_i 合情程度的数值. 当然，它也可

以不存储数值 p_i，而是存储 p_i 的任何严格单调函数的值. 无论在内部使用什么函数，机器人的外部可观察行为都是一样的.

一旦我们意识到这一点，就可以明显地看到，与其说 $p(x)$ 是 x 的任意单调函数，不如反过来说：

合情性 $x \equiv A|B$ 是 p 的任意单调函数，定义在 $0 \leqslant p \leqslant 1$ 的范围内.

由数据严格确定的是 p，而不是 x.

因此，唯一性问题由结果 (2.95) 自动解决了. 尽管看起来不是如此，但实际上我们的机器人可以用来进行合情推理的一致规则只有一套. 另外，我们开始提到的合情性 $x \equiv A|B$ 实际上已经完全消失了！我们将不再需要使用它们.

既然可以完全通过量 p 实现我们的合情推理理论，最后就来引入其技术名称吧. 从现在开始，我们将称这些量为**概率**. 到目前为止，我们一直在刻意避免使用“概率”这个词，因为它虽然众所周知，对我们来说却是一个技术术语，应该有确切的含义. 但是，在证明其数值由问题中的数据唯一确定之前，我们没有理由假设量 p 具有任何确切的意义.

现在我们看到，量 p 定义了可以测量合情程度的一种特定尺度. 所有可能的单调函数在原则上都可以很好地服务于此目的，我们之所以选择这个特定的函数，不是因为它更正确，而是因为它更方便. 也就是说，量 p 遵循最简单的组合规则：乘法规则和加法规则. 因此，p 的数值直接由我们的信息确定.

这种情况类似于热力学中的情况. 所有可能的经验温标 t 都是彼此的单调函数，我们之所以最终决定使用开尔文温标 T，不是因为它比其他温标更正确，而是因为它更方便. 也就是说，热力学定律在这个特定的温标中具有最简单的形式（$\mathrm{d}U = T\mathrm{d}S - P\mathrm{d}V$，$\mathrm{d}G = -S\mathrm{d}T + V\mathrm{d}P$，等等）. 因此，在实验可直接测量的意义上，开尔文温标的温度数值是“刚性固定的”，与任何特定物质（如水或汞）的性质无关.

还可以马上从 (2.95) 导出对于我们的直觉同样有吸引力的另一个规则. 考虑概率论中的传统“伯努利坛子”问题：坛子中的 10 个球具有相同的大小和重量，标号为 $\{1, 2, \cdots, 10\}$，其中的 3 个（标号为 $4, 6, 7$）是黑球，另外 7 个是白球. 我们摇动坛子并随机抽取一个球. (2.95) 中的背景信息 B 由这两句陈述组成. 我们取出一个黑球的概率是多少？

定义命题：$A_i \equiv$ 取出的第 i 个球（$1 \leqslant i \leqslant 10$）. 由于背景信息对这 10 种可能性没有区别，所以 (2.95) 适用，机器人分配概率值

$$p(A_i|B) = \frac{1}{10}, \quad 1 \leqslant i \leqslant 10. \tag{2.96}$$

说“取出一个黑球”就是“取出的球标号为 4、6 或 7”:

$$p(\text{黑球}|B) = p(A_4 + A_6 + A_7|B). \tag{2.97}$$

这些都是互斥的命题（即它们表示互斥的事件），因此 (2.85) 适用，机器人的结论是

$$p(\text{黑球}|B) = \frac{3}{10}, \tag{2.98}$$

正如直觉已经告诉我们的那样. 更一般地，如果有 N 个这样的球，命题 A 被定义为在任意指定的 M 个球的子集上为真（$0 \leqslant M \leqslant N$），在其补集上为假，我们有

$$p(A|B) = \frac{M}{N}. \tag{2.99}$$

这正是詹姆斯 · 伯努利（James Bernoulli，1713）给出的概率的原始数学定义，它在接下来的 150 年中被大多数作者使用. 例如，拉普拉斯的巨著《分析概率论》（Laplace，1812）以这句话开头:

> 事件的概率是满足条件的实例数量与所有实例数量之比，前提是没有任何事情导致我们预期这些实例中的任何一个会比其他实例发生得更多，也就是对我们来说，它们是等可能的.

练习 2.3 一旦我们得到数值 $a = P(A|C)$ 和 $b = P(B|C)$，乘法规则和加法规则就对它们的合取和析取的可能数值设置了一些限制. 假设 $a \leqslant b$，证明：合取的概率不能超过最小可能命题的概率，即 $0 \leqslant P(AB|C) \leqslant a$；析取的概率不能小于最大可能命题的概率，即 $b \leqslant P(A+B|C) \leqslant 1$. 然后证明：如果 $a+b>1$，那么对于析取，不等式有更强的形式；如果 $a+b<1$，那么对于合取，不等式有更强的形式. 这些必须满足的一般不等式有助于检测概率计算中的错误.

2.5 记号与有限集合策略

现在介绍在本书其余部分中使用的记号（在附录 B 中有更全面的讨论）. 从现在开始，我们的正式概率符号将使用大写字母 P:

$$P(A|B), \tag{2.100}$$

这意味着其参数是命题. 参数为数值的概率通常用其他函数符号表示，例如

$$f(r|np), \tag{2.101}$$

它表示普通数学函数. 进行这种区分是为了避免符号含义的模糊性. 这是概率论领域最近的一个问题. 然而，为了与现有文献中惯用的较随意的符号保持一致，我

们有时会放宽标准，允许使用小写字母 p：$p(x|y)$、$p(A|B)$ 或 $p(x|B)$，其参数可以是数值、命题或两者的任意组合. 因此，含有小写字母 p 的表达式的含义只能根据上下文来判断.

值得注意的是，我们的一致性定理仅适用于命题的*有限集合*上的概率. 原则上，每个问题都必须从这种有限集合上的概率开始，只有当有限集合的极限产生定义良好且表现良好的结果时，才允许扩展到无限集合. 更一般地，在涉及无限集合的任何数学运算中，安全的流程都是遵循有限集合策略：

仅将算术和分析的通常过程应用于具有有限数量的项的表达式.
在完成计算之后，观察所得的有限表达式随着项数无限增多如何表现.

在制定这种行为准则时，我们只遵循从阿基米德到高斯的数学家认为在所有数学领域中为了避免无意义而必须遵守的原则. 但是后来，无限集合理论和测度论的普及导致一些人忽视它，寻求直接使用测度论的捷径. 然而请注意，此行为准则与勒贝格的原始测度定义一致，*当存在行为良好的极限时*，它会自动导致我们得到正确的测度论结果. 实际上，这就是勒贝格找到他最初结果的过程.

危险在于，目前的测度论记号预设了极限已经实现，但不包含表示使用哪种极限过程的符号. 然而，正如我们在前言中所述，同样表现良好的不同的极限过程通常会导致不同的结果. 当没有表现良好的极限时，任何直接使用极限的尝试都可能导致无意义的结果. *只看极限而不看极限过程，就无法看到导致无意义结果的原因.*

这是对第 15 章中无限集合悖论的简介. 届时我们将看到忽略这一行为准则，试图直接在无限集合上计算概率而不考虑有限集合极限的一些结果. 这些结果好则模棱两可，坏则荒谬.

2.6 评注

我们用两章篇幅进行严格推理，回顾了拉普拉斯约 180 年前[①]的观点 (2.99). 在本书的其余部分中，我们将尝试理解这中间的奇异历史. 这个故事非常复杂，将在接下来的 10 章中逐步展开. 作为开头，让我们考虑使用概率论作为扩展逻辑经常会遇到的一些问题.

① 拉普拉斯 1812 年出版了《分析概率论》，本书“前言”落款时间为 1996 年，相距约 180 年. ——编者注

2.6.1 主观与客观

这两个词在概率论中被滥用了，下面澄清我们对它们的用法. 在我们发展的理论中，任何概率赋值都必然是“主观的”，因为它只描述了一种知识状态，而不是任何可以在物理实验中测量的东西. 不可避免地，有人会问：“谁的知识状态?”答案是：“推理机器人，或拥有相同的信息并根据本章推导中使用的合情条件推理的任何其他人.”

任何拥有相同的信息，但与我们的机器人得出不同结论的人，必然违反了一个合情条件. 虽然无人有权禁止这样的违规行为，但在我们看来，一个理性的人如果发现自己正在违反任何一个合情条件，就会愿意改变自己的想法（无论如何，他肯定难以说服知道这种违规行为的其他人接受他的结论）.

与此同时，我们的接口条件 (IIIb) 和 (IIIc) 的作用，又使得这些概率赋值是完全“客观的”，因为它们与不同用户的个性无关. 它们是根据问题给出的陈述来描述（或者说编码）信息的一种手段，与你我对于所涉及命题可能拥有的个人感受（希望、恐惧、价值判断等）无关. 这种意义上的“客观性”正是成为受人敬重的科学推断理论所需要的.

2.6.2 哥德尔定理

为了回答另一个不可避免被问到的问题，我们概述本章中已经证明和没有证明的内容. 确定我们的乘法规则和加法规则的主要构造性需求是“结构一致性”的合情条件 (IIIa). 当然，它并不意味着我们的规则已被证明是一致的. 它仅仅意味着，其他任何通过实数表示合情程度的规则，如果内容与我们的不同，将会导致不一致性或者违反其他合情条件.

哥德尔（Kurt Gödel，1931）著名的定理指出，没有数学系统能够证明自身的一致性. 这是否会阻止我们证明作为扩展逻辑的概率论的一致性呢? 我们不准备完全回答这个问题，但也许可以稍微澄清一些情况.

首先，要确保“不一致性”对我们和逻辑学家来说意味着同样的事情. 如果我们的规则不一致，就意味着合法应用这些规则可能得出相互矛盾的结果. 例如，通过两种合法的方式应用规则，可能会分别导出 $P(A|BC)=1/3$ 和 $P(A|BC)=2/3$. 考克斯的函数方程意在防止这种情况发生. 当一个逻辑学家说公理系统 $\{A_1, A_2, \cdots, A_n\}$ 不一致时，他的意思是可以从中推出矛盾：某个命题 Q 及其否定 $\overline{Q}$ 都能被推导出来. 实际上，这与我们所理解的不一致性并没有本质上的不同.

为了理解哥德尔定理的结果，关键是理解矛盾的命题 $\overline{A}A$ 蕴涵无论真假的所有命题，这是逻辑的基本原理.（给定任意两个命题 A 和 B，我们有 $A \Rightarrow (A+B)$，

因此 $\overline{A}A \Rightarrow \overline{A}(A+B) = \overline{A}A + \overline{A}B \Rightarrow B$.）然后令 $A = \{A_1, A_2, \cdots, A_n\}$ 是一种数学理论背后的公理系统，T 是可以从中推导出来的任意命题或定理[①]：

$$A \Rightarrow T. \tag{2.102}$$

现在，无论 T 断言什么，可以从公理推导出 T 的事实都不能证明公理之间没有矛盾. 这是因为，即使存在矛盾，T 当然也可以从这些公理中推导出来！

对于我们的问题来说，这是哥德尔定理的核心思想. 正如费希尔 (Fisher, 1956) 所注意到的，它向我们展示了哥德尔的结果为什么在直觉上是正确的. 我们不认为逻辑学家会接受把费希尔的简单论证作为完整的哥德尔定理的证明. 然而对于我们大多数人来说，这比哥德尔冗长而复杂的论证[②]更有说服力.

现在假设公理中存在不一致性，那么 T 的否定（以及矛盾命题 $\overline{T}T$）也可以从这些公理推导出来：

$$A \Rightarrow \overline{T}. \tag{2.103}$$

因此，如果存在不一致性，可以通过展示任意命题 T 及其否定 $\overline{T}$ 都能从公理中推导出来以证明其存在. 然而，在实践中，可能并不容易找到这样一个能看出如何同时证明 T 和 $\overline{T}$ 的 T.

显然，如果我们能够找到一套可行的流程，能在公理之间存在不一致性时定位其不一致之处，就可以证明一组公理的一致性. 哥德尔定理似乎意味着不存在这样的流程. 但事实上，它只是表明不存在可以从被检测系统的公理中推导出来的流程.

我们发现概率论的情况与此接近. 它是一个强大的分析工具，可以找到一组命题，并检测出其中可能存在的矛盾. 概率论的基本原则是，以矛盾前提为条件的概率不存在（这时假设空间变成空集）. 因此，可以让我们的机器人这样工作：写一个计算机程序，来计算以一组命题 $E = (E_1, E_2, \cdots, E_n)$ 为条件的概率 $p(B|E)$. 即使在检查时从表面上看不出 E 的任何矛盾，只要 E 中隐藏着矛盾，计算机程序就会崩溃.

我们凭借“经验”发现了这一点. 经过一番思考后，我们意识到这不是令人

① 在第 1 章中，我们已经注意到形式蕴涵的弱属性与逻辑可推导性的强属性之间的微妙区别. 当我们说“命题 C 的蕴涵命题”时，实际的意思是“从 C 及其他背景信息中可以逻辑推导出的命题”. 在我们看来，传统亚里士多德逻辑的阐述由于未能明确提及背景信息而存在缺陷. 无论是归纳还是演绎，这些背景信息对于我们的推理通常是至关重要的. 但是，在当前的论证中，我们可以将 A 理解为包括该背景信息的所有命题，那么“蕴涵”和“逻辑可推导性”就是一回事.

② 哈罗德 · 杰弗里斯 1957 年版的《科学推断》（Jeffreys, 1931）中简要总结了哥德尔的原始推理. 它比我们看到的任何其他解释都更清晰，更简单明了. 1931 年的完整定理涉及其他方面的内容，但我们现在对此毫无兴趣. 上面的讨论已经抽象出了目前我们需要理解的部分.

沮丧的理由，而是一个有价值的诊断工具. 这个工具警告我们要当心不可预见的特殊情况，其中我们对问题的表述可能无效.

如果计算机程序没有崩溃，而是输出有效的结果，就可以知道作为条件命题的 E_i 之间是一致的，并且我们已经完成了人们可能认为根据哥德尔定理不可能完成的任务. 但是我们使用概率论所依据的原则并不是从被测试命题中推导出来的，因此当然没有任何麻烦. 重要的是要理解哥德尔定理证明了什么和没有证明什么.

当哥德尔定理首次出现时，其更一般的结论是，一个数学系统可能包含某些在该系统内不可判定的命题. 这似乎是对逻辑学家们的一个巨大的心理打击，他们最初将此看作实现目标的巨大阻碍. 然而稍加思考我们就知道，其实许多非常简单的问题是通过演绎逻辑不可判定的. 存在这样的情形：人们可以证明某种属性必然存在于有限集合的某个元素中，却不可能知道具体是哪一个元素具有该属性. 例如，两个人是某个事件仅有的证人，他们给出相反的证词后都死了. 我们只知道有一个人一定撒谎了，但是不能确定是哪一个.

在这个例子中，不可判定性不是命题或事件的固有属性，它只表示我们自己信息的不完全性. 对于抽象数学系统而言也是如此：一个命题在系统中不可判定，只意味着系统中的公理没有提供足够的信息来判定它. 但是，原来公理集合之外的新公理可能会提供之前缺失的信息，并使命题最终变得可判定.

将来，随着科学家们越来越倾向于从信息的角度进行思考，哥德尔定理将被更多地视为老生常谈，而不是悖论. 实际上，在我们看来，"不可判定性"仅表示问题需要合情推理而不是演绎推理. 作为扩展逻辑的概率论正是专门针对这些问题而设计的.

这些考虑似乎显示了一种可能性：通过引用概率论之外的原则而进入更广阔的领域，可能能够证明我们的概率论规则的一致性. 目前，这对我们而言似乎还是一个悬而未决的问题.

不用说，正确应用我们的规则不会发现任何不一致的地方，尽管我们的一些计算会对这些规则的可用性进行严格的检验. 经过仔细的检查后总是可以证明，某些表面上的不一致性源于对规则的误用. 然而，在考克斯定理（它会告诉我们在何处寻找不一致性）的指导下，我们总是能轻松指出文献中普遍存在的特定规则的不一致性. 这些特定规则与这里的规则不同，唯一依据是其发明者的直觉判断. 本书中有很多这样的例子，特别是在第 5 章、第 15 章和第 17 章中.

2.6.3 维恩图

毫无疑问，一些读者会问:“经过冗长且看似漫无目的的推演而得到的广义加法规则 (2.66)，在我们的新记号中现在记为

$$P(A+B|C)=P(A|C)+P(B|C)-P(AB|C), \tag{2.104}$$

为什么我们不用维恩图来解释它呢? 这能使它的含义更加清晰.”(在维恩图中我们绘制两个圆，分别标记为 A 和 B，其相交部分标记为 AB，且这两个圆都在圆 C 内.)

维恩图确实是一个有用的工具，在这个特例中说明了为什么负号项会出现在 (2.104) 中. 但它也可能误导人，因为它暗示了比 (2.104) 的实际意义更多的直觉内容. 看看维恩图，我们不免会问:“图中的点代表着什么?”如果该图用来说明 (2.104)，那么可以假定 A 的概率是由圆 A 的面积表示的. 因此，圆 A 和圆 B 覆盖的总面积是它们各自面积的总和减去重叠部分的面积，与 (2.104) 完全对应.

现在，可以用多种方式把圆 A 分解为非重叠的子区域. 这些子区域意味着什么呢? 由于它们的面积是可相加的，如果维恩图仍然适用，那么它们必然代表 A 可以分解为一些互斥的子命题的析取. 如果我们对无穷极限没有数学上的顾虑，可以想象将 A 一直细分为图中的各个点. 因此，这些点必然代表 A 可以被解析成的一些最终的“基本”命题 ω_i.① 当然，一致性要求我们假设 B 和 C 也可以被解析为这些相同的命题 ω_i.

我们已经贸然得出结论：被我们赋予概率的命题对应于某个空间中的点集，逻辑析取 $A+B$ 代表集合的并集，合取 AB 代表它们的交集，而概率是这些集合的可加测度. 但是我们正在发展的一般概率理论并没有这种结构. 所有这些都只是维恩图的属性.

在发展我们的推断理论时，必须特别注意避免会限制其使用范围的限制性假设. 原则上，它适用于任何具有明确意义的命题. 上述特例中的命题碰巧是关于集合的陈述，因此维恩图是 (2.104) 的适当解释. 但是我们推理的大多数命题，例如，

$$A \equiv \text{今天会下雨}, \tag{2.105}$$

$$B \equiv \text{屋顶会漏水}. \tag{2.106}$$

只是描述事实的陈述性语句. 它们在问题的具体背景下或许能、或许不能分解为更多的基本命题.

当然，人们总是可以通过引入无关紧要的东西来强制实施这样的解决方案.

① 出于显而易见的原因，物理学家会拒绝称它们为“原子”命题.

例如，即使上面定义的 B 与企鹅无关，我们也可以将其分解为析取

$$B = BC_1 + BC_2 + BC_3 + \cdots + BC_N. \tag{2.107}$$

其中 $C_k \equiv$ 南极洲的企鹅数量是 k. 通过使 N 足够大，我们肯定能得到一个有效的布尔代数陈述. 但这是无事找事，而且无法帮我们推断屋顶是否会漏水的命题.

即使我们的问题存在有意义的解决方案，也可能没有任何用处. 例如，“今天下雨”的命题可以解析为每个雨滴的每种可能轨迹的枚举. 但我们看不出这将如何有助于气象学家预测降雨. 在真正的问题中，这种分解会有一个自然的结束点. 超出这一点，分解就没有任何意义，只会变成一个空洞的形式化练习. 我们将在 8.11 节中明确地阐释，温度计损坏的具体方式是否会影响萨姆从所读数据中得出的结论?

在某些情况下，一个与问题背景相关的解决方案能成为一个有用的计算工具. (2.98) 是一个小例子. 只要可以，我们将很乐意利用这一点，但一般不能指望它.

即使 A 和 B 在我们的问题中都能以有意义且有用的方式分解，也很少会出现它们可以解析为同一组基本命题 ω_i 的情况. 而且我们始终有权通过在讨论中引入更多命题 D、E、F 来扩充我们的背景知识. 我们很难期望所有这些命题都能继续被表达为同一组基本命题 ω_i 的析取. 这样的假设将对我们理论的一般性施加非常不必要的限制.

因此，合取 AB 应被简单地视为 A 和 B 都为真的陈述. 在问题中尝试做任何其他含义的解读（例如集合的交集）都是错误的. $p(AB|C)$ 本身也应该被认为是一个基本量，不一定能解析为更基本的量（尽管如果它可以如此分解，这可能是计算它的好方法）. 我们遵循布尔的原始记号 $A + B$ 和 AB，而不是更常见的 $A \vee B$ 和 $A \wedge B$（或 $A \cup B$ 和 $A \cap B$，每个人都会将它们与集合理论联系起来）以便尽可能地摆脱这种混乱.

因此，与其说维恩图证明或解释了 (2.104)，我们更愿意说，在这种特殊情况下，(2.104) 解释并证明了维恩图. 但正如我们接下来所述，维恩图在概率论的历史中发挥了重要的作用.

2.6.4 柯尔莫哥洛夫公理

1933 年，柯尔莫哥洛夫（Kolmogorov，1933）提出了一种用集合论和测度论的语言表达概率论的方法. 这种语言此后变得非常流行，以至于今天的许多数学结果不是以最初的发现者命名的，而是以首先用这种语言重述它们的人命名的. 例如，在连续群理论中，术语“赫尔维茨不变积分”消失了，被“哈尔测度”所取代. 由于这种习惯，一些现代著作（特别是数学家写的）给人一种概率论是从

柯尔莫哥洛夫开始的印象.

柯尔莫哥洛夫对维恩图暗示的内容（见 2.6.3 节）进行了形式化和公理化. 乍一看，这个系统看起来与我们的完全不同，需要一些讨论才能看出它们之间的密切关系. 在附录 A 中，我们描述了柯尔莫哥洛夫系统，并且表明，最初似乎是他随意提出的（柯尔莫哥洛夫也因此遭到批评）概率测度的四个公理，其实在本章中都作为满足我们一致性要求的结论被推导了出来. 因此，我们将发现我们在许多技术问题上支持柯尔莫哥洛夫，反对他的批评者. 首先基于柯尔莫哥洛夫理论学习概率论的读者请阅读附录 A.

然而，我们的概率系统在概念上与柯尔莫哥洛夫的系统不同，因为我们不用集合来解释命题，而是将概率分布解释为不完全信息的载体. 这导致的部分结果是，我们的系统拥有柯尔莫哥洛夫系统中根本没有的分析资源. 这使我们能够阐述和解决更多问题，特别是所谓的病态问题和逆概率问题，而柯尔莫哥洛夫系统则认为这些问题超出了概率论的范畴. 这些问题正是目前应用中最受关注的问题.

第 3 章　初等抽样论

到目前为止，我们拥有的数学工具包括基本的乘法规则和加法规则：

$$P(AB|C) = P(A|BC)P(B|C) = P(B|AC)P(A|C), \tag{3.1}$$

$$P(A|B) + P(\overline{A}|B) = 1. \tag{3.2}$$

从中可以导出广义加法规则：

$$P(A + B|C) = P(A|C) + P(B|C) - P(AB|C). \tag{3.3}$$

根据一致性合情条件 (IIIc)，我们还得到了无差别原则：如果以 B 为背景信息时假设 $\{H_1, H_2, \cdots, H_N\}$ 是互斥且完备的，并且 B 不倾向于其中的任何一个，那么

$$P(H_i|B) = \frac{1}{N}, \quad 1 \leqslant i \leqslant N. \tag{3.4}$$

从 (3.3) 和 (3.4)，我们得到了伯努利坛子规则：如果 B 说明 A 在诸 H_i 中的 M 个子集上为真，在其余 $N - M$ 个子集上为假，那么

$$P(A|B) = \frac{M}{N}. \tag{3.5}$$

只需要以上规则就可以得到概率论中的很多结论，意识到这一点很重要.

实际上，当前所教的传统概率论以及许多通常被认为超出概率论领域的重要结论，几乎都可以从上述基础规则中导出. 我们将在接下来的几章中详细阐明这一点. 在第 11 章中，我们将回到机器人“大脑”的基础开发. 届时，我们将对为了探索更高级的应用还需要哪些原则拥有更清楚的认识.

当然，相比于我们希望以后完成的严肃的科学推断，本章给出的概率论的基本应用是相当简单和朴素的. 然而，我们仔细考察它们的原因不仅仅是教学形式的需要. 不了解这些最简单应用的逻辑是数十年来阻碍科学推断的发展——因此也阻碍了科学本身的发展——的主要因素之一. 因此，即使是已经熟悉初等抽样论的读者，在研究更复杂的问题之前，也应该仔细消化本章的内容.

3.1　无放回抽样

让我们通过定义以下命题使得伯努利坛子问题更加明确.

$B \equiv$ 一个坛子中有 N 个球，这些球除了带有不同的标号 $(1, 2, \cdots, N)$ 和分为两种颜色以外，其

他各个方面都相同，其中 M 个为红色，剩余 $N-M$ 个为白色，$0 \leqslant M \leqslant N$. 我们从坛子中随机抽取一个球，观察并记录它的颜色，将它放在一边，然后重复这个过程，直到取出 n 个球，$0 \leqslant n \leqslant N$.

$R_i \equiv$ 第 i 次取出的是红球.

$W_i \equiv$ 第 i 次取出的是白球.

根据 B，每次只能取出红球或白球，因此可以得到

$$P(R_i|B) + P(W_i|B) = 1, \quad 1 \leqslant i \leqslant N. \tag{3.6}$$

这相当于说，在信息 B 的"逻辑背景"下，以下命题是互否的：

$$\overline{R_i} = W_i, \quad \overline{W_i} = R_i. \tag{3.7}$$

并且，对于第一次抽取，(3.5) 变为

$$P(R_1|B) = \frac{M}{N}, \tag{3.8}$$

$$P(W_1|B) = 1 - \frac{M}{N}. \tag{3.9}$$

让我们清晰地理解其意义：概率赋值 (3.8) 和 (3.9) 不是对坛子及其容纳物的任何物理属性的断言，而是在抽取前对机器人知识状态的描述. 事实上，如果机器人的知识状态与刚刚定义的 B 不同（例如，它知道坛子中红球和白球的实际位置，或者它不知道 N 和 M 的真实值)，那么它对 R_1 和 W_1 的概率赋值将会不同. 但是坛子本身的物理属性是一样的.

因此，通过对坛子进行实验来"验证"(3.8) 的说法是不合逻辑的. 这就像试图通过对狗进行实验来验证男孩对狗的爱一样. 在这个阶段，我们关注的是不完全信息的一致性推理逻辑，而不是对将从坛子中抽出什么球的物理事实的断言（由于信息 B 的不完全性，这在任何情况下都是不可能的）.

最终，我们的机器人将能进行一些非常可信的物理预测，这些预测可以接近（但只有在极端简化的情况下才能达到）逻辑演绎的确定性. 但是，在我们声明可以很好地预测什么量以及为此需要什么样的信息之前，需要进一步发展我们的理论. 换句话说，机器人在各种知识状态下分配的概率与实验中可观察的事实之间的关系不是可以随意假设的. 我们有理由只使用那些可以从概率论规则推导出的关系，正如我们现在试图做的那样.

当我们询问与第二次抽取相关的概率时，机器人的知识状态就会出现变化.

例如，问机器人：前两次取出的都是红球的概率是多少？根据乘法规则，这是

$$P(R_1R_2|B) = P(R_1|B)P(R_2|R_1B). \tag{3.10}$$

在最后一项中，机器人必须考虑到在第一次抽取中已经取走了一个红球，所以只剩下 $N-1$ 个球，其中 $M-1$ 个是红球. 因此

$$P(R_1R_2|B) = \frac{M}{N} \times \frac{M-1}{N-1}. \tag{3.11}$$

这样继续下去，前 r 次取出的都是红球的概率为

$$\begin{aligned} P(R_1R_2\cdots R_r|B) &= \frac{M(M-1)\cdots(M-r+1)}{N(N-1)\cdots(N-r+1)} \\ &= \frac{M!(N-r)!}{(M-r)!N!}, \qquad r \leqslant M. \end{aligned} \tag{3.12}$$

如果我们通过伽马函数来定义阶乘 $n! = \Gamma(n+1)$，那么 $r \leqslant M$ 的限制条件是没有必要的，因为负整数的阶乘是无限大，而且当 $r > M$ 时，(3.12) 自动变为 0.

前 w 次取出的都是白球的概率是类似的，可以通过交换 M 和 $N-M$ 得到：

$$P(W_1W_2\cdots W_w|B) = \frac{(N-M)!(N-w)!}{(N-M-w)!N!}. \tag{3.13}$$

然后，已知前 r 次取出红球，在第 $r+1, r+2, \cdots, r+w$ 次取出白球的概率，也可以由 (3.13) 给出，只要考虑到 N 和 M 已经分别减少到了 $N-r$ 和 $M-r$：

$$P(W_{r+1}\cdots W_{r+w}|R_1\cdots R_rB) = \frac{(N-M)!(N-r-w)!}{(N-M-w)!(N-r)!}. \tag{3.14}$$

这样，根据 (3.12)和 (3.14)，利用乘法规则，在 n 次抽取中"先取出 r 个红球，然后取出 $w = n-r$ 个白球"的概率是

$$P(R_1\cdots R_rW_{r+1}\cdots W_n|B) = \frac{M!(N-M)!(N-n)!}{(M-r)!(N-M-w)!N!}, \tag{3.15}$$

其中已经消去了公因子 $(N-r)!$.

虽然这个结果是以某个特定顺序抽取红球和白球得到的，但是在 n 次抽取中，以任何指定顺序抽取刚好 r 个红球的概率是相同的. 为了看清这一点，对 (3.15) 应用关系式

$$\frac{M!}{(M-r)!} = M(M-1)\cdots(M-r-1), \tag{3.16}$$

并且类似地展开其他阶乘比，(3.15) 的右侧变成了

$$\frac{M(M-1)\cdots(M-r+1)(N-M)(N-M-1)\cdots(N-M-w+1)}{N(N-1)\cdots(N-n+1)}. \tag{3.17}$$

现在假设以任意顺序抽取 r 个红球和 $n-r$ 个白球，其概率是 n 个因子的乘积：每次取出红球时，都有一个因子"坛子中的红球数/坛子中球的总数"；每次取出

白球时也是如此. 每抽取一次，坛子中的球就减少一个. 因此，对于第 k 次抽取，无论前一次取出什么颜色的球，分母中都会出现因子 $N-k+1$.

就在取出第 k 个红球之前，无论这是第 k 次还是第更多次抽取，坛子中都会有 $M-k+1$ 个红球. 因此，取出第 k 个红球会使分子中出现因子 $M-k+1$. 就在取出第 k 个白球之前，坛子中有 $N-M-k+1$ 个白球，因此取出第 k 个白球会使分子中出现因子 $N-M-k+1$，无论这是第 k 次还是第更多次抽取. 因此，当取出所有 n 个球（其中 r 个为红球）时，我们会在分子和分母中积累与 (3.17) 中完全相同的因子，不同的抽取顺序只会置换分子中因子的顺序. 因此，(3.15) 给出了在 n 次抽取中以任意指定顺序取出恰好 r 个红球的概率.

请注意，在此结果中，乘法规则被以特定的方式扩展，向我们展示了如何将计算组织成因子的乘积，其中每个因子都是*在给定所有先前抽取结果时*某一次特定抽取的概率. 但是，乘法规则还可以通过许多其他方式扩展，以不同于先前抽取的其他信息为条件给出因子. 所有这些计算必然有相同的结果是一个非平凡的一致性性质，第 2 章的推导过程确保了这一点.

接下来，我们要问机器人：无论顺序如何，在 n 次抽取中恰好取出 r 个红球的概率是多少？红球和白球出现的不同顺序是互斥的事件，因此我们必须对所有顺序的概率求和，但由于每项都等于 (3.15)，我们只需将它乘以二项式系数

$$\binom{n}{r}=\frac{n!}{r!(n-r)!},\tag{3.18}$$

它表示在 n 次抽取中恰好取出 r 个红球的可能顺序的数量，可以将其称为事件 r 的**重数**. 例如，在三次抽取中恰好取出三个红球只有

$$\binom{3}{3}=1\tag{3.19}$$

种方式，即 $R_1R_2R_3$，因此事件 $r=3$ 的重数为 1. 但是，在三次抽取中恰好取出两个红球可以有

$$\binom{3}{2}=3\tag{3.20}$$

种方式，即 $R_1R_2W_3$、$R_1W_2R_3$ 和 $W_1R_2R_3$，因此事件 $r=2$ 的重数为 3.

练习 3.1 为什么重数因子 (3.18) 不是 $n!$？毕竟在我们开始讨论时，规定球除了有颜色外，还带有标签 $(1,2,\cdots,N)$，从而可以区分红球之间的不同排列. 这使得在 (3.18) 中，分母中的 $r!$ 是可区分的排列.
提示：在 (3.15) 中，我们没有指定要取出哪些红球和哪些白球.

将 (3.15) 和 (3.18) 相乘，我们可以将这些因子重组为三个二项式系数. 定义 $A \equiv$“在 n 次抽取中以任意顺序取出 r 个红球”，以及函数

$$h(r|N,M,n) \equiv P(A|B), \tag{3.21}$$

我们有

$$h(r|N,M,n) = \frac{\dbinom{M}{r}\dbinom{N-M}{n-r}}{\dbinom{N}{n}}, \tag{3.22}$$

通常将其简写为 $h(r)$. 按惯例 $x! = \Gamma(x+1)$，当 $r > M$ 或 $r > n$ 或 $(n-r) > (N-M)$ 时，(3.22) 会自动变为 0.

出于附录 B 中解释的原因，我们在这里使用了一些符号上的技巧. 关键在于，在使用大写字母 P 的正式概率符号 $P(A|B)$ 中，参数 A 和 B 总是代表命题. 如果我们希望使用普通数值作为参数，那么为了保持一致性，应该定义新的函数符号，例如 $h(r|N,M,n)$. 尝试使用像 $P(r|NMn)$ 这样的记号，从而忽略 A 和 B 中包含的定性规定，将导致对等式产生误解而造成严重的错误（例如后面讨论的边缘化悖论）. 然而，正如第 2 章所述，我们遵循大多数当代概率论著作的习惯，在本书中还采用了使用小写字母 p 的概率符号 $p(A|B)$ 或 $p(r|n)$. 它既允许参数是命题，也允许参数是代数变量. 在这种情况下，必须根据上下文来判断参数的含义.

结果 (3.22) 称为**超几何分布**，因为它与高斯超几何函数的幂级数表示的系数有关. 高斯超几何函数为

$$F(a,b,c;t) = \sum_{r=0}^{\infty} \frac{\Gamma(a+r)\Gamma(b+r)\Gamma(c)}{\Gamma(a)\Gamma(b)\Gamma(c+r)} \frac{t^r}{r!}. \tag{3.23}$$

如果 a 或 b 是负整数，则级数会终止，该函数成为多项式. 容易验证生成函数

$$G(t) \equiv \sum_{r=0}^{n} h(r|N,M,n)t^r \tag{3.24}$$

等于

$$G(t) = \frac{F(-M,-n,c;t)}{F(-M,-n,c;1)}, \tag{3.25}$$

其中 $c = N - M - n + 1$. 显然 $G(1) = 1$，根据 (3.24)，这表明超几何分布已经正确归一化了. 根据 (3.25)，$G(t)$ 满足二阶超几何微分方程，并且具有许多在计算中有用的其他性质.

尽管超几何分布 $h(r)$ 看起来很复杂，但它具有一些非常简单的性质. 令

$h(r')=h(r'-1)$ 并求解 r'，可以得到 r 在一个单位内的最概然值. 解方程得

$$r'=\frac{(n+1)(M+1)}{N+2}. \tag{3.26}$$

如果 r' 是整数，那么 r' 和 $r'-1$ 都是最概然值. 如果 r' 不是整数，则存在唯一的最概然值

$$\hat{r}=\mathrm{INT}(r'), \tag{3.27}$$

也就是小于等于 r' 的最大整数. 因此，正如人们直观预期的那样，抽取样本中红球的最概然比例 $f=r/n$ 几乎等于最初在该坛子中的红球比例 $F=M/N$. 这是物理预测的第一个粗略例子：预测我们在信息中给定的数量 F 与根据理论得出的物理实验中可测量的数量 f 之间的关系.

分布 $h(r)$ 的宽度表示机器人预测 r 的精度. 我们可以通过计算**累积概率分布**来回答许多这样的问题. 累积概率分布是找到 R 个或更少个红球的概率. 如果 R 是整数，累积概率分布定义为

$$H(R)\equiv\sum_{r=0}^{R}h(r). \tag{3.28}$$

为了进行规范化，我们定义 $H(x)$ 为所有非负实数 x 的阶梯函数. 具体定义如下：$H(x)\equiv H(R)$，其中 $R=\mathrm{INT}(x)$ 是小于等于 x 的最大整数.

概率分布 $h(r)$ 的**中位数**定义为，使得 $r<m$ 和 $r>m$ 的概率相等的数 m. 严格来说，根据此定义，离散分布一般没有中位数. 如果存在满足 $H(R-1)=1-H(R)$ 且 $H(R)>H(R-1)$ 的整数 R，则 R 是唯一的中位数；如果存在满足 $H(R)=1/2$ 的整数 R，那么在 $R\leqslant r<R'$ 范围内的任意 r 都是中位数，其中 R' 是 $H(x)$ 的下一个跳跃点；否则没有中位数.

对于大多数目的，我们可以采取更为宽松的定义. 如果 n 相当大，那么将使得 $H(R)$ 最接近 $1/2$ 的 R 值称为“中位数”是合理的. 基于同样的理由，使得 $H(R)$ 最接近 $1/4$ 和 $3/4$ 的 R 值分别称为“下四分位数”和“上四分位数”. 如果 $n\gg 10$，我们可以将使得 $H(R)$ 最接近 $k/10$ 的 R 值称为“k 分位数”，依此类推. 当 $n\to+\infty$ 时，这些宽松的定义与严格的定义一致.

$H(R)$ 的细节通常并不重要，对于我们而言，知道中位数和四分位数就足够了. 这样，“中位数 $\pm$ 四分位间距”将为机器人的预测以及可能的精度提供很好的描述. 也就是说，根据给予机器人的信息，r 的真值位于该区间内外的可能性几乎相同. 同样地，机器人为其位于第 1 个和第 5 个六分位数之间分配的概率为 $5/6-1/6=2/3$（换句话说，几率[①]为 $2:1$），为其位于第 1 个和第 9 个十分位数之间分配的几率为 $8:2=4:1$，等等.

① 几率，英文原文为 odds，在赌博的场景中一般翻译为“赔率”，在本书中它只是用作 $p/(1-p)$ 的代名词，是概率的单调函数. 本书中都翻译为几率. ——译者注

虽然人们过去通常使用这些分布的繁冗的近似公式，但是现在通过计算机可以轻松地计算精确的分布. 例如，普雷斯等人的著作（W. H. Press et al., 1986）中给出了两个程序，它们能计算任何 a, b, c 值的广义复超几何分布. 表 3-1 和表 3-2 分别给出了 $N = 100, M = 10, n = 50$ 和 $N = 100, M = 50, n = 10$ 的超几何分布. 在后一种情形中，不可能取出 10 个以上的红球，因此，对于所有 $r > 10$ 的值，$h(r) = 0, H(r) = 1$，这在表中未列出. 人们可以立即注意到 $h(r)$ 中相同的数，说明超几何分布具有对称性：

$$h(r|N, M, n) = h(r|N, n, M), \tag{3.29}$$

即它在交换 M 和 n 时值不变. 无论我们是从包含 50 个红球的坛子中抽取 10 个球，还是从包含 10 个红球的坛子中抽出 50 个球，在取出的样本中找到 r 个红球的概率是相同的. 通过仔细考察 (3.22) 可以很容易地验证这一点，从超几何函数 (3.23) 中 a 和 b 的对称性也可以看出这一点.

表 3-1 超几何分布：$N = 100, M = 10, n = 50$

r	$h(r)$	$H(r)$
0	0.000 593	0.000 593
1	0.007 237	0.007 830
2	0.037 993	0.045 824
3	0.113 096	0.158 920
4	0.211 413	0.370 333
5	0.259 334	0.629 667
6	0.211 413	0.841 080
7	0.113 096	0.954 177
8	0.037 993	0.992 170
9	0.007 237	0.999 407
10	0.000 593	1.000 000

从表 3-1 和表 3-2 可以明显看出的另一种对称性是分布关于峰值的对称性：$h(r|100, 50, 10) = h(10 - r|100, 50, 10)$. 然而，一般情况并非如此. 如表 3-3 所示，将 N 从 100 改为 99 会导致关于峰值略微不对称. 表 3-1 和表 3-2 中“关于峰值对称”的来源如下：如果我们交换 M 和 $N - M$，并同时交换 r 和 $n - r$，那么实际上是交换了“红色”和“白色”的定义，所以分布不变，即

$$h(n - r|N, N - M, n) = h(r|N, M, n). \tag{3.30}$$

当 $M = N/2$ 时，这会转化为在表 3-1 和表 3-2 中观察到的对称性：

$$h(n - r|N, M, n) = h(r|N, M, n). \tag{3.31}$$

根据 (3.29)，当 $n = N/2$ 时一定是关于峰值对称的.

表 3-2 超几何分布：$N = 100, M = 50, n = 10$

r	$h(r)$	$H(r)$
0	0.000 593	0.000 593
1	0.007 237	0.007 830
2	0.037 993	0.045 824
3	0.113 096	0.158 920
4	0.211 413	0.370 333
5	0.259 334	0.629 667
6	0.211 413	0.841 080
7	0.113 096	0.954 177
8	0.037 993	0.992 170
9	0.007 237	0.999 407
10	0.000 593	1.000 000

表 3-3 超几何分布：$N = 99, M = 50, n = 10$

r	$h(r)$	$H(r)$
0	0.000 527	0.000 527
1	0.006 594	0.007 121
2	0.035 460	0.042 581
3	0.108 070	0.150 651
4	0.206 715	0.357 367
5	0.259 334	0.616 700
6	0.216 111	0.832 812
7	0.118 123	0.950 934
8	0.040 526	0.991 461
9	0.007 880	0.999 341
10	0.000 659	1.000 000

超几何分布 (3.22) 还有两种直观上并不显而易见的对称性. 接下来问机器人第二次取出红球的概率 $P(R_2|B)$. 这与 (3.8) 的计算方法不同，因为机器人知道，在第二次抽取之前，坛子中只有 $N-1$ 个球，而不是 N 个球. 但它不知道第一次取出的球是什么颜色的，所以不知道现在坛子里的红球数是 M 还是 $M-1$. 那么，伯努利坛子规则 (3.5) 的前提就不存在，看起来问题是不确定的.

然而，问题其实是确定的. 以下是我们在概率计算中使用实用技术的第一个例子，它将一个命题分解为更简单的命题，如第 1 章和第 2 章所述. 机器人知道 R_1 或 W_1 是真的，因此使用布尔代数可以得到

$$R_2 = (R_1 + W_1)R_2 = R_1R_2 + W_1R_2. \tag{3.32}$$

应用加法规则和乘法规则可以得到

$$\begin{aligned} P(R_2|B) &= P(R_1R_2|B) + P(W_1R_2|B) \\ &= P(R_2|R_1B)P(R_1|B) + P(R_2|W_1B)P(W_1|B). \end{aligned} \tag{3.33}$$

因为

$$P(R_2|R_1B) = \frac{M-1}{N-1}, \quad P(R_2|W_1B) = \frac{M}{N-1}, \tag{3.34}$$

所以

$$P(R_2|B) = \frac{M-1}{N-1} \times \frac{M}{N} + \frac{M}{N-1} \times \frac{N-M}{N} = \frac{M}{N}. \tag{3.35}$$

复杂性消失了，第一次和第二次取出红球的概率相同．让我们看看这种规律是否会持续下去．对于第三次抽取，有如下等式：

$$R_3 = (R_1 + W_1)(R_2 + W_2)R_3 = R_1R_2R_3 + R_1W_2R3 + W_1R_2R_3 + W_1W_2R_3, \tag{3.36}$$

所以

$$\begin{aligned} P(R_3|B) = &\frac{M}{N} \times \frac{M-1}{N-1} \times \frac{M-2}{N-2} + \frac{M}{N} \times \frac{N-M}{N-1} \times \frac{M-1}{N-2} \\ &+ \frac{N-M}{N} \times \frac{M}{N-1} \times \frac{M-1}{N-2} + \frac{N-M}{N} \times \frac{N-M-1}{N-1} \times \frac{M}{N-2} \\ &= \frac{M}{N}. \end{aligned} \tag{3.37}$$

所有的复杂性再一次消失了．*如果不知道任何其他次抽取的结果*，机器人在任何次抽取中取出红球的概率总是与伯努利坛子规则 (3.5) 相同．这是第一个并不显而易见的对称性．我们不会在这里证明其一般性，因为它是一个更一般的结果的特例．参见后面的 (3.118)．

(3.32) 和 (3.36) 所示的计算方法如下：将想求的概率对应的命题解析为互斥的子命题，然后应用加法规则和乘法规则．如果很好地选择子命题（即它们在问题的背景中具有简单的含义），那么子命题的概率通常是可计算的．如果没有很好地选择子命题（如 2.6.3 节中企鹅的例子），那么这个流程当然对我们没有帮助．

3.2 逻辑与倾向

3.1 节的结果给我们提出了一个新问题．当计算在第 k 次抽取中取出红球的概率时，在前面某次抽取中取出什么颜色的信息显然是相关的，因为更早的抽取结果会影响第 k 次抽取时坛子中红球的数量 M_k．那么，后面某次抽取的颜色是否相关？乍一看这似乎不可能，因为之后抽取的结果不会影响 M_k 的值．例如，一篇众所周知的统计力学文献（Penrose，1979）将“当前事件的概率只能取决于前面发生的事件，而不取决于后面发生的事件”作为基本公理．作者认为这是“因果律”的必要物理条件．

因此，正如第 1 章中的说明，我们再次强调，推断关心逻辑关系，而逻辑关系可能与物理因果作用相关，也可能无关. 为了说明为什么后面发生的事件的信息与前面发生的事件的概率有关，假设已知坛子里只有一个红球和一个白球：$N=2, M=1$（背景信息 B）. 如果只给定此信息，那么在第一次抽取时取出红球的概率为 $P(R_1|B)=1/2$. 但是，如果机器人得知在第二次抽取时取出红球，它将非常确定第一次不可能取出红球：

$$P(R_1|R_2B)=0. \tag{3.38}$$

一般地，根据乘法规则，我们有

$$P(R_jR_k|B)=P(R_j|R_kB)P(R_k|B)=P(R_k|R_jB)P(R_j|B). \tag{3.39}$$

但是我们已经知道，对于所有 j 和 k 有 $P(R_j|B)=P(R_k|B)=M/N$. 因此，对于所有 j 和 k 有

$$P(R_j|R_kB)=P(R_k|R_jB). \tag{3.40}$$

概率论告诉我们，后面抽取的结果与前面抽取的结果具有完全相同的作用！尽管在第 k 次抽取后的抽取不会物理地影响坛子中红球的数量 M_k，但后面抽取结果的信息与前面抽取结果的信息对第 k 次抽取的知识状态具有相同的影响. 这是第二个并不显而易见的对称性.

这个结果会让持有“概率意义”思想的某些流派相当不安. 尽管人们普遍认同逻辑蕴涵关系与物理因果关系不同，但是很倾向于将概率 $P(A|B)$ 解释为 B 对 A 的某种部分因果作用. 这不仅在前面提到的彭罗斯的著作（Penrose，1979）中很明显，更引人注目的是，这在哲学家卡尔 · 波普尔（Karl Popper）阐述的概率的“倾向”理论中也很明显.[①]

在我们看来，类似 (3.40) 的关系从倾向理论的角度是很难解释的，尽管简单的例子 (3.38) 使其逻辑必要性显而易见. 无论如何，这里展现的逻辑推断理论在

① 在第九届科尔斯顿研讨会（Colston Symposium）上的演讲中，波普尔（Popper，1957）将自己的倾向性解释描述为“纯粹客观”的，但没有使用“物理作用”一词. 他说一颗骰子某一面向上的概率不是骰子的物理属性 [正如克拉默（Cramér，1946）所坚持的]，而是整个实验安排（骰子加上掷骰子的方法）的客观属性. 当然，实验的结果取决于整个安排和流程，只是老生常谈. 虽然尼尔斯 · 玻尔一再通过量子理论强调它，但大概伽利略以后的科学家都不会对此表示怀疑. 然而，除非波普尔真正的意思是“物理作用”，否则他的解释似乎是超自然的，而不是客观的. 在随后的文章（Popper，1959）中，他更完整地定义了倾向性解释. 现在，即使应用于单个试验，其倾向也被认为是“客观的”和“物理上真实的”. 后面，我们会通过数学展示由倾向性解释导致的一些逻辑困难. 波普尔抱怨说，在量子理论中，人们在客观的纯统计解释和主观的基于不完全知识的解释之间摇摆，并且认为后者是不对的，他的倾向性解释可以避免使用基于不完全知识的解释. 他完全错了. 在第 9 章中，我们将在概念层面详细回答这个问题. 显然，不完全的知识是科学家拥有的唯一工作材料！在第 10 章中，我们将详细讨论抛硬币的物理原理，并了解抛硬币的方法如何通过直接的物理作用来影响结果.

前景和结果上都与彭罗斯和波普尔设想的物理因果关系理论有根本上的不同. 显然，逻辑推断可以应用于物理因果关系假设没有意义的许多问题.

这并不意味着我们禁止引入“倾向”或“物理因果”的概念. 关键是要明白，无论是否存在倾向，逻辑推断都是适用且有用的. 如果将这样的概念（即存在某种倾向）表述为定义明确的假设，那么我们的概率论形式就可以分析其含义（参见 3.10 节）. 此外，我们可以根据证据，对照备择假设来检验这个假设，正如我们可以检验任何有良好定义的假设一样. 的确，概率论最普遍、最重要的应用之一就是确定是否存在因果关系的证据：一种新药是否更有效? 一种新工程设计是否更可靠? 新的反犯罪法是否会减少犯罪率? 我们将在第 4 章开始对假设检验的研究.

在所有科学中，逻辑推断都具有更普遍的适用性. 我们认同，物理作用只能随着时间向前传播，但是逻辑推断在前后两个方向上都可以很好地传播. 考古学家发现的一件人造物能改变他对几千年前的事件的认识. 如果不是这样，考古学、地质学和古生物学将不可能存在. 夏洛克 · 福尔摩斯的推理旨在根据现有的证据推断过去发生的事件. 600 米外的军乐队发出的声音传入你的耳朵，改变了你对乐队 2 秒钟之前演奏的乐曲的知识状态. 聆听托斯卡尼尼的贝多芬交响曲录音，会改变你对多年前托斯卡尼尼指挥的交响乐团如何演绎贝多芬音乐的知识状态.

这表明了（我们将在以后验证），一种非平衡现象的正确理论（例如声音传播），也要求承认并使用后向逻辑推断，尽管它们并不表示物理原因. 关键是，我们对任何现象（无论是在物理学、生物学、经济学还是任何其他领域中）做出的最佳推断，都必须参考我们拥有的所有相关信息，无论这些信息是在现象发生之前还是之后的. 这应该被认为是常识，而不是悖论. 在本章的最后（练习 3.6），读者将有机会通过计算考虑前向因果影响的后向推断来直接证明这一点.

更一般地，考虑概率分布 $p(x_1, \cdots, x_n|B)$，其中 x_i 表示第 i 次试验的结果，并且可以取不止两个值（红色和白色），比如，$x_i = 1, 2, \cdots, k$ 标记 k 种不同的颜色. 如果该概率在 x_i 的任何排列下都是不变的，则它仅取决于表示“结果 $x_i = 1$ 出现多少次，$x_i = 2$ 出现多少次，等等”的样本数 $(n_1, \cdots, n_k)$. 这种分布称为**可交换的**. 稍后我们将发现，可交换分布具有许多有趣的数学特性和重要应用.

回到我们的坛子问题，从超几何分布是可交换的这一事实可以明显看出，每次抽取必须与其他次抽取具有相同的相关性，无论其时间顺序或者在序列中的位置如何. 这并不限于超几何分布，对于任何可交换分布（即只要序列中事件的概率与其顺序无关）都是正确的. 因此，多思考一下，从物理因果关系的角度难以解释的这些对称性，从逻辑的角度来看就会变得显而易见.

让我们定量地计算这一影响. 假设 $j < k$，则命题 R_jR_k（在第 j 和第 k 次

均取出红球）在布尔代数中与以下命题等价:

$$R_jR_k=(R_1+W_1)\cdots(R_{j-1}+W_{j-1})R_j(R_{j+1}+W_{j+1})\cdots(R_{k-1}+W_{k-1})R_k, \tag{3.41}$$

将上式以 (3.36) 的方式扩展为

$$2^{j-1}\times 2^{k-j-1}=2^{k-2} \tag{3.42}$$

个命题的逻辑和，其中每一个命题代表诸如

$$W_1R_2W_3\cdots R_j\cdots R_k \tag{3.43}$$

的 k 个结果的完整序列. 概率 $P(R_jR_k|B)$ 是它们所有的概率的总和. 但我们知道，在给定 B 的情况下，任何一个序列的概率都与红球和白球出现的顺序无关. 因此，我们可以变换每个序列，将 R_j 移动到第一个位置，将 R_k 移动到第二个位置. 也就是说，我们可以将序列 $W_1\cdots R_j\cdots$ 替换为 $R_1\cdots W_j\cdots$，等等. 重新组合它们，我们得到 R_1R_2 后面跟着第 $3,4,\cdots,k$ 次抽取的所有可能结果. 换句话说，R_jR_k 的概率等同于

$$R_1R_2(R_3+W_3)\cdots(R_k+W_k)=R_1R_2 \tag{3.44}$$

的概率. 这样，我们有

$$P(R_jR_k|B)=P(R_1R_2|B)=\frac{M(M-1)}{N(N-1)}, \tag{3.45}$$

类似地，有

$$P(W_jR_k|B)=P(W_1R_2|B)=\frac{(N-M)M}{N(N-1)}. \tag{3.46}$$

因此，根据乘法规则，对于所有 $j<k$ 有

$$P(R_k|R_jB)=\frac{P(R_jR_k|B)}{P(R_j|B)}=\frac{M-1}{N-1}, \tag{3.47}$$

$$P(R_k|W_jB)=\frac{P(W_jR_k|B)}{P(W_j|B)}=\frac{M}{N-1}. \tag{3.48}$$

根据 (3.40)，结论 (3.47) 和 (3.48) 对所有 $j\neq k$ 都成立.

如前所述，许多人会对这个结论感到震惊，我们将再次用不同的语言来解释它. 机器人知道坛子里最初包含 M 个红球和 $N-M$ 个白球. 然后，如果得知前面取出了一个红球，便知道后面抽取时会少一个红球. 问题就变成，我们从 $N-1$ 个球的坛子开始，其中 $M-1$ 个是红球. (3.47) 只是对应于 (3.37) 对于不同初始值的答案.

但是，为什么知道后面的抽取结果具有同样的作用呢? 这是因为，如果机器人知道后面会取出红球，那么实际上必须将坛子中的红球之一“搁置”起来，以使这

成为可能. 由于有了此信息, 本可以在前面取出的红球数就减少了一个. (3.38) 是这种情况的特例, 其结论显而易见.

3.3 根据不精确信息推理

现在, 我们尝试将这种理解应用于一个更复杂的问题. 假设机器人得知在后面的抽取中至少会取出一个红球, 但不知道是在哪一(几)次. 也就是说, 采用布尔代数命题的形式, 新信息是

$$R_{\text{later}} \equiv R_{k+1} + R_{k+2} + \cdots + R_n. \tag{3.49}$$

该信息至少减少了一个可用于第 k 次抽取的红球数量, 但是 R_{later} 是否具有与 R_n 完全相同的含义并不明显. 为了对此进行考察, 我们再次应用乘法规则的对称性:

$$P(R_k R_{\text{later}}|B) = P(R_k|R_{\text{later}}B)P(R_{\text{later}}|B) = P(R_{\text{later}}|R_k B)P(R_k|B). \tag{3.50}$$

从而可以得到

$$P(R_k|R_{\text{later}}B) = P(R_k|B)\frac{P(R_{\text{later}}|R_k B)}{P(R_{\text{later}}|B)}, \tag{3.51}$$

等式右侧的所有量都很容易计算.

看到 (3.49), 人们可能会做如下推理:

$$P(R_{\text{later}}|B) = \sum_{j=k+1}^{n} P(R_j|B). \tag{3.52}$$

但这是错误的, 因为除非 $M = 1$, 否则事件 R_j 不是互斥的. 而且如 (2.82) 所示, 这里需要更多的项. 这种计算方法非常烦琐.

为了更好地组织计算, 请注意, R_{later} 的否定是"在后面的所有抽取中都取出白球":

$$\overline{R_{\text{later}}} = W_{k+1}W_{k+2}\cdots W_n. \tag{3.53}$$

因此, $P(\overline{R_{\text{later}}}|B)$ 是在后面的所有抽取中都取出白球的概率, 而不管前面抽取时发生什么情况(即机器人不知道前面抽取时发生了什么情况). 利用可交换性, 这与在前 $n-k$ 次抽取中取出白球的概率相同, 而与在以后抽取中发生的情况无关. 根据 (3.13) 可以得到

$$P(\overline{R_{\text{later}}}|B) = \frac{(N-M)!(N-n+k)!}{N!(N-M-n+k)!} = \binom{N-M}{n-k}\binom{N}{n-k}^{-1}. \tag{3.54}$$

同样, 对于"$N-1$ 个球, 其中 $M-1$ 个是红球"的情形, $P(\overline{R_{\text{later}}}|R_k B)$ 有相

同的结果:

$$P(\overline{R_{\text{later}}}|R_kB) = \frac{(N-M)!(N-n+k-1)!}{(N-1)!(N-M-n+k)!} = \binom{N-M}{n-k}\binom{N-1}{n-k}^{-1}. \tag{3.55}$$

现在 (3.51) 变为

$$P(R_k|R_{\text{later}}B) = \frac{M}{N-n+k} \times \frac{\binom{N-1}{n-k} - \binom{N-M}{n-k}}{\binom{N}{n-k} - \binom{N-M}{n-k}}. \tag{3.56}$$

作为验证，注意到，如果 $n = k+1$，上式简化为 $(M-1)/(N-1)$，正如我们所料.

目前，我们对 (3.56) 的兴趣不太在于数值，而在于理解结果的逻辑. 因此，我们将其特殊化为最简单的情况. 假设我们从一个包含 $N = 4$ 个球（其中 $M = 2$ 个是白球）的坛子中抽取 $n = 3$ 次，并询问在第二次和第三次抽取中至少取出一个红球的信息如何影响在第一次抽取中取出红球的概率. 在 (3.56) 中代入 $N = 4$，$M = 2, n = 3, k = 1$:

$$P(R_1|(R_2+R_3)B) = \frac{6-2}{12-2} = \frac{2}{5} = \frac{1}{2} \times \frac{1-1/3}{1-1/6}, \tag{3.57}$$

最后一个式子对应于 (3.51). 将此与先前计算的概率比较:

$$P(R_1|B) = \frac{1}{2}, \qquad P(R_1|R_2B) = P(R_2|R_1B) = \frac{1}{3}. \tag{3.58}$$

令人吃惊的是

$$P(R_1|R_{\text{later}}B) > P(R_1|R_2B). \tag{3.59}$$

最初，大多数人认为这里应该是小于号，也就是说，知道在后面的抽取中至少取出一个红球，应该比信息 R_2 更大地减少第一次抽取中取出红球的机会. 但是，在本例中数值很小，所以可以直接检查对 (3.51) 的计算. 现在，要通过广义加法规则 (2.82) 计算 $P(R_{\text{later}}|B)$，只需要一个额外的项即可:

$$\begin{aligned} P(R_{\text{later}}|B) &= P(R_2|B) + P(R_3|B) - P(R_2R_3|B) \\ &= \frac{1}{2} + \frac{1}{2} - \frac{1}{2} \times \frac{1}{3} = \frac{5}{6}. \end{aligned} \tag{3.60}$$

我们同样可以将 R_{later} 分解成互斥的命题来计算:

$$\begin{aligned} P(R_{\text{later}}|B) &= P(R_2W_3|B) + P(W_2R_3|B) + P(R_2R_3|B) \\ &= \frac{1}{2} \times \frac{2}{3} + \frac{1}{2} \times \frac{2}{3} + \frac{1}{2} \times \frac{1}{3} = \frac{5}{6}. \end{aligned} \tag{3.61}$$

现在，我们以三种不同的方式计算了 (3.57) 中的分母，结果相同，都是 $1-1/6$. 如果这三个结果不相同，就会发现我们的规则存在不一致之处，这是我们在第 2 章中试图通过考克斯的函数方程论证避免的情况. 这个例子很好地展示了一致性在实践中意味着什么，并且表明如果我们的规则没有一致性会带来什么问题.

同样，我们可以通过独立计算来检查 (3.51) 的分子：

$$\begin{aligned} P(R_{\text{later}}|R_1B) &= P(R_2|R_1B) + P(R_3|R_1B) - P(R_2R_3|R_1B) \\ &= \frac{1}{3} + \frac{1}{3} - \frac{1}{3} \times 0 = \frac{2}{3}, \end{aligned} \tag{3.62}$$

确认结果 (3.57) 是对的. 因此，我们别无选择，只能接受不等式 (3.59) 并尝试直观地理解它. 让我们推理如下：信息 R_2 让可用于第一次抽取的红球数减一，同时让可用于第一次抽取的坛子中的总球数减一，从而得到 $P(R_1|R_2B) = (M - 1)/(N - 1) = 1/3$. 信息 R_{later} 让可用于第一次抽取的“有效红球数”减一以上，但让可用于第一次抽取的坛子中的总球数减二（因为它向机器人说明以后要进行两次抽取，要减去两个球）. 因此，我们尝试将结果 (3.57) 解释为

$$P(R_1|R_{\text{later}}B) = \frac{(M)_{\text{eff}}}{N - 2}, \tag{3.63}$$

尽管我们不太确定这意味着什么. 给定 R_{later}，可以确定至少有一个红球被取出. 根据乘法规则，两个红球被取出的概率是

$$\begin{aligned} P(R_2R_3|R_{\text{later}}B) &= \frac{P(R_2R_3R_{\text{later}}|B)}{P(R_{\text{later}}|B)} = \frac{P(R_2R_3|B)}{P(R_{\text{later}}|B)} \\ &= \frac{(1/2) \times (1/3)}{5/6} = \frac{1}{5}. \end{aligned} \tag{3.64}$$

这是因为 R_2R_3 蕴涵 R_{later}，即布尔代数的关系是$R_2R_3R_{\text{later}} = R_2R_3$. 凭直觉，在给定 R_2R_3 时有两个红球被取出的概率为 $1/5$,因此减去的有效红球数为 $1+1/5 = 6/5$. 第一次抽取剩余的“有效”红球数是 $4/5$. 确实，(3.63) 变成

$$P(R_1|R_{\text{later}}B) = \frac{4/5}{2} = \frac{2}{5}, \tag{3.65}$$

与我们直接计算出但不太直观的结果 (3.57) 一致.

3.4 期望

观察此结果的另一种方法更加直观，并且能推广到远远超出当前问题的范围. 读者可能都熟悉期望的概念，但由于它第一次出现在本书中，所以我们先定义它. 如果变量 X 可以取 n 个互斥且完备的值 $x_1, \cdots, x_n$，机器人为它们分配的概率为 $p_1, \cdots, p_n$，那么量

$$\langle X \rangle = E(X) = \sum_{i=1}^{n} p_i x_i \tag{3.66}$$

称为 X 的**期望**（在较早的文献中称为**数学期望**或**期望值**）. 它是根据概率对可能值进行加权的加权平均值. 统计学家和数学家通常使用记号 $E(X)$ 表示期望，然而，物理学家已经使用 E 表示能量和电场，一般使用记号 $\langle X\rangle$ 表示期望. 我们在本书中同时使用两种表示法：它们具有相同的含义，但有时其中一种更直观.

就像很久之前出现的大多数标准术语一样，在我们看来，“期望”一词似乎并不恰当，因为几乎没有任何人“期望”找到这个值. 确实，它通常是一个不可能的值. 但是，由于几个世纪以来的传统，我们沿用这个名称.

给定 R_{later}，对第一次抽取时坛子中红球数的期望是什么？与 R_{later} 一致的三种互斥的可能性为

$$R_2W_3,\ W_2R_3,\ R_2R_3, \tag{3.67}$$

其中 M 分别为 $1,1,0$，并且其概率分别为 (3.64) 和 (3.65)：

$$P(R_2W_3|R_{\text{later}}B)=\frac{P(R_2W_3|B)}{P(R_{\text{later}}|B)}=\frac{(1/2)\times(2/3)}{5/6}=\frac{2}{5}, \tag{3.68}$$

$$P(W_2R_3|R_{\text{later}}B)=\frac{2}{5}, \tag{3.69}$$

$$P(R_2R_3|R_{\text{later}}B)=\frac{1}{5}. \tag{3.70}$$

所以，

$$\langle M\rangle=1\times\frac{2}{5}+1\times\frac{2}{5}+0\times\frac{1}{5}=\frac{4}{5}. \tag{3.71}$$

因此，我们在 (3.63) 中凭直觉称为 M 的“有效”数值的 $(M)_{\text{eff}}$ 就是 M 的期望.

现在，我们可以用更加令人信服的方式陈述 (3.63)：当已知红球的比例 $F=M/N$ 时，可以应用伯努利坛子规则，$P(R_1|B)=F$. 当 F 未知时，红球的概率是 F 的期望：

$$P(R_1|B)=\langle F\rangle\equiv E(F). \tag{3.72}$$

如果 M 和 N 都未知，则期望是关于 M 和 N 的联合概率分布的.

概率在数值上等于某个比例的期望是一条一般性法则，在许多更为复杂的情况下同样适用，它是物理预测中最实用、最常用的法则之一. 我们可以证明，更一般的结果 (3.56) 可以通过 (3.72) 的方式计算出来，这里将其作为练习留给读者.

3.5 其他形式和推广

超几何分布 (3.22) 可以用多种方式表示. 我们可以将 9 个阶乘按二项式系数组织起来，得到如下形式：

$$h(r|N,M,n)=\frac{\binom{n}{r}\binom{N-n}{M-r}}{\binom{N}{M}}. \tag{3.73}$$

但是 M 和 n 可交换的对称性仍然不明显. 要看出这一点，我们必须完整写出 (3.22) 或 (3.73)，看到式子中的所有阶乘.

我们还可以用更对称的形式重写 (3.22)，以帮助记忆：从包含 R 个红球和 W 个白球的坛子中抽取 $n=r+w$ 次，恰好取出 r 个红球和 w 个白球的概率是

$$h(r)=\frac{\binom{R}{r}\binom{W}{w}}{\binom{R+W}{r+w}}. \tag{3.74}$$

这种形式很容易推广. 假设坛子中有 k 种不同颜色（不仅仅是两种颜色）的球，颜色 1 的球有 N_1 个，颜色 2 的球有 N_2 个，……，颜色 k 的球有 N_k 个. 正如读者可能会验证的那样，在 $n=\sum r_i$ 次抽取中取出 "r_1 个颜色 1 的球，r_2 个颜色 2 的球，……，r_k 个颜色 k 的球" 的概率是广义超几何分布：

$$h(r_1\cdots r_k|N_1\cdots N_k)=\frac{\binom{N_1}{r_1}\cdots\binom{N_k}{r_k}}{\binom{\sum N_i}{\sum r_i}}. \tag{3.75}$$

3.6 作为数学工具的概率

根据结果 (3.75)，我们可以得到许多二项式系数恒等式. 例如，我们可能决定不区分颜色 1 和颜色 2. 也就是说，这两种颜色的球都被视为有颜色 a. 根据 (3.75)，一方面，我们必须有

$$h(r_a,r_3,\cdots,r_k|N_a,N_3,\cdots,N_k)=\frac{\binom{N_a}{r_a}\binom{N_3}{r_3}\cdots\binom{N_k}{r_k}}{\binom{\sum N_i}{\sum r_i}}, \tag{3.76}$$

其中

$$N_a=N_1+N_2,\qquad r_a=r_1+r_2. \tag{3.77}$$

但是，对于满足 (3.77) 的 r_1 和 r_2 的任何值，事件 r_a 都有可能发生. 因此，另一方面，我们必须有

$$h(r_a,r_3,\cdots,r_k|N_a,N_3,\cdots,N_k)=\sum_{r_1=0}^{r_a}h(r_1,r_a-r_1,r_3,\cdots,r_k|N_1,\cdots,N_k). \tag{3.78}$$

比较 (3.76) 和 (3.78)，我们有

$$\binom{N_a}{r_a} = \sum_{r_1=0}^{r_a} \binom{N_1}{r_1}\binom{N_2}{r_a - r_1}. \tag{3.79}$$

以这种方式继续下去，我们可以得出许多更复杂的二项式系数恒等式. 例如，

$$\binom{N_1 + N_2 + N_3}{r_a} = \sum_{r_1=0}^{r_a} \sum_{r_2=0}^{r_1} \binom{N_1}{r_1}\binom{N_2}{r_2}\binom{N_3}{r_a - r_1 - r_2}. \tag{3.80}$$

在许多情况下,概率推理是推导纯数学结果的有力工具. 费勒的著作（Feller,1950，第 2 章和第 3 章）和本书的后续章节中给出了更多示例.

3.7　二项分布

尽管数学上有些复杂，但是超几何分布是由一个概念上非常清晰、简单的问题引起的. 该问题仅存在有限的可能性，并且上述结果是准确的. 为了引入一个数学上更简单但概念上更困难的问题，我们研究超几何分布的一种极限形式.

超几何分布之所以复杂，是因为它考虑了坛子内容的不断变化. 知道任何一次抽取的结果都会改变其他次取出红球的概率. 但是，如果坛子中的球数 N 比取出的球数大得多（$N \gg n$），那么该概率的变化很小. 在极限 $N \to +\infty$ 时，我们应该得到一个更简单的结果，没有这种依赖性. 为了验证这一点，我们将超几何分布 (3.22) 写为

$$h(r|N, M, n) = \frac{\left[\dfrac{1}{N^r}\dbinom{M}{r}\right]\left[\dfrac{1}{N^{n-r}}\dbinom{N-M}{n-r}\right]}{\left[\dfrac{1}{N^n}\dbinom{N}{n}\right]}. \tag{3.81}$$

第一个因子是

$$\frac{1}{N^r}\binom{M}{r} = \frac{1}{r!}\frac{M}{N}\left(\frac{M}{N} - \frac{1}{N}\right)\left(\frac{M}{N} - \frac{2}{N}\right)\cdots\left(\frac{M}{N} - \frac{r-1}{N}\right), \tag{3.82}$$

取极限 $N \to +\infty, M \to +\infty, M/N \to f$，我们有

$$\frac{1}{N^r}\binom{M}{r} \to \frac{f^r}{r!}. \tag{3.83}$$

类似地，我们有

$$\frac{1}{N^{n-r}}\binom{N-M}{n-r} \to \frac{(1-f)^{n-r}}{(n-r)!}, \tag{3.84}$$

$$\frac{1}{N^n}\binom{N}{n} \to \frac{1}{n!}. \tag{3.85}$$

原则上，我们应该采用 (3.81) 中乘积的极限，而不是极限的乘积. 但是，(3.81) 中的因子都是良好定义的，每个因子都有自己独立的极限，因此结果是相同的. 超几何分布变成

$$h(r|N,M,n) \to b(r|n,f) \equiv \binom{n}{r} f^r (1-f)^{n-r}, \tag{3.86}$$

称为**二项分布**，因为现在生成函数 (3.24) 变成了

$$G(t) \equiv \sum_{r=0}^{n} b(r|n,f) t^r = (1-f+ft)^n, \tag{3.87}$$

它是牛顿二项式定理的一个示例.

图 3-1 比较了 $N = 15, 30, 100$ 且 $M/N = 0.4, n = 10$ 的三个超几何分布与 $n = 10, f = 0.4$ 的二项分布. 所有的分布都在 $r = 4$ 处取得峰值，所有的分布具有相同的一阶矩 $\langle r \rangle = E(r) = 4$，但二项分布更广.

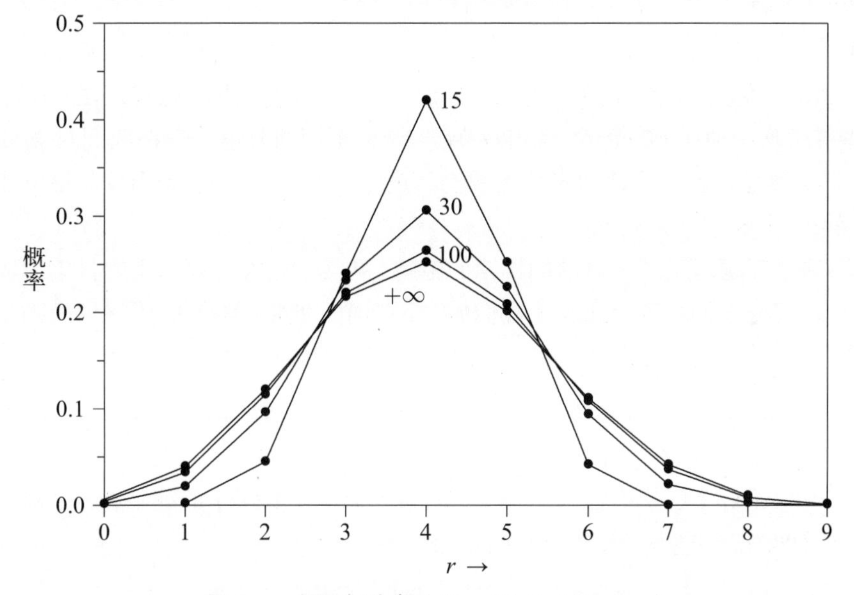

图 3-1 超几何分布（$N = 15, 30, 100, +\infty$）

当 $r = 0$ 或 $r > 6$ 时，$N = 15$ 的超几何分布为零，因为如果从只包含 6 个红球和 9 个白球的坛子中取出 10 个球，不可能取出少于 1 个或多于 6 个红球. 当 $N > 100$ 时，超几何分布与二项分布非常接近，以至于在大多数情况下使用哪一个都可以. 第 7 章总结了二项分布的分析性质. 在第 9 章中，我们结合显著性检验，发现二项分布在有限样本空间中出于纯粹的组合原因是精确的，见 (9.46).

我们可以对广义超几何分布 (3.75) 执行类似的极限过程. 作为练习，请证明，

如果所有 $N_i \to +\infty$，且满足

$$f_i \equiv \frac{N_i}{\sum N_j} \tag{3.88}$$

趋于常数，那么，广义超几何分布 (3.75) 会变成**多项分布**

$$m(r_1 \cdots r_k|f_1 \cdots f_k) = \frac{r!}{r_1! \cdots r_k!} f_1^{r_1} \cdots f_k^{r_k}, \tag{3.89}$$

其中 $r \equiv \sum r_i$. 并且，如 (3.87) 所示，可以定义 $k-1$ 个变量的生成函数，从中我们可以证明 (3.89) 已经正确归一化，并得出其他许多有用的结果.

练习 3.2　假设一个坛子中有 $N = \sum N_i$ 个球，其中有 N_1 个颜色 1 的球，N_2 个颜色 2 的球，……，N_k 个颜色 k 的球. 我们无放回地抽取 m 个球，每种颜色的球至少有一个的概率是多少？假设 $k=5$，所有 $N_i = 10$，为了使获得全部颜色的球的概率不小于 90%，需要抽取多少个球？

练习 3.3　假设在上一个练习中，初始时 k 是未知的，但我们知道坛子中恰有 50 个球. 从中抽取 20 个球，我们发现有 3 种不同的颜色. 现在我们对 k 知道什么？从演绎推理中（即确定地）我们知道 $3 \leqslant k \leqslant 33$，你能得到 k 很可能的更窄的范围 $k_1 \leqslant k \leqslant k_2$ 吗？

提示：这个问题超出了本章的抽样论的范畴，因为，像大多数真正的科学问题一样，其答案在某种程度上取决于我们的常识判断. 但是，我们的概率论规则足以处理它，具有合理常识的人得出的结论也不会有明显的差异.

练习 3.4　有 M 个坛子（编号为 1 到 M），把 M 个球（也编号为 1 到 M）扔进坛子中，使每个坛子中都有一个球. 如果一个球及其坛子的编号相同，那么就说有一个匹配. 证明：至少有一个匹配的概率为

$$h = \sum_{k=1}^{M} \frac{(-1)^{k+1}}{k!}. \tag{3.90}$$

当 $M \to +\infty$ 时，它收敛至 $1 - 1/\mathrm{e} \approx 0.632$. 对于许多人来说，结果是令人吃惊的，因为无论 M 多么大，都有相当大的可能性根本没有匹配.

练习 3.5　将 N 个球扔进 M 个坛子中，显然有 M^N 种方法. 如果机器人认为这些方法具有相同的可能性，那么每个坛子中至少有一个球的概率是多少？

3.8 有放回抽样

到目前为止，我们仅考虑了无放回抽样的情形. 对于许多实际情况而言，这显然是合适的. 例如，在质量控制过程中，我们所谓的“抽取一个球”可能是从一箱类似产品（例如电灯泡）中取出一个，并对其检测，直至其损坏. 在化学实验中，可能是称取未知蛋白质的样品，然后将其溶化于热硫酸中以测量其中的氮含量. 无论对于哪种情况，都无法想象能再次“抽取同一个球”.

但是，如果我们假设检测的破坏性较小，从坛子中取出球并记录球的“颜色”（即相关属性）后，可以在抽取下一个球之前将其放回坛子中. 这种有放回抽样的情况在概念上要复杂得多，但是由于我们通常会做一些假设，它在数学上要比无放回抽样更简单. 让我们回到连续取出两个红球的概率问题. 用 B' 表示与以前相同的背景信息（除了有放回外），我们仍然有类似 (3.9) 的等式：

$$P(R_1R_2|B') = P(R_1|B')P(R_2|R_1B'). \tag{3.91}$$

显然，第一个因子仍是 M/N，但是第二个因子是多少呢?

回答这个问题通常很困难，需要进行大量额外的分析，比如背景信息 B' 是否包含我们都拥有的一些简单但高度相关的常识性信息. 我们放回坛子的那个红球会怎样? 如果我们只是将它丢入坛子，然后立即抽取另一个球，由于它被放在其他球的上面（或球的最上层），会比坛子中位置未知的其他球更有可能被取出. 但这动摇了我们计算的全部基础，因为得出 (3.11) 的伯努利坛子规则不再能给出取出任何特定（第 i 个）球的概率.

离题：关于现实与模型的说明

这里面临的困难是，我们原来由于对称性（只要在球的任何排列下机器人的知识状态不变）不关心的许多事情，突然变得至关重要. 根据我们的合理性条件之一，机器人必须考虑它拥有的所有相关信息. 现在抽取任何指定球的概率取决于许多细节，例如坛子的具体大小和形状，球的大小，第一个球被放回的具体方法，球和坛子的弹性，球和球之间的摩擦系数，以及抽取第二个球的确切方式，等等. 在对称情况下，所有这些细节都是无关紧要的.

即使掌握了所有这些相关信息，我们也不认为由世界上最好的科学家和数学家组成的团队，加上世界上所有计算设施的支持，能够解决这个问题. 他们可能甚至不知道从何入手. 但是，这个问题在*原则上*并不是不能解决的，只是太复杂，不值得花时间来考虑. 那么我们该怎么办呢?

在概率论中，有一个非常巧妙的技巧可以解决过于困难的问题. 无论问题多困难，我们都可以通过以下方式解决.

(1) 使它更加困难.

(2) 通过重新定义“解决”，使得我们可以解决它.

(3) 发明一个高深且听起来很技术化的词语来描述这个流程，以达到隐藏工作本质并令人肃然起敬的效果.

在有放回抽样的情况下，我们采用以下策略.

(1) 将球扔进去之后，摇摇坛子. 无论问题最初多么复杂，现在又复杂了几个数量级，因为除了上述所有因素之外，问题的答案还取决于我们摇动坛子的确切方式.

(2) 我们现在断言，摇动已经使所有这些细节变得无关紧要，因此又回到了适用于伯努利坛子规则的简单问题.

(3) 我们发明一个冠冕堂皇的词语“随机化”来描述我们已经做的事情. 这显然只是委婉的说法，其真正含义是：*在信息变得过于复杂以至于我们无法处理时，故意丢弃相关信息.*

我们用简洁的话描述了这个过程,因为某些作者给概率论创造的神秘印象需要“解毒剂”. 对于某些人来说，宣布问题中已经进行了“随机化”可以达到与“驱魔人驱散恶魔”相同的神奇目的和效果：它会合理化随后的计算过程，并使他们不再受到批评. 我们这些不可知论者常常羡慕那些虔诚的信徒，因为他们能轻易地获得我们永远无法拥有的安全感.

但是，为了捍卫这个过程，我们必须承认，它通常会产生对正确解的有用近似. 复杂的细节虽然在原则上无可否认是相关的，但可能对某些特别简单的问题的答案影响不大. 例如，当 n 足够小时，在 n 次试验中取出 r 个红球的概率. 但是原则上，模糊性的因素必定会在此时出现. 因为，虽然我们可能会凭直觉认为这产生了很好的近似，但是我们没有任何证据，更不用说对近似程度的可靠估计了：近似程度想必会随着更多次的摇动而提高.

这种模糊性是显而易见的，特别是针对以下事实：不同的人对于需要多少次摇动来证明步骤 (2) 存在普遍的分歧. 例如，美国政府赞助的一档全国性电视节目就引发了一场“小骚动”，当时有人认为通过从鱼缸中取出数字来确定年轻人的服役顺序“不公平”：因为没有充分摇动鱼缸，所以没有使抽取“真正随机”. 但是，如果问他们：“这对谁不公平?”他们只能回答：“对那些号码在最上层的人，我不知道他们是谁.”但是无论经过多少次的摇动，事实依然如此！那么摇动起到了什么作用呢?

摇动不会使结果“随机”，因为该术语作为现实世界的属性基本上没有意义，它没有适用于现实世界的明确定义. 认为“随机性”是自然界中存在的某种真实性质，是思维投射谬误的一种形式，实际上是说：“我不知道详细的原因，因此，大自然也不知道.”摇动起到的作用是截然不同的. 它不会以任何方式影响大自然的运作，只能确保没有人能对结果施加主观的作用. 因此，没有人会因为随后“固定的”结果被指控.

在这一点上，你可能会指责我们吹毛求疵，因为在做了这些说明之后，我们还是将像其他人一样继续使用随机化解决方案. 但是请注意，我们反对的不是随机化过程本身，只是坦诚地承认自己做了什么：我们不是在解决实际问题，而是在做出现实的妥协，并且对近似答案感到满意. 这是我们在应用数学的所有领域中都必须做的事情，没有理由期望概率论会有所不同.

我们反对的是相信随机化会以某种方式使后续等式变得精确，以至于可以将答案置于各种极端条件下，并在应用于现实世界时继续相信结果的正确性. 这种信念导致的最严重、最常见的错误是极限定理的推导（即当进行有放回抽样时，没有什么可以阻止我们通过取极限 $n \to +\infty$ 获得通常的“大数定律”）. 如果我们没有认识到初始等式的近似本质，就会自欺欺人地认为自己已经证明了在真实的重复实验中不正确的结论（例如，概率和极限频率的同一性）.

这里潜藏的危险特别大，因为数学家们通常将这些极限定理视为概率论中最重要与复杂的成果，并且使用的语言倾向于暗示他们是在证明真实世界的性质. 我们的观点是，这些定理是已定义和分析的抽象数学模型的有效性质. 问题是：该模型在多大程度上与现实世界相似？可以肯定地说，没有任何极限定理可以直接应用于现实世界，这是因为没有任何数学模型可以捕获现实世界中所有与之相关的情况. 任何认为自己在证明现实世界的性质的人都是思维投射谬误的受害者.

* * *

让我们回到 (3.91). 现在，我们可以对该等式右侧的第二个因子给出什么样的答案？在第二次抽取时取出红球的概率 $P(R_2|R_1B')$ 显然不仅取决于 N 和 M，还取决于已经取出并放回红球的事实. 但是，后者的依赖非常复杂，以至于在现实中无法考虑. 因此我们摇动坛子进行“随机化”，然后宣布 R_2 和 R_1 不相关：$P(R_2|R_1B') = P(R_2|B') = M/N$. 在取出并放回第二个球之后，我们再次摇动坛子，声明已经“随机化”，有 $P(R_3|R_2R_1B') = P(R_3|B') = M/N$，依此类推. 在这种近似下，每一次试验中取出红球的概率都为 M/N.

这不仅是对我们在 (3.37) 中学到的知识的重复. 此处的新结果是，对于机器人可能拥有的有关其他试验情况的任何信息，结论都成立. 这使我们知道，在 n 次

试验中恰好取出 r 个红球的概率与顺序无关，这个概率是

$$\binom{n}{r}\left(\frac{M}{N}\right)^{r}\left(\frac{N-M}{N}\right)^{n-r}, \tag{3.92}$$

这就是二项分布 (3.86). 在包含有限的 N 个球的坛子中进行有放回的随机化抽样，具有与无放回抽样在取极限 $N \to +\infty$ 时大致相同的效果.

显然，对于较小的 n 来说，这个近似非常好. 但是，对于较大的 n 来说，这些小的误差会累积（具体取决于我们如何摇动坛子等因素），直到 (3.92) 具有误导性的程度. 让我们通过简单但现实的问题推广来证明这一点.

3.9 相关性校正

假设根据精细的逻辑分析，抽取并放回一个红球会略微增加下一次抽取红球的概率使其增加了 $\varepsilon > 0$，抽取并放回一个白球会略微降低下一次抽取红球的概率使其降低了 $\delta > 0$，而且更早的抽取与最近一次抽取的影响 ε 和 δ 相比可以忽略不计. 如果愿意，你可以将此效应称为一种小的“倾向性”，至少它表达了一种仅在时间上向前作用的物理因果关系. 那么，令 C 代表上述所有背景信息（包括以上相关性的陈述和抽取 n 个球的信息），记 $p \equiv M/N$，我们有

$$\begin{aligned} P(R_k|R_{k-1}C) &= p+\varepsilon, \\ P(R_k|W_{k-1}C) &= p-\delta, \\ P(W_k|R_{k-1}C) &= 1-p-\varepsilon, \\ P(W_k|W_{k-1}C) &= 1-p+\delta. \end{aligned} \tag{3.93}$$

据此，按照任意特定顺序抽取 r 个红球和 $n-r$ 个白球的概率为

$$p(p+\varepsilon)^{c}(p-\delta)^{c'}(1-p+\delta)^{w}(1-p-\varepsilon)^{w'}, \tag{3.94}$$

上式假定第一次取出的是红球. 反之，如果第一次取出的是白球，那么 (3.94) 中的第一个因子应该是 $1-p$. 这里，c 是取出红球接着取出红球的次数，c' 是取出白球接着取出红球的次数，w 是取出白球接着取出白球的次数，w' 是取出红球接着取出白球的次数. 显然，

$$c+c' = \begin{cases} r-1, \\ r, \end{cases} \qquad w+w' = \begin{cases} n-r, \\ n-r-1, \end{cases} \tag{3.95}$$

根据第一次取出的是红球或白球，分别对应于第一行或第二行.

当 r 和 $n-r$ 较小时，(3.94) 中的 ε 和 δ 造成的差别较小，该等式实际上可以简化为

$$p^{r}(1-p)^{n-r}, \tag{3.96}$$

如同在二项分布 (3.92) 中一样. 随着次数的增加，我们可以使用以下关系

$$\left(1+\frac{\varepsilon}{p}\right)^c \simeq \exp\left\{\frac{\varepsilon c}{p}\right\}, \tag{3.97}$$

(3.94) 变成

$$p^r(1-p)^{n-r}\exp\left\{\frac{\varepsilon c-\delta c'}{p}+\frac{\delta w-\varepsilon w'}{1-p}\right\}. \tag{3.98}$$

现在, 抽取 r 个红球和 $n-r$ 个白球的概率取决于红球和白球出现的顺序. 当给定的数值 c, c', w, w' 足够大时，与 (3.92) 相比，概率可以变得任意大（或任意小).

如果我们假设 $N=2M, p=1/2$，可以很清楚地看到这种效应，在这种情况下肯定有 $\varepsilon=\delta$. 此时，(3.98) 中带指数的因子变成

$$\exp\big\{2\varepsilon[(c-c')+(w-w')]\big\}. \tag{3.99}$$

这表明: (i) 随着抽取次数 n 趋于无限大，结果包含“长串”（即连续长串红球或长串白球）的概率相比“随机”近似给出的值可以变得任意大; (ii) 当 εc 等数值的数量级为 1 时，这一效应变得相当明显. 因此，如果 $\varepsilon=10^{-2}$，只要 $n<100$，就可以合理地相信随机近似的结果，在此范围之外使用随机近似则可能是自欺欺人. 确实，在实际的重复实验中，尽管每次实验的条件似乎都相同，但还是能观察到长串现象发生（尽管这在随机近似中是极不可能的），这是非常有名的实际现象.

现在我们考虑，由 (3.93) 表达的相关性如何影响以前的一些计算结果. 第一次抽取的概率当然与 (3.8) 相同，现在我们使用记号

$$p=P(R_1|C)=\frac{M}{N}, \qquad q=1-p=P(W_1|C)=\frac{N-M}{N}. \tag{3.100}$$

对于第二次抽取，与 (3.35) 不同，可以得到

$$\begin{aligned}P(R_2|C)&=P(R_2R_1|C)+P(R_2W_1|C)\\&=P(R_2|R_1C)P(R_1|C)+P(R_2|W_1C)P(W_1|C)\\&=(p+\varepsilon)p+(p-\delta)q\\&=p+(p\varepsilon-q\delta).\end{aligned} \tag{3.101}$$

继续进行第三次抽取，可以得到

$$\begin{aligned}P(R_3|C)&=P(R_3|R_2C)P(R_2|C)+P(R_3|W_2C)P(W_2|C)\\&=(p+\varepsilon)(p+p\varepsilon-q\delta)+(p-\delta)(q-p\varepsilon+q\delta)\\&=p+(1+\varepsilon+\delta)(p\varepsilon-q\delta).\end{aligned} \tag{3.102}$$

可以看到 $P(R_k|C)$ 不再独立于 k, 相关概率分布不再可交换. 但是, 当 $k\to+\infty$ 时，$P(R_k|C)$ 是否趋于某个极限呢?

按照 (3.101) 和 (3.102) 中的方法再执行几步，几乎不可能通过归纳法猜测出一般的 $P(R_k|C)$. 对于此计算，我们需要一种更强大的方法. 如果将第 k 次试验的概率写为向量形式

$$\boldsymbol{V}_k \equiv \begin{bmatrix} P(R_k|C) \\ P(W_k|C) \end{bmatrix}, \tag{3.103}$$

那么 (3.93) 可以用矩阵形式表示:

$$\boldsymbol{V}_k = \boldsymbol{M}\boldsymbol{V}_{k-1}, \tag{3.104}$$

其中

$$\boldsymbol{M} = \begin{pmatrix} p+\varepsilon & p-\delta \\ q-\varepsilon & q+\delta \end{pmatrix}. \tag{3.105}$$

这定义了概率的**马尔可夫链**，$\boldsymbol{M}$ 称为**转移矩阵**. 这样，(3.101) 和 (3.102) 的推导过程可以立即执行到我们需要的任意步:

$$\boldsymbol{V}_k = \boldsymbol{M}^{k-1}\boldsymbol{V}_1. \tag{3.106}$$

因此,要获得一般解,我们只需找到 $\boldsymbol{M}$ 的特征向量和特征值. $\boldsymbol{M}$ 的特征多项式为

$$C(\lambda) \equiv \det(M_{ij} - \lambda\delta_{ij}) = \lambda^2 - \lambda(1+\varepsilon+\delta) + (\varepsilon+\delta), \tag{3.107}$$

所以 $C(\lambda)=0$ 的根是特征值

$$\begin{aligned} \lambda_1 &= 1, \\ \lambda_2 &= \varepsilon+\delta. \end{aligned} \tag{3.108}$$

现在，对于特征值为 λ 的任意 2×2 矩阵

$$\boldsymbol{M} = \begin{pmatrix} a & b \\ c & d \end{pmatrix}, \tag{3.109}$$

对应的（未归一化的）右特征向量为

$$\boldsymbol{x} = \begin{pmatrix} b \\ \lambda - a \end{pmatrix}, \tag{3.110}$$

这样立即有 $\boldsymbol{M}\boldsymbol{x} = \lambda\boldsymbol{x}$. 因此，我们的特征向量为

$$\boldsymbol{x}_1 = \begin{pmatrix} p-\delta \\ q-\varepsilon \end{pmatrix}, \quad \boldsymbol{x}_2 = \begin{pmatrix} 1 \\ -1 \end{pmatrix}. \tag{3.111}$$

因为 $\boldsymbol{M}$ 不是对称矩阵，所以上述特征向量不是正交的. 不过，如果使用 (3.111) 定义转移矩阵

$$\boldsymbol{S} = \begin{pmatrix} p-\delta & 1 \\ q-\varepsilon & -1 \end{pmatrix}, \tag{3.112}$$

可知其逆为

$$\boldsymbol{S}^{-1}=\frac{1}{1-\varepsilon-\delta}\begin{pmatrix}1 & 1\\ q-\varepsilon & -p-\delta\end{pmatrix}, \tag{3.113}$$

这可以直接用矩阵乘法来验证:

$$\boldsymbol{S}^{-1}\boldsymbol{M}\boldsymbol{S}=\boldsymbol{\Lambda}=\begin{pmatrix}\lambda_1 & 0\\ 0 & \lambda_2\end{pmatrix}, \tag{3.114}$$

其中 $\boldsymbol{\Lambda}$ 是对角矩阵. 那么, 对于任意 r (无论是正数、负数甚至复数), 有

$$\boldsymbol{M}^r=\boldsymbol{S}\boldsymbol{\Lambda}^r\boldsymbol{S}^{-1}, \tag{3.115}$$

也就是

$$\boldsymbol{M}^r=\frac{1}{1-\varepsilon-\delta}\begin{pmatrix}p-\delta+[\varepsilon+\delta]^r[q-\varepsilon] & [p-\delta][1-(\varepsilon+\delta)^r]\\ [q-\varepsilon][1-(\varepsilon+\delta)^r] & q-\varepsilon+[\varepsilon+\delta]^r[p-\delta]\end{pmatrix}, \tag{3.116}$$

又因为

$$\boldsymbol{V}_1=\begin{pmatrix}p\\ q\end{pmatrix}, \tag{3.117}$$

所以 (3.106) 的一般解是

$$P(R_k|C)=\frac{(p-\delta)-(\varepsilon+\delta)^{k-1}(p\varepsilon-q\delta)}{1-\varepsilon-\delta} \tag{3.118}$$

可以验证, 这与 (3.100) (3.101) 和 (3.102) 一致. 看看 (3.118), 可以清楚为什么几乎不可能通过归纳法猜测出一般公式. 当 $\varepsilon=\delta=0$ 时, (3.118) 简化为 $P(R_k|C)=p$, 这提供了我们曾经在 (3.37) 之后承诺的证明.

尽管我们以 ε 和 δ 很小且为正数开始讨论, 但实际上并没有使用该假设. 因此, 无论它们的值如何, 对于我们定义的抽象模型, 解 (3.118) 都是准确的. 这使我们能够讨论两种有趣的极端情况. 因为 (3.93) 中的所有数都必须是概率 (即 $[0,1]$ 中的数), 所以 ε 和 δ 即使不是很小, 也至少必须有界. 这要求

$$-p\leqslant\varepsilon\leqslant q,\qquad -q\leqslant\delta\leqslant p, \tag{3.119}$$

从而

$$-1\leqslant\varepsilon+\delta\leqslant 1. \tag{3.120}$$

根据 (3.119), $\varepsilon+\delta=1$ 的充分必要条件是 $\varepsilon=q$ 且 $\delta=p$, 转移矩阵简化为单位矩阵

$$\boldsymbol{M}=\begin{pmatrix}1 & 0\\ 0 & 1\end{pmatrix}, \tag{3.121}$$

没有“转移”. 这是一种正相关性很强的退化情况，在第一次试验中碰巧取出的颜色肯定也会在所有后续试验中被取出来：对于所有 k 有

$$P(R_k|C) = p. \tag{3.122}$$

同样，如果 $\varepsilon + \delta = -1$，转移矩阵必定是

$$\boldsymbol{M} = \begin{pmatrix} 0 & 1 \\ 1 & 0 \end{pmatrix}. \tag{3.123}$$

这里只有转移，即负相关性很强，在第一次抽取后颜色肯定会交替出现：

$$P(R_k|C) = \begin{cases} p, & \text{若 } k \text{ 为奇数}, \\ q, & \text{若 } k \text{ 为偶数}. \end{cases} \tag{3.124}$$

这种情况是很不现实的，因为强烈的直觉告诉我们，ε 和 δ 应该是正数. 当然，无论使用什么逻辑分析法来分配数值 ε，在顶层增加一个红球必然会*增加*（而不是减少）下一次抽取中取出红球的概率. 但是，如果 ε 和 δ 一定不为负，则 (3.120) 中的下界实际上为零，并且只有在 $\varepsilon = \delta = 0$ 时才能达到. 那么，(3.105) 中的 $\boldsymbol{M}$ 变为奇异矩阵，回到了已经讨论过的二项分布的情况.

在现实情况下，$0 < |\varepsilon + \delta| < 1$，(3.118)的最后一项随 k 呈指数衰减. 因此，(3.118) 的极限是

$$P(R_k|C) \to \frac{p - \delta}{1 - \varepsilon - \delta}. \tag{3.125}$$

尽管这些单次试验的概率像在可交换分布中那样变成了稳定值，但内在的相关性仍起作用，并且极限分布不可交换. 为了看出这一点，考虑条件概率 $P(R_k|R_jC)$. 注意到，对于任何向量 $\boldsymbol{V}_{k-1}$，马尔可夫链 (3.104) 均成立，无论它是否依照 (3.106) 从 $\boldsymbol{V}_1$ 生成，我们就可以发现这一点. 因此，如果给定在第 j 次试验中出现红球，则

$$\boldsymbol{V}_j = \begin{pmatrix} 1 \\ 0 \end{pmatrix}. \tag{3.126}$$

根据 (3.104)，我们有

$$\boldsymbol{V}_k = \boldsymbol{M}^{k-j}\boldsymbol{V}_j, \quad j \leqslant k, \tag{3.127}$$

使用 (3.115) 可以得到

$$P(R_k|R_jC) = \frac{(p-\delta) + (\varepsilon+\delta)^{k-j}(q-\varepsilon)}{1-\varepsilon-\delta}, \quad j < k, \tag{3.128}$$

其极限与 (3.125) 相同. 前向推断得到了期望的结果：稳定值 (3.125) 加上随距离

呈指数衰减的项. 但后向推断是不同的, 请注意, 一般的乘法规则仍然适用:

$$P(R_k R_j|C) = P(R_k|R_j C)P(R_j|C) = P(R_j|R_k C)P(R_k|C). \tag{3.129}$$

由于我们已经知道 $P(R_k|C) \neq P(R_j|C)$, 所以可以得到

$$P(R_j|R_k C) \neq P(R_k|R_j C). \tag{3.130}$$

后向推断仍然是可能的, 但不像可交换序列那样与前向推断具有相同的公式.

我们稍后将会看到, 该示例是一个常见且重要的物理问题的最简单版本: 马尔可夫近似中的不可逆过程. 另一个常见的技术术语是一阶**自回归模型**. 可以把它推广到任意维度的矩阵以及多步（而不是单步）或连续有记忆作用的情况. 但是, 基于前面提到的原因（统计力学文献中对推断和因果关系的混淆）, 解的后向推断部分几乎总是被遗漏了. 有人试图通过对前向推断的解从时间上做向后推算来进行后向推断, 从而得到了很奇怪且不自然的结果. 因此, 读者可以做以下练习进行探索.

练习 3.6 利用 (3.118) 和 (3.129), 找到与结果 (3.128) 对应的后向推断的显式公式 $P(R_j|R_k C)$. (a) 用简单直观的方式解释前向推断和后向推断之间存在差异的原因. (b) 后向推断与前向推断的后推有何不同? 直觉上哪个更合理? (c) 后向推断是否也会衰减到稳定值? 如果是这样, 类似于可交换性的属性是否对于充分分离的事件成立? 例如, 如果仅考虑每 10 次或每 100 次抽取, 我们能否在该子集中得到可交换分布?

3.10 简化情形

对于满足不等式 (3.119) 的任何 ε 和 δ, 上面的 (3.100)~(3.130) 均成立. 在对它们进行考察时, 我们注意到, 如果满足

$$p\varepsilon = q\delta, \tag{3.131}$$

结果可以显著简化. 此时我们有

$$\frac{p-\delta}{1-\varepsilon-\delta} = p, \qquad \frac{q-\varepsilon}{1-\varepsilon-\delta} = q, \qquad \varepsilon+\delta = \frac{\varepsilon}{q}, \tag{3.132}$$

并且, 我们的主要结果 (3.118) 和 (3.128) 简化为

$$P(R_k|C) = p \quad \text{对所有 } k \text{ 成立}, \tag{3.133}$$

$$P(R_k|R_j C) = P(R_j|R_k C) = p + q\left(\frac{\varepsilon}{q}\right)^{|k-j|} \quad \text{对所有 } k \text{ 和 } j \text{ 成立}. \tag{3.134}$$

该分布仍然不可交换, 因为条件概率 (3.134) 仍取决于试验的间隔 $|k-j|$. 但是, 即使因果影响 ε 和 δ 仅向前作用, 前向推断与后向推断的对称性也成立. 确实,

从 (3.40) 的推导过程可以看出，这种前后对称性是 (3.133) 的必然结果，无论分布是否可交换.

这个神奇的条件 (3.131) 是什么意思呢? 它不会使矩阵 $\boldsymbol{M}$ 采取任何特别简单的形式，也不会消除相关性的影响. 它的作用是使解 (3.133) 保持不变. 也就是说，初始向量 (3.117) 等于 (3.111) 中归一化后的特征向量 $\boldsymbol{x}_1$，因此初始向量经过转移矩阵 (3.105) 作用后保持不变.

当然，通常没有任何理由使得这一简化条件成立. 然而，对于伯努利坛子的情形，我们可以看到一种理由. 假设坛子最初有 N 个球，它们分布在 L 个层中. 在抽出一个球后，顶层大约有 $n=(N-1)/L$ 个球，我们期望其中 np 个为红球，$nq=n(1-p)$ 个为白球. 现在将取出的球扔回去，不摇动坛子. 如果它是红球，则下一次取出红球的概率为

$$\frac{np+1}{n+1}=p+\frac{1-p}{n}+O\left(\frac{1}{n^2}\right), \tag{3.135}$$

如果它是白球，则下一次取出白球的概率为

$$\frac{n(1-p)+1}{n+1}=1-p+\frac{p}{n}+O\left(\frac{1}{n^2}\right). \tag{3.136}$$

与 (3.93) 比较，我们可以估计 ε 和 δ 为

$$\varepsilon\simeq q/n, \qquad \delta\simeq p/n, \tag{3.137}$$

这样就满足了我们的神奇条件 (3.131). 当然，刚刚给出的论证太粗糙了，甚至不能称为推导，但这至少表明 (3.131) 没有内在的不合理性. 请读者思考这一奇怪的事实可能具有的意义和用途，以及它是否可以超越马尔可夫近似进行推广.

现在，我们已经初步了解标准抽样论的一些原理和陷阱. 我们发现的所有结果都将得到广泛的推广，并将成为我们“工具箱”中的一部分.

3.11 评注

在大多数实际的实验中，我们并不真正从任何“坛子”中抽取球. 然而，“伯努利坛子”已被证明是一种有用的概念工具. 伯努利的《猜度术》出版后的 250 年[①]来，科学家发现许多物理测量非常像“从大自然的坛子中抽取球”. 但是，对于某些人来说，“坛子”一词具有令人不悦的含义. 在许多文献中，人们会发现诸如“从总体中抽取”之类的说法.

在少数情况下，例如从放射源记录计数、抽样调查和工业质量控制检测，人们真的是从有限的真实总体中抽取结果的，坛子的类比非常合适. 那么，刚刚发现的

① 伯努利的《猜度术》出版于 1713 年，250 年是相对于这个“评注”的写作时间而言的. ——编者注

概率分布及第 7 章中指出的极限形式和推广将是适用的. 对于某些情况, 例如农业实验或测试新医疗程序的有效性, 我们也会勉强相信它们与坛子问题大致相似.

在其他情况下, 例如抛硬币, 测量温度和风速、行星位置、婴儿体重或预测商品价格, 坛子的类比似乎是牵强的, 有误导人的危险. 然而, 在许多文献中, 人们仍然使用坛子分布来表示数据的概率, 并试图通过将实验视为从某种"假设的无限总体"中抽取来证明这一选择的合理性, 而这完全是他们的臆造之物. 从功能上讲, 这样做的主要结果是, 无论真实情况如何, 连续抽取都是严格独立的. 显然, 这是不合理的推理方式, 最终必然会为错误的结论付出代价.

这种概念化经常导致人们认为: 这些分布不仅代表我们对数据的先验知识状态, 而且代表此类实验中数据的实际长期变化性. 显然, 这种信念是没有道理的. 对于尚未进行的实验, 声称事先知道其长期结果的人, 都是在依靠丰富的想象力, 而不是对该现象的实际知识进行判断. 确实, 如果能想象出无限的总体, 那么我们似乎可以随意想象出想要的任何总体.

仅凭想象, 我们不能了解有关现实世界的任何事实. 假设想象出的概率分配结果具有任何实际的物理意义, 只是思维投射谬误的另一种形式. 在实践中, 这将我们的注意力转移到无关紧要的事情上, 导致我们忽略真正重要的事情 (例如, 无法以任何抽样分布来表示, 或者无法适用坛子模型, 但是对于我们要做出的推断而言很有帮助的关于现实世界的信息). 通常, 这种愚蠢行为的代价是错失机会. 如果我们意识到这些信息, 就可以做出更准确或可靠的推断.

坛子类型的概念化只能处理最原始的信息, 而真正复杂的应用要求我们发展出远远超出坛子模型的原理. 但是这种情况非常微妙, 因为正如我们之前结合哥德尔定理所强调的那样, 错误的论证并不一定会导致错误的结论. 实际上, 正如我们将在第 9 章中展示的那样, 高度复杂的计算有时会使我们回到坛子类型的分布, 而这仅仅出于纯粹的数学原因, 从概念上讲与坛子或总体无关. 本章中发现的超几何分布和二项分布将继续出现, 因为它们的基本数学状态与我们在此处发现它们所用的论证完全无关. ①

然而, 我们可以想象一个不同的问题, 其中我们对导致二项分布的坛子类型推理完全有信心, 尽管它在现实世界中可能从未出现过. 如果我们有内容相同的大量坛子 $\{U_1, U_2, \cdots, U_n\}$, 事先确定地知道这些内容, 并且为每次抽取使用一个新坛子, 那么我们将为每次抽取分配概率 $P(A) = M/N$, 它完全独立于我们对其他任意次抽取的知识. 这样的先验信息比任意数量的数据都重要. 如果我们不知道坛子的内容 (M, N), 但是知道它们都有相同的内容, 则将失去这种完全的独立

① 类似地, 指数函数由于其基本的数学特性而出现在分析的各个部分, 尽管它们的概念基础差异很大.

性，因为每次从一个坛子中抽取都会告诉我们一些关于其他坛子内容的信息，尽管这不会对它们产生物理作用.

由此我们再次看到，逻辑依赖性通常与物理因果依赖性非常不同. 我们之所以反复强调这一点，是因为概率论的大多数论述根本没有意识到这一点，并且导致了错误，正如练习 3.6 显示的那样. 在第 4 章中，我们将看到更严重的错误 [参见 (4.29) 之后的讨论]. 即使能设法避免实际错误，将概率论限制在物理因果关系问题上也将导致其失去最重要的应用. 这种错误的受害者似乎并没有意识到自己的受害程度以及因此错过了多少机会.

事实上，我们在本章中解决的大多数问题不被视为在传统概率论的范围之内，并且根本不会出现在那些将概率视为一种物理现象的论述中. 那种观点将自己限制在可以通过作为逻辑的概率论能有效地解决问题的一个很小的子类上. 例如，在“物理概率”理论中，连在特定试验中提到某一结果的概率都被认为是不合法的，但这正是在进行科学推断时必须推理的. 本章已经对此进行了多次说明.

总结：在接下来的应用中，都必须考虑实验是否真的与从坛子中抽取球类似. 如果不是，那么我们必须回到最初介绍的原理，并在新的场景中应用基本的乘法规则和加法规则. 这可能会也可能不会导致坛子分布.

展望

在本章中发现的概率分布称为**抽样分布**，即*直接概率*，这表示它们具有以下形式：给定关于所观察现象的某一假设 H [在刚刚研究的情形下，是坛子的内容 (M, N)]，我们得到某指定数据 D (在这一情形下，是红球和白球的某个序列) 的概率是多少? 从历史上看，长期以来“直接概率”一词一直具有根据假定的物理原因推理可观察结果的附加含义. 但是我们已经看到，并非所有抽样分布都可以如此解释. 在本书中，我们不使用“直接概率”这个术语，而使用“抽样分布”表示*根据某种特定假设推理潜在可观察数据*的一般意义，无论假设和数据之间的联系是逻辑关系还是因果关系.

抽样分布，比如超几何分布 (3.22)，对于可能的观测结果 (例如，r 的不同可能值和相对概率) 做出预测. 如果确实知道正确的假设，那么我们期望这些预测与观察结果吻合. 如果我们的假设不正确，那么预测结果和实际观察结果可能会大相径庭，它们的差别会为我们提供寻找更好假设的线索. 广义地说，这是科学推断的基础. 预测结果和观察结果的差别大小，为我们接受或拒绝当前假设提供了合理的依据，并用于寻找新的假设，这是**显著性检验**的主题. 正是天文学中进行此类检验的需求，导致拉普拉斯和高斯在 18 世纪和 19 世纪研究概率论.

尽管抽样理论在传统概率论教学中占主导地位，但在现实世界中，此类问题几乎可以忽略不计. 在几乎所有科学推断的实际问题中，我们都处在相反的境地：数据 D 是已知的，但正确的假设 H 是未知的. 因此，科学家面临的问题是反向的：给定数据 D，某些特定假设 H 为真的概率是多少？练习 3.3 是对此类问题的简单介绍. 确实，科学家收集数据的动机通常是为了了解有关某个现象的一些信息.

因此，在本书中，我们的注意力将几乎全部集中在解决这种反向问题的方法上. 这并不意味着我们不计算抽样分布. 我们需要不断这样做，这可能是我们计算工作的主要组成部分. 但这确实意味着，对我们来说，抽样分布的发现本身绝不是终点.

尽管概率论的基本规则对于解决此类反向问题与解决抽样问题一样容易，但二者在概念上截然不同. 似乎出现了一个新特征，因为对于问题“看到数据 D 之后你对假设 H 知道什么?”，除非我们考虑“在看到 D 之前你对 H 知道什么?”，否则显然无法给出任何令人信服的答案. 但是在前面的抽样论计算中完全没有涉及先验知识. 当问“根据给定的坛子的信息 (M, N)，你对数据有什么了解?”时，我们似乎没有考虑“在知道 (M, N) 之前，你对数据有什么了解?”.

事实证明，这种看似真实的明显不对称性只是表面上的. 由于一些记号习惯，我们对所有推断的根本统一性的认识变得模糊不清. 我们必须充分理解这一点，然后才能将概率论有效地应用于假设检验及其特殊情况（显著性检验）中. 下一章将讨论这个问题.

第 4 章　初等假设检验

我认为思想是运动的，而论证是驱动思想到某个方向的动力.

——约翰 · 克雷格（John Craig，1699）

约翰 · 克雷格是苏格兰数学家，也是最早认识到艾萨克 · 牛顿所发明的"微积分"优点的学者之一. 以上语句写于 300 多年前，是建立数学推理模型的早期尝试之一，仅需更改一个词即可描述我们目前的态度. 我们认为我们的思想不是被论证所左右，而是被证据所左右. 如果易犯错误的人类并不总是能保持这种客观性，那么我们在前面选择一致性合情条件的目的就是在我们的机器人中实现它. 因此，为了了解新证据如何朝某个方向驱动机器人的思想，我们将考察一些应用，它们虽然在数学上很简单，但已在多个领域中被证明具有实际意义.

从第 1 章中列出的基本合情条件可以明显看出，所有概率推断的基本原理是：

为了对任意命题 A 可能的真假做出判断，正确的流程是以手头拥有的所有证据为条件，计算 A 成立的概率

$$P(A|E_1E_2\cdots). \tag{4.1}$$

在抽样情形（即当 A 代表某个数据集时）下，这个原则从一开始对每个人来说都是显而易见的. 我们在第 3 章中暗中使用了它，觉得没有明确声明它的必要. 但是，当我们转向更一般的情形时，需要强调这一原则，因为这并不是对所有人都显而易见的（我们将在后面的章节中反复看到）.

"诚实"或"客观性"的精髓要求我们考虑拥有的所有证据，而不仅是其中一些随意选择的证据子集. 随意的选择要么等于无视拥有的证据，要么假定了还没有掌握的证据. 这种精髓使我们从一开始就认识到某些信息可以始终供机器人使用.

4.1　先验概率

一般来说，当向机器人提出某个问题时，我们还将为其提供一些与当前问题有关的新信息或数据 D. 但是机器人几乎总是会拥有其他信息，暂时用 X 表示. 这至少包括它从离开工厂到收到当前问题为止的所有过去经验. 这始终是可用信息的一部分，我们的合情条件不允许机器人忽略它. 如果人类在今天推理问题时

抛弃了昨天所知道的一切，那我们恐怕还不如野生动物. 我们将永远不会掌握一天以上的知识，教育和文明也不可能产生.

因此，对于机器人来说没有“绝对”概率，所有概率至少必须以 X 为条件. 在解决问题时，根据原理 (4.1)，它的推断应该采用计算概率 $P(A|DX)$ 的形式. 通常，X 的一部分与当前问题无关. 在这种情况下，X 的存在是不必要的，但也没有害处. 如果真的不相关，它将在数学处理过程中被消掉. 确实，这才是“不相关”的真正含义.

仅以 X 为条件的概率 $P(A|X)$ 称为**先验概率**（prior probability）. 但是需要提醒的是，“先验”一词是从遥远的过去延用而来的一个术语，在今天看来可能是不合适甚至误导人的. 首先，它不一定意味着时间上更早. 事实上，时间的概念不在我们的一般性理论中（尽管我们可以将它引入一个特定的问题）. 这种区别纯粹是逻辑上的. 根据定义，除了当前问题的直接数据 D 之外的任何其他信息都是“先验信息”.

这样的例子屡见不鲜：一名科学家已经收集到大量数据，但在进行数据分析之前，他获得了一些新信息，这些信息完全改变了他对数据分析方式的认识. 从逻辑上说，新信息是“先验信息”，因为它不是数据的一部分. 确实，将证据的整体分为两个部分，即“数据”和“先验信息”，是我们随意做出的区分，只是为了方便我们组织推理过程. 尽管任何类似的组织方式（如果成功）都一定会取得完全相同的最终结果，但某些组织方式可能比其他方式更容易计算. 因此，我们确实需要在计算中考虑不同信息进入的顺序.

其次，由于过去出现过一些关于先验概率的奇怪思想，我们也要指出，将 X 视为代表某个隐藏的大前提或关于大自然的一些普遍有效的命题是一个严重的错误. 关于先验概率的起源、性质和正确使用方式的误解在继续使用古老术语“先验概率”（a-priori probability）的人群中仍很普遍. 依曼纽尔 · 康德引入了“先验”（a-priori）一词，表示可以独立于经验而知道真假的命题. 需要特别强调的是，我们在这里使用的“先验信息”不表示这种意思. X 只是简单地表示机器人拥有的我们所称“数据”之外的其他信息. 那些在实际问题中经常使用先验概率的人通常会进一步简化，不说“先验概率”或“先验概率分布”，而是简单地说“先验”.

没有分配先验的一般性法则——如何将字面上的先验信息转换为数值先验概率是逻辑分析中的一个开放性问题，我们将对此进行多次讨论. 目前，已知有四个相当普遍的原理（群不变性、最大熵、边缘化和编码理论）成功解决了许多不同类型的问题. 无疑，还有更多的原理等待发现，它们将开拓新的应用领域.

在传统的抽样理论中，所考虑的唯一情形本质上是“从坛子中抽取球”，并且出现的唯一概率以“坛子”或“总体”的内容为已知前提，试图预测可能得到的“数据”结果. 这类问题在细节上可能变得非常复杂，有大量处理这类问题的数学文献. 例如，费勒的两卷本巨著（Feller，1950，1966）以及肯德尔和斯图尔特的纲要性著作（Kendall & Stuart，1977）完全局限于抽样分布的计算. 这些著作包含数百种非一般问题的解，这些解在概率论的各个方面都非常有用，每个领域的工作者都应该熟悉其中的内容.

但是，如 3.11 节所述，几乎所有实际的科学推断问题都处在相反的使用场景下：我们已知数据 D，希望通过概率论来确定“坛子”里的可能内容. 更一般地说，基于数据和手头拥有的任何证据，我们希望概率论能够指出给定假设 $\{H_1, H_2, \cdots\}$ 中的哪一个最有可能成立. 例如，我们的假设可能是对生成数据的物理机制的各种推断. 但是从根本上讲，就像在第 3 章中一样，物理因果关系不是问题的必要组成部分，重要的只是假设和数据之间有某种*逻辑*关系.

要解决此问题，并不需要用于发现条件抽样分布的乘法规则 (3.1) 之外的任何新原则. 我们只需要对命题做出不同的定义即可. 现在使用符号：

$$X = \text{先验信息},$$
$$H = \text{待检验的假设},$$
$$D = \text{数据}.$$

用以下形式写出乘法规则：

$$P(DH|X) = P(D|HX)P(H|X) = P(H|DX)P(D|X). \tag{4.2}$$

可以看出 $P(D|HX)$ 是我们在第 3 章中研究的抽样分布，但是现在以更灵活的记号表示. 在第 3 章中，我们不需要特别注意先验信息 X，因为所有概率都以 H 为条件，所以我们可以隐含地假设，定义问题的一般先验信息已经包含在 H 中. 这是我们已经习惯使用的符号，它阻碍了我们认识所有推断的统一本质. 在所有抽样理论中，人们都可以不需要先验信息. 因此，抽样论的文献中没有“先验信息”这个术语.

但是现在，所求的概率不以 H 为条件，而是以 X 为条件，因此需要为它们使用不同的符号. 从 (4.2) 可以看出，根据数据判断 H 的真假，不仅需要抽样概率 $P(D|HX)$，还需要 D 和 H 的先验概率：

$$P(H|DX) = P(H|X)\frac{P(D|HX)}{P(D|X)}. \tag{4.3}$$

尽管 (4.2) 和 (4.3) 的推导与 (3.50) 和 (3.51) 的推导有相同的数学结果，但对许多人而言它们似乎具有不同的逻辑. 从一开始，我们似乎就已经很清楚如何确定抽样概率的值，但不知道如何确定先验概率. 在本书中我们将看到，这仅仅是非对称地定义问题的产物，使得问题处于病态之中. 因为假设 H 的陈述非常明确，所以可以清楚地看到如何分配抽样概率. 如果先验信息 X 的确定程度相同，同样可以明确如何分配先验概率.

当我们在足够基本的层面上看待这些问题，并且意识到在得到一个有良好定义的问题之前必须非常谨慎地指定先验信息时，就会发现，实际上 (3.51) 和 (4.3) 并没有逻辑上的区别. 分配抽样概率和分配先验概率需要完全相同的原理，一个人的抽样概率就是另一个人的先验概率.

通常将 (4.3) 的左侧 $P(H|DX)$ 称为**后验概率**，同样要注意的是，这仅意味着"在逻辑上处在特定推理链中的后面"，而不一定"时间上更晚". 同样，意思的偏差是传统命名方式造成的，而不是根本上的. 一个人的先验概率可能是另一个人的后验概率. 实际上只有一种概率，我们使用的不同名称仅指组织计算的特定方式.

(4.3) 的最后一项也需要一个名称，我们称之为**似然** $L(H)$. 为了解释当前的用法，考虑一个固定的假设及其对于不同数据集的含义. 如前所述，$P(D|HX)$，即依赖于固定 H 的 D，称为"抽样分布". 但是，我们可以根据不同的假设 $\{H, H', \dots\}$ 考察固定的数据集，固定的 D 对 H 的依赖关系 $P(D|HX)$ 称为"似然".

似然 $L(H)$ 本身并不是 H 的概率. 它是一个无量纲的数值函数，当与先验概率和归一化因子相乘时，它可以成为概率. 因此，常数因子无关紧要，可能不予考虑. 因此，$L(H_i) = y(D)P(D|H_iX)$ 同样应被称为似然，其中 y 是依赖于 D 但与假设 $\{H_i\}$ 不相关的任何正数.

(4.3) 是我们试图从数据中得出结论的一大类科学推断问题背后的基本原理. 无论我们是根据核磁共振数据尝试学习化学键的特征，从临床数据中推断药物的有效性，从地震数据中推断地球的内部结构，从经济数据中推断某种需求的弹性，还是根据望远镜所得数据推断遥远星系的结构，(4.3) 都指出了需要计算哪些概率才能判断我们的全部证据证明了哪些结论是合情的. 如果 $P(H|DX)$ 非常接近 1（或 0），那么我们可以得出结论：H 非常可能为真（或假），并采取相应的行动. 但是，如果 $P(H|DX)$ 距 1/2 不远，则机器人会警告我们可用的证据不足以证明任何可靠的结论，我们需要获得更多更好的证据.

4.2 使用二元数据检验二元假设

最简单的假设检验问题只有两个假设要检验，并且只有两种可能的结果. 令人吃惊的是，这实际上是许多重要推理和决策问题的现实而有价值的模型. 首先，让我们使 (4.3) 变成这种二元情形. 它给出了 H 为真的概率；对于 H 为假的概

率，我们同样可以写出

$$P(\overline{H}|DX) = P(\overline{H}|X)\frac{P(D|\overline{H}X)}{P(D|X)}. \tag{4.4}$$

取两个等式的比值，得到

$$\frac{P(H|DX)}{P(\overline{H}|DX)} = \frac{P(H|X)}{P(\overline{H}|X)}\frac{P(D|HX)}{P(D|\overline{H}X)}, \tag{4.5}$$

$P(D|X)$ 项被消掉了. 这看起来似乎并没有什么特别的好处，但这里我们拥有的量，即 H 为真的概率与它为假的概率之比，有一个技术术语. 我们称其为命题 H 的“**几率**[①]”. 因此，如果将“给定 D 和 X 的 H 的几率”写为

$$O(H|DX) \equiv \frac{P(H|DX)}{P(\overline{H}|DX)}, \tag{4.6}$$

那么，可以将 (4.3) 和 (4.4) 组合为以下形式：

$$O(H|DX) = O(H|X)\frac{P(D|HX)}{P(D|\overline{H}X)}. \tag{4.7}$$

H 的后验几率等于先验几率乘以一个叫作似然比的无量纲因子. 几率是概率的严格单调函数，因此我们同样可以根据几率计算出概率.

在许多应用中，取几率的对数会更方便，因为我们可以累加各项. 现在，我们可以以任何我们希望的数为底取对数，这带来了一些麻烦. 我们的分析表达式以自然对数（以 e 为底）表示总是最简洁的. 在 20 世纪四五十年代首次提出该理论时，我们使用了以 10 为底的对数，因为它们在数值上更容易计算，四位有效数字的表格可以放在一张纸上. 查找自然对数是一个烦琐的过程，需要翻阅大量旧表格.

如今，由于有了计算器，所有这些表格都已过时，任何人都可以像计算以 10 为底的对数一样轻松地计算多位数的自然对数. 因此，我们开始使用更美观的自然对数来重写本节. 但是结果告诉我们，使用以 10 为底的对数还有一个更重要的理由. 我们的思维完全习惯了十进制数字系统，以 10 为底的对数对所有人来说都具有直接、清晰的直观含义. 但是，我们不知道以自然对数表示的结论是什么意思，直到将其转换回以 10 为底的值. 因此，我们不情愿地又重写了这一节，用回了丑陋的以 10 为底的旧约定.

我们定义一个新函数，称为给定 D 和 X 时 H 的**证据**：

$$e(H|DX) \equiv 10\log_{10} O(H|DX). \tag{4.8}$$

它仍然是概率的单调函数. 通过使用底数 10 并将因子 10 放在前面，我们现在以**分贝**（以下简写为 dB）为单位来衡量证据. 在给定 D 的情况下，H 的证据等于

① 对“几率”的解释见第 54 页脚注 ①. ——编者注

先验证据加上通过计算下式最后一项中的对数似然所得到的 dB 数量：

$$e(H|DX) = e(H|X) + 10\log_{10}\left[\frac{P(D|HX)}{P(D|\overline{H}X)}\right]. \tag{4.9}$$

现在，假设这个新信息 D 实际上包含几个不同的命题：

$$D = D_1D_2D_3\cdots. \tag{4.10}$$

那么，可以通过连续应用乘法规则来展开似然比：

$$e(H|DX) = e(H|X) + 10\log_{10}\left[\frac{P(D_1|HX)}{P(D_1|\overline{H}X)}\right] + 10\log_{10}\left[\frac{P(D_2|D_1HX)}{P(D_2|D_1\overline{H}X)}\right] + \cdots. \tag{4.11}$$

但是，在许多情况下，获得 D_2 的概率不受关于 D_1 的知识的影响：

$$P(D_2|D_1HX) = P(D_2|HX). \tag{4.12}$$

这样，人们通常说 D_1 和 D_2 是**独立**的. 当然，我们其实应该说机器人分配给它们的概率是独立的. 将“独立”的性质归于命题或事件是一种语义上的混淆，因为这在普通语言中意味着物理的因果独立性. 在这里，我们关注的则是逻辑独立性.

为了强调这一点，请注意，因果独立性并不意味着逻辑独立性，反之亦然. 一方面，虽然两个事件可能事实上是因果相关的（即一个事件会影响另一个），但是对于尚未发现这一点的科学家而言，代表他的知识状态的概率可能是独立的，这些概率决定了他能够做出的唯一推断. 另一方面，虽然从两个事件不会相互产生任何因果影响（比如说，苹果的产量与桃子的产量）的意义上说，两个事件可能是因果独立的；但是我们感觉到它们之间存在逻辑关系，因此关于其中一个事件的新信息改变了我们对另一个事件的知识状态. 那么对我们来说，它们的概率并不是逻辑独立的.

通常，随着机器人的知识状态（以 H 和 X 表示）发生变化，以它们为条件的概率可能会从相互独立的变为相互依赖的，反之亦然. 但是事件的真实属性保持不变. 因此，将依赖性或独立性归于这些事件的人实际上是在声称机器人具有心灵致动①的能力. 我们必须保持警惕，避免这样把现实与对现实的知识状态混为一谈，也就是我们所说的“思维投射谬误”.

我们指出这个要点不仅仅是卖弄学问、吹毛求疵. 我们马上会看到［见 (4.29)］它具有非常显著的实际后果. 在第 3 章中，我们讨论了这些概率可能独立的一些条件，这些条件与从一个非常大的已知总体中进行抽样及有放回抽样有关. 在 4.8 节中，我们将指出坛子概率是否存在取决于我们是否知道多个坛子的内容相同. 在

① 英文原文是 psychokinesis，指的是号称不使用身体的物质力量，专门以意念控制物质、时空或能量.
——编者注

当前问题中，将因果独立性解释为逻辑独立性，或将逻辑依赖性解释为因果依赖性，都会导致从心理学到量子理论等领域中的荒谬结论.

如果在给定 HX 的条件下，这些数据是逻辑独立的，则 (4.11) 变为

$$e(H|DX) = e(H|X) + 10\sum_i \log_{10}\left[\frac{P(D_i|HX)}{P(D_i|\overline{H}X)}\right], \tag{4.13}$$

其中的和式取遍我们获得的所有额外信息.

为了对这里的数值有一点感觉，我们构造了表 4-1. 可以使用三种尺度来衡量合情程度：证据、几率和概率，它们都是相互的单调函数. 0 dB 的证据对应于 1 的几率或 1/2 的概率. 现在，每个物理学家或电气工程师都知道，3 dB 表示接近 2 的几率，10 dB 表示恰好为 10 的几率. 所以，如果我们以 3 dB 或 10 dB 的步长计算，很容易构造此表.

表 4-1　证据、几率和概率

证据（e）	几率（O）	概率（p）
0	1 : 1	1/2
3	2 : 1	2/3
6	4 : 1	4/5
10	10 : 1	10/11
20	100 : 1	100/101
30	1 000 : 1	0.999
40	10 000 : 1	0.9999
$-e$	$1/O$	$1-p$

从表 4-1 中可以明显地看出，为什么以分贝为单位给出证据非常有力. 当概率接近 1 或 0 时，我们的直觉很差. 对你而言，0.999 和 0.9999 的概率差别是否有意义？当然，对我来说没有什么意义. 但是，在使用此方法一段时间之后，30 dB 和 40 dB 的证据之间的差别确实对我们有明确的意义. 现在，它处于我们的思维能自然理解的尺度范围内. 这只是韦伯-费希纳定律的另一个例子，人类的感觉往往是所受刺激的对数函数.

实际上，(4.8) 中的因子 10 是合适的. 在最初的声学应用中，引入这种方法从心理上讲是为了使声音强度的 1 dB 变化大约是我们耳朵可感知的最小变化. 经过深思熟虑和大胆推测，我们认为读者会同意证据的 1 dB 变化是我们直觉可感知的最小概率增量. 没有人认为韦伯-费希纳定律是所有人类感觉的精确法则，但是它的一般实用性和适当性毋庸置疑. 在某种刺激下，我们感知到的几乎总是相对变化，而不是绝对变化. 有关古斯塔夫 · 特奥多尔 · 费希纳（1801—1887）的

生活和工作的有趣信息，请参阅施蒂格勒的著作（Stigler，1986c）.

现在让我们将 (4.13) 应用于一个特定的工业质量控制问题中（尽管也可以将其表述为密码学、化学分析、物理实验的解释、两种经济理论的判断等问题）. 遵循古德著作（Good，1950）中的例子，为了阐明一些原理上的要点，我们假设的数值不是很实际. 假设先验信息 X 如下：

$X \equiv$ 我们有 11 台自动机器，这些机器将其生产出的小部件输出到 11 个盒子中. 该过程对应于小部件生产的早期阶段，因为有 10 台机器会生产 1/6 的坏部件. 第 11 台机器甚至更糟，它会生产 1/3 的坏部件. 每台机器输出的部件被分别放在一个未贴标签的盒子中，并存储在仓库中.

我们选择一个盒子并检测其中的一些小部件，将它们分为“好”和“坏”. 我们的目标是判断是否选择了那个糟糕的机器对应的盒子，也就是说，判断我们要接受还是拒绝该批次.

让我们把这项工作交给我们的机器人，看看它是如何工作的. 首先，它必须找到有关命题的先验证据. 我们可以定义

$$A \equiv \text{选择了好批次（1/3 的次品率）},$$
$$B \equiv \text{选择了坏批次（1/6 的次品率）}.$$

先验信息 X 的定性部分告诉我们，只有两种可能性，因此，在 X 产生的逻辑背景下，两个命题是互否的关系：给定 X，我们可以知道

$$\overline{A} = B, \quad \overline{B} = A. \tag{4.14}$$

唯一的定量先验信息是有 11 台机器，我们不知道是哪台机器制造了我们选择的批次，因此，根据无差别原则，$P(A|X) = 1/11$，并且

$$e(A|X) = 10 \log_{10} \frac{P(A|X)}{P(\overline{A}|X)} = 10 \log_{10} \frac{1/11}{10/11} = -10\,\text{dB}, \tag{4.15}$$

因此，我们一定有 $e(B|X) = 10\,\text{dB}$.

显然，在此问题中，X 与计算有关的唯一信息只是这些数值，即 $\pm 10\,\text{dB}$. 从这一点来看，导致相同数值的任何其他先验信息都将给我们带来相同的数学问题. 因此，没有必要说我们仅在谈论 11 台机器的问题. 可能只有一台机器，而先验信息是我们之前使用它的经验.

我们用 11 台机器来说明问题的原因是：到目前为止，我们只能通过一个（无差别）原则将原始信息转化为数值概率分配. 我们插入这个评论是由于费勒（Feller，1950）做出过关于一台机器的著名论断，在积累与他提出的问题有关的

更多证据之后，我们将在第 17 章中讨论他的论断. 对我们的机器人来说，有多少台机器并没有什么区别. 唯一重要的是坏批次的先验概率，无论此信息是如何得到的. [①]

现在，从盒子中取出一个小部件并对其测试，查看它是否是坏部件. 如果我们取出一个坏部件，那将对这是坏批次的证据起什么作用呢？这会增加

$$10\log_{10}\frac{P(\text{坏}|AX)}{P(\text{坏}|\overline{A}X)}\,\text{dB}, \tag{4.16}$$

其中 $P(\text{坏}|AX)$ 表示在给定 A 的条件下取出坏部件的概率，等等. 这些是抽样概率，我们已经明白如何计算它们. 我们的流程非常像从坛子中抽取球. 正如在第 3 章中那样，在一次抽取中，我们的数据 D 现在仅包含一个二元选择：好或坏. 抽样分布 $P(D|HX)$ 简化为

$$P(\text{坏}|AX)=\frac{1}{3},\qquad P(\text{好}|AX)=\frac{2}{3}, \tag{4.17}$$

$$P(\text{坏}|BX)=\frac{1}{6},\qquad P(\text{好}|BX)=\frac{5}{6}. \tag{4.18}$$

因此，如果我们在第一次抽取中发现一个坏部件，这将使 A 的证据增加

$$10\log_{10}\frac{1/3}{1/6}=10\log_{10}2=3\,\text{dB}. \tag{4.19}$$

如果抽出第二个坏部件，会发生什么？我们现在进行的是无放回抽样，因此正如 (3.11) 中所述，(4.19) 中的因子 1/3 应该更新为

$$\frac{N/3-1}{N-1}=\frac{1}{3}-\frac{2}{3(N-1)}, \tag{4.20}$$

其中 N 是批次中的小部件数量. 但是，为了避免这种复杂性，我们假设 N 比我们打算检测的小部件数量大得多. 也就是说，我们将检测该批次中可忽略不计的部分，以使好坏部件的比例不会被抽取明显改变. 这样，超几何分布 (3.22) 的极限形式，即二项分布 (3.86)，将适用. 因此，我们将考虑到，在给定 A 或 B 的情况下，无论先前抽取了什么，在每次抽取中取出坏部件的概率都是相同的. 因此，我们取出的每一个坏部件都会提供支持假设 A 的 3 dB 的证据.

现在假设我们抽到一个好部件. 使用 (4.14)，我们得到 A 的证据是

$$10\log_{10}\frac{P(\text{好}|AX)}{P(\text{好}|BX)}=10\log_{10}\frac{2/3}{5/6}\approx-0.97\,\text{dB}, \tag{4.21}$$

① 请注意，在这一观察中，我们对第 1 章提出的问题有了答案：一个人如何使机器人"知道"要处理的各种命题的语义呢？答案是，机器人不需要"知道"任何东西. 如果除了模型和数据之外，我们还提供了要考虑的命题列表及其先验概率，就将为在当前应用中定义数学问题所需要的意思传达给了机器人. 稍后，我们希望设计一个更复杂的机器人，还可以通过最大熵原理分析复杂但不完全的信息来帮助我们分配先验概率. 但是，即使那样，我们也始终可以无须涉及语义而定义机器人需要考虑的数学问题.

但是让我们称其为 $-1\,\mathrm{dB}$. 同样，如果批次中的小部件数量足够大，这将适用于每一次抽取. 如果我们检查了 n 个小部件，其中有 n_{b} 个坏部件和 n_{g} 个好部件，那么表明这是坏批次的证据是

$$e(A|DX) = e(A|X) + 3n_{\mathrm{b}} - n_{\mathrm{g}}. \tag{4.22}$$

你会发现，一旦我们使用对数，计算是多么简单. 机器人的思想以一种非常简单直接的方式"朝某个方向被驱动".

也许这个结果使我们对韦伯-费希纳定律为何适用于直觉上的合情推断有了更深入的了解. 我们的"证据"函数与我们以可想象的最自然的方式观察到的数据有关，给定的证据增量与给定的数据增量相对应. 例如，如果我们测试的前 12 个小部件中有 5 个是坏的，则

$$e(A|DX) = -10 + 3 \times 5 - 7 = -2\,\mathrm{dB}. \tag{4.23}$$

或者说，坏批次的概率从 $1/11 \approx 0.09$ 提高到 $P(A|DX) \simeq 0.4$.

为了获得命题 A 的至少 $20\,\mathrm{dB}$ 的证据，在一定顺序的 $n = n_{\mathrm{b}} + n_{\mathrm{g}}$ 次检测中需要有多少个坏部件呢? 这要求

$$3n_{\mathrm{b}} - n_{\mathrm{g}} = 4n_{\mathrm{b}} - n = n(4f_{\mathrm{b}} - 1) \geqslant 20. \tag{4.24}$$

因此，如果次品率 $f_{\mathrm{b}} \equiv n_{\mathrm{b}}/n$ 仍然大于 $1/4$，则我们最终将积累 $20\,\mathrm{dB}$ 或任何其他正数的 A 的证据. 看来 $f_{\mathrm{b}} = 1/4$ 是一个阈值，在该阈值下，检测无法提供 A（或 B）相对于 B（或 A）的证据. 但请注意，(4.22) 中的 $+3$ 和 -1 仅是近似值. 根据 (4.19) 和 (4.21)，坏部件的确切阈值比例是

$$f_{\mathrm{t}} = \frac{\log \frac{5}{4}}{\log 2 + \log \frac{5}{4}} \approx 0.243\,529\,2, \tag{4.25}$$

其中对数的底数是什么无关紧要. 抽样次品率大于（或小于）此分数为 A 优于 B（或 B 优于 A）提供了证据. 但是，如果观察到的比例接近阈值，则需要进行许多次检测才能积累足够的证据.

现在，我们拥有的只是选择坏批次的命题的概率、几率或证据. 最终，我们必须做一个决定：是接受它，还是拒绝它. 这时我们该怎么办呢? 当然，我们可以事先决定：如果命题 A 的概率达到一定的值，那么我们将判定 A 为真，如果它下降到某个值，那么我们将判定 A 为假.

概率论本身不会告诉我们做出决策的临界值在哪里. 这必须基于价值判断：做出错误决定的后果是什么? 进行进一步检测的代价是什么? 这将我们带入第 13 章和第 14 章中讨论的决策论领域. 但是目前很明显，犯一类错误（接受坏批次）可能比犯另一类错误（拒绝好批次）的后果更为严重. 这将对我们如何设置临界值产生明显的影响.

因此，我们可以给机器人一些指示，例如“如果 A 的证据大于 0 dB，则拒绝该批次（它很可能是坏的而不是好的）. 如果 A 的证据低至 −13 dB，则接受该批次（它至少有 95% 的概率是好的）. 否则，请继续检测.”我们开始检测，每当发现一个坏部件时，坏批次的证据就会增加 3 dB；每当发现一个好部件时，它就会下降 1 dB. 一旦我们第一次进入接受区域或拒绝区域，就终止检测.

上述方法是我们的机器人根据命题 A 的后验概率达到一定水平后拒绝它或接受它的方法，这个非常有用且强大的流程在统计文献中称为“序列推理”，该术语表明检测次数不是预先确定的，而是取决于我们发现的数据值的顺序. 在序列的每一步，我们都会在三个选项中选择一个：(a) 接受后停止；(b) 拒绝后停止；(c) 再做一次检测. 该术语不应与所谓的“带有非选择性停止的序列分析”混淆，后者是对概率论的严重错误应用. 请参阅第 6 章和第 17 章中有关“可选停止”的讨论.

4.3 超出二元情形的不可扩展性

二元假设检验问题具有如此优雅、简单的解决方案，我们可能希望将其扩展到两个以上假设的情况. 不幸的是，在 (4.13) 的数据集上使用的方便的独立可加性和 (4.22) 中的线性特征都没有办法一般化.“独立可加性”是指给定数据 D_i 带来的证据增量仅取决于 D_i 和 H，而不用考虑其他数据. 如 (4.11) 所示，我们始终有可加性，但是，除非概率是独立的，否则没有独立可加性.

我们以练习的形式陈述这种不可扩展性的原因. 为此，假定 n 个假设 $\{H_1,\cdots,H_n\}$ 在先验信息 X 上是互斥且完备的：

$$P(H_iH_j|X)=P(H_i|X)\delta_{ij},\qquad \sum_{i=1}^{n}P(H_i|X)=1. \tag{4.26}$$

此外，我们有 m 个数据集 $\{D_1,\cdots,D_m\}$. 结果是，通过 (4.7) 计算 H_i 的几率，现在更新为

$$O(H_i|D_1,\cdots,D_mX)=O(H_i|X)\frac{P(D_1,\cdots,D_m|H_iX)}{P(D_1,\cdots,D_m|\overline{H_i}X)}. \tag{4.27}$$

在给定 H_i 的情况下，由于 D_j 的逻辑独立性，分子通常可以分解：

$$P(D_1,\cdots,D_m|H_iX)=\prod_j P(D_j|H_iX),\qquad 1\leqslant i\leqslant n. \tag{4.28}$$

如果分母也能分解：

$$P(D_1,\cdots,D_m|\overline{H_i}X)=\prod_j P(D_j|\overline{H_i}X),\qquad 1\leqslant i\leqslant n, \tag{4.29}$$

那么 (4.27) 会分解为每个 D_j 分别产生的新概率的乘积，对数几率公式 (4.9) 将再次具有独立于 D_j 的形式，如 (4.13) 所示.

练习 4.1 证明没有类似二元情况的非平凡扩展. 具体地说，证明：如果 (4.28) 和 (4.29) 在 $n > 2$ 的情况下成立，那么，

$$\frac{P(D_1|H_iX)}{P(D_1|\overline{H_i}X)} \cdots \frac{P(D_m|H_iX)}{P(D_m|\overline{H_i}X)} \tag{4.30}$$

中至多有一个因子不同于 1，因此最多有一个数据集 D_j 可以造成 H_i 概率的更新.

在人工智能文献（Glymour，1985；R. W. Johnson，1985）中，这一直是个有争议的问题. 不能区分逻辑独立性和因果独立性的人会假设，只要没有 D_i 对其他 D_j 施加物理上的作用，(4.29) 就始终有效. 但是我们已经注意到这种推理的愚蠢性. 这是语义混乱可能导致严重数值错误的情形. 当 $n = 2$ 时，(4.29) 是随着 (4.28) 成立的. 但是，当 $n > 2$ 时，(4.29) 的条件非常强，如果成立，它就将整个问题简化为不值得考虑的小问题. 我们将它作为练习（练习 4.1），以便读者考察这些等式，从而了解其中的原因. 鉴于第 2 章中阐述的考克斯定理，概率论的结论是，除非我们进行不一致的推理，否则一定会得到以上独立可加性不可以扩展到二元以上情形的结论.

为了避免对这里所说的内容产生可能的误解，让我们补充以下内容. 无论我们想到多少种假设，都总有可能挑选出其中两种并对其进行比较. 这将回到已分析的二元假设检验的情况，并且独立可加性将保留在该较小的问题内（相对于单个备择假设确定一个假设的状态）.

我们可以选择 A_1 作为标准“零假设”，并通过解决 $n-1$ 个二元假设检验问题，将每个其他假设与之比较来组织问题. 这样就可以确定任意两个假设的相对状态. 例如，如果 A_5 和 A_7 分别比 A_1 多 22.3 dB 和 31.9 dB，那么 A_7 比 A_5 多 $31.9 - 22.3 = 9.6$ dB. 如果这样的二元比较提供了人们想要的所有信息，则根本不需要考虑多重假设检验.

但这不能解决我们的问题. 给定所有这些二元问题的答案，仍然需要与接下来一样多的计算，才能将该信息转换为相对于所有 n 个假设的任意给定假设的绝对状态. 在这里，我们将直接解决更大的问题.

在任何情况下，我们都不必仅仅诉诸一个抽象定理的终极权威性. 更具建设性的是，我们现在证明概率论确实为我们提供了一个确定、有用的多重假设检验的程序，这使我们获得更深刻的见解，并弄清楚当 $n > 2$ 时独立可加性为什么不能也*不应该*成立. 它将忽略一些非常有说服力的信息. 那是明显的不一致性推理.

4.4　多重假设检验

假如在刚刚讨论的序列检测过程中发生了一件非常惊人的事情：我们测试了 50 个小部件，结果每个小部件都是坏的. 根据 (4.22)，这将为我们提供 150 dB 的证据，证明这是坏批次. $e(A|E)$ 的最终结果是 140 dB，这是 $1 - 10^{-14}$ 的概率. 但是，我们的常识会拒绝这一结论，我们的内心会产生自然的怀疑. 如果你测试了 50 个小部件，发现 50 个全部都是坏的，那么你不会相信这个批次中只有 1/3 是坏部件. 那么，这里出了什么问题呢? 为什么在这种情况下我们的机器人的推理会产生问题?

我们必须认识到我们的机器人还不成熟. 它就像一个四岁的孩子一样推理. 小孩子的独特之处在于，即使你告诉他们最荒谬的事情，他们也会傻傻地相信一切，而从来不会想到要质疑你. 他们会相信你告诉他们的任何事情.

当被告知难以置信的事情时，成年人会在心理上允许自己怀疑信息来源的可靠性. 可能有人会认为，理想情况下，我们的机器人存储在其内存中的信息应该并不是我们有 1/3 或 1/6 的坏部件；输入的信息应该是某个不可靠的人说我们有 1/3 或 1/6 的坏部件.

更一般地，如果机器人可以考虑到它一开始被给予的信息可能并不十分可靠，那么可能会在许多问题中很有用. 我们提供给机器人的先验信息或数据总是有可能错误的. 在实际问题中，总是有成百上千种可能性，如果你一开始武断地对机器人说只有两种可能性，那么当然不能指望机器人的结论在每种情况下都有意义.

当我们考虑显著性检验时，可以让机器人自动拥有这种成熟的怀疑行为. 幸运的是，经过进一步思考，我们意识到，对于大多数问题，目前这种不成熟的机器人仍然是我们所需要的，因为我们可以更好地控制它们.

我们确实希望机器人相信我们所说的一切. 当我们试图告诉机器人一个真实但令人吃惊（因此非常重要）的新信息时，如果它突然以一种不受我们控制的方式持怀疑态度，那将是非常危险的. 但是，留意这种情况的责任在我们. 当很有可能需要怀疑时，我们有责任给机器人一些暗示，让它们对这个特定的问题持怀疑态度.

在当前问题中，我们可以给机器人提供暗示，使机器人在看到“太多”坏部件时对 A 持怀疑态度，方法是额外提供一个指出这种可能性的假设，并使机器人可以寻找这种可能性. 如前所述，命题 A 表示我们有一个有 1/3 坏部件的盒子，命题 B 表示我们有一个有 1/6 坏部件的盒子. 我们添加第三个命题 C，那就是制造小部件的机器完全出了问题，会生产 99% 的坏部件.

现在，我们必须调整先前的概率，以考虑这种新的可能性．但是我们不希望问题的性质发生重大改变．因此，让假设 C 的先验概率 $P(C|X)$ 非常低，为 10^{-6}（$-60\,\mathrm{dB}$）．我们可以写出 X 作为表示这一点的口头陈述，但是，就像在第 90 页的脚注中那样，我们可以简单地通过给出以 X 为条件的概率来陈述关于 X 的命题，对于机器人而言这完全没有歧义．我们将在此问题中使用这样的命题．这样一来，我们就不用说明 X 在概念上对我们重要的所有内容，而是只用说明 X 与机器人的当前数学问题有关的内容．

因此，假设我们从以下这些初始概率入手：

$$\begin{aligned} P(A|X) &= \frac{1}{11}\left(1-10^{-6}\right), \\ P(B|X) &= \frac{10}{11}\left(1-10^{-6}\right), \\ P(C|X) &= 10^{-6}, \end{aligned} \tag{4.31}$$

其中

$$\begin{aligned} A &\equiv \text{我们有一个有 } 1/3 \text{ 坏部件的盒子}, \\ B &\equiv \text{我们有一个有 } 1/6 \text{ 坏部件的盒子}, \\ C &\equiv \text{我们有一个有 } 99/100 \text{ 坏部件的盒子}. \end{aligned}$$

因子 $1-10^{-6}$ 实际上可以忽略不计．出于实际的目的，我们从证据的以下初始值开始：

$$\begin{aligned} A &\text{ 为 } -10\,\mathrm{dB}, \\ B &\text{ 为 } \quad 10\,\mathrm{dB}, \\ C &\text{ 为 } -60\,\mathrm{dB}. \end{aligned} \tag{4.32}$$

与数据有关的命题 D 是“已经测试了 m 个小部件，每个都是坏部件”．现在，根据 (4.9)，命题 C 的后验证据等于先验证据加上以下概率比的对数的 10 倍：

$$e(C|DX) = e(C|X) + 10\log_{10}\frac{P(D|CX)}{P(D|\overline{C}X)}. \tag{4.33}$$

假设机器生产的 99% 是坏部件，盒子里的小部件总数比被检测的数量 m 大很多，我们在第 3 章中讨论的无放回抽样表明，前 m 个都是坏部件的概率是

$$P(D|CX) = \left(\frac{99}{100}\right)^m. \tag{4.34}$$

我们还需要概率 $P(D|\overline{C}X)$，这可以通过应用两次乘法规则 (4.3) 来计算：

$$P(D|\overline{C}X) = P(D|X)\frac{P(\overline{C}|DX)}{P(\overline{C}|X)}. \tag{4.35}$$

在这个问题中，先验信息表明只有三种可能性，因此命题 $\overline{C} \equiv$“C 为假”表示 A 或 B 必须为真：

$$P(\overline{C}|DX) = P(A+B|DX) = P(A|DX) + P(B|DX), \tag{4.36}$$

其中使用了广义加法规则 (2.66)，由于 A 和 B 是互斥的，带负号的项消失了. 同样，

$$P(\overline{C}|X) = P(A|X) + P(B|X). \tag{4.37}$$

现在，如果将 (4.36) 替换进 (4.35)，乘法规则将再次适用，形式如下：

$$\begin{aligned} P(AD|X) &= P(D|X)P(A|DX) = P(A|X)P(D|AX), \\ P(BD|X) &= P(D|X)P(B|DX) = P(B|X)P(D|BX). \end{aligned} \tag{4.38}$$

因此，(4.35) 变成

$$P(D|\overline{C}X) = \frac{P(D|AX)P(A|X) + P(D|BX)P(B|X)}{P(A|X) + P(B|X)}, \tag{4.39}$$

其中，所有概率都可以从问题陈述中知道.

离题：另一种推导

尽管我们得到了期望的结果 (4.39)，但请注意，还有一种推导方法，它通常比直接应用 (4.3) 更容易. 我们对 (3.33) 的推导中引入了该原理：将所求概率的命题（在这种情况下为 D）分解为互斥的子命题，并计算其概率之和. 我们能以多种不同的方式分解，引入任何互斥且完备的命题 $\{P, Q, R, \cdots\}$，并使用布尔代数的规则：

$$D = D(P + Q + R + \cdots) = DP + DQ + DQ + \cdots. \tag{4.40}$$

但是，该方法成功与否取决于我们能否巧妙地选择一个可以完成最终计算的特定命题集合. 这意味着选出的命题必须与问题具有相关性：如果该问题与企鹅无关，则像第 2 章末尾那样引入与企鹅相关的命题将无济于事.

在当前情况下，为了计算 $P(D|\overline{C}X)$，命题 A 和 B 似乎具有这种相关性. 同样，我们注意到，命题 $\overline{C}$ 意味着 $A+B$，所以

$$\begin{aligned} P(D|\overline{C}X) &= P\left(D(A+B)|\overline{C}X\right) \\ &= P(DA + DB|\overline{C}X) \\ &= P(DA|\overline{C}X) + P(DB|\overline{C}X). \end{aligned} \tag{4.41}$$

这些概率可以通过乘法规则来分解：

$$P(D|\overline{C}X) = P(D|A\overline{C}X)P(A|\overline{C}X) + P(D|B\overline{C}X)P(B|\overline{C}X). \tag{4.42}$$

因为在定义此问题时，命题“A 真或 B 真”意味着 C 必须为假，所以可以进一步简化：$P(D|A\overline{C}X) \equiv P(D|AX)$ 且 $P(D|B\overline{C}X) \equiv P(D|BX)$. 出于同样的原因，

$P(\overline{C}|AX)=1$. 因此，根据乘法规则，我们有

$$P(A|\overline{C}X)=\frac{P(A|X)}{P(\overline{C}|X)}, \tag{4.43}$$

对于 $P(B|\overline{C}X)$ 同样如此. 将这些结果代入 (4.42) 并使用 (4.37)，我们再次得出 (4.39). 这为作为扩展逻辑的概率论规则的一致性提供了另一个例证，也提供了一个相当严格的检验.

* * *

现在回到 (4.39)，我们可以得到数值

$$P(D|\overline{C}X)=\left(\frac{1}{3}\right)^m\left(\frac{1}{11}\right)+\left(\frac{1}{6}\right)^m\left(\frac{10}{11}\right), \tag{4.44}$$

现在 (4.33) 中所有项的值都已知. 将这些值放在一起，我们会发现命题 C 的证据是

$$e(C|DX)=-60+10\log_{10}\left[\frac{\left(\frac{99}{100}\right)^m}{\left(\frac{1}{11}\right)\left(\frac{1}{3}\right)^m+\left(\frac{10}{11}\right)\left(\frac{1}{6}\right)^m}\right]. \tag{4.45}$$

如果 $m>5$，一个很好的近似是

$$e(C|DX)\simeq -49.6+4.73\,m, \qquad m>5; \tag{4.46}$$

如果 $m<3$，一个粗略的近似是

$$e(C|DX)\simeq -60+7.73\,m, \qquad m<3. \tag{4.47}$$

命题 C 始于 $-60\,\text{dB}$，我们发现的前几个坏部件将分别提供约 $7.73\,\text{dB}$ 的证据以支持 C，因此，$e(C|DX)$ 与 m 的关系图将以 7.73 的斜率向上. 但是，当 $m>5$ 时，斜率下降到 4.73. 当 $m\simeq 49.6/4.73\approx 10.5$ 时，C 的证据达到 $0\,\text{dB}$. 因此，连续 10 个坏部件就足以将这个最初非常不可能的假设提高 $58\,\text{dB}$，使得机器人需要非常严肃地考虑它；而连续 11 个坏部件将使它超过阈值，使得机器人认为它更可能为真.

与此同时，我们的命题 A 和命题 B 发生了什么？和以前一样，A 始于 $-10\,\text{dB}$，B 始于 $10\,\text{dB}$，对于每个坏部件，A 的合情性开始会上升，证据增加 $3\,\text{dB}$. 但是，在我们发现了很多坏部件之后，就会开始怀疑证据是否真的支持命题 A. 命题 C 变得越来越容易解释我们观察到的内容. 机器人也学会了持怀疑态度吗?

在测试了 m 个小部件并且证明它们都是坏的之后，命题 A 和命题 B 的证据以及近似形式如下：

$$
\begin{aligned}
e(A|DX) = & -10 + 10\log_{10}\left[\frac{\left(\frac{1}{3}\right)^m}{\left(\frac{1}{6}\right)^m + \frac{11}{10}\times 10^{-6}\left(\frac{99}{100}\right)^m}\right] \\
\simeq & \begin{cases} -10 + 3\,m, & m < 7, \\ +49.6 - 4.73\,m, & m > 8, \end{cases}
\end{aligned} \tag{4.48}
$$

$$
\begin{aligned}
e(B|DX) = & +10 + 10\log_{10}\left[\frac{\left(\frac{1}{6}\right)^m}{\left(\frac{1}{3}\right)^m + 11\times 10^{-6}\left(\frac{99}{100}\right)^m}\right] \\
\simeq & \begin{cases} 10 - 3\,m, & m < 10, \\ 59.6 - 7.33\,m, & m > 11. \end{cases}
\end{aligned} \tag{4.49}
$$

准确的结果展示在图 4-1 中. 通过研究此图，我们可以学到很多关于多重假设检验的知识. 曲线 A 和曲线 B 的初始直线部分代表我们在引入命题 C 之前发现的解. 命题 A 和命题 B 的合情性变化一开始与前面的问题相同. 命题 C 的影响直到 C 穿过 B 的位置时才出现. 在这一点上，曲线 A 的特征突然改变，不是继续向上，而是在 $m = 7$ 时达到最大值 10 dB，然后转而向下. 机器人确实已经学会了如何怀疑. 但是，曲线 B 在这一点上并没有改变. 它线性地延伸，直到到达 A 和 C 具有相同合情性的位置，此时它的斜率发生了变化. 从那时起，它的下降速度变快了.

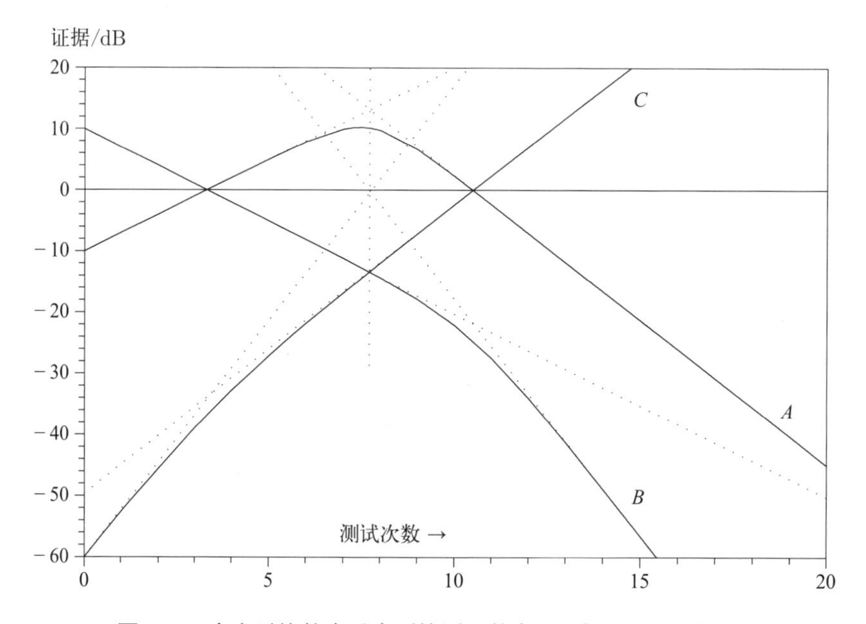

图 4-1 令人震惊的多重序列检测，其中“死假设（C）复活”

大多数人乍一看会觉得所有这些令人惊讶且神秘，但是稍加思考就足以使我们理解正在发生的事情及其原因. 多一次检验导致 A 的合情性发生变化的原因如下. 我们现在正在针对两个备择假设（B 和 C）检验假设 A. 但是，最初 B 的合情性远高于 C，实际上，此时我们只是针对 B 检验 A，然后重现了先前的解 (4.22). 在积累了足够的证据，使 C 的合情性达到与 B 相同的水平之后，基本上将是针对 C 而不是 B 检验 A，情况发生了巨大的改变.

所有的斜率变化都可以通过这种方式解释. 一旦我们了解了这一原理，显然可知同样的事将普遍成立. 只要我们有一组离散的假设，则其中任何一个的合情性变化都将近似是针对单个备择假设——所有假设中当时最合情的那个备择假设——进行检验的结果. 当备择假设的相对合情性改变时，曲线 A 的斜率也一定会随之改变，如果试图在 $n > 2$ 时保持独立可加性 (4.13)，这是可能丢失的重要信息.

只要假设之间的证据相差 10 dB 或更多，那么多重假设检验大致可以简化为针对单个备择假设的检验. 明白了这一点，就可以非常快速地构建如图 4-1 所示的曲线，而无须写下等式，因为两个假设情况下发生的事情很容易一劳永逸地看到. 该图具有许多有趣的几何特性，绘制六条渐近线并注意其竖对齐方式（虚线）就可以看出，我们将其留给读者探索.

图 4-2 包含了根据好坏测试的任意序列来构建相当准确的图表所需的所有信息. 它总结了所有这些二元假设检验问题的答案，所有可以针对一个备择假设检验一个假设的方法. 例如，它表明，如果针对 A 检验 B，发现一个好部件会使 B 的证据提高 1 dB；如果针对 C 检验 B，则证据会提高 19.22 dB. 类似地，如果针对 B 检验 A，发现一个坏部件会使 A 的证据提高 3 dB；如果针对 C 检验 A，则证据会降低 4.73 dB. 同样，我们看到，发现一个好部件会使 C 的证据降低到即使发现两个坏部件也无法恢复的数值. 因此，有一个“怀疑阈值”，在此阈值之下，C 永远不会达到可观的概率. 也就是说，只要观察到的次品率 f 小于 2/3，机器人就永远不会怀疑命题 A 和命题 B.

$$\text{发现好部件：}\quad \boxed{A} \rightarrow 1.0 \rightarrow \boxed{B} \leftarrow 19.22 \leftarrow \boxed{C} \rightarrow 18.24 \rightarrow \boxed{A}$$

$$\text{发现坏部件：}\quad \boxed{A} \leftarrow 3.0 \leftarrow \boxed{B} \rightarrow 7.73 \rightarrow \boxed{C} \leftarrow 4.73 \leftarrow \boxed{A}$$

图 4-2 合情性流程图

更精确地说，我们定义一个阈值分数 f_{t}：当检测数 $m \to +\infty$ 且 $f = m_{\mathrm{b}}/m \to$ 常数时，如果 $f > f_{\mathrm{t}}$，则 $e(C|DX)$ 趋于 $+\infty$，如果 $f < f_{\mathrm{t}}$，则它趋于 $-\infty$. 精确阈值大于 2/3：$f_{\mathrm{t}} = 0.793\,951$（练习 4.2）. 如果观察到坏部件的比例高于此值，最终将使机器人相对于命题 A 和命题 B 更倾向于命题 C.

练习 4.2　假设命题 C 具有任意先验概率 $P(C|X) = x$ 而不是 10^{-6}，坏部件的比例是 y 而不是 99/100，试计算怀疑函数 $f_{\mathrm{t}}(x, y)$ 的精确阈值. 然后讨论对 x 和 y 的依赖性如何与人类常识对应（或不对应）.
提示：对于此类问题，始终先尝试获得解析解. 如果无法做到这一点，则编写一个简短的计算机程序，通过表或图形的形式显示正确数值.

练习 4.3　说明如何使机器人对所观察到样本中的坏部件数量意外地多和意外地少产生怀疑，请给出完整的方程. 特别注意以下几点：如果 A 为真，那么根据二项分布 (3.86)，我们可以预期，经过多次检测，观察到的坏部件比例将趋于 1/3；如果 B 为真，则它应趋于 1/6. 假设发现它趋于阈值 (4.24)，接近 1/4. 对于足够大的 m，我们会对 A 和 B 产生怀疑. 但是直觉告诉我们，这将需要远大于 10 的 m. 这足以使我们和机器人在发现它们都是坏部件时表示怀疑. 如果引入一个新假设 F，指定 $P(\text{坏}|FX) \simeq 1/4$，这些方程与我们的直觉一致吗?

总之，我们的新假设 C 会被暂时搁置，直到再次需要它，就像灭火器一样. 在正常的检验情况下，它是“死的”，在推断中没有任何作用，因为它的概率远低于其他假设. 但是一个“死假设”可以通过出乎意料的数据“复活”. 练习 4.2 和练习 4.3 让读者更深入地探索“死假设复活”现象，我们还将在第 5 章中回到这一主题.

图 4-1 显示了一件有趣的事情. 假设我们已经决定，如果证据达到 6 dB，就停止检验并接受假设 A. 如我们所见，在第 6 次试验时证据将超出该值. 如果我们在这个时候停止检验，将永远看不到该曲线的其余部分，看不到它确实会下降. 如果在此之后继续检验，那么我们将改变主意.

乍一看，这似乎令人不安，但是请注意，它是所有假设检验问题的固有性质. 只要我们在任意有限数量的试验中停止检验，那么将永远无法绝对肯定我们已经做出了正确的决策. 总是有更多的检验可能导致我们改变决定. 但也请注意，作为逻辑的概率论具有内置的自动安全装置，可以防止遭遇意外的不愉快. 尽管我们总是有可能决策错误，但是，如果我们的决策临界值要求 $e(A|DX)$ 是很大的正数，犯这种错误是极端不可能的. 例如，如果 $e(A|DX) \geqslant 20\,\mathrm{dB}$，则 $P(A|DX) > 0.99$，所有备择假设的总概率小于 0.01，那么，我们当中几乎没有人会对支持 A 犹豫不决.

在实际问题中，我们可能没有足够的数据来提供如此充足的证据. 如果最有可能的假设 A 已经可以与备择假设很好地分离，即使 $e(A|DX)$ 本身不大，我们也可能会认为已经可以安全地做决定. 确实，如果有 1000 个备择假设，但 A 与最有可能的备择假设之间的距离超过 20 dB，则与任何一种备择假设相比，A 的几率都高于 100 : 1. 如果必须在此时此地选择一个确定的假设，我们仍会毫不犹豫地选择 A. 显然，这是我们基于已经拥有的信息所能做出的最好决定. 然而我们不能对这件事过分自信，因为现在的选择很有可能是错误的，原因是这些备择假设作为总体与 A 有差不多的可能. 但是，概率论已经通过 $e(A|DX)$ 的具体数值警告过我们，我们不必为此感到震惊.

在科学推断过程中，我们的工作始终是利用已有的所有信息尽力而为. 我们无法事先保证已有信息足以将我们引向真理. 但是，许多所谓的困难是由缺乏经验的用户无法认识和使用作为逻辑的概率论能始终提供的安全装置引起的. 不幸的是，目前的文献在这方面没有什么帮助，因为它们主要关注抽样论，将注意力放在诸如假定的抽样频率等其他方面，如以下练习所示.

练习 4.4 假定命题 B 实际上为真. 估计可能需要多少次检测才能累积额外的 20 dB 证据（高于之前的 10 dB）以支持 B. 证明我们能够为 A 获得 20 dB 的证据的抽样概率很小，即使抽样数百万次也是如此. 换句话说，教条主义的狂热支持者实际上不可能仅通过“不最终获得他想要的证据绝不罢休的持续试验”来为已成定局的错误结论翻盘.

提示：此处要求的计算称为“随机游动”问题，属于抽样论的练习. 当然，结果并没有错，只是不完整. 抽样论并未认识到现实世界中推断的某些重要方面.

练习 4.5 练习 4.4 中要求的估计值称为“平均抽样数”，序列过程的原始原理（Wald，1947）不是从作为逻辑的概率论中推导出的结论，而是由沃尔德的猜想（当时尚未得到证明）得出，后者称 (4.19) 和 (4.21) 等序列概率比检验在结论的给定可靠性下使平均抽样数最小化. 讨论这一猜想的有效性. 可以通过这样一种方式定义“结论的可靠性”，使得猜想能被证明为真吗?

显然，我们可以向多个方向扩展此示例. 直截了当的是引入更多的“离散”假设. 更有趣的是引入一系列连续的假设，例如

$$H_f \equiv \text{机器以 } f \text{ 的比例生产坏部件.}$$

这样，与离散的先验概率分布不同，我们的机器人在 $0 \leqslant f \leqslant 1$ 中具有连续分布，并且将根据观察到的样本计算 f 的各种值的后验概率，由此可以做出各种决策.

实际上，尽管我们尚未正式讨论连续概率分布，但它扩展起来非常容易，下面通过这个例子对其进行介绍.

4.5 连续概率分布函数

我们在第 2 章导出的推断规则仅针对离散命题 $(A, B, \cdots)$ 的有限集合情况得出，但这也是我们在实践中需要的全部规则. 假设 f 是我们感兴趣的任意连续实参数变量，则以下命题是离散、互斥且完备的：

$$\begin{aligned} F' &\equiv (f \leqslant q), \\ F'' &\equiv (f > q). \end{aligned} \tag{4.50}$$

因此我们的规则一定适用于它们. 给定一些信息 Y，则 F' 的概率通常取决于 q，从而定义了一个函数

$$G(q) \equiv p(F'|Y), \tag{4.51}$$

它显然是单调增加的. 那么，f 位于任意指定区间 $(a < f \leqslant b)$ 中的概率是多少？在直觉上答案可能很明显，但值得注意的是，它是由概率论的加法规则唯一确定的，如下所示. 定义命题

$$A \equiv (f \leqslant a), \quad B \equiv (f \leqslant b), \quad W \equiv (a < f \leqslant b), \tag{4.52}$$

则布尔代数的关系为 $B = A + W$. 由于 A 和 W 互斥，加法规则简化为

$$P(B|Y) = P(A|Y) + P(W|Y). \tag{4.53}$$

但是 $P(B|Y) = G(b)$ 且 $P(A|Y) = G(a)$，所以我们有

$$P(a < f \leqslant b|Y) = P(W|Y) = G(b) - G(a). \tag{4.54}$$

在当前情况下，$G(q)$ 是连续可微的，因此我们也可以写出

$$P(a < f \leqslant b|Y) = \int_a^b \mathrm{d}f g(f), \tag{4.55}$$

其中 $g(f) = G'(f) \geqslant 0$ 是 G 的导数，通常称为**概率分布函数**（probability distribution function），或给定 Y 时 f 的**概率密度函数**（probability density function）. 遵循泽尔纳的著作（Zellner，1971）中的例子，我们此后使用缩写 PDF 表示它，与上述两种英文名称均一致. 它的积分 $G(f)$ 可以称为 f 的**累积分布函数**（cumulative distribution function）.

因此，将基本理论限制为有限的命题集合并不会妨碍我们处理连续概率分布. 我们仅将基本乘法规则和加法规则应用于有限集合的离散命题. 只要在有限的命题集合的基础上定义连续分布 [(4.54) 和 (4.55)]，考克斯定理就可以保护我们免受不一致性的影响. 但是，如果我们变得过于自信，尝试直接在无限集合上操作

而不考虑如何从有限集合生成它们，那么就会失去这种保护，我们将受制于无限集合理论的所有悖论，如第 15 章所述. 然后，我们可以同样轻松地得出理性结论和荒谬结论.

我们必须警告读者，有一种语义上的混淆数十年来一直在引发错误和争议. 将 $g(f)$ 称为“f 的后验分布”是完全错误和误导人的，因为该说法无意中暗示了 f 本身是可变的并且以某种方式“分布”. 这是思维投射谬误的另一种形式，将现实与关于现实的知识状态相混淆. 在我们讨论的问题中，f 只是一个未知的常数参数；“分布”的不是*参数*，而是*概率*. 为了强调这一点，我们将使用术语“关于 f 的概率分布”.

当然，概率论中没有什么可以阻止我们考虑 f 随时间或环境变化的可能性. 的确，概率论使我们能够对某一情形进行全面的分析，我们将在后面看到这一点. 但是，我们应该认识到，我们正在考虑的问题与刚刚讨论的问题*不同*. 它涉及具有不同知识状态的不同量，并且需要不同的计算. 混淆这两个问题可能是使用上述误导性术语来愚弄自己的人的“职业病”. 实际的结果是，人们对结果的准确性和有效性范围得出了错误的结论.

附录 B 进一步讨论了当 $G(q)$ 在点 q_0 不连续时会发生什么. 就目前而言，注意到将不连续的 $G(q)$ 作为连续函数序列的极限可以使我们得出正确的结果就已经足够了. 正如高斯早就强调的那样，任何一种奇异数学（singular mathematics）仅在作为某种形式良好的数学的极限形式时才有意义，并且在我们确切说明使用哪种极限过程之前一直是模棱两可的. 从这个意义上讲，奇异数学必然具有一种人格化特征. 问题不是它是什么，而是我们应该如何定义它，从而以某种方式对我们有用.

在当前情况下，我们以这样一种方式取极限：密度函数会形成一个越来越尖锐的峰，其极限是一个表示离散假设 H_0 的德尔塔函数 $p_0\delta(q-q_0)$，极限区域围成的面积等于该假设的概率 p_0. 后面的 (4.65) 是一个示例.

但是，从实际情况出发，我们会注意到 f 不可能真的是连续可变的参数. 在使用寿命内，机器只会生产有限数量的小部件. 如果机器的质量足够好，可以制造 10^8 个小部件，则 f 的可能值是 10^{-8} 的整数倍的有限集合. 然后可以应用我们的有限集合理论，对连续变量 f 的考虑只是对精确离散理论的近似. 在实际的精确问题中，根本不需要考虑无限集合或测度论. 同样，可以实际记录和分析的任何数据集都将数字化为某个最小元素的倍数. 当人们注意到真实世界的情况时，大多数所谓的连续变量的实际案例与此类似.

4.6 检验无数假设

尽管刚才给出了现实的论据，但是，使用连续变量参数通常是对实际问题自然而方便的近似方式（只是我们不应该对此太过认真，以致陷入无限集合和测度论生成的虚幻世界中）. 现在假定我们要同时检验无数个假设. 正如在数学中常见的那样，因为可以使用分析方法，这实际上会使问题变得更简单. 但是，以前对数形式的公式现在不太好用，因此我们回到原始的概率形式 (4.3)：

$$P(A|DX) = P(A|X)\frac{P(D|AX)}{P(D|X)}. \tag{4.56}$$

现在让 A 代表命题 "坏部件比例在 $(f, f+\mathrm{d}f)$ 的范围内"，其先验 PDF 是

$$P(A|X) = g(f|X)\mathrm{d}f, \tag{4.57}$$

这给出了坏部件比例在 $\mathrm{d}f$ 区间内的概率. 令 D 代表迄今为止我们实验的结果：

$D \equiv$ 检测 N 个小部件，结果是"好好坏好坏坏好 $\cdots$"，

其中有 n 个坏部件和 $N-n$ 个好部件.

那么 f 的后验 PDF 是

$$P(A|DX) = P(A|X)\frac{P(D|AX)}{P(D|X)} = g(f|DX)\mathrm{d}f, \tag{4.58}$$

因此，先验 PDF 与后验 PDF 由

$$g(f|DX) = g(f|X)\frac{P(D|AX)}{P(D|X)} \tag{4.59}$$

关联. 分母就是归一化常数，可以直接计算得出. 但是（如果需要）通常可以要求后验 PDF 满足归一化条件

$$P(0 \leqslant f \leqslant 1|DX) = \int_0^1 \mathrm{d}f g(f|DX) = 1, \tag{4.60}$$

从而更简单地确定该分母. 我们认为它是精确公式的极好近似，该公式应该看作 f 的大量离散值的和，而不是积分.

因此，数据的证据完全依赖于 $P(D|AX)$ 对 f 的依赖性. 在这一点上我们要格外谨慎，一不小心就可能犯错误. 在这种概率中，条件语句 A 指定一个区间 $\mathrm{d}f$，而不是点值 f. 我们是否有理由采用隐含极限 $\mathrm{d}f \to 0$ 并将 $P(D|AX)$ 替换为 $P(D|H_fX)$ 呢? 大多数作者毫不犹豫地这样做了.

在数学上，正确的流程是为正的 $\mathrm{d}f$ 准确计算 $P(D|AX)$，然后仅取后向极限 $\mathrm{d}f \to 0$. 但是，一个可能的陷阱是，如果除了 f 之外问题中还包含另一个参数 θ，那么此过程是模棱两可的，除非我们非常认真地听从高斯的警告，并明确指定如何取极限（对于所有 θ 值，$\mathrm{d}f$ 以同样的速率趋于零吗?）. 例如，如果令

$\mathrm{d}f = \varepsilon h(\theta)$ 并取极限 $\varepsilon \to 0$，最终结论可能取决于所用函数 $h(\theta)$. 那些没有注意到这一点的人会陷入著名的博雷尔-柯尔莫哥洛夫悖论，其中，一个看似恰当的问题似乎有许多不同的正确答案. 我们将在第 15 章中详细讨论它，并证明，严格遵守第 2 章中的规则可以避免这一悖论.

在当前相对简单的问题中，f 是唯一的参数，$P(D|H_f X)$ 是 f 的连续函数，这肯定足以保证该极限表现良好并且没有什么问题. 但是，以防万一，我们费些力气直接使用第 2 章中的规则来证明这一点，同时要记住，这种连续处理实际上是对离散处理的近似. 当 $\mathrm{d}f > 0$ 时，可以将 A 分解为有限个离散命题的析取：

$$A = A_1 + A_2 + \cdots + A_n, \tag{4.61}$$

其中 $A_1 = H_f$（f 是可能的离散值之一），A_i 指定区间 $(f, f + \mathrm{d}f)$ 中 f 的离散值. 它们是互斥的，因此，正如我们在第 2 章的 (2.67) 中所述，应用乘法规则和加法规则可以给出一般结论

$$P(D|AX) = P(D|A_1 + A_2 + \cdots + A_n, X) = \frac{\sum_i P(A_i X) P(D|A_i X)}{\sum_i P(A_i X)}, \tag{4.62}$$

这是各个概率 $P(D|A_i X)$ 的加权平均值，也可以视为 (4.39) 的一般化.

如果所有 $P(D|A_i X)$ 都相等，则 (4.62) 将独立于它们的先验概率 $P(A_i X)$，等于 $P(D|A_1 X) = P(D|H_f X)$. (4.62) 左侧的条件是逻辑和的事实不会造成差别，$P(D|AX)$ 严格等于 $P(D|H_f X)$. 即使诸 $P(D|A_i X)$ 不相等，当 $\mathrm{d}f \to 0$ 时，我们也有 $n \to 1$，最终 $A = A_1$，结果相同.

似乎我们花了很多精力为一个微不足道的结论辩护. 但是，一名小学生在加法运算中犯了一个错误，却得出结论说算术规则是错误的，这种故事并不稀奇. 概率论工作者们做了看似显然正确的事情，而不愿通过严格应用基本规则进行推导，最终得到了荒谬的结果，却得出结论说作为逻辑的概率论的规则有问题，这在概率论漫长的历史过程中也是屡见不鲜的. 最受人尊敬的伟大数学家们和逻辑学家们不时陷入这一陷阱，一些哲学家一生都深陷其中. 我们将在下一章中看到一些示例.

取 $\mathrm{d}f \to 0$ 的极限这样简单的操作既可能产生明显正确的结果，也可能产生博雷尔-柯尔莫哥洛夫悖论. 根据经验可以知道，每当进入一个新应用领域时，都需要这样小心谨慎. 我们必须回到起点，直接从适用于有限集合的第一原理中推导一切. 如果我们遵守考克斯定理描述的第 2 章中的规则，那么得到奖赏是发现漂亮而有用的结果，而且能避免矛盾.

现在，如果给定坏部件的实际比例为 f，则在每次试验中取出坏部件的概率为 f，取出好部件的概率为 $(1-f)$. 根据假设，不同实验的概率在给定 f 时是逻

辑独立的. 因此, 如同我们推导二项分布 (3.86) 那样, 可以得到

$$P(D|H_fX) = f^n(1-f)^{N-n}. \tag{4.63}$$

(请注意, 实验数据 D 不仅告诉我们有多少好部件和坏部件, 而且告诉我们它们出现的顺序.) 因此, 我们有后验 PDF 为

$$g(f|DX) = \frac{f^n(1-f)^{N-n}g(f|X)}{\int_0^1 \mathrm{d}f f^n(1-f)^{N-n}g(f|X)}. \tag{4.64}$$

你可能会惊奇地注意到, 本章之前的所有讨论都作为特殊情况包含在这个看似简单的公式中. 例如, 从 (4.43) 开始, 包括最终结果 (4.45) ~ (4.49) 的多重假设检验全部是 (4.64) 的特殊情况, 对应于先验 PDF 的如下特定选择:

$$\begin{aligned} g(f|X) &= \frac{10}{11}\left(1-10^{-6}\right)\delta\left(f-\frac{1}{6}\right) \\ &= \frac{1}{11}\left(1-10^{-6}\right)\delta\left(f-\frac{1}{3}\right) + 10^{-6}\delta\left(f-\frac{99}{100}\right). \end{aligned} \tag{4.65}$$

这是累积 PDF $G(f)$ 不连续的情况. 这三个德尔塔函数分别对应于该示例的三个离散假设 B、A 和 C. 它们出现在先验 PDF (4.65) 中, 系数为先验概率 (4.31). 后验 PDF (4.64) 中已经修改的系数仅是后验概率 (4.45) (4.48) 和 (4.49).

被错误教导, 以为德尔塔函数是“不严格”函数的读者请现在阅读附录 B. 这与数学严格性无关, 只是适合当前问题的一种表示法. 用勒贝格-斯蒂尔杰斯类型的单个方程来表达 (4.65) 中传达的信息将是十分困难的. 的确, 如附录 B 所述, 未能在需要的地方使用德尔塔函数会导致数学家陷入基本错误.

假设在检测开始时我们的机器人是刚出厂的, 除了我们保证一台机器可能生产好部件也可能生产坏部件之外, 它根本没有关于机器的先验知识. 在这种无知的状态下, 应该使用哪个先验 PDF $g(f|X)$? 如果我们对 f 有一定的先验知识, 就可以在这里将其放入, 但是我们尚未看到分配此类先验所需的原则. 甚至连分配先验来代表“无知”的问题在以后也需要大量讨论. 但是, 就目前的简单结果而言, 就像 200 多年前的拉普拉斯一样, 机器人没有理由对于一个特定区间 $\mathrm{d}f$ 分配比其他区间更高的概率. 因此, 描述已知信息的唯一诚实方法是分配均匀先验概率密度 $g(f|X) =$ 常数. 稍后将介绍更好的理论依据, 此处为了 (4.60) 能正确归一化, 我们必须取

$$g(f|X) = 1, \qquad 0 \leqslant f \leqslant 1. \tag{4.66}$$

那么, (4.64) 中的积分就是著名的第一类欧拉积分, 现在通常称为完全贝塔函数. (4.64) 简化为

$$g(f|DX) = \frac{(N+1)!}{n!(N-n)!}f^n(1-f)^{N-n}. \tag{4.67}$$

历史题外话

这个结果似乎是业余数学家托马斯 · 贝叶斯 (Rev. Thomas Bayes, 1763) 首先发现的. 因此, 我们这里执行的计算方法称为“贝叶斯”方法. 我们将遵循这个历史悠久的习惯, 尽管它在几个方面具有误导性. 一般结论 (4.3) 始终称为“贝叶斯定理”, 尽管贝叶斯从未写下过它. 实际上, 它不过是概率论的乘法规则, 早在贝叶斯的著作问世之前就已经为其他人所认可, 例如詹姆斯 · 伯努利和棣莫弗 (A. de Moivre, 1718). 此外, 是拉普拉斯 (Laplace, 1774) 而不是贝叶斯首先看到了这个结果的普遍性, 并展示了如何在实际的推理问题中使用它. 最后, 我们正在做的计算——直接应用作为逻辑的概率论——比单纯应用贝叶斯定理更一般化. 贝叶斯定理只是我们工具箱中的几个工具之一.

* * *

(4.67) 的右侧在 $(0 \leqslant f \leqslant 1)$ 中有一个峰, 通过微分可以得到是在

$$f = \hat{f} \equiv \frac{n}{N} \tag{4.68}$$

处, 这只是观察到的坏部件比例或相对频率. 为了寻找峰的尖锐程度, 我们写出

$$L(f) \equiv \ln g(f|DX) = n \ln f + (N-n)\ln(1-f) + \text{常数}. \tag{4.69}$$

关于 $\hat{f}$ 对 $L(f)$ 做幂级数展开, 前面若干项是

$$L(f) = L(\hat{f}) - \frac{(f-\hat{f})^2}{2\sigma^2} + \cdots, \tag{4.70}$$

其中

$$\sigma^2 \equiv \frac{\hat{f}(f-\hat{f})}{N}. \tag{4.71}$$

对于这个近似值, (4.67) 是**高斯分布** (或称**正态分布**):

$$g(f|DX) \simeq K \exp\left\{-\frac{(f-\hat{f})^2}{2\sigma^2}\right\}, \tag{4.72}$$

其中 K 是归一化常数. (4.71) 和 (4.72) 构成了棣莫弗-拉普拉斯定理. 实际上, 只要 $n \gg 1$ 且 $(N-n) \gg 1$, 这是在整个区间 $(0 < f < 1)$ 中对 (4.67) 的一个很好的逼近, 两边的差趋于零 (尽管它们的比不趋于 1). 第 7 章将深入讨论高斯分布的性质.

因此, 在 N 次试验中观察到 n 个坏部件之后, f 的最概然值是观察到的坏部件比例, 这合理地描述了机器人关于 f 的知识状态. 考虑 f 的准确性, 这个估计使得区间 $\hat{f} \pm \sigma$ 很可能包含真实值. 参数 σ 称为 PDF (4.72) 的**标准差**, σ^2 是 PDF (4.72) 的**方差**. 更准确地说, 根据 (4.72) 进行数值分析, 机器人分配概率如下:

f 的真实值包含在 $\hat{f} \pm 0.68\sigma$ 中的概率为 50%;
包含在 $\hat{f} \pm 1.65\sigma$ 中的概率为 90%;
包含在 $\hat{f} \pm 2.57\sigma$ 中的概率为 99%.

随着测试次数 N 的增加，这些区间根据 (4.71)，正比于 $1/\sqrt{N}$ 按比例缩小，这是概率论中反复出现的常见规则.

这样，我们可以看到机器人从对 f 的“完全无知”状态开始，随着从测试中积累信息，它对 f 的估计越来越确定，这与常识吻合. 有两个注意事项：(1) 这适用的情况仅仅是，尽管最初并不知道 f 的数值，但是根据条件，f 不会随时间变化；(2) 不要称 σ 为“f 的方差”，因为这暗示 f 是变化的，σ 是 f 的真实、可测量的物理属性. 这是思维投射谬误的最常见形式之一.

确实有必要反复强调：σ 不是 f 的真实属性，只是机器人表示其关于 f 的知识状态的*概率分布*的属性. 两个拥有不同信息的机器人可能为相同的未知量 f 分配不同的 PDF，获得更多信息的机器人理应能更准确地估计 f，即使用较小的 σ.

但是，如前所述，如果愿意，我们可以考虑另一个问题，其中 f 是变量. 那么，在某些情况下，f 的均方差 s^2 将变为“真实”的性质，原则上可以测量，并且可以从数学上研究 s^2 与机器人 PDF 的 σ^2 之间的关系（如果有），就像我们稍后将要讨论的时间序列一样. 可以证明：如果我们知道 σ，但是没有数据，并且*没有关于 s 的其他先验信息*，那么 s 的最佳预测严格等于 σ；如果我们确实有数据，但不知道 σ，并且*没有关于 σ 的其他先验信息*，则我们对 σ 的最佳估计几乎等于 s. 这些关系是作为逻辑的概率论从数学上可推导出的结果.

确实，对于某些质量控制场景而言，引入 f 随时间变化的可能性是很有趣且更现实的. 在这些场景中，机器人的工作是尽可能推断出机器是否在缓慢失灵，希望能在问题变得严重之前调整它. 该问题还有很多其他扩展：对小部件进行简单的好坏分类不太实用，质量可能会有不断的细微变化. 考虑到这一点，我们可以改进这些方法. 可能有几个重要的属性，而不仅仅是好坏. 例如，如果我们的小部件是半导体二极管，属性可能是正向电阻、噪声温度、射频阻抗、低电平整流效率等. 我们也可能必须控制所有这些方面的质量. 我们需要进行合理推断的可能是多个不同的机器特性，而不仅仅是 H_f.

显然，写出关于该问题的所有衍生问题要花很长的篇幅、很多年的时间，并且已经有大量文献对此进行了介绍. 尽管可能产生的复杂细节无穷无尽，但是根据我们的需求进行概括在原则上没有困难. 所需要的原理都已经在本书中给出.

在检测机器特性的缓慢变化问题时，可以把我们的机器人程序与休哈特（Shewhart，1931）早就提出的程序进行比较. 我们发现，休哈特的方法是我们的机器人所使用方法的直观近似，在涉及正态分布的某些情况下，它们是相同的（但休哈特并未考虑顺序，他考虑的测试次数是预先确定的）. 顺便一提，这是休哈特认为他提出的方法完全令人满意的唯一情况.

这实际上与检测噪声中的信号是相同的问题，我们将在后面详细研究.

4.7 简单假设与复合假设

到目前为止，我们考虑的假设（A、B、C、H_f）指的是单个参数 $f=M/N$，即盒子中坏部件的未知比例，而且为 f 指定了一个明确定义的值（在 H_f 中，它可以是 $0\leqslant f\leqslant 1$ 中的任何数值）. 这种假设称为**简单假设**，因为如果定义一个包含所有参数的抽象参数空间 Ω，这样的假设在 Ω 中由单个点表示.

然而，检验 Ω 中的所有简单假设可能超出了我们的需求. 我们可能只在乎参数是位于某个子集 $\Omega_1\subseteq\Omega$ 还是其补集 $\Omega_2=\Omega-\Omega_1$ 中，对该子集中 f 的特定值毫不关心（即，这跟我们的下一步行动没有关系）. 我们是否可以直接处理感兴趣的问题，而不要求机器人检验 Ω_1 中的每个简单假设呢?

对我们来说，这个问题小菜一碟. 我们的出发点 (4.3) 适用于所有假设 H，无论是简单假设还是其他假设. 因此，对于这种情况，我们只需要计算其中各项即可. 在 (4.64) 中，我们几乎完成了所有工作，只需要再进行一次积分. 假设，如果 $f>0.1$，那么我们需要采取一些措施（关闭并重新调整机器）；如果 $f\leqslant 0.1$，则应该让机器继续运行. 那么，空间 Ω 由 $[0,1]$ 中的所有 f 组成，我们将 Ω_1 视为 $[0.1,1]$ 中的所有 f，将 H 视为 f 在 Ω_1 中的假设. 由于 f 的实际值无关紧要，f 现在称为**冗余参数**，我们想消去它.

鉴于除了 f 之外问题中没有其他参数，并且不同的区间 $\mathrm{d}f$ 是互斥的，随着 A_i 越来越多，离散和规则 $P(A_1+\cdots+A_n|B)=\sum_i P(A_i|B)$ 毫无疑问会变成一个积分. 那么，通过对冗余参数 f 求积分，可以将其从 (4.64) 中消去:

$$P(\Omega_1|DX)=\frac{\int_{\Omega_1}\mathrm{d}f f^n(1-f)^{N-n}g(f|X)}{\int_{\Omega}\mathrm{d}f f^n(1-f)^{N-n}g(f|X)}. \tag{4.73}$$

在 f 是均匀先验 PDF 的情况下，我们可以使用 (4.64)，结果是不完全贝塔函数: f 在任何指定区间 $(a<f<b)$ 中的后验概率为

$$P(a<f<b|DX)=\frac{(N+1)!}{n!(N-n)!}\int_a^b \mathrm{d}f f^n(1-f)^{N-n}, \tag{4.74}$$

计算机能够轻松计算这种形式的式子.

更一般地，当我们要检验任何复合假设时，概率论告诉我们，适当的程序是简

单地通过应用原理 (4.1) 对合适的先验针对其包含的任何冗余参数求和或积分. 因此，得出的结论充分考虑了数据和有关参数的先验信息中包含的所有证据. 作为逻辑的概率论使我们能够根据数据和先验信息，以单一原理检验任意数量的（简单或复合）假设. 在后面的章节中，我们将通过许多定量示例展示这些性质.

4.8 评注

4.8.1 词源

本章开篇对约翰 · 克雷格（John Craig，1699）的引用来自他研究历史事件的概率及其如何随着证据变化而变化的一部探索性著作. 在 19 世纪，克雷格的这部著作被无情地冷嘲热讽. 在今天看来，对我们来说，他在宗教问题方面的应用的确很奇怪. 但是，施蒂格勒（Stigler，1986a）指出，在克雷格写作时“概率”一词还没有当前的含义，即在 0 和 1 之间的一个量. 如果只是将克雷格的“假设的概率”解释为“对数几率度量”(在某些方面，它有比概率更原始、更直观的含义)，那么克雷格的推理实际上是相当好的，可以视为本章所做工作的先导.

如今，对数几率 $u = \log[p/(1-p)]$ 已被证明是一个非常重要的量，以至于它应该有一个简称. 但是我们很难找到合适的名称. 古德（Good，1950）也许是第一个在出版的著作中强调其重要性的作者. 他提出了 lods 这个名称，但是这个词听起来像 lords，并且不具有描述性，因此从未流行.

从 1941 年开始，艾伦 · 图灵和欧文 · 古德使用了与 (4.8) 相同的量，用于第二次世界大战期间英国的加密工作. 后来古德（Good，1980）简要回顾这件事，指出图灵为此创造了 deciban 这个名称. 这个词也没有流行，大概是因为今天没有人觉得有使用它的理由.

我在 1955~1964 年的演讲（例如 Jaynes，1956）中提出了“证据”(evidence）一词，它比较直观且具有描述性，因为在给定的比例下，两倍的数据会对假设提供两倍的证据. 这为特里布斯（Tribus，1969）采用，但也没有流行.

近年来，逐渐被人们接受的术语是“对数单位”（logit），它指的是 $U \equiv \log[y/(a-y)]$，其中 $\{y_i\}$ 是一些数据项，而 a 按照惯例选择（例如 $a = 100$）. 类似地，将 U 绘制为一个轴的图称为“逻辑斯谛”(logistic). 例如，在一个商业软件图形程序中，绘制 U 值的轴称为“对数单位轴”，在该图上进行的回归称为“逻辑斯谛回归”. 这至少在数学上与我们在此做的相似，但没有非常明显的概念关系，因为 U 不是概率的度量. 无论如何，“逻辑斯谛”一词的使用时间可以追

溯到庞加莱和佩亚诺[1]，指的是罗素-怀特海试图将所有数学简化为逻辑的努力.[2]

面对这种混乱的局面，我们提出并使用以下术语. 请注意，我们需要两个术语：量的名称和计量单位的名称. 对于前者，我们保留了名称“证据”，它至少具有在以前出版的著作中已定义并在使用时与定义一致的优点. 然后，大家可以使用具有不同名称的不同单位. 在本章中，我们以“分贝”为单位对证据进行度量，因为科学家对它很熟悉，易于计算数值，以及由于与以十进制为基础的数字系统联系紧密而使结果在直观上很清晰.

4.8.2 已有成就

从某种意义上说，我们在本章中以如此简单的方式所做的事情具有欺骗性. 在看似简单的氛围中，我们对假设检验中的几乎每种问题都进行了介绍. 但是，不要被计算的简单性所欺骗，以为我们还没有触及该领域中真正重要的问题. 那些问题只是我们在这里所做工作的直接数学推广，已经理解本章内容且拥有精湛数学技巧的读者现在可以自己解决它们，也许比查找和理解文献中的解决方案需要更少的精力.

实际上，在产生有用的结果方面，我们已经指出的解决方案远远超过了传统的非贝叶斯假设检验文献中使用的方法. 据我们所知，在正统文献中找不到如图 4-1 所示的关于多重假设检验的事实（这解释了为什么多重假设检验的原理在正统文献中是有争议的）. 同样，我们对复合假设问题 (4.73) 的求解形式在该主题的“正统”文献中也找不到.

正是由于我们使用作为逻辑的概率论，才能够轻松地做到这一点，对于那些认为概率是与“随机性”相关的物理现象的人来说，这是不可能的. 与他们恰恰相反，我们认为概率分布是*信息的载体*. 同时，在考克斯定理的保护下，我们避免了矛盾和荒谬，而这对于那些试图通过发明*特定*工具而不是应用概率论规则来处理科学推断问题的人们来说是不可避免的. 对于这些*特定*工具的强烈批评，请参阅普拉特撰写的书评（Pratt，1961）.

然而，我们理论的基础不只在假设检验中对于所有应用至关重要. 如第 1 章和附录 A 所示，我们选择的理论构建方式旨在使该理论具有尽可能广泛的应用范围. 为了理解可解决问题的范围在多大程度上取决于所选择的基础，读者可以尝

[1] Giuseppe Peano，1858—1932，意大利数学家、逻辑学家、语言学家，旧译皮亚诺. ——编者注

[2] 该术语具有更久远的历史基础. 亚历山大大帝试图使所有国家都具有希腊特色，但在实现这一目标之前就死了. 结果就是，他征服的国家具有一些希腊特色，但不是全部希腊特色. 因此，它们没有被称为“希腊的”（Hellenic），而是被称为“希腊化的”（Hellenistic）. 因此，“逻辑斯谛”是指具有一些逻辑性质的东西，但不是具有全部逻辑性质的东西.

试做练习 4.6.

练习 4.6　与我们的乘法规则和加法规则不同，吕埃勒（Ruelle，1991，第 17 页）通过以下三个基本规则定义了概率论的“数学表示”:

$$
\begin{aligned}
&p(\overline{A}) = 1 - p(A);\\
&\text{如果 } A \text{ 和 } B \text{ 互斥，则 } p(A+B) = p(A) + p(B);\\
&\text{如果 } A \text{ 和 } B \text{ 独立，则 } p(AB) = p(A)p(B).
\end{aligned}
\tag{4.75}
$$

看看应用这些规则可以解决多少我们在第 3 章和第 4 章中解决的问题.

提示: 如果 A 和 B 不是独立的，$p(AB)$ 是否由它们确定? 这里是否定义了条件概率的概念? 吕埃勒在逻辑独立和因果独立之间不做任何区分. 他将 A 和 B 的“独立性”定义为“平均来说一个因素发生的事实通常对另一个因素的发生没有影响”. 这样看来，他对于所有 n 总是接受 (4.29) 的.

这道练习清楚地说明了为什么传统的阐述没有将科学推断视为概率论的一部分. 的确，正统统计理论因为将概率视为一种物理现象，仅仅认识到抽样概率的存在，所以对解决科学推断问题无能为力. 因此，它本身拒绝融入先验信息，拒绝消除冗余参数，并且拒绝意识到后验概率中包含的信息. 我们在第 3 章中得出的大多数抽样论结果超出了吕埃勒给出的数学和概念基础的范围，实际上所有在第 6 章中得出的参数估计结果也是如此.

稍后我们将发现，此处处理复合假设的方式也会自动生成传统的显著性检验或更高水平的检验，同时清楚地说明它们正在检验的内容和有效范围，这是在以前的正统文献中没有的.

既然我们已经开始看到这种情况，那么在转向更严肃且数学上更复杂的问题之前，我们将在下一章中放松和娱乐一下自己：检验作为逻辑的概率论如何消除千奇百怪的错误. 这些错误出现在较古老的文献中，源于对概率论非常简单的误用，后果相对微不足道. 在第 15 章和第 17 章中，我们考虑一些更为复杂和严重的错误，这些错误导致了当前概率论文献中的重大混乱.

第 5 章　概率论的怪异应用

> 我不想在这里掩盖一个事实：在这些规则的具体应用中，我预见到会发生许多事情，如果不谨慎行动，可能会犯严重的错误.
>
> ——詹姆斯·伯努利（James Bernoulli，1713，第四部分第 3 章）

古德（I. J. Good，1950）说明了如何逆向使用概率论来测量我们对命题的信念. 例如，测量你对特异功能（extrasensory perception，ESP）的信念有多强.

5.1　特异功能

如果史密斯先生每次都能正确猜出你背着他写下的数，你会给他具有特异功能的假设分配多大概率呢？说概率为 0 太武断了. 根据我们的理论，这意味着绝不允许任何证据改变机器人的想法，而我们并不是真的想要这么做. 我们对这样一个命题的概率接近 0 的强烈信念来源于哪里？

人类大脑的工作方式几乎像机器人一样，但是只有当证据在 0 dB 左右时，人们才有合情性的直觉. 我们对于某事有可能或不可能发生有相当明确的感觉. 因此，技巧在于想象一个实验：需要多少证据才能让你的信念达到非常不确定的程度？不是达到确信的程度——这可能会超出范围，让我们再次失去分辨力. 要使你达到开始认真思考这种可能性的程度，需要多少证据？

因此，我们会考察自称有特异功能的史密斯先生. 在一张纸上写下一些从 1 到 10 的数，然后请他猜写下的数. 我们会采取通常的防范措施，以确保他不会通过其他方法知道我们写下的数. 如果他猜对了第 1 个数，我们当然会说“你非常幸运，但我不相信你有特异功能”. 如果他猜对了第 2 个数，我们仍然会说“你非常幸运，但我仍然不相信你有特异功能”. 直到他猜对了 4 个数——好吧，我们仍然不会相信. 因此，我们的信念绝对低于 -40 dB.

他需要猜对多少个数，你才会真正认真考虑他具有特异功能呢？就我个人而言，我认为大约在 10 个左右. 因此，我个人对特异功能这件事的信念程度大约是 -100 dB. 你可以说服我改变 ± 10 dB，也许可以多达 ± 30 dB，但不会更多.

经过进一步思考，我们看到，尽管这个结果是正确的，但是故事并不是到此结束. 实际上，即使他猜对了 1000 个数，我们可能仍然不会相信他具有特异功能，原因和我们在第 4 章遇到“死假设复活”现象时提到的相同. 无论后续数据给出的证据如何, 一个始于 $-100\,\mathrm{dB}$ 的假设 A 可能永远难以令人置信, 因为几乎肯定有许多其他假设 $(B_1, B_2, \cdots)$ 的可能性比它的更高, 也许是 $-60\,\mathrm{dB}$. 这样, 当我们获得可能“复活”假设 A 的惊人数据时, 这些备择假设也可能“复活”. 我们通过两个著名的例子来说明这一点, 其中包括心灵感应和海王星的发现. 我们也注意到了这些例子的有趣变种, 其中有些可能是有用的, 有些是关于概率论如何被误用的启发性历史案例, 就像伯努利警告我们的那样.

5.2 斯图尔特夫人的心灵感应能力

在进入这个怪异的领域之前, 我必须首先发表免责声明: 我当时不在现场, 无法肯定要讨论的实验确实发生过; 即使确实发生过, 也无法肯定数据是以有效方式获得的. 的确, 当有人试图说服我们相信特异功能或其他怪异的事情时, 这是我们始终要面临的问题: 这些事情永远不会在我们身上或在我们面前发生. 我们唯一能确认的是, 该实验及其数据已在一份真实、可验证的报告 (Soal & Bateman, 1954) 中公开了. 这就是我们现在要通过概率论来分析的情况. 林德利 (Lindley, 1957) 和贝尔纳多 (Bernardo, 1980) 也从概率论的角度注意到了该实验, 博林 (Boring, 1955) 则从心理学的角度进行了讨论.

在该实验报告中, 根据实验设计, 每次正确猜出一张卡片的概率都是 $p = 0.2$, 并且在每次试验中是独立的. 令 H_p 为“零假设”, 它预测只有“纯粹偶然性”在起作用 (不管这意味着什么). 根据二项分布 (3.86), 如果受试者没有特异功能, 则 n 次试验中猜测成功的次数 r 约为 [(均值) ± (标准差)]

$$(r)_{\text{est}} = np \pm \sqrt{np(1-p)}. \tag{5.1}$$

对于 $n = 37\,100$ 次试验, 结果约为 7420 ± 77.

但是, 据报告, 格洛丽亚 · 斯图尔特夫人在 37 100 次试验中猜对了 $r = 9410$ 次, 成功率 $f \approx 0.2536$. 这些数值构成了我们的数据 D. 乍一看, 这些数据并不引人注目. 但请注意, 她的得分与机会期望相差

$$\frac{9410 - 7420}{77} \approx 25.8 \tag{5.2}$$

个标准差.

在假设 H_p 下获得这些数据的概率就是二项分布

$$P(D|H_p) = \binom{n}{r} p^r (1-p)^{n-r}. \tag{5.3}$$

但是数值 n 和 r 太大, 我们需要第 9 章得出的二项分布的斯特林近似值:

$$P(D|H_p) = A \exp\{nH(f, p)\}, \tag{5.4}$$

其中

$$H(f,p) = f\ln\left(\frac{p}{f}\right) + (1-f)\ln\left[\frac{1-p}{1-f}\right] \approx -0.008\,452 \tag{5.5}$$

是相对于期望分布 $(p, 1-p) = (0.2000, 0.8000)$ 的观测分布 $(f, 1-f) \approx (0.2536, 0.7464)$ 的熵，并且

$$A \equiv \sqrt{\left[\frac{n}{2\pi r(n-r)}\right]} \approx 0.004\,76. \tag{5.6}$$

然后将抽样概率作为 H_p 的似然 L_p，可以得到

$$L_p = P(D|H_p) = 0.004\,76\exp\{-313.6\} \approx 3.04\times 10^{-139}. \tag{5.7}$$

这个数值小得不可思议. 但是，在得出结论之前，机器人应该问："基于斯图尔特夫人具有心灵感应能力的假设，数据本身是否也极不可能是真的?" 如果确实如此，那么 (5.7) 可能并不那么重要.

考虑伯努利类型的备择假设 H_q（$0 \leqslant q \leqslant 1$），它假设试验是独立的，但为斯图尔特夫人分配了不同的成功概率 q（如果认为她具有心灵感应，则 $q > 0.2$）. 在该类型的假设中，分配 $q = f \approx 0.2536$ 的假设 H_f 可以获得最大的 $P(D|H_q)$. 这样，熵 (5.5) 为 0，从而产生最大似然

$$L_f = P(D|H_f) = A \approx 0.004\,76. \tag{5.8}$$

因此，如果机器人知道斯图尔特夫人的心灵感应能力可以达到 $q = 0.2536$ 的程度，那么她生成所观测到数据的可能性就不会很小. 因此，(5.7) 的微小数值确实非常显著，因为这两个假设的似然比非常小. 相对似然只依赖于熵因子：

$$\frac{L_p}{L_f} = \frac{P(D|H_p)}{P(D|H_f)} = \exp\{nH\} \approx \exp\{-313.6\} \approx 6.39\times 10^{-137}. \tag{5.9}$$

机器人应该报告："相对于 H_p，数据的确极大地支持了 H_f."

5.2.1 关于正态近似

请注意，在此计算中，如果不假思索地使用在第 9 章得出的二项分布的正态近似值 [或与 (4.72) 比较]:

$$P(D|H_p, X) \simeq (\text{常数}) \times \exp\left\{\frac{-n(f-p)^2}{2p(1-p)}\right\}, \tag{5.10}$$

可能会产生较大的误差. 在这里使用它代替熵近似 (5.4)，相当于用它对于峰值的幂级数展开的第一项来代替熵 $H(f,p)$. 那么，我们将得出似然比 $\exp\{-333.1\}$. 因此，正态近似值会使斯图尔特夫人看上去比数据显示得更加神奇，额外的几率因子为

$$\exp\{333.1 - 313.6\} = \exp\{19.5\} \approx 2.94\times 10^{8}. \tag{5.11}$$

这警告我们，一般情况下，不能过于相信正态近似在尾部的分布. 在本例中，在 25.8 个标准差之外，正态近似的误差将超过 8 个数量级.

不幸的是，这正是后面要讨论的卡方检验所使用的近似值. 因此，当所检验的“零假设”非常不符合数据时，可能导致我们得出具有误导性的结论. 那些使用卡方检验来支持他们所宣称的奇迹的人通常通过类似 (5.11) 的因子来帮助自己. 在实践中，(5.5) 的熵计算方式既简单又可靠（尽管熵和卡方检验在峰值的一两个标准差内是相同的）.

5.2.2　回到主题

无论如何，我们目前得到的数值确实是惊人的. 基于这样的结果，特异功能研究人员可以肯定地说，特异功能是真实存在的. 如果我们用概率论比较 H_p 和 H_f，则斯图尔特夫人具有特异功能的程度达到 $q = f \approx 0.2536$ 的后验概率是

$$P(H_f|DX) = P(H_f|X)\frac{P(D|H_fX)}{P(D|X)} = \frac{P_fL_f}{P_fL_f + P_pL_p}, \tag{5.12}$$

其中 P_p 和 P_f 分别是 H_p 和 H_f 的先验概率. 但是，由于 (5.9) 的结果，先验概率是多少几乎无关紧要. 在特异功能研究人员不考虑先验概率 $P_f = P(H_f|X)$ 特别小的情况下，$P(H_f|DX)$ 非常接近 1，其十进制表达式的小数点后有超过 100 个 9.

尽管特异功能研究人员认为这是压倒性的证据，但我们坚持不相信特异功能，这会让他们感到愤怒和沮丧. 为什么我们如此倔强地不合逻辑且不相信科学呢?

问题在于，上述计算 [见 (5.9) 和 (5.12)] 代表了概率论非常朴素的应用，因为它们仅考虑了 H_p 和 H_f，而没有考虑其他假设. 如果我们真的知道 H_p 和 H_f 是生成数据（或者更确切地说，是实验及数据的观察报告）的唯一可能方式，那么从 (5.9) 和 (5.12) 得出的结论是完全正确的. 但是，在现实世界中，我们的直觉会考虑一些他们忽略的其他可能性.

概率论根据计算中实际使用的信息为我们提供一致的合情推理结果. 正如章首引文中伯努利指出的那样，如果未能充分利用常识告诉我们的与问题相关的所有信息，那么我们可能会误入歧途. 当处理一些极其难以置信的假设时，认识到一个看似微不足道的可能性，可能会对结论造成许多个数量级的差异. 注意到这一点之后，我们来展示概率论更复杂的应用如何解释和证明我们直觉上对特异功能的怀疑.

假定 $H_p, H_f, L_p, L_f, P_p, P_f$ 的定义和上面一样. 但是，现在我们引入关于该实验及数据的报告可能如何产生的一些新假设，即使报告的写作者可能会对此不屑一顾，报告的读者也一定会乐于接受这些新假设.

这些新假设 $(H_1, H_2, \cdots, H_k)$ 的产生可能是无意的，例如非故意的记录错误；也可能是无聊的（也许斯图尔特夫人使用一面他们没有注意到的小镜子跟那些愚蠢的人开了个玩笑）；也可能是不那么无意的，例如选择数据（不报告斯图尔特夫人状态欠佳日子里的数据），甚至可能源于故意伪造整个实验，以达到不可告人的目的. 所有这些，我们称之为“欺骗”. 就我们的目的而言，无论被欺骗的是我们还是研究人员，无论欺骗是偶然的还是故意的，都没有关系. 欺骗假设具有的似然概率和先验概率分别为 L_i 和 P_i，其中 $i = (1, 2, \cdots, k)$.

也许我们能轻易想到 100 种不同的欺骗假设，尽管只需要一个欺骗假设就足以说明我们的观点.

在这个新的逻辑环境中，之前得到压倒性支持的假设 H_f 的后验概率是多少？概率论现在告诉我们

$$P(H_f|DX) = \frac{P_f L_f}{P_f L_f + P_p L_p + \sum P_i L_i}. \tag{5.13}$$

欺骗假设的引入极大地改变了计算结果. 为了使 $P(H_f|DX)$ 接近于 1，现在需要

$$P_p L_p + \sum_i P_i L_i \ll P_f L_f. \tag{5.14}$$

让我们假定欺骗假设的似然 L_i 与 (5.8) 中 L_f 的数量级相同，即欺骗机制可以像真正具有心灵感应能力的斯图尔特夫人一样容易地产生报告中的数据. 根据 (5.7)，$P_p L_p$ 可以忽略不计，因此 (5.14) 与

$$\sum P_i \ll P_f \tag{5.15}$$

相差不大. 但是，根据我的判断，每一个欺骗假设都比 H_f 更有可能，不等式 (5.15) 成立的可能性不大.

因此，这种实验永远无法让我相信斯图尔特夫人具有特异功能的真实性. 这并不是因为我一开始就断言 $P_f = 0$，而是因为这些所谓可验证的事实能被许多替代假设解释，我认为其中每一个都比 H_f 更合理，而且根据提供给我的信息，其中没有一个可以被排除.

实际上，特异功能者试图说服我们的证据对我们的信念状态产生了相反的影响，发布不可思议的数据报告达到了相反的目的. 因为如果欺骗的先验概率大于特异功能的先验概率，则所宣称的数据是针对没有欺骗和没有特异功能的零假设，那么证据越强，我们就越坚定地相信欺骗的存在，而不是特异功能的存在. 因此，特异功能（或其他奇迹）的信徒永远不会成功说服科学家相信他们所说的现象是真实的，除非他们学会了如何消除读者心中所有欺骗的可能性. 如 (5.15) 所示，必须将读者被所有方式欺骗的总先验概率降低到特异功能的先验概率之下.

有趣的是，拉普拉斯很早以前就意识到了这个现象．他的《关于概率的哲学论文》（Laplace，1814，1819）有很长的一章是关于"证词的概率"的，其中，他呼吁人们注意到"要人们承认自然法则失效，必须提供海量证据"．他指出，那些宣称有奇迹的人

> 减少而不是增强了他们希望激发的信念，因为其宣言犯错误或说谎的可能性很大．但是，这些宣言虽然会削弱受过良好教育者的信念，却通常会增强未受过良好教育者的信念，后者总是狂热地相信奇迹．

我们今天经常观察到同样的现象发生，特异功能的狂热者、占星家、轮回主义者和邪教分子等都通过声称各种奇迹而吸引未受过良好教育的忠实拥护者，但是让受过良好教育者相信他们的成功概率为零．受过良好教育的人们被教导要相信因果关系需要一种物理机制来实现，他们嘲笑那些对奇迹的论证．然而，未受过良好教育的人似乎更喜欢这些论证．

请注意，我们无须对奇迹的真实性有任何立场，就可以清晰地认识到这种心理现象的真相．受过良好教育的人也有可能犯错．例如，在拉普拉斯的青年时代，受过良好教育的人不相信陨石，因为陨石很少被发现而将其视为无知的民间传说．对于熟悉力学定律的人来说，"石头从天上掉下来"的说法似乎很荒谬，而那些没有任何力学定律概念的人则认为这个想法并不难接受．但是，1803 年，法国莱格勒（Laigle）的天降陨石留给了比奥和其他法国科学家许多可供研究的陨石碎片，改变了受过良好教育者的观念——包括拉普拉斯本人．在这种情况下，狂热追捧奇迹的未受良好教育者碰巧是正确的：这就是生活（c'est la vie）．

事实上，在撰写本章的过程中，我发现自己是这种现象的受害者．在布雷特索斯特 1987 年的博士学位论文以及更完整的著作（Bretthorst，1988）中，我们将贝叶斯分析用于估计非平稳正弦信号的频率，例如核磁共振数据的指数衰减或海洋波的啁啾（chirp）．我们发现，正如理论上所期望的那样，与以前使用的傅里叶变换方法相比，分辨率得到了提高．

如果我们声称提高了 50%，那么人们马上就会相信，其他研究人员也会急切地采用这种方法．但实际上，我们发现分辨率提高了几个数量级．回想起来，我们在作品开头就提到这个结果太愚蠢了，因为在其他人看来，我们是不负责任的吹牛者的先验概率大于新方法可能会好那么多的先验概率；最初我们也不相信这一点．

幸运的是，通过展示对数据的数值分析并分发开源计算机程序，让任何怀疑者都可以选择任何数据验证我们的方法，我们消除了他们心中欺骗的可能性．该

方法最终被接受了. 与傅里叶变换相比, 自由衰减核磁共振信号的贝叶斯分析可以让实验主义者从数据中提取更多的信息.

但是, 应该提醒读者的是, 我们对斯图尔特夫人的表现进行的概率分析 (5.13) 还是非常朴素的, 因为它忽略了相关性. 在前几百次试验中看到与期望值 $p = 0.2$ 的持续偏差后, 常识将使我们形成一个假设: 某个未知的系统原因正在起作用, 并且将来我们会看到同样的偏差. 这将改变上面给出的数值, 但不足以改变我们的一般性结论. 稍后, 我们将在高级应用的讨论中给出考虑了这些因素的更复杂的概率模型, 相关主题包括狄利克雷先验、可交换序列和自回归模型.

现在, 让我们回到古德最初的工具, 正是它激发了这一连串思考. 经过所有这些分析之后, 为什么我们仍然对特异功能的概率给出一个仅 $-100\,\mathrm{dB}$ 的朴素答案? 因为古德的虚拟工具可以应用于我们选择想象的任何知识状态, 它不一定是真实的. 如果我知道只有真正的特异功能和纯粹的偶然性在起作用, 这个工具就会适用, 我对 $-100\,\mathrm{dB}$ 的分配将成立. 但是, 知道现实世界中还有其他可能性并不会改变我对特异功能的信念, 因此 $-100\,\mathrm{dB}$ 的数值仍然成立.

因此, 在概率论的当前发展状态下, 虚拟结果工具在许多情况下适用, 尽管一开始我们未必认为可用. 在很多情况下, 我们的先验信息起初似乎太含糊, 无法得出确定的先验概率, 这时假想方法将对我们有帮助. 它能激发我们的思考, 告诉我们如何分配概率. 也许在将来, 我们会拥有更加正式的原则, 使其变得不再必要.

练习 5.1 运用虚拟结果工具, 对以下命题中的任意三个求自己的信念: (1) 凯撒大帝是一个真实的历史人物 (即不是后来由作家虚构出来的人物); (2) 阿喀琉斯是一个真实的历史人物; (3) 地球已经有 100 万年以上的历史; (4) 恐龙没有灭绝, 它们仍然生存在偏远的地方; (5) 猫头鹰能在完全的黑暗中看见东西; (6) 行星在天上的布局会影响人类命运; (7) 汽车安全带弊大于利; (8) 高利率能抑制通货膨胀; (9) 高利率会导致通货膨胀.

提示: 试着设想一种情况, 在这种情况下, 被检验命题 H_0 和单个备择命题 H_1 是仅有的可能性. 你收到与 H_0 一致的新"数据" D: $P(D|H_0) \simeq 1$. 想象的备择命题和数据应使你可以计算出概率 $P(D|H_1)$. 始终使用你不相信的 H_0, 如果所述命题对你来说似乎很有道理, 那么对于 H_0 选择拒绝.

研究特异功能的索尔实验[①]有很多的相关文章. 我们的概率分析已经充分表明的欺骗假设也得到了其他证据的支持 (Hansel, 1980; Kurtz, 1985). 总的来说, 人

① 索尔实验是指英国数学家索尔博士 (1889—1975) 进行的检验实验, 经常被认为是特异功能存在的有力证据. 但是, 有充分的证据表明, 索尔为了获得正向结果进行了欺骗活动. ——译者注

们在此事件上已经花费了巨大精力，而且看起来唯一的结果就是提供了在假设极不可能的情况下使用概率论的教学示例. 我们可以从中得到更多有用的东西吗?

我们认为该事件对心理学和概率论都具有持久的价值，因为它使我们意识到了一个与特异功能无关的重要的普遍现象：即使一个人说了实话，以理性、一致的方式推理的人也有可能始终不相信他. 据我们所知，在作为逻辑的概率论自动重现并解释这个现象之前，它从未被注意到. 这使我们猜想，它可能可以推广到更复杂、更令人困惑的心理现象的解释中.

5.3 意见分歧与趋同

假设 A 和 B 两人（由于先验信息不同）对于某件事，比如某个有争议的命题 S 的真假，有不同的看法. 现在同时给他们一系列新信息或“数据” $D_1, D_2, \cdots, D_n$，其中一些对 S 有利，一些对 S 不利. 随着 n 的增大，他们的信息总量变得几乎相同，因此我们可能会期望他们对 S 的观点趋于一致. 确实，有些人认为这一点显而易见，根本没有必要证明，而豪森和乌尔巴赫（Howson & Urbach，1989，第 290 页）则声称已经证明了它.

尽管如此，让我们来看看概率论是否可以重现这个现象. 假定 I_A 和 I_B 表示先验信息，A 最初是支持者，B 是怀疑者：

$$P(S|I_A) \simeq 1, \qquad P(S|I_B) \simeq 0. \tag{5.16}$$

接收到数据 D 后，它们的后验概率变为

$$\begin{aligned} P(S|DI_A) &= P(S|I_A)\frac{P(D|SI_A)}{P(D|I_A)}, \\ P(S|DI_B) &= P(S|I_B)\frac{P(D|SI_B)}{P(D|I_B)}. \end{aligned} \tag{5.17}$$

如果 D 支持 S，由于 A 几乎已经确定 S 为真，所以我们有 $P(D|SI_A) \simeq P(D|I_A)$，因此

$$P(S|DI_A) \simeq P(S|I_A). \tag{5.18}$$

数据 D 对 A 的意见没有明显的影响. 但是，现在人们会认为，如果 B 合理地推理，他一定会认识到 $P(D|SI_B) > P(D|I_B)$，因此得到

$$P(S|DI_B) > P(S|I_B). \tag{5.19}$$

B 的观点会朝 A 的观点的方向改变. 同样，如果 D 倾向于否定 S，则可以期望 B 的观点不会因此改变，而 A 的观点将朝 B 的观点的方向改变. 由此我们可能推测，无论新信息 D 是什么，它都应该倾向于使不同的人达成共识，也就是

$$|P(S|DI_A) - P(S|DI_B)| < |P(S|I_A) - P(S|I_B)|. \tag{5.20}$$

尽管这在特殊情况下得到了验证，但在通常情况下并非如此.

是否还有其他的“一致性”度量，例如 $\ln[P(S|DI_A)/P(S|DI_B)]$，可以把观点的趋同证明为一般性的定理？这是不可能的. 概率论不能给出预期的结果，这告诉我们观点趋同不是普遍现象. 对于根据第 1 章中的一致性合情条件进行推理的机器人和人们来说，一定有一些更微妙和复杂的原因在起作用.

在实践中，我们发现这种观点趋同通常发生在小孩子当中；对于成年人，这种情况时有（但并非总是）发生. 例如，新的实验证据的确可能使科学家对于某现象的解释达成一致.

人们可能会认为，公开讨论公共问题将趋于在公共问题上达成普遍共识. 事实并非如此，我们反复观察到，当一些有争议的问题被活跃地讨论若干年后，社会会逐渐分化为两个极端阵营，几乎不可能找到任何保持中立观点的人. 德雷福斯事件使法国分裂为两个阵营长达 20 年，是对此现象有最详尽记录的例证之一（Bredin，1986）. 今天，关于核能、堕胎、刑事司法等问题的讨论都是一样的：同时向不同的人提供新信息可能导致观点趋同，也可能导致意见分歧.

在相对有良好控制的心理实验中也可以观察到这种分歧现象. 有些人得出结论，人们基本上以一种非理性的方式进行推理. 偏见似乎被新信息加强了，尽管它们本应具有相反的作用. 卡奈曼和特韦尔斯基（Kahneman & Tversky，1972）从这种心理实验得出了不同的结论，认为这是反对使用贝叶斯方法的证据.

但是，考虑到上面关于特异功能的例子，我们想知道概率论是否也能解释这种分歧，并指出人们可能在以合情的贝叶斯方法（即以与其先验信息和先验信念一致的方式）进行思考. 特异功能例子的关键在于，我们的新信息不是

$$S \equiv \text{采取了充分的措施来防止错误和欺骗，} \\ \text{斯图尔特夫人确实具有惊人的表现，} \tag{5.21}$$

而是某些特异功能研究人员*声称* S 是正确的. 但是，如果我们对 S 的先验概率低于欺骗的先验概率，则听到这一主张对我们的信念状态的影响与做出该主张的人的意图相反.

科学与新闻也是如此. 科学家得到的新信息不是有足够能力防止错误的实验确实产生了这种结果，而是某个同行*声称*做到了. 我们从电视新闻中获得的信息不是某个事件实际上以某种方式发生，而是一些新闻记者*声称*它发生了. [①]

科学家可以很快达成共识，因为我们相信实验同行高度诚实并且具有敏锐的洞察力，可以发现可能的错误来源. 这种信念是有道理的，因为每个月都会报告

① 在最近发现美国所有主要媒体都伪造了一些所谓新闻事件的录像带之后，我们不再对屏幕上出现的事件完全信服.

数百个新实验，但是十年后只有大约一个实验被证明是错误的. 因此，我们被欺骗的先验概率非常低. 就像信任小孩子一样，我们相信实验者告诉我们的是事实.

考虑到这一点，让我们重新检查概率论中的方程. 为了比较 A 和 B 两人的推理，我们用对数形式重写贝叶斯定理 (5.17)：

$$\ln\left[\frac{P(S|DI_A)}{P(S|DI_B)}\right]=\ln\left[\frac{P(S|I_A)}{P(S|I_B)}\right]+\ln\left[\frac{P(D|SI_A)P(D|I_B)}{P(D|I_A)P(D|SI_B)}\right], \tag{5.22}$$

这可以用一个简单的助记等式

$$\ln(\text{后验})=\ln(\text{先验})+\ln(\text{似然}) \tag{5.23}$$

来描述. 但请注意，(5.22) 与第 4 章的对数几率公式不同，尽管后者可能由相同的助记等式描述. 在第 4 章中，在给定相同先验信息的情况下，我们比较不同的假设，消掉了因子 $P(D|I)$. 这里，我们在根据不同的先验信息考虑一个固定的假设 S，它不会被消掉，因此似然项是不同的.

在上面，我们假设 A 是支持者，因此 $\ln(\text{先验})>0$. 很显然，如果

$$-\ln(\text{先验})<\ln(\text{似然})<0, \tag{5.24}$$

那么正如预期，在对数刻度上他们的观点将收敛（趋同），(5.22) 的左侧单调趋于零（即 A 将一直比 B 更相信 S）. 如果

$$\ln(\text{似然})>0, \tag{5.25}$$

则两人的观点将单调发散（分歧）. 但是，如果

$$-2\ln(\text{先验})<\ln(\text{似然})<-\ln(\text{先验}), \tag{5.26}$$

两人的观点就会收敛且信念状态发生反转（B 比 A 更相信 S）. 如果

$$\ln(\text{似然})<-2\ln(\text{先验}), \tag{5.27}$$

两人的观点就会发散且信念状态发生反转. 因此，概率论原则上似乎可以允许单条新信息 D 对两人信念的相对状态产生各种可能的影响.

但是，也许还有尚未注意到的其他约束使其中一些结果无法实现. 可以对这四种行为提供具体的示例吗？我们检查以下情况的单调收敛和发散，将反转现象的类似检查留给读者作为练习.

假设新信息 D 是“N 在电视上耸人听闻地宣称一种常用药物是不安全的”，A、B、C 三名观众都看到了. 他们对于该药物安全的先验概率 $P(S|I)$ 分别为 $(0.9, 0.1, 0.9)$；即，最初，A 和 C 相信该药物是安全的，B 则不相信.

他们对信息 D 的解释会非常不同，因为他们对 N 的可靠性有不同的看法. 他们都同意，如果药物真的被证明是不安全的，那么 N 会在电视上大声疾呼，也就是说，概率 $P(D|\overline{S}I)$ 分别为 $(1,1,1)$. 但是，A 相信 N 是诚实的，而 C 不

相信. 如果该药物是安全的, 他们认为 N 说它不安全的概率 $P(D|SI)$ 分别为 $(0.01, 0.3, 0.99)$.

应用贝叶斯定理 $P(S|DI) = P(S|I)P(D|SI)/P(D|I)$, 用乘法规则和加法规则扩展分母可得 $P(D|I) = P(S|I)P(D|SI) + P(\overline{S}|I)P(D|\overline{S}I)$, 我们得出该药物安全的后验概率分别是 $(0.083, 0.032, 0.899)$. 用通俗的话讲, 他们的推理过程如下.

A: "N 是个好人, 在公共服务方面做得很出色. 我原以为该药是安全的, 但他不会故意歪曲事实. 因此, 听到他的报告会让我改变主意, 认为该药是不安全的. 我对该药安全的证据降低了 20.0 dB, 所以我不会再购买了."

B: "N 是一个容易犯错误的人, 很容易接受负面证据. 我原来确信该药物是不安全的, 但是, 即使它是安全的, N 也可能会拒绝接受这个事实. 因此, 听到他的主张确实加强了我的信念, 但仅增加了 5.3 dB. 我在任何情况下都不会使用这种药物."

C: "N 是一个不道德的流氓, 他总是尽自己所能通过轰动性的宣传制造混乱. 这种药物很可能是安全的, 但是, 无论事实如何, 他几乎肯定会宣称它不安全. 因此, 听到他的主张, 实际上对我对这种药物安全性的信念几乎没有任何影响 (仅 0.005 dB). 我将继续购买并使用它."

A 和 B 的意见与我们在 (5.20) 中的猜测是一致的, 因为两人都愿意在一定程度上相信 N 的诚实. A 和 C 之所以不同, 是因为他们感觉被欺骗的先验概率完全不同. 因此, 造成分歧的原因不仅在于被欺骗的先验概率很大, 而且在于, 对于不同的人而言, 它们大不相同.

然而, 这不是造成分歧的唯一原因. 为了说明这一点, 我们引入 X 和 Y, 他们对 N 的判断是一致的:

$$P(D|SI_X) = P(D|SI_Y) = a, \qquad P(D|\overline{S}I_X) = P(D|\overline{S}I_Y) = b. \tag{5.28}$$

如果 $a < b$, 那么他们认为 N 更有可能说真话. 但是, 对于药物的安全性, 他们具有不同的先验概率:

$$P(S|I_X) = x, \qquad P(S|I_Y) = y. \tag{5.29}$$

于是他们的后验概率为

$$P(S|DI_X) = \frac{ax}{ax + b(1-x)}, \qquad P(S|DI_Y) = \frac{ay}{ay + b(1-y)}. \tag{5.30}$$

从中我们看到, 他们的观点不仅总是朝同一方向改变, 而且在证据尺度上, 总是

以相同的量 $\ln(a/b)$ 变化：

$$
\begin{aligned}
\ln\left[\frac{P(S|DI_X)}{P(\overline{S}|DI_X)}\right] &= \ln\left[\frac{x}{1-x}\right] + \ln\left[\frac{a}{b}\right], \\
\ln\left[\frac{P(S|DI_Y)}{P(\overline{S}|DI_Y)}\right] &= \ln\left[\frac{y}{1-y}\right] + \ln\left[\frac{a}{b}\right].
\end{aligned}
\tag{5.31}
$$

这意味着，在概率尺度上，他们的观点既可能收敛，也可能发散——参见练习 5.2. 这些公式与第 4 章中小部件序列检测的方程非常相似，但是有不同的解释. 如果 $a = b$，则他们认为 N 完全不可靠，N 的证词也没有改变他们的观点. 如果 $a > b$，他们会非常不信任 N，以至于他们的观点与 N 的意图背道而驰. 实际上，如果 $b \to 0$，则 $\ln(a/b) \to +\infty$，即他们认为 N 肯定在撒谎，因此都会完全相信药物的安全性：$P(S|DI_X) = P(S|DI_Y) = 1$，这与他们的先验概率无关.

练习 5.2　从这些公式中找到在概率尺度上发散的确切条件 (x, y, a, b)，即

$$|P(S|DI_X) - P(S|DI_Y)| > |P(S|I_X) - P(S|I_Y)|. \tag{5.32}$$

练习 5.3　从 (5.31) 可以看出，X 和 Y 永远不会经历观点的反转. 也就是说，如果最初 X 比 Y 更坚信药物的安全性，那么无论 a 和 b 的值如何，都不会导致这一点发生变化. 因此，观点反转的必要条件必须是他们对 N 有不同的看法：$a_x \neq a_y$ 和/或 $b_x \neq b_y$. 但这并不能证明反转实际上是可能的，需要进行更多的分析. 如果两人的观点有可能反转，请在 $(x, y, a_x, a_y, b_x, b_y)$ 上找到一个充分条件，以使这种情况发生，并通过与上面类似的情景进行口头说明. 如果不可能，请证明这一点并解释观点无法发生反转的直观原因.

我们看到，意见分歧很容易用作为逻辑的概率论解释. 当人们拥有非常不同的先验信息时，这是可以预期的. 但是，导致我们猜测 (5.20) 的推理错误在哪里呢? 我们假设关系"D 支持 S"是命题 D 和 S 的绝对性质，以一种微妙的形式犯了思维投射谬误. 我们需要认识到这个关系的相对性，D 是否支持 S 取决于我们的先验信息. 同样的 D，对一个人而言是支持 S 的，对另一个人而言则可以是反驳 S 的. 一旦我们认识到这一点，便不再希望 (5.20) 之类的东西能够一般地成立. 这个错误很常见，我们将在 5.7 节看到另一个示例.

卡奈曼和特韦尔斯基（Kahneman & Tversky，1972）声称他们不是贝叶斯主义者，因为在心理测验中，人们经常违反贝叶斯原则. 但是，鉴于我们刚刚提到的，可以对这种说法有不同的看法. 我们建议人们根据贝叶斯推断的更复杂形式进行推理.

注意到即使在演绎逻辑中也发现了类似的东西，加强了这个结论. 沃森和约翰逊-莱尔德（Wason & Johnson-Laird，1972）报告了一些心理实验，其中受试者在简单的测试中系统地犯了错误，这些错误相当于应用了一个三段论. 当要求检验假设“A 蕴涵 B”时，人们十分倾向于认为它等同于“B 蕴涵 A”而不是“非 B 蕴涵非 A”. 甚至连专业的逻辑学家也可能以这种方式犯错误. ①

非常奇怪的是，这个错误的性质表明人们是倾向于贝叶斯主义的，这恰恰与卡奈曼和特韦尔斯基的结论相反. 因为，如果 A 支持 B，即对于某些 X 有 $P(B|AX) > P(B|X)$，则贝叶斯定理指出 B 在相同的意义上支持 A: $P(A|BX) > P(A|X)$. 但是它也指出 $P(\overline{A}|\overline{B}X) > P(\overline{A}|X)$，对应于三段论. 如第 2 章所述，当 $P(B|AX) \to 1$ 时，贝叶斯定理不是给出 $P(A|BX) \to 1$，而是给出 $P(\overline{A}|\overline{B}X) \to 1$，与三段论的结论一致.

在分级心理测验中出现的错误可能仅仅表明，受试者追求的目标与心理学家不同. 受试者认为这些测试基本上是愚蠢的，不值得花精力思考答案，甚至认为心理学家更高兴看到他们回答错误. 如果碰到强烈地涉及自身利益（例如，涉及能否避免严重的意外伤害）的情况，那么他们可能会做出更好的选择. 确实，有更强的理由——达尔文的自然选择理论——期望我们基本上会以贝叶斯方式进行推理.

5.4 视觉感知——进化出“贝叶斯性”?

另一类心理实验非常适合在此讨论. 20 世纪初，小阿德尔伯特 · 埃姆斯是美国达特茅斯学院的生理光学教授. 他设计了一些巧妙的实验，使人们“看到”了与现实截然不同的事物，包括错误判断物体的大小、形状和距离. 一些人认为这是光学幻觉，但其他人，包括著名的艾尔弗雷德 · 诺思 · 怀特海和阿尔伯特 · 爱因斯坦，认为这些实验的重要性在于揭示了视觉感知中一些令人惊讶的机制. ② 他的工作由普林斯顿大学的哈德利 · 坎特里尔教授接手，坎特里尔教授（Cantril，1950）讨论了这些现象并制作了电影进行演示.

大脑在刚出现时就根据收到的所有感官信息对世界做出某些假设. 例如，较近的物体看起来较大，具有较大的视差，并且会遮挡在同一视线中较远的物体；无论从哪个方向观看，直线都将呈现为直线，等等. 这些假设已被纳入艺术家的视角规则和三维计算机图形程序中. 我们坚持相信它们，因为它们已经成功地将我

① 很容易发现这些测试的一种可能的复杂化——语义混淆. 我们在第 1 章指出，“蕴涵”一词在形式逻辑上的含义不同于普通语言. “A 蕴涵 B”没有通常的口语含义“B 在逻辑上可以从 A 推导得出”，正如受试者可能想像的那样.

② 埃姆斯最令人印象深刻的演示之一在旧金山的探索博物馆（全尺寸的“埃姆斯房间”）被重现，游客可以直接看到这些现象.

们许多不同的经历联系在了一起. 只要成功的假设能起作用，我们就不会放弃它们. 改变这些假设的唯一方法是将它们置于无法起作用的情况下. 例如，在"埃姆斯房间"中，人们感知到的大小和距离以错误的方式关联，让一个穿过房间的孩子看起来身高翻倍.

这些实验的一般性结论对我们这一代相对主义者来说并不那么令人惊讶，而发现它们的那一代绝对主义者却感到非常惊讶. "眼见"并非像我们通常以为的那样是对现实的直接理解. 恰恰相反:"眼见"来自对不完整信息的推断，本质上与我们在这里研究的推断没有什么区别. 我们通过眼睛接收的信息不足以确定我们面前"真正存在的"是什么. 埃姆斯和坎特里尔的实验揭示的知觉失效不是晶状体、视网膜或视神经的机械失效，只是大脑在接收到与其先验信息不一致的新数据时后续推理过程的反应. 在这些情况下，人们不得不"复活"某些备择假设，这就是我们"所看到的". 我们希望对这些案例的详细分析能显示出它们与贝叶斯推断的良好对应，就像我们的特异功能和意见分歧示例一样.

关于视觉感知的研究一直很活跃，积累了许多新知识，但我们几乎没有如何在神经元水平上完成视觉感知的认知. 研究者们注意到了在这方面似乎没有任何组织原则，而我们想知道贝叶斯推断的原理是否可以作为起点. 我们希望达尔文的自然选择理论会产生这样的结果，毕竟，结果与贝叶斯推断冲突的任何推理形式都必然会使该生物处于生存劣势. 确实，正如杰恩斯（Jaynes，1957b）在很久以前指出的那样，基于考克斯定理，否认以贝叶斯方法推理就是断言我们故意以不一致方式推理，我们认为这很难让人相信. 出于相同的原因，大概可以发现还有人类和动物感知方向的十几个例子遵循贝叶斯推理方式作为其高层组织原则. 考虑到这一点，我们来考察历史上的一个著名案例.

5.5　海王星的发现

概率论的另一种潜在应用已被哲学家激烈地讨论了一个多世纪，它涉及科学家的推理过程. 通过该推理过程，科学家根据观察到的事实接受或拒绝自己的理论. 我们在第 1 章中提到，这主要包括使用两种形式的三段论.

$$\text{一强:}\ \left\{\begin{array}{r} A\ \text{真则}\ B\ \text{真} \\ B\ \text{假} \\ \hline A\ \text{假} \end{array}\right\},\quad \text{一弱:}\ \left\{\begin{array}{r} A\ \text{真则}\ B\ \text{真} \\ B\ \text{真} \\ \hline A\ \text{更合情} \end{array}\right\}. \tag{5.33}$$

在第 2 章中，我们注意到这对应于贝叶斯定理的两种形式的应用:

$$P(A|\overline{B}X) = P(A|X)\frac{P(\overline{B}|AX)}{P(\overline{B}|X)},\qquad P(A|BX) = P(A|X)\frac{P(B|AX)}{P(B|X)}. \tag{5.34}$$

这些形式确实与三段论在定量上是一致的.

这里的兴趣集中在贝叶斯定理的第二种形式是否给出了令人满意的弱三段论定量版本，方便科学家在实践中使用. 我们考虑波利亚（Pólya，1954，第二卷，第 130～132 页）给出的一个具体例子，它将给我们"复活"替代假设提供一个更有用的例子.

1781 年，威廉 · 赫歇尔发现了天王星. 在几十年内（即，当天王星绕过其轨道的三分之一时），它很明显并不完全遵循牛顿理论（力学和引力定律）规定的路径运行. 在这一点上，强三段论的朴素应用可能导致一个结论，即牛顿理论被推翻了. 但是，牛顿理论在许多其他方面的成功使其具有牢固的地位，以至于在天文学家的脑海中，这个假设的可能性很低："牛顿理论是错误的" 这种可能性已经降低了大概 $-50\,\mathrm{dB}$. 因此，对于法国天文学家于尔班 · 让 · 约瑟夫 · 勒韦里耶（1811—1877）和英国剑桥圣约翰学院的学者约翰 · 库奇 · 亚当斯（1819—1892）来说，也许降低了 $-20\,\mathrm{dB}$ 的另一种假设"复活"了：必定存在天王星以外的另一个行星，其引力引起了这种差异.

勒韦里耶和亚当斯在不知道彼此工作的情况下，独立计算可能导致所观测偏差的行星的质量和轨道，并预测在哪里可以发现这颗新行星. 两人的结果几乎相同. 1846 年 9 月 23 日，柏林天文台收到勒韦里耶的预测. 在同一天晚上，天文学家约翰 · 戈特弗里德 · 加勒（1812—1910）在预测位置的大约 1° 之内发现了新行星（海王星）. 更多详细信息，请参见斯马特（Smart，1947）或格罗瑟（Grosser，1979）的著作.

通过这个插曲，我们会本能地认为牛顿理论的合情性增加了. 问题是，增加了多少. 将概率论应用于该问题的尝试将为我们提供一个很好的例子，说明科学家所面临的实际情况的复杂性，以及在阅读有关这些问题的混乱文献时需要保持的谨慎态度.

按照波利亚的表示法，假设 T 代表牛顿理论，N 代表勒韦里耶经过验证的那部分预测结果. 那么，概率论给出 T 的后验概率为

$$P(T|NX) = P(T|X)\frac{P(N|TX)}{P(N|X)}. \tag{5.35}$$

现在我们尝试计算 $P(N|X)$. 不管 T 是否为真，它都是 N 的先验概率. 与往常一样，用 $\overline{T}$ 表示对 T 的否定. 由于 $N = N(T+\overline{T}) = NT + N\overline{T}$，应用加法规则和乘法规则，我们有

$$\begin{aligned} P(N|X) &= P(NT + N\overline{T}|X) \\ &= P(NT|X) + P(N\overline{T}|X) \\ &= P(N|TX)P(T|X) + P(N|\overline{T}X)P(\overline{T}|X). \end{aligned} \tag{5.36}$$

这样，$P(N|\overline{T}X)$ 进入了这个问题. 但是，在所陈述的问题中，这个量没有定义. 在我们指定牛顿理论的替代理论之前，命题 $\overline{T} \equiv$“牛顿理论是错误的”没有明确的意义.

一方面，如果仅存在一个可能的备择理论，而且根据该理论，天王星之外没有行星，那么 $P(N|\overline{T}X) = 0$. 概率论再次简化为演绎推理，给出 $P(T|NX) = 1$，与先验概率 $P(T|X)$ 无关.

另一方面，如果爱因斯坦理论是唯一可能的备择理论，那么对于这一现象，其预测结果与牛顿理论的预测结果不会有显著的差异，将得到 $P(N|\overline{T}X) = P(N|TX)$，于是 $P(T|NX) = P(T|X)$.

因此，对勒韦里耶-亚当斯预测结果的验证，既可能会将牛顿理论提升到确定的程度，也可能对其合情性完全没有影响. 这完全取决于：*我们在检验牛顿定律时使用了哪种特定的替代理论*.

现在，对于正在评估自己理论的科学家而言，这个结论是对常识最明显的练习. 我们已经在第 4 章详细了解了其中的数学原理，然而，并不需要任何数学原理，所有科学家都能直观地看到同样的结果.

如果你问一位科学家“齐尔希实验对威尔逊理论的支持程度如何”，可能会得到这样的回答：“如果你上周问我，我会说它很好地支持了威尔逊理论. 齐尔希的实验结果更接近威尔逊的预测结果，而不是沃森的预测结果. 但是，就在昨天，我得知沃夫森有一个基于更合理假设的新理论，他根据该理论得到的曲线正好经过实验点. 因此，现在我恐怕要说齐尔希实验很好地否定了威尔逊理论.”

5.5.1　关于备择假设

有鉴于此，科学家们可能会沮丧地注意到，统计学家已经制定了接受或拒绝理论（卡方检验等）的*特定*标准，而没有提及任何备择假设. 杰弗里斯（Jeffreys, 1939）指出这样产生的一个实际困难：除非我们可以支持某些更符合事实的确定的备择假设 H_1，否则拒绝任何假设 H_0 都没有丝毫用处.

当然，我们在这里关注的假设本身并不是对可观察事实的陈述. 如果假设 H_0 只是 $x < y$，则证实该不等式的 x 和 y 直接、无误差的测量值构成了该假设正确性的肯定证据，而与任何其他备择假设无关. 我们正在考虑的是可能被称为“科学理论”的假设，因为它们是对无法直接观察到的事物的假设，我们只能观察到其中的某些（逻辑的或因果的）后果.

对于这样的假设，贝叶斯定理告诉我们：*除非根据假设 H_0 绝对不可能产生观察到的事实，否则问这些事实“本身”在多大程度上证明或反驳 H_0 是没有意义的．不仅是数学，而且我们的常识（如果我们稍微思考一下）也告诉我们，除非指定了 H_0 的可能备择假设，我们就没有问任何明确、恰当的问题．正如我们在第 4 章中看到的那样，概率论可以揭示，我们的假设相对于指定的备择假设的可能性．它没有发明新假设的创造力．

当然，随着观察到的事实表明假设 H_0 越来越不可信，我们会越来越怀疑 H_0 的正确性．但是，无论多么不可信，也不能成为质疑 H_0 的理由．在 (5.7) 后面，我们注意到了这一点．现在，我们再次强调它，因为它对于以后的显著性检验的一般表述至关重要．

早期设计此类检验的尝试没有考虑到我们刚刚指出的这一点．阿巴思诺特（Arbuthnot，1710）指出，在长达 82 年的人口统计数据中，每年出生的男孩都多于女孩．根据“零假设” H_0，即生男孩的概率为 1/2，他认为该结果的概率为 $2^{-82} = 10^{-24.7}$（用我们的证据度量是 $-247\,\mathrm{dB}$），这个数值小到在他看来 H_0 几乎是不可能的，他认为在这个证据中看到了“上帝的旨意”．他可能是第一个根据某假设数据几乎不可能出现而拒绝该统计假设的人．但是，我们可以从几个方面批评他的推理．

首先，备则假设 $H_1 \equiv$“上帝的旨意”似乎并不适用于概率计算，因为它不确定．也就是说，它没有做任何我们已知的确定预测，所以我们无法以 H_1 为条件分配条件概率 $P(D|H_1)$.（出于同样的原因，单纯的逻辑否定 $H_1 \equiv \overline{H}_0$ 不能作为备择．）事实上，很难说清楚为什么上帝的旨意希望生更多的男孩而不是生更多的女孩．其实，如果在大量人口中每年出生的男孩和女孩的数量完全相等，那么在我们看来，这似乎更能有力地证明某种超自然的控制机制在起作用．

其次，在零假设（每次生出男孩或女孩的独立概率相同）的基础上，无论数据如何，找到观测序列数据的概率 $P(D|H_0)$ 都将同样小，因此，根据阿巴思诺特的推理，假设无论如何都将被拒绝！如果没有关于备择假设的数据的概率 $P(D|H_1)$ 以及该假设的先验概率，那么就没有问适当的问题，也没有做出以上判断的合理依据．

最后，如果连续 10 年观察到出生的男孩比女孩多，理性推断可能使阿巴思诺特预测在第 11 年也应该是男孩比女孩多．因此，他的假设 H_0 不仅是数值 $p = 1/2$，还有一个隐含的假设，即不同年份的数据在逻辑上具有不独立性，这一点他可能没有意识到．如果假设（例如 H_{ex}）允许每年的结果是正相关的，它会分配可交换的采样分布，那么数据的概率 $P(D|H_{\mathrm{ex}})$ 可能远远大于 2^{-82}，因此，阿巴思诺特在正确的方向上走了一小步，但要获得可用的显著性检验，需要对概率论有更深层的概念性理解，这是拉普拉斯大约 100 年后才完成的．

另一个例子出自丹尼尔 · 伯努利的一篇关于行星轨道的论文，他为此赢得了 1734 年的法国科学院院士奖. 在这篇论文中，他用单位球面上的极点来表示每个轨道的方向，并且发现它们之间的距离如此之近，以至于其分布不太可能是偶然产生的. 尽管他也没有提出具体的备择选择，但我们今天倾向于接受他的结论，因为似乎有一个非常明确的隐含的随机性零假设 H_0. 根据该假设，这些点应该分布在整个球面上，不会倾向于聚集在一起，而具有“吸引作用”的假设 H_1 会使它们趋于聚集. 证据明显支持 H_1.

拉普拉斯（Laplace，1812）对彗星进行了类似的分析，发现它们的极点比行星的极点分散得多，并得出结论，彗星不像行星那样是太阳系的“常规成员”. 在这里，我们终于有了两个通过正确应用概率论产生的相当明确的可比较的假设. ①

这样的检验没有必要是定量的. 即使只是定性的，概率论仍然在规范意义上有用. 这是我们可以在定性推理中发现不一致之处的方法. 它能马上告诉我们，这一点还不是对于所有人在直觉上都显而易见：在我们拥有检验假设的合理标准之前，需要有备择假设.

这意味着，如果科学家要接受任何有意义的假设检验，都需要检查其依据，以查看它是否像丹尼尔 · 伯努利的检验一样具有未阐明的备择假设. 只有在确定有这样的假设之后，我们才能说检验取得了什么成果，即它正在检验什么. 但这并不会让读者感到疑惑：统计学家的显著性检验都可以解释为针对特定假设类的特定假设 H_0 的检验. 因此，这仅仅是对第 4 章中多重假设检验公式 (4.31) ~ (4.49) 的数学上的一般化. 但是，在正统文献中应用随意的特定工具而不是概率论来处理复合假设时，他们却从未意识到这一点.

5.5.2 回到牛顿理论

现在，我们想对牛顿理论得出定量结果. 在波利亚（Pólya，1954，第二卷）对勒韦里耶和亚当斯成就的讨论中，仍然没有指出牛顿理论的具体替代理论. 但是，根据所使用的数值（第 131 页），我们可以推断出他心中有一个可能的替代理论 H_1，据此已知天王星以外还存在一颗行星，但它在天球上所有方向上的可能性相同. 然后，由于 1 度角的圆锥体在天空中填充大约 $\pi/57.3^2 = 10^{-3}$ 球面度，因此 $P(N|H_1X) \simeq 10^{-3}/4\pi = 1/13\,000$，这是海王星将在预测位置 1° 以内的概率.

遗憾的是，波利亚在计算中没有区分 $P(N|X)$ 和 $P(N|\overline{T}X)$. 也就是说，波利亚实际计算的似然比不是概率论表示的计算 (5.35)，而是（用我们的记号写出）

① 库尔诺（Cournot，1843）未能理解拉普拉斯的理论依据，因此抨击它并恢复了阿巴思诺特的错误. 这是历史的悲剧之一，从而使科学推断的发展遭受挫折，需要一代人的努力才得以恢复.

$$\frac{P(N|TX)}{P(N|\overline{T}X)} = \frac{P(N|TX)}{P(N|H_1X)}. \tag{5.37}$$

因此，根据第 4 章的分析，波利亚获得的不是后验概率与先验概率之比，而是后验几率与先验几率之比：

$$\frac{O(N|TX)}{O(N|X)} = \frac{P(N|TX)}{P(N|\overline{T}X)} = 13\,000. \tag{5.38}$$

当我们注意到这一点时，得出的结论将更加令人满意. 无论我们将牛顿理论的概率 $P(T|X)$ 设为多少，如果仅考虑 H_1，则对预测的验证会使牛顿理论的证据增加 $10\log_{10}(13\,000) = 41\,\text{dB}$.

实际上，根据伯努利和拉普拉斯的上述研究，如果有新行星，则采用不同的替代假设 H_2 是合情的. 根据该假设，新行星的轨道将位于黄道平面内，如波利亚再次通过暗示而不是明确的陈述来说明的那样. 如果在假设 H_2 的基础上所有经度值均被认为具有同等可能性，则可以将其降低大约 $10\log_{10}(180) = 23\,\text{dB}$. 鉴于备择假设到底是什么具有很大的不确定性（即问题尚未明确定义），这些极端值之间的任意值似乎或多或少都是合情的.

有一个困扰波利亚的难题：如果牛顿理论为真的概率增加了 13 000 倍，那么先验概率必然低于 1/13 000；但这与常识矛盾，因为牛顿理论在勒韦里耶出生之前就已经很成熟了. 波利亚在他的书中将其解释为，这揭示了贝叶斯定理的不一致性以及试图对其进行数值化应用的危险. 认识到我们在上述计算中处理的是几率而非概率，可以消除这个对贝叶斯定理的异议，使贝叶斯定理在描述科学推断时显得十分令人满意.

这是一个很好的例子，说明了当你更仔细地研究问题时，可以如何消除在文献中发现的对贝叶斯-拉普拉斯方法的异议. 由于计算中的一个失误，波利亚误解了贝叶斯定理的运作方式. 但我很高兴能够以令人愉快的个人回忆结束对这个事件的讨论.

1956 年，在波利亚的著作出版两年后，我在斯坦福大学就这些问题做了一系列讲座. 波利亚参加了讲座，他坐在第一排并极其认真地听了我所说的一切. 那时，他已经很好地理解了这一点——实际上，每当听众提出一个问题时，波利亚都会转过身，在我能给出答案之前给出正确答案. 得到这样的支持真是令人愉快，我今天仍很怀念他.（乔治 · 波利亚于 1985 年 9 月去世，享年 97 岁.）

然而，该示例也清楚地表明，科学家在实践中面临的情况如此复杂，以至于几乎没有希望通过应用贝叶斯定理来给出有关理论相对优劣的定量结果. 事实上也没有必要这样做，因为科学家面对的真正困难不在于推理过程本身，运用他们的常识就足够了. 真正的困难在于, 学习如何得到更符合事实的新的代替方案. 通常, 当有人成功地做到这一点时, 新理论的证据很快就会大量涌现, 没有人需要概率论来告诉他得出了什么结论.

练习 5.4 我们的故事有一个奇怪的"续集". 这一次, 人们注意到海王星并没有完全按照其正确的轨道运行, 因此人们自然地认为是另一颗行星引起了这个现象. 通过类似的计算, 珀西瓦尔 · 洛厄尔预测了它的轨道, 克莱德 · 汤博随后找到了新行星（冥王星）, 尽管它距离预测位置不太近. 但是现在情况发生了变化: 有关冥王星卫星运动的现代数据表明, 冥王星的质量太小, 不足以引起促使洛厄尔进行计算的海王星的轨道扰动, 因此无法解释海王星和冥王星运动的差异（感谢布拉德 · 谢弗博士提供此信息）. 考虑这种新情况, 尝试扩展我们的概率分析. 在这一点上, 牛顿理论处在什么地位? 霍伊特（Hoyt, 1980）和怀特（Whyte, 1980）的著作给出了更多背景信息. 后来, 人们发现似乎错误估计了冥王星的质量, 海王星和冥王星运动的差异并不真实, 牛顿理论的地位似乎应该恢复到以前的水平. 从概率论的角度讨论这些信息序列. 当每个新事实出现时, 我们是根据贝叶斯定理进行更新, 还是当得知先前的数据为假时就回到起点?

目前, 关于"最优假设表述"的过程还没有正式的理论, 我们完全依赖于牛顿、孟德尔、爱因斯坦、魏格纳和克里克（Crick, 1988）等人的创造性想象力. 因此我们可以说, 以上述方式应用贝叶斯定理*原则上*是完全合情的, 但*实际上*对科学家没有多大用处.

无论如何, 我们不应该假定能为艰深的问题提供快捷、轻松的答案. 科学家在实践中如何才能对自己的理论做出判断, 这个问题仍然很复杂, 没有得到很好的分析. 有关牛顿理论有效性的更多评论, 请参见 5.9 节.

5.6 赛马和天气预报

前面的示例指出了推断问题共有的两个特点: (a) 在特异功能和心理学的案例中, 我们收到的信息通常不像 (5.21) 中的 S 那样是直接命题, 而是间接声明 S 为真, 来源本身并不完全可靠; (b) 就像海王星的例子中那样, 人们有误用贝叶斯定理的传统, 并得出贝叶斯定理错误的结论. 普林斯顿大学的哲学家理查德 · 杰弗里的工作（Richard C. Jeffrey, 1983）同时存在这两个特点. 以下以 RCJ 表示哲学家杰弗里, 以避免与剑桥学者哈罗德 · 杰弗里斯爵士混淆.

RCJ 考虑了以下问题. 仅使用先验信息 I, 我们为 A 分配一个概率 $P(A|I)$.

然后得到新信息 B，根据贝叶斯定理它会变为

$$P(A|BI) = P(A|I)P(B|AI)/P(B|I). \tag{5.39}$$

但是之后，他认为贝叶斯定理还不够一般化，因为我们经常收到不确定的新信息．也许 B 的概率不是 1，而是 q. 为此，我们会回应：“如果你不接受 B 为真，为什么要以这种方式在贝叶斯定理中使用它呢?”但是 RCJ 遵循了长期以来的传统并得出结论：不是由于错误地应用 (5.39) 中的不确定信息而误用了贝叶斯定理，而是贝叶斯定理本身是错误的，需要将其一般化以考虑新信息的不确定性．

他提出的一般化方案（以 $\overline{B}$ 表示 B 的否定）是将 A 的更新概率视为以下加权平均值：

$$P(A)_J = qP(A|BI) + (1-q)P(A|\overline{B}I). \tag{5.40}$$

但是，这是一种特定方案，它不会遵守概率论规则，除非我们将 q 设为先验概率 $P(B|I)$，这正是 RCJ 想排除的情况（因为这时 $P(A)_J = P(A|I)$，并没有更新）．

由于 (5.40) 与概率论规则冲突，我们知道它必然违反了我们在第 1 章和第 2 章中讨论过的合情条件之一．问题的根源很容易找到，因为这些合情条件告诉了我们要去哪里寻找．RCJ 提出的“一般化”公式 (5.40) 通常并不成立，因为我们可以学习很多不同的东西，所有这些都表明概率 q 对 B 而言相同，但对 A 具有不同的意义．(5.40) 违反了合情条件 (1.39b)，因为它没有考虑所有新信息，仅考虑了与 B 相关的部分．

第 2 章的分析告诉我们，如果要扭转现状并得到一个有确定答案的良好定义的问题，那么我们绝不能背离贝叶斯定理．相反，我们需要认识到在特异功能示例中所强调的内容：如果不确定 B 为真，那么就不能用 B 作为新信息．实际收到的信息一定是某个命题 C，使得 $P(B|CI) = q$. 此时，我们当然应该考虑以 C 而不是 B 为条件的贝叶斯定理：

$$P(A|CI) = P(A|I)P(C|AI)/P(C|I). \tag{5.41}$$

如果正确应用，贝叶斯定理会自动考虑新信息的不确定性．可以使用概率论的乘法规则和加法规则将结果写为：

$$\begin{aligned} P(A|CI) &= P(AB|CI) + P(A\overline{B}|CI) \\ &= P(A|BCI)P(B|CI) + P(A|\overline{B}CI)P(\overline{B}|CI). \end{aligned} \tag{5.42}$$

如果我们定义 $q \equiv P(B|CI)$ 为 B 的更新概率，则可以写成

$$P(A|CI) = qP(A|BCI) + (1-q)P(A|\overline{B}CI). \tag{5.43}$$

这类似于 (5.40)，但通常不等同于它，除非我们添加概率 $P(A|BCI)$ 和 $P(A|\overline{B}CI)$

与 C 无关的限制. 直觉上，这意味着逻辑流是

$$(C \to B \to A), \tag{5.44}$$

而不是

$$(C \to A). \tag{5.45}$$

也就是说，C 仅通过与 B 的中介才与 A 相关（C 与 B 相关并且 B 与 A 相关）.

RCJ 通过示例表明此逻辑流可能存在于实际问题中，但没有注意到他提出的解决方案 (5.40) 与贝叶斯结果相同. 没有该逻辑流，(5.40) 通常不被接受，因为它没有考虑所有新信息. 丢失的信息以缺少一个箭头的逻辑流 (5.45) 直接表示：$(C \to A)$，即无论 B 是否为真，C 与 A 直接相关.

如果我们将逻辑流视为类似于光流，则可以将其可视化. 在晚上，我们只能通过月球的反射来接收阳光，这对应于 RCJ 解决方案. 但是在白天，无论月亮是否在那里，我们都直接从太阳接收阳光. 这就是 RCJ 的解决方案所没有考虑的.（事实上，当我们研究统计力学中的最大熵形式和“广义散射”现象时会发现，这不仅仅是一个松散的类比，条件信息流的过程在数学上与惠更斯光学原理几乎能完全对应.）

> **练习 5.5** 我们可以凭直觉期望，当 $q \to 1$ 时，这种差别将消失，即 $P(A|BI) \to P(A|CI)$. 确定这在一般情况下是否正确. 如果正确，请指出 $1-q$ 必须小到什么程度，才会使得差别实际上可以忽略不计. 如果不正确，请通过口头陈述来说明可能妨碍达成这种一致性的情形.

我们可以通过 RCJ 所说的一种场景来更实际地说明这一点.

$A \equiv$ 我的马明天将赢得比赛，

$B \equiv$ 赛道将变得泥泞，

$I \equiv$ 我对自己的马和骑师的特别了解，以及对马、骑师、比赛和生活的一般了解，

概率 $P(A|I)$ 在接收天气预报的结果后更新. 这样，命题

$C \equiv$ 天气预报员向我们展示今天的天气图，引用一些当前的气象数据，然后通过无法解释的方式分配了明天下雨的概率 q'

明显存在，但 RCJ 没有意识到并加以说明. 确实，这样做会引入很多新的细节，远远超出了赛马者感兴趣的命题 (A, B).

如果我们明确地认识到命题 C 的存在，那么必须回想有关天气预报的所有知识：导致该天气预报的具体气象数据是什么，存在此类数据时天气预报的可靠性

如何，官方公布的概率 q' 与预报员的真实信念（即我们认为预报员认为自己的兴趣所在）如何关联，等等.

如果上面定义的 C 是新信息，那么我们还必须根据所有的现有信息，考虑 C 可能如何通过赛道上的泥泞 B 以外的其他情况影响比赛 A 的结果. 也许骑师会因为耀眼的阳光眼花，也许（无论赛道是否潮湿）马在多云的日子里都跑得不好. 这些将是 (5.40) 无法考虑的 $(C \to A)$ 形式的逻辑关系.

因此，完整的解决方案必定比 (5.40) 复杂得多，当然，本来就应该是这样的. 像以往一样，贝叶斯定理只是告诉我们常识是什么. 通常，A 的更新概率必须不仅仅依赖于 B 的更新概率 q.

讨论

这个例子说明了我们在第 1 章中已经提到的内容，日常生活中的常见问题可能比科学问题复杂得多. 在科学问题中，我们经常研究精心控制的情况；而最熟悉的问题可能非常复杂（仅仅因为结果取决于许多未知且不受控制的因素）以至于尽管在原则上是正确的，但是在实践中完全无法进行完整的贝叶斯分析. 后者的计算成本远远超过了我们希望通过赛马赢得的赌注.

那么，我们必然使用近似技巧. 既然不能精确地应用贝叶斯定理，我们是否仍需要考虑它？回答是肯定的，因为贝叶斯定理仍然是告诉我们应该寻找什么的规范性原则. 没有它，我们将没有指导选择的依据，也没有判断其成功与否的标准.

这也说明了我们将在后面的章节中反复遇到的内容：概率论领域中的几代人并未理解贝叶斯定理是合理性和一致性所要求的*有效定理*，还持续进行着令人难以置信的各种尝试，企图以各种符合直觉的*特定*方案来代替它. 当然，我们希望所有真诚的直觉努力都能抓住些许真相. 然而，所有这些尝试性分析的结果仅在完全和贝叶斯定理一致的情况下是令人满意的.

然而，我们对这些人反对贝叶斯方法的动机感到困惑，因为无论从贝叶斯定理的理论基础、直觉推理还是实际结果来看，我们都看不到任何令人不满意的地方. 我花了大约 40 年的时间通过贝叶斯定理分析成千上万个独立的问题，仍然对它给我们带来的美妙而重要的结果印象深刻——通常只要几行计算，就会得到远远超出所有那些*特定*方案所能产生的效果. 我们还没有发现结果令人不满意的情况（尽管结果有时乍一看令人惊讶，但是在进行一些更深入的思考来纠正我们的直觉之后，会明白这终究还是正确的）.

不用说，我们首先感到惊讶的就是贝叶斯定理对我们最有价值的情况. 因为在这些情况下，直观的*特定*方案永远得不到结果. 比较贝叶斯分析与充斥各种文献的诸多特定方法，只要最终结论中有任何不一致，我们就很容易说明特定方法的缺陷，就像第 2 章的分析使我们期望的那样，上面的例子也表明了这一点.

过去，为了化圆为方，徒然浪费了很多人多年的精力. 如果当时知道林德曼定理（π 是超越数），并且认识到其意义，那么所有这些都可以避免. 同样，如果在 100 年前就知道考克斯定理，并且认识到它的意义，那么就可以避免很多无意义的工作，转而从事更有建设性的活动. 这是我们对那些认为考克斯定理不重要的人的回答，因为他们只是证实了詹姆斯 · 伯努利和拉普拉斯很久以前的猜想.

如今，我们已有 50 多年的经验来确认考克斯定理告诉我们的内容. 显然，作为扩展逻辑的概率论规则的定量使用是进行推断的唯一合理方法，没有严格遵守这些规则是多年以来一直导致不必要的错误、悖论和争议的原因.

5.7　关于直觉的悖论

关于直觉的悖论有一个著名例子，称为亨佩尔悖论，它的前提是“假设的一个示例支持了该假设”，然后的内容是“所有乌鸦都是黑色的假设在逻辑上等价于所有非黑色物体都不是乌鸦的命题，观察到一只白鞋会支持这个命题.”这种看似正确（但最终得出令人无法认同的结论）的论点，已经有很多记载.

当人们检查应用于前提的概率论公式时，论证中的错误会立即显现：前提的真假不能从任何逻辑分析中得出，它通常不是真的，亨佩尔通过试图在不考虑任何备择假设的情况下判断假设的真假.

在一篇题为“白鞋是红鲱鱼”的笔记（Good，1967）中，古德通过一个简单的反例证明了这个前提中的错误. 在世界 1 中有 100 万只鸟，都是黑乌鸦. 在世界 2 中有 200 万只鸟，其中有 20 万只黑乌鸦，180 万只白乌鸦. 我们观察到一只鸟，它被证明是黑乌鸦，请问我们处在哪个世界?

显然，观察到一只黑乌鸦可以给出

$$10\log_{10}\left(\frac{200\,000/2\,000\,000}{100/1\,000\,000}\right)=30\,\mathrm{dB} \tag{5.46}$$

的证据，以 1000:1 的几率反对所有乌鸦均为黑色的假设. 也就是说，它支持我们处在世界 2，反对我们处在世界 1. “假设的实例”是否支持该假设取决于所考虑的替代假设和先验信息. 我们在寻找导致 (5.20) 的推理错误时学到了这一点. 但是令人难以置信的是，亨佩尔（Hempel，1967）拒绝接受古德明确而有说服力的论据，理由是引入有关世界 1 和世界 2 的背景信息是不公平的.

在各种文献中，也许有 100 种类似的“悖论”和争论，因为它们来自错误的直觉而不是错误的数学. 有人主张一个在他看来直觉上正确的一般原则，然后，当概率分析揭示了他的错误时，他没有利用这个机会来纠正自己的直觉，而是拒绝概率分析. 我们将会看到几个这样的例子，特别是第 15 章中的边缘化悖论.

正如我的一位同事说过的那样，“哲学家可以自由地做自己喜欢的事，因为他们不需要做对任何事情”. 但是，一位负责任的科学家没有这种自由. 他不会仅仅依靠自己的直觉就断言一个一般原则是正确的，并要求其他人采纳它. 第 15 章和第 17 章讨论了这种错误的突出示例，这些示例不仅是 RCJ 篡改贝叶斯定理与亨佩尔悖论之类的“哲学家玩具”，而且对科学和社会产生了实际危害.

5.8 贝叶斯法理学

在我们不能总是很好地将条件简化为数值的情况下应用概率论很有趣，仍然可以显示什么样的信息将有助于我们进行合情推理. 假设纽约市有人犯了谋杀罪，你起初不知道是谁，但是知道纽约市有 1000 万人口. 在没有其他信息的前提下，$e(\text{有罪}|X) = -70\,\text{dB}$ 就是任何特定的人有罪的合理信念.

在判定某人有罪之前，需要多少正向证据? 也许是 40 dB，你的反应可能是这样做还不够安全，这个数值应该更高. 如果我们增大这个数值，将为无辜者提供更多的保护，但代价是使真正的罪犯更难以被定罪. 在某些时候，社会整体的利益是不容忽视的.

例如，如果释放 1000 名罪犯，我们以大量经验可以知道，其中 200 或 300 人会对社会实施更多犯罪活动，而他们逃避司法惩罚将鼓励另外 100 人犯罪. 因此，很明显，让 1000 名罪犯获得自由对整个社会的损害要远远大于对一名无辜者的错误定罪所造成的损害.

如果你从情感上反对上述说法，我想请你考虑：如果你是法官，你是愿意面对一个被你错误定罪的人，还是本来可以幸免的 100 名无辜受害者? 将阈值设置为 40 dB 意味着（粗略地）平均 1 万次定罪中不超过一次是错误的. 要求陪审团遵守该规则的法官可能终其一生不会做出任何错误的定罪.

无论如何，如果我们从 −70 dB 开始需要达到 40 dB 的证据，这意味着为了确保定罪，你将不得不提供大约 110 dB 的证据证明此人有罪. 假设现在我们知道这个人有动机，这对他有罪的可能性有什么影响呢? 概率论告诉我们

$$\begin{aligned} e(\text{有罪}|\text{有动机}) &= e(\text{有罪}|X) + 10\log_{10}\left[\frac{P(\text{有动机}|\text{有罪})}{P(\text{有动机}|\text{无罪})}\right] \\ &\simeq -70 - 10\log_{10} P(\text{有动机}|\text{无罪}), \end{aligned} \tag{5.47}$$

由于 $P(\text{有动机}|\text{有罪}) \simeq 1$，也就是说，我们认为犯罪者几乎不可能完全没有动机. 因此，了解一个人有动机的重要性几乎完全取决于一个无罪的人也有动机的

概率 $P(\text{有动机}|\text{无罪})$.

如果我们仔细考虑一下，会发现这显然符合常识. 如果受害者是善良的，受到所有人的爱戴，那么几乎没有人会有动机去杀害他. 有鉴于此，得知我们的嫌疑人确实有动机，这将是非常重要的信息. 如果受害者是一个不讨人喜欢的人，做过各种坏事，那么很多人就会有动机，得知我们的嫌疑人就是其中之一并不太重要. 这里要说明的是，除非了解受害者的性格，否则我们不知道该如何利用嫌疑人有动机这一点. 但是，如果不向陪审团成员指出，他们中有多少人能意识到这一点呢?

假设一位非常开明的法官已经意识到了该事实，在引入嫌疑人动机的证据时，他指示助手为陪审团确定纽约市有多少人有动机. 如果有动机的人数是 N_m，那么

$$P(\text{有动机}|\text{无罪}) = \frac{N_m - 1}{(\text{纽约市人口}) - 1} \simeq 10^{-7}(N_m - 1), \tag{5.48}$$

(5.47) 将简化为

$$e(\text{有罪}|\text{有动机}) \simeq -10\log_{10}(N_m - 1). \tag{5.49}$$

你会看到纽约市人口从公式中消失了. 一旦我们知道有动机的人数，城市有多大就不再重要了. 请注意，即使 N_m 只有 1 或 2，(5.49) 也仍然正确.

你可以通过这种方式继续思考下去，我们认为你会发现这样做既有启发性，也有娱乐性. 例如，我们现在得知不久前有人在犯罪现场附近看到了嫌疑人. 根据贝叶斯定理，其意义几乎完全取决于附近还有多少无辜者. 如果有人告诉过你不要相信贝叶斯定理，那么你应该进一步关注一些类似的例子，并观察在合情推理中它如何准确无误地告诉你哪些信息是相关的，哪些无关紧要. [①] 近年来，已经涌现了大量关于贝叶斯法理学的文献，对于相关参考文献的综述，请参阅维尼奥和罗伯逊的著作（Vignaux & Robertson，1996）.

即使在无法完全确定应该使用数值的情况下，贝叶斯定理仍能定性地再现你的常识（也许经过沉思后）告诉你的内容. 这是乔治 · 波利亚极其详尽地展示的事实，以至于我深信这种联系必然不仅仅是定性的.

① 请注意，在这些情况下，我们试图根据不完整的信息判断亚里士多德命题的真实性，即被告是否进行了明确定义的行动. 这是作为逻辑的概率论被设计适用的情况. 但是，其他法律情况大不相同. 例如，在医疗事故诉讼中，可能是各方就被告的实际行为达成共识，问题是他是否进行了合理判断. 由于没有关于“合理判断”的正式、精确定义，因此问题不是亚里斯多德命题的真假问题（但是，如果确定他故意违反了第 1 章中的合理性要求之一，我们认为大多数陪审团成员会认为他有罪）. 有人声称，概率论基本上不适用于这种情况，我们关注的是非亚里士多德命题的部分真实性. 我们认为，在这种情况下，我们关心的根本不是真相，我们想要的是价值判断. 后面将回到该主题（第 13 章和第 18 章）.

5.9 评注

关于牛顿理论地位的讨论比我们上面提到的要多得多. 例如, 查尔斯 · 米斯纳指出, 在知道其有效性的界限 (它什么时候失效) 之前, 我们无法完全充满信心地运用一种理论.

因此, 相对论在向我们展示牛顿力学有效性的界限时, 也证实了牛顿力学在此界限内的准确性. 所以, 在牛顿理论的适用领域 (低于光速) 内应用时, 应该会增强我们对牛顿理论的信心. 同样, 热力学第一定律在向我们展示热质说的有效范围时, 也确认了热质说在其适当范围 (热量流动但没有做功的过程) 内的准确性. 乍一看, 这似乎是一个吸引人的想法, 也许这就是科学家真正应该具备的思考方式.

尽管如此, 米斯纳的原理与科学家的实际思维方式截然不同. 我们没有见过有人宣称自己对某理论的信心随着该理论被推翻而增加. 此外, 我们之所以完全有信心运用动量守恒原理, 不是因为我们知道它的有效性范围, 而是出于相反的原因: 我们不知道任何此类界限的存在. 科学家认为动量守恒原理是有实际内容的, 而不仅仅是对牛顿理论的无谓重复.

带着这个谜团, 我们进一步探索, 观察到: 如果要判断牛顿力学的有效性, 我们不能确定相对论是否向我们展示了它的所有局限性. 例如, 可以想到的是, 牛顿力学不仅可能在高速时失效, 而且可能在高加速度时失效. 确实, 有理论上的理由可以期望这一点. 因为牛顿的 $\boldsymbol{F} = m\boldsymbol{a}$ 和爱因斯坦的 $E = mc^2$ 可以组合成一个也许更基本的陈述:

$$\boldsymbol{F} = (E/c^2)\boldsymbol{a}. \tag{5.50}$$

为什么加速一堆能量 E 所需的力要依赖于光速?

如果采用一个几乎肯定正确的假设, 也就是说, 所谓的 "基本" 粒子不能仅在空间上占据数学点, 而是具有某种扩展结构, 那么我们马上就会看到一个可能的理由: 光速决定了结构的不同部分之间可以多快地 "通信". 所有部分越快地得知有一个正在作用的力, 就可以越快地做出反应. 我们把它作为一个练习, 请读者说明实际上可以从前提中推导出 (5.50). (提示: 力与粒子在其所有部分开始移动之前必须承受的变形成比例.)

根据这个处于萌芽期的理论立即可以做出进一步的预测. 我们期望, 当突然施加力时, 加速度要达到其牛顿理论值需要短暂的瞬时响应时间. 如果是这样, 那么牛顿的 $F = ma$ 就不是一个精确的关系, 只是最终的稳态条件, 在光穿过结构所需的时间之后才能达到. 可以设想能通过实验来检验这种预测.

因此，除了引证牛顿理论过去的成功预测及其与相对论的关系，我们对牛顿理论的信心问题要微妙和复杂得多，这也取决于我们对牛顿理论的整体展望.

在我们看来，实际的科学实践是以尚未被充分认识（更不用说分析和证明）的本能为指导的. 我们不仅必须考虑科学的逻辑，而且要考虑科学社会学（也许还包括科学救赎论）. 但这十分复杂，我们甚至无法确定，从长远来看，永远接受新思想的极端疑古主义能起有益的稳定作用还是对进步的阻碍.

关于“怪异”

在本章中，我们研究了概率论的某些应用，在今天看来，这些应用对我们来说是“怪异”的，即“偏离常规”. 大概任何全新的应用都必须经过这种怪异的探索阶段. 但是，在许多情况下，尤其是贝叶斯法理学和比特异功能有更严肃目的的心理测试中，我们认为今天的怪异应用可能会成为明天受人尊敬的有用应用. 进一步的思考和经验将使我们更清楚地知道某个问题的正确表述（与现实之间的联系更加紧密），然后，后来人将把贝叶斯分析视为讨论该问题不可或缺的一部分. 现在，我们回头讨论已经超出怪异阶段，进入受人尊敬和有用阶段的应用.

第 6 章 初等参数估计

某些作者将实际上没有差异的“点估计”和“区间估计”区别开来，称“点估计”是指不考虑精度进行估计的过程，而“区间估计”则在一定程度上考虑估计的精度.

——费希尔（R. A. Fisher，1956）

作为逻辑的概率论在理念上与费希尔一致，它通过一次计算自动为我们进行点估计和区间估计. 假设检验和参数估计之间的区别通常被描述得比费希尔所担心的更大. 但在我们看来，它们之间也没有真正的差别. 当只考虑少量离散假设 $\{H_1, \cdots, H_n\}$ 时，我们通常根据先验信息和数据从中选择一个最有可能的假设. 在第 4 章中，我们详细研究了 $n = 2$ 和 $n = 3$ 的情况. 从原则上讲，更大的 n 只是对其简单的一般化.

但是，当假设很多时，似乎需要不同的方法. 总是可以通过分配一个或多个数值指标来区分一组离散假设，如 H_t（$1 \leqslant t \leqslant n$）. 如果假设非常多，则很难避免这么做. 这样，选择假设 H_t 与估计指标 t 实际上是一回事，将指标而不是假设视为关注量就是在做参数估计. 我们首先考察指标离散的情况.

6.1 坛子问题的逆

在第 3 章中，我们研究了从坛子中抽取球的各种抽样分布. 在问题中，坛子中的总球数 N、红球数 R 和白球数 $N - R$ 已知，我们需要对 n 次抽取中取出 r 个红球和 $n - r$ 个白球的组合概率进行“数据前”推断. 现在，我们要按照贝叶斯和拉普拉斯的思路，求解逆问题，将其变成一个“数据后”问题：数据 $D \equiv (n, r)$ 已知，但是坛子的内容 (N, R) 未知. 根据数据和我们关于坛子内容的先验信息，可以对坛子的内容做出怎样的推断？几乎可以肯定地说，每个概率论工作者都会对这个逆问题的结论感到惊讶——该结论从数学上来说几乎微不足道，在概念上却出人意料，也很深刻. 下面我们将说明文献中已经提到的一些结果，并补充已知文献没有提到的一些新结果.

在 (3.22) 中，我们发现描述坛子问题的抽样分布是超几何分布

$$p(D|NRI) = h(r|N, R, n) = \binom{N}{n}^{-1} \binom{R}{r} \binom{N-R}{n-r}, \tag{6.1}$$

其中 I 表示先验信息，即如前所述问题的一般说明.

6.2　N 和 R 均未知

通常，N 和 R 在开始时都是未知的，机器人需要同时估计这两个值. 如果我们成功地从坛子中取出 n 个球，当然可以推出 $N \geqslant n$. 直觉似乎告诉我们，数据无法告诉我们有关 N 的更多信息. 已取出红球的数量 r 或抽取顺序与 N 又有什么关系呢? 但是这种直觉使用了一个隐含假设，在我们看到机器人的答案之前几乎无法意识到这一点.

N 和 R 的联合后验概率分布为

$$p(NR|DI) = p(N|I)p(R|NI)\frac{p(D|NRI)}{p(D|I)}. \tag{6.2}$$

我们在这里通过乘法规则将联合先验概率做了因子分解：$p(NR|I) = p(N|I)p(R|NI)$. 归一化分母是一个二重和：

$$p(D|I) = \sum_{N=0}^{\infty}\sum_{R=0}^{N} p(N|I)p(R|NI)p(D|NRI), \tag{6.3}$$

其中，当 $N < n$、$R < r$ 或 $N - R < n - r$ 时，因子 $p(D|NRI)$ 当然是 0. 这样，N 的边缘后验概率是

$$p(N|DI) = \sum_{R=0}^{N} p(NR|DI) = p(N|I)\frac{\sum_R p(R|NI)p(D|NRI)}{p(D|I)}. \tag{6.4}$$

我们也可以直接应用贝叶斯定理：

$$p(N|DI) = p(N|I)\frac{p(D|NI)}{p(D|I)}. \tag{6.5}$$

当然，(6.4) 和 (6.5) 必须通过乘法规则和加法规则保持一致.

这些关系对关于 N 和 R 的任何先验信息 I 都必须成立，这些信息将由 $p(NR|I)$ 表示. 原则上，$p(NR|I)$ 可能任意复杂，将口头陈述的先验信息转换为 $p(NR|I)$ 没有标准方式，你可以随时更深入地分析你的先验信息. 但是，我们的先验信息通常非常简单，这些问题在数学上并不难.

直觉可能使我们进一步预测，无论 $p(N|I)$ 是多少，数据只会截断不可能值，而可能值的相对概率不变：

$$p(N|DI) = \begin{cases} Ap(N|I), & \text{如果 } N \geqslant n, \\ 0, & \text{如果 } 0 \leqslant N < n, \end{cases} \tag{6.6}$$

其中 A 是归一化常数. 的确，由概率论规则可知，如果数据仅告诉我们 $N \geqslant n$ 而没有关于 N 的其他信息，那么这必须成立. 例如，如果

$$Z \equiv N \geqslant n, \tag{6.7}$$

那么

$$p(Z|NI) = \begin{cases} 1, & \text{如果 } n \leqslant N, \\ 0, & \text{如果 } n > N. \end{cases} \tag{6.8}$$

贝叶斯定理如下:

$$p(N|ZI) = p(N|I)\frac{p(Z|NI)}{p(Z|I)} = \begin{cases} Ap(N|I), & \text{如果 } N \geqslant n, \\ 0, & \text{如果 } N < n. \end{cases} \tag{6.9}$$

如果数据仅告诉我们 Z 为真，则我们有 (6.6)，归一化常数为 $A = 1/p(Z|I)$. 贝叶斯定理表明，如果仅知道 $N \geqslant n$，则此信息不会改变 N 的可能值的相对概率，只是归一化常数必须重新调整以弥补现在具有零概率的值 $N < n$. 拉普拉斯认为该结果在直觉上显而易见，将其作为自己理论的基本原则.

但是，机器人在 (6.5) 中告诉我们，除非在 $N \geqslant n$ 的情况下 $p(D|NI)$ 与 N 无关，否则情况并非如此. 经过仔细考虑后我们明白，如果有某种先验信息将 N 和 R 关联起来，则 (6.6) 不必为真. 例如，假设人们可能事先知道 $R < 0.06N$. 那么，如果观察到数据 $(n, r) = (10, 6)$，则我们不仅知道 $N \geqslant 10$，而且知道 $N > 100$. 任何为 N 和 R 提供逻辑关联的先验信息都会导致数据 r 与 N 的估计相关. 但是，我们通常缺少此类先验信息，因此对 N 的估计没有意义，从而得到与 (6.6) 相同的结果.

根据 (6.5)，一般条件是：除了截断小于 n 的值外，数据无法告诉我们有关 N 的任何信息. 这是一个关于先验概率 $p(R|NI)$ 的非平凡条件:

$$p(D|NI) = \sum_{R=0}^{N} p(D|NRI)p(R|NI) = \begin{cases} f(n,t), & \text{如果 } N \geqslant n, \\ 0, & \text{如果 } N < n, \end{cases} \tag{6.10}$$

其中 $f(n, r)$ 可能取决于数据，但与 N 无关. 由于我们使用标准超几何分布 (6.1)，写出来就是

$$\sum_{R=0}^{N} \binom{R}{r}\binom{N-R}{n-r} p(R|NI) = f(n,r)\binom{N}{n}, \quad (N \geqslant n). \tag{6.11}$$

这就是直觉很难告诉我们的隐含假设. 它是一类离散积分方程[①]，其中先验概率 $p(R|NI)$ 必须满足作为数据对于 N 没有感知的充分必要条件. 当 $N < n$ 时，左侧的总和必须保持为 0. 这是因为，当 $R < r$ 时，第一个二项式系数为 0；当 $R \geqslant r$ 且 $N < n$ 时，第二个二项式系数为 0. 因此，对 $p(R|NI)$ 的合理数学约束只是：当 $N \geqslant n$ 时，(6.11) 中的 $f(n, r)$ 必须与 N 无关.

---

① 这个奇特的名称预示着我们在涉及边缘化理论时会发现什么. “无信息性”的一般条件会用相似的积分方程表示，其中一个参数的先验必须满足该积分方程，以使数据对另一个参数不提供信息.

实际上，大多数“合理”先验确实满足此条件，因此相对而言对 N 的估计没有意义. 这样，将后验分布 (6.2) 分解为

$$p(NR|DI) = p(N|DI)p(R|NDI), \tag{6.12}$$

我们主要关心的是因子 $p(R|NDI)$，得出关于 R 或在已知 N 时关于比值 R/N 的推论. 根据贝叶斯定理，R 的后验概率分布为

$$p(R|DNI) = p(R|NI)\frac{p(D|NRI)}{p(D|NI)}. \tag{6.13}$$

选择不同的先验概率 $p(R|NI)$ 将产生完全不同的结果,下面考察其中的一些先验.

6.3 均匀先验

令 I_0 表示先验知识的状态，其中，在知道 N 时，我们似乎对 R 仍然是无知的. 考虑均匀分布

$$p(R|NI_0) = \begin{cases} \dfrac{1}{N+1}, & \text{如果 } 0 \leqslant R \leqslant N, \\ 0, & \text{如果 } R > N. \end{cases} \tag{6.14}$$

然后，消掉一些项，(6.13) 变为

$$p(R|DNI_0) = S^{-1}\binom{R}{r}\binom{N-R}{n-r}, \tag{6.15}$$

其中 S 是归一化常数. 出于几个目的，我们需要一般求和公式

$$S \equiv \sum_{R=0}^{N}\binom{R}{r}\binom{N-R}{n-r} = \binom{N+1}{n+1}. \tag{6.16}$$

基于此，R 的归一化后验分布是

$$p(R|DNI_0) = \binom{N+1}{n+1}^{-1}\binom{R}{r}\binom{N-R}{n-r}. \tag{6.17}$$

这不是像 (6.1) 那样的超几何分布，因为现在变量是 R 而不是 r.

使用 (6.16)，从先验 (6.14) 可以得到

$$\sum_{R=0}^{N}\frac{1}{N+1}\binom{R}{r}\binom{N-R}{n-r} = \frac{1}{N+1}\binom{N+1}{n+1} = \frac{1}{n+1}\binom{N}{n}. \tag{6.18}$$

因此积分方程 (6.11) 得到满足. 有了这个先验,数据也并不能告诉我们除了 $N \geqslant n$ 外关于 N 的任何信息.

我们检查一下 (6.17) 是否与一些明显的常识相符. 我们看到,当 $R < r$ 或 $R > N - n + r$ 时，它变为 0，这与演绎推理告诉我们的数据一致. 如果我们取出了所有球，此时 $n = N$，(6.17) 化简为克罗内克函数 $\delta(R, r)$，再次与演绎推理保持一致. 这是作为扩展逻辑的概率论自动包含演绎逻辑作为特殊情况的另一个例证.

如果我们根本没有获得任何数据，则 $n = r = 0$，(6.17) 化简为先验分布 $p(R|DNI_0) = p(R|NI_0) = 1/(N+1)$. 如果我们仅取出一个红球，则 $n = r = 1$，(6.17) 化简为

$$p(R|DNI_0) = \frac{2R}{N(N+1)}. \tag{6.19}$$

当 $R = 0$ 时，上式变为 0，再次与演绎逻辑相符. 根据 (6.1)，取出一个红球的抽样概率 $p(r = 1|n = 1, NRI_0) = R/N$，这是初始的伯努利坛子结果，与 R 成正比；在均匀先验的情况下，R 的后验概率也必须与 R 成正比. (6.19) 中的数值系数使我们无意中得出了基本求和公式

$$\sum_{R=0}^{N} R = \frac{N(N+1)}{2}. \tag{6.20}$$

这些结果只是成千上万已知结果中的几个，表明作为扩展逻辑的概率论是一个精确的数学系统. 也就是说，正确使用我们的概率论规则非近似地得出的结果，在任何情况下从数学上看都是精确的：你可以将它们置于任意极端条件下，它们将继续有意义. ①

机器人一般会如何估计 R 的值呢? 令 $p(R') = p(R'-1)$ 并求解 R'，可以在一个单位的误差内找到 R' 的最概然值，其结果是

$$R' = (N+1)\frac{r}{n}, \tag{6.21}$$

可以与抽样分布的峰值 (3.26) 做比较. 如果 R' 不是整数，则 R' 的最概然值是小于它的最大整数. 机器人会估计，坛子中红球的最初比例与观察到的样本中红球的比例大致相等，正如我们根据直觉所估计的一样.

为了更精确地计算，我们找到 R 在此后验分布上的平均值（或称期望）:

$$\langle R \rangle = E(R|DNI_0) = \sum_{R=0}^{N} R_p(R|DNI_0). \tag{6.22}$$

为了求和，注意到

$$(R+1)\binom{R}{r} = (r+1)\binom{R+1}{r+1}. \tag{6.23}$$

这样，再次应用 (6.16)，可以得到

$$\langle R \rangle + 1 = (r+1)\binom{N+1}{n+1}^{-1}\binom{N+2}{n+2} = \frac{(N+2)(r+1)}{n+2}. \tag{6.24}$$

① 相比之下，当前“正统”统计学基于直觉的特定工具，通常只在这些发明的“安全”域内给出合理的结果，在某些极端情况下总是变得无意义. 在第 17 章中我们将研究这个课题. 这就是人们所期望的结果，它们仅仅是对一个精确理论的近似. 随着条件的变化，近似的程度也会变化.

当 (n, r, N) 很大时，R 的期望值非常接近最概然值 (6.21)，表明后验分布或者是有尖峰的，或者是对称的. 当我们问"在抽取后，坛子中剩余红球的期望比例 F 是多少"时，结果会变得更加明了：

$$\langle F\rangle = \frac{\langle R\rangle - r}{N-n} = \frac{r+1}{n+2}. \tag{6.25}$$

6.4 预测分布

除了使用概率论来估计坛子中未观察到的内容外，我们还可以用它来预测未来的观察结果. 我们问一个不同的问题："在 n 次抽取中取出 r 个红球的样本之后，下一次取出红球的概率是多少?"定义命题：

$$R_i \equiv \text{在第 } i \text{ 次抽取中取出红球}, \quad 1 \leqslant i \leqslant N, \tag{6.26}$$

这个问题就是

$$p(R_{n+1}|DNI_0) = \sum_{R=0}^{N} p(R_{n+1}R|DNI_0) = \sum_R p(R_{n+1}|RDNI_0)p(R|DNI_0), \tag{6.27}$$

也就是

$$p(R_{n+1}|DNI_0) = \sum_{R=0}^{N} \frac{R-r}{N-n}\binom{N+1}{n+1}^{-1}\binom{R}{r}\binom{N-R}{n-r}. \tag{6.28}$$

再次应用求和公式 (6.16)，经过一些计算后可以得到

$$p(R_{n+1}|DNI_0) = \frac{r+1}{n+2}, \tag{6.29}$$

这与 (6.25) 的结果相同. 这种一致性是前面提到的规则（概率与频率不同）的另一个例子. 但是，在相当普遍的条件下，单个试验中事件的*预测概率*在数值上等于某些特定试验类别中事件发生的频率的*期望*.

(6.29) 是一个著名的古老结果，称为**拉普拉斯连续法则**. 它在贝叶斯推断的历史以及关于归纳与推断性质的争论中发挥了重要的作用. 我们将发现它会多次出现. 在第 18 章中，我们将详细研究它，了解它如何引发争议，以及今天如何能轻松地解决这些争议.

(6.29) 比我们的推导过程所展示得更具通用性. 拉普拉斯首先得到了这个结果，方法不是考虑从坛子中抽取球，而是考虑二项分布的混合，就像我们在 (6.73) 中所做的那样. 上述关于抽样分布的推导过程，早在 1799 年就已被发现（参见 Zabell，1989），但直到 1918 年英国剑桥大学的查利 · 布罗德重新发现它，以及随后林奇和杰弗里斯（Wrinch & Jeffreys，1919）、威廉 · 约翰逊（W. E. Johnson，

1924，1932）和哈罗德 · 杰弗里斯（H. Jeffreys，1939）强调，才广为人知. 人们在最初发现结果 (6.29) 独立于 N 时感到非常惊讶.

但这仅仅是点估计，机器人对 R 估计的精度如何呢? 答案包含在给了我们 (6.29) 的同一后验分布 (6.17) 中，我们可以发现其方差为 $\langle R^2\rangle-\langle R\rangle^2$. 扩展 (6.23)，注意到

$$(R+1)(R+2)\binom{R}{r}=(r+1)(r+2)\binom{R+2}{r+2}. \tag{6.30}$$

对 R 的求和很简单，得出

$$\begin{aligned}\langle(R+1)(R+2)\rangle&=(r+1)(r+2)\binom{N+1}{n+1}^{-1}\binom{N+3}{n+3}\\&=\frac{(r+1)(r+2)(N+2)(N+3)}{(n+2)(n+3)}.\end{aligned} \tag{6.31}$$

然后，注意到 $\operatorname{var}(R)=\langle R^2\rangle-\langle R\rangle^2=\langle(R+1)^2\rangle-\langle(R+1)\rangle^2$. 简洁起见，记作 $p=\langle F\rangle=(r+1)/(n+2)$. 根据 (6.24) 和 (6.31)，得出

$$\operatorname{var}(R)=\frac{p(1-p)}{n+3}(N+2)(N-n). \tag{6.32}$$

因此，结合 R 的点估计和区间估计，我们的 (均值) ± (标准差) 结果为

$$(R)_{\text{est}}=r+(N-n)p\pm\sqrt{\frac{p(1-p)}{n+3}(N+2)(N-n)}. \tag{6.33}$$

平方根内的因子 $(N-n)$ 表明，正如我们所预期的，随着对坛子内容的抽样率增加，估计变得更加准确. 实际上，当 $n=N$ 时，坛子内容就是已知的，(6.33) 化简为 $r\pm0$，与演绎推理一致.

观察 (6.33)，注意到 $R-r$ 是坛子中剩余的红球数，$N-n$ 是坛子中剩余的球总数. 因此，如果要估计抽取样本后留在坛子中红球比例的 (均值) ± (标准差)，会发现一个更简单的解析表达式:

$$(F)_{\text{est}}=\frac{(R-r)_{\text{est}}}{N-n}=p\pm\sqrt{\frac{p(1-p)}{n+3}\frac{N+2}{N-n}},\qquad 0\leqslant n<N. \tag{6.34}$$

随着我们对更大比例的球进行抽样，该估计的准确性会降低. 在取极限 $N\to+\infty$ 时，它变成

$$(F)_{\text{est}}=p\pm\sqrt{\frac{p(1-p)}{n+3}}, \tag{6.35}$$

对应于二项分布的结果. 下面介绍对该结果的一个应用. 在为本章准备材料时，我们听到了一则新闻报道，研究者称对 1600 名选民进行了“随机民意调查”，表明 41% 的选民在下届选举中支持某位候选人，并声称结果有 ±3% 的误差. 接下来

对照我们的理论检查这些数值的一致性. 为了获得 $(F)_{\text{est}} = \langle F\rangle(1 \pm 0.03)$，根据 (6.35)，我们要求样本量 n 满足

$$n+3=\frac{1-p}{p}\frac{1}{0.03^2}\approx\frac{1-0.41}{0.41}\times 1111.1=1598.9, \tag{6.36}$$

得到 $n \simeq 1596$. 这种吻合性表明，民意调配研究者使用的正是该理论（或者至少在公开声明的结果中使用了该理论）.

通过在 $0 \leqslant R \leqslant N$ 时使用 $p(R|NI_0)$ 均匀先验得到的这些结果，与我们的直观常识判断非常吻合. 先验的选择可能会以某种方式影响结论，这在一开始通常会让人感到惊诧. 然后，经过一番沉思，我们会发现它们确实是正确的. 接下来考察一些更加令人惊讶的例子，让我们对概率论进行更严格的检验.

6.5　截断均匀先验

假设我们的先验信息与上述 I_0 不同，新的先验信息 I_1 从一开始就知道 $0 < R < N$,并且坛子中至少有一个红球和一个白球. 那么必须将前面的 (6.14) 替换为

$$p(R|NI_1)=\begin{cases}\dfrac{1}{N-1}, & \text{如果 } 1\leqslant R\leqslant N-1,\\ 0, & \text{其他情形,}\end{cases} \tag{6.37}$$

必须减去 $R=0$ 和 $R=N$ 两项来校正我们的求和公式 (6.16). 注意，如果 $R=0$，则有

$$\binom{R}{r}=\binom{R+1}{r+1}=\delta(r,0); \tag{6.38}$$

如果 $R=N$，则有

$$\binom{N-R}{n-r}=\delta(r,n). \tag{6.39}$$

所以我们有以下求和公式:

$$S=\sum_{R=1}^{N-1}\binom{R}{r}\binom{N-R}{n-r}=\binom{N+1}{n+1}-\binom{N}{n}\delta(r,n)-\binom{N}{n}\delta(r,0), \tag{6.40}$$

$$\sum_{R=1}^{N-1}\binom{R+1}{r+1}\binom{N-R}{n-r}=\binom{N+2}{n+2}-\binom{N+1}{n+1}\delta(r,n)-\binom{N}{n}\delta(r,0). \tag{6.41}$$

乍一看，令人惊讶的是，只要观察到的 r 满足 $0<r<n$，新项就消失了，因此前面的后验分布 (6.17) 不变:

$$p(R|DNI_1)=p(R|DNI_0), \qquad 0<r<n. \tag{6.42}$$

为什么新的先验信息没有造成差别? 确实，在仅使用抽样分布的任何形式的概率论中，肯定会有差别，因为样本空间随着新信息的出现而改变.

然而，经过深入的思考，我们明白结果 (6.42) 是正确的. 这是因为，在这种情况下，数据通过演绎推理告诉我们 R 不能为 0 或 N. 因此，先验信息是否告诉了我们同样的事情无关紧要：我们对 R 的了解状态是相同的，正如作为逻辑的概率论所表明的. 我们将在 6.9 节中进一步讨论这一点.

假设我们的数据为 $r=0$，那么 (6.15) 中的和 S 变成了

$$S=\binom{N+1}{n+1}-\binom{N}{n}. \tag{6.43}$$

经过计算，代替 (6.17) 的 R 的后验概率分布是

$$p(R|r=0,NI_1)=\binom{N}{n+1}\binom{N-R}{n}, \quad 1\leqslant R\leqslant N-1, \tag{6.44}$$

$R=0$ 超出了该范围. 但是，在该范围内，R 的不同值的相对概率没有变化. 我们可以随时验证该比率：

$$\frac{p(R|r=0,NI_1)}{p(R|r=0,NI_0)}=\frac{N+1}{N-n}, \quad 1\leqslant R\leqslant N-1, \tag{6.45}$$

结果与 R 无关. 这里发生的情况是，数据 $r=0$ 并没有提供证据反对 $R=0$ 的假设，也没有提供证据支持该假设. 因此，对于允许这样做的先验信息 I_0，$R=0$ 是最概然值. 但是现在的先验信息 I_1 起着决定性的作用，它刚好排除了该值，从而在向上调整归一化系数的同时，将所有后验概率压缩到较小的范围内. 从这个例子中我们了解到，根据不同的先验信息未必会得出不同的结论. 我们得出的结论是否不同，取决于我们碰巧获取到的数据集——本该如此.

练习 6.1 通过类似以上的推导计算后验概率分布 $p(R|r=n,NI_1)$. 然后从该分布中计算 R 的新的 (均值) ± (标准差) 估计值，并将其与 $p(R|r=n,NI_0)$ 的上述结果比较. 解释二者差异，使其直观地看起来很明显. 不要计算，口头说明你对这个问题的理解：如果我们有先验信息 $(3\leqslant R\leqslant N)$，结果会如何；也就是说，坛子中最初至少有三个红球，但对于至多有多少个红球没有事先限制.

6.6 凹先验

基于均匀先验 $p(R|NI)\propto$ 常数（$0\leqslant R\leqslant N$）的拉普拉斯连续法则，可能会得出令人惊讶的结果：坛子中剩余红球的期望比例 (6.25) 不是抽取样本观察到的比例 r/n，而是略有不同的 $(r+1)/(n+2)$. 产生这种微小差异的原因是什么？以下论证绝不算一种推导，只是一种自由的联想. 首先请注意，拉普拉斯连续法则可以用以下形式重写：

$$\frac{r+1}{n+2}=\frac{n(r/n)+2(1/2)}{n+2}, \tag{6.46}$$

结果为观察比例 r/n 和先验期望值 1/2 的加权平均值，数据的权重为观察次数 n，先验期望值的权重为 2. 看来，均匀先验的权重对应于两次观察. 那么，可以将该先验解释为两次观察 $(n,r)=(2,1)$ 后所得的后验分布吗? 如果是这样，似乎必须从一个比均匀先验更无信息的先验开始. 但是，还有更无信息的先验吗?

从数学上讲，这表明我们可以反向应用贝叶斯定理，以发现是否存在会导致均匀后验分布的先验. 用 I_{00} 表示这种假设更原始的“前先验”信息. 贝叶斯定理变为

$$p(R|DI_{00})=p(R|I_{00})\frac{p(D|RI_{00})}{p(D|I_{00})}=\text{常数}, \qquad 0\leqslant R\leqslant N, \tag{6.47}$$

并且抽样分布仍然是超几何分布 (6.1)，因为指定 R 后，它将使任何模糊的信息 (例如 I_{00}) 都不相关：$p(D|RI_0)=p(D|RI_{00})$. 对于假定的样本，$n=2$，$r=1$，超几何分布变为

$$h(r=1|N,R,n=2)=\frac{R(N-R)}{N(N-1)}, \qquad 0\leqslant R\leqslant N. \tag{6.48}$$

从中可以看出，在整个范围 ($0\leqslant R\leqslant N$) 内没有“前先验”能产生常数的后验分布. 对于 $R=0$ 和 $R=N$ 来说，它是无限大的. 但是，我们已经看到截断先验在 $(1\leqslant R\leqslant N-1)$ 范围内为常数，如果已知坛子最初至少包含一个红球和一个白球，则会产生相同的结果. 由于我们的假定数据 $(n,r)=(2,1)$ 保证了这一点，所以我们看到，终究还是有一个解的. 考虑强调极端值的先验:

$$p(R|I_{00})\equiv\frac{A}{R(N-R)}, \qquad 1\leqslant R\leqslant N-1, \tag{6.49}$$

其中 A 是归一化常数，在以下公式中不必相同. 给定新数据 $D\equiv(n,r)$，如果 $1\leqslant r\leqslant n-1$，使用 (6.1) 得出后验分布

$$p(R|DNI_{00})=\frac{A}{R(N-R)}\binom{R}{r}\binom{N-R}{n-r}=\frac{A}{r(n-r)}\binom{R-1}{r-1}\binom{N-R-1}{n-r-1}. \tag{6.50}$$

根据 (6.16)，可以得出求和公式

$$\sum_{r=1}^{N-1}\binom{R-1}{r-1}\binom{N-R-1}{n-r-1}=\binom{N-1}{n-1}, \qquad \begin{matrix}1\leqslant R\leqslant N-1,\\ 1\leqslant r\leqslant n-1.\end{matrix} \tag{6.51}$$

因此，正确的归一化后验分布是

$$p(R|DNI_{00})=\binom{N-1}{n-1}^{-1}\binom{R-1}{r-1}\binom{N-R-1}{n-r-1}, \qquad \begin{matrix}1\leqslant R\leqslant N-1,\\ 1\leqslant r\leqslant n-1,\end{matrix} \tag{6.52}$$

可以将其与 (6.17) 比较. 验证一下，如果 $n=2$ 且 $r=1$，则它化简为所希望的

先验 (6.37):

$$p(R|DNI_{00}) = p(R|NI_1) = \frac{1}{N-1}, \quad 1 \leqslant R \leqslant N-1. \tag{6.53}$$

至此,我们可以将其作为练习,请读者对凹先验完成类似于 (6.22)~(6.35) 的推导.

练习 6.2 使用一般结果 (6.52),重复类似于 (6.22)~(6.35) 的计算,证明以下三个确切的结果. (a) 满足积分方程 (6.11),因此 (6.6) 仍然成立. (b) 对于与先验相容的一般数据,即 $0 \leqslant n \leqslant N$, $1 \leqslant r \leqslant n-1$(因此,抽取样本至少包括一个红球和一个白球),后验平均估计比例 R/N 和 $(R-r)/(N-n)$ 都等于样本中观察到的比例 $f = r/n$. 现在,估计值正好符合数据,因此凹先验 (6.49) 的权重为 0. 最后,(c) (均值) ± (标准差) 的估计值由

$$\frac{(R)_{\text{est}}}{N} = f \pm \sqrt{\frac{f(1-f)}{n+1}\left(1-\frac{n}{N}\right)} \tag{6.54}$$

给出,与以前均匀先验所发现的类似结果 (6.33) 相比,结果也更简单.

练习 6.3 现在请注意,如果 $r=0$ 或 $r=n$,则步骤 (6.50) 无效. 从头推导这种情况下的后验分布. 证明:如果我们取出一个球并发现它不是红球,现在坛子中红球的估计比例从 1/2 下降到大约 $1/\ln(N)$(根据之前的均匀先验,它只下降到 $(r+1)/(n+2) = 1/3$).

以上练习表明,凹先验给出的结果比均匀先验的结果要简单得多,但也具有一些近乎不稳定的性质. 当 N 较大时,该性质变得更加明显. 确实,当 $N \to +\infty$ 时,凹先验会接近一个非正常(不可归一化的)先验,必定对于某些问题给出荒谬的答案,尽管它仍然可以为大多数问题提供合理的答案(这些问题中数据的信息量很大,以至于可以消除与先验相关的奇异性).

6.7 二项式猴子先验

假设先验信息 I_2 是:坛子中的球是由一群猴子填充的,它们会随机将球扔进去,每次扔进红球的概率都为 g. 那么我们对 R 的先验将是二项分布 (3.92),用我们现在的符号表示为

$$p(R|NI_2) = \binom{N}{R} g^R (1-g)^{N-R}, \quad 0 \leqslant R \leqslant N. \tag{6.55}$$

我们对坛子中红球数量的先验估计是该分布的 (均值) ± (标准差):

$$(R)_{\text{est}} = Ng \pm \sqrt{Ng(1-g)}. \tag{6.56}$$

根据求和公式 (6.10)，对于该先验，很容易得到结果是

$$p(D|NI) = \binom{n}{r} g^r (1-g)^{n-r}, \qquad N \geqslant n, \tag{6.57}$$

由于这与 N 无关，该先验也满足积分方程 (6.11)，所以

$$p(NR|DI_2) = p(N|DI_2)p(R|NDI_2), \tag{6.58}$$

其中第一个因子是相对无趣的标准结果 (6.6). 我们感兴趣的是 N 为已知的因子 $p(R|NDI_2)$. 我们也对以下形式的分解感兴趣

$$p(NR|DI_2) = p(R|DI_2)p(N|NDI_2), \tag{6.59}$$

其中 $p(R|DI)$ 告诉我们与 N 无关的 R 的知识 (在查看最终计算结果之前，请尝试直观地猜测 $p(R|DNI)$ 和 $p(R|DI)$ 对于不同 I 会有何差别). 同样, $p(N|RDI_2)$ 和 $p(N|DI_2)$ 的差别告诉我们，如果要了解真实的 R，我们需要在多大程度上了解 N. 这一次，我们的直觉也很难预测计算结果.

我们有很多计算工作要做. 应用 (6.55) 和 (6.1)，可以得到

$$p(R|DNI_2) = A\binom{N}{R} g^R (1-g)^{N-R} \binom{R}{r}\binom{N-R}{n-r}, \tag{6.60}$$

其中 A 是另一个归一化常数. 要计算它，我们可以重新排列二项式系数:

$$\binom{N}{R}\binom{R}{r}\binom{N-R}{n-r} = \binom{N}{n}\binom{n}{r}\binom{N-n}{R-r}. \tag{6.61}$$

因此，归一化公式是

$$\begin{aligned} 1 = \sum_R p(R|DNI_2) &= A\binom{N}{n}\binom{n}{r}\sum_R \binom{N-n}{R-r} g^R (1-g)^{N-R} \\ &= A\binom{N}{n}\binom{n}{r} g^r (1-g)^{n-r}, \qquad r \leqslant R \leqslant N-n+r. \end{aligned} \tag{6.62}$$

这样，归一化的 R 的后验分布是

$$p(R|DNI_2) = \binom{N-n}{R-r} g^{R-r} (1-g)^{N-R-n+r}, \tag{6.63}$$

从而得出 R 的 (均值) $\pm$ (标准差) 估计为

$$(R)_{\text{est}} = r + (N-n)g \pm \sqrt{g(1-g)(N-n)}. \tag{6.64}$$

与 (6.33) 的相似之处表明，我们可以再次以如下方式看待它：我们估计坛子中剩余红球的比例为

$$\frac{(R-r)_{\text{est}}}{N-n} = g \pm \sqrt{\frac{g(1-g)}{N-n}}. \tag{6.65}$$

乍一看，(6.64) 和 (6.65) 看起来很像 (6.33) 和 (6.34)，几乎不值得花精力来推导. 但是再一看，我们会发现一个惊人的事实：之前公式中的参数 p 完全由数据

决定，而当前公式中的 g 完全取决于先验信息. 实际上，(6.65) 正是我们对坛子中 $N-n$ 个球的子集中红球所占比例而做的先验估计，根本没有任何数据. 二项式先验似乎具有可以使数据失效的神奇特性！更准确地说，该先验让数据无法告诉我们有关未抽样球的信息.

这样的结果很难让抽样调查人员满意，因为他们的职业基础将不复存在. 然而，结果是正确的，我们无法逃避如下结论：如果总体信息已经由二项式先验正确地描述，那么抽样是徒劳的（它几乎没有告诉你关于总体的任何信息），除非你对整个总体进行了抽样.

为什么会发生这种事情？比较二项式先验与均匀先验，我们会假设二项式先验有中等峰值，可以表达有关红球比例 R/N 的更多先验信息. 因此，使用它可以改善对 R 的估计. 的确，我们已经发现了这种效果，因为 (6.64) 和 (6.65) 中的不确定性比 (6.33) 和 (6.34) 中的不确定性小了 $\sqrt{(n+3)(N+2)}$. 有趣的不是不确定性的大小，而是 (6.34) 依赖于数据，但 (6.65) 不依赖于数据.

与小样本数据相比，二项式先验能提供更多有关未抽样球的信息，这并不奇怪. 实际上，它比任何数量的数据都能提供更多的信息，即使在对 99% 的总体进行抽样之后，我们对剩下 1% 的样本也没有更多的认识.

那么，二项式先验无形的奇异特征是什么？从某种意义上说，这种联系是如此“松弛”，以至于破坏了总体中不同成员之间的逻辑关系. 但仔细想来，就能明白这正是我们的背景信息所暗示的：坛子是独立地被以 g 的概率扔红球的猴子填充的. 已知这种填充机制，知道任何给定的球为红球，并不会给出关于任何其他球的信息. 也就是说，$P(R_1R_2|I)=P(R_1|I)P(R_2|I)$. 先验的这种逻辑独立性保留在后验分布中.

练习 6.4 研究这个表面上的“逻辑独立守恒定律”. 如果命题“第 i 个球是红球，$1\leqslant i\leqslant N$”在先验信息上是逻辑独立的，那么，这种分解性质保留在后验分布 $P(R_1R_2|DI)=P(R_1|DI)P(R_2|DI)$ 中的抽样分布和数据里的充分必要条件是什么？

这引出了需要深层思考的地方. 在传统概率论中，二项分布是基于不同次抛掷的因果独立性前提得出的. 在第 3 章中，我们发现一致性需要将其重新解释为逻辑独立性. 但是现在，我们可以朝相反的方向推理吗？二项分布的出现是否暗示着不同事件的逻辑独立性？如果是，那么我们可以理解刚刚得出的奇异结果，并且可以预期许多类似的结果. 在获取更多线索之后，我们将在第二部分重返这些问题.

6.8 变化为连续参数估计

如本章章首引言中所述，如果我们的假设变得如此“密集”，以至于相邻假设（即具有几乎相同下标 t 值的假设）在可观察到的结果上几乎无法区分，那么，无论数据如何，其后验概率不会相差很大. 因此，不可能有一个明确定义的假设明显优于所有其他假设. 那么，将 t 视为连续变量参数 θ，将问题解释为对参数 θ 的估计，并说明估计的准确性可能是恰当而自然的.

一个有用的惯例是使用希腊字母表示连续变量参数，使用拉丁字母表示离散下标或数据值. 我们将坚持使用这个惯例，除非它与更根深蒂固的习惯矛盾. ①

假设检验问题由此变成了参数估计问题. 但它同样可以变回来，对于参数 θ 处于某个区间的假设，$a < \theta < b$ 当然是第 4 章定义的复合假设. 因此，区间估计过程（也就是，我们通过给出参数位于给定区间内的概率给出参数估计精度的过程）自动是一种复合假设检验过程.

确实，我们在第 4 章中遵循了这种方法，在 (4.67) 中其实是在做参数估计. 从检验简单的离散假设到估计连续参数，到最后检验 (4.74) 中的复合假设，在我们看来是很自然的，因为作为逻辑的概率论会自动做到. 就像章首引言中说明的那样，我们不认为参数估计和假设检验在根本上是不同的活动——这是作为逻辑的概率论具有更大统一性的一个方面.

然而，对于另一些人来说，这种统一性似乎并不自然. 实际上，在正统统计学中，参数估计和假设检验在数学与概念上都大相径庭，主要是因为没有令人满意的方式来处理复合假设或先验信息. 我们将在第 17 章中看到一些具体的结论. 当然，参数没有必要是一维的，但我们首先考虑一维参数的一些简单例子.

6.9 使用二项分布进行估计

我们已经在第 4 章中看到了一个二项估计问题的示例，但是当时没有注意到它的普遍性. 在数百种实际情况下，每次测量或观察只有两个可能的结果. 例如，抛掷的硬币正面或反面朝上，电池能或不能启动汽车，婴儿是男孩或女孩，支票今天会或不会寄到，学生通过或没通过考试，等等. 正如我们在第 3 章中提到的那样，詹姆斯 · 伯努利（James Bernoulli，1713）以从坛子中抽取球为例，首次全面地对这种实验进行了抽样论分析，因此这种实验通常称为**伯努利试验**.

传统上，对于此类二元实验，我们随意地将结果之一称为“成功”，将另一

① 例如，几个世纪以来，电荷和光速分别用 e 和 c 表示. 即使是作为待估计的参数，也没有科学家或工程师用希腊字母来表示它们.

个结果称为“失败”. 通常，我们的数据将记录成功和失败的次数，① 它们发生的顺序可能有意义，也可能没有意义；如果有意义，我们可能会知道，也可能不知道；如果已知有意义与否，它可能与我们所问的问题有关，也可能无关. 一般假定实验条件将告诉我们顺序是否有意义，而且我们希望概率论能够告诉我们它是否相关. ②

例如，如果我们同时抛掷 10 枚硬币，那么就进行了 10 次伯努利试验，它们的“顺序”没有意义. 如果我们抛掷一枚硬币 100 次并记录每次的结果，那么结果的顺序有意义并且是已知的. 但是，在判断硬币是否“有偏”时，常识可能告诉我们顺序并不相关. 如果我们正在观察患者从疾病中恢复的状况，并试图判断一个月前引入的新药是否改善了该患者对疾病的抵抗力，就很像从一个内容已经改变的坛子中抽取球的情况. 直觉告诉我们，恢复和没有恢复的顺序不仅高度相关，而且是至关重要的信息，没有这些信息，就无法推断出变化.

要设置简单的一般性二项抽样问题，可以定义

$$x_i \equiv \begin{cases} 1, & \text{如果第 } i \text{ 次试验成功,} \\ 0, & \text{如果第 } i \text{ 次试验失败.} \end{cases} \tag{6.66}$$

那么我们的数据就是 $D \equiv \{x_1, \cdots, x_n\}$. 先验信息 I 指定一个参数 θ，在每一次试验中（独立于其他试验）成功的概率为 θ，失败的概率为 $1-\theta$. 如前所述，这里的“独立”是指逻辑独立. 可能存在因果独立性，也可能不存在，这取决于 I 的更多细节，但在当前无关紧要. 这样，抽样分布（数学上，这是我们对要研究模型的定义）是

$$p(D|\theta I) = \prod_{i=1}^{n} p(x_i|\theta I) = \theta^r (1-\theta)^{n-r}, \tag{6.67}$$

其中 r 是观察到的成功次数，$n-r$ 是失败次数. 那么，对于任何先验 PDF $p(\theta I)$，我们立即有后验 PDF

$$p(\theta|DI) = \frac{p(\theta|I)p(D|\theta I)}{\int \mathrm{d}\theta\, p(\theta|I)p(D|\theta I)} = Ap(\theta|I)\theta^r(1-\theta)^{n-r}, \tag{6.68}$$

其中 A 是归一化常数. 对于均匀先验的 θ，

$$p(\theta|I) = 1, \quad 0 \leqslant \theta \leqslant 1, \tag{6.69}$$

① 但是，有一类涉及删失数据（censored data）的重要问题，将在以后考虑，其中只能记录成功事例（或者只能记录失败事例），并且不知道进行了多少次试验. 例如，一名高速公路安全员并不知道他付出的努力挽救了多少人的生命，却能从公开记录中知道有多少人丧生.

② 当然，相关性的最终仲裁者不是我们的直觉，而是概率论的公式. 但是，正如我们稍后将看到的那样，对此进行判断可能是一件棘手的事情. 给定的一条信息是否相关，不仅取决于我们要问的是什么问题，还取决于所有其他信息的总和.

归一化常数由欧拉积分确定:

$$A^{-1}=\int_0^1 \mathrm{d}\theta\,\theta^r(1-\theta)^{n-r}=\frac{r!(n-r)!}{(n+1)!}. \tag{6.70}$$

归一化后的 PDF 为

$$p(\theta|DI)=\frac{(n+1)!}{r!(n-r)!}\theta^r(1-\theta)^{n-r}, \tag{6.71}$$

与贝叶斯最初的结果相同，请参见 (4.67). 它的矩是

$$\begin{aligned}\langle\theta^m\rangle=E(\theta^m|DI)&=A\int_0^1 \mathrm{d}\theta\,\theta^{r+m}(1-\theta)^{n-r}\\&=\frac{(n+1)!}{(n+m+1)!}\frac{(r+m)!}{r!}\\&=\frac{(r+1)(r+2)\cdots(r+m)}{(n+2)(n+3)\cdots(n+m+1)},\end{aligned} \tag{6.72}$$

这导致下次试验成功的预测概率为

$$p\equiv\langle\theta\rangle=\int_0^1 \mathrm{d}\theta\,\theta p(\theta|DI)=\frac{r+1}{n+2}, \tag{6.73}$$

我们在原始推导中看到了拉普拉斯连续法则. 类似地，θ 的 (均值) ± (标准差) 估计为

$$(\theta)_{\mathrm{est}}=\langle\theta\rangle\pm\sqrt{\langle\theta^2\rangle-\langle\theta\rangle^2}=p\pm\sqrt{\frac{p(1-p)}{n+3}}. \tag{6.74}$$

实际上，连续情形的结果 (6.73) 和 (6.74) 可以通过对离散结果 (6.29) 和 (6.35) 取极限 $N\to+\infty$ 导出. 但是，由于后者与 N 无关，因此该极限无效.

在此极限下，凹前先验分布 (6.49) 将成为 θ 的非正常先验:

$$\frac{A}{R(N-R)}\to\frac{\mathrm{d}\theta}{\theta(1-\theta)}, \tag{6.75}$$

某些和式或积分会发散，但这不是严格正确的计算方法. 例如，要计算任意函数 $f(R/N)$ 在任意大的 N 的极限值下的后验期望，我们应取比值 $\langle f(R/N)\rangle=\mathrm{Num}/\mathrm{Den}$ 的极限，其中

$$\begin{aligned}\mathrm{Num}&=\sum_{R=1}^{N-1}\frac{f(R/N)}{R(N-R)}p(D|NRI),\\\mathrm{Den}&=\sum_{R=1}^{N-1}\frac{1}{R(N-R)}p(D|NRI).\end{aligned} \tag{6.76}$$

在一般条件下，此极限是表现良好的，从而会产生有用的结果. 在边缘化悖论被注意到之前的大好日子里（当时没人关心这样细致的问题），霍尔丹（Haldane，1932）和杰弗里斯（Jeffreys，1939）提出了极限形式的非正常前先验 (6.75). 我

们之前一直很幸运，因为我们的积分在极限处收敛，可以直接使用．实际上，我们计算的是极限的比值，而不是比值的极限，但得到了正确答案．澄清了这个要点之后，所有这些及其明显的扩展似乎都非常简单．然而，请注意下面这一小节，它对当前的争议很重要．

关于可选停止

我们没有在 $p(D|\theta I)$ 的条件中包括 n，因为在所定义的问题中，我们是通过数据 D 来学习 n 和 r 的．然而，没有什么可以阻止我们思考一个不同的问题，其中要预先决定进行多少次试验，那么，最好在先验信息上加上 n 并将抽样概率写为 $p(D|n\theta I)$．或者，我们可以预先决定一直进行伯努利试验，直到获得一定数量的成功次数 r 或某个对数几率 $u=\ln[r/(n-r)]$，那么，将抽样概率写为 $p(D|r\theta I)$ 或 $p(D|u\theta I)$ 是恰当的，以此类推．这对我们关于 θ 的结论重要吗?

在演绎逻辑（布尔代数）中，$AA=A$ 显而易见．如果你说两次"A 为真"，那么在逻辑上与说一次没有什么不同．这个性质在作为逻辑的概率论中得以保留，因为这是我们的基本合情条件之一，也就是说，在给定问题的背景下，具有相同真值的命题会被始终分配相同的概率．实际上，这意味着无须保证提供给机器人的不同信息是独立的，我们的形式系统自动具有不重复计算冗余信息的特性．

因此，在当前的问题中，数据根据定义告诉了我们 n．由于 $p(n|n\theta I)=1$，可以根据乘法规则写出

$$p(nr\ \text{顺序}|n\theta I)=p(r\ \text{顺序}|n\theta I)p(n|n\theta I)=p(r\ \text{顺序}|n\theta I). \tag{6.77}$$

如果从先验信息中已经知道了某件事，那么数据是否告诉我们这件事都无关紧要，似然函数也是这样．同样，将乘法规则写为

$$p(\theta n|DI)=p(\theta|nDI)p(n|DI)=p(n|\theta DI)p(\theta|DI), \tag{6.78}$$

由于 $p(n|\theta DI)=p(n|DI)=1$，所以我们有

$$p(\theta n|DI)=p(\theta|DI). \tag{6.79}$$

在这个论证中，我们可以用数据中已知的任何其他量（例如 r 或 $n-r$ 或 $u\equiv\ln[r/(n-r)]$）代替 n．如果数据的任意部分碰巧也包含在先验信息中，则该部分是冗余的，不会影响我们的最终结论．

即便如此，一些只看抽样分布的统计学家[例如阿米蒂奇（Armitage, 1960）]还是声称停止规则确实会影响我们的推断．他们似乎相信，如果一个诸如 r 之类的统计量事先未知，即使从数据 D 可以获知 r 的真实值，样本空间中关于 r 的错误值的部分仍与我们的推断相关，如果在看到数据之前知道真实值，则它们将

不相关（它们甚至不在样本空间中）. 当然，这违反了基本逻辑原理 $AA = A$. 令人惊讶的是，这件事情在 20 世纪竟然引起了争议.

显然，无论我们是否将其作为估计量，该评论同样适用于作用在数据上的任何函数 $f(D)$. 也就是说，事先是否知道 f 可能会对我们的样本空间和样本分布产生重大影响. 但是，作为冗余信息，它不会对数据的合理推断产生任何影响. 此外，推断必须依赖于实际观察到的数据，而不应该依赖于可能被观察到但没有观察到的数据. 这是因为，仅注意未观察到的数据的可能存在性，并不会给我们提供先验信息中尚未存在的信息. 尽管这个结论从一开始就显而易见，但并未得到正统统计学家的认可，因为他们不从信息的角度思考. 在第 8 章中，我们不仅将看到一些非理性的结论，还会看到由此得出的一些完全可怕的结果，以及在以后的应用中，这会造成多少实际损害.

如果部分数据确实是由所研究的现象生成的，但是我们出于某种原因没有观察到该怎么办？这是正统统计学的主要困难之一，因为估计量的抽样分布是错误的，必须重新考虑问题. 但是，对我们来说，这只是一个很小的细节，很容易考虑到. 接下来，我们将说明作为逻辑的概率论会告诉我们处理真实但未观察到的数据的唯一方法. 我们的结论必须取决于它们是否被观察到，因此它们的数学状态有点像一组冗余参数.

6.10 复合估计问题

现在，我们将更深入地思考一类结构更复杂的问题，其中发生了多个过程，但并非所有结果都是可观察到的. 我们不仅要推断模型中的参数，还要推断未观察到的数据. 接下来要发展的数学理论适用于大量完全不同的实际问题. 为了对该理论的适用范围有基本的概念，我们考虑以下场景.

(A) 在一般人群中，任意一个给定的人在下一年度感染某种疾病的概率为 p，任何患有该疾病的人在一年内死亡的概率为 θ. 根据观察到的连续多年因该疾病死亡人数的数据 $\{c_1, c_2 \cdots\}$（这些数据有公共记录），估计该疾病在一般人群中的发病率 $\{n_1, n_2 \cdots\}$ 如何变化（这些数据没有公共记录）.

(B) 在校园附近的死水池塘中每周都会繁殖大量蚊子，数量为 N. 我们在校园内安装了一台捕蚊器来捕捉一些蚊子. 每只蚊子的生存时间少于一周，在此期间，它有概率 p 飞往校园. 一旦进入校园，蚊子被捕蚊器捕捉的概率为 θ. 我们记录每周被捕捉的蚊子数 $\{c_1, c_2, \cdots\}$. 根据这些数据以及我们拥有的先验信息，可以对每周校园里的蚊子数 $\{n_1, n_2, \cdots\}$ 做怎样的估计？对于 N，我们能怎样估计？

(C) 有一种放射源 [比如钠 22 (^{22}Na)] 会放射某种粒子 (比如正电子). 放射性核以每秒 p 个的速率往我们的计数器中发送粒子. 通过计数器的每个粒子都以 θ 的概率产生计数. 我们记录每一秒的计数值 $\{c_1, c_2, \cdots\}$. 对每一秒实际通过计数器的粒子数 $\{n_1, n_2, \cdots\}$，我们能做怎样的估计? 对信号源的强度，我们又能了解到什么?

这些问题的共同特点是，我们连续进行了两次"二分试验"，但只能观察到后一次试验的结果. 由此，我们需要对初始原因和中间条件做出最佳推断. 这也可以被描述为试图恢复删失数据问题的一个特例.

我们要特别说明，这些问题的答案会随着先验信息的改变而完全改变. 例如，我们对疾病发病率变化的估计不仅受到数据的影响，而且受到我们所知疾病感染过程的先验信息的影响. ①

在我们的估计中，我们希望 (1) 根据数据和先验信息做尽可能"最优"的估计；(2) 对估计的准确性进行说明，对费希尔提到的"点估计"和"区间估计"给出自己的答案. 我们将通过放射源的场景进行展示，但很明显，相同的论证和计算方法也适用于其他许多情况.

6.11 简单贝叶斯估计：定量先验信息

首先，我们讨论参数 ϕ，科学家将其称为计数器的"效率". 我们的意思是，如果已知 ϕ，那么通过计数器的每个粒子都将*独立地*具有产生计数的概率 ϕ. 需要再次强调的是，这不只是因果独立性 (正如任何物理学家可以向我们保证的那样，这种因果性在此场景中必定存在)，还是*逻辑*独立性. 也就是说，如果 ϕ 是已知的，那么，了解前面粒子产生的计数值，对于后面粒子产生计数的概率不会增加任何更多的信息. ②

我们已经多次强调了逻辑相关性和因果相关性之间的差别. 现在，我们又遇到了这种情况，若不理解两者之间的差别，就可能导致严重的错误. 要点是因果作用与我们的知识状态无关，总是以相同的方式运作. 因此，如果事先不知道 ϕ，那么每个人仍然会认为粒子计数是因果独立的，但它们不再是逻辑独立的：因为这样的话，知道其他粒子产生的计数值可以告诉我们有关 ϕ 的一些信息，从而改

① 当然，在第一次尝试分析时，我们不会考虑现实世界中的所有因素. 因此，通过更复杂的分析，我们的某些结论可能会发生变化. 但是，除非先研究了这个简单的入门示例，否则没人知道应该如何做.

② 实际上，有一个分辨时间的问题. 如果粒子产生计数的时间相隔太近，我们可能无法将计数分开，因为计数器在计数之后会经历一段"死区时间"(dead time)，在此期间它无法响应其他粒子. 我们在此处忽略此问题，认为我们拥有无限精度的分辨时间 (或者，等同于认为计数率非常低，错过计数的可能性很小). 在发展出理论之后，将在练习 6.5 中要求读者进行扩展，以考虑这些因素.

变下一个粒子产生计数的概率. 这很像第 3 章中讨论的有放回抽样的情形，取出的每个球都告诉了我们有关坛子内容的更多信息.

根据独立性，n 个粒子以任意指定顺序产生 c 个计数的概率为 $\phi^c(1-\phi)^{n-c}$，存在 $\binom{n}{c}$ 种可能产生 c 个计数的序列. 因此，不考虑顺序获得 c 个计数的概率符合二项分布

$$b(c|n,\phi) = \binom{n}{c}\phi^c(1-\phi)^{n-c}, \qquad 0 \leqslant c \leqslant n. \tag{6.80}$$

然而，从现实世界的逻辑表示角度来看，我们必须对 ϕ 进行一种自助操作，不然我们怎么知道它的值呢? 从直觉上看，用计数器从测量中确定 ϕ 的流程可能没有什么困难. 但是，从逻辑上讲，我们需要先计算，然后才能证明该流程的合理性. 因此，就目前而言，我们只需要假设 ϕ 是老师在出题时给定的数值，并相信最终我们将了解老师是如何确定该值的.

现在让我们引入 r，它是某个特定原子核在每秒内发射通过计数器的粒子的概率. 我们假设原子核的数量 N 非常大，并且半衰期很长，我们不需要将 N 作为该问题的变量. 因此，有 N 个原子核，每个核独立地具有在每秒内发射通过计数器的粒子的概率 r. 就目前的目的而言，r 也是问题陈述中给我们的数值，因为就概率论而言，我们尚未看到将测量值转换为数值 r 的推理方式（但是，你还是可以凭直觉立即看出 r 是描述源半衰期的一种方式）.

假设给定 N 和 r，根据这些信息，在任意一秒内正好有 n 个粒子通过计数器的概率是多少? 这是同样的二项分布问题，答案是

$$b(n|N,r) = \binom{N}{n} r^n(1-r)^{N-n}. \tag{6.81}$$

但是，在这种情况下，因为 N 很大而 r 很小，二项分布有一个很好的近似. 取极限 $N \to +\infty$ 和 $r \to 0$ 使得 $Nr \to s =$ 常数，那么 (6.81) 会变成怎样呢? 为了求出结果，定义 $r = s/N$，并取极限 $N \to +\infty$. 这样，

$$\begin{aligned} \frac{N!}{(N-n)!} r^n &= N(N-1)\cdots(N-n+1)\left(\frac{s}{N}\right)^n \\ &= s^n\left(1-\frac{1}{N}\right)\left(1-\frac{2}{N}\right)\cdots\left(1-\frac{n-1}{N}\right), \end{aligned} \tag{6.82}$$

取极限得 s^n. 同样，

$$(1-r)^{N-n} = \left(1-\frac{s}{N}\right)^{N-n} \to \mathrm{e}^{-s}. \tag{6.83}$$

因此二项分布 (6.81) 变为更简单的**泊松分布**：

$$p(n|Nr) \to p(n|s) = \frac{s^n}{n!}\mathrm{e}^{-s}, \tag{6.84}$$

这对我们来说很方便. s 在本质上就是实验者所说的“源强度”，即每秒粒子数的期望.

现在我们有了“规范形式”，足以解决实际、有用的问题了. 假设开始没有给定计数器中的粒子数 n，而是仅给定粒子源强度 s. 根据该信息，在任意一秒内我们将准确看到 c 个计数的概率是多少. 使用我们的方法将命题 c 分解为一组互斥的假设，然后应用加法规则和乘法规则可以得到

$$p(c|\phi s) = \sum_{n=0}^{\infty} p(cn|\phi s) = \sum_{n} p(c|n\phi s)p(n|\phi s) = \sum_{n} p(c|\phi n)p(n|s), \tag{6.85}$$

这是因为 $p(c|n\phi s) = p(c|\phi n)$，也就是说，如果我们知道计数器中的实际粒子数 n，则 s 是多少并不重要. 就像图 4-2 中的逻辑流程图一样，通过图 6-1 或许可以看得更清楚. 在这种情况下，我们认为该图不仅表示逻辑关系，还表示因果关系：s 是部分决定 n 的物理原因，n 又是部分决定 c 的物理原因. 换句话说，s 只能通过对 n 的中间作用来影响 c. 在第 5 章的赛马示例中，我们看到了相同的逻辑情况.

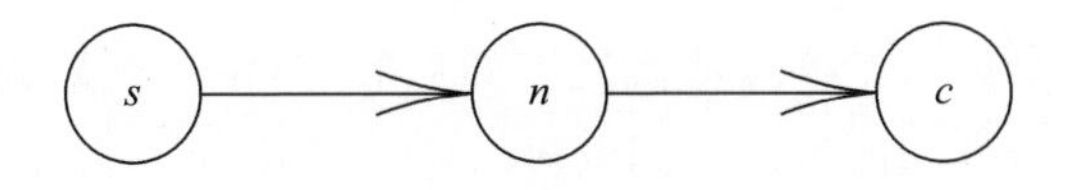

图 6-1 因果作用

由于已经计算出了 $p(c|\phi n)$ 和 $p(n|s)$，将它们代入 (6.85)，经过一些计算得到

$$p(c|\phi s) = \sum_{n=c}^{\infty} \left[\frac{n!}{c!(n-c)!}\phi^c(1-\phi)^{n-c}\right]\left[\frac{\mathrm{e}^{-s}s^n}{n!}\right] = \frac{\mathrm{e}^{-s\phi}(s\phi)^c}{c!}. \tag{6.86}$$

这是具有期望

$$\langle c \rangle = \sum_{c=0}^{\infty} cp(c|\phi s) = s\phi \tag{6.87}$$

的泊松分布. 这个结果不足为奇. 我们得到了一个泊松分布，其平均值是源强度和计数器效率的乘积. 如果不进行分析，这应该就是我们凭直觉做出的对 c 的估计，尽管根据直觉不可能有人猜出该分布仍然具有泊松分布的形式.

实际上，c 是已知的，而 n 未知. 如果我们知道源强度 s 和计数 c 的数值，那么，根据该信息，在这一秒内正好有 n 个粒子通过计数器的概率是多少? 这个问题一直在物理实验室中出现，这是因为，我们可能将计数器用作“监控器”，并进行设置，以使粒子通过计数器后引发其他一些反应，即我们真正研究的现象. 获取 n 的最优估计很重要，因为这是计算另一个反应的横截面时需要的数值之一.

贝叶斯定理给出

$$p(n|\phi cs) = p(n|s)\frac{p(c|n\phi s)}{p(c|\phi s)} = \frac{p(n|s)p(c|n\phi)}{p(c|\phi s)}. \tag{6.88}$$

所有这些项在上面都已求出，因此，我们只需将 (6.80) 和 (6.84) ~ (6.86) 替换进 (6.88). 一些项会约去，剩下的是

$$p(n|\phi cs) = \frac{\mathrm{e}^{-s(1-\phi)}[s(1-\phi)]^{n-c}}{(n-c)!}. \tag{6.89}$$

有趣的是，这仍然具有泊松分布，现在参数是 $s(1-\phi)$，但向上移动了 c，这是因为 n 当然不能小于 c. 这个分布的期望是

$$\langle n \rangle = \sum_n np(n|\phi cs) = c + s(1-\phi). \tag{6.90}$$

对于产生这些 c 计数的粒子数，现在机器人能做出的最优猜测是什么？因为这是我们第一次认真思考这个问题，所以再花一些时间讨论.

根据后验分布函数进行估计

给定某个通用参数 α（连续或离散）的后验 PDF，机器人对 α 做出的“最优”估计是什么？精度如何？这些问题没有唯一“正确”的答案. 这实际上是决策论中的一个问题：“我们应该做什么？”这涉及价值判断，因此超出了推断原理的范畴，后者仅仅问“我们知道什么”. 我们将在第 13 章和第 14 章回到这个问题，现在只对所考虑的简单问题进行初步讨论.

拉普拉斯（Laplace，1774）早就遇到了这个问题. 参数的未知真实值是 α，在给定一些数据 D 和先验信息 I 的情况下，我们将以某种方式计算依赖于它们的估计值 $\alpha^*(D,I)$. 用行业术语来说，α^* 称为“估计量”，没有什么可以阻止我们将 (D,I) 的任意函数视为潜在估计量. 但是哪个估计量最好呢？我们的估计具有误差 $e=(\alpha^*-\alpha)$. 拉普拉斯给出的准则是，我们应做出使误差期望绝对值 $|e|$ 最小的估计. 他称此为“最有利”的估计方法.

拉普拉斯的准则被拒绝了 150 多年，为人们所接受的是高斯和勒让德的最小二乘法——使误差平方的期望最小的估计. 在这些早期著作中，并不总是清楚这意味着对 α^* 的抽样 PDF 的期望还是对 α 的后验 PDF 的期望. 两者之间的差别并不总能被认识到，某些情况下的对称性使我们从两者得出相同的最终结论，从而加剧了这种混乱. 在第 13 章中，我们会注意到使用前者（抽样分布）的一些不良后果. 现在很明显，前者忽略了有关 α 的所有先验信息，而后者考虑了这一点，因此是我们想要的. 取针对 α 的后验 PDF 的期望，估计的平方误差的期望为

$$\langle(\alpha-\alpha^*)^2\rangle = \langle\alpha^2\rangle - 2\alpha^*\langle\alpha\rangle + (\alpha^*)^2 = (\alpha^*-\langle\alpha\rangle)^2 + (\langle\alpha^2\rangle - \langle\alpha\rangle^2). \tag{6.91}$$

选择

$$\alpha^* = \langle\alpha\rangle = \int \mathrm{d}\alpha\, \alpha p(\alpha|DI), \tag{6.92}$$

也就是说，对于 α 的后验 PDF，后验均值总是使平方误差的期望最小，这个最小值就是后验 PDF 的方差. (6.91) 右侧第二项是均值偏差平方的期望，其中

$$\mathrm{var}(\alpha) \equiv \langle(\alpha - \langle\alpha\rangle)^2\rangle = (\langle\alpha^2\rangle - \langle\alpha\rangle^2), \tag{6.93}$$

它经常被误称为 α *的方差*，但实际上是机器人为 α 分配的*概率分布*的方差. 无论怎样，机器人都无法采取任何措施减小它. 然而，将均值作为估计值，令 $\alpha^* = \langle\alpha\rangle$，就可以完全消去第一项，这是均方误差准则下的最优估计量.

显然，无论后验分布 $p(\alpha|DI)$ 的形式如何，该结论一般均成立. 只要 $\langle\alpha\rangle$ 和 $\langle\alpha^2\rangle$ 存在，均方误差准则总是导致将均值 $\langle\alpha\rangle$（即后验分布的“重心”）作为“最优”估计. 这样，后验 (*均值*) $\pm$ (*标准差*) 或多或少提供了关于我们所知内容及其准确性的合理陈述，而且几乎总是最容易计算的. 此外，如果后验 PDF 尖锐且对称，均值估计与任何其他合理估计实际上都不会有很大的不同. 因此，在实践中，我们会比其他任何估计更多地使用均值估计. 在坛子问题的逆问题中，我们未加说明地采用了此流程.

但这可能不是我们真正想要的. 我们应该意识到，存在反对后验均值的理由，并且存在其他规则可以更好地实现我们想要的估计情形. 在均方误差准则中，2 倍误差被认为具有 4 倍严重性. 因此，均值估计实际上将注意力集中在了避免很大（但也更不可能发生）的误差上，代价是在更可能发生的小误差上或许表现不佳.

正因为如此，后验均值估计对 PDF 尾部发生的情况非常敏感. 如果尾部非常不对称，我们的估计值可能会远离中心区域，而实际上几乎所有概率都集中于该中心区域，而且常识告诉我们该参数最有可能在此区域中. 例如，在一个贫穷的村庄里，只要出现一位富翁就能使这个村庄的人均财富远离人们实际财富的典型值. 如果我们知道这是实际情况，那么均值将是对普通人所拥有财富的非理性估计.

专注于最大限度地减少大误差会导致另一种不理想的特性. 当然，“大误差”是指在*参数* α *尺度*上更大的误差. 如果将参数重新定义为非线性函数 $\lambda = \lambda(\alpha)$（例如，$\lambda = \alpha^3$ 或 $\lambda = \ln\alpha$），那么在 α 尺度上较大的误差在 λ 尺度上可能变得很小，反之亦然. 这样，后验均值估计

$$\lambda^* \equiv \langle\lambda\rangle = \int \mathrm{d}\lambda\, \lambda p(\lambda|DI) = \int \mathrm{d}\alpha\, \lambda(\alpha) p(\alpha|DI) \tag{6.94}$$

通常不会满足 $\lambda^* = \lambda(\alpha^*)$. 最小化 α 中的均方误差与最小化 $\lambda(\alpha)$ 中的均方误差不是一回事.

因此，在参数变换时，后验均值估计缺乏一致性. 当我们更改参数定义时，如果继续使用均值估计，实际上就已经修改了“好”估计的标准.

现在，我们检查拉普拉斯的原始准则. 如果以最小化期望绝对值误差

$$E \equiv \langle|\alpha^+ - \alpha|\rangle = \int_{-\infty}^{\alpha^+} \mathrm{d}\alpha\,(\alpha^+ - \alpha)f(\alpha) + \int_{\alpha^+}^{+\infty} \mathrm{d}\alpha\,(\alpha - \alpha^+)f(\alpha) \tag{6.95}$$

的标准选择估计量 $\alpha^+(D,I)$，我们要求

$$\frac{\mathrm{d}E}{\mathrm{d}\alpha^+} = \int_{-\infty}^{\alpha^+} \mathrm{d}\alpha\, f(\alpha) - \int_{\alpha^+}^{+\infty} \mathrm{d}\alpha\, f(\alpha) = 0, \tag{6.96}$$

也就是 $P(\alpha > \alpha^+|DI) = 1/2$. 拉普拉斯的“最有利”估计量是后验 PDF 的中值.

现在，随着参数 $\lambda = \lambda(\alpha)$ 的变化会发生什么？假设 λ 是 α 的严格单调递增函数（因此 α 是 λ 的单值函数，变换是可逆的）. 从上面的等式可以清楚地看出，一致性得以保存：$\lambda^+ = \lambda(\alpha^+)$.

更一般地，所有百分位数都具有这种不变性. 例如，如果 $\alpha35$ 是 α 的第 35 百分位数，则

$$\int_{-\infty}^{\alpha35} \mathrm{d}\alpha\, f(\alpha) = 0.35, \tag{6.97}$$

那么我们马上有

$$\lambda_{35} = \lambda(\alpha35). \tag{6.98}$$

因此，如果选择点估计和准确度估计为后验 PDF 的中值和四分位数间距，则结果将具有参数变换不变性，与我们如何定义参数无关. 注意，即使 $\langle\alpha\rangle$ 和 $\langle\alpha^2\rangle$ 发散，均方估计量不存在，这仍然成立.

此外，很明显，从变分推导过程来看，中值估计量将 2 倍误差视为 2 倍的重要性. 因此，它对后验 PDF 尾部误差的敏感性小于均值估计量. 使用当前技术术语，人们会说，中值对于尾部变化更稳健. 很明显，中值完全独立于不会将概率从中值的一边移到另一边的所有变化，任何百分位数也适用于类似的属性. 贫穷村庄里的一个富翁对人口的财富中值没有影响.

稳健性，从一般意义上说是结论对抽样分布或其他条件的细微变化不敏感的性质，它通常被认为是推断过程的理想属性之一. 一些作者批评贝叶斯方法，就是因为他们认为贝叶斯方法缺乏稳健性. 然而，只要丢掉有价值的信息，总能获得表面上的稳健性！如果我们意识到这一点，很难相信有人还会真正想这样做. 但是，由于仅接受过正统统计训练的人不会从信息的角度思考，因此他们不会意识到自己在浪费信息. 显然，这个问题需要更仔细的讨论，我们将在后面（第 20 章）

结合模型比较对此进行讨论. [①]

这样说来，至少在某些问题上，相对于传统的 (均值) ± (标准差) 方法，拉普拉斯的“最有利”估计确实有两个明显的优势. 但是，在计算机时代之前，它们一直难以计算，因此最小二乘法由于实际计算的便利性而得以流行.

今天，计算问题相对而言显得微不足道，我们可以计算所需要的任何东西. 很容易编写计算机程序，让我们选择显示一阶矩和二阶矩，还是显示四分位数 (x_{25}, x_{50}, x_{75}). 只是长期习惯的力量使我们继续坚持前者. [②]

还有一种估计准则是取峰值 $\hat{\alpha}$，或称为后验 PDF 的“众数”(mode). 如果先验 PDF 是常数 (或至少在该峰值附近是常数，而在其他地方不够大)，则结果与正统统计的“最大似然估计”(MLE) α' 相同. 人们通常把这归功于费希尔，是他在 20 世纪 20 年代创造了这个名称，尽管拉普拉斯和高斯早在 100 多年前就习惯使用此方法，而不觉得除了“最概然值”外还需要其他的特殊名称. 如第 16 章所述，费希尔的观念不允许他这样称呼它. 第 13 章将进一步讨论最大似然估计的优缺点. 就目前而言，我们不关心哲学上的论证，只想比较最大似然估计与其他估计方法的结果在实用上的差别. [③] 正如我们接下来看到的那样，这会导致一些出人意料的结论.

* * *

现在，我们回到最初的粒子计数问题. 这时，一位“正统”思想流派的统计学家拜访了我们的实验室. 我们向他描述计数器的特性，并邀请他对粒子的数量给出他认为的最好估计. 当然，他会使用最大似然法，因为他使用的教科书 (Cramér, 1946, 第 498 页) 告诉他：“从理论的角度来看，迄今为止已知的最重要的通用估计方法是最大似然法.” 他的似然函数用我们的符号表示是 $p(c|\phi n)$，它依赖于 n. 使其最大化的 n 值在一个单位内应满足

$$\frac{p(c|\phi n)}{p(c|\phi, n-1)} = \frac{n(1-\phi)}{n-c} = 1, \tag{6.99}$$

① 可以预期我们的最终结论是：只有当我们不确定模型的正确性时，才需要抽样分布具有稳健性. 但是，完整的贝叶斯分析将考虑所有可能的模型及其先验概率. 得到的结果自动实现了以前通过基于直觉的特定工具所寻求的稳健性，其中一些工具 (例如“刀切法”和“回降 ψ 函数”) 是从第一原理推导出来的，是对贝叶斯结果的一阶近似. 对此类问题的贝叶斯分析首次向我们清楚地说明了需要稳健性的情况，由于贝叶斯分析从不丢弃信息，因此它为我们提供了更强大的算法来实现稳健性.

② 尽管有所有这些考虑，我们在坛子和二项式模型的后验矩中得到的整洁的分析结果还是与百分位数计算的混乱形式形成了鲜明对比，这表明矩具有百分位数所缺乏的某些理论意义. 这将在第 7 章中得到更清楚的展示.

③ 一个明显的实用结果是，当似然函数具有平坦的顶部时，最大似然估计方法完全失效，数据中的任何信息都无法给我们提供理由，使该顶部的任何点比其他点都更可取. 但这正是我们在当前重要的“广义逆”问题中遇到的情况，只有先验信息才能解决问题.

或者

$$(n)_{\text{MLE}} = \frac{c}{\phi}. \tag{6.100}$$

你可能会发现上面这两个估计值的差异相当惊人，特别是对于我们输入的某些特定值而言. 假设计数器的效率为 10%，换句话说，$\phi = 0.1$，且源强度为 $s = 100$ 个粒子/秒，那么，根据 (6.87)，期望计数率为 $\langle c \rangle = s\phi = 10$ 个计数/秒. 但是，在特定的这 1 秒中，我们得到了 15 个计数. 关于粒子的数量，我们应该得出什么结论?

我们不假思索地给出的第一个答案可能是，如果计数器的效率为 10%，那么从某种意义上讲，每个计数都必须由大约 10 个粒子产生. 因此，如果有 15 个计数，则必须有大约 150 个粒子. 实际上，在这种情况下，最大似然估计 (6.100) 给出的正是这一估计. 但是机器人会告诉我们什么呢? 它根据均方误差准则给出的最佳估计仅仅是

$$\langle n \rangle = 15 + 100 \times (1 - 0.1) = 15 + 90 = 105. \tag{6.101}$$

更一般地，我们可以这样重写 (6.90):

$$\langle n \rangle = s + (c - \langle c \rangle), \tag{6.102}$$

因此，根据该机器人的说法，如果在 1 秒内看到的数量超过“应有数量”的 k 个，则表明只有 k 个更多的粒子，而不是 $10k$ 个.

对于一些从事这种实验的物理学家来说，这个例子是非常令人惊讶的. 下面看看是否可以将其与我们的常识相协调. 如果这个计数器的平均计数为每秒 10 次，那么根据众所周知的规则，我们会猜测，计数率的波动大约是这一数值的平方根 (即 ± 3)，这不会令人惊讶，尽管每秒进入的粒子数保持不变. 此外，如果粒子的平均流速为 $s = 100$ 个/秒，那么流速的波动达到 $\pm\sqrt{100} = \pm 10$ 也不会令人惊讶. 但这仅相当于计数 ± 1 的波动.

这表明，除非计数器具有很高的效率，否则我们不能使用计数器来衡量粒子到达速度的波动. 如果效率很高，那么我们知道几乎每个计数都对应一个粒子，我们正在可靠地测量这些波动. 如果效率很低，并且我们知道有确定的固定源强度，那么计数率的波动很可能出自计数器内部，而不是粒子到达速率的实际变化.

在疾病场景中，相同的数学结果意味着，如果疾病比较温和，不太可能导致死亡，那么，观察到的死亡人数变化并不是患病人数变化的可靠指标. 如果先验信息告诉我们，该疾病有恒定不变的病源 (例如受污染的供水)，那么连续两年死亡人数的较大变化并不表示患病人数的较大变化. 但是，如果实际上每个感染该疾病的人都会立即死亡，那么，死亡人数当然可以非常可靠地告诉我们患病人数，无论病人是通过何种途径被感染的.

是什么导致了贝叶斯方法与最大似然法答案的差别？即我们是否有对此源强度 s 的先验信息．在给定 n 个粒子的情况下，最大似然法简单地最大化了获得 c 个计数的概率，得出 150 的答案．在贝叶斯方法中，在最大化之前，我们将其乘以一个先验概率 $p(n|s)$，这表示我们对目前情况的了解，从而获得完全不同的估计值．正如我们在坛子分布逆问题中所展示的那样，简单的先验信息可以对我们从数据集中得出的结论产生巨大的影响．

练习 6.5 将以上计算过程一般化以考虑死区时间效应．也就是说，如果知道在短时间 Δt 内入射到计数器上的两个或多个粒子最多只能产生一次计数，那么我们对 n 的估计将如何变化？这一效应在许多实际情况下都很重要，有大量关于概率论在其中应用的文献（参见 Bortkiewicz，1898，1913 和 Takács，1958）．

现在我们稍微扩展一下这个问题．我们将在没有定量先验信息而只有定性信息的四个问题中应用贝叶斯定理，并再次看到先验信息对结论的巨大影响．

6.12 定性先验信息的影响

情况如图 6-2 所示．两个机器人，我们分别拟人化地称其为 A 先生和 B 先生，具有关于粒子源的不同先验信息．粒子源藏在 A 先生和 B 先生不准进入的一个房间中．A 先生对粒子源的信息完全无知，他唯一知道的是，这可能是一台以随意方式不停开关的加速器，也可能，房间里有很多来回奔跑的小人儿，他们先后拿着两个放射源靠近窗口前．B 先生掌握定性信息：他知道粒子源是放在固定位置的长半衰期放射性样品．但是他不知道关于粒子源强度的任何信息（当然，它不是无限大的，毕竟实验室没有因其存在而蒸发．A 先生也能保证他在实验期间不会蒸发）．他们俩都知道计数器效率为 10%：$\phi = 0.1$．同样，我们希望他们根据对计数值的了解来估计通过计数器的粒子数量．我们分别用 I_{A} 和 I_{B} 表示他们的先验信息．

我们开始实验．在第一秒内，$c_1 = 10$ 个计数被记录．A 先生和 B 先生对粒子数 n_1 能说什么呢？A 先生的贝叶斯定理如下：

$$p(n_1|\phi c_1 I_{\mathrm{A}}) = p(n_1|I_{\mathrm{A}})\frac{p(c_1|\phi n_1 I_{\mathrm{A}})}{p(c_1|\phi I_{\mathrm{A}})} = \frac{p(n_1|I_{\mathrm{A}})p(c_1|\phi n_1 I_{\mathrm{A}})}{p(c_1|\phi I_{\mathrm{A}})}. \tag{6.103}$$

分母只是一个归一化常数，也可以写成

$$p(c_1|\phi I_{\mathrm{A}}) = \sum_{n_1} p(c_1|\phi n_1 I_{\mathrm{A}})p(n_1|I_{\mathrm{A}}). \tag{6.104}$$

现在我们似乎陷入了困境：$p(n_1|I_{\mathrm{A}})$ 是什么呢？I_{A} 中包含的关于 n_1 的唯一信息

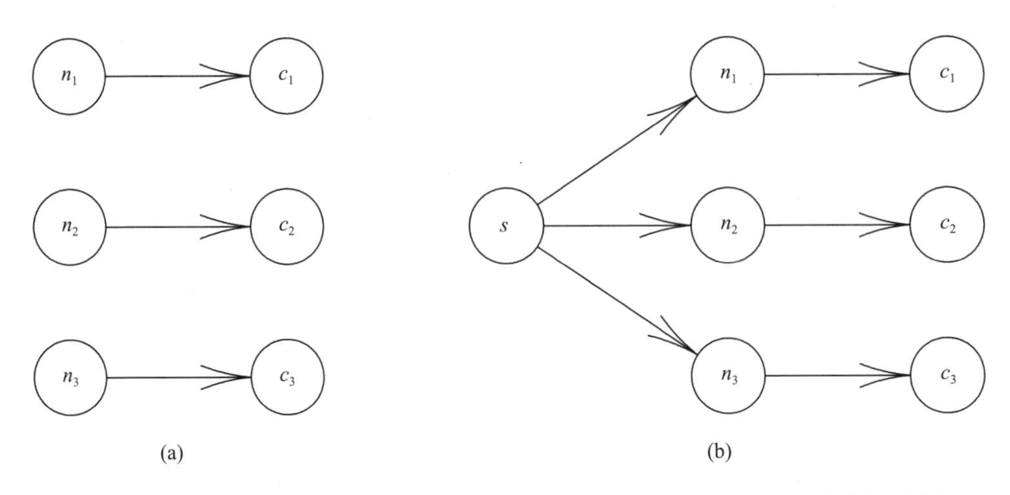

图 6-2 (a) A 先生问题的结构：不同的时间间隔在逻辑上是独立的. (b) B 先生的逻辑状况：知道 s 的存在会使得 n_2 与 n_1 相关

是 n_1 的大小不足以蒸发实验室. 我们如何根据这种信息分配先验概率? 长期以来，这一直是一个争论点，因为在任何将概率视为真实物理现象的理论中，A 先生都根本没有确定“真实”先验概率 $p(n_1|I_{\mathrm{A}})$ 的依据.

6.13 先验的选择

现在,A 先生被编程为能意识到不存在“客观上真实”的概率. 如符号 $p(n_1|I_{\mathrm{A}})$ 所示，分配先验的目的是描述他自己的知识状态 I_{A}，在这一点上他是最终权威. 因此，他无须与任何人争辩其哲学. 我们将在第 11 章和第 12 章中考虑可将先验信息转化为先验概率的一些一般形式原则，但在当前讨论中，我们只想展示一些实用事实, 也就是, 先验能合理地表示“n_1 并不是无限大的”这一信息, 并且, 对于小的 n_1, 没有先验信息可以表明 $p(n_1|I_{\mathrm{A}})$ 会有很大的变化. 例如，如果作为先验的函数 $p(n_1|I_{\mathrm{A}})$ 表现出诸如振荡或跳跃之类的特征，那将表明存在 A 先生没有掌握的关于 n_1 的一些非常详细的先验信息.

因此，A 先生的先验应该避免这种结构，但这不是正式的原则，结果也不是唯一的. 这是哈罗德 · 杰弗里斯（H. Jeffreys，1939）指出的这个例子的要点之一：它不需要是唯一的，因为在某种意义上说，“几乎所有”在高概率区域中平滑的先验都将导致基本相同的最终结论. [①]

① 我们已经看到，在某些情况下，先验可以使结论有很大的不同. 但是，要达到此效果，必须在其峰值区域而不是其尾部调整似然函数.

因此，A 先生将在一个较大但有限的数 N 之内分配均匀分布的先验概率，

$$p(n_1|I_{\rm A}) = \begin{cases} 1/N, & \text{若 } 0 \leqslant n_1 < N, \\ 0, & \text{若 } N \leqslant n_1, \end{cases} \tag{6.105}$$

这似乎可以很好地表征他的知识状态. 设定有限上限 N 是用于表示实验室没有蒸发这一事实的特定方法. 它会有多大? 如果 N 大到 10^{60}，那么，不仅实验室，整个星系都会被粒子束中的能量蒸发（实际上，银河系中的原子总数约为 10^{60}）. 因此，A 先生当然知道 N 远小于该数值. 当然，如果他的最终结论强烈依赖于 N，那么 A 先生将需要分析其确切的先验信息，并更仔细地考虑是否应该对 $p(n_1|I_{\rm A})$ 在 $n_1 = N$ 时的突然下降做平滑处理. 这样的仔细思考没有错，但事实证明这没有必要，因为我们很快就会发现 $p(n_1|I_{\rm A})$ 在 n_1 值很大时的细节与 A 先生的结论无关.

6.14 关于计算

很好的是，$1/N$ 在 (6.103) 和 (6.104) 中抵消了，我们得到

$$p(n_1|\phi c_1 I_{\rm A}) = \begin{cases} Ap(c_1|\phi n_1), & \text{若 } 0 \leqslant n_1 < N, \\ 0, & \text{若 } N \leqslant n_1, \end{cases} \tag{6.106}$$

其中 A 是归一化因子:

$$A^{-1} = \sum_{n_1=0}^{N-1} p(c_1|\phi n_1). \tag{6.107}$$

我们注意到，在 (6.100) 中，作为 n_1 的函数，$p(c_1|\phi n_1)$ 在 $n_1 = c_1/\phi$（在这个问题中等于 100）时达到最大值. 对于 $n_1\phi \gg c_1$，$p(c_1|\phi n_1)$ 以 $n_1^{c_1}(1-\phi)^{n_1} \simeq n_1^{c_1}{\rm e}^{-n_1\phi}$ 的幅度下降. 因此，和式 (6.107) 收敛得非常快，只要 N 的值达到几百，归一化因子 (6.107) 与求和到无限大之间就不会有明显的差异.

鉴于此，我们不妨利用简化的好处. 在应用贝叶斯定理后，取极限 $N \to +\infty$. 但是，我们要清楚这样做的理由. 我们之所以取极限，不是因为我们相信 N 是无限大的：我们知道事实并非如此. 我们之所以取极限，是因为我们知道这将简化计算而不会影响最终结果. 在取极限之后，关于这个模型的所有计算都可以借助一般的求和公式

$$\sum_{m=0}^{\infty} \binom{m+a}{m} m^n x^m = \left(x\frac{\rm d}{{\rm d}x}\right)^n \frac{1}{(1-x)^{a+1}}, \quad (|x|<1) \tag{6.108}$$

来精确地完成. 因此，令 $m=n-c$，我们将 (6.107) 替换为

$$A^{-1} \simeq \sum_{n_1=0}^{\infty} p(c_1|\phi n_1) = \phi^c \sum_{m=0}^{\infty} \binom{m+c}{m} (1-\phi)^m = \phi^c \frac{1}{[1-(1-\phi)]^{c+1}} = \frac{1}{\phi}. \tag{6.109}$$

练习 6.6　为了更好地理解这种近似的好坏，定义 (6.107) 中的“缺失项”为

$$S(N) \equiv \sum_{n_1=N}^{\infty} p(c_1|\phi n_1) \tag{6.110}$$

证明：(6.107) 与 (6.109) 之差大约是

$$\delta \equiv S(N)/S(0) \simeq \frac{\mathrm{e}^{-N\phi}(N\phi)^{c_1}}{c_1!}, \quad \text{如果 } N\phi \gg 1. \tag{6.111}$$

由此证明：除非有先验信息表明上限 N 小于一个大约为 270 的值，否则在当前情况（$\phi=0.1$，$c_1=10$）下，N 的准确值 [或者，对于 $n_1>270$ 的所有关于 $p(n_1|I_{\mathrm{A}})$ 的信息] 对 A 先生最终结论的影响不超过 $1/10^4$. 然而，很难看到有人会认真使用超过三位数精度的最终结果，所以这种差别对最终结果没有影响. $n_1 \geqslant 340$ 的概率对于最终结果的影响不超过 $1/10^6$，$n_1 \geqslant 400$ 的概率对于最终结果的影响不超过 $1/10^8$.

这就是先验信息在实际问题中起作用的典型方式，它使得有关于此的激烈辩论显得很愚蠢. 这原则上是一个有效的问题，但是对实用结果的影响很小，可以忽略不计. 实际上，它在严格意义上讲（通常）是 0，因为我们只计算有限的小数位. 然而，一些作者声称，从 $N=10^{10}$ 到 $N=+\infty$，问题会发生质变. 作为娱乐，读者可以估计这会对最终的数值结果造成多大的影响. 我们需要计算到多少个小数位才能感受到其差别?

当然，如果先验信息一开始就涉及 $n_1<270$ 的区间，那么结论将有所不同. 在那种情况下，对于所提出的问题，先验信息的确是有力的，事实应该就是如此. 如此提供先验信息后，使用近似值 (6.109)，我们可以得到

$$p(n_1|\phi c_1 I_{\mathrm{A}}) = \phi p(c_1|\phi n_1) = \binom{n_1}{c_1} \phi^{c_1+1} (1-\phi)^{n_1-c_1}. \tag{6.112}$$

因此，对于 A 先生，n_1 的最概然值与最大似然估计

$$(\hat{n}_1)_{\mathrm{A}} = \frac{c_1}{\phi} = 100 \tag{6.113}$$

相同，而后验均值估计可以计算如下：

$$
\begin{aligned}
\langle n_1\rangle_{\mathrm{A}} - c_1 &= \sum_{n_1=c_1}^{\infty}(n_1-c_1)p(n_1|\phi c_1 I_{\mathrm{A}}) \\
&= \phi^{c_1+1}(1-\phi)(c_1+1)\sum_{n_1}\binom{n_1}{n_1-c_1-1}(1-\phi)^{n_1-c_1-1}.
\end{aligned} \tag{6.114}
$$

根据 (6.108)，和式等于

$$\sum_{m=0}^{\infty}\binom{m+c_1+1}{m}(1-\phi)^m = \frac{1}{\phi^{2+c_1}}, \tag{6.115}$$

我们得到

$$\langle n_1\rangle_{\mathrm{A}} = c_1 + (c_1+1)\frac{1-\phi}{\phi} = \frac{c_1+1-\phi}{\phi} = 109. \tag{6.116}$$

那么，另一位机器人 B 先生呢？他的额外信息对他有帮助吗？他知道存在固定源强度 s. 而且，由于实验室没有蒸发，他知道存在某个上限 S_0. 假设他为 $0 \leqslant s < S_0$ 分配均匀的先验概率密度，那么他将得到

$$p(n_1|\theta I_{\mathrm{B}}) = \int_0^{+\infty}\mathrm{d}s\, p(n_1|s)p(s|\theta I_{\mathrm{B}}) = \frac{1}{S_0}\int_0^{S_0} p(n_1|s)\mathrm{d}s = \frac{1}{S_0}\int_0^{S_0}\mathrm{d}s\,\frac{s^{n_1}\mathrm{e}^{-s}}{n_1!}. \tag{6.117}$$

现在，如果 n_1 明显小于 S_0，则积分上限可以被视为无限大，积分结果就是 1. 所以我们有

$$p(n_1|\theta I_{\mathrm{B}}) = p(s|\theta I_{\mathrm{B}}) = \frac{1}{S_0} = \text{常数}, \quad n_1 < S_0. \tag{6.118}$$

将其代入 $c_1 = 10$ 的贝叶斯定理中，n_1 的值的有效范围将为 100 的数量级. 除非先验信息表明 S_0 的值小于一个大约为 300 的值，否则我们将得到与之前相同的情况. B 先生的额外知识根本没有帮助他，他将得出相同的后验分布和估计值：

$$p(n_1|c_1 I_{\mathrm{B}}) = p(n_1|\phi c_1 I_{\mathrm{A}}) = \phi p(c_1|\phi n_1). \tag{6.119}$$

6.15 杰弗里斯先验

哈罗德 · 杰弗里斯（Harold Jeffreys，1939，第 3 章）提出了另一种处理此问题的方法. 他认为，对已知为正的连续变量表示“完全无知”的正确方法是为其对数分配均匀的先验概率，也就是说，先验概率密度为

$$p(s|I_J) \propto \frac{1}{s}, \quad (0 \leqslant s < +\infty). \tag{6.120}$$

当然，我们无法对此先验进行归一化，但这不会阻止我们使用它. 在许多情况下，包括目前的情况下，因为涉及的所有积分都收敛，所以可以直接使用它. 在几乎所有情况下，都可以将此先验作为正常（可归一化的）先验序列的极限，它在数

学上表现良好. 如果即使这样也不能产生正常后验分布，那么机器人会警告我们，对于太大或太小的 s 而言，没有足够信息量，无法得到任何确定的结论. 因此，我们需要更多的证据以得到有用的推断.

杰弗里斯以参数变换不变性为依据论证 (6.120) 的合理性. 也就是说，除了使用参数 s，还有什么能阻止我们使用 $t \equiv s^2$ 或 $u \equiv s^3$ 呢? 显然，给 s 分配均匀先验概率密度和给 t 分配均匀先验概率密度完全不同. 但是，如果我们使用杰弗里斯先验，那么无论使用 s 还是任何次幂 s^m 作为参数，作用都是相同的.

这里有一个重要原则的萌芽，但直到最近人们才对这种情况有了相当的了解. 在第 12 章中讨论变换群理论时，我们将看到杰弗里斯规则的真正合理性解释不仅在于参数为正，而且，是我们的一致性合情条件，即相同的知识应该由相同的概率表示，在 s 是“比例参数”的情况下唯一确定了杰弗里斯规则. 这样，不用诉诸除了概率论的基本乘法规则和加法规则之外的任何原理，边缘化理论就将唯一地推导出此先验作为尺度参数的唯一先验，该尺度参数对于模型中可能存在的其他参数完全无知.

这些论证和其他同样有说服力的论证都得出了相同的结论：杰弗里斯先验是表达对尺度参数完全无知的唯一正确方法. 这样，问题简化为，是否可以在该问题中将 s 视为尺度参数. 然而这已经超出了当前主题的范围. 回到我们当前的问题，检验 (6.120)，看看它会给出什么结果. 计算都非常容易，可以得到以下结果：

$$p(n_1|I_J) = \frac{1}{n_1}, \quad p(c_1|I_J) = \frac{1}{c_1}, \quad p(n_1|\phi c_1 I_J) = \frac{c_1}{n_1} p(c_1|\phi n_1). \tag{6.121}$$

这将导致最概然值和均值估计为：

$$(\hat{n}_1)_J = \frac{c_1 - 1 + \phi}{\phi} = 91, \quad \langle n_1 \rangle_J = \frac{c}{\phi} = 100. \tag{6.122}$$

有趣的事情出现了，杰弗里斯先验概率规则仅将最概然值和后验均值降低了 9，而均值估计回到了最大似然估计值!

这些比较是有价值的，表明没有尖峰的不同先验概率的结果在数值上没有多少差别，并且有助于我们以正确的视角进行论证. 虽然我们的先验有很大的改变，而且这个问题中的数据只包含很少的信息，但结果的差别仍不到 10%. 正如我们将看到的，与估计中不可避免的误差相比，这种差别很小. 在我们拥有更多数据的更现实的问题中，差别会更小.

比较 (6.113) (6.116) (6.122) 可以说明一个有用的经验法则，那就是将参数的先验概率 $p(\alpha|I)$ 改变 α 的一次幂，对于最终结果的影响通常与一条数据的影响大致相同. 这是因为似然函数通常具有 $1/\sqrt{n}$ 的相对宽度，而 α 的更多次幂仅会在最大值附近添加一个额外的小斜率，从而使最大值略有偏移. 通常，如果我们

拥有 n 个有效的独立观测值，则不可避免的误差约为 $1/\sqrt{n}$.[①] 而先验中 α 的更多幂次导致的估计变化约为 $1/n$.

对于目前的情况，有 10 次计数，就有 10 次独立的观察结果，从均匀先验更改为杰弗里斯先验，结果相差不到 10%. 如果有 100 次计数，则不可避免的误差将是 10% 左右，两种先验导致的差别小于 1%.

因此，从实际的角度出发，关于哪种先验能正确表示“完全无知”状态的争论，就像那些超出先验范围的争论，通常无关痛痒.[②] 但是，从原理的角度来看，这些争论很重要，需要深入思考，就像在第 12 章中我们熟悉数值状况之后所做的那样. 杰弗里斯先验在理论上是正确的，但在实际上，这只是一个很小的改进，仅在非常小的样本情况下才重要. 过去，人们总是在模糊的哲学层面上无休止地争论这些问题，而没有注意到实际中的真实效果，这才是我们在这里试图纠正的错误.

6.16 全部要点

现在，我们已经为研究此问题的有趣部分做好了准备. 假设下一秒，我们看到 $c_2 = 16$ 个计数. A 先生和 B 先生现在会对与 c_1 和 c_2 对应的粒子数 n_1 和 n_2 分别知道些什么呢? A 先生没理由认为在两个时间间隔内发生的事情之间有任何关联，因此对他而言，计数的增加仅是入射粒子数量增加的证据. 他对接下来一秒的计算与以前相同，为我们提供最概然值估计

$$(\hat{n}_2)_\mathrm{A} = \frac{c_2}{\phi} = 160, \tag{6.123}$$

以及均值估计

$$\langle n_2 \rangle_\mathrm{A} = \frac{c_2 + 1 - \phi}{\phi} = 169. \tag{6.124}$$

c_2 的知识并不能帮助他对 n_1 的估计做出任何改进，所以他对于 n_1 的估计与以前相同.

B 先生与 A 先生的立场完全不同，他的额外信息突然变得非常重要. 对 c_2 的了解使他能够改善先前对 n_1 的估计. 贝叶斯定理现在给出

$$p(n_1|\phi c_2 c_1 I_\mathrm{B}) = p(n_1|\phi c_1 I_\mathrm{B}) \frac{p(c_2|\phi n_1 c_1 I_\mathrm{B})}{p(c_2|\phi c_1 I_\mathrm{B})} = p(n_1|\phi c_1 I_\mathrm{B}) \frac{p(c_2|\phi n_1 I_\mathrm{B})}{p(c_2|\phi c_1 I_\mathrm{B})}. \tag{6.125}$$

同样，分母是一个归一化常数，可以通过分子对 n_1 求和来求得. 我们看到，重要的是 $p(c_2|\phi n_1 I_\mathrm{B})$. 使用将 c_2 分解为互斥命题的方法，它是

① 但是，正如我们将在后面看到的，在两种特殊情况下 $1/\sqrt{n}$ 规则会失效：一是试图估计在其他情况下连续概率分布中的不连续性位置，二是不同的数据强烈相关.

② 如果先验概率描述一定的先验信息，那么这绝对不是事实，如下例所示.

$$\begin{aligned} p(c_2|\phi n_1 I_{\mathrm{B}}) &= \int_0^{+\infty} \mathrm{d}s\, p(c_2 s|\phi n_1 I_{\mathrm{B}}) \\ &= \int_0^{+\infty} \mathrm{d}s\, p(c_2|s\phi n_1 I_{\mathrm{B}}) p(s|\phi n_1 I_{\mathrm{B}}) \\ &= \int_0^{+\infty} \mathrm{d}s\, p(c_2|\phi s I_{\mathrm{B}}) p(s|\phi n_1 I_{\mathrm{B}}). \end{aligned} \tag{6.126}$$

我们已经在 (6.86) 中求出了 $p(c_2|\phi s I_{\mathrm{B}})$，只需要

$$p(s|\phi n_1 I_{\mathrm{B}}) = p(s|\phi I_{\mathrm{B}}) \frac{p(n_1|\phi s I_{\mathrm{B}})}{p(n_1|\phi I_{\mathrm{B}})} = p(n_1|\phi s), \quad \text{如果 } n_1 \ll S_0, \tag{6.127}$$

其中使用了 (6.118). 我们在 (6.84) 中已经求出了 $p(n_1|s)$，因此有

$$p(c_2|\phi n_1 I_{\mathrm{B}}) = \int_0^{+\infty} \mathrm{d}s\, \frac{\mathrm{e}^{-s\phi}(s\phi)^{c_2}}{c_2!} \frac{\mathrm{e}^{-s} s^{n_1}}{n_1!} = \binom{n_1 + c_2}{c_2} \frac{\phi^{c_2}}{(1+\phi)^{n_1+c_2+1}}. \tag{6.128}$$

将 (6.119) 和 (6.128) 代入 (6.125) 并简单求和即可求出分母，结果是（不是二项分布）:

$$p(n_1|\phi c_2 c_1 I_{\mathrm{B}}) = \binom{n_1 + c_2}{c_1 + c_2} \left(\frac{2\phi}{1+\phi}\right)^{c_1+c_2+1} \left(\frac{1-\phi}{1+\phi}\right)^{n_1-c_1}. \tag{6.129}$$

请注意，直接应用分解方法也可以得出这一结论:

$$\begin{aligned} p(n_1|\phi c_2 c_1 I_{\mathrm{B}}) &= \int_0^{+\infty} \mathrm{d}s\, p(n_1 s|\phi c_2 c_1 I_{\mathrm{B}}) \\ &= \int_0^{+\infty} \mathrm{d}s\, p(n_1|\phi s c_2 c_1 I_{\mathrm{B}}) p(s|\phi c_2 c_1 I_{\mathrm{B}}) \\ &= \int_0^{+\infty} \mathrm{d}s\, p(n_1|\phi s c_1 I_{\mathrm{B}}) p(s|\phi c_2 c_1 I_{\mathrm{B}}). \end{aligned} \tag{6.130}$$

我们已经在 (6.89) 中求出了 $p(n_1|\phi s c_1 I_{\mathrm{B}})$，容易证明 $p(s|\phi c_2 c_1 I_{\mathrm{B}}) \propto p(c_2|\phi s I_{\mathrm{B}})$ $p(c_1|\phi s I_{\mathrm{B}})$，这由泊松分布 (6.86) 给出. 当然，这会导致同样复杂的结果 (6.129)，从而提供了另一个检验我们规则的（相当严格的）一致性测试.

为了求出 B 先生的新的最概然值 n_1，令

$$\frac{p(n_1|\phi c_2 c_1 I_{\mathrm{B}})}{p(n_1 - 1|\phi c_2 c_1 I_{\mathrm{B}})} = \frac{n_1 + c_2}{n_1 - c_1} \frac{1-\phi}{1+\phi} = 1, \tag{6.131}$$

或者

$$(\hat{n}_1)_{\mathrm{B}} = \frac{c_1}{\phi} + (c_2 - c_1)\frac{1-\phi}{2\phi} = \frac{c_1 + c_2}{2\phi} + \frac{c_1 - c_2}{2} = 127. \tag{6.132}$$

他的新的后验均值也容易计算，等于

$$\langle n_1 \rangle_{\mathrm{B}} = \frac{c_1 + 1 - \phi}{\phi} + (c_2 - c_1 - 1)\frac{1-\phi}{2\phi} = \frac{c_1 + c_2 + 1 - \phi}{2\phi} + \frac{c_1 - c_2}{2} = 131.5. \tag{6.133}$$

两个估计值都大大提高了，最概然值和均值的差仅为以前的一半，这表明后验分布变得更窄，正如我们将要确认的那样. 如果我们需要 B 先生对 n_2 的估计，根据对称性，只需要对换上述等式中的下标 1 和下标 2，则最概然值和均值估计分别为

$$(\hat{n}_2)_{\mathrm{B}} = 133, \qquad \langle n_2 \rangle_{\mathrm{B}} = 137.5. \tag{6.134}$$

现在，我们了解这里发生了什么吗？直观地讲，B 先生的定性先验信息之所以对结果产生了影响，是因为对 c_1 和 c_2 的了解使他能够更好地估计源强度 s，这反过来又与估计 n_1 有关. 图 6-2 更清楚地说明了这种情况. 根据假设，对于 A 先生，$n_i \to c_i$ 的每个事件序列在逻辑上都是相互独立的，因此，了解一个事件不会帮助他推理其他事件. 在每种情况下，他都必须直接从 c_i 推理 n_i，并且没有其他可用的推理路径. 但是，B 先生有两条路径可以选择：既可以像 A 先生那样直接从 c_1 对 n_1 推理，如 $p(n_1|\phi c_1 I_{\mathrm{A}}) = p(n_1|\phi c_1 I_{\mathrm{B}})$ 所述；由于他知道存在固定的源强度 s 同时“控制着” n_1 和 n_2，因此也可以沿路径 $c_2 \to n_2 \to s \to n_1$ 推理. 如果这是他推理的唯一路径（也就是说他不知道 c_1），那么他将获得分布

$$p(n_1|\phi c_2 I_{\mathrm{B}}) = \int_0^{+\infty} \mathrm{d}s\, p(n_1|s) p(s|c_2 I_{\mathrm{B}}) = \frac{\phi^{c_2+1}}{c_2!(1+\phi)^{c_2+1}} \frac{(n_1+c_2)!}{n_1!(1+\phi)^{n_1}}, \tag{6.135}$$

比较上述关系，我们看到 B 先生的最终分布 (6.129)，除了归一化之外，仅仅是沿着这两条路径推理得到结果的乘积：

$$p(n_1|\phi c_1 c_2 I_{\mathrm{B}}) = (\text{常数}) \times p(n_1|\phi c_1 I_{\mathrm{B}}) p(n_1|\phi c_2 I_{\mathrm{B}}) \tag{6.136}$$

作为 $p(c_1 c_2|\phi n_1) = p(c_1|\phi n_1) p(c_2|\phi n_1)$ 的结果. 有关 n_1 的信息 (6.135) 是沿新路径 $c_2 \to n_2 \to s \to n_1$ 推理得到的，因此引入了从直接路径 $c_1 \to n_1$ 获得的分布的“校正因子”，从而使得 B 先生能够改善其估计.

这表明，如果 B 先生获得更多秒数 $(c_3, c_4, \cdots, c_m)$ 中计数的数量，他将能够做得越来越好. 也许在到达 $m \to +\infty$ 的极限时，他对 n_1 的估计可能和我们确切知道源强度时的估计一样好. 我们现在通过计算来确定这些估计的可靠程度，并将这些分布对任意 m 一般化来检验这种推测，从中可以得出渐近形式.

6.17 区间估计

在粒子计数器问题中，对 A 先生与 B 先生的比较仍然缺少一个重要特征. 我们希望对他们估计值的可靠性有一定程度的度量，特别是考虑到他们的估计值差别很大. 显然，最好的方法是画出整个概率分布

$$p(n_1|\phi c_2 c_1 I_{\mathrm{A}}) \quad \text{和} \quad p(n_1|\phi c_2 c_1|_{\mathrm{B}}), \tag{6.137}$$

并从中做出类似的陈述："90% 的后验概率集中在区间 $\alpha < n_1 < \beta$ 中."但是，就目前的目的，我们将满意地给出我们发现的各种分布的标准差 [即 (6.93) 定义的方差的平方根]. 然后，由切比雪夫不等式可以知道，如果 σ 是 n_1 上任意概率分布的标准差，则集中在区间 $\langle n_1 \rangle \pm t\sigma$ 之间的概率 P 满足不等式①

$$P \geqslant 1 - \frac{1}{t^2}. \tag{6.139}$$

当 $t \leqslant 1$ 时，这什么都告诉不了我们，但是，当 $t > 1$ 时，它告诉我们的越来越多. 例如，在任何具有有限 $\langle n \rangle$ 和 $\langle n^2 \rangle$ 的概率分布中，至少 3/4 的概率包含在区间 $\langle n \rangle \pm 2\sigma$ 中，至少 8/9 的概率包含在区间 $\langle n \rangle \pm 3\sigma$ 中.

6.18　方差的计算

我们在上面发现的所有分布的方差 σ^2 都很容易计算. 实际上，通过一般公式 (6.108) 可以轻松地计算这些分布的任何矩. 对于 A 先生和 B 先生，以及杰弗里斯先验概率分布，我们可以求出方差

$$\mathrm{var}(n_1|\phi c_1 I_\mathrm{A}) = \frac{(c_1+1)(1-\phi)}{\phi^2}, \tag{6.140}$$

$$\mathrm{var}(n_1|\phi c_2 c_1 I_\mathrm{B}) = \frac{(c_1+c_2+1)(1-\phi^2)}{4\phi^2}, \tag{6.141}$$

$$\mathrm{var}(n_1|\phi c_1 I_J) = \frac{c_1(1-\phi)}{\phi^2}. \tag{6.142}$$

根据对称性可以求出 n_2 的方差.

这是一个相当长的讨论，因此，我们在表 6-1 中总结到目前为止的所有结论. 对于问题 1（$c_1 = 10$）和问题 2（$c_1 = 10$，$c_2 = 16$），我们给出 A 先生和 B 先生发现的粒子数的最概然值及 (均值) ± (标准差) 估计值. 从表 6-1 中可以看出，B 先生的额外信息不仅使他的估计与 A 先生的估计相比发生了很大的变化，而且还使他能够明显减少估计的可能误差. *即使与频率无关的纯定性先验信息也可以极大地改变我们从给定数据集中得出的结论.* 现在，在科学推断的几乎每个实际问题中，我们都确实拥有或多或少类似的定性先验信息. 因此，任何不考虑先验信息的推断方法都可能误导我们，带来潜在的危险. 它虽然可能在一个问题上产生合理的结果，但这并不能保证它在下一个问题中取得成功.

① 证明：令 $p(x)$ 是 $(-\infty < x < +\infty)$ 上的概率密度，a 为任意实数，$y \equiv x - \langle x \rangle$. 那么

$$a^2(1-P) = a^2 p(|y|>a) = a^2\int_{|y|>a} \mathrm{d}x\, p(x) \leqslant \int_{|y|>a} \mathrm{d}x\, y^2 p(x) \leqslant \int_{-\infty}^{+\infty} \mathrm{d}x\, y^2 p(x) = \sigma^2. \tag{6.138}$$

记 $a = t\sigma$，则 $t^2(1-P) \leqslant 1$，与 (6.139) 相同. 该证明包括离散分布情况，因为这时 $p(x)$ 是德尔塔函数的和. 理查德 · 萨维奇（I. R. Savage，1961）给出了大量有用的切比雪夫类型的不等式.

表 6-1 先验信息对 n_1 和 n_2 估计的影响

		问题 1	问题 2	
		n_1	n_1	n_2
A 先生	最概然值	100	100	160
	均值 ± 标准差	109 ± 31	109 ± 31	169 ± 39
B 先生	最概然值	100	127	133
	均值 ± 标准差	109 ± 31	131.5 ± 25.9	137.5 ± 25.9
杰弗里斯	最概然值	91	121.5	127.5
	均值 ± 标准差	109 ± 30	127 ± 25.4	133 ± 25.4

还有一个有趣的问题是：如果 B 先生只知道 c_2，他对 n_1 的估计会有多好? 他必须使用分布 (6.135) 表示沿图 6-2 的路径 $c_2 \to n_2 \to s \to n_1$ 进行推理. 根据 (6.135)，我们得到最概然值和 (均值) ± (标准差) 估计为

$$\hat{n}_1 = \frac{c_2}{\phi} = 160, \tag{6.143}$$

$$\text{均值} \pm \text{标准差} = \frac{c_2+1}{\phi} \pm \frac{\sqrt{(c_2+1)(\phi+1)}}{\phi} = 170 \pm 43.3. \tag{6.144}$$

在这种情况下，即使计数 $c_1 = c_2$ 相同，他也会得到比 A 先生稍差的估计（即更大的误差），因为直接路径的方差 (6.140) 包含因子 $(1-\phi)$，如果我们必须通过间接路径推理，则将其替换为 $(1+\phi)$. 因此，如果计数器效率低，那么，对于相等的计数率，两条路径将提供几乎相同的可靠性. 但是，如果它具有 $\phi \simeq 1$ 的高效率，则直接路径 $c_1 \to n_1$ 会更加可靠. 常识告诉我们应该是这样的.

6.19 泛化与渐近形式

上面推测，获取更多数据 $\{c_3, c_4 \cdots, c_m\}$ 可能会帮助 B 先生对 n_1 做出更好的估计. 让我们进一步研究这一点. 当 $s = 130$ 时，准确知道源强度的分布 (6.89) 的标准差仅为 $\sqrt{s(1-\phi)} = 10.8$. 从表 6-1 可以看出，B 先生对 n_1 的估计值的标准差现在约为该值的 2.5 倍. 如果给他越来越多其他时间的数据，从而使他的估计接近 130，将会发生什么? 要回答这个问题，首先注意，如果 $1 \leqslant k \leqslant m$，我们有

$$\begin{aligned} p(n_k|\phi c_1 \cdots c_m I_{\rm B}) &= \int_0^{+\infty} \mathrm{d}s\, p(n_k s|\phi c_1 \cdots c_m I_{\rm B}) \\ &= \int_0^{+\infty} \mathrm{d}s\, p(n_k|\phi s c_k I_{\rm B}) p(s|\phi c_1 \cdots c_m I_{\rm B}), \end{aligned} \tag{6.145}$$

其中，我们已经使得 $p(n_k|\phi s c_1 \cdots c_m I_{\rm B}) = p(n_k|\phi s c_k I_{\rm B})$. 这是因为，根据图 6-2，如果 s 已知，则所有 $i \neq k$ 的 c_i 与对于 n_k 的推断无关. 我们可以通过贝叶斯定

理计算 (6.145) 中被积分的第二个因子：

$$\begin{aligned} p(s|\phi c_1\cdots c_m I_{\mathrm{B}}) &= p(s|\phi I_{\mathrm{B}})\frac{p(c_1\cdots c_m|\phi s I_{\mathrm{B}})}{p(c_1\cdots c_m|\phi I_{\mathrm{B}})} \\ &= (\text{常数})\times p(s|\phi I_{\mathrm{B}})p(c_1|\phi s I_{\mathrm{B}})\cdots p(c_m|\phi s I_{\mathrm{B}}). \end{aligned} \tag{6.146}$$

应用 (6.86) 并进行归一化，这简化为

$$p(s|\phi c_1\cdots c_m I_{\mathrm{B}}) = \frac{(m\phi)^{c+1}}{c!}s^c \mathrm{e}^{-ms\phi}, \tag{6.147}$$

其中 $c\equiv c_1+\cdots+c_m$ 是 m 秒计数的总数. 分布 (6.147) 的众数、均值和方差分别为

$$\hat{s}=\frac{c}{m\phi},\qquad \langle s\rangle=\frac{c+1}{m\phi},\qquad \mathrm{var}(s)=\langle s^2\rangle-\langle s\rangle^2=\frac{c+1}{m^2\phi^2}=\frac{\langle s\rangle}{m\phi}. \tag{6.148}$$

因此，正如我们预期的那样，当 $m\to+\infty$ 时，分布 $p(s|c_1\cdots c_m)$ 变得越来越尖锐，s 的最概然值和均值估计越来越接近，似乎在极限时我们只有一个德尔塔函数：

$$p(s|\phi c_1\cdots c_m I_{\mathrm{B}})\to\delta(s-s'), \tag{6.149}$$

其中

$$s'\equiv\lim_{m\to+\infty}\frac{c_1+c_2+\cdots+c_m}{m\phi}. \tag{6.150}$$

但是，极限形式 (6.149) 似乎有些突然，就像詹姆斯 · 伯努利的第一极限定理一样. 我们可能想更详细地了解极限是如何被逼近的，类似于二项式的棣莫弗-拉普拉斯极限定理 (5.10) 或贝塔分布的极限 (4.72).

例如，将 (6.147) 的对数在其峰值 $\hat{s}=c/m\phi$ 处展开，仅保留二次项，我们得到一个高斯分布的渐近公式：

$$p(s|\phi c_1\cdots c_m I_{\mathrm{B}})\to A\exp\left\{-\frac{c(s-\hat{s})^2}{2\hat{s}^2}\right\}. \tag{6.151}$$

在所有 s 的左右侧之间差异很小的意义上，这实际上对所有 s 都是成立的（尽管它们的比率并不是对于所有 s 都接近 1）. 这导出当 $c\to+\infty$ 时的估计

$$(s)_{\mathrm{est}}=\hat{s}\left(1\pm\frac{1}{\sqrt{c}}\right). \tag{6.152}$$

通常，后验分布随着数据的增加而变为高斯形式. 这是因为，具有单个最大值的任何平滑函数，当幂次数越来越高时，都会变为高斯函数. 在下一章中我们将深入探讨高斯分布的基础.

因此，在极限情况下，B 先生确实接近源强度的确切知识. 回到 (6.145)，根据 (6.89) 和 (6.147)，可以知道被积数中的两个因子，因此

$$p(n_k|\phi c_1\cdots c_m I_{\mathrm{B}})=\int_0^{+\infty}\mathrm{d}s\,\frac{\mathrm{e}^{-s(1-\phi)}[s(1-\phi)]^{n_k-c_k}}{(n_k-c_k)!}\frac{(m\phi)^{c+1}}{c!}s^c\mathrm{e}^{-ms\phi}, \tag{6.153}$$

或者

$$p(n_k|c_1\cdots c_m I_{\rm B}) = \frac{(n_k-c_k+c)!}{(n_k-c_k)!c!}\frac{(m\phi)^{c+1}(1-\phi)^{n_k-c_k}}{(1+m\phi-\phi)^{n_k-c_k+c+1}}, \tag{6.154}$$

这正是我们承诺推广的 (6.135) 的一般形式. 在取极限 $m \to +\infty$，$c \to +\infty$，$(c/m\phi) \to s' = 常数$ 的情况下，这变成泊松分布

$$p(n_k|c_1\cdots c_m I_{\rm B}) \to \frac{\exp\{-s'(1-\phi)\}}{(n_k-c_k)!}[s'(1-\phi)]^{n_k-c_k}, \tag{6.155}$$

与 (6.89) 相同. 因此，我们确认，如果有足够的附加数据，那么 B 先生估计的标准差可以从 26 降到 10.8，而 A 先生估计的标准差仍是 31. 对于有限的 m，(6.154) 中 n_k 的均值估计为

$$\langle n_k\rangle = c_k + \langle s\rangle(1-\phi), \tag{6.156}$$

其中 $\langle s\rangle = (c+1)/m\phi$ 是根据 (6.148) 估计的 s 的均值. (6.156) 可以与 (6.90) 比较. 同样，根据 (6.154)，n_k 的最概然值是

$$\hat{n}_k = c_k + \hat{s}(1-\phi), \tag{6.157}$$

其中 $\hat{s}$ 由 (6.148) 给出.

请注意，B 先生对问题 2 的修正估计仍在 A 先生给出的估计的合理误差范围内. 如果不是这样，那将非常令人不安，因为那意味着，概率论使得 A 先生对其估计的可靠性过于乐观. 然而，没有定理可以保证这一点. 例如，如果计数率跃升到 $c_2 = 80$，那么 B 先生对 n_1 的修正估计值将远远超出 A 先生估计的合理误差范围. 但是，在这种情况下，B 先生的常识将使他怀疑其先验信息 $I_{\rm B}$ 的可靠性. 我们在第 4 章看到过一个类似的例子，其中的一个备择假设在 $-100\,\text{dB}$ 以下（除非需要这些假设，我们甚至不必花费力气写出来），它被意想不到的新证据"复活"了.

练习 6.7 以上结果是针对粒子计数器场景得到的. 请在疾病场景中总结最终结论，作为对医学研究人员的建议，以便仅根据所提供的相关死亡人数，判断公共卫生措施是否减少了普通人群中的患病人数. 当然，这应该包括一些判断模型在什么条件下与现实世界吻合的东西. 如果没有这种东西，该怎么办?

现在，我们转向另一种问题，看看使用连续分布（孤立的不连续点除外）时可能会出现的一些新特征.

6.20 矩形抽样分布

几十年来，"出租车问题"一直在概率统计领域被广泛讨论，但是正统统计学无法处理此问题，我们也没有看到有正统文献提及此问题. 假设你在夜晚乘坐火车，一觉醒来，发现火车停在某个未知城镇，你所看到的只是一辆出租车，上面写着 27 号. 那么，你对此城镇中的出租车数 N 的估计是多少? 这个问题的答案可以为城镇的大小提供线索. 几乎每个人都会凭直觉回答 $N_{\text{est}} = 2 \times 27 = 54$ 似乎是合理估计，但很少有人能够提供令人信服的理由. 在我们脑海中会形成一个显而易见的"模型": 有 N 辆出租车，分别编号为 $(1, \cdots, N)$，给定 N，我们看到的那辆可能是其中的任何一辆. 给定该模型，我们可以推断出 $N \geqslant 27$，在这之后的推理则取决于我们所接受的统计教育.

这里，我们将研究该问题的连续版本，其中可能涉及多辆出租车. 留给读者作为练习的是，写出上述"出租车问题"离散版本的答案，然后阐明连续问题和离散问题之间的关系. 我们考虑 $[0, \alpha]$ 中的矩形抽样分布，其中分布的宽度 α 是要估计的参数. 最后，建议做进一步的练习，以扩展我们从中学到的知识.

我们有一个具有 n 个观测值的数据集 $D \equiv \{x_1, \cdots, x_n\}$，这些观测值被认为是从以下分布得出的，也就是说，每个数据 x_i 被独立地分配以下 PDF

$$p(x_i|\alpha I) = \begin{cases} \alpha^{-1}, & \text{如果 } 0 \leqslant x_i \leqslant \alpha < +\infty, \\ 0, & \text{其他情形.} \end{cases} \tag{6.158}$$

那么，全抽样分布是

$$p(D|\alpha I) = \prod_i p(x_i|\alpha I) = \alpha^{-n}, \qquad 0 \leqslant \{x_1, \cdots, x_n\} \leqslant \alpha, \tag{6.159}$$

为简洁起见，在本节的其余部分，我们假设，当公式之后的不等式条件未全部满足时，左侧为 0. 乍一看，这种情况微不足道，不值得分析. 然而，如果事先不能准确看到解的每一个细节如何运作，那么，研究它们总会让我们学到一些东西. 在概率论中，看起来很小的问题揭示了深刻而出人意料的道理.

根据贝叶斯定理，α 的后验 PDF 是

$$p(\alpha|DI) = p(\alpha|I)\frac{p(D|\alpha I)}{p(D|I)}, \tag{6.160}$$

其中 $p(\alpha|I)$ 是先验 PDF. 很明显，无论数据如何，只要这些数据本身不与其他任何信息矛盾，具有正常（可归一化的）先验和有限似然函数的贝叶斯问题，都必然导致正常、行为良好的后验分布. 如果观察到某个数据是负的，如 $x_i < 0$，我们根据演绎推理就知道模型 (6.159) 肯定是错误的（更好的说法是，数据与导致我们选择该模型的先验信息 I 矛盾）. 然后，机器人崩溃了，(6.159) 和 (6.160)

都不可用. 但是, 根据模型, 满足 (6.159) 中不等式的任何数据集都是可能的. 那么, 是否一定会产生合理的后验 PDF 呢?

不一定! 数据可能虽然与模型兼容, 但仍与其他先验信息不兼容. 考虑正常的矩形先验

$$p(\alpha|I) = (\alpha_1 - \alpha_{00})^{-1}, \qquad \alpha_{00} \leqslant \alpha \leqslant \alpha_1, \tag{6.161}$$

其中 α_{00} 和 α_1 是满足 $0 \leqslant \alpha_{00} \leqslant \alpha_1 < +\infty$ 的固定数, 在问题的陈述中给定. 如果发现任何数据超出上界: $x_i > \alpha_1$, 则数据和先验信息在逻辑上又将产生矛盾.

但这正是我们在第 1 章和第 2 章中所预期的. 我们正在尝试根据两种信息 D 和 I 推理, 而每种信息实际上可能是许多不同命题的逻辑合取. 如果在任何地方隐藏着矛盾, 就不可能有答案 (在集合论的背景下, 我们规定的可能集合是空集), 机器人会以这样或那样的方式崩溃. 因此, 在下文中, 我们假设数据与所有先验信息一致, 包括导致我们选择此模型的先验信息.① 那么根据以上规则应该可以得到我们所定义问题的正确且精确的答案.

(6.160) 的分母是

$$p(D|I) = \int_R \mathrm{d}\alpha\,(\alpha_1 - \alpha_{00})^{-1}\alpha^{-n}, \tag{6.162}$$

积分区域 R 必须满足两个条件:

$$R \equiv \begin{Bmatrix} \alpha_{00} \leqslant \alpha \leqslant \alpha_1 \\ x_{\max} \leqslant \alpha \leqslant \alpha_1 \end{Bmatrix}, \tag{6.163}$$

其中 $x_{\max} \equiv \max\{x_1, \cdots, x_n\}$ 是观察到的最大值. 如果 $x_{\max} \leqslant \alpha_{00}$, 则在 (6.163) 中仅需要第一个条件, 数据 x_i 的具体数值完全不相关 (尽管观测值 n 仍然相关). 如果 $\alpha_{00} \leqslant x_{\max}$, 那么我们只需要后一个不等式, 先验的下界 α_{00} 已被数据取代, 从此与该问题无关.

将 (6.159) (6.161) (6.162) 代入 (6.160), 消去因子 $(\alpha_1 - \alpha_{00})$. 如果 $n > 1$, 我们的一般解简化为

$$p(\alpha|DI) = \frac{(n-1)\alpha^{-n}}{\alpha_0^{1-n} - \alpha_1^{1-n}}, \qquad \alpha_0 \leqslant \alpha \leqslant \alpha_1, \qquad n > 1, \tag{6.164}$$

其中 $\alpha_0 \equiv \max(\alpha_{00}, x_{\max})$.

① 当然, 在现实世界中, 很少有先验信息能证明在 x 和 α 上有如此确切的界限, 因此不会出现如此尖锐的矛盾. 这仅仅表示我们正在研究理想的极限情况. 这没有什么可奇怪的: 在初等几何中, 我们首先将注意力集中在诸如完美的三角形和圆形之类的事物上, 尽管现实世界中不存在这样的事物. 同样, 我们在那里研究的也是现实世界的理想极限情况. 从这项研究中学到的知识使我们能够成功处理各种领域的实际情况, 这些领域包括建筑学、工程学、天文学、大地测量学、立体化学和艺术家的透视规则, 等等. 这里也是一样的.

6.21 小样本

一般的推导通常会忽略 n 为较小值的情况. 正如我们将在第 17 章中看到的那样，在正统统计中，它们可能导致奇怪的病态结果（就像在参数空间之外的参数估计量一样，根据演绎推理是不可能知道它们的）. 在数学的其他领域中，当出现这样的矛盾时，人们就会立即得出结论：一定在哪里犯了一个错误. 但奇怪的是，在正统统计文献中，这种病态从来没有被解释为揭示了正统统计推理中的错误. 相反，人们只是简单地忽略它们，宣称只关心大的 n 值. 但事实证明，小的 n 值对我们来说非常有意义，因为贝叶斯分析没有病态的例外情况. 只要我们避免在问题陈述中出现逻辑矛盾，并使用正常先验，解就不会崩溃，始终保持有意义.

看看贝叶斯分析是如何始终保证这一点的. 这非常有启发性，也使我们意识到实际计算中的一个微妙之处. 在当前情况下，如果 $n=1$，则 (6.164) 显得不确定，变成 (0/0). 但是，如果我们从 $n=1$ 的情形开始推导，则会发现 α 的正确归一化后验 PDF 不是 (6.164)，而是

$$p(\alpha|DI)=\frac{\alpha^{-1}}{\ln(\alpha_1/\alpha_0)},\qquad \alpha_0\leqslant\alpha\leqslant\alpha_1,\qquad n=1. \tag{6.165}$$

$n=0$ 的情况几乎没有用处. 尽管如此，贝叶斯定理仍然给出了正确答案. 因为 $D=$“根本没有数据”，并且 $p(D|\alpha I)=p(D|I)=1$，也就是说，如果不接收数据，则无论 α 的值如何，都将没有数据. 根据常识，后验分布 (6.160) 会简化为先验分布

$$p(\alpha|DI)=p(\alpha|I),\qquad \alpha_0\leqslant\alpha\leqslant\alpha_1,\qquad n=0. \tag{6.166}$$

6.22 数学技巧

现在我们看到了一个微妙之处：最后两个结果已经包含在 (6.164) 中，而无须从头开始重复推导. 我们需要了解现实世界问题与抽象数学之间的区别. 尽管在实际问题中，从定义上来说 n 是非负整数，但当 n 为任何复数时，数学表达式 (6.164) 都是定义良好且有意义的. 此外，只要 $\alpha_1<+\infty$，它就是 n 的整函数（也就是说，除无限远点外，各处都有界且可解析）. 现在，在纯数学推导中，我们可以自由使用函数的任何解析性质，无论它们在实际问题中是否有意义. 由于 (6.164) 在任何有限点上都没有奇点，我们可以通过取极限 $n\to 1$ 来计算 $n=1$ 时的值. 我们有

$$
\begin{aligned}
\frac{n-1}{\alpha_0^{1-n}-\alpha_1^{1-n}} &= \frac{n-1}{\exp\{-(n-1)\ln\alpha_0\}-\exp\{-(n-1)\ln\alpha_1\}} \\
&= \frac{n-1}{[1-(n-1)\ln\alpha_0+\cdots]-[1-(n-1)\ln\alpha_1+\cdots]} \\
&\to \frac{1}{\ln(\alpha_1/\alpha_0)},
\end{aligned}
\tag{6.167}
$$

这就得到了 (6.165). 同样, 将 $n=0$ 代入 (6.164), 则简化为 (6.166), 因为现在我们有 $\alpha_0=\alpha_{00}$. 即使在极端、退化的情形中, 贝叶斯分析也将继续得到正确的结果.① 很明显, 所有后验分布的矩和百分位数也是 n 的函数, 因此对于所有 n 值, 它们都可以被一劳永逸地计算出来, 只要将一般表达式简化为 (0/0) 或 (∞/∞) 即可. 这能始终与我们从头开始根据某个具体 n 值推导得到相同的结果.②

如果 $\alpha_1<+\infty$, 则后验分布被限制在一个有限区间内, 因此它具有所有阶矩. 事实上,

$$
\langle\alpha^m\rangle = \frac{n-1}{\alpha_0^{1-n}-\alpha_1^{1-n}}\int_{\alpha_0}^{\alpha_1}\mathrm{d}\alpha\,\alpha^{m-n} = \frac{n-1}{n-m-1}\frac{\alpha_0^{1+m-n}-\alpha_1^{1+m-n}}{\alpha_0^{1-n}-\alpha_1^{1-n}}. \tag{6.168}
$$

当 $n\to 1$ 或 $m\to n-1$ 时, 我们将以 (6.167) 的方式取该表达式的极限, 得到更明确的形式:

$$
\langle\alpha^m\rangle = \begin{cases} \dfrac{\alpha_1^m-\alpha_0^m}{m\ln(\alpha_1/\alpha_0)}, & \text{如果 } n=1, \\[2ex] \dfrac{(n-1)\ln(\alpha_1/\alpha_0)}{\alpha_0^{1-n}-\alpha_1^{1-n}}, & \text{如果 } m=n-1. \end{cases} \tag{6.169}
$$

在以上结果中, 后验分布被限制在有限区域 $(\alpha_0\leqslant\alpha\leqslant\alpha_1)$ 中, 并且不会有奇异结果.

练习 6.8 完成此示例, 找到 α 的估计值及其精确度的显式表达式. 讨论这些结果是否符合常识.

最后, 作为练习, 请读者考虑当 $\alpha_1\to+\infty$ 时会发生什么. 此时我们扩展到了无限区域.

---

① 在早期正统统计教学的影响下, 我在多年来做了数百个此类案例的实验之后, 才完全确信这一点. 只要严格遵守第 2 章的规则, 就不会产生任何病态.

② 意识到这一点, 我们发现, 只要数学表达式是某个参数的解析函数, 我们就可以利用该事实作为计算工具, 而不顾它在原始问题中可能具有的含义. 例如, 数值 2 和 π 经常出现在表达式 $Q(2)$ 或 $Q(\pi)$ 中, 这是符号 "2" 或 "π" 的解析函数. 如果有帮助, 我们可以自由地用 "x" 替换 "2" 或 "π", 并通过诸如对 x 求微分或在 x 平面上进行复杂积分等操作来计算涉及 Q 的量, 并在最后令 $x=2$ 或 $x=\pi$, 这是非常严格的. 一旦将真正的问题提炼为抽象数学问题, 我们的符号就代表了我们所说的含义. 我是从斯坦福大学的威廉 · 汉森教授那里学到这个技巧的. 在汉森教授的一堂课中, 为了求一个积分值, 他对另一个积分关于 π 求微分, 并得出了正确结果, 举座哗然.

练习 6.9　当 $\alpha_1 \to +\infty$ 时，某些矩必定不存在，因此某些推断将是不可能的，但其他的仍然可能. 检查以上公式，找出在何种条件下后验 (均值) ± (标准差) 或 (中值) ± (四分位数间距) 仍然可能，尤其要考虑 n 值较小时的情况. 说明结果如何与常识对应.

6.23　评注

进行此处的轻松计算 [尤其是 (6.129) 和 (6.152)] 在不允许使用先验和后验概率的概率论中是无法做到的，因此这种概率论也不允许我们通过积分消去相对于先验的冗余参数. 在我们看来，B 先生的结果超出了正统方法的范围. 但是，在每个阶段，作为逻辑的概率论都遵循由概率论的基本乘法规则和加法规则唯一确定的计算流程，并且产生了行为良好、合理和有用的结果. 在某些情况下，即使只是定性信息，先验信息也绝对是必不可少的. 稍后，我们将看到更加惊人的例子.

不要认为需要使用先验信息的认识是一个新发现. 贝特朗（Bertrand，1889）就着重强调过这一点. 他列举了几个例子，我们引用最后一个例子（他用以下短段落写成）.

> 圣马洛（英吉利海峡岸边的一个法国小镇）的居民对此深信不疑：一个世纪以来，在他们的村庄里，涨潮时的死亡人数多于退潮时的死亡人数. 我们承认这一事实.
>
> 在英吉利海峡的海岸上，刮西北风时的沉船数量比刮其他方向的风时都多. 假设这两件事的实例数量相同且报告的可靠性相同，人们仍然不会得出相同的结论.
>
> 虽然我们肯定能接受风向对沉船的影响，但常识需要更多的证据才会认为潮汐影响圣马洛人的生存是合情的.
>
> 这次的两个问题又是等同的，不能接受相同的结论表明有必要考虑该原因的先验概率.

显然，贝特朗不能算是倡导费希尔格言“让数据自己说话”的人，这句格言在那个世纪的统计学中一直占据主导地位. 数据不会自己说话，在任何真正的推断问题中，它们都不会.

例如，费希尔提倡使用最大似然法估计参数，从某种意义上讲，这是仅由数据最强烈地指示的值. 然而这只注意到了概率论（以及常识）需要考虑的因素之一. 因为，如果我们不使用先验信息作为补充以考虑哪些假设是合理的，那么最

大似然法将始终导致我们无条件地偏向完全“确定”的假设 H_S，根据该假设，每条数据都是不可避免的，没有其他事情可能发生. 因为数据在 H_S 上的概率比任何其他假设高得多 [即 $p(D|H_S) = 1$]，H_S 始终是所有假设中的最大似然解. 只有认为 H_S 的先验概率极低，才可以合理地拒绝此假设. ①

正统统计实践部分通过指定模型来处理这一问题，该模型当然是一种融入有关观察到的现象的一些先验信息的手段. 但这还不完整，只是定义了我们将在其中寻求最大值的参数空间. 如果没有该参数空间上的先验概率，我们就无法融入有关该参数可能值的先验信息——我们几乎总是拥有该信息，并且对于任何合理推断，这些信息通常是非常有力的. 例如，尽管参数空间在理论上可以扩展到无限大，但是在几乎每个实际问题中我们都事先知道，参数不太可能超出某个有限值. 该信息可能至关重要，也可能不重要，这取决于我们碰巧获得的数据集.

正如我从学生时代就可以证明的那样，费希尔的忠实信徒经常将“让数据自己说话”解释为：一个人让自己受先验信息的影响，就是违反了“科学客观性”，因此应受到谴责. 贝特朗通过若干年的经验才意识到，这在实际问题中是个多么有灾难性的错误. 费希尔之所以无须提及先验信息，仅仅是因为，在他选择解决的问题中，没有非常重要的先验信息，只有大量数据. 如果他致力于处理具有重要先验信息且只有很少数据的问题，我们认为他的观念可能会很快改变.

只要依靠自己的常识而不是正统统计的教义，各个领域的科学家都能很容易地看到这一点. 例如，斯蒂芬 · 古尔德（S. J. Gould，1989）描述了生活在早寒武纪的各种令人迷惑的软体动物，它们完美地保存在加拿大落基山脉著名的伯吉斯页岩中. 两位古生物学家检查了名为埃谢栉虫（Aysheaia）的同一种化石，就其正确分类得出了相反的结论. 遵循费希尔格言的人将不得不质疑其中一位古生物学家的能力. 但古尔德没有犯此错误. 在前述著作的第 172 页，他总结道：“我们在这里进行了一次有良好控制的心理实验. 数据没有改变，观点的不同只能源于有关伯吉斯生物最可能状态的先验假设.”

如果我们试图推断是哪种机制在起作用，先验信息也是至关重要的. 费希尔可能会像其他科学家一样，坚决主张因果关系需要一种物理机制来实现. 但是，就像在圣马洛问题中一样，单独的数据并没有自己说话. ② 只有先验信息可以告诉我

① 当要求小孩解释观察到的某个事实（例如一滩溢出的牛奶的确切形状）时，他们很容易发明这种“确定”的假设. 他们尚未获得成年人的处世经验，所以并不会认为这种假设不太可能成立. 但是，一位知道该形状是由流体力学定律确定并具有强大计算能力的科学家，比小孩更无法预测该形状，因为他缺乏有关确切初始条件的先验信息.

② 统计学家，甚至那些自称费希尔的信徒的统计学家，也不得不对此提出另外的格言，例如“相关不意味着因果”或者“良好的拟合不能替代原因”，以阻止小孩和未经训练的成年人不由自主地那样想.

们，某个假设是否为观察到的事实提供了可能的机制，并与已知的物理学定律一致. 如果不是这样，即使数据有很大的似然，也不能让我们相信它. 我们能幻想出成群看不见的小精灵，它们辛勤生成的数据可以产生很大的似然，但是对于科学家来说，这仍然毫不可信.

不只是正统统计学家在 20 世纪贬低过先验信息的价值. 奇幻作家霍华德 · 洛夫克拉夫特曾经将“常识”定义为“仅仅是缺乏想象力和思维灵活性的愚蠢表现”. 事实上，正是对关于世界的先验信息的积累，才能让成熟的人拒绝随意幻想（尽管我们可能会乐于阅读奇幻作品）而获得心理稳定性.

今天，我们的信息是否能提供存在因果关系的可信证据是一个重要的问题，在法庭和立法机关中引起了有关政治、商业、医疗和环境话题的激烈争论. [①] 然而，有说服力的先验信息（没有此信息，事情将无法得到判断）在接受正统统计训练的“专家证人”的证词中几乎没有作用，因为它在他们的标准程序中没有用武之地. 我们注意到，在费希尔出生的前一年，贝特朗就对此有了清晰而正确的见解. 科学推断的发展并非总是向前进步的.

因此，本章以回顾费希尔作为开始和结束，读者可以在第 16 章中找到更多关于费希尔的内容.

---

① 马丁 · 加德纳（Gardner，1957，1981）给出了一些令人惊恐的例子. 故意不提不利的先验信息也是科学骗子的主要工具.

第 7 章　中心分布、高斯分布或正态分布

> 我自己的印象……是数学结果已经超越了人对它们的诠释，对这个著名积分的力量与意义的简单解释……终有一天会被发现……这将立刻使得迄今为止编写的所有著作变得毫无用处.
>
> ——奥古斯塔斯 · 德摩根（Augustus de Morgan，1838）

这里，德摩根对基于高斯或正态“误差定律”（抽样分布）的推断方法“奇怪地无处不在”的成功表示了困惑，这一定律即使在描述误差的实际频率分布完全不合情的情况下也可以成功使用. 但是，解释并没有像他预期得那么快到来.

20 世纪 50 年代中期，我听了威廉 · 费勒教授的一次餐后演讲，他在讲话中强烈谴责使用高斯概率分布描述误差的做法，理由是实际误差的频率分布几乎从来都不是高斯分布. 尽管费勒不赞成，但我们还是继续使用高斯概率分布，而且它们在参数估计方面的普遍成功仍在继续. 因此，在德摩根发表此讲话的 145 年后，情况依然没有改变，乔治 · 巴纳德（George Barnard，1983）也表示了同样的惊讶：“*为什么我们这么长时间都用正态假设来解决问题?*”

今天，我们相信，我们终于可以解释为什么 (1) 高斯误差定律会得到不可避免的普遍使用，以及 (2) 高斯误差定律能取得普遍成功. 一旦明白，解释确实显而易见. 然而，就我们所知，由于从频率角度考虑概率分布的普遍倾向，先前没有任何概率论文献认识这一点. 在学会根据可证实的信息而不是想象的（我们将会看到，也是不相关的）频率来思考概率分布之前，我们无法理解正在发生的事情.

对这些特性的一种简单解释（去掉了过去的无关部分）直到最近才被发现，这一进展改变了本书的写作计划. 我们认为这种解释非常重要，应该在这里尽早介绍，尽管我们必须引用后面章节中的一些结论. 在本章中，我们将回顾高斯分布的历史，初步理解它们在推断中的作用. 这种理解将指导我们直接使用对概率论中绝大多数应用有效的计算流程，避免犯常见的错误或进入死胡同.

7.1　吸引现象

在前面的章节中，我们多次注意到一个有趣的现象. 在概率论中，似乎有一个中心的、普遍的分布

$$\varphi(x) \equiv \frac{1}{\sqrt{2\pi}} \exp\left\{-\frac{x^2}{2}\right\}, \tag{7.1}$$

在各种各样的操作下，所有其他分布都趋于此，而且一旦达到该分布，又会在各种更多的操作下保持不变. 著名的“中心极限定理”涉及其中的一种特殊情况. 在第 4 章中，我们注意到当试验次数变多时，二项分布或贝塔分布渐近地趋于高斯分布. 在第 6 章中，我们注意到了一个几乎通用的性质，即当数据量增大时，参数的后验分布变为高斯分布.

在物理学中，这种吸引和稳定的性质使得该分布成为动力学理论和统计力学的统一基础. 在生物学中，它是讨论生态和进化中种群动态的自然工具. 毫无疑问，它也将成为经济学的基础，因为它已经在经济学中得到了广泛使用，但有些遗憾的是，人们好像对其合理性还有疑问. 我们希望证明它的有效应用范围比人们通常认为的要广泛得多，以促进这一发展.

图 7-1 展示了这种分布. 它的一般形状想必已经为读者所熟知，尽管与它相关的数值可能并非如此. 累积高斯分布定义为

$$\begin{aligned}\Phi(x) &\equiv \int_{-\infty}^{x} \mathrm{d}t\, \varphi(t) \\ &= \int_{-\infty}^{0} \mathrm{d}t\, \varphi(t) + \int_{0}^{x} \mathrm{d}t\, \varphi(t) \\ &= \frac{1}{2}[1 + \operatorname{erf}(x)],\end{aligned} \tag{7.2}$$

它将在本章后面用于解决一些问题. 使用误差函数 $\operatorname{erf}(x)$ 可轻松计算该函数的数值.

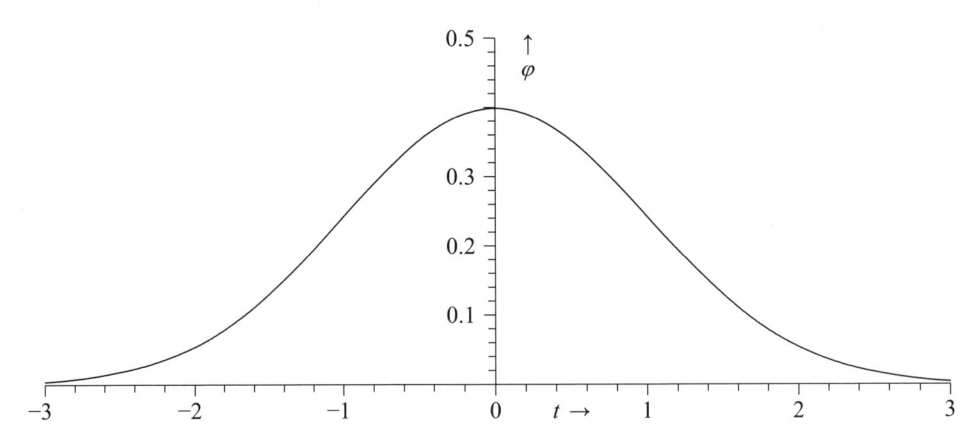

图 7-1 中心分布、高斯分布或正态分布：$\varphi(t) = 1/\sqrt{2\pi}\exp\{-t^2/2\}$

出于一些历史原因（后面将会讨论），该分布被称为高斯分布或正态分布．这两个名称在今天看来都是不恰当的，并且具有误导性．如果简单地称之为“概率论的中心分布”，将传达其所有的正确含义．[①] 我们首先考虑在历史与概念上都很重要的该分布的三种推导过程，这会使我们认识到高斯分布的三个重要性质．

7.2 赫歇尔-麦克斯韦推导

高斯分布的最有趣的推导之一是由天文学家约翰 · 赫歇尔（John Herschel, 1850）从假设的简单性角度出发给出的．他研究了测量恒星位置时出现误差的二维概率分布．设 x 为经度（东西）方向上的误差，y 为偏角（南北）方向上的误差，求联合概率分布 $\rho(x, y)$．赫歇尔提出，根据几何上的同质性条件，似乎直觉地需要两个假设 $(P1, P2)$．

$(P1)$ 关于 x 的信息不会告诉我们关于 y 的任何信息．

也就是说，正交方向上的误差概率是独立的，所以未确定的分布应具有如下函数形式：

$$\rho(x, y)\mathrm{d}x\mathrm{d}y = f(x)\mathrm{d}x \times f(y)\mathrm{d}y. \tag{7.3}$$

也可以在由 $x = r\cos\theta$ 和 $y = r\sin\theta$ 定义的极坐标 (r, θ) 中写出同一个分布

$$\rho(x, y)\mathrm{d}x\mathrm{d}y = g(r, \theta)r\mathrm{d}r\mathrm{d}\theta. \tag{7.4}$$

$(P2)$ 此概率与角度无关：$g(r, \theta) = g(r)$．

这样，根据 (7.3) 和 (7.4) 可以得出函数方程

$$f(x)f(y) = g(\sqrt{x^2 + y^2}), \tag{7.5}$$

令 $y = 0$，这简化为 $g(x) = f(x)f(0)$，因此 (7.5) 变成函数方程

$$\ln\frac{f(x)}{f(0)} + \ln\frac{f(y)}{f(0)} = \ln\frac{f(\sqrt{x^2 + y^2})}{f(0)}. \tag{7.6}$$

该方程的一般解是显而易见的：x 的函数加上 y 的函数是 $x^2 + y^2$ 的函数．唯一的可能是 $\ln[f(x)/f(0)] = ax^2$．仅当 a 为负时，我们才具有可归一化的概率，然后通过归一化确定 $f(0)$．因此一般解只能具有以下形式：

$$f(x) = \sqrt{\frac{\alpha}{\pi}}\exp\{-\alpha x^2\}, \qquad \alpha > 0, \tag{7.7}$$

它只有一个不确定的参数．满足赫歇尔不变性条件的唯一二维概率密度是圆对称高斯分布：

$$\rho(x, y) = \frac{\alpha}{\pi}\exp\{-\alpha(x^2 + y^2)\}. \tag{7.8}$$

---

① 概率论之外的一般用法是将形如 $\exp\{-ax^2\}$ 的任何函数称为高斯函数，我们将遵循此用法．

10 年后，麦克斯韦（J. C. Maxwell，1860）给出了同一论证的三维版本，以求出气体中分子速度的概率分布 $\rho(v_x, v_y, v_z) \propto \exp\{-\alpha(v_x^2 + v_y^2 + v_z^2)\}$. 物理学家称之为“麦克斯韦速度分布律”，它是动力学理论与统计力学的基础分布之一.

赫歇尔-麦克斯韦论证之所以十分优美，是因为通常不相容的两个定性条件只能对一种定量分布变得相容，因此，它们唯一地确定了分布. 爱因斯坦（Einstein，1905a,b）使用相同的论证，根据相对论的两个定性假设①推导出了洛伦兹变换定律.

赫歇尔-麦克斯韦推导也是简单的，它实际上没有使用概率论，只使用了在其他情况下同样可以得到很好应用的几何不变性. 出于纯粹的数学原因，高斯函数本身就是唯一的对象. 现在，我们给出另一种著名的推导，它明确地使用了概率直觉.

7.3 高斯推导

我们从 $n+1$ 个观测值 $(x_0, \cdots, x_n)$ 中根据最大似然法来估计位置参数 θ. 如果抽样分布因子为 $p(x_0, \cdots, x_n|\theta) = f(x_0|\theta)\cdots f(x_n|\theta)$，似然方程为

$$\sum_{i=0}^{n} \frac{\partial}{\partial\theta} \ln f(x_i|\theta) = 0, \tag{7.9}$$

或者定义

$$\ln f(x|\theta) = g(\theta - x) = g(u), \tag{7.10}$$

最大似然估计 $\hat{\theta}$ 将满足条件

$$\sum_i g'(\hat{\theta} - x_i) = 0. \tag{7.11}$$

现在，直觉可能告诉我们，估计值应该是观察数据的算术平均值：

$$\hat{\theta} = \overline{x} = \frac{1}{n+1} \sum_{i=0}^{n} x_i, \tag{7.12}$$

但是，(7.11) 和 (7.12) 通常不兼容 [(7.12) 不是 (7.11) 的根]. 无论如何，考虑一种可能的样本，其中只有一个观测值 x_0 不为零：如果在 (7.12) 中令

$$x_0 = (n+1)u, \qquad x_1 = x_2 = \cdots = x_n = 0, \qquad -\infty < u < +\infty, \tag{7.13}$$

则 $\hat{\theta} = u$，$\hat{\theta} - x_0 = -nu$，(7.11) 变为 $g'(-nu) + ng'(u) = 0$，$n = 1, 2, 3, \cdots$. 由 $n=1$ 的情形可知 $g'(u)$ 必须是反对称函数：$g'(-u) = -g'(u)$，因此可简化为

$$g'(nu) = ng'(u), \qquad -\infty < u < +\infty, \qquad n = 1, 2, 3, \cdots. \tag{7.14}$$

① 这两个假设是：(1) 对于所有观察者，物理定律具有相同的形式；(2) 对于所有观察者，光速为常数. 这两个假设通常是矛盾的，但它们对于把空间和时间转换为运动坐标系的一种特定的定量定律变得相容.

显然，唯一的可能是一个线性函数：

$$g'(u) = au, \qquad g(u) = \frac{1}{2}au^2 + b. \tag{7.15}$$

根据 (7.10) 转换回去，可归一化的分布再次要求 a 为负，然后通过归一化确定常数 b. 抽样分布必须具有形式

$$f(x|\theta) = \sqrt{\frac{\alpha}{2\pi}} \exp\left\{-\frac{1}{2}\alpha(x-\theta)^2\right\}, \qquad 0 < \alpha < +\infty. \tag{7.16}$$

因为 (7.16) 是在假设特殊样本 (7.13) 的情况下得出的，所以到目前为止，我们仅表明 (7.16) 是最大似然估计和样本均值相等的必要条件. 相反，如果满足 (7.16)，则似然方程 (7.9) 始终具有唯一解 (7.12)，因此 (7.16) 是此一致性的充分必要条件. 唯一的自由参数是未指定的比例参数 α.

7.4 高斯推导的历史重要性

这个推导是由高斯在一部关于天文学的著作（Gauss，1809）中随意给出的. 如果不是拉普拉斯，它可能不会为人所知. 拉普拉斯看到了它的优点，并于次年发表了一部巨著，展示 (7.16) 作为抽样分布的许多有用特征，引起了人们的注意. 从那时起，它就被称为“高斯分布”.

为什么高斯推导如此惊人？因为它解决了很长一段时间内困扰当时一些最伟大数学家的问题. 在我们今天看来这是有些丢人的. 棣莫弗（de Moivre，1733）已经或多或少地偶然发现了分布 (7.16)，但是他没有意识到它的重要性，也没有使用它. 在整个 18 世纪，它本可以对天文学家根据不同观测值做出最佳估计的问题产生巨大的价值，但是最伟大的思想家并没有发现这一点. 更糟糕的是，甚至连数据分析背后的定性事实（通过平均数据来消除误差）也没有被像欧拉这样伟大的数学家意识到.

欧拉（Euler，1749）在试图解决“木星和土星的巨大时差”问题时，发现自己遇到了一个大难题（将在 7.27 节中简要描述）. 为了确定木星和土星的经度在长时间内是如何变化的，他使用了 1582～1745 年这 164 年间的 75 次观测数据，其中有 8 个待估计的轨道参数.

如今，一台个人计算机可以通过第 19 章中给出的算法解决此问题，并能在大约 1 分钟内算出 8 个参数及其精度的最佳估计值（主要的计算工作是求 8×8 矩阵的逆）. 欧拉未能解决此问题，并不是因为计算量大——他甚至没有理解解决该问题所需的原理. 他没有看出，结合许多观察值会使它们的误差趋于抵消，而是认为这只会导致“成倍增加误差”，并使情况变得更糟. 换句话说，欧拉专注于

可能发生的最糟糕的事情，好像它肯定会发生一样——他也许是墨菲定律[①]的第一个真正虔诚的信徒.

然而，有实际数据采集经验的工作人员长期以来一直注意到最坏的事情不会发生. 恰恰相反，对我们的观察结果求平均值的极大好处是误差倾向于相互抵消.[②] 公元前 2 世纪的喜帕恰斯对几颗恒星的测量值进行平均，估计了分点岁差. 在 16 世纪末，对几个观察值求平均是第谷 · 布拉赫的常规做法，早在得到数学家的正式理论证明之前，直觉就已经告诉观测天文学家，这种对数据求平均的做法是正确的.

继欧拉的努力之后大约 30 年后，另一位能干的数学家丹尼尔 · 伯努利（Daniel Bernoulli，1777）仍然无法理解这一流程. 伯努利假定弓箭手瞄准绘制纵线的标记射击，并询问在各个纵向区间带中有多少次射中：

> 在任何给定的区间中，都必须假设越接近目标，射中次数会多且越稠密，这难道不是不言而喻的吗？如果纵向平面上的所有位置（无论与标记的距离如何）均同样容易被射中，那么最熟练的弓箭手将不会比盲人更有优势. 但是，这就是那些在不加区别地对待所有观察值并使用同一规则（算术平均）来估计各种不同观察值的人的默认假设. 因此，通过这种方式，每个给定偏差的概率都可以后验地确定. 这是因为，毫无疑问，对于大量射击，该概率与距离标记一定长度处的区间带中的击中次数成正比.

我们看到丹尼尔 · 伯努利（Daniel Bernoulli，1777）和他的叔叔詹姆斯 · 伯努利（James Bernoulli，1713）一样，清楚地看到了概率和频率之间的差别. 在这方面，他的理解超越了 100 年后的约翰 · 维恩和 200 年后的耶日 · 奈曼. 然而，他完全无法理解将观察结果的算术平均值作为真实“标记”估计值的依据. 他认为这是理所当然的，如果计算平均值时对观测值赋予相同的权重，则必须为所有的误差分配相同的概率，无论误差有多大（尽管通过一次简单的计算，就会发现情况不是这样的）. 可以假定，其他人也是这样基于直觉进行猜测的，并没有经过计算检验，从而使之成为当时的一般认识. 这样，就可以理解，当高斯在 32 年后证明条件

$$(\text{最大似然估计}) = (\text{算术平均值}) \tag{7.17}$$

唯一地确定高斯误差分布律，而不是均匀分布时，人们有多么震惊.

① 如果某事可能出错，那它肯定会出错.

② 如果正误差和负误差的可能性相同，则 10 个误差都具有相同符号的概率为 $0.5^9 \simeq 0.002$.

同时，拉普拉斯（Laplace，1783）也研究了该分布律，以此作为二项分布的极限形式，得出其主要特性，并表明它非常重要，应将其值绘制成函数表. 但是，由于缺乏高斯所证明的上述特性，他仍然未能看到这是自然误差定律（赫歇尔推导还在 77 年之后）. 拉普拉斯坚持试图使用形式 $f(x) \propto \exp\{-a|x|\}$，这引起了分析上的无尽困难. 但是他确实了解观测的组合可以提高估计准确性的定性原理，这足以使他在 1787 年解决木星和土星的时差问题. 甚至从他出生以前开始，就有许多最伟大的思想家一直在为此奋斗.

22 年后，当拉普拉斯看到高斯推导时，他瞬间就明白了一切（而且一定因为以前没有意识到这一点而感到了懊悔），因此他（Laplace，1810，1812）赶忙给出了中心极限定理与关于观测值约简的一般性问题的完整解，这仍然是我们今天的分析方式. 如此简单的数学论证对科学实践产生如此巨大的影响，这样的事情直到爱因斯坦时代才再次发生.

7.5 兰登推导

一种对高斯分布的推导生动地描述了自然界中的高斯频率分布的建立过程，这是在 1941 年由研究通信电路噪声特性的电气工程师兰登给出的. 我们现在用现代的术语和符号对他的论证进行概括.

该论证是根据经验观察提出的，也就是说，在电路中观察到的时间 t 的电噪声电压 $v(t)$ 似乎总是具有相同的一般特性，即使它处于不同的级别（例如均方值），对应于不同的温度、放大率、阻抗水平，甚至不同的源 [天然的、天体物理的或人为的（由不同设备产生，如真空管、霓虹灯、电容器、用不同材料制成的电阻器，等等）]. 以前，工程师曾试图以某“统计量”[例如峰值与 RMS（均方根）比] 来描述由不同源产生的噪声，认为这可以确定噪声源. 兰登意识到这些尝试都失败了，由各种不同源产生的电噪声样本“……不可能通过任何已知的检测区分开来”. ①

兰登认为，既然噪声电压的频率分布如此普遍，那么从理论上一定能比从经验上更好地确定它. 为了解释除幅度之外的这种普遍性，他不是观察任意给定时间电压的单个分布，而是观察以单个尺度参数 σ^2（我们将其视为噪声电压的期望平方值）为特征的一类分布 $p(v|\sigma)$ 的结构. 前面提到的稳定性似乎暗示着，如果通过提高一点儿电压来增加噪声水平 σ^2，则概率分布仍具有相同的函数形式，只

① 这种普遍、稳定的噪声被称为“草”（grass），因为这就是示波器上显示的样子. 它在耳朵听来像嘶嘶声，没有任何明显的音调. 如今，我们对它并不陌生，因为这是我们将电子管电视机调到未使用的频道时听到的. 然后，自动增益控制将增益调到最大. 根据下面提到的奈奎斯特定律，电视机的嘶嘶声和屏幕上闪烁的“雪花”都是天线中电子的随机热运动产生的被放大的噪声.

会沿层次结构向上移动到新的 σ 值. 他发现只有 $p(v|\sigma)$ 的一种函数形式才具有这样的性质.

假设噪声电压 v 具有概率分布 $p(v|\sigma)$. 然后，增加一个小附加量 ε，变为 $v' = v+\varepsilon$. 与 σ 相比，ε 很小，并且具有独立于 $p(v|\sigma)$ 的概率分布 $q(\varepsilon)\mathrm{d}\varepsilon$. 给定一个具体的 ε 值，新噪声电压具有值 v' 的概率将恰好是先前 v 应具有值 $(v'-\varepsilon)$ 的概率. 因此，根据概率论的乘法规则与加法规则，新的概率分布就是卷积

$$f(v') = \int \mathrm{d}\varepsilon\, p(v'-\varepsilon|\sigma)q(\varepsilon). \tag{7.18}$$

对小的 ε 进行幂级数展开，去掉主项，我们有

$$f(v) = p(v|\sigma) - \frac{\partial p(v|\sigma)}{\partial v}\int \mathrm{d}\varepsilon\, \varepsilon q(\varepsilon) + \frac{1}{2}\frac{\partial^2 p(v|\sigma)}{\partial v^2}\int \mathrm{d}\varepsilon\, \varepsilon^2 q(\varepsilon) + \cdots, \tag{7.19}$$

为简洁起见，令 $p \equiv p(v|\sigma)$，则

$$f(v) = p - \langle\varepsilon\rangle\frac{\partial p}{\partial v} + \frac{1}{2}\langle\varepsilon^2\rangle\frac{\partial^2 p}{\partial v^2} + \cdots. \tag{7.20}$$

这是展开的一般形式. 现在我们假设增量是正值和负值的可能性一样①：$\langle\varepsilon\rangle = 0$. 同时，$v^2$ 的期望值增加到 $\sigma^2 + \langle\varepsilon^2\rangle$，因此，兰登的特征不变性要求 $f(v)$ 必须等于

$$f(v) = p + \langle\varepsilon^2\rangle\frac{\partial p}{\partial \sigma^2}. \tag{7.21}$$

比较 (7.20) 和 (7.21)，我们得到不变性条件为

$$\frac{\partial p}{\partial \sigma^2} = \frac{1}{2}\frac{\partial^2 p}{\partial v^2}. \tag{7.22}$$

这是大家熟知的微分方程（“扩散方程”），根据显然的初始条件 $p(v|\sigma=0) = \delta(v)$，其解为

$$p(v|\sigma) = \frac{1}{\sqrt{2\pi\sigma^2}}\exp\left\{-\frac{v^2}{2\sigma^2}\right\}, \tag{7.23}$$

正是标准高斯分布. 通过措词上的微小变化，可以将上述数学论证解释为计算概率分布或估计频率分布. 在 1941 年，除了哈罗德 · 杰弗里斯和约翰 · 梅纳德 · 凯恩斯外，没有人注意到这种差别. 正如我们将看到的，从本质上讲，这是中心极限定理的增量形式. 不是一次累加所有小的贡献，而是一次只考虑一个，要求新的概率分布在每一步上都具有相同的函数形式（到 ε 的二阶）.

这正是自然界中产生噪声的过程——将许多小的增量相加，每次只加一个（例如，单个电子与原子的碰撞，每次碰撞都会辐射出一个微小的电磁波脉冲，其总和为我们观察到的噪声）. 一旦达到高斯形式，该形式就会一直保持下去；此过程可以随时停止，最终的分布仍然具有高斯形式. 首先，令人惊讶的是，这种稳

① 如果这些小增量都在同一方向上具有系统性成分，则将建立一个较大的“DC”噪声电压，这显然不是目前的情况. 但是最终的解可能还有其他应用，参见练习 7.1.

定形式与小增量的分布 $q(\varepsilon)$ 无关，这就是为什么在 1941 年无法通过任何已知检测区分不同的噪声源. ①

今天，我们可以进一步了解到，这种独立性的原因是，只有增量的二阶矩 $\langle\varepsilon^2\rangle$ 对于更新的点分布（即我们正在寻找的给定时间的电压概率分布）重要. 连二阶矩的大小对于函数形式而言也无关紧要，它仅确定我们将 σ^2 移动多远. 但是，如果我们问一个更详细的问题，涉及与时间相关的关联函数，那么不同的噪声源将不再是不可分辨的. 形如 $\langle\varepsilon(t)\varepsilon(t')\rangle$ 的二阶关联通过维纳-辛钦定理与噪声功率谱关联，该定理在 1941 年才被发现. 它们能提供有关小增量持续时间的信息. 但是，如果我们考虑四阶关联 $\langle\varepsilon(t_1)\varepsilon(t_2)\varepsilon(t_3)\varepsilon(t_4)\rangle$，就将获得更详细的信息，即使不同的源都具有相同的高斯点分布和相同的功率谱，它们也会有所不同. ②

练习 7.1 以上推导将结果建立到阶数 $\langle\varepsilon^2\rangle$. 现在，假设我们添加 n 个这样的小增量，使方差达到 $\sigma^2+n\langle\varepsilon^2\rangle$. 证明：在取极限 $n\to+\infty, \langle\varepsilon^2\rangle\to 0, n\langle\varepsilon^2\rangle\to$ 常数时，高斯分布 (7.23) 变成精确解（与 $\langle\varepsilon^2\rangle$ 中的项相比，展开式 (7.19) 中的高阶项变得很小，可以忽略不计）.

练习 7.2 不假设 (7.20) 中的 $\langle\varepsilon\rangle=0$，重复上述推导过程. 由此产生的微分方程是福克-普朗克方程. 证明：现在有一个叠加的稳态漂移，解的形式为 $\exp\{-(v-a\sigma^2)^2/2\sigma^2\}$. 说明该结果可能的应用.
提示：可以给 σ^2 和 v 其他解释，例如时间和距离.

7.6 为什么普遍使用高斯分布?

在本章的开头，我们注意到德摩根和巴纳德对使用高斯分布进行推断（尤其是在参数估计中）所获得的巨大成功感到惊讶，而费勒不愿相信这种成功是可能的. 令人惊讶的是，了解这种成功之谜几乎不需要数学知识——只需要使用作为逻辑的概率论思想进行概念重建.

---

① 兰登的原始推导仅涉及一个特殊情形，其中 $q(\varepsilon)=\left(\pi\sqrt{a^2-\varepsilon^2}\right)^{-1}$，$|\varepsilon|<a$，对应于振幅为 a 且相位未知的附加正弦波. 但是，重要的是推导的思想，一旦掌握，任何人都可以将其一般化. 本质上，他在扩展 (7.20) 时独立地发现了现在统计力学中的福克-普朗克方程，这是一种强大的方法，稍后我们将使用它来证明非平衡概率分布如何可以放宽为平衡分布. 我们现在已知它具有深层含义，即不断地最大化熵.

② 认识到这一点使物理学家的很多幼稚论断变得无效，他们试图通过假设热辐射具有普遍性来证明“麦克斯韦妖”是不可能的，从而无法区分辐射源. 然而，只有二阶关联才是普遍的，感知到热辐射四阶相关性的“妖”对周围环境的细节不可能视而不见. 确实，著名的汉伯里 · 布朗-特威斯干涉仪（1956 年）在空间中而不是时间上使用这样的四阶关联，并通过观察 $\langle\varepsilon^2(x_1)\varepsilon^2x_2\rangle$ 来测量恒星的角直径. 反对“麦克斯韦妖”的常规论点在逻辑上是有缺陷的，不能证明任何事情.

让我们根据方程所传达的信息进行思考. 实际上，误差的长期频率分布是否实际上是高斯分布，从经验上看几乎是未知的. 科学家对它们的了解（根据过去的经验或理论）几乎总是其一般幅度. 例如，现代物理学中最精确的实验都是通过电子方式获取数据，物理学家通常知道这些测量结果的均方误差，因为均方误差通过著名的奈奎斯特热涨落定律与温度关联. ① 但是科学家很少知道噪声的其他性质. 如果为了与这些信息保持一致，设定噪声概率分布的前二阶矩，而不施加其他约束，则根据将在第 11 章讨论的最大熵原理，拟合这些矩的高斯分布将如实地代表科学家对噪声的了解.

然而，我们必须再强调一个有关的逻辑要点. 虽然上述高斯分布如实地代表了物理学家对所拥有数据的特定噪声样本的知识状态，但这绝不包括未来测量结果中的噪声！如果假设关于过去一些噪声样本的知识也适用于将要遇到的特定噪声样本，那么我们所做的归纳推理可能合理也可能不合理. 诚实性要求我们认识到这一点. 只有我们相信将来可以重现噪声特征，过去的噪声样本才与预测未来的噪声有关.

在实践中，常识通常告诉我们，根据过去观察到的噪声的细节无法预测未来噪声的细节，但可以期望，较粗略的特征（例如过去的均方值）会保留下来，因此可以用来预测未来的（均方值）. 那么，我们对未来噪声的概率分配应该仅利用过去噪声的这些会保留下来的粗略特征. 也就是说，它应该受我们由于期望可重现而保留的粗略特征约束而具有最大熵. 以这种关于现实世界的常识性判断为指导，概率论能成为一种更强大的推理工具，表现为对模型的选择与对先验概率的分配.

因此，我们在后面研究最大熵时会发现，使用高斯分布表示噪声实际上是在告诉机器人："关于噪声的信息，我唯一知道的是它的一阶矩和二阶矩，所以在分配概率分布时，请考虑到这一点，小心不要对关于噪声的任何其他信息做假设."我们现在将明白机器人如何严格地遵守这一指示. ②

① 角频率为 ω、电阻为 $R(\omega)$ 欧姆的电路元件，在一个很小的频带 $\Delta\omega = 2\pi\Delta f$ 中以均方开路电压为 $V^2 = 4kTR\Delta f$ 的波动穿过其端子，其中 f 为频率，单位是赫兹（周/秒）; $k \equiv 1.38 \times 10^{-23}$ 焦耳/度，是玻尔兹曼常数; T 是开尔文温标. 因此，它可以将最大噪声功率 $P = V^2/4R = kT\Delta f$ 传递给另一个电路元件. 在室温下，$T = 300K$，这大约是 4×10^{-15} 瓦特/兆赫兹带宽. 低于此强度的任何信号都将在热噪声中丢失，通常无法通过任何倍数的放大来恢复. 但是，正如布雷特索斯特的研究（Bretthorst，1988）表明的那样，有关预期信号类型的先验信息仍将使贝叶斯计算机程序能够提取较弱的信号. 我们将在第二部分研究这一课题.

② 如果我们还有其他有关噪声的信息，例如四阶矩或上限，则机器人也可以通过分配广义高斯（即一般最大熵）噪声概率分布来考虑这些信息. 格雷和格宾斯（C. G. Gray & K. E. Gubbins，1984）以及泽尔纳（A. Zellner，1988）分别给出了在经济学和物理化学中使用四阶矩约束的例子.

这并不意味着，如果碰巧知道过去噪声的完整频率分布，就可以忽略该信息. 如果我们实际掌握了传统理论所假定的信息（即关于极限频率的完全信息，而没有其他信息），那么作为逻辑的概率论就不会与传统理论冲突，无论我们拥有什么信息它都一直有效. 在绝大多数实际问题中，我们缺少这类频率信息，但具有其他信息（例如均方值、数字化区间、噪声的功率谱等），此时，正确的概率分析会通过使用正统统计所缺乏的技术工具将这些信息考虑在内.

练习 7.3 假设已经通过经验发现噪声的长期频率分布是函数 $f(e)$（不用关心如何实际获取该信息），并且没有关于噪声的其他信息. 通过与推导出 (4.55) 类似的推理，并使用拉普拉斯连续法则 (6.73) 证明，在大量频率数据的条件下，我们的噪声*概率*分布在数值上与观测到的频率分布相等：$p(e|I) \to f(e)$. 这就是丹尼尔 · 伯努利在 7.4 节中的猜测. 请小心地说明使该结论正确的确切条件.

在其他领域，例如经济数据分析领域，关于噪声的知识可能更粗略，仅有噪声的大致幅度，而无其他知识. 但是，出于下面提到的原因（中心极限定理），我们仍然有充分的理由期待看到高斯函数形式，高斯分布与该幅度的拟合仍然可以很好地表示一个人的知识状态. 即使连幅度的知识都缺乏，我们仍然有充分的理由期待看到高斯函数形式，因此，根据数据估计具有待估计冗余参数 σ 的抽样分布是合适且有用的起点. 确实，正如布雷特索斯特（Bretthorst，1988）所证明的那样，即使在物理实验中，这通常也是最安全的流程，因为噪声可能不是我们在理论上熟知的奈奎斯特噪声. 虽然我们从未发现过任何会产生低于奈奎斯特值的噪声的源（根据热力学第二定律，不可能找到这样的信号源，因为奈奎斯特定律只是普朗克黑体辐射定律的低频极限），但是有缺陷的设备可能会产生远远超过奈奎斯特值的噪声. 考虑到更大的噪声幅度，仍然可以使用这种仪器做实验. 然而，知道存在这种情况的明智的实验者，当然会在继续之前尝试改进所用的仪器.

我们将在中心极限定理中找到使用高斯误差分布的另一个强有力的理由. 但是，如果高斯分布几乎总是可以很好地表示*特定数据集*误差的知识状态，则可以得出结论：从中得出的推断几乎总是从我们实际拥有的信息中得出的最佳推断.

现在，正如我们注意到的那样，数据为我们提供了很多我们通常意识不到的噪声信息. 但是，贝叶斯定理会自动考虑可以从数据中推断出的噪声信息. 据我们所知，这在以前的文献中还没有得到认可. 因此，只有当一个人拥有关于其特定数据集中实际误差的更多信息，*即超出一阶矩和二阶矩并且超出数据范围的信息时*，才能改进使用高斯抽样分布的贝叶斯推断.

因此，无论我们的推断是否成功，除非掌握了额外的信息，否则都没有理由采用其他误差分布定律. 实际上，也没有原则告诉我们应该采用哪种其他的分布. 这解释了高斯分布为什么被普遍使用. 自从高斯和拉普拉斯时代以来，绝大多数具有连续概率分布的推断流程已经（必要且正确地）使用了高斯分布. 无论反对者提出异议的理由如何，他们都无法提供不会遭到更严重反对的替代分布. 因此，在拉普拉斯完成相关研究工作大约 25 年之后的德摩根时代，高斯分布默认得到了十分普遍的使用，该情况一直延续到今天.

认识到这一点，大大简化了我们对贝叶斯推断的阐述. 我们有 95% 的分析可以使用高斯分布，只在特殊情况（异常的先验信息，例如误差是纯数字化误差或可能的误差幅度有上限）才有理由采用另一种分布. 但是，即使在那些特殊情况下，基于高斯分布的分析通常仍会得出与精确结论相近的结论，差异通常如此之小，以致不值得付出努力去做额外的分析.

现在我们很清楚，普遍使用高斯分布的原因，不是已知误差频率分布是（或被假定是）高斯分布，而是这些频率分布是*未知*的. 人们发现这与费勒和巴纳德的看法完全不同，“正态”完全不是物理事实的*假设*，而是对我们知识状态的*有效描述*. 在大多数情况下，如果使用不同的方法，我们就可能会做出不合理且毫无根据的假设（从而违背了第 1 章中的合理性条件之一）. 但这仍不能解释为什么该流程如此成功.

7.7　为什么普遍成功?

“普遍成功”是指，在近两个世纪的时间里，在几乎所有问题中，高斯抽样分布一直比任何其他的抽样分布更易于使用并产生更好的结果（更准确的参数估计）. 要解释这一点，就必须找到德摩根预测的分析（本章开头引语中的“简单解释”）. 但为什么需要这么长时间才能找到这种分析呢?

要回答此问题，首先请注意，我们将使用数据的某种函数作为估计值. 然后，我们的推断是否成功，将完全取决于该函数是什么，以及*针对正在分析的特定数据集*所进行的推断中存在的实际误差. 因此，要解释其成功，需要研究特定的数据集. 我们虽然可能得到但没有得到（因此不进行分析）的其他数据集中误差的频率分布是无关紧要的，除非 (a) 该数据集是已知的，而不仅仅是想象的；(b) 它能告诉我们一些有关特定数据集误差的额外信息.

我们从未在实际问题中见过满足这两个条件的数据集. 那些十分强调频率的人只是*假定*它们存在，而没有给出任何实际测量值. 他们试图用从未观察到的假想数据集中的假定频率来证明高斯分布的合理性. 因此，他们继续沉迷在幻想之中，而不去使用与推断真正有关的信息. 这样，我们就了解了他们找不到该分布为什么如此成功的任何合理解释.

只考虑估计量的抽样分布，费勒认为，除非 e_i 的抽样分布正确代表了误差的实际发生频率，否则我们的估计在某种程度上并不能令人满意. 但是，究竟应该以什么方式估计呢? 费勒及其他人似乎从来没有说过. 这里有一个密切相关的真相: *如果我们的估计量是数据的给定固定函数，那么所有可能数据集的长期估计值的实际可变性，的确取决于实际的长期频率误差的分布*（如果存在）.

然而，这是否意味着，为了进行满意的估计，我们分配的抽样分布必须等于该频率分布呢? 就我们所知，正统统计理论从未尝试进行过这样的展示，甚至没有意识到这样做的必要性. 这使我们意识到了另一个同样严峻的难题.

7.8 应该使用什么估计量?

在根据数据 D 估计参数 μ 时，正统统计学几乎肯定会使用最大似然估计量，也就是使得 $p(D|\mu)$ 最大的 μ 值. 如果先验信息不重要（也就是说，如果先验概率密度 $p(\mu|I)$ 在高似然区域中基本恒定），则贝叶斯方法可能也会这么做. 然而，是否有证据表明最大似然估计可以得出最准确的估计呢? 通过选择不同的估计量，从长远来看（即更紧密地集中在真实值 μ_0 附近），μ 的估计是否可以变得更好? 这个问题仍然悬而未决. 这里的逻辑有两大断层.

比逻辑断层更根本的是概念上的混乱，费勒设想的情况并不是科学家面临的真正问题. 正如约翰 · 梅纳德 · 凯恩斯（Keynes，1921）早就强调的那样，他的工作不是幻想一个永远不会实现的“长期频率”，而是在他面临的真实案例中估计参数. [①]

为了表明指出这些问题不是在挑刺，我们需要证明，从长期抽样理论标准的角度来看，实际上也通常存在一个比最大似然估计更好的估计量. 正如我们所看到的，高斯证明了

$$(\text{最大似然估计}) = (\text{观测值的算术平均值}) \tag{7.24}$$

① 奇怪的是，在同一次餐后演讲中，费勒也谴责了那些未能区分长期频率与个案的人，但在我们看来，正是费勒未能正确区分两者之间的差别. 他会通过想象的长期频率特征来判断个案推断的优点. 然而，不仅有可能，而且会很常见的是，从我们离开高斯抽样分布开始，在所有数据集长期频率上成功的估计量，对于我们的特定数据集而言可能非常差，因此不应该使用. 这样，任何特定估计量［即数据的任何特定函数 $f(y_1,\cdots,y_n)$］的抽样分布都变得无关紧要，因为*对于不同的数据集，我们将使用不同的估计量*. 因此，假设适用于高斯分布的流程也适用于其他分布，可能会导致一个人以多种方式犯严重错误. 这向我们引入了费希尔在 20 世纪 30 年代指出（在其著作第 8 章中讨论）的充分性和辅助性现象. 我们现在知道，贝叶斯定理会自动检测到这些情况，并在这里做正确的事情，为每个数据集选择*该数据集的*最优估计量. 换句话说，费希尔指出的难题的正确解决方案，只是回到（他认为错误的）拉普拉斯和杰弗里斯的原始贝叶斯分析.

唯一地确定了高斯抽样分布. 因此，如果我们的抽样分布不是高斯抽样分布，这两个估计量是不同的. 那么，哪个更好呢?

我们使用的所有抽样分布几乎都是“独立均匀同分布”(iid) 形式

$$p(x_1 \cdots x_n|\mu I) = \prod_{i=1}^{n} f(x_i - \mu). \tag{7.25}$$

对于每个数据集，无论其抽样分布如何，贝叶斯分析都具有确定最佳估计所需的理论原理，它将导致我们使用后验均值估计最小化期望误差平方，使用后验中值估计最小化绝对值误差，等等. 如果抽样分布不是高斯抽样分布，估计量通常被证明是观测值的线性组合 $(\mu)_{\text{est}} = \sum w_i y_i$，然而，加权系数 w_i 取决于数据构型 $(y_i - y_j)$，$1 \leqslant i, j \leqslant n$. 因此，估计值通常是观察值的非线性函数. ①

相反，我们从正统统计角度来考虑一个典型的实际问题，其中没有先验概率或损失函数. 我们尝试估计位置参数 μ，数据 D 由 n 个观测值组成：$D = \{y_1, \cdots, y_n\}$. 但是，在某种程度上，它们的误差不受实验者控制，也无法根据实验者的知识状态预测. ② 在下文中，我们用 μ_0 表示未知真实值，并将 μ 用作一般变量. 这样，我们的模型是

$$y_i = \mu_0 + e_i, \quad 1 \leqslant i \leqslant n, \tag{7.27}$$

其中 e_i 是第 i 次测量中的实际误差. 现在，如果我们为误差 $e_i = y_i - \mu_0$ 分配一个独立高斯抽样分布

$$p(D|\mu_0 \sigma I) = \left(\frac{1}{2\pi\sigma^2}\right)^{n/2} \exp\left\{-\frac{\sum(y_i - \mu_0)^2}{2\sigma^2}\right\}, \tag{7.28}$$

那么有

$$\sum_{i=1}^{n}(y_i - \mu_0)^2 = n[(\mu_0 - \overline{y})^2 + s^2], \tag{7.29}$$

其中

$$\overline{y} \equiv \frac{1}{n}\sum y_i = \mu_0 + \overline{e}, \qquad s^2 \equiv \overline{y^2} - \overline{y}^2 = \overline{e^2} - \overline{e}^2, \tag{7.30}$$

这是出现在似然函数中的数据的唯一属性. 因此，分配高斯误差分布的结果是，仅将数据的一阶矩和二阶矩用于 μ_0 (以及未知的 σ) 的推断. 它们称为**充分统计量**.

---

① 读者可能会发现，详细验证简单的柯西抽样分布

$$p(y_i|\mu I) = \frac{1}{\pi}\frac{1}{1 + (y_i - \mu)^2} \tag{7.26}$$

很有启发性，其中非线性函数的复杂性令人惊讶.

② 这并不意味着它们“不由任何因素决定”，就像那些遭受思维投射谬误之苦的人所暗示的那样. 这仅表示它们不受实验者正在控制或观察的任何情况的影响. 决定因素在原则上是否可以观察到与当前问题无关，我们只需要在已指定的知识状态下尽力而为进行推理.

根据 (7.30)，只有噪声值 $\{e_1, \cdots, e_n\}$ 的一阶矩和二阶矩

$$\overline{e} = \frac{1}{n}\sum_i e_i, \quad \overline{e^2} = \frac{1}{n}\sum_i e_i^2 \tag{7.31}$$

可能会影响我们的估计误差. 从某种意义上说，我们拥有了数据误差和估计误差之间可能存在的最简单联系.

如果我们通过观测值的算术平均值来估计 μ，那么在估计中形成的实际误差是特定数据集中各个误差的平均值:①

$$\Delta \equiv \overline{y} - \mu_0 = \overline{e}. \tag{7.32}$$

注意，$\overline{e}$ 不是任何概率分布的平均值，它是实际误差的平均值，无论实际误差 e_i 如何分布，这一结论都成立. 例如，无论 e_i 的直方图是否与分配的高斯抽样分布 (7.28) 非常相似，或者所有误差是否恰好都是 e_1，都无关紧要，(7.32) 仍然正确.

7.9 误差抵消

高斯抽样分布成功的一个重要原因在于它与上述误差抵消现象的关系. 假设我们通过数据值的某个线性组合来估计 μ:

$$(\mu)_{\text{est}} = \sum_{i=1}^{n} w_i y_i, \tag{7.33}$$

其中加权系数 w_i 是满足 $\sum w_i = 1$，$w_i \geqslant 0$，$1 \leqslant i \leqslant n$ 的实数. 这样，使用模型 (7.27)，估计误差的平方为

$$\Delta^2 = [(\mu)_{\text{est}} - \mu_0]^2 = \left(\sum_i w_i e_i\right)^2 = \sum_{i,j=1}^{n} w_i w_j e_i e_j. \tag{7.34}$$

无论我们采用什么抽样分布，其期望值都是

$$\langle \Delta^2 \rangle = \sum_{i,j} w_i w_j \langle e_i e_j \rangle. \tag{7.35}$$

如果我们像通常假设的那样，为每个 e_i 分配独立同分布的概率，那么 $\langle e_i e_j \rangle = \sigma^2 \delta_{ij}$，从而

$$\langle \Delta^2 \rangle = \sigma^2 \sum_i w_i^2. \tag{7.36}$$

现在，定义 $w_i = n^{-1} + q_i$，其中 $\{q_i\}$ 是仅受 $\sum w_i = 1$ 约束的实数，从而 $\sum q_i = 0$. 那么，误差平方的期望值是

① 当然，如果假设关于 μ 的唯一信息来自该数据集，那么概率论告诉我们，这是我们可以做出的最优估计. 如果我们还有其他信息（以前的数据集，其他先验信息等），则应考虑在内，不过此时考虑的就是一个不同的问题了.

$$\langle \Delta^2 \rangle = \sigma^2 \sum_i \left(\frac{1}{n^2} + \frac{2q_i}{n} + q_i^2 \right) = \sigma^2 \left(\frac{1}{n} + \sum_i q_i^2 \right), \tag{7.37}$$

显然，$\langle \Delta^2 \rangle$ 达到其绝对最小值

$$\langle \Delta^2 \rangle_{\min} = \frac{\sigma^2}{n} \tag{7.38}$$

的充分必要条件是所有 $q_i = 0$. 我们得出的结论是，均匀加权 $w_i = 1$ 导致观察值的算术平均值作为我们的估计，因此，得出的误差平方的期望值比通过其他任何方法得出的结果都小. 换句话说，它为误差抵消提供了最大的可能性. 注意，该结果与我们对各个误差使用的采样分布 $p(e_i|I)$ 无关. 然而，关于 μ 的高度可靠的先验信息（即，先验密度 $p(\mu|I)$ 在高似然区域中变化很大）将导致我们对此做一些修正.

如果没有重要的先验信息，则使用高斯分布会自动使我们通过观测值的算术平均值来估计 μ. 高斯证明了高斯分布是唯一能做到这一点的分布. 因此，在所有以观测值的算术平均值估计 μ 的抽样分布中，高斯分布是能最大地消除误差的唯一分布.

这最终非常清楚地说明了，相对于其他分布，为什么高斯抽样分布在过去几百年中获得了普遍的成功，从而印证了德摩根的如下预测.

> 当我们为可加性噪声分配一个独立高斯抽样分布时，我们实现的不是误差频率的正确表示，而是使这些频率在以下两方面与推断无关. (1) 除 $\overline{e}$ 和 $\overline{e^2}$ 外，噪声的所有其他方面对我们的估计值和准确性没有影响. (2) 在通过观察值的线性组合估计位置参数时，我们的估计比使用其他抽样分布更准确，因为它能最大可能地消除误差.

练习 7.4 更一般地，考虑一种抽样分布 $p(e_1, \cdots, e_n|I)$，该抽样分布将不同的边缘分布 $p(e_i|I)$ 分配给不同的 e_i，允许不同 e_i 之间的任意相关. 那么，协方差矩阵 $\boldsymbol{C}$ 是一般的 $n \times n$ 正定矩阵，其中 $C_{ij} \equiv \langle e_i e_j \rangle$. 在这种情况下，请证明最小的 $\langle \Delta^2 \rangle$ 以如下加权系数实现：

$$w_i = \sum_j K_{ij} \Big/ \sum_{i,j} K_{ij}, \tag{7.39}$$

其中 $\boldsymbol{K} = \boldsymbol{C}^{-1}$ 是逆协方差矩阵. 这样，最小可得的 $\langle \Delta^2 \rangle$ 为

$$\langle \Delta^2 \rangle_{\min} = \left(\sum_{i,j} K_{ij} \right)^{-1}. \tag{7.40}$$

在 $C_{ij} = \sigma^2 \delta_{ij}$ 的情况下，这减少了先前的误差 (7.38).

鉴于德格罗特和戈埃尔（de Groot & Goel，1980）发现“只有正态分布才具有线性后验期望”，也许我们正在讨论一种不可能的情况. 我们需要另一个数学问题的解：“通过观测值的线性函数估计位置参数的最一般的抽样分布是什么?”德格罗特和戈埃尔的工作表明（但在我们看来并不能证明），答案同样是高斯分布. 注意，我们在这里考虑的是两个不同的问题，(7.38) 是抽样分布上的“风险”或误差平方的期望，而德格罗特和戈埃尔考虑的是后验分布的期望.

7.10 抽样频率分布之近无关性

换个角度来看这个问题是有帮助的. 如我们前面看到的，在重复的情况下，任何事件的概率通常与期望频率相同（当然，两者使用的基本概率分布相同）. 然后，给定抽样分布 $f(y|\theta)$，它告诉我们，$\int_R \mathrm{d}y f(y|\theta)$ 是知道事件 $y \in R$ 数据之前的期望频率.

但是，如果像在初等参数估计中假设的那样，参数在获取数据集的整个过程中保持固定，则数据的可变性必然是该数据集中实际误差的可变性. 如果我们将模型定义为 $y_i = f(x_i) + e_i$ 的形式，其中噪声是可加的，则从数据到均匀转换 $e_i - e_j = y_i - y_j$ 的误差的确切分布是已知的. 从数据 y 可以知道，第 i 个观测值误差的精确形式为 $e_i = y_i - e_0$，其中 e_0 是未知常数. 从数据可以知道误差的频率分布是否具有高斯函数形式. 那么，在正统理论中产生对误差频率的先验期望的抽样分布还有什么用呢? 在我们看到数据之前，任何形式的期望频率分布，都与数据中的信息无关! 对于推断而言，重要的仍是似然函数——所观测数据集的概率如何随参数 θ 变化.

尽管这些结果在数学上都很简单，但我们还是用不同的词语重复它们来强调它们不平凡的结果. 高斯分布与算术平均值的联系比高斯所示得更深. 如果我们指定独立的高斯误差分布，则估计中的误差始终是数据集中真实误差的算术平均值. 这些误差的频率分布是否为高斯分布完全无关紧要. 任何具有相同一阶矩 $\overline{e}$ 的误差 $e_1, \cdots, e_n$ 都将导致我们得出相同的 μ 估计值. 无论单个误差的频率分布如何，任何具有相同一阶矩和二阶矩的误差都会使我们得出相同的 μ 和 σ 估计值以及相同的精度. 这对德摩根、费勒和巴纳德的问题做出了一大部分回答.

这清楚地表明，从功能上对我们而言重要的（即确定我们估计的实际误差的因素）不是高斯误差定律是否正确地描述了误差的极限频率分布，而是该误差定律是否正确地描述了我们有关数据集中实际误差的先验信息. 如果是这样，那么上述计算方法就是我们对所拥有信息的最优处理方式，没有什么别的可说了.

我们应该（或者确实可以）使用不同方法的唯一情况是，我们有除了一阶矩和二阶矩之外的其他关于误差的先验信息. 例如，如果知道它们是具有数字化间隔 δ 的简单数字化误差，那么就能知道任何误差的大小都有严格的上限：$|e_i| \leqslant \delta/2$. 如果 $\delta < \sigma$，则使用适当的截断抽样分布代替高斯分布 (7.28) 几乎肯定会导致对 μ 的更准确的估计. 这种先验信息可能会非常有帮助（尽管也会使解析解复杂化，但这对计算机没有任何难度），我们将在 7.17 节考虑此类问题.

更接近当前问题的是，高斯误差定律在什么意义上以及在什么条件下“正确描述”了我们关于误差的信息?

7.11 出色的信息传输效率

这里再次借用后面章节的一些结果,以便对正在发生的事情获得快速、初步的看法,这将提高我们构建实际问题时的判断力. 具有最大熵 $H = -\int \mathrm{d}e\, p(e) \ln p(e)$ 的噪声概率分布 $p(e|\alpha\beta)$，受指定期望

$$\langle e \rangle = \alpha, \quad \langle e^2 \rangle = \alpha^2 + \beta^2 \tag{7.41}$$

的约束，其中的尖括号 $\langle\rangle$ 现在表示概率分布 $p(e|\alpha\beta)$ 的平均值，$p(e|\alpha\beta)$ 是高斯分布

$$p(e|\alpha\beta) = \frac{1}{\sqrt{2\pi\beta^2}} \exp\left\{-\frac{(e-\alpha)^2}{2\beta^2}\right\}. \tag{7.42}$$

因此，先验信息的状态导致我们指定噪声的期望一阶矩和二阶矩（并没有其他信息）唯一决定高斯分布. 非常令人满意的是，这导致我们的推断仅通过实际误差的一阶矩和二阶矩依赖于噪声. 当我们根据最大熵原理分配误差概率时，*在贝叶斯推断中使用的误差性质只是我们为其指定了一些先验信息的性质*. 这对德摩根、费勒和巴纳德的问题做出了非常重要的第二部分回答.

在这个例子中，我们第一次偶然发现了作为逻辑的概率论的一个基本属性：如果用概率来表示我们的信息，那么对我们而言毫无信息的情况就不会在随后的推断中使用. 不仅在这个例子中如此，在研究最大熵时，我们还会发现这是一个普遍适用的定理：任何由最大熵分配的抽样分布都会导致贝叶斯推断，而贝叶斯推断只依赖于我们在熵最大化中作为约束合并的信息. [①]

换句话说，作为扩展逻辑的概率论规则会自动使用我们拥有的所有信息，并避免对我们没有的信息做假设. 确实, 第 1 章中的合情条件保证了这一点. 尽管作为乘法规则和加法规则，作为逻辑的概率论的形式结构极其简单，它在应用中却

① 从技术上讲（第 8 章），具有充分统计量的抽样分布类恰好是由最大熵原理生成的类，所得到的充分统计量恰恰是确定最大熵分布的约束条件.

可以非常复杂. 它可以立即洞察几代统计学家和概率学家都没有看到的东西. 为了使概率计算在现实世界中有用和可靠，它需要概率与频率没有任何关系. ①

一旦明白了这一点，无法获得任何信息的情况对我们的推断就显然不会有任何影响. 传统推断规则意识不到这一点，并试图将误差频率之类的量作为特定假设引入计算，这实际上是在没有信息时声称拥有某些信息（实际上，他们注入的信息是随意的——因此几乎肯定是虚假的）. 这样的规则也许在一小类问题中能用，但是，如果在该范围外的问题中使用，得出的结论肯定是错误和/或有误导性的.

在以下意义上，作为逻辑的概率论始终是安全和保守的：它始终将概率分布扩展在所用信息允许的整个条件范围内，我们的基本合情条件就是这样要求的. 因此，它总是得出由所输入的信息能保证的结论. 如果我们提供模糊或不完整的信息，则机器人会返回模糊的估计值. 但是，它会返回范围非常宽、后验分布以至于仍然包含参数的真实值，来警告我们存在模糊性的事实. 除非我们给了虚假信息，它实际上不会误导我们——从给错误的结论赋予高概率的意义上.

例如，如果我们分配一种抽样分布，其中假设的误差远小于实际误差，那么我们就将错误信息放入了问题中，其结果不一定是参数的错误估计，而是关于这些估计值准确性的错误声明. 此外，（通常更为严重的后果是）机器人会产生幻觉，将噪声假象误认为是真实效果. 正如德摩根（de Morgan，1872，第 113 页）所说，这是“将从摇晃的望远镜中获得的所有颤动归因于月球运动”一类的错误.

相反，如果在我们使用的抽样分布中，假设的误差比实际误差大得多，则结果不一定是错误的估计，而是对它们的准确性声明过于保守. 此外，（通常更为严重的后果是）机器人感知迟钝，无法识别出真实效应，反而将它们作为噪声的一部分忽略了. 这将产生一类“将月球偏离其预期轨道这样真实、重要的现象归因于摇晃的望远镜”的相反错误. 如果我们使用反映真实平均误差和均方误差的抽样分布，将最大程度防止以上两种极端的错误，从而在两者之间建立最安全的中间路线. 这些性质将在后面详细说明.

7.12 其他抽样分布

一旦了解了使用高斯分布进行推断如此成功的原因，我们还可以看到其他抽样分布能更好地表达我们的知识状态的罕见情况. 例如，我们知道误差是由于某些小物体不可避免和不可控制的旋转产生的，在角度为 θ 时误差为 $e = \alpha\cos\theta$,

① 这并不是说禁止概率与频率有任何关联. 关键在于，概率是否依赖于问题，作为逻辑的概率论在这两种情况下都同样有效. 在后面所述高尔顿的工作中，我们将看到一个例子，其中概率与频率之间存在清晰的联系. 第 9 章将分析此关联的一般条件.

但实际角度未知. 分析表明，先验概率分布是 $p(e|I) = \left(\pi\sqrt{\alpha^2 - e^2}\right)^{-1}$，$e^2 < \alpha^2$，正确地描述了我们对误差的了解状态. 因此，应使用它代替高斯分布，因为它有一个尖锐的上限，所以可能比高斯分布产生更好的估计——即使 α 是未知的，必须从数据中估计（或者 α 可能就是需要估计的参数）.

再例如，已知误差的形式为 $e = \alpha \tan\theta$，但 θ 未知，我们发现先验概率为柯西分布 $p(e|I) = \pi^{-1}\alpha/(\alpha^2 + e^2)$. 尽管这种情况很少见，但我们会发现它具有指导意义，可以分析柯西抽样分布的推断，因为可能会发生在性质上不同的情况. 正统统计认为这是“病态的例外情况”，但贝叶斯分析不会遇到任何困难，还会使我们能够理解它们.

7.13　作为保险工具的冗余参数

该原理的一个例子是，如果我们对误差大小 σ 没有真正的了解，那么假设某个任意值可能很危险. 最明智、最安全的方法是采用一个模型，通过考虑 σ 的各种可能值来诚实地承认我们的无知. 我们应该指定先验 $p(\sigma|I)$，该先验表示与我们的先验信息一致的 σ 可能具有的合理值范围. 然后，在贝叶斯分析中，我们将首先找到这两个参数的联合后验 PDF：

$$p(\mu\sigma|DI) = p(\mu\sigma|I)\frac{p(D|\mu\sigma I)}{p(D|I)}. \tag{7.43}$$

现在请注意乘法规则是如何重新整理上式的：

$$p(\mu\sigma|DI) = p(\sigma|I)p(\mu|\sigma I)\frac{p(D|\sigma I)p(\mu|\sigma DI)}{p(D|I)p(\mu|\sigma I)} = p(\mu|\sigma DI)p(\sigma|DI). \tag{7.44}$$

因此，如果将冗余参数 σ 积分消去，可以得到仅留下 μ 的边缘后验 PDF：

$$p(\mu|DI) = \int \mathrm{d}\sigma\, p(\mu|\sigma DI)p(\sigma|DI), \tag{7.45}$$

这是关于所有 σ 值的 PDF $p(\mu|\sigma DI)$ 的加权平均值，以 σ 的后验 PDF $p(\sigma|DI)$ 加权，它代表我们对 σ 的所有了解.

因此，当我们通过积分消去一个冗余参数时，不会丢弃该参数相关的任何信息. 相反，概率论会从所有可用证据中自动为我们估计出冗余参数，并在我们真正感兴趣的参数的边缘后验 PDF 中充分考虑该信息（但这是以巧妙、高效的方式进行的，以致人们可能没有意识到这正在发生，反而认为正在丢失一些信息）. 在数据能够准确地确定真值 $\sigma = \sigma_0$ 的极限情况中，$p(\sigma|DI) \to \delta(\sigma - \sigma_0)$ 且 $p(\mu|DI) \to p(\mu|\sigma_0 DI)$，该理论得出的结论与我们在一开始就知道真实值时得出的结论相同.

这个例子说明，无论我们问什么问题，作为逻辑的概率论都会自动考虑我们的模型所允许的所有可能性和我们的信息. 当然，我们有责任明智地选择模型，使得机器人可以自由地根据其全部信息估计我们不知道的任何参数. 如果我们无法识别出会影响数据的冗余参数的存在，从而将其排除在模型之外，那么机器人就会受损，无法为我们做出最优推断. 第 15 章中讨论的边缘化悖论和第 8 章中的数据池悖论展示了可能发生的一些事情. 机器人的结论仍然是从我们提供的信息中得出的最优结论，但并不同于根据简单常识所得出的结论——常识会使用我们未提供的其他信息.

我们在实践中发现，识别出相关但未知且不真正感兴趣的参数，并将这些参数包含在模型中，然后通过积分将其作为冗余参数消去，可以大大提高我们从数据中提取信息的能力——通常是数量级上的提升. 通过这种方式，我们可以预先警告机器人可能出现的复杂情况，并提请其注意. 然后，概率论的规则将引导机器人为此做出最优估计.

在评估环境危害或新机器、药物或食品添加剂的安全性的一些问题中，这一点尤为重要. 没有意识到科学家们的所有相关先验信息，并将这些信息包括在模型和先验概率中，可能导致危险被严重高估或低估. 例如，根据对一台机器的工程设计知识，人们对它可能的故障模式及其后果有很多了解，而这些故障模式及其后果是无法通过“随机试验”从任何可靠性测试中获得的. 同样，根据对食品添加剂的化学性质的知识，人们可以充分了解其生理作用，而从单纯的毒性试验中却无法知晓这种作用.

当然，这并不是说不应该进行可靠性测试和毒性测试. 关键是，随机试验是非常低效的信息获取方式（可以说，我们只能以试验次数的平方根的速度进行学习），除非考虑有同等说服力（通常是更有说服力）的先验信息，否则通常不能从中得出合理的结论. 我们在第 6 章的 (6.123) ~ (6.144) 中看到了这种现象的一些示例. 随机试验的真正作用是防止完全出人意料的不良影响，关于这些不良影响，我们的先验信息不会给出任何警告.

7.14 更多一般性质

尽管高斯推导具有重要的历史意义，但由于它依赖于直觉，在今天并不能令人满意. 为什么位置参数的“最优”估计必须是观测值的线性函数? 显然，根据高斯推导，如果我们采用的抽样分布不是高斯抽样分布，则位置参数的最佳估计值将不是样本均值. 它可以有其他很多函数形式. 那么，在什么情况下可以使用拉普拉斯方法?

我们在前面看到了使用高斯抽样分布的实际好处，非常有说服力. 现在，稍微借用一下后面章节的结果，我们可以说高斯抽样分布的独特理论地位并非源自高斯论证，而是源自四个与概率论和推断根本没有关系的数学稳定性性质，以及一个与概率论和推断有关的数学稳定性性质，但后者直到 20 世纪中叶才被发现.

(A) 任何具有单一最大值的光滑函数，如果提高到越来越高次幂，将变为高斯函数. 我们在第 6 章中看到了这一点.

(B) 两个高斯函数的乘积是另一个高斯函数.

(C) 两个高斯函数的卷积是另一个高斯函数.

(D) 一个高斯函数的傅里叶变换是另一个高斯函数.

(E) 高斯概率分布的熵高于任何其他具有相同方差的分布的熵. 因此，对概率分布进行丢弃其他信息而保留方差的任何操作都会不可避免地更接近高斯分布. 下面得出的中心极限定理就是最著名的例子，其中执行的运算是卷积.

性质 (A)(E) 解释了为什么各种运算越来越接近高斯分布形式，性质 (B)(C)(D) 解释了为什么这种形式一经获得就会被保留.

7.15 高斯函数的卷积

卷积性质 (C) 的证明如下所示. 现在扩展 (7.1) 的符号[①]

$$\begin{aligned}\varphi(x-\mu|\sigma) &\equiv \frac{1}{\sigma}\varphi\left(\frac{x-\mu}{\sigma}\right) \\ &= \sqrt{\frac{1}{2\pi\sigma^2}}\exp\left\{-\frac{(x-\mu)^2}{2\sigma^2}\right\} \\ &= \sqrt{\frac{w}{2\pi}}\exp\left\{-\frac{w}{2}(x-\mu)^2\right\},\end{aligned} \tag{7.46}$$

其中，为方便起见，我们引入“权重” $w \equiv 1/\sigma^2$. 两个这种函数的乘积是

$$\varphi(x-\mu_1|\sigma_1)\varphi(y-x-\mu_2|\sigma_2) = \frac{1}{2\pi\sigma_1\sigma_2}\exp\left\{-\frac{1}{2}\left[\left(\frac{x-\mu_1}{\sigma_1}\right)^2+\left(\frac{y-x-\mu_2}{\sigma_2}\right)^2\right]\right\}, \tag{7.47}$$

我们重排二次型来展现它对 x 的依赖:

$$\left(\frac{x-\mu_1}{\sigma_1}\right)^2+\left(\frac{y-x-\mu_2}{\sigma_2}\right)^2 = (w_1+w_2)(x-\hat{x})^2+\frac{w_1w_2}{w_1+w_2}(y-\mu_1-\mu_2)^2, \tag{7.48}$$

① 由于 $\varphi(\ )$ 和 $\varphi(\ |\ )$ 是不同的函数符号，这种表示不存在不一致问题.

其中 $\hat{x} \equiv (w_1\mu_1 + w_2y - w_2\mu_2)/(w_1 + w_2)$. 乘积对 x 仍然是高斯分布. 对 x 积分，我们有卷积公式：

$$\int_{-\infty}^{+\infty} \mathrm{d}x\, \varphi(x-\mu_1|\sigma_1)\varphi(y-x-\mu_2|\sigma_2) = \varphi(y-\mu|\sigma), \tag{7.49}$$

其中 $\mu \equiv \mu_1 + \mu_2$，$\sigma^2 \equiv \sigma_1^2 + \sigma_2^2$. 两个高斯函数的卷积形成了另一个高斯函数，均值 μ 和方差 σ^2 是可加的. 不久，我们将看到一些仅需卷积公式 (7.49) 的重要应用. 现在来看一个著名的定理，该定理是通过多次卷积得到的.

7.16 中心极限定理

非高斯分布的卷积是否也具有可加性参数的问题使我们想到了附录 C 中讨论的*累积量*的概念. 尚未对此进行研究的读者最好先阅读一下附录 C.

新编练习 7.5 杰恩斯从未在本节中实际推导出中心极限定理. 相反，他推导的是中心极限定理唯一已知的例外. 在附录 C 中，他几乎推导出了中心极限定理. 定义

$$\phi(\alpha) = \int_{-\infty}^{+\infty} f(x)\mathrm{e}^{\mathrm{i}\alpha x}, \tag{7.50}$$

多次重复应用卷积得到

$$h_n(y) = f*f*f*\cdots*f = \frac{1}{2\pi}\int_{-\infty}^{+\infty} \mathrm{d}y\,\phi(y)^n \mathrm{e}^{-\mathrm{i}\alpha y}, \tag{7.51}$$

$$[\phi(\alpha)]^n = \exp\left\{n\left(C_0 + \alpha C_1 - \frac{\alpha^2 C_2}{2} + \cdots\right)\right\}, \tag{7.52}$$

其中累积量 C_n 在附录 C 中定义. 如果忽略高于 C_2 的累积量，可以得到

$$\begin{aligned} h_n(y) &\approx \frac{1}{2\pi}\int_{-\infty}^{+\infty} \mathrm{d}\alpha\, \exp\left\{\mathrm{i}n\alpha\langle x\rangle - \frac{n\sigma^2\alpha^2}{2} - \mathrm{i}\alpha y\right\} \\ &= \frac{1}{2\pi}\int_{-\infty}^{+\infty} \mathrm{d}\alpha\, \exp\left\{-\frac{n\sigma^2\alpha^2}{2}\right\}\exp\{-\mathrm{i}\alpha(n\langle x\rangle - y)\} \\ &= \frac{1}{\sqrt{2\pi n\sigma^2}}\exp\left\{-\frac{(y-n\langle x\rangle x)^2}{2n\sigma^2}\right\}. \end{aligned} \tag{7.53}$$

这就完成了中心极限定理的推导. 这是一个良好近似的条件是什么？当我们计算的是概率的比例时，此推导仍然有效吗？

如果应用于该理论的函数 $f_i(x)$ 是概率分布，则它们必须非负且已归一化：$f_i(x) \geqslant 0$，$\int \mathrm{d}x\, f_i(x) = 1$. 这样，零阶矩都为 $Z_i = 1$，并且傅里叶变换

$$\mathcal{F}_i(\alpha) \equiv \int_{-\infty}^{+\infty} \mathrm{d}x\, f_i(x)\mathrm{e}^{\mathrm{i}\alpha x} \tag{7.54}$$

对于实数 α 绝对收敛. 请注意，即使 f_i 是不连续的，或者包含狄拉克德尔塔函数，这些关系也仍然成立. 因此，以下推导同样适用于连续或离散或两者混合的情况. ①

考虑两个随机变量，根据先验信息 I 有概率分布

$$f_1(x_1) = p(x_1|I), \qquad f_2(x_2) = p(x_2|I). \tag{7.55}$$

我们要求 $y = x_1 + x_2$ 的概率分布 $f(y)$. 显然，y 的累积概率密度是

$$P(y' \leqslant y|I) = \int_{-\infty}^{+\infty} \mathrm{d}x_1\, f_1(x_1) \int_{-\infty}^{y-x_1} \mathrm{d}x_2\, f_2(x_2), \tag{7.56}$$

积分区域 R 由 $(x_1 + x_2 \leqslant y)$ 定义. 这样，y 的概率密度是

$$f(y) = \frac{\mathrm{d}}{\mathrm{d}y} P(y' \leqslant y|I)\bigg|_{y=y'} = \int \mathrm{d}x_1\, f_1(x_1) f_2(y - x_1), \tag{7.57}$$

这正是卷积，在附录 C 中用 $f(y) = f_1 * f_2$ 表示. 这样，随机变量 $z = y + x_3$ 的概率密度是

$$g(z) = \int \mathrm{d}y\, f(y) f_3(z - y) = f_1 * f_2 * f_3. \tag{7.58}$$

应用数学归纳法，我们有：n 个随机变量之和 $y = x_1 + \cdots + x_n$ 的概率密度为多重卷积 $h_n(y) = f_1 * \cdots * f_n$.

在附录 C 中，我们发现 x 空间中的卷积对应于傅里叶变换空间中的简单乘法：引入 $f_k(x)$ 的特征函数

$$\varphi(\alpha) \equiv \langle \mathrm{e}^{\mathrm{i}\alpha x} \rangle = \int_{-\infty}^{+\infty} \mathrm{d}x\, f_k(x) \mathrm{e}^{\mathrm{i}\alpha x} \tag{7.59}$$

和傅里叶逆变换

$$f_k(x) = \frac{1}{2\pi} \int_{-\infty}^{+\infty} \mathrm{d}\alpha\, \varphi_k(\alpha) \mathrm{e}^{-\mathrm{i}\alpha x}, \tag{7.60}$$

我们发现 n 个随机变量 x_i 之和的概率密度为

$$h_n(q) = \frac{1}{2\pi} \int \mathrm{d}\alpha\, \varphi_1(\alpha) \cdots \varphi_n(\alpha) \mathrm{e}^{-\mathrm{i}\alpha q}, \tag{7.61}$$

如果诸概率分布 $f_i(x)$ 都相同，则有

$$h_n(q) = \frac{1}{2\pi} \int \mathrm{d}\alpha\, [\varphi(\alpha)]^n \mathrm{e}^{-\mathrm{i}\alpha q}. \tag{7.62}$$

根据 (7.62)，算术平均值 $\overline{x} = q/n$ 的概率密度显然为

$$p(\overline{x}) = n h_n(n\overline{x}) = \frac{n}{2\pi} \int \mathrm{d}\alpha \left[\varphi(\alpha) \mathrm{e}^{-\mathrm{i}\alpha \overline{x}}\right]^n. \tag{7.63}$$

---

① 在这一点上，不信任或不相信狄拉克德尔塔函数的读者应该阅读附录 B.5.1. 莱特希尔（Lighthill，1957）和戴森（Dyson，1958）也对此进行了解释. 如果不能自由使用狄拉克德尔塔函数和其他广义函数，实际应用傅里叶分析几乎是不可能的.

容易证明具有此性质的概率分布只有一个. 如果单个观测值 x 的概率分布 $p(x|I)$ 具有特征函数

$$\varphi(\alpha)=\int \mathrm{d}x\, p(x|I)\mathrm{e}^{\mathrm{i}\alpha x}, \tag{7.64}$$

那么, n 个观测值的平均值 $\overline{x}=n^{-1}\sum x_i$ 的特征函数为 $\varphi^n(n^{-1}\alpha)$. 因此, x 和 $\overline{x}$ 具有相同概率分布的充分必要条件是 $\varphi(\alpha)$ 满足函数方程 $\varphi^n(n^{-1}\alpha)=\varphi(\alpha)$. 现在, 代入 $\alpha'=n^{-1}\alpha$, 注意到所有哑元参数都一样好, 可得

$$n\ln\varphi(\alpha)=\ln\varphi(n\alpha),\qquad -\infty<\alpha<+\infty,\qquad n=1,2,3,\cdots. \tag{7.65}$$

显然, 这要求在正实数轴上具有线性关系:

$$\ln\varphi(\alpha)=C\alpha,\qquad 0\leqslant\alpha<+\infty, \tag{7.66}$$

其中 C 是某个复数. 令 $C=-k+\mathrm{i}\theta$, 满足条件 $\varphi(-\alpha)=\varphi^*(\alpha)$ 的最一般的解是

$$\varphi(\alpha)=\mathrm{e}^{\mathrm{i}\alpha\theta-k|\alpha|},\qquad -\infty<\theta<+\infty,\qquad 0<k<+\infty, \tag{7.67}$$

由此可得

$$p(x|I)=\frac{1}{2\pi}\int_{-\infty}^{+\infty}\mathrm{d}\alpha\,\mathrm{e}^{-k|\alpha|}\mathrm{e}^{\mathrm{i}\alpha(\theta-x)}=\frac{1}{\pi}\frac{k}{k^2+(x-\theta)^2}, \tag{7.68}$$

这是中值为 θ、四分位数为 $\theta\pm k$ 的柯西分布. 现在我们来看看以上数学结果的一些重要应用.

7.17 计算准确度

作为中心极限定理的应用, 考虑一名计算机程序员决定要在程序中进行多高精度的计算. 这始终要权衡的是只拿到不准确、有误导性的结果, 还是浪费计算资源以获得超出所需精度的结果.

当然, 相对而言, 浪费计算资源以获得比实际所需更高精度的结果, 总比获取不准确的结果更好一些. 但是, 如果用户总是使用双精度 (16 位小数) 甚至更高精度的浮点数, 用大量计算资源换取最终结果中毫无必要的准确度, 那也是愚蠢的 (但很常见). 如果在编程时考虑好问题所需的合理准确度, 则可能在计算机上用更短的时间完成计算并获得相同的结果.

如果程序员能注意到中心极限定理告诉我们的内容, 就可以加快和简化计算. 在概率计算中, 我们很少需要超过 3 位数精度的最终结果, 因此, 如果在计算中可靠地获得 4 位数精度, 那么我们将不用担忧.

举个简单的例子, 假设我们要计算和式

$$S\equiv\sum_{n=1}^{N}a_n, \tag{7.69}$$

即 N 个 a_n，每个 a_n 都是数量级为 1 的正数. 为了使总和达到给定的精度，每一项需要多高的精度?

我们的计算程序或查询表必须对 a_n 以最小增量 ε 进行数字化，这实际上是真值加上一些误差 e_n. 如果我们将 a_n 精确到 6 位十进制数字，则 $\varepsilon = 10^{-6}$；如果我们使用 16 位二进制数字，则 $\varepsilon = 2^{-16} = 1/65\,536$. 任何一项的误差都在 $(-\varepsilon/2 < e_n \leqslant \varepsilon/2)$ 的范围内，将这 N 项相加的最大可能的误差为 $N\varepsilon/2$. 我们可能会认为程序员应该确保这个最大可能误差足够小.

然而，如果 N 较大，则产生最大误差的可能性极小. 这正是欧拉没有看到的要点. 几乎可以肯定，实际的单个误差会等可能地为正或为负，从而在很大程度上相互抵消，使得净误差只以 $\sqrt{N}$ 的数量级增长.

中心极限定理告诉了我们一个简单的组合事实：绝大多数可能产生的误差 $e_1, \cdots, e_N$ 会相互抵消，这是上述 $\sqrt{N}$ 法则的原因. 如果我们认为每个单独的误差在 $(-\varepsilon/2, \varepsilon/2)$ 中等可能地分布，则能将其对应于该区间上的一个矩形概率分布，从而得出每个数据的期望平方误差为

$$\frac{1}{\varepsilon}\int_{-\varepsilon/2}^{\varepsilon/2} \mathrm{d}x\, x^2 = \frac{\varepsilon^2}{12}. \tag{7.70}$$

根据中心极限定理，总和 S 的概率分布将趋于方差为 $N\varepsilon^2/12$ 的高斯分布，S 的值约为 N. 如果 N 很大，使得中心极限定理是准确的，那么净误差的大小会超过 $\varepsilon\sqrt{N}$ 的概率，即 $\sqrt{12} \approx 3.46$ 标准差，约为

$$2[1 - \Phi(3.46)] \simeq 0.0006, \tag{7.71}$$

其中 $\Phi(x)$ 是累积正态分布函数. 一个人几乎永远不会观察到这样大小的误差. 由于 $\Phi(2.58) \approx 0.0995$，所以净误差的大小约有 1% 的可能会超过 $0.74\varepsilon\sqrt{N} \approx 2.58$ 标准差.

因此，如果不追求确定性，而是为了 99% 或更大的概率而努力，总和 S 在 4 位数字上是正确的，这表明了在我们的算法或查询表中可以容忍的 ε 值. 我们要求 $0.74\varepsilon\sqrt{N} \leqslant 10^{-4}N$，也就是

$$\varepsilon \leqslant 1.35 \times 10^{-4}\sqrt{N}. \tag{7.72}$$

可能令人惊讶的结果是，如果我们将 $N = 100$ 个大致相等的数相加，要实现总和中 4 位数精度的确定性，只需单项中有 3 位数精度! 在有利的条件下，相互抵消的现象可能远远超出欧拉的想象. 因此，我们可以对单项进行相当快的计算，或者使用相对较小的查询表.

如练习 7.5 所示，这种简单的计算可以大大地推广. 但是，我们注意到练习 7.6 中有一个重要的条件要研究：这仅当单项的误差 e_n 在逻辑上独立时才成立. 事

先给定 ε，如果知道 e_1 然后告诉我们关于其他任何 e_n 的所有信息，则我们分配的误差概率是相关的，中心极限定理不再适用，需要进行不同的分析. 幸运的是，这在实践中几乎绝不是一个严重的限制，因为单独的项 a_n 由某种连续变量算法确定，彼此之间的差异比 ε 要大，无法在给定任何其他 e_j 时确定任何 e_i.

练习 7.6 假设我们要计算傅里叶级数 $S(\theta)=\sum a_n \sin n\theta$. 现在，各个单独项的大小在数量级上不同，并且本身有正有负. 为了以高概率计算出 4 位数精度的 $S(\theta)$，需要 a_n 和 $\sin n\theta$ 分别达到什么精度?

练习 7.7 证明: 如果分配给 e_i 的概率存在正相关，那么总和的误差可能比中心极限定理表明的大得多. 尝试在考虑关联性的情况下进行更复杂的概率分析，对于具有某些导致这种关联性的误差共有的相关信息，但仍要为给定的精度争取最高效率的计算机程序员而言，这很有帮助.

关于数值计算的准确性，正统统计文献中包含了一些与我们截然不同的建议. 例如，麦克拉夫和本森的教科书（McClave & Benson，1988，第 99 页）考虑通过 $s^2=\overline{x^2}-\overline{x}^2$ 计算 $n=50$ 个观测值 $\{x_1,\cdots,x_n\}$ 的样本标准差 s 的问题. 麦克拉夫和本森指出:“你在 s^2 中保留的小数位数应为 s 中的两倍. 例如，如果要计算保留 2 位小数的 s，你应该计算保留 4 位小数的 s^2.”我们在很多年前学习微积分时，通常认为小增量以如下关系关联: $\delta(s^2)=2s\delta s$，也就是 $\delta s/s=(1/2)\delta(s^2)/s^2$. 因此，如果要计算有 4 位有效数字的 s^2，则 s 不是要有 2 位有效数字，而是要多于 4 位有效数字. 无论如何，麦克拉夫和本森在他们用“s^2”表示的符号中插入多余的额外因子 $n/(n-1)$ 假装具有 4 位数精度的做法在 $n=100$ 时是一种玩笑.

7.18 高尔顿的发现

单卷积公式 (7.49) 导致了概率论在生物学中最重要的应用之一. 尽管从我们目前的角度来看，(7.49) 只是一个简单的积分公式，但是出于当前的目的，可以将其写为

$$\int_{-\infty}^{+\infty} \mathrm{d}x\, \varphi(x|\sigma_1)\varphi(y-ax|\sigma_2)=\varphi(y|\sigma), \tag{7.73}$$

其中，我们进行了尺度变换 $x\to ax$，$\sigma_1\to a\sigma_1$. 现在，

$$\sigma=\sqrt{a^2\sigma_1^2+\sigma_2^2}, \tag{7.74}$$

它在弗朗西斯 · 高尔顿（Francis Galton，1886）手中，对生物变异与稳定性机制提供了重大启示.[①] 我们在此遵循那个时代的传统，不加区分地使用概率和频率的概念. 这个问题并不严重，因为他使用的数据实际上是频率，正如我们将在第 9 章中看到的那样，严格应用作为逻辑的概率论将导致概率分布基本上等于频率分布（在我们拥有大量频率数据而没有其他先验信息的极限情况下，两者严格相等）. 例如，考虑英格兰人口中成年男性身高 h 的频率分布. 高尔顿发现这可以用高斯分布

$$\varphi(h-\mu|\sigma)\mathrm{d}h = \varphi\left(\frac{h-\mu}{\sigma}\right)\frac{\mathrm{d}h}{\sigma} \tag{7.75}$$

很好地表示，其中，$\mu = 68.1$ 英寸[②]，$\sigma = 2.6$ 英寸. 然后，他研究了高个子父母的孩子是否倾向于更高. 为了使得变量数为 2，尽管每个人都有一父一母，但他确定男性的平均身高大约是女性的 1.08 倍，并将一个人的"中父母"（midparent）身高定义为一个虚构的身高

$$h_{\text{mid}} \equiv \frac{1}{2}(h_{\text{father}} + 1.08h_{\text{mother}}). \tag{7.76}$$

他收集了 205 个中父母所生的 928 个孩子成年后的身高数据，发现正如预期的那样，高个子父母的孩子的确会更高. 但是，高个子父母孩子的身高仍然具有离散性，尽管低于全体人口的平均离散水平 $(\pm\sigma)$.

如果每个选定父母组中的孩子身高持续扩散，为什么整个人口的身高离散水平没有从一代到下一代连续增强？由于出现"回归"现象，高个子父母的孩子往往比普通人高，但比父母低. 同样，矮个子父母的孩子通常比普通人矮，但比父母高. 如果要使总体人口身高稳定，这种"系统化"回归到整个人口均值的趋势，就必须准确地平衡"随机"扩散的趋势. 在身高总体分布不变的表象背后，不断发生着与时间相关的选择、漂移和扩散等错综复杂的博弈.

实际上，高尔顿（在数学家的帮助下）可以从理论上预测必要的回归率，并用他的数据进行验证. 如果 $x \equiv (h-\mu)$ 是与中父母平均身高的偏差，令人口总体具有身高分布 $\varphi(x|\sigma_1)$，高度为 $(x+\mu)$ 的中父母子群体倾向于产生具有频率分布 $\varphi(y-ax|\sigma_2)$ 的孩子身高 $(y+\mu)$. 那么，下一代的身高分布由 (7.73) 给出. 如果人口要在总体上稳定，则有必要使得 $\sigma = \sigma_1$，也就是说，回归率必须为

$$a = \pm\sqrt{1-\frac{\sigma_2^2}{\sigma_1^2}}, \tag{7.77}$$

这表明 a 不需要为正. 如果高个子父母倾向于通过生出异常矮小的孩子来"补

① 在施蒂格勒的著作（Stigler，1986c）中可以找到高尔顿的照片，书中还包含高尔顿工作的更多细节和简短传记. 高尔顿的自传（Galton，1908）中还有其他细节.

② 1 英寸 ≈ 2.54 厘米. ——编者注

偿”，这将导致每代人之间的身高差异很大，但总体上仍然存在平衡.

我们看到，如果 $|a| > 1$ 则不可能达到平衡，人口会爆炸. 尽管对于所有 a 来说 (7.73) 都是正确的，但平衡性要求 $\sigma_2^2 < 0$. 在 $\sigma_2 = 0$ 且 $|a| = 1$ 时会达到稳定性边界条件，这时每个子群体都会生育出身高相同的孩子，无论身高的初始分布如何，并且此后将一直保持不变. 经济学家可能将条件 $a = 1$ 称为“单位根”情况：没有回归也没有扩散. ①

当然，这种分析在几个方面来说显然只是人类社会中实际情形的简化模型. 但是使用更复杂的模型涉及很多细节. 从历史上看，高尔顿的分析对于我们总体了解人类社会的运作机制至关重要. 为此，不受不必要细节的影响是一个重要的优点.

练习 7.8 高尔顿创造“中父母”概念，只是为了将问题减少到两个变量（中父母和孩子），以减轻计算负担，该负担在 19 世纪 80 年代是不可承受的. 但如今，计算资源如此丰富且廉价，人们可以轻松分析真正的四变量问题，考虑父亲、母亲、儿子和女儿的身高. 重新阐述高尔顿的问题以利用这一点. 今天我们可能会考虑并检验关于扩散和回归的哪些假设? 作为一个课程项目，人们可能会收集新数据（也许是关于果蝇等速生生物的数据）并编写计算机程序进行分析，估算新的扩散系数和回归系数. 你认为类似的程序适用于植物吗? 一些人反对研究这种项目，认为这对物理课来说太“生物”了，对生物课来说太“数学”了. 我们建议在一门专门讨论科学推断的课程中进行研究，该课程应同时包括物理学和生物学的学生，两者一起工作.

约 20 年后，爱因斯坦（Einstein，1905a,b）在物理学上独立地意识到在基本平衡中存在相同的选择、漂移和扩散现象. 在温度 T 下具有能量 E 的分子的稳态热玻尔兹曼分布为 $\mathrm{e}^{-E/kT}$. 指数中的能量 $E = u + (m|\boldsymbol{v}|^2/2)$，其中 $u(\boldsymbol{x})$ 为势能，是粒子速度 $\boldsymbol{v}$ 的高斯分布. 这产生一个随时间变化的位置漂移，在时间 $t = 0$ 处于位置 $\boldsymbol{x}$ 的粒子在时间 t 处于位置 $\boldsymbol{y}$ 的条件概率是

$$p(\boldsymbol{y}|\boldsymbol{x}t) \propto \exp\left\{-\frac{|\boldsymbol{y}-\boldsymbol{x}|^2}{4Dt}\right\}, \tag{7.78}$$

它只能由随机漂移产生，但可以通过外力 $\boldsymbol{F} = -\nabla u$ 的稳定漂移效应来抵消，这对应于高尔顿的回归率.

① 在一些经济学家中很流行的理论认为，许多经济过程（例如股票市场）非常接近单位根行为. 因此，诸如战争和干旱之类的暂时性外部扰动的影响往往会持续存在，而不是被消除. 毫无疑问，至少在某些情况下存在这样的现象. 在 20 世纪 30 年代，约翰 · 梅纳德 · 凯恩斯提到了他所说的“价格和工资的黏性”. 有关从贝叶斯视角对这方面的讨论，请参见西姆斯的著作（Sims，1988）.

尽管细节差异很大，高尔顿公式 (7.77) 与爱因斯坦关系 $D = \lambda kT$ 在逻辑上是等价的. 爱因斯坦关系连接扩散系数 D（表示粒子随机扩散）、温度 T 和迁移率 λ（每单位力的速度，表示抵消扩散的系统回归率）. 两者都将平衡条件表示为“随机扩散”趋势与阻止这种趋势的系统反向漂移之间的均衡.

7.19 种群动力学与达尔文进化

高尔顿类型的分析可以解释的不只是生物学平衡. 假设回归率不满足高尔顿公式 (7.77)，这样总体的身高分布将不是静态的，而是会缓慢变化. 再假设矮个子倾向于比高个子生育更少的孩子，那么总体的平均身高将缓慢向上漂移.[①] 这里有达尔文进化论的机制吗？鉴于弗朗西斯 · 高尔顿是查尔斯 · 达尔文的表弟，这个问题很难不被问及.

在拉普拉斯和高斯的著作中并不明显的一个概率论新特征在这里出现了. 作为天文学家，他们的兴趣在于掌握天文学事实，而望远镜只是实现这一目标的工具. 对于他们来说，望远镜本身的变化只是“观察误差”，其影响应尽可能消除，因此他们将其抽样分布称为“误差律”.

但是望远镜制造商的看法可能会有所不同. 对他们来说，望远镜产生的误差是研究对象，恒星只是便于利用的固定物体，可以将仪器聚焦在其上以确定这些误差. 因此，一个给定的数据集可能有两个完全不同的目的：对一方来说是“噪声”，而对另一方来说却是“信号”.

但是，在任何科学中，“噪声”都可能不只是要消除的东西，还可能是重要的研究现象. 至少物理学家似乎会感到奇怪：这竟然不是首先在物理学中发现的，而是在生物学中发现的. 在 19 世纪后期，许多生物学家认为他们面临的主要任务是通过展示进化发生的详细机制来确认达尔文理论. 为此，卡尔 · 皮尔逊和沃尔特 · 韦尔登于 1901 年创办了《生物计量学》(*Biometrika*) 杂志. 在一篇阐述该杂志计划的社论（第 1 卷第 1 页）中，韦尔登写道：

> 达尔文进化论的出发点恰好是种族或物种的个体成员之间存在这些差异，形态学家在很大程度上正确地忽略了这些差异. 为了使自然选择过程可以在一个种族或物种之间开始，第一个必要条件是其成员之间存在差异. 要研究选择过程对物种任何特征的可能影响，必须首先对在该特征上表现出任何程度异常的个体的出现频率进行估计.

---

① 众所周知，过去 200 年来，发达国家人口的平均身高实际上已经有大幅上升. 这通常归因于儿童时期更好的营养. 但值得注意的是，如果出于社会学原因，高个子比矮个子倾向于拥有更多或更长寿的孩子，那么也会观察到同样的身高平均漂移，且与营养无关. 这才是真正的达尔文进化论，由个体变异驱动. 在我们看来，需要更多的研究来确定这种向上漂移的真正原因.

韦尔登在这里已经达到了非常高的理解水平. 形态学家与天文学家一样, 认为个体变异只是"噪声", 其效应必须通过求平均才能消除, 以获得整个物种的重要"真实"特性. 韦尔登以高尔顿为榜样学到了很多, 他的观点恰恰相反: 这些个体变化是驱动进化过程的引擎, 最终将反映在形态学平均水平的变化中. 确实, 没有个体差异, 自然选择的机制就无法起作用. 因此, 要从源头上证明进化的机制, 而不仅仅是最终结果, 就必须研究各种变化的频率分布.

当然, 那时科学家还没有认识到放射性引发突变的物理机制 (更不用说 DNA 复制中的错误了), 他们期望进化过程是通过近乎连续的变化逐渐发生的. ① 然而, 无论如何, 研究个体变异的程序都将是找到进化基本机制的正确方法. 该场景大致如下所示.

7.20 蜂鸟和花的进化

设想有一群蜂鸟, 其中的"噪声"由不同喙长度的分布组成. 鸟类的生存很大程度上依赖于寻找足够的食物. 一只异常长喙变异的鸟将能够从更深的花朵中吸取花蜜. 如果能找到这样的花, 它就能比其他蜂鸟更好地滋养自己和幼鸟, 因为它有其他鸟无法获得的食物. 因此, 长喙突变的鸟将生存下来, 并或多或少像达尔文想象的那样成为蜂鸟种群中较大的一部分.

这种影响在两个方向上起作用. 鸟会通过将花粉从一个地方运到另一个地方而无意中使花受粉. 恰好具有异常深变种的花更容易被长喙鸟找到, 因为不需要与其他鸟竞争. 因此, 深花的花粉将被有效地带到相同物种的其他花朵上并进行有效的变异, 而不是被浪费在不同的物种上. 随着长喙鸟数量的增加, 深花也具有越来越大的生存优势, 从而确保了它们的变异在越来越大比例的花中出现. 这反过来又给长喙鸟提供了更大的优势, 依此类推. 这是一种正向反馈的情况.

在数百万年的时间里, 这种反复的变异增强经历了数百个周期, 最终导致了一种特殊的共生关系 (某种特定的鸟和某种特定的花似乎是专门为彼此而设计的), 以至于至少对于那些没有达尔文和高尔顿那样深刻思考的人来说, 这是对自然界中的进化存在特定目的的奇迹般的证明. ② 然而, 短喙鸟并没有消亡, 因为光顾

① 后来, 包括费希尔 (Fisher, 1930b) 在内的一些人意识到不连续性进化的必要性. 考虑到这一点的进化论, 抛弃了拉马克学说中的"后天性继承"概念, 通常称为"新达尔文主义". 但是, 不连续步骤通常很小, 因此达尔文的"渐进"概念在实用上仍然相当不错.

② 坚信进化存在特定目的的信念普遍存在, 甚至在了解更多生物学研究成果的人中也是这样. 1993 年, 一些生物贸易杂志刊登了一整版广告, 上面有一张蜂鸟的大型彩色照片, 配文是: "特定目的. 白色尖头镰刀状蜂鸟锐利弯曲的喙特别适合探查该生物赖以生存的蝎尾蕉属植物的纤细管状花朵的花蜜. " 然后以某种方式把这一论据应用于特定品牌的 DNA 聚合酶中——据说这种聚合酶是为同样的特定目的而生产的. 在我们看来, 这是一条危险的论据: 既然这些鸟喙的形成实际上没有特定目的, 那么聚合酶所谓的目的又是从何而来的呢?

深花的鸟会将浅花留给它们. 该过程本身趋于使短喙鸟和长喙鸟的种群均衡分布, 配合浅花和深花的均衡分布. 但是, 如果它们独立繁殖, 则在很长一段时间内, 这两种类型的其他变异都会独立发生, 最终它们将被视为两个不同的物种.

如前所述,"噪声"作为驱动系统缓慢变化的机制, 其作用是由爱因斯坦独立认识到的(当然, 他了解达尔文的理论, 但我们认为 1905 年在瑞士的他不太可能了解高尔顿和韦尔登的工作). 由单个原子的运动引起的"随机"热运动不是在我们预测的集体行为中要平均掉的"噪声", 它们是驱动物理学中不可逆过程的引擎, 最终会实现热平衡. 今天, 这在统计力学的许多"波动-耗散定理"中有非常具体的表达, 我们将在第 11 章中一般性地根据最大熵原理导出这些定理. 这一般化了高尔顿和爱因斯坦的结果. 历史上, 之前提到的奈奎斯特波动定律是在物理学中发现的第一个这种定理.

韦尔登和爱因斯坦的远见卓识代表着思想上的重大进步, 在 100 多年后的今天, 许多人还没有理解它们, 也没有意识到它们在生物学或物理学中的重要性. 仍然有生物学家[①]试图通过热力学第二定律来解释进化, 也有物理学家[②]试图通过对运动方程做出修改来解释热力学第二定律, 这些都是没有必要的. 进化的运作机制肯定是达尔文原创的自然选择理论, 第二定律的任何作用都只会阻碍它. [③]

自然选择是一个完全不同于热力学第二定律的过程. 人类有目的的干预可以中止或逆转自然选择, 正如我们在战争、医学实践和犬只繁殖中所观察到的那样, 但是几乎不会影响第二定律. 此外, 正如斯蒂芬 · 古尔德所强调的那样, 第二定律总是遵循相同的过程, 但自然界中的进化并非如此. 给定的变异能使生物更好

---

① 例如, 参见韦伯、迪皮尤和史密斯编辑的论文集(Weber, Depew & Smith, 1988). 麻烦在于热力学第二定律的方向错误. 如果第二定律是进化的驱动原理, 那么进化将无情地回到"原始汤"状态, 它的熵要比任何可能由相同原子组成的生物的熵高得多. 这很容易明白, 道理如下所示. 1 克生物物质和 1 克由相同原子组成的原始汤有什么区别? 显然, 生物物质远未达到热平衡, 并且受制于在原始汤中不存在的可能反应和原子空间分布(来自细胞壁、渗透压等)等方面的数千种额外限制因素. 但是消除这些限制因素总是具有扩大相空间的效果, 从而增加熵. 原始汤代表热平衡, 是通过去除了所有生物学限制而产生的. 的确, 我们目前的化学热力学是基于(可以导出自)吉布斯原理的, 也就是说, 热平衡是最大熵的宏观状态, 仅受制于物理约束(能量、体积、摩尔数).

② 一些人认为, 刘维尔定理(经典力学中的相体积守恒或量子理论中时间发展的统一性)与热力学第二定律矛盾. 相反, 我们在论文(Jaynes, 1963b, 1965)中证明了第二定律是刘维尔定理的直接结果, 而不是与之矛盾. 在另一篇论文(Jaynes, 1989)中, 我们将其简单地应用于生物学: 计算肌肉的最大理论效率.

③ 这并不是说自然选择是唯一起作用的过程. 无论是否进行后续自然选择, 随机漂移都仍是进化的操作性原因. 据推测, 这就是诸如鹦鹉之类的鸟具有奇妙色彩的原因, 这些色彩肯定没有生存价值. 黑色的鸟在生存方面更加成功. 对有关证据的广泛讨论和许多专家后来的研究工作, 请参见为纪念达尔文《物种起源》出版一百周年而创作的三卷本巨著《达尔文之后的进化论》(Tax, 1960), 或道金斯的更通俗的著作(Dawkins, 1987).

地适应环境，还是使其适应性降低，这取决于环境. 一种导致生物更快失去热量的突变在巴西是有益的，在芬兰则是致命的. 因此，相同的实际变异顺序可能会导致不同环境中完全不同的生物——每个生物似乎都在有目的地适应其环境.

7.21 在经济学中的应用

在物理学和生物学之间实现平衡的过程具有惊人的（几乎是精确的）相似性，这无疑具有另外的重要意义，特别是对于经济学中尚未得到充分利用的平衡和稳定性理论而言. 例如，经济行为中个体变化的"动荡"（turbulence）似乎是朝着亚当 · 斯密所设想的均衡方向推动宏观经济变化的引擎. 约翰 · 梅纳德 · 凯恩斯（Keynes，1936）认识到这种动荡的存在，并将其称为使人们的行为无规律的"动物精神". 但是他没有从中看到防止经济停滞不前并保持经济发展的真正原因.

在进一步的理解中，我们看到，由于物理学家所说的"外部扰动"或经济学家所说的"外生变量"在同一时间尺度上变化的存在，现实世界中亚当 · 斯密的平衡从未真正达到过. 也就是说，战争、干旱、税收、关税、银行准备金、贴现率及其他干扰因素的变化在同一时间尺度上不断发生，仿佛无法在一个完全"平静"的社会中实现平衡.

小扰动的影响可能远远大于仅根据上面提到的"单位根"假设所预期的影响. 如果个人做出的小决定（例如是购买新车还是开立储蓄账户）是独立的，它们对宏观经济的影响应该会被按照 $\sqrt{N}$ 规则平均掉，仅显示小的涟漪且没有明显的周期性. 但看似轻微的影响（例如一个月的恶劣天气或利率变化 1%）可能会促使许多人采取相同的行动. 也就是说，一个很小的影响可能会使许多看似独立的个体的行为彼此同相，从而产生巨大、有组织的波动，而不是小的涟漪.

这样的锁相波一旦开始，本身就可以对其他个人（购买者、零售商和制造商）的决策产生巨大影响，如果这些二级作用与原始作用处于适当的相位上，可能会形成正向反馈. 波浪可能会通过相互加强而变大并且持续存在，就像蜂鸟和花一样. 因此，人们可以明白，为什么宏观经济可能具有固有的不稳定性，与资本主义或社会主义无关. 古典均衡理论之所以失败，可能不仅是因为没有"回复力"使系统恢复平衡；小的偶然事件可能会掀起一波大浪，反而会进入一个振荡周期——也许我们会在商业周期中看到这种情况. 为使振荡停止并回到古典理论所预测的平衡状态，宏观经济将取决于个人的无规律行为，从而使得相位扩散. 叛逆者的存在可能是经济稳定的必要条件!

正如我们所看到的，存在很难解释经济数据的基本原因. 即使容易收集相关且可信的数据，游戏规则和博弈条件也在不断变化. 但是我们认为，通过利用熵理论和作为逻辑的概率论作为工具，仍然可以取得重要进展．尤其是，应该通过这种分析来预测造成不稳定的条件，就像在物理学、气象学和工程学中所做的那样．一个明智的政府也许能够制定和执行防止相位锁定的法规，就像现在通过暂停交易防止股票市场的剧烈振荡一样．在理论经济学上，我们还有很多重要的工作可以做．

7.22　木星和土星的巨大时差

1676 年，埃德蒙 · 哈雷注意到 18 世纪科学面临的一个重要问题：观测表明，木星的平均运行速度（30.35 度/年）正在缓慢加快，土星的平均运行速度（12.22 度/年）正在减慢．这对天文学家来说并不只是件有趣的事：这意味着木星正在向太阳靠近，土星正在远离太阳．如果这种趋势一直持续下去，最终木星将带着地球和所有其他内层行星落入太阳．这似乎预示着世界末日的到来——与《圣经》的预言惊人地一致．

很容易理解，这种情况不只引起了一般的关注，而且不只是天文学家对此感兴趣．18 世纪一些最伟大的学者试图从数学上解决该难题，或者证实这一最终结局，或者展示牛顿定律将如何阻止木星的漂移并拯救我们．

欧拉、拉格朗日和兰伯特对此问题发起了英勇的冲击，但没能解决它．上面提到了欧拉如何被大量超定方程所阻碍：75 个不一致的方程，涉及 8 个未知轨道参数．如果所有方程都是一致的，则可以选择其中的任意 8 个来求解（这仍将涉及 8×8 矩阵的求逆），并且，无论选择哪 8 个方程，结果都是相同的．然而，观察结果都有未知的测量误差，因此有

$$\binom{75}{8} \simeq 1.69 \times 10^{10} \tag{7.79}$$

种可能的选择，也就是说，有超过 160 亿种不同的参数估计值组合，显然无法从中进行选择．[①] 欧拉（Euler，1749）设法对两个未知参数进行了合理的良好估计（已经比先前的知识有所进步），简单地放弃了其他未知数．由于这项工作，他获得了法国科学院奖．

在 1787 年，这个问题终于由在欧拉获奖那一年出生的一个人解决了．拉普拉斯（1749—1827）使用概率论准确估计了这些参数，并“拯救了世界”，表明木星运动的漂移与宗教预言无关．目前的观察只涵盖周期约为 880 年的大振荡周期

---

① 在第 19 章中，我们有针对此问题的算法，(19.24) 和 (19.37) 实际上计算了所有这些数以百亿计的估计值的加权平均值，但是是以一种让人们无法察觉一切的有效方式．概率论为我们确定的是（欧拉和丹尼尔 · 伯努利从未理解过的）该平均值中的最佳加权系数，会导致对估计值及其准确性的最大可靠估计．

的一小部分. 这是由它们轨道周期中的“偶然”近共振引起的:

$$2 \times (\text{土星周期}) \simeq 5 \times (\text{木星周期}). \tag{7.80}$$

实际上, 根据以上平均运动数据, 我们有

$$2 \times \frac{360}{12.22} = 58.92 \text{ 年}, \quad 5 \times \frac{360}{30.35} = 59.31 \text{ 年}. \tag{7.81}$$

在哈雷时代, 它们之间的差异仅为 0.66% 左右, 并且在不断减小.

因此, 早在对我们构成危险之前, 木星的漂移确实会发生反转（正如拉普拉斯所预测的那样）, 并且会返回其旧轨道. 据推测, 自太阳系形成以来, 木星和土星之间这种跷跷板式的比赛已经重复了数百万次. 人类观察到的振荡的前半周期在 2012 年左右完成.

7.23 分解为高斯分布

概率分布有趋于高斯形式的趋势表明, 我们可能将高斯分布或正态分布的出现看作已经达到某种平衡的不确定性证据（但远非证明）. 这种观点也与高尔顿和爱因斯坦的结果一致（但绝非必需条件）. 在将概率论应用于生物学和社会科学的最初尝试中（例如 Quetelet, 1835, 1869）, 人们的以下两个假设已经犯了严重错误: 首先, 数据中正态分布的出现表明正从同质样本中抽样; 其次, 任何偏离正态分布的现象都表明存在非同质性, 需要解释. 通过将非正态分布分解为高斯分布, 凯特尔认为人们会发现种群中存在的不同亚种或变种. 如果这种方法确实可靠, 那么, 我们将确实拥有一种对许多不同领域中的研究有用的强大工具. 但是后来的研究表明情况并非如此简单.

我们已经看到高尔顿（Galton, 1886）最终如何纠正了第一个错误, 表明正态频率分布绝不能证明同质性. 根据 (7.73) 可知, 宽度为 σ 的高斯分布可以不均匀地（并且以许多不同方式）从不同宽度 σ_1 和 σ_2 的较窄高斯分布交叠产生. 但是, 这些亚种群通常只是数学假象, 正如傅里叶变换中的正弦波. 除非有人能够证明一组特定的亚种群确实存在, 并分别在稳定和变化的机制中发挥真正的作用, 否则它们对这种现象没有个体意义. 通过测量这些宽度, 高尔顿能够从他的数据中证明这一点.

第二个假设“可以将非正态分布分解为若干高斯子分布”, 实际上并没有错（除非从严格的数学意义上来说）. 但是, 如果没有其他先验信息, 它告诉我们的关于该现象的知识就是不明确的.

这里有一个有许多应用的有趣问题: 非高斯分布可以解释为多个高斯分布的混合吗? 从数学上讲, 如果观察到的数据直方图能用分布 $g(y)$ 很好地描述, 我们

就可以找到一个混合函数 $f(x) \geqslant 0$，使得 $g(y)$ 被视为高斯分布的混合：

$$\int \mathrm{d}x\, \varphi(y-x|\sigma) f(x) = g(y), \qquad -\infty \leqslant y \leqslant +\infty. \tag{7.82}$$

无论是凯特尔还是高尔顿都没有解决这个问题，我们在今天明白了原因. 从数学上讲，该积分方程有解或有唯一解吗? 根据 (7.73)，我们一般不能期望有唯一解，因为对于高斯分布 $g(y)$，许多不同的混合（a、σ_1 和 σ_2 的许多不同值）都将导致相同的 $g(y)$. 但是，如果在 (7.82) 中指定高斯核的宽度 σ，则 $f(x)$ 可能有唯一解.

这类积分方程的解在数学上相当精巧. 我们给出两种论证：第一种依赖于埃尔米特多项式的性质，产生一类精确解；第二种诉诸傅里叶变换，产生对更一般情况的理解.

7.24 埃尔米特多项式解

重缩放的埃尔米特多项式 $R_n(x)$ 可以通过高斯分布 $\varphi(x)$ 的平移来定义，这给出生成函数

$$\frac{\varphi(x-a)}{\varphi(x)} = \mathrm{e}^{xa-a^2/2} = \sum_{n=0}^{\infty} R_n(x) \frac{a^n}{n!}, \tag{7.83}$$

或者通过求解 R_n，我们得到罗德里格斯形式

$$R_n(x) = \frac{\mathrm{d}^n}{\mathrm{d}a^n}\, \mathrm{e}^{xa-a^2/2}\Big|_{a=0} = (-1)^n \mathrm{e}^{x^2/2} \frac{\mathrm{d}^n}{\mathrm{d}x^n} \mathrm{e}^{-x^2/2}. \tag{7.84}$$

这些多项式中的前几个是：$R_0 = 1$，$R_1 = x$，$R_2 = x^2 - 1$，$R_3 = x^3 - 3x$，$R_4 = x^4 - 6x^2 + 3$. 传统的埃尔米特多项式 $H_n(x)$ 仅在缩放上有所不同：$H_n(x) = 2^{n/2} R_n(x\sqrt{2})$.

将 (7.83) 乘以 $\varphi(x)\mathrm{e}^{xb-b^2/2}$，积分消去 x，我们得到正交关系

$$\int_{-\infty}^{+\infty} \mathrm{d}x\, R_m(x) R_n(x) \varphi(x) = n!\delta_{mn}, \tag{7.85}$$

所以，这些多项式具有非凡的性质，与高斯函数的卷积可简化为

$$\int_{-\infty}^{+\infty} \mathrm{d}x\, \varphi(y-x) R_n(x) = y^n. \tag{7.86}$$

因此，如果 $g(y)$ 由幂级数表示为

$$g(y) = \sum_n a_n y_n, \tag{7.87}$$

我们立即得到 (7.82) 的形式解：

$$f(x) = \sum_n a_n \sigma^n R_n\left(\frac{x}{\sigma}\right). \tag{7.88}$$

由于 $R_n(x)$ 中 x_n 的系数为 1，所以展开式 (7.87) 和 (7.88) 同样收敛得很好. 因此，如果 $g(y)$ 是任何多项式或整函数（即一个可以由幂级数 (7.87) 表示的具有无限收敛半径的函数），则积分方程具有唯一解 (7.88).

如果我们通过对 (7.83) 进行 x 的幂级数展开 $\mathrm{e}^{xa-a^2/2}$ 来得出 R_n 的展开式，则可以把解 (7.88) 看得更清楚:

$$R_n\left(\frac{x}{\sigma}\right)=\sum_{m=0}^{M}(-1)^m\frac{n!}{2^m m!(n-2m)!}\left(\frac{x}{\sigma}\right)^{n-2m}. \tag{7.89}$$

如果 n 为奇数，则 $M=(n-1)/2$；如果 n 为偶数，则 $M=n/2$. 然后，注意到

$$\frac{n!}{(n-2m)!}\left(\frac{x}{\sigma}\right)^{n-2m}=\sigma^{2m-n}\frac{\mathrm{d}^{2m}}{\mathrm{d}x^{2m}}x^n, \tag{7.90}$$

我们得到形式展开式

$$f(x)=\sum_{m=0}^{\infty}\frac{(-1)^m\sigma^{2m}}{2^m m!}\frac{\mathrm{d}^{2m}}{\mathrm{d}x^{2m}}g(x)=g(x)-\frac{\sigma^2}{2}\frac{\mathrm{d}^2g(x)}{\mathrm{d}x^2}+\frac{\sigma^4}{8}\frac{\mathrm{d}^4g(x)}{\mathrm{d}x^4}-\cdots. \tag{7.91}$$

解析函数可以任意次微分. 如果 $g(x)$ 是整函数，它将收敛到唯一解. 如果 $g(x)$ 是非常平滑的函数，它会非常迅速地收敛，因此展开式 (7.91) 的前两项或前三项已经很好地近似了该解. 这使得我们对上节提到的积分方程的性质有了一些认识：当 $\sigma\to 0$ 时，解 (7.91) 根据需要松弛为 $f(x)\to g(x)$. 展开式 (7.91) 的前两项在图像重建中称为“边缘检测”，对于较小的 σ，解只接近前两项. σ 越大，高阶导数越重要，也就是说，$g(y)$ 结构的更多细节对于解有贡献. 直观地讲，高斯核越宽，用该核表示 $g(y)$ 的精细结构就越困难.

显然，我们可以通过更多的分析来继续这一思路. 问题似乎已经解决. 但现在微妙之处开始了. (7.88) 和 (7.91) 之类的解虽然在数学意义上形式是正确的，但它们忽略了现实世界中的某些事实. 当 $g(y)$ 非负时，$f(x)$ 也是非负的吗? 解稳定（即 $g(y)$ 的小变化仅引起 $f(x)$ 的小变化）吗? 如果 $g(x)$ 不是整函数而是分段连续的，比如是矩形函数，会怎么样?

7.25 傅里叶变换关系

为了对这些问题有所了解，让我们从傅里叶变换的角度来看前面的积分方程. 对 (7.82) 做如下变换

$$\mathcal{F}(k)\equiv\int_{-\infty}^{+\infty}\mathrm{d}x\, f(x)\mathrm{e}^{\mathrm{i}kx}, \tag{7.92}$$

则 (7.82) 简化为

$$\exp\left\{-\frac{k^2\sigma^2}{2}\right\}\mathcal{F}(k)=\mathcal{G}(k), \tag{7.93}$$

这说明高斯函数的傅里叶变换是另一个高斯函数,并向我们展示了找到比解 (7.88) 更一般的解有多困难. 如果 $g(y)$ 是分段连续的，则当 $k \to +\infty$ 时，根据黎曼-勒贝格引理，$\mathcal{G}(k)$ 仅以 $1/k$ 的速度下降. 那么，$\mathcal{F}(k)$ 必须以 $\exp\{+k^2\sigma^2/2\}/k$ 的速度剧烈爆炸，人们很难想像函数 $f(x)$ 的样子.（无限高频的无限剧烈振荡?）如果 $g(y)$ 是连续的，但具有不连续的一阶导数（如三角形分布），那么 $\mathcal{G}(k)$ 的下降速度为 k^{-2}，我们处于同样糟糕的境地. 显然，如果 $g(y)$ 在任何导数上都具有不连续性，那么就没有物理问题上可接受的解 $f(x)$. 从展开式 (7.91) 也可以看出这一点. 形式解将退化为狄拉克德尔塔函数的无限高阶导数.

为了能将 $g(y)$ 解释为可能的高斯分布的混合，$f(x)$ 必须为非负函数. 但是我们必须允许以下可能性：所寻求的 $f(x)$ 是狄拉克德尔塔函数的和. 的确，将 $g(y)$ 分解为高斯分布的离散混合 $g(y) = \sum a_j \varphi(x - x_j)$ 是凯特尔和高尔顿的真正目标. 如果这有唯一解，则他们的解释可能是有效的. 那么 $\mathcal{F}(k)$ 根本不会随着 $k \to \pm\infty$ 而减少，因此 $\mathcal{F}(k)$ 必须以 $\exp\{-k^2\sigma^2/2\}$ 的速度下降. 简而言之，为了能分解为带正混合函数 $f(x)$ 的宽度为 σ 的高斯分布，函数 $g(y)$ 本身必须至少和宽度为 σ 的高斯分布一样平滑. 这是一个形式上的困难.

还有一个更严峻的实际困难. 如果 $g(y)$ 是仅凭经验确定的函数，那么我们就没有函数的解析形式. 我们仅有在离散点 y_i 上有限数量的近似值 g_i. 我们可以找到许多似乎能很好逼近经验函数的解析函数. 但是，由于解 (7.88) 和 (7.91) 的明显不稳定性，它们将导致最终结果 $f(x)$ 大大不同. 没有稳定性及选择光滑函数的标准，我们实际上就没有积分方程反演问题的确定解. ①

换句话说，找到合适的混合 $f(x)$ 来解释经验分布 $g(y)$ 不是常规的数学反演问题. *它本身就是一个推断问题，需要概率论的工具.* 这样，概率论中的问题可以生成具有层次结构的子问题，每个子问题又都再次涉及概率论，但是处于不同的级别.

7.26　终有希望

沿着 7.25 节的思路，通过将解积分方程的问题作为贝叶斯推断而不是数学反演问题，我们现在已经接近实现凯特尔的最初目标，找到了用这种方法分析实际数据的有用示例. 西维亚和卡莱尔（Sivia & Carlile，1992）报告，他们通过贝叶斯计算机程序成功地将噪声数据分解为代表分子激发态谱线的 9 个不同的

① 有关该问题的其他讨论，请参见安德鲁斯和马洛斯的论文（Andrews & Mallows，1974）以及蒂特林顿、史密斯和马科夫的著作（Titterington, Smith & Makov，1985）.

高斯分量.[①]

凯特尔和高尔顿在 19 世纪没有解决这个问题不足为奇. 令人惊讶的是, 如今的许多科学家、工程师和数学家仍然看不到反演与推断之间的区别, 在没有演绎解、只有推断解的此类问题中挣扎. 然而, 这种问题在当前的应用中非常普遍, 被称为"广义反演"问题. 今天, 我们可以通过指定(重要但迄今未提及的)先验信息, 将未良好定义的问题转化为简单的贝叶斯推断问题, 为此类问题提供唯一且有用的推断解.

这提出了另一个有趣的数学问题: 对于给定的整函数 $g(y)$, 解 (7.88) 在 σ 的哪个范围内非负? 有一些明显的线索: 当 $\sigma \to 0$ 时, 我们有 $\varphi(x-y|\sigma) \to \delta(x-y)$, 因此如上所述, $f(x) \to g(x)$, 从而对于足够小的 σ, 若 $g(y)$ 非负则 $f(x)$ 非负. 但是, 当 $\sigma \to +\infty$ 时, (7.82) 中的高斯分布变得非常宽且平滑. 因此, 如果 $f(x)$ 非负, 则 (7.82) 中的积分至少必须一样宽. 这样, 当 $g(y)$ 具有小于 σ 尺度的精细结构时, 就不可能有非负 $f(x)$ 的解. 为什么根本没有任何解并不显而易见.

练习 7.9 根据以上论证, 我们推测会有一个上限 $\sigma_{\max}$, 使得当且仅当 $0 \leqslant \sigma < \sigma_{\max}$ 时解 $f(x)$ 非负. 它是 $g(y)$ 的某个函数 $\sigma_{\max}[g(y)]$. 证明或反驳这一猜想: 如果为真, 请给出口头论证, 据此我们无须计算即可看到这一点; 如果为假, 请给出反例并说明原因.

提示: 展开式 (7.91) 可能有用.

这表明凯特尔和高尔顿的最初目标是模糊不清的. 任何足够平滑的非高斯函数都可以由不同宽度的不同高斯函数以不同方式叠加而成. 因此, 即使在数学上找到给定的一组亚种群也几乎没有生物学意义, 除非有其他先验信息指出该特定宽度 σ 的高斯分布具有"真实的"意义, 并在现象中起积极的作用. 当然, 这一警告同样适用于上述贝叶斯方法, 不过西维亚和卡莱尔确实有这种先验信息.

① 我们在第 1 章中指出, 该领域中使用的大多数计算机程序只是不使用概率论原理的直观的特定工具. 它们通常在某些领域中适用, 但是无法从数据中提取所有的相关信息, 并且可能犯产生幻觉或感觉迟钝的错误. 一种用于将一般函数分解为高斯函数或其他函数的商业程序, 只是回到了经验曲线拟合. 曾经有一则广告(《科学计算》, 1993 年 7 月, 第 15 页)发布了一则令人生气的消息, 其中描述了两位科学家, 他们的数据曲线相同, 有两个峰值, 而他们很粗糙地手工把它分解成了两个高斯函数. 广告宣称: "史密斯博士发现了两个峰……琼斯博士使用[我们的程序]发现了三个峰……"猜猜谁得到了资助? 我们被鼓励认为, 想从政府那里获得资助, 就要先让软件公司因为该程序从我们这里赚 500 美元. 对于无噪声数据, 该程序的输出结果确实可以容忍. 但是, 随着噪声水平的提高, 其结果肯定会迅速退化为危险、不稳定的胡言乱语. 从根本上说, 这不是反演或曲线拟合问题, 而是一个推断问题. 像布雷特索斯特(Bretthorst, 1988)的贝叶斯推断程序那样将继续从数据和模型中返回最优结果, 而不管噪声水平如何. 如果噪声水平变得非常高以致数据无法使用, 贝叶斯估计就只会轻松地回到先验估计, 就像它们应该的那样.

7.27 评注

再论术语

正如我们不得不经常指出的那样，概率论领域似乎比其他领域有更多误导性的术语，似乎不可能消除. 电气工程领域非常有效地解决了这个问题. 每隔几年，官方委员会都会发布经修订的标准术语，然后强制该领域的期刊编辑使用 [几年前，我们见证了人们几乎在一夜之间就接受了从“兆周”（megacycle）到“兆赫”（megahertz）的转变].

在概率论中，没有一个权威机构来进行数十项必要的改革，而任何尝试这样做的作者都会碰一鼻子灰，损失一部分读者. 但是我们可以提供尝试性的建议，希望其他人能从中受益.

关于“正态分布”（normal distribution）一词的起源，各种文献提供的证据相互矛盾. 卡尔 · 皮尔逊（Karl Pearson，1920）声称它是在“很多年前”引入的，以避免高斯和勒让德之间关于优先发现权的争论，但没有提供参考文献. 希拉里 · 西尔（Hilary Seal，1967）将其归功于高尔顿，同样没有提供参考文献，因此需要一项新的历史研究来评判. 但是，长期以来，该术语一直与以下主题相关：给定线性模型 $\boldsymbol{y} = \boldsymbol{X\beta} + \boldsymbol{e}$，其中向量 $\boldsymbol{y}$ 和矩阵 $\boldsymbol{X}$ 已知，向量参数 $\boldsymbol{\beta}$ 和噪声向量 $\boldsymbol{e}$ 未知，高斯（Gauss，1823）称方程组 $\boldsymbol{X}'\boldsymbol{X}\hat{\boldsymbol{\beta}} = \boldsymbol{X}'\boldsymbol{y}$（它能给出最小二乘参数估计值 $\hat{\boldsymbol{\beta}}$）为“法线方程组”（normal equations），称恒定概率密度的椭球为“法线表面”（normal surface）. 似乎“normal”这个名称是从方程组以某种方式转移到导致这些方程组的抽样分布的.

高斯使用“normal”一词是为了表达这些方程的几何意义，表示数学上的“垂直”. 从点（估计值）到平面（约束）的最小距离就是垂线的长度. 但是，正如皮尔逊本人所观察到的那样，使用术语“正态分布”（normal distribution）并不妥当，因为“正态”（normal）的通俗意义是标准的（standard）或正常的（sane），暗示着一种价值判断. 这导致许多人有意无意地认为，所有其他分布在某种程度上都是不正常的.

实际却完全相反. 所谓的“正态”分布在某种意义上是不正常的，因为它具有许多其他分布所没有的独特性质. 我们几乎所有关于推断的经验都来自跟这种不正常的分布打交道，我们在这里必须反驳的传统信念也由此而得. 数十年来，统计推断工作者一直被这种不正常的经验所误导，认为诸如置信区间之类的方法既然在正态分布上可以令人满意，对其他分布也应该有效.

它的另一个名称“高斯分布”出于其他原因也很糟糕，尽管其起源并没有奥秘. 施蒂格勒（Stigler，1980）认为，没有任何发现是以其原始发现者的名字命名的，这是命名学的一般定律. 术语“高斯分布”完全符合该定律，因为拉普拉斯在高斯 6 岁时就注意到了这种分布的基本性质及其主要特征. 在拉普拉斯出生之前，棣莫弗就发现了这一分布. 但是，正如我们指出的那样，该分布由于高斯的著作（Gauss，1809）而闻名. 高斯提出了比以前更简单的推导方法，在当时看起来很直观，就是我们前面给出的 (7.16)，这也导致该分布以他冠名.

术语“中心分布”避免了使用以上两个词时遭到的反对意见，传达了正确的印象：它是最终“稳定”或“平衡”的分布，所有其他分布在各种各样操作（大数极限、卷积、随机变换，等等）的作用下趋于这种分布，并且一旦达到该分布，便可以对更大量的变换（统计人员尚不知道其中的某些变换，因为它们没有在他们的问题中出现）保持不变.

例如，在 19 世纪 70 年代，玻尔兹曼给出一个强有力的（虽然是启发式的）论证，表明气体中的碰撞往往会导致速度的“麦克斯韦”（或高斯）频率分布. 肯纳德（Kennard，1938，第 3 章）证明，一旦达到该分布，就会自动维持这种分布，不受到碰撞的影响，尽管分子会在任何保守力场 [也就是说，力 $\boldsymbol{f}(\boldsymbol{x})$ 可通过梯度从势能 $\phi(\boldsymbol{x})$ 得出：$\boldsymbol{f}(\boldsymbol{x}) = -\nabla\phi(\boldsymbol{x})$] 中运动，并不断改变其速度. 因此，这种分布具有的稳定性远远超出了统计学家当前使用或证明的稳定性.

在尝试谨慎地使用术语“中心分布”的同时，我们也继续使用另两个不太好但习惯的词，但出于两个原因而更偏爱“高斯分布”. 第一，古老的优先权问题不再引起人们的兴趣，在今天更为重要的是，“高斯分布”并不意味着任何价值判断. 在我们看来，使用充满感情色彩的用词似乎是造成概率论领域混乱的主要原因，造成该领域的工作者仍然坚持一些冠冕堂皇的原则，像“无偏”（unbiased）、“容许”（admissible）和“一致最大功效”（uniformly most powerful）之类，尽管它们在实践中产生了荒谬的结果. 第二，我们是在为包括统计学家和科学家在内的读者写作. 每个人都了解“高斯分布”的含义，但只有统计学家才熟悉术语“正态分布”.

统计力学的玻尔兹曼分布以能量为指数，当然在粒子速度上是高斯分布或麦克斯韦分布. 现在我们明白，概率分布之所以趋于最终的总体中心分布，是因为其最大熵性质（第 11 章）. 如果概率分布经受某种舍弃某些信息但保持一定量不变的变换，那么在非常一般的条件下，如果重复进行该变换，则受那些保持量的约束，分布趋于具有最大熵.

这就引出了术语“中心极限定理”（central limit theorem），我们将其作为刚才提到现象（保持一阶矩和二阶矩的重复卷积下的概率分布行为）的特例而推导出. 此名称由乔治·波利亚(George Pólya, 1920)引入, 形容词“中心”(central)用于修饰名词“定理”(theorem), 也就是说, 这一极限定理是概率论的中心. 如今, 几乎所有学生都认为“中心”修饰了“极限”, 因此它是关于“中心极限”的定理, 不管那意味着什么. [①]

鉴于平衡现象的存在, 看来波利亚的用词选择是幸运的, 这是他没有预见到的. 我们建议的术语也充分利用了这一点. 从这个角度来看, 对于第一次听到“中心分布”和“中心极限定理”这两个术语的人来说, 它们都传达了正确的含义. 将“中心极限”理解为趋于中心分布的极限, 也会让人们产生正确的直观印象.

① 最初的德语中并没有混淆, 波利亚的原话是: Über den zentralen Grenzwertsatz der Wahrscheinlichkeitsrechnung. 这是一个有趣的例子, 其中德国人发明复合词的习惯消除了英文字面上的歧义.(在以上引用的德语原文中, zentralen 意为“中心的”; Grenzwertsatz 是一个复合词, 意为“极限定理”. 所以“中心”修饰的是“极限定理”, 没有英文中的歧义. ——译者注)

第 8 章　充分性与辅助性

在前面五章中，我们研究了概率论在一些问题中的应用. 这些应用很基础，却很典型. 现在，我们来回顾这些例子并注意它们揭示的一些有趣性质. 出于策略性的原因，了解这些性质很有用. 过去很多时候，当人们尝试通过使用直观的特定工具而不是概率论来进行推理时，除非有某些特殊情况，否则难以得到令人满意的结果. 因此，这些性质在正统统计学中具有重要的理论价值.

然而，本章的内容在应用中并不是真正需要的. 对于我们来说，只要遵守概率论规则，这些都是顺理成章会获得的细节. 也就是说，只要我们在每个问题中严格且一致地应用第 2 章导出的规则，就自然会对问题做出最优推断，而无须特别注意这些方面. 对我们而言，它们在帮助我们更好地理解概率论内在运作机制方面具有“普遍的文化价值”. 人们可以更清楚地明白为什么要遵守第 2 章中的规则，以及不遵守这些规则的预期后果.

8.1　充分性

在我们的参数估计示例中，概率论有时似乎没有使用我们提供的所有数据. 在第 6 章中，当我们根据 n 次试验数据估计二项分布的参数 θ 时，θ 的后验 PDF 仅取决于试验次数 n 和成功次数 r，所有有关成功和失败顺序的信息都被忽略了.

对于在 $\alpha \leqslant x \leqslant \beta$ 中的矩形分布，α 和 β 的联合后验 PDF 仅使用极大值和极小值 $(x_{\min}, x_{\max})$，而忽略了其他中间数据.

同样，在第 7 章中，对于高斯抽样分布和数据集 $D \equiv \{x_1, \cdots, x_n\}$，参数 μ 和 σ 的后验 PDF 仅依赖于 n 和前二阶矩 $(\overline{x}, \overline{x^2})$. 数据中的其他 $n-2$ 个特征传达了大量其他信息，我们在使用概率论时却忽略了它们.

难道概率论在这里没有做它所能做的所有事情吗? 不是这样的. 第 2 章的证明排除了这种可能性. 在满足合理性和一致性的合情条件下，我们所使用的法则只会产生唯一的结果. 那么看起来，没有使用的数据一定与我们所问的问题无关. [①] 但是概率论本身能更直接地证实这种猜想吗?

这为我们引入了一个关于推断的非常微妙的理论性质. 拉普拉斯（Laplace, 1812, 1824 edn, Supp. V）注意到过这种现象的一些特殊情况. 100 年后，费希尔

① 当然，当我们说某信息“无关”时，意思只是出于当前目的不需要它. 出于其他目的，它可能是至关重要的.

（Fisher，1922）对其进行总结并赋予了它现在的名称，杰弗里斯（Jeffreys，1939）指出了它对贝叶斯推断的重要性. 直到最近，我们在解决第 15 章中讨论的“边缘化悖论”时，才对它在推断中的作用有了进一步的理解.

如果知道却没有使用数据的某些方面，那么我们应该可以得出结论：这些方面即使不知道也无所谓. 这样，如果参数 θ 的后验 PDF 只通过函数 $r(x_1,\cdots,x_n)$（称为“性质 R”）依赖于数据 $D=\{x_1,\cdots,x_n\}$，那么只要给定 r，我们就能对 θ 做出同样的推断，这似乎是合情的. 这将证明：正如前面猜测的那样，数据的未使用部分确实是无关的.

给定抽样概率密度函数 $p(x_1,\cdots,x_n|\theta)$ 和先验分布 $p(\theta|I)=f(\theta)$，使用所有数据的后验 PDF 是

$$p(\theta|DI)=h(\theta|D)=\frac{f(\theta)p(x_1,\cdots,x_n|\theta)}{\int \mathrm{d}\theta'\, f(\theta')p(x_1,\cdots,x_n|\theta')}. \tag{8.1}$$

注意，这里我们并没有假定抽样是独立或可交换的. 抽样 PDF 没有必要能以 $p(x_1,\cdots,x_n|\theta)=\prod_i p(x_i|\theta)$ 形式分解，边缘概率 $p(x_i|\theta)=k_i(x_i,\theta)$ 和 $p(x_j|\theta)=k_j(x_j,\theta)$ 没有必要是相同的函数. 现在，我们在样本空间 S_x 中进行变量变换 $(x_1,\cdots,x_n)\to(y_1,\cdots,y_n)$，使得 $y_1=r(x_1,\cdots,x_n)$. 然后，选择 $(y_2,\cdots,y_n)$ 使得雅可比矩阵

$$\boldsymbol{J}=\frac{\partial(y_1,\cdots,y_n)}{\partial(x_1,\cdots,x_n)} \tag{8.2}$$

有界且在 S_x 上处处存在. 那么，变量变换是 S_x 到 S_y 的一一映射，抽样密度

$$g(y_1,\cdots,y_n|\theta)=|\boldsymbol{J}|^{-1}p(x_1,\cdots,x_n|\theta) \tag{8.3}$$

可以代替 $p(x_1,\cdots,x_n|\theta)$ 在后验 PDF 公式中使用：

$$h(\theta|D)=\frac{f(\theta)g(y_1,\cdots,y_n|\theta)}{\int \mathrm{d}\theta'\, f(\theta')g(y_1,\cdots,y_n|\theta')}, \tag{8.4}$$

其中的雅可比矩阵因子由于跟 θ 无关，在分子和分母中消去了.

性质 R 表明，对于所有 $\theta\in S_\theta$，(8.4) 独立于 $(y_2,\cdots,y_n)$. 将此条件写为导数形式并置为 0，我们发现它定义了先验 $f(\theta)$ 必须满足的 $n-1$ 个联立积分方程组（实际上，这只是正交条件）：

$$\int_{S_\theta}\mathrm{d}\theta'\, K_i(\theta,\theta')f(\theta')=0,\qquad \theta\in S_\theta,\qquad 2\leqslant i\leqslant n, \tag{8.5}$$

其中第 i 个核是

$$K_i(\theta,\theta')\equiv g(y|\theta)\frac{\partial g(y|\theta')}{\partial y_i}-g(y|\theta')\frac{\partial g(y|\theta)}{\partial y_i}, \tag{8.6}$$

我们使用了缩写 $y\equiv(y_1,\cdots,y_n)$ 等. 它是反对称的：$K_i(\theta,\theta')=-K_i(\theta',\theta)$.

8.2 费希尔充分性

如果方程组 (8.5) 只对某个特定的先验 $f(\theta)$ 成立，那么 $K_i(\theta,\theta')$ 可能不会消去，它由于依赖于 θ'，只需与该特定函数正交. 如果方程组 (8.5) 对所有 $f(\theta)$ 都成立 [正如费希尔（Fisher，1922）所暗示的那样，但他没有提及 $f(\theta)$]，那么 $K_i(\theta,\theta')$ 必须与函数 $f(\theta')$ 的完整集合正交，因此对于 $2 \leqslant i \leqslant n$ 几乎处处为 0. 注意到核函数可以写成

$$K_i(\theta,\theta') = g(y|\theta)g(y|\theta')\frac{\partial}{\partial y_i}\ln\frac{g(y|\theta')}{g(y|\theta)}, \tag{8.7}$$

这个条件可以表述为：给定任意 (θ,θ')，对于所有可能的样本（也就是，对于使得 $g(y|\theta)g(y|\theta') \neq 0$ 的所有 $\{y_1,\cdots,y_n;\theta;\theta'\}$ 值），比值 $[g(y|\theta')/g(y|\theta)]$ 必须独立于分量 $y_2,\cdots,y_n$. 因此，要不依赖于任何先验而拥有性质 R，$g(y|\theta)$ 必须具有函数形式

$$g(y_1,\cdots,y_n|\theta) = q(y_1|\theta)m(y_2,\cdots,y_n). \tag{8.8}$$

对 (8.8) 中的 $y_2,\cdots,y_n$ 积分，我们看到，$q(y_1|\theta)$ 表示的函数与 y_1 的边缘抽样 PDF 只相差一个归一化常数.

转换回原始变量，费希尔充分性要求抽样 PDF 的形式为

$$p(x_1,\cdots,x_n|\theta) = p(r|\theta)b(x_1,\cdots,x_n), \tag{8.9}$$

其中 $p(r|\theta)$ 是 $r(x_1,\cdots,x_n)$ 的边缘密度.

(8.9) 由费希尔（Fisher，1922）给出. 如果抽样分布能以形式 (8.8) 和 (8.9) 分解，则 $y_2,\cdots,y_n$ 的抽样 PDF 与 θ 无关. 在这种情况下，他凭直觉感到 $y_2,\cdots,y_n$ 的值不能包含有关 θ 的任何信息. 所有信息都应该包含在单个量 r 中，他称其为*充分统计量*. 费希尔的推理只是在抽样论场景下的一种猜想. 哪怕只是在这种场景下，我们也不知道，不使用先验和后验概率概念如何才能证明这一猜想.

作为逻辑的概率论不需要任何猜想就可以直接证明这一性质. 事实上，在模型 (8.1) 中使用 (8.9)，函数 $b(x)$ 在分子和分母中消去了，我们马上得到

$$h(\theta|D) \propto f(\theta)p(r|\theta). \tag{8.10}$$

因此，如果 (8.10) 成立，那么 $r(x_1,\cdots,x_n)$ 就是费希尔意义上的充分统计量. 在使用假设模型 (8.1) 进行贝叶斯推断时，量 r 的知识的确可以告诉我们整个数据集 $\{x_1,\cdots,x_n\}$ 中包含的关于 θ 的所有信息，而且这对于所有先验 $f(\theta)$ 都是成立的.

这个想法马上可以推广到更多变量上. 如果形为 $g(y_1,\cdots,y_n|\theta)$ 的抽样分布能以形式 $h(y_1,y_2|\theta)m(y_3,\cdots,y_n)$ 分解，我们就说 $y_1(x_1,\cdots,x_n)$ 和 $y_2(x_1,\cdots,x_n)$

是 θ 的联合充分统计量，其中 θ 可以是多维的. 如果存在两个参数 θ_1 和 θ_2，使得在坐标系统 $\{y_i\}$ 中有

$$g(y_1,\cdots,y_n|\theta_1\theta_2)=h(y_1|\theta_1)k(y_2|\theta_2)m(y_3,\cdots,y_n), \tag{8.11}$$

那么，$y_1(x_1,\cdots,x_n)$ 是 θ_1 的充分统计量，y_2 是 θ_2 的充分统计量，依此类推.

8.2.1 示例

我们在第 7 章对高斯分布的讨论已经证明，它具有充分统计量 [(7.25) ~ (7.30)]. 如果数据 $D=\{y_1,\cdots,y_n\}$ 由 n 个独立观测值 y_i 组成，那么，根据 (7.28) 和 (7.29)，均值为 μ、方差为 σ^2 的抽样分布可写成

$$p(D|\mu\sigma I)=\left(\frac{1}{2\pi\sigma^2}\right)^{n/2}\exp\left\{-\frac{n}{2\sigma^2}\left[(\mu-\overline{y})^2+s^2\right]\right\}, \tag{8.12}$$

其中 $\overline{y}$ 和 s^2 是观察到的样本均值和方差,见 (7.30). 由于它们是在抽样分布 (8.12) 中关于数据的唯一属性，也是在联合后验分布 $p(\mu\sigma|DI)$ 中关于数据的唯一属性，所以它们是估计 μ 和 σ 的联合充分统计量. 尽管是一回事，但是通过贝叶斯定理进行充分性检验，常常比通过分解式 (8.11) 进行检验容易.

现在我们分开研究各个参数的充分性. 如果 σ 已知，可以求得只针对 μ 的后验分布：

$$p(\mu|\sigma DI)=A\frac{p(\mu|I)p(D|\mu\sigma I)}{\int\mathrm{d}\mu\,p(\mu|I)p(D|\mu I)}, \tag{8.13}$$

$$\begin{aligned}p(x_1,\cdots,x_n|\mu\sigma I)&=A\exp\left\{-\frac{1}{\sigma^2}\sum_{i=1}^{n}(x_i-\mu)^2\right\}\\&=A\exp\left\{-\frac{ns^2}{2\sigma^2}\right\}\times\exp\left\{-\frac{n}{2\sigma^2}(\overline{x}-\mu)^2\right\},\end{aligned} \tag{8.14}$$

其中

$$\overline{x}\equiv\frac{1}{n}\sum_{i=1}^{n}x_i,\qquad \overline{x}^2\equiv\frac{1}{n}\sum_{i=1}^{n}x_i^2,\qquad s^2\equiv\overline{x^2}-\overline{x}^2, \tag{8.15}$$

$$p(\mu|\sigma DI)\propto p(u|I)\exp\left\{-\frac{n}{2\sigma^2}(\overline{x}-\mu)\right\} \tag{8.16}$$

分别是样本均值、均方和方差. 因子 $\exp\{-ns^2/2\overline{s}^2\}$ 同时出现在分子和分母中，因此消去了.

同样，如果 μ 已知，则可以得到只针对 σ 的后验 PDF 是

$$p(\sigma|\mu DI)\propto p(\sigma|I)\sigma^{-n}\exp\left\{-\frac{n}{2\sigma^2}\left(\overline{x^2}-2\mu\overline{x}+\mu^2\right)\right\}. \tag{8.17}$$

因为正统（非贝叶斯）统计中选择估计量的标准很少，所以费希尔充分性在正统统计中极其重要. 此外，费希尔充分性还有其他标准缺乏的重要性质：这是信息

概念首次出现在正统观念中. 如果存在 θ 的充分统计量，则很难不使用它而使用其他统计量来对 θ 做推断. 从贝叶斯的角度来看，这相当于有意抛弃与问题有关的数据中的一些信息. ①

8.2.2 布莱克韦尔-拉奥定理

使用信息的论证在正统理论中不太流行，但是戴维 · 布莱克韦尔和卡利亚姆普迪 · 拉奥在 20 世纪 40 年代给出了一个定理，确实为在正统统计中使用充分统计量提供了一种理论上的支持. 令 $r(x_1,\cdots,x_n)$ 是 θ 的费希尔充分统计量，令 $\beta(x_1,\cdots,x_n)$ 是 θ 的任意其他参考估计量. 根据 (8.9)，以 r 为条件的数据联合 PDF 为

$$p(x_1,\cdots,x_n|r\theta) = b(x)p(r|x\theta) = b(x)\delta(r - r(x)), \tag{8.18}$$

与 θ 无关. 这样，条件期望

$$\beta_0(r) \equiv \langle\beta|r\theta\rangle = E(\beta|r\theta) \tag{8.19}$$

也与 θ 无关，所以 β_0 仅是 x_i 的函数，本身就是 θ 的可信估计量，并且仅通过充分统计量 r 依赖于观测值：$\beta_0 = E(\beta|r)$. 该定理是说，对于所有 θ，“二次风险”

$$R(\theta,\beta) \equiv E\left[(\beta-\theta)^2|\theta\right] = \int \mathrm{d}x_1\cdots\mathrm{d}x_n\,[\beta(x_1,\cdots,x_n)-\theta]^2 \tag{8.20}$$

满足不等式

$$R(\theta,\beta_0) \leqslant R(\theta,\beta). \tag{8.21}$$

如果 $R(\theta,\beta)$ 有界，当且仅当 $\beta_0=\beta$ 时，上式中的等号成立，也就是说，只有当 β 本身通过充分统计量 r 依赖于数据时等号成立.

换句话说，给定 θ 的任意估计量 β，如果充分统计量 r 存在，那么，我们可以找到另一个估计量 β_0，它具有较低或相等的风险，且仅依赖于 r. 因此，通过二次风险准则所能找到的最优估计量，总是仅仅通过 r 依赖于数据. 德格罗特 [de Groot，1975，1986（第 2 版），第 373 页] 对此提供了一个证明. 第 13 章和第 14 章将进一步讨论正统统计中的风险概念. 但是，如果不存在充分统计量，那么，由于浪费信息，正统估计理论确实会存在问题. 没有任何一个估计量能记录数据中的所有相关信息.

因为风险准则是忽略先验信息的纯抽样论概念，布莱克韦尔和拉奥的论证并不能说服贝叶斯主义者. 但是，贝叶斯主义者拥有使用充分统计量的更好理由：在

① 当我们了解到，如果用熵来衡量信息，那么从完整数据集 D 到统计量 r 的零信息损失等价于 r 的充分性时，这个模糊的陈述就变成了定理. 这种现象很久以前就出现在皮特曼-库普曼定理（Koopman，1936; Pitman，1936）中，我们将在第 11 章中给出该定理的现代版本.

数学上简单明了的是，从 (8.9) 和 (8.10) 可以看出，如果存在充分统计量，则贝叶斯定理将自动得到它，无须我们特别注意该概念. 事实确实如此：根据第 2 章的证明，无论充分统计量是否存在，贝叶斯定理都将使我们得出最优推断结果. [①] 因此，从贝叶斯推断的角度来看：充分性是一个有效的概念，但是它没有基本的理论价值，只能方便计算，而不会影响推断的质量.

我们已经看到，对于二项抽样分布、矩形抽样分布和高斯抽样分布，都存在充分统计量. 但是，考虑柯西分布

$$p(x_1,\cdots,x_n|\theta I)=\prod_{i=1}^{n}\frac{1}{\pi}\frac{1}{1+(x_i-\theta)^2}, \tag{8.22}$$

它无法以形式 (8.9) 分解，因此没有充分统计量. 对于柯西分布，似乎没有任何数据是无关紧要的. 贝叶斯推断会使用它的每一份数据，并使我们对 θ 的推断（即关于 θ 的后验 PDF 的详细信息）有所不同. 这样，对于正统统计，就没有一个令人满意的 θ 估计量. 单个函数仅传达数据的一条信息，而遗漏了 $n-1$ 条其他信息. 所有这些信息都是相关的，并且会被贝叶斯方法使用.

8.3 广义充分性

由于没有使用先验，费希尔无法意识到的是，对于所有先验成立的附加条件至关重要. 费希尔充分性公式 (8.9) 是独立于先验而获得性质 R 的强必要条件. 但是，我们直到最近才意识到，性质 R 可能在依赖于先验的更弱条件下成立. 因此，起源于拉普拉斯的贝叶斯思想充分性概念，实际上在贝叶斯推断中比在抽样论中具有更广泛的意义.

要明白这一点，注意到积分方程组 (8.5) 是线性的，我们可以从线性向量空间的角度思考. 令所有先验类在参数空间 S_θ 上张成函数空间（希尔伯特空间）H. 如果性质 R 仅对张成子空间 $H'\subset H$ 的先验的某些子类 $f(\theta)\in H'$ 成立，那么在 (8.5) 中，仅要求 $K_i(\theta,\theta')$ 在该子空间上的投影能消去. 这样，$K_i(\theta,\theta')$ 可以是正交于 H' 的函数的补函数空间 $(H-H')$ 上的任意函数.

新的理解是，尽管不存在费希尔意义上的充分统计量，但是对于某些先验可能存在“有效充分统计量”. 任意给定函数 $r(x_1,\cdots,x_n)$ 和抽样密度函数 $p(x_1,\cdots,x_n|\theta)$，可以用 (8.6) 构造核函数 $K_i(\theta,\theta')$. 如果该核函数是不完全的［也就是说，当 (θ,θ',i) 在取值范围内变化时，该核函数（可以认为是以 (θ,i) 为参数的 θ' 的一组函数）不足以张成整个函数空间 H］，那么，积分方程组 (8.5) 具有非零解 $f(\theta)$. 如果存在非负解，则它们将确定先验函数 $f(\theta)$ 的一个子类，r 对于该子类是充分统计量.

① 也就是说，在以下意义上是最优的：在满足合理性要求的同时，没有其他流程可以产生唯一的结果.

如此就存在这样的可能性：对于不同的先验，数据的不同函数 $r(x_1,\cdots,x_n)$ 都可能充当充分统计量的角色. 这意味着：*使用特定的先验可能会使数据的某些特定方面无关，使用不同的先验可能会使数据的不同方面无关*. 对此没有心理准备的人可能会认为发现了矛盾或悖论.

这种现象只在那些从频率角度考虑概率的人眼中是神秘的，只要我们将概率分布视为*信息的载体*，其原因就会马上变得简单明了. 实际上，它只不过是布尔代数 $AA=A$ 的原理：冗余信息不会被计算两次. 只有在传达数据中没有的信息时，先验中的信息才对结论有影响. 同样，只有在传达先验中没有的信息时，数据中的信息才对结论有影响. 先验和数据中都有的信息是冗余的，在任何一个地方删除它不会影响我们的结论. 因此，在贝叶斯推断中，先验只需传达数据中也存在的某些信息，就可以使数据的某些方面变得无关.

这种新的自由，对于贝叶斯推断来说是细枝末节，还是提供了费希尔和杰弗里斯从未想到过的新力量呢？为了表明我们不是在讨论一种不可能存在的情况，请注意，我们已经看到了这种现象的一个极端例子，它就是以前使用二项式猴子先验分布在坛子抽样问题中所显示的奇怪特性（第 6 章）. 尽管对于其他先验而言所有数据都是相关的，但是这种特殊先验使得所有数据都不相关.

8.4 带冗余参数的充分性

在 8.2 节中，参数 θ 可能是多维的，同样的一般论证也会以同样的方式进行. 现在，如果我们假设问题中有两个参数 θ 和 η，则问题将变得更困难. 但是，如果我们对 η 不感兴趣，那么充分性问题仅涉及 θ 的边缘后验 PDF. 用乘法规则分解先验 $p(\theta\eta|I)=f(\theta)g(\eta|\theta)$，我们可以将所需的后验 PDF 写成

$$h(\theta|D)=\frac{\int \mathrm{d}\eta\, p(\theta\eta)f(x_1,\cdots,x_n|\theta\eta)}{\int\int \mathrm{d}\theta\mathrm{d}\eta\, p(\theta\eta)f(x_1,\cdots,x_n|\theta\eta)}=\frac{f(\theta)F(x_1,\cdots,x_n|\theta)}{\int \mathrm{d}\theta\, f(\theta)F(x_1,\cdots,x_n|\theta)}, \tag{8.23}$$

其中

$$F(x_1,\cdots,x_n|\theta)\equiv\int \mathrm{d}\eta\, p(\eta|\theta I)f(x_1,\cdots,x_n|\theta\eta). \tag{8.24}$$

由于这与 (8.1) 有相同的数学形式，可以重复步骤 (8.5) ~ (8.9)，得到相同的结果. 给定任意使得积分 (8.24) 收敛的 $p(\eta|\theta I)$，我们发现，θ 的边缘分布对于所有先验 $f(\theta)$ 都具有性质 R，这样，$F(x_1,\cdots,x_n|\theta)$ 一定能分解为形式

$$F(x_1,\cdots,x_n|\theta)=F^*(r|\theta)B(x_1,\cdots,x_n). \tag{8.25}$$

但是，由于 $F(x_1,\cdots,x_n|\theta)$ 不再是抽样密度函数（对于不同的先验 $p(\eta|\theta I)$，它是

不同的函数)，情况变得完全不同. 现在，$\{F, F^*, B\}$ 都是 $p(\eta|\theta I)$ 的泛函. [①] 因此，冗余参数的存在改变了细节，但是充分性的一般现象仍然存在.

8.5 似然原理

在应用贝叶斯定理时，参数 θ 的后验 PDF 始终是先验 $p(\theta|I)$ 和似然函数 $L(\theta) \propto p(D|\theta I)$ 的乘积，数据只出现在似然函数中. 因此很明显:

> 在指定模型的情况下，数据 D 的似然函数 $L(\theta)$ 包含 D 中所有有关 θ 的信息.

对我们来说，这只是概率论乘法规则的直接结果，在数学上微不足道，就像乘法表一样毋庸置疑. 换句话说，如果两个数据集 D 和 D' 的似然函数只相差一个归一化常数: $L(\theta) = aL'(\theta)$，其中 a 是与 θ 无关的常数，那么它们对于 θ 的推断(无论是点估计、区间估计还是假设检验)有相同的作用. 但是，对于那些认为概率分布是由于“随机性”产生的物理现象而非不完全信息载体的人来说，上述陈述因为仅涉及抽样分布而具有独立于乘法规则和贝叶斯定理的意义. 他们称之为“似然原理”，它作为有效推断原理的地位长期以来一直是争论的主题，至今仍在继续.

乔治 · 巴纳德 (George Barnard，1947) 提出该原理的基本论据是，无关数据应从推断中消去. 假设除了获得数据 D 外，我们抛硬币并记录结果 $Z = \mathrm{H}$ 或 T. 这样，正如巴纳德所写的那样，我们所有数据的抽样概率变为

$$p(DZ|\theta) = p(D|\theta)p(Z). \tag{8.26}$$

然后他这样推理: 抛硬币的结果显然不能告诉我们数据 D 之外关于参数 θ 的信息，因此基于 DZ 的对 θ 的推断应该与仅基于 D 的推断完全相同. 他由此得出结论: 似然中的常数因子一定与推断无关. 也就是说，关于 θ 的推断仅取决于不同 θ 值的似然比:

$$\frac{L_1}{L_2} = \frac{p(DZ|\theta_1 I)}{p(DZ|\theta_2 I)} = \frac{p(D|\theta_1 I)}{p(D|\theta_2 I)}, \tag{8.27}$$

无论是否包含 Z，它们都是相同的. 这通常被认为是正统统计学家对似然原理的第一个陈述. 这正是我们在第 4 章中已经认为非常显而易见的东西，当时我们注意到似然不是概率，因为它的归一化是任意的. 但并非所有正统统计学家都认为巴纳德的论证令人信服.

---

① 在正统统计中，$F^*(r|\theta)$ 被解释为复合实验的期望抽样密度，其中 θ 固定，而 η 以分布 $p(\eta|\theta I)$ 在试验间随机变化.

艾伦 · 伯恩鲍姆（Allan Birnbaum，1962）尝试给出了似然原理的首个证明，这一证明为正统统计学家普遍接受. 从他发表论文之后引发的热烈讨论中，我们看到许多人将此原理的证明视为统计学中的一个重大历史事件. 他通过另一种方式再次诉诸抛硬币，利用了费希尔充分性原理以及对他来说更原始的条件原理.

条件原理

> 假设我们可以通过实验 E_1 或 E_2 来估计 θ. 如果通过抛硬币决定进行哪个实验，那么，我们获得的关于 θ 的信息应该仅仅取决于实际做的实验. 也就是说，可能做但未真正做的实验无法告诉我们有关 θ 的任何信息.

但是伯恩鲍姆的论证并未为所有正统统计学家所接受，而且伯恩鲍姆自己后来似乎也有疑虑. 人们可以通过询问"你是如何选定实验 E_1 和 E_2 的"来质疑条件原理. 也许，我们是在对它们的性质有一定了解的情况下做出选择的. 例如，我们可能知道，一种实验对小 θ 非常适合，另一种实验适合大 θ. 假设实验 E_1 和 E_2 都对小 θ 准确，实验 E_3 对大 θ 更准确；我们选择实验 E_1 和 E_2，然后抛硬币选择了 E_1. 这样，所抛硬币未选择 E_2 的事实就不必使 E_2 与推断无关. 我们将其作为备选实验的事实就隐含了一些倾向于小 θ 的先验知识.

无论如何，肯普索恩和福克斯（Kempthorne & Folks，1971）以及弗雷泽（Fraser，1980）都继续抨击似然原理并否认其有效性. 费希尔几乎攻击了所有其他推断原理而没有攻击似然原理，我们可以由此推断他很可能接受了该原理，尽管他自己的推断流程并不重视它. 但是，他持续基于其他理念公然抨击贝叶斯定理的使用. 有关这方面的进一步讨论，请参阅安东尼 · 爱德华兹的论文（A. W. F. Edwards, 1974）或伯杰和沃尔珀特的著作（Berger & Wolpert，1988）. 与后面要讨论的辅助性概念联系起来，问题会变得更加复杂和混乱.

出于以下三个原因，正统统计不得不违反似然原理：(1) 核心教义"估计量的优劣取决于其长期抽样性质"未提及似然函数；(2) 第二条教义"估计的准确性由估计量抽样分布的宽度决定"又涉及似然原理；(3) 其中包含进行"随机化"以生成推断中使用的概率分布的流程. 人们仍在教导并热情地捍卫这些教义，他们似乎仍不理解，自己的结论不是由数据中的相关证据确定的，而是由无关的随机化假象确定的. 在第 17 章中，我们将研究正统统计的所谓"随机化检验"，了解贝叶斯分析如何处理同样的问题.

的确，如果按字面意义理解，甚至连抛硬币论证也不能被无条件地接受，对于了解真实抛硬币过程中的复杂原理的物理学家（如第 10 章所述）来说尤其如此. 如果 θ 与硬币之间存在任意逻辑关系，知道 θ 能告诉我们有关抛硬币的信息，那么知道抛硬币的结果就能告诉我们有关 θ 的信息. 例如，我们通过测量单摆周期来测量重力场，而硬币又被抛在相同的重力场中，那么两者之间显然存在逻辑关系. 巴纳德的论证和伯恩鲍姆的条件原理都隐含着一种假设，那就是两者之间不存在逻辑关系. 他们大概会回应，自己实际上是在某种更抽象的意义上谈“抛硬币”，指的是与 θ 及其测量方法完全无关的某种二元实验，只是没有明言. 那么，他们应该有责任确切地定义该二元实验是什么，但他们似乎从来没有这样做过.

我们认为，这种思路会使我们陷入无穷无尽的对无关细节的回溯中. 在我们的概率论系统中，似然原理作为乘法规则的直接结果已经被证明，而与抛硬币或任何其他辅助实验无关. 但是对于那些忽略考克斯定理的人来说，特定工具还是优先于概率论法则，正统统计的一个派别仍然从策略上否定似然原理的有效性.

重要的是要注意到，似然原理与似然函数一样，仅适用于不受怀疑的指定模型. 从更广泛的角度来看，对于对 θ 做最优估计，或者决定是需要更多数据还是现在停止实验，它可能包含也可能不包含我们所需数据中的所有信息. 是否有其他外部证据表明使用该工具的效果正在变糟? 是否有理由怀疑我们的模型可能不正确? 也许需要一个新参数 λ. 但是，声称需要这样的附加信息是对似然原理的否定，只表明对“似然原理是什么”存在误解. 似然原理是一个“局部”最优原理，而不是“全局”最优原理.

8.6 辅助性

考虑根据抽样分布 $p(x|\theta I) = f(x-\theta|I)$ 估计位置参数 θ 的问题.[①] 费希尔 (Fisher，1934) 意识到正统统计方法中存在一个奇怪的困难. 选择数据的某个函数 $\theta^*(x_1,\cdots,x_n)$ 作为估计量，两个不同的数据集可能会产生相同的 θ 估计，但这两个数据集的结构 (例如取值范围、第四中心矩等) 可能大相径庭，因此应该使我们对于 θ 有非常不同的认识. 尤其是，取值范围很广或高度聚集的两个数据集似乎可能使我们得出相同的实际估计值，但是，对于估计值的准确性，它们应该得出截然不同的结论才对. 如果我们认为估计的准确性由估计量的抽样分布宽度决定，则不得不得出结论：对给定估计量的所有估计都具有相同的准确性，与样本的结构无关.

费希尔没有质疑造成这种异常的正统统计推断方法，而是又发明了一种特定工具来进行补救：使用以某些“辅助”统计量 $z(x_1,\cdots,x_n)$ 为条件的抽样分布来

① 例如，如果将一组样本的平均值用作估计量，那么在给定一组样本的情况下，观察到的平均值变化称为平均值的抽样分布.

提供未包含在估计量中的一些数据分布相关信息. 通常, 单个统计量无法完全描述数据分布, 因此可能需要多达 $n-1$ 个辅助统计量. 但是费希尔不是总能提供它们. 它们通常不存在, 因为他还要求辅助统计量的抽样分布必须与 θ 无关, 也就是 $p(z|\theta I)=p(z|I)$. 我们不知道费希尔施加这种独立性条件的原因, 但是, 从贝叶斯的观点来看, 我们可以轻松地明白它所能达到的目标.

费希尔使用的数据的条件抽样分布为 $p(D|z\theta I)$. 在正统统计中, 这种变化的抽样分布通常会得出有关 θ 的不同结论. 然而, 通过贝叶斯定理, 我们可以得到

$$p(D|z\theta I)=\frac{p(zD|\theta I)}{p(z|\theta I)}=p(D|\theta I)\frac{p(z|D\theta I)}{p(z|\theta I)}. \tag{8.28}$$

现在, 如果 $z=z(D)$ 只是数据的函数, 那么 $p(z|D\theta I)$ 就是狄拉克德尔塔函数 $\delta[z-z(D)]$. 因此, 如果 $p(z|\theta I)$ 与 θ 无关, 则条件抽样分布 $p(D|z\theta I)$ 与无条件抽样分布 $p(D|\theta I)$ 对 θ 有相同的依赖性 (即产生相同的似然函数). 换句话说, 从贝叶斯的观点来看, 费希尔的程序什么也没做: 似然 $L(\theta)$ 没有变, 无论我们是否以辅助统计量为条件, 任何遵循似然原理的推断方法 (无论是点估计、区间估计还是假设检验) 都将导致对 θ 的相同推断. 确实, 在贝叶斯分析中, 如果 z 只是数据的函数, 则可以从数据中得知 z 的值, 因此它是冗余信息, 先验信息中是否包含该信息无关紧要. 这同样只是基本逻辑原理 $AA=A$, 我们不得不经常强调它, 因为正统统计学家似乎不理解其含义.

费希尔根据是否使用辅助统计量得出了不同的估计值, 这只能表明他的程序背离了似然原理. 此外, 如果我们以不只是数据的函数的量 Z 为条件, 则 Z 会传达不在数据中的其他信息. 我们定会预期到, 一般来说, 这必将改变我们对 θ 的推断.

当被要求提供估计的准确性时, 正统统计方法再一次背离了似然原理, 它不诉诸数据集中似然函数的任何性质, 而是诉诸估计量的抽样分布宽度, 即我们可能观察到却没有实际观察到的想象数据集. 对我们来说, 坚持似然原理, 正是实际所拥有数据集的似然函数的宽度, 让我们得到估计的准确性. 没有实际观察到的想象数据集与我们提出的问题无关.[①] 因此, 对于贝叶斯主义者而言, 根本没有辅助性的问题: 我们直接从对问题的陈述得到遵循似然原理的答案.

8.7 广义辅助信息

现在, 让我们以更广泛的视角看待辅助信息的概念: 不是费希尔辅助性 (其中辅助统计量 z 是数据的一部分), 而是不被视为现有数据或先验信息一部分的

① 估计量抽样分布的宽度可以回答一个完全不同的问题: 对于我们可能观察到的不同数据集, 估计量将如何变化?

其他量 Z. 和以前一样，我们定义

$$\begin{aligned} \theta &= (\text{我们感兴趣的或不感兴趣的})\text{参数}, \\ E &= e_1, \cdots, e_n, \quad \text{噪声}, \\ D &= d_1, \cdots, d_n, \quad \text{数据}, \\ d_i &= f(t_i, \theta) + e_i, \quad \text{模型}. \end{aligned} \tag{8.29}$$

但是现在加上

$$Z = z_1, \cdots, z_m, \quad \text{辅助数据}. \tag{8.30}$$

我们想根据后验 PDF $p(\theta|DZI)$ 估计 θ. 直接应用贝叶斯定理得到

$$p(\theta|DZI) = p(\theta|I)\frac{p(DZ|\theta I)}{p(DZ|I)}, \tag{8.31}$$

其中 Z 作为数据的一部分出现. 但是，现在我们假设 Z 本身与 θ 不直接相关:

$$p(\theta|ZI) = p(\theta|I). \tag{8.32}$$

这是费希尔所说的“辅助”一词的实质，尽管他的观念不允许他这样说（因为他只接受抽样分布，所以必须根据抽样分布来定义所有的性质）. 他会说辅助数据有与 θ 无关的抽样分布:

$$p(Z|\theta I) = p(Z|I). \tag{8.33}$$

他将其解释为: θ 对 Z 没有任何物理因果作用. 但是，根据乘法规则,

$$p(\theta Z|I) = p(\theta|ZI)p(Z|I) = p(Z|\theta I)p(\theta|I), \tag{8.34}$$

从作为逻辑的概率论观点来看，(8.32) 和 (8.33) 是等价的，两者互相蕴涵. 使用 (8.33)，根据乘法规则展开似然比，我们有

$$\frac{p(DZ|\theta I)}{p(DZ|I)} = \frac{p(D|\theta ZI)}{p(D|ZI)}. \tag{8.35}$$

然后，考虑到 (8.32)，同样可以把 (8.31) 重写为

$$p(\theta|DZI) = p(\theta|ZI)\frac{p(D|\theta ZI)}{p(D|ZI)}. \tag{8.36}$$

现在，广义辅助信息似乎已成为先验信息的一部分.

广义辅助信息的一个特殊性质是，θ 和 Z 之间的关系是互逆的. 如果我们知道 θ，要估计 Z，则 θ 会变为“广义辅助统计量”. 要清楚地看到这一点，请注意辅助统计量的定义式 (8.32) 和 (8.33) 等同于分解式

$$p(\theta Z|I) = p(\theta|I)p(Z|I). \tag{8.37}$$

现在回顾一下我们以前是如何处理的，当时我们的似然只是

$$L_0(\theta) \propto p(D|\theta I). \tag{8.38}$$

根据模型 (8.29)，如果 θ 已知，则获取任何数据 d_i 的概率就是噪声弥补差值的概率：

$$e_i = d_i - f(t_i, \theta). \tag{8.39}$$

因此，如果噪声的先验 PDF 是函数

$$p(E|\theta I) = u(e_1, \cdots, e_n, \theta) = u(\{e_i\}, \theta), \tag{8.40}$$

则我们有

$$p(D|\theta I) = u(\{d_i - f(t_i, \theta)\}, \theta), \tag{8.41}$$

它是 $\{d_i - f(t_i, \theta)\}$ 的相同函数. 在高斯白噪声 PDF 与 θ 无关的特殊情况下，这将导出 (7.28).

新的似然函数 (8.35) 可以用相同的方式处理，只是在 (8.41) 处有所不同：我们有一个以 Z 为条件的不同的噪声 PDF. 因此，辅助数据的作用只是更新原始噪声 PDF：

$$p(E|\theta I) \to p(E|\theta Z I). \tag{8.42}$$

通常，与噪声相关的辅助数据会通过这种影响噪声估计的方式来影响我们对所有参数的估计.

在 (8.40) ~ (8.42)中，我们在条件中包括 θ 以指示最一般的情况. 但是，在正统统计文献中，θ 都与估计噪声无关，因此实际所做的是如下替换：

$$p(E|I) \to p(E|ZI), \tag{8.43}$$

而不是 (8.42).

同样，在我们已经分析的情况下，这种替换被自然地认为是由联合抽样分布引起的，它是函数

$$p(DZ|I) = w(e_1, \cdots, e_n, z_1, \cdots, z_m). \tag{8.44}$$

这样，先前的噪声 PDF (8.40) 是函数 (8.44) 的边缘分布：

$$p(D|I) = u(e_1, \cdots, e_n) = \int \mathrm{d}z_1 \cdots \mathrm{d}z_m \, w(e_1, \cdots, e_n, z_1, \cdots, z_m). \tag{8.45}$$

辅助数据的先验 PDF 是另一个边缘分布：

$$p(Z|I) = \int \mathrm{d}e_1 \cdots \mathrm{d}e_n \, w(e_1, \cdots, e_n, z_1, \cdots, z_m). \tag{8.46}$$

条件分布是

$$p(D|ZI) = \frac{p(DZ|I)}{p(Z|I)} = \frac{w(e_i, z_j)}{v(z_j)}. \tag{8.47}$$

费希尔的原始应用，以及它对贝叶斯方法和抽样论方法之间的关系所提供的有讽刺意义的教训，将在本章末尾的评注（8.12 节）中说明.

8.8　渐近似然：费希尔信息

给定数据集 $D \equiv \{x_1, \cdots, x_n\}$，对数似然为

$$\frac{1}{n}\ln L(\theta) = \frac{1}{n}\sum_{i=1}^{n}\ln p(x_i|\theta). \tag{8.48}$$

随着我们积累的数据越来越多，该函数将如何变化？通常的假设是，当 $n \to +\infty$ 时，抽样分布 $p(x|\theta)$ 实际上等于各种数据值 x_i 的相对频率的极限. 我们知道，在实际问题中，没有人真正知道这是否为真. 因此，以下启发式论证是唯一合理的回答. 如果假设是正确的，那么，当 $n \to +\infty$ 时，我们渐近地有

$$\frac{1}{n}\ln L(\theta) \to \int \mathrm{d}x\, p(x|\theta_0)\ln p(x|\theta), \tag{8.49}$$

其中 θ_0 是“真实”值，假定我们还不知道. 定义“真实”概率密度的熵为

$$H_0 = -\int \mathrm{d}x\, p(x|\theta_0)\ln p(x|\theta_0), \tag{8.50}$$

对于渐近似然函数，我们有

$$\frac{1}{n}\ln L(\theta) + H_0 = \int \mathrm{d}x\, p(x|\theta_0)\ln\frac{p(x|\theta)}{p(x|\theta_0)} \leqslant 0, \tag{8.51}$$

令 $q \equiv p(x|\theta_0)/p(x|\theta)$，我们运用了这样的事实：对于正实数 q 有 $\ln q \leqslant q-1$，当且仅当 $q = 1$ 时等号成立. 因此，当且仅当对使得 $p(x|\theta_0) > 0$ 的所有 x 有 $p(x|\theta) = p(x|\theta_0)$ 时，(8.51) 最后的等号才成立. 如果参数 θ 与 θ_0 的不同值有相同的抽样分布，那么它们将被混淆：数据无法区分它们. 如果参数始终是可识别的，也就是说，θ 的不同值总是导致数据的抽样分布不同，则当且仅当 $\theta = \theta_0$ 时，(8.51) 最后的等号才成立，使得渐近似然函数 $L(\theta)$ 只在点 $\theta = \theta_0$ 处达到最大值.

假设参数是多维的：$\theta \equiv \{\theta_1, \cdots, \theta_m\}$，围绕这一最大值展开，我们有

$$\ln p(x|\theta) = \ln p(x|\theta_0) - \frac{1}{2}\sum_{i,j=1}^{m}\frac{\partial^2 \ln p(x|\theta)}{\partial\theta_i\partial\theta_j}\delta\theta_i\delta\theta_j, \tag{8.52}$$

或者

$$\frac{1}{n}\ln\frac{L(\theta)}{L(\theta_0)} = -\frac{1}{2}\sum_{i,j} I_{ij}\delta\theta_i\delta\theta_j, \tag{8.53}$$

其中

$$I_{ij} \equiv \int \mathrm{d}^n x\, p(x|\theta_0)\frac{\partial^2 \ln p(x|\theta)}{\partial\theta_i\partial\theta_j}. \tag{8.54}$$

(I_{ij}) 称为**费希尔信息矩阵**. 它是对实验“分辨力”的有用度量：考虑两个接近的值 θ 和 θ'，间距 $|\theta-\theta'|$ 需要有多大，实验才可以区分它们？

8.9 结合不同来源的证据

我们都知道有好实验和坏实验. 无论做一百次还是一千次, 坏实验都没有用处. 真正的大师——比如巴斯德[①]——完成的一次实验, 就足以使它们全部被人们忘记.

——亨利·庞加莱 (Henri Poincaré, 1904, 第 141 页)

我们都凭直觉感到, 从多个实验中得出的全部证据应该能比任何单个实验中的证据让我们更好地推断某个参数. 但是直觉不能告诉我们这在什么时候成立. 有人可能会天真地觉得, 如果我们有 25 个实验, 每个实验结果的准确度为 $\pm 10\%$, 那么, 对结果取平均, 我们可以得到的准确度为 $\pm 10/\sqrt{25} = \pm 2\%$. 心理学与社会学中目前使用的元分析方法 (Hedges & Olkin, 1985) 似乎以此为基础. 作为逻辑的概率论清楚地表明了, 在何种情况下以及如何结合这些证据才是安全的.

一个关于皇帝身高的古老寓言, 是显示非批判性推理错误的经典例子. 假设国家里的每个居民都以至少 ± 1 米的准确度知道皇帝的身高, 如果有 $N = 1\,000\,000\,000$ 个居民, 那么只需询问每个人的看法并对结果取平均就可以确定皇帝身高的准确度似乎至少能达到

$$\frac{1}{\sqrt{1\,000\,000\,000}}\text{m} = 3 \times 10^{-5}\text{m} = 0.03\text{mm}. \tag{8.55}$$

结论的荒谬性有力地告诉我们, 即使不同的数据值因果独立, $\sqrt{N}$ 规则也并不总是有效的——它们必须在*逻辑*上相互独立. 在这种情况下, 我们知道绝大多数居民从未见过皇帝, 但他们一直在讨论皇帝, 而关于皇帝的某种心理形象也随着民间传言而演变. 这样, 一个人的答案确实能告诉我们关于其他人答案的信息, 因此它们在逻辑上不是独立的. 的确, 民间传言几乎肯定会产生系统误差, 使得平均不再有效. 因此, 上述估计将告诉我们民间流传的某些信息, 但几乎肯定不会告诉我们皇帝的真正身高.

我们可以大致写出估计误差的公式:

$$\text{估计误差} = S \pm \frac{R}{\sqrt{N}}, \tag{8.56}$$

其中 S 是每个数据的共同系统误差, R 是各个数据值的均方根 "随机" 误差. 尽管无知的观点可能非常一致, 但是它们作为证据几乎毫无价值. 因此, 合理的科学推断要求, 在可能的情况下, 我们应该使用概率论的足够复杂的形式 (即概率模型) 以检测并考虑以上情况.

① 路易·巴斯德 (Louis Pasteur, 1822—1895), 法国微生物学家、化学家, 微生物学的奠基人之一, 以倡导疾病细菌学说和发明预防接种方法而闻名. ——译者注

作为一个好的开始，(8.56) 为我们提供了粗略但有用的经验法则. 它表明，除非我们知道系统误差小于随机误差的大约 1/3，否则我们无法肯定 100 万个数据的平均值比 10 个数据的平均值更准确或更可靠. 正如亨利 · 庞加莱所说："物理学家相信一次好的测量胜过多次坏的测量."的确，这个道理很久之前就已经被实验物理学家意识到并代代相传. 然而，在统计学家写的教科书中明显缺乏关于它的警告，因此在那些通过这些统计教科书学习的"软"科学实践人员中，它还没有得到充分的认识.

让我们使用作为逻辑的概率论对此进行更仔细的研究. 首先，回顾一下贝叶斯定理的链式一致性性质. 假设我们试图判断假设 H 的真假，并且有两个实验分别得出数据集 A 和 B. 在先验信息为 I 的情况下，从第一个数据集 A 我们可以得出结论

$$p(H|AI) = p(H|I)\frac{p(A|HI)}{p(A|I)}. \tag{8.57}$$

然后，在我们获得新数据集 B 后，这可以作为先验概率：

$$p(H|ABI) = p(H|AI)\frac{p(B|AHI)}{p(B|AI)} = p(H|I)\frac{p(A|HI)p(B|AHI)}{p(A|I)p(B|AI)}. \tag{8.58}$$

但是

$$\begin{aligned} p(A|HI)p(B|AHI) &= p(AB|HI), \\ p(A|I)p(B|AI) &= p(AB|I), \end{aligned} \tag{8.59}$$

所以，(8.58) 简化为

$$p(H|ABI) = p(H|I)\frac{p(AB|HI)}{p(AB|I)}, \tag{8.60}$$

正是我们在贝叶斯定理的应用中使用总证据 $C = AB$ 时会得到的结果. 这就是链式一致性性质. 由此可以看出，如果

(1) 先验信息 I 全都相同，

(2) 每个实验的先验还包括较早实验的结果，

那么，合并来自多个实验的证据是有效的.

为了一次研究一个条件，我们将其作为练习，让读者研究违反条件 (1) 的后果；另外假设现在我们有条件 (1) 而不能保证条件 (2)，但是单独从第二个实验中得出了结论

$$p(H|BI) = p(H|I)\frac{p(B|HI)}{p(B|I)}. \tag{8.61}$$

能否将两个实验结论 (8.57) 和 (8.61) 合并为一个更可靠的结论呢？从 (8.58) 明

显可以看出，这通常不成立：不可能通过形如

$$p(H|ABI) = f[p(H|AI), p(H|BI)] \tag{8.62}$$

的函数获得 $p(H|ABI)$，因为这需要该函数的两个参数都不包含的信息. 但是，如果 $p(B|AHI) = p(B|HI)$，那么，根据乘法规则

$$p(AB|I) = p(A|BHI)p(B|HI) = p(B|AHI)p(A|HI) \tag{8.63}$$

可以得到 $p(A|BHI) = p(A|HI)$，上述结论成立. 为此，数据集 A 和 B 必须在逻辑上独立，也就是说，给定 H 和 I，知道某一个数据集不会告诉我们关于另一个数据集的任何信息.

如果确实有这种逻辑独立性，那么通过以上朴素方式组合实验结果是有效的，而且这样做通常会改善我们的推断. 不考虑这些必要条件而进行的元分析可能完全是误导性的.

在这一点上，我们看到了不区分因果独立性和逻辑独立性可能产生的危险. 但是，假如有人试图在分析之前使用 (8.60) 合并所有数据以回避该问题，情况可能更加微妙和危险. 让我们看看这样做会发生什么.

8.10 合并数据

以下数据是真实的，但是实际情况比以下场景中的假设还要复杂. 给予患者两种治疗方法，分别是旧疗法和新疗法，并记录成功（康复）和失败（死亡）的次数. 在实验 A 中，数据如表 8-1 所示. 最后一列的格式为 $100\times\left[p\pm\sqrt{p(1-p)/n}\right]$，表示二项抽样的期望标准差. 两年后进行的实验 B 获得了表 8-2 中给出的数据. 在每个实验中，旧疗法都似乎明显更好（也就是说，p 的差异大于标准差）. 对于研究者来说，结果非常令人沮丧.

表 8-1 实验 A

	失败数	成功数	成功数（%）
旧疗法	16 519	4 343	20.8 ± 0.28
新疗法	742	122	14.1 ± 1.10

表 8-2 实验 B

	失败数	成功数	成功数（%）
旧疗法	3 876	14 488	78.9 ± 0.30
新疗法	1 233	3 907	76.0 ± 0.60

这时一名研究者想到了一个绝妙的主意：让我们合并数据，简单相加. 例如：

$4\,343 + 14\,488 = 18\,831$，依此类推. 这样就得到了列联表 8-3. 现在新疗法看起来好了很多，具有非常高的显著性.（p 的差异超过标准差总和的 20 倍！）他们急切地发表了这一可喜的结论，仅显示合并的数据，在短时间内成为著名的伟大发现者.

表 8-3 合并的数据

	失败数	成功数	成功数（%）
旧疗法	20 395	18 831	48.0 ± 0.25
新疗法	1 975	4 029	67.1 ± 0.61

如此简单的数据怎么可能导致这种异常？支持相同结论的两个数据集合并后怎么会支持相反的结论？在继续之前，请读者仔细思考这些表中的数据，并对正在发生的事情形成自己的看法.

关键在于显然存在一个额外的参数. 两年后的两种方法均产生了更好的结果. 显然，这个令人意外的事实比治疗方法之间相对较小的差异重要得多. 数据本身并没有告诉我们发生这一现象的原因（更好地控制流程，选择更有希望康复的患者进行测试，等等），只有有关实验详细情况的先验信息才能说明原因.

在这种条件下合并数据会产生非常有误导性的偏差. 新疗法之所以看起来更好，原因仅仅是，实验 B 中接受新疗法的患者是实验 A 中的 6 倍，接受旧疗法的患者则变得更少. 根据这些数据得出的正确结论应该是：旧疗法仍然明显优于新疗法，但存在另一个比治疗方法重要得多的因素.

我们从该示例得出结论：如果实验涉及其他参数 $(\alpha, \beta, \cdots)$，而这些参数在不同的实验中不同，则不允许合并数据来估计参数 θ. 在 (8.61) ~ (8.63) 中，我们假定不存在这样的参数，但是实际实验中几乎总是有冗余参数，这些参数在得出结论时被消除了.

综上所述，元分析流程未必是错误的，但是，不考虑限制条件的应用可能会带来灾难. 没有人能凭直觉找到所有这些限制条件. 没有贝叶斯分析，几乎不可能安全地进行元分析. 安全的流程应该把元分析当成一个新原理，压根不提，只严格按照第 2 章中的规则来应用概率论即可. 只要适合进行元分析，完整的贝叶斯流程便会自动简化为元分析.

细粒度命题

作为逻辑的概率论的反对者注意到在构建问题时存在一个技术难题. 实际上，许多人似乎对此感到困惑，因此让我们研究一下此问题及其解决方案.

在第 2 章结尾提到的维恩图思想方法，认为每个概率都必须表示为某个集合的可加测度，或者等价地，我们分配概率的每个命题都必须分解为基本“原子”命题的析取. 将这一思想方法带入贝叶斯领域已导致一些人拒绝使用贝叶斯方法，其理由是，为了给诸如“$W \equiv$ 狗走路”这样的命题分配有意义的先验概率，我们不得不将其分解为多个可能的子命题的析取 $W = W_1 + W_2 + \cdots$，例如

$W_1 \equiv$ 先移动右前腿，然后移动左后腿，然后……

$W_2 \equiv$ 先移动右前腿，然后移动右后腿，然后……

……

可以通过许多不同的方式来完成分解，没有原理可以告诉我们哪种分解是“正确的”. 以某种方式定义这些子命题之后，没有显然的对称性可以告诉我们应该为哪些子命题分配相等的先验概率. 连自称贝叶斯主义者的吉米 · 萨维奇（L. J. Savage，1954，1961，1962）都提出反对意见，认为不可能以无差别原则分配先验概率. 奇怪的是，那些以这种方式推理的人似乎从来没有担心过正统概率学家是如何定义其原子命题的“通用集合”的，该集合的功能与对狗走路做无限细粒度分解的作用相同.

8.11 萨姆的坏温度计

如果萨姆为了分析数据以检验其偏爱的理论，想评估温度计损坏的可能性，他是否需要列举出温度计所有可能的损坏方法呢？答案并不显而易见，所以让我们定义

$A \equiv$ 萨姆偏爱的理论，

$H_0 \equiv$ 温度计正常，

$H_i \equiv$ 温度计以第 i 种方式损坏，$1 \leqslant i \leqslant n$，

其中，也许 $n = 1000$. 尽管萨姆真正想要做的贝叶斯计算是

$$p(A|DH_0I) = p(A|H_0I)\frac{p(D|AH_0I)}{p(D|H_0I)}, \tag{8.64}$$

但他诚实地注意到另外 1000 种可能性 $\{H_1, \cdots, H_n\}$，因此他必须计算

$$p(A|DI) = \sum_{i=0}^{n} p(AH_i|DI) = p(A|H_0DI)p(H_0|I) + \sum_{i=1}^{n} p(A|H_iDI)p(H_i|I). \tag{8.65}$$

根据贝叶斯定理展开最后一项：

$$p(A|H_iDI) = p(A|H_iI)\frac{p(D|AH_iI)}{p(D|H_iI)}, \tag{8.66}$$

$$p(H_i|DI) = p(H_i|I)\frac{p(D|H_iI)}{p(D|I)}. \tag{8.67}$$

可以假定，知道温度计的状况本身并不能告诉萨姆关于他偏爱的理论的任何事情，所以

$$p(A|H_iI) = p(A|I), \quad 0 \leqslant i \leqslant n. \tag{8.68}$$

如果他知道温度计坏了，那么数据不会告诉他有关其偏爱理论的任何信息（可以认为所有这些都包含在先验信息 I 中）：

$$p(A|H_iDI) = p(A|H_iI) = p(A|I), \quad 1 \leqslant i \leqslant n. \tag{8.69}$$

根据 (8.66)、(8.68) 和 (8.69)，可以得到

$$p(D|AH_iI) = p(D|H_iI), \quad 1 \leqslant i \leqslant n. \tag{8.70}$$

也就是说，如果他知道温度计坏了，结果是数据不会告诉他有关其偏爱理论的任何信息，那么，他获得这些数据的概率就不能依赖于他偏爱的理论是否正确. 这样，(8.65) 可以简化为

$$p(A|DI) = \frac{p(A|I)}{p(D|I)}\left[p(D|AH_0I)p(H_0I) + \sum_{i=1}^{n} p(D|AH_iI)p(H_iI)\right]. \tag{8.71}$$

由此可见，如果温度计的不同损坏方式本身并不能告诉他关于数据的不同信息，

$$p(D|H_iI) = p(D|H_1I), \quad 1 \leqslant i \leqslant n, \tag{8.72}$$

则不需要列举 n 种不同的损坏方式，只需要计算似然

$$L \equiv p(D|AH_0I)p(H_0I) + p(D|H_1I)[1 - p(H_0I)], \tag{8.73}$$

只有温度计损坏的总概率

$$p(\overline{H_0}|I) = \sum_{i=1}^{n} p(H_i|I) = 1 - p(H_0|I) \tag{8.74}$$

是相关的. 萨姆不需要列举出所有 1000 种可能性. 但是，如果 $p(D|H_iI)$ 依赖于 i，则 (8.71) 中的求和应该对不同 $p(D|H_iI)$ 的那些 H_i 执行. 也就是说，不同 $p(D|H_iI)$ 包含的信息将与他的推断有关，因此应该在完整计算中考虑.

思考以上论证过程，常识告诉我们，这个结论从一开始就应该是“显而易见”的. 一般来说，枚举大量“细粒度”命题并为这些命题分配先验概率，只有在这种分解包含与问题相关的信息时才是必要的. 否则，只有所有命题的合取才与我们的问题有关，只需要直接为其分配先验概率即可.

这意味着，在实际问题中，引入更细粒度的子命题的过程会适可而止. 不是因为引入它们是错误的，而是因为它们对解决问题没有任何帮助. 吉米 · 萨维奇

担心的难题并不是真正的问题. 我们在有限集合上分配概率的策略能在现实世界中取得成功, 这就是原因之一.

8.12 评注

还有许多技术上不那么重要但有趣的特殊情况需要简单地讨论.

尝试通过发明直观的特定工具而不是应用概率论来进行推断, 已经成为那些接受正统教育的人根深蒂固的习惯. 即使在看到考克斯定理和作为逻辑的概率论的诸多应用后, 许多人仍然无法理解其中所展示的东西. 在没有更多信息的情况下, 他们还是试图通过向概率论规则中添加更多特定工具来改善结果. 这里会通过指出我们的方程中包含和不包含哪些信息, 给出三方面的观察以阻止这种尝试.

8.12.1 样本重复使用的错误

考克斯定理表明, 给定数据 D 和先验信息 I, 任何方法得出的结论如果与根据贝叶斯定理得出的不同, 则必然违反某个基本的一致性与合理性条件. 这意味着在给定 D 和 I 的情况下, 只需应用贝叶斯定理, 就可以提取出 D 和 I 中与问题有关的所有信息. 此外, 我们已经强调, 如果正确使用概率论, 就无须检查所使用的不同信息在逻辑上是否独立. 任何多余的信息都会自动消去, 不会被重复使用. ①

但是, 我们总感觉可以通过某种方式重复使用数据, 从中获取贝叶斯定理错过的信息, 以改进我们从 D 中得出的最终结论. 由于可能发明的特定工具无穷无尽, 除了指出考克斯定理外, 我们无法一劳永逸地证明这样的尝试一定不会成功. 然而, 对于任意的特定工具, 我们总是可以找到直接证据证明它不起作用. 也就是说, 除非它也违反了第 2 章提出的合理性条件之一, 否则不会改变我们的结论. 我们考虑一个常见的例子.

给定 D 和 I, 应用贝叶斯定理对于某个参数 θ 求后验概率

$$p(\theta|DI) = p(\theta|I)\frac{p(D|\theta I)}{p(D|I)}. \tag{8.75}$$

假设我们决定引入某个其他证据 E, 那么, 再次应用贝叶斯定理将结论更新为

$$p(\theta|EDI) = p(\theta|DI)\frac{p(E|\theta DI)}{p(E|DI)}. \tag{8.76}$$

因此, 新信息改变结论的充分必要条件是, 在正测度参数空间的某些区域中, (8.76)

① 的确, 这是概率论中所有算法的性质, 可以从约束变分原理中得出, 因为如果原来的解已经满足该约束, 则添加新约束将不会改变解.

中的似然比不等于 1：

$$p(E|\theta DI) \neq p(E|DI). \tag{8.77}$$

如果证据 E 是数据和先验信息已经暗示的东西，那么

$$p(E|\theta DI) = p(E|DI) = 1, \tag{8.78}$$

贝叶斯定理表明，重复使用冗余信息不会改变结果. 这实际上只是基本逻辑原理：$AA = A$.

有一个著名的例子，其中乍一看，似乎有人确实使用这种方式对结果做了重要的改进. 这使我们认识到“逻辑独立性”的含义是微妙的，而且至关重要. 假设我们取 $E = D$，其实只是两次使用了相同的数据集. 然而，我们的行为就像两个 D 在逻辑上是独立的一样. 也就是说，尽管它们是相同的数据，但第二次使用时将它称为 D^*. 那么，我们忽略了 D 和 D^* 是相同数据集的事实，不是应用 (8.76) ~ (8.78)，而是违反概率论的规则使用

$$p(D^*|DI) = p(D^*|I) \quad \text{和} \quad p(D^*|\theta DI) = p(D^*|\theta I). \tag{8.79}$$

这样，(8.76) 中的似然比与第一次应用贝叶斯定理的结果 (8.75) 中的似然比相同. 我们已经对似然函数做了平方，从而得到更尖锐的后验分布，表面上似乎得到了对 θ 更准确的估计.

很显然，这里有欺诈行为. 根据相同的论证，我们可以无限多次重复使用相同的数据，从而将似然函数提高任意次幂，似乎可以获得任意精度的 θ 估计值——所有这些都来自相同的原始数据集 D，而它可能仅包含一两条数据.

如果我们确实有两个*逻辑独立*的不同数据集 D 和 D^*，知道其中一个不会告诉我们另一个的信息，但碰巧两者在数值上是相同的，那么 (8.79) 确实是成立的，两个数据集的正确似然函数会是其中一个的似然的平方. 因此，作弊流程实际上是声称拥有实际观察数据两倍的数据量. 可以在相关文献（Akaike，1980）中发现，该流程实际上是以“数据依赖先验”的名义使用和提倡的. 这与前面讨论的“元分析”很相似，没有觉察到因果独立的不同数据集的逻辑相关性可能导致荒唐的错误.

尝试重复使用样本的最令人震惊的例子是前面提到的“随机化检验”，其中 $n!$ 个数据排列中的每一个都被认为包含与问题有关的新信息. 我们将在第 17 章中研究这种惊人的观点及其后果.

8.12.2 民间定理

在普通代数中，假设我们在域 X 中有许多待确定的未知数 $\{x_1, \cdots, x_n\}$，并且给定这些未知数的 m 个函数的值：

$$\begin{aligned} y_1 &= f_1(x_1, \cdots, x_n), \\ y_2 &= f_2(x_1, \cdots, x_n), \\ &\cdots \\ y_m &= f_m(x_1, \cdots, x_n). \end{aligned} \tag{8.80}$$

如果 $m = n$，并且雅可比行列式 $\partial(y_1, \cdots, y_n)/\partial(x_1, \cdots, x_n)$ 不为 0，那么原则上可以唯一确定 x_i. 但是，如果 $m < n$，则方程组是欠定的，因为信息不足，我们无法确定所有的 x_i.

这个众所周知的代数定理似乎已经演变成流行的民间概率论定理. 许多作者声称（似乎这是很显然的事实），根据 m 个观察值估计的参数不能超过 m 个. 在其他问题上有着很大分歧的许多作者似乎在这一点上保持一致. 因此，我们在指出如下显而易见的事实时甚至有些犹豫：概率论中实际上没有任何东西对我们做这种限制. 在概率论中，当我们拥有的数据趋于 0 时，其效果不是只能估计越来越少的参数. 哪怕只有一条观测数据，我们也可以估计 100 万个不同的参数. 当我们拥有的数据趋于 0 时，只是回到根据先验信息所进行的估计. 常识告诉我们一定会是这样.

如果考虑一个稍微不同的场景，那么这个民间定理可能有些许真理的成分：假设我们固定数据量而改变参数数量，而不是固定参数数量而改变数据量. 这时我们对一个参数进行估计的准确性依赖于我们估计的其他参数数量吗？在这里我们只简单地用文字记录所发现的内容，请读者写出详细的公式作为练习. 答案取决于添加新参数时抽样分布的变化方式，以及参数的后验 PDF 是否独立. 如果后验 PDF 是相互独立的，那么，我们对一个参数的估计就不会依赖于存在多少其他参数.

如果在添加新参数后，它们在后验 PDF 中相互关联，那么，对一个参数 θ 进行估计的准确性可能会因其他参数的存在而大大降低（其他参数值的不确定性可能会“泄漏”到 θ 上，增加 θ 的不确定性）. 在这种情况下，估计这些参数的某个函数可能比估计任一参数更准确. 比如，如果两个参数的后验 PDF 有很高的负相关性，那么估计它们之和比估计它们之差更准确.[①] 所有这些细微之处在正

① 我们将在第 18 章中经济的季度调整理论中看到这一点. 我在一篇文章（Jaynes，1985e）中，对这一现象进行了详细的展示和讨论. 常规非贝叶斯季节调整理论在这方面存在重要的信息缺失.

统统计学中都丢失了，正统统计甚至意识不到后验 PDF 相关性概念的存在.

8.12.3 先验信息的作用

如上文所述，很显然，根据不使用冗余信息的一般原则 $AA = A$，数据只有在告诉我们先验信息之外的信息时才有用. 同样应该（但表面上并不）很显然的是，先验信息只有在能告诉我们某些数据没有告诉我们的信息时才有用. 因此，我们的先验信息是否重要取决于我们获得的数据集. 例如，假设我们要估计一个通用参数 θ，并且事先知道 $\theta < 6$. 如果数据表明 $\theta > 6$ 的可能性很小，那么先验信息对我们的结论没有影响. 仅当数据表明 $\theta > 6$ 有很大可能性时，先验信息才有意义.

考虑相反的情况：如果数据表明参数实际上就在 $\theta > 6$ 的区域中，那么先验信息将具有极大的重要性，机器人将给出几乎完全是由先验信息决定的非常接近 $\theta^* = 6$ 的估计值. 但是，在数据与先验信息发生强烈矛盾时，我们将对先验信息、模型或数据的正确性持怀疑态度. 这是当令人惊讶的新信息出现时可能“复活”潜在的备择假设的另一种情况.

根据设计，我们的推理机器人没有创造力，只是简单地相信我们的话. 因此，如果我们不对备择假设做任何说明，它将继续全然接受我们给出的假设空间，并为我们提供最优估计——直到数据和先验信息在逻辑上矛盾. 这时，如第 2 章末尾所述，机器人崩溃了.

原则上，单个数据点可以确定 100 万个参数的准确值. 例如，如果 100 万个变量的函数 $f(x_1, x_2, \cdots)$ 仅在 100 万维空间的一个数据点上取值 $\sqrt{2}$，而我们又确切地知道 $f = \sqrt{2}$，那么，我们就准确地确定了 100 万个变量的值. 又例如，如果要确定精度为 12 位数字的一个参数，那么简单的映射可以将其转换为对 6 个参数的估计，每个参数 2 位数字. 但是，这将进入“算法复杂性”的话题，不是我们目前的主题.

8.12.4 技巧和花招

在文献中能看到不同的作者对数学技巧有两种截然不同的态度. 1761 年，欧拉抱怨孤立的结果“没有基于系统方法”，因此其“内在基础似乎被隐藏了”. 而在 20 世纪，像费勒和德菲内蒂这样观点各异的作者却一致认为，直接应用概率论的系统规则是单调乏味和缺乏想象力的，并陶醉于寻找一些无须计算就能得到答案的技巧.

例如，彼得和保罗两人交替抛硬币. 从彼得开始，第一次抛得“正面”的人获胜，那么彼得和保罗获胜的概率 p 和 p' 各是多少？直接、系统的计算方法是，

分别将 $(1/2)^n$ 针对偶数和奇数相加，可以得到

$$p=\sum_{n=0}^{\infty}\frac{1}{2^{2n+1}}=\frac{2}{3},\qquad p'=\sum_{n=1}^{\infty}\frac{1}{2^{2n}}=\frac{1}{3}. \tag{8.81}$$

技巧是注意到，如果彼得第一次抛掷后没有赢，保罗将处在与彼得同样的地位，也就是 $p'=p/2$，所以 $p=2/3$，$p'=1/3$.

费勒的洞察力非常敏锐，几乎在每一个问题中，他都能找到技巧，并且只给出使用技巧的解答. 因此，他给读者留下了以下印象.

(1) 概率论中没有系统方法，只有孤立无关的技巧的集合，每一种技巧只可以解决一个问题而不适用于其他问题.

(2) 费勒具有超人的聪明才智.

(3) 只有像他那样聪明的人才能在概率论中发现新的有用结果.

这些技巧的确具有我们都能欣赏的美学性质. 但是我们怀疑，费勒或任何其他人在第一次看到问题时并不能看出这些技巧.

我们第一次解决问题时总是直接使用系统规则——某些人可能会觉得乏味. 在得到答案之后，我们可能会沉思，并得到一个能更快找到答案的技巧. 然后，我们当然可以耍花招，只向人们展示这种技巧，并嘲笑我们最初用来找到答案的基本方法. 这或许能提升我们的自尊，对其他人却没有帮助.

因此，我们将继续阐述系统的计算方法，因为这是保证找到解的唯一方法. 另外，我们试图强调一般的数学技巧，这些技巧不仅适用于当前问题，也适用于数百种其他问题. 即使当前问题很简单，其实不需要这些通用技巧，我们也会这样做. 因此，我们发展了涉及群不变性、分拆函数、熵和贝叶斯定理的非常强大的算法，这些算法在费勒的著作中根本没有出现. 对我们而言，对欧拉而言也是一样，这些都是所谈论主题的基础方法. 有了这些基础方法，就不必为每个新问题寻找不同的新技巧了.

我们从波利亚那里学到了该原则. 一个世纪以来，数学家们似乎一直在竭力掩盖一个事实：他们是首先通过合情猜想的基本方法找到定理，然后才找到毫不费力、有严格证明的“聪明的技巧”的. 波利亚在他的著作《数学与猜想》（Pólya，1954）中揭露了这个秘密. 这本著作是本书的主要思想来源之一.

当我们想尽快说服某人时，采用聪明的技巧总是暂时有用、令人愉悦的途径. 而且，对于结果的理解，它们可能很有价值. 通过烦琐的计算得到答案后，如果我们能以一种简单的方式看待它，能用短短的几步计算得到相同的结果，那么就会对结果的正确性有更大的信心，会对如何扩展它有直观的理解. 我们在本书中多

次指出了这一点. 要在概率论上获得成功, 就必须首先掌握通用的、系统的、具有永恒价值的方法. 因此, 对于教师而言, 成熟在很大程度上意味着克制追求奇技淫巧之心.

第 9 章 重复实验：概率与频率

概率论的精髓是：概率，无论是直接概率、先验概率还是后验概率，都不是简单的频率.

——哈罗德·杰弗里斯（H. Jeffreys，1939）

我们已经建立起了作为合情推理的广义逻辑的概率论，原则上可以将其应用于没有充分信息可供演绎推理的任何情况. 我们看到它已成功应用于几乎所有推断问题（包括抽样论、假设检验和参数估计）的简单原型示例中.

在过去 100 年中，概率论大多将注意力局限在一种特殊情况上. 在这种情况下，人们试图根据无限重复实验预测结果或做出推断. 这种实验可以在条件似乎相同的情况下无限重复，但每次仍会得出不同的结果. 事实上，几乎所有以应用为导向的阐述都将概率定义为“独立重复随机试验的极限频率”，而不包含任何逻辑元素. 以数学为导向的阐述对概率的定义则更抽象，将其视为一种可加测度，不与现实世界有任何特定的联系. 但是，在应用时，他们也倾向于根据频率来考虑概率. 理解这些常规处理方法与本书中理论之间的确切关系很重要.

一些关系已经很明了了. 在前面 5 章中，我们已经表明，作为逻辑的概率论能一致地应用于不符合频率派观念的许多推断问题，而这些问题通常被认为超出了概率论的范畴. 显然，频率派概率理论可以解决的问题是作为逻辑的概率论所能解决问题的子类，但尚不清楚该子类确切是什么. 本章试图澄清这一点，其中有一些令人震惊的结果，能帮助我们更好地理解归纳在科学中的作用.

此外，在许多问题中尝试使用频率派概率理论进行推断，会导致无意义甚至灾难性的结果. 我们将这种病态情况推迟到以后的章节中讨论，尤其是第 17 章.

9.1 物理实验

第一个重复实验的例子出现在第 3 章，其中我们考虑了从坛子中进行有放回抽样的问题，并且注意到，即使在这种情况下也有很高的复杂性. 最终，我们通过“随机化”的概念工具应付了过去. 尽管“随机化”概念的定义不明确，但是它足够直观，可以克服缺乏逻辑合理性的根本不足.

现在我们考虑一般的重复实验，这些实验无须与从坛子中抽取球有任何相似性，复杂性和多样性都可能更高. 不过我们至少知道，这类实验都遵守物理定律.

如果实验中包含抛硬币或掷骰子，那么它肯定遵守牛顿力学定律，这一定律已经有 300 多年的历史. 如果它是为患者提供一种新药，那么生物化学与生理学原理（这些原理目前只得到了部分了解）肯定会决定可能观察到的效果. 高能基本粒子物理学的实验结果也受制于我们几乎同样一无所知的物理定律，即便如此，公认的一般性原理（电荷守恒、角动量守恒等）也会限制结果的可能性.

显然，对于此类实验的有效推断都必须考虑适用于相应场景的已知物理定律. 通常，这些知识将确定我们应用于此问题的“模型”. 如果不考虑实际的物理状况和适用的已知物理定律，那么此后，再严格的数学推导也无法避免得到无意义甚至更糟的结论. 很多文献可以充分说明这一点.

在任何重复实验或测量中，都会有某些因素在每次试验中相同（无论实验者是否有意识地使其保持不变），其他一些因素则不受实验者控制而变化. 那些相同的因素（无论实验者是控制了条件，还是条件根本不受实验者控制）称为*系统因素*，以不受控制的方式变化的因素通常称为*随机因素*. 但是“随机”一词应该避免使用，因为它带有一些错误的暗示. [①] 我们应该把这些因素描述为*通过当前使用的实验技术不可再现的*. 通过改进的技术则有可能再现它们. 实际上，实验科学所有领域的进步都涉及不断发展更强大的技术，这些技术可以更好地控制条件，从而可以再现更多的因素. 一旦某个现象可以再现，就像分子生物学中发生的那样，它就会从猜测与幻想的云雾中浮现出来，成为“硬”科学的一部分.

本章将详细研究推理机器人如何对重复实验进行推理. 我们的目标是找到它所拥有的信息与所能做出的预测之间的逻辑关系. 假设我们的实验包括 n 次试验，每次试验有 m 种可能结果. 如果是抛硬币，$m = 2$；如果是掷骰子，$m = 6$. 如果我们要让一批患者接种疫苗，那么 m 是可区分的不同反应的数量，n 是患者数，等等.

在这一点上，人们通常会说：“每次试验都能得到 m 种可能结果中的任意一种，因此在 n 次试验中，有 $N = m^n$ 种不同的可能结果.”但是，这句话的确切含义是不明确的：它是对物理事实的陈述或假设，还是只是对机器人所拥有信息的描述？我们所做事情的有效性的内容与范围取决于该问题的答案.

数值 m 总是可以被看作对我们进行概率分析时所拥有的知识状态的描述. 它可能与客观世界中实际存在的不同可能结果数相同，也可能与之不同. 在检验一个正方体骰子时，我们非常有信心地取 $m = 6$，但是总的来说，我们无法预先知

① 在许多人看来，“随机”一词既表示对单个结果缺乏物理确定性，同时又表明具有固定长期频率的真实物理“倾向”. 很自然，这种自相矛盾的观点在使用概率论的各领域文献中引起了无穷无尽的概念问题和混乱. 在第 10 章中，我们将讨论一些典型的例子，包含我们在应用物理定律时碰到的“随机性”概念.

道 m 实际是多少. 一些最重要的推理问题通常是“查尔斯 · 达尔文”类型的.

练习 9.1 当查尔斯 · 达尔文于 1835 年 9 月首次登上加拉帕戈斯群岛时, 他不知道自己会在那里发现多少种植物. 在检查了 $n = 122$ 个样本后, 他发现它们可以分为 $m = 19$ 个不同的物种, 那么还有尚未发现的更多物种的可能性是多少? 什么时候可以停止采集标本, 因为已经不太可能获取更多物种? 这个问题很像第 4 章中的序列检测, 但我们问的是不同的问题. 在建立数学模型 (即根据先验信息选择合适的假设空间) 时, 需要对现实世界做出判断, 但是具有良好判断力的人将得出基本相同的结论.

一般而言, m 不是已知的物理事实, 而应该理解为当前计算中考虑的每次试验的不同结果数. 因此, 更令人信服的说法是: 我们在指定 m 时, 实际上是在定义一种需要验证结果的试探性工作假设. 无论如何, 我们关心的都是两个不同的样本空间: 一个是一次试验的空间 S, 由 m 个点组成; 另一个是扩展空间

$$S^n = S \otimes S \otimes \cdots \otimes S, \tag{9.1}$$

它是 n 个 S 的直积, 是实验作为整体的样本空间. 为了进行区别, 我们用“试验结果”指空间 S 上单次试验的结果, 用“实验结果”指定义在空间 S^n 上 n 次试验作为一个实验的 (总体) 结果. [①] 因此, 一次实验结果包含 n 个单次试验结果的组合 (如果进行实验时定义了顺序, 则包括它们的顺序). 我们可以说单次试验中考虑的不同结果数是 m, 而考虑的不同实验 (总体) 结果数 $N = m^n$.

如果用 r_i 表示第 i 次试验的结果 ($1 \leqslant r_i \leqslant m, 1 \leqslant i \leqslant n$), 那么一次实验结果可以通过数列 $\{r_1, \cdots, r_n\}$ 来表示, 这些数列构成可能数据集 D. 由于不同的实验结果是互斥且穷尽的, 因此如果给推理机器人关于该实验的任何信息 I, 它所能做出的最一般的概率分配是 r_i 的函数:

$$P(D|I) = p(r_1, \cdots, r_n), \tag{9.2}$$

这种概率分配对于所有的可能数据集满足归一化条件

$$\sum_{r_1=1}^{m} \sum_{r_2=1}^{m} \cdots \sum_{r_n=1}^{m} p(r_1, \cdots, r_n) = 1. \tag{9.3}$$

为了方便起见, 由于 r_i 是非负整数, 因此我们可以将它们视为 m 进制数 R (模 m), $0 \leqslant R \leqslant N-1$. 尽管我们的机器人对真实世界知之甚少, 却是一个数学高手, 因此我们可以指示它以 m 进制而不是 10 进制与我们通信. 10 进制系

① 为了对单次试验和 n 次试验的总体结果进行区分, 原文用 result 表示单次试验的结果, 用 outcome 表示 n 次试验 (总称为一次实验) 的总体结果. 在翻译时, 用“试验结果”表达 result 的意思, 用“实验结果”表达 outcome 的意思. ——译者注

统只是人类由于解剖学特性而习惯使用的.

比如，假设我们的实验包括 4 次掷骰子，每次有 $m=6$ 种可能的试验结果，那么有 $N=6^4=1296$ 种可能的实验结果，可以对其编号（1 到 1296）．那么，为了表示在 10 进制系统中编号为 836 的实验结果，机器人会注意到：

$$836=(3\times 6^3)+(5\times 6^2)+(1\times 6^1)+(2\times 6^0). \tag{9.4}$$

因此，在 6 进制系统中，机器人将该实验结果展示为 3512.

机器人不知道的是，这对我们人类有更深的意义. 在我们来说，这表示第 1 次掷出了 3 点，第 2 次掷出了 5 点，第 3 次掷出了 1 点，第 4 次掷出了 2 点（由于在 6 进制系统中，单个数字 r_i 仅在对 6 取模时有意义，结果 $5024\equiv 5624$ 就表示第 2 次掷出了 6 点）.

更一般而言，对于每次有 m 种可能的试验结果、重复 n 次的实验，我们通过 m 进制与机器人进行通信，显示的实验结果将恰好有 n 位数字. 对我们而言，第 i 位数字将以模 m 表示第 i 次试验的结果. 通过这种方式，我们诱使机器人接受指令并给出对我们来说具有完全不同含义的结论. 现在，我们可以向机器人询问关于实验结果的任何问题的答案，而这绝不会向机器人透露它实际是在对重复物理实验做出预测（对于机器人来说，正如第 4 章所述，它只是简单地接受了我们所说的事实）.

在尽量小心地定义了概念问题后，我们终于可以转向实际的计算了. 我们在 (2.86) 之后的讨论中提到，根据先验信息 I 的不同细节，许多种不同的概率分配方式 (9.2) 都可能是合理的. 我们先来考虑最简单的情况.

9.2 孤陋寡闻的机器人

假设我们只告诉机器人有 N 种可能性，而不提供其他信息. 也就是说，机器人不仅不了解相关的物理定律，甚至也不知道整个实验是由 n 次简单重复试验组成的. 对它来说，就像只存在一次试验，它有 N 种可能的试验结果，而试验机制完全未知.

你可能会对此表示反对：我们对机器人隐瞒了一些对于实验的合理推断而言至关重要的信息. 事实的确如此. 然而，重要的是理解忽略这些信息的惊人后果.

当机器人处在这样一种原始的无知状态，甚至不知道存在重复性实验时，它能对实验结果做出什么有意义的预测呢？事实上，孤陋寡闻的机器人一点儿也不会感到无助. 尽管它在某些方面无比天真，但是基于简单的排列组合，它已经能做出大量惊人的正确预测（这应该使我们认识到排列组合的威力，它可以掩盖很多无知之处）.

首先看看机器人在信息不足时能做哪些预测，然后我们可以为机器人提供其他相关信息，看看随着对实验的了解越来越多，它会如何修正其预测结果. 通过这种方式，我们可以逐步跟踪机器人的受教育过程，直到它能达到（有时甚至会超过）科学家与统计学家在讨论实际实验时显示的水平.

我们用 I_0 表示这种初始无知状态（机器人只知道有 N 种可能性，对其他的一无所知）. 这时无差别原则 (2.95) 适用：机器人的“样本空间”或“假设空间”由 $N = m^n$ 个离散点组成，对于其中每一个点，它会赋予概率 N^{-1}. 根据规则 (2.99)，任何在子集 $S' \subset S^n$ 上定义为真而在互补子集 $S^n - S'$ 上定义为假的命题 A 将被赋予概率

$$P(A|I_0) = \frac{M(n, A)}{N}, \tag{9.5}$$

其中 $M(n, A)$ 是 A 的重数（S_n 中 A 为真的点数）. 这个看似简单的结果概括了机器人在已知先验信息 I_0 时所能预测的一切. 这也再次说明，只要与问题相关，概率和频率之间的联系就会自动出现，这是我们的概率论法则的自然数学结果.

考虑 $m = 6$ 的 n 次掷骰子的实验，任一特定实验结果的概率 (9.2) 是

$$p(r_1, \cdots, r_n|I_0) = \frac{1}{6^n}, \quad 1 \leqslant r_i \leqslant 6, \quad 1 \leqslant i \leqslant n. \tag{9.6}$$

那么，无论以后发生什么，第一次抛出 3 点的概率是多少？这是在问机器人第 1 位数字 $r_1 = 3$ 的概率. 由于 6^{n-1} 个命题

$$A(r_2, \cdots, r_n) \equiv r_1 = 3 \text{ 且其余数字为 } r_2, \cdots, r_n \tag{9.7}$$

是互斥的，因此 (2.85) 适用：

$$P(r_1 = 3|I_0) = \sum_{r_2=1}^{6} \cdots \sum_{r_n=1}^{6} p(3r_2 \cdots r_n|I_0) = 6^{n-1} p(r_1 \cdots r_n|I_0) = 1/6. \tag{9.8}$$

（注意，“$r_1 = 3$”是一个命题，因此根据附录 B 中的记号规则，我们可以给它一个正式的概率符号 P.）由于对称性，如果我们要求任何指定第 i 次抛掷给出结果 k 的概率，那么结果是相同的：

$$P(r_i = k|I_0) = 1/6, \quad 1 \leqslant k \leqslant 6, \quad 1 \leqslant i \leqslant n. \tag{9.9}$$

现在，第 1 次抛掷产生 k 点，第 2 次抛掷产生 j 点的概率是多少？机器人的计算方法与前面是类似的，剩下的抛掷结果有 6^{n-2} 种互斥的可能性，因此

$$\begin{aligned} P(r_1 = k, r_2 = j|I_0) &= \sum_{r_3=1}^{6} \cdots \sum_{r_n=1}^{6} p(k, j, r_3 \cdots r_n|I_0) \\ &= 6^{n-2} p(r_1 \cdots r_n|I_0) = 1/6^2 \\ &= 1/36. \end{aligned} \tag{9.10}$$

根据对称性，答案对于任意两次不同的投掷都是相同的. 类似地，机器人可以告诉我们，任意 3 次不同的投掷都得到指定结果的概率为

$$p(r_i r_j r_k|I_0) = 1/6^3 = 1/216, \tag{9.11}$$

等等.

现在让我们尝试对机器人进行教育. 假设我们要为其提供第 1 次掷出 3 点的额外信息，这意味着以如下方式告知机器人：在最初 N 个可能结果中，正确的结果属于第 1 个数字 $r_1 = 3$ 的子类. 有了这个额外信息，机器人将为命题 $r_2 = j$ 分配多大的概率呢？此条件概率可以由乘法规则 (2.63) 得出

$$p(r_2|r_1 I_0) = \frac{p(r_1 r_2|I_0)}{p(r_1|I_0)}, \tag{9.12}$$

使用 (9.9) 和 (9.10)，可以得到

$$p(r_2|r_1 I_0) = \frac{1/36}{1/6} = 1/6 = p(r_2|I_0). \tag{9.13}$$

机器人的预测没有变. 如果我们告诉它前两次抛掷的结果并让对它对第 3 次抛掷进行预测，那么根据 (9.11)，我们会得到相同的结果：

$$p(r_3|r_1 r_2 I_0) = \frac{p(r_3 r_1 r_2|I_0)}{p(r_1 r_2|I_0)} = \frac{1/216}{1/36} = 1/6 = p(r_3|I_0). \tag{9.14}$$

以这种方式继续下去就会发现，无论我们告诉机器人多少次抛掷结果，也不会影响它对其余次抛掷的预测. 似乎机器人在 I_0 状态下如此愚昧无知，以至于无法对其进行教育. 但是，它即使对一种指令没有响应，也可能对另一种指令产生响应. 我们首先需要了解造成该问题的原因.

9.3　归纳推理

机器人的行为为什么让我们感到震惊呢？机器人这里的推理方式与我们人类不同，因为它似乎没有从过去学到东西. 如果我们被告知前面 12 位数字全是 3，那么我们会得到暗示，开始猜测下一位数字也是 3. 但是，孤陋寡闻的机器人无论给出多少次抛掷结果都不会接受暗示.

一般来说，如果在以前的结果中看到任何有规律的模式，我们或多或少会预期它继续存在下去，这就是被称为归纳的推理过程. 机器人还没有学会如何进行归纳推理. 但是，机器人必须定量地处理所有事情，我们也不得不承认我们也不确定所发现的规则是否会继续有效. 这似乎只是有可能，但直觉并没有告诉我们可能性有多大. 因此，正如第 1 章和第 2 章所述，我们的直觉仅给我们带来定性的“方向感”，并且认为机器人应该以这种定性的方向进行定量推理.

请注意，这里所说的归纳与所谓的“数学归纳法”是截然不同的两种过程. 后者是一种严格的演绎过程，我们在此并不关心.

对于概率论的传统公式而言，“归纳辩护”问题一直是一个难题，也是 18 世纪以来从大卫 · 休谟（David Hume，1739，1777）开始的一些哲学家探讨的主要问题. 例如，哲学家卡尔 · 波普尔（Karl Popper，1974）甚至断然否定了归纳的可能性. 他反问道:“我们将从重复实例中学到的经验应用于对没有经验的实例进行推理合理吗?”孤陋寡闻的机器人给我们的答案是：“不合理!”但我们想证明，一个见多识广的机器人会回答:“合理，只要我们拥有能提供不同试验之间逻辑关系的先验信息，并且给出可以进行归纳的特定情况就行.”

这个问题在抽样调查理论中似乎尤为突出，与我们上面的方程式相互呼应. 在对 1000 人进行询问之后，发现其中有 672 人在下届选举中赞成提案 A，而民意调查专家凭什么得出结论：在没有接受调查的数百万人中，也会有 $67 \pm 3\%$ 的人赞成提案 A? 对于孤陋寡闻的机器人（显然也对于波普尔而言），无论了解多少人的意见都不会让我们知道其他任何人的意见.

在许多其他情况下也会出现相同的逻辑问题. 在物理学中，假设我们测量了 1000 个原子的能级，发现其中有 672 个处于激发态，其他的处于基态. 我们是否有理由得出结论：在未测量的 10^{23} 个其他原子中约有 67% 也处于激发态? 或者假设 1000 名癌症患者使用了新的治疗方法，其中 672 名康复了，那么人们在什么意义上有理由预测这种治疗方法在未来也会使大约 67% 的患者康复? 根据先验信息 I_0，完全没有理由进行此类推断.

这些例子表明，归纳的逻辑辩护问题（即澄清命题的确切含义以及能为逻辑分析所支持的确切含义）非常重要，但也很困难.

9.4 是否有一般性归纳法则?

(9.13) 和 (9.14) 表明：根据先验信息 I_0，不同次抛掷的结果是完全逻辑独立的. 向机器人提供任何特定抛掷结果的信息都不会告诉它有关其他次抛掷的信息. 上面已经强调了其中的原因：机器人还不知道连续数字 $\{r_1, r_2, \cdots\}$ 代表着同一实验的重复. 只有通过向机器人提供某种与所有抛掷相关的信息才能教育它摆脱这种状态. 例如，我们可以告诉它一些对于所有试验而言都相同的某一物理或逻辑属性信息.

也许我们可以通过反思来学习：在进行归纳推理时，我们无意识使用的对所有试验都相同的“隐藏”信息是什么? 然后，可以尝试将这些隐藏信息告诉机器人（即将其融入方程）.

只需要稍微反思我们就可以意识到：不是只有一种隐藏的信息，而是有很多不同种类的信息. 的确，由于对实验的了解程度不同，即使对于相同的数据，我们进行的归纳推理也会有很大差别. 我们有时能立即得到启示，有时则会跟孤陋寡闻的机器人一样反应迟钝.

假设数据是前 3 次抛掷都得到“正面”，即 $D = H_1H_2H_3$，那么对第 4 次抛掷，我们直觉的概率 $P(H_4|DI)$ 是多少？这个问题的答案在很大程度上取决于我们的先验信息. 如果先验信息是 I_0，那么不管数据如何，答案始终是 $p(H_4|DI_0) = 1/2$. 另外两种可能的先验信息如下.

$I_1 \equiv$ 我们能仔细检查硬币并观察抛掷的过程，知道硬币的正反面是完全对称的，其重心位于正确的位置，而且在抛掷硬币的过程中也没有看到任何异常.

$I_2 \equiv$ 我们不能检查硬币，非常怀疑硬币的对称性和抛掷者的诚实性.

基于信息 I_1，直觉可能会告诉我们：硬币均匀的先验可靠性要远远超过 3 次抛掷给出的否定证据. 因此我们将忽略数据，并再次指定 $P(H_4|DI_1) = 1/2$.

但是基于信息 I_2，我们认为数据具有一定的说服力：前 3 次都是正面而没有反面的事实构成了倾向于正面的证据（尽管肯定不能证明）. 因此我们将分配 $P(H_4|DI_2) > 1/2$. 这样，我们就在进行真正的归纳推理.

我们现在似乎面临一个悖论：I_1 比 I_2 有更多的信息，但是我们得出的 $P(H_4|DI_1)$ 与孤陋寡闻的机器人的结论是一致的！实际上，容易看出：只要先验的硬币均匀的证据胜过数据提供的证据，所有基于 I_1 的推断结论都与孤陋寡闻的机器人的推断结论一致.

我们肯定在其他场景下注意到过这种情况. 两个人的知识状态不同并不意味着他们的结论必然不一致，白痴也可能会猜出一位学者通过多年努力才发现的真理. 尽管如此，确实需要深入思考才能理解，为什么完全对称的知识会让我们做出与孤陋寡闻的机器人相同的推断.

首先请注意，除非更明确地指定模糊信息 I_2，我们并不能为 $P(H_4|DI_2)$ 分配确定的数值. 例如，考虑如下极端情况.

$I_3 \equiv$ 我们知道硬币是伪造的：两面都是正面或反面，但不知道到底是哪一面.

那么，我们当然可以确定 $P(H_4|DI_3) = 1$. 基于这种先验知识，一次抛掷就可以得出结论. 不可能有比这更强的暗示.

其次请注意，我们的机器人乍一看似乎确实在进行某种归纳推理. 像 (3.14) 一样，我们检查了超几何分布. 但是仔细想来，它实际上是在做“反向归纳”：抽出的红球越多，将来出现红球的概率就越低. 这种反向归纳在我们达到二项分布的极限时消失了.

但是，我们也可以在抛硬币时进行反向归纳. 例如考虑如下先验信息.

$I_4 \equiv$ 硬币具有隐藏的内部机制，可以在接下来的 100 次抛掷中准确地出现 50 次正面和 50 次反面.

基于这一先验信息，可以说 100 次抛硬币等价于从最初有 50 个红球和 50 个白球的坛子中无放回地抽取球. 那么我们可以对于 (3.22) 所示的超几何分布 $h(r|N, M, n)$ 运用 (9.12) 中的乘法规则：

$$P(H_4|DI_4) = \frac{h(4|100, 50, 4)}{h(3|100, 50, 3)} \approx \frac{0.05873}{0.12121} \approx 0.4845 < \frac{1}{2}. \tag{9.15}$$

但是在这种情况下，更容易通过以下方法直接做出推断：$P(H_4|DI_4) = (M - 3)/(N - 3) = 47/97 \approx 0.4845$.

从以上分析可以看出，根据同样的数据可以得出不同的结论. 这清楚地表明，不存在唯一的一般性归纳法则. 鉴于可以想象的各种先验信息千差万别，也让人怀疑是否可以通过某些参数对所有的归纳法则进行分类.

然而，哲学家卡尔纳普（1891—1970）(Carnap，1952）尝试对归纳法则进行这种分类，他发现了由单个参数 λ（$0 < \lambda < +\infty$）标识的法则连续体. 但是具有讽刺意味的是，卡尔纳普的法则与 18 世纪拉普拉斯根据完全不同的推理给出的法则（“拉普拉斯连续法则”及其推广）完全相同，而拉普拉斯法则却被统计学家和哲学家拒绝，被其视为形而上学的胡说. ①

拉普拉斯并没有考虑一般的归纳问题，只是在寻求某种先验信息的后果. 因此他并没有得到所有可能的归纳法则，这也并不是他关心的. 同时，约翰逊（W. E. Johnson，1932）、德菲内蒂（de Finetti，1937）和杰弗里斯（Harold Jeffreys，1939）对拉普拉斯问题进行了出色的分析，但卡尔纳普似乎对此并不了解.

卡尔纳普寻求的是一般性归纳法则（即根据过去的结果可以对未来的结果进行最佳可能预测的法则）. 但是他同样患有哲学家的职业病. 他的论述中只有抽象的符号逻辑，没有任何具体示例. 因此，他从没有明白不同的归纳法则对应于不同的先验信息. 对于我们来说，这似乎显而易见. 根据以上论证，这是有关归纳的基本事实. 没有这一点，甚至不能谈论问题，更不用说解决问题了. 并没有所谓的“一般性归纳法则”. 但是，“先验信息”一词及概念从未出现在卡尔纳普的论述中.

① 卡尔纳普（Carnap，1952，第 35 页）和维恩（Venn，1866）一样，认为拉普拉斯法则是前后矛盾的（尽管他自己的法则也一样）. 我们将在第 18 章研究这些观点，并且发现 [正如费希尔（Fisher，1956）认为的那样] 他们由于忽略了使用拉普拉斯法则的必要条件而在推导过程中误用了该法则.

以上论述应该使你对该领域中存在的混乱及其原因有了较好的了解. 传统概率论忽略了先验信息，也正因为如此，它对于解释归纳无能为力. 幸运的是，作为逻辑的概率论能够解决所有问题.

9.5 重数因子

尽管 (9.5) 在形式上很简单，但对于复杂命题 A，实际计算 $P(A|I_0)$ 可能涉及极大量的组合计算工作. 例如，假设我们掷 12 次骰子，可能的结果数是

$$6^{12} \approx 2.18 \times 10^9, \tag{9.16}$$

这大约等于埃及大金字塔建成以来的分钟数. 地质学家和天体物理学家告诉我们，宇宙的年龄约为 10^{10} 年，即约为 3×10^{17} 秒. 因此，如果掷 30 次骰子，可能的结果数 $6^{30} \approx 2.21 \times 10^{23}$ 大约等于宇宙年龄的微秒数. 然而，我们感兴趣的通常是计算 (9.5) 中涉及 20 000 次掷骰子的实验过程的结果数!

的确，我们关注的是有限集合，但是这些有限集合可能很大，我们需要学习如何对其进行计算. 精确的计算通常会涉及复杂的数论（例如 n 是否是素数，是奇数还是偶数等），并且不同的 n 可能有不同的解析表达式. 尽管我们可以通过初等方法继续推进，但这些计算中所有真正有用的工具都需要更复杂的数学技巧. 我们将暂时离开主题，收集一些所需要的基本数学公式. 这些公式中的大部分是由拉普拉斯、吉布斯和香农提供的. 对于大数，它们可以得出很好的近似，且易于计算.

以下方案适用于许多不同类型的问题. 对于这些问题，原则上，我们可以进行精确计算. 令 $\{g_1, \cdots, g_m\}$ 是 m 个有限实数的集合. 具体来说，人们可以将 g_j 看作任何试验中观察到第 j 种结果的“价值”或“收益”（也许是只要结果出现，我们就能赢得的钱数）. 但是以下推导过程与我们赋予 $\{g_j\}$ 的意义无关，只要求它们是可加的. 就像将钱数相加一样，诸如 $g_1 + g_2$ 之类的和对我们来说是有意义的. 同样，可以抽象地说我们关心的是预测 n_j 的线性函数. 这样，实验产生的总收益 G 是

$$G = \sum_{i=1}^{n} g(r_i) = \sum_{j=1}^{m} n_j g_j, \tag{9.17}$$

其中样本数 n_j 是第 j 种结果出现的次数. 如果我们让机器人计算获得这么大收益的概率，它将根据 (9.5) 得到

$$p(G|n, I_0) = f(G|n, I_0) = \frac{M(n, G)}{N}, \tag{9.18}$$

其中 $N = m^n$ 且 $M(n, G)$ 是事件 G 的重数，即产生值 G 的不同实验结果的数

量（我们还在其中指明了试验次数 n，也就是对机器人而言，定义实验结果所需的位数，因为我们希望允许该值变化）. 许多概率是由该重数因子决定的，它取决于 n 和 G.

9.6 分拆函数算法

根据第 n 次试验结果展开 $M(n,G)$ 可以得到递归关系

$$M(n,G)=\sum_{j=1}^{m}M(n-1,G-g_j). \tag{9.19}$$

对于较小的 n，计算机可以 n 次应用此式得到 $M(n,G)$ 的值，但是这对于非常大的 n 是不现实的. (9.19) 是对 n 和 G 均具有常数系数的线性差分方程，因此它一定具有指数形式的基本解:

$$\mathrm{e}^{\alpha n+\lambda G}. \tag{9.20}$$

代入 (9.19)，我们发现这是 α 和 λ 具有以下关系的差分方程的解:

$$\mathrm{e}^{\alpha}=Z(\lambda)\equiv\sum_{j=1}^{m}\mathrm{e}^{-\lambda g_j}. \tag{9.21}$$

函数 $Z(\lambda)$ 称为**分拆函数**，在概率论中具有根本的重要性. 这些基本解的任意叠加

$$H(n,G)=\int\mathrm{d}\lambda\,Z^n(\lambda)\mathrm{e}^{\lambda G}h(\lambda) \tag{9.22}$$

是递归关系 (9.19) 的形式解. 但是，$M(n,G)$ 也满足初始条件 $M(0,G)=\delta(G,0)$，并且仅对 $G=\sum n_jg_j$ 的某些离散值有定义，这些值是 n 次试验的可能结果. 对 (9.22) 的进一步阐述会得到一些分析计算方法，这将在后面章节的高级应用中使用. 但是现在，我们看看仅用代数方法就可以得到的非凡的结果.

(9.22) 具有拉普拉斯逆变换的形式. 为了得到 $M(n,G)$ 的离散拉普拉斯变换，将 $M(n,G)$ 乘以 $\mathrm{e}^{-\lambda G}$ 并对 G 的所有可能值求和. 该总和包含每一个可能实验结果的贡献，因此可以等效地表示为所有可能样本数的总和:

$$\sum_G\mathrm{e}^{-\lambda G}M(n,G)=\sum_{n_j\in U}W(n_1,\cdots,n_m)\exp\left\{-\lambda\sum n_jg_j\right\}, \tag{9.23}$$

其中多项式系数

$$W(n_1,\cdots,n_m)\equiv\frac{n!}{n_1!\cdots n_m!} \tag{9.24}$$

是导致样本数 $\{n_j\}$ 的实验结果数. 如果 $x_j^{n_j}=\exp\{-n_jg_j\}$，则 $\exp\left\{-\sum_j^m n_jg_j\right\}=$

$x_1^{n_1} x_2^{n_2} \cdots x_m^{n_m}$. 多项式展开式的定义如下：

$$(x_1 + \cdots + x_m)^n = \sum_{n_j \in U} W(n_1, \cdots, n_m) x_1^{n_1} \cdots x_m^{n_m}. \tag{9.25}$$

在 (9.23) 中，我们对“通用集合” U 求和，其定义为

$$\{U : n_j \geqslant 0, \ \sum_{j=1}^{m} n_j = n\}, \tag{9.26}$$

它由 n 次试验中所有可能的样本数组成. 但是，比较 (9.23) 和 (9.25)，这正好是

$$\sum_G \mathrm{e}^{-\lambda G} M(n, G) = Z^n(\lambda), \tag{9.27}$$

(9.27) 表明：可以得到特定值 G 的 $M(n,G)$ 值正好是 $Z^n(\lambda)$ 中 $\mathrm{e}^{-\lambda G}$ 的系数. 换句话说，通过计算 $Z(\lambda)$ 的 n 次方可以得到将 n 次试验的所有可能结果分配给 G 的可能值的确切方法. 这也表明了为什么使用“分拆函数”这一名称是合适的.

通过观察求解

在一些简单的问题中，通过观察 $Z^n(\lambda)$ 就可以得到解. 例如，选择

$$g_j \equiv \delta(j, 1), \tag{9.28}$$

则总和 G 正好是第 1 个样本数：

$$G = \sum_j n_j g_j = n_1. \tag{9.29}$$

这样，分拆函数 (9.21) 变成

$$Z(\lambda) = \mathrm{e}^{-\lambda} + m - 1, \tag{9.30}$$

根据牛顿二项式展开公式可以得到

$$Z^n(\lambda) = \sum_{s=0}^{n} \binom{n}{s} \mathrm{e}^{-\lambda s} (m-1)^{n-s}. \tag{9.31}$$

这样 $M(n,G) = M(n,n_1)$ 是表达式中 $\mathrm{e}^{-\lambda n_1}$ 的系数：

$$M(n,G) = M(n,n_1) = \binom{n}{n_1} (m-1)^{n-n_1}. \tag{9.32}$$

在这种简单的情况下，计数也可以这样计算：$M(n,n_1) =$ (从 n 次试验中选择 n_1 次试验的方法数) $\times$ (将剩余的 $m-1$ 种试验结果分配给剩余的 $n-n_1$ 次试验的方法数). 但是，分拆函数方法在更复杂的问题中同样有效. 即便在这个例子中，一旦理解，分拆函数方法也更易于使用.

在 (9.28) 中，我们特别注意 $j=1$ 的试验结果. 更一般地说，假设我们将构成样本空间 S 的 m 次试验结果任意地分成两个子集：包含其中 s 次的子集 S' 以

及包含其余 $m-s$ 次的互补子集 $\overline{S'}$，其中 $1<s<m$. 将子集 S' 中的任意一次结果称为一次“成功”，而将子集 $\overline{S'}$ 中的任意一次结果称为一次“失败”. 这样，我们将 (9.28) 替换为

$$g_j=\begin{cases}1, & j\in S',\\ 0, & \text{其他},\end{cases} \tag{9.33}$$

同样，(9.29) ~ (9.32) 可以如下推广. G 现在是成功总次数，一般称为 r：

$$G=\sum_{j=1}^{m} n_j g_j \equiv r. \tag{9.34}$$

分拆函数现在变为

$$Z(\lambda)=s\mathrm{e}^{-\lambda}+m-s. \tag{9.35}$$

从中可以得到

$$Z^n(\lambda)=\sum_{r=0}^{n}\binom{n}{r}s^r\mathrm{e}^{-\lambda r}(m-s)^{n-r}. \tag{9.36}$$

因此 $\mathrm{e}^{-\lambda r}$ 的系数是

$$M(n,G)=M(n,r)=\binom{n}{r}s^r(m-s)^{n-r}. \tag{9.37}$$

根据 (9.18)，孤陋寡闻的机器人得出的成功概率为

$$P(G=r|I_0)=\binom{n}{r}p^r(1-p)^{n-r}, \qquad 0\leqslant r\leqslant n, \tag{9.38}$$

其中 $p=s/m$. 但这正是二项分布 $b(r|n,p)$，在第 3 章中其推导过程让我们在概念上感到困惑. 当时我们发现二项分布 (3.86) 是从一个包含无限多个球的坛子中进行抽取的极限形式，也是对一个包含有限个球的坛子进行有放回随机抽样的近似形式 (3.92). 但是无论在哪种情况下，结果都不是精确的. 现在我们发现了二项分布出于不同原因而出现的一种情况. 对于有限样本空间来说，结果是精确的.

这种精确性是我们使问题更加抽象的结果. 在先验信息 I_0 中，没有提及坛子、球、伸手进去等复杂的物理性质. 但是更重要和令人惊讶的是：二项分布显然是由重复抽样产生的，已经出现在了甚至没有重复概念的机器人的推论中！换句话说，二项分布具有组合基础，完全独立于“重复抽样”的概念.

这为我们理解孤陋寡闻的机器人的输出结果函数提供了一条线索. 在传统概率论中，从詹姆斯 · 伯努利（James Bernoulli，1713）开始，二项分布总是根据如下假设推导出的：每次试验结果的概率都相同，且严格独立于其他试验的结果. 但是正如我们已经指出的，这也正是孤陋寡闻的机器人得到的结果——不是出于对实验物理条件的了解，而是出于对所发生事件的完全无知.

现在我们可以以许多其他方式进行推导，并会发现这种一致性仍然存在：孤陋寡闻的机器人不仅会发现二项分布，而且会发现其推广形式：多项分布，作为组合定理.

练习 9.2　推广 (9.38) 的推导方法，推导出第 3 章发现的多项分布 (3.77).

这样，抽样论的所有常见概率分布（泊松分布、伽马分布、高斯分布、卡方分布等）都将作为这种方法的极限形式得出. 传统概率论根据频率定义和不同试验之间的严格独立性假设获得的所有结果，都是孤陋寡闻的机器人在同样的问题中会得到的结果. 换句话说，*频率派概率论从功能上来说只是孤陋寡闻的机器人所进行的推理*.

由于孤陋寡闻的机器人无法进行归纳推理，我们就能理解为什么传统概率论会存在问题. 除非我们学会在不同的试验结果之间引入某种逻辑关系，否则任何试验结果都无法告诉我们其他试验的信息，因此我们不可能"得到暗示".

频率派概率论似乎完全为独立试验所困，因此对极限定理有很大的依赖，其推导过程完全依赖于不同试验的严格独立性. 即使不同试验结果之间只有稍微的正相关，也将使得导出的定理在定性上是错误的. 确实，没有严格的独立性，不仅是极限定理，正统统计估计所依赖的所有抽样分布也都是不正确的.

孤陋寡闻的机器人在这里似乎具有战术优势：对于所有这些极限定理，估计量的抽样分布根据信息 I_0 完全有效. 二者还有一个重要的区别. 在传统概率论中，"独立"是指物理因果独立性，但是如何判断这是现实世界的性质呢? 在传统概率文献中，我们没有看到有关此问题的讨论. 对于机器人来说，这意味着逻辑独立性. 这虽然是一个更强的条件，但是会使得计算更加简洁.

通过观察 $Z_n(\lambda)$ 得到的解，优势在于可以产生精确的结果. 但是，这种方式只能解决相对简单的问题. 现在我们介绍一种更强大的代数方法.

9.7　熵算法

我们回到 (9.18)~(9.37) 中计算重数的问题，不过这次使用更一般的表述. 考虑命题 $A(n_1,\cdots,n_m)$，它是样本数 n_j 的函数，当 $(n_1,\cdots,n_m)$ 在某个子集 $R\in U$ 中时为真，在补集 $\overline{R}=U-R$ 中为假，其中 U 是通用集合 (9.26). 如果 A 在 n_j 中是线性的，那么它与 (9.17) 中的 G 相同. A 的重数（值为真的结果数）为

$$M(n,A)=\sum_{n_j\in R}W(n_1,\cdots,n_m), \tag{9.39}$$

其中多项式系数 W 由 (9.24) 定义.

(9.39) 中的项数 $T(n,m)$ 是多少？这是一个众所周知的组合问题，可以轻松得到答案①：

$$T(n,m)=\binom{n+m-1}{n}=\frac{(n+m-1)!}{n!(m-1)!}. \tag{9.40}$$

我们注意到，当 $n\to+\infty$ 时，

$$T(n,m)\sim\frac{n^{m-1}}{(m-1)!}. \tag{9.41}$$

项的数量以 n 的有限次幂（$m-1$ 次幂）增长（通过将 n_j 视为 m 维空间中的笛卡儿坐标，并注意到条件 (9.26) 定义 U 的几何意义，就可以直观地看出）．区域 R 中的最大项定义为

$$W_{\max}\equiv \mathrm{Max}_R W(n_1,\cdots,n_m), \tag{9.42}$$

那么 (9.39) 不会小于 $W_{\max}$ 且其项数不会大于 $T(n,m)$，所以

$$W_{\max}\leqslant M(n,A)\leqslant W_{\max}T(n,m), \tag{9.43}$$

或者

$$\frac{1}{n}\ln W_{\max}\leqslant\frac{1}{n}\ln M(n,A)\leqslant\frac{1}{n}\ln W_{\max}+\frac{1}{n}\ln T(n,m). \tag{9.44}$$

但是当 $n\to+\infty$ 时，根据 (9.41)，我们有

$$\frac{1}{n}\ln T(n,m)\to 0, \tag{9.45}$$

因此

$$\frac{1}{n}\ln M(n,A)\to\frac{1}{n}\ln W_{\max}. \tag{9.46}$$

多项式系数 W 随着 n 增大的速度如此之快，以至于在到达极限时，(9.39) 中的最大项占主导地位. T 的对数不及 n 增大得快，因此在到达极限时它在 (9.44) 中并不会造成差别.

那么 $(\ln W)/n$ 在到达极限时会怎样？我们想要的极限是抽样频率 $f_j=n_j/n$ 趋于常数时的极限．换句话说，是当 f_j 为常数、$n\to+\infty$ 时，

$$\frac{1}{n}\ln\left[\frac{n!}{(nf_1)!\cdots(nf_m)!}\right] \tag{9.47}$$

的极限．根据斯特林渐近逼近公式

$$\ln(n!)\sim n\ln n-n+\ln\sqrt{2\pi n}+O\left(\frac{1}{n}\right), \tag{9.48}$$

① 物理学家会认出 $T(n,m)$ 是统计力学中的“玻色-爱因斯坦重数因子”（可以通过将 n 个玻色-爱因斯坦粒子置于 m 种单粒子态生成的线性独立的量子态的数量）．计算 $T(n,m)$ 是同样的组合问题.

我们发现，在到达极限时，$(\ln W)/n$ 趋于一个独立于 n 的有限常数：

$$\frac{1}{n}\ln W \to H \equiv -\sum_{j=1}^{m} f_j \ln f_j. \tag{9.49}$$

这正是我们所说的频率分布 $\{f_1,\cdots,f_m\}$ 的熵. 我们得到的结论是，对于非常大的 n, 如果样本频率趋于常数，那么 A 的重数会变成一个极其简单的表达式：

$$M(n,A) \sim \mathrm{e}^{nH}. \tag{9.50}$$

这是在 (9.50) 中的两侧比会趋于 1 的意义上说的（尽管它们的差值不会趋于 0,但是它们增长得如此之快，以至于在到达极限时不会影响最终的比例）. 根据 (9.46)，在 (9.50) 的 H 中使用的频率 $f_j = n_j/n$ 是在 A 有定义时对区域 R 最大化 H 的频率. 我们现在看到了以前并不明显的东西，重数可以通过确定定义 R 的任何约束的最大熵频率分布 $\{f_1,\cdots,f_m\}$ 来确定. ①

我们需要进行一些思考和分析才能理解 (9.50) 的意义. 首先请注意，我们现在有了完成计算的方法，该方法需要对重数 $M(n,G)$ 给出明确的值. 在计算熵之前，让我们简要说明一下计算方法. 如果 A 对于 n_j 是线性的，则重数 (9.50) 渐近地等于

$$M(n,G) = \mathrm{e}^{nH}, \tag{9.51}$$

因此根据 (9.18)，达到 G 的概率是

$$p(G|n,I_0) = m^{-n}\mathrm{e}^{nH} = \mathrm{e}^{-n(H_0-H)}, \tag{9.52}$$

其中 $H_0 = \ln m$ 是熵的绝对最大值，这将在后面的 (9.74) 中导出. 通常，最直接相关的量不是熵，而是熵与其最大可能值之间的差. 在很多情况下，最好将熵定义为该差值. 但是历史已经很难改变了. 总之，(9.52) 具有很深的直觉意义，我们将在后面的章节中进一步揭示.

此外，让我们注意获取新信息的效果：现在我们了解到指定的试验得到了量 g_j，这一新信息会改变 A 的重数，因为现在剩余的 $n-1$ 次试验必须得出总数 $G-g_j$，并且可能导致这种情况发生的方式数量是 $M(n-1,G-g_j)$. 而且，由于没有计入得到 g_j 的一次试验，频率会略有变化. 与 (9.18) 中的 $f_k = n_k/n$ 不同，我们现在有频率 $\{f_1',\cdots,f_m'\}$，其中

$$f_k' = \frac{n_k - \delta_{jk}}{n-1}, \qquad 1 \leqslant k \leqslant m, \tag{9.53}$$

或者写为 $f_k' = f_k + \delta f_k$，发生的变化是

$$\delta f_k = \frac{f_k - \delta_{jk}}{n-1}, \tag{9.54}$$

① 现在我们还看到：不仅概率论中熵的概念是固有的，独立于香农的工作，而且至少在这种情况下，最大熵原理可以无须其他假设直接从概率论规则中推导出来.

这是精确的. 作为验证，注意到 $\sum f'_k = 1$ 且 $\sum \delta f_k = 0$，正应该是这样的.

频率的这种小变化会引起熵的小变化. 将新值写成 $H' = H + \delta H$，可以得到

$$\delta H = \sum_k \frac{\partial H}{\partial f_k} \delta f_k + O\left(\frac{1}{n^2}\right) = \left[\frac{H + \ln f_j}{n-1}\right] + O\left(\frac{1}{n^2}\right), \tag{9.55}$$

因此，

$$H' = \frac{nH + \ln f_j}{n-1} + O\left(\frac{1}{n^2}\right). \tag{9.56}$$

这样，新的重数渐近地是

$$M(n-1, G-g_j) = \mathrm{e}^{(n-1)H'} = f_j \mathrm{e}^{nH}\left[1 + O\left(\frac{1}{n}\right)\right]. \tag{9.57}$$

与精确表达式相比，重数的这种渐近形式非常简单. 这意味着，与我们最初注意到的扩展集合 S^n 中天文数字般的可能结果数不同，当我们拥有正确的数学工具时，非常大的 n 的极限是最容易计算的. 实际上，集合 S^n 已经从我们的结果中消失，剩下的问题是计算在域 R 上最大化熵 (9.49) 的 f_k. 但这是在单个试验的样本空间 S 上能解决的问题!

获得总收益 G 的概率从 (9.52) 变为

$$p(G|r_i = j, nI_0) = \frac{M(n-1, G-g_j)}{m^{n-1}}, \tag{9.58}$$

并且，只给定 I_0，事件 $r_i = j$ 的先验概率根据 (9.5) 是

$$p(r_i = j|nI_0) = \frac{1}{m}. \tag{9.59}$$

这为我们提供了以 G 为条件应用贝叶斯定理所需的一切:

$$p(r_i = j|GnI_0) = p(r_i = j|nI_0)\frac{p(G|r_i = j, nI_0)}{p(G|nI_0)}, \tag{9.60}$$

或者

$$p(r_i = j|GnI_0) = \frac{1}{m}\frac{\left[M(n-1, G-g_j)/m^{n-1}\right]}{\left[M(n,G)/m^n\right]} = \frac{M(n-1, G-g_j)}{M(n,G)} = f_j. \tag{9.61}$$

因此，对 G 的了解使得机器人对第 j 次结果预测的概率从均匀先验概率 $1/m$ 变为该结果的观测频率 f_j. 虽然我们凭直觉可能会预料到概率和频率之间的这种联系最终会出现，但是机器人只需要知道总和 G 似乎令人惊讶. 请注意，指定 G 会决定最大熵频率分布 $\{f_1, \cdots, f_m\}$，因此这里并不存在矛盾.

练习 9.3　推广此结果，导出联合概率

$$p(r_i = j, r_s = t|GnI_0) = M(n-2, G-g_j-g_t)/M(n,G) \tag{9.62}$$

作为重数比，并给出结果概率．这些试验是否仍然是独立的？或者说，对 G 的了解会导致不同的试验之间具有相关性吗？

这些结果显示了孤陋寡闻的机器人能完成的简单、合情的工作是令人满意的．在传统频率派概率论中，这些联系是随意假定的．而孤陋寡闻的机器人则根据概率论法则推导出了结果．

现在，我们回头看看如何通过熵最大化得到熵 H 和频率 f_j 之间的明确表达式．

9.8　另一种视角

以下观察能让我们对分拆函数方法获得更好的直观理解．遗憾的是，这只是一种数论技巧，在实践中毫无用处．根据 (9.28) 和 (9.29) 可以看出，实现总和 G 的方法重数可以写成

$$M(n,G) = \sum_{\{n_j\}} W(n_1,\cdots,n_m), \tag{9.63}$$

我们要对所有满足以下条件的所有非负整数集合 $\{n_j\}$ 求和：

$$\sum n_j = n, \qquad \sum n_j g_j = G. \tag{9.64}$$

令 $\{n_j\}$ 和 $\{n'_j\}$ 为两个得出相同总和的不同集合：$\sum n_j g_j = \sum n'_j g_j = G$．那么可以得到

$$\sum_{j=1}^{m} k_j g_j = 0, \tag{9.65}$$

根据假设，整数 $k_j \equiv n_j - n'_j$ 不能全部为 0．

如果两个数 f 和 g 之比不是有理数，即如果 f/g 不能写为 r/s 的形式，其中 r 和 s 是整数（但是通过选择足够大的 r 和 s，总是能以任意精度近似任何比率），则称它们是*不可通约的*．同样，如果没有一个数可以写成其他数的具有有理系数的线性组合，则我们将这些数 $\{g_1,\cdots,g_m\}$ 称为*联合不可通约的*．如果是这样，则 (9.65) 意味着所有 $k_j = 0$：

$$n_j = n'_j, \qquad 1 \leqslant j \leqslant m. \tag{9.66}$$

因此，如果 $\{g_1,\cdots,g_m\}$ 联合不可通约，那么*原则上*马上可以得到解．这是因为给定的 $G = \sum n_j g_j$ 只能有一组样本数 n_j 能满足上述等式，即如果指定 G，则

可以确定所有 $\{n_j\}$ 的值. 那么在 (9.63) 中只有一项:

$$M(n,G)=W(n_1,\cdots,n_m), \tag{9.67}$$

$$M(n-1,G-g_j)=W(n'_1,\cdots,n'_m), \tag{9.68}$$

其中必然有 $n'_i=n_i-\delta_{ij}$. 然后 (9.61) 的精确结果可简化为

$$p(r_k=j|GnI_0)=\frac{W(n'_1,\cdots,n'_m)}{W(n_1,\cdots,n_m)}=\frac{(n-1)!}{n!}\frac{n_j!}{(n_j-1)!}=\frac{n_j}{n}. \tag{9.69}$$

在此情况下, 可以用另一种方式得到结果: 无论机器人以什么方式知道样本数 n_j (即 $\{r_1,\cdots,r_n\}$ 等于 j 的个数), 只要它不知道第 j 种结果具体发生在哪次试验中 (即不知道哪些数字等于 j), 就可以直接应用伯努利规则 (9.18) 得到:

$$P(r_k=j|n_jI_0)=\frac{n_j}{\text{数字的总数}}. \tag{9.70}$$

同样, 任何命题 A 的概率均等于该命题在可能性相同的假设的相关集合中为真的频率. 我们的机器人尽管孤陋寡闻, 但仍会产生传统概率论可以确保正确的标准结果. 传统概率论学者似乎将其视为一种物理定律. 但我们无须援引任何"定律"就能解释这样一个事实: 测得的频率通常近似于指定的概率 (相对准确度约为 $1/\sqrt{n}$, 其中 n 是试验次数). 如果用来分配概率的信息包含实验中所有起作用的系统因素, 那么实验可能发生的概率绝大部分会集中在一个很小的频率区间内. 这只是一个组合数学定理, 本质上是棣莫弗和拉普拉斯在 18 世纪以渐近公式的方式给出的. 实际上, 当前的几乎所有概率理论都将概率和频率之间的这种紧密联系视为理所当然的, 却不对产生这种关联的机制做任何解释. 但是对我们来说, 这种关联只是一种特例.

9.9 熵最大化

$M(n,A)$ 的推导结果 (9.50) 对于样本数为 n_j 的任意函数定义的命题 A 都成立. 通常, 可能需要许多不同的算法来实现这一最大化. 但是在 $A=G$ 的情况下, 我们关心的是线性函数 $G=n_jg_j$, 所以仅通过指定 n 次试验中 G 的平均值来定义域 R:

$$\overline{G}=\frac{G}{n}=\sum_{j=1}^{m}f_jg_j, \tag{9.71}$$

这也是频率分布的平均值. 熵最大化问题由吉布斯在其关于统计力学的著作 (J. Willard Gibbs, 1902) 中一劳永逸地给出了答案.

然而, 接受吉布斯的算法花了一辈人的时间. 75 年以来, 这一算法一直被某些人拒绝和攻击. 因为对于那些认为概率是一种实际物理现象的人来说, 这显得很随意. 只有通过香农的文章 (Claude Shannon, 1948) 才能理解吉布斯算法的作用. 这一看法首先由我在 1957 年的文章（Jaynes，1957a）中提出，其中我建议对统计力学进行新的解释（作为逻辑推断而不是物理理论的示例）. 这很快导致吉布斯的平衡理论被推广为非平衡统计力学.

在第 11 章中，我们将建立由最大熵原理生成的完整数学工具. 就目前而言，为手头问题提供解就足够了. 吉布斯给出的一个不等式为我们的熵最大化问题提供一个优雅的解.

假设 $\{f_1, \cdots, f_m\}$ 是 m 个点上满足条件 $(f_j \geqslant 0, \sum_j f_j = 1)$ 的任何可能的频率分布，令 $\{u_1, \cdots, u_m\}$ 是满足相同条件的其他分布. 那么由在正实数轴上 $\ln x \leqslant x - 1$，当且仅当 $x = 1$ 时等号成立，可以得到

$$\sum_{j=1}^{m} f_j \ln\left(\frac{u_j}{f_j}\right) \leqslant 0, \tag{9.72}$$

当且仅当对于所有 j 有 $f_j = u_j$ 时等号成立. 我们可以在其中认出熵表达式 (9.49)，因此吉布斯不等式变为

$$H(f_1, \cdots, f_m) \leqslant -\sum_{j=1}^{m} f_j \ln u_j, \tag{9.73}$$

从中可以得出各种结论. 对所有 j 选择 $u_j = 1/m$，上述不等式变成

$$H \leqslant \ln m, \tag{9.74}$$

因此 H 的最大可能值为 $\ln m$，当且仅当 f_j 对于所有 j 都为均匀分布 $f_j = 1/m$ 时达到该值. 现在选择

$$u_j = \frac{\mathrm{e}^{-\lambda g_j}}{Z(\lambda)}, \tag{9.75}$$

其中归一化因子 $Z(\lambda)$ 只是分拆函数 (9.21). 选择常数 λ 以便达到某个指定的平均值 $\overline{G} = \sum u_j g_j$，后面我们将展示如何实现这一点. 这样，吉布斯不等式变为

$$H \leqslant \sum f_j g_j + \ln Z(\lambda). \tag{9.76}$$

现在让 f_j 在所有可能的分布上变化，以产生所需的平均值 (9.71). 则 (9.76) 的右侧保持不变，而 H 在 R 上达到最大值：

$$H_{\max} = \overline{G} + \ln Z, \tag{9.77}$$

当且仅当 $f_j = u_j$ 时等号成立. 仅需选择 λ 即可达到平均值 $\overline{G}$. 但根据 (9.75) 可以明显看出

$$\overline{G} = -\frac{\partial}{\ln(Z)\,\partial\lambda}, \tag{9.78}$$

因此这将对 λ 进行求解. 容易看出，它只有一个实根（在实数轴上，(9.78) 的右侧是 λ 的连续且严格单调递减的函数），因此解是唯一的.

我们刚刚得出了“吉布斯正则系综”形式体系，该形式体系在量子统计中能够确定封闭系统（即没有粒子进入或离开该系统）的所有平衡热力学性质. 现在显然可以看出，其通用性已经远远超过了该应用.

9.10 概率和频率

在我们的术语中，*概率*是我们为表示知识状态而分配的东西，或者是我们根据概率论法则从先前分配的概率中计算出来的东西；*频率*是我们测量或估计的现实世界的事实属性. “估计概率”一词与“分配频率”或“画一个方形的圆”一样不合逻辑.

概率和频率之间的根本区别在于以下相对性原则：当我们改变知识状态时，概率就会改变；而频率则不然. 因此，我们分配给事件 E 的概率 $p(E)$ 仅在某种特定的知识状态下才等于其频率 $f(E)$. 我们会在直觉上认为，当我们掌握的关于 E 的唯一信息是它的观测频率时就会是这样的. 概率论的数学法则通过以下方式证实了这一点.

我们注意到概率和频率之间有两种最常见的联系. 其一，在可交换性与某些其他先验信息的假设下，将二元实验中的观测频率转换为概率的规则是拉普拉斯连续法则（Jaynes，1968）. 我们已经在第 6 章的坛子抽样问题中碰到了这种联系，并将在第 18 章中对此进行详细分析. 其二，在独立性假设下，将概率转换为估计频率的规则是伯努利弱大数定律（或者为了得到估计误差，使用棣莫弗-拉普拉斯极限定理）.

但是概率与频率还有许多其他联系，例如它们存在于最大熵原理（第 11 章）、变换群原理（第 12 章）以及可交换序列涨落理论（Jaynes，1978）中.

如果有人希望研究此事，还可能在各种应用中找到概率与频率之间的许多不同的逻辑关系. 但是，只要与问题相关，这些联系总是会作为作为扩展逻辑的概率论的数学结果自动出现，不需要将概率定义为频率. 事实上，贝叶斯理论可能有理由声称自己能比“频率”理论更有效地使用频率的概念. 因为频率理论只承认概率与频率之间的一种联系，在适合使用其他联系时会遇到麻烦.

事实上，费希尔、奈曼、冯 · 米泽斯、费勒和萨维奇都强烈地否认了概率论是逻辑的扩展，并指责拉普拉斯和杰弗里斯认为概率论是扩展逻辑的说法是形而上学的胡说. 在我们看来，如果 A 先生想研究随机试验的频率特性，发表结果，并将结论教给下一代，那么他有权这样做，我们也祝他一切顺利. 但是，B 先生也有权研究与频率或随机试验没有必然联系的逻辑推断问题，发表结果，并将结论教给下一代. 这个世界有足够的空间容纳两种不同的视角.

那么，为什么持续一个多世纪的激烈辩论仍然没有解决频率与概率之间的这种冲突呢？为什么它们不能和平共处呢？我们无法理解的是：如果 A 先生想谈论频率，他为什么不直接使用“频率”一词呢？为什么要坚持使用有着既定历史和日常口语含义的“概率”一词呢？如果他直接使用“频率”一词，就肯定不会让不属于自己小团体的读者误解他的意思. 在我们看来，他很容易（完全出于自己的利益）直接说出自己的意思以避免这些误解.［克拉默（Cramér，1946）就经常这样做，尽管并不是 100% 这样，所以他的著作至今仍很容易阅读和理解.］

当然，冯 · 米泽斯、费勒、费希尔和奈曼也不是在什么事情上都保持一致. 但是，当他们中的任何一位使用“概率”一词时，只要我们将其替换为“频率”，就更能表达他们的思想并且避免混乱.

我们认为，科学中的绝大多数实际问题明显属于 B 先生的范畴，因此未来科学将不得不越来越多地转向这种视角和结果. 此外，B 先生使用“概率”一词来表达人类信息，不仅从历史上可以追溯至詹姆斯 · 伯努利（James Bernoulli，1713）对这一词语的使用先例，而且更接近其现代口语含义.

9.11　显著性检验

概率和频率概念之间的微妙相互作用也出现在显著性检验或“拟合优度检验”问题中. 在第 5 章中，我们讨论了诸如评估牛顿力学的有效性之类的问题，并指出正统显著性检验旨在接受和拒绝某一假设，却不考虑任何备择假设. 我们阐明了为什么除非说明 H 针对的特定备择假设，否则无法说观察到的事实如何影响了某个假设 H 的状态. 常识告诉所有科学家，某个给定的观测证据 E 可能会彻底否定牛顿理论，也可能完全确认它，还可能在其他程度上削弱或提升可信度. 这完全取决于针对哪种备择假设进行检验. 贝叶斯定理也告诉了我们同样的道理. 假设我们只考虑两种假设 H 和 H'，那么根据任何数据 D 和先验信息 I，我们始终有 $P(H|DI) + P(H'|DI) = 1$. 按照第 4 章中讨论的以分贝为单位的对数合情性度量，贝叶斯定理变成

$$e(H|DI) = e(H|I) + 10\log_{10}\left[\frac{P(D|H)}{P(D|H')}\right], \tag{9.79}$$

我们可以将其描述为“数据 D 以 $10\log_{10}[P(D|H)/P(D|H')]$ 分贝支持相对于 H' 的假设 H”. 这里的“相对于 H'”是至关重要的，因为相对于其他假设 H'' 而言，证据的变化 $[e(H|DI) - e(H|I)]$ 可能会完全不同. 询问观察到的事实“本身”在多大程度上肯定或否定 H 是没有意义的（当然，在假设 H 不可能产生数据 D 时例外，这时演绎推理可以“挺身而出”）.

只要仅做一般性的讨论，我们的常识就很容易认可这种对备择假设的需求. 但是，如果我们考虑特定的问题，就可能会存在一些疑惑. 例如，在第 6 章的粒子计数器问题中，我们碰到了一种情况（已知源强度和计数器效率 s, ϕ），其中在任意一秒内获得 c 次计数的概率是平均值为 $\lambda = s\phi$ 的泊松分布：

$$p(c|s\phi) = \mathrm{e}^{-\lambda}\frac{\lambda^c}{c!}, \qquad 0 \leqslant c \leqslant +\infty. \tag{9.80}$$

尽管对于我们考虑的问题并非必要，我们仍然可以问：如果在不同秒中重复测量并得到结果数据 $D \equiv \{c_1, \cdots, c_n\}$，我们可以从中推断出产生 c 次计数的相对频率是多少？如果在每次试验中为任意特定事件（例如事件 $c = 12$）分配的概率独立地等于

$$p = \mathrm{e}^{-\lambda}\frac{\lambda^{12}}{12!}, \tag{9.81}$$

那么这个事件在 n 次试验中恰好发生 r 次的概率为二项分布 (9.38)：

$$b(r|n,p) = \binom{n}{r} p^r (1-p)^{n-r}. \tag{9.82}$$

有几种方法可以计算这种分布的矩. 一种容易记住的一阶矩是

$$\begin{aligned}\langle r\rangle &= E(r)\\ &= \sum_{r=0}^{n} r b(r|n,p)\\ &= \left[p\frac{\mathrm{d}}{\mathrm{d}p}\sum_r \binom{n}{r} p^r q^{n-r}\right]_{q=1-p}\\ &= \left(p\frac{\mathrm{d}}{\mathrm{d}p}\right)\times(p+q)^n\\ &= np.\end{aligned} \tag{9.83}$$

类似地，

$$\begin{aligned}\langle r^2\rangle &= \left(p\frac{\mathrm{d}}{\mathrm{d}p}\right)^2 (p+q)^n = np + n(n-1)p^2,\\ \langle r^3\rangle &= \left(p\frac{\mathrm{d}}{\mathrm{d}p}\right)^3 (p+q)^n = np + 2n(n-1)p^2 + n(n-1)(n-2)p^3,\end{aligned} \tag{9.84}$$

等等！对于每一个更高阶矩，仅再应用一次运算符 $(p\mathrm{d}/\mathrm{d}p)$，最后令 $p + q = 1$.

我们在抽样分布上的 r 的 (均值) $\pm$ (标准差) 估计为

$$\begin{aligned}(r)_{\text{est}} &= \langle r\rangle \pm \sqrt{\langle r^2\rangle - \langle r\rangle^2}\\ &= np \pm \sqrt{np(1-p)},\end{aligned} \tag{9.85}$$

我们对事件 $c=12$ 在 n 次试验中发生的频率 $f=r/n$ 的估计是

$$(f)_{\text{est}} = p \pm \sqrt{\frac{p(1-p)}{n}}. \tag{9.86}$$

这些关系及其推广给出了概率和频率之间最常见的联系．这是詹姆斯 · 伯努利（James Bernoulli，1713）给出的原始联系．

因此，长期来看，我们期望各种计数的实际频率将以近似于 (9.80) 的泊松分布落在 (9.86) 所示的误差范围内．现在我们可以进行实验，实验频率可能与预测频率相符，也可能不相符．如果到我们观察到数千个计数时，观察到的频率与泊松分布有很大的不同（即远远超出了 (9.86) 的范围），那么直觉将告诉我们导致泊松分布预测的论证一定是错误的：或者是 (9.80) 的函数形式，或者是不同试验中的独立性假设跟实验中的真实条件不一致．但是到目前为止，我们没有提到任何备择假设！我们的直觉错了吗？还是可以通过某种方式与概率论调和？这个问题不是概率论问题，而是心理学问题．它关系到我们的直觉在这里起到什么作用．

隐含备择假设

让我们再看看 (9.79)．不管 H' 是什么，必须有 $p(D|H') \leqslant 1$，因此对于任何备择假设都有

$$e(H|DI) \geqslant e(H|I) + 10\log_{10} p(D|H) = e(H|I) - \psi_\infty, \tag{9.87}$$

其中

$$\psi_\infty \equiv -10\log_{10} p(D|H) \geqslant 0. \tag{9.88}$$

因此，无论是什么备择假设，数据 D 相对于 H 的支持证据都不可能超过 ψ_∞ dB.

这显示了前面提到的悖论的答案．在判断理论与观测之间是否一致时，恰当的问题不是不提及任何备择假设就问："数据 D 对假设 H 的支持度如何?" 最好是问："相对于 H，数据 D 是否支持任何备择假设 H'? 如果是，支持的强度有多大?" 由于第一个问题不是良好定义的，概率论无法对其给出有意义的回答．而对于第二个问题，概率论则可以给出非常肯定的（定量与明确的）答案．

我们可能会得出这样的结论："拟合优度" 的合适标准就是 ψ_∞，或者说是概率 $p(D|H)$．但是事实并非如此，可以论证如下．正如我们在第 6 章末尾指出的那样，在获取数据 D 之后，总是可以找到一个奇怪的 "确定性" 假设 H_S，根据该假设，D 不可避免，即 $p(D|H_S)=1$，H_S 相对于 H 的证据总是等于 ψ_∞ dB．让我们看看这意味着什么．假设我们掷一个骰子 $n=10\,000$ 次并详细记录其结果．然后，在 $H \equiv$ "骰子无偏" 的假设下，6^n 种可能结果中每一种的概率均为 6^{-n}，或者说

$$\psi_\infty = 10\log_{10}(6^n) = 77\,815 \text{ dB}. \tag{9.89}$$

即无论我们在 10 000 次抛掷中观察到什么，总会有一个假设 H_S 相对于 H 得到如此巨大的证据支持. 如果在观察 10 000 次抛掷之后，我们仍然认为骰子是无偏的，那只能是因为我们认为 H_S 的先验概率低于 $-77\,815$ dB，否则，我们的推理就会不一致.

以上论证虽然令人吃惊，却是完全正确的. H_S 的先验概率确实比 6^{-n} 低得多，这是因为在观察到数据 D 之前，有 6^n 个不同的"确定性"假设都是等可能的. 但是在实践中，我们显然不愿意使用 H_S. 尽管它得到数据的支持最大，但它的先验概率非常低，所以我们提前知道自己永远不会接受它.

实际上，我们没有兴趣将 H 与所有可能的假设相比较，而只是将其与某个有限集合 Ω 中的假设进行比较，这个集合中的假设在某种意义上被认为是"合情的". 让我们说明相对于这种有限假设集合的一个检验的例子（到目前为止它也是最常见和最有用的）.

再次考虑上述每次试验有 m 种可能结果 $\{A_1, \cdots, A_m\}$ 的实验.

$$\text{如果在第 } i \text{ 次试验中 } A_k \text{ 为真，定义 } x_i \equiv k, \tag{9.90}$$

那么每个 x_i 都可以独立取值 $1, 2, \cdots, m$. 现在我们只考虑属于"伯努利类" B_m 中的假设：其中每次试验都有 m 种可能结果，并且连续重复试验 A_k 的概率相互独立且为常数. 因此，当 H 属于 B_m 时，以 H 为条件的任何指定观测序列 $\{x_1, \cdots, x_n\}$ 的概率都具有形式

$$p(x_1 \cdots x_n|H) = p_1^{n_1} \cdots p_m^{n_m}, \tag{9.91}$$

其中 n_k 是试验结果为 A_k 的次数. B_m 中的每个假设都对应一组数 $\{p_1, \cdots, p_m\}$，使得 $p_k \geqslant 0, \sum_k p_k = 1$，这组数可以完全代表这一假设. 反过来说，每组这样的数都定义了属于伯努利类 B_m 的一个假设.

现在我们说明吉布斯（J. Willard Gibbs，1902）给出的一个重要引理. 令 $x = n_k/np_k$，并应用以下性质：由在正实数轴上 $\ln x \geqslant 1 - x^{-1}$，当且仅当 $x = 1$ 时等号成立，我们马上可以得到

$$\sum_{k=1}^{m} n_k \ln\left(\frac{n_k}{np_k}\right) \geqslant 0, \tag{9.92}$$

当且仅当对所有 k 有 $p_k = n_k/n$ 时等号成立. 这个不等式等价于

$$\ln p(x_1 \cdots x_n|H) \leqslant n \sum_{k=1}^{m} f_k \ln f_k, \tag{9.93}$$

其中 $f_k = n_k/n$ 是结果 A_k 的观测频率. (9.88) 的右侧仅取决于观察到的样本数据 D，因此如果我们考虑 B_m 中的各种假设 $\{H_1, H_2, \cdots\}$，量 (9.88) 使我们可以衡量不同假设与数据的拟合程度：越接近于相等，拟合程度就越高.

为了方便进行数值运算，像第 4 章一样，我们以分贝为单位表示 (9.88)：

$$\psi_B \equiv 10\sum_{k=1}^{m} n_k \log_{10}\left(\frac{n_k}{np_k}\right). \tag{9.94}$$

为了理解 ψ_B 的含义，假设我们以 (9.79) 的形式应用贝叶斯定理. 只要考虑两种假设：$H=\{p_1,\cdots,p_m\}$ 和 $H'=\{p'_1,\cdots,p'_m\}$. 根据 H 和 H' 得出的 ψ_B 值分别为 ψ_B 和 ψ'_B. 然后，贝叶斯定理可以表示为

$$\begin{aligned} e(H|x_1\cdots x_n) &= e(H|I) + 10\log_{10}\left[\frac{p(x_1\cdots x_n|H)}{p(x_1\cdots x_n|H')}\right] \\ &= e(H|I) + \psi'_B - \psi_B. \end{aligned} \tag{9.95}$$

现在我们总能在 B_m 中找到假设 H'，其中 $p'_k = n_k/n$，因此 $\psi'_B = 0$. 因此 ψ_B 具有以下含义：

> 给定假设 H 和观测数据 $D\equiv\{x_1,\cdots,x_n\}$，根据 (9.94) 计算 ψ_B. 然后，给定在 $0\leqslant\psi\leqslant\psi_B$ 范围内的任何 ψ，有可能在 B_m 中找到备择假设 H'，使得数据对 H' 的支持比对 H 的支持多 ψ dB. 因此在 B_m 中没有任何 H' 能比 H 得到超过 ψ_B dB 的证据支持.

因此，尽管 ψ_B 没有提及任何特定的备择假设，但相对于伯努利备择假设类 B_m，它仍然是“拟合优度”的良好度量. 它搜索整个 B_m 并找到该类中的最佳备择假设.

现在，我们可以理解在开始讨论显著性检验时看似矛盾的东西了. ψ 检验就是对我们的直觉在无意识中所做事情的定量描述. 我们已经在 5.4 节中指出，由于以贝叶斯方式推理的生物更具生存竞争优势，根据达尔文的自然选择理论，往往会进化出这样的生物.

我们还可以这样解释 ψ_B：将观测结果 $\{x_1,\cdots,x_n\}$ 视为 n 个字符组成的“消息”，其中每个字符是包含 m 个字母的字母表中的一个字母. 在每一次重复试验中，大自然都会向我们多发送一个字符的消息. 在伯努利概率分布下，此消息传输了多少信息？注意到

$$\psi_B = 10n\sum_{k=1}^{m} f_k \log_{10}(f_k/p_k), \tag{9.96}$$

其中 $f_k = n_k/n$. 因此 $-\psi_B/n$ 是频率分布 $\{f_1,\cdots,f_m\}$ 相对于“期望分布” $\{p_1,\cdots,p_m\}$ 的相对熵 $H(f;p)$. 这表明熵的概念是概率论中固有的，与香农定理无关. 任何想使用贝叶斯定理进行假设检验的人，都自然会发现熵或熵的单调函数.

历史上，卡尔 · 皮尔逊在 20 世纪初提出了一个不同的准则．我们知道，如果假设 H 为真，那么 n_k 将接近 np_k，这意味着差 $|n_k - np_k|$ 将随着 n 仅以 $\sqrt{n}$ 的数量级增大．我们称之为“条件 A”．使用展开式 $\ln x = (x-1) - (x-1)^2/2 + \cdots$，我们可以得到

$$\sum_{k=1}^{m} n_k \ln\left[\frac{n_k}{np_k}\right] = \frac{1}{2}\sum_k \frac{(n_k - np_k)^2}{np_k} + O\left(\frac{1}{\sqrt{n}}\right), \tag{9.97}$$

如果观察到样本确实满足条件 A，则指定量以 $O(1/\sqrt{n})$ 的数量级趋于 0．量

$$\chi^2 \equiv \sum_{k=1}^{m} \frac{(n_k - np_k)^2}{np_k} = n\sum_k \frac{(f_k - p_k)^2}{p_k} \tag{9.98}$$

几乎与 ψ_B 成正比，前提是只要抽样频率接近期望值

$$\psi_B = \left[10\log_{10} \mathrm{e}\right] \times \frac{1}{2}\chi^2 + O\left(\frac{1}{\sqrt{n}}\right) = 2.171\chi^2 + O\left(\frac{1}{\sqrt{n}}\right). \tag{9.99}$$

皮尔逊建议以 χ^2 作为“拟合优度”的标准，这就是“卡方检验”，目前最常用的正统统计技术之一．在描述这一检验方法之前，我们将检查其理论基础以及它是否适合作为统计标准．显然，$\chi^2 \geqslant 0$，当且仅当观测频率与期望的假设频率完全一致时等号成立．因此，更大的 χ^2 值对应着预测和观测之间的更大偏差，而太大的 χ^2 值会使我们怀疑假设的真实性．但是这些定性性质也为 ψ_B 以及我们可以定义的任何其他统计量所拥有．我们已经看到了概率论可以直接说明 ψ_B 的理论基础与定量意义，因此也可以问：是否存在相关的理论解释认为，根据一些明确定义的标准，χ^2 可以作为拟合优度的最优度量?

寻求相关解释的结果令人失望．查看许多正统的统计教科书，我们发现 χ^2 通常是从天而降的．但是克拉默（Cramér，1946）确实尝试对其思想进行解释，他说：

> 采用 $\sum c_i(n_i/n - p_i)^2$ 的形式作为偏差的度量，其中的 c_i 多少可以较为随意地选择，这符合最小二乘的一般原理．皮尔逊的研究表明，如果我们选择 $c_i = n/p_i$，则可以得到一个具有特别简单性质的偏差度量．

换句话说，之所以使用 χ^2，不是因为根据什么准则可以证明它具有良好的性能，而是因为它具有简单的性质!

我们已经看到，在某些情况下，χ^2 大约是 ψ_B 的倍数，因此两种方法会得出基本相同的结论．但是，让我们尝试通过我（Jaynes，1976）在 1976 年引入的技术来理解这两个准则的定量差别，该技术是我们从伽利略那里借用来的．人们之所以能通过伽利略的望远镜看到木星的卫星，是因为它可以放大无法用肉眼观察到的很小的东西．同样，我们经常发现贝叶斯统计和正统统计得出的结果存在的

数值差异很小，以至于无法凭常识判断哪个结果更好. 当发生这种情况时，我们可以找一些极端的情况，其中两种结果的差异被放大，以致可以凭常识判断孰优孰劣.

我们将通过这种放大技术的一个示例来比较 ψ_B 和 χ_2，看看哪个是拟合优度更合理的度量指标.

9.12 ψ 和 χ^2 的比较

抛硬币会产生三种结果：(1) 正面朝上，(2) 反面朝上，(3) 如果硬币足够厚，可能会侧立. 假如根据关于硬币的背景知识，地球人 A 为这些不同结果分配的概率为 $p_1 = p_2 = 0.499, p_3 = 0.002$. 假设我们尝试与火星人 B 进行通信，他从未见过硬币，对硬币没有什么概念. 因此，当被告知每次试验有三种可能结果时，他会对三者分配相等的概率 $p'_1 = p'_2 = p'_3 = 1/3$.

现在我们想通过随机试验来检验 A 和 B 的假设. 我们抛 29 次硬币并观察到结果 $(n_1 = n_2 = 14, n_3 = 1)$. 如果使用 ψ 准则，对于这两种假设，我们有

$$\begin{aligned} \psi_A &= 10\left[28\log_{10}\left(\frac{14}{29\times 0.499}\right) + \log_{10}\left(\frac{1}{29\times 0.002}\right)\right] = 8.34\,\mathrm{dB}, \\ \psi_B &= 10\left[28\log_{10}\left(\frac{14\times 3}{29}\right) + \log_{10}\left(\frac{3}{29}\right)\right] = 35.19\,\mathrm{dB}. \end{aligned} \tag{9.100}$$

火星人 B 从实验结果中学到了两点：(a) 存在一种关于硬币的假设比他的假设要好 35.2 dB（相当于 3 300 : 1 的几率），因此，除非他能证明另一种假设的先验概率很低，否则他无法合理地坚持相信自己的假设正确. (b) 地球人 A 的假设比他的假设好 26.8 dB，并且实际上与伯努利类 B_3 的最佳假设的相差大约 8 dB. 这里，ψ 检验的结果几乎与我们的常识告诉我们的相同.

假设火星人 B 只知道正统统计原理，因此他会相信 χ^2 是拟合优度的适当标准. 这时他会发现

$$\begin{aligned} \chi_A^2 &= 2\frac{(14-29\times 0.499)^2}{29\times 0.499} + \frac{(1-29\times 0.002)^2}{29\times 0.002} = 15.33, \\ \chi_B^2 &= 2\frac{(14-29\times 0.333)^2}{29\times 0.333} + \frac{(1-29\times 0.333)^2}{29\times 0.333} = 11.66, \end{aligned} \tag{9.101}$$

然后他会兴奋地报告："根据公认的统计检验，我的假设比你们的假设更可取！"

许多因接受过正统统计训练而使用 χ^2 进行检验的人会觉得以上比较结果令人吃惊，并会立即试图从以上数值计算中寻找错误. 其实，这里还有一个考克斯定理所能预测的结论：ψ 标准是从概率论规则严格推导出来的，因此，任何只是与之近似的准则都一定存在内在不一致性或者违背常识，这可以通过特例来验证.

通过更仔细观察，我们可以得到实际使用 χ^2 的重要教训. 在假设 A 中，29 次抛掷产生正面或反面的期望次数为 $np_1 = 14.471$. 实际的观测次数一定为整数，我们假设在每种情况下，它都是最接近的整数 14. 但是这种期望次数与实际观察次数之间的小差别，几乎可以说是可能的最小差别，仍然对 χ^2 有巨大的影响. 其他数值似乎并不出人意料，真正令人惊讶的是 χ_A^2 看起来比合理值大得多. 显然，这是 χ_A^2 中的最后一项在起作用. 它是指硬币在 29 次抛掷中出现了一次侧立，这导致了问题. 在假设 A 中，n 次抛掷中恰好发生 r 次的概率是二项分布 (9.57). 对于 $n = 29, p = 0.002$，我们发现在抛硬币时看到一次或多次侧立的概率为 $1-b(0|n,p) = 1-0.998^{29} = 1/17.73$. 也就是说，我们观测到一次侧立的事实是有点出乎意料的，这构成了反对假设 A 的一定证据. 但是，该证据的大小显然并没有压倒一切. 如果旅行指南告诉我们伦敦平均每 18 天中有 1 天有雾，那么在到达时遇上大雾天气一点儿也不会让我们感到震惊. 但是这对 $\chi_A^2 = 15.33$ 贡献了 15.30 的数值，几乎是其全部.

导致这一异常情况的原因是 χ^2 求和中的 $1/p_i$ 加权因子. χ^2 准则会将注意力集中在极不可能发生的假设上. 对于不太可能发生的事件，期望样本数与实际观察样本数之间的微小差异会奇怪地过度惩罚这一假设. ψ 检验中也包含此效应，但由于 $1/p_i$ 项仅出现在对数中，惩罚更为温和.

为了更清楚地看清这种效应，现在假设实验结果是 $n_1 = 14, n_2 = 15, n_3 = 0$. 显然，无论是根据 χ^2 标准还是 ψ 标准，相对于前面的结果，这都应该使假设 A 看起来更可信，使假设 B 看起来更糟. 重复前面的计算，我们可以得到

$$\begin{aligned} \psi_A &= 0.30\,\mathrm{dB}, \qquad & \chi_A^2 &= 0.0925, \\ \psi_B &= 51.2\,\mathrm{dB}, \qquad & \chi_B^2 &= 14.55. \end{aligned} \tag{9.102}$$

可以看到相对变化最大的是 χ_A^2. 现在两个准则都一致认为假设 A 远优于假设 B.

这表明了不加评判地使用 χ^2 会发生什么. 假设 Q 教授相信特异功能，并决心向我们这些愚昧无知且顽固的怀疑者证明这一点. 所以他开始让受试者表演猜纸牌游戏. 正如第 5 章中那样，若根据只有偶然性在起作用的“零假设”，受试者不可能猜对很多牌. 但是，Q 教授决心避免他的前辈们所犯的战术错误，并且对第 5 章中讨论的欺骗假设现象保持警惕. 因此他通过录像把所有的实验细节记录下来. 前几百次的实验结果令人失望，但是这很容易解释，原因是受试者没有进入“接受”(receptive) 状态. 当然，记录这些实验的录像带会被销毁.

一天，上天终于开始眷顾 Q 教授. 受试者猜对了牌，他的记录也无可争议. 他立即召集统计学家、数学家、公证人和媒体记者开会. 最终，发生了一件极不可能的事件，此时的 χ^2 值很大. 现在，他可以发表结果并断言：“数据的有效性

可以由信誉良好、没有偏见的人证明，统计分析是在著名统计学家的监督下进行的，计算结果已经由数学家检查过．经过公认的统计检验，原假设被确定地拒绝了．”而他所说的一切都是绝对正确的！

教训

> 如果要检验涉及中等大小概率的假设，并且假设与观察结果适度相符，那么无论使用 ψ 还是 χ^2 都不会有太大区别．但是要检验涉及小概率事件的假设，我们最好使用 ψ．否则生活对我们来说可能会充满太多惊喜．

9.13　卡方检验

下面简单考察一下实践中的卡方检验．我们说明了待检验的所谓“原假设”H，而没有说明备择假设．原假设会预测相对频率 $\{f_1,\cdots,f_m\}$ 及相应样本数 $n_k = nf_k$，其中 n 是试验数．我们观测到的实际样本数为 $\{n_1,\cdots,n_m\}$．但是如果 n_k 很小，我们会将多个类别合并，以使得每个 n_k 至少为 5．例如，如果当 $m=6$ 时，观测到的样本数为 $\{6,11,14,7,3,2\}$，我们会将最后两类合为一类，使得每次试验都有 $m=5$ 种不同的结果，不同类别的样本数变为 $\{6,11,14,7,5\}$，并且给原假设 H 分配概率 $\{p_1,p_2,p_3,p_4,p_5+p_6\}$．然后我们计算 χ^2 的观测值

$$\chi^2_{\text{obs}} = \sum_{k=1}^{m} \frac{(n_k - np_k)^2}{np_k} \tag{9.103}$$

作为对观测与预测之间偏差的度量．显然，即使原假设为真，我们也极不可能发现 $\chi^2_{\text{obs}}=0$．因此，遵循正统统计思想，我们应该计算 χ^2 具有各种可能值的概率，如果发现产生大于等于 χ^2_{obs} 的偏差的概率 $P(\chi^2_{\text{obs}})$ 足够小，则拒绝 H．这就是“尾区间”准则，拒绝阈值概率通常取 5%（即 $P(\chi^2_{\text{obs}})=0.05$）．

由于 n_k 是整数，所以 χ^2 只能取离散值．如果 p_k 都不同且不可共约，则 χ^2 的不同取值最多有 $(n+m-1)!/n!(m-1)!$ 种．因此，χ^2 的真实分布一定是离散的，只在有限点集合上有定义．但是，如果 n 足够大，集合上点的数量和密度变得很大，我们就可以使用连续分布来近似真实的离散 χ^2 分布．克拉默提到的“简单性质”是指——乍看之下令人惊讶——在大 n 的极限下，我们会得到一个普遍分布定律：χ^2 处于 $\mathrm{d}(\chi^2)$ 区间的采样概率是

$$g(\chi^2)\mathrm{d}(\chi^2) = \frac{\chi^{f-2}}{2^{f/2}(f/2-1)!}\exp\left\{-\frac{1}{2}\chi^2\right\}\mathrm{d}(\chi^2), \tag{9.104}$$

其中 f 称为分布的“自由度”．如果原假设 H 是完全确定的（即它不包含任何变化参数），那么 $f=m-1$，其中 m 是 (9.98) 中的类别数．但是如果 H 包含必须

根据数据估计的不确定参数，那么 $f = m - 1 - r$，其中 r 是待估计的参数个数. [①]

容易计算卡方分布的均值和方差分别为 $\langle \chi^2 \rangle = f$ 和 $\mathrm{var}(\chi^2) = 2f$，所以 χ^2 的 (均值) ± (标准差) 估计是

$$(\chi^2)_{\mathrm{est}} = f \pm \sqrt{2f}. \tag{9.105}$$

样本数量较小的类别通常会被合并，否则 (9.104) 的近似会很差. 但是合并难免会丢弃数据中的一些有用信息，由于 ψ 是精确的，使用它就可以避免合并.

这样，我们能观察到偏差大于等于 χ^2_{obs} 的概率是

$$P(\chi^2_{\mathrm{obs}}) = \int_{\chi^2_{\mathrm{obs}}}^{+\infty} \mathrm{d}(\chi^2) g(\chi^2) = \int_{q_{\mathrm{obs}}}^{+\infty} \mathrm{d}q \frac{q^k}{k!} \mathrm{e}^{-q}, \tag{9.106}$$

其中 $q \equiv (1/2)\chi^2$, $k \equiv (f-2)/2$. 如果 $P(\chi^2_{\mathrm{obs}}) < 0.05$，则说我们以 5% 的“显著性水平”拒绝原假设. 大多数正统教科书和统计手册，例如克罗、戴维斯和马克斯菲尔德的著作（Crow, Davis & Maxfield，1960），会给出针对各种自由度的 $P = 0.01, 0.05, 0.10, 0.50$ 的 χ^2 值.

注意传统统计的推断流程：我们随意地选择一个显著性水平，然后报告原假设在该显著性水平上是否被拒绝. 显然，这并不能告诉我们很多真正由数据导入的信息. 如果你告诉我该假设在 5% 的显著性水平上被拒绝，那么我无法确定该假设是否也会在 1% 或 2% 的水平上被拒绝. 如果你告诉我它在 5% 的显著性水平上未被拒绝，那么我不知道它是否会在 10% 或 20% 的显著性水平上被拒绝. 如果正统统计学家能告诉我们*原假设刚好被拒绝的显著性水平* $P(\chi^2)$ 值，他们就会告诉我们更多数据的真实信息，因为这样我们就知道结论在什么程度上成立. 这就是所谓的报告“P 值”的做法，是对原始方式的一项重大改进. 不幸的是，正统 χ^2 和其他统计值表格仍然是以之前的方式构造的，以至于我们不能以这种更有信息量的方式来报告结论，因为它们只在非常分散的显著性水平上给出数值，不太可能进行插值求出其他点的值.

如果不使用卡方表，如何得到 P 值呢？令 $q = q_0 + t$，(9.106) 变成

$$\begin{aligned} P &= \int_0^{+\infty} \mathrm{d}t \, \frac{(q_0+t)^k}{k!} \mathrm{e}^{-(q_0+t)} \\ &= \frac{1}{k!} \sum_{k=0}^{m} \binom{m}{k} \int_0^{+\infty} \mathrm{d}t \, q_0^k t^{m-k} \mathrm{e}^{-(q_0+t)} \\ &= \sum_{k=0}^{m} \mathrm{e}^{-q_0} \frac{q_0^k}{k!}. \end{aligned} \tag{9.107}$$

① 年轻的费希尔意识到了这种校正的必要性，而卡尔 · 皮尔逊却不理解. 这引发了他们之间的第一次激烈争论，详见第 16 章.

这是累积泊松分布，很容易计算.

但是，如果使用 ψ 检验，则不需要任何表格. 仅通过 ψ 的数值就可以描述样本的证据大小，而不需要通过其他随意构造的统计量（例如尾区间面积）. 当然，ψ 的数值本身并不能告诉我们是否拒绝该假设（尽管我们也可以像卡方检验一样规定一定的“拒绝水平”）. 从贝叶斯的观点来看，除非我们有一个确定更好的备择假设来代替它，否则拒绝任何假设都毫无用处. 显然，这是否合理不仅取决于 ψ，还取决于备择假设的先验概率以及做出错误决定的后果. 常识告诉我们，这不仅是一个推断问题，还是一个决策论问题.

尽管视角差别很大，实际得出的结论却未必有很大的差别. 例如，随着自由度 f 的增加，正统统计学家将接受较高的 χ^2 值（如 (9.105) 所示，大致正比于 f）. 原因是，如果假设是真的，则这么大的 χ^2 值很有可能产生. 但是贝叶斯主义者（仅在支持确定的备择假设时才拒绝原假设）也一定会接受成比例的更高的 ψ 值，因为合理的备择假设的数量随 f 呈指数级增加，并且其中任何一个的先验概率相应地降低. 因此，无论对于哪种情况，只要 ψ 或 χ^2 超过某个临界值，我们最终都会拒绝该假设. 虽然在如何选择该临界值的哲学上存在巨大差别，但是实际值未必有很大的差别.

有关卡方检验的更多详细信息见兰开斯特的著作（Lancaster，1969），关于贝叶斯方法无法给出适当的显著性检验的一些新颖的观点，见博克斯和刁锦寰的著作（Box & Tiao，1973）.

9.14 推广

从上一节可以看出，χ^2 并非对于所有可能的备择假设都是拟合优度的度量，它仅对于同一伯努利类的备择假设是如此. 这一点在正统文献中没有提到，因为其中根本没有提及备择假设. 如果意识不到这一点，人们实际上并不知道 χ^2 检验是在检验什么.

我们构造 ψ 检验的过程可以马上推广为为了构造比较原假设与任意定义明确的备择假设类 C 而构造精确检验的规则. 只需要应用贝叶斯定理通过以下形式描述数据 D 对该类中两个假设 H_1 和 H_2 的相对合情性的影响

$$e(H_1|DI) - e(H_2|DI) = \psi_2 - \psi_1, \tag{9.108}$$

其中 ψ_i 只依赖于数据和 H_i，在 C 上为非负值，并且对于 C 中的某些 H_i 为 0. 那么我们总是可以在 C 中找到一个 H_2 使得 $\psi_2 = 0$. 这样就构造了用于相对于备择假设类 C 度量拟合优度的合适指标 ψ_1. 这与 (9.95) 之后的定义具有相同的含义. ψ_1 是数据 D 相对于 H_1 而言，对 C 中的任意假设所能支持的最大值.

因此，如果我们想要一个与正统显著性检验类似的精确的贝叶斯检验方法，就能很容易地得到它. 但是我们将在第 17 章中看到，另一种观点更有优势：正如拉普拉斯所做的那样，可以把正统显著性检验替换为一种参数估计方法，从而产生更有用的信息.

安斯科姆（Anscombe，1963）认为，必须引入特定的备择假设类是贝叶斯方法的一个不足之处. 我们已经在这里以及第 4 章和第 5 章中充分地回答了这一点. 我们认为这是贝叶斯方法的一个极大优势，它迫使我们认识到推理的本质特征. 但是并非所有正统统计学家都清楚这一点. 我们对显著性检验的讨论是如下总体状况的一个好例子：如果在某些问题上可以使用正统统计方法，那么贝叶斯推断方法可以为其提供缺失的理论基础，并且通常能对其进行改进. 所有的显著性检验都只是第 4 章中给出的多元假设检验方法的小变体.

9.15 哈雷的死亡率表

在比赌博更有用、更庄重的场景下将观察到的频率作为概率使用的一个早期例子来自以发现“哈雷彗星”闻名的天文学家埃德蒙 · 哈雷（1656—1742）. 他使用的方法相当正确，以至于直到今天我们也无法对其进行明显的改进. 除了天文学，哈雷还对很多领域感兴趣. 他于 1693 年编写了第一张现代死亡率统计表. 由于其巨大的历史意义，我们来详细介绍一下这项工作的细节.

这项工作并不是哈雷发起的. 在英国，大概是由于人口密度的增大，从 16 世纪起直到 19 世纪中叶采用公共卫生政策和措施为止，各种瘟疫流行. 伦敦从 1591 年开始断断续续，并从 1604 年开始连续几十年每周出版一次《死亡率法案》，其中列出了每个教区出生和死亡人数的统计数据. 这是由一群主教编撰的，他们主要负责检查尸体，会通过物证和根据询问所能得出的其他信息，尽量判断每个人的死亡原因.

1662 年，约翰 · 格兰特（1620—1674）（Grunt，1662）呼吁人们注意以下事实：这些法案总体上包含非常有价值的人口统计学信息，除了判断公共卫生现状外，还可以被政府和学者用于许多其他的目的. ① 他将 1632 年的数据汇总到一个更有用的表中，并且观察到：在足够多的出生数据中，男孩总是比女孩略多. 这在以后的 150 年中引起了概率论者的许多猜测和计算. 格兰特不是一位学者，而是一名自学成才的店主，然而他的短篇作品中包含非常有价值的判断，引起了国王查尔斯

① 看来，这个故事可能会在 300 多年后重演，因为最近人们意识到信用卡公司的记录中包含了许多多年未使用的经济数据. 在美国最大的信用卡公司（花旗集团）中，每天有全国 1% 的零售记录数据进入计算机. 要预测某些经济趋势和活动，这比政府每月发布的信息更为详细、及时和可靠.

二世的注意. 作为嘉奖，他命令不久前成立的英国皇家学会接收格兰特为会员. [①]

埃德蒙 · 哈雷受过高等教育，数学能力很强. 他后来于 1703 年接替沃利斯担任牛津大学数学教授，并于 1720 年接替弗拉姆斯蒂德担任皇家天文学家和格林威治天文台台长. 他是牛顿的朋友，也是说服牛顿发表《自然哲学的数学原理》的人. 哈雷还为此放弃了自己的工作，努力促进其出版，并且资助了相当多的钱. 他显然能比格兰特得到更多人口统计数据.

为了确定人口中的实际年龄分布，哈雷获取了伦敦和都柏林的大量出生和死亡数据. 但是，这些数据通常缺少对死亡年龄的记录. 他注意到伦敦和都柏林的人口随着移民数量增加而迅速增长，这使得数据因包含很多在那里死亡而并不在那里出生的人而变得有偏. 这些数据受到了严重的污染，以至于他无法提取所需的信息. 因此，他转而找到一个人口稳定的城市：西里西亚（现在称为弗罗茨瓦夫，属于波兰）的布雷斯劳，并收集了它五年（1687～1691 年）的数据. 西里西亚人在记录保存上一丝不苟，且更不愿意迁移，因此生成了更好的数据.

当然，布雷斯劳的营养、卫生和医疗状况可能与英国不同. 但是无论如何，哈雷制作了一张对布雷斯劳肯定有效，而对英国来说误差也不会太大的死亡率统计表. 我们已经将其转化为图形，如图 9-1 所示.

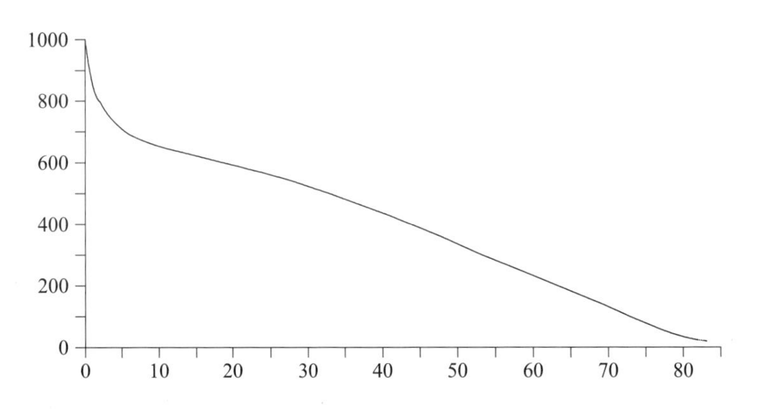

图 9-1 $n(y)$：在年龄区间 $(y, y+1)$ 中的估计人数

在 17 世纪，即使像哈雷这样的饱学之士也没有养成我们在今天的学术著作

① 这与此前不久的奥利弗 · 克伦威尔的态度和行为形成了鲜明的对比. 克伦威尔的部下对剑桥大学造成的肆意的恶意破坏比历史上任何其他人都要多. 我曾在剑桥圣约翰学院第二庭院住了一年. 这虽然是克伦威尔拨款并使用的，但并不是出于学术追求，而是作为拘留囚犯的监狱. 不管人们对查理二世的私奔有何想法，都必须问：我们针对的是何种备择假设？如果到处都是无趣狂热的克伦威尔式的人物，就不会有英国皇家学会，也不会有英国的学术成就，更不会有 19 世纪英国科学的伟大成就. 甚至连剑桥大学和牛津大学今天是否存在也是一个问题.

中所能看到的那种详尽、清晰的表达习惯. 在阅读他的著作时, 我们会因其模糊与遗漏之处而感到恼火, 因为这使得我们无法确定有关数据和处理流程的一些重要细节. 我们知道他的数据中包括每月出生和死亡人数的数据以及每个人的死亡年龄. 不幸的是, 他没有向我们展示未经处理的原始数据. 如果我们有这些原始数据, 就能在今天从中获得更大的价值. 因为利用现代概率论和计算机, 我们可以轻松地自己处理数据, 并能从数据中提取远超哈雷所能提供的更多信息.

哈雷展示了两个从数据中导出的表格, 分别是给出了每个年龄段 x 人口的年度死亡估计数 $d(x)$ (总数/5) 的表 9-1 (但是其中莫名其妙地包含了一些不是总数/5 的条目), 以及给出了按年龄划分的估计人口分布 $n(x)$ 的表 9-2. 因此, 第一张表大致是第二张表的负导数. 但是 (同样莫名其妙地), 他在第一张表中忽略了非常小的年龄段 (< 7 岁) 的数据, 在第二张表中忽略了非常老的年龄段 (> 84 岁) 的数据, 从而隐藏了在许多方面最有趣的部分, 即曲率大的区域.

表 9-1 哈雷的第一张表

年龄	$d(y)/5$	年龄	$d(y)/5$	年龄	$d(y)/5$	年龄	$d(y)/5$
0	348	28	8	⋮	10	90	1
⋮	198	⋮	7	63	12	91	1
7	11	35	7	⋮	9.5	98	0
8	11	36	8	70	14	99	0.5
9	6	⋮	9.5	71	9	100	3/5
⋮	5.5	42	8	72	11		
14	2	⋮	9	⋮	9.5		
⋮	3.5	45	7	77	6		
18	5	⋮	7	⋮	7		
⋮	6	49	10	81	3		
21	4.5	54	11	⋮	4		
⋮	6.5	55	9	84	2		
27	9	56	9	⋮	1		

尽管如此, 如果我们知道哈雷从原始数据构造这些表的具体过程, 也许能完整地重做这两张表. 但是他根本没有提供任何信息, 只是说:

> 根据这些考虑, 我形成了这一张表, 它有多种用途, 并且能比我所知道的其他数据更能客观地表述人口的状态和情况.

他没有告诉我们 "这些考虑" 具体是指什么, 因此我们只能猜测他的实际做法.

尽管我们找不到与哈雷表中的所有数值一致的猜想, 但是可以在某种程度上

表 9-2　哈雷的第二张表

年龄	$n(y)$	年龄	$n(y)$	年龄	$n(y)$	年龄	$n(y)$	年龄	$n(y)$	年龄	$n(y)$	年龄	$n(y)$
0	1000	13	640	25	567	37	472	49	357	61	232	73	109
2	855	14	634	26	560	38	463	50	346	62	222	74	98
3	798	15	628	27	553	39	454	51	335	63	212	75	88
4	760	16	622	28	546	40	445	52	324	64	202	76	78
5	732	17	616	29	539	41	436	53	313	65	192	77	68
6	710	18	610	30	531	42	427	54	302	66	182	78	58
7	692	19	604	31	523	43	417	55	292	67	172	79	49
8	680	20	598	32	515	44	407	56	282	68	162	80	41
9	670	21	592	33	507	45	397	57	272	69	152	81	34
10	661	22	586	34	499	46	387	58	262	70	142	82	28
11	653	23	579	35	490	47	377	59	252	71	131	83	23
12	646	24	573	36	481	48	367	60	242	72	120	84	20

对其进行理解．首先，第一张表中的实际死亡人数从一个年龄段到另一个年龄段自然呈现出相当大的“统计涨落”．由于这种涨落没有出现在第二张表中，哈雷一定对此进行过某种平滑处理．

根据他文章中的其他证据，我们推断他的推理过程如下．如果人口分布稳定（明年与今年的分布完全相同），则 25 岁与 26 岁之间的数字差异 $n(25)-n(26)$ 一定等于 $d(25)$：现年 25 岁，将于明年之前死亡的人数．因此，我们估计第二张表可能是通过如下方式构造的：以估计的每年出生人数（1238）为 $n(0)$，然后通过递归取 $n(x)=n(x-1)-\overline{d}(x)$，其中 $\overline{d}(x)$ 是 d 的平滑估计．最后，布雷斯劳总人口估计为 $\sum_x n(x)=34\,000$．这种猜测很好地解释了表 9-2 的后面部分，但是与前面部分（$0<x<7$）并不相符．我们甚至无法对他确定表 9-2 中前 6 个条目的方法做出猜测．

我们在自己的表中将年龄下移了一年，因为年龄的一般意义似乎在 300 年后发生了变化．今天，当我们说一个男孩“8 岁”时，意思是他的确切年龄 x 在 $(8\leqslant x<9)$ 的范围内，也就是说，他是在出生后的第 9 年．但是对于哈雷的数值，只有我们假定 8 岁时在其出生后第 8 年，即 $7<x\leqslant 8$ 才有意义．格林伍德（Greenwood，1942）也注意到了这一点，他的分析证实了我们关于年龄含义的结论．但是，当我们尝试遵循他的推理进一步向前时，这只会使我们比以前感到更加困惑．因此我们只好放弃，只接受哈雷的判断，不管它的意义是什么．

在图 9-1 中，我们给出了使用哈雷的第二张表做出的位移函数 $n(y)$ 的图形．因此，在哈雷的表中读取 $(25\quad 567)$ 时，我们将其设为 $n(24)=567$，意思是年龄段 $(24\leqslant x<25)$ 内估计有 567 人．因此，我们认为 $n(y)$ 是哈雷在 $(y,y+1)$ 岁

年龄段内估计的人数.

哈雷的第二张表在 (84 20) 处就停止了，但第一张表中包含的数据超出了该年龄. 他使用该数据估算了布雷斯劳的总人口. 他的第一张表显示了在未来五年中，(85 100) 区间内将有 19 人死亡，其中 3 人刚好是在 100 岁时死亡. 他估计该年龄区间内的总人口为 107 人. 我们根据这些少量信息，及对两张表的其他比较结果，对哈雷的第二张表进行了平滑外推处理（生成了我们的条目 $n(84), \cdots, n(99)$），该曲线显示尾部一定有大的曲率.

图 9-1 最令人震惊的方面是极高的婴儿死亡率. 哈雷在其他地方指出：只有 56% 的孩子可以活到 6 岁（尽管这与表 9-2 不符），而只有 50% 的人可以活到 17 岁（这与表 9-2 相符）. 第二引人注目的方面是 35 岁和 80 岁之间的几乎完美的线性.

哈雷注意到他的第二张表可以有多种用途，包括估计该城市可以召集的军队规模以及养老金的价值等. 让我们只考虑一种用途：估计未来的预期寿命. 我们认为一个 y 岁的人活到 z 岁的概率可以很准确地分配为 $p = n(z)/n(y)$.

实际上，哈雷并没有使用“概率”一词，而是用与我们今天完全相同的方式称之为“几率”（odds）：“……将任意年龄段中一年后的剩余人数除以该年龄段总人数与剩余人数的差值就得到了该年龄段中的一个人未在当年死亡的几率.” 因此，哈雷给出的年龄为 y 岁的人再生活 m 年以上的几率是 $O(m|y) = n(y+m)/[n(y) - n(y+m)] = p/(1-p)$，与我们现在的计算一致.

令人气愤的还有，哈雷合并了男性和女性的数据，因此不能画出不同性别的不同死亡率函数. 由于缺少原始数据，我们无法修复此问题.

让哈雷工作中令我们感到恼火的事情成为我们今天的教训吧. 科学数据分析的第一诫命应该是：“你要提供未经任何处理的完整原始数据.” 就像我们今天能用哈雷的原始数据做比他更多的分析一样，如果我们不根据自己的目的和偏见破坏原始数据，未来的读者也许能使用原始数据做更多的分析. 至少，他们将通过不同的先验知识来处理我们的数据，我们已经看到了这会对结论产生多大的影响.

练习 9.3 假设你有与哈雷相同的原始数据，今天你将如何充分利用概率论来处理它们？实际结论会有何不同？

9.16 评注

9.16.1 非理性主义者

几个世纪以来，哲学家们一直在争论归纳的本质. 尽管所有科学知识都是通过归纳获得的，一些哲学家 [从 18 世纪中叶的大卫 · 休谟（1711—1776）到 20 世纪中叶的卡尔 · 波普尔（例如 Popper & Miller，1983）] 却试图否认归纳的可能性. 斯托韦（D. Stove，1982）将他们及其同道称为“非理性主义者”，并试图解释 (1) 为什么会出现如此荒谬的观点，(2) 非理性主义者通过什么话语成功地打动了读者. 但是，由于不相信有很多这样的读者存在，我们并不受这种情况的困扰.

在否认归纳的可能性时，波普尔认为理论永远不可能获得很高的置信概率. 但该结论的前提是，我们要针对无数替代理论检验该理论. 我们会观察到，已知宇宙中的原子数是有限的，因此，替代理论的个数也是有限的，只需要有限的笔墨就可以写出来. 贝叶斯推断所确定的不是整个宇宙中所有可能的理论假设的绝对状态，而是针对一组特定的替代理论假设的相对合情性.

正如我们在第 4 章中的多重假设检验、第 5 章中的牛顿理论以及上面关于显著性检验的讨论中所展示的那样：*在一组定义明确的备择理论假设集合中*，一种假设可以达到很高或很低的概率. 在所有可能的理论集合中，一种假设的概率既不是很高，也不是很低；这种概率是未定义的，因为所有可能的理论集合没有定义. 换句话说，贝叶斯推断处理的是确定性问题（不是波普尔的未定义问题），否则我们也不会使用它.

人们通常以不同的方式表示对归纳的反对. 有一种观点是：如果一种理论不能比所有替代理论获得更高的绝对概率，就没有办法证明根据该理论归纳而得的结论是正确的. 但是这种观点完全错失了要点. 归纳的作用不是保证“正确”，而且实际上科学家也不会将其用于此目的（即使我们想也不能这么做）. 归纳在科学中的作用不是告诉我们什么预测一定是正确的，而是告诉我们：*当前假设和当前信息最强烈地支持什么预测结果*.

更详细地说：*我们输入计算中的信息*最强烈地支持什么预测结果? 完全可以根据我们不相信甚至知道是错误的假设进行归纳，以了解其预测结果. 事实上，除非实验者知道某种替代理论做出了什么预测，否则他在寻找对自己最偏好的理论的证据支持时其实不知道在找什么. 即使他并不十分相信某个替代理论，也必须暂时为其提供服务，以便得到其预测结果.

如果某个理论的预测被将来的观察所证实，那么我们将对得出这些预测的理论假设更加有信心. 如果这些预测在大量检验中从未失败过, 那么我们最终将这些理论假设称为"物理定律". 当然, 成功的归纳对于未来的策略规划具有很大的实用价值. 但是我们并没有从成功的归纳中学到新知识, 只是对已经知道的东西更有信心.

此外, 如果预测被证明是错误的, 那么归纳也已经达到了其真正的目的: 我们了解到我们的假设是错误的或者是不完整的, 并且根据错误的性质对如何改进假设有了线索. 因此, 那些以归纳结果可能不正确为由而批评归纳的人, 实在大错特错. 正如哈罗德 · 杰弗里斯早就解释的那样: 归纳对科学家来说最有价值的就是它出错的时候, 只有这时我们才能获得新的知识.

生物学历史中有一些引人注目的归纳案例, 其中的因果关系通常非常复杂和微妙, 以至于完全揭开它们之间的联系是非常不易且惊人的. 例如, 在 20 世纪, 有些新的流感病毒出现. 现在看来, 原因可能是农民将鸭子和猪养在一起. 人类不会直接感染鸭病毒, 即使处理和食用鸭子也不会. 但是猪可以携带鸭病毒, 并将鸭病毒的某些基因转移到其他病毒中, 然后将它们传染给人类. 这些病毒能存活下来是因为它们以全新的形式出现, 而人类的免疫系统对此尚未做好准备.

同样重要的因果链出现在醋栗作为宿主转化并传播白松疱锈病的例子中. 在路易斯 · 巴斯德和现代医学研究人员的经典著作中, 还可以发现因果链的许多其他例子, 他们不断成功地找到了导致各种疾病的特定基因.

我们强调,所有这些非常重要的探索工作的胜利都是通过使用波利亚(Pólya, 1954)定义的定性的合情推理方式取得的. 现代贝叶斯分析只是这种推理方式的定量表述. 这正是休谟和波普尔认为不可能有效的归纳推理. 的确, 这种推理方式不能保证结论一定正确, 但是直接检验可以确认或否认它. 如果没有准备性的归纳推理阶段, 我们就不知道应该尝试哪些检验.

9.16.2 迷信

还有一种奇怪的情况是, 尽管归纳难以理解并在逻辑上难以证明, 人类却有不受约束、不加检验地进行归纳的倾向, 这需要大量的教育来克服. 正如我们已经在第 5 章中简要指出的那样, 没有接受过任何心理训练的人既不熟悉演绎逻辑也不熟悉概率论, 他们进行的推理大多是不合情的归纳.

尽管有现代科学, 但是人类对世界的普遍理解并没有比古时的迷信进步多少. 正如我们在新闻评论和纪录片中经常看到的那样, 未受过训练的头脑会毫不犹豫地将每一种相关性都解释为因果作用, 并预测它在将来会重复出现. 对于不了解什么是科学的人, 这种因果作用能否用物理机制解释无关紧要. 的确, 因果作用需要一种物理机制来实现的思想对于对未受过训练的人来说是很陌生的．对于超自然作用的信念使得他们认为这种假设没有必要．[①]

因此，许多关于自然的电视纪录片的解说员在向我们展示野外动物的行为时，总会自然地在每种随机突变中看到某些目的：环境生态就在那里，动物有目的地变异以适应它．他们根据目的对羽毛、喙和爪子的每一种构造进行解释，但从未暗示过非实质性的目的如何导致动物的物理变化．[②]

我们在这里似乎有一个说明和解释进化的好机会，但是解说员（通常是失业的演员）对达尔文 100 年前指出的简单且易于理解的因果机制并不了解．尽管我们现在有明显的证据且能对其进行简单的解释，但是令人难以置信的是，之前的所有人都能借助从未见过的超自然力量来解释它．解说员从未想过，突变是首先发生的，因此动物不得不寻找合适的环境，以便能够生存并且尽可能地利用其身体结构．我们只看到了那些成功的动物，当摄影师到场时，无法看到失败了的动物，而且它们的数量很少，古生物学家不可能找到它们的进化证据．[③]这些纪录片是非常漂亮的摄影作品，也应该提供有意义的解说．

的确，对于动物总是有目的地让其身体结构适应环境的理论，有许多强有力的反例．在安第斯山脉，没有树木的地方却发现了啄木鸟．显然，它们并没有通过让身体适应环境来变成啄木鸟；相反，它们首先是啄木鸟，只是偶然身处一个陌生的环境中，然后通过将其身体结构用于其他用途而得以生存．确实，某种生态环境中的生物很少能完全适应环境，它们通常只是勉强适应而生存．但是，在这种有压力的情况下，不良突变的消失速度比平常更快，因此自然选择的速度也比平常更快，可以使得它们更好地适应环境．

---

① 同时，在物理机制方面进行思考的人们，就像现代生物学家，的确在不断发展人类知识．而一旦放弃这种思考，发展就会停止，正如我们在现代量子理论中所看到的那样．

② 我们很难相信野鸭和啄木鸟的奇怪彩色图案可以达到任何生存目的．目的论者对此有何评论？我们的答案是，即使没有随后的自然选择，不同的进化也可以通过与生存无关的突变产生．我们在第 7 章中提到了与弗朗西斯 · 高尔顿的工作有关的一些问题．

③ 但是，在加拿大落基山脉的伯吉斯页岩中却有着不同寻常的惊人发现（Gould，1989）．人们在其中发现了保存精美的与三叶虫同时代的软体生物化石．它们虽然没有留下任何进化痕迹，但是数量如此之大，从根本上改变了我们对寒武纪时代的看法．

第 10 章　随机试验物理学

> 我相信很难说服一位聪明的物理学家相信当前的统计方法是合乎情理的，但是通过使用似然与贝叶斯定理的方法会让困难小很多.
>
> ——乔治・爱德华・佩勒姆・博克斯（G. E. P. Box，1962）

正如我们已经多次指出的那样，认为“概率是基于随机变量的观测频率的真实物理实体”的思想，是大多数最近的概率论阐释的基础. 这似乎使得概率论成为实验科学的一个分支. 在第 8 章的末尾，我们看到了这种观点导致的一些困难. 在某些实际物理实验中，随机量和非随机量之间的区别非常模糊而且是人为的，以至于必须诉诸“黑魔法”才能将这种区别强加于问题中. 但是，这种讨论并未涉及实际场景中的物理学. 本章会考虑一些物理因素作为插曲，以显示“随机”实验概念的根本性困难.

10.1　有趣的关联

在拉普拉斯看来，概率论应该被视为“归纳推理的演算逻辑”，从根本上与随机试验无关. 对于这一点，始终有来自“频率派”阵营的人持不同意见. 本书的主要目的之一是阐明概率论可以一致且有用地解决比估计随机试验中的频率更多的问题. 根据这种观点，随机试验只是概率论的一种特殊*应用*，甚至不是最重要的一种应用. 作为逻辑的概率论能解决更多的一般性推理问题. 这些问题与偶然性或随机性无关，与现实世界却有很大关系. 在本章中，我们进一步进行研究，并表明“频率派”概率论在处理随机试验时有很大的逻辑困难，尽管“频率派”概率论原本就是为处理随机试验而发明的.

研究相关历史文献的人会看到以下强关联性：近来主张非频率派观点的人往往是物理学家，而此前，数学家、统计学家和哲学家几乎都倾向于频率派的观点. 因此，这个问题看来不仅仅是哲学或数学问题，而且还以某种尚不清楚的方式涉及物理学.

数学家倾向于认为随机试验是一种抽象——实际上只不过是一个数字序列. 为了定义随机试验的“性质”，他们引入各种陈述（称为假设、公设或公理）来指定样本空间并断言极限频率和某些其他性质的存在. 但是，在现实世界中，随机试验不是可以被随意定义其性质的一种抽象存在. 它一定要服从物理定律. 然而，概率论的频率阐述中明显缺乏关于这一点的意识，其中甚至找不到“物理定律”一词. 此外，将概率定义为频率的问题不仅在于忽略了物理定律，还会导致比这更严重的后果. 我们想表明，要坚持一种频率解释而将所有其他因素排除在外，需要人们忽略几乎所有科学家对实际物理现象的专业知识. 如果目的是对真实现象进行推断，那么这几乎不可能是正确的开始.

一旦描述了特定的随机试验，物理学家就自然而然地开始思考所观察现象的物理机制，而不是所定义的抽象样本空间. 想知道通常的概率论假设是否与已知的物理定律一致，可以进行逻辑分析，其分析结果直接关系到该问题的性质，不是与频率或非频率概率论的数学一致性，而是对于实际情况的适用性. 在本章开头的引语中，统计学家博克斯指出了这一点. 让我们从历史和物理学的角度来分析他的陈述.

10.2 历史背景

众所周知，概率论起源于 16 世纪的吉罗拉莫 · 卡尔达诺、17 世纪的帕斯卡和费马对赌博问题的研究. 但是到了 18 和 19 世纪，受到天文学和物理学应用的推动，其发展远远超出了最初的水平. 参与这部分工作的有詹姆斯 · 伯努利和丹尼尔 · 伯努利、拉普拉斯、泊松、勒让德、高斯、玻尔兹曼、麦克斯韦、吉布斯，其中的大多数在今天可以称为数学物理学家.

对拉普拉斯的反对始于 19 世纪中叶，当时库尔诺（Cournot，1843）、埃利斯（Ellis，1842，1863）、布尔（Boole，1854）和维恩（Venn，1866）（他们都没有接受过物理训练）无法理解拉普拉斯的逻辑，无视拉普拉斯结果的成功而抨击他的工作. 尤其是，哲学家约翰 · 维恩没有一点儿拉普拉斯那种对物理学或数学的了解，却认为自己能对拉普拉斯的作品进行严厉的讽刺性攻击. 在第 16 章中，我们注意到他以后对年轻的费希尔可能产生的影响. 布尔（Boole，1854，第 20 章和第 21 章）反复申明，他不理解拉普拉斯先验概率的作用（代表一种知识状态而不是物理事实）. 换句话说，他也陷入了思维投射谬误. 在第 380 页中，他认为均匀先验概率分配很“随意”而拒绝使用它，并明确拒绝考察其结果. 这样，他没能使自己了解拉普拉斯实际上做了什么及其原因.

拉普拉斯的工作得到了数学家奥古斯塔斯 · 德摩根（Augustus de Morgan，1838，1847）和物理学家斯坦利 · 杰文斯[①]的坚定支持，他们理解拉普拉斯的动

---

① 杰文斯做了很多不同的事情，很难按职业对他进行归类. 萨贝尔（Zabell，1989）显然受到他一本书（Jevons，1874）的书名的影响，将杰文斯描述为一位逻辑学家和科学哲学家. 根据对杰文斯其他著作的考察，我们倾向认为他是一位撰写了很多经济学著作的物理学家.

机，而且拉普拉斯的精巧数学对他们来说是一种愉悦而不是痛苦．然而，布尔和维恩对于拉普拉斯的攻击在英国的非物理学家中得到了支持．也许这是因为生物学家在物理和数学方面的训练大多没有维恩好，而他们又试图寻找支持达尔文理论的经验证据，并且意识到有必要收集和分析大量数据，以便检测微小、缓慢的变化趋势——他们认为这是进化的方式．他们发现拉普拉斯的数学著作太难消化了，而专业统计学家那时尚不存在，因此当然非常高兴有人说他们根本不需要阅读拉普拉斯的书．

大约在 20 世纪初，随着一群新的非物理背景工作者的进入，该领域发生了根本性的变化．他们主要关心的是生物学问题，因受到维恩的鼓励而几乎拒绝了拉普拉斯的所有工作．为了填补这片空白，他们基于完全不同的原理重新发展该领域．根据该原理，只能给数据分配概率．事实上，因为拉普拉斯方法可以解决的许多问题超出了他们方法的范畴，这确实在开始时简化了数学．只要他们只考虑这些相对简单的问题（具有充分统计量而没有冗余参数，且没有重要的先验信息），新方法的缺陷并不会造成麻烦．这个极富侵略性的学派很快就完全统治了该领域，以至于他们使用的方法被称为“正统”统计学．现代统计学家的职业主要就是从这一运动中演变而来的．与此同时，物理学家（哈罗德 · 杰弗里斯爵士几乎是唯一的例外）悄然地从该领域退出，统计分析也从物理学课程表中消失了．这种消失非常彻底，以至于如果今天有人对物理学家进行调查，大概只有不到百分之一的人知道诸如费希尔、奈曼、沃尔德之类的名字，或诸如最大似然、置信区间、方差分析之类的术语．

这一系列事件——物理学家在原始贝叶斯方法发展中的领导作用，以及后来他们在正统统计发展中的缺席——绝非偶然．有进一步的证据表明，正统统计学与物理学之间存在某种根本性的冲突．我们可能会注意到 20 世纪初两位最雄辩的非频率定义的支持者——庞加莱和杰弗里斯．正如拉普拉斯一样，他们都是卓越的数学物理学家．因此，博克斯教授的陈述有明确的历史事实作为依据．

但是这种冲突的本质是什么？物理学家掌握的什么知识使他们拒绝接受他人眼中给概率论带来“客观性”的东西？为了了解困难所在，我们将从物理学的角度研究一些简单的随机试验．我们要指出的事实非常基础，人们无法相信这些东西对于概率论的现代作者来说确实是未知的．层出不穷的教科书都忽略了这些事实，这仅仅说明我们这些物理学教师一直都知道：你可以教学生物理学定律，但是无法教他意识到知识之间关联的艺术，更不用说养成在日常问题中实际应用的习惯了．

10.3 如何在抛硬币与掷骰子中作弊

克拉默（Cramér，1946）将“任意随机变量具有唯一的概率分布”视为一条公理. 从上下文可以看出，他真正的意思是具有唯一的*频率*分布. 如果假定掷骰子获得的数是一个随机变量，则可以得出这样的结论：某一面出现的频率是骰子的物理性质，正如质量、惯性矩和化学成分一样. 因此，克拉默（Cramér，1946，第 154 页）指出：

> 实际上，应该将数 p_r 视为我们正在使用的特定骰子的物理常数. 它的数值不能由概率论公理来确定，正如骰子的大小和重量不能由几何公理与力学公理确定一样. 但是经验表明：制作精良的骰子在一系列抛掷中出现任何事件 r 的频率通常接近 1/6. 因此，我们通常会假设所有 p_r 都等于 1/6……

对于物理学家来说，这种说法似乎完全是对已知力学定律的蔑视. 多次掷骰子的结果*并不只*是告诉我们该骰子的明确数值特征，还会告诉我们一些有关掷骰子方法的信息. 如果以不同的方式掷“灌了铅的”骰子，则可以轻松改变各面出现的相对频率. 哪怕骰子本身完全没有猫腻，仍然可以做到这一点，尽管这会更困难一些.

尽管原理是相同的，但是讨论只有两种可能结果的随机试验会更简单. 因此，我们将考虑一枚有偏硬币，古德（Good，1962）曾就此发表评论：

> 我们大多数人可能会认为有偏硬币似乎具有物理概率. 无论根据频率还是另一种理论来定义，我都认为确实是这样的. 我怀疑即使是如德菲内蒂这样最极端的主观主义者有时也会这样认为，尽管他们可能会避免在出版著作时明确写出来.

我们虽然不知道德菲内蒂的真正想法，但是会发现，正是德菲内蒂著名的可交换性定理向我们展示了如何对有偏硬币进行概率分析，而*无须*按照建议的方式进行思考.

无论如何，都可以很容易地说明一名物理学家将如何分析此问题. 让我们假设该硬币的重心位于其中心轴上，但与其几何中心的距离为 x. 如果我们认为抛硬币的结果是一个“随机变量”，那么根据克拉默所说并由古德暗示的公理，正面朝上的频率和 x 之间一定存在确定的函数关系：

$$p_H = f(x). \tag{10.1}$$

但是，这种断言远远超出了数学家可以发明任意公理的传统自由范围，侵犯了物理学领域，因为力学定律能告诉我们这种函数关系是否存在.

事实证明，最容易分析的是决定诸如足球比赛发球方等实际问题的常见游戏. 首先让对方随意选择“正面”或“反面”. 然后，你将硬币抛向空中，再用手接住，将其直接展示给对方，如果对方开始选择的与展示的一致，则对方获胜. 大家会一致同意所谓“无偏”抛掷是指硬币的抛掷高度至少有 2.7 米，留在空中的时间至少有 1.5 秒.

现在，力学定律会告诉我们以下内容. 薄盘的惯性椭球是偏心率为 $1/\sqrt{2}$ 的扁椭球，位移 x 不会影响该椭球的对称性. 因此，根据普安索的构造，如关于刚性动力学的教科书中所述 [例如罗斯（Routh, 1905）或戈德斯坦（Goldstein, 1980, 第 5 章）的著作]，硬币的本体瞬心迹[1]仍然与轴线是同心圆. 因此，在飞行过程中，有偏硬币的旋转运动特性与无偏硬币完全相同，只是有偏硬币的旋转中心是重心，而不像无偏硬币那样是几何中心. 重心的运动轨迹是“自由粒子”的抛物线.

这种翻转运动的一个重要特征是角动量守恒：在飞行过程中，硬币的角动量在空间上保持固定的方向（但角速度不固定，因此硬币翻转看起来似乎很无序）. 让我们用单位向量 $\boldsymbol{n}$ 表示这个固定的方向，它可以是任何方向，取决于抛掷硬币瞬间的特殊扭转力. 不管硬币是否有偏，如果从 $\boldsymbol{n}$ 方向观察，硬币在整个运动中都会始终保持相同的面（当然，$\boldsymbol{n}$ 完全垂直于硬币轴的情况除外，在这种情况下，它根本不显示任何一面）.

因此，为了知道你手中的硬币最终哪面朝上，只需执行以下步骤. 用 $\boldsymbol{k}$ 表示沿硬币轴线通过硬币指向“正面”一侧的单位向量. 抛硬币时使 $\boldsymbol{k}$ 和 $\boldsymbol{n}$ 形成一个锐角，然后将手掌平放在 $\boldsymbol{n}$ 所在的平面上接住它. 连续抛掷时，可以使 $\boldsymbol{n}$ 的方向、角动量的大小以及 $\boldsymbol{n}$ 与 $\boldsymbol{k}$ 之间的角度发生很大的变化. 这样，不同次投掷下的翻转看起来完全不一样，需要几乎超人的观察力才能发觉你使用了作弊策略.

因此，任何熟悉角动量守恒定律的人都可以通过一段时间的练习在普通的抛硬币游戏中作弊，并以 100% 的准确度得到自己需要的面. 你能获得任意正面朝上的频率——*硬币是否有偏对于结果完全没有影响！*

当然，一旦发现这个秘密，有人可能会抗议说我们所分析的实验太“简单”了. 换句话说，虽然没有说明，但是那些假设有偏硬币存在物理概率的人实际上想的是一个更复杂的实验，其中某种“随机性”有更多的机会显现.

尽管可以接受这种批评，但我们不能不进行评论：在这么多概率论文献中，这么多数学家（通常比物理学家更加谨慎，会列出正确陈述所需的所有条件）竟然

[1] 在刚体力学中，做平面运动的薄板在角速度不为 0 时，上面恒有速度为 0 的点称为转动瞬心. 转动瞬心在固定平面上描绘的轨迹称为空间极迹，而在薄板上描绘的轨迹称为本体极迹，又称本体瞬心迹. ——译者注

没有看到这里需要一些限制性条件，这不是很奇怪吗? 但是，为了更具建设性，我们可以分析一个更复杂的实验.

假设我们不用手接硬币，而是把硬币抛在桌子上，让它以各种方式旋转、弹跳，直到在桌子上静止为止. 这个实验是否足够“随机”，以至于真正的“物理概率”会显现出来呢? 毫无疑问，如果只把硬币抛到桌面上 15 厘米高，这是不够随机的，但是如果我们将它抛得更高，这将成为一个“公平”实验.

那么，要测量出真实的物理概率，我们必须抛多高呢? 这不是一个容易回答的问题，我们在这里也不尝试回答. 然而，看来任何断言存在硬币物理概率的人都应该准备好回答它，否则很难看出这种断言有什么实际内容（也就是说，这种断言具有神学而不是科学的性质，因为无法证明或证伪它）.

我们不否认硬币是否有偏会对正面朝上的频率产生一定的影响，只是认为这种影响很大程度上取决于如何抛硬币. 因此在这种实验中，没有一个描述硬币物理性质的确切函数 $p_H = f(x)$. 实际上，甚至可以通过以下不同的抛掷方法反转影响的方向.

无论硬币抛得有多高，都仍然会遵守角动量守恒定律. 因此，我们可以通过*方法* A 进行抛掷: 为了确保硬币首次碰到桌面时正面朝上，我们只需要一开始正面朝上拿着它，并在向上抛起时使其角动量垂直向上即可. 同样，我们可以改变角动量的大小以及 n 与 k 之间的角度，使得不同的抛掷下看起来完全不同，并且需要非常仔细地观察才能注意到硬币正面在整个自由运动期间都保持向上. 尽管在硬币碰到桌子后情况会很复杂，但一开始正面朝上的事实对结果会有很大的影响. 对于较大的角动量，这一点尤为明显.

许多人使用*方法* B 抛硬币: 硬币会经历一个垂直于桌面并围绕垂直轴快速旋转的阶段，最终倒向一面或另一面. 如果以这种方式抛硬币，则硬币重心的偏心位置将起主要作用，并且可以确定它会始终倒向相同的一面. 通常，人们会认为硬币更倾向于倒向重心最低的位置，即如果重心偏向反面，则硬币应该倾向于出现正面. 但是，出于一个有趣的力学原因，根据刚体动力学原理，方法 B 会产生相反的作用: 硬币倒下后重心较高. 我们将导致该现象的原因留给读者去研究.

另外，如果我们通过*方法* C 抛硬币，则硬币的偏心位置对于最终哪一面朝上的影响很小: 硬币绕垂直于硬币轴线的水平轴旋转，落地后反弹直到不能再翻身.

在该实验中，熟悉力学定律的人同样可以抛掷有偏硬币，按照自己的意愿产生主要是正面或反面的结果. 此外，无论硬币是否有偏，方法 A 始终有效. 因此，甚至可以使用完美的“无偏”硬币来做到这一点. 最后，尽管我们只考虑了硬币，但本质上由于相同的力学因素，这也适用于抛掷其他任何物体（比如骰子），尽管会有更复杂的细节.

我从未有过有偏硬币“似乎有物理概率”的想法，因为作为一名物理学家，我知道它没有物理概率. 根据硬币大量的抛掷结果是正面朝上的事实，我们不能得出该硬币有偏的结论. 它既可能是有偏的，也可能是被以系统地偏向正面的方式抛掷了. 同样，看到正面和反面朝上的数量相等，不能得出该硬币无偏的结论. 它既可能是无偏的，也可能是以某种方式抛掷消除了其有偏的影响.

实验证据

由于前面的结论与概率论的普遍假设有直接矛盾，因此值得注意的是，我们在厨房中进行几分钟的实验就可以轻松地验证这些结论是否正确. 小型泡菜坛的金属盖是一个很好的“有偏硬币”. 这种坛盖没有花边，边缘内卷，因此外表面是光滑的圆形. 它也很对称，以至于从侧面看，看不出哪面是顶面. 想到很多没有经过物理学训练的人根本不会相信没有实验证明的东西，我们用直径 $d = 7$ 厘米、厚度 $h = 1$ 厘米的坛盖进行实验. 假设用来制作坛盖的金属厚度均匀，则重心与几何中心的距离应为 $x = dh/(2d + 8h) \approx 0.318$ 厘米. 这可以通过将盖子边缘悬挂起来并测量其静止角度来验证. 人们通常会认为这种有偏的盖子更倾向于出现底面（即内侧），因此我们将这一侧称为“正面”. 盖子将被扔出约 1.8 米高，然后掉在光滑的油地毡地面上. 上述三种方法中的每种方法我都会练习 10 次，然后记录通过以下不同方法多次抛掷的结果：故意倾向正面的方法 A(H)，故意倾向反面的方法 A(T)，方法 B 和方法 C. 结果如表 10-1 所示.

表 10-1 以四种方式掷“有偏硬币”的结果

方法	抛掷次数	正面朝上数
A(H)	100	99
A(T)	50	0
B	100	0
C	100	54

在方法 A 中，抛掷方式完全控制了结果（如果将“硬币”抛掷到摩擦系数更大的表面上，这对有偏的影响可能更大）. 在方法 B 中，有偏性完全控制了结果（在其中的大约 30 次抛掷中，结果看起来似乎会像有人天真地期望的那样正面朝上，但是每次“硬币”最终都会自行纠正并转向反面，正如刚性动力学定律所预测的那样）. 在方法 C 中，没有任何明显的证据可证明“硬币”有偏会对结果产生影响. 根据以上数据，结论是非常清楚的.

不同意以上结论的人总是可以声称上述四种特定的抛硬币方式都是在“作弊”，并且坚持存在一种“公平”的抛掷方式，会使硬币的“真实”物理概率在实验中显现. 但是，这样声称的人应该准确地定义这种所谓“公平”的方法是什么，否则该陈述并没有实际内容. 一种公平的抛掷方法大概应该是方法 A(H)、方法 A(T)、方法 B 和方法 C 等的随机混合，但是它们之间“公平”的相对权重是多少? 除非条件是应该导致一定的正面频率，否则很难看到如何定义一种“公平”的抛掷方法. 但是这样就进入了一种循环论证.

我们会在下面做进一步的分析. 目前也许已经足够清楚的是：对抛硬币和掷骰子的分析不是抽象的统计问题，不可以随意地提出忽略物理定律的关于“物理概率”的假设. 这是一个高度复杂的力学问题，与概率论无关. 它迫使我们更加仔细地思考，如果概率论要适用于这种实际情况，问题应该如何表述. 用硬币进行随机试验并不能告诉我们正面朝上的物理概率是多少，它既可能告诉我们一些关于硬币是否有偏的信息，也可能告诉我们硬币是如何抛掷的. 确实，除非我们知道它是如何抛掷的，否则不能从实验中得出任何有关它是否有偏的可靠推断.

以上讨论可能尚不能清楚地表明，这种类型的结论对于随机试验而言是普遍的，而不取决于硬币和骰子的特定力学性质. 为了说明这一点，让我们像物理学家那样考虑一种完全不同的随机试验.

10.4 一手牌

我们在其他的章节中引用了威廉 · 费勒教授关于在质量控制检测中使用贝叶斯定理（第 17 章）、拉普拉斯连续法则（第 18 章）以及丹尼尔 · 伯努利的决策理论效用函数概念（第 13 章）的论述. 关于本节的主题，他也有论述. 在一本有趣的教科书（Feller，1950）中，他写道：

> 在打桥牌时，一手牌的可能种数大约是 10^{30}. 通常，我们约定把它们作为等概率的. 要想对这个约定进行一次验证，就必须进行 10^{30} 次以上的试验——如果一个人日夜不停地每秒玩一局，大约要玩一百亿亿年（10^{14} 年）.

在这里，我们看到他认为桥牌具有“物理概率”，均匀的概率分配是一种“约定”，验证其正确性的最终标准一定是在随机试验中观察到的频率.

此处的错误在于，我们所有人（包括费勒在内）都不愿意在真正的桥牌游戏中使用此验证标准. 因为如果我们知道这套牌是普通的牌，那么常识告诉我们的东西比 10^{30} 次随机试验的优先级更高. 实际上，只有当随机试验的结果与我们分布均匀的先验观念一致时，我们才愿意接受随机试验的结果.

在许多人看来，以上说法简直是对概率论的一种亵渎——这与我们学到的所有关于概率论的正确观念背道而驰. 但是，为了弄清楚为什么它是对的，只需要想象我们已经进行了 10^{30} 次实验，并且发现没有出现均匀分布. 如果所有纸牌组合具有相等的频率，则在指定的一手牌中，两张指定纸牌的组合一起出现的情况将平均每 $(52 \times 51)/(13 \times 12) = 17$ 手发生一次. 但是，假如这种组合（比如红桃 J-梅花 7）在每手牌中出现的频次是前面所计算频次的 3 倍，那么我们是否会将其视为既定事实，认为这种特定组合（红桃 J-梅花 7）中存在某种东西，使其固有地比其他组合更有可能出现呢?

不会. 我们会拒绝该实验，称没有正确地洗牌. 我们再次陷入了循环论证，因为除了产生等可能频率分布的条件外，无法定义“正确的”洗牌方法!

任何试图找到这一定义的尝试都会陷入更深层的逻辑困难. 我们不敢详细描述洗牌的流程，因为这会破坏“随机性”，并使得结果可预测且始终相同. 为了保持实验的“随机性”，必须对洗牌流程进行不完全的描述，以使得不同的执行过程得到不同的结果. 但是，如何证明不完全定义的流程会产生具有相等频率的分布呢? 在我们看来，任何坚持费勒关于每手牌的物理概率假设的尝试都不免陷入逻辑矛盾.

传统的教育认为概率分配从根本上必须基于频率，任何其他依据都至少是可疑的，在最坏的情况下是不合情理的，会造成灾难性后果. 然而以上示例清楚地表明: *存在一种与频率无关的确定概率分配的原理. 该原理非常有说服力，以至于它会胜过任何数量的频率数据.* 如果目前的概率论教育不承认该原理的存在，只是因为我们的直觉已经远远领先于逻辑分析（就像在初等几何中一样），我们从未不辞劳苦地以数学上严谨的形式进行逻辑分析. 但是，如果我们学会做到这一点，可能会发现这个数学公式可以应用于更广泛的问题，而仅凭直觉很难解决这些问题.

在进行桥牌的概率分析时，我们真正关心的是物理概率还是归纳推理呢? 为了回答这个问题，请思考以下场景. 时间是 1956 年，当时我遇见了威廉 · 费勒，并与他讨论了这些问题. 假设我已经告诉他我抽了 1000 手牌，每次抽之前都充分地洗牌，而且每次我手中都有梅花 7. 他的反应将是什么呢? 我想他会在脑海中看到数值

$$\left(\frac{1}{4}\right)^{1000} \approx 10^{-602}, \tag{10.2}$$

并立即得出结论，我没有说实话. 我无论说什么都不会动摇他的判断. 但是，如

何解释他如此坚定的信念呢? 显然, 如果我们对所有牌分配均匀的概率 (因此每手牌中有梅花 7 的概率为 1/4) 仅仅是一种 "约定", 可以随着实验结果而改变, 他拒绝我报告的实验证据是没有道理的. 很显然, 他没有利用涉及 10^{30} 手牌的实验结果的任何知识.

那么他究竟还有什么额外证据呢? 常识告诉他的这些证据与任何数量的随机试验相比具有更大的说服力, 但他在编写教科书时拒绝承认其影响. 为了坚持认为概率论是一门实验科学, 从根本上不是基于逻辑推理而是基于随机试验中的频率, 有必要掩盖一些可用的信息. 然而, 这些被掩盖的信息正是使得我们的推理能够在当前及其他示例中接近演绎推理的确定性的原因.

当然, 被掩盖的证据只是我们对该场景对称性的认识. 7 和 8 之间的唯一区别是, 牌的正面印有不同的数字. 常识告诉我们, 洗牌时牌的位置仅取决于施加于牌的力, 而与牌上面印有哪个数字无关. 如果我们观察到任意一张牌在发牌人手中有系统性趋势, 并且这种趋势在实验的无限次重复中持续存在, 那么只能得出结论: 在洗牌过程中存在某种系统性因素决定了洗牌的结果.

因此, 我们再一次看到, 进行实验并不会告诉我们不同手牌的 "物理概率", 而是会告诉我们有关洗牌的信息. 但是在以上论证中, 对称性作为强大证据的全部力量还没有得到充分的展现, 我们很快会回过头来讨论它.

10.5　一般随机试验

对于上述论证, 有人仍然可能持有以下观点 (就像在我的一次演讲之后, 一位听众所说的那样): "你展示的只是硬币、骰子和纸牌代表的特殊情况, 其中的物理因素会消除通常的概率假设. 也就是说, 它们并不是真正的 '随机试验'. 但这并不重要, 因为它们只是作为说明之用. 在值得科学家关注的更为正式的随机试验中, 物理概率是存在的."

为了回答这个问题, 我们要注意以下两点. 首先, 我们重申, 当任何人断言在实验中存在物理概率时, 他就有责任说明可以测量该物理概率的确切条件, 否则这种断言是没有意义的.

需要强调: 断言存在物理概率的人认为这样就为他们的观点提供了一种 "客观性", 而这种 "客观性" 是那些只谈及 "知识状态" 的人所缺乏的. 然而, 将无法通过观测事实证明或证否的东西断言为事实是违背客观性原则的. 这等同于断言我们不可能知道真假的东西为真. 这种断言甚至没有资格被称为对 "知识状态" 的描述.

其次, 注意任何断言存在物理概率的特定实验都可以像前面一样进行物理分析. 这最终将导致对其物理机制的理解. 但是, 一旦有了这种理解, 这个新实验也会像上面的实验一样成为例外——物理上的考虑会消除通常的物理概率假设.

因为我们一旦了解了任何实验 E 的物理机制, 那么逻辑上就没有理由假设各种结果具有物理概率. "各种结果 $(O_1, O_2, \cdots)$ 的概率是多少" 的问题马上变为 "相应的初始条件 $(I_1, I_2, \cdots)$ 导致这些结果的概率是多少".

我们可以假设实验 E 的可能初始条件 $\{I_k\}$ 本身具有物理概率, 但是接下来要考虑一个先验的随机试验 E', 该实验以 I_k 作为可能结果: $I_k = O'_k$. 我们可以分析实验 E' 的物理机制, 一旦理解了它, 问题就会回到: "实验 E' 的各种初始条件 I'_k 的概率是多少?"

显然, 我们将会无限回溯 $\{E, E', E'', \cdots\}$. 试图引入物理概率的努力在每个层次都会受挫, 因为我们对物理定律的了解使得我们能对其物理机制进行分析. 随着知识的进步, "物理概率" 的概念必须不断地从一个层次退回到下一个层次.

这非常像早期的 "科学与神学之争". 有好几个世纪, 对天文学、物理学、生物学和地质学完全无知的神学家们都认为自己能做出教条式的事实断言. 这种断言侵入了这些专门科学领域——随着知识的进步, 他们后来不得不一一地撤回了这些断言.

显然, 概率论应该避免断言属于其他科学领域的事实, 免得以后需要撤回 (正如文献中有关硬币、骰子和纸牌的许多断言一样). 在我们看来, 唯一能做到这一点, 同时具有解决当前科学问题能力的表述形式, 是拉普拉斯和杰弗里斯凭直觉看到并阐述的形式. 它的有效性是一个逻辑问题, 而不依赖于任何物理假设.

正如我们在第 2 章中看到的那样, 考克斯 (Cox, 1946, 1961) 对这种逻辑做出了重大贡献. 他证明了那些直觉上的基础可以由定理表示. 我们认为这并非偶然. 考克斯是一位物理学家 (约翰 · 霍普金斯大学物理学教授兼研究生院院长), 我们在这里指出的内容对他来说从一开始就显而易见.

概率论的拉普拉斯-杰弗里斯-考克斯表述形式并不需要我们在无限回溯中一步步走下去. 它认识到, 经过详细检查就会消失的任何东西, 只能存在于我们的想象之中, 正如孩子心中的鬼一样. 那些坚定地相信物理概率的人, 和相信占星术的人一样, 似乎从来没有问过通过什么受控实验能够肯定或否定他们坚持的信念.

确实, 硬币和纸牌的例子应该能说明, 这种受控实验原则上不可能存在. 进行任何所谓的随机试验都不会告诉我们 "物理概率" 是什么, 因为*不存在 "物理概率" 之类的东西*. 我们还不如去找一个正方形的圆. 随机试验以一种非常粗略和不完整的方式告诉我们有关初始条件如何变化的信息.

获取此类信息的更有效的方法是直接观察初始条件. 但是在许多情况下, 这超出了我们的能力，比如确定新药的安全性和有效性. 这里，唯一完全令人满意的方法是在各种可能的健康状态下，分析服用该药物后发生的详细化学反应. 在进行这种分析之后，就可以为每名患者预测药物的确切功效.

目前进行这种分析是完全不可能的. 获取药物有效性信息的唯一可行方法是进行“随机”实验. 没有任何两名患者的健康状况完全相同，并且该未知因素的变化构成了实验的初始条件，而样本空间则是对药物的可区分的不同反应. 在这种情况下使用的概率论是归纳推理的标准示例，其含义如下.

如果实验的初始条件（即患者的生理条件）将来会与过去一样在相同的未知范围内变化，那么将来被治愈的相对频率会近似地等于我们过去观察到的频率. 在缺乏为什么未来会发生变化以及朝哪个方向变化的正向证据的情况下，我们没有理由预测任何方向的变化，因此只能假设情况会大致与过去相同. 当观察到治愈与产生副作用的相对频率在越来越长的时间内保持稳定时，我们会对结论越来越有信心. 但是，这只是归纳推理——没有任何演绎证明能表明未来的频率不会与过去不同.

现在假设人们的饮食习惯或其他生活方式发生改变，那么计入实验的患者的健康状况将与以前不同，而相同治疗方法的治愈率可能提高也可能降低. 可以想象，监测这一频率的变化可能是对人们的生活习惯是否改变的指示器. 这反过来又可以帮助我们制订医疗和公共卫生教育方面的新政策.

我们看到这里使用的逻辑与第 4 章中讨论的工业质量控制的逻辑实际上是相同的. 但是从这种更普遍的角度，我们能以与哲学家不同的方式看待归纳在科学中的作用.

10.6 再论归纳

正如我们在第 9 章中指出的那样，一些哲学家以没有办法证明归纳是“正确的”（理论永远不可能获得很高的置信概率）为由而拒绝使用它. 但是这没有抓住重点. 归纳的作用不是告诉我们哪种预测是正确的，而是告诉我们现有的知识更倾向于支持哪种预测. 如果预测成功了，那么我们将对当前的知识感到满意并对它更有信心. 但是，我们没有从中学到很多.

哈罗德 · 杰弗里斯（Jeffreys，1931，第 1 章）在 60 多年前就明确指出了归纳在科学中的真正作用. 然而据我们所知，还没有数学家或哲学家对他所说的话有丝毫的印象：

> 关于归纳的一个常见论点是：归纳在过去一直有效，因此有望在将来继续有效. 有人反对说，这本身就是一个归纳论证，不能用于支

> 持归纳法. 几乎没有人指出, 归纳在过去经常失败, 而科学的进步在很大程度上是直接关注归纳导致了错误预测的情况的结果.

更严格地说, 只有当我们的归纳推理发生错误时, 我们才会学习关于现实世界的新知识. 因此, 对于科学家而言, 导致新发现的最快方法是检查那些根据现有知识进行归纳最有可能失败的情况. 但是这些推断必须是我们所能做出的最好的推断, 必须充分利用我们拥有的所有知识. 只要忽略真正有价值的信息, 人们总是可以错误地进行无用的归纳推理.

确实, 这正是波普尔所做的. 他试图将概率本身解释为物理因果关系, 正如我们在第 3 章中所看到的那样. 这不仅大大地限制了概率论的应用范围 (这将阻止我们获得大约一半的条件概率, 因为它们表达的是逻辑关系而不是因果关系), 而且会导致人们凭想象构造因果关系, 忽略实际已知的物理作用. 即使我们拥有很好的数据, 这也可以将我们的推断变成前科学时代的迷信.

为什么物理学家比其他人更容易明白这一点? 因为建立了物理定律之后, 我们有了既得利益, 并希望看到它得到保留和使用. 频率或有倾向的解释一开始就抛弃了我们花了几个世纪才获得的所有专业知识. 那些不了解这一点的人没有资格跟我们讨论科学哲学或者恰当的推理方法.

10.7 但是量子理论呢?

那些坚信“物理概率”存在的人可能会诉诸量子理论对上述论证进行反驳. 在量子理论中, 物理学的最基本定律似乎是通过物理概率的方式表达的. 因此, 让我们解释一下为什么这又是一种循环论证. 我们需要了解的是, 当前量子理论使用的逻辑标准与其他科学领域完全不同.

在生物学或医学上, 如果我们注意到除非存在条件 C (比如神经冲动、光、胃蛋白酶), 否则不会发生结果 E (比如肌肉收缩、向光性、消化蛋白质), 那么我们会推断 C 是 E 的原因. 在所有科学领域中, 大多数已知的因果关系来自这种推理方式. 但是, 如果条件 C 并不总是会导致结果 E, 科学家应该如何进一步推理呢? 在这一点上, 生物学和量子理论的推理方式大相径庭.

在生物学中, 人们理所当然地认为, 除了 C 之外, 一定存在某个其他尚未确定的原因 F. 人们会寻找它, 通过消除其他可能性以确定可能的原因. 这个过程可能极其烦琐. 但是这种坚持不懈也会有回报. 医学一再获得重大突破, 推测的未知原因最终被确定为某种化合物. 大多数酶、维生素、病毒和其他生物活性物质的发现要归功于这种推理过程.

在量子理论中, 人们不以这种方式推理. 例如光电效应 (光照射到金属表面上，发现有电子从金属表面射出），实验事实是：除非存在光，否则电子不会出现. 因此光必定是原因. 但是光并不总是会导致电子射出，即使来自单模激光器的光以绝对稳定的幅度存在，电子也只会在特定的时间出现，而这又不为任何已知的光参数决定. 那么为什么我们不推断，一定存在其他的未知原因，而物理学家的工作就是找到它呢?

今天，量子理论中的做法正好相反. 当没有明显的原因时，只是简单假设不存在任何原因——所以，物理学定律是不确定的，只能以概率形式表示. 核心教条是，光不决定是否会出现光电子，而仅决定它会出现的概率. 在当前量子理论的数学形式（与我们当前的知识一样，是不完全的）中甚至没有提供可以询问事件真正原因的词汇.

生物学家保持机械论的世界观，因为受过相信因果的训练，他们继续全力去搜索因果关系——所以能找到它们. 量子物理学家只有概率定律，因为已经有两代人被灌输不能相信因果——所以已停止去寻找因果关系. 确实，任何在微观现象中寻找原因的尝试都会遭到嘲笑，被认为在专业上无能以及持“过时的机械唯物主义”态度. 因此，要解释当前量子理论中的不确定性，我们不需要假设自然界中真的存在不确定性，量子物理学家的态度就足以解释了. ①

这一点也需要强调，因为大多数人没有完整地研究过量子理论，当被教导现代量子理论不关心因果时是持怀疑态度的. 实际上，现代量子理论甚至没有“物理实在”的概念. 目前的数学解释是由尼尔斯 · 玻尔提出的，他曾任哥本哈根理论物理研究所所长，因此这种解释被称为“哥本哈根解释”.

正如玻尔在其著作和演讲中反复强调的那样，当前的量子理论只能回答如下形式的问题：“如果进行此实验，可能的结果及其概率是什么?”原则上，它不能回答如下形式的问题：“实验时真正发生了什么?”在此重申，当今的量子理论的数学形式，正如奥威尔式的*新闻话语*，甚至没有给人们提供可以这样提问的词汇. 我在一系列文章（Jaynes，1986d，1989，1990a，1992a）中详细解释了这些观点.

我们认为那些试图通过量子理论来证明“物理概率”概念合理的人陷入了循环论证. 这与上面对硬币和一手牌的讨论没有根本的不同. 在当前的量子理论中，概率表达的是人类知识的不完全性，正如在经典的统计力学中那样，只是起源不同.

① 这里与第 5 章讨论的超心理学家索尔和贝特曼（Soal & Bateman，1954）的立场惊人地相似. 他们提出，寻求对超心理学现象的物理解释是对托马斯 · 赫胥黎古怪而应受谴责的唯物主义的回归. 我们的印象是，到 1954 年，赫胥黎在生物学上的观点已经完全战胜了活力论、超自然主义和任何其他反唯物主义观点. 例如，人们终于了解了一直很神秘的免疫机制，并且发现了 DNA 复制的原理. 在这两种情况下，现象都可以用“机械”术语来描述，而且简单明了，正如模板、几何拟合等词语在机械加工车间里很容易被理解.

在经典统计力学中，概率分布表示我们对真实微观坐标的无知. 这种无知原则上是可以避免的，但在实践中不可避免. 不过这并不妨碍我们预测可重复的现象，因为这些现象与微观细节无关.

在当前的量子理论中，概率表达了由于我们未能找到物理现象的真正原因而造成的无知. 更糟糕的是，我们甚至没有认真思考过这个问题. 这种无知在实践中可能不可避免，但是根据我们目前的知识状态，我们不知道它是否在原则上不可避免. “核心教条”只是简单地做了断言，并得出结论，信仰因果关系并进行探索在哲学上是天真的. 如果每个人都接受并遵守这一教条，就不可能更深入地理解物理定律. 事实上，自从 1927 年的索尔维大会将这种态度固化进物理学中[①]以来，在这方面的确没有取得任何进展. 在我们看来，这种态度是对愚蠢的奖赏，因缺乏创造性而无法想到合理的物理解释就等同于支持超自然的观点.

对许多人来说，这些想法几乎是不可理解的，因为这与我们从小就被教导的知识完全不同. 因此，让我们展示一下，如果经典物理学家使用与量子理论中相同的逻辑，那么在抛硬币时可能会发生什么.

10.8 云层下的力学

幸运的是，牛顿力学原理可以通过研究天文现象得到发展并进行精度很高的验证. 天文学现象不会因受摩擦和湍流效应影响而变得复杂. 但是如果地球像金星一样一直被包裹在厚厚的云层中，那么外部宇宙的存在在很长一段时间内都是未知的. 要发展力学定律，我们还是要依赖本地观测.

抛掷小物件几乎是每个孩子学会的第一件事，因此孩子很小就明白，物体并非总是朝同一面倒下，而且企图控制结果的所有努力都是徒劳. 一个自然的假设是：决定结果的是被抛掷物体的意志，而不是抛掷者的意志. 的确，这就是小孩子被询问时会提出的假设.

然后会有一个重大发现：硬币一旦制造出来，抛掷时会大约以相同频率倒向任何一面，而且随着抛掷次数的增加，均衡性似乎会变得更好. 于是正反面相等出现会被视为物理学的基本定律，即对称物体在下落时具有对称的意志（事实上，这似乎正是克拉默和费勒所想的）.

从此，我们可以发展抛掷物体的数学理论，发现二项分布、时间相关性的缺失、极限定理、一次抛数枚硬币的组合频率定律，以及扩展到更复杂的对称物体（例如骰子）. 该理论可以通过越来越多的抛掷实验来验证，并在越来越复杂的场

① 当然，物理学家继续发现新粒子和计算技术——正如天文学家可以发现新行星及计算其轨道的新算法一样，而没有从根本上进一步理解天体力学.

景中通过测量频率来验证. 根据这样的实验，找不到任何理由质疑物体存在意志. 它们只能使人们确信这种意志的存在，并越来越准确地对其进行衡量.

假如有一个人很愚蠢，认为被抛物体的运动不是由其自身意志决定的，而是由像牛顿力学中那样的定律决定的，结果由其初始位置和速度决定. 他将遭到讥讽和嘲笑，因为根据所有已知的实验，丝毫没有证据表明有这种作用存在. 权威机构将宣布，由于所有可观察到的事实都可以由意志理论解释，因此任何假定或寻找更深层原因的尝试在哲学上都是幼稚的，是专业上无能的表现. 在这方面，基础物理教科书将与我们目前的量子理论教科书相似.

确实，任何试图检验力学理论的人都不会成功. 无论他如何小心翼翼地抛硬币（如果他不知道我们知道的知识），硬币都将以相同的频率出现正面与反面. 要找到任何因果关系而不是统计理论的证据，需要控制抛掷的初始条件. 控制的精度要比任何人简单地用手抛掷高得多. 我们几乎可以永远对物理概率定律感到满意，并否认存在被抛物体之外的原因——就像今天的量子理论一样——因为这些概率定律正确地解释了我们使用当前技术可以重复观察到的一切.

在统计理论获得成功的数千年之后，终于有人制造出了一种抛币机器. 这种机器可以在绝对静止的空气中抛掷硬币，并且能对初始条件进行非常精确的控制. 神奇的是，硬币的正反面数量不再相等了. 正面朝上的频率部分地由机器控制. 随着越来越精密的机器的产生，人们终于达到了能以 100% 的精度预测抛掷结果的程度. 相信“物理概率”表示硬币意志的信念最终被认为是毫无根据的迷信. 基础力学理论的存在是毋庸置疑的. 从前统计理论之所以能在很长的时间内获得成功，仅仅是因为缺乏对抛掷初始条件的控制.

最近的实验技术取得了令人瞩目的进步，对单个原子的初始状态的控制越来越精确，例如，见伦珀、沃尔特和克莱因的著作（Rempe, Walter & Klein，1987）. 多年以后在量子理论中也会发生同样的事情，我们相信这一阶段一定会到来. 一个世纪之后，每个学生都会知道微观现象的真正原因. 他们会感到悲哀并觉得难以置信的是，这样简单明了的事实竟然在整个 20 世纪（以及 21 世纪初期）都被忽视了.

10.9 关于硬币与对称性的更多讨论

现在，我们将对一些要点进行更仔细、详尽的讨论，其中包括必须进行更充分说明的技术问题. 以下内容不适合那些不求甚解的读者，而是适合那些想深入理解的人. 对拉普拉斯的许多攻击出于未能理解以下几点.

对于某些问题，直觉会强迫我们分配均匀先验概率，而在这些问题中不能仅仅应用“同等无知分布”原则. 因此, 以“我们没有一面比另一面更有可能出现的理由”来解释对正反面分配相等概率, 完全不能解释我们所做的推理. 关键是, 我们不仅仅是“同等无知”的. 我们还对问题的对称性有明确的知识. 我们可以反思一下, 当缺乏这种明确的知识时, 我们直觉上做均匀分配的强迫感也将消失. 为了找到令人信服的数学形式, 我们首先需要找到一个令人信服的说法. 我们觉得以下语言描述确实能使推理合理化, 并且说明了如何概括该原理.

> 我在这里看到了两个不同的问题: 一个涉及硬币的确定问题——称为 P_1, 将正反面互换会将问题转化为另一个问题——称为 P_2. 如果我对硬币的对称性有明确的知识, 那么我知道在两个问题中, 所有相关的动力学或统计因素无论多么复杂都完全相同. 因此, 无论在 P_1 中具有何种知识状态, 我都一定在 P_2 中具有完全相同的知识状态, 除了正反面的互换之外. 因此, 无论我为 P_1 中的正面分配多少概率, 一致性都要求我为 P_2 中的反面分配相同的概率.

为 P_1 中的正面分配概率 2/3, 为反面分配概率 1/3 可能是非常合理的, 但是根据对称性, P_2 中的反面概率必须为 2/3, 正面概率必须为 1/3. 例如, P_1 指将硬币正面朝上地放在手指之间, 并且仅将硬币抛到桌子上 2.5 厘米高, 则可能是这种情况. 因此, 硬币的对称性并不会迫使我们为正反面分配相等的概率. 概率分配必然涉及该问题的其他条件.

但是, 假设问题的陈述在某一点发生了变化: 我们没有被告知硬币拿在手上的时候是正面朝上还是反面朝上的. 在这种情况下, 我们的直觉突然发生了很大的变化. 直觉告诉我们必须为正反面分配相等的概率, 并且无论我们在先前的重复实验中观察到什么频率, 都必须这样做.

对称性论证的强大之处在于, 不受任何复杂细节的影响. 物理学的守恒定律就是这样产生的. 因此, 对于复杂的粒子系统而言, 角动量守恒是拉格朗日因子在空间旋转下不变的简单后果. 在当前的理论物理学中, 几乎唯一已知的原子和核结构的精确结果是使用群论方法通过对称性论证得出的.

如果传统理念不禁止使用这一方法, 那么它在概率论中也可能是最重要的. 例如, 这一方法使我们能够在许多情况下扩展无差别原则, 使得在连续的参数空间 Θ 中能进行一致的先验概率分配. 连续参数空间中的先验概率一直被认为是不清晰的. 要点是, 分配先验概率的一致性原则必须具有以下性质: 对于相等的知识状态分配相等的先验.

因此, 在问题的对称群中, 先验分布必须是不变的, 先验只能在该群的所谓

“基本域”中任意指定（Wigner，1959）. 这是一个满足以下条件的子空间 $\Theta_0 \subset \Theta$: (1) 将两个不同的群元素 $g_i \neq g_j$ 应用于 Θ_0，子空间 $\Theta_i \equiv g_i, \Theta_0, \Theta_j \equiv g_j, \Theta_0$ 不相交；(2) 对 Θ_0 进行所有群运算正好生成完整的假设空间：$\bigcup_j \Theta_j = \Theta$.

假设平面上的点由其极坐标 (r, α) 定义，如果群是由平面旋转 90° 生成的四元组，那么任何 90° 的扇形区域（比如 $\beta \leqslant \alpha < \beta + \pi/2$）都是基本域. 指定任意此扇区域中的先验后，群对称性将确定平面中其他地方的先验.

如果该群包含连续的对称运算，则基本域的维数小于参数空间的维数，因此只需在零测度点集上指定概率密度就可以确定其他点的密度. 如果连续对称运算的个数等于空间的维数，则基本域退化为一个点，这时先验概率分布由对称性唯一确定，正如无偏硬币的情况一样. 稍后我们将对这些对称性论证进行形式化和一般化.

关于对称性在概率论中的作用，还有一个要点. 要明白这一点，让我们回过头来仔细研究一下抛硬币问题. 力学定律决定了硬币的运动. 它描述了 12 维相空间（描述质心位置的 3 个坐标 (q_1, q_2, q_3)，描述方向的 3 个欧拉角坐标 (q_4, q_5, q_6)，以及描述动量的 6 个坐标 $(p_1, \cdots, p_6)$）. 抛硬币的结果难以预测的原因在于，初始相位点位置的微小变化会完全改变最终结果.

假设根据最终结果，可能的初始相位点标记为 H 或 T. 标记为 H 的连续点集合在 12 维相空间中大概是非常复杂卷曲的形状，并且被同样复杂卷曲的 T 集合分开.

现在考虑一个相空间的区域 R，代表着人手所能控制的初始相位点的精度. 由于人的控制技术有限，我们只能确定起始点在 R 中的某个位置，R 具有相体积

$$\Gamma(R) = \int_R \mathrm{d}q_1 \cdots \mathrm{d}q_6 \mathrm{d}p_1 \cdots \mathrm{d}p_6. \tag{10.3}$$

如果区域 R 同时包含 H 域和 T 域，我们将无法预测抛掷的结果. 但是应该分配多少正面朝上的概率呢？如果我们给 R 中相等的相体积分配相等的概率，则显然这是 H 域占据的 R 相体积的比例 $p_H \equiv \Gamma(H)/\Gamma(R)$. 该相体积 Γ 是相空间的“不变测度”. 概率论中不变测度的作用将在后面说明. 我们注意到，根据运动方程，该测度 Γ 在大量“规范”坐标及时间变换下是不变的，这就是刘维尔定理，是统计力学的基础. 在引入概率之前，吉布斯在他的著作（Gibbs，1902）的前 3 章中专门讨论了这一定理.

现在，如果我们对硬币无偏有明确的知识，那么显然比例 $\Gamma(H)/\Gamma(R)$ 几乎等于 1/2，并且随着 H 域和 T 域相比 R 变得更小而变得更精确. 因为，如果我们在硬币下落过程中整整翻转了 50 次的区域 R 中抛掷，那么初始角速度的 1%

变化将使得硬币在到达地面时正反面发生交换. 在其他条件(涉及正反面的硬币的所有动力学性质)相同的情况下, 这应该会改变最终结果.

如果硬币的初始"径向"速度发生 1% 的变化(这将导致飞行时间变化 1%)也应该导致同样结果(严格来说, 这些结论只是近似的, 但我们可以预期它们是高度准确的, 并且会随着变化小于 1% 变得更准确). 因此, 如果所有其他初始相坐标保持不变, 只改变初始角速度 $\dot{\theta}$ 和径向速度 $\dot{z}$, 则 H 域和 T 域将像斑马身上的条纹一样分布成细带状. 根据对称性, 相邻色带的宽度一定非常接近.

H 域和 T 域的这种"平行带"形状在整个相空间中大概都是如此.[①] 这让人想到吉布斯关于在水中混入彩色墨水的细粒度和粗粒度概率密度的说明. 在足够精细的尺度上, 每个相区域都是 H 或 T, 正面朝上的概率为 0 或 1. 但是, 在与普通抛掷技巧相对应的"宏观"区域 R 的大小尺度上, 概率密度是粗粒度的. 如果我们知道硬币是无偏的, 那么根据对称性, 概率密度一定非常接近 1/2.

如果我们不认为 R 中所有相等体积的相空间都具有相同的可能性会怎样? H 域和 T 域是否足够小并不重要. "几乎任何"在 R 中的一个光滑连续函数的概率密度, 将赋予 H 域和 T 域几乎相等的权重, 因此正面朝上的概率仍然非常接近 1/2. 这是庞加莱讨论的一种普遍现象的一个例子. 在初始条件的微小变化将导致最终结果发生较大变化的情况下, 从实际效果来看, 我们的最终概率分配将与初始值无关.

只要知道硬币正反面之间具有完美的动力学对称性, 即其拉格朗日函数

$$L(q_1, \cdots, p_6) = (\text{动能}) - (\text{势能}) \tag{10.4}$$

在正反面互换的对称操作下是不变的, 那么我们就能知道确切的结果. 无论初始区域 R 位于相空间中的哪个位置, 对于每个 H 域都有大小且形状相同的正反面互换的 T 域. 如果 R 足够大, 会同时包含两者, 我们将坚持分配概率 1/2 给正面.

现在假设硬币有偏. 以上论证不再有效, R 中 H 域和 T 域的相空间体积不再相等. 在这种情况下, "频率主义者"认为仍然存在确定的"客观"的正面频率 $p_H \neq 1/2$, 并认为这是硬币可测量的物理性质. 让我们清晰地理解这意味着什么. 断言正面频率是硬币的物理性质, 等同于断言比率 $v(H)/v(R)$ 与区域 R 的位置无关. 如果这一断言为真, 将是全新的力学定律, 对物理学的意义将远远超出抛硬币本身.

① 实际上, 如果将硬币抛到一个完美平坦且均匀的水平地板上, 并且不仅在正反面互换的反射操作下完全对称, 而且还呈完美圆形, 则正面出现的概率与 12 个坐标中的 5 个无关, 因此我们只在 7 维空间中才有这种精细结构. 请对此感到震惊的读者仔细思考一下, 看看为什么对称性使 5 个坐标变得无关(这 5 个坐标是质心的 2 个水平坐标, 动量水平分量的方向, 垂直轴的欧拉旋转角, 以及硬币轴向的欧拉旋转角).

当然，这不是真的. 根据 10.3 节讨论的三种抛硬币的具体方法（对应于区域 R 的不同位置）可以看出，正面朝上的频率很大程度上取决于抛硬币的方式. 方法 A 使用的相空间区域中，单个 H 域和 T 域比 R 大，因此人可以控制结果. 在方法 B 使用的相空间区域中，对于有偏硬币，T 域远比 R 域或 H 域大得多. 仅方法 C 使用的是 H 域和 T 域与 R 相比较小的相空间区域，这使得根据 R 的知识无法预测结果.

如何根据力学定律作为位置 R 的函数计算比率 $v(H)/v(R)$ 的问题很有趣，但这似乎是一个非常困难的问题. 注意硬币的初始势能和动能必须先转移到其他物体上或通过摩擦消耗，硬币才会静止下来，因此必须考虑到所有细节才能得到答案. 当然，通过受控实验以测量相空间各个区域中的该比率值是完全可行的. 但是似乎唯一可以使用此信息的人是职业赌徒.

显然，我们之所以在硬币无偏时给正面朝上分配概率 1/2，并非仅仅是因为观察到了这样的频率. 我们中有多少人可以想到一个实验，其中能在显著的条件下得到频率 1/2 呢? 然而我们都毫不犹豫地选择了数 1/2. 真正原因是对对称性的常识性认识. *即使在这种最简单的随机试验中，不含频率的先验信息对于概率分配也具有决定性作用.*

那些公开对概率进行严格频率解释的人私下里也会像其他人一样凭直觉迅速得出结论. 但是这样做违反了他们的基本前提（概率 $\equiv$ 频率）. 因此，为了证明自己所做选择的正确性，他们必须禁止提及任何对称性，转而诉诸随机试验中的假定频率，而这种实验实际上从未实际进行过. ①

下面是一个这样的例子. 我们无法根据掷骰子的结果判断它是否对称. 但是如果我们根据直接的物理测量得知骰子是完全对称的，并且接受力学定律是正确的，那么这就不再是合情推理，而是演绎推理. 这将告诉我们: *不同面朝上频率的任何不均匀性是抛掷方法中相应不均匀性的表现.* 我们从随机试验中得出的结论的定性性质取决于我们是否知道骰子是对称的.

这种基于对称性的论证已经导致物理学在过去 60 年中取得了巨大的进展. 如前所述，毫不夸张地说，数学物理学中所有已知的精确结果是通过群论方法根据对称性得出的结果. 尽管这种力量只要注意到就很明显，并且在概率论中被每位工作者直观地使用，但是它尚未广泛被认可是概率论中的合法正式工具之一. ②

① 确切地说，每当有人试图在足够显著可控的条件下进行此类实验时，都没有观察到期望的相等频率. 本书其他地方讨论了著名的韦尔登实验（E. S. Pearson，1967；K. Pearson，1980）和沃尔夫实验（Czuber，1908）.

② 事实上，萨维奇（Savage，1962，第 102 页）拒绝了对称性论证，从而使他的"个人主观"概率系统认识到先验概率的必要性，但拒绝接受任何正式的分配概率的原则.

我们已经看到，在最简单的随机试验中，只要尝试分析实验的物理机制，任何仅以频率来定义概率的尝试都会使我们陷入逻辑矛盾. 在许多可以识别对称性的情况下，我们的直觉很容易占据上风并得到答案. 当然，这与根据我们的基本合情条件（即等同的知识状态应由相等的概率分配表示）所得到的答案是一致的.

但是，我们对对称性有确定知识的情况在科学家所面临的所有情况中是非常特殊的. 在没有看到明显对称性的情况下，我们要如何进行一致的归纳推理呢? 这是一个开放式问题，因为各种不同的可能情况无穷无尽. 正如我们将会看到的，最大熵原理为许多此类问题提供了有用且通用的工具. 但是，为了了解这一点，让我们回到起点，再考察一下以另一种方式抛硬币的情况.

10.10 抛掷的独立性

“抛硬币时正面朝上的概率是二分之一.” 这句话的意思是什么? 在过去两个世纪中，关于这一简单问题的讨论已经留下了数以百万计的文字. 最近的一篇文章（Edwards，1991）表明，在一些人心中这个问题仍然是令人迷惑的. 但是总的来说，答案在以下两种解释之中：

(A) “已知信息使我没有理由期望正面或反面朝上——我完全无法预测哪一面会朝上.”

(B) “如果我抛硬币很多次，总体来说，大约有一半是正面朝上——换句话说，正面朝上的频率将接近于 1/2.”

我们不得不再次讨论之前已经多次强调过的内容. 命题 (A) 并未描述硬币的任何性质，仅仅描述了机器人的*知识状态*（或者说无知状态）. 命题 (B) 断言（至少是暗示）了有关硬币的某些方面. 因此，命题 (B) 比命题 (A) 要强得多. 但是请注意，(A) 与 (B) 并不矛盾；相反，(A) 可能是 (B) 的一种结果. 因为如果我们的机器人被告知在过去的实验中该硬币的正反面具有相同的频率，那么这对预测下一次抛掷的结果毫无帮助.

那么，为什么解释 (A) 几乎被两代概率与统计学家普遍拒绝呢? 我们认为有两个原因. 首先，人们普遍认为，如果概率论要有用，我们必须以 (B) 的意义来解释我们的计算. 但是正如我们在前面八章中所展示的那样，这完全是不真实的. 我们已经看到了频率概率论中的几乎所有已知应用，以及频率概率论范围之外的许多应用，能够使用作为逻辑的概率论轻松解决.

其次，一种普遍的误解是，概率论的数学法则（“大数定律”）将导致 (B) 会作为 (A) 的结果. 这似乎是“无中生有”. 因为，我们对硬币完全无知的事实显然不足以使硬币以同样频率出现正反面!

这种误解的产生是由于未能区分以下两个命题:

(C)“单次抛掷硬币的正反面朝上的可能性相同.”

(D)“如果将硬币抛 N 次，那么 2^N 种可能的结果都是等可能的.”

要明白命题 (C) 与 (D) 之间的区别，可以考虑一种情况，即已知硬币有偏，但不知道偏向正面还是反面. 这时命题 (C) 适用，但命题 (D) 不适用. 因为在这种知识状态下，正如拉普拉斯已经指出的那样，序列 HH 和 TT 分别比 HT 和 TH 更有可能. 更一般地说，常识告诉我们，任何有利于一次抛出正面的未知作用都可能会导致在其他次倾向于抛出正面. 除非我们的机器人具有确定的知识（硬币和抛掷方法的对称性）明确地排除所有这些可能性，否则命题 (D) 并不是对其真实知识状态的正确描述，它做了太多假设.

命题 (D) 意味着命题 (C)，但是表达出的东西要多得多. 命题 (C) 只是说:“我对情况不了解，无法帮助我预测抛掷的结果”，而命题 (D) 似乎在说:“我知道硬币是无偏的，并且它以不偏向正面或反面的方式抛出，并且硬币的抛掷方法和磨损不会使一次抛掷的结果影响另一次的结果.”但是概率论是微妙的. 在第 9 章中，我们遇到了一位孤陋寡闻的机器人，该机器人在没有任何信息的情况下提出了命题 (D).

从数学上讲，大数定律成立的条件要远远多于命题 (C). 确实，如果我们同意抛硬币会产生可交换序列（即在 N 次试验中获得 n 次正面朝上的概率仅取决于 N 和 n，而不取决于正反面的顺序），那么应用第 9 章所述的德菲内蒂定理表明，只有当命题 (D) 成立时，大数定律才成立. 在这种情况下，分配正面的概率等于硬币显示正面的频率的说法几乎是正确的. 因为对于任何 $\varepsilon \to 0$，观测到的频率 $f = n/N$ 处于区间 $(1/2 \pm \varepsilon)$ 内的概率随着 $N \to +\infty$ 趋于 1. 让我们通过说概率和频率之间有紧密联系来描述这一点. 我们将在第 18 章中对此进行更深入的分析.

在最近的概率论研究中，我感到担心的是概率与频率之间的紧密联系被视为是理所当然的——实际上，这通常被认为对概率这个概念至关重要. 然而，这种紧密联系的存在显然只在理想的极限情况下存在，不可能在任何实际应用中展现. 因此，概率论的大数定律和极限定理可能会严重误导科学家或工程师. 他们可能会天真地将其视为实验事实，并试图在问题中以表面意义解释它们. 以下是两个简单的例子.

(1) 假设在一个随机试验中，你为某一特定结果 A 分配了概率 p. 在接下来的 100 万次试验中准确估计 A 为真的比例 f 很重要. 如果你尝试使用大数定律，它将告诉你有关 f 的各种信息. 例如，它与 p 的差异很可能不到 0.1%，而与 p 的差异极不可能超过 1%. 但是现在想象一下，在前 100 次试验中，观察到的 A 的频率与 p 完全不同. 这会导致你怀疑哪里出了什么问题吗? 你是否会修改第 101 次试验的概率分配? 如果会，那么你的知识状态就不同于大数定律的有效性所要求的状态. 你不确定不同试验之间的独立性以及数值 p 的正确性. 你对 100 万次试验的 f 预测可能不比对 100 次的预测更可靠.

(2) 即使没有概率论，一位好的实验科学家的常识也会告诉他同样的事情. 假设有人正在测量光速. 在考虑了已知的系统误差后，他可以根据电子设备中的噪声水平、振动幅度等来计算其他各种误差的概率分布. 在这一点上，幼稚地应用大数定律会导致他认为，只需将其重复 100 万次并取平均结果，便可以使得自己的测量达到 3 位有效数字. 但是，他实际做的是重复 100 万次未知的系统误差. 希望通过重复进行大量物理测量并通过好的统计消去误差是无济于事的，因为我们无法知道系统误差怎么样. 这是第 8 章中讨论的“皇帝”谬误.

确实，除非我们知道系统误差的所有来源——不论是已知的还是未知的——贡献的误差不到总误差的 1/3，否则我们无法确定 100 万次测量的平均值是否比 10 次测量的平均值更可靠. 我们的时间最好花在设计新实验上，这样可以减少每次试验的可能误差. 正如庞加莱所说，“一次好的测量比很多次不好的测量更能说服一位物理学家”. 换句话说，科学家的常识告诉他，他为各种误差分配的概率跟频率没有很强的联系，而以概率与频率紧密联系为前提的推断方法可能会带来灾难性的误导.

那么，在高级应用中，我们理应考虑：如果我们偏离正统统计的一般习惯，并且放宽概率与频率之间紧密联系的假设，最终结论将如何改变呢? 我们将在后面看到，哈罗德 · 杰弗里斯用一种非常简单的方法来回答了这一问题. 正如常识告诉我们的那样，结论的最终准确性不是由数据或正统统计原理决定的，而是由我们对系统误差的了解程度决定. 当然，正统理论的支持者可能会反驳说：“我们非常了解这一点，而在我们的分析中，我们假设是已找到并消除了系统误差.”但是他没有告诉我们如何执行这一过程，以及如果（实际上每个真实的实验都是如此）它们是未知的、无法消除，该怎么办? 这时所有通常的“渐近”法则都不能使用，只有作为逻辑的概率论才能得出可靠的结论.

10.11　无知者的傲慢

现在我们来看一个非常微妙而重要的观点. 这从一开始就在概率论的使用中造成了麻烦. 我们在文献中发现的对拉普拉斯观点的许多异议可以归因于作者没有意识到这一点. 假设我们不知道硬币是否有偏, 并且没有注意到这种无知状态允许某种未知作用可能会造成抛硬币时倾向于同一面. 我们说: "好吧, 我看不出有什么理由使 N 次抛掷的 2^N 种结果中的任何一种比其他结果更有可能, 所以我将根据无差别原则分配均匀的概率."

我们将得出命题 (D) 并假定概率和频率之间存在紧密联系. 但这是荒谬的——在这种不确定的状态下, 我们不可能对正面朝上的频率做出可靠的预测. 命题 (D) 包含了有关硬币和抛掷方法的大量确定知识, 也可能是由于未能充分利用所有可用信息而得出的! 在其他数学应用中, 如果我们未能使用问题的所有相关信息, 结果将不是得到错误的答案, 而是我们根本得不到答案. 但是在概率论中没有这样的内置安全装置, 因为原则上, 无论我们的不完全信息是什么, 概率论都必须能够运用. 即使我们未能包括所有相关数据, 或者没有考虑到数据和先验信息所允许的所有可能性, 概率论仍将为我们提供明确的答案. 根据我们实际提供给机器人的信息, 答案仍将是正确的结论. 但是, 答案可能与我们考虑了所有 (哪怕只是粗略的) 信息的常识性判断相矛盾. *使用所有信息的责任始终在用户身上, 他有责任使用常识告诉的所有与问题有关的信息, 将其实际融入方程式, 并且保证他的无知程度也得到充分表征.* 如果没有这么做, 那么就不应该将所得到的荒谬答案归咎于贝叶斯和拉普拉斯.

稍后, 我们将在各种对连续法则的异议中看到这种滥用概率论的例子. 看起来似乎荒谬的是, 对问题进行更仔细的分析可能会导致预测正面朝上的频率的确定性降低. 但是, 可以如此看待这一现象: 愚者对于各种问题都感到很确定, 而这种确定性却为智者所否认. 这是很常见的. 文化程度较低的人可能会傲慢地为你提供绝对的保证, 告诉你如何解决世界上的所有问题, 而研究毕生的学者则根本不确定如何做到这一点. 确实, 我们在第 9 章中看到了这种现象, 这是在孤陋寡闻的机器人的情况下发生的. 出于无知而不是出于知识, 该机器人断言了频率概率论中的所有极限定理.

在几乎所有推理问题中, 对情况进行更仔细的研究, 发现新的事实, 可能会使我们对所得出的结论感到更加确定或不确定. 这取决于我们所学到的东西. 新的事实可能会支持我们之前的结论, 也有可能否定它们. 我们在第 5 章中看到了其中的一些细微之处. 如果我们的数学推理模型不能重现这种现象, 那可能就不是恰当的"归纳推理演算逻辑".

第 二 部 分
高 级 应 用

第 11 章　离散先验概率：熵原理

现在我们回到设计推理机器人的工作. 我们已经设计了它大脑的一部分，并且看到在一些简单的假设检验和参数估计问题中它会如何推理. 到目前为止，在它解决的每个问题中，结果要么与“正统”统计文献中的结果相同，要么明显优于“正统”统计的结果. 但它仍然不是一种通用的推理机器，因为它只掌握了一种将原始信息转换为概率的方法，即无差别原则 (2.95). 一致性要求它认识到先验信息的作用，因此在几乎所有问题中，它都会碰到分配初始概率的问题，无论这种初始概率被称为先验概率还是抽样概率. 如果它能将情况分解为互斥、完备的可能情况的集合，并且没有一种情况比另一种情况更有可能，那么它就可以使用无差别原则. 但是它通常会有先验信息，这些信息不会改变可能情况的集合，但确实会给出一种情况比另一种情况更有可能的理由. 在这种情况下我们该怎么办?

正统方法简单地忽略固定参数的先验信息，并坚持采样概率是已知频率的虚假假设，从而规避了这个问题. 然而，在大约 40 年的该领域过程中，我从未见过人们在真正的问题中实际拥有抽样频率的先验信息! 在实践中，抽样概率总是根据某种标准理论模型（二项分布等）分配的，该模型基于无差别原则. 如果要使机器人超越这种虚假假设，我们必须通过对先验信息进行逻辑分析，赋予机器人更多分配初始概率的原则. 在本章及之后的章节中，我们将介绍两种新原则，每种原则都有无限的应用范围. 这个领域在各个方向都是开放的，我们希望将来会发现更多原则，从而扩展到更广泛的应用范围.

11.1　一种新的先验信息

让我们想象一类问题，其中机器人的先验信息是某种平均值. 例如，有人在最近的一次地震中收集到了统计数据，发现 100 扇破碎的窗户总共有 976 块碎片. 但是我们没有被告知具体数字 100 和 976，而只是被告知“平均每扇窗户碎成 $\overline{m} = 9.76$ 块”. 根据此信息，一扇窗户准确地碎成 m 块的概率是多少? 到目前为止，没有什么理论可以回答这个问题.

再举一个例子，假设桌子上盖着黑布，还放有一些骰子. 骰子是黑色的，上面有白点. 将骰子掷到黑色桌子上. 桌子上方有一个相机，每次掷骰子时，我们都会拍照. 相机只会记录白点. 我们不会在两次抛掷之间换底片，所以一张底片会进行多次曝光．数千次抛掷后，我们会冲洗底片．根据已知的点密度和抛掷次数，我们可以推断出骰子朝上那面的白点的平均数，但不知道不同面出现的频率．假设白点的平均数为 4.5，而不是 3.5．仅根据此信息（即除了它有 6 个面外，不使用我们可能知道的关于骰子的其他任何信息），机器人应该如何估计每面出现的频率？假设连续抛掷形成了第 3 章中定义的可交换序列，那么它应该赋予下一次抛掷出现第 n 面的概率是多少？

第三个例子是，假设有 $N = 1000$ 辆汽车，头尾相接后，总共有 $L = 3$ 英里[①]长．当它们驶上一艘相当大的渡船时，船沉入水中的深度决定于汽车的总重量 W．但是我们不知道 N、L、W 的值，只知道平均长度 L/N 和平均重量 W/N．我们可以从汽车制造商那里查看所有品牌的统计数据，以了解比如大众汽车有多长、多重，凯迪拉克汽车有多长、多重，等等．仅从这些汽车的平均长度和平均重量的信息，我们可以推断出这些汽车中每种品牌的比例吗？

如果我们知道 N、L、W 的值，则可以通过直接应用贝叶斯定理来解决问题；如果没有这些信息，仍然可以引入未知数 N、L、W 作为冗余参数并使用贝叶斯定理，最后将它们消除．我们将在第 15 章的非聚集性问题中给出此过程的例子．但是贝叶斯方法并没有真正解决我们的问题，它只是将其转化为给 N、L、W 分配先验概率的问题．这使我们回到了相同的问题：如何分配有信息的先验概率？

现在并不清楚我们的机器人应该如何处理这类问题．实际上我们定义了两个不同的问题：估计频率分布和分配概率分布．但是对于可交换序列，这两个问题在数学上几乎是等价的．因此，让我们考虑一下在这种情况下希望机器人如何表现．当然，我们希望它充分考虑所拥有的所有种类的信息，但是不希望它跳到没有证据支持的结论．我们已经看到，均匀概率分配代表着一种对所有可能性完全不置可否的心态．它不倾向于任何一种可能性，而将整个决策留给了后续数据．平均值信息确实使机器人有理由倾向于某些可能性，但是我们希望它分配尽可能均匀并且与已知信息保持一致的概率分布．最保守与不置可否的分布是尽可能“离散”的分布．特别是，除非先验信息确实排除了某种可能性，机器人不得忽略任何可能性并为其分配零概率．

这听起来很像定义一个变分问题，已知信息在初始概率分布的固定的某些属性（但不是全部属性）的条件下定义约束．剩下的不确定性必须被诚实面对：通过考虑已知信息允许的所有可能性坦诚地承认自己的无知程度．[②] 为了将其映射

① 1 英里 ≈ 1.609 千米．——编者注

② 这实际上是古老智慧的原则之一．从希罗多德的著作和《旧约》等资料中可以看出古人已经清楚地认识到这一点．

为数学形式，要避免得出没有证据支持的结论，我们提出问题：是否存在衡量概率分布均匀性的合理度量，机器人可以在其可用信息的约束条件下最大化该概率分布？让我们以解决大多数问题的方式来尝试解决这一问题：使用试错法. 我们只需要发明一些不确定性度量，然后对其进行检验，看看它们能给我们带来什么.

初始分布的离散程度的一种度量是其方差. 如果机器人根据最大化方差为原则分配概率，是否有意义呢？考虑给定 $\overline{m}$ 的最大方差分布，如果 m 的可能值基本上是无限的，如窗户破碎问题，那么为了最大化方差，机器人可以给没有破碎的解分配非常大的概率，而给窗户碎成数十亿块碎片的解分配很小的可能性. 通过这种方式可以获得任意高的方差，同时将平均值保持在 9.76. 在骰子问题中，方差最大的解是将所有概率分配给 1 和 6，这样 $p_1 + 6p_6 = 4.5$，或者 $p_1 = 0.3$, $p_6 = 0.7$. 显然，这不是我们希望的分配方式. 机器人会得出毫无根据的结论，因为已知信息并没有表明不可能出现 2 到 5.

11.2 最小化 $\sum p_i^2$

统计中另一种广泛使用的衡量概率分布离散程度的度量，是分配给每种可能性的概率平方和. 在固定平均值约束时，最小化该值的分布有可能是我们期待的合理行为方式. 让我们看看这将带来什么样的解. 我们想在所有 p_m 的和为 1 且整个分布的平均值为 $\overline{m}$ 的约束下最小化

$$\sum_m p_m^2, \tag{11.1}$$

由变分问题

$$\delta\left[\sum_m p_m^2 - \lambda\sum_m m p_m - \mu\sum_m p_m\right] = \sum_m \big(2p_m - \lambda m - \mu\big)\delta p_m = 0 \tag{11.2}$$

立刻可以得到形式解，其中 λ 和 μ 是拉格朗日乘子，因此 p_m 将是 m 的线性函数：$2p_m - \lambda m - \mu = 0$. 这样，$\mu$ 和 λ 可以通过

$$\sum_m p_m = 1, \tag{11.3}$$

$$\sum_m m p_m = \overline{m} \tag{11.4}$$

得到，其中 $\overline{m}$ 是问题陈述中给定的 m 的平均值.

假设 m 只能取值 1、2 和 3，那么形式解是

$$p_1 = \frac{4}{3} - \frac{\overline{m}}{2}, \quad p_2 = \frac{1}{3}, \quad p_3 = \frac{\overline{m}}{2} - \frac{2}{3}. \tag{11.5}$$

这对于 $\overline{m}$ 的某些值至少是可用的. 但是原则上，$\overline{m}$ 可以是 $1 \leqslant \overline{m} \leqslant 3$ 的任意值，

当 $\overline{m} > 8/3 = 2.667$ 时 p_1 变为负值，当 $\overline{m} < 4/3 = 1.333$ 时 p_3 变为负值. 最小化 $\sum p_i^2$ 的形式解不满足概率的非负性. 我们可以尝试以特定方式对此进行修改，比如通过将负值替换为 0，并且调整其他概率值来满足约束条件. 但这使得机器人在 $\overline{m}$ 的不同取值范围内使用了不同的推理原则，并且它仍然为未被其先验信息排除的情况分配了零概率. 这种表现是不可接受的. 这种方法是对最大化方差方法的改进，但是机器人的行为仍然会不一致，并且会得出毫无根据的结论. 我们之所以花费力气来验证这个准则，是因为一些作者拒绝了下面将给出的最大熵解，并出于直觉提出最小化 $\sum p_i^2$ 将是一个更合理的准则. 他们没有检查这样做的实际后果.

但是，变分法背后的思想仍然是不错的. 应该对概率分布的均匀性或“不确定性程度”有某种一致的度量. 我们可以在受约束的条件下最大化该度量，并且该度量将具有迫使机器人对其所知道的一切保持完全诚实的性质，特别是除非能被已有的证据证实，否则它不允许机器人得出任何结论.

11.3 熵：香农定理

现在我们转向香农的信息论论文（Shannon，1948）中被引用最多的定理. 如果存在对概率分布的“不确定性程度”的一致性度量，它必须满足某些条件. 我们将以一种与第 2 章的论证类似的方式来陈述它们. 事实上，这是对概率论基本理论的发展.

(1) 假设存在某一数值量度 $H_n(p_1, \cdots, p_n)$，也就是说，可以在“不确定性程度”和实数之间建立某种关联.

(2) 假设存在连续性：H_n 是 p_i 的连续函数. 否则，概率分布的微小变化将导致不确定性程度发生较大变化.

(3) 我们要求该度量应与常识定性对应，在存在多种可能性时比在只有少数可能性时感到更不确定. 此条件采用以下形式：在 p_i 都相等的情况下，量

$$h(n) = H_n\left(\frac{1}{n}, \frac{1}{n}, \cdots, \frac{1}{n}\right) \tag{11.6}$$

是 n 的单调递增函数. 这建立了不确定性的“方向感”.

(4) 我们要求度量 H_n（在与以前相同的意义上）具有一致性，也就是说，如果有多种确定其值的方法，所有可能的方法必须得到相同的答案.

以前我们的一致性条件采用函数方程 (2.13) 和 (2.45) 的形式. 现在我们有了一个函数方程式的层次结构将不同的 H_n 相互关联. 假设机器人知道有两种可能性，并为其分配了概率 p_1 和 $q \equiv 1 - p_1$. 那么由该分布表示的“不确定性程度”

为 $H_2(p_1,q)$. 但是现在机器人了解到第 2 种可能其实包含两种可能性，并为它们分配了概率 p_2 和 p_3，满足 $p_2+p_3=q$. 对于这 3 种可能性，机器人的总体不确定性 $H_3(p_1,p_2,p_3)$ 是多少？选择其中之一的过程可以分为两个步骤. 首先，确定第 1 种可能性是否成立. 该决定消除的不确定性是原始 $H_2(p_1,q)$. 然后，机器人以概率 q 遇到事件 2 和事件 3 的附加不确定性，从而导致

$$H_3(p_1,p_2,p_3)=H_2(p_1,q)+qH_2\left(\frac{p_2}{q},\frac{p_3}{q}\right). \tag{11.7}$$

为了满足一致性条件，两种计算方法必须有相同的不确定性. 一般地，函数 H_n 能以许多不同的方式分解，通过大量的等式将其与低阶函数相关联.

注意，(11.7) 所讲的内容比我们以前的函数方程要多. 它不仅说 H_n 在上述意义上是一致的，而且还说它们是可加的. 因此，这实际上是一个附加假设，我们应该将其包括在条件列表中.

> **练习 11.1**　从直觉上看，一致性的最一般条件将是 H_n 的任何单调递增函数满足的函数方程. 但是除非我们说出不同 n 的单调函数之间的关系，这样说是模棱两可的. 是否可能对于所有 n 存在相同的函数？请对此进行一些新的研究，尝试找到新函数方程的可能形式，或者解释为什么不能做到这一点.

无论如何，下一步完全是简单的数学. 让我们看看香农定理的完整证明，其中我们将去掉 H_n 的不必要的下标.

对于存在 n 个互斥命题 $(A_1,\cdots,A_n)$ 并为其分配概率 $(p_1,\cdots,p_n)$ 的情况，我们尝试找到复合法则 (11.7) 的最一般形式. 除了直接给出 $(A_1,\cdots,A_n)$ 的概率，我们也可以将前 k 个命题组成复合命题 $(A_1+A_2+\cdots+A_k)$ 并分配概率 $w_1=(p_1+\cdots+p_k)$，然后将接下来的 m 个命题组成复合命题 $(A_{k+1}+\cdots+A_{k+m})$ 并分配概率 $w_2=(p_{k+1}+\cdots+p_{k+m})$，依此类推. 复合命题的不确定性为 $H(w_1,\cdots,w_r)$.

接下来，假设复合命题 $(A_1+\cdots+A_k)$ 为真，则给出命题 $(A_1,\cdots,A_k)$ 的条件概率 $(p_1/w_1,\cdots,p_k/w_1)$. 以概率 w_1 遇到的附加不确定性为 $H(p_1/w_1,\cdots,p_k/w_1)$. 对于复合命题 $(A_{k+1}+\cdots+A_{k+m})$ 等执行此操作，最终我们得到的知识状态就好像直接给出了 $(p_1,\cdots,p_n)$ 一样. 因此，无论选择如何分解，一致性要求这些计算最终产生相同的不确定性. 因此，我们有

$$\begin{aligned}H(p_1,\cdots,p_n)=H(w_1,\cdots,w_r)&+w_1H\left(\frac{p_1}{w_1},\cdots,\frac{p_k}{w_1}\right)\\&+w_2H\left(\frac{p_{k+1}}{w_2},\cdots,\frac{p_{k+m}}{w_2}\right)+\cdots,\end{aligned} \tag{11.8}$$

这是函数方程 (11.7) 的一般形式. 例如

$$H\left(\frac{1}{2},\frac{1}{3},\frac{1}{6}\right)=H\left(\frac{1}{2},\frac{1}{2}\right)+\frac{1}{2}H\left(\frac{2}{3},\frac{1}{3}\right). \tag{11.9}$$

由于 $H(p_1,\cdots,p_n)$ 是连续的，因此对于所有有理值（其中 n_i 是整数）

$$p_i=\frac{n_i}{\sum n_i} \tag{11.10}$$

确定它就足够了. 但是(11.8) 已经根据量 $h(n)\equiv H(1/n,1/n,\cdots,1/n)$ 确定了函数 H，该量度量了 n 种同样可能的情况的“不确定性程度”. 因为我们可以在第 1 步考虑选择 $(A_1,\cdots,A_n)$ 中的一种可能性作为

$$\sum_{i=1}^{n} n_i \tag{11.11}$$

种同等可能选择之一，所以第 2 步也是在同样可能的选择 n_i 之间进行选择. 例如，在 $n=3$ 的情况下，我们可以选择 $n_1=3,n_2=4,n_3=2$. 在这种情况下，复合法则 (11.8) 变为

$$h(9)=H\left(\frac{3}{9},\frac{4}{9},\frac{2}{9}\right)+\frac{3}{9}h(3)+\frac{4}{9}h(4)+\frac{2}{9}h(2). \tag{11.12}$$

对于 n_i 的一般值，(11.8) 变为

$$h\left(\sum n_i\right)=H(p_1,\cdots,p_n)+\sum_i p_i h(n_i). \tag{11.13}$$

现在我们可以选择所有 $n_i=m$，于是 (11.13) 变为

$$h(mn)=h(m)+h(n). \tag{11.14}$$

显然，它的解为

$$h(n)=K\ln n, \tag{11.15}$$

其中 K 是一个常数. 但是这种解是否是唯一的? 如果 m 和 n 是连续变量，这很容易回答. 对于 m 求微分，并令 m 等于 1，然后将所得的微分方程根据从 (11.14) 中得出的初始条件 $h(1)=0$ 进行积分，将证明 (11.15) 是唯一解. 但是在我们的例子中，(11.14) 只需要对于整数 m 和 n 成立. 这就把问题从不重要的分析问题变成了有趣的数论小练习.

首先注意 (11.15) 不再唯一，实际上 (11.14) 对于整数 m 和 n 有无数解. 每个正整数 N 都有唯一的素因数分解，因此通过反复应用 (11.14)，我们可以将 $h(N)$ 表示为 $\sum_i m_i h(q_i)$，其中 q_i 是素数，m_i 是非负整数. 我们可以为素数 q_i 任意指定 $h(q_i)$，因此 (11.14) 足以确定所有正整数的 $h(N)$.

为了得到 $h(n)$ 的唯一解，我们必须添加定性条件，即 $h(n)$ 对于 n 单调递

增．为了说明这一点，首先注意 (11.14) 可以通过归纳来扩展：

$$h(nmr\cdots) = h(n) + h(m) + h(r) + \cdots. \tag{11.16}$$

在 k 阶扩展中设置相同的因子，可以得到

$$h(n^k) = kh(n). \tag{11.17}$$

现在令 t 和 s 为不小于 2 的任意整数，那么对于任意大小的 n，我们可以找到整数 m 使得

$$\frac{m}{n} \leqslant \frac{\ln t}{\ln s} < \frac{m+1}{n} \quad 或者 \quad s^m \leqslant t^n < s^{m+1}. \tag{11.18}$$

由于 h 是单调递增的，因此 $h(s^m) \leqslant h(t^n) \leqslant h(s^{m+1})$．或者，根据 (11.17)，

$$mh(s) \leqslant nh(t) \leqslant (m+1)h(s), \tag{11.19}$$

这可以写成

$$\frac{m}{n} \leqslant \frac{h(t)}{h(s)} \leqslant \frac{m+1}{n}. \tag{11.20}$$

比较 (11.18) 和 (11.20)，我们看到

$$\left|\frac{h(t)}{h(s)} - \frac{\ln t}{\ln s}\right| \leqslant \frac{1}{n} \quad 或者 \quad \left|\frac{h(t)}{\ln t} - \frac{h(s)}{\ln s}\right| \leqslant \varepsilon, \tag{11.21}$$

其中

$$\varepsilon \equiv \frac{h(s)}{n \ln t} \tag{11.22}$$

任意小．因此 $h(t)/\ln t$ 必须为常数，这样就证明了 (11.15) 的唯一性．

现在，(11.15) 中 K 的不同选择等价于对数取不同的底数．因此，如果暂时任意指定底数，我们也可以写成 $h(n) = \log n$．将其代入 (11.13)，得到香农定理：满足我们对“不确定性程度”的合理度量所施加条件的唯一函数 $H(p_1, \cdots, p_n)$ 是

$$H(p_1, \cdots, p_n) = -\sum_{i=1}^{n} p_i \log p_i. \tag{11.23}$$

根据这种解释可以得出，在可用信息施加的约束条件下，最大化 (11.23) 的分布 $(p_1, \cdots, p_n)$ 将代表机器人对命题 $(A_1, \cdots, A_n)$ 了解程度的“最诚实”描述．唯一的任意性是我们可以选择任意对数底数，该底数对应于 H 中的一个乘法常数．这当然不会影响最大化 H 的 $(p_1, \cdots, p_n)$ 的值．

就像在第 2 章中一样，我们注意到了目前为止已经证明和尚未证明的逻辑结论．虽然我们已经证明使用度量 (11.23) 是保持一致性的*必要*条件，但是根据哥德尔定理，除非我们进入证明所在领域之外的未知领域，否则无法证明它实际上是一致的．以上论证最初是在杰恩斯的论文（Jaynes，1957a）中给出的，并严重依赖于香农的理论．我们推测，如果选择其他任何方式的“信息量度”与现在的

差别很大，则会导致不一致性. 肖尔和约翰逊（Shore & Johnson，1980）随后使用完全独立于我们的论证方法找到了一个直接证明. 多年来我们在使用最大熵原理（不同作者将其缩写为 PME、MEM、MENT 或 MAXENT）的过程中并未发现任何不一致之处. 当然，我们也不相信有人能找到不一致之处.

函数 H 称为**熵**，更好的名称是分布 $\{p_i\}$ 的**信息熵**. 选择使用这一名称是不幸的，然而现在似乎已经无法纠正. 我们必须从一开始就警告大家，该领域的主要问题之一一直是无法区分信息熵和热力学实验熵：前者是概率分布的属性，后者是热力学状态的属性. 热力学状态通过某些物理系统的观测值（例如压力、体积、温度、磁化强度）来定义. 两种情况绝对不应该使用相同的名称：实验熵不涉及任何概率，而信息熵不涉及热力学.[①] 许多教科书和研究论文由于未能区分这两种完全不同的东西而存在致命缺陷，从而证明了无意义的定理.

我们已经在前面几章中看到数学表达式 $\sum p\log p$ 通常是与多项分布相关联出现的. 现在它已经获得了新的含义，作为衡量概率分布均匀程度的基本度量.

练习 11.2 证明在概率和相等的条件下对两个概率做任何更改都会增加信息熵. 也就是说，如果 $p_i < p_j$，则 $p_i \to p_i + \varepsilon, p_j \to p_j - \varepsilon$ 的变化，其中 ε 是无限小正数，它将使 $H(p_1, \cdots, p_n)$ 增加与 ε 成比例的量. 反复应用这一点，可以得出最大可达到的熵是使得所有差 $|p_i - p_j|$ 尽可能小的值. 这也表明信息熵是一个全局属性，而不是局部属性. 无论 $|i-j|$ 等于 1 还是 1000，差 $|p_i - p_j|$ 对于熵具有相同的影响.

尽管上面的阐述从数学上看起来令人满意，但是从概念上看它还不能完全令人满意. 函数方程 (11.7) 似乎不像我们前面的方程那样直观. 在这种情况下，问题可能是我们还没有学会如何以完全令人信服的方式对导致 (11.7) 的论证进行口头表达. 也许这会激发其他人尝试改善我们在 (11.7) 之前的表述方式. 令人欣慰的是，还有其他可能的论证方式. 例如上述肖尔和约翰逊的论证也唯一地得出了相同的结论 (11.23). 我们下面来看另一种论证方式.

11.4 沃利斯推导

这一推导源于格雷厄姆·沃利斯在 1962 年给我的建议（尽管我们这里给出的论证与他的论证略有不同）. 给定信息 I，我们将使用该信息分配概率 $\{p_1, \cdots, p_m\}$

① 但是如果问题恰好是热力学问题，则我们将立即发现它们之间存在联系.

给 m 种不同的可能性. 我们在其中分配的总概率为

$$\sum_{i=1}^{m} p_i = 1. \tag{11.24}$$

现在，在判断任何特定分配的合理性时，我们仅考虑 I 和概率论法则. 寻求其他证据就是承认我们没有使用所有的可用信息.

问题也可以陈述如下. 选择某一整数 $n \gg m$，并假设我们有 n 小份概率，大小为 $\delta = n^{-1}$，以我们认为合适的任何方式分布. 为了确保能合理分配（根据信息 I，我们不会向 m 种可能性中的任何一种分配过多或过少的小份数），我们可以进行如下操作.

假设我们将这 n 小份概率随机散发在 m 种选择中——如果愿意，你可以玩蒙眼扔硬币的游戏，将 n 个硬币放入 m 个相同的盒子中. 如果我们只是简单、随机地扔这些“小份”概率，使每个盒子都有相等的概率得到它们，那么没人会说任何盒子受到区别对待. 如果这样做，则第 1 个盒子恰好收到 n_1 小份，第 2 个盒子恰好收到 n_2 小份，依此类推. 我们将说随机试验已生成概率分配

$$p_i = n_i \delta = \frac{n_i}{n}, \qquad i = 1, 2, \cdots, m. \tag{11.25}$$

发生这种情况的概率是多项分布

$$m^{-n} \frac{n!}{n_1! \cdots n_m!}. \tag{11.26}$$

现在想象一下，一个蒙着眼睛的朋友在 m 个盒子中反复随机散发 n 小份概率. 每次他这样做时，我们都会检查所得的概率分配. 如果碰巧与我们的信息相符，我们就接受它；否则就拒绝它，并让他再试一次. 这样做直到某一概率分配 $\{p_1, \cdots, p_m\}$ 被接受.

该游戏最有可能产生的概率分布是什么？根据 (11.26)，它是在信息 I 约束下的最大化

$$W = \frac{n!}{n_1! \cdots n_m!}. \tag{11.27}$$

我们可以通过选择更小份的概率即更大的 n 来完善该过程. 极限时，使用斯特林近似公式

$$\ln n! = n \ln n - n + \ln \sqrt{2\pi n} + \frac{1}{12n} + O\left(\frac{1}{n^2}\right), \tag{11.28}$$

其中 $O(1/n^2)$ 表示随着 $n \to +\infty$ 以 $(1/n^2)$ 数量级或更快趋于 0 的项. 应用这一结果，并令 $n_i = np_i$，我们可以很容易地确定当 $n \to +\infty$ 时 $n_i \to +\infty$，从而使

$n_i/n \to p_i =$ 常数，

$$\frac{1}{n}\ln W \to -\sum_{i=1}^{m} p_i \ln p_i = H(p_1,\cdots,p_m), \tag{11.29}$$

因此，此游戏最有可能产生的概率分配就是在给定信息 I 时具有最大熵的分配.

你可能会反对说这个游戏仍然不完全“公平”，因为我们得到第一个可以接受的结果后就停止了，看不到其他可以接受的结果. 为了消除这一反对意见，可以考虑所有可能的可接受分布并选择它们的平均 $\overline{p_i}$. 这里“大数定律”能起到作用. 我们以练习的方式留给读者证明在大 n 的极限中，这个游戏中可以产生的所有可接受的概率分配中的绝大多数会无限接近于最大熵分布. ①

从概念上讲,沃利斯推导非常有吸引力. 它完全独立于香农的函数方程 (11.8)，不需要关于概率和频率之间存在联系的任何假设,也不假设不同可能性 $\{1,\cdots,m\}$ 本身是可重复随机试验的结果. 此外，它自动导致了 H 的最大化——而不是以其他方式处理——而无须用诸如“不确定性程度”这样的模糊概念对 H 进行准哲学解释. 因此，任何接受所提出的游戏作为分配不由先验信息确定的概率的公平方法的人都不可避免地导致最大熵原理.

让我们强调这一点. 试图将太多的哲学意义赋予导致 (11.23) 的定理是一个很大的错误. 特别地，回顾起来，用“熵”来表达信息似乎是很不幸的，因为它始终会给很多人带来错误的暗示. 香农本人对他的工作可能导致的反应有着先见之明，在提出定理之后，他马上指出该理论没有必要遵循，试图淡化它. 他的意思是说: H 满足的不等式已经足以证明使用的合理性，其实并不需要定理的进一步支持. 而该定理是从直观表示“不确定性程度”性质的函数方程中推导出来的.

尽管这是完全正确的，但我们现在想表明: 如果确实接受熵作为由概率分布表示的“不确定性程度”的正确表达式，这将导致总体上更加统一的概率论. 这将使我们把无差别原则、概率与频率的诸多联系看作单一原理的特殊情况. 而统计力学、通信理论和大量其他应用是单一推理方法的应用实例.

11.5 一个示例

让我们来看看该原理在以上讨论的示例中如何工作，以检验该原理. 在该示例中，m 仅可以采用的值 $1,2,3,\overline{m}$ 是给定的. 我们可以再次使用拉格朗日乘子方法来解决此问题，与 (11.2) 中一样，

$$\delta\left[H-\lambda\sum_{m=1}^{3} m p_m-\mu\sum_{m=1}^{3} p_m\right]=\sum_{m=1}^{3}\left[\frac{\partial H}{\partial p_m}-\lambda m-\mu\right]\delta p_m=0. \tag{11.30}$$

① 这一结果将通过后面要给出的熵集中定理更完整地形式化.

现在我们有

$$\frac{\partial H}{\partial p_m} = -\ln p_m - 1, \tag{11.31}$$

所以我们的解是

$$p_m = \mathrm{e}^{-\lambda_0 - \lambda_m}, \tag{11.32}$$

其中 $\lambda_0 \equiv \mu + 1$.

因此，在给定平均值的条件下，最大熵分布将呈指数形式．我们需要拟合常数 λ_0 和 λ 来满足 p 的总和为 1 且期望值等于指定平均值 $\overline{m}$ 的约束．可以通过定义函数

$$Z(\lambda) \equiv \sum_{m=1}^{3} \mathrm{e}^{-\lambda m}, \tag{11.33}$$

来轻松完成此任务．我们在第 9 章中称其为*分拆函数*．固定我们的拉格朗日乘子的 (11.3) 和 (11.4) 使用形式

$$\lambda_0 = \ln Z(\lambda), \tag{11.34}$$

$$\overline{m} = -\frac{\partial \ln Z(\lambda)}{\partial \lambda}. \tag{11.35}$$

我们发现参数形式的 $p_1(\overline{m}), p_2(\overline{m}), p_3(\overline{m})$ 值为

$$p_k = \frac{\mathrm{e}^{-k\lambda}}{\mathrm{e}^{-\lambda} + \mathrm{e}^{-2\lambda} + \mathrm{e}^{-3\lambda}} = \frac{\mathrm{e}^{(3-k)\lambda}}{\mathrm{e}^{2\lambda} + \mathrm{e}^{\lambda} + 1}, \qquad k = 1, 2, 3, \tag{11.36}$$

$$\overline{m} = \frac{\mathrm{e}^{2\lambda} + 2\mathrm{e}^{\lambda} + 3}{\mathrm{e}^{2\lambda} + \mathrm{e}^{\lambda} + 1}. \tag{11.37}$$

在更复杂的问题中，我们需要将其保留为参数形式，但是在这种特殊情况下，可以消去参数 λ，从而得到显式解

$$\begin{aligned} p_1 &= \frac{3 - \overline{m} - p_2}{2}, \\ p_2 &= \frac{1}{3}\left[\sqrt{4 - 3(\overline{m} - 2)^2} - 1\right], \\ p_3 &= \frac{\overline{m} - 1 - p_2}{2}. \end{aligned} \tag{11.38}$$

作为 $\overline{m}$ 的函数，p_2 是椭圆的弧，在端点有单位斜率．p_1 和 p_3 也是椭圆的弧，但以两种不同的方式倾斜．

我们终于有了一个满足前面两个标准的解．最大熵分布 (11.36) 自然具有 $p_k \geqslant 0$ 的性质，因为对数的奇点为 0，这是我们永远无法越过的．此外，它还具有以下特征：不允许机器人将零概率分配给可能假设，除非有证据表明其概率为 0.① 概率为 0 的情况是 $\overline{m}$ 恰好为 1 或 3 的极限情况．当然，在这种极限情况

① 戴维 · 布莱克韦尔强调了此性质，他认为这是分配概率的合理程序的最基本要求．

下，无论我们使用什么原理，根据演绎推理，某些概率的确都必须为 0.

11.6 推广：更严格的证明

最大熵解可以以多种方式推广. 假设变量 x 可以有 n 个不同的离散值 $(x_1, \cdots, x_n)$，它们对应于 n 个不同的命题 $(A_1, \cdots, A_n)$，x 有 m 个不同的函数

$$f_k(x), \quad 1 \leqslant k \leqslant m < n, \tag{11.39}$$

并且我们希望它们有期望值

$$\langle f_k(x) \rangle = F_k, \quad 1 \leqslant k \leqslant m, \tag{11.40}$$

其中 $\{F_k\}$ 是问题陈述中给我们的值. 机器人会分配什么概率 $(p_1, \cdots, p_n)$ 给 $(x_1, \cdots, x_n)$ 呢？我们有

$$F_k = \langle f_k(x) \rangle = \sum_{i=1}^{n} p_i f_k(x_i), \tag{11.41}$$

为了找到具有满足所有这些约束条件的最大熵的 p_i 集合，我们引入多个拉格朗日算子作为约束：

$$\begin{aligned} 0 &= \delta \left[H - (\lambda_0 - 1) \sum_i p_i - \sum_{j=1}^{m} \lambda_j \sum_i p_i f_j(x_i) \right] \\ &= \sum_i \left[\frac{\partial H}{\partial p_i} - (\lambda_0 - 1) - \sum_{j=1}^{m} \lambda_j f_j(x_i) \right] \delta p_i. \end{aligned} \tag{11.42}$$

根据 (11.23)，我们的解为

$$p_i = \exp\left\{ -\lambda_0 - \sum_{j=1}^{m} \lambda_j f_j(x_i) \right\}, \tag{11.43}$$

像往常一样，它是约束的指数函数. 所有概率的和必须为 1，因此

$$1 = \sum_i p_i = \exp\{-\lambda_0\} \sum_i \exp\left\{ -\sum_{j=1}^{m} \lambda_j f_j(x_i) \right\}. \tag{11.44}$$

如果我们现在定义分拆函数

$$Z(\lambda_1, \cdots, \lambda_m) \equiv \sum_{i=1}^{m} \exp\left\{ -\sum_{j=1}^{m} \lambda_j f_j(x_i) \right\}, \tag{11.45}$$

那么 (11.44) 化为

$$\lambda_0 = \ln Z(\lambda_1, \cdots, \lambda_m). \tag{11.46}$$

在概率范围内，平均值 F_k 必须等于 $f_x(x)$ 的期望值

$$F_k = \exp\{-\lambda_0\} \sum_i f_k(x_i) \exp\left\{ -\sum_{j=1}^{m} \lambda_j f_j(x_i) \right\}, \tag{11.47}$$

或者

$$F_k = -\frac{\partial \ln Z(\lambda_1, \cdots, \lambda_m)}{\partial \lambda_k}. \tag{11.48}$$

熵的最大值是

$$H_{\max} = \left[-\sum_{i=1}^{m} p_i \ln p_i \right]_{\max}, \tag{11.49}$$

根据 (11.43)，我们得到

$$H_{\max} = \lambda_0 + \sum_{j=1}^{m} \lambda_j F_j. \tag{11.50}$$

现在，这些结果有许多新的应用，因此有尽可能严格的证明非常重要．但是，我们刚才通过变分法解决最大化问题并不是 100% 严格的．我们的拉格朗日乘数乘子方法具有能立即给出答案的优点；然而它也有一个不好的方面，那就是我们完成后不确定答案是否正确．假设我们要定位一个函数的最大值，该函数的全局最大值恰好发生在尖点（斜率不连续的点）而不是圆点．变分法将找到一些圆滑的局部极大值，但找不到全局最大尖点．即使我们已经证明达到了通过变分法所能达到的最大值，但函数仍然有可能在某些点处具有更大的值，而这是我们无法通过变分法找到的．如果我们只使用变分法，总会有一点儿疑问．

因此，现在我们给出一个完全不同的推导方法．该方法可以弥补变分法的不足之处．为此，我们需要一个引理．令 p_i 为可能概率分布的任何数值集合，即

$$\sum_{i=1}^{n} p_i = 1, \qquad p_i \geqslant 0. \tag{11.51}$$

令 u_i 为另一个可能的概率分布，

$$\sum_{i=1}^{n} u_i = 1, \qquad u_i \geqslant 0. \tag{11.52}$$

现在，我们有

$$\ln x \leqslant x - 1, \qquad 0 \leqslant x < +\infty, \tag{11.53}$$

当且仅当 $x = 1$ 时等号成立．因此

$$\sum_{i=1}^{n} p_i \ln \frac{u_i}{p_i} \leqslant \sum_{i=1}^{n} p_i \left(\frac{u_i}{p_i} - 1 \right) = 0, \tag{11.54}$$

或者

$$H(p_1, \cdots, p_n) \leqslant \sum_{i=1}^{n} p_i \ln \frac{1}{u_i}, \tag{11.55}$$

当且仅当 $p_i = u_i$（$i = 1, \cdots, n$）时等号成立．这是我们需要的引理．

现在我们简单、随意地定义分布 u_i 如下:

$$u_i \equiv \frac{1}{Z(\lambda_1, \cdots, \lambda_m)} \exp\left\{-\sum_{j=1}^{m} \lambda_j f_j(x_i)\right\}, \tag{11.56}$$

其中 $Z(\lambda_1, \cdots, \lambda_m)$ 由 (11.45) 定义. 为什么要以这种特定方式选择 u_i 呢? 一会儿我们就会明白为什么. 现在可以将不等式 (11.55) 写成

$$H \leqslant \sum_{i=1}^{n} p_i \left[\ln Z(\lambda_1, \cdots, \lambda_m) + \sum_{j=1}^{m} \lambda_j f_j(x_i)\right], \tag{11.57}$$

或者

$$H \leqslant \ln Z(\lambda_1, \cdots, \lambda_m) + \sum_{j=1}^{m} \lambda_j \langle f_j(x) \rangle. \tag{11.58}$$

现在让 p_i 在满足约束 (11.41) 的所有可能概率分布上变化, (11.58) 的右侧保持不变. 我们的引理表明, 当且仅当选择 p_i 为规范分布 (11.56) 时, H 才能达到其绝对最大值 $H_{\max}$, 从而使 (11.58) 中的等号成立.

这是严格的证明, 不会有我们尝试把问题当作变分问题求解时可能发生的问题. 正如我们所看到的, 该论证在变分法很弱时是强的, 而在变分法很强时比较弱, 因为我们在得到分布 (11.56) 时需要将解从中抽出来. 我们必须先知道解才能证明它. 如果同时拥有两种论证, 那么整个故事就完整了.

11.7 最大熵分布的形式性质

现在我们要列出规范分布 (11.56) 的形式性质. 从某种意义上讲, 这不是一种好方法, 因为它听起来很抽象, 我们看不到它与实际问题的联系. 另外, 如果首先了解理论中的所有形式性质, 我们就能更快地理解这一理论. 然后, 当讨论特定的物理问题时, 我们就会发现这些形式关系中的每一种对不同的问题有不同的意义.

固定平均值时所能达到的最大 H 值当然依赖于我们指定的平均值,

$$H_{\max} = S(F_1, \cdots, F_m) = \ln Z(\lambda_1, \cdots, \lambda_m) + \sum_{k=1}^{m} \lambda_k F_k. \tag{11.59}$$

我们可以将 H 视为任何概率分布中“不确定性程度”的度量. 最大化后, 它成为问题中确定数据 $\{F_i\}$ 的函数, 因此我们将其称为最大 $S(F_1, \cdots, F_m)$, 以期在物理学中得到初始应用. 它仍然是“不确定性”的量度, 但是它是当我们仅拥有这些数字信息时的不确定性. 从某种意义上说, 它完全是“客观的”, 因为它仅取决于问题的给定数据, 而不取决于任何人的性格或意愿.

如果 S 仅是 $(F_1, \cdots, F_m)$ 的函数，则在 (11.59) 中 $Z(\lambda_1, \cdots, \lambda_m)$ 也必须被认为是 $(F_1, \cdots, F_m)$ 的函数. 最初这些 λ 只是未确定的拉格朗日乘子，但最终我们想确定它们. 如果选择不同的 λ_i，就是在选择不同的概率分布 (11.56). 我们在 (11.48) 中看到，如果

$$F_k = \langle fk \rangle = -\frac{\partial \ln Z(\lambda_1, \cdots, \lambda_m)}{\partial \lambda_k}, \qquad k = 1, 2, \cdots, m, \tag{11.60}$$

这些分布的平均值与给定的平均值 F_k 相符. (11.60) 是 m 个联立的非线性方程组，必须根据 F_k 对 λ 求解. 通常，在非平凡的问题中，显式地求解 λ 是不切实际的 [尽管下面有一个简单的形式解 (11.62)]. 我们将保留 λ_k，以参数形式表示所需要的东西. 实际上，这并不是悲剧，因为 λ 通常具有重要的物理意义，因此我们很高兴将其作为自变量. 但是，如果我们可以显式计算函数 $S(F_1, \cdots, F_m)$，则可以将 λ 作为 $\{F_k\}$ 的显式函数给出如下.

假设我们对 F_k 之一进行小扰动，这将如何改变最大可达到的 H 呢? 根据 (11.59) 可以得到

$$\frac{\partial S(F_1, \cdots, F_m)}{\partial F_k} = \sum_{j=1}^{m} \left[\frac{\partial \ln Z(\lambda_1, \cdots, \lambda_m)}{\partial \lambda_j}\right] \left[\frac{\partial \lambda_j}{\partial F_k}\right] + \sum_{j=1}^{m} \frac{\partial \lambda_j}{\partial F_k} F_k + \lambda_k, \tag{11.61}$$

鉴于 (11.60)，这简化为

$$\lambda_k = \frac{\partial S(F_1, \cdots, F_m)}{\partial F_k}, \tag{11.62}$$

其中明确给出了 λ_k.

将该式与 (11.60) 比较：一个根据 λ_k 明确给出 F_k，另一个根据 F_k 明确给出 λ_k. 这表明指定 $\ln Z(\lambda_1, \cdots, \lambda_m)$ 或 $S(F_1, \cdots, F_m)$ 是等效的，因为每个都给出了有关概率分布的完整信息. 实际上 (11.59) 只是从一种表征函数转化为另一表征函数的勒让德变换.

通过对 (11.60) 或 (11.62) 进行微分，我们可以得出一些更有趣的定律. 因为 $\ln Z(\lambda_1, \cdots, \lambda_m)$ 的二阶交叉导数在 j 和 k 中是对称的，如果我们将 (11.60) 对 λ_j 进行微分，则可以得到

$$\frac{\partial F_k}{\partial \lambda_j} = \frac{\partial^2 \ln Z(\lambda_1, \cdots, \lambda_m)}{\partial \lambda_j \partial \lambda_k} = \frac{\partial F_j}{\partial \lambda_k}. \tag{11.63}$$

这是一个对通过熵最大化来解决的任何问题都成立的通用互反定律. 同样，如果对 (11.62) 再次进行微分，可以得到

$$\frac{\partial \lambda_k}{\partial F_j} = \frac{\partial^2 S}{\partial F_j \partial F_k} = \frac{\partial \lambda_j}{\partial F_k}, \tag{11.64}$$

这是另一个互反定律,但它并不独立于 (11.63),因为如果我们通过 $A_{jk}=\partial\lambda_j/\partial F_k$ 和 $B_{jk}=\partial F_j/\partial\lambda_k$ 定义矩阵，容易明白它们互为逆矩阵：$\boldsymbol{A}=\boldsymbol{B}^{-1}$，$\boldsymbol{B}=\boldsymbol{A}^{-1}$. 这些互逆定律很容易得到，可能显得微不足道. 但是当我们研究实际应用时，会发现它们具有非凡和并不显而易见的物理含义. 过去，其中一些定律是通过烦琐的方式得到的，使得它们显得神秘而晦涩.

现在，我们考虑函数 $f_k(x)$ 之一包含可变参数 α 的可能性. 如果要考虑应用，可以说 $f_k(x_i;\alpha)$ 代表某个系统的第 i 个能级，α 代表该系统的体积，能级取决于体积. 或者，如果它是一个磁共振系统，我们可以说 $f_k(x_i)$ 代表自旋系统的第 i 个稳态的能量，α 代表施加于其上的磁场. 通常，我们想要预测随着 α 的变化某些量会如何变化. 我们可能想要计算压力或磁化率. 根据最小均方误差准则，导数的最优估计将是概率分布的均值

$$\left\langle\frac{\partial f_k}{\partial\alpha}\right\rangle=\frac{1}{Z}\sum_i\exp\{-\lambda_1 f_1(x_i)-\cdots-\lambda_k f_k(x_i;\alpha)-\cdots-\lambda_m f_m(x_i)\}\frac{\partial f_k(x_i;\alpha)}{\partial\alpha},\tag{11.65}$$

这可以简化为

$$\left\langle\frac{\partial f_k}{\partial\alpha}\right\rangle=-\frac{1}{\lambda_k}\frac{\partial\ln Z(\lambda_1,\cdots,\lambda_m;\alpha)}{\partial\alpha}.\tag{11.66}$$

在这个推导中，我们假设 α 只出现在一个函数 f_k 中. 如果相同的参数出现在几个不同的 f_k 中，容易验证结论可以推广为

$$\sum_{k=1}^m\lambda_k\left\langle\frac{\partial f_k}{\partial\alpha}\right\rangle=-\frac{\partial\ln Z(\lambda_1,\cdots,\lambda_m;\alpha)}{\partial\alpha}.\tag{11.67}$$

该一般规则包含任何热力学系统的状态方程等.

当我们将 α 添加到问题中时，$Z(\lambda_1,\cdots,\lambda_m;\alpha)$ 和 $S(F_1,\cdots,F_k;\alpha)$ 都成为 α 的函数. 如果对 $\ln Z(\lambda_1,\cdots,\lambda_m;\alpha)$ 或 $S(F_1,\cdots,F_k;\alpha)$ 求导，将得到相同的结果：

$$\frac{\partial S(F_1,\cdots,F_k;\alpha)}{\partial\alpha}=-\sum_{k=1}^m\lambda_k\left\langle\frac{\partial f_k}{\partial\alpha}\right\rangle=\frac{\partial\ln Z(\lambda_1,\cdots,\lambda_m;\alpha)}{\partial\alpha},\tag{11.68}$$

复杂之处是：我们必须理解，在 (11.68) 中，对于导数 $\partial S(F_1,\cdots,F_m;\alpha)/\partial\alpha$，我们保持 F_k 固定；对于导数 $\partial\ln Z(\lambda_1,\cdots,\lambda_m;\alpha)/\partial\alpha$，我们保持 λ_k 固定. 然后根据勒让德变换 (11.59) 得出这两个导数的相等性. 显然，如果在这个问题中有几个不同的参数 $\{\alpha_1,\alpha_2,\cdots,\alpha_r\}$，对于它们中的每一个，形如 (11.68) 的关系都成立.

现在，让我们得出一些一般的“波动定律”或矩定理. 首先对符号做一些说明：我们使用 F_k 和 $\langle f_k\rangle$ 代表相同的数. 它们是相等的，因为我们指定期望值 $\{\langle f_1\rangle,\cdots,\langle f_m\rangle\}$ 等于给定数据 $\{F_1,\cdots,F_m\}$. 当我们要强调这些数是规范分

布 (11.56) 上的期望值时，将使用符号 $\langle f_k \rangle$；当我们想强调它们是给定的数据时，将其称为 F_k. 现在我们想强调前者，所以互反定律 (11.63) 可以写成

$$\frac{\partial \langle f_k \rangle}{\partial \lambda_j} = \frac{\partial \langle f_j \rangle}{\partial \lambda_k} = \frac{\partial^2 \ln Z(\lambda_1, \cdots, \lambda_m)}{\partial \lambda_j \partial \lambda_k}. \tag{11.69}$$

在改变 λ 时，我们从规范分布 (11.56) 变为一种略有不同的分布，其中 $\langle f_k \rangle$ 略有不同. 由于对应于 $(\lambda_k + d\lambda_k)$ 的新分布仍然是规范形式，它是对应于略有不同的数据 $(F_k + dF_k)$ 的最大熵分布. 因此，我们正在比较两个略有不同的最大熵问题. 为了以后的物理应用，在解释互反定律 (11.69) 时很重要的是要认识到这一点.

现在我们要证明 (11.69) 中的量对于单个最大熵问题也具有重要意义. 在规范分布 (11.56) 中，不同量 $f_k(x)$ 如何相互关联？更具体地说，与平均值 $\langle f_k \rangle$ 的偏离如何关联？该度量是分布的**协方差**或第二中心矩：

$$\begin{aligned} \big\langle (f_j - \langle f_j \rangle)(f_k - \langle f_k \rangle) \big\rangle &= \big\langle f_j f_k - f_j \langle f_k \rangle - \langle f_j \rangle f_k + \langle f_j \rangle \langle f_k \rangle \big\rangle \\ &= \langle f_j f_k \rangle - \langle f_j \rangle \langle f_k \rangle. \end{aligned} \tag{11.70}$$

如果大于平均值 $\langle f_k \rangle$ 的 f_k 值可能伴随有大于其平均值 $\langle f_j \rangle$ 的 f_j 值，则协方差为正；如果它们倾向于在相反的方向波动，则协方差为负；如果它们的变化不相关，则协方差为 0. 如果 $j = k$，这就变成*方差*：

$$\big\langle (f_k - \langle f_k \rangle)^2 \big\rangle = \langle f_k^2 \rangle - \langle f_k \rangle^2 \geqslant 0. \tag{11.71}$$

要直接从规范分布 (11.56) 计算这些量，我们可以首先计算

$$\begin{aligned} \langle f_j f_k \rangle &= \frac{1}{Z(\lambda_1, \cdots, \lambda_m)} \sum_{i=1}^{n} f_j(x_i) f_k(x_i) \exp\left\{ -\sum_{j=1}^{m} \lambda_j f_j(x_i) \right\} \\ &= \frac{1}{Z(\lambda_1, \cdots, \lambda_m)} \sum_{i=1}^{n} \frac{\partial^2}{\partial \lambda_j \partial \lambda_k} \exp\left\{ -\sum_{j=1}^{m} \lambda_j f_j(x_i) \right\} \\ &= \frac{1}{Z(\lambda_1, \cdots, \lambda_m)} \frac{\partial^2 Z(\lambda_1, \cdots, \lambda_m)}{\partial \lambda_j \partial \lambda_k}, \end{aligned} \tag{11.72}$$

然后应用 (11.60)，协方差变为

$$\langle f_j f_k \rangle - \langle f_j \rangle \langle f_k \rangle = \frac{1}{Z} \frac{\partial^2 Z}{\partial \lambda_j \partial \lambda_k} - \frac{1}{Z^2} \frac{\partial Z}{\partial \lambda_j} \frac{\partial Z}{\partial \lambda_k} = \frac{\partial^2 \ln Z}{\partial \lambda_j \partial \lambda_k}. \tag{11.73}$$

但是这只是量 (11.69)，因此互反定律有更大的意义：

$$\langle f_j f_k \rangle - \langle f_j \rangle \langle f_k \rangle = -\frac{\partial \langle f_j \rangle}{\partial \lambda_k} = -\frac{\partial \langle f_k \rangle}{\partial \lambda_j}. \tag{11.74}$$

为我们提供了互反定律的 $\ln Z(\lambda_1, \cdots, \lambda_m)$ 的二阶导数也给出了我们分布中的 f_j 和 f_k 的协方差.

注意，(11.74) 仅是更一般规则的特例. 令 $q(x)$ 为任意函数，容易验证 $q(x)$ 与 $f_k(x)$ 的协方差为

$$\langle qf_k\rangle - \langle q\rangle\langle f_k\rangle = -\frac{\partial\langle q\rangle}{\partial\lambda_k}. \tag{11.75}$$

练习 11.3 通过比较 (11.60) (11.69) 和 (11.74)，我们可以期望 $\ln Z(\lambda_1,\cdots,\lambda_m)$ 的更高阶导数对应于分布 (11.56) 的更高阶中心矩. 通过计算 $\ln Z(\lambda_1,\cdots,\lambda_m)$ 的第三和第四中心矩来验证这一猜想是否成立.
提示：有关累积量的理论见附录 C.

对于非中心矩，习惯上定义**矩母函数**

$$\Phi(\beta_1,\cdots,\beta_m) \equiv \left\langle \exp\left\{\sum_{j=1}^{m}\beta_j f_j\right\}\right\rangle, \tag{11.76}$$

它显然具有性质

$$\left\langle f_i^{m_i} f_j^{m_j}\cdots\right\rangle = \left(\frac{\partial^{m_i}}{\partial\beta_i^{m_i}}\frac{\partial^{m_j}}{\partial\beta_j^{m_j}}\cdots\right)\Phi(\beta_1,\cdots,\beta_m)\bigg|_{\beta_k=0}. \tag{11.77}$$

由 (11.76) 可以得到

$$\Phi(\beta_1,\cdots,\beta_m) = \frac{Z([\lambda_1-\beta_1],\cdots,[\lambda_m-\beta_m])}{Z(\lambda_1,\cdots,\lambda_m)}, \tag{11.78}$$

因此，分拆函数 $Z(\lambda_1,\cdots,\lambda_m)$ 可以达到此目的. 不同于 (11.77)，我们可以得到

$$\left\langle f_i^{m_i} f_j^{m_j}\cdots\right\rangle = \frac{1}{Z(\lambda_1,\cdots,\lambda_m)}\left(\frac{\partial^{m_i}}{\partial\beta_i^{m_i}}\frac{\partial^{m_j}}{\partial\beta_j^{m_j}}\cdots\right)Z(\lambda_1,\cdots,\lambda_m), \tag{11.79}$$

这是 (11.72) 的推广.

现在，我们可能会问：f_k 的导数相对于参数 α 的协方差是多少？定义

$$g_k \equiv \frac{\partial f_k}{\partial\alpha}. \tag{11.80}$$

如果 f_k 是能量，α 是体积，则 $-g_k$ 是压力. 我们可以轻松地验证另一个互反关系：

$$\frac{\partial\langle g_j\rangle}{\partial\lambda_k} = -\left[\langle g_j f_k\rangle - \langle g_j\rangle\langle g_k\rangle\right] = \frac{\partial\langle g_k\rangle}{\partial\lambda_j}, \tag{11.81}$$

这类似于 (11.74). 通过类似的推导可以得到等式

$$\sum_{j=1}^{m}\lambda_j\left[\langle g_j g_k\rangle - \langle g_j\rangle\langle g_k\rangle\right] = \left\langle\frac{\partial g_k}{\partial\alpha}\right\rangle - \frac{\partial\langle g_k\rangle}{\partial\alpha}. \tag{11.82}$$

在意识到其通用性之前，我们已经发现并使用了一些特殊情况.

$\ln Z(\lambda_1,\cdots,\lambda_m)$ 的其他导数与 f_k 及其相对于 α 的导数的各阶矩有关. 比如，与 (11.82) 密切相关的是

$$\frac{\partial^2 \ln Z(\lambda_1,\cdots,\lambda_m)}{\partial\alpha^2}=\sum_{jk}\lambda_j\lambda_k\big[\langle g_j g_k\rangle-\langle g_j\rangle\langle g_k\rangle\big]-\sum_k\lambda_k\left\langle\frac{\partial g_k}{\partial\alpha}\right\rangle. \tag{11.83}$$

二阶交叉导数是一个简单而有用的关系，

$$\frac{\partial^2 \ln Z(\lambda_1,\cdots,\lambda_m)}{\partial\alpha\partial\lambda_k}=-\frac{\partial\langle f_k\rangle}{\partial\alpha}=\sum_j\lambda_j\big[\langle f_k g_j\rangle-\langle f_k\rangle\langle g_j\rangle\big]-\langle g_k\rangle, \tag{11.84}$$

这也可以由 (11.69) 和 (11.75) 得到. 通过进一步求导，可以获得类似的无限层次的矩关系. 正如我们将在后面看到的那样，上述定理在特殊情况下具有我们熟悉的关系，例如关于黑体辐射和气体或液体密度的爱因斯坦波动定律、奈奎斯特电压波动定律或可逆电池产生的“噪声”定律，等等.

显然，如果不同参数 $\{\alpha_1,\cdots,\alpha_r\}$ 存在，以上关系将对它们每一个都成立. 新的关系，比如

$$\begin{aligned}\frac{\partial^2 \ln Z(\lambda_1,\cdots,\lambda_m)}{\partial\alpha_1\partial\alpha_2}&=\sum_k\lambda_k\left\langle\frac{\partial^2 f_k}{\partial\alpha_1\partial\alpha_2}\right\rangle\\&\quad-\sum_{kj}\lambda_j\lambda_k\left[\left\langle\frac{\partial f_k}{\partial\alpha_1}\frac{\partial f_j}{\partial\alpha_2}\right\rangle-\left\langle\frac{\partial f_k}{\partial\alpha_1}\right\rangle\left\langle\frac{\partial f_j}{\partial\alpha_2}\right\rangle\right]\end{aligned} \tag{11.85}$$

也会出现.

$\ln Z(\lambda_1,\cdots,\lambda_m;\alpha_1,\cdots,\alpha_r)$ 与 $S(\langle f_1\rangle,\cdots,\langle f_m\rangle;\alpha_1,\cdots,\alpha_r)$ 的关系表明它们也都可以用 S 的导数（即变分性质）表示，见 (11.59). 但是对于 S 还有更一般的重要变分性质.

在 (11.62) 中，我们假设函数 $f_k(x)$ 的定义是固定的，而 $\langle f_k\rangle$ 的变化仅仅是由 p_i 的变化引起的. 现在我们将导出一个更一般的变分陈述，其中这两个量均发生变化. 针对 k 和 i 独立地随意指定 $\delta f_k(x_i)$，独立于 $\delta f_k(x_i)$ 指定 $\delta\langle f_k\rangle$，并考虑从最大熵分布 p_i 到一个稍微不同的分布 $p_i'=p_i+\delta p_i$ 的变化，通过上述方程，δp_i 和 $\delta\lambda_k$ 的变化将根据 $\delta f_k(x_i)$ 和 $\delta\langle f_k\rangle$ 确定地变化. 换句话说，我们现在正在考虑两个略有不同的最大熵问题，其中问题的所有条件（包括基础函数 $f_k(x)$ 的定义）都可以随意变化. $\ln Z(\lambda_1,\cdots,\lambda_m)$ 的变化为

$$\begin{aligned}\delta\ln Z(\lambda_1,\cdots,\lambda_m)&=\frac{1}{Z}\sum_{i=1}^{n}\left[\sum_{k=1}^{m}\big[-\lambda_k\delta f_k(x_i)-\delta\lambda_k f_k(x_i)\big]\exp\left\{-\sum_{j=1}^{m}\lambda_j f_j(x_i)\right\}\right]\\&=-\sum_{k=1}^{m}\big[\lambda_k\langle\delta f_k\rangle+\delta\lambda_k\langle f_k\rangle\big],\end{aligned} \tag{11.86}$$

根据勒让德变换 (11.59),

$$\delta S = -\sum_k \lambda_k \big[\delta\langle f_k\rangle - \langle \delta f_k\rangle\big] \quad 或者 \quad \delta S = \sum_k \lambda_k \delta Q_k, \tag{11.87}$$

其中

$$\delta Q_k \equiv \delta\langle f_k\rangle - \langle \delta f_k\rangle = \sum_{i=1}^{n} f_k(x_i)\delta p_i. \tag{11.88}$$

这一结果推广了 (11.62), 它表明熵 S 不仅在导致规范分布 (11.56) 最大化的意义上是稳定的, 而且如果 p_i 保持固定, 则熵对于函数 $f_k(x_i)$ 的微小变化也保持不变.

作为 (11.87) 的特例, 假设函数 f_k 像 (11.85) 一样包含参数 $\{\alpha_1, \cdots, \alpha_r\}$, 它们通过

$$\delta f_k(x_i, \alpha_j) = \sum_{j=1}^{r} \frac{\partial f_k(x_i, \alpha)}{\partial \alpha_j}\delta\alpha_j \tag{11.89}$$

生成 $\delta f_k(x_i)$. 虽然 δQ_k 通常不是任何函数 $Q_k(\langle f_i\rangle; \alpha_j)$ 的精确微分, 但 (11.87) 表明 λ_k 是一个积分因子, 使得 $\sum \lambda_k \delta Q_k$ 是"状态函数" $S(\langle f_i\rangle; \alpha_j)$ 的精确微分. 这一点在那些研究热力学的人来说看起来似乎很熟悉. 最后, 我们留给读者根据 (11.87) 证明

$$\sum_{k=1}^{m} \langle f_k\rangle \frac{\partial \lambda_k}{\partial \alpha} = 0, \tag{11.90}$$

其中 $\langle f_1\rangle, \cdots, \langle f_r\rangle$ 在微分中保持不变.

显然, 现在有一大类新问题可以让机器人来解决, 它可以批量地解决这些问题. 它首先计算分拆函数 Z, 或者最好是计算 $\ln Z$. 然后, 通过以各种可能的方式对其所有参数对 $\ln Z$ 求微分, 就可以得到最大熵分布的均值形式的各种预测. 这是一个非常简洁的数学过程, 当然, 大家会明白我们在这里所做的事情. 这些关系只是吉布斯带给我们的统计力学的标准方程, 但是其中所有的物理学内容都被删除了, 只留下数学形式.

实际上, 几乎所有已知的热力学定律现在都被视为最大熵理论的简单数学恒等式的特例. 这些定律是一个多世纪以来通过多样化、复杂的物理实验和推理得到的. 这清楚地表明, 这些关系实际上独立于任何特定的物理假设, 是扩展逻辑的一般性质. 这使得我们对热力学的关系为何独立于任何特定物质的性质有了新的认识. 吉布斯的统计力学在历史上是最大熵原理的最早应用, 并且至今仍然是使用得最多的 (尽管它的许多应用者仍然不知道它的一般性).

最大熵的数学形式在物理学之外还有大量其他应用. 在第 14 章中, 我们将通过此方法为库存控制的非平凡问题提供完整的数值解; 在第 22 章中, 我们将

给出通信理论中最优编码问题的非平凡的解析解．从某种意义上说，一旦我们理解了本章所述的最大熵原理，那么概率论的大多数应用能被视为是在使用它来分配初始概率——无论在技术上称为先验概率还是抽样概率．每当我们分配均匀的先验概率时，我们都可以说在应用最大熵原理（尽管在这种情况下，结果是如此简单直观，因此我们不需要上述任何数学形式）．正如我们在第 7 章中所看到的，每当分配高斯抽样分布时，这与给定第一和第二阶矩应用最大熵原理相同．我们在第 9 章中看到，在分配二项抽样分布时，这在数学上等价于在更深的假设空间上分配均匀的最大熵分布．

11.8　概念问题-频率对应

最大熵原理相当简单明了．正如我们刚刚看到的，在给定信息是平均值的情况下，如果可以计算函数 $Z(\lambda_1,\cdots,\lambda_m;\alpha_1,\cdots,\alpha_r)$，则一切都可以得到，所以它会产生非常简洁的数学形式，然而，这似乎会产生概念上的严重困难，特别是对于那些被训练成只会在频率意义上考虑概率的人来说．因此，在转向应用之前，我们将研究并希望解决其中的一些困难．以下是对最大熵原理的一些异议．

(A) 如果使用规范分布 (11.56) 的唯一理由是“最大化不确定性”，那就是消极的做法，不可能导致任何有用的预测，单单出于无知无法获得可靠的结果．

(B) 通过最大熵获得的概率与物理预测无关，因为它们与频率无关——绝对没有理由假设实验观察到的分布与通过最大熵发现的分布相符．

(C) 最大熵原理仅限于约束条件为平均值的情况，如果给定数据 $\{F_1,\cdots,F_n\}$ 几乎都不是任何事物的平均值，它们则是确定的测量值．当你将它们设置为等于平均值 $F_k=\langle f_k\rangle$ 时，你就犯了逻辑矛盾，因为给定的数据说 f_k 的值为 F_k，但是你立即写下了一个概率分布，该概率分布将非零概率分配给 $f_k\neq F_k$ 的值．

(D) 因为不同的人有不同的信息，所以该原理不可能导致任何确定的物理结果，而是将导致不同的分布——结果基本上是任意的．

异议 (A) 当然只是语言游戏．“不确定性”一直存在．我们最大化熵并不会产生任何“无知”或“不确定性”；相反，它能定量确定已经存在的不确定性的范围．如果不这样做——意味着使用的分布信息比我们实际拥有的要多——将得出不可靠的结论．

当然，作为对我们最大熵分布的约束而放入理论中的信息可能太少了——分布受极弱的无信息均匀分布的约束——以至于无法从中做出可靠的预测. 但是在这种情况下, 正如我们稍后将看到的, 该理论会自动告诉我们: 如果某一个量 (例如压力、磁化强度、电流密度、扩散速率等) 呈现很宽的概率分布, 这就是机器人告诉我们的: "你没有给我足够的信息来做任何确定的预测." 但是, 如果我们得到一个非常尖锐的分布 [例如——这也是许多实际问题中所发生的典型现象——理论上说 θ 在区间 $\theta_0\ (1\pm 10^{-6})$ 中的几率大于 $10^{10}:1$], 则给定的信息足以做出非常明确的预测.

在两种极端情况以及其他中间情况下, θ 的分布总是根据方程中的输入信息告诉我们关于 θ 能得出哪些结论. 如果有人有其他可靠信息, 但没有将其纳入计算, 那么结果不能说明最大熵方法的失败, 而只是其被误用了.

为了回击异议 (B), 我们想说情况远比那要复杂得多. 最大熵原理基本上与任何可重复的"随机试验"无关. 一些最重要的应用是在分布 (11.56) 中的概率 p_i 与频率没有关联的情况——x_i 只是在单一场景下列举所有可能情况, 例如渡轮问题中的汽车数.

然而, 没有什么能阻止我们将最大熵原理应用于重复实验生成 x_i 的情况. 在这种情况下, 可以对最大熵概率 $p(x_i)$ 与观测到 x_i 的频率之间的关系进行数学分析. 我们证明: (1) 在这种情况下, 最大熵概率确实与频率有确定的关联; (2) 然而在大多数实际问题中, 这种关联对于该方法的使用是不必要的; (3) 实际上, 在观察到的频率与最大熵概率不一致时, 最大熵原理才对我们最有用.

现在假设 x 的值是由一些随机试验确定的, 在每次实验中, 最终结果都是值 $x_i\ (i=1,2,\cdots,n)$. 在掷骰子问题中 $n=6$. 但是现在, 我们不问概率 p_i 是多少, 而是问一个完全不同的问题: 根据已知信息, 关于各种 x_i 发生的相对频率 f_i 我们能说什么?

假设实验由 N 次试验组成 (我们对 $N\to+\infty$ 的极限特别感兴趣, 因为这是通常的频率概率理论所考虑的情况), 然后对结果的每种可能序列进行分析. 每个试验都可以独立给出结果 $\{x_1,\cdots,x_n\}$, 因此在整个实验中有 n^N 种可能的结果, 但是其中许多种将与给定的信息不符. [我们再次假设它由几个函数的平均值 $f_k(x)\ (k=1,2,\cdots,m)$ 组成. 很明显, 最终结论与采用这种形式或其他形式无关.] 当然, 我们将假定实验结果与该信息相符——如果不相符, 则给定的信息是错误的, 这是在解决错误的问题. 在整个实验中, 结果 x_1 将获得 n_1 次, x_2 将获得 n_2 次, 依此类推. 我们当然有

$$\sum_{i=1}^{n} n_i = N, \tag{11.91}$$

如果在实际实验中观察到给定平均值 F_k，则我们有附加关系

$$\sum_{i=1}^{n} n_i f_k(x_i) = NF_k, \qquad k = 1, 2, \cdots, m. \tag{11.92}$$

如果 $m < n-1$，则约束 (11.91) 和 (11.92) 不足以确定相对频率 $f_i = n_i/N$，但是，我们确实有理由偏爱 f_i 的某些选择. 例如，在最初可能出现的 n^N 种结果中，有多少会导致样本数 $\{n_1, n_2, \cdots, n_n\}$ 的集合？答案当然是多项式系数

$$W = \frac{N!}{n_1!n_2!\cdots n_n!} = \frac{N!}{(Nf_1)!(Nf_2)!\cdots(Nf_n)!}. \tag{11.93}$$

因此，能以最大数量实现的一组频率 $\{f_1, \cdots, f_n\}$ 是在约束 (11.91) 和 (11.92) 下使得 W 最大化的一组频率. 当然，我们同样可以最大化 W 的任何单调递增函数，尤其是 $N^{-1}\ln W$，但是当 $N \to +\infty$ 时，正如我们在 (11.29) 中所看到的，

$$\frac{1}{N}\ln W \to -\sum_{i=1}^{n} f_i \ln f_i = H_f. \tag{11.94}$$

因此，可以看到，在 (11.91) (11.92) 和 (11.94) 中，我们形式化了与最大熵原理推导过程中完全相同的数学问题，因此这两个问题将具有相同的解. 该论证在数学上使人联想到 11.4 节中给出的沃利斯推导. 通过直接应用贝叶斯定理，在所有 n^N 种可能的结果中分配均匀的先验概率，并且取极限 $N \to +\infty$，也可以得到相同的结果.

作为对异议 (C) 的部分回击，我们看到，无论约束条件是否采用平均值形式，数学等式都会成立. 如果给定的信息确实包含平均值，那么数学上就特别简洁，会导致分拆函数，如此而已. 但是，对于对问题施加了任何确定约束的给定信息，我们会得出相同的结论：使熵最大化的概率分布在数值上与可以与频率分布中最可能的频率相同.

此外，W 的最大值非常尖锐. 为了显示这一点，令 $\{f_1, \cdots, f_n\}$ 是最大化 W 并具有熵 H_f 的频率集合，$\{f_1', \cdots, f_n'\}$ 是任何其他可能的频率集合（即满足约束 (11.91) 和 (11.92) 并具有熵 $H_f' < H_f$ 的集合）. 根据 (11.94)，比率（f_i 可以实现的方式数量）/（f_i' 可以实现的方式数量）渐近地是

$$\frac{W}{W'} \to \exp\{N(H_f - H_{f'})\}, \tag{11.95}$$

当 $N \to +\infty$ 会很快超过任何界限值. 因此在实验中，通过最大熵原理预测的频率分布会比任何其他满足相同约束的频率以占绝对优势多的方式实现.

这里，我们在概率和频率之间建立了另一种精确而一般的联系. 它与概率的定义无关，而是作为扩展逻辑的概率论的数学结果. 第 12 章将介绍概率与频率之间的另一种联系，其精确的数学陈述形式与这里不同，但具有相同的实际结果.

关于异议 (C)，施加约束的目的是将某些信息融入我们的概率分布中. 现在说概率分布"包含"某些信息意味着什么? 我们认为这意味着可以使用通常的规则估计期望值来从中提取信息. 通常数据 F_k 的准确性未知，因此仅使用数据约束 $\langle F_k \rangle$ 就是诚实的过程，而 $f_k(x)$ 的分布宽度将由可能数据 x_i 的阈值和密度确定. 但是如果我们确实有关于 F_1 准确性的信息，则可以通过在 $\langle f_1(x_i)^2 \rangle$ 上添加一个新约束来融入这一信息，数学形式允许这样做. 但这很少会对最终结论产生任何实质性的影响，因为与合理的均方实验误差相比，$f_1(x)$ 的最大熵分布的方差通常很小.

现在我们来谈谈异议 (D)，并仔细分析情况，因为这可能是所有异议中最常见的一种. 概率与频率之间的上述联系是否证明了我们的预测，即最大熵分布实际上将在实验中作为频率分布被观察到? 从演绎的角度来看，显然不是这样的，因为正如异议 (D) 指出的那样，我们不得不承认不同的人可能拥有不同的信息，这将导致他们写出不同的分布，从而对可观察的事实做出不同的预测，而他们不可能全都是对的. 但这错失了要点，让我们仔细分析一下.

考虑一种特定情况：A 对平均值 $\langle f_1(x) \rangle$ 和 $\langle f_2(x) \rangle$ 施加约束，以使其与数据 F_1 和 F_2 一致. B 有更多信息，另外对 $\langle f_3(x) \rangle$ 施加了约束，以与其额外数据 F_3 一致. 两个人都根据自己的信息求最大熵分布. 由于 B 的熵是在受到更多约束时最大化，因此我们有

$$S_B \leqslant S_A. \tag{11.96}$$

假设 B 的额外信息是多余的，从某种意义上说，这只是 A 从他的分布中可以预测到的信息. 这时，A 针对概率分布的所有变量的变化最大化了熵，这些变化使 $\langle f_1 \rangle$ 和 $\langle f_2 \rangle$ 固定为指定值 F_1 和 F_2. 因此，相对于较少的变量变化，不用说他也会获得最大值，这也将 $\langle f_3 \rangle$ 固定为最终获得的值. 因此在这种情况下，A 的分布也解决了 B 的问题，$\lambda_3 = 0$，并且 A 和 B 具有相同的概率分布. 只有在这种情况下，(11.96) 中的等号才成立.

从中我们学到了两件事. (1) 具有不同信息的两个人未必会得出不同的最大熵分布；只有当 B 的额外信息对 A 是"意外的"时，情况才如此. (2) 在定义最大熵问题时，没有必要保证所使用的不同信息独立：任何冗余信息都不会被计数两次，而是会自动退出方程. 确实，这不仅符合我们的基本合情条件，即布尔代数中 $AA = A$，而且对于任何变分原理也是这样的（如果旧的解已经满足该约束，则施加新的约束不能改变解）.

现在假设相反的情况：B 的额外信息在逻辑上与 A 所知道的相矛盾. 例如，可能 $f_3(x) = f_1(x) + 2f_2(x)$，但是 B 的数据不满足 $F_3 = F_1 + 2F_2$. 显然，没有

符合 B 数据的概率分布. 我们的机器人将如何告诉我们这一点呢? 数学上，你将发现方程

$$F_k = -\frac{\partial \ln Z(\lambda_1, \lambda_2, \lambda_3)}{\partial \lambda_k} \tag{11.97}$$

没有兼容的实数解 λ_k. 在上述例子中，

$$\begin{aligned} Z(\lambda_1, \lambda_2, \lambda_3) &= \sum_{i=1}^{n} \exp\{-\lambda_1 f_1(x_i) - \lambda_2 f_2(x_i) - \lambda_3 f_3(x_i)\} \\ &= \sum_{i=1}^{n} \exp\{-(\lambda_1 + \lambda_3) f_1(x_i) - (\lambda_2 + 2\lambda_3) f_2(x_i)\} \end{aligned} \tag{11.98}$$

以及

$$\frac{\partial Z(\lambda_1, \lambda_2, \lambda_3)}{\partial \lambda_3} = \frac{\partial Z(\lambda_1, \lambda_2, \lambda_3)}{\partial \lambda_1} + 2\frac{\partial Z(\lambda_1, \lambda_2, \lambda_3)}{\partial \lambda_2}, \tag{11.99}$$

因此方程 (11.97) 对于 $\lambda_1, \lambda_2, \lambda_3$ 没有解，除非 $F_3 = F_1 + 2F_2$. 因此当一条新的信息在逻辑上与先前的信息矛盾时，最大熵原理就应该失效，从而拒绝提供任何分布.

最有趣的是，B 的额外信息既非多余的，也不是矛盾的中间情况. 这样，他发现与 A 具有不同的最大熵分布，且 (11.96) 中的不等号成立，这表明 B 的额外信息是“有用的”，进一步缩小了 A 信息所允许的可能性范围. 该范围的度量正是 W. 根据 (11.95)，我们渐近地有

$$\frac{W_A}{W_B} \sim \exp\{N(S_A - S_B)\}. \tag{11.100}$$

对于大的 N，即使熵稍有减小，也会导致可能性数量的极大减少.

现在假设我们在 A 和 B 的观察下开始进行实验. 由于 A 预测的平均值 $\langle f_3 \rangle$ 与 B 已知的正确平均值不同，因此很明显，实验分布无法在所有方面都与 A 的预测一致. 我们也无法事先确定它是否也将与 B 的预测一致，因为可能有 B 不知道的其他约束 $f_4(x), f_5(x), \cdots$ 在影响实验.

以上展示的性质证明了以下较弱的概率与频率对应关系：如果融入最大熵分析中的信息包括随机试验中实际的所有约束，那么最大熵方法预测的分布将最有可能被观测到. 实际上，自然界中观察到的大多数频率分布都是最大熵分布，因为它们的实现方式比其他任何分布要多得多.

相反，如果实验没有证实最大熵预测，并且在重复实验时这种差别持续存在，由于根据假设数据 F_i 是不完整的，那么我们可以得出结论，实验的物理机制中一定包含一些附加约束，而这些约束在最大熵计算中并未考虑在内. 然后，观察到的偏差为新约束的性质提供了线索. 这样，A 可以根据经验发现他的信息不完整.

总而言之，最大熵原理不是能告诉我们哪些预测一定正确的金科玉律. 它是一种归纳推理的规则，会告诉我们当前信息最强烈支持的是什么预测.

11.9 评注

11.8 节中的情景很好地描述了吉布斯当时所面对的情况，这是历史上最重要的统计分析应用之一. 众所周知，到 1901 年，在经典统计力学中，规范系综（吉布斯基于指定的能量平均值对于经典状态空间，或相空间推导出的最大熵分布）的使用无法正确预测某些热力学性质（热容量、状态方程等）. 数据分析表明实际物理系统的熵总是小于预测值. 因此，当时吉布斯处于 A 的境况. 结论是，物理学的微观定律中一定包含古典力学定律中未包含的一些附加约束.

吉布斯于 1903 年去世，其他人继续寻找这种约束的性质：首先是普朗克对黑体辐射，然后是爱因斯坦和德拜对固体，最后是玻尔对原子，他们都找到了相应约束. 约束是可能的能量值的离散性，此后称为能级. 1927 年，海森伯和薛定谔提出了可以根据第一原理进行计算的数学理论.

因此，一个历史事实是，通过最大熵原理的“不成功”应用，发现了需要量子理论，及表明新理论某些必要特征的第一线索. 我们可能会期望这种情况将来会再次发生. 这是以下观点的基础：最大熵原理仅在无法正确预测实验事实的情况下对我们最有用. 这也说明了归纳推理在科学中的真正性质、作用和价值. 杰弗里斯也强调了这一点（见 1957 年版的 Jeffreys，1931）.

吉布斯（1902）用形式

$$w(q_1,\cdots,q_n;p_1,\cdots,p_n)=\exp\{\eta(q_1,\cdots,q_n)\}, \tag{11.101}$$

在相空间中写出概率密度，并将函数 η 称为“相位概率指标”. 他分别对平均能量、平均能量和粒子数的约束得出了他的正则系综和大正则系综［见吉布斯的著作（Gibbs，1902，第 143 页）］，并指出这是“在不违反该条件的情况下，相位分布给出了相位概率指标平均值 $\overline{\eta}$ 的最小值……”，当然，这就是我们今天描述的最大熵约束条件.

不幸的是，由于健康状况不佳，吉布斯并没有完成工作. 他没有给出任何明确的解释，我们只能猜测他是否有相对于其他函数，为什么要最大化这一特定函数的解释. 因此，他的程序对许多人来说似乎很随意. 60 年来，人们对于吉布斯方法的合理性一直感到困惑并存在争议. 它们被一些统计力学的学者完全拒绝，而被其他人以最大程度谨慎对待. 只有在香农的著作（Shannon，1948）中，才能从根本上看到这种新思想. 这些历史问题在杰恩斯的著作（Jaynes，1967 和 Jaynes，1992b）中有更详细的讨论.

第 12 章　无知先验和变换群

无知胜于错误，认为自己不知道的人比有着错误信念的人更接近真理.

——托马斯·杰斐逊（Thomas Jefferson，1781）

将先验信息唯一地转化为先验概率分配的问题是概率论中的另一个重要问题. 对于此问题，前一章的最大熵原理提供了一个重要工具. 但是这一问题尚未解决，因为几十年来它一直被那些无法将概率分布视为代表信息的人所拒绝. 正是由于长期以来的忽视，许多当前的科学、工程、经济和环境问题亟待此问题的答案，因为不解决此问题则许多重要的应用将无法继续进行.

12.1　我们要做什么？

令人感到奇怪的是，即使不同的人在应该计算什么的问题上意见完全一致，他们对实际在做什么以及为什么这样做的看法也可能截然不同. 例如，有一个庞大的贝叶斯社区，其成员自称为“主观贝叶斯主义者”，他们的态度处于“正统”统计学和我们的理论之间. 他们大部分接受了标准的正统统计训练，但是由于随后看到了其中的荒谬而叛离正统统计哲学，但同时保留了使用正统统计学术语和符号的习惯.

这些表达习惯使得主观贝叶斯主义者遇到了严重的障碍. 尽管他们看到概率不能仅仅表示频率，但是他们仍然将抽样概率视为“随机变量”的频率. 对他们来说，先验概率和后验概率仅代表个人意见，这些观点根据德菲内蒂的连贯性原则进行更新. 幸运的是，这将得出贝叶斯定理，因此与我们的计算方式相同.

在分配先验概率时，主观贝叶斯主义者在问题的初始阶段面临着模糊不清的尴尬情况. 如果先验概率仅代表先验个人意见，那么它们基本上是随意而未定义的. 似乎只有通过内省才能分配先验概率，并且不同的人会做出不同的分配. 然而，大多数主观贝叶斯主义者使用的语言中暗示着在实际问题中存在某种未知的“真实”先验概率分布. 我们认为，在认识到以下三个核心点之前，推断问题是没有良好定义的.

(A) 先验概率代表我们的先验信息，其值不是通过自省，而是通过对该信息的逻辑分析来确定的.

(B) 由于最终结论同时取决于先验信息和数据，在提出问题时，必须指定要使用的先验信息，就像指定数据一样.

(C) 我们的目标是，在具有相同先验信息的两个人必须分配相同的先验概率的意义上，推断应该是完全“客观的”.

如果没有指定先验信息，那么推断问题就如同没有指定数据一样没有得到良好的定义. 确实，自从拉普拉斯时代以来，概率论的应用就因先验信息的处理困难而受到阻碍. 在实际推断问题中，典型的情况是我们有与问题高度相关的强有力的先验信息，不考虑这些信息就会进行明显的不一致性推理，从而可能导致荒谬或危险的误导性结果.

在指定先验信息之后，我们便面临着将该信息转化为特定的先验概率的问题. 这种形式转化过程占据概率论的整整一半篇幅，因为这是实际应用所需要的. 然而，这方面在正统统计学中完全缺失，在主观贝叶斯理论中也只能被隐约地感觉到.

就像 0 是数列相加的自然起点一样，许多先验信息转化的自然起点是完全无知的状态. 在上一章中我们看到，对于离散概率，最大熵原理表明——与我们显而易见的直觉相一致——完全无知是由均匀先验概率分配表示的. 对于连续概率，这一问题要困难得多，因为直觉不能告诉我们结果，我们必须诉诸正式的必备条件和原则. 本章中，我们将为此探讨变换群数学工具的使用.

有些人反对尝试表征完全无知，理由是完全无知的状态并不“存在”. 对此，我们会回答说：完美的三角形也不存在，但是不了解完美三角形性质的测量者将是不称职的. 对我们来说，完全无知先验是真实先验信息的理想极限情况，正如完美三角形是测量者测量的真实三角形的理想极限情况一样. 如果没有学会如何处理完全无知先验，那么我们几乎不可能解决真正的问题.

到目前为止研究的这些相对简单的问题可以通过合理的常识——几乎总是能看出先验应该是什么——来解决. 当我们处理更复杂的问题时，如何找到无知先验的形式理论变得越来越必要. 在很多情况下，只要有最大熵原理就足够了，但是我们的工具箱中也应该提供诸如变换群、边缘化理论和编码理论之类的原理. 本章将研究变换群方法. 在开始研究之前，我们将介绍性地讨论连续分布的最大熵原理，并说明这如何自然地导致表征完全无知分布的思想.

12.2 无知先验

到目前为止，我们仅仅考虑了离散情况下的最大熵原理，并且发现：如果所寻求的分布可以视为由随机试验产生的，那么概率和频率之间存在对应关系，并且结果与其他概率论原理一致. 但是在数学上，并没有要求实际执行或构想任何随机试验，因此我们从最广泛的意义上解释该原理，从而赋予它最广泛的适用性，即无论是否涉及随机试验，最大熵分布都代表着对我们的知识状态最“诚实”描述.

在这样的应用中，最大熵原理非常易于应用，并且会得出我们期望的结果. 例如，我在一篇文章（Jaynes，1963a）中，分析了在不确定性条件下决策的一系列问题（本质上是库存控制问题）. 这类问题在实践中经常出现. 在这里，自然状态不是任何随机试验的结果，没有样本分布也没有样本，因此从切尔诺夫和摩西（Chernoff & Moses，1959）的角度来看，这可能被认为是一个“无数据”决策问题. 但是在各个阶段中，可以获得越来越多的先验信息. 通过最大熵方法来吸收它们，可以得到一系列先验分布，其中的可能性区间逐渐变小. 它们会导致一系列决策，每一种决策都是基于该阶段可用信息的理性决策，这对应于早期阶段根据直觉就能够看到答案的直观常识性判断. 很难想象，如果不使用最大熵原理或者与之等效的工具，这一问题该如何解决.

在将最大熵原理应用于物理与工程学问题的多年实践中，我们尚未发现在离散先验时，它无法产生有用且合理结果的情况. 据我所知，还没有人提出分配离散先验的其他通用方法. 看来，最大熵原理可能是分配离散先验问题的最终解.

12.3 连续分布

但是，在应用最大熵原理分配连续先验分布时需要更深入的分析，因为乍一看，结果似乎依赖于参数的选择. 我们在这里并不是指以下众所周知的事实，即量

$$H' = -\int \mathrm{d}x\, p(x|I) \ln[p(x|I)] \tag{12.1}$$

在参数 $x \to y(x)$ 的变换下缺乏不变性. 因为 (12.1) 并不是任何推导的结果，事实证明它也不是连续分布的正确信息度量. 香农定理使用 (11.23) 作为信息度量仅适用于离散分布. 为了在连续分布的情况下找到对应的表达式，我们可以对离散分布取极限. 以下论证可以根据我们的要求变得更严格，但是会大大地牺牲明晰性.

在离散熵表达式中

$$H_I^{\mathrm{d}} = -\sum_{i=1}^{n} p_i \ln p_i. \tag{12.2}$$

我们假设离散点 x_i（$i = 1, 2, \cdots, n$）变得越来越多，以至于当 $n \to +\infty$ 时，

$$\lim_{n\to+\infty} \frac{1}{n}(a < x < b \text{ 的点数}) = \int_a^b \mathrm{d}x\, m(x). \tag{12.3}$$

如果达到极限的行为足够好，那么在 x 的任何特定值附近的差值 $(x_{i+1} - x_i)$ 也

会趋于 0，即

$$\lim_{n\to+\infty}\big[n(x_{i+1}-x_i)\big]=\big[m(x_i)\big]^{-1}. \tag{12.4}$$

离散概率分布 p_i 将通过如下极限形式变为连续概率 $p(x|I)$:

$$p_i=p(x_i|I)(x_{i+1}-x_i); \tag{12.5}$$

或者，根据 (12.4)，

$$p_i\to p(x_i|I)\big[nm(x_i)\big]^{-1}. \tag{12.6}$$

离散熵 (12.2) 将变成积分

$$H_I^{\mathrm{d}}\to\int \mathrm{d}x\,p(x|I)\ln\left[\frac{p(x|I)}{nm(x)}\right]. \tag{12.7}$$

在求极限时，它包含一个无限大项 $\ln n$. 如果减去此项，则差值将接近确定的极限，我们将其作为连续分布信息的度量:

$$H_I^{\mathrm{c}}\equiv\lim_{n\to+\infty}\left[I_I^{\mathrm{d}}-\ln n\right]=-\int \mathrm{d}x\,p(x|I)\ln\left[\frac{p(x|I)}{m(x)}\right]. \tag{12.8}$$

“不变测度”函数 $m(x)$ 与离散点的极限密度成正比. 在迄今为止研究的所有应用中 $m(x)$ 都是行为良好的连续函数，因此我们继续使用黎曼积分的概念. 我们将 $m(x)$ 称为“测度”只是为了适当的概括，如果实际问题需要，可以随时提供. 由于 $p(x|I)$ 和 $m(x)$ 在变量变换时以相同的方式变化，H_I^{c} 是不变的.

我们寻求归一化的概率密度 $p(x|I)$:

$$\int \mathrm{d}x\,p(x|I)=1 \tag{12.9}$$

（我们知道积分范围是整个参数空间），它受 m 个不同函数 $f_k(x)$ 的平均值的信息约束，即

$$F_k=\int \mathrm{d}x\,p(x|I)f_k(x),\qquad k=1,2,\cdots,m, \tag{12.10}$$

其中 F_f 是给定的数值. 在这些约束条件下，我们要最大化度量 (12.8). 解还是基础的:

$$p(x|I)=Z^{-1}m(x)\exp\{\lambda_1 f_1(x)+\cdots+\lambda_m f_m(x)\}, \tag{12.11}$$

其中分拆函数是

$$Z(\lambda_1,\cdots,\lambda_m)\equiv\int \mathrm{d}x\,m(x)\exp\{\lambda_1 f_1(x)+\cdots+\lambda_m f_m(x)\}, \tag{12.12}$$

拉格朗日乘子 λ_k 由以下方程组确定，

$$F_k=-\frac{\partial\ln Z(\lambda_1,\cdots,\lambda_m)}{\partial\lambda_k},\qquad k=1,\cdots,m. \tag{12.13}$$

那么我们对其他任何量 $q(x)$ 的“最优”估计（根据平方损失函数）是

$$\langle q\rangle = \int \mathrm{d}x\, q(x)p(x|I). \tag{12.14}$$

从这些方程可以明显看出，当我们使用 (12.8) 而不是 (12.1) 作为信息量度时，不仅最终结论 (12.14) 而且分拆函数和拉格朗日乘子在参数变换 $x \to y(x)$ 时都不变. 这些量在应用中具有确定的物理意义.

但是仍然存在一个实际的难题：如果参数空间不是任何极限过程的结果，那么是什么决定了 $m(x)$ 的适当度量？结论显然依赖于我们采取的度量. 这是迄今为止最大熵原理的不足. 我们必须对此不足进行弥补才能将最大熵原理视为对先验概率问题的全面解决方案. 让我们看看该度量的直观含义. 考虑一维情况，假设我们已知 $a < x < b$，但是没有其他先验信息，那么没有拉格朗日乘子 λ_k，并且 (12.11) 可以简化为

$$p(x|I) = \left[\int_a^b \mathrm{d}x\, m(x)\right]^{-1} m(x), \qquad a < x < b. \tag{12.15}$$

除了相差一个常数因子外，度量 $m(x)$ 也是一种描述 x 的“完全无知”的先验分布. 因此，模糊性只是一直困扰着贝叶斯统计的古老问题：我们如何找到表征“完全无知”的先验？一旦解决了这一问题，最大熵原理将导致一种确定、与参数无关、根据可检验的先验信息建立先验分布的方法. 由于关于这一问题已经有 200 多年的讨论和争议，我们希望以一种建设性的态度来说明它.

像某些人所做的那样，以完全无知的状态不“存在”为由拒绝这个问题，与以不存在物理点为由拒绝欧几里得几何一样荒谬. 在归纳推理的研究中，完全无知的概念像算术中的 0 的概念一样自然而然地出现在理论中.

如果有人以完全无知的概念模糊不清且未良好定义为由拒绝考虑它，那么回应是，在任何完整的推理理论中都不能逃避该概念. 因此，如果仍未良好定义，那么主要且紧迫的目标就是找到一个符合直觉并且在数学理论中具有实际用途的精确定义.

带着这种认识，让我们对于前人有关该问题的一些思想做一下回顾. 贝叶斯建议，在某种特殊情况下，通过分配均匀先验概率密度来表达完全无知. 该规则有其应用范围，因为拉普拉斯将其应用于分析天文数据而获得了一些天体力学中最重要的发现，但是贝叶斯规则有一个明显的困难，那就是它不具有参数变换不变性，并且似乎没有任何标准可以告诉我们应该使用哪种参数.（顺便指出，无偏估计量、有效估计量和最小置信区间的概念有同样模糊不清的问题，并且后果同样严重，因此正统统计学不能声称比贝叶斯理论更好地解决了这个问题.）

杰弗里斯（Jeffreys，1931；1939，1957）建议我们分配先验 $\mathrm{d}\sigma/\sigma$ 给已知为正的连续参数 σ，理由是无论使用参数 σ 还是 σ^m，意义是一样的. 这肯定是朝着正确方向迈出了一步，但是它不能向更一般的参数变换扩展. 我们不希望（并且显然不能）在所有参数变换下保持先验形式不变. 我们想要的是内容的不变性，而概率论法则已经决定先验在参数变换下必须如何变换.

因此必须以不同的方式陈述真正的问题. 我们建议恰当的问题是:“给定形式（例如贝叶斯或杰弗里斯形式）的先验适用于哪种参数选择?” 我们的参数空间似乎具有类似软体动物的性质，使我们无法对此做出回答，除非能找到一种新原则，能赋予它们“刚性”.

根据这种陈述方式，我们认识到这类问题已经在其他数学分支中出现并得到了解决. 在黎曼几何和广义相对论中，我们允许任意连续的坐标变换. 然而刚性是通过不变线元的概念来体现的，这使我们能够独立于坐标选择而做出几何和物理意义上的明确陈述. 在连续群理论中，在哈尔（Haar，1933）、庞特里亚金（Pontryagin，1946）和维格纳（Wigner，1959）引入不变群测度之前，群参数空间也具有类似软体动物的性质. 我们试图对统计的参数空间做类似的事情.

庞加莱（Poincaré，1912）以及最近的哈蒂根（Hartigan，1964）、斯通（Stone，1965）和弗雷泽（Fraser，1966）讨论了在与此相关的问题中利用变换群的想法. 在以下各节中，我们将给出四个以不同的群论方法进行推理的例子. 这些方法主要是由维格纳（Wigner，1959）和外尔（Weyl，1961）发展的，它们在物理问题上取得了巨大的成功，并且似乎特别适合解决我们现在的问题.

12.4 变换群

最好通过一些简单的例子来说明这种推理方法，其中第一个例子在实践中也是最重要的.

12.4.1 位置和比例参数

我们从具有两个参数的连续分布

$$p(x|\nu\sigma) = \phi(x, \nu, \sigma)\mathrm{d}x \tag{12.16}$$

中抽样，并且考虑以下问题 A.

问题 A

给定样本 $\{x_1, \cdots, x_n\}$，估计参数 ν 和 σ. 除非引入如下确定的先验分布，此问题在数学和概念上都是不确定的.

$$p(\nu\sigma|I)\mathrm{d}\nu\mathrm{d}\sigma = f(\nu, \sigma)\mathrm{d}\nu\mathrm{d}\sigma, \tag{12.17}$$

但是如果我们只是说"对先验分布完全无知",则不能确定要使用什么函数 $f(\nu, \sigma)$.

假设我们通过式子

$$\begin{aligned} \nu' &= \nu + b, \\ \sigma' &= a\sigma, \\ x' - \nu' &= a(x - \nu) \end{aligned} \tag{12.18}$$

将旧变量变换为新变量 $\{x', \nu', \sigma'\}$, 其中 $0 < a < +\infty$, $-\infty < b < +\infty$. 分布 (12.16) 用新变量表示为

$$p(x'|\nu'\sigma') = \psi(x', \nu', \sigma') = \phi(x, \nu, \sigma)\mathrm{d}x, \tag{12.19}$$

或者根据 (12.18) 是

$$\psi(x', \nu', \sigma') = a^{-1}\phi(x, \nu, \sigma). \tag{12.20}$$

类似地, 先验分布变为 $g(\nu', \sigma')$, 其中, 根据变换 (12.18) 的雅可比变换,

$$g(\nu', \sigma') = a^{-1}f(\nu, \sigma). \tag{12.21}$$

以上关系对于任何分布 $\phi(x, \nu, \sigma)$, $f(\nu, \sigma)$ 都成立.

现在假设分布 (12.16) 在变换群 (12.18) 下是不变的, 因此无论 a 和 b 的值是什么, ψ 和 ϕ 都是相同的函数:

$$\psi(x, \nu, \sigma) = \phi(x, \nu, \sigma). \tag{12.22}$$

这种不变性的条件是 $\phi(x, \nu, \sigma)$ 必须满足函数方程

$$\phi(x, \nu, \sigma) = a\phi(ax - a\nu + \nu + b, \nu + b, a\sigma). \tag{12.23}$$

将此方程对 a 和 b 求微分并求解所得的微分方程, 可以得到函数方程 (12.23) 的一般解是

$$\phi(x, \nu, \sigma) = \frac{1}{\sigma}h\left(\frac{x - \nu}{\sigma}\right), \tag{12.24}$$

其中 $h(q)$ 是任意函数. 因此, 位置参数 ν 和比例参数 σ 的通常定义等价于指定在变换群 (12.18) 下分布将是不变的.

除了知道 ν 是位置参数且 σ 是比例参数外, 我们对 ν 和 σ "完全无知", 这种说法的意思是什么? 为了回答这一问题, 我们可以做如下推理: 如果缩放比例可以使问题变得不同, 那么我们就不是完全无知的, 我们一定掌握了有关该问题的绝对数值范围的某种信息; 同样, 如果位置移动会使问题变得不同, 那么我们一定已经有一些位置相关的先验信息. 换句话说, 位置参数和比例参数的 "完全无知" 是一种知识状态, 通过缩放比例和位置平移不会改变这种知识状态. 我们目前必须更仔细地说明这一点, 但是首先来看看这种知识状态的后果吧. 考虑问题 B.

问题 B

给定样本 $\{x'_1, \cdots, x'_n\}$，估计 ν' 和 σ'. 如果我们在以上描述的意义上“完全无知”，那么必须将问题 A 和问题 B 视为完全等价的，它们具有相同的抽样分布，并且我们对问题 B 中的 ν' 和 σ' 的先验知识与问题 A 中的 ν 和 σ 完全相同.

现在，因为我们提出了两个具有相同先验信息的问题，基本合情条件获得了非平凡的内容. 一致性要求我们分配相同的先验概率分布. 因此，无论 (a, b) 的值是什么，f 和 g 必须是相同的函数：

$$f(\nu, \sigma) = g(\nu, \sigma). \tag{12.25}$$

这样，先验分布的形式现在是唯一确定的，因为联合 (12.18) (12.21) 和 (12.25)，我们看到 $f(\nu, \sigma)$ 必须满足函数方程

$$f(\nu, \sigma) = af(\nu + b, a\sigma), \tag{12.26}$$

其一般解是

$$f(\nu, \sigma) = \frac{\text{常数}}{\sigma}. \tag{12.27}$$

这正是杰弗里斯的规则！

我们不能就此跳到先验分布 (12.27) 是由总体的分布 (12.24) 形式确定的结论. 确实，如果先验分布的形式仅由我们进行抽样的总体决定，那将非常令人不安，任何导致这种结论的原则都是可疑的. 检查上述推理过程表明：结果 (12.27) 是由*变换群* (12.18) 唯一确定的，而不是由分布 (12.24) 的形式确定.

为了阐明这一点，注意在分布 (12.24) 不变的情况下有多个变换群. 在变换 (12.18) 中，我们通过因子 a 改变比例并通过因子 b 平移. 用符号 (a, b) 表示此操作，我们可以进行变换 (a_1, b_1)，然后进行变换 (a_2, b_2)，根据 (12.18) 可以获得群元素的组成定律：

$$(a_2, b_2)(a_1, b_1) = (a_2 a_1, b_2 + b_1). \tag{12.28}$$

因此，群 (12.18) 是阿贝尔群，这是两个单参数群的直积. 它有矩阵形式的表示

$$\begin{pmatrix} a & 0 \\ 0 & \mathrm{e}^b \end{pmatrix}. \tag{12.29}$$

现在考虑先进行比例变换 a，然后进行平移 b 的变换群. 该群为

$$\begin{aligned} \nu' &= a\nu + b, \\ \sigma' &= a\sigma, \\ x' &= ax + b. \end{aligned} \tag{12.30}$$

该群具有组成定律

$$(a_2, b_2)(a_1, b_2) = (a_2 a_1, a_2 b_1 + b_2), \tag{12.31}$$

因此群 (12.30) 是非阿贝尔群，它有不能简化为对角形式的矩阵形式的表示

$$\begin{pmatrix} a & b \\ 0 & 1 \end{pmatrix}, \tag{12.32}$$

因此，群 (12.18) 和群 (12.30) 是完全不同的群.

如果指定变换群 (12.30) 而不是 (12.18)，则 (12.21) 和 (12.23) 会变为

$$g(\nu', \sigma') = a^{-2} f(\nu, \sigma), \tag{12.33}$$

和

$$\phi(x, \nu, \sigma) = a\phi(ax + b, a\nu + b, a\sigma). \tag{12.34}$$

但是我们发现 (12.34) 的一般解也是 (12.24)，因此两个群都很好地定义了位置参数和比例参数，但是它们对先验的影响是不同的，因为函数方程 (12.26) 变为

$$f(\nu, \sigma) = a^2 f(a\nu + b, a\sigma), \tag{12.35}$$

其一般解是

$$f(\nu, \sigma) = \frac{\text{常数}}{\sigma^2}. \tag{12.36}$$

因此在变换群 (12.18) 和 (12.30) 下不变的知识状态是不同的，我们看到“完全无知”的概念有了新的含义. 为了明确地定义它，仅仅说“缩放比例和位置平移不会改变这种知识状态”是不够的. 我们必须指定执行这些操作的确切方式，即我们必须指定确定的变换群.

因此我们面临一个问题：群 (12.18) 和 (12.30) 中的哪个真正描述了完全无知的先验信息？群 (12.30) 的困难在于方程组 $x' = ax + b$, $\nu' = a\nu + b$，因此缩放操作是在 $x = 0$, $\nu = 0$ 的两个点上进行的. 但是如果我们对于位置“完全无知”，那么 $x = 0$ 并没有特殊意义. 是什么决定了要对某一固定点进行比例缩放呢？

在我能想到的所有问题中，都是对应着杰弗里斯先验概率规则的群 (12.18) 更适合. 在这里比例缩放仅涉及差值 $\{x - \nu\}$，因此它是针对一个本身任意的点执行的，群 (12.18) 没有定义任何“固定点”. 但是，很有意思的问题是，是否有人能找到点 $x = 0$ 具有特殊含义的例子，从而证明这时更强的先验 (12.36) 更合理.

总结如下：如果仅仅指定“初始状态完全无知”，我们并不能获得任何明确的先验分布，因为这样的陈述太模糊，无法定义任何数学上的适定问题. 如果可以指定一组将问题转化为等效问题的操作，那么我们将更加明确地定义这种知识状态. 在找到这样一组操作之后，一致性的基本合情条件就对先验概率的形式施加了不小的限制.

12.4.2 泊松率

再举一个数学上差别不大但描述起来差别较大的例子. 考虑泊松过程，在时间间隔 t 内恰好会发生 n 个事件的概率为

$$p(n|\lambda t) = \exp\left\{-\frac{(\lambda t)^n}{n!}\right\}. \tag{12.37}$$

通过观察单位时间事件发生的数量，我们希望估计速率常数 λ. 最初，我们对 λ 完全无知，除了知道它是物理量纲为（秒）$^{-1}$ 的速率常数，即我们完全不知道过程的绝对时间尺度.

然后假设两个观测者 X 和 X′ 的手表以不同的速率运行，使得他们对给定间隔的测量值以 $t = qt'$ 关联进行实验. 由于他们在观察相同的物理实验，因此他们的速率常数必须与 $\lambda' t' = \lambda t$ 或 $\lambda' = q\lambda$ 相关联. 他们分配的先验概率为

$$p(\mathrm{d}\lambda|X) = f(\lambda)\mathrm{d}\lambda, \tag{12.38}$$

$$p(\mathrm{d}\lambda'|X') = g(\lambda')\mathrm{d}\lambda'. \tag{12.39}$$

如果两式相互一致（即它们具有相同的物理内容），则必须有 $f(\lambda)\mathrm{d}\lambda = g(\lambda')\mathrm{d}\lambda'$ 或者 $f(\lambda) = qg(\lambda')$. 但是 X 和 X′ 都完全无知，并且处于相同的知识状态，因此 f 和 g 必须是相同的函数：$f(\lambda) = g(\lambda)$. 结合这些关系可得出函数方程 $f(\lambda) = qf(q\lambda)$ 或者

$$p(\mathrm{d}\lambda|X) \sim \lambda^{-1}\mathrm{d}\lambda. \tag{12.40}$$

使用除此以外的任何其他先验将会使得时间尺度的变化导致先验形式的变化，这意味着不同的先验知识的状态. 但是如果我们对于时间尺度完全无知，那么所有时间尺度都应该是等价的.

12.4.3 未知成功概率

第三个例子不那么普通——直觉无法预知其结果，我们将考察成功概率未知的伯努利试验. 这里成功的概率本身是要估计的参数 θ. 给定 θ，我们在 n 次试验中观测到 r 次成功的概率是

$$p(r|n\theta) = \binom{n}{r}\theta^r(1-\theta)^{n-r}. \tag{12.41}$$

问题同样是：什么样的先验分布 $f(\theta)\mathrm{d}\theta$ 能描述 θ 完全无知的状态?

在讨论这个问题时，拉普拉斯承袭了贝叶斯的做法，并用以下名言回答了这一问题：“当一个简单事件的概率未知时，我们可以假设 0 和 1 之间的所有值都具有相同的可能性.” 换句话说，贝叶斯和拉普拉斯使用的是均匀分布 $f_B(\theta) = 1$. 但是，杰弗里斯（Jeffreys，1939）和卡尔纳普（Carnap，1952）指出，由此产生的拉

普拉斯连续法则似乎与我们直观进行的归纳推理不太吻合. 杰弗里斯提出，如果理论要解释科学家做出的那种推断，则 $f(\theta)$ 应该赋予端点 $\theta=(0,1)$ 更大的权重.

例如，在化学实验室中，我们发现一个罐子中装有未知且未做标记的化合物. 我们开始完全不知道该化合物是否会溶于水. 但是在观察到一部分样品确实溶于水后，我们立即推断出该化合物的所有样品都是水溶性的. 尽管这一结论并没有演绎证明的同等效力，但我们认为这一推断是非常合理的. 然而贝叶斯-拉普拉斯规则认为这种情况成立的可能性很小，并且预测检验的下一部分样品溶于水的概率为 2/3.

现在让我们从变换群的角度来研究这个问题. 由于 $f(\theta)\mathrm{d}\theta$ 是“概率的概率”，这里有一个概念上的困难，但是这种困难可以通过将分裂人格的概念带到极致来消除. 我们假设 $f(\theta)$ 描述的不是任何人的知识状态，而是假设有对成功概率持不同信念的大量不同个体，而 $f(\theta)$ 描述了他们的信念的分布. 是否有可能尽管每个人都有明确的意见，但总体上对于 θ 完全无知呢? $f(\theta)$ 的何种分布描述了对该问题处于完全迷糊状态的总体?

由于我们关注的作为扩展逻辑的概率论必须具有一致性，必须假定每个个体都根据概率论的数学法则（贝叶斯定理等）进行推理. 因此，他们持有不同信念的原因是，他们获得了不同且相互矛盾的信息: 比如一个人读了《圣路易斯邮报》，另一个人读了《洛杉矶时报》，一个人读了《工人日报》，另一个人读了《国家评论》，等等. 概率论中的任何内容都不会使人们怀疑他在问题陈述中被告知的事实.

现在假设在进行实验之前，对所有这些人同时给出一个确定的证据 E. 每个人都会根据贝叶斯定理改变自己的信念状态，X 先生曾认为成功概率为

$$\theta=p(S|X), \tag{12.42}$$

随后将变为

$$\theta'=p(S|EX)=\frac{p(S|X)p(E|SX)}{p(E|SX)p(S|X)+p(E|FX)p(F|X')}, \tag{12.43}$$

其中 $p(F|X)=1-p(S|X)$ 是他对失败概率的先验信念. 因此该新证据生成了参数空间 $0\leqslant\theta\leqslant1$ 到其自身的映射，根据 (12.43) 是

$$\theta'=\frac{a\theta}{1-\theta+a\theta}, \tag{12.44}$$

其中

$$a=\frac{p(E|SX)}{p(E|FX)}. \tag{12.45}$$

如果作为总体的人群不能从这一新证据中学到任何东西，那么合理的说法是，由于相互矛盾的宣传，人们对该问题处于完全迷惑的状态. 因此我们通过以下条件

来定义“完全迷惑”或“完全无知”的状态：经过 (12.44) 的变换，拥有信念在任何给定范围 $\theta_1 < \theta < \theta_2$ 内的个体数量与以前相同.

数学问题同样很简单. 信念的原始分布 $f(\theta)$ 通过变换 (12.44) 变为新的分布 $g(\theta')$，其中

$$f(\theta)\mathrm{d}\theta = g(\theta')\mathrm{d}\theta'. \tag{12.46}$$

如果人群总体上没有学到什么，那么 f 和 g 必须是相同的函数：

$$f(\theta) = g(\theta). \tag{12.47}$$

结合 (12.44) (12.46) 和 (12.47)，我们发现 $f(\theta)$ 必须满足函数方程

$$af\left(\frac{a\theta}{1-\theta-a\theta}\right) = (1-\theta+a\theta)^2 f(\theta). \tag{12.48}$$

这可以通过消去 (12.44) 和 (12.48) 之间的 a 值直接求解，或者以更常见的方式通过对 a 进行微分并使得 $a=1$ 来求解. 这将导致微分方程

$$\theta(1-\theta)f'(\theta) = (2\theta-1)f(\theta), \tag{12.49}$$

其解是

$$f(\theta) = \frac{\text{常数}}{\theta(1-\theta)}, \tag{12.50}$$

它具有杰弗里斯预期的定性特征. 这样，假想的个体集合已经达到了揭示问题的变换群 (12.44) 的目的，让它们再次合并为一个单一思想（希望估计 θ 的统计学家的思想）. 让我们研究一下使用 (12.50) 作为先验分布的后果.

如果我们在 n 次试验中观察到 r 次成功，则根据 (12.41) 和 (12.50)，θ 的后验分布（假定 $r \geqslant 1, n-r \geqslant 1$）是

$$p(\mathrm{d}\theta|rn) = \frac{(n-1)!}{(r-1)!(n-r-1)!}\,\theta^{r-1}(1-\theta)^{n-r-1}\mathrm{d}\theta. \tag{12.51}$$

该分布具有期望值和方差

$$\langle\theta\rangle = \frac{r}{n} = f, \tag{12.52}$$

$$\sigma^2 = \frac{f(1-f)}{n+1}. \tag{12.53}$$

因此，根据平方损失函数的准则，成功概率的“最优”估计等于观察到的成功频率 f. 这也等于下一次试验成功的概率，与研究过伯努利试验的每个人的直觉一致. 另外，贝叶斯-拉普拉斯均匀先验将根据连续法则得到均值 $\langle\theta\rangle_B = (r+1)/(n+2)$，这一结果总让人觉得有些奇怪.

对于区间估计，数值分析表明，根据分布 (12.51) 得出的结论在实际应用上都与基于置信区间的结论相同（即 θ 的最小 90% 置信区间几乎等于最小的 90%

根据分布 (12.51) 确定的后验概率区间). 如果 $r \gg 1$ 并且 $(n-r) \gg 1$，那么对分布 (12.51) 的正态逼近将是有效的，并且 $100P\%$ 后验概率区间为 $(f \pm q\sigma)$，其中 q 是正态分布的 $(1+P)/2$ 百分位数；对于 90%、95% 和 99% 的置信水平，q 分别为 1.645、1.960 和 2.576. 在正态逼近有效的条件下，该结果与确切的置信区间之间的差异通常小于根据不同逼近方法计算得出的各种已公开发表的置信区间之间的差异.

如果 $r = (n-r) = 1$，那么分布 (12.51) 简化为 $p(\mathrm{d}\theta|r,n) = \mathrm{d}\theta$，正是贝叶斯和拉普拉斯作为先验的均匀分布. 因此，我们可以将贝叶斯-拉普拉斯先验解释为不是在描述一种完全无知的状态，而是在描述已经有一次成功和一次失败的知识状态. 因此，如果先验信息向我们保证实验在物理上有可能成功或失败，那么贝叶斯-拉普拉斯的选择将是正常先验，但是完全无知的分布 (12.50) 则描述了我们甚至不确定这一点的“前先验”知识状态.

如果 $r = 0$ 或 $r = n$，那么分布 (12.51) 的推导过程将无效，并且后验分布仍然无法归一化，分别与 $\theta^{-1}(1-\theta)^{n-1}$ 或 $\theta^{n-1}(1-\theta)^{-1}$ 成正比. 权重全部集中在值 $\theta = 0$ 或 $\theta = 1$ 上，因此先验分布 (12.50) 解释了我们在化学药品问题中注意到的归纳推理，这也是我们可以凭直觉得出的结论. 但是，我们一旦看到至少一次成功和一次失败，就知道该实验是一个真正的物理上的二元实验. 从那时起，所有后验分布 (12.51) 都可归一化，允许对 θ 进行确定的推断.

因此变换群方法得到的先验似乎也满足针对拉普拉斯连续法则提出的一致反对，但是我们也能看到分布 (12.50) 或贝叶斯-拉普拉斯先验是否恰当地依赖于具体的先验信息.

12.4.4　贝特朗问题

最后，我们给出一个例子，其中可以使用变换群发现更多的有信息先验. 贝特朗问题（Bertrand，1889）最初描述为“随机”画一条与圆相交的直线. 更具体地考虑这一问题有助于我们理解，假设我们不违背问题作者的原意（比如，它仍然是“随机”的），比如我们是向圆上扔稻草，但是没有指定如何扔. 因此，我们将问题表述如下.

将一根长长的稻草随机扔到一个圆上，假定它落下时与圆相交，那么相交形成的弦的长度大于该圆内接正三角形的边长的概率是多少? 自从贝特朗在 1889 年提出该问题以来，它已经被讲给一代代学生，以证明拉普拉斯的“无差别原则”包含逻辑上的矛盾. 因为似乎有很多种不同的方法来定义“同等可能”情况，它们会导致不同的结果. 有三种方法是指定均匀概率密度给 (A) 弦中心点与圆心之间的线段，(B) 相交弦在圆周上的相交角，(C) 弦中心在圆内部区域的位置. 这三种分配方式分别导致结果为 $p_A = 1/2$、$p_B = 1/3$ 和 $p_C = 1/4$.

哪个答案是正确的? 在 10 位作者 (Bertrand 1889, Borel 1909, Poincare 1912, Uspensky 1937, Northrop 1944, von Mises 1957, Gnedenko 1962, Kendell & Moran 1963, Mosteller 1965) 中，只有博雷尔 (Borel) 愿意表达明确的偏向，尽管他没有提供任何证明. 冯 · 米泽斯 (Von Mises) 则采取相反的态度，宣称此类问题 (包括类似的布丰投针问题) 根本不属于概率论的范畴. 包括贝特朗本人在内的其他人则持中间态度，只是说问题没有明确的解，因为问题是不适定的，"随机" 一词未定义.

在概率论著作中，这种情况几乎被普遍地解释为，这表明必须完全拒绝无差别原则. 通常会得出进一步的结论：分配概率的唯一有效依据是某一随机试验的频率. 这样看来，回答贝特朗问题的唯一方法似乎就是进行实验.

但是我们真的相信通过 "纯粹思想" 不能预测如此简单的实验结果吗? 解决此问题的意义远不只是解决一个几何难题，因为正如本章结论中讨论的那样，概率论在物理实验中的应用通常会导致此类问题，它们开始看起来似乎是不确定的，有许多可能的解让我们不知如何选择. 例如，给定气体的平均粒子密度和总能量，预测其黏性. 问题的答案显然依赖于分子的确切空间和速度分布 (实际上，它非常依赖于位置-速度的相关性)，并且在给定数据中似乎没有任何东西告诉我们要假定哪种分布. 然而，物理学家在无差别原则的引导下做出了确定的选择，他们使我们对黏性及许多其他物理现象做出了正确且重要的预测.

因此，尽管在某些问题上，无差别原则使我们陷入悖论，但在另一些问题上，它却产生了概率论最重要与成功的应用. 在没有任何更好选择的情况下拒绝该原则将导致不可接受的后果. 许多年来，即使是那些自以为最忠实的概率频率定义的遵从者，也会设法忽略这些逻辑上的困难，以保留某些非常有用的解.

显然，我们应该更仔细地研究诸如贝特朗问题中存在的表面上的悖论. 将概率论应用于实际物理问题中有重要的一点是需要了解的.

显然，如果圆足够大并且抛掷者足够熟练，那么可以随意获得各种结果. 但是在必须用一个比圆大的 "不确定区域" 来描述抛掷者技能的极限情况下，弦长度的分布必定是一种可通过 "纯粹思想" 确定的唯一函数. 若认为概率论既不能告诉我们如何根据第一原理计算出此函数，又不能否认这样做的可能性，则将对概率论的应用范围造成很大的限制——对于一名物理学家来说，这是无法容忍的.

庞加莱 (Poincaré, 1912) 将不变性论证应用于此类问题. 这最近为肯德尔与莫兰 (Kendall & Moran, 1963) 所引用. 我们考虑在 xy 平面上 "随机" 画的线，每一条线通过直线方程为 $ux + vy = 1$ 的两个参数 (u, v) 来确定. 这样我们可以问：哪种概率密度 $p(u, v)\mathrm{d}u\mathrm{d}v$ 在欧几里得（旋转和平移）变换群下具有形式不变性? 这是一个容易解决的问题，答案为 $p(u, v) = (u^2 + v^2)^{-3/2}$（Kendall & Moran，1963）.

但是这似乎没有说服力. 后来的作者都忽略了庞加莱的不变性论证，并坚持贝特朗最初持有的该问题没有确定答案的判断. 由于问题陈述中并未说明直线的分布具有这种不变性，并且我们没有充分的理由认为真实实验中扔的稻草会具有这种不变性，这是可以理解的. 这种假设似乎只是一种直觉的判断，并没有比以上三种答案更坚实的基础. 所有这些都可以归结为通过直觉指定“相等可能”事件来猜测随机的稻草雨应该具有什么性质. 结果仍然是，不同的直觉判断会导致不同的结果.

以上观点是迄今为止最普遍的，显然代表了一种解释问题的有效方法. 如果我们可以找到另一种观点，问题根据这一观点确实具有确定解，*并且可以定义这些解能通过实验验证的条件*，那么虽然说这种新观点原则上比传统观点更“正确”可能是夸大其词，但它肯定是更实用的.

现在，我们提出这样的观点，并且从一开始就理解，我们现阶段并不关心各种事件发生的*频率*. 相反，我们会问：当唯一的可用信息是上述问题陈述中给出的信息时，哪种概率分布描述了我们的*知识状态*? 这一分布必须符合第 1 章中所描述的一致性合情条件：在两个具有相同知识状态的问题中，我们必须分配相同的概率. 关键是：如果我们假设，*尽管有许多未确定的方面*，贝特朗问题仍有一个确定的解，那么问题的陈述会自动暗示某些不变性，而这绝不依赖于我们的直觉判断. 在找到解后，无论它与频率是否有任何对应关系，都可以将其作为贝叶斯推断的先验. 任何可能出现的频率都将被视为额外的奖励，这也证明了将其直接用于物理预测的合理性.

贝特朗问题具有明显的旋转对称性，这一点在所有提出的解中都被认识到. 但是，这种对称性与弦长的分布无关. 此外，还有两个高度相关的“对称性”：无论是贝特朗的原始陈述，还是我们通过稻草进行的重新陈述，都没有指定圆的确切大小或位置. 因此，如果问题要有一个确定的解，那么它必须不依赖于这些条件，即对圆的大小或位置进行小的改变时，解必须保持不变. 我们将会看到，这一看似微不足道的陈述完全决定了解.

通过定义一个四参数变换群，可以同时考虑所有这些不变性需求，于是完整的解将像变魔术一样突然出现. 但是，对这些不变性的作用进行单独分析，看看每一方面如何影响解的形式，将更具启发性.

旋转不变性

令圆的半径为 R，弦的位置由弦中点的极坐标 (r,θ) 表示. 我们试图回答一个比贝特朗问题更具体的问题：应该给圆内部分配怎样的概率密度 $f(r,\theta)\mathrm{d}A = f(r,\theta)r\mathrm{d}r\mathrm{d}\theta$? 实际上，对 θ 的依赖与贝特朗问题无关，因为弦长度的分布仅取决于径向分布

$$g(r)=\int_0^{2\pi}\mathrm{d}\theta f(r,\theta). \tag{12.54}$$

但是，直觉表明 $f(r,\theta)$ 应该与 θ 无关，正式的变换群理论对于旋转对称性的处理方法如下.

出发点是注意到问题陈述中并没有指明观察者的朝向，因此如果有确定解，那么它一定不依赖于观察者视线的方向，所以假设有两个不同的观察者 X 和 Y 正在观看此实验. 他们从不同的方向观看实验，视线之间的角度为 α. 每个人都使用沿其视线方向的坐标系. X 在系统坐标系 S 上分配概率密度 $f(r,\theta)$，Y 在系统坐标系 S_α 上分配概率密度 $g(r,\theta)$. 显然，如果它们描述的是相同的情况，则必须有

$$f(r,\theta)=g(r,\theta-\alpha), \tag{12.55}$$

它表示简单的变量变换，将固定分布 f 转换到新的坐标系. 无论问题是否具有旋转对称性，这一关系都将成立.

但是我们意识到，由于旋转对称性，问题在 X 的坐标系中看起来与 Y 在自己的坐标系中完全一样. 由于他们处于相同的知识状态，我们的一致性合情条件要求他们分配相同的概率分布. 因此 f 和 g 必须是相同的函数：

$$f(r,\theta)=g(r,\theta). \tag{12.56}$$

这一关系对于 $0\leqslant\alpha\leqslant 2\pi$ 中的所有 α 都成立，因此唯一的可能性是 $f(r,\theta)=f(r)$.

与我们明显的直觉灵光相比，这种正式的论证可能显得笨拙. 当然，当将其应用于这样一个简单问题时，事实确实如此. 然而正如维格纳（Wigner，1931）和外尔（Weyl，1946）在其他物理问题中所表明的那样，正是这种笨拙的论证可以立即推广到一些直觉无法得到结论的不普通情形. 它总是由两个步骤组成：首先找到一个像 (12.55) 的变换方程，该方程显示两个问题如何相互关联，而与对称无关；然后类似 (12.56) 的对称关系表明我们已经提出了两个等价的问题. 将两个步骤结合在大多数情况下会得到一个对其分布形式有所限制的函数方程.

尺度不变性

根据旋转对称性，问题已经简化为确定函数 $f(r)$. 根据归一化条件有

$$\int_0^{2\pi} \mathrm{d}\theta \int_0^R r\mathrm{d}r f(r) = 1. \tag{12.57}$$

我们再考虑两个不同的问题. 考虑与半径为 R 的圆同心、半径为 aR（$0 < a \leqslant 1$）的圆. 在较小的圆中，有概率密度 $h(r)r\mathrm{d}r\mathrm{d}\theta$，它回答了这一问题：假定一根稻草与较小的圆相交，其弦中点位于 $\mathrm{d}A = r\mathrm{d}r\mathrm{d}\theta$ 区域内的概率是多少?

任何与小圆相交的稻草也会定义一条在较大圆上的弦，因此在小圆内 $f(r)$ 一定与 $h(r)$ 成比例. 当然，此比例是由条件概率的标准公式给出的，在这种情况下其形式为

$$f(r) = 2\pi h(r)\int_0^{\alpha R} r\mathrm{d}r f(r), \quad 0 < \alpha \leqslant 1, \quad 0 \leqslant r \leqslant aR. \tag{12.58}$$

这一变换方程无论问题是否具有尺度不变性都将成立.

但是我们现在应用尺度不变性：对于眼球大小不同的两位观察者，大圆和小圆的问题将显得完全相同. 如果存在独立于圆大小的唯一解，则 $f(r)$ 和 $h(r)$ 之间一定存在另一种关系，它表明一个问题仅仅是另一个问题的按比例缩小版本. 面积 $r\mathrm{d}r\mathrm{d}\theta$ 和 $(ar)\mathrm{d}(ar)\mathrm{d}\theta$ 分别以相同的方式与大小圆相关，所以必须分别通过分布 $f(r)$ 和 $h(r)$ 给它们分配相同的概率：

$$h(ar)(ar)\mathrm{d}(ar)\mathrm{d}\theta = f(r)r\mathrm{d}r\mathrm{d}\theta, \tag{12.59}$$

或者

$$a^2 h(ar) = f(r), \tag{12.60}$$

这就是对称方程. 结合 (12.58) 和 (12.60)，我们看到尺度不变性要求概率密度满足函数方程

$$a^2 f(ar) = 2\pi f(r)\int_0^{aR} u\mathrm{d}u f(u), \quad 0 < a \leqslant 1, \quad 0 \leqslant r \leqslant R. \tag{12.61}$$

将以上方程对 a 微分，并令 $a = 1$，求解所得的微分方程，我们发现满足归一化条件 (12.57) 的方程 (12.61) 的最一般解为

$$f(r) = \frac{qr^{q-2}}{2\pi R^q}, \tag{12.62}$$

其中 q 是满足 $0 < q < +\infty$ 的常数，不再由尺度不变性确定.

我们注意到引言中提出的解 B 已经被排除了，因为它对应于选择函数 $f(r) \sim 1/\sqrt{R^2 - r^2}$，其形式与 (12.62) 不一致. 这意味着，如果圆周上弦的相交部分以角度均匀且独立地分布在一个圆上，则对于居于其中的较小的圆就不成立，也就

是说解 B 的概率分配最多对于仅仅一个大小的圆成立. 但是解 A 和解 C 仍然与尺度不变性兼容，分别对应于选择 $q = 1$ 和 $q = 2$.

平移不变性

现在，我们研究给定稻草 S 可以与两个具有相同半径 R 但相对位移为 b 的圆 C 和 C' 相交这一事实的后果. 参照图 12-1，相对于圆 C 的弦中点是点 P，坐标为 (r,θ)，而同一稻草定义的相对于圆 C' 的弦中点 P' 的坐标为 (r',θ'). 根据图 12-1，$(r,\theta) \to (r',\theta')$ 的坐标变换为

$$r' = |r - b\cos\theta|, \tag{12.63}$$

$$\theta' = \begin{cases} \theta, & r > b\cos\theta, \\ \theta + \pi, & r < b\cos\theta. \end{cases} \tag{12.64}$$

当 P 在区域 Γ 内变化时，P' 在 Γ' 内变化，反之亦然. 因此稻草定义了 Γ 到 Γ' 的一一映射.

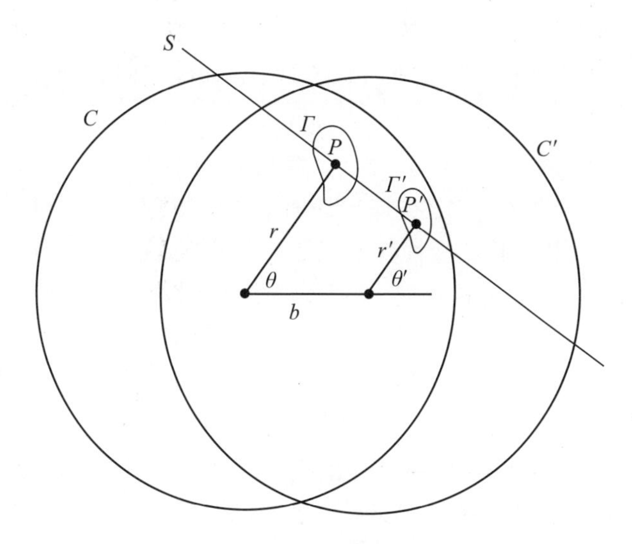

图 12-1　稻草 S 与两个略微移位的圆 C 和 C' 相交

现在考虑平移不变性. 由于问题陈述中没有给定圆位置的信息，C 和 C' 的问题对于两个稍有移位的观察员 O 和 O' 是相同的，因此我们的一致性合情条件要求它们对于 C 和 C' 必须分配相同的如 (12.62) 的形式和相同的 q 值的概率密度.

进一步要求两个观察者对于区域 Γ 和 Γ' 分配相同的概率分布，由于 (a) 它们是同一事件的概率，(b) 一根稻草与一个圆相交也将与另一个圆相交，因此建立起这种对应关系的概率在两个问题中是相同的. 让我们看看这两个需求能否兼容.

弦与 C 相交的中点在 Γ 中的概率为

$$\int_{\Gamma} r\mathrm{d}r\mathrm{d}\theta f(r) = \frac{q}{2\pi R^q}\int_{\Gamma}\mathrm{d}r\mathrm{d}\theta r^{q-1}. \tag{12.65}$$

弦与 C' 相交的中点在 Γ' 中的概率为

$$\frac{q}{2\pi R^q}\int_{\Gamma}\mathrm{d}r'\mathrm{d}\theta'(r')^{q-1} = \frac{q}{2\pi R^q}\int_{\Gamma}\mathrm{d}r\mathrm{d}\theta\,|r-b\cos\theta|^{q-1}, \tag{12.66}$$

这里我们已经应用 (12.63) 和 (12.64) 将积分转换回变量 (r,θ) 上，注意雅可比行列式是 1. 显然，对于任意 Γ，当且仅当 $q=1$ 时，(12.65) 和 (12.66) 相等，因此分布 $f(r)$ 现在是唯一确定的.

引言中提出的解 C 由于缺乏平移不变性也被排除了. 对于一个圆具有假定性质的一堆稻草，对于稍微移位的圆不具有相同的性质.

我们发现不变性要求决定了概率密度为

$$f(r,\theta) = \frac{1}{2\pi Rr}, \quad 0\leqslant r\leqslant R, \quad 0\leqslant\theta\leqslant 2\pi, \tag{12.67}$$

对应于引言中的解 A. 有趣的是，它在中心有一个奇点，对此的理解如下. 中点 (r,θ) 落在小区域 Δ 的条件对弦的可能方向施加了限制，但是随着 Δ 向内移动，一旦它包含了圆心，就会突然允许所有的角度，因此“概率流形”会无限快速地变化.

进一步的分析（对于图 12-1 进行思考几乎可以明显看出）表明，平移不变性的要求如此严格，以至于它已经唯一地确定了结果 (12.67)，因此引言中提出的解 B 与尺度不变性和平移不变性都不兼容. 为了得到解 (12.67)，实际上没有必要考虑尺度不变性. 但是无论如何，都必须对解 (12.67) 进行尺度不变性测试，如果解未能通过该测试，我们将得出结论，提出的问题没有解. 也就是说，尽管乍看之下这一问题似乎是欠定的，但从变换群的角度来看，它应该被认为是超定的. 幸运的是，这些要求是兼容的，所以这个问题有唯一解.

根据解 (12.67) 立即可以得到弦长的分布. 弦中点在 (r,θ) 处的长度为 $L=2\sqrt{R^2-r^2}$. 根据归一化的弦长 $x\equiv L/2R$，我们得到普遍的分布定律

$$p(x)\mathrm{d}x = \frac{x\mathrm{d}x}{\sqrt{1-x^2}}, \quad 0\leqslant x\leqslant 1, \tag{12.68}$$

这与博雷尔（Borel，1909）的猜想一致.

频率对应

从其推导过程来看，分布 (12.68) 似乎只具有主观意义. 尽管贝特朗问题的陈述中有很多方面没有说明，这一分布描述了与唯一解相对应的唯一可能的知识状态，但是我们还没有理由认为它与实际实验中观察到的频率有任何关系. 当然，我们一般也不能这样断言. 仅凭我们的知识状态没有理由更倾向于两个事件中的

某一个这一事实，并不足以保证两件事实际上会以同样的可能发生！事实上，显然任何“纯思想”论证——无论是基于变换群还是任何其他原则——都不能确定地预测在实际实验中一定会发生什么．我们很容易想象出一种精密机器，该机器能以指定的任意弦长分布抛掷稻草．

但是，我们有权对结果 (12.68) 宣称某种明确的频率对应．因为以上推导过程已经证明了一个“客观事实”：任何与分布 (12.68) 不一致的稻草雨一定会在不同的圆上产生不同的分布．

为了肯定地预测分布 (12.68) 将在“不确定区域”比圆大的任何实验中被观察到，这是我们所需要的所有结论．因为我们如果缺乏肯定能与圆相交的扔稻草的技巧，那么肯定也缺乏在此不确定区域内在不同圆上一致地扔出不同分布的技巧．

正是出于这一原因，通过变换群方法预测的分布最终具有频率对应．严格来说，该结果仅在“完全无技巧”的极限情况下成立．但是，稍微想一下就能明白，产生与分布 (12.68) 存在任何显著偏差所需的技巧是如此之高，以至于在实践中即使使用机器也很难实现．

这些结论似乎与冯 · 米泽斯（von Mises，1957）的结论直接矛盾．冯 · 米泽斯完全否认此类问题属于概率论领域．在我们看来，如果严格且一致地采用冯 · 米泽斯的概率论哲学，那么概率论的合法物理应用范围几近为零．由于我们已经做出了明确的预测，该问题现在已经从哲学领域转移至可验证的科学领域．通过实验，可以很容易地验证变换群方法应用于此问题以及其他问题的预测能力．

实际上，我和查尔斯 · 泰勒博士做过贝特朗实验，将稻草从垂直位置扔到位于地板上直径 5 英寸的圆上．结果将弦长分为 10 类，128 次成功抛掷以极低的卡方值确认了 (12.68) 的正确性．但是如果这一实验结果是由其他人报告的，无疑将更令人信服．

12.5 评注

贝特朗问题比初看起来更重要，因为它是从一开始就弥漫在概率论领域中的一个更深层悖论的简单缩影．在“实际”物理应用中，每当我们尝试使用概率术语来表达感兴趣的问题时，几乎总是会发现类似贝特朗的陈述．因为显然有重要的事情没有说明，它似乎太模糊了，无法得到任何明确的解．

我们将详细说明 12.4.4 节引言中提到的例子：给定体积为 V 的 N 个分子组成的气体，其分子间力的总能量 E，预测其分子速度分布、压力、压力起伏分布、黏度、导热系数和扩散常数．再一次，大多数概率论作者表达的观点是，因为该问题是不适定的，所有没有确定解，所指定的宏观状态不足以确定微观状态上的任何唯一概率分布. 如果我们拒绝无差别原则, 并且坚持认为在随机试验中分配概率的唯一有效基础是频率, 那么确定这些量的唯一方法似乎就是进行实验.

但是, 一个多世纪以前的历史记录表明, 在没有任何有关分子位置与速度的频率数据的情况下, 麦克斯韦通过“纯思想”的概率分析正确地预测所有这些量的值, 这相当于认识到某种“等可能”情况. 对于黏度, 所预测的与密度的依赖关系最初似乎与常识相矛盾, 这使得人们对麦克斯韦的分析产生了怀疑. 但是进行实验后, 人们证实了麦克斯韦的预言, 导致了动力学理论的第一次伟大胜利. 这些是实实在在的成就, 如果麦克斯韦不使用无差别原则, 就不可能取得这些成就.

同样, 我们计算扑克牌中获得各种牌型的概率, 并且对结果非常有信心, 因此我们愿意冒险对计算表明的、对我们有利的情形下注. 然而这些计算的基础是对所有牌的分布等可能的直觉判断. 如果使用不同的判断, 我们将得出不同的计算结果. 我们再次通过“纯思想”论证来预测确定、可验证的事实, 这完全基于存在“等可能”情况的认识. 而目前的统计学, 无论是正统统计还是主观贝叶斯统计, 都否认无差别原则是分配概率的有效依据!

这里的两难困境显而易见: 一方面, 通过指出诸如贝特朗悖论之类的东西, 人们不能否认使用无差别原则的模糊性与危险性; 另一方面, 同样不可否认的是, 人们使用这一原则一遍遍地得出了正确、重要且有用的预测结果. 因此看起来, 尽管我们不能完全接受无差别原则, 但也不能完全拒绝它, 因为这样做会将一些最重要和成功的应用排除在概率论之外.

变换群方法源于作者对无差别原则在过去一直受到不公平对待的信念. 我们需要的不是一味地非难这一原则, 而是认识到使用它的正确方法. 与大多数其他概率论学者一样, 我们认为在事件层次使用无差别原则是危险的, 因为正如贝特朗悖论所表明的那样, 我们的直觉在这类事情上的引导是非常不可靠的.

我们认为无差别原则可以合理地应用于更抽象的问题层次, 因为那是已经由问题陈述确定的, 与我们的直觉无关. 在问题陈述中未指定的每种情况都定义了一种不变性, 如果有确定解, 那么这一解必须具有这种不变性. 变换群数学地表达了这些不变性, 对解的形式施加了确定的限制, 并且在许多情况下完全确定了它.

当然, 并非所有的不变性都是有用的. 例如, 贝特朗问题的陈述中未指定扔稻草的时间、圆的颜色、猎户座 α 星的亮度或切萨皮克海湾的牡蛎数量. 如果所描述的问题有唯一解, 就可以正确地推断出它一定不取决于这些情况. 但是除非我们之前认为这些事情是相关的, 否则这些信息对我们没有帮助.

对多个示例的研究表明, 上面提到的两难困境现在可以通过如下方式解决. 我们认为, 过去成功应用无差别原则的情况是, 问题的解可以重新描述, 使得实际计算的过程是在问题而不是事件之间应用无差别原则.

杰弗里斯先验的变换群推导过程使我们能够以新的视角看待这一先验. 一直以来, 也许很明显的是, 杰弗里斯规则的真正依据不能仅仅在于参数为正的事实. 举一个简单的例子, 假设已知 μ 是一个位置参数, 那么直觉和前面的分析都认为, 均匀先验密度是表达 μ 完全无知的正确方法. 关系 $\mu = \theta - \theta^{-1}$ 定义了从 $-\infty < \mu < +\infty$ 到 $0 < \theta < +\infty$ 的一一映射, 但是杰弗里斯规则不能应用于参数 θ, 一致性要求其先验密度与 $\mathrm{d}\mu = (1 + \theta^{-2})\mathrm{d}\theta$ 成正比. 看来杰弗里斯规则的基本依据不仅是参数为正, 而且它必须是一个*比例参数*.

由变换群发现的表征完全无知的分布不能归一化的事实可以通过以下两种方式解释. 一方面可以说, 这仅仅是因为我们对完全无知的表述是一种理想化, 并不严格适用于任何实际问题. 从圣路易斯到仙女座星云的位置变化, 或者从原子大小到银河系大小的尺度变化, 都不会将任何世俗关心的问题转化为完全等价的问题. 在实际问题中, 我们总是具有关于位置和比例的某些先验知识, 因此群参数 (a, b) 不能在真正无限范围内变化. 因此, 严格来说, 变换 (12.50) 不会形成一个群. 但是, 在确实表达了我们先验无知的范围内, 上述论证仍然适用. 在此范围内, 函数方程式和先验的结果形式一定仍然成立.

另一方面, 我们对最大熵方法的讨论显示了看待这一问题的一种更具建设性的方法. 找到完全无知的分布只是找到任何现实问题的先验的第一步. 虽然变换群产生的先验分布并不严格表示任何现实的知识状态, 但是它确实定义了我们参数空间的不变度量. 没有该方法, 通过最大熵找到现实先验的问题在数学上是不确定的.

第 13 章 决策论：历史背景

"从结果来看，你的行为是不明智的."我大声说.

他庄严地注视着我，然后说道：

"在选择行动路线时，并没有结果在引导我."

——安布罗斯·比耶尔斯（Ambrose Bierce）

在前面的几处讨论中，我们插入了括号以表示"此处仍然缺少一个要点，当我们应用决策论时将提供此要点". 虽然将这一主题推迟到现在讨论，但是我们并没有剥夺读者所需的技术工具，因为在我们看来，决策问题的求解是如此直接和直观，甚至不需要诉诸任何基础的正式理论.

13.1 推断与决策

从我们将概率论应用于第一个问题开始，推断与决策的评估问题就出现了. 当我们在第 4 章通过序列检测说明贝叶斯定理的应用时，就注意到了概率论本身没有什么可以告诉机器人以改变其决定——无论是接受、拒绝这批样品，还是继续进行检测——的临界水平值. 这些临界水平值的确定，除了依赖于概率之外，显然在某种程度上还取决于价值判断：做出错误决策的后果是什么，继续进行检测的代价是什么?

在第 6 章中，当机器人进行参数估计时，也面临相同的状况. 概率论只决定机器人对于参数的知识状态，并不能告诉机器人实际上应该做出怎样的估计. 我们当时注意到，取后验 PDF 的均值与最小化期望均方误差的决策是等价的. 但是我们也指出，在某些情况下，我们可能更偏好中位数.

定性和直观地讲，这些考虑已经很清楚了. 但是在我们宣称已经对机器人进行真正完整的设计之前，必须澄清这里的逻辑，并证明我们的流程并不仅仅是基于直觉的特定工具——按照某一明确定义的准则，它是最优的. 沃尔德的决策论旨在实现这一目标.

目前所考虑的所有问题都有一个共同特征：概率论只能解决推断问题，也就是说它只能为我们提供一种概率分布，该分布代表了考虑所有的先验信息和数据的机器人的最终知识状态. 但是实际上，工作还没有结束. 在我们的机器人设计中仍然缺少的一个核心要素是，将最终的概率分配转换为确定的行动过程的规则.

但是对我们来说，正式的决策论只是合理化——而不是改变——我们的直觉已经告诉我们要做的事情.

决策论对我们而言具有不同的意义，因为它使我们充分理解持续了几百年的关于概率论基础的争议. 关于什么是概率论，有两种截然相反的观点，决策论可以从这两者之中很好地推导出来，因此在它们之间构建了一座桥梁，并且暗示了决策论可能有助于解决其中的争议. 我们将在这里详细介绍决策问题的两种解决方案的历史背景以及它们之间的联系.

13.2 丹尼尔 · 伯努利的建议

正如人们根据概率论最基本的应用中出现的情况所能预期的那样，两种决策论方法之间的关系并不是一个新问题. 丹尼尔 · 伯努利（Daniel Bernoulli，1738）就清楚地认识到这一点，并为某一类问题提供了明确的解决方案. 相同原理的粗略形式甚至可以追溯到更早的时间，在概率论几乎只涉及赌博问题时甚至更早. 尽管今天我们似乎很难理解，但历史记录清楚地表明，“期望收益”的概念对于概率论的早期工作者来说非常直观，甚至比概率更直观.

考虑 n 种可能性，$i = 1, 2, \cdots, n$，给它们分配概率 p_i 以及表示第 i 种可能性为真时我们将获得的收益 M_i. 那么按照我们的标准表示法，收益的期望是

$$E(M) = \langle M \rangle = \sum_{i=1}^{n} p_i M_i. \tag{13.1}$$

17 世纪生意兴隆的阿姆斯特丹商人们就像有形商品一样买卖期望. 在许多人看来，一个完全基于个人利益行事的人应该始终以获得最大化期望收益的方式行事. 但是这导致了一些悖论（尤其是著名的圣彼得堡问题），这使得伯努利认识到简单的最大化期望收益并不总是明智的行动标准.

例如，假设你拥有的信息使得你为某个有偏硬币正面朝上分配了 0.51 的概率. 现在，你有两种选择：(1) 用你所有的钱押注下一次抛硬币时正面朝上；(2) 根本不下注. 根据最大化期望收益的标准，当面临以上选择时你应该始终选择下注. 如果不下注，你的期望收益是 0；但是如果你下注，期望收益是

$$\langle M \rangle = 0.51M_0 + 0.49(-M_0) = 0.02M_0 > 0, \tag{13.2}$$

其中 M_0 是你现在有的钱. 然而对于伯努利来说，正如对于普通读者一样，显而易见的是，没有一名头脑清醒的人会做出第一种选择. 这意味着在某些情况下，我们的常识会拒绝最大化预期收益的标准.

假设你有以下机会：你可以下注任意金额，并将以概率 $1 - 10^{-6}$ 输钱，以 10^{-6} 的概率赢得 1 000 001 倍下注金额. 这次，最大化预期收益的标准仍然表明，

你应该拿所有的钱下注. 常识会更加强烈地拒绝这种选择.

丹尼尔 · 伯努利提出了解决这些悖论的方法. 他认识到，一个人获取一定数量金钱的真正价值并不能简单地通过所得到的金钱数来衡量，还取决于他已经有多少钱. 伯努利还换过一种方式说，我们应该认识到收益的数学期望与“道德期望”不同. 一名现代经济学家在谈到“货币的边际效用递减”时也是在表达同样的思想.

在圣彼得堡博弈中，我们抛掷一枚无偏的硬币，直到它第一次出现正面，游戏就此结束. 如果在第 n 次抛掷时出现正面，玩家将获得 2^n 美元. 问题是：为了获得玩这个游戏的权利，玩家要支付的“公平”入场费是多少? 如果我们使用公平游戏的标准是入场费等于期望收益，你会看到将发生什么. 期望是无限的：

$$\sum_{k=1}^{\infty}(2^{-k})(2^k)=\sum_{k=1}^{\infty}1=+\infty. \tag{13.3}$$

然而还是很清楚的是，除只用很少的本钱，没有一名理智的人会愿意冒险玩这个游戏. 在这一点上，我们引用拉普拉斯（Laplace，1814，1819）的话：

> 确实，很明显，1 法郎对一个只拥有 100 法郎的人比对一个百万富翁来说价值要高得多. 这样，我们应该将期望收益的绝对价值与其相对价值区分开. 后者取决于使之成为理想的动机，而前者则与之无关. 我们不能给出分配该相对价值的一般性原则，但丹尼尔 · 伯努利给出了一个原则，该原则在许多情况下可以使用：无限小额的金钱的相对价值等于其绝对值除以相关人的总财富.

换句话说，伯努利认为金钱数 M 的“道德价值”或现代经济学家所称的“效用”与 $\ln M$ 成正比. 拉普拉斯在讨论圣彼得堡问题和这一标准时，没有给出计算过程就报告了以下结果：一个总财富为 200 法郎的人在这场游戏中的赌注不应超过 9 法郎. 180 年后，让我们检查一下拉普拉斯的计算.

对于初始“财富”为 m 法郎的人，公平入场费 $f(m)$ 是通过将其当前效用与如果他付费玩游戏的期望效用相等来确定的，即 $f(m)$ 是方程

$$\ln m=\sum_{n=1}^{\infty}\frac{1}{2^n}\ln(m-f+2^n) \tag{13.4}$$

的根. 通过计算机计算得出 $f(200)=8.7204$. 没有计算机的拉普拉斯的计算结果非常好. 我们同样可以得到，$f(10^3)=10.95$, $f(10^4)=14.24$, $f(10^6)=20.87$. 即使是百万富翁，在此可疑游戏中愿意承担的风险也不应该超过 21 法郎.

在我们看来，这个数值结果是完全合理的. 然而，效用的对数分配，无论是

在（正如拉普拉斯所指出的）极少财富的情况下，还是在极大财富的情况下，都不能简单加以接受，如以下萨维奇（Savage，1954）的例子所示.

假设你当前的财富为 1 000 000 美元，如果你的金钱效用与金额的对数成正比，那么相对于不接受，你应该同样有可能接受以下赌博方式：你有一半可能性只剩下 1000 美元，而另一半可能性将拥有 1 000 000 000 美元. 大多数人会认为这样的赌注对拥有前面提到的初始财富的人显然是不利的. 这表明我们直觉上金钱的"效用"的增长速度对于非常大的数值而言应该比对数增长速度更快. 切尔诺夫和摩西（Chernoff & Moses，1959）声称它是有界的，从理论上看来这似乎是合理的，但是在现实世界中并没有真正得到证明.

因此，丹尼尔 · 伯努利建议的要点是，在面对不确定性的决策问题中，人们应该按照最大化期望价值来行动. 期望价值未必就是收益，而是收益的某一函数，他称之为"道德价值". 使用更现代的术语，乐观主义者称其为"最大化期望效用"，而悲观主义者则称其为"最小化期望损失"，"损失函数"等于效用函数的相反数.

13.3　保险的理论依据

让我们以保险为例简要说明上述一些观点，这在某些方面类似于圣彼得堡博弈. 以下场景显然过于简化，但是可以从中得到一些有效且重要的结论. 保险费总是要设置得足够高，以保证保险公司对于合同涉及的所有意外费用都有正的期望收益. 公司赚的每一分钱都是客户支付的，那为什么还有人愿意买保险呢?

关键在于，个人客户对于金钱的效用函数在 1000 美元左右可能会急剧变化，但是保险公司的资产规模是如此之大，以至于其效用函数在数百万美元的范围内仍呈线性关系. 因此，令 P 为某一保险合同的保费，令 $i = 1, \cdots, n$ 列举所涵盖的所有意外且第 i 项具有概率 w_i，如果出险则保险公司将产生费用 L_i. 假定潜在客户对于金钱具有丹尼尔 · 伯努利的对数效用函数并具有初始金额 M. 当然，我们应该将 M 理解为他具有的"资产净值"，而不仅仅是他手头上的现金量. 那么保险公司和个人客户（无论是否购买保险）的期望效用如表 13-1 所示. 因此如果 $\langle L\rangle < P$，则公司希望出售该保险，而如果 $\langle \ln(M-L)\rangle < \ln(M-P)$，则客户希望购买该保险. 如果保费在以下范围内：

$$\langle L\rangle < P < M - \exp\langle \ln(M-L)\rangle, \tag{13.5}$$

将对双方都有利，双方都愿意做这笔生意.

我们将其作为练习让读者根据 (13.5) 证明：穷人应该购买保险，但是富人除非对期望损失 $\langle L\rangle$ 的估计比保险公司的估计大得多，否则不应该购买保险. 的确，

表 13-1 期望效用

	买	不买
公司	$P-\sum w_i L_i$	0
客户	$\ln(M-P)$	$\sum w_i \ln(M-L_i)$

如果你现在拥有的财富远大于任何可能的损失，那么你的金钱效用在所关心的区间内就几乎与保险公司一样呈线性，还不如自己成为自己的保险公司.

注意到如果 $M \gg \langle L\rangle$，我们可以展开 M^{-1} 的幂：

$$M-\exp\langle\ln(M-L)\rangle=\langle L\rangle+\frac{\operatorname{var}(L)}{2M}+\cdots, \tag{13.6}$$

其中 $\operatorname{var}(L)=\langle L^2\rangle-\langle L\rangle^2$，这样可以进一步了解富人的心理. 因此，即使保费略高于他的期望损失，中等富裕的人也可能愿意购买保险，因为这样可以消除他将不得不承受的实际损失的不确定性 $\operatorname{var}(L)$. 我们不仅对风险，而且对不确定性有厌恶感.

将 (13.5) 的右侧写为形式

$$M-\exp\langle\ln(M-L)\rangle=M-\prod_i \exp\{w_i\ln(M-L_i)\} \tag{13.7}$$

可以进一步了解穷人的心理. 排列 L_i 使得 $L_1 \geqslant L_2 \geqslant L_3 \geqslant \cdots$，那么除非 $M>L_1$，否则该表达式无意义. 但可以假定不可能使得 $M<L_1$，因为一个人的损失不能超过他的所有. 但是如果 M 接近 L_1，则最后一项将接近于 $\mathrm{e}^{-\infty}$ 并可以忽略. 这样 (13.5) 可以简化为 $\langle L\rangle<P<M$. 看起来这个不幸的人始终应该购买保险，即使这会使他像发生了最严重的意外事故一样变得贫穷！

当然，这仅仅说明对数效用对于很小的数量是不现实的. 实际上，效用显然也局限于该区间. 只有一分钱的人不会认为失去它是一场灾难. 我们可以通过将 $\ln M$ 替换为 $\ln(M+b)$ 来修正此问题，其中 b 的值很小，以至于我们认为它实际上毫无价值. 这在某种程度上修正了我们根据 (13.7) 得出的结论. 我们将具体结论留给读者得出，也许可以为 b 提供一个合理值.

13.4 熵与效用

对数效用分配对于许多情况是合理的，只要不把它推向极端. 顺便提一下，它也与熵的概念紧密相关，如贝尔曼和卡拉巴（Bellman & Kalaba，1956，1957）所示. 一名在游戏中预先获得部分可靠小窍门的赌博者会采取行动（即决定在赌哪一边及下注多少）来最大化期望对数财富. 贝尔曼和卡拉巴指出：(1) 遵循这一策略永远不会破产，这与最大化期望收益的策略形成了鲜明对比，在后一种策略下，很容易看到破产将最终以 1 的概率发生（经典的“赌徒破产”情况）；(2) 一个人在任何一局游戏中可以期望赚取的金额显然与他的初始金额 M_0 成正比，因此在 n 局游戏之后，他可能预期得到的金额为 $M = M_0 e^{\alpha n}$. 显然，使用对数效用函数的作用是使 α 的期望最大化.

> **练习 13.1** 证明可达到的 $\langle\alpha\rangle$ 最大值只是 $H_0 - H$，其中 H 是描述赌博者对所获小窍门真实有效性的不确定性的熵，而 H_0 是所获小窍门完全没有信息时的最大可能熵.

类似的结果也会在后面导出. 这表明随着概率论的进一步发展，熵可能在指导商人或股票市场投资者的策略中具有重要的地位.

这些考虑有着更微妙的用途：不仅有可能最大化我们自己的效用，而且有可能通过巧妙地利用他人对于效用的考虑因素，诱使他们按照我们的意愿行事. 能干的管理者本能地（但只是定性地）知道如何进行奖励和惩罚，以保持其组织的平稳运行. 下面是一个大大简化但是定量的例子.

13.5 诚实的天气预报员

假设天气预报员根据先验信息和数据得出明天下雨的概率为 $p = P(\text{降雨}|\text{数据}, I)$，那么他在晚间电视天气预报节目中公开宣告的概率 q 是多少? 这取决于他的效用函数. 我们怀疑天气预报员会系统性地夸大恶劣天气的概率，即宣布的值 $q > p$，因为他们认为如果没有预测暴风雨的到来，将会招致更多的批评. ①

然而我们更希望被告知由当数据前预示的 p 的实际值. 的确，如果我们确定被告知这一点，并且我们是理性的，就不能批评天气预报员的预测错误. 是否可以给天气预报员创造一个环境，使他总是愿意说实话呢?

假设我们在与天气预报员签订的雇用合同上规定，他永远不会因为做出太多的错误预测而被解雇. 但是每一天，当他宣布下雨的概率 q 时，如果第二天实际下雨，则该天的工资为 $B\ln(2q)$，否则为 $B\ln(2[1-q])$，其中 B 是基本工资常数，对于我们目前的考虑并不重要，只要足以使他想要这份工作即可. 那么，如果天气预报员宣布概率 q，则今天的预期工资为

$$B[p\ln(2q) + (1-p)\ln(2[1-q])] = B[\ln 2 + p\ln q + (1-p)\ln(1-q)]. \tag{13.8}$$

取一阶和二阶导数，我们发现当 $q = p$ 时会得到最大值.

① 这方面的证据是：在圣路易斯，我们几乎每隔一周就会遇到一次天气预报说有暴风雨，但是实际上没有. 但是没有预测到的暴风雨非常罕见，会成为重大新闻.

由于任何连续的效用函数的一小部分都为线性，因此如果天气预报员认为一天的工资足够少，以至于其效用是线性的，那么说实话永远对他有利. 事实上，存在着奖励和效用函数的组合，使得诚实是最好的策略.

更一般地，假如存在 n 个可能的事件 $(A_1, \cdots, A_n)$，根据先验信息和数据预测的概率为 $(p_1, \cdots, p_n)$，但是预测者选择改为宣告概率为 $(q_1, \cdots, q_n)$. 如果随后发生事件 A_i，则让他获得 $B\ln(nq_i)$ 的报酬，即他因对真实事件赋予很高的概率而受到奖励. 那么他的薪水期望值是

$$B[\ln n - I(q;p)], \tag{13.9}$$

其中 $I(q;p) \equiv \sum p_i \ln q_i$ 本质上是分布的相对熵，今天通常称为库尔贝克-莱布勒信息（Kullback & Leibler，1951），尽管其基本性质已经被吉布斯（Gibbs，1902，第 11 章）证明和利用. 那么，宣告 $q_i = p_i$ 对天气预报员总是有利的，而他的最大期望报酬是

$$B[\ln n - H(p_1, \cdots, p_n)], \tag{13.10}$$

其中 $H(p_i) = -\sum p_i \ln p_i$ 是衡量他对 A_i 不确定性的熵. 不仅说实话对他有利，获得最大可能的信息量以减少该熵也对他有利.

举一个非常真实的具体例子，考虑一家只有有限研发资源的制药公司. 它有两种潜在的新药：药物 A 能治疗每年折磨 10^6 人的疾病，而药物 B 每年仅可帮助 1000 人. 假设初步证据表明两种药物具有同样的有效性和安全性，该公司自然会更愿意将研发资源投入到药物 A 上. 我们可以肯定地预测这个决定会受到一些愤世嫉俗者的攻击，他们会指责制药公司只对自己的利益感兴趣. 然而，如果深入思考，他可能会意识到，这一策略虽然无可否认会给公司带来好处，但是也会给社会上的更多人带来好处.

13.6　对丹尼尔 · 伯努利和拉普拉斯的反应

得到这些结果使用的数学知识很基础，但显然很重要. 这可能使人们认为，一旦丹尼尔 · 伯努利和拉普拉斯开始了这种思维方式，这种事情一定不仅会被许多人觉察到，而且会立即得到很好的利用. 确实，回顾历史，令人感到惊讶的是，在吉布斯之前的 100 年中竟然没有人在这一过程中发现熵的概念.

实际的历史进程截然不同. 在 20 世纪的大部分时间里，“频率主义”学派要么忽略上述推理方式，要么谴责其为形而上学的胡说. 在关于概率论的一本名著（Feller，1950，第 199 页）中，费勒甚至没有给出描述就否定丹尼尔 · 伯努利对圣彼得堡悖论的解决方式，仅仅向读者说明伯努利“徒劳地试图通过道德期望的概念解决它”. 沃伦 · 赫希在对该书的评论中将其放大如下：

> 过去人们对这一悖论进行了各种神秘的“解释”，包括道德期望的概念. 这些解释对于现代的概率论学生来说是难以理解的. 费勒给出了一个简单的数学论证，可得到确定有限的入场费，其中圣彼得堡博弈具有公平博弈的所有属性.

我们刚刚已经看到了丹尼尔 · 伯努利的方法是多么“徒劳”和“难以理解”. 在阅读费勒的书时，我们发现他只是通过定义和分析另一种博弈来“解决”这一悖论的. 他试图以同样的方式解释保险的理论依据；但是由于他拒绝了丹尼尔 · 伯努利的曲线效用函数的概念，因此得出结论，保险对被保险人来说必然是“不公平”的. 这些解释是现代经济学家难以理解的.

20 世纪三四十年代，奈曼和皮尔逊阐述了另一种决策规则的形式，作为假设检验的附属品. 它在电气工程师（Middleton，1960）和经济学家（Simon，1977）中曾经享有一定的知名度，但由于缺少两个现今被认为必不可少的基本性质，现在已经过时了. 在第 14 章中，我们将给出奈曼–皮尔逊方法的一个简单示例，以说明这一方法与其他方法之间的关系. 20 世纪 50 年代，亚伯拉罕 · 沃尔德（Abraham Wald）提出了一种在更根本的层次上起作用的表述方式. 尽管这一方式为丹尼尔 · 伯努利的直觉想法提供了相当基本的辩护，看起来更具有恒久的有效性，但是并未得到各方赞赏. 莫里斯 · 肯德尔（Maurice Kendall，1963）写道：

> 在美国，有一种认为推断是决策论的一个分支的浪潮. 费希尔会（在我看来是正确地）认为科学推断不是决策问题，而且在任何情况下，都不存在基于一种或另一种收益的决策选择标准. 从广义上讲，这是英国人与美国人之间的态度分歧……我以为，在认为行动比思想重要的国家和认为思想比行动重要的国家之间，这种态度差异是不可避免的.

关于费希尔对决策论的态度，我们不必依赖二手资料. 如第 16 章所述，费希尔从不会在任何事情上放弃表达自己观点的机会. 在讨论显著性检验时，他（Fisher，1956 年，第 77 页）写道：

> ……最近……有相当多的学说试图根据完全不同的接受流程来解释或重新解释这些检验. 对于我来说，这两者之间的差别似乎很多，而且我认为，这种重新解释的作者如果对自然科学的工作有真正的了解，或者意识到可以增进科学理解的观察记录的这些特征，就不可能忽略它们.

然后，他将奈曼和沃尔德视为批评的对象.

显然，肯德尔诉诸学者们通常会拒绝的动机，认为决策论是美国人（而不是英国人）性格缺陷（尽管奈曼和沃尔德都不是在美国出生或接受教育的——他们是从欧洲逃到了美国）的体现. 费希尔认为这是不精通自然科学的一种思维偏差所致（尽管这一流程最初起源于丹尼尔 · 伯努利和拉普拉斯，他们作为自然科学家的地位很容易被拿来与费希尔进行比较）.

我们同意肯德尔的观点，沃尔德的做法给人的印象确实是，推断只是决策的一种特殊情况. 和他一样，我们对此深表遗憾. 但是我们观察到，在原始的伯努利-拉普拉斯公式（以及我们的公式）中，这两种功能有着应有的明显区别. 尽管我们理解推断与决策之间的这种必要区别，但我们也意识到，没有决策的推断在很大程度上是无用的. 除非为了某种目的，否则没有真正的自然科学家愿意进行推断的工作.

这些引语反映了丹尼尔 · 伯努利和拉普拉斯的思想要想得到广泛的接受所必须克服的障碍. 这些思想本来是完全自然且极其有用的. 200 年后，任何提出此类建议的人仍然受到顽固“正统”统计阵营不遗余力的攻击，而且攻击的方式没有反映出攻击者的信誉. 现在让我们检查一下沃尔德的理论.

13.7　沃尔德的决策论

沃尔德的表述在其最初阶段与概率论没有明显的联系. 我们首先设想（即列举）一组可能的“自然状态” $\{\theta_1, \theta_2, \cdots, \theta_N\}$，数量 N 在实际情况中总是有限的，尽管将其视为无限大甚至形成连续体可能是一个有用的极限近似. 在第 4 章的质量控制例子中，“自然状态”是批次中未知数量的坏部件数.

这里可能产生一些错误的观念. 让我们澄清其中的一种：在列举不同的自然状态时，我们并未描述自然的任何真实（可验证）性质，因为其中只有一种是真实的. 列举仅是描述有关可能性范围的*知识状态*的一种手段. 具有不同先验信息的两个人或机器人可能会以不同的方式列举 θ_j，这之间没有谁对谁错，也没有任何矛盾. 人们只能努力利用自己拥有的信息尽力而为，而我们希望拥有更好信息的人自然会做出更好的决定. 这不是悖论，而是老生常谈.

我们理论的下一步是对可能的决策 $\{D_1, D_2, \cdots, D_k\}$ 进行类似的列举. 在质量控制例子中，每个阶段都有三种可能的决定：

$$D_1 \equiv \text{接受该批次};$$

$$D_2 \equiv \text{拒绝该批次};$$

$$D_3 \equiv \text{再次检测}.$$

在第 6 章 B 先生的粒子计数器问题中，我们要估计在第 1 秒通过计数器的粒子

数 n_1，其中有无数种可能的决定：

$$D_i \equiv n_1 \text{ 估计等于 } 0, 1, 2, \cdots$$

如果我们要估计源强度，那么就有太多可能的估计值，以致我们认为它们构成了可能决策的连续体，尽管实际上只能写下有限数量的数字.

除非我们真正"做出决策"，即"决定按照仿佛此决策是正确决策的观念去行动"，否则该理论显然毫无用处. 除非我们准备在 $n_1 = 150$ 的假设下采取行动，否则机器人"决定" $n_1 = 150$ 是最优估计值是徒劳无益的. 因此，给予机器人 D_i 是一种描述我们知道哪些行动可行的知识的一种方法. 考虑任何我们事先知道不可能采取行动相对应的决策是无用的，并且浪费计算资源.

还有一种原因可能会排除特定的决策. 即使 D_1 易于执行，我们也可能事先知道它会导致无法承受的后果. 汽车驾驶员可以随时急转弯，但是常识通常告诉他不要这么做. 这里我们看到另外两点：(1) 存在连续的渐变——行动后果可能很严重，而并非绝对不能容忍；(2) 行动后果通常取决于自然的真实状态——突然的急转弯并不总是会导致灾难，实际上可能会避免灾难.

这令人想到第三个必要概念——损失函数 $L(D_i, \theta_j)$，它是一组数字，代表我们对于 θ_j 是自然状态时做出决策 D_i 导致的"损失"的判断. 如果 D_i 和 θ_j 都是离散的，损失函数则为损失矩阵 (L_{ij}).

仅用 θ_j, D_i, L_{ij} 就能完成很多工作，并且已经有大量文献只使用这几个概念讨论决策标准. 卢斯和雷法的著作（Luce & Raiffa，1989）以一种非常可读和有趣的形式对该理论的早期成果做了总结. 同样，前面提到的切尔诺夫和摩西的基础教科书（Chernoff & Moses，1959）也对此做了总结，这本书今天仍然值得一读. 这最终导致了雷法和施莱弗更高级的著作（Raiffa & Schlaifer，1961），由于其中有大量有用的数学材料，它仍然是标准的参考书.

伯杰的著作（James Berger，1985）中有比我们在此给出的更为详尽的关于哲学和数学的现代论述. 这本书是以与我们几乎相同的贝叶斯视角写的. 它用了很长的篇幅来说明很多对于推断来说很重要的技术详情，但在我们看来，这并不是决策论的真正组成部分.

最小最大准则是指：对于每个 D_i，找出最大可能损失 $M_i = \max_j(L_{ij})$；然后选择 M_i 最小的 D_i. 如果我们将自然视为一名聪明的对手，他会预见到我们的决定并故意选择能使我们有最大挫败感的自然状态，那么这将是一个合理的策略. 在某些博弈理论中，这不是一种完全不现实的情况，因此最小化最大策略在博弈论中具有根本的重要性（von Neumann & Morgenstern，1953）.

在科学家、工程师或经济学家面对的大多数决策问题中，我们并没有聪明的对手，而最小最大准则是愁眉苦脸的悲观主义者的准则．他全神贯注于可能发生的最糟糕的事情，从而错失了有利的机会．

在我们看来，满眼繁星闪烁的乐观主义者的态度也是不理智的．他认为自然界总是刻意设法帮助他，因此拥护最小化最小准则：对于 D_i 找到可能的最小损失 $m_i = \min_j(L_{ij})$ 并选择了使 m_i 最小的 D_i．

显然，对于科学家、工程师或经济学家而言，合理的决策标准在某种意义上介于最小最大与最小最小之间，表示我们相信自然对于我们的目标是保持中立的．人们已经提出了许多其他准则，例如最大最小效用（Wald）、α-乐观-悲观（Hurwicz）、最小最大后悔（Savage），等等．如卢斯和雷法所详细描述的那样，通常的流程是分析所提议的准则，以了解它是否满足十几个定性的常识条件，如下所示．

(1) 传递性：如果 D_1 优先于 D_2 且 D_2 优先于 D_3，则 D_1 应优先于 D_3．

(2) 强主导：如果对于所有自然状态 θ_j 有 $L_{ij} < L_{kj}$，则 D_i 始终优先于 D_k．

这种分析虽然简单明了，但也可能变得很乏味．我们在此不再赘述，因为最终结果是只有一类决策准则能通过所有测试，并且通过不同的推理方式可以更轻松地获得这一类决策准则．

当然，完整的决策论不仅仅与 θ_j, D_i, L_{ij} 有关系．在典型问题中，我们还拥有其他证据 E 与决策有关．我们必须学习如何将 E 纳入理论之中．在第 4 章的质量控制例子中，E 包含先前检测的结果．

在这一点上，沃尔德的决策论需要经过冗长、困难且不必要的迂回途径才能达到目标．定义"策略" S 为一系列如下形式的规则："如果我收到新证据 E_i，那么我将做出决策 D_k．"原则上，首先列举所有可能的策略（然而即使在非常简单的问题中，其数量也是天文数字），然后排除根据以下准则所认为不允许的策略．定义

$$p(D_k|\theta_j S) = \sum_i p(D_k|E_i\theta_j S)p(E_i|\theta_j) \tag{13.11}$$

为如果 θ_j 是真实自然状态，则策略 S 会导致我们做出决策 D_k 的抽样概率，并且将 θ_j 为真时使用策略 S 的风险定义为该分布上的期望损失：

$$R_j(S) = \langle L \rangle_j = \sum_k p(D_k|\theta_j S)L_{kj}. \tag{13.12}$$

那么，如果不存在其他策略 S' 使得

$$\text{对于所有 } j \text{ 有} \quad R_j(S') \leqslant R_j(S), \tag{13.13}$$

则将策略 S 称为**可容许的**．如果存在 S'，对于至少一个 θ_j 以上不等式严格成立，则 S 称为**不可容许的**．风险和可容许性的概念显然是抽样论而不是贝叶斯理论的

标准，因为它们仅使用抽样分布. 沃尔德用抽样论的术语思考，认为很明显，最优策略仅应在可允许的策略中寻找.

沃尔德理论的主要目标是使用数学术语描述可容许策略的类别，以便可以通过执行确定的流程找到所有此类策略. 与此相关的基本定理是沃尔德完全类定理，根据此定理得出的结果让抽样理论学家（包括沃尔德本人）感到震惊. 伯杰（Berger，1985，第 8 章）用沃尔德的术语对此进行了讨论. “完全类”一词的定义相当笨拙. 沃尔德真正想要的只是所有可容许规则的集合，伯杰称之为“最小完整类”. 在沃尔德看来，证明这样的类存在，并找到一种可以构造该类中任何规则的算法是一个非常不平凡的数学问题.

但是在我们看来，这些都是不必要的复杂化，仅仅表明“可容许”一词定义不当. 我们将在第 17 章中回到这个问题，并得出不同的结论：“不可容许”的决策可能比“可容许”的决策具有压倒性的优势，因为可容许性准则忽略了先验信息——即使此信息如此有力，以至于在重大医疗、公共卫生或航空安全领域中，忽略该信息的决策将危及生命，并受到刑事指控.

可容许性的概念在另外一方面也存在缺陷. 根据以上定义，一种简单忽略数据的估计规则，只要 $\theta = 5$ 在参数空间中是可容许的，就始终估计参数 $\theta^* = 5$. 很明显，在这种情况下，几乎所有“不可容许”的规则都将优于“可容许”的规则.

这说明了发明诸如“可容许”和“无偏”这些听起来高深的名字作为准则的愚蠢. 这些准则实际上一点也不高深，甚至不完全理性. 将来我们应该从中得到教训，并注意使用道德上中立的名称来描述技术状况，这样不至于像这些名称一样产生错误的暗示，可能误导他人数十年.

在实际应用中，我们无论如何都不想（也不能）将自己限制在可容许规则之中，因此我们将不遵循这个颇为复杂的论证方式. 我们给出不同的推理方式，从而得出适合现实世界的规则，同时使我们对使用它们的理由有了更好的理解.

是什么使决策过程变得困难呢? 如果我们知道哪种自然状态是真的，那就没有问题了. 如果 θ_3 是真实的自然状态，则最优决策 D_i 是使 L_{i3} 最小的决策. 换句话说，一旦确定了损失函数，我们对最优决策的不确定性就完全取决于我们对自然状态的不确定性. 最小化 L_{i3} 的决策是否最优依赖于：我们相信 θ_3 是真实自然状态的信念有多强，以及 θ_3 为真有多大的可能性.

对于我们的机器人来说，这似乎是微不足道的一步——实际上只是重新描述一下问题——然后问：“根据所有现有证据，θ_3 是真实自然状态的概率 P_3 是多少?”抽样理论学家无法这样做，因为他认为“概率”一词与“某一随机试验中的长期相对频率”是同义词. 按照这一定义，谈论 θ_3 的概率是没有意义的，因为自然状态不是“随机变量”. 因此，如果始终如一地坚持抽样论的概率论观点，我们将得出结论：概率论不能应用于决策问题，至少不能用这种直接的方式.

正是这种推理促使统计学家在 20 世纪初期将参数估计和假设检验问题委托给一个新的领域——统计推断. 这一领域被认为与概率论不同，并且基于完全不同的原则. 让我们从抽样理论的角度研究一个典型的问题，并了解引入损失函数的概念如何改变结论.

13.8 最小损失参数估计

假定有一个未知参数 α，我们对受此未知参数影响的某个量进行 n 次重复观测，得到样本 $x \equiv \{x_1, \cdots, x_n\}$. 我们用符号 x 表示 n 维“样本空间”中的样本集，并假设单个观测值的可能结果 x_i 为实数，并且认为该实数是在某区间中的连续变量（$a \leqslant x_i \leqslant b$）. 根据样本 x，我们能对未知参数 α 说些什么呢？我们已经根据从贝叶斯角度出发的作为逻辑的概率论研究了这一问题. 现在，我们从抽样论的角度来考虑它们.

为了更透彻地说明问题，假设我们必须根据观察到的样本 x 和可能拥有的其他先验信息，选定一个数值作为 α 的“最优”估计，然后按照这一估计值似乎为真而行动. 这是我们每个人在每天的专业和日常生活中都需要面对的决策情况. 驶向无红绿灯的十字路口的汽车驾驶员不能确定地知道他是否有足够的时间安全地驶过马路，但是他仍然被迫根据自己所看到的情况做出决定并采取行动.

很明显，在估计 α 时，除非我们能看到 α 与 x 之间存在某种逻辑（不一定是因果）关系，否则观察到的样本 x 对我们并没有用. 换句话说，如果我们知道 α 但不知道 x，那么分配给各种可观察到的样本的概率在一定程度上取决于 α 的值. 如果我们将不同观测值视为独立的，就像参数估计的抽样理论中几乎总是认为的那样，那么抽样密度函数将可以分解为

$$f(x|\alpha) = f(x_1|\alpha) \cdots f(x_n|\alpha). \tag{13.14}$$

但是，从决策论的角度来讨论参数估计的一般原理时，这种限制性很强的假设是不必要的（实际上不会导致任何形式上的简化）.

假设 $\beta = \beta(x_1, \cdots, x_n)$ 是某个估计量，即数据值的任意函数，用来作为 α 的估计量. 同样，假设 $L(\alpha, \beta)$ 为当 α 为真时猜测值为 β 引起的“损失”. 那么对于任何给定的估计量，风险是“数据前”的期望损失，即对于已经知道 α 的真实值但不知道将观察到什么数据的人的损失：

$$R_\alpha \equiv \int \mathrm{d}x L(\alpha, \beta) f(x|\alpha), \tag{13.15}$$

其中 $\int \mathrm{d}x(\ )$ 是指 n 重积分

$$\int \cdots \int \mathrm{d}x_1 \cdots \mathrm{d}x_n(\ ). \tag{13.16}$$

我们可以将这种表示法解释为同时包括连续和离散的情况. 在离散情况中, $f(x|\alpha)$ 是狄拉克德尔塔函数的和.

在使用概率的频率定义的人看来，上述说法“对于已经知道 α 真实值的人”是具有误导性且不必要的. “*对于具有一定知识状态的人来说，样本 x 的概率*”这一概念对于他来说完全是陌生的. 他认为 $f(x|\alpha)$ 并不是对样本知识状态的描述，而是对事实的客观陈述，认为它是“长期来看”不同样本的相对频率.

不幸的是，严格且始终如一地持这种观点会使得概率论的合法应用变得几乎不存在，因为一个人可能（而且我们大多数人会）在这一领域工作一辈子，却从未真正遇到过实际上知道无数次试验的“真实”极限概率的问题. 我们怎么可能获得这种知识呢? 确实，除了概率论之外，没有一名科学家能够确定什么是“真正的真实”. 我们唯一可以肯定地知道的是: *我们的知识状态是怎样的*.

那么一个人怎么能分配概率等于现实世界中的极限频率呢? 在我们看来，认为概率是自然界中真实存在的信念纯属思维投射谬误. 真正的“科学客观性”要求我们摆脱这种幻觉，认识到在进行推断时，我们的方程式并没有描述现实，我们在描述和处理的是关于现实的信息.

无论如何, “频率主义者”认为, R_α 不仅是当前情况下的“期望损失”，而且以概率为 1 是实际平均损失的极限. 这可以通过无限次使用估计值 β 来逼近，即通过固定值 α 重复抽取 n 个观察值的样本. 此外，找到“对于当前特定样本的最优估计值”的思想对他来说很陌生. 因为他认为概率的概念是指样本的集合，而不是单个样本，所以他被迫去寻找“长期来看，平均起来最优”的估计量.

因此，从频率主义者的角度来看，最优估计量似乎将是使 R_α 最小的估计量. 这是一个变分问题吗? 估计量的小变化 $\delta\beta(x)$ 将以如下大小改变风险:

$$\delta R_\alpha = \int \mathrm{d}x \frac{\partial L(\alpha,\beta)}{\partial \beta} f(x|\alpha)\delta\beta(x). \tag{13.17}$$

如果我们要求它对于所有 $\delta\beta(x)$ 变为 0，这将意味着

$$\text{对于所有可能的 } \beta \text{ 有} \quad \frac{\partial L}{\partial \beta} = 0. \tag{13.18}$$

因此，除了损失函数与估计值 β 无关的无用情况外，上述问题没有真正的稳定解. 如果存在最小风险准则的“最优”估计量，那么它无法通过变分方法找到.

但是，我们可以通过考察损失函数 (13.15) 的某些特定选择来了解所发生的

事情. 假设我们采用二次损失函数 $L(\alpha,\beta)=(\alpha-\beta)^2$，则 (13.15) 约化为

$$R_\alpha=\int \mathrm{d}x(\alpha^2-2\alpha\beta+\beta^2)f(x|\alpha), \tag{13.19}$$

或者

$$R_\alpha=(\alpha-\langle\beta\rangle)^2+\mathrm{var}(\beta), \tag{13.20}$$

其中 $\mathrm{var}(\beta)\equiv\langle\beta^2\rangle-\langle\beta\rangle^2$ 是 β 的抽样 PDF 的方差，并且

$$\langle\beta^n\rangle\equiv\int \mathrm{d}x[\beta(x)]^n f(x|\alpha) \tag{13.21}$$

是该 PDF 的 n 阶矩. 风险 (13.20) 是两个正项的和，通过最小风险准则所得到的好的估计值应该具有两个性质：

(1) $\beta=\alpha$；

(2) $\mathrm{var}(\beta)$ 最小.

这是抽样理论认为最重要的两个条件. 具有性质 (1) 的估计量称为**无偏**的（一般来说，函数 $b(\alpha)=\langle\beta\rangle-\alpha$ 称为估计量 $\beta(x)$ 的**偏差**），同时具有性质 (1) 和性质 (2) 的估计量被费希尔称为**有效的**. 现在它通常被称为**无偏最小方差**（UMV）估计量，

在第 17 章中，我们将研究消除偏差和最小化方差的相对重要性，并得出克拉默-拉奥不等式，该不等式对 $\mathrm{var}(\beta)$ 的可能值设置了下限. 就目前而言，我们关心的只是 (13.17) 不能为给定的损失函数提供任何最优估计量. 抽样理论用于参数估计的方法的缺点在于，它不能告诉我们如何找到最优估计量，而只能告诉我们如何比较不同的猜测结果. 这可以通过以下方式来克服：我们给出沃尔德的完全类定理的一个简单替代版本.

13.9 问题的重新表述

虽然很容易明白为什么最小风险准则一定会产生问题，但是我们无法提供任何构造估计量的一般规则. 对应的数学问题是：给定 $L(\alpha,\beta)$ 和 $f(x|\alpha)$，什么函数 $\beta(x_1,\cdots,x_n)$ 会最小化 R_α?

尽管这不是一个变分问题，但它可能有唯一解，但更根本的困难在于解通常仍将取决于 α. 那么最小风险准则将导致不可接受的情况——即使能从数学上解决最小化问题，并且对于每个 α 值都有最优估计量 $\beta_\alpha(x_1,\cdots,x_n)$，我们也只能在已经知道 α 值时使用该结果，但是这时其实无须估计. 我们将问题弄反了！

这让我们可以明白如何解决问题. 对于 α 的特定值询问哪个估计量“最优”是没有用的. 显然，无论数据是什么，该问题的答案总是 $\beta(x)=\alpha$，但是使用估

计量的唯一原因是 α 未知. 因此估计量必须对于允许的 α 阈值范围内的所有可能性做出某种加权. 在此阈值范围内，无论 α 的真实值是多少，它都必须尽量避免损失.

因此，我们真正需要最小化的是 R_α 的某种加权平均

$$\langle R\rangle = \int \mathrm{d}\alpha g(\alpha) R_\alpha, \tag{13.22}$$

其中函数 $g(\alpha) \geqslant 0$，以某种方式度量对于 α 的各种可能值，最小化 R_α 的相对重要性.

采用 (13.22) 作为准则，问题的数学性质完全改变了. 现在我们有了一个可以解决的变分问题，它具有表现良好且有用的唯一解. $\langle R\rangle$ 由于任意变化 $\delta\beta(x_1, \cdots, x_n)$ 引起的一阶变分是

$$\delta\langle R\rangle = \int\cdots\int \mathrm{d}x_1\cdots\mathrm{d}x_n \left\{\int \mathrm{d}\alpha g(\alpha)\frac{\partial L(\alpha,\beta)}{\partial\beta} f(x_1,\cdots,x_n|\alpha)\right\}\delta\beta(x_1,\cdots,x_n). \tag{13.23}$$

如果对于所有可能的样本 $\{x_1, \cdots, x_n\}$ 有

$$\int \mathrm{d}\alpha g(\alpha)\frac{\partial L(\alpha,\beta)}{\partial\beta} f(x_1,\cdots,x_n|\alpha) = 0, \tag{13.24}$$

(13.23) 将独立于 $\delta\beta$ 变为 0.

(13.24) 是根据我们的新准则确定“最优”估计量的基本积分方程. 考虑二阶变分，我们发现如果

$$\int \mathrm{d}\alpha g(\alpha)\frac{\partial^2 L}{\partial\beta^2} f(x_1,\cdots,x_n|\alpha) > 0, \tag{13.25}$$

则 (13.24) 产生了一个实际的最小值. 因此获得最小值的一个充分条件是 $\partial^2 L/\partial\beta^2 \geqslant 0$，这一条件比必要条件要强.

如果我们采用二次损失函数 $L(\alpha,\beta) = K(\alpha-\beta)^2$，则 (13.24) 变为

$$\int \mathrm{d}\alpha g(\alpha)(\alpha-\beta) f(x_1,\cdots,x_n|\alpha) = 0, \tag{13.26}$$

或者说二次损失函数的最优估计为

$$\beta(x_1,\cdots,x_n) = \frac{\int \mathrm{d}\alpha g(\alpha)\alpha f(x_1,\cdots,x_n|\alpha)}{\int \mathrm{d}\alpha g(\alpha) f(x_1,\cdots,x_n|\alpha)}. \tag{13.27}$$

但是如果我们将 $g(\alpha)$ 解释为先验概率密度，这只是根据贝叶斯定理所得到的 α 的后验 PDF

$$f(\alpha|x_1,\cdots,x_n,I) = \frac{g(\alpha) f(x_1,\cdots,x_n|\alpha)}{\int \mathrm{d}\alpha g(\alpha) f(x_1,\cdots,x_n|\alpha)} \tag{13.28}$$

的均值！这一论证也许比我们给出的任何其他论证方式都更清楚地表明，为什么贝叶斯定理的数学形式会不可避免地进入参数估计之中.

如果我们使用绝对误差 $L(\alpha,\beta)=|\alpha-\beta|$ 作为损失函数，那么积分 (13.24) 变为

$$\int_{-\infty}^{\beta}\mathrm{d}\alpha\, g(\alpha)f(x_1,\cdots,x_n|\alpha)=\int_{\beta}^{+\infty}\mathrm{d}\alpha\, g(\alpha)f(x_1,\cdots,x_n|\alpha), \tag{13.29}$$

这表明 $\beta(x_1,\cdots,x_n)$ 将是 α 的后验 PDF 的中值：

$$\int_{-\infty}^{\beta}\mathrm{d}\alpha\, f(\alpha|x_1,\cdots,x_n,I)=\int_{\beta}^{+\infty}\mathrm{d}\alpha\, f(\alpha|x_1,\cdots,x_n,I)=\frac{1}{2}. \tag{13.30}$$

类似地，如果我们采用损失函数 $L(\alpha,\beta)=(\alpha-\beta)^4$，则积分 (13.24) 导致估计 $\beta(x_1,\cdots,x_n)$ 是方程

$$f(\beta)=\beta^3-3\langle\alpha\rangle\beta^2+3\langle\alpha^2\rangle\beta-\langle\alpha^3\rangle=0, \tag{13.31}$$

的实根，其中

$$\langle\alpha^n\rangle=\int\mathrm{d}\alpha\,\alpha^n f(\alpha|x_1,\cdots,x_n,I) \tag{13.32}$$

是 α 的后验 PDF 的 n 阶矩.（方程 (13.31) 只有一个实根，可以根据以下判别式得到：对于所有实数 β，条件 $f'(\beta)\geqslant 0$ 只是 $\langle\alpha^2\rangle-\langle\alpha\rangle^2\geqslant 0$.）

如果我们取 $L(\alpha,\beta)=|\alpha-\beta|^k$，并取极限 $k\to 0$，或者只是取

$$L(\alpha,\beta)=\begin{cases}0, & \alpha=\beta,\\ 1, & \text{其他},\end{cases} \tag{13.33}$$

(13.24) 告诉我们，我们应该选择 $\beta(x_1,\cdots,x_n)$ 为“最概然值”或者后验 PDF $f(\alpha|x_1,\cdots,x_n,I)$ 的众数. 如果 $g(\alpha)$ 在高似然区域是常数，而在其他地方不太大，那么这只是费希尔提出的最大似然估计.

在这一结果中，我们明白了最大似然估计实际做了什么，以及在什么情况下使用它是合适的. 最大似然准则是我们只关心完全正确的情况、一错就全错的准则. 这正是我们朝着一个小靶子射击时的情况，即“错过一点跟错过一英里是一样的”. 但是很明显，只有在极少的特殊情况下，这将是一种理性的行为方式. 我们几乎总是关心错误的大小，这时最大似然不是最优的估计准则.

注意在所有情况下，涉及的都是后验 PDF，$f(\alpha|x_1,\cdots,x_n,I)$. 我们的“基本积分方程”(13.24) 毕竟不是那么深奥，可以看出情况总是如此. 它可以同样写成

$$\frac{\partial}{\partial\beta}\int\mathrm{d}\alpha\, g(\alpha)L(\alpha,\beta)f(x_1,\cdots,x_n|\alpha)=0. \tag{13.34}$$

但是如果将 $g(\alpha)$ 解释为先验概率密度，那么这仅仅是我们要最小化 $L(\alpha,\beta)$ 的期望的陈述：这不是对 β 的抽样 PDF 的期望，它始终是对 α 的贝叶斯后验 PDF 的期望!

这里有一个有趣的"殊途同归"的例子. 如果抽样理论学家一直思考估计问题, 他将发现自己不得不使用贝叶斯主义的数学形式, 即使他在意识形态上仍然拒绝贝叶斯理论. 但是在得出这些不可避免的结果时, 贝叶斯方法具有以下优点: (1) 它会立即导致我们得出结论; (2) 很明显, 它的有效和适用范围远远大于抽样理论学家所认为的范围. 仅仅出于简单的逻辑原因, 我们也需要贝叶斯主义的数学形式, 而这与所有"哪些量是随机的"或"概率的真正含义"等哲学难题无关.

沃尔德的完全类定理使他得出了基本相同的结论: 如果 θ_j 是离散的, 并且我们约定在自然状态中不包含任何已知不可能的 θ_j, 那么可容许策略类就是贝叶斯策略（即在后验 PDF 上将期望损失最小化的策略）类. 如果可能的 θ_j 形成一个连续体, 则可容许的规则是正常的贝叶斯规则, 即贝叶斯规则来自正常的（可标准化的）先验概率. 但是很少有人尝试遵循沃尔德的证明. 伯杰（Berger, 1985）并未尝试展示它, 而是给出了一些孤立的特殊结果.

正如伯杰指出的, 当人们试图直接从无限参数空间中跳入非正常先验而不是作为正常先验的极限时, 有很多数学上的可挑剔之处. 但是对我们来说, 这样的问题是没有意义的, 因为在极端的情况下, 可容许性概念本身就是有缺陷的. 由于没有考虑任何先验信息, 因此必须考虑无限区域的所有点. 所得到的奇异数学结果只是一个幻象, 在对应的实际问题中没有任何奇异之处, 因为先验信息始终会排除无限大区域.

对于给定的抽样分布和损失函数, 我们可以简单地说, 合乎情理的决策规则只是贝叶斯规则对应于不同的正常先验及其表现良好的极限. 这一结论让抽样理论学家（包括沃尔德本人）感到震惊. 沃尔德本人曾是冯 · 米泽斯"集合"概率论的拥护者之一. 集合概率论是从心理上引发我们目前在统计学上的"贝叶斯革命"的主要动力. 值得称赞的是沃尔德具有理智上的诚实, 在看到这一不可避免的结果后, 他在最后的著作（Wald, 1950）中将可容许决策规则称为"贝叶斯策略".

13.10 不同损失函数的影响

由于这里所阐述理论的新特征仅仅在于引入了损失函数, 因此通过一些数值示例来了解损失函数如何影响最终结果非常重要. 假设先验信息 I 和数据 D 导致参数 α 的后验 PDF 为

$$f(\alpha|DI) = k\mathrm{e}^{-k\alpha}, \qquad 0 \leqslant \alpha < +\infty. \tag{13.35}$$

该 PDF 的 n 阶矩为

$$\langle \alpha^n \rangle = \int_0^{+\infty} \mathrm{d}\alpha\, \alpha^n f(\alpha|DI) = n! k^{-n}. \tag{13.36}$$

对于损失函数 $(\alpha-\beta)^2$，最优估计量是均值

$$\beta=\langle\alpha\rangle=k^{-1}. \tag{13.37}$$

对于损失函数 $|\alpha-\beta|$，最优估计值是中值，由下式决定：

$$\frac{1}{2}=\int_0^{\beta}\mathrm{d}\alpha\, f(\alpha|DI)=1-\mathrm{e}^{-k\beta}, \tag{13.38}$$

或者

$$\beta=k^{-1}\ln 2=0.693\langle\alpha\rangle. \tag{13.39}$$

为了最小化 $\langle(\alpha-\beta)^4\rangle$，我们应该选择 β 满足 (13.31)，即 $y^3-3y^2+6y-6=0$，其中 $y=k\beta$. 其实根为 $y=1.59$，因此最优估计量为

$$\beta=1.59\langle\alpha\rangle. \tag{13.40}$$

对于损失函数 $(\alpha-\beta)^{s+1}$，其中 s 为奇数，基本方程 (13.34) 变为

$$\int_0^{+\infty}\mathrm{d}\alpha\,(\alpha-\beta)^s\mathrm{e}^{-k\alpha}=0, \tag{13.41}$$

可以简化为

$$\sum_{m=0}^{s}\frac{(-k\beta)^m}{m!}=0. \tag{13.42}$$

在 $s=3$ 的情况下得出 (13.40)，在 $s=5$ 的情况下损失函数为 $(\alpha-\beta)^6$，我们得到

$$\beta=2.025\langle\alpha\rangle. \tag{13.43}$$

当 $s\to+\infty$ 时，β 也无限地增加. 但是最大似然估计是 $\beta=0$，对应于损失函数 $L(\alpha,\beta)=-\delta(\alpha-\beta)$，或等于

$$\lim_{k\to 0}|\alpha-\beta|^k. \tag{13.44}$$

这些数值示例只是说明了在直观上已经清楚的内容. 当后验 PDF 没有尖峰时，对 α 的最优估计在很大程度上取决于我们使用的特定损失函数.

人们可能会认为损失函数一定总是误差 $|\alpha-\beta|$ 的单调递增函数. 当然，通常是这样的. 但是理论上并没有任何东西让我们一定局限在这种函数上. 你可以想到一些令人沮丧的情况，其中你宁愿选择犯大错误而不是小错误. 威廉 · 退尔的例子就是这样.[①] 如果研究这种情况的方程，你会发现实际上根本没有非常令人满意的决策（即没有一种决策的期望损失很小），而且人们对此无能为力.

① 威廉 · 退尔的故事与本章内容相关的部分如下：传说瑞士有一名暴君格斯勒，曾在公共广场上竖起一根高木杆，并将自己的帽子放在木杆顶上，然后命令所有进城的人必须对帽子鞠躬致敬. 只有著名猎手威廉 · 退尔不遵守命令. 为了惩罚退尔，格斯勒命令在退尔小儿子头上放一个苹果并让他站在公共广场上，然后命令退尔用自己的箭射那个苹果，如果射不中就要杀死他的儿子. 在这种场景下，退尔要么准确射中，要么偏得很远，才不致误伤自己的儿子. ——译者注

注意，在损失函数的任何正常线性变换下，决策规则都是不变的．即如果损失函数是 $L(D_i,\theta_j)$，那么无论先验概率和数据怎样，新的损失函数

$$L'(D_i,\theta_j) \equiv a + bL(D_i,\theta_j) \quad \begin{cases} -\infty < a < +\infty, \\ \quad 0 < b < +\infty, \end{cases} \tag{13.45}$$

都将导致相同的决策．因此，在二元决策问题中，给定损失矩阵

$$\boldsymbol{L} = (L_{ij}) = \begin{pmatrix} 10 & 19 \\ 100 & 10 \end{pmatrix}, \tag{13.46}$$

我们同样可以使用

$$\boldsymbol{L}' = (L'_{ij}) = \begin{pmatrix} 0 & 1 \\ 10 & 0 \end{pmatrix}, \tag{13.47}$$

这对应于 $a=-10/9, b=1/9$．这可以大大简化期望损失的计算．

13.11 通用决策论

前面我们仅通过一种特定的应用参数估计来研究决策论，但是实际上已经掌握了整个流程．用于构造最优估计量的准则 (13.34) 可以推广到寻找任何种类的最优决策的准则．最终的规则很简单，解决推断问题需要四个步骤．

(1) 视情况列举出离散的或连续的所有自然状态 θ_j．

(2) 分配先验概率 $p(\theta_j|I)$，这些概率表示你所拥有的关于自然状态的任何先验信息 I．

(3) 分配抽样概率 $p(E_i|\theta_j)$，该概率表示你对获得可能数据集 E_i 的测量过程物理机制的先验知识．

(4) 通过应用贝叶斯定理，对任何其他证据 $E=E_1E_2\cdots$ 进行归纳，得到后验概率 $p(\theta_j|EI)$．

这就是解决所有推断问题的步骤，$p(\theta_j|EI)$ 表示先验信息和数据中包含的所有关于 θ_j 的信息．为了解决决策问题，还需要三个步骤．

(5) 列举可能的决策 D_i．

(6) 确定损失函数 $L(D_i,\theta_j)$，该函数会告诉你要完成的工作．

(7) 以该决策使 θ_j 的后验概率上的期望损失最小的原则做出决策 D_i．

归根结底，根据考克斯、沃尔德和香农的定理所得出的最终计算规则只是拉普拉斯和丹尼尔 · 伯努利在 18 世纪已经基于直觉给出的那些规则，除了最大熵原理推广了步骤 (2) 中的无差别原则．

从理论上讲，这些规则现在由合理性和一致性的基本定性合情条件唯一确定. 有人可能会反对说他们没有任何先验概率或损失函数. 该定理是说合理性和一致性要求你表现得就像拥有它们一样. 对于每个遵循合情条件的策略，都有一个先验概率和损失函数会导致该策略；相反，如果一种策略是从某种先验概率和损失函数中得出的，则可以确保符合合理性和一致性合情条件.

从实用角度来说，这些规则包括或改进了用于假设检验和点估计的几乎所有已知的统计方法. 如果你掌握了这些知识，那么你就几乎已经掌握了整个领域. 它们的突出特点在于其直观性和简单性——如果我们撇开过去困扰该领域的所有争论与错误，而只考虑直接导致这些规则的建设性论证过程，那么显然其理论基础可以在一学期的本科课程中得到充分讲述.

然而，尽管规则本身在形式上很简单，但要在复杂问题中方便地应用它们，涉及的复杂数学知识和精细概念是如此之多，以至于该领域的几代工作者都错误地使用了它们，并得出结论说这些规则都是错误的，因此我们仍然需要大量的引导才能发展出使用该理论的工具. 这就像学习演奏乐器一样，任何人都可以用乐器制造噪声，但是要想很好地演奏该乐器则需要多年的练习.

13.12　评注

13.12.1　决策论的“客观性”

决策论在讨论统计的逻辑基础时具有独特的地位，因为正如我们在 (13.24) 和 (13.34) 中所看到的那样，决策过程可以从关于概率论本质的两种截然相反的角度中得出. 尽管大家似乎对于应该遵循的实际过程有普遍的共识，但对于其根本原因仍然存在根本分歧，根源在于频率与非频率的概率定义的老问题.

从实际的角度来看，这些考虑起初看起来并不重要，但是在尝试将决策论应用于实际问题的过程中，人们很快认识到这些问题在以数学方式构建问题的初始阶段就已经介入了. 特别是我们对决策论的普遍性与有效性范围的判断取决于如何解决这些概念性问题. 我们的目标是阐明这样的视角，使得根据这一视角导出的方法具有最大可能的应用范围.

这样，我们发现这里争论的主要根源在于先验概率的问题. 从抽样论的角度来看，如果问题涉及使用贝叶斯定理，那么除非先验概率是已知频率，否则这种方法并不适用. 但是，坚持这一立场将意味着合法应用的范围将受到极大的限制；确实，我们怀疑是否存在一个真正实际的问题，其中先验概率是已知频率. 但是，最终方程式的数学形式能否使得这个问题被充分理解呢?

首先请注意 (13.24) 和 (13.34) 中仅涉及乘积 $g(\alpha)L(\alpha,\beta)$，因此我们可以用三种不同的方式来解释.

(1) 先验概率为 $g(\alpha)$，损失函数为 $L(\alpha,\beta)=(\alpha-\beta)^2$.

(2) 我们有均匀先验概率，损失函数为 $L(\alpha,\beta)=g(\alpha)(\alpha-\beta)^2$.

(3) 先验概率为 $h(\alpha)$，损失函数为 $g(\alpha)(\alpha-\beta)^2/h(\alpha)$.

对于这三种解释方式，最优决策是一样的. 对于任何损失函数同样都可以做类似的不同解释.

我们之所以强调这一看似微不足道的数学事实是因为注意到了一种奇怪的心理现象. 从抽样论角度对决策论进行阐述 [例如，切尔诺夫和摩西（Chernoff & Moses，1959）的观点] 时，作者不愿引入先验概率的概念. 他们尽可能地推迟这一过程，直到在数学上，他们认识到先验概率是在不同可容许决策规则中进行选择的唯一基础时，才会最终让步. 即使那样，他们对使用先验概率仍然不满意，以至于他们总是需要发明一种（通常是高度人为的）情况，使得先验概率看起来像是频率. 他们不会将这种理论用于他们不明白该如何这样做的任何问题.

但是，这些作者会毫不犹豫地凭空引入随意的损失函数，并继续进行计算！我们的方程表明，如果最终决策很强地依赖于使用的先验概率，那么它将同样强烈地依赖于所使用的特定损失函数. 如果人们担心先验概率的随意性，那么为了保持一致，人们应该同样担心损失函数的随意性. 如果有人主张（正如抽样理论学家已经做了几十年，现在仍然有人这么做一样），先验概率选择的不确定性使得拉普拉斯-贝叶斯理论变得无效，那么为了保持一致，他还必须主张损失函数选择的不确定性使得沃尔德的决策论变得无效.

产生这种奇怪的偏心态度的原因在某种程度上与被称为行为主义或实证主义的哲学密切相关. 这种哲学希望我们将陈述和概念限制在可客观验证的事物内. 因此，可观察的决策是被强调的事情，而合情推理的过程和根据先验概率所做出的判断则必须弃置不用. 但是我们看不出有什么这么做的必要性，因为在我们看来，理性行动显然只能是理性思考的结果.

我们如果仅仅由于它不是“客观的”而拒绝考虑理性思考的问题，就不会获得一种更具“客观”的推断或决策理论. 结果将是我们根本不能得到任何令人满意的理论，因为我们拒绝了任何描述在决策过程中实际发生过程的方式. 而且，损失函数当然也只是纯粹主观价值判断的表述，绝不能认为它比先验概率更具“客观性”.

实际上，无论是在数学理论还是在日常现实决策问题中，先验概率通常比损失函数更具“客观性”. 在数学理论中，我们具有通用形式原则——最大熵、变换群、边缘化——来消除许多重要问题中先验概率的随意性，其中包括教科书中讨论的大多数问题. 但是我们没有确定损失/效用函数的此类原则.

这并不是说这个问题没有被讨论过. 德格罗特（de Groot，1970）指出，很弱的抽象条件（偏好的可传递性等）足以保证效用函数的存在. 很久以前，吉米·萨维奇考虑过通过反思构造效用函数的问题. 切尔诺夫和摩西（Chernoff & Moses，1959）对此进行了描述：假设存在两种可能的回报 r_1 和 r_2，那么对于怎样的回报 r_3，你将不会区分（肯定得到 r_3 的回报）和（由抛硬币决定的 r_1 或 r_2 的回报）之间的区别? 大概这样的 r_3 在 r_1 和 r_2 之间. 如果人们做出足够直观的判断并设法纠正所有的不可传递性，就会产生一种粗略的效用函数. 伯杰（Berger，1985，第 2 章）给出了发生这种情况的场景.

但是，这几乎不是一种实际的流程，更不用说是正式的原则了，结果就像徒手画一条曲线一样随意. 的确，徒手画要容易得多，并且不会陷入不可传递性的困难. 当然，人们可以像吉米 · 萨维奇经常表明的那样，用同样的方法发明一种粗糙的先验. 这种构造出的先验，如果能传送到计算机中，总比没有好. 但是它们显然是不得已而为之的行为，不能代替真正令人满意的形式理论，例如我们对于根据最大熵和变换群构建先验的原理.

注意到决策仅取决于损失函数与先验的乘积，这初看起来似乎有一种吸引人的可能性. 我们是否可以简化该理论的基础，使得显然只需要一种函数? 我曾对此进行了一段时间的思考，但最终认为这不是未来的正确发展方向，因为 (1) 先验和损失函数在数学理论和“实际”中都发挥着非常不同——几乎是相反——的作用，(2) 涉及先验的推断理论比损失函数的理论更为基础，后者需要进一步发展，才能与先验结合成单个数学量.

是什么决定了这一理论的有效性? 我们会毫不犹豫地说是“逻辑一致性”. 但是，长期存在的一种错误是，根据人们是否真的一致地进行推理来判断，如果常人并不总是这样推理，那么该理论就被认为是无效的. 这在我们看来是一种倒退. 一致性才是人们在现实世界中应努力追求的标准目标.

一些作者在探讨决策论时遇到了更为陌生的问题. 吉米 · 萨维奇（L. J. Savage，1954）面临了许多莫名其妙的困难. 他认为（第 16 页）谚语“三思而后行”和“船到桥头自然直”是矛盾的. 我们觉得我们通常会遵从这两者，并且看不到它们之间有什么冲突. 也就是说，我们不会不考虑可能的后果就采取行动；但是与此同时，我们也不会浪费时间和精力来为未来极不可能发生的偶然事件做准备.

沃尔德的原始表述遵循正统统计的思路，认为*在看到数据之前*，我们需要对每种可能的意外情况进行事先考虑，并列出在获取所有可能的数据集之后要做出的决定．这样做的问题在于这种数据集的可能数量通常是天文数字，没有人拥有执行此操作所需的计算能力．但是吉米 · 萨维奇（L. J. Savage，1954）认为，事先为每种可能的意外事件进行规划是决策论的正确流程，因为正统统计实践仅限于一小类简单的人为问题．我们采取的是完全相反的观点：通过延迟决策到我们知道实际数据之后，才有可能从根本上解决复杂的问题．合乎情理的推断是数据后推断．

正如切尔诺夫和摩西（Chernoff & Moses，1959）非常有说服力地说明的那样，贝叶斯方法使我们避免这么做．无论实际观察到的数据集是什么，我们都将其输入到计算机程序中，并为该数据集计算恰当的响应．为没有观察到的任何数据集计算响应既浪费时间又没有紧要．这不是小事，在紧要关头涉及的计算量可能有数量级的不同．因此，我们要在格言列表中添加“除非必要，永远不要做出不可撤销的决定”．

13.12.2 人类社会中的损失函数

我们注意到，在人类关系中，先验概率与损失函数的作用形成了鲜明的对比．因为对世界和生活的看法基本相同，具有相似先验概率的人们相处融洽．先验概率截然不同的人无法相处，这是历史上不少战争的根本原因．

损失函数的作用恰恰相反．具有相似损失函数的人都追逐着同一个目标，并且彼此竞争．具有不同损失函数的人相处得很好，因为每个人都愿意付出对方想要的东西．对所有人都有利的友好贸易或商业交易只有在损失函数截然不同的交易方之间才有可能．我们之前通过保险的例子说明了这一点．

在“现实生活”的决策问题中，每个人都非常清楚自己的先验概率是什么，并且由于他的信念基于他过去的所有经验，很难被一点儿更多的经验轻易改变，因此相当稳定．但是，在激烈的争辩中，他可能看不请自己的损失函数．

因此，劳动仲裁者必须与意识形态截然相反的人打交道．一方认为是好的政策可能被另一方认为是邪恶的．成功的调解人会意识到，仅仅通过交谈不会改变双方原有的信念．因此，他的角色必须是将双方的注意力转移到该领域之外，并向每个参与者清楚地解释其损失函数．从这种意义上讲，我们可以断言，在现实生活的决策问题中，损失函数通常比先验概率更具“主观性”（从它在我们脑海中固定程度较低的意义上来说）．

确实，无法正确判断自己的损失函数是人类面临的主要危险之一．有了一点儿智能，人们就能从自己的想象中创造出神话，并相信它们．更为糟糕的是，一些灾难性黑暗历史表明，一个人可能会说服成千上万的人相信他自己的个人神话.

我们认为这些考虑与其他社会问题有关. 例如，一些心理学家总是不遗余力地试图从罪犯幼儿期的经历来解释其犯罪行为. 可以想象，这可能会产生某种普遍的犯罪"倾向"，但是具有相同经历的绝大多数人不会成为犯罪分子这一事实表明，一定存在更重要和直接的原因. 犯罪行为可能有一个更简单的解释：推理能力差，导致错误地感知到损失函数. 不论幼儿期的经历如何，守法公民的动机与罪犯是一样的. 我们所有人都有可能会感到实施抢劫、攻击或谋杀的冲动. 不同的是，罪犯没有足够的前瞻思考能力来想到其行为的可预见后果. 大多数暴力犯罪分子的智商非常低，我们对此并不感到惊讶.

无法感知自己的损失函数可能以其他方式给个人带来灾难性的后果. 考虑一下拉马努金的例子. 在特定领域中，拉马努金被认为是有史以来最伟大的数学天才之一. 他 32 岁去世可能是由他自己荒谬的饮食观念所致. 他拒绝吃剑桥三一学院食堂提供的食物（尽管这无疑比他来英国之前吃过的任何食物更有益健康），并试图靠从印度运来的没有冷藏的烂水果维持生活.

一个惊人的相似例子是库尔特 · 哥德尔. 许多人认为他是所有逻辑学家中最伟大的——当然也是最著名的. 他在一家拥有最好食物供应的医院里饿死了，因为他沉浸于医生试图毒死他的想法. 令人感到奇怪的是，有时最伟大的天才却无法感知对傻瓜来说也是显而易见的简单现实.

我们强调，现实世界比沃尔德的理论所假设的要复杂得多，而且许多现实的决策问题也未涵盖在其中. 例如，明天的自然状态可能会受到我们今天决策的影响（就像人们决定接受教育一样）. 认识到这一点是朝着博弈论或动态规划方向迈出的一步. 但是，处理此类问题并不需要脱离作为逻辑的概率论原理，而只需要对我们的以上做法进行推广.

实际上，人类的直觉在做出看似没有理性依据的决策时表现良好. 根本没有数学理解能力的人仍然可以做出明智的决定. "直觉"可能利用了人们并不了解的深藏在潜意识中的事实和记忆. 但是如果没有数学上的理解，它也可能导致灾难性的失败. 例如，有一些尝试将概率论和决策论运用于提升运动成绩的策略中的有趣例子，说明人们可以通过将一点儿数学知识与大量迷信相结合而生成谬论. 马乔尔、拉达尼和莫里森的著作（Machol, Ladany & Morrison，1976）包含很多这方面的案例.

13.12.3 杰弗里斯先验的新视角

我们注意到，最优决策仅取决于先验概率和损失函数的乘积，这能引发一些其他的思路. 正如我们在第 12 章中提到的那样，杰弗里斯（Jeffreys, 1939）提出，在已知连续参数 α 为正的情况下，我们应该不是通过均匀先验而是 $1/\alpha$ 成比例的先验来表达先验无知的. 长期以来，我们并不清楚该规则的理论依据，但它在实践中会产生非常合理的结果，这导致杰弗里斯在他的显著性检验中将其作为基础.

我们曾经了解到，在 α 是尺度参数的情况下，杰弗里斯先验是由尺度变换群下的不变性唯一确定的，但是现在我们可以看到一个完全不同的理由. 如果在已知 α 为正数时使用绝对误差损失函数 $|\beta-\alpha|$，那么在 (13.24) 和 (13.34) 中分配 $g(\alpha)=$ 常数等于说我们对于 $0<\alpha<+\infty$ 的所有 α 值需要一个尽可能产生常数绝对精度的估计量. 显然，这对于较大的 α 要求太高，并且我们必须为小 α 付出较差估计的代价. 但是，杰弗里斯后验分布的中值在数学上与用于均匀先验和损失函数 $|\beta-\alpha|/\alpha$ 的最优估计量相同，我们要求在所有 α 值上尽可能地保持常数的百分比精度. 当然，这是在我们在知道 $0<\alpha<+\infty$ 的大多数情况下想要的. 如果我们重新解释说 $1/\alpha$ 因子是损失函数的一部分，那么就可以清楚地看出杰弗里斯规则具有良好表现的另一个原因. 这仅要求 α 为正数，而不一定是比例参数，这正是杰弗里斯最初所说的.

13.12.4 决策论并不基础

在这里所阐述的理论中，哪些将是人类思维的永久部分，哪些将来可能演变为不同的形式？对此我们只能推测，但是我很清楚，这里发展的推断方法中有必要且永恒的成分：不仅是在第 1 章和第 2 章中解释的它们令人信服的理论基础，[①] 而且是在以后所有各章中它们在实践中所表现出的解决问题的优美方式——无论我们问什么问题，它们总是给出正确的答案. 而正统方法似乎同样可能给出合情合理或无意义的结果——这使我们相信，这些方法的表现不可能有任何实质性的改变.

但是，对于这些方法的基础的看法可能会改变. 例如，正如泽尔纳的工作（Zellner，1988）所建议的那样，未来的工作者可能会选择最优信息处理，而不是逻辑上的一致性作为合情条件. 确实，更普遍的认识是，推断从根本上与"随机性"或"机会"无关，而与信息的最优处理有关，这种看法将带来许多好处. 我们在第 2 章结尾处指出，一旦我们意识到数学的信息处理方面，哥德尔定理将是一种老生常谈而不是悖论.

---

① 当然，将会找到比我们在第 2 章中给出的更好的证明.

但是，我们无法对推断的决策论补充感到如此确定．首先，当前的许多应用已经需要扩展博弈论、动态规划或其他方面．自然状态可以由另一个人选择，或者可能无须有意识中介的干预受到我们决策的影响．可能涉及两个以上的中介，他们可能是敌人或朋友．这些比我们在这里考虑的情况更为复杂．我们认为这样的扩展不适用于当前的科学推断主题，因为我们不认为自己是在与大自然对抗．但是，未来的科学家可能会找到考虑更一般理论的充分理由．

出于本章中提到的原因，现在看来，从根本上讲，损失函数没有先验概率那么牢固的基础．这与 20 世纪 50 年代沃尔德受启发发展决策论时的观点恰好相反，当时先验概率被认为含糊不清、没有良好定义，但似乎没有人注意到损失函数更是如此．出于我们无法解释的原因，损失函数对于那时的工作者来说似乎是“真实”和确定的．尽管没有给出确定损失函数的原则，除了如果我们检查一个足够小的区域，则具有连续导数的函数看起来都是线性的老套原则之外．

与此同时，通过先验信息的逻辑分析来分配先验的技术已经取得了若干进展．但是，据我们所知，我们还没有正式的原则来确定损失函数．即使是纯粹的经济标准也不行，因为货币的效用仍然没有良好定义．

13.12.5 另一维度？

损失函数还有一个方面没有先验概率那样具有牢固基础．我们认为推断中的“客观性”是一个重要方面——几乎是一种道德原则——我们不应让自己的观点受到欲望的影响，我们相信的东西应该独立于我们想要的东西．但是反过来不一定正确．反思一下，我们可能会同意，我们想要的东西在很大程度上取决于我们知道什么，我们对于这种陈述不会觉得有什么不一致或不理性的地方．[①]

确实，很明显，分配损失函数的行为本身仅仅是描述有关所感兴趣现象的某些先验信息的一种手段，现在关注的不仅仅是其合情性，而且还包含其后果．因此，影响先验概率的先验信息的变化也很可能引起损失函数的变化．

但是，在承认了这种可能性之后，价值判断似乎不需要以损失函数的形式引入．在第 1 章末尾，我们已经指出未来人类心理活动的“多维”模型的可能性．根据上述考虑，现在似乎朝着这个方向的新发展敞开了大门．代表一个命题或行动的精神状态，不是像现在的概率论那样，只由一个坐标（合情性）来表示，而是由两个坐标（合情性和价值）来表示．因此，虽然“一维”推断的原理似乎是永

① 由于大自然的一次意外，卡西莫多变成了介于人与石像鬼之间的事物，他希望自己成为一个完全的人．但是在了解了男人的行为之后，他希望自己被做成一个完全的石像鬼：“哦，为什么我不是用这样的石头做的？”

恒的，但是在未来仍然可以在价值判断的表示中有许多变化，而这些变化根本不需要类似于当前的决策论．但这反过来又对概率论的基础问题做出了回应．

托马斯 · 贝叶斯（Thomas Bayes，1763）认为有必要从期望的角度解释概率的概念，[①] 这一概念一直延续到近代沃尔德（Wald, 1950）和德菲内蒂（de Finetti，1972，1974b）的工作．乍一看，德菲内蒂关于概率论基础的工作似乎和沃尔德的决策论在形式上非常不同．然而，这两种理论都通往贝叶斯方法的共同前提是认为价值判断在某种程度上是推断的基础．

德菲内蒂将概率论建立在"连贯性"概念的基础上，这意味着在博弈中人们应该表现得好像他为所博弈的事件（掷骰子等）分配了概率，但是应该选择这些概率，以便无论这些事件的最终结果如何，他都不会确定地成为失败者．

包括作者在内的一些人似乎总是反对将概率论建立在诸如赌博、期望收益之类的庸俗事物上．我们认为逻辑原理应该在一个更高的层面上．但这仅仅是一种基于美学的直觉．现在，在认识到损失函数的不确定性和暂时性后，我们有更充分的理由不将概率论建立在决策或赌博的基础上．在实践中，任何被认为是连贯但不一致的规则都将无法使用，因为一个正常提出的问题将有多个"正确"答案，而且没有选择的方式．我们认为，这是理查德 · 考克斯方法优越性的另一个方面，后者强调逻辑一致性，正因为如此，它更有可能在概率论中具有持久的地位．

① 今天阅读贝叶斯著作的困难可以通过他那令人困惑的句子中理解："任何事件的概率是根据事件发生应该计算的价值的期望值与计算事件价值期望值之间的比率．"

第 14 章 决策论的简单应用

现在，我们将详细研究前面建立的一般决策理论的两个最简单的应用，并将第一个应用与老的奈曼-皮尔逊方法进行比较. 从噪声中检测信号的问题与拉普拉斯在天体力学中检测未知的系统性影响问题，以及休哈特（Shewhart，1931）在工业质量控制中检测机器特性的系统性漂移问题实际上是相同的. 统计学家将该流程称为“显著性检验”. 不幸的是，这些问题的基本性质没有被广泛地意识到，它迫使几个不同领域的工作者们一再去重新发现相同的事情——取得了不同程度的成功.

我们现在很清楚，要解决此问题，要做的只是采用第 2 章和第 4 章中提出的推断原理，并为它们补充损失函数的准则，以将概率转化为最终决策（如果需要，可以通过最大熵原理分配先验）. 但是，这一领域的很多文献是在意识到这一点之前从原始决策论的视角出发的. 因此，现有文献使用的词汇和概念与我们到目前为止使用的词汇和概念有所不同. 既然这方面的文献已经存在，那么如果想阅读它们，我们别无选择，只能学习这些文献中的术语和观点. 这方面的材料出现在米德尔顿和范米特的文章（Middleton & Van Meter，1955，1956）以及米德尔顿具有里程碑意义的论文（Middleton，1960）中. 这些材料非常多，初学者可能会在其中迷失数月，找不到真正的基本原理. 因此，我们需要对 20 世纪 50 年代关于这些问题的文献进行非常简要的回顾. 为了得到完整、自足的概述，我们将重复前几章中的一些内容，以引入这种不同的语言.

14.1 定义和基础

我们使用以下记号：

$$\begin{aligned} p(A|B) &= \text{给定 } B \text{ 时 } A \text{ 的条件概率}, \\ p(AB|CD) &= \text{给定 } C \text{ 和 } D \text{ 时}, A \text{ 和 } B \text{ 的联合条件概率, 等等}. \end{aligned} \tag{14.1}$$

对于我们而言，一切都可以根据以下乘法规则得到：

$$p(AB|C) = p(A|BC)p(B|C) = p(B|AC)p(A|C). \tag{14.2}$$

如果命题 B 和 C 不相互矛盾，则以上式子可以重新排列，以得出“经验学习”规则（贝叶斯定理）：

$$p(A|BC) = p(A|C)\frac{p(B|AC)}{p(B|C)} = p(A|B)\frac{p(C|AB)}{p(C|B)}. \tag{14.3}$$

如果存在几个互斥且穷尽的命题 B_i，则对 (14.2) 求和将获得链式法则

$$p(A|C) = \sum_i p(A|B_iC)p(B_iC), \tag{14.4}$$

或者，使用更简单的记号表示为

$$p(A|C) = \sum_B p(A|BC)p(B|C). \tag{14.5}$$

现在定义

$$\begin{aligned} X &= \text{任何形式的先验知识}, \\ S &= \text{信号}, \\ N &= \text{噪声}, \\ V &= V(S,N) = \text{观察电压}, \\ D &= \text{关于信号性质的决策}. \end{aligned} \tag{14.6}$$

那么我们有

$$\begin{aligned} p(S|X) &= \text{特定信号 } S \text{ 的先验概率}, \\ p(N|X) &= W(N) = \text{噪声 } N \text{ 的特定样本的先验概率}. \end{aligned} \tag{14.7}$$

我们知道，不管我们是否明确写出，先验信息 X 始终存在于所有概率符号的右侧. 因此，在线性系统中，$V = S + N$ 并且

$$p(V|S) \equiv p(V|SX) = W(V - S). \tag{14.8}$$

读者可能会为其中缺少密度函数 $\mathrm{d}S$、$\mathrm{d}N$ 等感到困扰. 他们可能会觉得在 S、N 连续的情况下应该有它们. 但是请注意，我们的方程对于这些量是齐次的，因此它们会相互抵消. 我们只是在试图传达基本的概念，而无须使得记号非常精确. 因此，记号 $\sum_A$ 的意义：如果 A 是离散的，是指对可能值求和；如果 A 是连续的，则是对恰当密度函数的积分.

决策规则 $p(D_i|V_j)$ 或者简单记号 $p(D|V)$ 表示根据观察到的电压推断信号的过程. 如果决策始终以确定的方式产生，则对于 D 和 V 的任何选择，$p(D|V)$ 只能具有值 0 和 1，但是我们也可能有“随机”的决策规则，其中 $p(D|V)$ 是真实的概率分布. 保持这种更普遍的观点对构建理论是有帮助的.

任何决策规则——尤其是任何可以内置到自动化装置中的决策规则——的核心都是必须仅仅基于 V 得到. 根据定义，V 是包含了在做出决策时实际使用的所有信息（除了永远存在的 X 之外）的量. 因此，如果 $Y \neq D$ 是任何其他命题，我们有

$$p(D|V) = p(D|VY). \tag{14.9}$$

在存在 V 的情况下可以忽略 Y 的事实，可能与我们先前的忠告——即希望机器人始终考虑其拥有的所有相关信息——有所偏离. 但是，如果我们认为性质 (14.9) 是先验信息 X 的一部分，则这里没有任何矛盾. 换句话说，(14.9) 表达了存在 D 唯一地由 V 确定的逻辑关系的先验知识. 如果这种关系是已知的物理定律，那么 (14.9) 没有什么可奇怪的. 唯一的区别是，在当前情况下，这种关系不表示任何自然法则，而是表示我们自己对于自动化装置的设计. 那么忽略 Y 并不是因为机器人放松了规则，而是因为我们的设计使得 Y 变得无关.

一种等价的陈述是，做出决策 D 的概率，仅仅通过 Y 对 V 的直接作用依赖于任意命题 Y:

$$p(D|Y) = \sum_V p(D|V)p(V|Y), \tag{14.10}$$

这是逻辑上的“惠更斯原理”. 为了进行类比，可以将 Y 视为 D 不能直接看到的光源，但是 Y 照亮了各个点 V. 那么最终到达 D 的光是振幅为 $p(V|Y)$ 的惠更斯小波 $p(D|V)$ 之和. 在条件信息流和光学中遵从惠更斯原理的光流之间的几乎精确的数学类比出现在不可逆过程的统计力学中.

14.2　充分性和信息

(14.9) 能产生有趣的结论. 假设我们希望根据 V 和 D 的知识来判断某个命题 Y 的合情性. 根据乘法规则 (14.2),

$$p(DY|V) = p(Y|VD)p(D|V) = p(D|VY)p(Y|V), \tag{14.11}$$

使用 (14.9) 可以简化为

$$p(Y|VD) = p(Y|V). \tag{14.12}$$

因此，如果 V 是已知的，则 D 的信息是多余的，无法帮助我们估计任何其他量. 反过来却并非如此. 我们同样可以通过另一种方式使用 (14.9):

$$p(VY|D) = p(Y|VD)p(V|D) = p(Y|D)p(V|YD). \tag{14.13}$$

结合 (14.12)，可以得到以下定理:

定理

给定 V，令 D 是一种可能的决策，那么 $p(V|D) \neq 0$ 且

$$当且仅当\ p(V|D) = p(V|YD)\ 时\quad p(Y|V) = p(Y|D). \tag{14.14}$$

用语言描述是：给定 D，当且仅当 Y 与对 V 的判断无关时，D 的知识与 V 的知识是等价的. 换种说法是：在 D 的知识所产生的“环境”中，Y 和 V 的概率

是独立的，即

$$p(YV|D) = p(Y|D)p(V|D). \tag{14.15}$$

在统计学文献中，这时 D 被认为是用于判断 Y 的*充分统计量*. 我们想知道这是否与在第 8 章中根据完全不同的视角提出的关于充分性的早期定义一致.

显然，使 D 成为判断信号 S 的充分统计量的决策规则优于不具有此性质的决策规则，因为前者可以告诉我们关于信号的更多信息. 但是，这样的规则不一定存在. (14.15) 是一个非常严格的条件，因为它必须对于所有 Y, V 值以及所有 $p(D|V) \neq 0$ 的 D 成立.

你可能会由此猜想到，充分性的概念与信息的概念紧密相关. 以上充分性定义可以等价地陈述为：如果 D 包含 V 中所有有关 Y 的信息，那么 D 对于 Y 的判断是充分统计量. 由于 D 是根据 V 确定的，如果它不是充分统计量，则它一定包含比 V 少的有关 Y 的信息. 在此陈述中，"信息"一词是在松散的直观意义上使用的. 如果我们采用香农的信息度量，这仍然适用吗?

假设有若干互斥的命题 Y_i，其中一定有一个为真. 为简洁起见，如上所述，我们使用记号 $\sum_Y f(Y) \equiv \sum_i f(Y_i)$. 在给定 D 的条件下，衡量我们关于命题 Y_i 的信息的熵是

$$H_D(Y) = -\sum_Y p(Y|D) \ln[p(Y|D)]. \tag{14.16}$$

对于所有 D 值，其期望为

$$\overline{H}_D(Y) = \sum_D p(D|X) H_D(Y). \tag{14.17}$$

如果

$$\overline{H}_C(Y) < \overline{H}_D(Y), \tag{14.18}$$

我们通常会说"平均而言"，C 比 D 包含更多关于 Y 的信息. 但是请注意，对于 C 和 D 的特定值而言，结论可能是相反的.

获取新信息永远不会增加 $\overline{H}$. 现在假定 $\{Z_i\}$ 是任何命题集合且形成表达式

$$\begin{aligned}\overline{H}_V(Z) - \overline{H}_{DV}(Z) &= \sum_{DVZ} p(DV|X)p(Z|DV)\ln[p(Z|DV)] \\ &\quad - \sum_{VZ} p(V|X)p(Z|V)\ln[p(Z|V)] \\ &= \sum_{DVZ} p(DV|X)p(Z|DV)\ln\left[\frac{p(Z|DV)}{p(Z|V)}\right].\end{aligned} \tag{14.19}$$

利用对于正实数 x 有 $\ln x \geqslant 1-x^{-1}$ 且当且仅当 $x=1$ 时等号成立的事实，这变成

$$\overline{H}_V(Z)-\overline{H}_{DV}(Z) \geqslant \sum_{DVZ} p(DV|X)[p(Z|DV)-p(Z|V)]=0. \tag{14.20}$$

因此 $\overline{H}_{DV}(Z) \leqslant \overline{H}_V(Z)$，当且仅当 (14.12) 对所有 D,V,Z 在 $p(DV|X) \neq 0$ 成立时等号成立.

但是现在由于无论 D 和 V 的含义如何 (14.20) 都成立，我们可以同样得出结论，对于所有 D,V,Z，

$$\overline{H}_D(Y) \geqslant \overline{H}_{DV}(Z) \leqslant \overline{H}_V(Z). \tag{14.21}$$

选择 $Z=Y$，则作为 (14.12) 的结论有 $H_V(Y)=H_{DV}(Y)$，因此

$$\overline{H}_V(Y) \leqslant \overline{H}_D(Y), \tag{14.22}$$

当且仅当 (14.15) 成立时——即当且仅当 D 是刚刚定义的充分统计量时——等号成立. 因此，如果用“信息”来表示减去先验分布为 D 或 V 的 Y 熵值期望，那么从 V 到 D 的零信息损失等价于 D 的充分性. 请注意，(14.20) 仅对 $\overline{H}$ 的期望成立，而不是对 H 的期望成立. 在某些情况下，获取特定信息（例如以前认为不太可能发生的事件实际发生了）可能会增加 Y 的熵. 但是，这是不太可能发生的情况，平均而言，附加信息只能降低熵. 这再次表明，“信息”一词并不是描述熵的好的选择. 尽管熵增加了，但从该词的普通意义上讲，上述情况很难被称为*信息*减少，而是*确定性*减少.

14.3 损失函数和最优性能准则

为了说明哪个决策规则更好，我们需要确定检测系统要完成工作的一些明确准则. 该准则随着应用不同而不同，显然没有唯一的决策规则对于所有目标都是最优的. 但是对于这种稍微不同的语言，第 13 章中的讨论几乎完全适用. 一类通用的准则可以通过分配*损失函数* $L(D,S)$ 得到，该损失函数表示我们在判断实际信号为 S 时做出决策 D 的后果有多严重.

在只有两种可能的信号 $S_0=0$（即无信号）和 $S_1>0$ 的情况下，关于该信号的两种可能决策 D_0 和 D_1 存在两种类型的错误，即误告警 $A=(D_1,S_0)$ 和漏告警 $R=(D_0,S_1)$. [①] 在某些应用中，一种错误可能比另一种错误严重得多.

假设漏告警比误告警的后果严重 10 倍，而任何正确决策都不会造成“损失”，

① 举两个医学中的例子. 误告警指的是，病人本来没有病，被误诊为有某种病. 在统计学中，这称为“弃真”错误或第 I 类错误. 漏告警指的是，病人本来有某种病，却没有诊断出来. 在统计学中，这称为“存伪”错误或第 II 类错误. ——译者注

那么我们可以得出 $L(D_0,S_0)=L(D_1,S_1)=0, L(D_0,S_1)=10, L(D_1,S_0)=1$. 当可能的信号和可能的决策是离散集合时，损失函数成为*损失矩阵*. 在上面的例子中，

$$\boldsymbol{L}=(L_{ij})=\begin{pmatrix}0 & 10\\ 1 & 0\end{pmatrix}. \tag{14.23}$$

我们可以通过分配 $L(D,S)=-\ln[p(S|D)]$ 来考虑*信息损失*，而不是为每种可能的检测错误类型随意地分配某一损失值. 由于 $L(D,S)$ 现在依赖于决策规则，因此这在某种程度上更难处理. 使信息损失最小化的决策规则是使决策在某种意义上尽可能接近用于判断信号的充分统计量的决策规则. 但确切是在什么意义上似乎从未被澄清过. *条件损失* $L(S)$ 是存在特定信号 S 时的期望损失：

$$L(S)=\sum_D L(D,S)p(D|S), \tag{14.24}$$

这反过来也可以通过根据决策规则 (14.10) 的噪声性质来表达. 通常说的“平均损失”是对所有可能信号的条件损失的期望：

$$\langle L\rangle=\sum_S L(S)p(S|X). \tag{14.25}$$

现在自然有两种不同的最优性能准则：

最小最大准则. 对于给定的决策规则 $p(D|V)$，考虑所有可能信号的条件损失 $L(S)$，并令 $[L(S)]_{\max}$ 为 $L(S)$ 达到的最大值. 我们寻求 $[L(S)]_{\max}$ 尽可能小的决策规则. 正如我们在第 13 章中提到的那样，该准则将注意力集中在最坏情况下，而不考虑这种情况发生的概率，因此从某种意义上来说，它过于保守. 但是，能给人带来些许安慰的是，由于不涉及不同信号的先验概率 $p(S|X)$，它可以由受正统统计训练桎梏而反对先验概率的人使用.

贝叶斯准则. 我们寻求使期望损失 $\langle L\rangle$ 最小的决策规则. 为了应用它，必须有先验分布 $p(S|X)$.

在沃尔德决策论问世之前，还有人提出过其他准则. 在奈曼-皮尔逊理论中，我们将一类错误的发生概率固定在一个很小的值 ε 上，然后最小化受此条件约束的另一类错误的概率 δ. ① 阿诺德 · 西格特的“理想观察者”试图最小化错误的总概率 $\varepsilon+\delta$.

在从不同的角度发明许多不同的*特定*准则，并从哲学的角度争论它们的相对优缺点之后，所有这些准则的基本数学性质令该领域的早期工作者感到惊讶. 我们将在下面看到，它们都是对应于不同先验概率的贝叶斯准则的特例.

---

① 例如，我们怀疑早期预警雷达安装调试的主要限制条件可能是指挥官被误告警惊醒的次数不超过每月一次，并在此前提下尽量减少漏告警的可能性.

我们来寻找贝叶斯解，这是决策论能合理解释的. 依次将 (14.24) (14.10) (14.9) 替换进 (14.25) 中，我们得到期望损失为

$$\langle L\rangle = \sum_{DV}\left[\sum_{S} L(D,S)p(VS|X)\right]p(D|V). \tag{14.26}$$

如果 $L(D,S)$ 是独立于 $p(D|V)$ 的确定函数（此假设暂时不包括信息损失函数），那么在变分计算的意义上不存在该表达式为常数的函数 $p(D|V)$. 这样，我们只是通过为每个可能的 V 选择 (14.26) 的决策系数 $D_1(V)$ 最小来最小化 $\langle L\rangle$

$$K(D,V) \equiv \sum_{S} L(D_1,S)p(VS|X). \tag{14.27}$$

因此，我们采用决策规则

$$p(D|V) = \delta(D,D_1). \tag{14.28}$$

通常只有一个这样的 D_1，最优决策规则不是随机的. 然而，在"简并"情况下，$K(D_1,V) = K(D_2,V)$，如下形式的任何随机规则

$$p(D|V) = a\delta(D,D_1) + b\delta(D,D_2), \qquad a+b=1, \tag{14.29}$$

按照所使用的准则都同样好. 这种简并情况发生在从一种决策变为另一个决策 V 的"阈值"处.

14.4 离散例子

考虑一种已经提到的情况，其中有两种可能的信号 S_0 和 S_1 及损失矩阵

$$\boldsymbol{L} = (L_{ij}) = \begin{pmatrix} L_{00} & L_{01} \\ L_{10} & L_{11} \end{pmatrix} = \begin{pmatrix} 0 & L_r \\ L_a & 0 \end{pmatrix}, \tag{14.30}$$

其中 L_a 和 L_r 分别是由误告警和漏告警引起的损失. 那么

$$\begin{aligned} K(D_0,V) &= L_{01}p(VS_1|X) = L_r p(VS_1|X), \\ K(D_1,V) &= L_{10}p(VS_0|X) = L_a p(VS_0|X), \end{aligned} \tag{14.31}$$

使 $\langle L\rangle$ 最小的决策规则是

$$\begin{aligned} &\text{如果}\ \frac{p(VS_1|X)}{p(VS_0|X)} > \frac{L_a}{L_r} \quad \text{选择}\ D_1, \\ &\text{如果}\ \frac{p(VS_1|X)}{p(VS_0|X)} < \frac{L_a}{L_r} \quad \text{选择}\ D_0, \\ &\text{在相等情况下随机选择一个.} \end{aligned} \tag{14.32}$$

如果有信号和无信号的先验概率分别为

$$p(S_1|X) = p, \qquad p(S_0|X) = q = 1-p, \tag{14.33}$$

那么决策规则变为

$$\text{如果}\ \frac{p(V|S_1)}{p(V|S_0)} > \frac{qL_a}{pL_r}\quad \text{选择}\ D_1,\qquad \text{等等}. \tag{14.34}$$

(14.34) 的左侧是似然比，它仅取决于分配给噪声的 PDF，并且是根据贝叶斯准则由最优接收器计算出的量.

无论假定的损失函数是什么，信号出现的概率是多少，该量都是必不可少的，这些仅影响检测的阈值. 此外，如果接收器仅计算此似然比，并且在不做出任何决定的情况下将其输出，那么它为我们提供了在贝叶斯意义上做出最优决策所需的所有信息. 注意此结果的一般性，这对于应用很重要，无须对信号类型、系统的线性或噪声性质做任何假设.

作为说明，我们现在针对上述几个准则，对最简单的问题得出决策规则及其可靠性程度. 假设有一个线性系统，可以在某一个瞬间观察到电压，我们要确定噪声中是否仅存在振幅 S_1 的信号. 我们为噪声分配方差为 σ^2 的高斯 PDF：

$$W(N) = \frac{1}{\sqrt{2\pi\sigma^2}} \exp\left\{-\frac{N^2}{2\sigma^2}\right\}. \tag{14.35}$$

那么 (14.34) 中的似然比变为

$$\frac{p(V|S_1)}{p(V|S_0)} = \frac{W(V-S_1)}{W(V)} = \exp\left\{\frac{2VS_1 - S_1^2}{2\sigma^2}\right\}. \tag{14.36}$$

由于它是 V 的单调函数，因此贝叶斯决策规则 V_b 可以写成

$$\text{当}\ V \begin{pmatrix} > \\ < \end{pmatrix} V_b\ \text{时}\quad \text{选择} \begin{pmatrix} D_1 \\ D_0 \end{pmatrix}, \tag{14.37}$$

其中

$$\frac{V_b}{\sigma} = \frac{1}{2s}\left[2\ln\left(\frac{qL_a}{pL_r}\right) + s^2\right] = v_b, \tag{14.38}$$

其中

$$s \equiv \frac{S_1}{\sigma}\ \text{是电压信噪比}, \tag{14.39a}$$

$$v \equiv \frac{V}{\sigma}\ \text{是归一化电压}. \tag{14.39b}$$

现在我们得到漏告警的概率

$$\begin{aligned} p(R|X) &= p(D_0 S_1|X) \\ &= p\sum_V p(D_0|V)p(V|S_1) \\ &= p\int_{-\infty}^{V_b} \mathrm{d}V W(V-S_1) \\ &= p\Phi(v_b - s), \end{aligned} \tag{14.40}$$

以及误告警的概率

$$\begin{aligned} p(A|X) &= p(D_1S_0|X) \\ &= q\sum_V p(D_1|V)p(V|S_0) \\ &= q\int_{V_b}^{+\infty} \mathrm{d}VW(V) \\ &= q[1-\Phi(v_b)]. \end{aligned} \tag{14.41}$$

这里 $\Phi(x)$ 是累积正态分布函数，如 (7.2) 所示，它可以根据误差函数计算：

$$\Phi(x) = \frac{1}{\sqrt{2\pi}}\int_{-\infty}^{x} \mathrm{d}t\exp\{-t^2/2\} = \frac{1}{2}[1+\mathrm{erf}(x)]. \tag{14.42}$$

对于 $x > 2$，一个很好的近似是

$$1-\Phi(x) \approx \frac{\exp\{-x^2/2\}}{x\sqrt{2\pi}}. \tag{14.43}$$

作为数值示例，如果 $L_r = 10L_a, q = 10p$，这些表达式可简化为

$$p(A|X) = 10p(R|X) = \frac{10}{11}\left[1-\Phi\left(\frac{s}{2}\right)\right]. \tag{14.44}$$

对于 $s > 4$，误告警的概率小于 0.027，漏告警的概率小于 0.0027. 对于 $s > 6$，这两个数分别变为 1.48×10^{-3} 和 1.48×10^{-4}.

我们看一下最小最大准则对此问题将给出什么结论. 条件损失是

$$\begin{aligned} L(S_0) &= L_a\sum_V p(D_1|V)p(V|S_0) = L_a\int_{-\infty}^{+\infty}\mathrm{d}Vp(D_1|V)W(V), \\ L(S_1) &= L_r\sum_V p(D_0|V)p(V|S_1) = L_r\int_{-\infty}^{+\infty}\mathrm{d}Vp(D_0|V)W(V-S_1). \end{aligned} \tag{14.45}$$

令 $f(V) \equiv p(D_1|V) = 1-p(D_0|V)$，对 $f(V)$ 的唯一限制是 $0 \leqslant f(V) \leqslant 1$. 因为 $L_a, L_r, W(V)$ 都是正数，所以在任何给定点 V 附近的变化 $\delta f(V)$ 总是会增加 (14.45) 中一个量的值、减少另一个量的值，因此当使最大 $L(S)$ 尽可能小时肯定有 $L(S_0) = L(S_1)$，问题就是在此约束条件下最小化 $L(S_0)$.

假设对于某一特定的 $p(S|X)$，贝叶斯决策规则碰巧给出 $L(S_0) = L(S_1)$. 那么这一特定解一定与最小最大解相同，因为对于上述约束有 $\langle L\rangle = [L(S)]_{\max}$，并且如果贝叶斯解相对于所有决策规则的变化 $\delta f(V)$ 最小化 $\langle L\rangle$，就更加会对于 $L(S_0) = L(S_1)$ 的较小类别的变化最小化 $\langle L\rangle$. 因此决策规则将与以前的形式相同：存在最小最大阈值 V_m 使得

$$f(V) = \begin{cases} 0, & V < V_m, \\ 1, & V > V_m. \end{cases} \tag{14.46}$$

使得 $L(S_0) = L(S_1)$ 的任何 V_m 值的变化必然会增加这两个量之一，因此确定 V_m 的方程为

$$L_a \int_{V_m}^{+\infty} \mathrm{d}V W(V) = L_r \int_{-\infty}^{V_m} \mathrm{d}V W(V - S_1), \tag{14.47}$$

或者使用归一化形式为

$$L_a[1 - \Phi(v_m)] = L_r \Phi(v_m - s). \tag{14.48}$$

注意，(14.40) 和 (14.41) 能给出任何 (14.46) 类型的决策规则的漏告警和误告警的条件概率，无论阈值是否由 (14.38) 确定．对于任意阈值 V_0，

$$\begin{aligned} p(R|S_1) &= p(V < V_0|S_1) = \Phi(v_0 - s), \\ p(A|S_0) &= p(V > V_0|S_0) = \frac{1}{2}[1 - \Phi(v_0)]. \end{aligned} \tag{14.49}$$

根据 (14.38) 可以看到，总是存在一个特定比率 p/q 使得贝叶斯阈值 V_b 等于最小最大阈值 V_m．对于最差值之外的 p/q 值，尽管条件损失 $L(S_0), L(S_1)$ 之一将大于最小最大阈值，但是贝叶斯准则给出的期望损失低于最小最大阈值.

这些关系和一些先前的说明如图 14-1 所示，其中对于 $L_a = (3/2)L_r, p = q = 1/2$，我们画出了条件损失 $L(S_0), L(S_1)$ 和期望损失 $\langle L \rangle$ 作为阈值 V_0 的函数．最小最大阈值位于这些曲线的公共交点，而贝叶斯阈值位于 $\langle L \rangle$ 曲线的最低点.

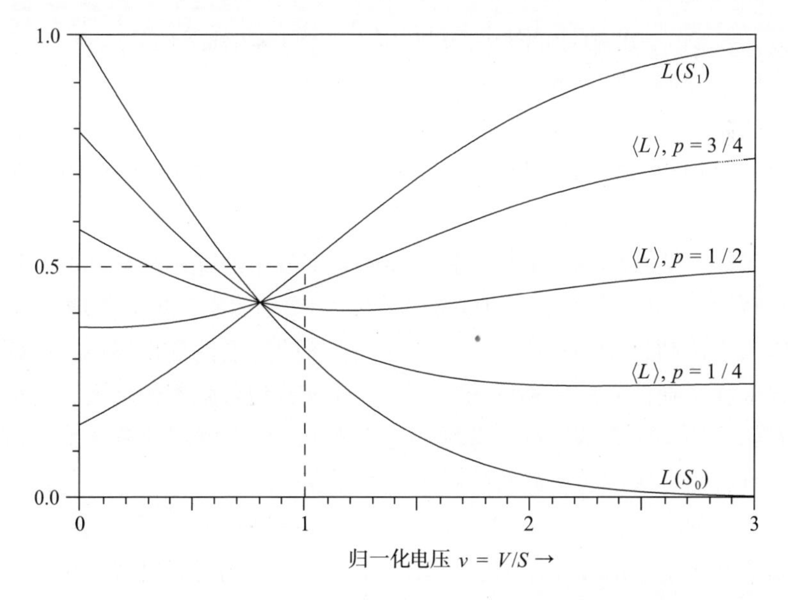

图 14-1 当 $L_r = 1, L_a = 2, p = 1/4, 1/2, 3/4$ 时，各种风险随电压的变化

我们看到贝叶斯阈值如何随着比率 p/q 的变化而变化，尤其是使得 $V_b = V_m$ 的 p/q 值也等于通过贝叶斯准则得到的 $\langle L\rangle_{\min}$ 的最大值. 因此我们还可以定义一个“最大最小”准则：首先找到给定 $p(S|X)$ 给出最小 $\langle L\rangle$ 的贝叶斯决策规则，然后改变先验概率 $p(S|X)$ 直到 $\langle L\rangle_{\min}$ 的最大值. 这样获得的决策准则与由最小最大准则得出的准则相同. 从最悲观的准则最好的意义上来说，这是可能的最坏先验概率.

在此例中很容易讨论奈曼-皮尔逊准则. 假设误告警的条件概率 $p(D_1|S_0)$ 固定为某个值 ε，并且我们希望在此约束条件下最小化漏告警的条件概率 $p(D_0|S_1)$. 这样，贝叶斯准则会对于决策规则中的任何变化 $\delta p(D|V)$ 将期望损失最小化

$$\langle L\rangle = pL_r p(D_0|S_1) + qL_a p(D_1|S_0). \tag{14.50}$$

因此，尤其是对于使 $p(D_1|S_0)$ 在最终获得的值处保持常数的较小类别的变量，将期望损失最小化. 因此它相对于这些变化最小化 $p(D_0|S_1)$，并解决了奈曼-皮尔逊问题. 我们只需要选择根据 (14.38) 和 (14.41) 得出的假定值 ε 的比率的特定值 qL_a/pL_r.

根据 (14.49) 得出奈曼-皮尔逊阈值，

$$\Phi(v_{\text{np}}) = 1 - \varepsilon, \tag{14.51}$$

以及检测的条件概率为

$$p(D_1|S_1) = 1 - p(D_0|S_1) = \Phi(s - v_{\text{np}}). \tag{14.52}$$

如果 $\varepsilon = 10^{-3}$，则 $s > 6$ 的检测概率为 99% 或更高.

重要的是要注意到，这些数值严重依赖于噪声 PDF 的分配. 如果我们有关于噪声的一阶矩和二阶矩以外的先验信息，则表示该噪声的 PDF 可能不是高斯的，实际情况可能比以上关系所指示的更好或更坏.

众所周知，从某种意义上讲，具有高斯频率分布的噪声是最坏的一种：由于其最大熵特性，它可以比任何其他具有相同平均功率的噪声更完整地掩盖弱信号. 另外，因为噪声超过 RMS 值 $\sigma \doteq \sqrt{\langle N^2\rangle}$ 数倍的可能性变得很小，高斯噪声是从中可提取相当强信号的一种好的噪声. 因此随着信号强度的增大，对信号存在或不存在做出错误决定的概率会非常快地变为 0. 以上发现的在 $s > 6$ 时的高可靠性对于具有更宽尾部频率分布的噪声是不存在的.

当然，任何特定情况下预期的噪声频率分布的类型取决于引起噪声的物理机制. 当噪声是大量小的独立作用的结果时，第 7 章中的兰登推导和中心极限定理都告诉我们，无论各个噪声源的性质如何，最有可能发现的总噪声分布是高斯频率分布.

所有这些看似不同的决策准则都会导致概率比检验. 在二元决策的情况下, 采用简单形式 (14.32). 当然, 任何决策过程都可以分解为连续的二元决策, 因此这种情况实际上包含了所有情况. 在最终分析中, 所有不同准则仅仅对应于关于如何选择决策阈值的不同哲学.

14.5 我们的机器人将如何做?

现在, 让我们从机器人的角度来看待这个问题. 为了得到结果, 我们不得不经过相当长的论证 (即使已经对原始文献进行了高度浓缩), 这只能归结于坚持反着看问题——即将注意力集中在最终决策上, 而非在逻辑上一定先于决策的推理过程上——的正统统计观点.

对于机器人来说, 如果我们的工作是对信号是否存在做出最优判断, 那么要做的显然是以目前已知的所有证据为条件计算信号存在的概率. 如果只考虑两种可能性 S_0 和 S_1, 那么在看到电压 V 之后, 根据 (4.7), S_1 的后验几率为

$$O(S_1|VX) = O(S_1|X)\frac{p(V|S_1)}{p(V|S_0)}. \tag{14.53}$$

如果我们为机器人提供损失函数 (14.31), 并要求它做出使期望损失最小的决策, 则它显然会使用决策规则

$$\text{如果 } O(S_1|V) = \frac{p(S_1|V)}{p(S_0|V)} > \frac{L_a}{L_r} \quad \text{选择 } D_1, \quad \text{等等}. \tag{14.54}$$

但是根据乘法规则有 $p(VS_1|X) = p(S_1|V)p(V|X)$, $p(VS_0|X) = p(S_0|V)p(V|X)$, (14.54) 与 (14.32) 是相同的. 因此仅从这个问题来看, 我们的机器人会根据两种方式获得相同的最终结果!

你会发现, 对策略、可容许性、条件损失等所有这些的讨论都是不必要的. 除了最后引入损失函数外, 沃尔德决策论的实际运算中的所有东西都包含在基本概率论中, 只要我们能完全按照拉普拉斯和杰弗里斯给出的通用方式使用它.

14.6 历史评述

这种比较表明, 为什么决策论的发展比其他任何单一因素都更有力地引起了统计思想上的 "贝叶斯革命". 在大约 50 年的时间里, 哈罗德 · 杰弗里斯勇敢地向统计学家解释拉普拉斯方法的巨大优势, 而他的努力却遭到不断的否认和嘲笑. 有讽刺意味的是, 当时最受尊敬的 "正统" 统计学家之一 (亚伯拉罕 · 沃尔德) 的工作被推崇为统计学实践中的一大进步, 但实际上只是在繁冗的论证之后得到与拉普拉斯方法相同的结果. 沃尔德以极大的一般性说明了我们通过一个简单例子所说明的内容.

正如一些人马上意识到的那样，唯一正确的结论是，统计推断和概率论之间的假定区别完全是人为的. 这是悲剧性的判断错误，由于追求错误的目标，这可能每年浪费 1000 个数学天才的宝贵精力.

在前面提到的写给电气工程师的著作中，米德尔顿和范米特采用与奈曼-皮尔逊和沃尔德决策理论相同的观点. 大约在同一时间，赫伯特 · 西蒙向经济学家阐述了奈曼-皮尔逊的观点. 在戴维 · 米德尔顿撰写其大型著作期间，我与他合作了很短的时间，并试图说服他相信直接的贝叶斯方法的优越性. 通过比较戴维 · 米德尔顿的著作（Middleton，1960，第 18 章）——尤其是其篇幅——与本书的论述 (14.54)，可以判断这一努力是否成功. 看起来受过正统统计训练的人受到了如此强烈的反贝叶斯主义的灌输，以致他们陷入了永远从头开始的境地. 尽管他们不能否认贝叶斯解决特定问题的结果，但他们永远无法相信贝叶斯方法可以解决下一个问题，直到看到下一个解为止.

经典匹配滤波器

在这方面曾有一件有趣的事情. 在 20 世纪 30 年代，电气工程师们对概率论一无所知，他们只知道信噪比. 接收器输入电路的设计基础多年来是信噪比通过经验试错方法最大化. 电气工程师们发现了一般的理论结果：如果使用峰值信号的平方与均方噪声的比作为变分原理，求接收器输入阶段最大化该值的设计，那么结果有一个分析上非常漂亮且有用的解. 现在称其为*经典匹配滤波器*，它曾经被数十人各自独立地发现.

据我们所知，最早获得这种匹配滤波器解的人是斯坦福大学的汉森教授. 从 1942 年 5 月起，我曾与他合作研究雷达探测问题. 那之前不久（1941 年），汉森教授曾发布了一份小备忘录，其中给出了用于设计接收机第一阶段最优响应曲线的解. 多年后，当我最终得到一个完全不同的问题 [一种用于最大化雷达（信号）/（地物杂波响应）比的雷达系统的最佳天线方向图] 的解时，我意识到这与汉森多年前给我看的结果相同.

在整个 20 世纪 50 年代，几乎每次打开一本关于这些问题的期刊时，总有论文宣布发现相同的解. 彼得 · 埃里亚斯在一篇名为“两篇著名论文”的期刊社论（Peter Elias，1958）中曾讽刺过这种情况. 他认为，现在是人们停止重新寻找最简单问题的解的时候了，应该开始思考还未解决的许多难题.

还是在 20 世纪 50 年代，人们对检测问题的处理方式也变得越来越复杂，他们开始使用出色的新工具——统计决策理论——以了解是否还有更好方法来处理这些设计问题. 这时发生了一件奇怪的事情，在具有高斯噪声的线性系统的情况下，统计决策理论得到的最优解竟然与老的经典匹配滤波器完全相同！初看起来，概念上完全不同的两种方法竟然导致了相同的解，这是非常令人惊讶的. 但是请注意，在我们的机器人看来，这两种论证方式显然必须给出相同的结果.

很明显，对于我们的机器人来说，我们对问题所能进行的最优分析始终是通过贝叶斯定理计算各种信号存在的概率. 让我们以第 4 章的对数形式应用贝叶斯定理. 如果现在令 S_0 和 S_1 作为 V 的函数，代表两种可能信号的振幅值，那么 S_1 的证据增加了

$$\ln\left[\frac{p(V|S_1)}{p(V|S_0)}\right]=\frac{(V-S_0)^2-(V-S_1)^2}{2\langle\sigma^2\rangle}=\text{常数}+\frac{S_1-S_0}{\langle\sigma^2\rangle}V. \tag{14.55}$$

在具有高斯噪声的线性系统中，观察到的电压本身只是以分贝为单位的后验概率的线性函数. 因此，它们本质上只是阐述同一问题的两种不同方式. 我们实际上已经在第 4 章讨论贝叶斯假设检验时基本上解决了这个问题.

在英国，伍德沃德在 20 世纪 40 年代已经意识到了这其中的大部分内容——但是他比他所处的时代超前了很多年. 那些接受过正统统计训练的人看不到他的工作有什么优点，所以只是简单忽略他的工作. 强烈建议阅读他 1953 年的著作（Woodward，1953），尽管它不能解决我们当前的任何问题，但其思想即使是对于现在的某些文献和实践也很超前.

我们已经看到，决策论的非贝叶斯方法归结为如何选择决策阈值的不同准则. 由于它们都导致相同的概率比检验，因此都可以从贝叶斯定理中导出.

当然，刚刚通过几种不同的决策准则考察的问题只是最简单的一种. 在更现实的问题中，可能观察到电压 $V(t)$ 是时间的函数，可能在不同通道有不同电压 $V_1(t),V_2(t),\cdots$，可能需要区分许多不同的可能信号 $S_a(t),S_b(t),\cdots$，并相应地做出不同的决策. 可能不仅需要判断是否存在给定信号，还需要对一个或多个信号参数（例如强度、开始时间、频率、相位、频率调制率等）做出最优估计. 因此就像在第 4 章中讨论的质量控制问题一样，细节可能会变得任意复杂. 但是从贝叶斯的角度来看，这些扩展很简单，因为不需要任何新原理，而只是数学上的推广.

当我们进行频率/形状估计时，将回到一些更复杂的检测和滤波问题. 但现在让我们看看另一种基本的决策问题. 在上述讨论中，我们需要贝叶斯定理，但不需要最大熵. 现在我们研究一种需要最大熵而不需要贝叶斯定理的决策问题.

14.7 小部件问题

这个问题最初是 1960 年 11 月在普渡大学举行的一次研讨会上提出的——但是当时尚不知道完整的解. 我在后面的一篇文章（Jaynes，1963c）中对这一问

题进行了分析，其中的一些数值近似在特里布斯和菲茨的计算机工作（Tribus & Fitts，1968）中得到了改进.

事实证明，小部件问题比人们一开始意识到的要有趣得多. 这是一个决策问题，其中没有机会使用贝叶斯定理，因为没有获取到“新”信息. 因此，根据切诺夫和摩西（Chernoff & Moses，1959）的定义，这应该称为“无数据”决策问题. 但是，在问题的各个阶段，我们会掌握越来越多的先验信息，通过最大熵来吸收这些先验信息会导致一系列不同的先验概率，从而导致做出不同的决策. 因此，这是一个单纯使用最大熵的例子，就像在统计力学中一样. 很难看到在不使用最大熵或与最大熵等价的其他工具 [例如统计力学中的达尔文–福勒方法（Fowler，1929），或者可以追溯到玻尔兹曼（Boltzmann，1871）的“最概然分布方法”] 如何阐述这个问题.

这个问题的有趣之处在于，我们可以看到从简单到复杂的渐变. 一开始问题似乎是如此简单，以至于常识可以迅速告诉我们答案，也无须任何数学理论；随后问题会变得越来越复杂，凭常识很难做出决策；直到最后没有人能根据直觉做出正确的决策，需要让数学告诉我们该怎么做.

最后，小部件问题非常接近于石油勘探者面临的重要实际问题. 真正问题的细节出于专利原因不宜说明，但是说以下这些没有透漏任何秘密：若干年前，我在一家大型石油公司的研究实验室待了一周，就小部件问题讲了 20 多个小时. 我们对计算的每一部分都进行了极其详细的检查，一屋子配备了计算器的工程师检查了每一部分的计算结果.

问题是这样的：A 先生负责一家小部件生产工厂，该工厂自豪地宣传它可以在 24 小时内对任意大小的订单交货. 当然，这不是真的. A 先生的工作就是尽最大努力保护广告经理的声誉. 这意味着他在每天早晨必须决定当天生产的 200 个小部件需要涂成红色、黄色还是绿色.（与当前问题无关的是，出于复杂的技术原因，每天只能生产一种颜色的小部件. ）我们根据知识不断增加的多个阶段来分析他的决策问题.

阶段 1

上班时，A 先生检查了储藏间，发现现在有 100 个红色小部件、150 个黄色小部件和 50 个绿色小部件. 他不知道白天每种类型的小部件会有多少订单. 显然，在这种状态下，A 先生将极其重视今天出现的所有订单信息. 如果没有这种信息，我们就不会羡慕 A 先生的工作. 不过，如果现在必须在没有更多信息的情况下做出决定，常识可能会告诉他，最好生产更多的绿色小部件.

阶段 2

A 先生感觉需要更多信息，便打电话给前台问：“你能给我一些关于今天可能有多少红色、黄色和绿色小部件的订单信息吗?”前台回答：“好吧，我们目前没有每天订单的详细数据，需要一周时间才能从文件中统计这些信息. 但是，我们确实有去年总销售量的总体信息. 在过去一年中，我们总共售出了 13 000 个红色、26 000 个黄色和 2600 个绿色小部件. 按 260 个工作日计算，这意味着去年我们每天平均售出了 50 个红色、100 个黄色和 10 个绿色小部件.”如果 A 先生仔细考虑一下这条新信息，我想他会改变主意并决定今天要生产黄色小部件.

阶段 3

前台给 A 先生打了个电话，说：“我突然发现我们确实掌握了一些可能对您有用的信息. 我们不仅拥有去年售出的小部件总数，而且还有处理订单的总数. 去年我们总共获得了红色小部件的 173 个订单、黄色小部件的 2600 个订单和绿色小部件的 130 个订单. 这意味着需要红色小部件的客户平均每个订单需要 $13\,000/17 = 75$ 个小部件，而黄色和绿色小部件的平均订单分别需要 $26\,000/2600 = 10$ 个和 $2600/130 = 20$ 个.”这些新数据不会改变平均的每日需求，但是，如果 A 先生足够机灵，并且非常努力地思考，我想他可能会再次改变主意，决定今天要生产红色小部件.

阶段 4

正当 A 先生即将下令生产红色小部件时，前台再次给他打电话说：“我们刚刚得到消息，有一个订单紧急订购 40 个绿色小部件.”现在他应该怎么办？在此之前，A 先生的决策问题是足够简单的，以至于合情的常识将告诉他该怎么做. 但是现在他遇到麻烦了，定性常识不足以解决他的问题，他需要一种数学理论来帮助他做出最优决策.

让我们在表 14-1 中总结以上所有数据. 在最后一栏中，我们凭直觉给出了建立数学模型之前似乎是最好的决定. 其他人是否同意这种直觉的判断呢? 迈伦 · 特里布斯教授就此问题举行了讨论，并在给出解之前让听众进行投票测试. 我们引用特里布斯和菲茨（Tribus & Fitts, 1968）给出的发现. 他们使用 D_1, D_2, D_3, D_4 分别代表第 1 ~ 4 阶段的最优决策：

> 在开始得到正式解之前，可以告诉你们，杰恩斯的小部件问题已经多次在工程师聚会中被呈现，并且要求参与者对 D_1, D_2, D_3, D_4 进行投票. 关于 D_1 大家几乎完全一致；关于 D_2 的一致率约占 85%；关于 D_3 的一致率大约有 70%；关于 D_4 几乎没有一致意见. 从这些非正式测试中可以得出结论：一般工程师对这类问题有着很好的直觉. D_1, D_2, D_3

的多数票与正式的数学解一致，但是在如何为直觉解辩护方面几乎存在普遍的分歧. 也就是说，尽管许多工程师可以就最优做法达成共识，但他们对这是最优做法的原因无法达成一致.

表 14-1　小部件问题四个阶段的总结

阶段	红色	黄色	绿色	决策
1. 库存	100	150	50	绿色
2. 平均每天订单总数	50	100	10	黄色
3. 平均单个订单	75	10	20	红色
4. 特殊订单			40	?

14.7.1　阶段 2 的解

现在，我们如何从数学上构建这个问题? 在现实情况下，这个问题显然要比到目前为止表明的要复杂一些，因为 A 先生今天的决策将影响到明天的状况. 这将使我们进入动态规划的主题. 但是为了使问题保持简单，我们现在将仅解决该问题的一部分，即只考虑他每天的决策而不考虑后一天.

我们只需要执行 13.11 节中列举的步骤即可. 因为阶段 1 太容易处理，所以我们直接考虑阶段 2 的问题. 首先，我们通过列举可能的“自然状态” θ_j 来定义基本假设空间. 这些对应于所有可能出现的订单情况. 如果 A 先生提前确切地知道今天要订购多少个红色、黄色和绿色小部件，那么他的决策问题将是微不足道的. 令 $n_1 = 0, 1, 2, \cdots$ 是今天订购的红色小部件数量，类似地，n_2 和 n_3 分别代表黄色和绿色小部件的订购数量. 那么，通过指定三个非负整数 $\{n_1, n_2, n_3\}$ 就可以给出任何可能的订单情况. 反之，任何一个非负整数的有序三元组都代表一种可能的订单情况.

接下来，我们需要给自然状态分配先验概率 $p(\theta_j|X) = p(n_1n_2n_3|X)$. 这需要在我们先验知识的约束下最大化概率分布的熵. 我们已经在第 11 章通过 (11.39)~(11.50) 的推导一般性地解决了这个问题，因此只需要将结果转化为我们现在的记号即可. 第 11 章中 x_i 的指标 i 现在对应于 3 个整数 n_1, n_2, n_3，因为此阶段的先验信息将用于确定红色、黄色和绿色小部件的期望值 $\langle n_1\rangle, \langle n_2\rangle, \langle n_3\rangle$ 分别为 50, 100, 10，所以函数 $f_k(x_i)$ 也对应于 n_i. 在 3 个约束条件下，我们将具有 3 个拉格朗日乘子 $\lambda_1, \lambda_2, \lambda_3$，并且分拆函数 (11.45) 变为

$$Z(\lambda_1, \lambda_2, \lambda_3) = \sum_{n_1=0}^{\infty}\sum_{n_2=0}^{\infty}\sum_{n_3=0}^{\infty} \exp\{-\lambda_1 n_1 - \lambda_2 n_2 - \lambda_3 n_3\} = \prod_{i=1}^{3}\left(1 - \mathrm{e}^{-\lambda_i}\right)^{-1}. \tag{14.56}$$

λ_i 由 (11.46) 确定：

$$\langle n_i \rangle = \frac{\partial \ln Z}{\partial \lambda_i} = \frac{1}{\mathrm{e}^{\lambda_i} - 1}. \tag{14.57}$$

对于自然状态 $\theta_j = \{n_1 n_2 n_3\}$ 的最大熵概率分配 (11.41) 可以分解为

$$p(n_1 n_2 n_3) = p_1(n_1) p_2(n_2) p_3(n_3), \tag{14.58}$$

其中对于 $n_i = 1, 2, 3, \cdots$ 有

$$p_i(n_i) = \left(1 - \mathrm{e}^{-\lambda_i}\right) \mathrm{e}^{-\lambda_i n_i} = \frac{1}{\langle n_i \rangle + 1} \left[\frac{\langle n_i \rangle}{\langle n_i \rangle + 1}\right]^{n_i}. \tag{14.59}$$

因此，在阶段 2，A 先生对今天订单的知识状态由 3 个指数分布确定：

$$p_1(n_1) = \frac{1}{51}\left(\frac{50}{51}\right)^{n_1}, \quad p_2(n_2) = \frac{1}{101}\left(\frac{100}{101}\right)^{n_2}, \quad p_3(n_3) = \frac{1}{11}\left(\frac{10}{11}\right)^{n_3}. \tag{14.60}$$

因为没有新的证据，所以没法使用贝叶斯定理来吸收新的证据 E. 因此，正如在统计力学中一样，必须直接根据先验概率 (14.60) 做出决策.

因此，我们现在继续列举可能的决策. 它们是 $D_1 \equiv$ 生产红色，$D_2 \equiv$ 生产黄色，$D_3 \equiv$ 生产绿色. 为此，我们要引入损失函数 $L(D_i, \theta_j)$. A 先生的判断是，如果今天完成所有订单，就不会有损失；否则，损失将与未完成订单的小部件总数成正比. 正如我们已在第 13 章末尾指出的那样，由于决策规则在正常的线性变换下的不变性，我们也可以认为损失等于这一总数.

红色、黄色和绿色小部件的当前库存分别为 $S_1 = 100, S_2 = 150, S_3 = 50$. 当做出决策 D_1（生产红色小部件）时，当日红色小部件的可用库存 S_1 将增加 200 个，而损失为

$$L(D_1; n_1, n_2, n_3) = R(n_1 - S_1 - 200) + R(n_2 - S_2) + R(n_3 - S_3), \tag{14.61}$$

其中 $R(x)$ 是斜坡函数

$$R(x) \equiv \begin{cases} x, & x \geqslant 0, \\ 0, & x \leqslant 0. \end{cases} \tag{14.62}$$

同样，根据决策 D_2, D_3，损失为

$$L(D_2; n_1, n_2, n_3) = R(n_1 - S_1) + R(n_2 - S_2 - 200) + R(n_3 - S_3), \tag{14.63}$$

$$L(D_3; n_1, n_2, n_3) = R(n_1 - S_1) + R(n_2 - S_2) + R(n_3 - S_3 - 200). \tag{14.64}$$

因此，如果做出决策 D_1，则期望损失为

$$\begin{aligned}\langle L\rangle_1 &= \sum_{n_i} p(n_1 n_2 n_3) L(D_1; n_1, n_2, n_3) \\ &= \sum_{n_1=0}^{\infty} p_1(n_1) R(n_1 - S_1 - 200) \\ &+ \sum_{n_2=0}^{\infty} p_2(n_2) R(n_2 - S_2) \\ &+ \sum_{n_3=0}^{\infty} p_3(n_3) R(n_3 - S_3).\end{aligned} \tag{14.65}$$

类似地，可以对 D_2, D_3 计算期望损失. 计算很简单，可以得到

$$\begin{aligned}\langle L\rangle_1 &= \langle n_1\rangle e^{-\lambda_1(S_1+200)} + \langle n_2\rangle e^{-\lambda_2 S_2} + \langle n_3\rangle e^{-\lambda_3 S_3}, \\ \langle L\rangle_2 &= \langle n_1\rangle e^{-\lambda_1 S_1} + \langle n_2\rangle e^{-\lambda_2(S_2+200)} + \langle n_3\rangle e^{-\lambda_3 S_3}, \\ \langle L\rangle_3 &= \langle n_1\rangle e^{-\lambda_1 S_1} + \langle n_2\rangle e^{-\lambda_2 S_2} + \langle n_3\rangle e^{-\lambda_3(S_3+200)},\end{aligned} \tag{14.66}$$

或者，代入数值得到

$$\begin{aligned}\langle L\rangle_1 &= 0.131 + 22.48 + 0.085 \approx 22.70, \\ \langle L\rangle_2 &= 6.902 + 3.073 + 0.085 = 10.06, \\ \langle L\rangle_3 &= 6.902 + 22.48 + 4 \times 10^{-10} \approx 29.38.\end{aligned} \tag{14.67}$$

正如常识所预期的那样，结果显示出对“$D_2 \equiv$ 生产黄色”的强烈倾向.

物理学家将意识到 A 先生阶段 2 的决策问题在数学上与量子统计力学中的谐振子理论相同. 当我们使用通信理论时，谐振子理论在消息编码的某些问题中还有另外的工程应用. 我们试图强调这一理论的普遍性. 这一理论在数学上相当古老并且广为人知，但过去仅仅在热力学的一些特殊问题中得到了应用. 只有从正统的概率观点中解放出来后，才能看到这种普遍适用性.

14.7.2　阶段 3 的解

在 A 先生阶段 3 的问题中，我们又有了其他信息：平均单个订单所需的红色、黄色和绿色小部件的数量. 为了考虑这一新信息，我们需要进入更深的假设空间. 我们需要更详细地列举自然状态，不仅要考虑每种类型的总订单，还要考虑单个订单的情况. 虽然我们也可以在阶段 2 中做到这一点，但是由于在阶段 2 没有可用的信息做这种细化，因此不会为该问题增加任何东西（这最终也将产生细微的差别，稍后将予以说明）.

在阶段 3 中，可能的自然状态可以描述如下. 我们分别收到 u_1 个需要 1 个

红色小部件订单、u_2 个需要 2 个红色小部件的订单、……、u_r 个需要 r 个红色小部件的订单. 此外，我们分别收到 v_y 个需要 y 个黄色小部件的订单和 w_g 个需要 g 个绿色小部件的订单. 因此，自然状态由无限数量的非负整数指定：

$$\theta = \{u_1 \cdots ; v_1 \cdots ; w_1 \cdots\}. \tag{14.68}$$

反之，每一个这样的整数集合都代表一种可能的自然状态，为此我们分配概率 $p(u_1 \cdots ; v_1 \cdots ; w_1 \cdots)$.

今天对红色、黄色和绿色小部件的总需求分别为

$$n_1 = \sum_{r=1}^{\infty} r u_r, \quad n_2 = \sum_{y=1}^{\infty} y v_y, \quad n_3 = \sum_{g=1}^{\infty} g w_g, \tag{14.69}$$

在阶段 2 中，它们的期望值分别为 $\langle n_1 \rangle = 50, \langle n_2 \rangle = 100, \langle n_3 \rangle = 10$. 单个订单所需的红色、黄色和绿色小部件的总数分别为

$$m_1 = \sum_{r=1}^{\infty} u_r, \quad m_2 = \sum_{y=1}^{\infty} v_y, \quad m_3 = \sum_{g=1}^{\infty} w_g, \tag{14.70}$$

阶段 3 的新特点是 $\langle m_1 \rangle, \langle m_2 \rangle, \langle m_3 \rangle$ 也是已知的. 例如，平均单个订单所需的红色小部件数为 75 的声明表示 $\langle n_1 \rangle = 75 \langle m_1 \rangle$.

给定 6 个平均值，我们将有 6 个拉格朗日乘子 $\{\lambda_1, \mu_1; \lambda_2, \mu_2; \lambda_3, \mu_3\}$. 最大熵概率分配将具有以下形式：

$$p(u_1 \cdots ; v_1 \cdots ; w_1 \cdots) = \exp\{-\lambda_0 - \lambda_1 n_1 - \mu_1 m_1 - \lambda_2 n_2 - \mu_2 m_2 - \lambda_3 n_3 - \mu_3 m_3\}, \tag{14.71}$$

这可以分解为

$$p(u_1 \cdots ; v_1 \cdots ; w_1 \cdots) = p_1(u_1 \cdots) p_2(v_1 \cdots) p_3(w_1 \cdots). \tag{14.72}$$

分拆函数也可以分解为

$$Z = Z_1(\lambda_1 \mu_1) Z_2(\lambda_2 \mu_2) Z_3(\lambda_3 \mu_3), \tag{14.73}$$

其中

$$\begin{aligned} Z_1(\lambda_1 \mu_1) &= \sum_{u_1=1}^{\infty} \sum_{u_2=1}^{\infty} \cdots \exp\{-\lambda_1(u_1 + 2u_2 + 3u_3 + \cdots) - \mu_1(u_1 + u_2 + u_3 + \cdots)\} \\ &= \prod_{r=1}^{\infty} \frac{1}{1 - \exp\{-r\lambda_1 - \mu\}}, \end{aligned} \tag{14.74}$$

Z_2 和 Z_3 的表达式也类似. 为了得到 λ_1 和 μ_1，我们应用一般规则 (14.57)：

$$\langle n_1 \rangle = \frac{\partial}{\partial \lambda_1} \sum_{r=1}^{\infty} \ln(1 - \exp\{-r\lambda_1 - \mu_1\}) = \sum_{r=1}^{\infty} \frac{r}{\exp\{r\lambda_1 + \mu_1\} - 1}, \tag{14.75}$$

$$\langle m_1 \rangle = \frac{\partial}{\partial \mu_1} \sum_{r=1}^{\infty} \ln(1 - \exp\{-r\lambda_1 - \mu_1\}) = \sum_{r=1}^{\infty} \frac{1}{\exp\{r\lambda_1 + \mu_1\} - 1}. \tag{14.76}$$

结合 (14.69) 和 (14.70)，我们得到

$$\langle u_r \rangle = \frac{1}{\exp\{r\lambda_1 + \mu_1\} - 1}, \tag{14.77}$$

现在秘密已经揭晓——A 先生阶段 3 的决策问题只是量子统计力学中理想玻色-爱因斯坦气体的理论！

如果我们应用吉布斯大正则系综的方法处理理想玻色-爱因斯坦气体，也会得到这些方程，其中数 r 对应于第 r 个单粒子能级，而 u_r 等于在第 r 态下的粒子数，λ_1 和 μ_1 表示温度和化学势.

在本问题中，很明显对于所有 r 有 $\langle u_r \rangle \ll 1$，并且 $\langle u_r \rangle$ 不可能明显减少，直到其达到平均单个订单 75 个的数量级. 因此，与 1 相比，μ_1 的值较大，而 λ_1 的值较小. 这意味着级数 (14.75) 和 (14.76) 收敛得非常慢，并且除非编写计算机程序来完成，否则对数值计算没有什么用处. 但是，如果将它们转换为如下所示的快速收敛的和，我们就可以进行解析计算：

$$\sum_{r=1}^{\infty} \frac{1}{\exp\{\lambda r + \mu\} - 1} = \sum_{r=1}^{\infty}\sum_{n=1}^{\infty} \exp\{-n(\lambda r + \mu)\} = \sum_{n=1}^{\infty} \frac{\mathrm{e}^{-n\mu}}{1 - \mathrm{e}^{-n\lambda}}. \tag{14.78}$$

第一项已经是很好的近似. 同样，

$$\sum_{r=1}^{\infty} \frac{r}{\exp\{\lambda r + \mu\} - 1} = \sum_{n=1}^{\infty} \frac{\exp\{-n(\lambda r + \mu)\}}{(1 - \exp\{-n\lambda\})^2}. \tag{14.79}$$

因此，(14.75) 和(14.76) 变为

$$\langle n_1 \rangle = \frac{\mathrm{e}^{-\mu_1}}{\lambda_1^2}, \tag{14.80}$$

$$\langle m_1 \rangle = \frac{\mathrm{e}^{-\mu_1}}{\lambda_1}, \tag{14.81}$$

$$\lambda_1 = \frac{\langle m_1 \rangle}{\langle n_1 \rangle} = \frac{1}{75} = 0.0133, \tag{14.82}$$

$$\mathrm{e}^{\mu_1} = \frac{\langle n_1 \rangle_1}{\langle m_1 \rangle} = 112.5, \tag{14.83}$$

$$\mu_1 = 4.723. \tag{14.84}$$

特里布斯和菲茨使用计算机计算，得出 $\lambda_1 = 0.0131, \mu_1 = 4.727$. 因此，至少是对于红色小部件，我们的近似值 (14.80) 和 (14.81) 非常好.

u_r 的概率有一个特定值，根据 (14.72) 或 (14.74) 是

$$p(u_r) = (1 - \exp\{-r\lambda_1 - \mu\}) \exp\{(-r\lambda_1 + \mu_1)\mu_r\}, \tag{14.85}$$

它有均值 (14.77) 和方差

$$\mathrm{var}(u_r) = \langle u_r^2 \rangle - \langle u_r \rangle^2 = \frac{\exp\{r\lambda_1 + \mu_1\}}{\exp\{r\lambda_1 + \mu_1\} - 1}. \tag{14.86}$$

红色小部件的总体需求是

$$n_1 = \sum_{r=1}^{\infty} r u_r, \tag{14.87}$$

表示为大量独立项的和. n_1 的 PDF 具有均值 (14.80) 和方差

$$\mathrm{var}(n_1) = \sum_{r=1}^{\infty} r^2 \,\mathrm{var}(u_r) = \sum_{r=1}^{\infty} \frac{r^2 \exp\{r\lambda_1 + \mu_1\}}{(\exp\{r\lambda_1 + \mu_1\} - 1)^2}. \tag{14.88}$$

我们将其转换为快速收敛的和

$$\sum_{r,n=1}^{\infty} n r^2 \exp\{-n(r\lambda + \mu)\} = \sum_{n=1}^{\infty} n \frac{\exp\{-n(\lambda + \mu)\} + \exp\{-n(2\lambda + \mu)\}}{(1 - \exp\{-n\lambda\})^3}, \tag{14.89}$$

或者，近似的

$$\mathrm{var}(n_1) = \frac{2\mathrm{e}^{-\mu_1}}{\lambda_1^3} = \frac{2}{\lambda_1} \langle n_1 \rangle. \tag{14.90}$$

到这里，我们可以使用有关中心极限定理的一些事实. 因为 n_1 是我们为其分配了独立概率的大量小项的和，所以对于那些比较大的 n_1 值，n_1 的概率分布将非常接近高斯分布：

$$p(n_1) \approx A \exp\left\{-\frac{\lambda_1 (n_1 - \langle n_1 \rangle)^2}{4\langle n_1 \rangle}\right\}, \tag{14.91}$$

n_1 的这些值能够以多种不同的方式出现. 例如，情况 $n = 2$ 只能以两种方式出现：$u_1 = 2$ 或 $u_2 = 1$，其他所有的 u_k 为 0. 另外，$n_1 = 150$ 的情况可能以多种不同的方式出现，中心极限定理的“平滑”机制将起作用. 因此，(14.91) 对于我们感兴趣的大 n_1 值将是一个很好的近似值，但对于小 n_1 则不是.

正如我们在 (14.66) 中所看到的，各种决策的期望损失分别是由于未能满足红色、黄色或绿色小部件的订单而产生的三个项的总和. 如果我们今天不生产红色小部件，则可能无法满足红色小部件的订单，导致预计损失

$$\begin{aligned}\sum_{n_1=0}^{\infty} p(n_1) R(n_1 - S_1) &\simeq \sqrt{\left[\frac{\lambda_1}{4\pi\langle n_1 \rangle}\right]} \int_{S_1}^{+\infty} \mathrm{d}n_1 (n_1 - S_1) \exp\left\{-\frac{\lambda_1 (n_1 - \langle n_1 \rangle)^2}{4\langle n_1 \rangle}\right\} \\ &= (\langle n_1 \rangle - S_1)\Phi\left[\alpha_1 \sqrt{2}(\langle n_1 \rangle - S_1)\right] \\ &\quad + \frac{1}{2\alpha_1\sqrt{\pi}} \exp\left\{-\alpha_1^2 (\langle n_1 \rangle - S_1)^2\right\},\end{aligned} \tag{14.92}$$

其中 $\alpha_1^2 = \lambda_1 / 4\langle n_1 \rangle$，$\Phi(x)$ 是累积正态分布函数 (14.42).

如果我们今天决定生产红色小部件，则无法满足红色订单的可能性会导致上述表达式 (14.92) 的期望损失，只是 S_1 被替换为 S_1+200.

类似的等式同样适用于黄色和绿色小部件. 尽管得出的近似值并非在所有情况下都一样好，让我们对部分损失使用 (14.92) 并根据以下数值 3 次应用它

$$\begin{aligned} S_1&=100, & S_2&=150, & S_3&=50, \\ \langle n_1\rangle&=50, & \langle n_2\rangle&=100, & \langle n_3\rangle&=10, \\ \alpha_1&=0.0082, & \alpha_2&=0.0160, & \alpha_3&=0.035. \end{aligned} \tag{14.93}$$

通过计算，我们发现在决策 D_1, D_2, D_3 上期望损失为

$$\begin{aligned} \langle L\rangle_1 &= (0)+2.86+0.18=3.04 \text{ 未完成的订单}, \\ \langle L\rangle_2 &= 14.9+(0)+0.18\approx 15.1 \text{ 未完成的订单}, \\ \langle L\rangle_3 &= 14.9+2.86+(0)\approx 17.8 \text{ 未完成的订单}, \end{aligned} \tag{14.94}$$

其中 (0) 代表比其他项小几个数量级的项. 这种情况可以解读如下：如果做出了决策 D_1（制造红色小部件），则由于可能未能满足红色小部件的订单而造成的损失可以忽略不计，而可能的黄色小部件的订单失败则导致了 2.86 的期望损失，而绿色小部件的订单的期望损失仅为 0.18.

这些结果表明，由于平均单个订单小部件数量的附加信息而导致对 D_1 的高度偏爱，这与阶段 2 生产黄色小部件看上去更安全的直觉效果是类似的.

14.7.3 阶段 4 的解

从阶段 3 到阶段 4（新信息是有一个 40 个绿色小部件的特定订单）的过程中，我们的常识首次失效了. 现在，红色和绿色小部件的情况似乎都非常危险，而且我们的常识缺乏判断哪一种情况更为严重的分辨力. 奇怪的是，这种使得我们的常识很难判断的新知识，在数学上一点儿也不会造成困难. 前面的方程仍然成立，只是绿色小部件的库存 S_3 从 50 个减为 10 个. 我们现在有 $\langle n_3\rangle - S_3 = 0$，所以 (14.92) 简化为

$$\frac{1}{2\alpha_3\sqrt{\pi}}\approx 8.08, \tag{14.95}$$

代替 (14.94)，我们有

$$\begin{aligned} \langle L\rangle_1 &= (0)+2.86+8.08\approx 10.9 \text{ 未完成的订单}, \\ \langle L\rangle_2 &= 14.9+(0)+8.08\approx 23.0 \text{ 未完成的订单}, \\ \langle L\rangle_3 &= 14.9+2.86+(0)\approx 17.8 \text{ 未完成的订单}. \end{aligned} \tag{14.96}$$

因此，A 先生应该坚持自己的决定，生产红色小部件！我们的常识失效只是因为现在 $\langle L\rangle_1$ 和 $\langle L\rangle_3$ 之间的差异很小.

14.8 评注

我们在上面试图证明，在拉普拉斯意义上使用概率论，并通过最大熵原理确定先验概率，可以得到处理决策问题的合理方法，并且与常识有着良好的对应. 从数学上讲，我们的方程不过是统计力学中的吉布斯形式，唯一的新特征是认识到吉布斯方法的适用性远比想象的要广泛.

这里的教训是，"形式体系的解释" 问题在实证主义哲学中被认为是毫无意义和无用的，但这一问题其实在科学工作中具有至关重要的意义. 当然，在已经建立的应用中，对方程的不同解释不会导致任何新的结果. 但是我们对于形式体系有效范围的判断完全依赖于我们如何解释它.（概率）≡（频率）的解释导致对可以应用概率论的问题范围做出极大不必要的限制. 今天，科学家、工程师和经济学家面临的许多问题需要更为广泛的拉普拉斯-杰弗里斯解释.

第 15 章　概率论中的悖论

我反对将无限大作为已经完成的东西使用，这在数学中是绝对不允许的. 无限只是一种形象化的说法，其真正意义是一种极限.

——卡尔·弗里德里希·高斯（C. F. Gauss）

“悖论”一词似乎有几种不同的常见含义. 塞凯伊（Székely, 1986）将悖论定义为任何真实但令人惊讶的东西. 按照这个定义，每一个科学事实和数学定理都可以被视为某些人的悖论. 我们使用这一词语时的意思几乎相反：它是一种荒谬或有逻辑矛盾的东西，但是初看起来似乎是合理推理的结果. 在概率论甚至所有数学中，大多数悖论是由于粗心大意地使用无限集合以及无限大或无限小量产生的.

在我们看来，悖论与错误之间没有什么显著的区别. 悖论只是一种失去控制的错误，它是一种让众多疏忽大意的人上当受骗，以至于被公开并在文献中常例化，并被当作真理来教导的错误. 这种事情发生在数学领域表面上看起来似乎令人难以置信，但我们其实能够理解其背后的心理机制.

15.1　悖论如何生存和发展?

正如我们反复强调的那样，从一个错误命题或者一种导致错误命题的错误论证出发，可以推出任何命题，无论这一命题是真还是假. 但是，这只是一种可能的风险，如果错误的推理总是导致荒谬的结论，那么它将被立即发现并加以纠正. 但是，一旦一种简单快捷的推理模式导致了一些正确的结果，几乎每个人都会接受它，那些试图警告这种推理模式的人的意见就没有人愿意听了.

当谬论到达这一阶段时，它就有了自己的生命，在面对批评时会非常有效地为自己辩护. 伟大的数学家亨利·庞加莱和赫尔曼·外尔曾经反复警告无限集合理论中使用的那种推理方式，但是没有成功. 详细信息请参见附录 B 和克莱因的著作（Kline，1980）. 我也曾多年徒然地做出过这种警告，为此还非常内疚. 直到这些荒谬的结果再也无法忽略，我被迫以一种简单的推理方式找出其中的错误所在.

要在概率论中消除悖论，至少需要对结果及其推理过程进行详细分析，并表明：

(1) 结果确实是荒谬的；

(2) 导致结果的推理过程违背了第 2 章建立的合情推理规则;

(3) 当遵守这些合情推理规则时悖论消失，我们会得到合理的结果.

我们无法一一分析当前文献中存在的众多悖论. 因此，这里试图深入地研究一些有代表性的例子，希望读者能够对导致这些悖论的推理方式保持警惕.

15.2 序列求和的简单方式

为了介绍通过无限集合进行的错误推理，我们来回顾一个古老的客厅游戏，你可以通过它证明给定的无穷级数 $S=\sum_i a_i$ 可以收敛到随便一个客人选择的任一数字 x. 前 n 项的和为 $s_n=a_1+a_2+\cdots+a_n$. 然后定义 $s_0\equiv 0$，我们有

$$a_n=(s_n-x)-(s_{n-1}-x), \qquad 1\leqslant n\leqslant +\infty, \tag{15.1}$$

这样序列变成

$$\begin{aligned} S=&(s_1-x)+(s_2-x)+(s_3-x)+\cdots \\ &-(s_0-x)-(s_1-x)-(s_2-x)-\cdots. \end{aligned} \tag{15.2}$$

项 $(s_1-x),(s_2-x),\cdots$ 全部抵消，因此级数之和变成

$$S=-(s_0-x)=x \qquad \text{证毕}. \tag{15.3}$$

乍一看感觉这种推理有效的读者不在少数，但请仔细研究一下这个例子. 如果我们遵循本书从第 2 章开始就强调的建议，就可以避免这样的错误论证:

> 仅对有限 n 项的表达式应用普通的算术和分析计算过程. 在完成计算后，观察得到的有限表达式在参数 n 无限增加时的行为.

简而言之，取极限的操作应该总是放在最后一步，而不是第一步. 如果有疑问，这是唯一安全的方法. 如果其创建者——阿贝尔、柯西、达朗贝尔、狄利克雷、高斯、魏尔斯特拉斯等——没有认真遵循此建议，那么当前的无穷级数收敛理论根本不可能建立. 在前布尔巴基时代的数学中 [例如惠特克和沃森的著作 (Whittaker & Watson，1927)]，这种策略被认为是显而易见的，因此无须强调它. 由此而获得的结果从未发现有问题.

如果遵循上述建议，我们将不会试图一次消去无限数量的项. 我们会发现在任何有限的第 n 阶段，如果 s_i 抵消并剩下一个 x，则 x 值将被抵消，最后剩下一个 s，从而导致该序列的正确求和.

然而今天，在概率论中使用无限集合的情况下，人们反复发现基本等价于 (15.2) 的推理. 作为例证，我们将检查忽略此建议的另一个结果，其流行程度远远超过了以上客厅游戏.

15.3　非聚集性

如果 $(C_1,\cdots,C_n)$ 表示给定先验信息 I 的有限的两两互斥且穷尽的命题集合，那么对于任何命题 A，根据概率论的加法和乘法规则有

$$P(A|I)=\sum_{i=1}^{n}P(AC_i|I)=\sum_{i=1}^{n}P(A|C_iI)P(C_i|I), \tag{15.4}$$

其中先验概率 $P(A|I)$ 被写为条件概率 $P(A|C_iI)$ 的加权平均值. 有一个基本定理是一组实数的加权平均值不能超出这些数的阈值，即如果

$$L\leqslant P(A|C_iI)\leqslant U, \quad 1\leqslant i\leqslant n, \tag{15.5}$$

那么必然有

$$L\leqslant P(A|I)\leqslant U, \tag{15.6}$$

这是德菲内蒂（de Finetti，1972）称为“可聚集性”——或者更确切地说是“划分 $\{C_i\}$ 中的可聚集性”——的一种性质. 这一性质似乎显而易见，不值得用一个特别的名字. 显然，如果对有限集合正确应用概率论法则，不可能产生非聚集性. 因此，它也不可能出现在作为有限集合的定义良好的极限的无限集合中.

然而，随着文献不断增多，非聚集性研究已成为一个小行业. 有些作者认为这是真实的现象，他们正在证明实际的定理，对于概率论基础很重要. 从字面上看，非聚集性在当前文献中的介绍已经例行化，并被作为真理教导.

尽管在数学上很简单，但我们仍然需要研究一些声称存在非聚集性的情况. 我们不尝试引用所有这些浩瀚的文献，而是引用其中卡登、舍维什和塞登菲尔德的一篇文章（Kadane, Schervish & Seidenfeld，1986）. 这一文献以下用 KSS 表示，其中可以找到一些关于非聚集性的例子及其他相关工作.

示例 1：矩形数组. 首先，我们看看产生非聚集性的典型方式，以及最经常被引用的说明性示例. 我们从二维 $M\times N$ 概率集合开始：

$$p(i,j), \quad 1\leqslant i\leqslant M, \quad 1\leqslant j\leqslant N, \tag{15.7}$$

并假设 i 沿水平方向，j 沿垂直方向，所以样本空间是第一象限中 MN 个点的矩形数组. 取一些概率相同的先验信息 I 就足够了：$p(i,j)=1/MN$. 那么通过直接计数发现事件 $(A:i<j)$ 的概率为

$$P(A|I)=\begin{cases}(2N-M-1)/2N, & M\leqslant N,\\ (N-1)/2M, & N\leqslant M.\end{cases} \tag{15.8}$$

让我们以 (15.4) 的形式将其分解为以命题集合 $(C_1,\cdots,C_M)$ 为条件的概率，其中

C_i 是在数组中的第 i 列上的命题. 那么 $P(C_i|I) = 1/M$ 且

$$P(A|C_iI) = \begin{cases} (N-i)/N, & 1 \leqslant i \leqslant M \leqslant N, \\ (N-i)/N, & 1 \leqslant i \leqslant N \leqslant M, \\ 0, & N \leqslant i \leqslant M. \end{cases} \tag{15.9}$$

这些条件概率达到上限和下限的条件为

$$\text{对于所有 } M, N \text{ 有} \quad U = (N-1)/N,$$

$$L = \begin{cases} 1-R, & M \leqslant N, \\ 0, & N \leqslant M. \end{cases} \tag{15.10}$$

其中 R 表示比率 $R = M/N$. 将 (15.8) 和 (15.10) 代入 (15.6)，很明显，无论 (M, N) 的值如何，总能满足可聚集性的条件. 那么，如何才能由此造出非聚集性呢?

只需要取极限 $M \to +\infty, N \to +\infty$，并且对 $i = 1, 2, \cdots$ 问概率 $P(A|C_iI)$ 是多少. 但是我们不考察给出所有 (M, N) 的精确值的 (15.9) 的极限，而是尝试直接在无限集合上计算这些概率.

然后我们论证: 对于任何给定的 i, A 为真的情况存在无限多个点, 而 A 为假的情况只有有限个点，因此所有 i 的条件概率 $P(A|C_iI) = 1$，但是 $P(A|I) < 1$. 我们在这里看到与 (15.2) 相同的推理方式，尝试执行非常简单的算术运算（计数)，但是直接在无限集合上进行.

现在考虑命题集合 $(D_1, \cdots, D_N)$，其中 D_j 是位于数组倒数第 j 行的命题. 现在通过相同的论证，对于任何给定的 j，都有无数个点 A 为假，而只有有限个点 A 为真. 因此所有 j 的条件概率 $P(A|D_jI) = 0$，但是 $P(A|I) > 0$. 根据这种推理，根据相同的模型（即相同的无限集合）产生了方向相反的两个非聚集性.

更为神奇的是: 在 (15.8) 中，如果我们固定 i 取极限，那么对所有 i 而言，条件概率 $P(A|C_iB)$ 趋于 1；但是如果我们固定 $N-i$ 取极限，则它趋于 0. 因此，如果我们按升序考虑（$i = 1, i = 2, \cdots$），那么所有 i 的概率 $P(A|C_iB)$ 似乎都是 1. 但是同样能以降序考虑它们（$i = N, i = N-1, \cdots$），这样，基于同样的推理，对于所有 i，它们似乎都为 0.（注意我们可以通过从每个指标中减去 $N+1$ 来重新定义指标，从而对它们进行编号（$i = -N, \cdots, i = -1$），以便当 $N \to +\infty$ 时，最高的指标保持固定，这将不会影响推理的有效性.）

因此，为了产生两个相反的非聚集性，我们不需要引入两个不同的划分 $\{C_i\}$, $\{D_j\}$，它们可以从单个划分的两种同等有效的论证中产生. 产生它们的原因是,人们假设在进行算术运算之前已经完成了无限的极限，从而颠倒了我们上面建议的高斯策略中的次序．但是，如果我们遵循高斯策略，首先进行算术运算，则指标 $\{i\}$ 的任意重新定义不会对结果有影响，对于任何 N 的计数是相同的．

一旦人们理解了 (15.2) 中的谬误，那么每当有人声称通过直接对无限集合进行算术或分析运算证明某一结论时，他们就知道，只要愿意，通过轻松而合理的论证也可以证明相反的结果．因此，没有理由对我们刚刚发现的东西感到惊讶．

假设我们严格遵循开始制定的规则来进行计算，首先对有限集合进行算术运算以获得精确解 (15.8)，然后取极限，那么无论如何逼近无穷极限，条件概率的取值范围都会很宽，其下限为 0 或 $1-R$，上限趋于 1．结果始终满足条件 (15.5)，并且永远不会产生非聚集性．

导致这种非聚集性的推理中还有另一种谬误．显然，除非论证时也已经计算出"无条件"概率 $P(A|I)$，否则不能声称在无限集合上产生了非聚集性．但是随着 M 和 N 的增大，根据 (15.8)，极限 $P(A|I)$ 仅取决于比率 $R=M/N$：

$$P(A|I) \to \begin{cases} 1-R/2, & R \leqslant 1, \\ 1/(2R), & R \geqslant 1. \end{cases} \tag{15.11}$$

如果我们在没有指定此比率的情况下取极限，则无条件概率 $P(A|I)$ 变得不确定．我们可以根据取极限的方式得到 $[0,1]$ 中的任何值．换句话说，比率 R 包含与 A 的概率有关的所有信息，但是过早取极限使得这些信息被丢弃了．与条件概率一样，无条件概率 $P(A|I)$ 不能在无限集合上直接求值．

因此，矩形数组上的非聚集性不是概率论中的正常现象，它只是不遵守第 2 章中提出的概率论规则所产生的幻象．但是，仅仅通过研究单个示例，我们看不出非聚集性的所有共同特征．

15.4 翻滚的四面体

现在，我们检查以下主张是否正确：即使在一维无限集合 $n \to +\infty$ 中也会产生非聚集性，其中似乎没有像上述 M/N 那样可以忽略的任何极限比率（Stone，1979）．我们现在也考虑推断问题，而不是上面的抽样分布的例子．这种情况似乎等价于"强不一致"问题（Stone，1976）．我们暂时遵循 KSS 的记号法——直到我们知道为什么不能这样做．

重复抛掷各面标为 e^+（正电子）、e^-（电子）、μ^+（μ 介子）、μ^-（反 μ 介子）的规则四面体，并记录每次抛掷的结果．特别之处在于，每当记录中包含 e^+ 之后紧跟 e^-（或者 e^- 之后紧跟 e^+，或者 μ^+ 之后紧跟 μ^-，或者 μ^- 之后紧

跟 μ^+）时，粒子将相互湮灭，删除这对记录. 在某一时刻，玩家（不知道迄今为止发生了什么）被要求再抛一次，然后给他显示最终记录 $x \in X$，此后他必须对命题 $A \equiv$“在最后一次抛掷中发生湮灭”的真假下注. 他应该分配多大的概率给 $P(A|x)$ 呢?

当我们尝试通过概率论来解决这一问题时，会遇到这样的困难：在所述问题中，解依赖于冗余参数，即未指定的原始抛掷序列的长度 n. 希尔（Hill, 1980）指出了这一点，但 KSS 对此并没有说明. 事实上，除了字里行间的暗示外，他们根本没有提到 n，只是顺便说了一句骰子“抛掷了很多次”. 我们从后面的话中（例如“可数集合 S”和“S 的每个有限子集”）推断出他们的意思是极限 $n \to +\infty$.

换句话说，无限集合再一次被假定是已经完成的东西，人们试图直接通过对无限集合进行推理来寻找概率之间的关系. 通过询问对于划分 x，先验概率 $P(A)$ 是否可聚集，非聚集性再次产生，对应于等式

$$P(A) = \sum_{x \in X} P(A|x)p(x). \tag{15.12}$$

KSS 用 $\theta \in S$ 表示最后一次抛掷之前的单条记录（被认为是玩家不知道的“参数”），其中 S 是所有可能记录的集合，并通过简单论证得出结论:

(a) 对于所有 $\theta \in S$ 有 $0 \leqslant p(A|\theta) \leqslant 1/4$;

(b) 对于所有 $x \in X$ 有 $3/4 \leqslant p(A|x) \leqslant 1$.

这似乎又产生了一种明显的非聚集性，因为如果 $P(A)$ 对于最终记录的划分 $\{x\}$ 是可聚集的，那么必须满足 $3/4 \leqslant P(A) \leqslant 1$；如果对于前一记录的划分 $\{\theta\}$ 是可聚集的，那么必须有 $0 \leqslant P(A) \leqslant 1/4$. 两种情况中不可能都可聚集. 那么这次错误发生在哪里呢?

我们接受声明 (a). 的确，鉴于不同次抛掷之间的独立性，对前面抛掷结果的了解不会使我们获得最后一次抛掷的任何信息，因此对于最后一次抛掷的 4 种可能结果，1/4 的均匀先验概率分配仍然成立. 因此 $p(A|\theta) = 1/4$，除了记录 θ 为空之外，这时没有什么可以湮灭的，所以 $p(A|\theta) = 0$. 但是这种论证不适用于声明 (b). 由于最后一次抛掷的结果会影响最终记录 x，因此知道 x 一定会提供有关最后一次抛掷的一些信息，从而使均匀分配的概率 1/4 无效.

KSS 对于声明 (b) 的论证假定的先验信息也不同于声明 (a) 的先验信息. 这一点在记号 $p(A|\theta), p(A|x)$ 中被掩盖起来，其中没有指出先验信息 I. 让我们用恰当的记号来重新表示 (15.12):

$$P(A|I) = \sum_{x \in X} P(A|xI)P(x|I). \tag{15.13}$$

现在随着 I 的变化，所有这些量通常会变化. 所谓“可聚集性”，当然是指“对于某一特定的先验信息 I 的可聚集性”. 意识到这一点之后，我们用足以表明这种差别的恰当记号来重新表示声明 (a) 和 (b):

(a) 对于所有 $\theta \in S$ 有 $0 \leqslant p(A|\theta I_a) \leqslant 1/4$;

(b) 对于所有 $x \in X$ 有 $3/4 \leqslant p(A|xI_b) \leqslant 1$.

在阅读 KSS 时，我们发现先验信息 I_a 实际上是在 n 次抛掷的 4^n 种可能结果的集合 T 上分配了均匀概率，这对于问题陈述中假定的独立重复“随机试验”的情况是合适的. 但是先验信息 I_b 是在不同的先前记录 θ 的集合 S 上分配了均匀概率. 这是非常不同的，S（或 X）的一个元素可能对应于 T 的一个元素，也可能对应于 T 的数百万个元素，因此在 n 次抛掷上均匀的概率分配在记录集合上是非常不均匀的. 因此，尚不清楚这里是否存在矛盾，但它们是关于两个截然不同的问题的陈述.

练习 15.1　在 $n = 40$ 次抛掷中，集合 T 有 $4^n = 1.21 \times 10^{24}$ 种可能的结果. 试证明，如果这些抛掷产生期望为 $m = 10$ 次的湮灭，从而导致记录 $x \in X$ 的长度为 20，那么某一特定记录 x 对应于 T 的大约 10^{14} 个元素. 另外，如果没有湮灭，则长度为 40 的结果记录 x 仅对应于 T 的一个元素.

我们近乎狂热地坚持要在每一形式概率符号 $P(A|BI)$ 中明确指出先验信息 I，也许以上例子使得其中的原因更明显. 那些不这么做的人根据实际背景来判断方程的意义，也许在一段时间内不会产生问题. 但是当他们不经意地使用完全不同的先验信息对同一方程进行论证时，肯定会发现自己会得出无意义的结果. 他们的记号法会掩盖这一点. 我们将看到由于未能指出两个概率依赖于不同先验信息而导致的一种更严重的错误（边缘化悖论）.

为了表明 n 在问题中所起的关键作用，让 I 等于 I_a，即给 n 次抛掷的 4^n 种结果中的每个分配相等的先验概率. 那么如果已知 n，则 $p(A|nI), p(x|nI), p(A|nxI)$ 的计算是有限集合上的确定组合问题（即在每种情况下只有一个正确答案），其解显然取决于 n. 因此，让我们尝试计算 $P(A|xI)$，将对 $0 \leqslant n < +\infty$ 中所有 n 的求和表示为 $\sum$，我们有先验概率

$$\begin{aligned} p(A|I) &= \sum p(An|I) = \sum p(A|nI)p(n|I), \\ p(x|I) &= \sum p(xn|I) = \sum p(x|nI)p(n|I), \end{aligned} \tag{15.14}$$

以及条件概率

$$p(A|xI) = \sum p(A|nxI)p(n|xI) = \frac{\sum p(A|nxI)p(x|nI)p(n|I)}{\sum p(x|nI)p(n|I)}, \tag{15.15}$$

其中我们根据贝叶斯定理展开了 $p(n|xI)$. 显然，在分配先验概率 $p(n|I)$ 之前，这个问题是不确定的. 一般来说，不指定先验信息就像不指定数据一样，会使得推断问题变得不适定.

那么取无限大的 n 对应于对越来越大的 n 不为 0 的先验概率 $p(n|I)$ 取极限. 这显然可以通过许多不同的方式完成，最终结果依赖于我们取极限的过程，除非 $p(A|nI), p(x|nI), p(A|nxI)$ 都与 n 无关地趋于极限.

正如上述练习所示，许多包含湮灭的不同结果可能会产生相同的最终记录，可能的不同记录数 x 小于 4^n（渐近地大约为 3^n）. 因此，对于任何 $n < +\infty$，都有一个可能的最终记录 x 的有限集合 X，以及一个先前记录 θ 的有限集合 S，因此最终湮灭的先验概率可以用以下两种形式之一来表示：

$$p(A|nI) = \sum_{x \in X} p(A|xnI)p(x|nI) = \sum_{\theta \in S} p(A|\theta nI)p(\theta|nI). \tag{15.16}$$

加权平均的一般性定理保证了在任何有限 n 的划分中，或者这些有限集合序列的定义良好的极限生成的无限集合中，都不会产生非聚集性.

不需要任何计算就可以看出条件概率 $p(A|nxI)$ 的实际范围变化. 我们知道，对于任何 n，都有可能有长度为 n 的记录，其中没有湮灭发生. 下界对于某些 x 总是能达到，其值 $p(A|nxI) = 0$，不是 3/4. 只要将无限集合作为有限集合序列的极限，声明 (b) 的下限对于任何先验信息都是不成立的. 此外，对于任何偶数 n，都有可能存在长度为 0 的记录，我们知道最终一次抛掷也湮灭了，对于某些 x 总是能达到上限，即 $p(A|nxI) = 1$.

同样，对于偶数 n，θ 也不可能为空，因此根据 (15.16)，对于所有 $\theta \in S$，我们都有 $p(A|nI) = p(A|\theta nI) = 1/4$. 因此，如果 n 为偶数，甚至不需要应用加权平均定理，对于划分 $\{x\}$ 或 $\{\theta\}$ 的任何一种情况，都不可能产生非聚集性.

到此为止，非聚集性问题显然可以与第一个示例一样处理掉，它是试图直接在无限集合上而不是对有限集合的极限计算概率的人工产物. 因此，KSS 从未对他们的原始问题“我们可以根据最终记录 x 对最终的湮灭做出什么推断”找到任何具体答案就不足为奇了. 但是我们仍然希望得到答案（特别是由于它揭示了问题的一个更加惊人的特征）.

15.5 有限次抛掷的解

如果 n 已知，那么通过合理应用概率论规则很容易获得准确的解析解. 这是一个简单的贝叶斯推断问题，我们需要求的是最后一次湮灭 A 发生的后验概率. 但是这使得我们可以对问题做简化：无须对先前记录 θ 的每个细节进行推断.

如果在第 n 次抛掷中存在湮灭，那么记录的长度减 1：$y(n) = y(n-1) - 1$. 如果在第 n 次抛掷中没有湮灭，则长度加 1：$y(n) = y(n-1) + 1$. 唯一的例外是 $y(n)$ 不允许变为负数，因为如果 $y(n-1) = 0$，则第 n 次抛掷不会湮灭. 由于记录 x 告诉了我们长度 $y(n)$ 而没有告诉 $y(n-1)$，关于最终湮灭的任何推理都可以通过参数 $\alpha \equiv y(n-1)$ 来进行.

同样，在 $x(n)$ 中让 $y(n)$ 保持相同的符号 $\{e^{\pm}, \mu^{\pm}\}$ 的任何排列会导致关于 A 的相同推论. 这样 n 和 $y(n)$ 是充分统计量，记录 x 的所有其他详细信息与所提出的问题无关. 因此，四面体的情况非常复杂，难以定义成标准的数学问题（实际上，它是如此复杂，以至于似乎无法识别它是标准教科书中的随机游走问题）.

在每第 n 次抛掷中都会有 1/4 的概率湮灭. 这与前面发生的情况无关（除了 $y(n-1) = 0$ 的简单情况之外）. 因此如果用 x 轴表示 n，用 y 轴表示 $y(n)$，那么这就是最简单的一维随机游走问题：在水平轴上有完全反射边界 $y = 0$. 在每一水平步上，如果 $y > 0$，则有 3/4 的概率向上移动一个单位，1/4 的概率向下移动一个单位；如果 $y = 0$，则只能向上移动. 从 $y(0) = 0$ 开始，不会在第 1 步发生湮灭，而在第 n 步之后，如果有 m 次湮灭，那么记录的长度是 $y(n) = n - 2m$.

在第 n 步之后，$y(n) = i$ 的先验概率分布：

$$p_i^{(n)} \equiv p(i|nI), \quad 0 \leqslant i \leqslant n, \tag{15.17}$$

初始向量为

$$\boldsymbol{p}^{(0)} = \begin{pmatrix} 1 \\ 0 \\ 0 \\ \vdots \end{pmatrix}, \tag{15.18}$$

以及通过马尔可夫链关系连接的相继分布

$$p_i^{(n)} = \sum_{j=0}^{n-1} M_{ij} p_j^{(n-1)}, \quad 0 \leqslant i \leqslant n, \quad 1 \leqslant n < +\infty, \tag{15.19}$$

其转移矩阵为（以 0 开始对行和列进行编号）

$$\boldsymbol{M} \equiv \begin{pmatrix} 0 & 1/4 & 0 & 0 & \cdots \\ 1 & 0 & 1/4 & 0 & \cdots \\ 0 & 3/4 & 0 & 1/4 & \cdots \\ 0 & 0 & 3/4 & 0 & \cdots \\ \vdots & \vdots & \vdots & \vdots & \ddots \end{pmatrix}. \tag{15.20}$$

$y = 0$ 处的反射边界由元素 $M_{10} = 1$ 表示，如果没有反射，则为 3/4.

矩阵 $\boldsymbol{M}$ 原则上是无限维的，但对于第 n 步，只有前面 $n+1$ 行和列是必需的. 向量 $\boldsymbol{p}^{(n)}$ 原则上也是无限维的，但是当 $i>n$ 时 $p_i^{(n)}=0$. 那么先验概率 $p_i^{(n)}$ 的精确解就是 $\boldsymbol{M}^n$ 第一列:

$$p_i^{(n)}=M_{i,0}^n \tag{15.21}$$

(注意这旨在表示 $(\boldsymbol{M}^n)_{i,0}$，而不是 $(M_{i,0})^n$).

现在让我们看看这一先验如何在我们的贝叶斯推断问题中使用. 将数据和待检验的假设表示为

$$D\equiv y(n)=i, \qquad H\equiv y(n-1)=\alpha, \tag{15.22}$$

这是与问题相关的数据 x 和参数 θ 的唯一部分. 根据上面所述，它们的先验概率为

$$p(D|I)=M_{i,0}^n, \qquad p(H|I)=M_{\alpha,0}^{n-1}. \tag{15.23}$$

抽样分布为

$$p(D|HI)=\begin{cases}3/4\delta(i,\alpha+1)+1/4\delta(i,\alpha-1), & \alpha>0,\\ \delta(i,1), & \alpha=0.\end{cases} \tag{15.24}$$

因此，贝叶斯定理给出 α 的后验概率为

$$p(H|DI)=p(H|I)\frac{p(D|HI)}{p(D|I)}=\frac{M_{\alpha,0}^{n-1}}{M_{i,0}^n}\begin{cases}3/4\delta(i,\alpha+1)+1/4\delta(i,\alpha-1), & \alpha>0,\\ \delta(i,1), & \alpha=0.\end{cases} \tag{15.25}$$

这样当且仅当 $\alpha=i+1$ 时，最终湮灭 A 才发生，因此有限 n 的精确解为

$$p(A|DnI)=\frac{M_{i+1,0}^{n-1}}{4M_{i,0}^n}, \tag{15.26}$$

其中 $i=y(n)$ 是充分统计量. 另一种表达方式是注意到 (15.26) 的分母是

$$4M_{i,0}^n=4\sum_j M_{i,j}M_{j,0}^{n-1}=3M_{i-1,0}^{n-1}+M_{i+1,0}^{n-1}, \tag{15.27}$$

因此 A 的后验几率为

$$o(A|DnI)\equiv\frac{p(A|xnI)}{p(\overline{A}|xnI)}=\frac{1}{3}\frac{M_{i+1,0}^{n-1}}{M_{i-1,0}^{n-1}}, \tag{15.28}$$

从他们的评论来看，KSS 想到的问题的精确解是 (15.26) 或 (15.28) 在 $n\to+\infty$ 时的极限.

此问题有限 n 的解由于反射边界的存在而变得很复杂. 如果没有反射边界，上述矩阵元素 $M_{1,0}$ 将为 3/4，问题将简化为最简单的随机游走问题. 这个问题的

解为我们提供了 (15.26) 的一个很好近似，而 (15.26) 实际在极限时为我们的问题提供了精确解. 让我们研究这个替代的问题阐述方式，因为它的最终结果很简单，并且其推导过程在某一点上具有启发性，而这一点在上述精确解中并不明显.

每一步都有概率 p 向上移动一个单位、概率 $q=1-p$ 向下移动一个单位的问题的递归关系定义为

$$f(i|n+1)=pf(i-1|n)+qf(i+1|n), \tag{15.29}$$

其中 $f(i|n)$ 是在 n 步中移动距离为 i 的概率. 在初始条件 $f(i|n=0)=\delta(i,0)$ 下，标准教科书解是 n 次试验中 r 次成功的二项分布，$f_0(i|n)=b(r|np)$，其中 $r=(n+i)/2$. 在我们的问题中，第一步必须向上移动，$y(1)=1$，因此初始条件为 $f(i|n=1)=\delta(i,1)$，并使用二项递归 (15.29) 后的解为 $f(i|n)=f_0(i-1|n-1)=b(r|n-1,p)$，其中同样有 $r=(n+i)/2$.

但是对于 $p=3/4$，这与 (15.19) 并不完全相同，因为它忽略了反射边界. 如果在序列早期发生太多“失败”（即湮灭），则记录的长度可能减少到 0，从而迫使下一步向上的概率为 1，而不是 3/4. (15.19) 考虑了所有这些因素. 换句话说，在 (15.29) 的解中，当 n 很小时，某些概率会漂移到 $y<0$ 的区域中，但是如果 $p=3/4$，该值几乎可以忽略不计，最终它们全部返回到 $y>0$ 区域中.

当 n 非常大时，解随漂移远离反射边界，几乎所有概率都存在于区域 $\hat{y}-\sqrt{n}<y<\hat{y}+\sqrt{n}$ 中，其中 $\hat{y}\equiv(p-q)n=n/2$. 因此根据 (15.29) 得出的结论变得非常准确（在极限范围内是精确的）.

抽样分布 (15.24) 不变，但是我们需要对 i 和 α 的先验做二项式近似. 后者是 $n-1$ 步后的记录长度. 在第一次抛掷时没有湮灭的可能性，因此在 $n-1$ 次抛掷之后，我们知道 $n-2$ 次抛掷中可能发生了湮灭，概率为 1/4. 因此，前 $n-1$ 次抛掷中有 m 次湮灭的先验概率是二项式 $b(m|n-2,1/4)$:

$$f(m)=p(m|n)=\binom{n-2}{m}\left(\frac{1}{4}\right)^m\left(\frac{3}{4}\right)^{n-2-m}, \quad 0\leqslant m\leqslant n-2. \tag{15.30}$$

那么 α 的先验概率，替换 (15.28) 中的分子，是

$$p(\alpha|n)=f\left(\frac{n-1-\alpha}{2}\right), \tag{15.31}$$

对此我们发现先验期望 $E(\alpha|I)=n/2$. 同样，在分母中，我们需要 $y(n)=i$ 的先验. 这只需要对 (15.31) 做替换 $n-1\to n,\alpha\to i$.

给定 y，α 的可能值是 $\alpha=y\pm1$，因此若记 $m\equiv(n-y)/2$, 最终湮灭的后

验几率是

$$o=\frac{p(A|yn)}{p(\overline{A}|yn)}=\frac{p(\alpha=y+1|yn)}{p(\alpha=y-1|yn)}=\frac{(1/4)\binom{n-2}{m-1}(1/4)^{m-1}(3/4)^{n-1-m}}{(3/4)\binom{n-2}{m}(1/4)^m(3/4)^{n-2-m}}. \tag{15.32}$$

但是，乍一看令人震惊的是，分子分母中的因子 (1/4) 和 (3/4) 相互抵消，因此结果仅取决于阶乘

$$o=\frac{m!(n-2-m)!}{(m-1)!(n-1-m)!}=\frac{n-y}{n-2+y}, \tag{15.33}$$

最终湮灭的后验概率简化为

$$p(A|yn)=\frac{o}{1+o}=\frac{n-y}{2(n-1)}, \tag{15.34}$$

这与试图直接在无限集合上进行推理来解决问题的人提出的解完全不相似. 抽样概率 $p=3/4, q=1/4$ 在前面的讨论中非常重要，但在这里的解中根本没有出现.

但是现在思考一下. 给定 n 和 $y(n)$，我们知道湮灭可能发生在 $n-1$ 次抛掷中的任何一次，但它实际上确实发生在 $(n-y)/2$ 次抛掷中. 我们没有在那些次抛掷中发生湮灭的信息，因此在最终抛掷（或在第一次抛掷后的任何一次抛掷）中湮灭的后验概率当然是

$$\frac{n-y}{2(n-1)}. \tag{15.35}$$

通过相当长的计算，我们直接根据概率论原理导出了 (15.34)，但是只要对这个问题有一点儿直观的理解，我们就可以不用任何计算将其推理出来！

在图 15-1 中，我们将精确解 (15.26) 与渐近解 (15.34) 进行了比较. 当 $n>20$ 时，两者在数值上的差别可以忽略不计. 那么为什么有那么多人认为答案应该是 1/4 呢？也许注意到 y 的先验期望为 $E(y|I)=(n+1)/2$ 将有所帮助，所以最终湮灭的期望概率为

$$p(A|nI)=\frac{n-E(y|I)}{2(n-1)}=\frac{1}{4}. \tag{15.36}$$

如果观察到的记录长度 y 是期望值，则最终湮灭的后验概率确实为 1/4. 如果新信息只是我们所期望的，则它不会改变我们的估计，而只会使我们对估计结果更有信心. 但是如果观察到的 y 与之前的预期不同，则这告诉我们湮灭的实际次数，当然此信息会优先于我们可能具有的任何 (1/4, 3/4) 之间的初始概率分配. 这就是它们在后验几率中消去①的原因. 因此，尽管我们最初感到惊讶，但是贝叶斯定理在这里做得很好. 最初提出的问题的确切解也由 (15.35) 取 $n\to+\infty$ 的极限得到

$$p(A|xI)=\frac{1}{2}(1-z), \tag{15.37}$$

其中 $z\equiv\lim y(n)/n$.

① 这种消去在精确解表达式 (15.26) 中并不显然，尽管这仍然会在不知不觉中发生.

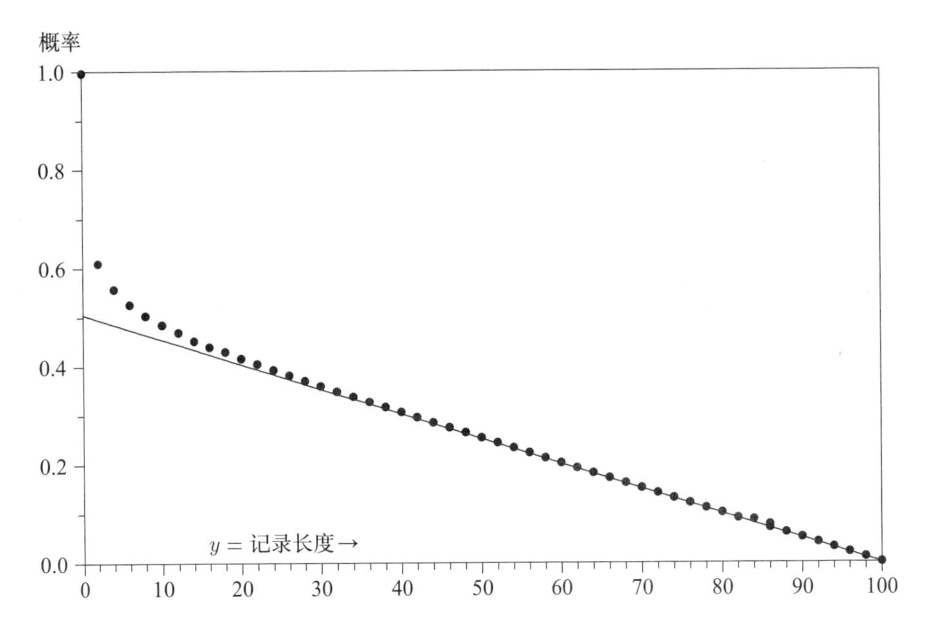

图 15-1 $n = 100$ 次抛掷“强烈不一致”问题的解. 实线 = 近似值, (15.34); 点线 = 精确解, (15.26)

总之, 现在这两种声称的非聚集性的共同特征很明显. 在第一种情况下, 没有提及有限数 M, N 的存在, 其比值 M/N 是解所依赖的关键量. 在第二种情况下, 基本上是同样的原因: 未能引入序列的长度 n 以及观察记录的长度 $y(n)$, 同样会导致丢失关键信息——在这种情况下是解依赖的充分统计量 y/n. 在这两种情况下, 通过将无穷极限假设为一开始就已经完成的东西, 人们正在丢弃找到解所需的最重要的信息.

虽然以上讨论很长, 但是我们很难找到一个更具指导意义的例子, 说明在涉及无限集合的情况下为什么必须以及如何进行概率演算, 以及如果不听从高斯的建议会发生什么可怕的事情.

15.6 有限与可列可加性

在这一点上, 读者可能会感到疑惑:“为什么有人关心非聚集性? 它会导致什么不同?”实际上, 非聚集性本身并不有趣, 它只是掩盖真正问题的烟幕弹. 德菲内蒂的追随者或许会说, 根本的问题是“有限可加性”的技术性问题. 我们要回答的是,“有限可加性”也是烟幕弹, 因为它的用途几乎与听起来相反.

在第 2 章中, 我们推导出了互斥命题的加法规则 (2.85): 如果使用布尔代数

的陈述，$A \equiv A_1 + A_2 + \cdots + A_n$ 是有限数量的互斥命题的析取，那么

$$p(A|C) = \sum_{i=1}^{n} p(A_i|C). \tag{15.38}$$

简单地说，我们的概率具有"有限可加性"．当 $n \to +\infty$ 时，假设加法规则中的求和项是可数项的和，并且形成一个收敛级数，那么取极限似乎是无害的，这时我们的概率将被称为**可列可加的**．但是（尽管我们不知道这在实际问题中如何发生）如果求和项不能形成收敛级数，我们将认为无穷极限没有意义，并且拒绝取极限．在我们的概率论中，很难明白人们能在这种完全直接的情况之外提出任何实质性问题.

传统概率论颠倒了我们的过程，认为在提出可加性问题之前，无穷极限从一开始就已经完成了，然后才来关心无限集合区间上命题的可加性问题．费勒（Feller, 1966 年，1971 年版，第 107 页）写道：

> 令 F 是给每个区间 I 分配有限值 $F\{I\}$ 的函数．如果将区间 I 划分为有限多个不重叠的区间 $I_1, \cdots, I_n$，$F\{I\} = F\{I_1\} + \cdots + F\{I_n\}$，则此函数称为（有限）可加的.

然后费勒（第 108 页）给出了一个示例，说明为什么希望用可列可加性代替有限可加性：

> 在 R^1 中，对于任何区间 $I = (a, b), b < +\infty$ 令 $F\{I\} = 0$，当 $I = (a, +\infty)$ 时令 $F\{I\} = 1$．这一区间函数是可加的，但很怪异，因为它违反了函数 $F\{(a, b)\}$ 当 $b \to +\infty$ 时应该趋于 $F\{(a, +\infty)\}$ 的自然连续性要求.
>
> 上述示例显示了加强有限可加性的必要性．如果将区间 I 划分为可数的多个区间 $I_1, I_n, \cdots$，满足 $F\{I\} = \sum F\{I_k\}$，则可以说区间函数 F 是可列可加的，或者是 σ 可加的.

然后，他补充说，在上述怪异函数的例子中，"可列可加性"的条件是"显然不满足的"（请读者以此问题作为练习，清晰地解释为什么这是显然的）.

在上述怪异函数的例子中发生了什么？当然，怪异并不在于缺乏连续性（因为连续性不是在任何情况下都必要的），而是有更糟糕的事情．假设那些区间由某个变量 x 占据，区间函数 $F\{I\}$ 代表变量属于区间 I 的概率 $p(x \in I)$，那么对于 x 的任何有限区间将分配 0 概率，而概率 1 赋给无限区间．如果我们假设无限区间是已经完成的，这几乎是不可理解的，但是如果我们听从高斯的建议，考虑通

过有限项取极限，就可以理解发生了什么. 假设我们有一个正常归一化的 PDF：

$$p(x|r) = \begin{cases} 1/r, & 0 \leqslant x < r, \\ 0, & r \leqslant x < +\infty. \end{cases} \tag{15.39}$$

只要 $0 < r < +\infty$，就没有什么奇怪的，我们可以用一个区间函数来描述：

$$F(a,b) \equiv \int_a^b \mathrm{d}x\, p(x|r) = \begin{cases} (b-a)/r, & 0 \leqslant a \leqslant b \leqslant r < +\infty, \\ (r-a)/r, & 0 \leqslant a \leqslant r \leqslant b < +\infty, \\ 0, & 0 \leqslant r \leqslant a \leqslant b < +\infty, \end{cases} \tag{15.40}$$

它是可列可加的，显然也是有限可加的. 随着 r 的增加，密度函数变得越来越小，并且散布在更宽的区间内，但是只要 $r < +\infty$，我们就有一个定义良好且不自相矛盾的数学函数.

如果试图在讨论可加性之前将 $p(x|r)$ 的极限描述为已经完成的东西，那么我们就创建了费勒的怪异例子. 我们尝试使概率密度在任何地方都为 0，但积分为 1. 但是，不论是根据从高斯开始的许多古典数学家的警告，还是根据我们自己的基本常识，都没有这种东西.

诉诸有限可加性是解决实际问题的一种“邪道”. 要了解为什么这种可加性在传统概率论中很重要，让我们注意当执行与上述建议相应的操作顺序时会发生什么. 我们在实数轴上分配连续单调递增的累积概率函数 $G(x)$，它具有自然的连续性：

$$G(x) \to \begin{cases} 1, & x \to +\infty, \\ 0, & x \to -\infty, \end{cases} \tag{15.41}$$

那么，对于区间 $I = (a,b)$ 上的函数 F 可以定义为 $F\{I\} = G(b) - G(a)$. 显然，这一区间函数根据定义是可列可加的. 也就是说，可以选择满足 $a < x_1 < x_2 < \cdots < b$ 的 x_k，使得我们可以将区间 (a,b) 分成任意多的非重叠子区间 $\{I_0, I_1, \cdots, I_n\} = \{(a,x_1),(x_1,x_2),\cdots,(x_n,b)\}$，那么 $F\{I\} = F\{I_k\}$ 一定是正确的. 如果 $G(x)$ 是可微的，则其导数 $f(x) \equiv G'(x)$ 可以解释为可归一化的概率密度：$\int \mathrm{d}x\, f(x) = 1$.

最终，我们看到，这一切的意义是：“有限可加性”是“颠倒逼近极限的正确顺序，从而陷入得到无法归一化的概率分布的困境”的代名词. 费勒一下子就看到了这一点，警告读者不要使用它，并着手在避免由此导致的许多无用和没有必要的悖论的情况下来发展自己的概率理论. [①]

① 由于我们经常在概念问题上不同意费勒的看法，因此很高兴能够在几乎所有技术问题上都与他达成一致. 毕竟，他是解决抽样理论问题的技术手段的杰出贡献者. 实际上，他所做的一切对于我们致力的更大领域都是有益的.

正如我们在第 6 章看到的那样：在计算过程的最后取极限 $r \to +\infty$ 可能得出有用的结果；从 $p(x|r)$ 推导出的其他概率可能逼近确定、有限和简单的极限值. 现在我们已经看到，试图在计算开始时就取极限可能会导致无意义的结果，因为重要的信息在我们使用之前就可能丢失了.

真正的问题是：我们是否将诸如无限集合上的均匀概率分布之类的东西作为概率论中的合法数学对象？我们是否相信无限数量的 0 可以加起来等于 1？就像德菲内蒂和他的追随者一样，在使用一种奇怪的语言讨论这些问题时，诉诸“有限可加性”似乎是在以一种迂回的方式回答“是”. 像柯尔莫哥洛夫和费勒那样，诉诸“可列可加性”似乎是以与高斯同样的精神、以同样迂回的方式在回答“否”.

这些术语都是烟幕弹，因为“有限可加性”听起来像是一个更加谨慎的术语，而“可列可加性”则有点冒险. 德菲内蒂似乎确实认为有限可加性是较弱的假设. 他批评那些没有更令人信服的理由，仅仅出于“数学上的便利”而引入可列可加性的人不诚实. 正如我们所看到的那样，在问题的开始直接跳入无限集合是更大的判断错误，这对于概率论的后果要严重得多. 在这里，不仅仅是“数学上的便利”而已.

在第 3 章中，我们在为有放回抽样引入二项分布时注意到了相同的心理现象. 那些有意丢弃相关信息的人发明了“随机化”一词，以掩盖事实，并使得他们看起来似乎在做一些值得尊敬的事情. 那些鲁莽、不负责任地使用无限大的人经常会诉诸“有限可加性”这个词，使得他们看起来似乎在数学上比其他人更谨慎.

15.7 博雷尔-柯尔莫哥洛夫悖论

在大多数情况下，从离散概率到连续概率的过渡是平稳的，以显然的方式进行且毫无意外. 但是，关于连续概率密度存在一个微妙之处. 它一点都不显然，除非我们理解它，否则可能导致错误的计算. 下面的例子持续使许多疏忽大意的人陷入圈套.

假设 I 是先验信息，根据该先验信息，(x, y) 是方差为 1 且相关系数为 ρ 的二变量正态 PDF：

$$p(\mathrm{d}x\,\mathrm{d}y|I) = \frac{\sqrt{1-\rho^2}}{2\pi} \exp\left\{\frac{1}{2}\left(x^2+y^2-2\rho xy\right)\right\} \mathrm{d}x\mathrm{d}y. \tag{15.42}$$

我们可以对 x 或 y 进行积分以获得边缘 PDF（为对 x 进行积分，做变换 $x^2 + y^2 - 2\rho xy = (x-\rho y)^2 + (1-\rho^2)y^2$，依此类推）：

$$p(\mathrm{d}x|I) = \sqrt{\frac{1-\rho^2}{2\pi}} \exp\left\{-\frac{1}{2}\left(1-\rho^2\right)x^2\right\} \mathrm{d}x, \tag{15.43}$$

$$p(\mathrm{d}y|I)=\sqrt{\frac{1-\rho^2}{2\pi}}\exp\left\{-\frac{1}{2}\left(1-\rho^2\right)y^2\right\}\mathrm{d}y. \tag{15.44}$$

到目前为止，一切都是例行的. 但是现在，当 $y=y_0$ 时 x 的条件 PDF 是多少? 我们也许认为只需要在 (15.42) 中使得 $y=y_0$ 并重新归一化即可:

$$p(\mathrm{d}x|y=y_0I)=A\exp\left\{-\frac{1}{2}\left(x^2+y_0^2-2\rho xy_0\right)\right\}\mathrm{d}x, \tag{15.45}$$

其中 A 是归一化常数. 但是不能保证这是有效的，因为我们只是基于直觉得到了 (15.45). 这并不是直接应用概率论的基本规则从 (15.42) 中导出的. 在第 2 章中，我们针对离散情况得出了这些规则:

$$p(AB|X)=p(A|BX)p(B|X), \tag{15.46}$$

通过通常的规则给出的离散条件概率为

$$p(A|BX)=\frac{p(AB|X)}{p(B|X)}, \tag{15.47}$$

这通常被视为条件概率的定义. 如果我们定义离散命题，可以严格应用我们的规则进行计算

$$\begin{aligned}&A\equiv x\in\mathrm{d}x,\\&B\equiv y\in(y_0<y<y_0+\mathrm{d}y).\end{aligned} \tag{15.48}$$

然后我们应该使用 (15.42) 和 (15.44) 代替 (15.45),

$$p(A|BI)=p(\mathrm{d}x|\mathrm{d}yI)=\frac{p(\mathrm{d}x\,\mathrm{d}y|I)}{p(\mathrm{d}y|I)}=\frac{1}{\sqrt{2\pi}}\exp\left\{-\frac{1}{2}(x-\rho y_0)^2\right\}\mathrm{d}x. \tag{15.49}$$

由于 $\mathrm{d}y$ 抵消了，因此取极限 $\mathrm{d}y\to 0$ 不会导致什么不同.

考虑 (15.45) 中的归一化常数，我们发现 (15.45) 和 (15.49) 其实是一样的. 那么，为什么辛辛苦苦来推导 (15.49) 呢? 导致 (15.45) 的快速论证方式不是也给了我们正确答案吗?

这是印证我们 15.1 节中的开篇评论的一个很好的例子，即从一个错误命题出发可能导致正确或错误的结果. 导致我们得到 (15.45) 的推理这次给出了正确结果，但是它同样可以产生我们想要的 (15.45) 之外的其他任何结果. 这取决于我们选择的方程的特定形式. 为了产生悖论，假设我们使用变量 (x,u) 代替 (x,y)，其中

$$u\equiv\frac{y}{f(x)}, \tag{15.50}$$

其中 $0<f(x)<+\infty$. 例如，$f(x)=1+x^2$ 或 $f(x)=\cosh(x)$，等等. 雅可比行列式是

$$\frac{\partial(x,u)}{\partial(x,y)}=\left(\frac{\partial u}{\partial y}\right)_x=\frac{1}{f(x)}, \tag{15.51}$$

于是 PDF (15.42) 用新变量表示是

$$p(\mathrm{d}x\,\mathrm{d}u|I)=\frac{\sqrt{1-\rho^2}}{2\pi}\exp\left\{-\frac{1}{2}\big(x^2+u^2f^2(x)-2\rho uf(x)\big)\right\}f(x)\mathrm{d}x\mathrm{d}u. \tag{15.52}$$

同样，我们可以对 u 进行积分，得到边缘分布 $p(\mathrm{d}x|I)$，容易看出它与 (15.43) 相同；或者对 x 进行积分，得到 $p(\mathrm{d}u|I)$ 与转换为变量 u 的 (15.44) 相同. 到目前为止一切都挺好.

但是现在，假设给定 $u=0$，x 的条件 PDF 是多少? 如果遵循得到 (15.45) 的推理过程，即只需在 (15.52) 中设置 $u=0$ 并重新归一化，我们发现

$$p(\mathrm{d}x|u=0I)=A\exp\left\{-\frac{1}{2}x^2\right\}f(x)\mathrm{d}x. \tag{15.53}$$

但是根据 (15.50)，条件 $u=0$ 等于 $y=0$，因此看起来结果应该与 (15.45) 相同，且 $y_0=0$. 但是 (15.53) 与 (15.45) 差一个额外的系数 $f(x)$，该系数甚至可以是任意的!

许多人对这一结果感到惊讶，觉得难以置信. 他们一遍遍地强调:“但是条件 $u=0$ 与 $y=0$ 完全相同，怎么可能会有不同的结果呢?”我们在第 4 章中已经警告过这一现象可能发生，但也许太含糊了. 当时实际上没有产生错误，因为我们的问题中只有一个参数. 现在，我们需要仔细检查推导过程，以明白错误发生的原因及其解决方案.

我们在第 1 章中已经指出，不能试图定义以矛盾前提为条件的概率. 对于这种问题，可能没有唯一解. 我们通过定义“样本空间”或“假设空间”来开始每个问题，该“样本空间”或“假设空间”列出了我们在该问题中应考虑的条件范围. 在当前问题中，离散假设的形式为“$a\leqslant y\leqslant b$”，y 在正测度 $b-a$ 的区间中. 那么，当测度为 0 时说“$y=0$”，我们的意思是什么呢? 我们可能只是指某些涉及正测度的命题序列的极限，例如，当 $\varepsilon\to 0$ 时

$$A_\varepsilon\equiv|y|<\varepsilon. \tag{15.54}$$

命题 A_ε 将点 (x,y) 限制在逐渐变窄的水平区间上，但是对于任何 $\varepsilon>0$，A_ε 是具有确定正概率的离散命题，因此通过乘法规则，假设 $H\equiv x\in\mathrm{d}x$ 的条件概率

$$p(H|A_\varepsilon I)=\frac{p(HA_\varepsilon|I)}{p(A_\varepsilon|I)} \tag{15.55}$$

是定义良好的，并且其 $\varepsilon\to 0$ 的极限也是定义良好的量. 也许这个极限就是我们说 $p(H|y=0I)$ 时的含义. ①

① 再次注意我们一直在反复说明的：概率论规则明确告诉我们，要在 (15.55) 中使用比率的极限，而不是极限的比率. 在后者不存在的情况下，前者仍然有限且表现良好.

但是命题“$y=0$”也可以很好地定义为逐渐变细的楔形的序列极限

$$B_\varepsilon \equiv |y| < \varepsilon |x|. \tag{15.56}$$

对于所有 $\varepsilon > 0$，$p(H|B_\varepsilon I)$ 也如 (15.55) 一样定义明确. 尽管序列 $\{A_\varepsilon\}$ 和 $\{B_\varepsilon\}$ 趋于相同的极限 $y=0$，条件密度则趋于不同的极限：

$$\begin{aligned} &\lim_{\varepsilon\to 0} p(H|A_\varepsilon) \propto g(x), \\ &\lim_{\varepsilon\to 0} p(H|B_\varepsilon) \propto |x|g(x), \end{aligned} \tag{15.57}$$

我们可以使用任意非负函数 $f(x)$ 代替 $|x|$. 由此可见，仅仅指定“$y=0$”而不加任何其他限定是不明确的，它只告诉我们趋于一个度量为 0 的极限，但没有告诉我们趋于极限的任何数量信息.

这里，我们又增加了一个示例说明为什么必须严格遵守第 2 章中得出的推理规则. 直觉方法可能造成灾难，而且由于它只是有时失效，所以特别危险. 尽管违反概率论规则的直觉方法在某些情况下可能会得到正确的结果，但在其他情况下肯定会导致灾难. 每当我们在某一空间上具有概率密度，并且希望在测度为 0 的子空间上生成另一个概率密度时，唯一安全的流程是通过类似 (15.55) 的过程取明确定义的极限. 通常，最终结果必将依赖于指定的极限操作. 这初听起来非常违反直觉，但是当理解其原因时，它就会变得显而易见.

基于这一悖论的著名难题涉及从球体表面到球体上大圆的传递. 给定表面均匀的概率密度，任何球体大圆对应的条件密度是多少？直观上，每个人都会马上说，根据几何对称性，它也必须是均匀的. 但是，如果我们分别指定通过纬度 $-\pi/2 \leqslant \theta \leqslant \pi/2$ 与经度 $-\pi \leqslant \phi \leqslant \pi$ 的指定点，则似乎无法获得此结果. 如果那个大圆是赤道，定义为 $|\theta| < \varepsilon$ 取极限 $\varepsilon \to 0$，我们具有期望的均匀分布 $p(\phi) = (2\pi)^{-1}$ ($-\pi < \phi \leqslant \pi$). 但是如果它是由 $|\phi| < \varepsilon$ 取极限 $\varepsilon \to 0$ 定义的格林威治子午线，我们有 $p(\theta) = (1/2)\cos(\theta)$ ($-\pi/2 \leqslant \theta \leqslant \pi/2$)，密度在赤道达到最大值，在极点为 0.

关于这两种结果中的哪一种是“正确的”，在出色的概率论学者之间有着许多徒劳的激烈争论. 作者曾在科学家和统计学家的专业会议上多次见到这种争论. 几乎每个人都认为自己完全了解什么是大圆，因此很难让大家明白，除非我们指定取极限的方式，否则“大圆”一词是不明确的. 直观的对称性论证无意识地假设是取赤道极限，而一瓣瓣吃橙子的人可能会以另一个假设为前提.

15.8 边缘化悖论

随着戴维、斯通和齐德克的论文 (Dawid, Stone & Zidek, 1973，以下用 DSZ 表示) 的发表，翻滚四面体问题持续发酵，成为概率论中引起狂热的一个典型例子，在一段时间内似乎威胁着整个概率论的一致性基础. 边缘化悖论比上面的讨论更为复杂，因为它不是源于单个错误，而是源于逻辑和直觉错误的结合. 更为危险的是，这两种错误恰好相互支持. DSZ 的论文首次发表时，它似乎欺骗了该领域的每位专家. 唯一的例外是弗雷泽，他作为 DSZ 论文的讨论者之一，看出论文的结论是错误的，并正确地指出了原因，但是没有人听他的.

边缘化悖论与其他悖论不同的是，它提出后立即得到了强烈的支持. 因此，它对科学推断的破坏能力远超其他任何一种悖论. 但是，如果正确理解它，这一现象在科学推断中就有有用的应用. 边缘化作为构建无信息先验的潜在有用手段，在杰恩斯的文章（Jaynes，1980）中得到了不完全的讨论. 这个相当深的主题目前仍然处于研究状态，其中的主要定理可能尚不清楚.

在本章中，我们只是将边缘化作为概率论历史中一段怪诞时期的故事. 通过迫使贝叶斯主义者修改一些看似简单快捷的推理流程来完成一件好事. 我们通过 DSZ 的方式来说明原始的悖论，遵循他们的记号，直到我们明白为什么不能这样做. 它从一个常规的看似无害的冗余参数问题开始.

一位一丝不苟的贝叶斯主义者 B_1 研究数据 $x \equiv (x_1, \cdots, x_n)$ 和多维参数 θ 的问题. 他将参数分解为两个分量 $\theta = (\eta, \zeta)$，仅对 ζ 的推断感兴趣. 因此他的模型由问题陈述中假定的某个抽样分布 $p(x|\eta\zeta)$ 定义，而 η 是要积分消去的冗余参数. 因此对于先验 $\pi(\eta, \zeta)$，B_1 获得 ζ 的边缘后验 PDF：

$$p(\zeta|x) = \int \mathrm{d}\eta\, p(\eta\zeta|x) = \frac{\int \mathrm{d}\eta\, p(x|\eta\zeta)\pi(\eta,\zeta)}{\int \mathrm{d}\zeta \int \mathrm{d}\eta\, p(x|\eta\zeta)\pi(\eta,\zeta)}, \tag{15.58}$$

这一标准结果总结了 B_1 关于 ζ 的所有知识. 现在的问题是，我们可以为此分配什么样的先验 $\pi(\eta, \zeta)$. 当然，我们的答案是：

> 任何正常先验，或者正常先验的极限序列，比如 (15.58) 中的积分比率收敛产生 ζ 的正常后验 PDF，都可以被我们的理论允许认为是参数先验信息的可能表征. 然后，(15.58) 将根据该知识状态得出正确的结论.

这不必由特定问题的任何特殊情况来限定. 我们认为，严格遵守这一策略不会产生任何含混不清或者矛盾之处. 但是，不严格遵守它则可能导致任何事情.

但是，DSZ 根本不这么看. 他们着眼于一种特殊的情况，并指出在许多情况下，数据 x 可以分为两个分量：$x = (y, z)$，使得"z 的抽样分布与冗余参数 η 无关". 他们将这一性质（DSZ，(1.2)）写成

$$p(z|\eta\zeta) = \int \mathrm{d}y\, p(yz|\eta\zeta) = p(z|\zeta), \tag{15.59}$$

它本身看起来通常很可能成立，但是没有任何深远的意义. 举例来说，如果 η 是位置参数，则在刚性平移下不变的任何函数 $z(x)$ 都将具有独立于 η 的抽样分布. 如果 η 是比例参数，则在比例变化下不变的任何函数 $z(x)$ 都将具有此性质. 如果 η 是旋转角，则在旋转下不变的任何数据分量都将满足条件. DSZ 发现以下情况：当 (15.59) 成立且 B_1 给 η 分配非正常先验时，ζ 的边缘后验 PDF“仅仅是 z 的函数”. 鉴于 (15.59)，DSZ 大概会写成

$$p(\zeta|yz) = p(\zeta|z). \tag{15.60}$$

此时来了一位懒惰的贝叶斯主义者 B_2，他“总是在推断时晚到一步”，(15.59) 和 (15.60) 的结果让他有了一个奇怪的想法. 根据写出的 (15.60) 似乎可以看出数据的 y 分量与关于 ζ 的推断无关，可以抛弃. (15.59) 的形式似乎表明 η 也可能与模型无关，可以删去. 因此，他建议简化计算方法. 他的直觉判断是，给定 (15.59) 和 (15.60)，我们应该可以通过在简化模型 $p(z|\zeta)$ 中直接应用贝叶斯定理，更轻松地得到 ζ 的边缘 PDF，其中完全不出现 (y, η). 因此，如果 B_2 分配先验 $\pi(\zeta)$，他将获得后验分布

$$p(\zeta|z) = \frac{p(z|\zeta)\pi(\zeta)}{\int \mathrm{d}\zeta\, p(z|\zeta)\pi(\zeta)}. \tag{15.61}$$

但是令他感到诧异的是，无论给 ζ 分配怎样的先验，他都无法重现 B_1 的结果 (15.58). 我们应该从中得出什么结论呢?

对于 DSZ 来说，B_2 的推理似乎很有说服力. 基于这种直观的“归约原理”，他们认为 B_1 和 B_2 显然应该获得相同的结果. 因此，其中一人一定犯了某种错误. 他们将指控指向 B_1：“B_2 的结果表明 B_1 关于 ζ 的后验分布具有自相矛盾的非贝叶斯性.”他们将原因归结于使用了 η 的非正常先验.

对于我们来说，情况似乎大不相同. B_2 的结果不是通过应用我们的概率论规则得出的. (15.61) 只是一个直观的猜测，读者可以验证，它在数学上并不是 (15.58) (15.59) (15.60) 的推论. 因此，(15.61) *并不是概率论对* B_1 *问题的有效应用*. 如果直觉表明并非如此，那么这种直觉就需要纠正——就像在其他悖论中一样.

在这个阶段，我们面临的不只是一个混乱，而是三个. 上面使用的记号在某些角度隐藏了一些关键点.

(1) 尽管结果 (15.60)“只是 z 的函数”，因为 y 在 (15.60) 中不显式出现，但对于不同的先验 η，它是 z 的不同函数. 也就是说，从 (15.58) 可以看出，它仍然是先验 η 的泛函. 根据这种依赖性，概率论告诉我们关于 η 的先验信息仍然很重要. 一旦我们意识到这一点，就会发现 B_2 之所以与 B_1 得出了不同的结论，并不是因为 B_1 犯了错误，而是由于 B_1 考虑了 B_2

忽略的相关先验信息.

(2) 真正的问题远不止于此. 我们需要意识到，当前使用正统统计记号具有基本的模糊性，这使得 (15.59) 和 (15.60) 的含义不确定. 这种模糊性只有通过哈罗德 · 杰弗里斯（Jeffreys，1939）引入并在本书第 2 章和附录 B 中使用的记号才能澄清. 根据我们的记号，我们知道 $p(yz|\eta\zeta)$ 代表以模型中存在的两个参数 η, ζ 的特定数值为条件 y, z 的联合概率（密度）. 但是，$p(z|\zeta)$ 又代表什么呢? 这大概并不是说 η 根本没有数值!

事实上，如果一个正统人士希望引用一个根本不存在 η 的不同模型，他将使用相同的记号 $p(z|\zeta)$. 因此，严格来说，我们似乎应该总是将记号 $p(z|\zeta)$ 解释为该不同模型. 但这不是 (15.59) 的意思，它是指仍存在 η 的模型，但是 z 的概率与其数值无关. 这样看来，通过正统记号表达真正意义的唯一方法将 (15.59) 重新写为

$$\frac{\partial}{\partial\eta} p(z|\eta\zeta) = 0. \tag{15.62}$$

(3) 这种及另外一种模糊性在 (15.60) 中也存在. 这里的意思不仅仅是表明 $p(\zeta|yz)$ 与 y 的数值无关. 严格说来，记号 $p(\zeta|z)$ 一定是指代完全不给出数据 y 的不同模型. 现在还有一种额外的不确定性，即任何后验概率必然依赖于先验概率，但是 (15.60) 的记号中却未引用任何先验信息. [①] 我们开始明白边缘化悖论为什么如此令人困惑!

有一种看待此问题的更好方式，能避免所有以上混乱而又使用 DSZ 的数学. 如果将这些方程式置于不同场景中，将对 B_2 有更宽容的态度. 懒惰的贝叶斯主义者 B_2 发明了一种违反概率论规则的快捷方法. 但是我也可以认为他本身并没有什么错，只是一个只给了 η 的简化模型 $p(z|\zeta)$ 并且不知道 (η, y) 存在的无知之人. 那么 (15.61) 对于 B_2 所拥有的不同知识状态是有效的推断，而且无论分解性 (15.60) 是否成立都是有效的. [②] 尽管方程是相同的，因为我们通过 B_1 的边缘

① 然而，正如我们多次强调的那样，如果你未指定先验信息，那么推断问题就如同未指定数据一样没有良好定义. 在实践中，对于某些问题，通过使用默认的无信息先验假设，正统方法也能够正常运行. 当然，虔诚的正统主义者会坚决否认他们在做任何这样的假设，但事实是，他们的结论就是贝叶斯方法根据无信息先验得出的结论. 杰弗里斯（Jeffreys，1939）已经证明了这一点.

② (15.60) 对问题不是很重要的事实在杰恩斯的文章（Jaynes，1980）中还没有被清楚地认识到. 边缘化问题比那个时代的贝叶斯主义者所面临的任何其他问题都更加微妙. 由于 DSZ 非常强调 (15.60)，因此我们跟随他们着重于寻找其有效性的条件. 今天，受益于后来的研究，显然通常没有理由期望 (15.60) 成立，因此它失去了应有的重要性. 如布雷特索斯特（Bretthorst，1988）所示，这种更深刻的理解使得我们能对比边缘化更微妙的推断问题找到有效解. 但是，这里的成功秘诀一如既往地简单，就是严格遵守第 2 章中导出的概率论规则. 正如这些悖论所表明的那样，丝毫偏离它们都可能会导致完全荒谬的结果.

抽样分布 $p(z|\zeta)$ 定义了 B_2 的模型，但是这种看待方式避免了很多混淆：虽然 B_1 和 B_2 都做了有效的推断，但涉及的是两个不同的问题.

这两种新的模糊性都源于正统记号没有明确指出正在考虑的模型. 但是，这可以通过包含先验信息 I 进行纠正，I 是包含模型完整定义和背景的命题. 如果我们遵循杰弗里斯的示例，并将 (15.58) 和 (15.61) 的右边正确地写为 $p(\zeta|yzI_1)$ 和 $p(\zeta|zI_2)$，问题的差异就会清晰可见，不存在形式上的矛盾. 先验信息 I_1 指完整的抽样分布 $p(yz|\eta\zeta)$，而 I_2 仅通过 $p(z|\zeta)$ 指定模型，没有考虑 (η, y). B_1 和 B_2 根据不同的先验信息得出不同的结论，这并不比它们根据不同的数据得出不同的结论更为奇怪.

练习 15.2 考虑第三位贝叶斯主义者 B_3 的情况，他具有与 B_1 相同的关于 η, ζ 的先验信息，但没有获得数据分量 y. 这样 y 根本不会出现在 B_3 的方程中. 他的模型是边缘抽样分布 $p(z|\eta\zeta I_3)$. 证明，尽管如此，如果 (15.59) 仍然成立（按照如 (15.62) 所示的解释），则 B_2 和 B_3 的结论始终一致，$p(\zeta|zI_3) = p(\zeta|zI_2)$，且为了证明这一点，没有必要诉诸 (15.60). 保留数据 y 会自动使得任何有关 η 的先验知识与 ζ 的推断无关. 深入思考这一点，直到可以用语言解释为什么这在直觉上是显而易见的.

应对更大的灾难

到目前为止，我们仅仅拥有通过不恰当的记号表达的误导人的方程组，但是现在又出现了两种错误相互强化的情况. 为了支持 B_1 犯错误的论点，DSZ 提供了一个证明，即如果 B_1 使用了正常先验分布，就不会出现这种悖论（即 B_1 和 B_2 的结果不一致）. 让我们同样使用他们的记号来检查他们的证明. 在一般正常联合先验分布 $\pi(\eta, \zeta)$ 的情况下，(15.58) 中的积分收敛且为正，因此如果乘以分母，则既不会乘以也不会除以 0. 这样

$$p(x|\eta\zeta) = p(yz|\eta\zeta) = p(y|z\eta\zeta)p(z|\eta\zeta) = p(y|z\eta\zeta)p(z|\zeta), \tag{15.63}$$

其中我们使用了乘法规则 (15.59). 这样 (15.58) 变成

$$p(\zeta|yz)\int \mathrm{d}\zeta \int \mathrm{d}\eta\, p(y|z\eta\zeta)p(z|\zeta)\pi(\eta,\zeta) = \int \mathrm{d}\eta\, p(y|z\eta\zeta)p(z|\zeta)\pi(\eta,\zeta). \tag{15.64}$$

但是现在我们假设 (15.60) 仍然成立，因为积分是绝对收敛的，我们可以在 (15.64) 的两边通过积分消掉 y，其中 $\int \mathrm{d}\eta\pi(\eta,\zeta) = \pi(\zeta)$，(15.64) 简化为

$$p(\zeta|z)\int \mathrm{d}\zeta\, p(z|\zeta)\pi(\zeta) = p(z|\zeta)\pi(\zeta), \tag{15.65}$$

这与 (15.61) 相同. DSZ 得出结论: 如果 B_1 使用正常先验, 则 B_1 和 B_2 得出的结论必然是一致的——据此可以得出, 与他们的直觉一致, 悖论是由于 B_1 使用非正常先验造成的.

但是 (15.65) 的证明使用了相互矛盾的假设. 正如弗雷泽认识到的, 如果 B_1 使用正常先验, 则 (15.60) 不可能成立, 也就不可能得出 (15.65). 难怪 DSZ 仅在非正常先验条件下得到 (15.60). 这一点很容易通过一个特定的例子说明, 之后, 为什么它通常是正确的就变得显而易见了. 下面我们将完全使用杰弗里斯的记号法, 以便我们能始终区分这两个问题.

变化点问题

假设观察到 n 个连续独立的正实数指数分布的数 $\{x_1, \cdots, x_n\}$. 已知(根据模型定义)其中前 ζ 个数的期望值为 $1/\eta$, 其余 $n-\zeta$ 个数的期望值为 $1/(c\eta)$, 其中 c 是已知的且 $c \neq 1$, 而 η 和 ζ 未知. 我们想根据数据估计序列变化发生在哪一点. $x \equiv (x_1, \cdots, x_n)$ 的抽样密度为

$$p(x|\eta\zeta I_1) = c^{n-\zeta}\eta^n \exp\left\{-\eta\left(\sum_{i=1}^{\zeta} x_i + c\sum_{i=\zeta+1}^{n} x_i\right)\right\}, \quad 1 \leqslant \zeta \leqslant n. \tag{15.66}$$

如果 $\zeta = n$ 则没有变化, (15.66) 中的最后一项和就不存在, c 从模型中消失. 由于 η 是比例参数, 因此观测比率 $z_i \equiv x_i/x_1$ 的抽样分布应该独立于 η. 确实, 将数据 $x = (y, z)$ 分成表示标度的 $y \equiv x_1$ 和比率 $(z_2, \cdots, z_n)$, 并且注意到体积元变换为 $\mathrm{d}x_1 \cdots \mathrm{d}x_n = y^{n-1}\mathrm{d}y\mathrm{d}z_2 \cdots \mathrm{d}z_n$, 我们发现 $z \equiv (z_2, \cdots, z_n)$ 的联合抽样分布仅依赖于 ζ:

$$p(z_2 \cdots z_n|\eta\zeta I_1) = \int_0^{+\infty} \mathrm{d}y c^{n-\zeta}\eta^n y^{n-1} \exp\{\eta y Q(\zeta, z)\} = \frac{c^{n-\zeta}(n-1)!}{Q(\zeta, z)^n} = p(z|\zeta I_1), \tag{15.67}$$

其中 $z_1 \equiv 1$ 且

$$Q(\zeta, z) \equiv \sum_{i=1}^{\zeta} z_i + c\sum_{i=\zeta+1}^{n} z_i \tag{15.68}$$

是可以根据数据得知的函数. 令 B_1 选择在 $1 \leqslant \zeta \leqslant n$ 中正常归一化的离散先验分布 $\pi(\zeta)$, 在 $0 < \eta < +\infty$ 中的独立先验 $\pi(\eta)\mathrm{d}\eta$. 那么 B_1 关于 ζ 的边缘后验分布, 根据 (15.66) 为

$$p(\zeta|yzI_1) \propto \pi(\zeta)c^{n-\zeta}\int_0^{+\infty} \mathrm{d}\eta \exp\{-\eta y Q\}\pi(\eta)\eta^n, \tag{15.69}$$

根据 (15.67), B_2 关于 ζ 的的后验分布 (15.61) 为

$$p(\zeta|zI_2) \propto \pi(\zeta)p(z|\zeta) = \frac{\pi(\zeta)c^{-\zeta}}{[Q(\zeta, z)]^n}, \tag{15.70}$$

其中没有出现 $\pi(\eta)$. 但是正如上述讨论所述，B_1 有关 ζ 的知识不仅依赖于 y 和 z，而且同样强烈地依赖于他为冗余参数分配的先验 $\pi(\eta)$.

思考一下，我们会看到只需要一点儿常识就立即能预想到这种结果. 如果我们对于 η 除了其为正之外一无所知，那么关于变化点 ζ 的唯一证据一定来自 x_i 的相对值，例如比率 x_i/x_1 从哪个 i 开始发生变化? 另外，假设我们确切知道 η 的值，那么显然不仅比率 x_i/x_1，而且 x_i 的绝对值都将与对 ζ 的推断有关. 那么，x_i 是接近 $1/\eta$ 还是 $1/(c\eta)$ 会告诉我们 x_i/x_1 的比值不能告诉我们的 $i<\zeta$ 或 $i>\zeta$ 的信息. 这些额外信息将使我们能更好地估计 ζ. 如果我们仅有 η 的部分先验信息，那么关于 x_i 的绝对值信息将没有多大帮助，但仍然具有相关性. 因此，正如弗雷泽所指出的那样，(15.60) 不可能成立.

但是现在 B_1 发现使用非正常先验

$$\pi(\eta)=\eta^{-k}, \qquad 0<\eta<+\infty, \tag{15.71}$$

其中 k 是使得积分 (15.69) 收敛的任何实数，导致分离性质 (15.60)，并得到后验 PDF

$$p(\zeta|zI_1)\propto\frac{\pi(\zeta)c^{-\zeta}}{[Q(\zeta,z)]^{n-k+1}}, \tag{15.72}$$

它仍然通过 k 依赖于赋予 η 的先验. 我们看到，除了当 $k=1$ 时他们具有相同的先验外，没有其他先验 $\pi(\zeta)$ 能导致 B_2 与 B_1 保持一致. 但是这一结果并不只是对于变化点模型成立. 如以下练习所示，它是一般成立的.

练习 15.3　证明在 η 是 y 的比例参数的意义上，$k=1$ 的先验总是无信息先验. 也就是说，如果抽样分布具有泛函形式

$$p(yz|\eta\zeta)=\eta^{-1}h(z,\zeta;y/\eta), \tag{15.73}$$

那么 (15.59) 成立，B_1 和 B_2 当且仅当使用先验 $\pi(\eta)\propto\eta^{-1}$ 时保持一致.

在我们看来，这是令人满意的结果，没有任何悖论. 当 $k=1$ 时只是杰弗里斯先验，通过几种不同的准则，我们已经明白它对于任何比例参数 η 都是“完全无信息的”. 当然，带着这种没有额外信息的先验，B_1 确实应该与 B_2 达成一致.

DSZ 完全不这么认为. 他们相信自己的直觉，坚持认为这其中存在严重的悖论，并且认为 B_1 由于使用非正常先验而犯了错误. 所以故事继续进行. DSZ 又展示了出现这种“悖论”的更多例子——都是在使用非正常先验时产生的. 所有这些展示似乎是收集了大量证据表明使用非正常先验是造成不一致性的罪魁祸首. 但是，由于相信 (15.65) 的证明已经做了处理，他们没有检查在正常先验的情况下

会发生什么，因此举出了一连串的示例，而没有发现证明中的错误. ①

为了弥补这一疏漏，并且明确地揭示 (15.65) 中的错误，我们只需要检查任一 DSZ 示例，看看在正常先验 $\pi(\eta)$ 的情况下会发生什么. 在变化点问题中，无论先验是什么，B_1 的结果 (15.69) 通过乘积 $yQ(\zeta, z)$ 的函数依赖于 y 和 z. 那么对于什么函数 $f(yQ)$ 分离性质 (15.60) 成立呢? 显然，充分必要条件是 y 和 ζ 出现在不同的因子中：在 (15.58) 中的积分收敛的情况下，我们要求积分具有函数形式

$$\int_0^{+\infty} \mathrm{d}\eta \mathrm{e}^{-\eta y Q} \pi(\eta) \eta^n = f(yQ) = g(y, z) h(\zeta, z), \tag{15.74}$$

因为这时，也只有这时 y 在 $p(\zeta|yz)$ 的归一化过程中能消去. 答案显然是：如果函数 $\ln y + \ln Q(\zeta)$ 有 $\ln g(y) + \ln h(\zeta)$ 的形式，唯一的可能是线性函数 $\ln f(yQ) = a(\ln y + \log Q)$ 或者 $f(yQ) = (yQ)^a$，其中 $a(z, n)$ 可能依赖于 z 和 n. 但是这时，注意到拉普拉斯变换是唯一可逆的，并且

$$\int_0^{+\infty} \mathrm{d}\eta\, \mathrm{e}^{-\eta y Q} \eta^{a-1} = \frac{(a-1)!}{(yQ)^a}, \tag{15.75}$$

我们看到，与 DSZ 的假设相反，除非先验是非正常形式 $\pi(\eta) = \eta^{-k}$（$0 < \eta < +\infty$），否则 (15.60) 不可能成立.

练习 15.4 证明这一结果也是一般性成立的，也就是说，不仅是对于变化点问题，而且是对于任何类似练习 15.3 那样的问题，其中 η 是 y 的比例参数，有着 $\pi(\eta) = \eta^{-k}$ 形式的先验，对于某些函数 g 和 h，都将导致形式为 $\int \mathrm{d}\eta\, p(yz|\eta\zeta)\pi(\eta) = g(y, z)h(\zeta, z)$ 的分解，其中 (15.60) 成立. 因此，DSZ 的许多示例本质上是重复的，他们只是一遍遍地说明相同的论点.

显然，任何使积分 (15.74) 收敛的 k 值都将导致定义良好的 ζ 的后验分布. 但是，如前所述，如果将非正常先验作为正常先验序列的极限，那么更广泛类别的 k 值也会这样.

但是使用正常先验 $\pi(\eta)$ 必然意味着分离性质 (15.60) 无法保持. 例如，选择

① 另一个原因是，他们使用了“错误的”参数形式来写先验. 通常，最初使用某些参数 α, β 来定义模型. 关系 (15.59) (15.60) 成立的参数 η, ζ 是这些参数的函数：诸如 $\eta = \eta(\alpha, \beta)$ 等. 但是 DSZ 继续通过 α, β 来写先验，这使得杰弗里斯先验似乎没有特别的意义，各种各样的先验似乎在各种不同的问题中“避免了悖论”. 在杰恩斯的文章（Jaynes，1980）中，我们表明了，如果将参数转换为相关的 η, ζ，他们将发现，除了 η 是 y 的比例参数外，“悖论”只在杰弗里斯先验 $\pi(\eta)$ 的情况下消失. 因此，练习 15.3 实际上包含了他们有名的示例 5 之外的所有示例. 该示例下面会单独进行处理.

先验 $\pi(\eta) \propto \eta^a e^{-b\eta}$，那么 (15.69) 将变成

$$p(\zeta|yzI_1) \propto \frac{\pi(\zeta)c^{-\zeta}}{(b+yQ)^{n+a+1}}, \tag{15.76}$$

只要先验是正常的（即 $b > 0$），那么数据 y 就不能被分离出来，但仍然是相关的. 因此，正如我们根据 (15.75) 预期的那样，(15.60) 并不成立. “悖论”消失了，不是因为 B_1 和 B_2 达成了一致，而是因为 B_2 根本无法使用“归约原理”. 确实，在任一 DSZ 示例中，使用任何我们可以进行积分的先验 $\pi(\eta)$ 都会产生类似的 (15.65) 的反例. 为什么许多年来这没有被发现呢？我们注意到了导致这种情况的某些情形.

15.9 讨论

有些人否认存在“完全无知”之类的东西，更不用说“完全无信息先验”了. 从导言来看，阐明这一点似乎是 DSZ 的最初目标. 一些讨论者继续强调与他们一致的观点. 但是他们的论证是口头的，只是表达了他们的直觉. 数学最终证实了“完全无知”的观念. 杰弗里斯先验的性质正是我们自然应该假设一个无信息先验应有的性质，而且这相当普遍（只要 η 是比例参数）.

从技术上讲，许多类似练习 15.3 那样的不同结果的出现表明，完全无知的概念是一致且有用的. 杰弗里斯先验在许多不同且独立的推理中唯一地出现，这一事实表明，修改或抛弃它是不可能的. 正如在该领域中常见的那样，过去杰弗里斯思想所遭遇的困难并不意味着这是杰弗里斯思想本身的缺陷，而仅仅是他的批评者错误地运用了概率论.

练习 15.3 表明我们之前的结论（先验 $\mathrm{d}\eta/\eta$ 对比例参数 η 是无信息的）是正确的. 这不是基于直观的判断，而是根据概率论规则所能导出的定理. 当然，我们的最终目标始终是诚实地表示我们实际拥有的先验信息. 但是，无论从概念上还是数学上，“完全无知”的概念都是推断流程中有效且必要的组成部分，因为它是所有推断的起点，就像 0 的概念是算术的必要组成部分一样.

在对 DSZ 论文的后续讨论中，没有人注意到其中 (15.65) 的证明有一个明显的反例（对于示例 5，可以明显看出 B_1 和 B_2 对于所有先验——无论是正常的还是非正常的——都会不一致）. 只有弗雷泽对 DSZ 的结论表示怀疑，他指出，DSZ

> ……提出可以通过将先验限制为正常先验来避免混乱. 这是解决困难的一种奇怪的提议——因为这意味着在感兴趣的情况下，我们无法消去变量，因此无法得到边缘似然.

但是，就像诺查丹玛斯的预言一样，这些话对于任何人来说似乎都太神秘了，直到他找到其中的错误为止，这都难以理解. 弗雷泽（以及我们）的观点是，当 B_1 使用正常先验时，由于 (15.60) 不再是正确的，那么 B_2 通常无法应用“归约原理”. 换句话说，当 B_1 使用正常先验时，这不会使得 B_1 和 B_2 达成一致. 在 (15.74) 和 (15.75) 中，我们证明了在变化点问题中，B_1 和 B_2 的一致性要求 B_1 使用非正常先验，这与 DSZ 的结论相反.

显然，对于理解了以上分析的人来说，在变化点问题中发现的情形实际上是相当普遍的. 因为如果一个人同时知道 y 和 η，那么除非抽样分布完全独立，即 $p(yz|\eta\zeta) = p(y|\eta)p(z|\zeta)$，该信息必然与 ζ 的推断相关. 除了在这种十分简单的情况下，如果一个人知道 y，那么关于 η 的部分信息必然仍与 ζ 的推断相关；同样地，如果一个人知道 η，那么关于 y 的部分信息也将与 ζ 的推断相关.

但是常识可以告诉我们，在无限域上的任何正常先验 $\pi(\eta)$ 都会提供有关 η 的信息，因为它提供了 η 几乎肯定位于其间的上限和下限. 这样来看，弗雷泽以上所说的话的意思就很明显了——而且是一般性的.

无论如何，结果是几乎每个人都未经批判地接受了 DSZ 的结论，而没有仔细检查他们的论证过程. 正需要 DSZ 结论正确的反贝叶斯主义者们，急切地抓住了这一点，认为它是整个贝叶斯主义的丧钟. 在这种压力下，著名的贝叶斯主义者林德利崩溃了，为没有犯的罪认了罪，英国皇家统计学会对 DSZ 表示感谢. 感谢他们对推断的理解所做出的重大贡献.

结果是，自从 1973 年以来，又出现了大量文章，拒绝在任何情况下使用非正常先验，理由是 DSZ 已证明它们会产生不一致性. 令人难以置信的是，在所有这些讨论中，从来没有谈及正常先验也不会“纠正”所谓的不一致性的事实. 这样，边缘化悖论与非聚集性一样，在概率统计领域的文献中被固化，并被当作真理来教授. 因此，科学推断遭受了需要数十年的时间才能恢复的严重挫折.

没有人注意到，杰弗里斯（Jeffreys，1939，3.8 节）很早以前就已经发现并正确解释了这种“悖论”. 这是在估计二元正态分布中的相关系数 ρ 时，其中位置参数是无关紧要的冗余参数. 他在 (10) 和 (24) 中给出了 B_1 结果的两个示例，分别与冗余参数的不同先验信息相对应，它们的差表明先验信息的影响. 然后，他在 (28) 中给出 B_2 的结果，与 (24) 一致的结果表明位置参数的均匀先验对 ρ 是无信息的.

盖塞尔和康菲尔德（Geisser & Cornfield，1963）在研究多元正态分布的先验时独立地发现了这一点. 他们认为 B_1 和 B_2 的结果差异（(3.10) 和 (3.26)）不是矛盾的，因为 B_2 的结果不是该问题的有效解，他们非常恰当地称其为“伪后验分布". DSZ 引用了这项工作，但是面对这种差异，他们仍然对"归约原理"比对概率论规则更有信心.

除了示例 5 外，在所有这些示例中，有一个有趣的现象. 尽管悖论对于在某一无限类 C 中的一般非正常先验存在，但在该类中总是存在一个特定的非正常先验，悖论会消失，B_1 和 B_2 最终达成了一致. DSZ 注意到了这个奇怪的事实，但似乎没有意识到它的重要性. 我们认为，这是迄今为止所有边缘化研究工作中所发现的最重要的事实.

任何使得 B_1 和 B_2 保持一致的先验 $\pi(\eta)$ 必须对于 η（而且更重要的是，对于 ζ）完全无知. 这意味着，与怀疑完全无知的概念正相反，在边缘化现象中，不诉诸任何其他概念（例如熵和群不变性），我们第一次直接根据概率论的乘法和加法规则得到了完全无知的客观定义.

这同样是非常令人满意的结果. 但是为什么这在 DSZ 的示例 5 中似乎不正确呢? 这里还有一些重要的新东西要学习.

15.9.1 DSZ 示例 5

假设我们有从标准正态分布 $N(\mu,\sigma)$ 抽样出的 n 个观测数据 $D=\{x_1,\cdots,x_n\}$，以及先验信息 I 为正常先验 PDF

$$p(\mathrm{d}\mu\mathrm{d}\sigma|I)=f(\mu,\sigma)\mathrm{d}\mu\mathrm{d}\sigma, \tag{15.77}$$

我们有参数的正常联合后验分布

$$p(\mathrm{d}\mu\mathrm{d}\sigma|DI)=g(\mu,\sigma)\mathrm{d}\mu\mathrm{d}\sigma, \tag{15.78}$$

其中

$$g(\mu,\sigma)=\frac{f(\mu,\sigma)L(\mu,\sigma)}{\int\mathrm{d}\mu\int\mathrm{d}\sigma\, f(\mu,\sigma)L(\mu,\sigma)}. \tag{15.79}$$

似然函数为

$$L(\mu,\sigma)=\sigma^{-n}\exp\left\{-\frac{n}{2\sigma^2}\left[s^2+(\mu-\overline{x})^2\right]\right\}, \tag{15.80}$$

其中，像往常一样，$\overline{x}\equiv n^{-1}\sum x_i$ 和 $s^2\equiv n^{-1}\sum(x_i-\overline{x})^2$ 是充分统计量. 尽管我们假定先验 $f(\mu,\sigma)$ 可归一化，但是实际上并不需要在 (15.79) 中进行归一化，因为任何归一化常数都会在分子分母同时出现并相互抵消.

只要 $s^2>0$，似然就在积分区域 $-\infty<\mu<+\infty, 0\leqslant\sigma<+\infty$ 内有界，在正常先验的情况下，可以保证 (15.79) 的中积分收敛，从而导致正常的后验 PDF. 此外，如果先验有 m,k 阶矩，

$$\int_{-\infty}^{+\infty}\mathrm{d}\mu\int_0^{+\infty}\mathrm{d}\sigma\mu^m\sigma^k f(\mu,\sigma)<+\infty, \tag{15.81}$$

后验分布一定有更高阶矩（μ 的所有阶矩以及 σ 的至少 $k+n$ 阶矩）. 因此解在数学上是表现良好的.

但是现在假定我们要故意制造麻烦，宣布只对量

$$\zeta \equiv \frac{\mu}{\sigma} \tag{15.82}$$

感兴趣. 做变量变换 $(\mu,\sigma) \to (\zeta,\sigma)$，体积元变换为 $\mathrm{d}\mu\mathrm{d}\sigma = \sigma\mathrm{d}\zeta\mathrm{d}\sigma$，因此 $p(\mathrm{d}\zeta|DI_1) = h_1(\zeta)\mathrm{d}\zeta$，$B_1$ 的边缘后验 PDF 是

$$h_1(\zeta) = \int_0^{+\infty} \sigma\mathrm{d}\sigma\, g(\sigma\zeta,\sigma), \tag{15.83}$$

考虑到 g 具有高阶矩，只要 $n>1$，这里就没有收敛问题. 到目前为止，没有任何会产生问题的迹象.

现在我们将针对特定的能逼近非正常先验的正常先验来检查解. 考虑共轭先验概率

$$f(\mu,\sigma)\mathrm{d}\mu\mathrm{d}\sigma \propto \sigma^{-\gamma-1}\exp\left\{-\beta/\sigma - \alpha\mu^2\right\}\mathrm{d}\mu\mathrm{d}\sigma, \tag{15.84}$$

它在 $(\alpha,\beta,\gamma)>0$ 时是正常的，并且当 $(\alpha,\beta,\gamma)\to 0$ 时倾向于杰弗里斯无信息先验 $\mathrm{d}\mu\mathrm{d}\sigma/\sigma$. 这将导致联合后验 PDF，$p(\mathrm{d}\mu\mathrm{d}\sigma|DI) = g(\mu,\sigma)\mathrm{d}\mu\mathrm{d}\sigma$ 具有密度函数

$$g(\mu,\sigma) \propto \sigma^{-n-\gamma-1}\exp\left\{-\frac{\beta}{\sigma} - \alpha\mu^2 - \frac{n}{2\sigma^2}\left[s^2 + (\mu-\overline{x})^2\right]\right\}, \tag{15.85}$$

从中，我们将通过积分 (15.83) 计算 ζ 的边缘后验 PDF. 结果依赖于两个充分统计量 $(\overline{x},s)$，但用不同的量 R,r 更容易表示. 这两个量

$$R^2 \equiv n\big(\overline{x}^2 + s^2\big) = \sum x_i^2, \qquad r \equiv \frac{n\overline{x}}{R} = \frac{\sum x_i}{\sqrt{\sum x_i^2}} \tag{15.86}$$

也构成一组联合充分统计量，根据 (15.85) 和 (15.83) 我们发现函数形式 $p(\mathrm{d}\zeta|DI_1) = h_1(\zeta|r,R)\mathrm{d}\zeta$，其中

$$h_1(\zeta|r,R) \propto \exp\left\{-\frac{n\zeta^2}{2}\right\}\int_0^{+\infty}\mathrm{d}\omega\,\omega^{n+\gamma-1}\exp\left\{-\frac{1}{2}\omega^2 + r\zeta\omega - \beta R^{-1}\omega - \alpha\zeta^2R^2\omega^{-2}\right\}. \tag{15.87}$$

只要 α 或 β 为正数，结果就依赖于弗雷泽预测的两个充分统计量，但是随着 α,β 趋于 0，我们将逼近一个非正常先验，统计量 R 对 ζ 的信息量越来越少，当 α,β 都消失时，对于 R 的依赖将消失：

$$h_1(\zeta|r,R) \to h_1(\zeta|r) \propto \exp\left\{-\frac{n\zeta^2}{2}\right\}\int_0^{+\infty}\mathrm{d}\omega\,\omega^{n+\gamma-1}\exp\left\{-\frac{1}{2}\omega^2 + r\zeta\omega\right\}. \tag{15.88}$$

如果只考虑 $\alpha=\beta=0$ 的极限情况而不考虑取极限的过程，那么似乎只有 r 是 ζ 充分统计量，就像 (15.60) 中那样. 注意到 r 的抽样分布仅依赖于 ζ 而不依赖于

μ 和 σ:

$$p(r|\mu\sigma) \propto \left(n-r^2\right)^{(n-3)/2} \int_0^{+\infty} \mathrm{d}\omega\, \omega^{n-1} \exp\left\{\frac{1}{2}\omega^2 + r\zeta\omega\right\}. \tag{15.89}$$

这种假设似乎得到了印证. 鉴于分布 (15.88) 和 (15.89) 的结果，有人可能会认为，我们应该能够通过将贝叶斯定理应用于简化抽样分布 (15.89) 而得出相同的结果. 然而，这样想的人会沮丧地发现分布 (15.89) 不是分布 (15.88) 的因子，也就是说，比率 $h_1(\zeta|r)/p(r|\zeta)$ 同时依赖于 r 和 ζ. 杰弗里斯无信息先验 $\gamma=0$ 的确使两个积分相等，但仍存在 $(n-r^2)$ 的额外因子. 因此，即使 (μ,σ) 的杰弗里斯无信息先验，也无法使得 B_1 和 B_2 达成一致. 没有任何先验 $p(\zeta|I_2)$ 可以根据 B_2 的抽样分布 (15.89) 得出 B_1 的后验分布 (15.88).

由于悖论对于正常先验仍然存在，因此这是 (15.65) 的另一个反例. 但是这对我们来说有着更深的意义. B_1 使用但为 B_2 所忽略的信息是什么? 它不是冗余参数的先验概率. 模型中存在冗余参数的事实本身就已经构成了 B_1 推断的先验信息，而 B_2 则忽略了这一信息.

意识到这一点，我们可以从更广阔的角度审视整个主题. 我们已经发现 (15.60) 对于边缘化不是必不可少的关系. 现在我们看到，冗余参数 η 也不是必不可少的! 如果存在 B_1 考虑而 B_2 没有考虑的与 ζ 有关的先验信息——无论是否涉及 η ——那么两位贝叶斯主义者必然会得出不同的结论. 换句话说，DSZ 考虑的只是真实现象的一个非常特殊的情况.

这种情况在我的文章（Jaynes 1980，(79) 之后）中曾有讨论，其中以上现象被称为“ζ 超定”现象. 使用 (15.58) 中的原始记号，并且用 I_1 表示 B_1 的先验信息，可以证明 B_1 与 B_2 达成一致的一般充分必要条件是

$$\int \mathrm{d}\eta\, p(y|z\eta\zeta I_1)\pi(\eta) = p(y|z\zeta I_1) \tag{15.90}$$

对于所有可能的样本 y,z 均独立于 ζ. 用 $S_\theta = S_\zeta \otimes S_\eta$ 表示划分为子空间的参数空间，这可以写成

$$\text{对于}\zeta\in S_\zeta \text{ 和所有 } y,z\text{有} \quad \int_{S_\eta} \mathrm{d}\eta\, p(yz|\eta\zeta)\pi(\eta) = p(y|zI_1)p(z|\zeta), \tag{15.91}$$

或者更有启发性的

$$\int_{S_\eta} \mathrm{d}\eta\, K(\zeta,\eta)\pi(\eta) = \lambda f(\zeta). \tag{15.92}$$

这是一个弗雷德霍姆积分方程，其核函数为 B_1 的似然 $K(\zeta,\eta)=p(yz|\zeta\eta)$，“驱动力”是 B_2 的似然 $f(\zeta)=p(z|\zeta)$，而 $\lambda(y,z)\equiv p(y|zI_1)$ 是可根据 (15.92) 确定的未知函数. 但是现在，我们更深地明白了“无信息”的含义，对于每个不同的

数据 (y,z)，都有一个不同的积分方程. 因此，要使单个先验 $\pi(\eta)$ 符合"无信息"要求，它必须同时满足许多（通常是无数多的）不同积分方程.

乍一看，似乎没有人相信有任何先验能满足要求. 从数学的角度来看，这种情况似乎是超定的，使得人们对无信息先验概念产生了怀疑. 但是，在很多例子中这种先验确实存在. 在杰恩斯的文章（Jaynes，1980）中，他更详细地分析了这些积分方程的结构，并表明示例 5 的不同状态是由于核函数的"不完全性"所致.

更具体地说，S_ζ 上所有 L^2 函数的集合构成希尔伯特空间 H_ζ. 对于任何指定的数据 $x=(y,z)$，随着 η 在 S_η 范围内变化，依赖于 ζ 的函数 $K(\zeta,\eta)$ 张成某一子空间 $H'_\zeta(y,z)\in H_\zeta$. 如果 $H'_\zeta=H_\zeta$，核函数称为完全的. 如果核函数是不完全的，那么如果有任何数据 (y,z)，其中 $f(\zeta)$ 不在 H'_ζ 中，则方程 (15.92) 可能没有解. 在这种情况下，(y,η)（无论其数值如何）的存在本身已经构成了与 B_1 的推断有关的先验信息，因为将它们引入模型会将 B_1 的可能似然函数（来自不同的数据 y,z）的空间从 H_ζ 限制到 H'_ζ. 在这种情况下，H_ζ 的收缩不能通过 S_η 上的先验恢复，B_1 和 B_2 不可能保持一致.

总的来说，关键是任何一个数据集 x 的积分方程仅对 $\pi(\eta)$ 施加非常弱的条件，从而确定其在一个微小子空间 $H(x)\in H_\zeta$ 上的投影. 当我们考虑不同的数据集时，$H(x)$ 像天上的星星一样散布在整个希尔伯特空间 H_ζ 中. 所有这些都有存在的空间，因此积分方程组最终具有非平凡的解.

15.9.2 小结

根据以上讨论结果，再看看上述等式，我们发现，其实根本没有任何悖论或矛盾. 人们不应该期望能根据贝叶斯定理从分布 (15.89) 得出分布 (15.88)，因为它们是两个不同问题的后验分布和抽样分布，其中的模型具有不同的参数. (15.88) 是具有两个参数 (ζ,σ) 的问题 P_1 的参数 ζ 的正确边缘后验 PDF. 但是，尽管对 σ 进行积分形成边缘 PDF，但是结果仍然依赖于 σ 的先验. 本来就应该如此，因为如果 σ 已知，那么它与推断高度相关；如果未知，则我们拥有的任何关于它的先验信息仍然一定是相关的.

反之，(15.89) 可以解释为 ζ 是唯一参数的问题 P_2 的有效抽样分布. 先验信息中甚至不包括参数 σ，而该参数在 P_1 是被积分消去的. 如果先验概率密度为 $f_2(\zeta)$，那么将产生后验 PDF

$$h_2(\zeta)\propto f_2(\zeta)\int \mathrm{d}\omega\,\omega^{n-1}\exp\left\{-\frac{1}{2}\omega^2+r\zeta\omega\right\}, \tag{15.93}$$

这是与分布 (15.88) 不同的函数形式. 鉴于之前杰弗里斯以及盖塞尔和康菲尔德

的工作，人们很难说这种情况是全新的或令人震惊的，更不用说有什么矛盾了.

40 年前，杰弗里斯之所以不受 DSZ 所犯错误的影响，是因为：(1) 他认为概率论的乘法和加法规则足以进行推断，并且它们优于诸如归约原理之类的基于直觉的特定工具；(2) 他从一开始就认识到，所有推断不仅依赖于数据，还依赖于先验信息——因此，他的形式概率记号是 $P(A|BI)$，始终带着先验信息 I，其中包括模型的设定.

今天，在我们看来令人难以置信的是，竟然有人没有意识到先验信息的必要作用就可以研究任何一个推断问题. 他们能使用什么推理逻辑呢？然而，那些接受过“正统”概率论训练的人似乎没有意识到这一点. 他们完全不提先验信息，更不用说在方程中使用符号代表先验信息了，因此也没有办法表示以不同先验信息为条件的两个概率，[①] 所以他们在不同的先验信息对结果产生影响时会感到无可奈何.

15.10 结果最终有用吗？

我们可以从大多数悖论中挖掘出一些有价值的东西. 在杰恩斯的文章（Jaynes, 1980）中写道，边缘化悖论可能对“完全无知”的老问题做出重要且有益的贡献. 如何定义“完全无知”的概念？如何构造“完全无知”的先验？在前面的章节中，我们从熵和对称性（变换群）的角度进行了讨论. 现在，边缘化提出了构造无信息先验的又一个原则.

许多情形是已知的. 我们在 DSZ 的文章中看到了一些例子，其中的问题中有我们感兴趣的参数 ζ，以及不感兴趣的冗余参数 η. 这样，ζ 的后验 PDF 将依赖于分配给 η 的先验以及充分统计量. 现在，对于某一特定的先验 $p(\eta|I)$，某一充分统计量可能会从边缘分布 $p(\zeta|DI)$ 中消失，就像 R 在分布 (15.88) 中那样. 乍一看令人感到吃惊的是，剩余的充分统计量的抽样分布可能反过来如分布 (15.89) 中一样仅依赖于 ζ.

换句话说，假设一个问题对于参数 (ζ, η) 有一组充分统计量 (t_1, t_2). 现在，如果存在某个函数 $r(t_1, t_2)$，其抽样分布仅依赖于 ζ，即 $p(r|\zeta\eta I) = p(r|\zeta I)$，这定义

① 的确，在 1930～1960 年期间，在费希尔的影响下，几乎所有正统主义者都嘲笑杰弗里斯的工作. 有些人强烈反对使用先验信息，他们告诉学生，让自己受先验信息影响，不仅在智力上是愚蠢的，而且在道德上也应受谴责——因为这是故意违背“科学客观性”的！在正统文献中考虑的非常简单的问题中，这样做几乎不会有什么损害，因为这些问题中根本没有重要的先验信息. 在先验信息很重要的物理科学中，它所造成的损害也相对较小，这是因为科学家们会忽略正统方法，并且坚持使用先验信息定性地进行贝叶斯推理. 直觉告诉他们这是正确的做法. 但是我们认为，由于正统概率论根本不承认概率是在表达信息，对于计量经济学和人工智能等领域而言，这将是一场灾难，因为采用正统的概率论观点甚至会导致问题无法表述，更不用说解决问题了.

了一个具有不同先验信息 I_2 的伪问题，其中根本不存在参数 η. 那么可能存在一个先验 $p(\eta|I)$，其后验边缘分布 $p(\zeta|DI) = p(\zeta|rI)$，仅依赖于充分统计量的 r 分量. 这种情况发生在上面研究的示例中，但是现在可能有更多信息. 对于 η 的先验，ζ 的伪后验 PDF 可能与原始问题中的边缘 PDF 相同. 如果先验使得边缘后验分布和伪后验分布变得一致，那么应该如何解释呢?

假设我们从伪问题开始. 看起来如果引入一个新参数 η 及使用先验 $p(\eta|I)$ 不会造成什么不同，那么它根本没有传达有关 ζ 的任何信息：先验一定在相当基本的意义上表达了对于 ζ 的"完全无知". 在所有情况下，我们都发现在无限区域上有此性质的先验 $p(\eta|I)$ 一定是非正常的. 这支持了以上结论，因为如前所述，常识应该可以告诉我们，*在无限区域上的任何正常先验必然会提供有关 η 的信息*；它会对 η 可能存在的合理值范围提供一定的限制，无论我们将"合理"解释为"具有 99% 的概率"还是"具有 99.9% 的概率"，等等.

可以将以上观察扩展为构建位置和比例参数之外的无信息先验的一般技术吗? 这是目前概率论中尚未有结论而正在研究的课题，因此我们将其答案留待将来揭晓.

15.11 如何批量生产悖论

在研究了一些悖论之后，我们可以认识到它们的共同特征. 从根本上说，流程性的错误始终是不遵守概率论的乘法和加法规则. 通常，这种机制是粗心大意地处理无限集合与极限，有时是尝试用直观的*特定*工具（如 B_2 的"归约原理"）代替概率论规则. 的确，可以通过以下简单流程批量生产通过粗心大意地处理无限集合与极限而引起的悖论.

(1) 从数学上定义良好的情况开始，例如有限集合、归一化的概率分布或收敛积分，其中一切都表现良好，大家对于正确解没有疑问.

(2) 取极限——无限大小、无限集合、零测度、非正常 PDF 或其他形式——而不指定如何取极限的过程.

(3) 提一个答案依赖于如何取极限过程的问题.

这肯定会产生悖论，其中一个定义明确的问题具有多个看似正确的答案，并且没法在它们之间做出正确的选择. 潜在的问题是，如果我们只看极限而不看取极限的过程，就看不清错误的来源.

因此，毫不奇怪的是，那些坚持在无限集合上直接计算概率的人已经研究了数十年的有限可加性和非聚集性，并且撰写了数十篇看似学术价值很高的论文.

同样，那些坚持以概率为 0 的命题为条件计算概率的人，虽然面前有着无限看似学术的研究和发表论文的机会，但没有希望得到任何有意义或有用的结果.

在本章开头的引语中，高斯想到的就是类似的情况. 每当发现有这样的无限集合或者独立于任何极限过程的极限数学性质“存在”的信念时，我们就可能看到上述类型的悖论. 但是请注意，这绝不是禁止我们使用无限集合来定义命题. 因此，命题

$$G \equiv 1 \leqslant x \leqslant 2 \tag{15.94}$$

定义在一个不可数的集合上，但它仍然是一个离散的命题. 我们可以在有限数量的此类命题的样本空间上分配概率 $P(G|I)$，而不会违反我们的“有限集合概率”策略. 我们没有在无限集合上直接分配任何概率.

但是，如果用一个变量 z 代替上限 2，我们可能（几乎总是这样）发现这定义了一个行为良好的函数 $f(z) \equiv P(G|zI)$. 在计算过程中，正如第 6 章所述，我们可以自由使用此函数可能具有的任何解析性质. 即使 $f(z)$ 不是解析函数，我们也可以从中定义其他解析函数，例如通过积分变换. 这样，我们就可以通过离散代数或连续分析方法处理我们所能想象的任何实际应用，而不会丧失考克斯定理对我们的保护.

15.12　评注

在本章和第 5 章中，我们已经看到了两种不同的悖论. 一种是“概念生成”的悖论，例如第 5 章的亨佩尔悖论，它们是由于对概率论规则的错误直觉引起的；另一种是“数学生成”的悖论，例如非聚集性悖论，它们主要是由于对无限大的不小心使用而引起的. 边缘化悖论是复合型悖论的例子，它是由同时发生概念错误和数学错误而造成，并且两者相互增强. 数学中，似乎没有什么可以防止我们免于概念错误，但是我们可能会问是否有防止犯数学错误的更好方法.

回到第 2 章，我们看到概率论规则可以从用考克斯泛函方程表达的一致性必备条件导出. 证明过程适用于有限的命题集合，但是当有限集合的计算结果可以通过数学上表现良好的方式取极限扩展到无限集合时，我们也接受该极限.

有人可能会认为，将考克斯的证明泛化，以便能直接应用于无限集合是可能的，并且会更加优雅. 的确，这也是我多年以来一直相信并试图实现的. 但是，至少自从贝特朗的工作（Bertrand，1889）开始，人们一直在文献中提出各种悖论. 这些悖论都是由于试图将概率论规则直接应用于无限集合而引起的. 我们前面刚刚看到了一些代表性的示例及其后果. 由于近年来这种悖论急剧增多，人们必须对无限集合持更加谨慎的看法.

基于大约 40 年对实际问题的数学处理经验，我们的结论是，至少在概率论中，无限集合应该仅仅被视为特定（即明确指定）有限集合序列的极限. 同样，非正常 PDF 仅在作为定义良好的正常 PDF 序列的极限时才有意义. 只有当我们试图背离这一基本原则，将无穷极限视为已经完成的东西而不考虑任何极限过程时，才会产生数学上的悖论. 确实，迄今为止的经验表明，几乎任何试图背离我们建议的“有限集合”策略的努力都有可能产生悖论，其中两种同样有效的推理方法会得出相互矛盾的结果.

这里研究的悖论使得我们在无限集合上能够完全自由工作的希望破灭. 不幸的是，博雷尔-柯尔莫哥洛夫和边缘化悖论很少出现，这会使得经验不足的人过度自信. 只要人们处理不引起悖论的问题，本章开始时提到的心理现象——即“你不能与成功争论”——就将占主导地位. 当然，我们对此的答复是：“你可以而且应该与通过欺诈手段获得的成功进行争论.”

我曾经犯的错误

多年以来，由于使用非正常先验的贝叶斯计算总是得出合乎情理且正确的结果，我与其他人犯了同样错误. 因此，正如前面提到的心理现象那样，关于非正常先验的警告没有引起我们的注意. 最后，边缘化悖论迫使我们认识到，我们只是在当前选择的问题中才幸运地得到了合理、正确的结果. 如果我们希望考虑非正常先验，那么唯一正确的方法是将其作为正常先验序列的定义良好的极限来处理. 如果正确的极限过程对于某一参数 α 产生的非正常后验 PDF，那么概率论告诉我们，先验信息和数据信息量太少，从而无法对 α 做出任何推断. 那么唯一的补救方法是寻找更多的数据或先验信息，概率论并不能预先保证它会对每个问题为我们得出有用答案.

通常，由于似然函数中的额外信息，后验 PDF 的表现会比先验 PDF 更好，并且正确的极限流程会产生比任何正常先验 PDF 解析上更简单的有用的后验 PDF. 过去通过贝叶斯分析获得的最普遍有用的结果就是这种类型的，因为它们往往是十分简单的问题，其中的数据确实比先验信息有信息量得多，以至于非正常先验也会给出合理的近似值——基于所有实际目的都已经足够好——非常接近严格正确的结果（近似值与严格正确的结果通常有 6 个或更多有效数字是一致的）.

但是，在将来，我们不能指望情况总是这样，因为我们在该领域中正在转向更加复杂的问题，其中先验信息变得至关重要，而解是通过计算机计算得到的. 在这些情况下，想要使用非正常先验是完全错误的. 这通常会导致计算机崩溃，而且即使避免了崩溃，得到的结论也几乎总是错误的. 但是，由于似然函数是有界的，正常先验的解析解总是能够正确收敛到有限结果. 因此，总是可能以某种方式（比如避免下溢等）编写计算机程序，以确保在给定正常先验条件下不会崩溃. 因此，尽管以边缘化为由对非正常先验进行的批评是没有道理的，但在未来，我们必然要考虑正常先验仍然是事实.

补充说明

我曾把本章的初稿提供给许多感兴趣的人，征求他们的意见和建议. 鉴于这里对一直以来神秘而令人困惑的问题所做的澄清，一些人在私下和公开场合表达了他们的赞赏，甚至有些吹毛求疵者也没有提出什么异议. 只有一种资料展示出第 5 章中提到的心理现象，这与亨佩尔悖论有关. 有人坚持在他看来直觉上正确的原则，而且当概率分析揭示其中的错误时，他没有抓住这个机会来“教育”自己的直觉，而是拒绝概率分析的结果. 对他来说，他直觉上的原则优先于概率论规则.

如果仅仅是应该优先考虑什么的问题，那么似乎没有任何解决方法. 如果有人不相信考克斯定理和我们凭经验所证实的内容，那么我们将只能与他保持不一致. 但是，如果问题是数学上可以证明的事实，那么除了提出该原理的人之外，所有人都可以立即明辨是非. 人们可能会如此坚持自己的立场，以至于与之相悖的数学证明以及无论多少反例都对他没有什么影响. 这就是曾经发生的事情.

在翻滚四面体问题的讨论中，我们指出了之前讨论中的错误，并根据概率论规则给出了精确解 (15.26) 和渐近解 (15.18). 只要稍加思考我们便可以明白最终结果 (15.34) 其实从一开始就很显然. 这就足够了：这是一个数学上可证明的事实，数学就摆在我们面前，每位读者都可以自己判断.

边缘化悖论的情况也非常相似. 本说明的真正目的是强调此处的问题. DSZ（第 194 页）声称已经证明了 B_1 和 B_2 的不一致性“在 B_1 使用正常先验分布时不可能出现”. 我们指出，他们的证明是基于相互矛盾的假设的. 另外，(1) 我们指出了原始 DSZ 文章声称已经证明的结果的一个反例（示例 5，通过检查可以明显看出对于正常或非正常先验都会产生不一致）；(2) 我们在 (15.76) 中给出了另一个反例，其中 B_1 使用正常先验，但 B_1 和 B_2 仍然不一致，因为 B_1 关于 ζ 的后验分布依赖于数据 y 和先验 $p(\eta|I_1)$. 正如常识告诉我们的，在 B_1 对 η 使用有信息的正常先验时一定如此. 实际上，我们可以将其作为练习让读者验证，如果你检查当 B_1 使用正常先验时会发生什么，就会发现 DSZ 的每个例子都是一个很好的反例. 当然，在我们考虑的是两个独立问题的简单情况下，当 B_1 使用正常先验时，B_1 和 B_2 会达成一致. 这时，抽样分布可以通过形式 $p(yz|\eta\zeta) = p(y|\eta)p(z|\zeta)$

分解，而且先验 $p(\eta\zeta|I_1)$ 也可以同样分解.

但是如果基本分解定理是无效的，那么整个边缘化就会崩溃. 正如哈罗德·杰弗里斯很久以前所解释的那样，如果正确地运用概率论规则，就不会有悖论. 同样，这是数学上可以证明的事实. 我们已经提供了相关的数学知识，因此我们认为没有必要继续对此进行辩论，每位读者都可以自己判断.

第 16 章　正统方法：历史背景

> 所有这些关于隐形关联的不可思议的假说已经流传了许多年. 我相信，最重要的是使人们认识到他们做了大量多余假设. 如果需要，我宁可夸大相反的观点，也不要沿着错误的路线继续前行.
>
> ——冯 · 亥姆霍兹（H. von Helmholtz，1868）

本章和第 13 章关注的是本书所涉及主题的历史，而不是其现状. 概率论在 1900 年以前有着复杂而灿烂的历史，施蒂格勒（Stigler，1986c）对此进行了叙述，但是现在我们关注的是最近的发展. 在大约 1900～1970 年，一种思想流派完全统治了这一领域，以至于人们将其称为“正统统计学”. 我们必须了解它，因为这是当今大多数活跃的统计学家所学习的东西，其思想收录在许多教科书中并在大学中被教导和大力提倡.

在第 17 章中，我们将探讨由此产生的“正统”统计实践，并将其效果与使用本书阐述的作为逻辑的概率论方法的效果进行比较. 但是要了解这一学科不可思议的发展过程，首先需要了解当时人们所面临的问题，为处理这些问题而发展起来的社会学，主要人物的角色与个性，以及正统统计对于科学推断的一般态度.

16.1　早期问题

科学推断起源于 18～19 世纪，源于天文学和大地测量学的需要，其主要人物是丹尼尔 · 伯努利、拉普拉斯、高斯、勒让德、泊松等，我们今天将他们称为数学物理学家. 当时的理论在拉普拉斯手中发展到了巅峰，这是一种“贝叶斯”理论.

占主导地位的思维方式在几十年的时间里逐渐发生转变. 我们所关心时代的开始（1900 年）大致以非物理学家进入并开始以完全不同的思想接管该领域为标志，其结束（1970 年）大致以这些思想反过来在我们当前的“贝叶斯革命”中遭受一致攻击为标志.

正如我们在第 10 章中所分析的那样，在此期间，非物理学家认为概率论是“机会”或“随机性”的物理理论，与逻辑无关，而“统计推断”被认为是一个基于不同原理的完全不同的领域. 但是，在抛弃了概率论原理之后，他们似乎无法就这些新的推断原理达成共识，甚至连统计推断中的推理是演绎还是归纳也存在争议.

最早的问题可以追溯到 18 世纪，当然是最简单的问题，它根据抽样分布形式为 $p(x|\theta) = f(x-\theta)$ 的数据 $D = \{x_1, \cdots, x_n\}$ 估计一个或多个位置参数 θ. 但是，这实际上并不是一个严肃的限制，因为如果人们已经比较准确地知道所涉及的量，那么即使是纯比例参数问题也将近似成为位置参数问题，在天文学和大地测量学中通常是这样的.

因此，如果抽样分布具有函数形式 $f(x/\sigma)$，并且已知 x 和 σ 分别大约等于 x_0 和 σ_0，那么我们实际上是在对小校正 $q \equiv x-x_0$ 和 $\delta \equiv \sigma - \sigma_0$ 进行推断. 展开 δ 的幂并仅保留线性项，我们有

$$\frac{x}{\sigma} = \frac{x_0 + q}{\sigma_0 + \delta} = \frac{1}{\sigma_0}(x - \theta + \cdots), \tag{16.1}$$

其中 $\theta \equiv x_0\delta/\sigma_0$. 因此，我们可以定义一个新的抽样分布函数

$$h(x - \theta) \propto f(x/\sigma), \tag{16.2}$$

这样，我们至少在近似地考虑一个位置参数问题. 如果人们已经相当准确地知道所涉及的数量，那么几乎任何问题都可以做线性化，转化为位置参数问题. 19 世纪的天文学家很好地利用了这一点，我们也应该这么做.

直到 19 世纪末，实践才发展到从形式为

$$p(x|\theta\sigma) = f(\frac{x - \theta}{\sigma})\frac{1}{\sigma} \tag{16.3}$$

的抽样分布中同时估计位置参数 θ 和比例参数 σ 的问题. 正如我们在第 7 章所研究的那样，这一问题伴随二维高斯分布在高尔顿（Galton，1886）那里有着惊人的发展. 几乎正统统计学的所有发展都与这三个问题或以假设检验形式重新描述的问题有关，其中大部分只是与第一个问题有关. 但是，即使是这个看似十分简单的问题，也关于其原理引发了根本的分歧和激烈的争论.

16.2 正统统计社会学

在上述发展期间，物理学、化学、生物学、医学和经济学领域需要分析数据的一般工作者不可能理解数据分析的理论原理，因为此时这种原理还不存在. 因此，被认可的数据分析方法是各种不同的、互不相关的、以操作手册形式出现的特定方法，告诉人们“先这么做……然后那么做……不要问为什么”.

费希尔的《研究人员的统计方法》（Fisher，1925）是这些操作手册中最具影响力的. 经过 1925～1960 年 13 个版本的发展，它成为科学统计实践的权威图书，以至于医学检验等领域的研究人员发现，如果他们不遵循费希尔的方法，就不可能发表论文.

费希尔的操作手册中包括最大似然参数估计（MLE）、方差分析（ANOVA）、

置信分布、随机试验设计以及各种显著性检验，这些构成了他书中的大部分内容. 与之竞争的奈曼-皮尔逊学派提供了无偏估计量、置信区间和假设检验. 这两个学派的特定工具的组合被称为正统统计学，尽管他们围绕各自思想理念的细节争论不休. 正因为缺乏统一的推断原理，这种分歧和争论才得以长期存在，没有一种大家都可以接受的标准能解决其间的意见分歧.

每当出现已发表的操作手册中未涉及的新的真实科学问题时，科学家就会咨询专业统计学家，就如何分析和收集数据征询意见. 这里发展出了统计学家与客户的关系，就像医生与病人的关系一样，其中的原因也是一样的. 如果有简单的统一原则（就像我们今天所阐述的理论一样），就容易学习它们并将其应用于任何问题. 每位科学家都可以成为自己的统计学家. 但是，在缺乏统一原则的情况下，数据分析人员需要的所有逻辑上互不相关的经验流程集合就会非常庞大，正如患者可能需要的所有逻辑上不相关的药物和治疗方法的集合一样，除了医学专业人员，一般人很难全部学习、掌握它们.

毫无疑问，这种操作手册在当时很有用，可以使科学家在分析和解释数据及发表结论时有章可循. 只要问题足够简单，就可以使用操作手册上的流程，并且这些流程具有一定的直观意义，即使它们并非源于任何基本原则. 然后，只要正统统计方法的拥护者表现得符合好医生的职业标准（注意到某些治疗方法有效，但是坦率地承认引发疾病的真正原因尚不清楚，因此欢迎进行进一步的研究以填补缺失的知识），这些方法就不会遭受任何批评.

但这不是正统统计学家的行为方式. 他们采取敌对的态度，每个人都捍卫自己的小领地以防入侵，并反对一切寻找缺失的统一推断原则的企图. 费希尔（Fisher，1956）和肯德尔（Kendall，1963）攻击奈曼和沃尔德寻求决策理论中的统一原则的尝试. 费希尔（在许多文章中，例如 Fisher，1933）、克拉默（Cramér，1946）、费勒 (Feller，1950)、奈曼（Neyman，1952）、冯 · 米泽斯（von Mises，1957），甚至是公认的贝叶斯主义者萨维奇（Savage，1954，1981）都指责拉普拉斯和杰弗里斯认为概率论是扩展逻辑，并在此基础上寻求统一的推断原则是犯了形而上学的错误. 我们无法解释他们为什么对此感到如此确定，因为他们在数学上都非常专业，应该可以很好地理解什么构成和不构成证明. 然而，他们没有像考克斯那样考察作为逻辑的概率论的一致性，也没有像波利亚那样考察概率论与常识的对应关系. 他们甚至不管作为扩展逻辑的概率论在实践中是如何工作的，因为杰弗里斯在他的著作中已经做了充分的展示，可以进行检查. 实际上，他们根本没有提供任何有说服力的论证或事实证据来支持其立场，他们只是重复“主观”和“客观”的意识形态口号，这些口号与逻辑上的一致性和结果的有用性无关.

我们同样无法解释为什么詹姆斯 · 伯努利和凯恩斯（他们与拉普拉斯和杰弗里斯基本上表达了相同的观点）没有受到批评. 显然，事件的发展一定与人的性格有关. 让我们研究其中一些人的性格.

16.3 费希尔、杰弗里斯和奈曼

罗纳德 · 艾尔默 · 费希尔爵士（1890—1962）是 1925～1960 年该领域的领军人物. 他的女儿琼 · 费希尔 · 博克斯（Box，1978）曾对他的一生做出过一些描述. 在技术上，费希尔具有深刻直观的理解，并且对遗传学做出了源源不断的重大贡献. 从事地球物理学工作的哈罗德 · 杰弗里斯爵士（1891—1989）没有产生这样的影响力. 他在一生中的大部分时间里是费希尔及其追随者嘲讽的对象.

费希尔早期的名声（1915～1925）建立在他的数学能力的基础上：给定数据 $D \equiv \{x_1, \cdots, x_n\}$，对此我们假定具有参数 $\theta \equiv \{\theta_1, \cdots, \theta_m\}$ 的多维高斯分布 $p(D|\theta)$，如何根据数据给出这些参数的最优估计？很明显，根据作为逻辑的概率论，在任何推断问题中，我们总是要以已知的相关信息为条件来计算未知的感兴趣参数的概率，在这种情况下是 $p(\theta|DI)$.

但是正统主义者以 $p(\theta|DI)$ 不是频率因而毫无意义为由而拒绝了这一点. 他们认为 θ 不是“随机变量”，只是一个未知常数. 因此我们需要选择数据的某个函数 $f(D)$ 作为 θ 的“估计量”. 任何候选估计量的优劣都应仅由其抽样分布 $p(f|\theta)$ 确定. 数据始终被认为是类似从坛子中抽取球一样从总体中抽取而获取到的，并且 $p(f|\theta)$ 被认为是多次重复抽取的极限频率. 一个好的估计量是其抽样分布主要集中在真实值 θ 的很小邻域中的估计量.

但是正如我们在第 13 章中所指出的那样，由于正统统计中没有构造“最优”估计量的一般理论原则，必须从每个新问题中凭直觉来猜测各种函数 $f(D)$，然后通过确定其抽样分布，了解它们在真实值附近的集中程度以对其进行检验. 因此，计算估计量的抽样分布是正统统计中至关重要的工作，没有它就无法选择最优估计量.

数据的某些复杂函数（例如抽样相关系数）的抽样分布的计算可能会成为一个非常困难的数学问题，但是费希尔对此很擅长，并首次发现了许多这样的抽样分布. 用更现代的语言和记号表述的费希尔推导的技术细节可以在范伯格和欣克利的著作（Feinberg & Hinkley，1980）中找到.

许多人想知道费希尔是如何获得多维空间直觉，从而能够解决这些问题的. 我们要指出的是，在产出这些结果之前，费希尔花了一年（1912～1913 年）时间做理论物理学家詹姆士 · 琼斯爵士的助手. 詹姆士 · 琼斯爵士当时正在准备他的动力学理论著作的第二版，每天都在使用高维多元高斯分布（称为麦克斯韦速度分布）进行计算工作.

但是似乎没人注意到，杰弗里斯能够绕开费希尔的计算方式，仅使用几行基本代数运算就得出这些参数估计的结果. 对于使用作为逻辑的概率论的杰弗里斯来说，在没有任何强有力的先验信息的情况下，最优估计量始终是由似然函数确定的. 似然函数可以通过检查 $p(D|\theta)$ 写出来. 这自动为他构建了最优估计量，无须直觉判断，也无须计算估计量的抽样分布. 费希尔的复杂计算需要空间直觉，尽管作为数学结果本身是有意思的，但是对于实际推断来说却没有必要.

费希尔后来在该领域的统治地位，更多地源于他张扬的个性和所担任职务赋予的世俗权力，而非他的技术工作. 他掌握着许多学生和下属的工作与命运. 他在洛桑农业研究所工作了 14 年（1919～1933 年），在此期间，他的助手和学生越来越多. 后来，他成为伦敦大学学院的优生学系主任，最后在 1943 年成为剑桥大学鲍尔弗遗传学教授，他还曾担任凯斯学院的院长. 1929 年，他被选为英国皇家学会会员，并于 1952 年被封为爵士.

在地球物理学领域，哈罗德 · 杰弗里斯也表现出极强的能力. 他在 1925 年被选为英国皇家学会会员，1946 年成为剑桥大学普卢姆天文学教授，并于 1953 年被封为爵士. 哈罗德爵士和杰弗里斯夫人的《数学物理方法》（Sir Harold & Lady Jeffreys，1946）多年来一直是该领域的标准教科书. 但是杰弗里斯一生都在剑桥大学圣约翰学院安静而谦虚地工作，在地球物理学领域之外几乎看不见他的身影. 他只培养了一名概率论方向的博士生（V. S. Huzurbazar）.

与之形成鲜明对比的是，费希尔自我意识很强，自负无比，他在统计学领域内四处驰骋，猛烈地攻击其他所有人[①]的工作. 不知道什么原因，在早期阶段，费希尔接受了一种“概率”只能表示随机试验中频率的极限的教条思想. 但是，他通常将概率表示为两个无限大数的比率，而不是有限数比率的极限，并且说任何概率的其他含义都是形而上学的胡说，不值得科学家考虑. 费希尔的这种观点可能来自哲学家约翰 · 维恩，他是剑桥大学凯斯学院的前任院长，费希尔在 1909～1912 年间曾在该学院读本科. 在一本出了三个版本的非常有影响力的著作中，维恩嘲笑拉普拉斯作为逻辑的概率论的思想. 费希尔的早期工作与此很类似.

但是，我们看到，在费希尔写的最后一本书（Fisher，1956）中，他似乎已经没有那么坚定了. 实际上，他对拉普拉斯遭受维恩的批评做了辩护，并暗示维恩

① 我们注意到，费希尔对卡尔 · 皮尔逊的批评基于最大似然与矩拟合及卡方检验的适当自由度数的对比，对耶日 · 奈曼的批评基于置信区间、无偏估计量和置信度的意义. 这些批评可以通过技术事实认为是有道理的. 也许费希尔的影响力可以通过两个我们认为费希尔错了的争议来衡量——一个是与戈赛特争论的随机化问题，另一个是与杰弗里斯争论的整个推断的含义和哲学——这两个问题今天仍然得到高度关注.

掌握的数学知识不够，没有理解拉普拉斯的意思. 他对杰弗里斯的批评这时也大大减少了. 注意到这一点，一些人认为，如果费希尔今天还活着，他将是一位贝叶斯主义者. ①

无论是在科学还是艺术领域，每个富有创造力的人都必须在其职业生涯的开始阶段与传统做斗争. 这种传统会更多地试图压制而不是理解新的思想. 《生物统计学》杂志的主编卡尔 · 皮尔逊（1857—1936），在费希尔早期尝试发表文章时充当了这种角色. 为此，费希尔从未原谅过皮尔逊. 但奇怪的是，在费希尔的最后一本书中，他对皮尔逊的攻击比以往任何时候都强烈和个人化. 这是很难理解的，因为到 1956 年，费希尔在这场论战中早已获胜. 皮尔逊已经去世 20 年了，人们普遍认为费希尔在所有有分歧之处都是对的. 为什么怨恨在其失去意义之后仍持续了 30 年呢？这也充分说明了费希尔的性格.

如今，费希尔的文章最容易在两本“著作文集”（Fisher，1950，1974）中找到. 他关于推断原理的文章具有有趣的模式：它们是从一两段挑起论战、对杰弗里斯使用贝叶斯定理（当时称为*逆概率*）的谴责开始，然后他提出了一个能直观地看到正确解的问题，并以一种非常有效、正确的方式进行了必要的计算. 但是，就在进一步的逻辑论证将迫使他看到他只是在以自己的方式重新发现和运用贝叶斯定理的结果时，文章就突然结束了.

哈罗德 · 杰弗里斯（Jeffreys，1939）直接使用作为逻辑的概率论更轻松地得出了相同的结果. 这也会自动得出结果的有效范围以及关于如何推广的更多信息，而这些信息费希尔从来没有得到过. 但是，每当杰弗里斯试图指出这一点时，他就被铺天盖地的批评所淹没. 这些批评无视他的数学论证和有效结果，而只是抨击他的思想理念. 他被指认的罪过是他并不需要概率是频率，因此承认某一假设的概率的观念. 似乎没有人意识到这样一个事实，即正是这种更广泛的概率观念为他提供了计算上的优势.

我们在第 14 章中讨论过的耶日 · 奈曼也以与费希尔同样的思想理念理由拒绝了杰弗里斯的工作（但反过来，费希尔也拒绝了他的工作）. 奈曼也对杰弗里斯进行了尖刻的嘲讽. 这些嘲讽也远远超出了奈曼正确而杰弗里斯错误的范围. 例如，奈曼（Neyman，1952，第 11 页）对一个涉及两个坛子里有五个球的问题进行了热烈的讨论. 这个问题如此简单，以至于今天会被认为不适合作为大学生的家庭作业，而杰弗里斯（Jeffreys，1939，7.02 节）显然是对的.

① 但与此假设相反的事实是，费希尔在生命的最后一年发表了一篇文章（Fisher，1962），研究了贝叶斯方法的可能性，但是认为*先验概率需要通过实验确定*！这表明他从未接受——很可能也从未理解——杰弗里斯关于先验概率的意义与作用的立场.

鉴于所有这些情况，很高兴看到哈罗德 · 杰弗里斯最终比他的批评者活得更长，而且他的著作无论从理论上还是在实用层面上都得到了认可. 在他生命的最后几年，他满意地看到剑桥大学里——从北部的卡文迪许物理实验室到南部的分子生物学实验室——充满了研究和应用他的方法的年轻科学家. 使用新的计算机工具，他们证明了杰弗里斯方法对于当前科学问题的适用性.

盖塞尔（Geisser，1980）和莱恩（Lane，1980）回顾了 20 世纪 30 年代英国期刊中费希尔和杰弗里斯在这些问题上的交流，其中包含许多有趣的细节. 但是，我们想对他们的评论添加一些额外的评论，因为作为物理学家同行，我们更能欣赏杰弗里斯的动机，这些动机与我们今天关心的应用高度相关.

首先，我们需要认识到，他们之间的很大一部分分歧源于他们面对的问题截然不同. 费希尔研究的是生物学问题，其中既没有先验信息，也没有指导理论（这是在 DNA 螺旋时代到来之前），而且数据采集非常像从伯努利坛子中抽取球. 杰弗里斯研究的是地球物理学问题，其中有大量强有力的先验信息和高度发展的指导理论（牛顿力学给出了弹性和地震波传播的理论以及物理化学和热力学原理），而数据获取与从坛子中抽取球没有任何相似之处. 费希尔在他的方法手册（Fisher，1925，第 1 节）中将统计学定义为对总体的研究，而杰弗里斯则认为几乎所有的分析都是推断问题，其中没有总体.

在晚年，耶日 · 奈曼也能意识到这种差异. 他的传记作者康斯坦斯 · 里德（Reid，1982，第 229 页）这样引用奈曼的话："问题在于，我们统计学家所说的现代统计学是生物学家在巨大的压力下发展起来的. 结果是，我们几乎没有发展出什么方法能直接应用于天文学问题."

费希尔强势地提出了相反的观点：已经成功解决他的生物学问题的方法也必须是所有科学推断的一般基础. 费希尔从未看到的是，从杰弗里斯的角度来看，费希尔的生物学问题无论是从数学还是概念上来说都是微不足道的. 杰弗里斯（Jeffreys，1939）只用寥寥几行对此进行了处理，作为贝叶斯定理的最简单的应用，[①] 更简单地得到了费希尔的结果，然后转而继续去分析超出费希尔方法的更复杂的问题. 杰弗里斯（Jeffreys，1939，第 7 章）接下来以更一般的方式总结了自己的方法与费希尔和奈曼方法的不同.

随着科学发展到需要处理越来越复杂的推断问题，正统统计方法的缺陷造成的麻烦会越来越大. 面对一个存在许多冗余参数但是没有充分或辅助统计量的问

① 当然，费希尔的随机种植方法——我们认为实际上并没有错，但是在信息处理上效率低下——没有为杰弗里斯所使用，他也不想使用. 只要有一种随机方法来做某事，那么就会有一种需要更多思考才能找到的非随机方法能获得更好的效果，这似乎是一种非常普遍的原则. 我们将在 17.7 节中以示例的方式进行说明.

题，费希尔几乎没有办法，而奈曼则毫无办法. 因此，两人都没有尝试解决实验科学家所面临的最实际的推断问题：两个变量均存在未知误差的线性回归问题. 不同领域的几代科学家们徒劳地搜索统计学文献，以寻求这个问题的答案. 但是对于贝叶斯方法（Zellner，1971；Bretthorst，1988）来说，冗余参数仅是小的技术细节，不会妨碍人们找到直接有用的解. 受过良好的贝叶斯训练的科学家、工程师、生物学家和经济学家们现在正在自己寻找适合其问题的正确解. 贝叶斯方法可以轻松地适应多种不同的先验信息，从而得到正统统计学中具有灵活性的未知参数.

但是，我们也认识到费希尔在他所处理问题上的高超能力. 一个诚实的人只有一直将自己限制在处理不会明显暴露自己所用方法的缺陷的问题上，才会长期坚持自己的理念. 如果费希尔尝试去解决更复杂的问题，我们认为他会很快意识到杰弗里斯方法的优势. 正如我们在第 13 章和第 17 章中所论证的那样，其中的数学将迫使他意识到这一点，而这与所有思想理念无关. 如前所述，可能费希尔在其生命的最后阶段才开始意识到这一点.

其次，我们注意到参与论战的人员的学术品格和个性截然不同. 在任何领域，狂热者最可靠、最容易辨识的标志是缺乏幽默感. 费希尔的同事们曾谈到他们参与会议的经历：对于一些别人只会一笑置之的无害言论，费希尔可能会勃然大怒. 连他的学生（例如 Kendall，1963）也注意到费希尔身上有他自己很容易从别人身上找到的性格缺陷，正如人们所说的，“每当他画肖像时，他都是在画自画像”.

哈罗德 · 杰弗里斯一直保持沉着镇定，从不让这些学术上的争论影响自己的生活和心态. 甚至在他 90 多岁的时候，我初识他时与他的交流也是一种很愉快的体验，因为他仍然保持着揶揄的、略带调皮的幽默感. 19 世纪和 20 世纪最伟大的理论物理学家麦克斯韦和爱因斯坦也曾表现出相同的人格特质，许多认识他们的人证实了这一点.

不用说（由于费希尔的方法在数学上只是杰弗里斯方法的特殊情况），费希尔从来没有举出一个特定的示例，在其中运用他的方法能给出令人满意的结果，而运用杰弗里斯的方法则不能. 因此，我们在费希尔的话中几乎看不到任何说明实际问题的实际结果的部分. 通常，费希尔只是对杰弗里斯的全部的理念错误以及他的不悔改表示恼怒. 他几乎不尝试分析技术细节，这只能显示出他自己对杰弗里斯的误解.

例如，杰弗里斯（Jeffreys，1932）漂亮地推导出了我们在第 12 章中已经提到过的比例参数的 $\mathrm{d}\sigma/\sigma$ 先验. 给定两个来自高斯分布的观测值 x_1 和 x_2，那么

第三个观测值的预测概率密度为

$$p(x_3|x_1x_2I) = \int \mathrm{d}\mu \int \mathrm{d}\sigma\, p(x_3|\mu\sigma I)p(\mu\sigma|x_1x_2I). \tag{16.4}$$

如果最初 σ 完全未知，则我们对 σ 的估计应该遵循数据差 $|x_2 - x_1|$，其结果是第三次观测值介于 x_1 和 x_2 之间的预测概率应为 $1/3$，与 x_1 和 x_2 的值无关（独立抽样时，三个观察值的每个排列都具有相同的概率）. 杰弗里斯表明这仅对 $\mathrm{d}\sigma/\sigma$ 先验成立.

但是，费希尔（Fisher，1933）没有掌握预测分布的概念，因此将其作为关于抽样分布 $p(x_3|\mu\sigma I)$——其实是完全不同的东西——的陈述. 他得出结论说，杰弗里斯犯了一个荒谬的基本错误，然后对杰弗里斯的所有工作展开了长达七页的攻击. 这充分显示了他自己对杰弗里斯所做的工作完全缺乏理解. 所有想了解导致统计学领域数十年来迟迟没有进展的概念障碍的读者，都应该非常仔细地阅读一下费希尔的这篇文章.

但是在杰弗里斯的话语中，没有对费希尔的误解，也没有嘲笑和大量思想理念标语的堆积，在整个过程中他始终保持一种令人感到困惑的幽默感. 杰弗里斯所看到的，不是费希尔对特定生物学问题的实际处理流程中的任何错误，而是他的方法对处理更一般性问题的不完整性，以及他武断主张的前提缺乏任何正当理由. 特别是，人们必须凭空想象一个假设的无限总体，实际数据被从中抽取出来，并且每一个概率都必须具有唯一客观“真实”值，而与人类信息无关. 杰弗里斯的整体目标是使用概率来表示人类信息. 此外，杰弗里斯总是很温和地表达自己的观点.

例如，关于费希尔，察觉到以上内容的杰弗里斯（Jeffreys，1939，第 325 页）写道：“事实上，尽管他偶尔会反对逆概率，但我认为他在运用它时所取得的成就比一些承认逆概率的人更大.” 另一个例子是，杰弗里斯有一次抱怨说，费希尔“使他的工作变得无意义”. 费希尔对此进行了猛烈抨击，并欣喜若狂地写道：“我也不想否认这一点.” 盖塞尔（Geisser，1980）得出结论说杰弗里斯略逊一筹，而我们看到的是，杰弗里斯对费希尔偏离主题并落入他为其设置的小陷阱这一事实置之一笑.

在谈论他们之间的一些分歧之后，我们应该补充的是，作为有能力的科学家，费希尔和杰弗里斯必然在更基本的事情上保持一致，特别是对于归纳在科学中的作用. 奈曼不是科学家，而是数学家. 他试图声称他的方法是完全演绎的. 例如，在奈曼（Neyman，1952，第 210 页）中，他说：“……在统计估计的常规过程中，没有对应于‘归纳推理’的阶段……所有的推理都是演绎性的，并得出确定的公式及性质.” 但是，奈曼（Neyman，1950）又愿意谈论归纳行为.

费希尔和杰弗里斯都意识到，所有科学知识都是从观察到的事实中通过归纳推理获得的．这自然而然地否认了奈曼关于推断不使用归纳，以及哲学家卡尔 · 波普尔关于归纳不可能的观点．我们在第 9 章的末尾讨论了这一主张．杰弗里斯在私人谈话（其中一次作者在场）而非公开场合中表达了自己的这一观点．费希尔公开地将波普尔和奈曼的责难比作思想控制．正如他（Fisher，1956，第 7 页）所说的那样："对于早期在自由学术氛围中成长起来的人来说，在意识形态化运动中，有一种可怕的基本观念是：严格来说，推理不能应用于经验数据中以得出关于现实世界的有效推断．"

确实，费希尔和杰弗里斯对波普尔的反应可能是 18 世纪所发生的事情的重演．费希尔（Fisher，1956，第 10 页）、施蒂格勒（Stigler，1983）和萨贝尔（Zabell，1989）提供了相当好的证据——在我们看来很全面，但这似乎还不足以证明——表明托马斯 · 贝叶斯早在 1748 年就发现了他的研究结果，这项工作的最初动机是他不满 18 世纪的哲学家大卫 · 休谟声称归纳不可能．我们可以猜想，贝叶斯试图给出一个明确的反例，但发现这比起初预期的要困难一些，因此推迟发表了他的研究结果．这将为许多令人费解的事实提供一个简洁自然的解释．

16.4　数据前和数据后考量

两种方法的根本差别在于它们与数据的关系．正统统计实践一开始仅限于考虑数据前问题．也就是说，它能给出以下形式问题的正确答案．

(A) 在看到数据之前，你预期会获得什么数据？

(B) 如果用未知数据通过某种已知算法估计参数，你预期估计值的准确性如何？

(C) 如果待检验的假设为真，那么我们获得指示其为真的数据的概率是多少？

当然，作为逻辑的概率论会自动包括所有抽样分布的计算．因此，在此类问题中，我们将进行相同的计算并得出相同的结果．最糟糕的情况是在术语上存在分歧．

正如我们反复强调的那样，几乎所有科学推断的实际问题都与数据后问题有关．

(A′) 看到数据后，我们是否感到惊讶？

(B′) 看到数据后，可以做哪些参数估计，可以声明怎样的估计精度？

(C′) *以数据为条件*，假设为真的概率是多少？

正统统计因其不同的哲学而无法处理数据后问题．正统统计的基本原则是，需要进行推断的原因不在于人类对于真正运作原因的无知，而是自然本身的"随机性"．

我们称之为一种“思维投射谬误”. 这导致人们相信，概率陈述只能针对随机变量而不能针对未知的固定参数进行. 但是，尽管“随机性”被认为是变量的真实客观属性，但正统统计从未对术语“随机变量”做出能实际使用的任何定义，根据此定义，我们可以确定某个特定量（例如一个罐子中豆子的数量）是否为“随机变量”.

因此，尽管“哪个量是随机的”这个问题对于正统统计学家所做的一切至关重要，但是我们无法解释他们实际上是如何决定的. 我们只能观察到他们所做的决定. 出于某种原因，数据始终被认为是随机的，几乎所有其他东西都被认为是非随机的. 但据我们所知，正统统计中没有原理可以预测这种选择. 确实，在实际情况下，数据通常是唯一确定和已知的东西，而问题中的几乎所有其他东西都是未知且只能是猜测的. 因此相反的选择似乎更加自然.

这种正统统计选择的结果是，正统统计理论不接受固定参数或假设的先验概率或后验概率，因为它们不能被视为随机变量. 然后，我们希望检查正统统计如何设法将数据前问题的答案当作数据后问题的答案. 通常，这出于数学上的偶然才是可能的，例如参数和估计量的对称性.

16.5　估计量的抽样分布

我们已经注意到为什么正统统计文献的大部分工作必定致力于计算、逼近和比较估计量的抽样分布. 这是正统统计判断估计量的唯一标准. 在一个新问题中，可能需要找到许多不同估计量的抽样分布，然后才能确定哪个是最优估计量.

在贝叶斯分析中，估计量的抽样分布并不具有相同的重要性，因为我们确实具有所需要的理论原理. 如果估计量是根据贝叶斯定理和指定损失函数导出的，那么我们从完全一般的定理中知道，无论其抽样分布如何，它都是所定义问题的最优估计. 实际上，估计量的抽样分布在数据后推断中不起功能性作用，因此，除非我们对一些数据前问题——例如，在计划实验及确定要获取哪些数据以及何时停止收集数据时——感兴趣，否则我们根本没有理由提及它.

除了这种反面（非功能性）原因外，还有一个应该将注意力从估计量的抽样分布中抽离出来的更重要的正面原因：这不是推断质量的适当准则. 假设一名科学家正在估计物理参数 α，例如行星的质量. 如果在多次重复测量中，估计量的抽样分布确实等于长期频率，那么其宽度将回答数据前问题：

(Q1) 在我们可能得到的所有数据集中，α 的估计值会有多大变化？

但是这与科学家关心的问题无关. 科学家关心的是数据后问题：

(Q2) 通过我们实际拥有的数据集 D 确定的 α 值有多准确?

根据作为逻辑的概率论，这方面的正确度量是参数的后验分布的宽度，而不是估计量的抽样分布的宽度. 由于这是正统统计与贝叶斯学派之间争论的主要内容，我们需要理解为什么有时它们是相同的，从而导致数据前和数据后考量之间的混淆. 在下一章中，我们将看到它们不同时会产生的一些惊人后果.

从历史上讲，自拉普拉斯时代以来，具有上述对称性的高斯抽样分布一直在科学推断中占据主导地位. 假设我们有一个数据集 $D = \{y_1, \cdots, y_n\}$ 和抽样分布

$$p(D|\mu\sigma I) \propto \exp\left\{-\sum_i \frac{(y_i - \mu)^2}{2\sigma^2}\right\}, \tag{16.5}$$

其中 σ 已知，那么具有均匀先验的 μ 的贝叶斯后验 PDF 为

$$p(\mu|D\sigma I) \propto \exp\left\{-\frac{n(\mu - \overline{y})^2}{2\sigma^2}\right\}, \tag{16.6}$$

从中可以得出 μ 的数据后估计（均值 $\pm$ 标准差）

$$(\mu)_{\text{est}} = \overline{y} \pm \frac{\sigma}{\sqrt{n}}, \tag{16.7}$$

这表明样本均值 $y \equiv n^{-1}\sum y_i$ 是充分统计量. 然后，如果正统统计学家决定使用 $\overline{y}$ 作为 μ 的估计量，他会发现其抽样分布为

$$p(\overline{y}|\mu\sigma I) \propto \exp\left\{-\frac{n(\overline{y} - \mu)^2}{2\sigma^2}\right\}, \tag{16.8}$$

这将导致他做出数据前估计

$$(\overline{y})_{\text{est}} = \mu \pm \frac{\sigma}{\sqrt{n}}. \tag{16.9}$$

这样，尽管 (16.7) 和 (16.9) 在概念上具有完全不同的含义，但它们在数学上几乎相同，以至于贝叶斯主义者和正统主义者将对 μ 做出相同的实际数值估计并声明相同的精度. 在像这样的具有充分统计量但没有冗余参数的问题中，存在数学上的对称性（近似或精确的）. 如果我们没有强有力的先验信息可以破除这种对称性，那么数据前和数据后问题的答案将是密切相关的.

这种由偶然造成的等价性导致了统计学上的扭曲局面. 正统方法在高斯分布情况中表现最好——不仅是出于第 7 章中说明的原因，还因为如果没有先验信息，这种对称性将是精确的，那么数据前和数据后结果在数值上是相同的. 在这种有限证据的基础上，正统主义者试图声称其方法具有普遍有效性. 但是，如果先验是柯西抽样分布，

$$p(y|\mu) = \frac{1}{\pi}\left[\frac{1}{1 + (y - \mu)^2}\right], \tag{16.10}$$

那么两者之间的差别将永远不会被忽视，因为数据前和数据后问题的答案是如此不同，以至于常识永远不会混淆两个问题的回答. 在这种情况下，使用无信息先验，μ 的贝叶斯后验 PDF 是

$$p(\mu|DI) \propto \prod_{i=1}^{n} \frac{1}{1+(\mu-y_i)^2}, \tag{16.11}$$

尽管在分析上不方便，结果仍然是显而易见的. 在数值上，（后验均值 $\pm$ 标准差）或（后验中值 $\pm$ 四分位数差）的估计值很容易通过计算机计算得到. 但是这个问题没有充分统计量，因此也没有很好的分析解.

但是正统学派从来没有对这个问题找到过满意的估计量！如果再次尝试使用样本均值 $\overline{y}$ 作为估计量，使我们感到沮丧的是，其抽样 PDF 为

$$p(\overline{y}|\mu I) \propto \frac{1}{1+(\overline{y}-\mu)^2}, \tag{16.12}$$

这与 (16.10) 相同. 根据正统统计的准则，根据任何数量的观察值得出的估计结果并不会比根据单一观察值得出的估计结果更好. 尽管费希尔指出，对于大样本，样本中值往往比样本均值更集中在真实 μ 附近，但是根据正统统计标准，即使在大样本的极限情况下，也没有理由认为这是*最优*估计量. 这个问题在正统统计中至今仍然悬而未决.

我们预期，按照正统统计的准则，无论是贝叶斯后验均值还是后验中值估计，都将比目前任何已知的正统估计值要好得多. 简单的计算机实验将能够证实或驳斥这一猜想. 我们怀疑是否有人会做这样的实验，因为贝叶斯主义者不关心这个问题，而受过良好教育的正统主义者永远不会主动验证任何贝叶斯结果. ①

16.6 亲因果与反因果偏差

对正统方法的一种批评不是意识形态上的，而是它们具有技术上的缺陷（浪费信息）. 我们将在下一章对此进行讨论. 实际上，这些缺陷使我们的推断都倾向于朝同一个方向偏离. 结果是，当我们检验一种新现象时，正统方法会认为对不真实现象的信任是一种灾难，但是毫不在意没有觉察到真实现象的后果.

公平地说，在这一点上，我们应该牢记历史，该领域的早期工作者采取的是更糟的方法. 正如我们在第 5 章中提到的那样，即使没有已知物理机制可以解释，

① 例如，很多年前，作者试图发表一篇文章证明在具有解析解的小样本情况下，具有柯西分布的贝叶斯估计具有优越的性能. 这篇文章两次遭到拒绝. 审稿者指责我提出柯西分布问题本身就是在采取不公平的策略，因为“……众所周知，柯西分布是一种病态的例外情况”. 这样，一位正统派学者就保护了该杂志的读者免于知道一个令人不愉快的事实的困扰，那就是贝叶斯分析在这个问题上不会失效. 据我们所知，贝叶斯分析没有病态的例外情况. 合理的问题总是有合理的答案. 最终，经过 13 年的苦苦挣扎，我们确实通过将其隐藏在一篇较长的文章（Jaynes，1976）中而设法使该分析结果得以发表.

未受过训练的头脑也总是会从最牵强的巧合中发现因果关系.

约翰内斯 · 开普勒（1571—1630）被迫浪费了很多时间为其资助人提供星座运势服务（他私下对此也有抱怨）. 无论多少表明这种做法无效的证据都不能动摇人们对星座运势的信念. 直到今天，仍有很多人是在作为占星家而不是天文学家生活.

在 18 世纪和 19 世纪，科学界仍然充斥着对许多实际不存在的因果关系的迷信观念. 拉普拉斯（Laplace，1812）曾对此有警告. 他所说的话在今天看来似乎是老生常谈，在当时却惊世骇俗. 我们从本章开头亥姆霍兹的引语中可以看出他的愤怒. 因为人们普遍相信的各种没有物理机制和证据支持的因果作用使得生理学取得进步几乎变得不可能. 路易斯 · 巴斯德（1822—1895）生命中的大部分时间耗费在努力克服自然发生的普遍信念上.

尽管按照现在的标准，当时的公共卫生状况很差，但是数百种植物被认为具有神奇的药用性质，同时西红柿被认为是有毒的. 直到 1910 年，仍有“科学”报道称毒葛会释放出一种“臭气”，感染那些经过而没有实际接触它们的人，尽管只需要做一个最简单的对照实验就能立刻证明这种说法不成立.

今天，科学知识已经远远超越了这种状况，但基本常识几乎没有进展. 一个流行的大米品牌包装上的烹饪说明告诉我们必须使用密闭容器，因为“是蒸汽在煮饭”. 由于蒸汽不与大米直接接触，因此这似乎可以与毒葛释放臭气的迷信相提并论. 可以肯定的是，有对照实验表明，*水的温度*可以烹饪食物. 但是至少这个迷信没有什么害处.

其他无意识创造的迷信可能造成很大的伤害. 如果一个夏天特别热，我们可能会被可怕的警告所包围：地球将很快变得太热而无法维持生命. 如果第二年冬天异常寒冷，同一批灾难贩子将在那里呼喊冰河时代即将到来. 灾难贩子们两次都将获得新闻媒体最全面且表示认同的报道. 这些新闻媒体工作者记忆短暂，并相信自己正在从事公共服务，将灾难贩子的捣蛋能力放大了 1000 倍. 他们实际上是在鼓励以越来越不负责任的方式进行灾难宣传，以此作为免费个人宣传的可靠手段.

1991 年，对电力和癌症都没有什么概念的一些人，只是暗示家庭周围 60 Hz 的弱电磁场会致癌，新闻媒体就立即相信了这种传言，并在广播和电视上的黄金时间进行了全面报道. 这使得未受过教育的公众感到恐慌. 他们设立了纠察队，进行抗议游行，以防把电线安装在需要的地方. 所有人都知道公众享有免受虚假广告欺诈的权利，那么我们何时才能免受虚假和不负责任的新闻报道的欺诈呢?

为了应对这种未经训练的人看到本不存在的因果关系的普遍倾向，负责任的科学*需要*持怀疑的态度. 这需要有力的证据来证明一种效应的存在，特别是吸引了大众眼球的东西. 因此，我们对于正统方法在接受新效应时所持的保守态度是很容易理解和有同感的.

另外，怀疑主义也可能走向极端. 正统方法偏于保守的确有助于遏制不负责任的行为，但是今天它也可能阻止我们识别出真实而重要的效应. 科学史中有许多这样的例子：一些重要的科学发现源于有人在数据中看到了小的意外，正统的显著性检验会将这些意外视为随机误差.[①] 瑞利勋爵发现氩和维克托 · 赫斯发现宇宙射线是我们立即能想到的例子. 当然，他们并没有像灾难贩子那样从单一观察中得出结论；相反，他们通过对单个令人惊讶的观察结果进行仔细的检查，最终得到了新现象的大量证据. 幸运的是，物理学家和天文学家在实际工作中没有使用正统的显著性检验，他们自己固有的常识是一种更安全、更强大的推理工具.

在其他领域，尤其是医药领域，我们会怀疑，由正统统计方法控制的编辑政策会阻止多少重要发现的发表. 由于研究人员能够获得的一个数据集没有达到正统统计检验所需要达到的显著性水平，编辑们拒绝发表关于某个效应的第一个证据. 这很可能会破坏科学出版的全部目的：因为三四个这样的数据集累积起来可能成为这一效应的强有力证据. 但是，除非第一个数据集能够成功发布，否则永远找不到这种证据.

杂志编辑如何才能认识到科学发现不是一个一步的过程，而是一个多步的过程，因此让一些未通过正统统计检验的第一个证据得以发表，同时又不会因此而引起不负责任、吸引眼球者的大量出现？这个问题确实很难，我们也不知道完整的答案.

在整本书中，我们注意到，当正统统计被用于支持某种现象的不合理信念或更常见的不合理怀疑时，具有指导意义的科学案例的历史都是错误的. 在每种情况下，贝叶斯分析——考虑所有证据，而不仅仅是一个数据集的证据——都能得出更具说服力的结论. 因此，使用贝叶斯推理标准的编辑政策将对解决这个问题大有帮助.

正统方法的反效应偏差可以在以下事实中体现出来：费勒和其他人嘲笑“周期寻求者”从经济时间序列、天气、太阳黑子数和地震等现象中寻求并不存在的周期性，认为他们不负责任. 可以想到，的确可能存在这种情况，但是责难者没有列举我们可验证的具体示例，因此我们并不知道实际的例子. 在经济学中，对商业

① 杰弗里斯（Jeffreys，1939，第 321 页）指出，在万有引力理论的历史上，如果对牛顿定律做不考虑备择假设的正统显著性检验，则没有人不会拒绝牛顿定律，这将使得我们根本没有任何定律可用. 然而，几个世纪以来，牛顿定律的确使我们对月球和行星运动的计算准确性不断提高，而且只有当另一种假设（爱因斯坦定律）被充分陈述，并且可以独立于牛顿定律做更准确的预测时，一个理性的人才可能会想到抛弃牛顿定律.

周期的信念也存在周期性变化. 像经济学家亚瑟 · 伯恩斯一样，那些只看一眼数据图的人，马上就能看到周期. 那些像费希尔、费勒、图基（Blackman & Tukey，1958）这样使用正统数据分析方法的人却找不到这种周期. 那些像布雷特索斯特（Bretthorst，1988）一样使用作为逻辑的概率论的人，会比以上任何一个群体考虑更多的证据，也许能、也许不能找到周期. 一般来说，某些正统主义的怀疑论者看不到实际效应的原因是，他们使用的数据分析方法不仅忽略了先验信息，而且违反了似然原理，因此浪费了数据中的某些信息. 我们将在第 17 章中对此进行说明.

16.7 什么是真实的，概率还是现象？

正统主义者不愿意看到因果效应，即使它们是真实的. 这也带来了另一种心理上的危险，因为它最终会演变为相信存在“随机过程”，其中根本没有任何原因在起作用，而概率本身是唯一真实的物理现象. 当任何对因果关系的探索受到反对和阻止时，科学就会停滞不前.

相信现实世界中存在“随机过程”，也就是说，“随机性”而不是“确定性”是某一过程的真实物理属性，独立于人类信息而存在，这是思维投射谬误的另一个示例：将自身的无知归结于自然. 当前的概率论文献中充斥着这样一种说法，即“高斯随机过程”完全取决于其第一矩和第二矩. 如果清楚地表明这仅仅是抽象数学模型的定义属性，那么谁也不会对此有任何反对意见. 但是它总是以暗示人们这是描述一个真实物理过程的客观真实属性的语言形式出现. 一个从表面意义上相信这种事情的人，除了能注意到第一矩和第二矩不会有动力更深入地调查原因，因此可能永远找不到起作用的真实过程.

人们扔掉了对于理解物理过程来说很重要的信息，这不仅是不理性的，而且如果将这种思想付诸实践，可能会造成灾难性的后果. 确实，就每一个别事件都有特定原因而言，没有所谓的“随机过程”. 将疾病或者机器故障视为某些正统统计教科书中所述的“随机过程”的人会认为，在收集有关人类疾病或者机器故障的统计数据时，他正在测量一个控制因子——人生病或者机器发生故障的真实物理“倾向”——仅此而已.

然而，在涉及我们真正感兴趣的东西时，这种愚蠢通常很快就会消失. 每个人的每一种疾病都有确定的原因. 幸运的是，路易斯 · 巴斯德在 19 世纪就理解这一点，今天我们的医学研究人员也理解这一点. 在医学上，人们不仅收集有关疾病发生率的统计信息，还会开展大量有组织的研究工作来找到具体情况下的具体原因.

同样，每台机器故障都有确定的原因. 如果有飞机坠毁，联邦航空公司官员到达后，必要时会花数月的时间筛查所有证据，以确定确切的原因. 只有追求个例的具体原因，才能提高公共卫生水平以及机器的安全性与可靠性.

16.8 评注

从本章的讨论中可以得出的一个教训是：在科学社会学中，科学家和统计学家之间的关系正在发生一种深刻的变化. 这是与理论理解和计算能力方面的最新进展同时发生的.

学会了本书阐述的简单、统一的推断原理的科学家不会向统计学家寻求建议，因为他现在可以自己解决具体的数据分析问题，并在必要时编写新的计算机程序，所需要的时间会比在一本统计书中找到它们或雇用统计学家解决它们更少. 而且，他对正统方法的缺陷也时刻保持着警惕，并避免使用持续推荐这些方法的统计学家的所有建议. 每个参与数据分析的科学家都可以成为自己的统计学家.

另一个重要的一般性结论是：在分析数据时（尤其是在寻找新效应时），科学家不得不在看到太少和看到太多之间非常谨慎地找到折中方案. 只有通过实现所有可能的“分辨能力”的推断方法——考虑所有相关先验信息、所有先前获得的数据以及似然函数中的信息——才能在两种危险之间找到安全的路线并得出合理的结论. 作为逻辑的概率论自动考虑了与我们的信息相一致的所有条件（我们的基本合情条件要求如此）. 因此，除非我们提供错误信息或者隐瞒真实的相关信息，否则它不会得出误导人的结论.

很多年来，由于无法考虑所有相关证据，正统的数据分析方法一直在误导我们，并产生越来越严重的经济和社会后果. 通常，正统方法无法找到效应存在的重要证据，这些证据非常明显，只要看一眼数据就可以发现. 很少见的是，没有注意到强有力先验信息的正统方法可能会产生幻象，看到实际不存在的效应. 我们在本书中同时记录了这两种情况，并看到在所有情况下贝叶斯分析能如何自动避免这种困难.

沟通障碍

作为贝叶斯主义者与仅仅受过抽样理论训练的人之间存在沟通障碍的一个例子，我曾经发表过一个演讲，其中提到一个众所周知的基本定理：参数的后验期望是最小化期望误差平方的估计量. ①

听众中有一位抽样理论学家对此表示强烈反对，因为在他的词典中，“期望”

① 证明：令数据为 $x_1,\cdots,x_n$，并且 $\theta^*(x_1,\cdots,x_n)$ 是任何提议的估计量，那么 θ 在后验 PDF 下的平方误差的期望为 $\langle(\theta^*-\theta)^2\rangle=(\theta^*-\langle\theta\rangle)^2+(\langle\theta^2\rangle-\langle\theta\rangle^2)$，这在选择 $\theta^*=\langle\theta\rangle$ 时最小化.

和“估计量”不仅是不同的东西，而且是性质完全不同的东西：估计量是数据的函数，但是期望是所有可能数据的平均值，是参数的函数. 因此，当我说最优估计量是后验期望时，在他听起来就像我说苹果是橙子一样. 他不仅否定该定理，而且认为我已经失去理智，并且不了解统计术语的含义.

你将如何回应这一异议？问题在于，“后验期望”一词对他而言是毫无意义的，因为他否认存在诸如后验分布之类的任何东西，因此也无法理解后验期望确实是数据的函数，是可能的估计量. 除非他完全转变思维方式，否则这个简单的定理对他来说似乎完全是胡说八道. 我们如何在不冒犯反对者——因此完全不再相互联系——的前提下解释这一点？

意识到这些沟通障碍是由看似不可调和的理念差异逐渐发展为术语上的根本差异引起的，萨维奇（Savage，1954）写道：“……自巴别塔[①]以来，很少发生如此彻底的意见分歧和沟通中断的情况”. 杰恩斯的文章（Jaynes，1986a）中对过去的沟通障碍进行了更完整的讨论. 如今，借助丰富、强大且廉价的计算设施，我们可以通过展示实际效果来绕过并解决这些问题. 本书的目的之一就是解释如何进行这种展示.

在 20 世纪三四十年代，不仅存在沟通障碍，而且统计上小花招盛行. 每个人都希望被视为道德的，而反对罪恶. 因此频率派统计学家采用了发明一些褒义词（例如无偏、有效、一致最有效、可容许的、健壮）的手段来描述自己的方法，几乎迫使别人将贬义的反义词（例如有偏、不可容许的）应用到所有其他方法上.

从长远来看，玩这种把戏的人都只会掉进自己设的陷阱里，因为他们喜欢的方法都是不源于第一原理的任意特定工具. 鉴于考克斯定理的存在，所有这些方法都有严重的缺陷，只有通过他们拒绝的贝叶斯方法才能克服这些缺陷. 显而易见，正如我们在第 17 章中所证明的那样，“有偏”估计可能比“无偏”估计更接近真实，“不可容许”的流程可能比“可容许”的流程要好得多. 如今，这些充满感情色彩的术语只会阻碍进步，对科学造成伤害.

---

① 《圣经 · 旧约 · 创世纪》第 11 章写道，人类曾联合起来希望兴建通往天堂的高塔（巴别塔），但是上帝让人类说不同的语言，使人类不能相互沟通，人类的计划因此失败. ——译者注

第 17 章　正统统计学原理与病理

> 作为实用的统计理论，我们的理论之后的发展涉及……所有使用的复杂性，一方面是贝叶斯定理，另一方面是似然理论的技巧. 似然理论似乎避免了使用贝叶斯定理的必要，但实际上是将使用贝叶斯定理的责任转移给了应用统计学家或最终使用其结果的人.
>
> ——诺伯特 · 维纳（Nobert Wiener，1948）

据我们所知，诺伯特 · 维纳从未在已发表的工作中实际应用贝叶斯定理. 然而，他意识到人们在所涉及的统计工作中超出抽样分布的范围时使用贝叶斯定理的逻辑必要性. 在本章中，我们将研究在一些简单问题中不使用贝叶斯方法的后果. 在这些问题中从未出现过类似第 15 章中的悖论.

在第 16 章中，我们注意到，正统主义者对贝叶斯方法的攻击本质上总是基于理念或意识形态的，而从未检查贝叶斯方法给出的实际结果. 我们对具有数学能力的人会使用此类论证感到惊讶. 为了公平地比较，我们在这里需要采取相反的策略，并专注于正统主义者从未提及的明显事实. 因为贝叶斯方法在正统文献中总是被严重地歪曲，所以我们现在必须尽力避免误解正统方法. 一方面，只要正统方法在某个问题上的确产生了令人满意的结果，就必须承认，而不能仅仅出于意识形态的理由对它进行谴责. 另一方面，当一种通用的正统方法导致侮辱我们智商的结果时，我们将毫不犹豫地批评它.

我们的目标是理解以下问题：*在什么情况下以及在什么方面，正统结果与贝叶斯结果会不同？在实际应用中，这将导致什么后果？* 考克斯定理给我们提供了所有的理论支持，我们所有的实际比较仅仅是在许多不同的情况下证实该定理的结论.

17.1　信息损失

要覆盖所有方面并不容易，因为正统统计学不是一个连贯的理论体系，不可以通过一次性分析进行证实或驳斥. 它是一些独立的*特定工具*的松散集合. 这些*特定工具*是由许多不同的人基于不同的直觉理由发明和提出的. 这些人之间也经常产生意见分歧.

但是，人们总是可以看到，除了未能使用先验信息外，正统方法什么时候以及为什么一定会浪费一些数据中的信息. 考虑根据数据集 $D \equiv \{x_1, \cdots, x_n\}$ 估计参数 θ 的问题. 其中每一条数据都是 R^n 空间中的一个点. 正统方法要求我们在看到数据之前选择一个估计量 $b(D) \equiv b(x_1, \cdots, x_n)$，然后仅仅通过 $b(x)$ 进行估计. 指定 $b(x)$ 的观测值是定位 $n-1$ 维流形（R^n 的子空间）上的样本点. 指定实际数据集 D 也会告诉我们这一点及其在流形上的位置. 如果流形上的位置与 θ 无关，那么 $b(D)$ 就是一个充分统计量. 这时，除非存在其他情况（例如有强有力的先验信息），否则无论其宣称的理论依据怎样，正统方法在实用上都将是令人满意的. 否则，指定 D 会传递通过指定统计量 $b(D)$ 所没有传递的 θ 的额外信息.

换句话说，在给定实际数据集 D 的情况下，正统主义者可能选择的所有估计量 $\{b_1, b_2, \cdots\}$ 都将是已知的，因此贝叶斯定理可以同时使用所有可能估计量中包含的所有信息. 如果没有充分统计量，则可以为当前数据集选择最优估计量.

如果估计量不是充分统计量，那么它的抽样分布对我们来说无关紧要，因为对于不同的数据集，我们将使用不同的估计量. 在第 8 章和第 13 章中，我们从不同的角度较为详细地讲解了这一点. 同样的考虑也适用于假设检验：贝叶斯方法可以使用数据中的所有相关信息，但是基于单个统计量的正统方法则不能，除非它是充分统计量. 如果它不是充分统计量，则因为它从数据中提取了更多信息，我们期望贝叶斯方法会更好（更准确或更可靠）. 一旦理解了这一点，就很容易构造任意多示例来证明这一点.

从奈曼-皮尔逊正统统计阵营中，我们得到了无偏估计量、置信区间和假设检验等工具. 这实际上是一种决策理论. 这种思想或多或少地为赫伯特 · 西蒙（Herbert Simon，1977）在经济学中，埃里希 · 莱曼（Erich Lehmann，1986）在假设检验中，以及戴维 · 米德尔顿（David Middleton，1960）在电气工程学中所采用.

从费希尔的阵营中，我们得到了最大似然原理、方差分析、实验设计中的随机化，以及大量专门的“尾部”显著性检验. 幸运的是，在所有这些显著性检验中，基本逻辑是相同的，因此无须分别对其进行分析. 在生物学和医学检验中，这些方法几乎是被强制使用的. 此外，费希尔还提倡置信概率和以辅助统计量为条件的推断. 大多数统计学家拒绝使用置信概率. 我们在第 8 章中讨论了以辅助统计量为条件的推断，并且证明它在数学上等价于在没有先验信息时应用贝叶斯定理.

17.2 无偏估计量

给定具有某个参数 α 的抽样分布 $p(x|\alpha)$ 以及包含 n 个观测值 $D \equiv \{x_1, \cdots, x_n\}$ 的数据集，存在多种估计 α 的正统统计原理，特别是使用无偏估计量和最大似然. 在使用无偏估计量时，我们选择观测值的某一函数 $\beta(D) = \beta(x_1, \cdots, x_n)$

作为“估计量”. 奈曼-皮尔逊学派认为它应该是“无偏的”, 这意味着它对抽样分布的期望等于 α 的真实值:

$$\langle\beta\rangle = E(\beta) = \int \mathrm{d}x_1 \cdots \mathrm{d}x_n \beta(x_1, \cdots, x_n) p(x_1, \cdots, x_n|\alpha) = \alpha. \tag{17.1}$$

如 (13.20) 所述, 抽样分布的期望平方误差等于两个正数项的和,

$$\left\langle(\beta-\alpha)^2\right\rangle = (\langle\beta\rangle - \alpha)^2 + \mathrm{var}(\beta), \tag{17.2}$$

其中正统学派称之为“β 的抽样方差”（更准确地说是 β 的抽样分布的方差）$\mathrm{var}(\beta) = \langle\beta^2\rangle - \langle\beta\rangle^2$. 目前, 我们不寻找在第 15 章和附录 B 中讨论过的那种数学上的病态, 而是寻找逻辑上的病态（问题的基本表述中存在概念上的错误）. 即使所有数学都表现良好, 这种逻辑病理学仍然存在. 因此, 我们假定对于所有要考虑的估计量, 都存在该抽样分布的前二阶矩 $\langle\beta\rangle, \langle\beta^2\rangle$. 如果引入第四阶矩 $\langle\beta^4\rangle$, 我们也会自动假设它存在, 这是附录 B 中提倡的一般数学策略. 然后, 无偏估计量的确具有使 (17.2) 右边一项消失的优点, 但是这并不意味着能因此选择最小化平方误差. 让我们更仔细地研究这一点.

消除偏差和最小化方差哪个更重要?从 (17.2) 可以看出, 它们具有同等的重要性. 如果减少其中一个不足以补偿另一个的增加, 就没有任何好处. 但这就是正统统计学家通常做的事情!作为最常见的示例, 克拉默（Cramér, 1946, 第 351 页）考虑了根据 n 个独立观测值 $\{x_1, \cdots, x_n\}$ 估计抽样分布 $p(x_1|\mu_2)$ 的方差 μ_2 的问题

$$\mu_2 = \langle x_1^2\rangle - \langle x_1\rangle^2 = \langle x_1^2\rangle. \tag{17.3}$$

在 (17.3) 及以后, 我们假设 $\langle x_1\rangle = 0$, 因为如果不是这样, 只要做一个简单变换就能实现这一点. 简单计算表明样本方差（现在正确地称为样本的方差, 因为它表示样本内数据的变化, 而未考虑任何概率分布）

$$m_2 \equiv \overline{x^2} - \overline{x}^2 = \frac{1}{n}\sum_{i=1}^{n} x_i^2 - \left[\frac{1}{n}\sum_{i=1}^{n} x_i\right]^2 \tag{17.4}$$

对于抽样分布 $p(x_1, \cdots, x_n|\mu_2) = p(x_1|\mu_2)\cdots p(x_n|\mu_2)$ 有期望

$$\langle m_2\rangle = \frac{n-1}{n}\mu_2. \tag{17.5}$$

因此, 作为 μ_2 的估计量, 它具有负偏差. 按照正统统计学家的论证, 我们应该使用无偏估计量来纠正这一问题

$$M_2 = \frac{n}{n-1} m_2. \tag{17.6}$$

确实, 这似乎非常必要, 以至于在大多数正统统计文献中, 术语“样本方差”定义为 M_2 而不是 m_2.

当然, 现在真正重要的是我们所做估计的总误差. 我们将误差分解为两个抽

象部分并分别标记为“偏差”和“方差”的特定方式与估计的实际质量无关. 因此，让我们看看选择 $\beta = m_2$ 和 $\beta = M_2$ 的完整均方误差 (17.2). 用 M_2 替换 m_2 会消除项 $(\langle m_2\rangle - \mu_2)^2 = \mu_2^2/n^2$，但也会使项 $\mathrm{var}(m_2)$ 增大 $[n/(n-1)]^2$ 倍，因此看起来很明显，至少对于大的 n 来说，这会使情况变得更糟，而不是更好. 更具体地说，假设我们用估计量

$$\beta \equiv cm_2 \tag{17.7}$$

代替 m_2，按照正统准则，c 的最优选择是什么？期望平均损失 (17.2) 现在是

$$\begin{aligned}\left\langle (cm_2 - \mu_2)^2\right\rangle &= c^2\left\langle m_2^2\right\rangle - 2c\langle m_2\rangle\mu_2 + \mu_2^2 \\ &= \left\langle (m_2 - \mu_2)^2\right\rangle - \left\langle m_2^2\right\rangle (\hat{c} - 1)^2 + \left\langle m_2^2\right\rangle (-\hat{c})^2,\end{aligned} \tag{17.8}$$

其中

$$\hat{c} \equiv \frac{\mu_2\langle m_2\rangle}{\langle m_2^2\rangle}. \tag{17.9}$$

显然，(17.7) 中的最优估计量是 $c = \hat{c}$ 且 (17.8) 中的项 $-\langle m_2^2\rangle(\hat{c}-1)^2$ 表示通过使用 $\hat{\beta} \equiv \hat{c}m_2$ 代替 m_2 可得到的均方误差的减小. 简短的计算表明

$$\left\langle m_2^2\right\rangle = n^{-3}(n-1)\left[(n^2 - 2n + 3)\mu_2^2 + (n-1)\mu_4\right], \tag{17.10}$$

其中

$$\mu_4 \equiv \left\langle (x_1 - \langle x_1\rangle)^4\right\rangle = \left\langle x_1^4\right\rangle \tag{17.11}$$

是 $p(x_1|\mu_2)$ 的第四中心矩. 我们必须理解为什么这里 $n > 1$，因为如果 $n = 1$，我们有 $m_2 = 0$. 在抽样理论中，单次观察并没有提供有关方差 μ_2 的任何信息. ①

根据 (17.5) 和 (17.10)，我们发现 $\hat{c}$ 取决于抽样分布

$$\hat{c} = \frac{n^2}{n^2 - 2n + 3 + (n-1)K} \tag{17.12}$$

的第二和第四中心矩，其中 $K \equiv \mu_4/\mu_2^2 \geqslant 1$. 我们看到 $\hat{c}$ 是 K 的单调递减函数，因此如果 $K \geqslant 2$，(17.12) 表明对于所有 n 有 $\hat{c} < 1$. 这样，要减小总估计误差，我们不是要减小 (17.5) 中的偏差，反而应该始终增大它!

在高斯分布的情况下，$p(x|\mu_2) \propto \exp\{-x^2/2\mu_2\}$，我们发现 $K = 3$. 我们很少会有 $K < 3$，因为这意味着 $p(x|\mu_2)$ 对于大 x 会比高斯分布更快速度趋于 0. 如果 $K = 3$，则 (17.12) 简化为

$$\hat{c} = \frac{n}{n+1}. \tag{17.13}$$

① 在贝叶斯理论中，如果 μ_2 是相关联的，则单个观测值可以给出有关 μ_2 的信息，在联合先验概率 $p(\mu_2\theta|I)$ 中，问题中存在其他参数 θ，只要 $p(\mu\theta|I) \neq p(\mu|I)p(\theta|I)$，单个观察值的确可以提供信息. 这种间接信息传递在有强有力先验信息但只有少量数据的问题中会有所帮助.

与 (17.6) 比较表明，为了使均方误差最小化，我们不应该消除偏差，而应该将偏差大致翻倍.

估计量 $\hat{\beta} = \hat{c}m_2$ 比 M_2 好多少？在高斯分布的情况下，$\hat{\beta}$ 的均方误差为

$$\left\langle(\hat{\beta} - \mu_2)^2\right\rangle = \frac{2\mu_2^2}{n+1}. \tag{17.14}$$

无偏估计 M_2 对应的选择为

$$c = \frac{n}{n-1}, \tag{17.15}$$

从而得出均方误差

$$\left\langle(M_2 - \mu_2)^2\right\rangle = \mu_2^2\left[\frac{2}{n+1} - \frac{2}{n}\right], \tag{17.16}$$

它是使用 $\hat{\beta}$ 的误差的 2 倍多. [①] 在实践中，如果不是高斯分布，则尾部比高斯更宽，因此 $K > 3$，在这种情况下，差异会更大.

到现在为止，似乎我们在为一个很小的事情——对于 n 值所做估计值的一点点变化——而争论不休. 但是我们看到 (17.14) 和 (17.16) 之间的差别一点儿也不小. 例如，使用无偏估计量 M_2 时，你将需要 $n = 203$ 个观测值，才能获得有偏估计量 $\hat{\beta}$ 只需要 100 个观测值就能获得的均方抽样误差. 这是正统统计方法浪费信息的典型方式. 在此示例中，无论 n 的值是多少，使用正统统计方法实际上都相当于丢弃了一半的数据，因此浪费了一半的时间来获取数据.

费希尔经常从信息的角度思考问题，很早就意识到了这一点，但现代正统统计实践者似乎从来没有意识到这一点，因为他们继续使用频率观念思考，根本不考虑信息. [②] 有一项计量经济学的工作（Valavanis，1959，第 60 页），作者非常重视消除偏差，因此他主张不是丢弃一半而是所有的数据以达到目标.

为什么正统主义者如此偏重于偏差？我们怀疑主要原因只是他们陷入了自己制造的心理陷阱中. 当我们将量 $\langle\beta\rangle - \alpha$ 称为“偏差”时，这听起来似乎是不好的，必须不惜一切代价消除它. 如果按照毕达哥拉斯形式的 (17.2)，将其称为“与方差正交的误差分量”，那么所有人都清楚这两项对误差的贡献是均等的. 以增加另一项为代价减少一项是愚蠢的. 这只是选择一种带有情感、暗示价值判断的技术术语所付出的代价. 正统思想不断陷入这种战术错误.

---

① 杰恩斯似乎无意中使用了 $\left\langle m_2^2\right\rangle(c-c^*)$ 而不是 $\left\langle M_2^2\right\rangle(c-c^2)^2$ 来计算这一期望值，因此得出 (17.16) 而不是 $\left\langle(M_2-\mu_2)^2\right\rangle = 2\mu_2^2/(n-1)$. ——原书编者注

② 请注意，尽管存在数学上的相似性，但在贝叶斯方法中并不会出现这种困难. 现在同样选择数据的任何函数 $\beta(x_1, \cdots, x_n)$ 作为估计量，并让尖括号 $\langle\ \rangle$ 表示对 α 的后验 PDF 的期望，我们得到期望平方误差 $\left\langle(\beta - \alpha)^2\right\rangle = (\beta - \langle\alpha\rangle)^2 + \mathrm{var}(\alpha)$，很像 (17.2). 但是现在更改估计量 β 并不会改变 $\mathrm{var}(\alpha) = \left\langle\alpha^2\right\rangle - \langle\alpha\rangle^2$，因此根据此标准，所有估计量中的最优估计量始终为 $\beta = \langle\alpha\rangle$.

切尔诺夫和摩西（Chernoff & Moses，1959）曾经给出过一个更有力的例子，显示了无偏估计可能与我们想要的相去甚远. 一家公司正准备铺设一根穿过旧金山海湾的电话电缆. 他们无法事先确切知道需要多长的电缆，因此必须进行估算. 如果他们高估了电缆长度，损失将与要丢弃的多余电缆的长度成正比；但是如果他们低估了电缆长度，电缆的末端会掉进水中，结果可能会造成财务危机. 在这里使用无偏估计只能被描述为愚蠢的. 这也说明了为什么需要沃尔德类型的决策理论来充分表达理性行为.

过分强调偏差的另一个原因是基于以下信念：如果我们抽取 n 个观测值的 N 个连续样本并计算估计量 $\beta_1, \cdots, \beta_N$，这些估计的平均值 $\overline{\beta} = N^{-1} \sum \beta_i$ 会在 $N \to +\infty$ 时以概率收敛到 $\langle \beta \rangle$. 因此，在足够长时间的抽取后，无偏估计会给出无限精确的 α 值估计. 这种信念几乎从来没有过合理的解释，即使对于物理学家或工程师们进行了良好控制的测量而言也是如此，不仅是由于系统误差未知，而且是由于连续的测量缺乏适用这些极限定理所需要的逻辑独立性.

在诸如经济学这样不受控制的领域中，情况还要糟糕得多. 原则上讲，没有所谓“渐近抽样性质”之类的东西，因为“总体”总是有限的，并且它在有限时间内不受控制地变化. 在这种情况下尝试仅仅使用抽样分布——通常被解释为极限频率——使得人们将自己的全部精力都耗费在无关的幻象上. 与推断有关的不是任何想象的（未观察到的）频率，而是*我们对于真实情况所知道的实际知识*. 由于人类信息是我们所拥有的一切，以“主观”为理由拒绝这种知识——或任何其他人类信息——会排除任何寻找有用结果的可能性. ①

即使我们毫无批判地接受这些极限定理，并且虔诚地相信抽样概率也是极限频率，无偏估计量也不是在无限长时间抽样时无限逼近真实值的唯一估计量. 许多有偏估计量在极限时逼近真实值 α，*并且会更快*. 我们的 $\hat{\beta}$ 就是一个例子. 此外，估计量的渐近行为并不是我们真正关心的，因为真正的问题总是在有限数据集的前提下做得最好. 因此，重要的问题不是估计量*是否*趋于真实值，而是它以*多快的速度*趋于真实值.

我们在 (6.94) 中注意到：很久以前，费希尔通过另一种论证来处理无偏估计. 偏差的准则并没有真正的意义，因为它在参数变换时并不具有不变性：α 的无偏估计的平方并不是 α^2 的无偏估计. 在更高次幂 α^k 时，结果的差别可以变得任意大，而问题的表述中并没有告诉我们选择哪一个 k 是“正确的”. 因此，如果你

① 推断中的“客观性”在于，仔细考虑我们所掌握的关于真实情况的所有信息，并努力避免对实际不存在情况的幻想. *在我们看来*，这从一开始对于正统主义者来说应该是显而易见的，因为对于诸如希罗多德（Herodotus，约公元前 500 年）的古代哲学家来说，这在讨论波斯国王的政策决策时就已经很明显了.

我碰巧选择了不同的 k，则无偏估计会使我们从相同数据中得出关于 α 的不同结论. 但是，许多正统主义者只是简单地忽略这些不确定性（尽管他们不可能不知道它们），并在可能的情况下继续使用无偏估计量. 他们知道自己违反了基本的理性原则，却没有意识到自己也在浪费信息. ①

但是请注意，在所有这些论证之后，我们并不能得出结论：根据均方误差准则，$\hat{\beta}$ 是 μ_2 的最优估计！我们只考虑了有限的一类估计量 (17.4)，它是通过样本方差 (17.7) 乘以某个预先指定的常数构造的. 我们只能说 $\hat{\beta}$ 是这一类估计量中最优的. 样本的某个其他函数（不是估计量 (17.4) 的倍数）根据均方误差准则是否可能更优的问题仍然是悬而未决的. 正统参数估计方法并不能告诉我们如何找到最优估计量，而只能告诉我们如何比较基于直觉的不同猜测结果. 这在 (13.21) 之后已经提到，其中证明了通过对该问题稍微重新表述可以解决问题. 这不可避免地导致了贝叶斯方法，以达到我们真正的目标.

练习 17.1 尝试推广抽样理论以处理正统文献及以上讨论中未回答的许多问题. 有没有有限样本的最优估计量的一般理论? 如果有，偏差在其中有作用吗? 根据第 13 章的分析我们已经知道，这不可能是一种变分理论；但是可以想象一种类似动态规划的理论可能存在. 特别是，你能找到一个根据均方误差准则比 $\hat{\beta}$ 更好的正统估计量吗? 或者，可以证明在抽样理论框架内 $\hat{\beta}$ 已经是最优的吗?

与抽样理论在这些问题中的困难相对照，我们在上面和第 13 章中已经指出：无论是否存在充分统计量，贝叶斯方法都会自动为任何数据集和损失函数构造最优估计量，并且会马上得到一个关于其最优性的简单变分证明. 这种最优性不只是在任何受限的函数类中，而是对于所有估计量. 而且我们在这样做时没有提及偏差的概念. 偏差在贝叶斯理论中没有任何作用.

17.3 无偏估计的病理

仔细检查一下，就会发现无偏估计的一个更令人不安的特征. 考虑一下泊松分布：在一个时间单位内，我们观察到 n 个事件或“计数”的概率为

$$p(n|l) = \mathrm{e}^{-l}\frac{l^n}{n!}, \qquad n = 0, 1, 2, \cdots, \tag{17.17}$$

① 我们在 (6.94) ~ (6.98) 中注意到，后验期望的贝叶斯标准可能具有相同的不确定性. 如果我们在参数变换后继续使用后验标准，则不同的参数定义将得出不同的结论. 奇怪的是，拉普拉斯最初的后验中值和后验四分位数标准并不会产生此问题. 但是，这些并不是贝叶斯理论完全正确的应用方式. 当我们使用第 13 章的决策理论时，参数变换会伴随着损失函数的相应变换. 结果是，在参数重新定义时，最终结论是不变的.

其中参数 l 是 n 的抽样期望，$\langle n\rangle = l$. 那么，什么函数 $f(n)$ 能给出 l 的无偏估计？显然，选择 $f(n) = n$ 将实现这一目标. 为了证明它是唯一的，注意到 $\langle f(n)\rangle = l$ 就是

$$\sum_{n=0}^{\infty} \mathrm{e}^{-l} \frac{l^n}{n!} f(n) = l, \tag{17.18}$$

根据泰勒级数的系数公式，这需要

$$f(n) = \frac{\mathrm{d}^n}{\mathrm{d}l^n} \left\{ l\mathrm{e}^l \right\} \bigg|_{l=0} = n. \tag{17.19}$$

这是合理的结果. 但是假设我们想要某一函数 $g(l)$ 的无偏估计量. 出于同样的原因，唯一的解是

$$f(n) = \frac{\mathrm{d}^n}{\mathrm{d}l^n} \left\{ \mathrm{e}^l g(l) \right\} \bigg|_{l=0}. \tag{17.20}$$

因此，l^2 的唯一无偏估计量为

$$f(n) = \begin{cases} 0, & n = 0, 1, \\ n(n-1), & n > 1, \end{cases} \tag{17.21}$$

这对于 $n = 1$ 是荒谬的. 同样，对于 $n = 1, 2$，l^3 的唯一无偏估计量也是荒谬的，等等. 在这里，无偏估计量甚至违背了基本逻辑. 如果观察到 $n = 2$，我们被建议估计 $l^3 = 0$，但是如果 l^3 为 0，则不可能观察到 $n = 2$！e^{-l} 的唯一无偏估计量是

$$f(n) = \begin{cases} 1, & n = 1, \\ 0, & n > 0, \end{cases} \tag{17.22}$$

这对于所有正数 n 来说都是荒谬的. $1/l$ 的无偏估计量不存在，它在数学上是病态的. 无偏估计量会在所有数据集上与演绎逻辑发生冲突. 如果它们在这样一个简单的问题中也能产生这样的病态结果，那么在更复杂的问题中等待我们的将是什么恐怖的后果呢？

补救措施

相比之下，对于任何函数 $g(l)$，均匀先验的贝叶斯后验均值估计为

$$\langle g(l)\rangle = \frac{1}{n!} \int_0^{+\infty} \mathrm{d}l\, \mathrm{e}^{-l} l^n g(l), \tag{17.23}$$

对于以上所有示例，都可以很容易地验证其在数学上表现良好，结果具有直观上的合理性. $1/l$ 的贝叶斯估计就是 $1/n$，这里没有病态. 首先会令人惊讶的是，e^{-l} 的贝叶斯估计为

$$f(n) = 2^{-(n+1)}. \tag{17.24}$$

为什么不是 e^{-n} 呢? 要明白原因，请注意以下几点.

(1) l 的后验分布是偏斜的，$l > n$ 的后验概率为

$$p(l > n) = \int_n^{+\infty} \mathrm{d}l\, e^{-l} \frac{l^n}{n!} = e^{-n} \sum_{m=0}^{n} \frac{n^m}{m!}. \tag{17.25}$$

它从 $n = 0$ 处的 1 随着 $n \to +\infty$ 单调减少到 1/2. 因此，给定 n，参数 l 总是更可能大于 n 而不是小于 n.

(2) l 的后验分布与 $e^{-l}l^n$ 成正比，主要集中在范围 $n \pm \sqrt{n}$ 内. 但是 e^{-l} 变化得如此之快，以致在计算其期望值时，对积分 $\int \mathrm{d}l\, e^{-2l} l^n$ 的大部分贡献来自范围 $n/2 \pm \sqrt{n}/2$. 因此 $e^{-n/2}$ 比 e^{-n} 更接近正确的估计量. 这两种情况都影响数值，以致 (17.24) 最终成为这些相反趋势之间的平衡. 这仍然是贝叶斯定理检测到一个真正复杂的情况并自动纠正它的例子. 它相当灵活有效，人们不知道其中发生了什么.

练习 17.2 考虑截断泊松分布:

$$p(n|l) = \left[\frac{1}{e^l - 1}\right] \frac{l^n}{n!}, \qquad n = 1, 2, \cdots. \tag{17.26}$$

证明 l 的无偏估计量现在对于 $n = 1$ 是荒谬的. e^{-l} 的无偏估计量对于所有偶数 n 是荒谬的，对于所有奇数 n 是反常的.

在已知的许多其他例子中，试图寻找无偏估计会导致类似的病态情况. 正统主义者肯德尔和斯图尔特（Kendall & Stuart，1961）指出了其中的几个. 但是他们被灌输了很强大的反贝叶斯主义思想，不愿检查相应的贝叶斯主义结果. 因此，他们从不知道在所有情况下贝叶斯方法可以轻易地克服困难. ①

17.4 抽样方差的基本不等式

一个通常与克拉默、拉奥、达尔穆瓦、弗雷歇等人的名字相联系的著名不等式，对于任何具有连续抽样分布的任意估计量或统计量提供了可以达到的抽样方差的下限. 结果尽管在数学上很简单，但是很重要，因为它几乎是正统统计所能提供的唯一指导性理论. 克拉默（Cramér，1946，第 32 章）给出了这方面带示例的全面讨论. 给定 n 个观测数据的数据集 $x \equiv \{x_1, \cdots, x_n\}$ 并通过 $\int \mathrm{d}x(\ )$ 在

① 莫里斯 · 肯德尔其实可以在五分钟内从哈罗德 · 杰弗里斯那里学到这一点. 他们多年来几乎天天见面，因为他们都是剑桥圣约翰学院的研究员，并且在同一张饭桌上吃饭.

样本空间上进行积分. 对于包含参数 α 的抽样分布 $p(x|\alpha)$，令

$$u(x,\alpha)\equiv\frac{\partial\ln p(x|\alpha)}{\partial\alpha}. \tag{17.27}$$

从数学上讲，我们寻求的结果只是施瓦茨不等式：给定在样本空间上定义的两个函数 $f(x)$ 和 $g(x)$，记 $(f,g)\equiv\int\mathrm{d}x\,f(x)g(x)$，则 $(f,g)^2\leqslant(f,f)(g,g)$，当且仅当 $f(x)=qg(x)$ 时等号成立，其中 q 是独立于 x 但可能依赖于 α 的常数. ① 现在选择

$$f(x)\equiv u(x,\alpha)\sqrt{p(x|\alpha)},\qquad g(x)\equiv[\beta(x)-\langle\beta\rangle]\sqrt{p(x|\alpha)}. \tag{17.28}$$

因为 $\langle u\rangle=\int\mathrm{d}x\,u(x,\alpha)p(x|\alpha)=\partial/\partial\alpha[\int\mathrm{d}x\,p(x|\alpha)]=0$，我们发现 $(f,g)=\langle\beta u\rangle-\langle\beta\rangle\langle u\rangle=\langle\beta u\rangle$. 同样，$(f,f)=\mathrm{var}(u)$，而 $(g,g)=\mathrm{var}(\beta)$，因此施瓦茨不等式简化为

$$\langle\beta u\rangle\leqslant\sqrt{\mathrm{var}(\beta)\,\mathrm{var}(u)}. \tag{17.29}$$

但是 $\langle\beta u\rangle=\int\mathrm{d}x\,\beta\partial p(x|\alpha)/\partial\alpha=\mathrm{d}\langle\beta\rangle/\mathrm{d}\alpha=1+b'(\alpha)$，其中 $b(\alpha)\equiv\langle\beta\rangle-\alpha$ 是估计量的偏差. 因此，我们寻求的著名不等式是

$$\mathrm{var}(\beta)\geqslant\frac{[1+b'(\alpha)]^2}{\int\mathrm{d}\alpha(\partial\ln p(x|\alpha)/\partial\alpha)^2p(x|\alpha)}. \tag{17.30}$$

现在，将 (17.27) 代入等式 $f=qg$ 的充分必要条件并更改参数 $\alpha\to l$，其中 l 由 $q(\alpha)=-\partial l/\partial\alpha$ 定义，我们有

$$\frac{\partial\ln p(x|\alpha)}{\partial\alpha}=-l'(\alpha)[\beta(x)-\langle\beta\rangle]. \tag{17.31}$$

通过对 α 进行积分，等式成立的条件变为

$$\ln p(x|\alpha)=-l(\alpha)\beta(x)+\int\mathrm{d}l\langle\beta\rangle+\text{常数}. \tag{17.32}$$

用更熟悉的记号表示，注意 (17.32) 中的积分是 α 的函数，让我们称之为 $\ln Z(\alpha)$，定义函数 $Z(\alpha)$. 同样，(17.32) 中的积分常数与 α 无关，但可能依赖于 x. 因此称它为 $\ln m(x)$，定义函数 $m(x)$. 有了这些记号的改变，(17.30) 中等号成立的充分必要条件就变成了

$$p(x|\alpha)=\frac{m(x)}{Z(l)}\exp\{-l(\alpha)\beta(x)\}. \tag{17.33}$$

但是我们认出这仅仅是我们在第 11 章中发现的分布，通过固定 $\langle\beta(x)\rangle$ 约束的最大熵原理. 在 (17.33) 中，分母 $Z(l)$ 显然是一个归一化常数，因此等于

$$Z(l)=\int\mathrm{d}x\,m(x)\exp\{-l\beta(x)\}, \tag{17.34}$$

① 证明：对于所有常数 q，$\int\mathrm{d}x[f(x)-qg(x)]^2\geqslant0$，特别是对于 $q=(f,g)/(g,g)$ 的值，该值使积分最小. 当且仅当 $f(x)-qg(x)=0$ 时，式中的等号成立. 请注意，无论积分的范围如何均如此，它不一定是整个样本空间.

而约束只是

$$\langle \beta \rangle = -\frac{\partial \ln Z}{\partial l}, \tag{17.35}$$

与 (11.60) 相同. 这可以立刻推广到 α 和 β 是任意维度的向量的情况，指数变成像 (11.43) 中的 $\{-\sum l_i(\alpha)\beta_i(x)\}$，因此我们只是重新发现了第 11 章的最大熵形式!

这些结果使我们了解到一些原理根本上的统一性和相互一致性. 这些原理迄今看起来似乎彼此不同. 我们在第 14 章中注意到，与信息相关的充分性概念实际上可以用香农的信息熵来定义. 很久以前，皮特曼 - 库普曼定理（Koopman，1936；Pitman，1936）就证明了存在充分统计量的条件只是抽样分布具有函数形式 (17.32). 因此，如果我们使用最大熵原理来分配抽样分布，那么从抽样理论（因为估计量的抽样方差为最小可能值）或贝叶斯理论（因为在应用贝叶斯定理时，我们只需要计算数据的一个函数）推断的角度出发，这会自动生成具有理想性质的分布.

的确，如果将最大熵分布视为由拉格朗日乘子 l_j 参数化的抽样分布，我们会发现充分统计量正是定义分布的约束的数据图像. 因此，根据约束集合 $\{\langle\beta_1(x)\rangle, \langle\beta_2(x)\rangle, \cdots, \langle\beta_k(x)\rangle\}$ 作为概率分布的期望值生成的最大熵分布具有 k 个充分统计量，正是 $\{\beta_1(x), \cdots, \beta_k(x)\}$，其中 x 是观察到的数据集. 杰恩斯 (Jaynes，1978，B82）证明了这一点. 我们将其作为练习让读者重构证明.

如果抽样分布不具有 (17.33) 或其推广的形式，那么就有两种可能性. 首先，如果抽样分布对于 α 是连续的，那么下界 (17.28) 无法达到，似乎没有理论可以确定正确的下界，更不用说构造一个估计量来达到下界了. 如果 β 是无偏的，(17.30) 右侧的最小可能方差与实际 $\mathrm{var}(\beta)$ 的比被费希尔称为估计量 β 的*效率*. 具有效率 1 的估计量称为*有效估计量*. 如今，它通常被称为“无偏最小方差”（unbiased minimun variance, UMV）估计量. [①]

其次，如果 $p(x|\alpha)$ 具有不连续点，克拉默（Cramér，1946，第 485 页）发现存在能实际上达到比 (17.28) 更低的方差的估计量. 但是，既然施瓦茨不等式不会有任何例外，这怎么可能呢? 出于附录 B 中所述的原因，我们认为这是一个数学错误（如果克拉默将不连续函数作为连续函数序列的极限，那么极限中会出现另一个德尔塔函数项，这将使得 (17.30) 在无论 $p(x|\alpha)$ 是连续时还是不连续时都是正确的）. 这是未能认识到德尔塔函数在分析中的必要作用而导致错误的一种典型情况.

① 注意，效率的概念比无偏估计更加依赖于参数. 如果存在 α 的有效估计量，则 α^2 的有效估计量不存在.

17.5 周期性：中央公园的天气

在经济学、气象学、地球物理学、天文学和许多其他领域中，一个很重要的一般性问题是，确定获取的时间序列数据能否为周期性行为提供证据. 根据过去观察到的周期很可能在将来继续的假设（即归纳推理），任何明显可辨别的周期性成分（如出生、疾病、降雨、温度、商业周期、股票市场、农作物产量、地震，恒星亮度）都可以为改善对未来行为的预测提供依据. 但是，除了预测之外，证明周期性的分析数据的原理仍然存在争议：这是显著性检验还是参数估计问题？不同流派根据同一数据可能会得出相反的结论.

在这里，我们将考虑一个来自最新正统文献的推理流程的例子. 这也将引入对贝叶斯频谱分析的简单介绍. 布卢姆菲尔德（Bloomfield，1976，第 110 页）给出了一张图，显示纽约中央公园在大约 100 年中观测到的 1 月平均温度. 由于其峰-峰幅度约为 4°F，而不规则的“噪声”仅约为 0.5°F，因此存在一个大约 20 年的周期，这在肉眼看来完全是显而易见的. 然而，布卢姆菲尔德使用费希尔引入的正统显著性检验，得出的结论却是不存在周期性的显著证据！

数据预滤波的愚蠢

为了理解这一点，我们首先注意到布卢姆菲尔德的图形数据已经通过 10 年移动平均值进行了“预滤波”. 这对周期性证据有什么影响？假设原始数据为 $D=\{y_1,\cdots,y_n\}$，并考虑离散傅里叶变换

$$Y(\omega)\equiv\sum_{t=1}^{n}y_t\mathrm{e}^{\mathrm{i}\omega t}. \tag{17.36}$$

对于连续的 ω 值，这是定义明确并且是周期性的：$Y(\omega)=Y(\omega+2\pi)$. 因此，如果将频率限制为 $|\omega|<\pi$，则不会丢失任何信息. 但这也不是很必要. 在任意 n 个连续和离散的“奈奎斯特”频率[1]

$$\omega_k\equiv 2\pi k/n,\qquad 0\leqslant k<n \tag{17.37}$$

上的 $Y(\omega)$ 的值已经包含所有数据的信息，因为根据正交性 $n^{-1}\sum_k \mathrm{e}^{\mathrm{i}\omega_k(s-t)}=\delta_{st}$，数据可以通过傅里叶反演从中恢复：

$$\frac{1}{n}\sum_{k=1}^{n}Y(\omega_k)\mathrm{e}^{-\mathrm{i}\omega_k t}=y_t,\qquad 1\leqslant t\leqslant n. \tag{17.38}$$

---

[1] 奈奎斯特是贝尔实验室的数学家，他在 20 世纪 20 年代发现了很多与电子通信有关的基本物理和信息理论. 20 年后，香农的工作是奈奎斯特开拓性工作的延续. 在现代电子技术中，所有这些仍然是有效和不可缺少的. 在第 7 章中，我们考虑了由于电子的随机热运动而在电路中产生的不可削减的基本“奈奎斯特噪声”.

假设将数据替换为过去值的 m 年移动平均值，带滞后 s 时间的 w_s 加权系数：

$$z_t \equiv \sum_{s=0}^{m-1} y_{t-s} w_s. \tag{17.39}$$

经过一些代数运算，[①] 新的傅里叶变换将是

$$Z(\omega) = \sum_{t=1}^{n} z_t \mathrm{e}^{\mathrm{i}\omega t} = W(\omega) Y(\omega), \tag{17.40}$$

其中

$$W(\omega) \equiv \sum_{s=0}^{m-1} w_s \mathrm{e}^{\mathrm{i}\omega s} \tag{17.41}$$

是加权系数的傅里叶变换. 这只是傅里叶理论的卷积定理. 因此，对数据进行任何移动平均只是将其傅里叶变换乘以已知函数. 特别是对于均匀加权

$$w_s = \frac{1}{m}, \quad 0 \leqslant s < m, \tag{17.42}$$

我们有

$$W(\omega) = \frac{1}{m} \sum_{s=0}^{m-1} \exp\{-\mathrm{i}\omega s\} = \exp\left\{-\mathrm{i}\frac{\omega}{2}(m-1)\right\} \left[\frac{\sin(m\omega/2)}{m \sin(\omega/2)}\right]. \tag{17.43}$$

在 $m = 10$ 的情况下，我们发现对于 10 年和 20 年的周期性分别有

$$W(2\pi/10) = 0, \qquad W(2\pi/20) = 0.639 \exp\{-9\pi\mathrm{i}/20\}. \tag{17.44}$$

因此，对任何时间序列数据取 10 年移动平均值会造成不可挽回的信息损失. 它完全消除了 10 年周期的任何证据，并将 20 年周期的振幅减小到原来的 0.639，同时使其相位偏移了 $9\pi/20 \approx 1.41$ 弧度. 此外，$W(\omega)$ 的幅度在 $\omega = 2\pi/20$ 时减小，因此表观频率发生了偏移. $Z(\omega)$ 的峰值出现的频率低于 $Y(\omega)$ 的真实峰值出现的频率. 我们的结论是：原始数据的周期性大约为 20 年，其峰-峰幅度约为 $4/0.639 \approx 6.3$(°F). 这对于肉眼更加明显，并且与布卢姆菲尔德图中可见的周期性相位相差大约 90 度，而且真实频率比根据图中估算的频率要高一些. 取移动平均值已经严重破坏和扭曲了数据中的信息.

---

① 在这一点上，许多人对有限长度序列的“m 年移动平均值”一词的确切含义感到困扰. 如果我们只对 $t > 0$ 有 y_t，那么似乎 m 年移动平均值 (17.39) 只能从 $t = m$ 开始. 那么他们发现公式并不精确，需要 m/n 阶的小的“头尾效应”修正项. 我们通过稍微改变定义来避免这种情况. 考虑在原始时间序列 $\{y_t\}$ 进行“零填充”. 我们在 $t < 1$ 或者 $t > n$ 时定义 $y_t \equiv 0$，并且同样将权重系数在 $s < 0$ 或 $s \geqslant m$ 定义为 0. 那么我们可以将以上 t 和 s 区间内的求和理解为在 $(-\infty, +\infty)$ 区间内的求和，并且前若干项 $(z_1, \cdots, z_{m-1})$ 尽管是填充数据后的 m 年平均值，但实际上是少于 m 年的非零数据平均值. 当 $m \ll n$ 时，它们之间的差在数值上可以忽略不计，好处是我们得到求和在 $\pm\infty$ 之间的简单的 (17.36)～(17.42)，其中 (17.39) 中的 t 允许取所有正值. 它们均精确成立，不必为麻烦的修正项所扰. 此外很明显，如果不这样做，则意味着前 m 个数据和最后 m 个数据中的某些信息会丢失. 因此，对于有限序列的“移动平均值”（从根本上是随意的）的这一定义对于本场景是适合的.

我们多次警告不要在分析数据之前以这种方式预滤波．它唯一可能达到的目的是把数据图装饰得更漂亮．但是如果要通过计算机分析数据，这不会有任何帮助，只会丢弃或扭曲计算机可能从原始数据中提取的某些信息．对于某些目的，它会使滤波后的数据变得完全无用．就我们所知，原始数据可能存在与众所周知的与太阳黑子数 11 年周期性相对应的大约 10 年的强周期性．如果是这样，则进行 10 年移动平均将消除这种周期性的证据．

数据的周期图就是功率谱密度：

$$P(\omega) \equiv \frac{1}{n}\left|Y(\omega)\right|^2 = \frac{1}{n}\sum_{t,s} y_t y_s \exp\{\mathrm{i}\omega(t-s)\}. \tag{17.45}$$

注意 $P(0) = (\sum y_t)^2 = n\overline{y}^2$ 确定数据的均值，而奈奎斯特频率下的周期图的平均值是数据的均方值：

$$P(\omega_k)_{\mathrm{av}} = \frac{1}{n}\sum_{k=1}^{n} P(\omega_k) = \overline{y^2}. \tag{17.46}$$

费希尔提议的周期性检验统计量是周期图的峰值与平均值之比：

$$q = \frac{P(\omega_k)_{\max}}{P(\omega_k)_{\mathrm{av}}}, \tag{17.47}$$

并根据数据是高斯白噪声的原假设 H_0 计算其抽样分布 $p(q|H_0)$．从数据中观察到值 q_0 之后，我们可以计算所谓的"P 值"，即以 H_0 为条件、仅靠偶然性便会产生相等或更大值的抽样概率：

$$P \equiv p(q > q_0|H_0) = \int_{q_0}^{+\infty} \mathrm{d}q\, p(q|H_0), \tag{17.48}$$

如果 $P > 0.05$，则周期性证据将会以"未达到 5% 的显著性水平"而被拒绝．①

这种检验只考虑针对没有周期性的"零假设"条件下的概率，而没有考虑假设存在周期性的条件下的概率，也没有考虑是否有先验信息表明周期性的预期更合理！我们在第 5 章中已经对这种推理过程进行了评论．如果一个人没有指定 (1) 要检验的假设，(2) 针对其进行检验的备择假设，(3) 问题有什么先验，他怎么可能是在理性地检验任何假设呢？只有确定了以上三点，我们才在问明确的、定义良好的问题．

同样令人困惑的是，如果一个人开始时全力反对一种真实现象的存在，他怎么能找到这一现象的证据呢？该检验考虑的唯一假设 H_0 是数据来自没有任何周

① 这是典型的正统"尾区间"显著性检验，我们在第 9 章中讨论了此类检验，并指出正统卡方检验存在严重缺陷，但是类似的贝叶斯 Ψ 检验是精确的，且没有卡方检验的缺陷．可以构建许多其他的贝叶斯 Ψ 检验，这些检验针对指定的备择假设类 C 对某一假设 H 进行检验．但是，现在我们注意到看待这一问题的另一种通常更有用的方法：显著性检验可以为更简单、信息量更大的参数估计问题所代替．

期性成分的“平稳高斯随机过程”. 根据这一假设 H_0，即使噪声像一个正弦波周期，也仍然仅仅是纯粹的偶然——根据正统抽样分布来看，这也不太可能.

在我们能想到的几乎每一个应用中，关于现实世界的先验知识都告诉我们，当说到“周期性”时，我们想到的是一些系统性的物理作用在重复. 确实，我们对它的兴趣完全是由于我们期待它会重复. [①] 因此，我们之所以认为天气有周期性，是因为我们知道天气受到周期性天文现象的影响：地球自转，每年围绕太阳的轨道运动，以及观测到的黑子数的周期性，这都会影响地球上的大气. 所以我们要检验的假设 H_1 跟我们在费希尔假设检验中使用的 H_0 完全不同. [②]

这就是所有正统显著性检验的底层逻辑. 为了证明一个存在某种效应的假设 H_1，人们间接地去：发明一个否认此效应的“原假设”H_0，然后以某种方式否证 H_0，其间完全不提及 H_1（即仅使用以 H_0 为条件的概率）. 让我们看看这一流程如何违背基本逻辑：假设我们认为该效应存在，就应该拒绝 H_0，当然还必须拒绝以 H_0 为条件的概率，但是这样我们做出效应存在决定的逻辑依据是什么? 正统统计在这里逻辑上自相矛盾. [③]

杰弗里斯（Jeffreys，1939，第 316 页）审视了这种自相矛盾的推理，并从另一个角度对此表示惊讶：“可能为真的假设由于无法预测未发生的可观察的结果而被拒绝. 这似乎是一个了不起的流程. 从表面上看，可以更合理地将证据视为支持假设的证据，而不是与之相反的证据.”

因此，如果我们说温度是周期性的，意思是存在一些周期性的物理效应在起作用. 虽然它的本质可能不能完全确定，但我们可以对此做出一些合理的推测. 例如，上述太阳活动的周期性已知是由于太阳黑子数的 11 年周期性变化而产生的（许多人有充分的理由相信是修正后的 22 年周期性），这将导致进入大气层的带电粒子数量的周期性变化（观察到的北极光的周期性变化表明了这一点），从而改变离子浓度，并改变雨滴凝结中心的数量. 这将导致云层的周期性变化，进而

① 成功的预测并不一定需要真正理解周期性的物理原因. 在古印度，已经有多个世纪的日食记录. 从这些观测结果中，他们“了解了日食的节奏”，尽管他们不知道原因，但是仍然能够非常准确地预测未来的日食.

② 如果表面上的周期性只是 H_0 假设的噪声所产生的暂时假象，我们根本就不会认为它是真实的周期性，也不希望我们的统计检验对此加以注意. 但不幸的是，对于人们能设计出的任何检验噪声假象总是可能暂时出现. 补救措施是检查表面效应是否可以重现. 噪声假象很可能永远不会以相同的方式再次发生. 物理学家几乎总是可以很容易地使用这种补救措施，而经济学家通常不能.

③ 历史研究表明，开始这种推理的罪魁祸首不是统计学家，而是物理学家亚瑟 · 舒斯特（Arthur Schuster，1897）. 他发明了周期图，以驳斥日本地震存在某些周期性的说法. 他从来不从信息的角度考虑问题，而是通过一种简单的分析数据方法来达到他的预定目标. 这种方法会丢弃有关周期性的信息！但这种周期性后来被包括费希尔、费勒、布莱克曼、图基、布卢姆菲尔德在内的许多其他人发现. 然而，我们将看到，周期图确实包含了舒斯特及其追随者没有意识到的基本信息. 他们认为该信息包含在周期图的抽样分布中. 而这里给出的分析表明，它实际上包含在周期图的形状中.

导致温度和降雨的周期性变化. 由于普遍的大气环流模式，在地球上的不同位置可能会有很大差异.

我们并不是要说我们坚信这一机制是主要的. 只是它是可以想到的，而且不违反任何已知的物理定律，但其影响的大小很难单从理论上估计. 但是已知这些先验信息，不会使我们对中央公园的温度存在观察到[①] 的周期性感到惊讶，并使我们推测 7 月的温度可能会为存在周期性提供更多的证据.

一旦数据为此类周期性提供了轻微的证据，其他观测就可以证实或否定其真实性，并将其他数据（天文、大气电子、鱼类种群等）与许多不同位置的天气数据相关联. 仅接受正统统计训练的人会毫不犹豫地认为所有这些现象是“独立”的. 具有天体物理学与气象学知识的科学家则根本不会这样认为.

如果科学期刊的编辑以没有达到 5% 的显著性检验水平为由拒绝发表第一批细微的证据，那么极可能永远不会有确认性的观测，一个重要发现可能会被延迟一个世纪. 物理学家和工程师们在很大程度上摆脱了这个悲惨结局，因为他们几乎从未认真对待过正统统计教条. 但是其他从事经济学、人工智能、生物学或医学研究的人不那么幸运，他们过去曾经被费希尔的权威吓倒.

我们刚刚指出的立场与费勒（Feller，II，第 76 ~ 77 页）形成鲜明对比，后者对所谓的“老的错误方法”进行了评判. 假设数据以正弦形式展开为：

$$y_t = \sum_{j=1}^{n} (A_j \cos \omega_j t + B_j \sin \omega_j t). \tag{17.49}$$

我们总是可以这样估计 y_t. 如果 $\{y_t\}$ 是随机变量，则 A_j 和 B_j 似乎也必须是“随机变量”. 费勒警告我们不要采用老的错误方法：将这样的序列与选择好的频率 $\{\omega_1, \cdots, \omega_n\}$ 拟合，并假设所有 $A_j, B_j \sim N(0, \sigma)$. 如果 $R_j^2 = A_j^2 + B_j^2$ 中的其中一个较大，则可以得出结论存在一个真实周期. 他写道：

> 一段时间以来，引入这种形式的模型来检测黑子、小麦价格、诗人的创造力等“隐藏的周期性”很时髦. 这种隐藏的周期性像中世纪的女巫一样容易被发现，但是，即使再强烈的信念也必须通过统计检验来验证. 如果观察到特别大的振幅 R_j，人们希望证明这不是偶然的，因此 ω_j 是一个真实的周期. 为了检验这一猜想，我们会问 R 的大观测值是否与所有 n 个成分都起相同作用的假设合理地兼容.

显然，费勒甚至不相信黑子的周期性. 一个多世纪以来，没有一位有素养的科学

① 一个人知道农作物产量的周期大约为 20 年，而如果他知道这在一个世纪之前已经为堪萨斯州的小麦种植者所知，就不会对此感到惊讶.

家会对此有什么怀疑. 证据非常之多，没有人需要进行“统计检验”. 他指出，通常的程序是假定 A_j, B_j 是 iid①的正态分布 $N(0,\sigma)$. 然后 R_j^2 会认为是一个独立的期望值为 $2\sigma^2$ 的指数分布. “如果观测值 R_j^2 显著偏离期望值，习惯上会得出结论：等权重假设是站不住脚的，而 R_j 代表“隐藏的周期性”. 在这一点上，费希尔认识到我们使用了错误的抽样分布：

> 费希尔揭示了这种推理的谬误，他指出 n 次独立观察中的最大值与每个变量分别服从的概率分布不同. 在医学统计中，将最坏情况视为好像是随机选择的情况一样对待的错误仍然很常见，但是在此讨论的原因是费希尔显著性检验与覆盖定理之间存在令人惊讶且有趣的联系.

费勒然后说，量

$$V_j = \frac{R_j^2}{\sum R_i^2}, \quad 1 \leqslant j \leqslant n \tag{17.50}$$

是区间 $(0,1)$ 内被 $n-1$ 个点随机划分为 n 段的“分布”. 所有 $V_j < a$ 的概率由费勒指出的覆盖定理给出.

当然，我们的观点是，费勒的“旧的错误的”和“新的正确的”抽样分布都与推断无关. 两个相关的量（表示我们对现象了解的先验信息以及数据的似然函数）甚至没有被提及.

无论如何，本次讨论的基本结论是费希尔检验不能检测到纽约中央公园 1 月温度的明显的 20 年周期. 但是这不是简单的肉眼查看甚至比正统统计教科书中讲授的推断原理更强大的唯一情况. 克罗、戴维斯和马克斯菲尔德（Crow, Davis & Maxfield，1960）分析了正统 F 检验和 t 检验的应用，杰恩斯（Jaynes，1976）也对此进行了研究，得出的结论是：(1) 肉眼是比正统双尾检验更可靠的效应指示器，(2) 贝叶斯检验能定量确认肉眼看到的定性结果. 这也与其他地方讨论的支配性和可容许性概念有关.

17.6　贝叶斯分析

现在，我们来检查相同数据的贝叶斯分析结果. 出于教学上的考虑，我们想更详细地解释其基本原理. 对于周期性，对应于有关现象的不同信息、不同选择的模型以及有关模型参数的不同先验信息，可能存在各种不同的贝叶斯数据处理方式. 我们的贝叶斯模型如下. 我们认为由于一些系统性物理作用对天气的影响，

① 缩写“iid”是正统统计术语，代表“独立同分布”. 对我们来说，这是思维投射谬误的另一种形式. 在现实世界中，每个系数 A_j, B_j 都是确定地从数据中得知的固定量，根本没有“分布”！

温度数据可能具有周期性的分量：

$$A\cos\omega t + B\sin\omega t, \tag{17.51}$$

其中，如前所述，我们可以假设 $|\omega| \leqslant \pi$（对于年度数据，考虑短于一年的周期是没有意义的）. 此外，数据会被可变分量 e_t 污染，我们称这种可变分量为“不规则”的，因为我们无法控制或预测它们，因此无法考虑它们. 这可能是因为我们不知道其真正原因，或者尽管我们知道原因，但是缺少初始条件的数据来做预测.[①] 然后，如第 7 章所述，对真实的先验信息，我们几乎总是可以将具有参数 (μ, σ) 的高斯抽样分布分配给不规则成分. 几乎没有任何实际的问题可以使我们获得更详细的先验信息，以证明更精细的抽样分布更为合理.

因此，μ 是事先未知的“标称真实平均温度”，可以很容易地从数据中估计出（凭直觉已经可以看到，数据 $\overline{y}$ 的平均值大约等于从所拥有信息中得出的 μ 的估计值），但这不是我们当前关心的参数，因此将其称为冗余参数. 尽管也可以从数据中轻松估计出 σ，但我们事先也不知道 σ. 这不是我们当前感兴趣的，因此正如第 7 章中所述，我们也将 σ 视为要积分掉的冗余参数. 这样，我们的数据模型方程为

$$y_t = \mu + A\cos\omega t + B\sin\omega t + e_t, \quad 1 \leqslant t \leqslant n, \tag{17.52}$$

我们的不规则分量的抽样分布是

$$p(e_1, \cdots, e_n|\mu\sigma I) = \left(\frac{1}{2\pi\sigma^2}\right)^{n/2} \exp\left\{-\frac{1}{2\sigma^2}\sum_t e_t^2\right\}. \tag{17.53}$$

这样，数据的抽样（密度）分布为

$$p(y_1, \cdots, y_n|\mu\sigma I) = \left(\frac{1}{2\pi\sigma^2}\right)^{n/2} \exp\left\{-\frac{Q}{2\sigma^2}\right\}, \tag{17.54}$$

带有二次型

$$Q(A, B, \omega) \equiv \sum (y_t - \mu - A\cos\omega t - B\sin\omega t)^2, \tag{17.55}$$

或者

$$\begin{aligned} Q = n\Big[&\overline{y^2} - 2\overline{y}\mu + \mu^2 - 2A\overline{y_t\cos\omega t} - 2B\overline{y_t\sin\omega t} + 2\mu A\overline{\cos\omega t} \\ &+ 2\mu B\overline{\sin\omega t} + 2AB\overline{\cos\omega t\sin\omega t} + A^2\overline{\cos^2\omega t} + B^2\overline{\sin^2\omega t}\Big], \end{aligned} \tag{17.56}$$

其中所有上划线符号均表示 t 上的样本均值. 这里突然出现了许多在正统统计方法中不存在的细节，但是所有这些细节实际上都与推断有关. 在任何非平凡的贝叶斯解中，我们都可能会遇到很多分析细节，因为所有的可能的信息将被考虑在

① 在气象学中，虽然确定天气的热力学和流体力学原理是众所周知的，但在 50 英里网格上获取的天气数据严重不足以预测 24 小时之后的天气. 偏微分方程需要大量的初始条件信息来确定唯一解.

内（这是第 1 章和第 2 章中的合情条件的要求）. 这些细节的绝大部分不为正统统计原理所考虑，也很难用纸笔计算处理.

在实践中，贝叶斯主义者学习到，其中的很多细节实际上对最终结果的影响可以忽略不计，因此我们几乎总是可以用纸笔做有针对性的计算，得出很好的近似结果. 幸运的是，再复杂的细节也不能吓住计算机，它很容易得到精确解.[①] 在当前问题中，(A, B, ω) 是我们要估计的感兴趣的参数，而 (μ, σ) 是要消除的冗余参数. 我们看到 (17.56) 的 9 个求和项中，有 4 个涉及数据 y_t，并且由于这是数据出现的唯一位置，因此这 4 个求和项是问题中所有 5 个参数的联合充分统计量. 在获得数据之前，可以一次性地对其他 5 个求和项进行分析求解.

现在，我们的先验信息是什么? 当然，我们事先知道 A, B 一定不会超过 200°F. 如果温度变化那么大，纽约市将不复存在，任何偶然进入该城市并幸存下来的人都会从该市紧急撤离. 因此，纽约市仍然存在的经验事实是与所要提出的问题相关的强有力的信息，它足以保证贝叶斯计算中 (A, B) 的先验的正常性. 同样，我们也没有关于任何周期相位 $\theta = \tan^{-1}(B/A)$ 的先验信息，因此可以通过 θ 的均匀先验来表示.

我们可以引用一些其他相关先验信息，但是根据第 6 章练习 6.6 的结果，我们已知知道，除非有先验信息将可能的范围减小到大约 30°F，否则它对于结论的影响可以忽略不计（如果仅报告精确到三位小数的结论，则绝对可以忽略）. 因此，让我们看看贝叶斯推断给出的结果. 通过本质上与第 7 章中赫歇尔导出高斯分布基本相同的推导过程，我们可以指定联合先验分布

$$p(AB|I) = \frac{1}{2\pi\delta^2} \exp\left\{-\frac{A^2 + B^2}{2\delta^2}\right\}, \tag{17.57}$$

其中 δ 的数量级为 100°F，我们预计其确切值不会对结论有明显的影响（尽管如此，这样的正常先验对于防止计算机崩溃可能是必不可少的）.

现在，贝叶斯定理在此问题上的最一般应用如下. 我们首先找到所有 5 个参数的联合后验分布:

$$p(AB\omega\mu\sigma|DI) = p(AB\omega\mu\sigma|I)\frac{p(D|AB\omega\mu\sigma I)}{p(D|I)}. \tag{17.58}$$

然后积分掉冗余参数:

$$p(AB\omega|DI) = \int \mathrm{d}\mu \int \mathrm{d}\sigma\, p(AB\omega\mu\sigma|DI). \tag{17.59}$$

① 的确，精确的一般解通常比任何特殊情况或近似解都更容易编程，因为不需要深入研究使例子变得特殊的细节. 如果能防止下溢或上溢，精确解程序具有不会崩溃的优点（因为对于某些数据集，近似解程序几乎肯定会崩溃，但只要是对于正常先验，精确解对于所有可能的数据集都始终存在）.

但这比我们目前需要的计算要一般得多，它考虑了先验概率中的任意相关性. 实际上，我们总是可以将先验做如下分解：

$$p(AB\omega\mu\sigma|I) = p(AB\omega|I)p(\mu\sigma|AB\omega I), \tag{17.60}$$

因此，最一般的解在形式上似乎更简单：

$$p(AB\omega|DI) = Cp(AB\omega|I)L^*(A,B,\omega), \tag{17.61}$$

其中 C 是归一化常数，而 L^* 是拟似然

$$L^*(A,B,\omega) \equiv \int \mathrm{d}\mu \int \mathrm{d}\sigma\, p(\mu\sigma|AB\omega I)p(D|AB\omega\mu\sigma I). \tag{17.62}$$

在 (17.61) 中，冗余参数已经不见了. 但是在当前的问题中，了解系统周期性参数 (A,B,ω) 显然不会告诉我们不规则分量参数 (μ,σ) 的任何信息. 所以后者的先验是

$$p(\mu\sigma|AB\omega I) = p(\mu\sigma|I), \tag{17.63}$$

那么我们关于 (μ,σ) 的先验信息是什么呢? 当然，出于与“紧急撤离”同样的原因，我们也知道，这两个参数都不会超过 200°F. 而且我们也知道 σ 不能小到 10^{-6}°F，因为毕竟数据是用真实的温度计获取的，没有任何气象学家的温度计能达到该精度（如果可以，它也无法给出达到该精度的可重复读数）. 我们也可以忽略这一基于实际的考虑，并认为 σ 不可能小至 10^{-20}°F ，因为在统计力学中，温度的概念在该精度上没有定义. 从数值上讲，这对于我们的最终结论没有影响，但是仍然可以想象的是，可能需要正常先验才能在所有情况下避免计算机崩溃. 因此，为了安全起见，我们将 μ 的先验设为高斯分布，因为它是一个位置参数，而将 σ 的分布设为截断的杰弗里斯先验，因为我们在第 12 章中已经看到杰弗里斯先验是尺度参数的唯一完全无信息先验：

$$p(\mu\sigma|I) \propto \frac{1}{\sigma\sqrt{2\pi\alpha^2}}\exp\{-\mu^2/2\alpha^2\}, \qquad a \leqslant \sigma \leqslant b, \tag{17.64}$$

其中 α 和 b 也是 100°F 的量级，而 $a \approx 10^{-6}$. 我们将它们的阈值设得极为安全，以此期望大多数此类小心翼翼的行为最终将被证明是不必要的.

这样，我们的拟似然是

$$L^*(A,B,\omega) = \int_{-\infty}^{+\infty} \mathrm{d}\mu\, \exp\{-\mu^2/2\alpha^2\} \int_a^b \frac{\mathrm{d}\sigma}{\sigma^{n+1}} \exp\{-Q/2\sigma^2\}. \tag{17.65}$$

但是现在很明显，对 σ 做有限的限制是没有必要的，因为如果 $n > 0$ 对 σ 的积分会在 0 和无限大处收敛，并且

$$\int_0^{+\infty} \frac{\mathrm{d}\sigma}{\sigma^{n+1}} \exp\{-Q/2\sigma^2\} = \frac{1}{2}\frac{(n/2-1)!}{(Q/2)^{n/2}}, \tag{17.66}$$

这一积分对 μ 也一定收敛. 出于策略考虑, 让我们首先对 μ 进行积分. 首先将 Q 重写为

$$Q = n\big[s^2 + (\mu - \overline{d})^2\big]. \tag{17.67}$$

新编练习 17.3 (a) Q 的公式与 (7.29) 在形式上相同, 但是杰恩斯均未定义任一量. 证明 s^2 可以写成

$$s^2 \equiv \overline{d^2} - \overline{d}^2, \tag{17.68}$$

其中 $\overline{d}$ 和 $\overline{d^2}$ 是定义为

$$d_i = y_i - A\cos(\omega t_i) - B\sin(\omega t_i). \tag{17.69}$$

的有效数据的均值和均方.

(b) 对 u 和 σ 计算积分以获得边缘密度 $p(AB\omega|DI)$.

(c) 不幸的是, $p(AB\omega|DI)$ 并未汇总数据中关于频率估计的所有信息. 要做到这一点, 我们需要 $p(\omega|DI)$. 导出其解析形式.

(d) 后验概率 $p(\omega|DI)$ 隐含假设存在共振, 因此将不管这种共振是否存在而估计频率. 你将如何使用概率论和到目前为止的结果来确定是否存在共振? ①

17.7 随机化的愚蠢

许多人以“蒙特卡罗积分”为例介绍随机化方法. 令函数 $y = f(x)$ 的存在域为单位正方形 $0 \leqslant x, y \leqslant 1$, 我们希望计算数值积分

$$\theta \equiv \int_0^1 \mathrm{d}x\, f(x). \tag{17.70}$$

也许函数 $f(x)$ 在解析上太复杂了, 或者只是凭经验确定的, 我们没有函数的解析形式. 那么, 让我们在单位平方中随机选择 n 个点 (x, y), 并分别确定其是否位于 $f(x)$ 的图下方, 即是否 $y \leqslant f(x)$. 设此类点的个数为 r, 然后将积分估计为 $(\theta)_{\text{est}} = r/n$, 并且随着 $n \to +\infty$, 我们可以期望它接近正确的黎曼积分. 但是它有多精确? 人们总是会假设独立的二项抽样: r 的抽样分布被认为是

$$p(r|n\theta) = \binom{n}{r}\theta^r(1-\theta)^{n-r}, \tag{17.71}$$

其 (均值) ± (标准差) 为

$$\theta \pm \sqrt{\frac{\theta(1-\theta)}{n}}. \tag{17.72}$$

① 有关此类信号检测统计信息的示例, 请参见我的文章: Bretthorst, G. L. (1990), *J. Mag. Resonance* **88**, 571–595.

如果以抽样分布的宽度表示我们估计的准确性，则可以认为 $(\theta)_{\text{est}}$ 的合理误差为

$$(\theta)_{\text{est}} = \frac{r}{n} \pm \sqrt{\frac{r(n-r)}{n^3}}. \tag{17.73}$$

例如，假设 θ 的真实值为 1/2，并且 $n = 100$. 那么在观察到 $r = 43$ 的情况下，我们可以得出估计

$$(\theta)_{\text{est}} = 0.43 \pm \sqrt{\frac{0.43 \times 0.57}{n}} = 0.43 \pm 0.05, \tag{17.74}$$

或者大约 11.5% 的精度. 但是这种方法的麻烦之处在于只能以 $1/\sqrt{n}$ 的数量级提高精度.

现在，让我们以非随机的方式在均匀网格上获取 n 个抽样点：将单位正方形分为 $\sqrt{n}$ 步，在每个网格点获取一个抽样点，然后再次计算曲线下方有多少 (r). 我们在每个步骤中可能犯的最大误差是

$$[\text{ 确定 } f(x) \text{ 的误差 }] \times [\text{ 步长 }] = \frac{1}{2\sqrt{n}} \times \frac{1}{\sqrt{n}} = \frac{1}{2n}. \tag{17.75}$$

因此，积分的最大可能误差为

$$[\text{ 步数 }] \times [\text{ 每步的最大误差 }] = \frac{1}{2\sqrt{n}}. \tag{17.76}$$

因此，如果 $\theta \simeq 0.5$，则蒙特卡罗方法中的*概然误差*大约等于均匀网格抽样方法中的*最大可能误差*. 但是均匀网格方法中的概然误差远小于此：中心极限定理告诉我们，如果在每一步中误差概率都呈矩形分布，则每一步确定 $f(x)$ 的期望误差平方是

$$\sqrt{n} \int_0^{\sqrt{n}} \mathrm{d}x \left(x - \frac{1}{2\sqrt{n}} \right)^2 = \frac{1}{12n^2}. \tag{17.77}$$

如果不同步中的误差是独立的，则总误差的期望平方为

$$[\text{ 每步的均方误差 }] \times [\text{ 步数 }] = \frac{1}{12n^{3/2}}, \tag{17.78}$$

积分中概然误差约为

$$\pm \frac{1}{\sqrt{12}n^{3/4}}. \tag{17.79}$$

因此，如果 $n = 100$ 且 $\theta \simeq 0.5$，则蒙特卡罗方法给出的概然误差约为 0.05，均匀网格抽样的误差为 0.00913，不到其五分之一. 在 $n = 1000$ 时，蒙特卡罗概然误差为 0.0158，均匀网格概然误差为 0.00162，约为前者的十分之一. 在 $n = 100$ 点处进行均匀网格抽样计算会产生与在 $n = 3000$ 点上做蒙特卡罗抽样相同的概然误差. 这与 (17.16) 后面的陈述相当吻合. 罗亚尔和坎伯兰（Royall & Cumberland, 1981）给出了另一个例子，这是特别有说服力的，因为作者不是贝叶斯主义者，并不以揭示随机化的愚蠢为出发点，但得到的结论都是如此.

17.8 费希尔：洛桑农业研究所的常识

通过研究几个这样的例子，我们提出一个一般原则：*每当用一种随机方法做某事时，就会有一种非随机方法能从相同的数据中得到更好的结果，但是这需要更多的思考*. 也许这一原则并不完全是一个定理，但是我们相信，只要有人愿意做必要的额外思考，它就会得到证实.

贝叶斯安全装置

我们注意到贝叶斯方法不仅比正统方法更强大，而且更安全（即它们具有内置的自动安全装置，可以防止正统方法可能产生的过于乐观或悲观的结论，以防误导我们）. 很重要的是理解为什么这是真的. 例如，在参数估计中，无论是否存在充分统计量，对数似然函数都是

$$\ln L(\alpha) = \sum_{i=1}^{n} \ln p(x_i|\alpha) = n\,\overline{\ln p(x_i|\alpha)}, \tag{17.80}$$

其中，我们看到了每个单独数据点上对数似然的平均值. 对数似然总是分布在数据的整个可变范围内，因此，如果我们碰巧得到非常差的（散布）数据集，则不可能有很好的估计值，贝叶斯定理会通过返回较宽的后验分布来警告我们. 在位置参数 $p(x|\alpha) = h(x-\alpha)$ 且无信息先验的情况下，α 的后验分布的宽度实质上为 $(R+W)$

$$[\,\text{数据值域}\,] + [\,\text{单个似然的宽度}\,]. \tag{17.81}$$

如果我们碰巧得到一个很好（尖锐集中）的数据集，则可能会更精确地估计 α 值，贝叶斯定理将利用这一点，返回一个宽度接近于单点似然 $L_i(\alpha) = p(x_i|\alpha)$ 和数据量 n 确定的下界的后验分布.

在正统方法中，精度本质上是我们选择的估计量 β 的抽样分布宽度. 但这并没有说明数据值域！无论数据值域的大小，基于单个统计量的正统估计都具有相同的精度. 更糟糕的是，这种精度完全表示*相对于可能但未真正获得的其他数据集*的估计量的可变性. 但这又将注意力集中在了无关紧要的问题上，忽略了真正相关的问题——未观察到的数据集只是我们想象的缩影. 当然，如果我们可以想象它们，那么我们也可以自由想象我们喜欢的任何其他东西. 也就是说，给定两个关于未观察到的数据的猜想，我们能通过什么检验来确定哪个正确呢?

尽管数学上很简单，但我们强调 (17.80) 对于证明贝叶斯定理的内在机理至关重要. 它阐明了有关贝叶斯方法经常提出的其他几个问题. 我们注意到以下是最重要的问题之一.

17.9 缺失数据

对我们来说，这不存在任何问题. 无论我们拥有什么数据，贝叶斯方法都使用相同的算法. 例如，在根据数据集 $D \equiv \{x_i\}$ 估计参数 θ 时，其中指标 i 指的是观测时间 $\{t_i\}$，并取在某个集合 T 中的值，数据通过似然函数 L 影响结果. 似然函数定义为

$$\ln L(\theta) = \sum_{i \in T} \ln p(x_i|\theta), \tag{17.82}$$

其中求和是针对我们拥有的所有数据的. 关键是，无论时间 $\{t_i\}$ 是连续且等距的，还是完全不规则且间隔很大的，都没有区别. 作为逻辑的概率论告诉我们，(17.82) 会得到最优推断，该推断捕获了我们碰巧拥有的数据集中的所有证据. 我们可以一劳永逸地编写一个计算机程序，它接受我们提供的任何数据（即任意一组数 $\{x_i; t_i\}$），然后继续对该数据集进行正确的计算.

相比之下，请注意在正统统计中会发生什么. 在这种情况下，估计必须通过某个"统计量" $\theta^*(x_i)$ 的抽样分布来进行. 如果在设定问题时假定的集合 T 中缺少任何数据，则有两种方法可以解决问题. 第一，理论上正确的流程将认识到，这不仅改变了统计量的抽样分布，而且需要重新考虑整个问题. 这会使我们陷入可怕的境地——每一种不同类型的缺失数据或额外数据都可能使我们不得不定义新的样本空间，选择新的统计量 θ^{**} 并计算新的抽样分布 $p(\theta^{**}|\theta)$.

第二，人们可以发明一种新的特定工具，尝试根据已有数据估计出缺失值，并将其当作真实数据来使用. 显然，此过程不仅逻辑上不合理，而且存在很大的不确定性，因为可以用许多不同的方式估计缺失值. 这些困难在利特尔和鲁宾的著作（Little & Rubin，1987）中可以直接看到.

缺失数据问题在正统统计中非常麻烦，以至于有些看到光明并转入贝叶斯阵营的人没有意识到他们实际上已经将这个问题抛在了身后. 他们不直接应用诸如 (17.82) 这样的简单规则（无论使用什么数据，它们都将立即得到正确解），而是出于习惯，遵循正统习俗并发明如上新的特定工具，作为对贝叶斯方法或最大熵方法的"校正"，并通过更多的计算做出更差的推断. 对于那些习惯于正统统计所遇到的困难的人来说，贝叶斯方法在应用中的强大和简单性似乎令人难以置信；人们必须深入且长久地思考，以理解这如何可能.

作为更一般的评论，几乎在所有这些贝叶斯/正统方法的比较中都可以使用一种简单的策略：如第 9 章中卡方检验所示的"放大". 当我们得到一个正统和贝叶斯方法的定量结果时，乍看起来差别可能很小，我们凭常识无法判断哪个更好. 但是，我们通常会发现，在一些极端的问题中，这些微小的差别会被放大，甚至

会得到定性结论上的差别. 这时, 常识将清楚地告诉我们, 哪一种流程给出了合理的结果. 确实, 差别通常有可能被放大到, 一种流程明显违反演绎推理原则或导致类似前面对无偏估计所指出的那种病态. 现在, 我们将研究另一个非常重要的示例, 其中可以通过放大比较正统方法和贝叶斯方法的结果.

17.10 时间序列中的趋势和季节性

现实世界产生的观测时间序列很少是"平稳的", 而是表现出更复杂的行为. 在大多数时间序列数据中, 尤其是在人口统计或经济数据中, 非平稳性的最常见形式是呈现某种趋势. 许多经济时间序列受趋势支配 (例如, 由于人口稳定增长、通货膨胀或技术进步), 以至于试图研究其他规律性——例如周期性波动或在冲击反应后的回落, 特别是不同时间序列的相关性——的任何尝试, 在我们能安全地处理趋势之前可能会对我们产生误导, 而不是有所帮助.

一个故事——也许是伪造的——讲的是, 一名研究人员宣称发现英格兰教会成员与自杀事件数量之间有很强的正相关关系, 并得出远离教会会更安全的结论. 当然, 真正的原因是英格兰人口在稳定增长, 所以教会的成员人数、自杀的发生率以及几乎所有其他人口统计学变量都在一起增长. 由于几乎普遍存在的倾向是直接跳到相关暗示着因果关系的结论, 这种错误的相关性导致了许多荒谬的结论.

数据污染的问题从一开始就一直困扰着我们. 我们在第 9 章中曾指出, 埃德蒙 · 哈雷 (Edmund Halley, 1693) 在编制第一批死亡率表时是如何处理这一问题的. 处理它的关键是要认识到冗余参数在概率论中的作用.

同样, 今天的许多时间序列数据受到周期性波动 (经济数据的季节效应, 天气的周期性, 电路的嗡嗡声, 细菌的滋生, 直升机叶片的振动) 的支配, 从而试图提取背后"信号"——例如作为从短期数据中得到长期趋势——的尝试都非常困难. 我们想对比一下, 尽管存在这种数据污染, 正统统计学和作为逻辑的概率论会分别如何处理提取所需信息的问题.

17.10.1 正统方法

传统的流程不将概率论应用于这个问题. 取而代之的是, 人们诉诸我们之前经常提到的那些基于直觉的特定工具. 在经济学文献中, 通常将其称为"去趋势"和"季节性调整"; 在电气工程文献中, 则将其称为"滤波". 像所有并非源于第一原理的特定工具一样, 它们捕获了足够的真实性, 可以在某些问题中使用, 但在其他问题上使用时会带来灾难.

经济学中几乎通用的去趋势流程是假设数据 (或数据的对数) 为 $y(t) = x(t)+$

$Bt + e(t)$. 它由我们感兴趣的分量 $x(t)$、线性“趋势” Bt 和“随机误差”或“噪声” $e(t)$ 组成. 我们估计趋势分量，将其从数据中减去，然后继续分析所得的“去趋势后的数据”是否有其他效应. 但是，许多人指出，去趋势可能会引入人为的假象，从而扭曲其他效应的证据. 去趋势甚至可能会破坏我们关心的数据的相关性. 在中央公园天气的例子中，我们看到数据滤波也可能会做这种事.

同样，处理季节性影响的传统方法是生成“做过季节性调整”的数据，其中，人们从真实数据中减去对季节性成分的估计值，然后尝试分析经过调整的数据是否存在其他效应. 事实上，我们可以获得的大多数经济时间序列数据可能已经变得近乎无用，因为它们已经以一种不可逆的方式做过季节性调整，从而破坏了概率论可能从原始数据中提取的信息. 我们认为必须认识到这一点，研究人员必须能够获得真实的数据——未受去趋势、季节性调整、预滤波、平滑或任何其他破坏数据中信息处理的因素影响.

电气工程师会考虑进行傅里叶分析，采用“高通滤波器”和“带阻滤波器”来处理趋势和季节性. 同样，理念是要产生一个新的时间序列（滤波器的输出），从某种意义上代表没有污染效应的真实序列的估计. 选择物理上可实现的“最优”滤波器是一个困难且从根本上不确定的问题. 幸运的是，如果人们事先知道会产生哪种污染，凭直觉就能发明出足够好的滤波器.

17.10.2　贝叶斯方法

直接应用作为逻辑的概率论使我们得出完全不同的理念. 正确的流程总是根据已知的条件来计算我们感兴趣的未知量的概率. 这意味着我们不会试图从数据中去除趋势或季节性成分：从根本上讲这是不可能的，因为无法知道“真实”趋势或季节项. 关于它们的任何假设都必然在某种程度上是任意的，因此几乎可以肯定的是，会将虚假信息注入经过去趋势或做季节性调整的序列中. 相反，我们力求考虑我们拥有的所有相关信息，同时保持实际数据不变，从最终结论中消除趋势或季节性的影响. 我们为此发展了贝叶斯方法，并将其与常规方法进行了详细比较.

我们将首先分析最简单的模型，该模型可以通过任一方法完全解决，从而使我们能够了解这两种流程之间的确切关系. 对此有了理解之后，扩展到复杂的多元情况将是一种简单的数学推广——本质上，它只是将数字变为矩阵，同时保留相同的方程.

假设模型仅包含一个正弦波和一个线性趋势项：$y(t) = A\sin\omega t + Bt + e(t)$，其中 A 是要估计的幅度，B 是未知趋势率. 如果数据是月度经济数据，而正弦波代表年度季节性效应，那么 ω 将为 $2\pi/12 \approx 0.524\big(\text{月}^{-1}\big)$，但是如果我们尝试检测周期为 20 年的周期，则 ω 将为 $0.524/20 = 0.0262$. 根据这些数据估计未知的 ω 是频谱分析中的重要问题，这也是中央公园的天气问题中的情况. 我们现在考虑 ω 已知的情况（这通常是出于我们知道出于天文学的原因，季节的周期为一年）. 为简洁起见，记 $s_t = s(t) \equiv \sin(\omega t)$，这样我们的模型方程为

$$y(t) = As(t) + Bt + e(t), \tag{17.83}$$

可用数据 $y \equiv (y_1, \cdots, y_N)$ 是在 N 个等间隔时间 $t = 1, 2, \cdots, N$ 处的值. 出于已经充分说明的原因，我们分配噪声分量 e_i 为独立的方差为 σ^2 的高斯先验概率密度函数 $e_t \sim N(0, \sigma)$，数据的抽样 PDF 为

$$p(y|AB\sigma) = \left(\frac{1}{2\pi\sigma^2}\right)^{N/2} \exp\left\{-\frac{N}{2\sigma^2}Q(A,B)\right\}, \tag{17.84}$$

就像任何高斯分布的计算一样，第一个任务是将二次型重新排列为

$$Q(A,B) \equiv \frac{1}{N}\sum_t (y_t - As_t - Bt)^2 = \overline{y^2} + A^2\overline{s^2} + B^2\overline{t^2} - 2A\overline{sy} - 2B\overline{ty} + 2AB\overline{st}, \tag{17.85}$$

其中

$$\overline{y^2} \equiv \frac{1}{N}\sum_{t=1}^{N} y_t^2, \qquad \overline{sy} \equiv \frac{1}{N}\sum_{t=1}^{N} s_t y_t, \tag{17.86}$$

等等表示数据样本的平均值. 这些平均值中的三个 $\big(\overline{s^2}, \overline{t^2}, \overline{st}\big)$ 是由“实验设计”确定的，可以在获得数据之前知道. 实际上，我们几乎有

$$\overline{s^2} \simeq 1/2, \qquad \overline{t^2} \simeq N^2/3, \tag{17.87}$$

它们具有数量级 $O(1/N)$ 的误差. 但是 $\overline{st}$ 是高度可变的，因为它只有在每个抽样点 $s(t) = 1$ 时才能达到，所以它肯定小于 $N/2$. 通常，由于正负项近似相互抵消，$\overline{st}$ 远小于此，大约是 $\overline{st} \simeq 1/\omega$ 的数量级.

其他三个平均值 $(\overline{y^2}, \overline{sy}, \overline{ty})$ 依赖于数据，并且由于它们是包含数据的仅有的项，因此对我们的问题而言是联合充分统计量，只要有数据就可以计算.

假设我们希望估计的是季节性波动振幅大小 A，而趋势率 B 是污染我们数据的冗余参数. 我们希望使其影响尽可能消失. 我们将通过找到 A 和 B 的联合后验分布来做到这一点，

$$p(AB|DI), \tag{17.88}$$

然后对 B 进行积分以获得 A 的边缘后验分布，

$$p(A|DI) = \int \mathrm{d}B\, p(AB|DI). \tag{17.89}$$

无论 B 的值如何，这个量都将告诉我们所有数据 D 和先验信息 I 能告诉我们的 A 的信息，这就是所谓的“贝叶斯去趋势”方法. 相反，如果我们想估计 B，则 A 将是冗余参数，将其与 (17.88) 进行积分以获得边缘后验分布 $p(B|DI)$，这就是所谓的“贝叶斯季节性调整”方法.

在 A 和 B 为散布先验（即它们的先验密度在高可能区域内没有明显变化）的极限情况下，(17.89) 的合适积分公式为

$$\begin{aligned}&\int_{-\infty}^{+\infty}\mathrm{d}B\,\exp\left\{-\frac{NQ(A,B)}{2\sigma^2}\right\}\\&=(\text{常数})\times\exp\left\{-\frac{N}{2\sigma^2}\left[\frac{\left(\overline{s^2}\right)\left(\overline{t^2}\right)-\left(\overline{st}\right)^2}{\overline{t^2}}\right]\left(A-\hat{A}\right)^2\right\},\end{aligned}\tag{17.90}$$

其中 (常数) 独立于 A 且

$$\hat{A}\equiv\frac{\left(\overline{t^2}\right)\left(\overline{sy}\right)-\left(\overline{st}\right)\left(\overline{ty}\right)}{\left(\overline{s^2}\right)\left(\overline{t^2}\right)-\left(\overline{st}\right)^2},\tag{17.91}$$

因此，A 的边缘后验分布与 (17.90) 成正比，无论 B 的值如何，A 的贝叶斯后验 (均值) $\pm$ (标准差) 估计都是

$$(A)_{\text{est}}=\hat{A}\pm\sigma\sqrt{\frac{\overline{t^2}}{N\left[\left(\overline{s^2}\right)\left(\overline{t^2}\right)-\left(\overline{st}\right)^2\right]}}=\hat{A}\pm\frac{\sigma}{\sqrt{N\overline{s^2}\left(1-r^2\right)}},\tag{17.92}$$

其中

$$r\equiv\frac{\overline{st}}{\sqrt{\overline{s^2t^2}}}\tag{17.93}$$

是 s 和 t 的相关系数.

一些正统统计学家反对这种积分掉冗余参数的过程——尽管这是由概率论规则确定的唯一正确的流程——理由通常是这样的参数概率无意义，因为这些参数不是“随机变量”. 更糟糕的是，在积分过程中，我们还引入了一个他们认为是随意的先验（虽然对我们来说，它代表了先验信息的真实状态，该状态与推断相关，但被正统方法忽略了）. 但是，独立于所有此类理念上悬而未决的争论，我们可以检查贝叶斯和正统方法的实际效果.

对冗余参数积分可以如以下方程所示与去趋势流程相关联. 联合后验 PDF 可以通过两种不同的方式分解为边缘 PDF 和条件 PDF:

$$p(AB|DI)=p(A|DI)p(B|ADI),\tag{17.94}$$

或者

$$p(AB|DI)=p(A|BDI)p(B|DI).\tag{17.95}$$

根据 (17.94)，我们可以立即得到 (17.89)，根据 (17.95)，我们看到 (17.89) 可以写成

$$p(A|DI) = \int \mathrm{d}B\, p(A|BDI)p(B|DI). \tag{17.96}$$

因此 A 的边缘 PDF 是 B 已知时条件 PDF 的加权平均：

$$p(A|BDI). \tag{17.97}$$

但是如果 B 已知，则 (17.97) 依赖于 A，正好是 B 保持固定的 (17.84). 根据 (17.85)，这是

$$p(A|BDI) \propto \exp\left\{-\frac{N\overline{s^2}}{2\sigma^2}\left(A - A^*\right)^2\right\}, \tag{17.98}$$

其中

$$A^* \equiv \frac{\overline{sy} - B\overline{st}}{\overline{s^2}}. \tag{17.99}$$

这只是人们通过对去趋势数据后 $y(t)_{\text{det}} \equiv y(t) - Bt$ 与 $As(t)$ 进行普通最小二乘拟合的估计

$$A^* = \frac{\left(\overline{sy}\right)_{\text{det}}}{\left(\overline{s^2}\right)}. \tag{17.100}$$

也就是说，A^* 是正统主义者将趋势率估计为 B 时所做的估计. 当然，如果他对 B 的估计是完全正确的，那么他的确会找到最优估计. 但是他对趋势率的估计中的任何错误都会使他对 A 的估计产生偏差.

根据 (17.96) 得出的 A 的贝叶斯估计不假定任何特定趋势率 B，它是所有可能的趋势率根据各自的后验概率所做的加权平均. 因此，如果趋势率由数据很好地确定，从而 (17.96) 中的概率 $p(B|DI)$ 在 $B = B^*$ 处有一个尖峰，而且正统主义者也碰巧将 B 估计为 B^*，那么贝叶斯和正统方法对 A 的估计将是一致的. 如果趋势率不能由数据很好地确定，则贝叶斯估计是一个很保守的估计，它考虑到了 B 的所有可能值，而这可能与正统估计相差很大.

尽管正统主义者可能承认我们做了数学上一致的推断，但是这一论证并不能使他相信贝叶斯估计的优越性（通常隐含地基于二次损失函数），因为他是根据不同的标准来评判估计效果的. 因此，让我们更仔细地对它们进行比较.

17.10.3 贝叶斯和正统估计的比较

得到贝叶斯估计量（定理证明该结果按照贝叶斯效果标准是最优的）之后，我们可以从正统抽样理论的角度来检查其效果，并将其与正统估计值进行比较.

我们引入一种这样做的有用方法，该方法使得我们能清楚地知道两种方法分别在做什么. 令 A_0 和 B_0 是参数的未知真值，让我们将情况描述为人们已经知道 A_0 和 B_0 的值，但是不知道将发现什么数据. 他将知道，我们的数据实际上是

$$y_t = A_0 s_t + B_0 t + e_t, \tag{17.101}$$

我们将计算统计量

$$\overline{sy} = A_0\overline{s^2} + B_0\overline{st} + \overline{se}, \tag{17.102}$$

其中前两个项是固定的（即与噪声无关），只有最后一项随着不同的噪声样本变化. 同样，他知道我们将找到统计量

$$\overline{ty} = A_0\overline{st} + B_0\overline{t^2} + \overline{te}. \tag{17.103}$$

尽管根据数据知道 $\overline{sy}$ 和 $\overline{ty}$，但由于 $\overline{se}$ 和 $\overline{te}$ 未知，我们无法求解 (17.102) 和 (17.103) 中的 (A_0, B_0). 我们不得不继续使用概率论来获得 A_0, B_0 的最优估计. 将 (17.102) 和 (17.103) 代入 (17.91)，我们发现贝叶斯估计简化为

$$\left(\hat{A}\right)_{\text{Bayes}} = A_0 + \frac{\left(\overline{t^2}\right)\left(\overline{se}\right) - \left(\overline{st}\right)\left(\overline{te}\right)}{\left(\overline{s^2}\right)\left(\overline{t^2}\right) - \left(\overline{st}\right)^2}, \tag{17.104}$$

由于 B_0 已抵消，它与真实趋势率无关. 因此，贝叶斯估计确实从结果中完全消除了趋势的影响. 没有人能做得比这更彻底. 但是未知的误差 e 必然会让我们对 A 的估计产生一些误差，而 (17.104) 能准确地告诉我们误差是多少.

另外，如果正统主义者使用基于任何估计 $\hat{B}$、消除趋势后的数据 $[y_t - \hat{B}t]$ 的常规最小二乘法估计量 (17.100)，他将得到

$$\left(\hat{A}\right)_{\text{orthodox}} = A_0 + \frac{\overline{se} + \left(B_0 - \hat{B}\right)\overline{st}}{\overline{s^2}}, \tag{17.105}$$

趋势率估计 $\hat{B}$ 的任何误差都会导致他对季节性成分的估计的误差. 如果按照惯例，使用从原始数据得出的趋势的普通最小二乘估计

$$\hat{B} = \frac{\left(\overline{ty}\right)}{\left(\overline{t^2}\right)}, \tag{17.106}$$

(17.105) 变成

$$\left(\hat{A}\right)_{\text{orthodox}} = A_0 + \frac{\left(\overline{t^2}\right)\left(\overline{se}\right) - \left(\overline{ty}\right)\left(\overline{st}\right) + B_0\left(\overline{t^2}\right)\left(\overline{st}\right)}{\left(\overline{t^2}\right)\left(\overline{s^2}\right)} = \left(1 - r^2\right)A_0 + \frac{\left(\overline{se}\right)}{\left(\overline{s^2}\right)}, \tag{17.107}$$

其中再次使用了 (17.102) 和 (17.103). 因此 (17.107) 也与真实趋势率 B_0 完全无关. 但是正统统计认为，估计值 (17.107) 具有负偏差，因为 $\overline{se}$“平均”为 0. 人

们可能希望通过与 (17.6) 中相同的方法对此进行“校正”：通过乘以适当的系数. 但这显然不是最优方法. 仅将普通最小二乘估计值乘以一个常数不可能找到最优估计量.

同样，正统主义者在认识到 (17.107) 的缺陷之后，认知到贝叶斯结果 (17.104) 从他的角度来看至少具有无偏的优点，但仍然不会因此认为贝叶斯解是最优的. 的确，一个受到强大的反贝叶斯主义教育的人不太可能接受这样的现实，而是会说我们从正统的角度出发更仔细思考后应该能纠正 (17.107) 的缺陷. 让我们尝试一下.

17.10.4　改进的正统估计

回到问题的开始，正统方法推理的过程如下. 如果只考虑季节因素而没有意识到趋势，则将导致估计周期性幅度为

$$\hat{A}^{(0)} = \frac{\left(\overline{sy}\right)}{\left(\overline{s^2}\right)}, \tag{17.108}$$

这是常规的回归解. 许多不同的推理方法，包括将数据与正弦波 As_t 拟合的普通最小二乘法，将导致我们得出这一结果.

但是后来人们意识到 (17.108) 并不是一个很好的估计，因为它忽略了干扰的趋势效应. 根据消除趋势数据后可以得出更好的季节性估计

$$(y_t)_{\text{det}} \equiv y_t - \hat{B}t, \tag{17.109}$$

其中 $\hat{B}$ 是趋势率的估计值，似乎可以很自然地通过普通的对数据拟合直接直线 Bt 的普通最小二乘法估计它

$$\hat{B}^{(0)} = \frac{\left(\overline{ty}\right)}{\left(\overline{t^2}\right)}. \tag{17.110}$$

使用 (17.108) 中的去趋势数据 (17.109) 得出“校正”的周期性幅度估计

$$\hat{A}^{(1)} = \frac{\overline{sy} - \overline{st}\hat{B}^{(0)}}{\overline{s^2}} = \frac{\left(\overline{t^2}\right)\left(\overline{sy}\right) - \left(\overline{st}\right)\left(\overline{ty}\right)}{\left(\overline{t^2}\right)\left(\overline{s^2}\right)}, \tag{17.111}$$

这是该问题的常规正统统计结果.

但是，现在我们看到这还不是故事的结束. 由于 A 和 B 出于相同的原因进入模型，如果确实应该从去趋势数据 $y_t - \hat{B}^{(0)}t$ 估计周期性幅度 A，则同样应该从已去周期性的数据 $y_t - \hat{A}^{(0)}s_t$ 估计趋势率 B. 因此，比 (17.110) 更好的对趋势

的估计将是

$$\hat{B}^{(1)} = \frac{\left(\overline{ty}\right) - \left(\overline{st}\right)\hat{A}^{(0)}}{\left(\overline{t^2}\right)} = \frac{\left(\overline{s^2}\right)\left(\overline{ty}\right) - \left(\overline{st}\right)\left(\overline{sy}\right)}{\left(\overline{t^2}\right)\left(\overline{s^2}\right)}, \tag{17.112}$$

其中使用了 (17.108). 但是现在有了对趋势的更好估计，我们可以通过使用 (17.112) 估计比 (17.111) 更好的季节性成分：

$$\hat{A}^{(2)} = \frac{\left(\overline{sy}\right) - \left(\overline{st}\right)\hat{B}^{(1)}}{\left(\overline{s^2}\right)}. \tag{17.113}$$

这一改进后的季节性幅度估计值将使我们能够更好地估计趋势

$$\hat{B}^{(2)} = \frac{\left(\overline{ty}\right) - \left(\overline{st}\right)\hat{A}^{(1)}}{\left(\overline{t^2}\right)}. \tag{17.114}$$

可以一直这样进行下去.

因此，如果一贯地应用常规的去趋势流程的推理过程，并不会止于常规结果 (17.100). 它会导致我们进入估计的反复修正的无限序列，每一个集合 $\left[\hat{A}^{(n)}, \hat{B}^{(n)}\right]$ 都比前一个 $\left[\hat{A}^{(n-1)}, \hat{B}^{(n-1)}\right]$ 更好. 这个无限序列会不会收敛到最终的“总体最优”的估计 $\left[\hat{A}^{(\infty)}, \hat{B}^{(\infty)}\right]$ 呢? 如果是这样，这无疑是从正统统计角度处理冗余参数的最优方法. 但是，我们可以直接计算这一总体最优估计而无须无限次更新序列吗?

为了回答这个问题，定义 n 阶估计的 (2×1) 向量为

$$\boldsymbol{V}_n \equiv \begin{pmatrix} \hat{A}^{(n)} \\ \hat{B}^{(n)} \end{pmatrix}. \tag{17.115}$$

然后，根据 (17.111)~(17.113) 可以看到，一般的递归关系是

$$\boldsymbol{V}_{n+1} = \boldsymbol{V}_0 + \boldsymbol{M}\boldsymbol{V}_n, \tag{17.116}$$

其中矩阵 $\boldsymbol{M}$ 是

$$\boldsymbol{M} = \begin{pmatrix} 0 & -\dfrac{\left(\overline{st}\right)}{\left(\overline{s^2}\right)} \\ \dfrac{\left(\overline{st}\right)}{\left(\overline{t^2}\right)} & 0 \end{pmatrix}. \tag{17.117}$$

递归关系 (17.116) 的解是

$$\boldsymbol{V}_n = (\boldsymbol{I} + \boldsymbol{M} + \boldsymbol{M}^2 + \cdots + \boldsymbol{M}^n)\boldsymbol{V}_0. \tag{17.118}$$

根据施瓦茨不等式有 $\left(\overline{st}\right)^2 \leqslant \left(\overline{s^2}\right)\left(\overline{t^2}\right)$，$\boldsymbol{M}$ 的特征值小于 1，因此当 $n \to +\infty$

时，该无穷级数之和为

$$\boldsymbol{V}_{\infty} = (\boldsymbol{I} - \boldsymbol{M})^{-1}\boldsymbol{V}_0. \tag{17.119}$$

现在我们容易发现

$$(\boldsymbol{I} - \boldsymbol{M})^{-1} = \frac{1}{\left(\overline{s^2}\right)\left(\overline{t^2}\right) - \left(\overline{st}\right)^2}\begin{pmatrix} \left(\overline{t^2}\right)\left(\overline{s^2}\right) & -\left(\overline{t^2}\right)\left(\overline{st}\right) \\ -\left(\overline{s^2}\right)\left(\overline{st}\right) & \left(\overline{t^2}\right)\left(\overline{s^2}\right) \end{pmatrix}, \tag{17.120}$$

所以我们最终的总体最优的估计是

$$\hat{A}^{(\infty)} = \frac{\left(\overline{t^2}\right)\left(\overline{s^2}\right)\hat{A}^{(0)} - \left(\overline{t^2}\right)\left(\overline{st}\right)\hat{B}^{(0)}}{\left(\overline{s^2}\right)\left(\overline{t^2}\right) - \left(\overline{st}\right)^2} = \frac{\left(\overline{t^2}\right)\left(\overline{sy}\right) - \left(\overline{st}\right)\left(\overline{ty}\right)}{\left(\overline{s^2}\right)\left(\overline{t^2}\right) - \left(\overline{st}\right)^2}. \tag{17.121}$$

但是这正是我们在 (17.92) 中更简单地计算出的贝叶斯估计结果！同样，趋势率的最终最优正统估计值是

$$\hat{B}^{(\infty)} = \frac{\left(\overline{s^2}\right)\left(\overline{ty}\right) - \left(\overline{ty}\right)\left(\overline{sy}\right)}{\left(\overline{s^2}\right)\left(\overline{t^2}\right) - \left(\overline{st}\right)^2}, \tag{17.122}$$

这正是我们从 (17.88) 中将 A 作为冗余参数积分去而得出的贝叶斯估计.

这是我们在第 13 章中发现的结论的另一个示例：如果正统主义者仔细思考他的估计问题，即使他的理念仍然会导致他拒绝其中的贝叶斯理论原则，他也不得不使用贝叶斯数学算法. 与所有理念上悬而未决的争论无关，这种数学形式是由合理性和一致性的基本要求决定的.

现在，我们可以从完全不同的角度看待正统流程和贝叶斯流程之间的关系. 对冗余参数积分的贝叶斯方法为我们以一种巧妙的方式对一系列无限序列的相互更新进行求和. 据我们所知，尚未有任何正统主义者意识到这是真正发生的事情. 我们刚刚发现的不仅局限于趋势和季节性参数：它可以毫不费力地推广到更复杂的问题上.

正如杰恩斯（Jaynes，1976）之前提到的，在许多其他情况下，正统结果在最大程度改善后，在数学上等同于贝叶斯方法更简单地得出的结果. 这是一个普遍现象. 确实，贝叶斯方法和最大熵方法太容易了，以至于正统主义者指责我们试图不劳而获. 这是我们面临的问题之一.

因此，长远来看，逃避使用贝叶斯定理不会导致不同的最终结果，而只会使我们通过数倍的工作量才能得到它们.

17.10.5　效果的正统准则

为了尽力了解所有情况，让我们从不同的角度审视它. 根据正统理论，估计流程的准确性应根据估计量的抽样分布来判断，而在贝叶斯理论中它应该根据参

数的后验 PDF 来判断. 让我们比较一下. 对于正统方法，注意在 (17.104) 和 (17.107) 中，包含噪声量 e 的项是以下形式的线性组合:

$$\overline{ge} \equiv \frac{1}{N}\sum_{t=1}^{N} g_t e_t. \tag{17.123}$$

那么在噪声的抽样 PDF 上，我们得到

$$E(\overline{ge}) = \frac{1}{N}\sum_t g_t E(e_t) = 0, \tag{17.124}$$

$$E\left[\left(\overline{ge}\right)^2\right] = \frac{1}{N}\sum g_t g_{t'} E(e_t e_{t'}) = \overline{g^2}\sigma^2, \tag{17.125}$$

最后的等号是由于 $E(e_t e_{t'}) = \sigma^2\delta(t,t')$. 因此，抽样 PDF 将通过以下 (均值) ± (标准差) 的方式估计此误差项:

$$\left(\overline{ge}\right)_{\text{est}} = 0 \pm \sigma\sqrt{\overline{g^2}}. \tag{17.126}$$

对于贝叶斯估计量 (17.104) 有

$$g_t = \frac{\left(\overline{t^2}\right)(s_t) - \left(\overline{st}\right)t}{\left(\overline{t^2}\right)\left(\overline{s^2}\right) - \left(\overline{st}\right)^2}, \tag{17.127}$$

经过一些算术计算，我们发现

$$\overline{g^2} = \frac{\left(\overline{t^2}\right)\left[\left(\overline{s^2}\right)\left(\overline{t^2}\right) - \left(\overline{st}\right)^2\right]}{\left(\overline{s^2}\right)\left(1-r^2\right)}, \tag{17.128}$$

其中 r 是之前定义的相关系数. 因此，贝叶斯估计量 (17.104) 的抽样分布有 (均值) ± (标准差)

$$\tilde{A} \pm \sigma\sqrt{\hat{N}s^2\left(1-r^2\right)}, \tag{17.129}$$

而对于正统估计量，它是

$$\left(1-r^2\right)\tilde{A} \pm \sigma\sqrt{\frac{1-r^2}{N\left(\overline{s^2}\right)}}. \tag{17.130}$$

17.11 一般情况

从几种不同的角度展示贝叶斯结果的性质之后，我们现在将它们推广到相当广泛的一类实用问题. 我们假设 N 个数据在时间上未必是均匀间隔的，而是从某个时间集合 $\{t: t_1, \cdots, t_N\}$ 获取的. 噪声分布虽然是高斯分布，但未必是平稳的或（不相互关联的）白噪声，并且参数的先验概率未必是独立的. 事实证明，考虑到所有这些方面的计算机程序，如果在编写时使用最通用的解析公式，就不会很困难.

现在我们有了模型

$$y_{t_i} = T(t_i) + F(t_i) + e(t_i), \qquad 1 \leqslant i \leqslant N, \tag{17.131}$$

其中我们记 $y_i \equiv y(t_i)$ 等，数据 $D = (y_1, \cdots, y_N)$，而 $T(t)$ 是（未必是线性的）趋势函数，$F(t)$ 是周期性的但未必是正弦的季节性函数，$e(t)$ 是不规则分量. 为了定义矩阵，我们假设 $T(t)$ 对一些线性独立的基函数 $\Phi_k(t)$（例如勒让德多项式）展开：

$$T(t) = \sum \gamma_k \Phi_k(t). \tag{17.132}$$

同样，$F(t)$ 以正弦形式展开：

$$F(t) = \sum \big[A_k \cos(kt) + B_k \sin(kt)\big]. \tag{17.133}$$

所有参数的联合似然为

$$L(\gamma, A, B, \sigma) = p(D|\gamma AB\sigma) = \left(\frac{1}{2\pi\sigma^2}\right)^{N/2} \exp\left\{\frac{1}{2\sigma^2}\sum_{i=1}^{N}\big[y_i - T(t_i) - F(t_i)\big]^2\right\}. \tag{17.134}$$

二次型形式可以写成

$$Q(\alpha_k, \gamma_j) \equiv \sum_{i=1}^{N}\left[y_i - \sum_{j=1}^{r}\gamma_j T_j(t_i) - \sum_{k=1}^{m}\alpha_k F_k(t_i)\right]^2, \tag{17.135}$$

其中，在季节性调整问题中，$m = 12$ 且

$$\{\alpha_1, \cdots, \alpha_m\} = \{A_0, A_1, \cdots, A_6, B_1, B_2, \cdots, B_5\}. \tag{17.136}$$

同样地，

$$F_k(t) = \begin{cases} \cos(k\omega t), & 0 \leqslant k \leqslant 6, \\ \sin([k-6]\omega t), & 7 \leqslant k \leqslant 12. \end{cases} \tag{17.137}$$

但是，如果我们将 α, γ 组合成 $n = m + r$ 维向量：

$$\boldsymbol{q} \equiv (\alpha_1, \cdots, \alpha_m, \gamma_1, \cdots, \gamma_r), \tag{17.138}$$

并定义函数

$$G_k(t) = \begin{cases} F_k(t), & 1 \leqslant k \leqslant m, \\ T_k(t), & m+1 \leqslant k \leqslant n, \end{cases} \tag{17.139}$$

则模型的更紧凑的形式为

$$y(t) = \sum_{j=1}^{n} q_j G_j(t) + e(t), \tag{17.140}$$

数据向量可表示为

$$y_i = \sum_{j=1}^{n} q_j G_j(t_i) + e(t_i), \qquad 1 \leqslant t \leqslant N, \tag{17.141}$$

或者

$$\boldsymbol{y} = \boldsymbol{G}\boldsymbol{q} + \boldsymbol{e}. \tag{17.142}$$

“噪声”值 $e_i = e(t_i)$ 具有联合先验概率密度

$$p(e_1, \cdots, e_N) = \frac{\sqrt{\det(\boldsymbol{K})}}{(2\pi)^{N/2}} \exp\left\{-\frac{1}{2}\boldsymbol{e}^{\mathrm{T}}\boldsymbol{K}\boldsymbol{e}\right\}, \tag{17.143}$$

其中 $\boldsymbol{K}^{-1}$ 是 $N \times N$ 噪声先验协方差矩阵. 对于“平稳白噪声”，它简化为

$$(K^{-1})_{ij} = \sigma^2 \delta_{ij}, \qquad 1 \leqslant i, j \leqslant N. \tag{17.144}$$

给定 $\boldsymbol{K}$ 和参数 $\{q_j\}$，数据的抽样 PDF 有形式

$$p(y_1, \cdots, y_N|\boldsymbol{q}\boldsymbol{K}I) = \frac{\sqrt{\det(\boldsymbol{K})}}{(2\pi)^{N/2}} \exp\left\{-\frac{1}{2}(\boldsymbol{y} - \boldsymbol{G}\boldsymbol{q})^{\mathrm{T}}\boldsymbol{K}(\boldsymbol{y} - \boldsymbol{G}\boldsymbol{q})\right\}. \tag{17.145}$$

同样，参数的联合先验 PDF 的一种非常一般的形式是

$$p(q_1, \cdots, q_n|I) = \frac{\sqrt{\det(\boldsymbol{L})}}{(2\pi)^{n/2}} \exp\left\{-\frac{1}{2}(\boldsymbol{q} - \boldsymbol{q}_0)^{\mathrm{T}}\boldsymbol{L}(\boldsymbol{q} - \boldsymbol{q}_0)\right\}, \tag{17.146}$$

其中 $\boldsymbol{L}^{-1}$ 是 $n \times n$ 先验协方差矩阵，$\boldsymbol{q}_0$ 是向量的先验估计. 我们几乎总是将 $\boldsymbol{L}$ 设为对角矩阵：

$$L_{ij} = \sigma_j^2 \delta_{ij}, \qquad 1 \leqslant i, j \leqslant n, \tag{17.147}$$

并且将 $\boldsymbol{q}_0$ 设为 $\boldsymbol{0}$. 但是没有这些简化假设的一般公式也很容易找到并编程.

这样，参数 $\{q_j\}$ 的联合后验 PDF 是

$$p(\boldsymbol{q}|\boldsymbol{y}I) = \frac{\mathrm{e}^{-Q/2}}{\int \mathrm{d}q_1 \cdots \mathrm{d}q_n \mathrm{e}^{-Q/2}}, \tag{17.148}$$

其中 Q 是二次型

$$Q \equiv (\boldsymbol{y} - \boldsymbol{G}\boldsymbol{q})^{\mathrm{T}}\boldsymbol{K}(\boldsymbol{y} - \boldsymbol{G}\boldsymbol{q}) + (\boldsymbol{q} - \boldsymbol{q}_0)^{\mathrm{T}}\boldsymbol{L}(\boldsymbol{q} - \boldsymbol{q}_0), \tag{17.149}$$

我们可以展开为 8 项：

$$Q = \boldsymbol{y}^{\mathrm{T}}\boldsymbol{K}\boldsymbol{y} - \boldsymbol{y}^{\mathrm{T}}\boldsymbol{K}\boldsymbol{G}\boldsymbol{q} - \boldsymbol{q}^{\mathrm{T}}\boldsymbol{G}^{\mathrm{T}}\boldsymbol{K}\boldsymbol{y} + \boldsymbol{q}^{\mathrm{T}}\boldsymbol{G}^{\mathrm{T}}\boldsymbol{K}\boldsymbol{G}\boldsymbol{q} + \boldsymbol{q}^{\mathrm{T}}\boldsymbol{L}\boldsymbol{q} - \boldsymbol{q}^{\mathrm{T}}\boldsymbol{L}\boldsymbol{q}_0 - \boldsymbol{q}_0^{\mathrm{T}}\boldsymbol{L}\boldsymbol{q} + \boldsymbol{q}_0^{\mathrm{T}}\boldsymbol{L}\boldsymbol{q}_0. \tag{17.150}$$

我们想通过以下形式写出对 $\boldsymbol{q}$ 的依赖关系

$$Q = (\boldsymbol{q} - \hat{\boldsymbol{q}})^{\mathrm{T}}\boldsymbol{M}(\boldsymbol{q} - \hat{\boldsymbol{q}}) + Q_0, \tag{17.151}$$

其中 Q_0 独立于 $\boldsymbol{q}$. 将其写出并与 (17.150) 进行比较，我们有

$$\begin{aligned} \boldsymbol{M} &= \boldsymbol{G}^{\mathrm{T}}\boldsymbol{K}\boldsymbol{G} + \boldsymbol{L}, \\ \boldsymbol{M}\hat{\boldsymbol{q}} &= \boldsymbol{G}^{\mathrm{T}}\boldsymbol{K}\boldsymbol{y} + \boldsymbol{L}\boldsymbol{q}_0, \\ \hat{\boldsymbol{q}}^{\mathrm{T}}\boldsymbol{M}\hat{\boldsymbol{q}} + Q_0 &= \boldsymbol{y}^{\mathrm{T}}\boldsymbol{K}\boldsymbol{y} + \boldsymbol{q}_0^{\mathrm{T}}\boldsymbol{L}\boldsymbol{q}_0. \end{aligned} \tag{17.152}$$

因此 $\boldsymbol{M}, \boldsymbol{q}, Q_0$ 可以唯一确定，由于 (17.150) 和 (17.151) 一定是 $\boldsymbol{q}$ 的等式

$$\hat{\boldsymbol{q}} = \boldsymbol{M}^{-1}\left[\boldsymbol{G}^{\mathrm{T}}\boldsymbol{K}\boldsymbol{y} + \boldsymbol{L}\boldsymbol{q}_0\right], \tag{17.153}$$

$$Q_0 = \boldsymbol{y}^{\mathrm{T}}\boldsymbol{K}\boldsymbol{y} + \boldsymbol{q}_0^{\mathrm{T}}\boldsymbol{L}\boldsymbol{q}_0 - \hat{\boldsymbol{q}}^{\mathrm{T}}\boldsymbol{M}\hat{\boldsymbol{q}}. \tag{17.154}$$

(17.148) 的分母可以通过 (17.151) 得到，最终结果是

$$p(q_1, \cdots, q_n|\boldsymbol{y}\boldsymbol{K}\boldsymbol{L}I) = \frac{\sqrt{\det(\boldsymbol{M})}}{(2\pi)^{n/2}} \exp\left\{-\frac{1}{2}\left(\boldsymbol{q} - \hat{\boldsymbol{q}}\right)^{\mathrm{T}}\boldsymbol{M}\left(\boldsymbol{q} - \hat{\boldsymbol{q}}\right)\right\}. \tag{17.155}$$

分量 $q_1, \cdots, q_m$ 是我们希望估计的季节性幅度，而 $(q_{m+1}, \cdots, q_n)$ 是要消除的趋势冗余参数. 根据 (17.155)，我们想要的边缘 PDF 是

$$\begin{aligned} p(q_1, \cdots, q_m|\boldsymbol{y}\boldsymbol{K}\boldsymbol{L}I) &= \int \mathrm{d}q_{m+1} \cdots \mathrm{d}q_n p(q_1, \cdots, q_n|\boldsymbol{y}\boldsymbol{K}\boldsymbol{L}I) \\ &= \frac{\sqrt{\det(\boldsymbol{M})}}{(2\pi)^{n/2}} \frac{(2\pi)^{(n-m)/2}}{\sqrt{\det(\overline{\boldsymbol{W}})}} \exp\left\{-\frac{1}{2}\left(\boldsymbol{u} - \hat{\boldsymbol{u}}\right)^{\mathrm{T}}\boldsymbol{U}\left(u - \hat{u}\right)\right\} \\ &= \frac{\sqrt{\det(\boldsymbol{U})}}{(2\pi)^{m/2}} \exp\left\{-\frac{1}{2}\left(\boldsymbol{u} - \hat{\boldsymbol{u}}\right)^{\mathrm{T}}\boldsymbol{U}\left(\boldsymbol{u} - \hat{\boldsymbol{u}}\right)\right\}, \end{aligned} \tag{17.156}$$

其中 $\boldsymbol{U}, \boldsymbol{V}, \boldsymbol{W}, \boldsymbol{u}$ 由 ( ), ( ), ( ), ( ) 定义.

> **新编练习 17.4** 杰恩斯从未定义 $\boldsymbol{U}, \boldsymbol{V}, \boldsymbol{W}, \boldsymbol{u}$. 在 (17.155) 中，将指数中的所有项相乘，得到适当的子矩阵、向量和标量，然后定义这四个量中的每一个.

根据各种概率均归一化的事实，我们发现

$$\det(\boldsymbol{M}) = \det(\boldsymbol{W})\det(\boldsymbol{U}), \tag{17.157}$$

这是一个非凡的定理，除了在 $\boldsymbol{V} = \boldsymbol{O}$ 的情况下，根据定义一点儿也看不出来. 这是由概率推理证明纯数学定理的另一个很好的例子.

因此，最一般的解在计算上由一串基本矩阵运算组成，并且易于编程. 总结一下，最终的计算规则是:

$\boldsymbol{K}^{-1}$ 是“噪声”的 $N \times N$ 先验协方差矩阵;

$\boldsymbol{L}^{-1}$ 是参数的 $n \times n$ 先验协方差矩阵;

$\boldsymbol{F}$ 是模型函数的 $N \times n$ 矩阵.

首先计算 $n\times n$ 矩阵

$$\boldsymbol{M}\equiv\boldsymbol{F}^{\mathrm{T}}\boldsymbol{K}\boldsymbol{F}+\boldsymbol{L},\tag{17.158}$$

并将其分解为表示感兴趣和不感兴趣的子空间块形式：

$$\boldsymbol{M}=\begin{pmatrix}\boldsymbol{U}_0 & \boldsymbol{V}\\ \boldsymbol{V}^{\mathrm{T}} & \boldsymbol{W}_0\end{pmatrix}.\tag{17.159}$$

然后计算 $m\times m$ 和 $r\times r$ 重归一化矩阵

$$\boldsymbol{U}\equiv\boldsymbol{U}_0-\boldsymbol{V}\boldsymbol{W}_0^{-1}\boldsymbol{V}^{\mathrm{T}},\tag{17.160}$$

$$\boldsymbol{W}\equiv\boldsymbol{W}_0-\boldsymbol{V}^{\mathrm{T}}\boldsymbol{U}_0^{-1}\boldsymbol{V}.\tag{17.161}$$

这在很大程度上由模型定义决定. 计算机可以在知道数据之前预先解决所有这些问题，并将结果用于任意的数据集.

现在，给定 $\boldsymbol{y}$，即 $N\times 1$ 数据向量，以及 $\boldsymbol{q}_0$，即先验估计的 $n\times 1$ 向量，计算机可以计算参数的“最优”估计的 $n\times 1$ 向量

$$\hat{\boldsymbol{q}}=\boldsymbol{M}^{-1}\left[\boldsymbol{F}^{\mathrm{T}}\boldsymbol{K}\boldsymbol{y}+\boldsymbol{L}\boldsymbol{q}_0\right].\tag{17.162}$$

实际上，它们中的前 m 个是我们感兴趣的，除非有人也想要趋势函数的估计，剩下的 $r=n-m$ 个分量是不需要的. 这样我们可以使用以下结果.

逆矩阵 $\boldsymbol{M}^{-1}$ 可以与 $\boldsymbol{M}$ 相同的块形式写出：

$$\boldsymbol{M}^{-1}=\begin{pmatrix}\boldsymbol{U}^{-1} & -\boldsymbol{U}_0\boldsymbol{V}\boldsymbol{W}^{-1}\\ -\boldsymbol{W}_0\boldsymbol{V}^{\mathrm{T}}\boldsymbol{U}^{-1} & \boldsymbol{W}^{-1}\end{pmatrix},\tag{17.163}$$

其中，类似于 $\boldsymbol{U}$，

$$\boldsymbol{W}\equiv\boldsymbol{W}_0-\boldsymbol{V}^{\mathrm{T}}\boldsymbol{U}_0^{-1}\boldsymbol{V}.\tag{17.164}$$

这样，$\boldsymbol{F}^{\mathrm{T}}$ 相对于行具有相同的块形式：

$$\left(\boldsymbol{F}^{\mathrm{T}}\right)_{ji}=\left[G_j(t_i)T_i(t_i)\right],\qquad \begin{aligned}1\leqslant j\leqslant m,\\ 1\leqslant i\leqslant N,\\ m+1\leqslant K\leqslant N,\end{aligned}\tag{17.165}$$

其中 $G_j(t)$ 是季节性正弦曲线，$T_k(t)$ 是趋势函数.

我们几乎总是有 $\boldsymbol{q}_0=0$，因此我们“感兴趣的”季节性幅度由下式给出：

$$\hat{\boldsymbol{q}}=\boldsymbol{R}\boldsymbol{K}\boldsymbol{y},\tag{17.166}$$

其中 $\boldsymbol{R}$ 是简化的 $m\times N$ 矩阵

$$\boldsymbol{R}\equiv\boldsymbol{U}^{-1}\boldsymbol{G}-\boldsymbol{U}_0^{-1}\boldsymbol{V}\boldsymbol{W}^{-1}\boldsymbol{T},\tag{17.167}$$

其中 $\boldsymbol{U}^{-1}$ 是感兴趣的参数 $\{q_1,\cdots,q_m\}$ 的联合后验协方差矩阵. 注意，$\boldsymbol{R}$ 和 $\boldsymbol{U}^{-1}$ 也由模型确定，因此计算机可以在获取数据之前一劳永逸地对其进行计算.

新编练习 17.5 杰恩斯没有完成本节，所以我们只能推测他会在这里写什么. 首先看看 (17.156): 这是所有季节性幅度的联合后验概率，但是振幅与季节性分量本身不是同一件事. 季节性成分表示为

$$S(t)=\sum_{k=1}^{m}q_kG_k(t), \tag{17.168}$$

它是时间的连续函数. 是否可以使用 (17.156) 和 (17.168) 计算季节的联合后验概率 $p(S(t)|\boldsymbol{yKLI})$ 呢? 换句话说，是否可以使用变量的简单变化加上对剩余 q 的边缘化来计算 $p(S(t)|\boldsymbol{yKLI})$? 如果不能，将如何计算该联合后验概率?

17.12 评注

让我们尝试总结和理解前两章中提到的事实的底层技术原因. 对于 20 世纪 30 年代费希尔考虑的相对简单的问题，抽样理论推断方法是令人满意的. 这些问题具有以下特征:

(a) 参数很少;

(b) 存在充分统计量;

(c) 没有重要的先验信息;

(d) 无冗余参数.

当所有这些条件都满足，并且我们有大量数据（例如 $n \geqslant 30$）时，正统方法基本上与贝叶斯方法等价，无论我们偏爱哪种理念，所得出的结论不会有实际差别. 但是今天，我们面临着一些或全部条件不满足的重要问题. 只有贝叶斯方法能够处理这类问题，而又不会牺牲我们可以获得的许多相关信息. 贝叶斯方法更强大: 如果没有充分统计量，则出于本章开头所述的原因，它们能从数据中提取更多信息. 而且，它们会注意到可能非常重要的先验信息，并轻松处理冗余参数，将其变成重要的财富.

如今，人们想知道正统统计逻辑如何可能年复一年地在某些地方被讲授，并被誉为是“客观的”，而贝叶斯主义者却被指控为具有“主观性”. 正统主义者沉溺于实际并不存在的幻想数据集以及原则上无法观察到的极限频率，并且忽略相关的先验信息，没有资格指责任何人具有“主观性”. 如果没有充分统计量，则基于单一“统计量”的正统精度声明不仅会忽略先验信息，而且会忽略数据中与精度相关的所有证据: 很难说是“客观”流程. 如果有辅助统计量，并且正统主义者遵循费希尔的做法，会以辅助统计量为条件做出估计，其结果与基于无信息先验的贝叶斯定理通过更简单的计算得出的相同. 贝叶斯定理也将做出一个无可辩

驳的精度声明.

我们将在后面的章节中通过几个示例进行说明,包括区间估计、处理趋势、线性回归、周期检测和时间序列预测. 在所有这些情况下,“正统”方法可能会错失数据中的重要证据;由于忽略了强有力的先验信息,它们也可能得出没有证据支持的结论. 我们没有发现贝叶斯方法存在类似失效的情况. 确实,贝叶斯文献中众所周知的最优定理使得人们从一开始就预期会这样. 但是从心理学上讲,实际例子似乎比最优定理更具说服力.

从历史上看,科学推断一直为单变量或双变量高斯抽样分布的情况所主导. 这使得人们对该领域产生了扭曲的印象:高斯情形是“正统”或“抽样理论”方法最有效的示例,其中数据前和数据后后流程之间的差异最小. 在这种有限证据的基础上,(费希尔)正统理论试图声称其方法的一般有效性,并且在不检查结果的情况下,对贝叶斯方法进行无情的攻击.

即使是高斯情形,也存在重要的问题,其中抽样理论方法出于技术原因而失效. 一个例子是线性回归,其中两个变量都具有未知方差的误差,这也许是实验科学家面临的最常见的推断问题. 然而因为每个新的数据点都会带来一个新的冗余参数,抽样理论对此无能为力. 正统统计文献没有为我们提供解决此问题的令人满意的方法. 例如,见肯普索恩和福克斯的著作(Kempthorne & Folks, 1971),其中为了确定哪些量(对他们来说)是“随机的”,作者构想了 16 种不同的线性回归模型来描述一个推理问题,然后他们发现自己处理其中的大多数时十分无助,并认为“都很困难”而放弃.

当脱离高斯情形时,我们仿佛打开一个潘多拉盒子,其中充满了新的异常、逻辑矛盾、荒谬结果以及超出抽样理论处理能力的技术难题. 虔诚的正统主义者肯德尔和斯图尔特(Kendall & Stuart, 1961)已经记下了其中几个例子.

这些例子表明了假定估计质量完全可以根据估计量的抽样分布来判断的基本错误. 这只是出于数学对称性的原因对较简单的高斯情形才是正确的. 一般来说,正如费希尔指出的那样,由于具有不同的构型(值域),有着相同估计量的不同样本对参数值确定非常不同的精度. 但是费希尔的补救措施——以辅助统计量为条件——几乎是不可能的. 即使是在可能的情况下,我们在第 8 章中也已经看到它在数学上等价于使用贝叶斯定理. 关于这一点,对于“学生”t 分布的情形,杰弗里斯在 20 世纪 30 年代已经做出了证明. 在我的文章(Jaynes, 1976)中,我们针对正统主义者视为“病态的”的柯西分布进行了详细说明.

正统文献的作者们始终没有认识到的是,所有这些困难都可以通过统一使用单一的贝叶斯方法而毫不费力地解决. 实际上,一旦贝叶斯分析为我们提供了正确的答案，我们就可以研究它，直观地理解为什么它是对的，并带着这种更深入的了解，明白正统主义者接受的某个特定工具能如何找到该正确答案.

我们将在后面的章节中通过对上述回归问题以及柯西抽样分布的一些推断问题的解进行说明. 据我们所知，在任何正统统计文献中都找不到这些解.

但是，我们悲伤地看到，在当前许多贝叶斯文献中，正统的包袱很少被抛弃. 例如，一篇贝叶斯方面的文章典型的开头是："令 X 是具有密度函数 $p(x|\theta)$ 的随机变量，其中参数 θ 的值是未知的. 假定该参数族包含 X 的真实分布……" 或者，有人将均匀先验 $p(\theta|I)$ 描述为"θ 被认为具有均匀分布". 这样获得的解析解无疑将是一个有效的贝叶斯结果，但人们仍然坚持使用"随机变量"和"真实分布"这样的正统虚构物. θ 只是一个未知常数，它根本没有"分布"."分布"的是我们对 θ 的知识状态：执着的思维投射谬误再次污染了整个概率论，使得经验不足的读者对我们真正所做的事情产生误解. 同样糟糕的是，那些犯这种错误的人似乎并不知道这会将应用限制在贝叶斯解可能有用的实际情况的一小部分中. 在绝大多数实际应用中，没有所谓"随机变量"（如何定义"随机性"?）也没有"真实分布"（如何定义? 我们可以采用哪种检验方法来确定某个分布是否"真实"?），但是作为逻辑的概率论适用于所有问题.

与正统检验不同，贝叶斯后验概率或几率比可以定量地告诉我们，考虑手上所有而不只是数据证据之后，证据对于某种效应有多强.

萨维奇 (Savage，1962，第 63 ~ 67 页）通过冗长的严格推理的论证，仅使用抽样概率给出了贝叶斯算法的理论依据. 这里阐述的贝叶斯论证——他拒绝将其称为"必要的"——可以直接地根据第一原理得出相同的结论.

这些比较表明，为了成功处理当前的实际问题，抛弃传统和权威已经至关重要，因为传统和权威在整个 20 世纪里都在阻碍我们的进步. 令人遗憾的是，正统的方法与术语仍然在被继续向年轻的统计学家、经济学家、生物学家、心理学家和医学研究者传授，数十年来，这已经严重损害了这些领域的发展.

然而，我们所见之处到处都有希望的光芒. 在物理学中，布雷特索斯特（Bretthorst，1988）处理了核磁共振数据，通过贝叶斯方法从数据中提取了更多信息，远远超过之前专门的傅里叶分析所能获取的. 在计量经济学中，阿诺德 · 泽尔纳教授是一所规模庞大、活跃且持续发展的贝叶斯分析学院的创始人，该学院已经发表大量研究成果. 在医学诊断领域，伟大的医师威廉 · 奥斯勒爵士（1849—1919）很早就指出[①]：医学是不确定性的科学与概率的艺术. 近年来，一些人已经开始认真对待这一言论. 李 · 卢斯特德（Lee Lusted，1968）用流程图和源代码给出了贝

① 引用自比恩的著作（Bean，1950，第 125 页）.

叶斯计算机诊断 6 种重要医学状况的示例，以及关于医学检验的大量定性知识.[①] 彼得 · 芝士曼（Peter Cheeseman，1988）一直在开发基于贝叶斯原则的医学诊断专家系统.

① 卢斯特德于 1978 年成立了医学决策学会，并担任该学会杂志的第一任编辑. 于 1994 年 2 月去世时，他已经退休，但仍在斯坦福大学医学院担任兼职教授，为医学生提供有关决策分析方面的咨询服务.

第 18 章　A_p 分布与连续法则

在每位非贝叶斯主义者身体里，都有一位试图逃出的贝叶斯主义者.

——丹尼斯·林德利（Dennis V. Lindley）

到现在为止，我们已经赋予我们的机器人相当普遍的推断原理，它可以借此将信息转化为先验概率，并将后验概率转化为确定的最终决策，因此现在已经能够解决很多问题. 但是它仍然相当低效. 当我们给它一个新问题时，它必须回到自己的记忆中（我们用 X 或 I 表示的命题，代表了它所学到的一切）. 它必须先扫描整个记忆，以查找与该问题相关的内容，然后才能开始处理问题. 随着机器人年龄的增长，这将成为越来越耗时的过程.

但是人类的大脑不会这样做. 我们的大脑中内置了一些机制，可以总结过去的结论，使得我们无须记得导致我们得出这些结论的细节. 我们想看看是否有可能给予机器人某种确定的机制，使得它可以存储一般性结论而不是孤立的事实.

18.1　旧机器人的记忆存储

现在注意与这个问题密切相关的另一件事情. 假设你有一枚硬币，并且允许你仔细检查它. 在仔细检查之后，你相信这是一枚无偏硬币：它是标准圆形，有正面和反面，并且重心在正常的位置. 这时要求你给该硬币在第一次抛掷时分配正面朝上的概率. 我敢肯定你会说 1/2. 现在，假设你要为火星上曾经有生命这一命题分配概率. 我不知道你对此有何看法，但是根据我知道的所有信息，我同样会说概率大约为 1/2. 虽然我为这两个命题分配了相同的“外部”概率，但是我对于它们有着截然不同的“内部”状态.

要明白这一点，请想象在获得新信息后的结果. 假设我们将硬币抛掷了 5 次，每次都反面朝上. 你问我下一次抛掷正面朝上的概率是多少，我还是会说 1/2. 但是，如果你再告诉我一个有关火星的事实，我会准备好完全改变我的概率分配. 有某种东西使得我的信念在硬币的问题上非常稳定，但是在有关火星生命的问题上非常不稳定. [①]

① 例如，对于某些哲学家有时所说的原则——理论不能证明只能证否——提出一个反例. 对于火星曾经存在生命的理论，我们的情况似乎正好相反. 为了证明它是错的，即使挖掘火星表面的每一块土地也还是不够；而要证明它是真的，只需要找到一块化石即可.

这似乎是对作为逻辑的概率论的致命打击. 也许我们需要为一个命题关联的不仅是一个代表合理信念程度的数，而是两个数：一个代表合理信念程度，另一个代表面对新证据时的稳定性. 因此，需要一种二值理论. 在 20 世纪 50 年代初期，我在一次伯克利统计研讨会上发表演讲，阐述了这一观点.

但是现在，经过深思熟虑，我认为存在一种机制，使得我们的现有理论能自动包含所有这些东西. 到目前为止，我们要求机器人考虑的所有命题都是具有二值逻辑的“亚里士多德”命题：它们必须非真即假. 假设我们引入一种不同类型的新命题. 尽管这个命题是真或假都没有意义，但是我们仍然要说机器人将一个实数与之关联，并且它遵循概率论规则. 这些命题有时很难用口头表达. 但是我们注意到，如果对于问题中所有将要使用的命题给定以 X 为条件的概率，那么我们已经说明了 X 的所有有关信息（尽管当然不包含它对我们的意义和重要性，那将关乎我们对该问题是否感兴趣）. 因此，我们引入一个新的命题 A_p，定义为

$$P(A|A_pE) \equiv p, \tag{18.1}$$

其中 E 是任何其他证据. 如果对 A_p 做口头陈述，它将是类似这样的东西：

$$A_p \equiv \text{ 无论你被告知什么其他证据，} A \text{ 的概率都是 } p. \tag{18.2}$$

现在，A_p 是一个奇怪的命题，如果我们允许机器人用这种命题进行推理，贝叶斯定理保证 A_p 可以移到左边：$P(A_p|E)$. 我们是在这里做什么？似乎是在谈论“概率的概率”.

在更好地理解其意义之前，让我们采用能避免产生错误印象的更谨慎的表示法. 我们并不声称 $P(A_p|E)$ 是通常意义上的“真实概率”，它只是遵守概率论数学规则的一个数. 或许在获取一些使用经验之后，我们会更加清楚这一概念的正确含义. 因此，让我们避免使用符号 p. 为了强调其更抽象的性质，我们使用括号记号 $(A_p|E)$ 表示此类量，并将其简单称为“给定 E 的 A_p 的密度”.

我们通过一个等式来定义 A_p. 如果你问这意味着什么，我们将写出更多的等式来回答. 因此，让我们写出这些等式：如果 X 关于 A 除了“A 可能为真也可能为假”外什么也没说，那么对于第 12 章中的“完全无知的总体”有

$$(A_p|X) = 1, \qquad 0 \leqslant p \leqslant 1. \tag{18.3}$$

第 12 章的变换群论证适用于此问题. 有了以上结果，我们就可以使用贝叶斯定理来计算给定其他条件的 A_p 的密度. 具体是

$$(A_p|EX) = (A_p|X)\frac{P(E|A_pX)}{P(E|X)} = \frac{P(E|A_p)}{P(E|X)}. \tag{18.4}$$

现在

$$P(A|E) = \int_0^1 \mathrm{d}p\,(AA_p|E). \tag{18.5}$$

命题 A_p 是互斥且穷尽的（实际上，每个 A_p 都与其他 A_q 完全矛盾），因此我们可以这样做. 我们将完全不考虑 A_p 是一种有趣的命题而应用所有概率论规则. 我们相信这些规则是处理这种命题的一致性方法. 但是，现在我们认识到一致性是这些规则的纯粹结构性属性，它不能依赖于我们可能对命题附加的特定语义. 因此，现在可以通过乘法规则分解 (18.5) 的被积函数：

$$P(A|E) = \int_0^1 \mathrm{d}p\,P(A|A_pE)(A_p|E). \tag{18.6}$$

但是根据 A_p 的定义 (18.1)，第一个因子正好是 p，所以

$$P(A|E) = \int_0^1 \mathrm{d}p\,p\,(A_p|E). \tag{18.7}$$

我们的机器人分配给命题 A 的概率正好是 A_p 密度的一阶矩. 因此，A_p 的密度应该包含机器人有关 A 的状态的更多信息，而不仅仅是 A 的概率. 我们的推测是，此类命题的引入不仅能解决上述两个问题，并且为我们提供了计算概率的强大分析工具.

18.2 相关性

要明白为什么会提出这种猜想，让我们注意一些关于相关性的引理. 假设证据 E 由两部分组成，即 $E = E_aE_b$，其中 E_a 与 A 相关，并且在给定 E_a 的情况下，E_b 与之不相关：

$$P(A|E) = P(A|E_aE_b) = P(A|E_a). \tag{18.8}$$

在给定 E_a 的情况下，

$$P(E_b|AE_a) = P(E_b|E_a)\frac{P(A|E_bE_a)}{P(A|E_a)} = P(E_b|E_a), \tag{18.9}$$

根据贝叶斯定理，可以得出 A 也一定与 E_b 不相关. 我们将此性质称为“弱无关性”. 这是否意味着 E_b 与 A_p 不相关? 显然不是，因为 (18.8) 只是说 $(A_p|E_a)$ 和 $(A_p|E_aE_b)$ 的一阶矩是相同的. 但是假定对于给定的 E_b，(18.8) 可能独立于 E_a 成立，这称为“强无关性”. 这时我们有

$$P(A|E) = \int_0^1 \mathrm{d}p\,p\,(A_p|E_aE_b) = \int_0^1 \mathrm{d}p\,p\,(A_p|E_a). \tag{18.10}$$

但是，如果这要对所有 $(A_p|E_a)$ 成立，则被积函数必须相同：

$$(A_p|E_aE_b) = (A_p|E_a), \tag{18.11}$$

根据贝叶斯定理可以得出，正如 (18.9) 一样，A_p 与 E_b 不相关：

$$P(E_b|A_pE_a) = P(B_b|E_a) \tag{18.12}$$

对于所有 E_a 成立.

现在，假设我们的机器人获得了一份新证据 F. 这将如何改变其关于 A 的知识状态呢？可以按照之前所做的那样通过贝叶斯定理直接展开，但是这次让我们使用 A_p：

$$P(A|EF) = \int_0^1 \mathrm{d}p\, p\,(A_p|EF) = \int_0^1 \mathrm{d}p\, p\,(A_p|E)\frac{P(F|A_pE)}{P(F|E)}. \tag{18.13}$$

在这一似然比中，可以剔除与 A_p 不相关的 E 的任何部分，因为根据贝叶斯定理，它等于

$$\frac{P(F|A_pE_aE_b)}{P(F|E_aE_b)} = \frac{P(F|A_pE_a)\left[\frac{P(E_b|FA_pE_a)}{P(E_b|A_pE_a)}\right]}{P(F|E_a)\left[\frac{P(E_b|FE_a)}{P(E_b|E_a)}\right]} = \frac{P(F|A_pE_a)}{P(F|E_a)}, \tag{18.14}$$

其中使用了 (18.12).

现在，如果 E_a 仍然包含与 A_p 不相关的部分，我们可以重复此过程. 想象进行尽可能多次后，E 剩余的 E_{aa} 部分根本不包含与 A_p 不相关的任何内容. 因此，E_{aa} 一定仅是关于 A 的某一陈述. 但是，根据 A_p 的定义 (18.1)，我们看到 A_p 在分子中自动消去了 E_{aa}：$(F|A_pE_{aa}) = (F|A_p)$. 因此，我们将 (18.13) 简化为

$$P(A|EF) = \frac{1}{P(F|E_{aa})}\int_0^1 \mathrm{d}p\, p\,(A_p|E)p(F|A_p). \tag{18.15}$$

该论证的不足之处在于，我们还没有证明总是有可能将 E 分解为一个完全相关与完全不相关的两个部分. 但是，容易证明在许多应用中这是可能的. 因此我们只说以下结果适用于先验信息“完全可分解”的情况. 虽然没有说这是最普遍的情况，但我们确实知道这是可能的情况.

18.3 令人惊讶的结果

现在，$(F|E_{aa})$ 是我们要消去的项. 它实际上只是一个归一化因子，我们可以按照第 4 章的方法通过计算 A 的几率而不是概率消去它. 这只是

$$O(A|EF) = \frac{P(A|EF)}{P(\overline{A}|EF)} = \frac{\int_0^1 \mathrm{d}p\, p\,(A_p|E)P(F|A_p)}{\int_0^1 \mathrm{d}p(A_p|E)P(F|A_p)(1-p)}. \tag{18.16}$$

重要的是，表征先验信息的命题 E 现在只在密度 $(A_p|E)$ 中出现，这意味着机器人为了推断出新信息的作用而需要的 E 的唯一性质是密度 $(A_p|E)$. 机器人学过的与命题 A 相关的所有信息可能包含成百万上千万个孤立的事实，但是当它接收

到新信息时，它不必回到整个记忆中搜索与 A 相关的每个小细节. 从过去的经验中得到关于 A 的所有信息包含在一个汇总函数 $(A_p|E)$ 中.

因此，对于每个要推断的命题 A，机器人可以存储一个如图 18-1 所示的密度函数 $(A_p|E)$. 每当接收到新信息 F 时，就会计算 $(A_p|EF)$，然后可以删除先前的信息 $(A_p|E)$，而只存储 $(A_p|EF)$. 通过此流程，我们将在以后有关 A 的推断中考虑其经验的所有细节.

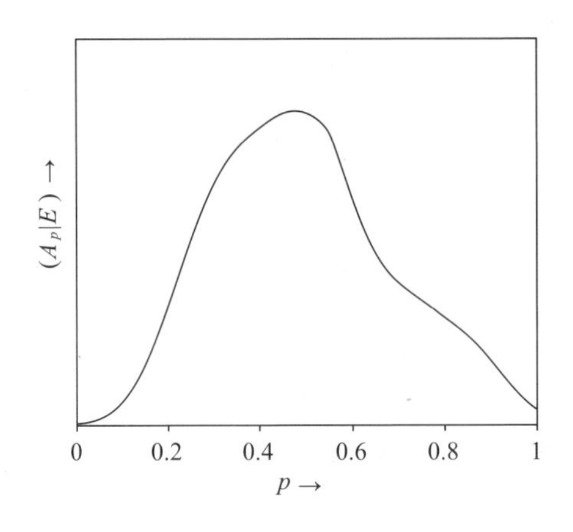

图 18-1　A_p 的分布

这表明在进行归纳推理的机器中，存储问题可能比仅进行演绎推理的机器更简单. 这并不意味着机器人可以抛弃所有过去的经验，因为总是有可能会出现一些必须从头进行推理的新命题. 无论何时发生这种情况，当然都必须回到原始数据中搜索与该命题相关的每条信息.

稍作反思，我们都会同意这正是我们大脑的思维方式. 如果被问到某个命题的合情性有多大，我们不会转去回忆有关该命题的所有细节. 我们会回想起对此命题的思想状态. 我们中有多少人还记得使我们相信 $\mathrm{d}\sin(x)/\mathrm{d}x = \cos(x)$ 的最初论证? 但是，与机器人不同的是，当遇到一些全新的命题 Z 时，我们没有能力进行完整的历史数据搜索.

让我们再看一下 (18.15). 如果新信息 F 要使 A 的概率发生显著变化，我们可以从该积分中看到需要什么. 如果密度 $(A_p|E)$ 在 p 的一个特定值处已经非常尖锐地达到峰值，那么要使得概率有显著的改变，则 $P(F|A_p)$ 将不得不在 p 的其他某个值处更加尖锐地达到峰值. 另外，如果 $(A_p|E)$ 非常宽，则 $P(F|A_p)$ 中的任何小峰都会使机器人分配给 A 的概率发生较大变化.

因此，当证据 E 确定时，机器人心理状态的稳定性基本上取决于 $(A_p|E)$ 的

宽度. 似乎没有任何一个数可以完全描述这种稳定性. 另外，当它积累了足够的证据使 $(A_p|E)$ 在 p 的某个值处达到很好的峰值时，该分布的方差就成为机器人心理状态稳定程度的一个很好的衡量指标. 它收集到的信息越多，其 A_p 分布将越窄，任何新证据将越难改变这种心理状态.

现在我们可以看看硬币问题与火星问题的区别. 在硬币问题中，根据先验知识，我们的 $(A_p|E)$ 密度用类似于图 18-2(a) 所示的曲线表示. 对于火星上是否曾经存在生命的问题而言，我们的知识状态是用图 18-2(b) 所示的 $(A_p|E)$ 密度定性描述的. 在这两种情况下，一阶矩都是相同的，所以我给两者都分配了概率 1/2，但是我对这两个命题的了解程度差别很大，这种差别用 $(A_p|E)$ 密度表示.

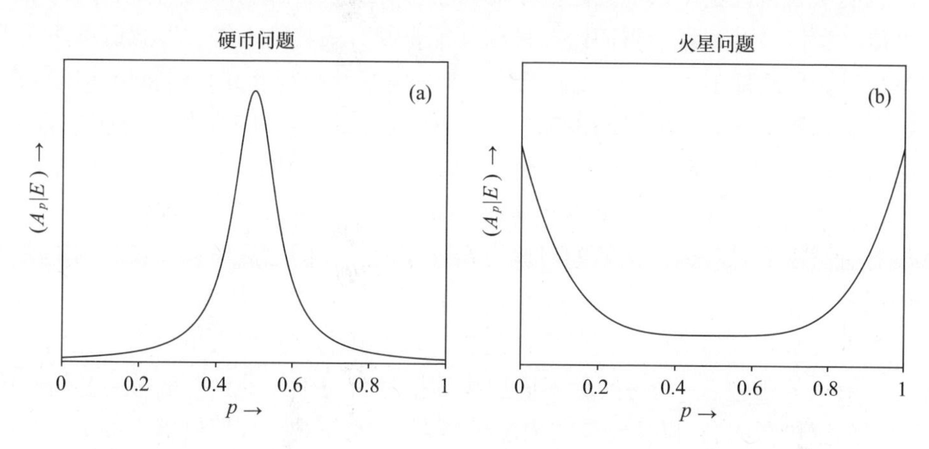

图 18-2 两个 A_p 分布具有相同的一阶矩，但是表示非常不同的知识状态

在其他场景下也出现过类似的想法. 在我开始思考这一问题时，曾见过一篇报刊文章，标题为“大脑存储人的最内在思想”. 它是这样开头的：

> 你曾经想过、做过或说过的所有事情——每个意识的完整记录——都会记录在你大脑的综合计算机中. 你虽然永远只会回忆起其中很小的一部分，但也永远不会丢失它. 这些是蒙特利尔神经病学研究所所长与领先的神经外科医师威德 · 彭菲尔德博士的发现. 人们已经认识到大脑存储经验的能力，其中很多处于意识之下，但是这种功能的范围由彭菲尔德博士发现并记录.

现在，有几个对癫痫患者进行实验的例子. 对大脑中某个位置的刺激会使人回想起过去的某一种经验，而患者以前无法回忆这些经验. 在文章的结尾，彭菲尔德博士说道：

> 这不是通常意义上的记忆，尽管它可能与此有关. 没有人能自己回忆起如此丰富的细节. 一个人可能会学习一首歌，最终能完美地歌唱，但是不可能详细回忆起听过的每一首歌的细节. 一个人能够记住的大多数东西是概括和总结. 如果不是这样，我们可能会发现自己为太多的细节感到困惑.

这对于我们理解 A_p 密度在概念上意味着什么正是一种提示.

18.4　外层和内层机器人

我们从大量证据（以上只是其中的一小部分）中了解到，大脑具有两种不同的功能：意识与潜意识. 它们以一种相互配合的方式共同工作. 潜意识可能在整个生命过程持续地工作. 它以我们无法控制的方式解决问题并将信息传达给意识. 每位对于难题做过原创思考的人都经历过这一点. 许多人（亨利 · 庞加莱、雅克 · 阿达马、罗温 · 哈密顿、弗里曼 · 戴森）曾经记录下这种经验，其他人可以读到. 与潜意识的交流在我们看来是不知从何而来的突然灵感，产生于我们放松而又根本没有有意识地思考这一问题的时候. 在一瞬间，我们忽然理解了长时间困扰我们的问题. [①]

如果人脑可以在两个不同的层次运作，那么我们的机器人也可以. 我们不用考虑“概率的概率”，而是两种不同层次的推理：与外部世界接触并对其进行推理的“外层机器人”；以及一个“内层机器人”，负责观察外层机器人的活动并对其进行思考. 我们在本章之前使用的常规概率公式表示外层机器人的推理. A_p 密度表示工作的内层机器人. 但是我们希望我们的机器人相比人类大脑具有一种优势. 外层机器人不必被迫等待来自内层机器人的灵感，它应该有权随意调用内层机器人的服务.

通过这种方式看待 A_p 分布，可以减少概念上的混乱. 思考现实世界的外层机器人使用亚里士多德命题. 内层机器人在思考外层机器人的活动时，使用的不是关于外部世界的亚里士多德命题. 但是在其关于外层机器人的思想的情况下，它们仍然是亚里士多德命题，因此，它们当然遵循同样的概率论规则. “概率的概率”的说法没有抓住重点，因为这两种概率处于不同的层次.

有了这些东西，我们的想象力就可以远远超越它. 内层机器人可以比仅仅计算和存储 A_p 密度有更多的功能. 它可能具有我们尚未想到的功能. 此外，是否

① 我曾经有过几次这种经历，都是在某种不太可能的情况下. 例如，在农场上开着拖拉机，我突然明白了如何证明长期以来猜想正确的东西. 但是，除非意识已经充分思考这一问题并为之做好准备，否则灵感就不会来临.

可能存在一个“更内层”的机器人，它与现实世界隔了两层，并能思考内层机器人的活动呢？我们为什么不能拥有具有嵌套层次结构的此类机器人？为什么不能有多个并行的层次结构，每个对应不同的场景？

这些问题可能显得很奇怪，但是当我们注意到在计算机和编程方法的发展中已经演化出了相同的层次结构之后，一切就变得很自然．我们目前的微型计算机在三个不同的层次进行操作：内层的“BIOS”代码直接与硬件打交道；中层“COMMAND SHELL”在外内层之间发送信息和指令，同时保护内层免受外层影响；提供“高级”指令的外层程序员，代表着机器活动的有意识的最终目的．此外，大规模并行计算机体系结构也已经发展了数年．

在计算机的进化中，这代表了不可避免的自然劳动分工．在人类大脑的进化中发生类似的劳动分工，我们也不应该感到惊讶．大脑具有内部“BIOS”层，可以通过某种方式直接控制人体的生物“硬件”（例如心跳速度和激素分泌水平），“COMMAND SHELL”层从意识中接收“高级”指令，将它们转换为执行诸如步行或拉小提琴之类复杂活动所需的详细指令，但无须意识注意到所有细节．这样，通过在目前尚未完全理解的大脑组织的某些方面，我们可以看到计算机未来发展的端倪，特别是关于我们的推理机器人．

嵌套层次结构的机器人——每个都在不同的层次思考命题——的想法在某种程度上类似于伯特兰·罗素的“类型理论”．这是他在写《数学原理》时为了避免某些悖论而引入的．它们之间可能有某种联系．但是这种在 20 世纪初期发展起来的佩亚诺和庞加莱称为“逻辑斯谛”的工作，在今天却被认为是有缺陷和令人困惑的——怪异与自相矛盾的定义泛滥，缺乏信息的观念——似乎最安全的方法是完全废弃这项工作，并从头开始构建．在构建过程中，我们应当考虑对于信息作用的理解以及克罗内克的警告．这在计算机时代非常合适，可构造性是判断新定义的集合或其他数学对象是否有意义或实际有用的首要标准．

来自丹尼斯·林德利的开篇引用（这是他在 20 世纪 80 年代初期在一次贝叶斯研讨会上的演讲中说的）与这些考虑以及我们在第 5 章中关于视觉感知的论述非常吻合．在那里，我们注意到，任何与贝叶斯原则相冲突的推理方式都会使得该生物处于确定的生存劣势，因此根据达尔文的自然选择理论，生物会自动产生以贝叶斯方式推理的大脑．外脑由于与外界的接触而受到错误的灌输，可能受到损害——甚至会变成反贝叶斯主义者，不过受到保护的内脑仍然会是原始的贝叶斯主义者．因此，林德利的一句玩笑话可能确实是真的．

但是，我们在这里正处于知识的边界上，因此上述材料一定是对一个可能较大的全新领域（如果你愿意，可以称其为疯狂的推测）的初步探索，而不是在阐述得到公认的理论. 记着这些注意事项，让我们研究一些遵循上述思考方式的具体例子. 这些例子也可以独立地进行论证.

18.5　应用

假设开展一项“随机”实验. 我们希望根据过去的实验结果尽可能准确地预测未来结果. 为了使问题明确，我们引入以下命题.

$X \equiv$ 对于每次试验，我们都允许两个先验假设：A 真或者 A 假.

假定每次试验背后的“因果机制”都相同. 这意味着 (1) 在第 n 次试验中分配给 A 的概率不依赖于 n；(2) 过去的试验结果在所有时间内都相关. 因此，为了预测试验 100 的结果，对试验 1 与试验 99 的结果的了解同样重要. 没有其他先验证据.

$N_n \equiv$ 过去 N 次试验中 n 次为真.

$M_m \equiv$ 未来 M 次试验中 m 次为真.

X 的文字陈述也有同样模棱两可的问题，并且曾经引发了很多问题和争议. 我们在这里想强调的要点是：除非不仅给出文字陈述，还给出数学等式，我们就还没有精确定义先验信息. 这些等式表明我们如何通过指定先验概率将其转化为数学问题. 在当前问题中，X 的这种更精确的陈述与以前一样是

$$(A_p|X) = 1, \qquad 0 \leqslant p \leqslant 1, \tag{18.17}$$

其中，作为该问题先验信息的一部分，我们理解可以将相同的 A_p 分布用于所有试验的计算. 我们要求的是 $P(M_m|N_n)$. 首先请注意，通过多次重复应用与 (9.34) 相同的乘法与加法规则，我们有二项分布

$$\begin{aligned} P(N_n|A_p) &= \binom{N}{n} p^n (1-p)^{N-n}, \\ P(M_m|A_p) &= \binom{M}{m} p^m (1-p)^{M-m}, \end{aligned} \tag{18.18}$$

我们看到，尽管 A_p 正如我们引入它时那样看来像一个不太站得住脚的武断陈述，但是这实际上是几乎所有现行教科书介绍概率的方式. 人们假设事件具有某种内在的、“绝对的”或“物理的”概率，我们无法精确确定其数值. 然而，没有人怀疑这种“绝对”概率的存在. 例如，克拉默（Cramér，1946，第 154 页）将其作为基本公理. 这就像我们的 A_p 陈述一样武断. 实际上，我们认为这就是我们的 A_p. 我们在现行教科书中看到的等式都与上面两个类似. 只要 p 是给定的数，更适当的记号法就会表明在右侧的概率符号中隐藏着 A_p.

从数学上说，我们在这里所做的工作与现行教科书的主要差别是：(1) 我们认识到无论其中是否隐藏了 A_p，右边的概率都存在；(2) 根据考克斯定理，我们

不怕使用贝叶斯定理来处理任何命题，包括 A_p 在内．正统主义者拒绝随意使用贝叶斯定理，因而让自己丧失了概率论中最强大的原理．当对一个推断问题研究足够长的时间后，有时甚至是通过几十年来的一系列特定工具来研究之后，人们才被迫得出通过贝叶斯定理只需要几行就能推导得到的结果．这通常是指机器人与外部世界之间的“外层”概率．现在我们将看到贝叶斯定理在处理“内层”概率方面同样强大且必不可少．

现在我们需要确定先验概率 $P(N_n|X)$．这已经由 $(A_p|X)$ 确定，因为将命题分解为互斥假设的技巧使我们得到

$$P(N_n|X) = \int_0^1 \mathrm{d}p\,(N_n A_p|X) = \int_0^1 \mathrm{d}p\,P(N_n|A_p)(A_p|X) = \binom{N}{n}\int_0^1 \mathrm{d}p\,p^n(1-p)^{N-n}. \tag{18.19}$$

我们必须计算的积分是完全 β 函数：

$$\int_0^1 \mathrm{d}x\,x^r(1-x)^s = \frac{r!s!}{(r+s+1)!}. \tag{18.20}$$

这样，我们得到

$$P(N_n|X) = \begin{cases} \frac{1}{N+1}, & 0 \leqslant n \leqslant N, \\ 0, & N < n, \end{cases} \tag{18.21}$$

这正是最大熵的均匀分布．我们可以类似地计算 $P(M_m|X)$．现在可以根据贝叶斯定理来得到 (18.18) 的反转：

$$(A_p|N_n) = (A_p|X)\frac{P(N_n|A_p)}{P(N_p|X)} = (N+1)P(N_n|A_p), \tag{18.22}$$

所以最后，期望计算的概率是

$$P(M_n|N_n) = \int_0^1 \mathrm{d}p\,(M_m A_p|N_n) = \int_0^1 \mathrm{d}p\,P(M_m|A_p N_n)(A_p|N_n). \tag{18.23}$$

因为根据 A_p 的定义有 $P(M_m|A_pN_n) = P(M_m|A_p)$，所以我们已经得出了积分项中的所有部分．将它们代入 (18.23)，我们再次得到一个欧拉积分，结果是

$$P(M_m|N_n) = \frac{\binom{n+m}{n}\binom{N+M-n-m}{N-n}}{\binom{N+M+1}{M}}. \tag{18.24}$$

注意，这与抽样理论的超几何分布 (3.22) 不同．让我们先看看 $M = m = 1$ 的特殊情况，这将简化为假设前面 N 次试验中 n 次为真，下一次试验 A 为真的概率．结果是

$$P(A|N_n) = \frac{n+1}{N+2}. \tag{18.25}$$

我们认识到这正是拉普拉斯连续法则. 我们在 (6.29) ~ (6.46) 中根据从坛子中抽取球的问题得到此规则并进行了简要讨论. 现在, 我们需要在更广泛的背景下更加仔细地讨论它.

18.6 拉普拉斯连续法则

该规则在概率论中具有极高的地位. 自从拉普拉斯在 1774 年首次提出该规则以来, 它一直是概率论中最容易理解和误用的规则之一. 在几乎所有概率论书中, 都会非常简短地提及该规则, 主要是为了警告读者不要使用它. 但是我们必须尽力去理解它, 因为在设计推理机器人时, 拉普拉斯规则就像贝叶斯定理一样, 是最重要的构造性规则之一. 它是将原始信息转化为概率的"新"规则 (即无差别原则及其推广, 最大熵原理之外的规则). 它为我们提供了概率与频率之间最重要的联系之一.

可怜的老拉普拉斯被嘲笑了一个多世纪, 因为他举例说明了该规则是通过计算给定太阳在过去 5000 年①每天都升起且明天照样升起的概率来确定的. 人们得到一个相当大的概率 ($5000 \times 365.2426 + 1 = 1\,826\,214:1$ 的几率) 支持明天太阳照样升起. 就我们所知, 现代概率论学家毫无例外地认为这纯粹是荒谬的. 甚至凯恩斯 (Keynes, 1921) 和杰弗里斯 (Jeffreys, 1939) 也对拉普拉斯连续法则进行了批评.

我们必须承认, 我们没有看到拉普拉斯连续法则有任何荒谬之处. 我们强烈建议你独立地做一些文献检索工作, 并阅读其中一些作者对此提出的反对意见. 你将看到每次都发生了相同的事情. 首先, 拉普拉斯是在脱离上下文的情况下被引用的; 其次, 为了证明连续法则的荒谬性, 作者将其应用于不适用的情况, 其中存在连续法则没有考虑到的其他先验信息.

但是, 如果你回过头来亲自阅读拉普拉斯的著作 (Laplace, 1812), 就会发现在日出章节的下一句中, 他警告读者不要对此产生误解:

> 但是这个数值对于那些根据整体现象明白了日夜与季节变化的原理, 意识到目前没有任何东西可以阻止它继续发生的人来说要大得多.

他用这种尴尬的话语向读者指出, 连续法则*只是*基于事件在 N 次试验中发生过 n 次的信息而得出的概率, 而我们的天体力学知识则代表了很多的额外信息. 当

① 《圣经》中的某些段落使得早期的神学家得出世界的年龄约为 5000 年的结论. 看起来, 拉普拉斯一开始就像许多人一样接受了这个数字. 但正是在拉普拉斯的一生中, 在他脚下 (在巴黎蒙马特的街道下) 发现了恐龙遗骸, 并且解剖学家居维叶正确地解释了这一遗迹. 如果他在生命快要结束时写下这篇文章, 我们认为拉普拉斯使用的数字将会远远大于 5000 年.

然，如果你除了数值 n 和 N 之外还有其他信息，则应该将这些信息考虑在内. 这时你正在考虑一个不同的问题，连续法则不再适用，你可能得到完全不同的答案. 概率论根据所输入的信息给出一致的合情推理结果.

我们必须承认，拉普拉斯提到日出例子本身就做了一个非常不幸的选择——因为出于他所指出的原因，连续法则并不真正适用于日出概率的估计. 此后，这一选择对拉普拉斯的声誉造成了灾难性的影响. 当读者像拉普拉斯一样将“概率”解释为表示部分知识状态的一种手段时，他的陈述才有意义. 但是对于那些认为概率是一种真实物理现象，独立于人类知识而存在的人们来说，拉普拉斯的立场是相当难以理解的. 所以他们会得出结论说，拉普拉斯犯了一个荒唐的错误，甚至不愿阅读他的完整说明.

以下是一些可以在文献中找到的关于连续法则的反对意见的著名例子.

(1) 假设完成了一次氢的凝固. 根据连续法则，如果重复实验，它能再次凝固的概率为 2/3. 这至少不代表任何科学家的信念状态.

(2) 今天有一个男孩 10 岁，根据连续法则，他有 11/12 的概率再活一年. 这个男孩的祖父是 70 岁，根据连续法则，他有 71/72 的概率再活一年. 连续法则显然违反常识!

(3) 考虑 $N = n = 0$ 的情况，那么任何未经验证的猜想为真的概率都是 1/2. 因此，火星上正好有 137 头大象的概率为 1/2. 此外，火星上有 138 头大象的概率也为 1/2. 因此，可以肯定火星上至少有 137 头大象. 但是连续法则还说，火星上没有大象的概率也为 1/2. 因此，该规则在逻辑上是自相矛盾的!

鉴于我们前面的评论，例 (1) 和例 (2) 的问题是显而易见的. 在每一种情况下，我们大家都知道的高度相关的先验信息被简单地忽略了，从而公然滥用了连续法则. 但是让我们更仔细看看例 (3). 连续法则在这里应用地不正确吗? 我们当然不能声称我们拥有关于火星上是否存在大象的先验信息，而这些信息被忽略了. 显然，如果连续法则要适用于例 (3)，那么有一些我们需要强调的关于应用概率论的基本要点.

当我们说一个主张没有“证据”时，这意味着什么? 问题不是我们所说的口头意思是什么. 问题是: 这对机器人意味着什么? 就概率论而言，这意味着什么?

我们用于推导连续法则的先验信息是，机器人被告知只有两种可能性: A 为真或假. 它的整个“话语世界”只包含这两个命题. 在 $N = 0$ 的情况下，我们也可以通过直接应用无差别原则来解决问题，这当然会与我们根据连续法则得出的

答案相同：$P(A|X) = 1/2$. 只要注意到这一点，我们就会发现问题出在哪里. 只要承认存在三个不同命题之一为真的可能性，而不是两个，我们就已经确定与用于推导连续法则的信息不同的先验信息. ①

如果告诉机器人考虑 137 种不同的 A 可能为假、只有一种可能为真的方式，并且没有其他任何信息，那么它对 A 为真的先验概率为 1/138，而不是 1/2. 因此，我们看到火星大象的例子还是对连续法则的严重滥用.

教训

像任何其他数学理论一样，除非我们提出确定的问题，概率论不能给出确定的答案. 我们应该始终从明确地列举出问题中要考虑的所有不同命题的“假设空间”开始定义一个问题. 这是必须要指定的“边界条件”的一部分，然后才有一个定义良好的数学问题. 如果我们说“我不知道可能的命题是什么”，这在数学上就相当于说“我不知道要解决什么问题”. 这时，机器人给出的答案只能是：“回去，等你知道时再来问我.”

18.7 杰弗里斯的异议

正如人们所预期的那样，杰弗里斯（Jeffreys，1939，第 107 页）使用的例子更加微妙. 他写道：

> 我可能在英格兰见过千分之一的“有羽毛的动物”. 根据拉普拉斯的理论，“所有有羽毛的动物有喙”这一命题成立的概率约为 1/1000. 这与我或任何其他人的信念不符.

尽管我们同意杰弗里斯所说的一切，但是必须指出，他未能补充两个重要的事实. 首先，根据拉普拉斯连续法则，的确有 $P(\text{全部都有喙}) \approx 1/1000$. 但是也有 $P(\text{除一个以外都有喙}) \approx 1/1000$，$P(\text{除两个以外都有喙}) \approx 1/1000$，等等. 更具体地说，如果有 N 个有羽毛动物，我们已经看到 r 个（都有喙），那么用这种记号法重写 (18.24)，我们看到 $P(\text{全部都有喙}) = P_0 = (r+1)/(N+1) \approx 1/1000$，而 $P(\text{除 } n \text{ 个以外都有喙})$ 为

$$P_n = P_0 \frac{(N-r)!(N-n)!}{N!(N-n-r)!}, \tag{18.26}$$

有 n_0 个或更多没有喙的概率为

$$\sum_{n=n_0}^{N} P_n = \frac{(N-r)!(N-n_0+1)!}{(N+1)!(N-n_0-r)!} \approx \mathrm{e}^{-rn_0/N}. \tag{18.27}$$

① 我们在这里看到显而易见之处：我们根据数据得出的结论可能取决于假设空间的大小. 我们在 (15.92) 之后对边缘化悖论的研究中看到了非常相似的事情，其中我们发现参数空间的大小会影响我们的推论. 也就是说，即使我们不知道其数值，引入一个新参数也可能改变我们的结论.

因此，如果有 100 万只有羽毛的动物，其中我们看到 1000 只（全部有喙），那么这等于是一个赌注，即至少有 $1000\ln 2 = 693$ 只没有喙. 当然，甚至可以打赌要少于这个数值. 如果仅有的信息是上述观察结果，我们认为这正是适当与合理的推断.

此外，拉普拉斯连续法则并不适用于该问题，因为我们有其他未考虑的先验信息：物种遗传的稳定性. 有羽毛而无喙的动物如果存在，一定会引起人们极大的好奇心. 即使我们没有看到它，也应该听说过它（就像鸭嘴兽一样）. 为了公平而详细地了解拉普拉斯连续法则 (18.24) 说的是什么，我们需要考虑与一个我们的先验信息与推导过程的假设更相应的问题.

18.8 鲈鱼还是鲤鱼?

一份真实而权威的指南向我们说明，某个湖泊中仅有两种鱼：鲈鱼和鲤鱼. 我们从中抓到 10 条，发现全部都是鲤鱼——那么我们对鲈鱼所占比例的信念状态是怎样的? 常识告诉我们，如果鱼群中鲈鱼的比例高于 10%，那么在 10 次捕获中，我们就有相当大的概率找到 1 条，因此我们的信念状态在 10% 以上会迅速下降. 另外，这些数据 D 没有提供证据反对鲈鱼比例为 0 的假设. 因此，不做任何计算的常识将使我们得出结论：鲈鱼数量很可能在例如 $(0\%, 15\%)$ 的区间内，但是直觉并不能定量地告诉我们这种可能性有多大.

那么，拉普拉斯连续法则会得出什么结论呢? 用 f 表示鲈鱼的比例，其后验累积 PDF 为 $P(f < f_0|DX) = 1-(1-f_0)^{11}$. 因此，我们有 $1-(1-0.15)^{11} \approx 0.833$ 的概率或 $5:1$ 的几率表明鲈鱼比例确实低于 15%. 同样可以得出该湖中包含小于 9.5% 的鲈鱼的概率为 2/3 或 $2:1$ 的几率，而小于 19.6% 的几率为 $10:1$，后验中值是

$$f_{1/2} = 1 - \left(\frac{1}{2}\right)^{1/11} \approx 0.061, \tag{18.28}$$

即 6.1%，甚至有人愿意打赌鲈鱼的比例比这还少. 它的四分位间距为 $(f_{1/4}, f_{3/4}) = (2.6\%, 11.8\%)$，在此区间内外有相同的可能性. 按照最小均方误差准则对 f 进行的“最优”估计是拉普拉斯后验均值 (18.25)：$\langle f\rangle = 1/12$，即 8.3%.

现在假设第 11 次抓到的是鲈鱼. 这将如何改变我们的信念状态呢? 显然，我们将向上调整对 f 的估计，因为现在的数据确实提供了证据反对 f 很小的假设. 的确，如果鲈鱼比例少于 5%，那么我们就不太可能在 11 次中抓到 1 条，因此我们的信念状态在 5% 以下迅速降低，但下降的速度不及之前在 10% 以上.

拉普拉斯连续法则认为，现在最优均方估计为 $\langle f\rangle = 2/13$，即 15.4%，后验

密度为 $P(\mathrm{d}f|DX) = 132f(1-f)^{10}\mathrm{d}f$. 这得到 13.6% 的中值，由于新数据有效地消除了鲈鱼数量低于 3% 的可能性，而这恰恰是以前最可能的区域，因此中值大大提高了. 四分位间距现在为 (8.3%, 20.9%).

在我们看来，所有这些数值都与我们的常识判断非常一致. 那么，这就是拉普拉斯连续法则实际适用的问题. 也就是说，每次试验只有两种可能性，而我们的先验知识除了向我们保证只有这两种可能性外不提供任何其他信息. 每当根据拉普拉斯连续法则得出的结论与我们的直觉不一致时，我们就认为原因是我们的常识正在利用关于现实世界的其他先验信息，而该信息并未用于推导连续法则.

18.9 连续法则什么时候有用?

从数学上讲，连续法则是对由先验概率和数据定义的某一类推断问题的解. 200 年悬而未决的问题是：均匀先验概率 (18.3) 描述的是什么先验信息? 拉普拉斯对此也不是太清楚——他的讨论似乎援引了“概率的概率”的概念，在人们有内外层机器人的概念之前，这似乎都是形而上学的胡说——他的批评者们，不是建设性地试图更清楚地定义概念问题，而是抓住这一点来否定拉普拉斯关于概率论的整个研究方法.

在拉普拉斯的批评者中，只有杰弗里斯 (Jeffreys，1939) 和费希尔 (Fisher，1956) 似乎更为深思熟虑，意识到先验信息未清晰定义是问题的根源. 其他人只是——跟随维恩 (Venn，1866) 的例子——举出常识与拉普拉斯规则相矛盾的例子，并且在不试图理解其原因的情况下，在任何情况下都拒绝接受该规则. 正如我们在第 16 章中提到的那样，维恩的批评是如此不公平，以至于费希尔 (Fisher，1956) 都被迫在此问题上为拉普拉斯辩护.

在这方面，我们必须记住，概率论从来不能解决实践中的问题，因为所有这些问题都是无限复杂的. 我们只能解决经过理想化的实际问题，并且在理想化很好的一定范围内，解会很有用. 在氢凝固的示例中，我们的常识使用的先验信息看似非常简单，实际上却非常复杂，以至于没人知道如何将其转化为先验概率. 毫无疑问，概率论原则上有能力解决此类问题，但是我们还没有学会在不过分简化的前提下如何将它们翻译成数学语言.

总而言之，拉普拉斯连续法则为确定的实际问题提供了确定有用的解. 由于它不是某些不同问题的解，每个人都谴责它不过是胡说八道. 可以合理理想化的问题是只需考虑两个假设，有恒定的“因果机制”，并且没有其他先验信息的情况. 这是连续法则唯一适用的情况，但是我们当然可以将其推广为针对任意数量的假设的情况，如下所示.

18.10 推广

我们将详细给出整个推导过程，以介绍在许多其他问题中有用的拉普拉斯的数学技巧. 有 K 个不同的假设 $\{A_1, A_2, \cdots, A_K\}$，有“因果机制”恒定的信念，没有其他先验信息. 我们进行随机试验 N 次，并观察到 A_1 为真的情况 n_1 次，A_2 为真的情况 n_2 次，等等. 当然，我们有 $\sum_i n_i = N$. 根据这一证据，在后面的 $M = \sum_i m_i$ 次重复试验中，A_i 会出现 m_i 次为真的概率是多少？要得到所求的答案，即概率 $P(m_1 \cdots m_K|n_1, \cdots, n_K)$，我们通过 K 维均匀先验 A_p 密度

$$(A_{p_1} \cdots A_{p_K}|X) = C\delta(p_1 + \cdots + p_K - 1), \qquad p_i \geqslant 0 \tag{18.29}$$

定义先验知识. 为了找到归一化常数 C，令

$$\int_0^{+\infty} \mathrm{d}p_1 \cdots \mathrm{d}p_K \, (A_{p_1} \cdots A_{p_K}|X) = 1 = CI(1), \tag{18.30}$$

其中

$$I(r) \equiv \int_0^{+\infty} \mathrm{d}p_1 \cdots \mathrm{d}p_K \delta(p_1 + \cdots + p_K - r). \tag{18.31}$$

直接计算很麻烦，因为第一项之后的所有积分都将在需要求出的极限之间. 因此，让我们使用以下技巧. 首先，对 (18.31) 进行拉普拉斯变换：

$$\int_0^{+\infty} \mathrm{d}r \mathrm{e}^{-\alpha r} I(r) = \int_0^{+\infty} \mathrm{d}p_1 \cdots \mathrm{d}p_K \exp\{-\alpha(p_1 + \cdots + p_K)\} = \frac{1}{\alpha^K}. \tag{18.32}$$

然后，根据柯西定理反转拉普拉斯变换

$$I(r) = \frac{1}{2\pi \mathrm{i}} \int_{-\mathrm{i}\infty}^{+\mathrm{i}\infty} \mathrm{d}\alpha \frac{\mathrm{e}^{\alpha r}}{\alpha^K} = \frac{1}{(K-1)!} \left. \frac{\mathrm{d}^{K-1}}{\mathrm{d}\alpha^{K-1}} \mathrm{e}^{\alpha r} \right|_{\alpha=0} = \frac{r^{K-1}}{(K-1)!}, \tag{18.33}$$

其中，根据拉普拉斯变换的标准理论，此处的积分路径通过原点的右侧，并且在左侧半平面上被一个无限半圆封闭，该半圆的积分为零. 因此有

$$C = \frac{1}{I(1)} = (K-1)!. \tag{18.34}$$

通过这一技巧，我们避免了不得不考虑不同 p_i 的不同积分范围的复杂细节. 如果尝试直接计算 (18.31)，就会出现这些细节. 使用相同的技巧，先验 $P(n_1 \cdots n_K|X)$ 是

$$\begin{aligned} P(n_1 \cdots n_K|X) &= \frac{N!}{n_1! \cdots n_K!} \int_0^{+\infty} \mathrm{d}p_1 \cdots \int_0^{+\infty} \mathrm{d}p_K \, p_1^{n_1} \cdots p_K^{n_K} (A_{p_1} \cdots A_{p_K}|X) \\ &= \frac{N!(K-1)!}{n_1! \cdots n_K!} J(1), \end{aligned} \tag{18.35}$$

其中

$$J(r) \equiv \int_0^{+\infty} \mathrm{d}p_1 \cdots \mathrm{d}p_K \, p_1^{n_1} \cdots p_K^{n_K} \delta(p_1 + \cdots + p_K - r), \tag{18.36}$$

这将通过做拉普拉斯变换

$$\int_0^{+\infty} \mathrm{d}r\, \mathrm{e}^{-\alpha r} J(r) = \int_0^{+\infty} \mathrm{d}p_1 \cdots \mathrm{d}p_K\, p_1^{n_1} \cdots p_K^{n_K} \exp\{-\alpha(p_1 + \cdots + p_K)\}$$
$$= \prod_{i=1}^{K} \frac{n_i!}{\alpha^{n_i+1}} \tag{18.37}$$

进行计算. 因此，如 (18.33) 所示，我们有

$$J(r) = \frac{n_1! \cdots n_K!}{2\pi\mathrm{i}} \int_{-\mathrm{i}\infty}^{+\mathrm{i}\infty} \mathrm{d}\alpha\, \frac{\mathrm{e}^{\alpha r}}{\alpha^{N+K}} = \frac{n_1! \cdots n_K!}{(N+K-1)!} r^{N+K-1}, \tag{18.38}$$

以及

$$p(n_1 \cdots n_K|X) = \frac{N!(K-1)!}{(N+K-1)!}, \qquad n_i \geqslant 0, \qquad n_1 + \cdots + n_K = N. \tag{18.39}$$

因此，根据贝叶斯定理有

$$\begin{aligned}(A_{p_1} \cdots A_{p_K}|n_1 \cdots n_K) &= (A_{p_1} \cdots A_{p_K}|X) \frac{P(n_1 \cdots n_K|A_{p_1} \cdots A_{p_K})}{P(n_1 \cdots n_K|X)} \\ &= \frac{(N+K-1)!}{n_1! \cdots n_K!} p_1^{n_1} \cdots p_K^{n_K} \delta(p_1 + \cdots + p_K - 1),\end{aligned} \tag{18.40}$$

最后得到

$$\begin{aligned}&P(m_1 \cdots m_K|n_1 \cdots n_K) \\ &\quad= \int_0^{+\infty} \mathrm{d}p_1 \cdots \mathrm{d}p_K\, P(m_1 \cdots m_K|A_{p_1} \cdots A_{p_K})(A_{p_1} \cdots A_{p_K}|n_1 \cdots n_K) \\ &\quad= \frac{M!}{m_1! \cdots m_K!} \frac{(N+K-1)!}{n_1! \cdots n_K!} \int_0^{+\infty} \mathrm{d}p_1 \cdots \mathrm{d}p_K\, p_1^{n_1+m_1} \cdots p_K^{n_K+m_K} \\ &\quad\quad \times \delta(p_1 + \cdots + p_K - 1).\end{aligned} \tag{18.41}$$

只要做替换 $n_i \to n_i + m_i$，这个积分就与 $J(1)$ 相同. 所以，根据 (18.38)，

$$P(m_1 \cdots m_K|n_1 \cdots n_K) = \frac{M!}{m_1! \cdots m_K!} \frac{(N+K-1)!}{n_1! \cdots n_K!} \frac{(n_1+m_1)! \cdots (n_K+m_K)!}{(N+M+K-1)!}, \tag{18.42}$$

或者重新组织为二项式系数，则 (18.24) 的推广为

$$P(m_1 \cdots m_K|n_1 \cdots n_K) = \frac{\binom{n_1+m_1}{n_1} \cdots \binom{n_K+m_K}{n_K}}{\binom{N+M+K-1}{M}}. \tag{18.43}$$

在只需要得到下一次试验中 A_1 为真的概率时，我们需要 $M = m_1 = 1$ 且所有其他 $m_i = 0$ 的公式. 结果是广义连续法则

$$P(A_1|n_1 N K) = \frac{n_1 + 1}{N + K}. \tag{18.44}$$

我们看到，在 $N = n_1 = 0$ 的情况下，这可以简化为根据无差别原则所得到的答案，因此它就是其中的一种特殊情况. 如果 K 是 2 的幂，这与卡尔纳普（Carnap，1942）提出的归纳推理方法相同——在其归纳方法连续统中表示为 $c^*(h, e)$.

当然，在 N 很小的情况下使用连续法则是很愚蠢的．未必是错的，只是愚蠢．因为，我们没有 A 的先验证据，并且进行的观察数量如此之少，实际上并没有什么证据．这并不是进行合情推理的有希望的起点．我们不能指望从中得到任何有用的信息．当然，我们确实得到了确定的概率值，但是这些值非常“软”，即非常不稳定．因为对于小的 N，A_p 分布仍然非常宽．常识告诉我们，对于小的 N，证据 N_n 没有为进一步的预测提供可靠的依据．我们将看到，这一结论也是我们在此发展的理论的自然结果．

引入连续法则的真正原因在于我们确实从实验中获得了大量信息，即 N 很大的情况．幸运的是，在这种情况下，我们几乎可以忽略与先验证据有关的具体细节．出于与第 6 章的粒子计数器问题相同的原因，特定的初始赋值 $(A_p|X)$ 不会对结果产生太大影响．对于导致 (18.43) 的推广情况，这仍然适用．从 (18.44) 中可以看到，一旦观察的次数 N 与假设的数量 K 相比很大，那么分配给任何特定假设的概率从实用的角度而言仅取决于我们所观察到的数据，而不是有多少个先验假设．如果对此思考 10 秒钟，常识将会告诉你 $N \gg K$ 是正确的条件．

从维恩（Venn, 1866）开始，那些发表文章对拉普拉斯连续法则表示强烈反对的人简直令人难以置信．一个人如何可能既拒绝拉普拉斯连续法则，同时又提倡概率的频率定义呢？在多次试验中，给事件指定概率等于频率的任何人，都在按照拉普拉斯的规则行事！当观察次数与命题的数量相差不大时，推广的规则 (18.44) 提供了显然需要的改进，即一个小的修正项．

18.11 证实和证据的权重

我们关于 A_p 的计算提供了一些新思想——或者更确切地说，与熟悉的旧思想的一些联系．尽管我们不会对其做任何特别应用，但是值得指出来．我们看到，面对新证据时概率分配的稳定性基本上由 A_p 分布的宽度决定．如果 E 是先验证据，F 是新证据，则

$$P(A|EF) = \int_0^1 \mathrm{d}p\, p\,(A_p|EF) = \frac{\int_0^1 \mathrm{d}p\, p\,(A_p|F)(A_p|E)}{\int_0^1 \mathrm{d}p\,(A_p|F)(A_p|E)}. \tag{18.45}$$

如果新证据 F 不会使 A 的概率发生任何显著的变化，我们可以说 F 就 A 而言与 E **兼容**：

$$P(A|EF) = P(A|E). \tag{18.46}$$

新证据可能在不改变一阶矩的情况下极大地改变 A_p 的分布．它可能会大大地让它变尖锐或变宽．我们可能对 A 变得更加确定或更不确定，但是如果 F 不改变 A_p 分布的重心，我们最终仍然会将相同的概率分配给 A.

现在，它具有更强的性质：如果新证据 F 与之兼容，并且使我们对其更有信心，则 F 可以证实先前的概率分配．换句话说，我们排除一些可能性，并且有了新的证据 F，A_p 分布变窄了．假设 F 是做一些随机试验并观察 A 成立的频率．在这种情况下，$F = N_n$，我们先前的结果 (18.22) 给出

$$(A_p|N_n) = \frac{(N+1)!}{n!(N-n)!}p^n(1-p)^{N-1} \approx (\text{常数}) \cdot \exp\left\{-\frac{(p-f)^2}{2\sigma^2}\right\}, \tag{18.47}$$

其中

$$\sigma^2 = \frac{f(1-f)}{n}, \tag{18.48}$$

并且 $f = n/N$ 是观测到的 A 的频率．近似是通过将 $\ln(A_p|N_p)$ 对其峰值做泰勒级数展开得到的，并且在 $n \gg 1$ 且 $N - n \gg 1$ 时有效．如果满足这些条件，则 $(A_p|N_n)$ 关于其峰值非常接近对称．那么，如果观测到的频率 f 接近先验概率 $P(A|E)$，则新证据 N_n 不会影响 A_p 分布的一阶矩，但会使其变尖，这按定义将构成一次证实．

这显示了概率和频率之间的另一种联系．我们以与众不同的思想来定义概率分配的“证实”．我们以与证实之前的认知状态直觉相一致的方式定义它．但是相同的实验证据将构成对频率理论或我们理论的证实．

现在，我们从中可以看到另一个有用的概念，称为证据权重．考虑 A_p，给定两种不同的证据 E 和 F，

$$(A_p|EF) = (\text{常数}) \times (A_p|E)(A_p|F). \tag{18.49}$$

如果分布 $(A_p|F)$ 比分布 $(A_p|E)$ 尖锐得多，那么两者的乘积实际上仍会在 F 确定的峰值处有一个峰值．在这种情况下，我们凭直觉说证据 F 比证据 E 具有更大的“权重”．如果我们有证据 F，那么是否考虑证据 E 并没有多大关系．另外，如果我们没有证据 F，那么 E 所代表的任何证据都将是非常重要的，因为它将代表我们能做的最好推断．因此，就所有实际目的而言，获取到一个权重很大的证据可以使得我们不必继续跟踪权重小的其他证据．

当然，这正是我们人类思维的方式．当得到非常重要的证据时，我们将不再对其他不明确的证据给予太多关注．这样一来，我们并不会自相矛盾，因为这无论如何也不会带来太大的变化．因此，我们直观的证据权重概念与 A_p 分布的尖锐程度紧密相关．我们认为非常重要的关于 A 的证据未必是使得 A 的概率发生很大变化的证据，它是使 A_p 的密度分布发生了很大变化的证据．明白这一点，我们就可以对无差别原则有更多的了解，并且可以使得我们的理论与卡尔纳普的归纳推理方法联系起来．

无差别是基于知识还是无知?

在使用无差别原则分配概率值时，必须满足两个不同的条件: (1) 必须能够将情况分解为互斥穷尽的不同可能性; (2) 完成此操作后，必须找到可用的信息使得我们没有理由偏爱任何一种可能性. 实际上，除非问题中存在明显的对称性，否则这些条件很难满足. 但是，可能有两种完全不同的方式来满足条件 (2): 无知，或者对情况了解. 为了说明这一点，让我们假设一个已知非常不诚实的人将抛一枚硬币，并且有两个人 A 和 B 在看着他. A 可以检查硬币. 他拥有国家标准局的所有设备. 他用秤和卡尺、磁力计和显微镜、X 射线和中子束等对硬币进行了数百次实验. 最后，他坚信硬币是完全无偏的. B 则不能这样做. 他所知道的只是一个小人正在抛硬币. 他怀疑硬币有偏，但不知道偏向哪一面. 条件 (2) 对于他们两人都满足. 每个人都会开始为每面分配 1/2 的概率. 相同的概率分配可以描述完全无知或充分了解的条件. 有很长一段时间，这似乎被认为是自相矛盾的. 为什么 A 的额外知识没有什么作用? 当然，它确实在起作用，并且是在起非常重要的作用. 但是直到我们开始实验时，这种作用才会显示出来. 差别不在 A 的概率，而是 A_p 的密度.

假设第一次抛掷的结果是正面. 对于 B 来说，这构成该硬币有偏且偏向正面的证据. 因此，在接下来的抛掷中，他将考虑以上证据分配新的概率. 但是对 A 来说，硬币无偏的证据远比一次抛掷结果的证据强烈，他将继续分配 1/2 的概率.

你会看到将要发生的事情. 对于 B 来说，每一次抛硬币都代表了硬币有偏的新证据. 每次抛掷后，他都会修改下一次抛掷的概率分配. 但是经过多次抛掷后，他的概率分配将变得越来越稳定，并且在 $n \to +\infty$ 时，趋于观察到的正面朝上的频率. 对于 A 来说，对称性的先验证据比几乎任何次抛掷结果的证据具有更大的权重，他会坚持分配概率 1/2. 他们每个人都根据自己掌握的信息进行了一致的合情推理，我们的理论解释了每个人的行为.

如果你假设 A 具有完全的对称性知识，则可能得出结论，他的 A_p 分布是德尔塔函数. 在这种情况下，他的想法永远不会因任何新数据而改变. 当然，这是在实践中从来不会存在的极限例子. 甚至连标准局也不能给我们提供如此好的证据.

18.12 卡尔纳普的归纳法

哲学家鲁道夫 · 卡尔纳普（Carnap，1952）提出了一系列可能的“归纳法”，通过这些方法，人们可以将先验信息和频率数据转化为概率分配和对未来频率的

估计. 他的特定原则（即根据直觉而不是概率论规则找到的原则）是：最终的概率分配 $P(A|N_nX)$ 应该是先验概率 $P(A|N)$ 和观察到的频率 $f=n/N$ 的加权平均值. 将权重 N 分配给“经验因子” f, 将任意权重 λ 分配给“逻辑因子” $P(A|X)$, 将得到卡尔纳普用 $c_\lambda(h,e)$ 表示的方法. 引入 A_p 分布对此有更详细的解释. 这里的理论包括卡尔纳普的所有方法，它们是对应于不同先验密度 $(A_p|X)$ 的特例，并使我们将 λ 重新解释为先验证据的权重. 因此，在两种假设的情况下，卡尔纳普方法是你可以根据先验密度 $(A_p|X)=(\text{常数})\cdot[p(1-p)]^r$（其中 $2r=\lambda-2$）来计算的方法. 结果是

$$P(A|N_nX)=\frac{2n+\lambda}{2N+2\lambda}=\frac{(n+r)+1}{(N+2r)+2}. \tag{18.50}$$

更大的 λ 对应着更尖锐的峰值 $(A_p|X)$ 密度.

在抛硬币的例子中，来自标准局的 A 根据卡尔纳普方法推断 λ 约为数千. 而 B 由于对硬币的先验知识较少，可能会使用 5 或 6 的 λ.（$\lambda=2$ 的情况给出了拉普拉斯连续法则，它太宽以至于对于抛硬币不现实. B 肯定知道硬币的重心不可能偏离几何中心超过其厚度的一半. 实际上，正如我们在第 10 章中看到的那样，这种分析出于物理定理的原因并不总是适用于抛掷真实硬币的情况.）

根据第二种方式写出 (18.50)，我们看到卡尔纳普 λ 方法对应于先验证据的权重将被给予 $\lambda-2$ 次试验，其中恰好有一半的 A 被观察为真. 我们能否理解为什么先验证据的权重为 $\lambda=$（先验试验的次数 $+2$），而新证据的权重 N_p 只是（新试验的次数）$=N$ 呢？可以这样来看.（$+2$）的出现只是机器人告诉我们以下信息的方式：A 可能为真或假的先验知识等同于 A 至少一次为真、一次为假. 这几乎不是什么推导，但有一定的道理.

让我们继续探讨这一推理. 我们从陈述 X 开始：在任何一次试验中 A 可能为真也可能为假. 但这仍然是一个含糊的陈述. 假设我们将它解释为这意味着 A 已被观察到恰好一次为真、一次为假. 如果我们认为通过拉普拉斯方法分配 $(A_p|X)=1$ 正确描述了这种知识状态，那么在获得数据 X 之前，“前先验”知识状态 X_0 是什么？要回答这个问题，我们只需要反向应用贝叶斯定理，就像我们在第 5 章中使用虚构结果的方法和第 6 章从坛子中抽取球的问题中所做的那样. 结果是，我们的“前先验” A_p 分布必须是

$$(A_p|X_0)\mathrm{d}p=(\text{常数})\frac{\mathrm{d}p}{p(1-p)}. \tag{18.51}$$

这只是表示对参数空间的“完全无知”或“基本度量”的类分布. 这是我们在第 12 章的变换群方法中发现的，也是霍尔丹（Haldane, 1932）很久以前建议的. 因此，这是可能导致我们采取这一措施的另一种思路. 基于同样的思路，我们已经在第 6 章

给出的 (6.29) 是 (18.51) 的离散形式.

那么看起来，如果我们有明确的先验证据表明在任何一次试验中 A 都可能为真或假，那么使用拉普拉斯规则 $(A_p|X) = 1$ 是合适的. 但是，如果开始我们非常不肯定，甚至不能确定在某些试验中 A 是否可能为真或假，那么我们应该使用先验 (18.51).

前先验分配 (18.51) 导致我们的数值结果有何不同？根据此前先验分配重复对 (18.22) 的推导，我们发现，如果 n 不为 0 或 N，

$$(A_p|N_nX_0) = \frac{(N-1)!}{(n-1)!(N-n-1)!}p^{n-1}(1-p)^{N-n-1}, \tag{18.52}$$

得到的不是拉普拉斯连续法则，而是 p 的均值估计

$$P(A|N_nX_0) = \int_0^1 \mathrm{d}p\, p\,(A_p|N_n) = \frac{n}{N}, \tag{18.53}$$

它等于观测到的频率，并且与 p 的最大似然估计相同. 同样，假设 $0 < n < N$，我们得到的不是 (18.24) 而是

$$P(M_m|N_nX_0) = \frac{\binom{m+n-1}{m}\binom{M-m+N-n-1}{M-m}}{\binom{N+M-1}{M}}. \tag{18.54}$$

所有这些结果都对应于观察到少一次的真和少一次的假.

18.13 可交换序列中的概率与频率

现在，我们可以对概率和频率之间的联系做更多的介绍. 主要有两种类型的联系：(a) 给定随机试验中的观察频率，将该信息转化为概率分配；(b) 给定概率分配，预测某种条件下的频率. 在第 11 章和第 12 章中，我们已经看到最大熵和变换群原理是如何实现概率分配的. 如果我们感兴趣的量是某个随机试验的结果，该概率分配将自动对应于预测频率，从而在某些情况下解决问题 (b).

连续法则在非常广泛的一类问题中为我们提供了问题 (a) 的解决方案. 如果我们在大量试验中观察到 A 是否为真，而且我们对 A 的唯一了解是该随机试验的结果以及背后“因果机制”的一致性，那么连续法则表明我们在下一次试验中分配给 A 的概率实际上应该等于观察到的频率. 实际上，这正是根据频率来定义概率的人们所做的：假设存在一个未知的“绝对”概率，该概率值可以通过做随机试验来找到. 当然，你必须进行大量的试验. 然后，将观察到的 A 的频率作为概率的估计. 如本章前面所述，当“频率主义者”通过取置信区间的中心来改善自己的方法时，拉普拉斯公式中的 $+1$ 和 $+2$ 也会出现. 因此，我不明白最狂热的概率频率理论的倡导者如何能在不谴责自己的流程的情况下谴责连续法则. 在

所有的争论不休背后，仍然存在一个简单事实，那就是他在自己的流程中，也在按照拉普拉斯连续法则行事. 实际上，用频率来定义概率等同于说连续法则是唯一可用于将观测数据转化为概率分配的规则.

18.14　频率预测

现在让我们考虑在以下情况下的问题 (b)：根据概率推理频率. 这只是一个参数估计问题，原则上跟其他参数估计问题没有什么不同. 假设我们不是问在下一次试验中得到 A 为真的概率，而是希望根据证据 N_n 来推断无限多次试验中 A 的相对频率. 我们必须取当 $M \to +\infty, m \to +\infty$ 时 (18.24) 的极限，使得 $m/M \to f$. 引入命题

$$A_f = \text{无限次的试验中 } A \text{ 为真的频率 } f, \tag{18.55}$$

我们发现在给定 N_n 的情况下，A_f 的概率密度为

$$P(A_f|N_n) = \frac{(N+1)!}{N!(N-n)!} f^n (1-f)^{N-n}, \tag{18.56}$$

这与 (18.22) 中的 $(A_p|N_n)$ 相同，其中 f 在数值上等于 p. 根据 (18.55)，最概然频率等于 n/N，即过去观察到的频率. 但是我们之前已经注意到在参数估计中 (如果你反对我称 f 是 “参数”，那么可以称其为 “预测”)，最概然值估计在小样本情况下通常比均值差，而且两者可能会明显不同. 频率的均值估计为

$$\overline{f} = \int_0^1 \mathrm{d}f\, f\, P(A_f|N_n) = \frac{n+1}{N+2}, \tag{18.57}$$

刚好与拉普拉斯连续法则所给出的 $P(A|N_n)$ 值 (18.25) 相同. 因此，我们可以用任何一种方式来解释. 拉普拉斯理论在一次试验中分配给 A 的概率在数值上等于最小化均方误差的对频率的估计. 你能看到这与最大熵和变换群论证中发现的概率和频率之间的关系相当吻合.

还请注意，对于小的 N 而言，分布 $P(A_f|N_n)$ 相当宽，这证实了我们在这种情况下不可能进行可靠预测的预期. 一个数值例子是，如果在 2 次试验中 1 次观测到 A 为真，则 $\overline{f} = P(A|N_n) = 1/2$，但是根据 (18.55)，真实频率 f 仍然有一半概率在范围 $0.326 < f < 0.674$ 之外. 在没有证据的情况下 ($N = n = 0$)，有一半概率 f 在范围 $0.25 < f < 0.75$ 之外. 更一般地，(18.55) 的方差为

$$\operatorname{var} P(A_f|N_n) = \overline{f^2} - \overline{f}^2 = \frac{\overline{f}(1-\overline{f})}{N+3}, \tag{18.58}$$

因此，估计值 (18.56) 的期望误差以 $1/\sqrt{N}$ 减小. 就实用而言，我们可以从 (18.56) 得出的关于预测可靠性的更详细的结论，都与统计学家通过置信区间方法得出的结论相同.

所有这些结果也适用于推广的连续法则. 当 $M \to +\infty, m_i/M \to f_i$ 时取 (18.43) 的极限，我们得到频率为 f_i 的 A_i 的联合概率密度函数为

$$P(f_1 \cdots f_k|n_1 \cdots n_k) = \frac{(N+K)!}{n_1! \cdots n_k!}(f_1^{n_1} \cdots f_k^{n_k})\delta(f_1 + \cdots + f_k - 1). \tag{18.59}$$

通过对满足 $f_1 \geqslant 0, f_2 + \cdots + f_k = 1 - f_1$ 的所有 $f_2, \cdots, f_k$ 取 (18.59) 的积分，可以得到频率 f_1 在 $\mathrm{d}f_1$ 范围内的概率. 这可以通过以众所周知的方式应用拉普拉斯变换，结果是

$$P(f_1|n_1 \cdots n_k) = \frac{(N+K-1)!}{n_1!(N-n_1+K-2)!} f_1^{n_1}(1-f_1)^{N-n_1+K-2}, \tag{18.60}$$

我们从中发现最概然值是

$$(\hat{f}_1) = \frac{n_1}{N+K-2}, \tag{18.61}$$

均值是

$$\overline{f}_1 = \frac{n_1+1}{N+K}, \tag{18.62}$$

这正是拉普拉斯连续法则 (18.44).

通过在 (18.18) 中令 $M \to +\infty, m/M \to f$ 取 $P(M_m|A_p)$ 的极限，可以得到另外一个有趣的结果

$$P(M_m|A_p) = \delta(f-p). \tag{18.63}$$

同样，在 (18.22) 中令 $N \to +\infty$ 取 $(A_p|N_n)$ 的极限，我们得到

$$(A_p|A_f) = \delta(f-p). \tag{18.64}$$

这也可以从 (18.63) 通过应用贝叶斯定理得到. 因此，如果 B 为任意命题，根据我们的标准论证，

$$\begin{aligned} P(B|A_f) &= \int_0^1 \mathrm{d}p\,(BA_p|A_f) = \int_0^1 \mathrm{d}p\,P(B|A_pA_f)(A_p|A_f) \\ &= \int_0^1 \mathrm{d}p\,P(B|A_p)\delta(p-f). \end{aligned} \tag{18.65}$$

在最后一步中，我们应用了性质 (18.1): A_p 自动中和关于 A 的任何其他陈述. 因此，如果 f 与 p 相等，则 $P(B|A_f) = P(B|A_p)$，A_p 和 A_f 在合情推理中是等价的陈述.

为了在某一种情况下验证这种等效性，请注意，在极限 $N \to +\infty, n/N \to f$ 时，(18.24) 中的 $P(M_m|N_n)$ 简化为 (18.18) 给出的二项分布 $P(M_m|A_p)$. 推广的 (18.43) 在相应的极限中变为多项分布，

$$P(m_1 \cdots m_k|f_1 \cdots f_k) = \frac{m!}{m_1! \cdots m_k!} f_1^{m_1} \cdots f_k^{m_k}. \tag{18.66}$$

这种等效性说明了概率与频率的概念为什么如此容易混淆，以及为什么在许多问题中这种混淆不会造成损害. 只要可以获得的信息包括大样本中观察到的频率以及具有恒定的“因果机制”，拉普拉斯理论就在数学上等同于频率理论. 大多数“经典”的统计问题（如人寿保险等）属于这种类型. 如果人们只解决这样的问题，就一切都很好. 但当我们考虑更普遍的问题时，这就会造成损害.

如今，物理和工程有许多重要的概率论应用，其中证据的绝对重要部分不能用频率来描述，或者我们需要进行合情推理的量与频率无关. 如果坚持使用（概率）≡（频率）作为公理，将使我们无法在这些问题中应用概率论.

18.15 一维中子倍增

到目前为止，我们的讨论很抽象，也许过于抽象了. 为了纠正这一现象，我想展示这些方程适用的特定物理问题. 贝尔曼、卡拉巴和温（Bellman, Kalaba & Wing，1957）首先描述了这个问题，然后，它在温的一本更新的著作（Wing，1962）中得到了进一步发展. 中子在可裂变材料中移动，我们希望估计由于一个入射中子而触发的新中子数量. 为了得到一个可解的数学问题，我们做如下简化假设.

(a) 中子仅以恒定速度在 $\pm x$ 方向上移动.

(b) 每次向右或向左移动的中子引发裂变反应，其结果正好是两个中子，一个向右移动，一个向左移动. 因此，最终结果是任何中子都将不时触发沿相反方向移动的子代中子.

(c) 子代中子同样可以立即触发更多的子代.

我们从左侧将单个触发中子发射到厚度为 x 的可裂变材料中，问题是要预测在整个过程中从左侧和从右侧出现的中子数量. 这至少就是我们想计算的. 当然，产生中子的数量不能*完全确定*，因此我们能做的最好的事情就是计算 n 个中子透射或反射的*概率*. 我们想通过应用于该问题对拉普拉斯理论和频率概率理论进行详细的比较. 我们主要关注将概率论与物理模型联系起来的基本原理.

许多频率理论的支持者基于纯粹哲学的理由谴责拉普拉斯理论，无论它在应用中成功与否. 有些人持更合乎情理的立场，他们认识到在目前的状况中没有自以为是的理由，而有更多需要保持谨慎的理由. 尽管他们认为目前频率理论是更优的，但是他们也说，就像一位通信者对我所说的那样：“如果有任何能使我得到更好理解及更有效形式的理论，我就会很乐意放弃频率理论.”问题在于，目前的统计文献使我们没有机会看到实际使用拉普拉斯理论的效果，因此无法进行有效的比较. 这就是我们要在这里纠正的情况.

18.15.1 频率解

首先，让我们用频率理论来表述这个问题. “频率主义者”的推理方式如下.

实验者为我们测量了这种材料在很小厚度下的相对裂变频率 $p = a\Delta$. 这意味着他们向厚度为 Δ 的板中发射 N 个触发中子，并且观察到 n 例裂变. 由于 N 有限，因此我们无法从中得到 p 的确切值，但它近似等于观测频率 n/N. 更准确地说，我们可以得到 p 的置信区间. 在类似的情况下，我们可以预期大约有 $k\%$ 的时间，极限区间

$$\frac{N}{N+\lambda^2}\left[\frac{2n+\lambda^2}{2N} \pm \lambda\sqrt{\frac{n(N-n)}{N^3}+\frac{\lambda^2}{4N^2}}\right] \tag{18.67}$$

将包含 p 的真实值,其中 λ 是正常偏差的 $(100-k)\%$ 值（Cramér,1946,第 515 页）. 例如，当 $\lambda = \sqrt{2}$ 时，区间

$$\frac{n+1}{N+2} \pm \frac{N}{N+2}\sqrt{\frac{2n(N-n)}{N^3}+\frac{1}{N^2}} = \frac{n+1}{N+2} \pm \sqrt{\frac{2n(N-n)}{N^3}} \tag{18.68}$$

在类似情况下的大约 84% 将包含正确的 p.（同样，也存在拉普拉斯的连续法则中的 +1 和 +2!）一般来说，λ 与 k 之间的关系为

$$\frac{1}{\sqrt{2\pi}}\int_{-\lambda}^{\lambda} \mathrm{d}x \exp\left\{-\frac{x^2}{2}\right\} = \frac{k}{100}. \tag{18.69}$$

当 n 和 $N-n$ 足够大时，(18.67) 近似有效. 确切的置信区间很难通过解析式表示，对于较小的 N，应参考皮尔逊和克洛珀（Pearson & Clopper，1934）的图. 当然，数 p 是可裂变材料的确定但不完全已知的物理常数特征.

现在，为了计算从厚度为 x 的材料中反射 n 个中子的相对频率，我们必须做一些附加的假设. 我们假设，每个中子在单位长度裂变概率总是相同的，与它的历史无关. 由于背后运作原因的复杂性，这种假设似乎是合理的. 但是，只有通过将我们的最终计算结果与实验结果进行比较，才能真正验证该假设是否成立. 该假设意味着，连续的厚度为 Δ 的板的裂变概率是相互独立的. 例如，入射中子在厚度为 Δ 的第二个板中发生裂变而不在第一个板中发生裂变的概率为 $p(1-p)$.

现在我们转向其数学，并通过几种可能的技术中的任何一种来解决问题，这些技术出现在以相对频率 $p_n(x)$ 和 $q_n(x)$ 反射或透射 n 个中子的问题中. [实际上，尚未找到解析解，但是温（Wing，1962）给出了数值积分的结果，这对于我们的目标而言已经足够好了.]

我们现在将这些预测与实验结果进行比较. 当第一个触发中子被发射到厚度为 x 的板中时，我们观察到反射的 r_1 中子和透射的 t_1 个中子. 这些数据不会影

响到 $p_n(x)$ 和 $q_n(x)$ 的分配，因为后者对于单个实验没有任何意义，而只是无限多次数实验的极限频率的预测. 因此，我们必须重复实验多次，并记录每次实验的结果数值 r_i 和 t_i. 如果发现 $r_i = n$ 的情况发生的频率足够接近 $p_n(x)$［“足够接近”是由某一种显著性检验（例如卡方检验）确定的］，那么我们可以得出结论该理论是令人满意的，或者至少没有被数据拒绝. 但是，如果观察到的频率与 $p_n(x)$ 的偏差很大，那么就能知道我们的初始假设有问题.

当然，理论可能对也可能错. 如果理论错了，那么原则上整个理论都将被推翻，我们必须重新开始尝试找到正确的理论. 在实践中，可能只需要更改该理论的一个小方面即可，因此大多数旧的计算将仍然对新理论有用.

18.15.2 拉普拉斯解

现在我们用拉普拉斯理论来陈述同样的问题. 我们只是将其视为合情推理的一个例子，在其中对单次或有限数量的实验的结果进行最优猜测. 我们不关心极限频率的预测及存在与否，因为任何关于不可能实验结果的断言显然都没有意义，与任何应用都没有关系. 我们的推理如下.

实验者通过向厚度为 Δ 的板上发射 N 个中子，并且观察到 n 次裂变，为我们提供了 N_n 的证据. 由于根据假设，唯一的先验知识是中子将发生或不发生裂变，因此拉普拉斯连续法则适用，第 $N+1$ 个中子在厚度为 Δ 的板上发生裂变的概率是

$$p \equiv P(F_{N+1}|N_n) = \frac{n+1}{N+2}, \tag{18.70}$$

其中

$$F_n \equiv \text{ 第 } n \text{ 个中子将发生裂变}. \tag{18.71}$$

不管 N 的大小如何，概率“准确性”问题都不会出现——这根据定义是精确的. 当然，我们将希望具有尽可能大的 N 值，因为这会增加证据 N_n 的权重，并使概率 p 不仅更准确，而且更稳定. 概率 p 显然不是可裂变材料的物理性质，而是仅基于证据 N_n 来描述我们对其知识状态的一种手段. 如果初步实验得出了不同的结果 N'_n，那么我们当然会分配不同的概率 p'，但可裂变材料的性质将保持不变.

现在我们向厚度为 $x = M_\delta$ 的板发射一个中子，并且定义命题：

$F^n \equiv$ 中子会在第 n 个厚度为 Δ 的板中引起裂变；

$f^n \equiv$ 中子不会在第 n 个板中引起裂变.

在第 1 个板中发生裂变的概率为

$$p \equiv P(F_1|N_n) = \frac{n+1}{N+2}. \tag{18.72}$$

但是现在，裂变将在第 2 个板中发生而在第 1 个板中不发生的概率不像在频率解中那样是 $p(1-p)$. 在这一点上，我们看到了两种理论的根本差异之一. 根据乘法规则，我们有

$$\begin{aligned} P(F^2F^1|N_n) &= P(F^2|F^1N_n)P(F^1|N_n) \\ &= \frac{n+1}{N+2}\left[1-\frac{n+1}{N+2}\right] \\ &= \frac{(n+1)(N-n+1)}{(N+2)(N+3)}. \end{aligned} \tag{18.73}$$

不同之处在于，在计算概率 $P(F^2|F^1N_n)$ 时，我们必须考虑证据 F^1，即中子已经通过了更多一个厚度为 Δ 的板而没有裂变. 这算是导致 N_n 的实验之外的另一次实验. 证据 F^1 完全与 N_n 一样有说服力，因此只考虑其中一个显然是不一致的. 以这种方式继续下去，我们发现入射中子在穿过厚度为 $M\Delta$ 的板时将精确地发射 m 个第一子代的概率正好是

$$P(M_m|N_n) = \binom{M}{m}\frac{(n+m)!(N+1)!(N+M-n-m)!}{n!(N-n)!(N+M+1)!}, \tag{18.74}$$

这正是我们之前得出的 (18.24). 现在，如果 N 不是非常大，则可能与通过频率方法获得的以下值明显不同：

$$P(M_m|A_p) = \binom{M}{m}p^m(1-p)^{M-m}, \tag{18.75}$$

但是，再次注意，随着证据权重 N_n 的增加，我们发现在极限 $N\to+\infty, n/N\to p$ 时 $(A_{p'}|N_n)\to\delta(p'-n/N)$ 且

$$P(M_m|N_n)\to P(M_m|A_p). \tag{18.76}$$

每当 $N\gg M$ 时，即当证据权重 N_n 大大超过 M_m 时，两个结果的差异可忽略不计. 现在，让我们更仔细地研究 (18.74) 和 (18.75) 之间的差异. 根据 (18.74)，我们有对 m 的均值估计，根据拉普拉斯理论是

$$\overline{m} = M\frac{n+1}{N+2}. \tag{18.77}$$

要说明此估计的准确性，我们可以计算分布 (18.74) 的方差. 使用表示形式 (18.23)，最容易做到这一点：

$$\begin{aligned} \overline{m^2} &= \sum_{m=0}^{M} m^2\int_0^1 \mathrm{d}p\, P(M_m|A_p)(A_p|N_n) \\ &= \frac{(N+1)!}{n!(N-n)!}\int_0^1 \mathrm{d}p\left[M_p+M(M-1)p^2\right]p^n(1-p)^{N-n} \\ &= M\frac{n+1}{N+2}+M(M-1)\frac{(n+1)(n+2)}{(N+2)(N+3)}, \end{aligned} \tag{18.78}$$

这将给出方差

$$V \equiv \overline{M^2} - \overline{m}^2 = M\left[\frac{N+M+2}{N+3}\right]\left[\frac{n+1}{N+2}\right]\left[n - \frac{n+1}{N+2}\right]. \tag{18.79}$$

根据 (18.75)，频率理论给出

$$\overline{m_0} = Mp, \tag{18.80}$$

$$V_0 \equiv \left[\overline{m^2} - \overline{m}^2\right]_0 = Mp(1-p). \tag{18.81}$$

如果频率主义者将置信区间 (18.68) 的中心作为他对 p 的“最优”估计，那么他将在这些等式中取 $p = (n+1)/(N+2)$. 因此，我们都获得了相同的概率估计，但方差 (18.79) 将会大

$$V - V_0 = \frac{M-1}{N+3} Mp(1-p). \tag{18.82}$$

为什么会有这种差别? 为什么拉普拉斯理论似乎不如频率理论那样更精确地确定 m 的值? 这里的表象是骗人的. 事实是，拉普拉斯理论比频率理论*更精确地*确定了 m 的值. 方差 (18.81) 并不是像频率理论那样是 m 的不确定性的全部度量，因为 p 的“真实”值仍然存在不确定性. 根据 (18.81)，p 的不确定性约为 $\pm\sqrt{2p(1-p)/N}$，因此 (18.80) 的不确定性除了 (18.81) 表示的不确定性外还有

$$\pm\sqrt{\frac{2p(1-p)}{N}}. \tag{18.83}$$

如果我们假设不确定性 (18.81) 和 (18.83) 是独立的，则关于频率理论上 m 值的总均方不确定性将是 (18.81) 与

$$M^2 \frac{2p(1-p)}{N} \tag{18.84}$$

的和，这足够消除差别 (18.82). (18.84) 中的因子 2 当然会因采用不同的置信度而有所改变，但是没有合理的选择可以对其进行很大的改变.

在频率理论中，两种不确定性 (18.81) 和 (18.84) 表现为完全独立的效应. 这是通过应用两种不同的原理确定的：一个是常规概率理论，另一个是置信区间理论. 在拉普拉斯理论中，不存在这种区别. 两者都是通过一次计算自动给出的. 在第 6 章中，当将机器人的流程与正统统计学家的流程进行比较时，我们在粒子计数器问题中发现了完全相同的情况.

拉普拉斯理论能够做到这一点的原因非常有趣. 这只是由于已经注意到的区别. 在 (18.74) 的推导中，我们一直在考虑新实验中积累的其他证据，例如 (18.73) 中的 F^1. 在频率理论中，由于给定 N_n 的初始实验仅提供了有限数量的数据，因此出现 p 的不确定性 (18.83). 正是出于这个原因，诸如 F^1 之类的新证据仍然有意义. 在对所有这些证据进行一致处理时，拉普拉斯理论自动考虑了初始数据有

限性的影响，而频率理论只有通过引入置信区间才可以粗略地做到这一点. 在拉普拉斯理论中，没有必要确定任何随意的“置信度”，因为当概率论一致地应用于整个问题时，已经告诉我们应该对初始数据 N_n 赋予多大权重. 我们得到的不仅是更统一的处理方式，拉普拉斯理论会得到 m 的更小的总不确定性，这表明频率理论的两种不确定性来源 (18.81) 和 (18.84) *不是*独立的：它们具有小的负相关性，因此倾向于相互补偿. 这就是拉普拉斯理论得到较小的可能误差的原因. 如果仔细思考一下，你就能够凭直觉明白为什么存在这种负相关性——我不想剥夺你亲自解决这一问题的乐趣. 所有这些微妙之处在频率理论中都完全消失了.

“但是”，有人会反对说，“你忽略了一个非常实际的考虑因素，这是引入置信区间的最初原因. 虽然我认为*原则上*最好用一种计算方式来处理整个问题，但*实际上*通常必须将其分解为两个不同的问题. 毕竟，初始数据 N_n 是由一群人获得的，他们必须将其结果传达给另一群人，这群人使用这些数据进行二次计算. 实际上必要的是，第一群人必须能够如实地陈述他们的发现*以及结论的可靠性*. 他们的数据还可以用于二次计算之外的其他用途，因此置信区间的引入满足了不同人之间沟通的重要实际需求.”

当然，如果理解了到目前为止的所有内容，那么你就会知道对于这种异议的回答. 记忆存储问题是我们最初的出发点，而刚才讨论的问题只是更抽象的 (18.16) 的一个具体示例. 根据 (18.23) 以及我们对 (18.79) 的推导，你就会明白，分析整个问题所需的初始数据的唯一性质是初始实验得到的 A_p 分布 $(A_p|N_n)$. 引入置信区间的原理是为了满足非常实际的需求. 但是没有必要为此目的引入任何新的原理，它已经包含在概率论中. 概率论表明，传达你所学到知识的*确切*方式不是通过指定置信区间，而是通过指定最终的 A_p 分布.

作为进一步的比较，请注意在拉普拉斯理论中，没有必要在连续的厚度为 Δ 的板中引入任何关于事件独立性的“统计假设”. 实际上，该理论告诉我们（如 (18.73) 中所述），当只有有限数量的初始数据时，这些概率并不是独立的. 正是这一事实使得拉普拉斯理论能够考虑频率理论通过置信区间描述的不确定性.

这就得到了关于概率论的一个非常基本的点，它是频率理论未能认识到的，但是正如我们将在后面说明的那样对于传播理论和统计力学的应用都必不可少. 我们说两个事件“相互独立”究竟是什么意思?

在频率理论中，唯一认识到的独立性是*因果*独立性，即一个事件发生的事实本身并不会对另一事件产生任何物理作用. 因此，在第 6 章讨论的抛硬币示例中，硬币在一次抛掷中正面朝上的事实当然不会在*物理上*影响下一次抛掷的结果，因此在频率理论中，人们称抛硬币实验是典型的“独立重复随机试验”，两次抛掷结果的概率一定是各次概率的乘积. 但是这样我们就无法描述 A 与 B 的推理之间的区别了!

在拉普拉斯理论中, "独立性" 意味着完全不同的东西. 我们根据乘法规则 $P(AB|C) = P(B|C)P(A|BC)$ 一目了然地知道, 独立是指 $P(A|BC) = P(A|C)$, 即*知道* B 为真并不影响我们分配给 A 的概率. 因此, 独立性不只是意味着因果独立性, 而是*逻辑*独立性. 即使第一次抛掷并不会在物理上影响下一次抛掷正面朝上的倾向, 但我们所知道的第一次抛掷结果的*知识*可能会对我们对下一次抛掷正面朝上的预测产生很大的影响.

这一点的重要性在于, 各种极限定理 (将在后面详细介绍) 在推导中需要独立性. 因此, 即使可能存在严格的*因果*独立性, 但如果没有*逻辑*独立性, 则这些极限定理也不成立. 频率派思想的作者否认概率论与归纳推理有关, 只认识到*因果*联系的存在. 因此, 他们长期以来一直将这些极限定理应用于物理和通信过程. 我们声称这是错误和完全误导人的. 凯恩斯 (Keynes, 1921) 很早就注意到了这一点, 他也强调了同样的观点.

我认为这些比较让我们很清楚: 至少在这种问题上, 拉普拉斯理论*确实*提供了我的同事所追求的 "更好的理解及更有效的形式".

18.16 德菲内蒂定理

到目前为止, 我们考虑了 A_p 分布的概念, 并且在所有试验均服从*相同* A_p 分布的限制条件下从中导出了一类的概率分布. 直观上, 这意味着我们假设背后的 "机制" 是不变而未知的. 显然, 这是一个限制性很强的假设, 并且自然会产生一个问题: 以这种方式可以获得的概率函数类别的一般性如何? 为了清楚地说明问题, 让我们定义

$$x_n \equiv \begin{cases} 1, & \text{如果在第 } n \text{ 次试验中 } A \text{ 为真}, \\ 0, & \text{如果在第 } n \text{ 次试验中 } A \text{ 为假}. \end{cases} \tag{18.85}$$

那么, N 次试验的知识状况最一般地是通过概率函数 $P(x_1 \cdots x_N|N)$ 描述的. 原则上, 这可以在 2^N 个点上任意定义 (除了必须满足归一化条件外).

现在我们问: 要从 A_p 分布中导出 $P(x_1 \cdots x_N|N)$ 的充分必要条件是什么? 我们可以对给定的分布 $P(x_1 \cdots x_N|N)$ 进行何种检验, 以判断该分布是否包含在上面给出的理论中? 根据前面的方程式可以清楚地看出一个必要条件: 从 A_p 分布获得的任何分布都必须具有以下性质: 在 n 次*指定*试验中 A 为真、在其余 $N-n$ 次为假的概率仅仅依赖于数 n 和 N, 即不能依赖于指定的具体试验. 如果是这样,

我们说 $P(x_1\cdots x_N|N)$ 定义了一个可交换序列.

德菲内蒂（de Finetti，1937）的一个重要定理断言反之亦然：任何可交换概率函数 $P(x_1\cdots x_N|N)$ 都可以通过一个 A_p 分布生成. 因此，存在函数 $(A_p|X)=g(p)$ 使得 $g(p)\geqslant 0, \int_0^1 \mathrm{d}p\, g(p)=1$，并且在 N 次试验中 A 在 n 次指定试验中为真、在其余 $N-n$ 次试验中为假的概率为

$$P(n|N)=\int_0^1 \mathrm{d}p\, p^n(1-p)^{N-n}g(p). \tag{18.86}$$

这可以证明如下. 注意，$p^n(1-p)^{N-n}$ 是 N 次多项式：

$$p^n(1-p)^{N-n}=p^n\sum_{m=0}^{N-n}\binom{N-m}{m}(-p)^m=\sum_{k=0}^{N}\alpha_k(N,n)p^k, \tag{18.87}$$

它定义了 $\alpha_k(N,n)$. 因此，如果 (18.86) 成立，我们将有

$$P(n|N)=\sum_{k=0}^{N}\alpha(N,n)\beta_k, \tag{18.88}$$

其中

$$\beta_k=\int_0^1 \mathrm{d}p\, p^n g(p) \tag{18.89}$$

是 $g(p)$ 的 n 阶矩. 因此，指定 $\beta_0,\cdots,\beta_N$ 等同于对于 $n=0,\cdots,N$ 指定所有 $P(n|N)$. 反之，对于给定的 N，指定 $P(n|N)$（$0\leqslant n\leqslant N$）等价于指定 $\{\beta_0,\cdots,\beta_N\}$. 实际上，$\beta_N$ 是 $x_1=x_2=\cdots=x_N=1$ 的概率，而不管以后试验的结果，并且可以无须引入任何函数 $g(p)$ 直接确定其与 $P(n|N)$ 的关系.

因此，问题可以简化为：如果指定 $\beta_0,\cdots,\beta_N$，在什么条件下存在函数 $g(p)\geqslant 0$ 使得 (18.89) 成立？这正好是众所周知的豪斯道夫矩问题. 它的解可以在很多地方找到，例如威德的著作（Widder，1941，第 3 章）. 转化为我们的符号，主要定理如下. 满足条件 (18.89)（因此也满足条件 (18.86)）的函数 $g(p)\geqslant 0$ 存在的充分必要条件是存在数 B 使得

$$\sum_{n=0}^{N}\binom{N}{n}P(n|N)\leqslant B, \qquad N=0,1,\cdots \tag{18.90}$$

但是，将 $P(n|N)$ 解释为概率，我们看到在 $B=1$ 时等号对于 (18.90) 始终成立，证毕.

还有另外一种看待这一定理的方法. 我们可能需要更多的工作来证明它，但是也许可以更清楚地揭示德菲内蒂定理的直观原因，并且在指定 $P(n|N)$ 时可以

立即表明我们对 $g(p)$ 说了什么. 想象 $g(p)$ 可以展开为

$$g(p) = \sum_{n=0}^{\infty} a_n \phi_n(p), \tag{18.91}$$

其中 $\phi_n(p)$ 是 $0 \leqslant p \leqslant 1$ 的多项式的完全正交集合, 本质上是勒让德函数

$$\phi_n(p) = \frac{\sqrt{2n+1}}{n!} \frac{\mathrm{d}^n}{\mathrm{d}p^n} \big[p(1-p)\big]^n = (-1)^n \sqrt{2n+1} P_n(2p-1), \tag{18.92}$$

其中 $\phi_n(p)$ 是 n 次多项式, 满足条件

$$\int_0^1 \mathrm{d}p\, \phi_m(p) \phi_n(p) = \delta_{mn}. \tag{18.93}$$

如果将 (18.93) 代入 (18.86), 那么由于 $\phi_k(p)$ 与 $N < k$ 次多项式正交, 只有有限项不为 0. 这样, 容易看出对于给定的 N, 指定 $P(n|N)$ ($0 \leqslant n \leqslant N$) 的值等价于指定前面 $n+1$ 个展开系数 $\{a_0, \cdots, a_N\}$. 因此, 当 $N \to +\infty$ 时, 由 (18.91) 定义的函数 $g(p)$ 是唯一确定的, 与傅里叶级数"几乎处处"唯一确定其生成函数一样. 这一论证的主要问题是根据 (18.91) 很难确定条件 $g(p) \geqslant 0$.

18.17 评注

德菲内蒂定理对于我们非常重要, 因为它表明我们在本章中发现的概率与频率之间的联系对于相当广泛的一类概率函数 $P(x_1, \cdots, x_N|N)$ 成立, 即对于所有可互换序列类成立. 当然, 这些结果可以立即推广到每次试验有两个以上可能结果的情况.

然而, 可能更重要的是, 德菲内蒂定理使得概率论中最古老的争议之一——拉普拉斯对连续法则的最初推导——更容易被理解. 毫无疑问, A_p 分布的思想并不是我们的发明. 我们在这里引入它只是尝试将拉普拉斯的以下著名段落翻译为现代语言. 他说: "当一个简单事件的概率未知时, 我们可以假设此概率介于 0 和 1 之间的所有值的可能性相同." 我们将此解释为, 在没有任何先验证据的情况下 $(A_p|X) =$ *常数*. 本世纪的几乎所有概率论学者都认为这一陈述没有意义. 当然, 就概率的频率定义而言, 拉普拉斯的陈述根本无法合理解释. 但是对于任何理论, 这在概念上都是困难的, 因为它似乎涉及"概率的概率"的概念. 并且, 自从拉普拉斯时代以来, 人们一直避免在计算中使用 A_p 分布.

德菲内蒂定理为这些方法奠定了坚实的基础. 与所有概念问题无关, 这是一个*数学定理*. 每当你谈论某个情况时, 某个结果序列的概率仅仅取决于成功的次数, 而不取决于某次特定试验是否成功, 那么你的所有概率分布可以由单个函数 $g(p)$ 生成, 就像我们在这里所做的那样. 而且, 生成函数的使用在数学上是一种

非常强大的技术. 如果你尝试在不使用 A_p 分布的情况下重复上述某些推导过程 (例如 (18.24)), 很快就会发现这一点. 因此, 我们如何从概念上看待 A_p 分布并不重要. 它作为处理可交换序列的数学工具的有效性已被证实, 无关乎哲学上的反对意见.

第 19 章　物理测量

我们在第 7 章中看到，连伟大的数学家欧拉也无法解决根据木星和土星位置的 75 个不同观测值估计 8 个轨道参数的问题. 他从演绎逻辑的角度思考，甚至无法想象解决此类问题的原理. 但是，在 38 年后，拉普拉斯从作为逻辑的概率论的角度出发，掌握了解决木星与土星之间巨大不平衡问题的正确原理. 在本章中，我们将通过考虑根据 3 个观测值估计 2 个参数的问题来展示今天的解法. 我们的一般解（以矩阵符号表示）将自动包含拉普拉斯的解决方案.

19.1　条件方程的简化

假设我们想确定电子的电荷 e 和质量 m. 密立根油滴实验可以直接测量 e. 通过测量电子束在已知电磁场中的偏转可以测量比率 e/m. 通过测量由于镜像电荷的吸引而产生的电子向金属板的偏移可以测量 e^2/m.

根据这三个实验中的任意两个结果，我们可以计算 e 和 m 的值. 但是所有实验的测量值都有误差，根据不同实验获得的 e 和 m 值将不一致. 不过每个实验结果中的确都包含一些与我们的问题相关的其他实验不包含的信息. 我们如何处理数据，利用所有可用信息获得 e 和 m 的最优估计呢? 误差有多大? 通过另一个给定精度的实验，情况会有多大改善? 概率论给这些问题提供了简单而优雅的答案.

更具体地说，假设我们有以下实验结果:

(1) 以 $\pm 2\%$ 的精度测量 e;

(2) 以 $\pm 1\%$ 的精度测量 e/m;

(3) 以 $\pm 5\%$ 的精度测量 e^2/m.

假设预先已知的 e 和 m 的值大约为 $e \approx e_0, m \approx m_0$，那么测量结果就是校正项的线性函数. 将 e 和 m 的未知真值写成

$$\begin{aligned} e &= e_0(1+x_1), \\ m &= m_0(1+x_2), \end{aligned} \tag{19.1}$$

那么 x_1 和 x_2 是小于 1 的无量纲校正项，我们的问题就是要找到 x_1 和 x_2 的最

优估计. 这三个测量结果是三个数 M_1, M_2, M_3，我们将其写为

$$
\begin{aligned}
M_1 &= e_0(1+y_1),\\
M_2 &= \frac{e_0}{m_0}(1+y_2),\\
M_3 &= \frac{e_0^2}{m_0}(1+y_3),
\end{aligned}
\tag{19.2}
$$

其中 y_i 是由 (19.2) 定义的小的无量纲数，可以根据旧估计 e_0, m_0 和新测量值 M_1, M_2, M_3 确定. 另外，$e, e/m, e^2/m$ 的真实值可以用 x_j 表示为

$$
\begin{aligned}
e &= e_0(1+x_1),\\
\frac{e}{m} &= \frac{e_0(1+x_1)}{m_0(1+x_2)} = \frac{e_0}{m_0}(1+x_1-x_2+\cdots),\\
\frac{e^2}{m} &= \frac{e_0^2(1+x_1)^2}{m_0(1+x_2)} = \frac{e_0^2}{m_0}(1+2x_1-x_2+\cdots),
\end{aligned}
\tag{19.3}
$$

其中高阶项可以忽略不计. 比较 (19.2) 和 (19.3)，我们看到，如果测量准确，将有

$$
\begin{aligned}
y_1 &= x_1,\\
y_2 &= x_1 - x_2,\\
y_3 &= 2x_1 - x_2.
\end{aligned}
\tag{19.4}
$$

但是，考虑到误差，已知的 y_i 与未知的 x_j 有关:

$$
\begin{aligned}
y_1 &= a_{11}x_1 + a_{12}x_2 + \delta_1,\\
y_2 &= a_{21}x_1 + a_{22}x_2 + \delta_2,\\
y_3 &= a_{31}x_1 + a_{32}x_2 + \delta_3,
\end{aligned}
\tag{19.5}
$$

其中系数 a_{ij} 形成 3×2 矩阵:

$$
\boldsymbol{A} = \begin{pmatrix} a_{11} & a_{12}\\ a_{21} & a_{22}\\ a_{31} & a_{32} \end{pmatrix} = \begin{pmatrix} 1 & 0\\ 1 & -1\\ 2 & -1 \end{pmatrix},
\tag{19.6}
$$

δ_i 是这三个测量值的未知误差. 例如，$\delta_2 = -0.01$ 表示第二次测量得出的结果小了 1%.

更一般地，我们要根据 N 个不完美的观测 $\{y_1, \cdots, y_N\}$ 以及 N 个条件方程

$$
y_i = \sum_{j=1}^{n} a_{ij}x_j + \delta_i, \qquad i = 1, 2, \cdots, N,
\tag{19.7}
$$

或者以矩阵符号表示

$$
\boldsymbol{y} = \boldsymbol{A}\boldsymbol{x} + \boldsymbol{\delta},
\tag{19.8}
$$

其中 $\boldsymbol{A}$ 是 $N \times n$ 矩阵，来估计 n 个未知量 $\{x_1, \cdots, x_n\}$. 在当前讨论中，我们假设问题是“超定的”，即 $N > n$. 这种情况难倒了欧拉（Euler，1749），他面对的是 $N = 75, n = 8$ 的情况. 但是我们要记住，$N = n$（表面上看似定义良好）和 $N < n$（欠定）的情况也可能在实际问题中出现. 看看概率论会对这两种情况有什么结论吧，这会很有趣.

在 19 世纪初期，人们普遍会做如下推理. 似乎合情的是，每个 x_j 的最优估计是所有 y_i 的某种线性组合，但是如果 $N > n$，我们不能简单求解方程 (19.8) 得出 x，因为 $\boldsymbol{A}$ 不是方阵并且没有逆. 但是，如果我们有 n 个线性组合作为条件方程，就可以得到一个能求解出 x 的方程组. 也就是说，如果我们用某个 $n \times N$ 矩阵 $\boldsymbol{B}$ 去左乘方程 (19.8)，那么乘积 $\boldsymbol{BA}$ 存在，并且是一个 $n \times n$ 方阵. 选择 $\boldsymbol{B}$ 使得 $(\boldsymbol{BA})^{-1}$ 存在，那么线性组合是 n 行的、

$$\boldsymbol{By} = \boldsymbol{BAx} + \boldsymbol{B\delta}, \tag{19.9}$$

它有唯一解

$$\boldsymbol{x} = (\boldsymbol{BA})^{-1}\boldsymbol{B}(\boldsymbol{y} - \boldsymbol{\delta}). \tag{19.10}$$

如果各个分误差 δ_i 的概率是对称的：$p(\delta_i) = p(-\delta_i)$ 使得 $\langle \delta_i \rangle = 0$，那么对应于任何给定的矩阵 $\boldsymbol{B}$，对于几乎任一合理的损失函数，x_j 的“最优”估计将是

$$\hat{\boldsymbol{x}} = (\boldsymbol{BA})^{-1}\boldsymbol{By} \tag{19.11}$$

的第 j 行，但是选择不同的 $\boldsymbol{B}$（即采用不同的线性组合的条件方程），我们会得到不同的估计值. 在欧拉问题中，存在数十亿种可能的选择，那么 $\boldsymbol{B}$ 的最优选择是什么?

在上文中，我们只是用现代的记号（但还是用旧的语言）重述了拉普拉斯《哲学评论》（Laplace，1812）中“条件方程的简化”问题. 解的流行准则是最小二乘原理：找到使得 $\hat{x}_j$ 误差平方和或加权和最小的矩阵 $\boldsymbol{B}$. 这个问题可以直接解决，下面我们将通过不同的方式得到相同的解.

19.2　重表述为决策问题

我们在第 13 章中实际上已经解决了这个问题. 在那里我们看到，在任何损失函数的标准下，任何参数的最优估计一般都可以通过应用贝叶斯定理找到以数据为条件的参数位于不同区间的概率，然后做出使后验概率的期望损失最小的估计来得到.

在上面给出的问题的原始表述中，x_j 的最优估计是如 (19.11) 所示的 y_i 的线性组合，这只是一个合情的猜测. 在第 13 章中，我们展示了一种更好的表述问题的方法，其中不必依赖于猜测. 与其在不知道采用哪种组合的情况下尝试线性组合，

不如将贝叶斯定理直接应用于条件方程. 这样, 如果最优估计的确是 (19.11) 的线性形式, 那么贝叶斯定理不仅应该能告诉我们这一点, 还可以自动给出矩阵 $\boldsymbol{B}$ 的最优选择, 并告诉我们最小二乘法不能给出的估计的精度.

让我们在给各种测量的误差 δ_i 分配高斯概率的情况下进行计算. 根据第 7 章的讨论, 这几乎总是我们可以根据所拥有的信息分配概率的最优误差定律. 但是在正统文献中, 人们不这样看. 人们会认为: 在大多数物理测量中, 总误差是许多因果独立的微小误差之和, 利用中心极限定理将得到误差的高斯*频率分布*.① 这种观点也没有什么错, 只是它误导了几代概率工作者, 使得他们得出结论: 如果误差的频率分布实际上不是高斯分布, 那么分配高斯分布就是"假设"某种不正确的东西是对的. 这将导致我们的最终结论存在某种可怕的错误.

关于高斯误差分布的说明

第 7 章的讨论使我们确信, 这种危险被严重夸大了. 关键是, 在作为逻辑的概率论中, 高斯概率分配不是关于误差频率的*假设*, 而是我们对误差了解状态的*描述*. 关于误差, 我们除了大致幅度之外几乎没有任何先验知识, 这种知识可以合理地解释为指定误差分布的前二阶矩. 根据最大熵原理, 在与该信息相符但没有其他假设时, 这将导致独立的高斯概率分配. 合理可能噪声向量 $(\delta_1, \cdots, \delta_N)$ 域 Ω 或合理可能数据向量域 $\{\boldsymbol{Ax} + \boldsymbol{\delta}\}$ 在满足二阶矩约束时尽可能大. 在看到数据之前, 误差的频率分布几乎总是未知的. 但是即使频率分布与高斯分布相差很大, 高斯概率分配仍将使我们从已知信息中得出最优推断.

高斯分布的特殊地位在于一个更微妙的事实: 如果新信息能根据旧信息预测到, 那么获取到的新信息就不会影响我们的推断. 因此, 如果我们分配的是高斯概率分布, 然后获取到误差的真实频率分布确实是具有指定方差的高斯分布的新信息, 那么这*对我们没有什么帮助*, 因为这只是我们能预测到的. 但是, 如果我们有关于误差频率偏离高斯分布的其他特定先验信息, 那就是将可能的误差向量限制在较小域 $(\Omega_1 \subset \Omega)$ 的强有力的新信息. 这将使我们能够在以下参数估计的基础上进行改进, 因为补集 $\Omega - \Omega_1$ 中的数据向量以前被认为是噪声, 现在已经被识别为真实的"信号". 贝叶斯定理能自动为我们完成所有这些工作.

因此, 我们与大自然的契约比正统统计教义中所设想的要有利得多. 因为, 在给定二阶矩时, 非高斯频率分布不会使我们的推断变得更糟, 但是对非高斯分布的了解可以使我们得到比下面更好的结果.

---

① 如第 14 章所述, 这里有一个重要的限定条件: 通常, 高斯近似仅适用于总误差 δ 的值可以通过各种小误差的组合以多种方式产生的情况. 对于异常大的误差, 我们不会预期, 也几乎不会观察到高斯频率.

受以上消息的鼓舞，我们将误差 $\{\delta_1,\cdots,\delta_N\}$ 分别位于区间 $\{\mathrm{d}\delta_1,\cdots,\mathrm{d}\delta_N\}$ 中的概率分配为

$$p(\delta_1\cdots\delta_N)\mathrm{d}\delta_1\cdots\mathrm{d}\delta_N=(\text{常数})\exp\left\{-\frac{1}{2}\sum_{i=1}^{N}w_i\delta_i^2\right\}\mathrm{d}\delta_1\cdots\mathrm{d}\delta_N, \tag{19.12}$$

其中“权重” w_i 是第 i 个测量的误差的方差倒数. 例如，第 1 次测量结果具有 $\pm2\%$ 精度的粗略描述现在变成更精确的描述，结果具有权重

$$w_1=\frac{1}{\langle\delta_1^2\rangle}=\frac{1}{0.02^2}=2500. \tag{19.13}$$

目前，我们假设这些权重是已知的. 这正是在天文和其他物理数据中的情况. 根据 (19.7) 和 (19.12)，给定真实值 $\{x_1,\cdots,x_n\}$，我们立即可以获得测量值 $\{y_1,\cdots,y_N\}$ 的抽样概率密度:

$$p(y_1\cdots y_N|x_1\cdots x_n)=C_1\exp\left\{-\frac{1}{2}\sum_{i=1}^{N}w_i\left[y_i-\sum_{j=1}^{n}a_{ij}x_j\right]^2\right\}, \tag{19.14}$$

其中 C_1 不依赖 y_i. 根据贝叶斯定理，如果我们给 x_j 分配均匀先验概率，则在给定实际值 y_i 的情况下，x_j 的后验概率密度为

$$p(x_1\cdots x_n|y_1\cdots y_N)=C_2\exp\left\{-\frac{1}{2}\sum_{i=1}^{N}w_i\left[y_i-\sum_{j=1}^{n}a_{ij}x_j\right]^2\right\}, \tag{19.15}$$

现在 C_2 不依赖 x_j. 接下来，就像在几乎所有的高斯计算中一样，我们需要重新将其组织为二次型形式，以分离出对 x_i 的依赖. 通过展开它，我们得到

$$\begin{aligned}\sum_{i=1}^{N}w_i\left(y_i-\sum_{j=1}^{n}a_{ij}x_j\right)^2&=\sum_{i=1}^{N}w_i\left(y_i^2-2y_i\sum_{j=1}^{n}a_{ij}x_j+\sum_{j,k=1}^{n}a_{ij}a_{ik}x_jx_k\right)\\&=\sum_{j,k=1}^{n}K_{jk}x_ix_k-2\sum_{j=1}^{n}L_jx_j+\sum_{i=1}^{N}w_iy_i^2,\end{aligned} \tag{19.16}$$

其中

$$K_{jk}=\sum_{i=1}^{N}w_ia_{ij}a_{ik},\qquad L_j=\sum_{i=1}^{N}w_iy_ia_{ij}. \tag{19.17}$$

或者，可以定义对角线“权重”矩阵 $\boldsymbol{W}$，其中 $W_{ij}=w_i\delta_{ij}$，我们得到矩阵 $\boldsymbol{K}$ 和向量 $\boldsymbol{L}$:

$$\boldsymbol{K}=\tilde{\boldsymbol{A}}\boldsymbol{W}\boldsymbol{A},\qquad \boldsymbol{L}=\tilde{\boldsymbol{A}}\boldsymbol{W}\boldsymbol{y}, \tag{19.18}$$

其中 $\tilde{\boldsymbol{A}}$ 是转置矩阵. 我们要将 (19.15) 写成

$$p(x_1\cdots x_n|y_1\cdots y_N)=C_3\exp\left\{-\frac{1}{2}\sum_{j,k=1}^{n}K_{jk}(x_j-\hat{x}_j)(x_k-\hat{x}_k)\right\}, \tag{19.19}$$

其中 $\hat{x}_j$ 将是所需的均值估计值. 比较 (19.16) 和 (19.19)，我们看到

$$\sum_{k=1}^{n} K_{jk}\hat{x}_k = L_j, \tag{19.20}$$

所以如果 $\boldsymbol{K}$ 是非奇异矩阵，我们可以唯一地求解 $\hat{\boldsymbol{x}}$.

19.3 欠定情形：$\boldsymbol{K}$ 奇异

如果观测值的个数少于参数，即 $N < n$，那么根据 (19.17)，$\boldsymbol{K}$ 仍然是 $n \times n$ 矩阵，但是秩最多为 N，因此可能是奇异的. 因此问题不是方程 (19.20) 没有解，而是可能有无数个解. 最大似然不是在某个点上，而是在 $n-N$ 维线性流形上达到. 当然，尽管 $(\tilde{\boldsymbol{A}}\boldsymbol{W}\boldsymbol{A})^{-1}$ 不存在，但是 $(\boldsymbol{A}\tilde{\boldsymbol{A}})^{-1}$ 存在，从这一事实可以看出，最大似然解仍然存在，所以参数估计

$$\boldsymbol{x}^* = \tilde{\boldsymbol{A}}(\boldsymbol{A}\tilde{\boldsymbol{A}})^{-1}\boldsymbol{y} \tag{19.21}$$

使 (19.15) 中的二次型消失：$\boldsymbol{y} = \boldsymbol{A}\boldsymbol{x}^*$，达到了最大可能似然. 这称为规范逆解，可以通过最大熵原理进行计算. 但是规范逆绝不是唯一的，因为从 (19.8) 中可以看出，如果将齐次方程 $\boldsymbol{A}\boldsymbol{z} = \boldsymbol{0}$ 的任一解 $\boldsymbol{z}$ 加到估计 (19.21) 中，将得到相同似然的另一估计 $\boldsymbol{x}^* + \boldsymbol{z}$，且有维数为 $n-N$ 的此类向量 $\boldsymbol{x}^* + \boldsymbol{z}$ 的线性流形 Δ.

练习 19.1 证明规范逆解 (19.21) 也是最小二乘解，使得流形 Δ 的 $\sum(x_i^*)^2$ 最小. 不幸的是，并没有令人信服的理由使估计向量的长度最小.

很长时间以来，人们没有找到解决此类问题的满意方法. 但是我们并非完全无助，因为数据确实将参数 $\{x_i\}$ 的可能值限制在满足 (19.20) 的“可能集合”Δ 中. 单靠数据是无法挑选出该集合中的任何唯一点的. 尽管如此，如果数据加上先验信息，我们仍然有可能做出有用的选择. 这是“广义逆”问题，在许多应用（例如图像重建）中具有重要意义. 实际上，在现实世界中，广义逆问题可能占了绝大多数，因为在现实世界中，我们很少有提出定义良好问题所需要的所有信息. 然而，在许多情况下，可以通过最大熵找到有用的解，该解以第 11 章和第 20 章中所述的方式根据几种不同的准则是“最优”的.

19.4 超定情形：$\boldsymbol{K}$ 非奇异

根据 (19.17) 的定义，$\boldsymbol{K}$ 是 $n \times n$ 矩阵，并且对于所有实数 $\{q_1, \cdots, q_n\}$ 使得 $\sum q_i^2 > 0$，

$$\sum_{j,k=1}^{n} K_{jk} q_j q_k = \sum_{i=1}^{N} w_i \left(\sum_{j=1}^{n} a_{ij} q_j\right)^2 \geqslant 0, \tag{19.22}$$

因此，如果 $\boldsymbol{K}$ 的秩为 n，则它不仅是非奇异的，而且是正定的. 如果 $N \geqslant n$，就将是这种情况，除非我们在定义问题上做一些愚蠢的事情——包括无用的观察或不相关的参数，等等.

首先，我们假设所有权重 w_i 都为正：因为如果任何观测值 y_i 有权重 $w_i = 0$，那么它在我们的问题中是没有用的，即它无法传达有关参数的任何信息，我们根本不应该将其包含在数据集中，这时可以将 N 减 1.

其次，如果有一个非零向量 $\boldsymbol{q}$ 使得 $\sum_j a_{ij}q_j$ 对于所有 i 都是 0，那么在 (19.7) 中，对于所有 c，参数集 $\{x_j\}$ 和 $\{x_j + cq_j\}$ 将导致等价的数据而难以区分. 换句话说，问题中有一个与数据无关的不相关参数，这时我们将 n 减 1. 数学上，这意味着矩阵的列并不线性独立. 这样，如果 $\boldsymbol{q} \neq 0$，我们可以删除参数 x_k 和 $\boldsymbol{A}$ 的第 k 列而不对问题产生任何影响（即对我们能获取的信息没有改变）.

必要时删除不相关的观测值和参数，最后，观测值的数量至少与相关参数的个数一样，那么 $\boldsymbol{K}$ 将为正定矩阵，并且方程 (19.20) 具有唯一解

$$\hat{\boldsymbol{x}}_k = \sum_{j=1}^{n} \left(\boldsymbol{K}^{-1}\right)_{kj} \boldsymbol{L}_j. \tag{19.23}$$

根据 (19.18)，我们可以将结果写为

$$\hat{\boldsymbol{x}} = (\tilde{\boldsymbol{A}}\boldsymbol{W}\boldsymbol{A})^{-1}\tilde{\boldsymbol{A}}\boldsymbol{W}\boldsymbol{y}, \tag{19.24}$$

与 (19.11) 相比，我们发现，在均匀先验概率的高斯情况下，最优估计的确是 (19.11) 形式的测量值的线性组合，而矩阵 $\boldsymbol{B}$ 的最优选择是

$$\boldsymbol{B} = \tilde{\boldsymbol{A}}\boldsymbol{W}, \tag{19.25}$$

这个结果也许是高斯首先发现的，并在拉普拉斯的《哲学评论》中重复出现. 让我们对我们的简单问题计算这个解.

19.5　结果的数值计算

将解 (19.24) 应用于估计 e 和 m 的问题，$e, e/m, e^2/m$ 的测量精度分别为 2%, 1%, 5%，因此

$$w_2 = \frac{1}{0.01^2} = 10\,000, \qquad w_3 = \frac{1}{0.05^2} = 400, \tag{19.26}$$

我们之前发现 $w_1 = 2500$，因此

$$\boldsymbol{B} = \tilde{\boldsymbol{A}}\boldsymbol{W} = \begin{pmatrix} 1 & 1 & 2 \\ 0 & -1 & -1 \end{pmatrix} \begin{pmatrix} w_1 & 0 & 0 \\ 0 & w_2 & 0 \\ 0 & 0 & w_3 \end{pmatrix} = \begin{pmatrix} w_1 & w_2 & 2w_3 \\ 0 & -w_2 & -w_3 \end{pmatrix}, \tag{19.27}$$

$$\boldsymbol{K}=\tilde{\boldsymbol{A}}\boldsymbol{W}\boldsymbol{A}=\begin{pmatrix}[w_1+w_2+4w_3] & -[w_2+2w_3]\\ -[w_2+2w_3] & [w_2+w_3]\end{pmatrix}, \tag{19.28}$$

$$\boldsymbol{K}^{-1}=(\tilde{\boldsymbol{A}}\boldsymbol{W}\boldsymbol{A})^{-1}=\frac{1}{|\boldsymbol{K}|}\begin{pmatrix}[w_2+w_3] & [w_2+2w_3]\\ [w_2+2w_3] & [w_1+w_2+4w_3]\end{pmatrix}, \tag{19.29}$$

其中

$$|\boldsymbol{K}|=\det(\boldsymbol{K})=w_1w_2+w_2w_3+w_3w_1. \tag{19.30}$$

因此最终结果是

$$(\tilde{\boldsymbol{A}}\boldsymbol{W}\boldsymbol{A})^{-1}\tilde{\boldsymbol{A}}\boldsymbol{W}=\frac{1}{|\boldsymbol{K}|}\begin{pmatrix}w_1[w_2+w_3] & -w_2w_3 & w_2w_3\\ w_1[w_2+2w_3] & -w_2[w_1+2w_3] & w_3[w_2-w_1]\end{pmatrix}, \tag{19.31}$$

x_1 和 x_2 的最优点估计是

$$\begin{aligned}\hat{x}_1&=\frac{w_1(w_2+w_3)y_1+w_2w_3(y_3-y_2)}{w_1w_2+w_2w_3+w_3w_1},\\ \hat{x}_2&=\frac{w_1w_2(y_1-y_2)+w_2w_3(y_3-2y_2)+w_3w_1(2y_1-y_3)}{w_1w_2+w_2w_3+w_3w_1}.\end{aligned} \tag{19.32}$$

代入 w_1,w_2,w_3 的数值，我们得到

$$\begin{aligned}\hat{x}_1&=\frac{13}{15}y_1+\frac{2}{15}(y_3-y_2),\\ \hat{x}_2&=\frac{5}{6}(y_1-y_2)+\frac{2}{15}(y_3-2y_2)+\frac{1}{30}(2y_1-y_3),\end{aligned} \tag{19.33}$$

结果显示，最优估计值作为可能实验对中估计的加权平均值. 因此，y_1 是在第 1 个实验（直接测量 e 的值）中获得的 x_1 的估计值. 第 2 个和第 3 个实验相结合得出了一个由 $(e^2/m)(e/m)^{-1}$ 形式给出的 e 的估计. 由于

$$\frac{\frac{e_0^2}{m_0}(1+y_3)}{\frac{e_0}{m_0}(1+y_2)}\approx e_0(1+y_3-y_2), \tag{19.34}$$

y_3-y_2 是第 2 个和第 3 个实验给出的 x_1 的估计值. (19.33) 表示，x_1 的这两个独立估计值应该以权重 13/15 和 2/15 组合. 同样，$\hat{x}_2$ 是 x_2 的 3 个不同（尽管不是独立的）估计的加权平均值.

19.6 估计的精度

根据 (19.19) 我们发现 $p(x_1\cdots x_n|y_1\cdots y_N)$ 的第二中心矩为

$$\langle(x_j-\hat{x}_j)(x_k-\hat{x}_k)\rangle=\langle x_jx_k\rangle-\langle x_j\rangle\langle x_k\rangle=\left(\boldsymbol{K}^{-1}\right)_{jk}. \tag{19.35}$$

因此，根据我们在 $\hat{x}_j$ 的计算中已经确定的 $n\times n$ 逆矩阵

$$\boldsymbol{K}^{-1}=(\tilde{\boldsymbol{A}}\boldsymbol{W}\boldsymbol{A})^{-1}, \tag{19.36}$$

我们还可以得到可能误差或者标准差. 根据 (19.29), 我们可以用 (均值)±(标准差) 形式将结果表示为

$$(x_j)_{\text{est}} = \hat{x}_j \pm \sqrt{\left(\boldsymbol{K}^{-1}\right)_{jj}}. \tag{19.37}$$

(19.24) 和 (19.37) 是欧拉想要的问题的一般解. 在当前情况下是

$$\begin{aligned}(x_1)_{\text{est}} &= \hat{x}_1 \pm \sqrt{\frac{w_2+w_3}{w_1w_2+w_2w_3+w_3w_1}},\\ (x_2)_{\text{est}} &= \hat{x}_2 \pm \sqrt{\frac{w_1+w_2+4w_3}{w_1w_2+w_2w_3+w_3w_1}},\end{aligned} \tag{19.38}$$

数值是

$$\begin{aligned}x_1 &= \hat{x}_1 \pm 0.0186,\\ x_2 &= \hat{x}_2 \pm 0.0216,\end{aligned} \tag{19.39}$$

因此，根据这三个测量值，我们得出 e 的精度为 $\pm 1.86\%$，m 的精度为 $\pm 2.16\%$.

e^2/m 的比较差的测量结果（仅 $\pm 5\%$ 的精度）对我们有多大帮助呢? 要回答这个问题，注意，如果没有该实验，我们将在极限 $w_3 \to 0$ 的情况下得出 (19.28)、(19.29) 和 (19.32). 结论也很容易从问题的陈述中得出，是

$$\begin{aligned}\hat{x}_1 &= y_1,\\ \hat{x}_2 &= y_1 - y_2,\end{aligned} \tag{19.40}$$

$$\boldsymbol{K}^{-1} = \frac{1}{w_1w_2}\begin{pmatrix} w_2 & w_2 \\ w_2 & [w_1+w_2] \end{pmatrix}, \tag{19.41}$$

或者，(均值) ± (标准差) 为

$$\begin{aligned}x_1 &= y_1 \pm \frac{1}{w_1} = y_1 \pm 0.020,\\ x_2 &= y_1 - y_2 \pm \sqrt{\frac{w_1+w_2}{w_1w_2}} = y_1 - y_2 \pm 0.024.\end{aligned} \tag{19.42}$$

正如基于常识所能预料的那样：低精度测量对准确测量的结果影响很小，如果 e^2/m 的测量精度远差于 $\pm 5\%$，那么几乎不值得将其包含在计算中. 但是，假设一种改进的技术为我们提供了 $\pm 2\%$ 精度的 e^2/m 测量值，那将有多大帮助呢? 答案仍由我们前面的公式给出，其中 $w_1 = w_3 = 2500, w_2 = 10\,000$. 我们发现均值估计对于使用 e^2/m 测量值的估计会给出更大权重:

$$\begin{aligned}\hat{x}_1 &= 0.556y_1 + 0.444(y_3 - y_2),\\ \hat{x}_2 &= 0.444(y_1 - y_2) + 0.444(y_3 - 2y_2) + 0.112(2y_1 - y_3),\end{aligned} \tag{19.43}$$

这可以与 (19.33) 比较. 标准差为

$$\begin{aligned} x_1 &= \hat{x}_1 \pm 0.0149, \\ x_2 &= \hat{x}_2 \pm 0.020. \end{aligned} \tag{19.44}$$

因为改进的测量涉及 e^2，但仅涉及 m 的一次幂，所以 $e(x_1)$ 的精度的改进大约是 $m(x_2)$ 的两倍.

> **练习 19.2** 针对满足 $N \geqslant n$ 的一般的 N 和 n 问题编写一个计算机程序，并在刚才解决的问题上进行测试. 估计编译后的程序解决欧拉问题所需要的时间.

在上述情况下，我们假定权重 w_i 根据先验信息已知. 如果不是这样，关于它们将会有许多种可能的部分先验信息，这将导致许多不同的先验概率分配 $p(w_1 \cdots w_n|I)$. 这也将导致一些细节上的小的定量改变，但是没有原则上的问题，只需要遵循贝叶斯原则就可以直接进行数学推广.

19.7 评注

悖论

通过研究这个问题，我们可以学到更多东西. 例如，让我们注意一些一开始可能令人感到惊讶的东西. 如果你研究根据 3 个测量值得出 m 的最优估计 (19.32)，将看到 y_3（e^2/m 的测量结果）以不同于 y_1 和 y_2 的方式进入到公式中. 它一次具有正系数，一次具有负系数. 如果 $w_1 = w_2$，则这两个系数相等，(19.32) 简化为

$$\hat{x}_2 = y_1 - y_2. \tag{19.45}$$

现在充分理解一下这一点的意义：*它是说我们在估计 m 时使用 e^2/m 测量值的唯一原因是 e 和 e/m 的测量值具有不同的精度*. 无论我们如何准确地知道 e^2/m，如果 e 和 e/m 的测量碰巧具有相同的精度（不管其精度多差），那么就应该忽略高精度的测量 e^2/m，而仅根据 e 和 e/m 估计 m.

我们认为，在开始听到这个结论时，你的直觉会反对它，第一反应可能是 (19.32) 中肯定有错误. 因此，请在有时间时仔细检查这一推导过程. 这是概率论几乎不费吹灰之力就能得出结果，但是我们仅凭无辅助的常识思考多年可能都不会得到同样结果的完美例子. 我们不会剥夺你自己解决这个“悖论”，并向朋友解释一致归纳推理如何要求你抛弃原初的最优测量值的乐趣.

在第 17 章中，我们曾经抱怨正统统计学家有时会丢弃相关数据，以使问题适应他们预想的“独立随机误差”模型. 我们现在是否也犯有同样的错误呢？毫

无疑问，情况看起来非常像是这样. 但是我们其实是无辜的：如果我们具有相同精度的 e 和 e/m 的测量值，e^2/m 的值实际上与 m 的推断无关. 为了明白这一点，假设我们从一开始就精确地知道 e^2/m. 在这个问题上，你将如何利用这一信息？如果你尝试一下，就会知道为什么 e^2/m 不相关. 但是要解决问题，请尝试完成以下练习.

练习 19.3 考虑一种特定情况：$w_1 = w_2 = 1, w_3 = 100$，第三个测量的精度是前两个的 10 倍. 但是，如果问题的情况是当我们尝试使用 (19.22) 中所有三个测量值时，第三个测量值会消去，那么我们使用准确的第三个测量值的唯一方法似乎是丢弃第一个或第二个测量值. 请证明：尽管如此，在这种情况下，(19.32) 仅使用第一个和第二个测量值所做的估计，比使用第一个和第三个，或者第二个和第三个测量值所做的估计更准确. 直观地解释为什么会是这样，这里面没有悖论.

作为另一个例子，重要的是，我们要理解为什么结论依赖于误差函数 δ_i 的损失函数和概率分布的选择. 如果我们使用的不是高斯分布 (19.12)，而是更宽尾的分布，例如柯西分布 $p(\delta) \propto (1 + w\delta^2/2)^{-1}$，那么后验分布 $p(x_1x_2|y_1y_2y_3)$ 在 (x_1, x_2) 平面上可能有多个峰. 于是，二次损失函数，或者更一般地，任何凹损失函数（即误差翻倍将使损失增加一倍以上的函数）将使得人们对 x_1 和 x_2 的估计位于非常不可能的两个峰值之间. 如果我们有凸损失函数，就会出现不同的“悖论”：构造最优估计量的基本方程 (19.26) 可能有多个解，但是没有任何信息告诉我们要使用哪个解.

这些情况的出现是机器人告诉我们如下结论的方式：我们对 x_1 和 x_2 的了解过于复杂，无法通过给出最优估计和可能误差来充分描述. 描述我们所知的唯一诚实的方法是给出实际分布 $p(x_1x_2|y_1y_2y_3)$. 这是决策论的局限之一，我们需要了解才能正确使用它.

第 20 章 模型比较

如无必要，勿增实体.

——*奥卡姆的威廉*（William of Ockham，*约* 1330）

我们已经比较详细地了解了如何在预先指定模型（表示被观测现象的一些假设）的条件下进行推断——检验假设、估计参数、预测未来观测结果等. 但是科学家一定还关心一个更重要的问题：当两个模型似乎都能解释事实时，如何在它们之间做出选择. 事实上，科学的进步需要对可能的不同模型进行比较，任何数量的新数据都无法消除模型中内置的从未被质疑的错误前提.

大致说来，这个问题并不新鲜. 大约 650 年前，方济会修士奥卡姆的威廉就察觉到思维投射谬误的逻辑错误. [①] 这使他教导说：宗教中的一些问题可以通过理性解决，而其他问题只能诉诸信仰. 他将后者置于自己的讨论范围之外，并专注于可以应用理性的问题——正如贝叶斯主义者今天在抛弃正统的思维投射谬误（例如在从未进行过的实验中存在极限频率的断言）时尝试做的，专注于现实世界中有意义的事情. 他所说的“只能诉诸信仰”的命题，大致对应于非亚里士多德命题. 本章开头引用的他的名言，通常称为“奥卡姆剃刀”，代表了他想要的一个推理原则. 这个原则我们今天仍然需要，但它也非常微妙，只能通过现代贝叶斯分析才能够很好理解.

当然，从当前的角度来看，这与我们在第 4 章已经考虑过的复合假设检验明显是同一个问题. 这里，我们只需要对原来的处理进行推广并得出更多细节. 这样，我们可以看到，传统的显著性检验只是在指定的备择假设类中选择最优假设的模型比较问题.

但还需要注意另外一个方面. 只要我们在单个模型中工作，归一化常数往往会相互抵消，因此在大多数情况下根本不需要引入. 但是当两个不同模型出现在同一个方程中时，归一化常数通常不会抵消，所有概率都必须正确归一化.

---

① 奥卡姆的观点，用他那个时代的语言表述是“实在只存在于个体中，共相只是抽象符号”；翻译成 20 世纪的语言是“心灵的抽象创造不是外部世界的实在”. 对他来说不幸的是，那个时代被正统神学视为珍宝的“实在”正是他否认为实在的东西，所以这让他在当权派中陷入了麻烦. 显然，奥卡姆是现代贝叶斯学派的先驱，这一切对他来说非常熟悉.

20.1 问题表述

要了解归一化常数为什么不再抵消，让我们首先回顾一下贝叶斯定理告诉我们的关于参数估计的内容. 模型 M 包含由 θ 统一表示的各种参数. 给定数据 D 和先验信息 I，为了估计其参数，我们首先应用贝叶斯定理：

$$p(\theta|DMI) = p(\theta|MI)\frac{p(D|\theta MI)}{p(D|MI)}, \tag{20.1}$$

其中右侧 M 的存在表示我们假设模型 M 的正确性. 分母作为归一化常数：

$$p(D|MI) = \int \mathrm{d}\theta\, p(D\theta|MI) = \int \mathrm{d}\theta\, p(D|\theta MI)p(\theta|MI), \tag{20.2}$$

我们看到这是似然 $L(\theta) = p(D|\theta MI)$ 的先验期望，即它是对参数的先验概率分布 $p(\theta|MI)$ 的期望.

现在我们问一个更高层次的问题：根据先验信息和数据，判断一组不同模型 $\{M_1, \cdots, M_r\}$ 中哪个最有可能是正确的. 贝叶斯定理给出第 j 个模型的后验概率为

$$p(M_j|DI) = p(M_j|I)\frac{p(D|M_jI)}{p(D|I)}, \quad 1 \leqslant j \leqslant r. \tag{20.3}$$

但是我们可以像第 4 章那样通过计算优势比来消除分母 $p(D|I)$. 模型 M_j 对 M_k 的后验优势比是

$$\frac{p(M_j|DI)}{p(M_k|DI)} = \frac{p(M_j|I)}{p(M_k|I)}\frac{p(D|M_jI)}{p(D|M_kI)}, \tag{20.4}$$

我们看到，概率 $p(D|M_jI)$ 在单模型参数估计问题 (20.1) 中仅作为归一化常数出现，现在作为确定模型 M_j 相对其他模型状态的基本量.[①] 数据告诉我们的这方面的准确度量总是它的似然函数对于任何参数 θ_j 在这个模型中的先验概率 $p(\theta_j|M_jI)$（它们对于不同模型通常是不同的）的期望. 在这里概率必须正确归一化，否则就违背了我们的基本法则，(20.4) 中的优势比就是任意的.

直观地说，数据偏爱的是给观察数据分配最高概率，因而最好地“解释数据”的模型. 在更高层次上，这只是在模型中做参数估计的似然原理.

但是奥卡姆原则如何能从中产生呢? 第一个困难是奥卡姆原则从来没有用定义明确的术语来表述. 后来的作者们几乎普遍地将我们的开篇引语解释为：选择

① 这种逻辑结构甚至比贝叶斯形式体系更一般化，它存在于纯粹的最大熵形式体系中. 在统计力学中，两种不同相（例如液态和固态）的相对概率 P_j/P_k 是它们的分拆函数 Z_j/Z_k 的比. 每个分拆函数是每一种相中预测子问题的归一化常数. 在贝叶斯分析中，当两个模型的归一化常数相等时，数据对于两个模型是没有区分能力的；在统计力学中，相变温度是两个分拆函数变得相等时的温度. 在贝叶斯分析中，我们通常更喜欢用对数几率形式表达 (20.4)；在化学热力学中，一个世纪以来一直习惯于将相位无差别条件表述为“自由能” $F_j \propto \ln(Z_j)$ 相等. 这说明了贝叶斯和最大熵推理之间的根本统一性，尽管它们由于所处理的信息种类不同而存在表面上的差异.

竞争模型的标准是模型的“简单性”，尽管尚不清楚奥卡姆本人是否使用过这一表达方式. 也许可以将开篇引语重新描述为“如果无助于推断效果不要引入细节”，但是几个世纪以来的哲学讨论并没有对“简单”的意义做出明显的澄清.[①] 我们认为，将注意力集中在未定义术语上将阻碍我们对核心要点的理解. 这其实只是因为具有未指定参数的模型是复合假设，而不是简单假设，需要像第 4 章中那样对复合假设进行分析. 这样就出现了一些新特征，这些特征源于所考虑模型的参数空间的不同内部结构.

20.2 公正的法官与残酷的现实主义者

现在考虑在什么情况下需要进行模型比较的问题. 可能有以下两种态度. (1) 我们可以采取严格公正的法官的态度，坚持公平地比较模型，要求每个模型都尽可能地提供最优性能. 这可以通过为每个模型提供其参数的最优先验概率来实现（类似地，在奥运会中我们会认为，当两名运动员中的其中一名生病或受伤时，以表现来评判他们是不公平的. 公平的裁判员希望在两人都发挥最好时进行比较）. (2) 我们可能认为有必要成为残酷的现实主义者，根据实际拥有的先验信息来评判每个模型. 也就是说，如果没有关于模型参数的最优先验信息，我们就会惩罚该模型，尽管这并不是模型本身的错误.

奥卡姆剃刀原则体现的是残酷现实主义者的态度，它只是将模型本身严格公平的比较——不管我们目前所能给出的先验概率如何——转化为现实的比较，坚持只考虑现在实际可能发生的事情. 虽然一名生病或受伤的运动员值得同情，但我们不能在明天的重要比赛中启用他. 同样，如果我们的先验信息会将其参数置于远离最大似然值的位置，那么潜在优越的模型可能无法使用. 当真正的结果至关重要时，我们不得不成为残酷的现实主义者.

20.2.1 参数预先已知

要明白这一点，首先假设没有内在参数空间，模型的参数预先已知（$\theta = \theta'$）. 这样模型实际上变成了一个简单假设而非复合假设，贝叶斯定理的简单形式适用. 这相当于分配了先验 $p(\theta_j|M_jI) = \delta(\theta_j - \theta'_j)$，因此 (20.2) 简化为

$$p(D|M_jI) = p(D|\theta'_jM_jI) = L_j(\theta'_j), \tag{20.5}$$

这正是第 j 个模型中 θ'_j 的似然. 显然，如果 θ'_j 恰好等于模型和数据的最大似然估计 $\hat{\theta}_j$，严格公正的法官将注意到 (20.5) 是最大值. 这样，后验优势比 (20.4) 将

① 有一段时间，简单的概念因为似乎无法定义而被放弃了. 罗森克兰茨 (Rosenkrantz，1977) 描述了这些冗长的细节.

变为

$$\frac{p(M_j|DI)}{p(M_k|DI)} = \frac{p(M_j|I)(L_j)_{\max}}{p(M_k|I)(L_k)_{\max}}. \tag{20.6}$$

这种极端情况虽然在上述意义上是公平的，但是可能非常不现实. 参数通常是未知的，并且在可能进行有用推断的“讲推理”的问题中，我们关于参数的先验信息必须足够好以进行有用的推断.

我们在前面的章节中已经看到，如果有一定数量的数据，大多数模型会给出尖锐的似然函数，以至于先验对于*参数*的推断相对不重要. 但是先验对于*模型*的推断仍然很重要，因此由先验定义的奥卡姆因子在模型比较中仍然很重要. 费希尔研究的简单生物学问题通常属于这种类型.

当先验信息对于参数的推断也很重要时——无论是由于宽泛模型还是稀疏数据——奥卡姆因子在我们的模型比较中有着至关重要的作用. 在杰弗里斯研究的问题以及现代科学家和经济学家所面临的更复杂的问题中，忽略这些因子将会带来危险.

20.2.2　参数未知

假设模型 M 具有参数 $\theta \equiv \{\theta_1, \cdots, \theta_m\}$. 比较 (20.4) 和 (20.6)，我们写下

$$p(D|MI) = L_{\max} W, \tag{20.7}$$

这定义了奥卡姆因子 W，它只是模型 M 受到非最优先验信息的惩罚量. 明确写出来是

$$W \equiv \int \mathrm{d}\theta \, \frac{L(\theta)}{L_{\max}} p(\theta|MI). \tag{20.8}$$

如果像在费希尔问题中那样，数据比先验信息更能提供有关 θ 的信息，那么似然函数就是锐峰的，我们可以定义一个“高似然区域” Ω' 作为整个参数空间 Ω 中包含指定似然积分值（例如 95%）的最小子区域. 那么大部分积分 (20.8) 的贡献将来自区域 Ω'. 更好的方法是，可以通过条件积分似然刚好是

$$\int \mathrm{d}\theta \, L(\theta) = L_{\max} V(\Omega') \tag{20.9}$$

来定义体积 $V(\Omega')$ 以消除任意数字 0.95. 那么 Ω' 可以定义为包含最大积分似然的体积 $V(\Omega')$ 区域. 也就是说，在 Ω' 内部似然处处大于 Ω' 边界上的某个阈值 L_0.

如果先验密度 $p(\theta|MI)$ 非常宽，以至于它在最大似然点周围的高似然区域基本上是常数，那么 (20.8) 可以简化为

$$W \simeq V(\Omega') p(\hat{\theta}|MI), \tag{20.10}$$

所以在这种情况下，奥卡姆因子从本质上说只是数据挑选出的高似然区域 Ω' 中包含的先验概率量.

无论在哪种情况下，我们的基本模型比较规则 (20.4) 都将变为

$$\frac{p(M_j|DI)}{p(M_k|DI)}=\frac{p(M_j|I)}{p(M_k|I)}\frac{(L_j)_{\max}}{(L_k)_{\max}}\frac{W_j}{W_k}, \tag{20.11}$$

通过与 (20.6) 比较，我们看到，在模型的内部参数空间中产生了额外的奥卡姆因子 W_j/W_k. 在 (20.11) 中，似然因子只取决于数据和模型. 如果两个不同的模型有相同的似然 $(L_j)_{\max}$，那么它们能够同样好地解释数据，在正统理论中，我们似乎无法在它们之间做出选择. 然而，贝叶斯定理告诉我们，还有另一种因素需要考虑：正统理论所忽略的先验信息，仍然可以为模型的优劣提供强有力的判断依据. 事实上，(20.11) 中的奥卡姆因子可能差别非常大，以至于会逆转 (20.6) 中的似然判断.

20.3 简单性概念何在?

关系 (20.11) 有着简单直觉无法（或者至少没有）看到的含义. 如果数据与先验信息相比信息量很大，那么两个模型的相对优劣由两个因素决定：

(1) 在它们各自的参数空间 Ω_j, Ω_k 上可以达到多高的似然；

(2) 有多少先验概率集中在它们各自的高似然区域 Ω'_j, Ω'_k 中.

但这两个因素似乎都与简单性的直观概念无关（对我们大多数人来说，简单性似乎是指在定义模型时不同假设的数量——例如，引入的不同参数的数量）.

为了理解这一点，让我们问："如何凭直觉决定如何选择模型?" 在观察到一些事实后，我们更倾向于其中一种解释的真正原因是什么? 假设两个解释 A 和 B 都可以很好地解释某些已证实的历史事实. 但是解释 A 做了 4 种假设，每种假设都非常合理；而解释 B 只做了 2 种假设，但它们似乎都很牵强，极不可能是真的. 在这种情况下，每位历史学家都会毫不犹豫地选择解释 A，尽管解释 B 在直觉上更简单. 因此，我们的直觉从根本上问的不是假设有多简单，而是它们有多合情.

当然，合情性和简单性之间也存在着松散的联系，因为可能的假设集合越复杂，某个特定假设的替代假设的流形就越大，因此集合中任一特定假设的先验概率一定越小.

现在我们明白了为什么 "简单性" 永远无法给出令人满意的定义（即一个以令人满意的方式解释推断过程的定义）. 这是一个选择不当的词，它将人们的注意力从推断考虑的重要因素中转移开. 但是，人们几个世纪以来毫无批判地接受

了“简单性”的概念，它变得不可动摇，以至于一些人即使在应用贝叶斯定理之后，仍然顽固地试图通过简单性解释贝叶斯定理. [1]

一代代作者模糊地认为“简单假设更加合情”而没有给出任何合乎逻辑的理由. 我们建议纠正这种观念：应该说“合情的假设往往更简单”. 更简单的假设是具有更少同样合理替代者的假设.

在正统统计理论的范围内，这一切都无法理解. 其理念不允许存在模型或未知固定参数概率的观念，因为它们不是“随机变量”. 正统统计试图完全根据抽样分布来比较模型，而不考虑模型的简单性或先验信息！但是连这一点甚至都无法做到，因为模型中的所有参数都变成了冗余参数，而同样的理念拒绝任何处理这些参数的方法. [2] 因此，正统统计在这一问题上完全失效——它甚至没有提供可以描述问题的词汇——这在 20 世纪的大部分时间里阻碍着这一领域的进一步发展.

值得注意的是，尽管这个问题在数学上微不足道，但这种观念未曾使得几代有数学才能的工作者明白. 一旦明白这一点，直觉上显而易见的是：单纯的“简单性”无法成为评判模型的准则. 这只会再次提醒我们：人类大脑是一种不完美的推理装置，虽然它很擅长得出合理的结论，但往往无法给出令人信服的理由. 为此，我们确实需要作为逻辑的概率论的帮助.

当然，贝叶斯定理确实承认简单性是推断的组成部分. 但是这是通过什么机制起作用的呢？尽管贝叶斯定理对于任何问题总是能给出正确答案，但它通常是以非常有效的方式做到这一点的，以至于我们常常因不太了解这如何发生而感到困惑. 当前问题就是一个很好的例子，所以让我们试着从直觉上更好地理解这种情况.

用 M_n 表示模型，其中 $\theta = \{\theta_1, \cdots, \theta_n\}$ 是定义在参数空间 Ω_n 的 n 维参数. 现在通过添加新参数 θ_{n+1} 并转到新参数空间 Ω_{n+1} 来引入新模型 M_{n+1}，这样 $\theta_{n+1} = 0$ 表示旧模型 M_n. 我们将对这种情况进行计算，但首先来一般地考虑这个问题.

在子空间 Ω_n 上，模型的这种变化不会改变似然：$p(D|\theta M_{n+1} I) = p(D|\theta M_n I)$. 但是先验概率 $p(\theta|M_{n+1} I)$ 现在分布在比以前更大的参数空间上，并且一般来说相对于旧模型会对 Ω_n 的邻域点 Ω' 分配一个较低的概率.

对于一个有着合理信息量的实验，我们预计似然会集中在小的子区域 $\Omega'_n \in \Omega_n$ 和 $\Omega'_{n+1} \in \Omega_{n+1}$ 中. 因此，如果对于 M_{n+1}，最大似然点出现在或接近 $\theta_{n+1} = 0$ 处，那么 Ω'_{n+1} 将被分配比模型 M_n 的 Ω'_n 更小的先验概率，我们将有 $p(D|M_n I) >$

[1] 确实，对一位作者而言，奥卡姆剃刀根据定义与简单性有关，因为贝叶斯分析没有展示简单性而拒绝它！

[2] 普拉特（Pratt，1961）很久以前就对正统假设检验理论提出了批评.

$p(D|M_{n+1}I)$，数据生成的似然比将倾向于选择 M_n. 这就是奥卡姆现象.

因此，如果旧模型已经足够灵活，能很好地解释数据，那么贝叶斯定理一般将像奥卡姆原则一样更倾向于旧模型. 如果我们所说的“更简单”是指模型的参数空间更小，从而将我们限制在更小的可能抽样分布范围内，这在直觉上就是更简单的. 通常，只有当最大似然点远离 $\theta_{n+1}=0$（即显著性检验表明需要新参数）时，由于似然在 Ω'_n 比在 Ω'_{n+1} 上要小得多，会补偿后者较小的先验概率，不等号的方向才会改变. 如前所述，奥卡姆不会不同意这一点.

但是直觉根本没有定量告诉我们，这种似然的差异必须多大才能达到模型之间无差别的点. 此外，在明白这一原理后，由于贝叶斯定理会考虑到奥卡姆原则中无法想象的更多情况，很容易构造贝叶斯定理和奥卡姆原则相矛盾的情况（例如，新参数的引入伴随着旧子空间 S_n 上先验概率的重新分布）. 所以我们需要具体的计算来使这些东西量化.

20.4 示例：线性响应模型

现在我们做简单分析以说明上述结论，并计算似然和奥卡姆因子的确定值. 我们的场景是：数据集 $D\equiv\{(x_1,y_1),\cdots,(x_n,y_n)\}$ 由 (x,y) 的 n 个测量值组成. 尽管并非必要，我们还是可以将 x 视为“原因”，将 y 视为“结果”. 对于以下一般关系，“自变量” x_i 不需要指标 i 均匀分布或者单调增加. 根据这些数据和先验信息，我们需要在两种可能的生成数据的模型之间做出选择. 对于模型 M_1，除了不规则测量误差 e_i 外，响应对于原因是线性的：

$$M_1:\ y_i=\alpha x_i+e_i,\qquad 1\leqslant i\leqslant n. \tag{20.12}$$

而对于模型 M_2，还有一个二次项：

$$M_2:\ y_i=\alpha x_i+\beta x_i^2+e_i, \tag{20.13}$$

如果 β 为负，这表示一种初始饱和或稳定性效应（如果 β 为正，则表示初始不稳定性效应）. 为了具体化，我们可以认为 x_i 是给第 i 名患者某一药物的剂量，y_i 是由此导致的血压升高值. 然后我们试图确定对这种药物剂量的响应是线性的还是二次的. 但是这个数学模型同样适用于许多不同的场景.[①] 只要模型是正确的，我们假设 x_i 的测量误差可以忽略不计，但是 y_i 的测量误差对于任何模型都是相

① 例如，x_i 可能是第 i 年空气中的臭氧含量，y_i 是该年的平均温度. 或者，x_i 可能是第 i 只加拿大鼠摄入的某种食物添加剂的量，y_i 是它身体内的癌组织的量. 或者，x_i 可能是第 i 年德国北部的酸雨量，y_i 是那一年死亡的松树数量；等等. 换句话说，我们现在处于前言中提到的所谓“线性响应模型”的领域，这些计算的结果直接关系到许多当前有争议的健康与环境问题的答案. 当然，大多数实际问题需要更复杂的模型，但是在明白这里的简单计算之后，我们将清楚如何以不同的方式进行推广.

同的，因此我们给它们分配联合抽样分布：

$$p(e_1,\cdots,e_n|I)=\prod_{i=1}^{n}\frac{1}{\sqrt{2\pi\sigma^2}}\exp\left\{-\frac{e_i^2}{2\sigma^2}\right\}=\left(\frac{w}{2\pi}\right)^{n/2}\exp\left\{-\frac{w}{2}\sum_i e_i^2\right\}, \tag{20.14}$$

其中 $w\equiv 1/\sigma^2$ 是“权重”参数，比 σ^2 更方便计算. 这个简单场景的优点是所有计算都可以手动完成，因此最终结果在任意极端条件下都是正确的，我们也可以看到哪些极限操作表现良好，哪些不好.

离题：又一次说明

如第 7 章中所讨论的那样，我们想重申其含义. 在正统统计中，抽样分布总是被表述为似乎代表一种“客观”事实，即误差的频率分布. 但是我们怀疑是否有人在实际问题中有此类频率分布或极限频率分布存在的先验知识. 如何获得有关从未进行过的长期实验结果的信息呢？这是我们所抛弃的思维投射谬误的一部分.

我们认识到，抽样分布只是描述关于测量误差*先验知识状态*的一种手段. 参数 σ 表示我们预期误差的大小. 例如，先验信息 I 可能是在过去此类数据中观察到的可变性. 在物理实验中，它可能不是任何观察的结果，而是从统计力学原理中得出的设备在已知温度下的奈奎斯特噪声强度.

特别是，(20.14) 中相关性的缺失并不是断言真实数据中不存在相关性. 这只是承认我们没有这种相关性存在的先验知识，因此假设无论是正还是负的相关性都可能会损害或有助于推理的准确性. 从某种意义上说，我们只是坦诚地承认自己的无知. 但是从另一种意义上说，我们走的是最安全、最保守的途径：*无论相关性是否实际存在*，使用这种抽样分布都会产生合理结果. 但是如果我们知道任何此类相关性存在，就将能够通过包含相关性的抽样分布做出更好的推断（尽管未必会好很多）.

这样做的原因是，抽样分布中的相关性会告诉机器人样本向量空间中的某些区域比其他区域更有可能，尽管它们具有相同的均方误差 $\overline{e^2}$. 这样，数据中一般被视为噪声的某些细节可以被识别为模型中存在系统效应的进一步证据.

让我们回到问题本身. 模型 M_1 的抽样分布为

$$M_1:\ p(D|\alpha M_1)=\left(\frac{w}{2\pi}\right)^{n/2}\exp\left\{-\frac{nw}{2}Q_1(\alpha)\right\}, \tag{20.15}$$

其二次型为

$$Q_1(\alpha)\equiv\frac{1}{n}\sum_{i=1}^{n}(y_i-\alpha x_i)^2=\overline{y^2}-2\alpha\overline{xy}+\alpha^2\overline{x^2}, \tag{20.16}$$

其中上划线表示平均值. α 的最大似然估计可以根据 $\partial Q_1/\partial\alpha=0$ 得到，或者

$$\alpha=\hat{\alpha}\equiv\frac{\overline{xy}}{\overline{x}}. \tag{20.17}$$

在这种情况下，它也称为“普通最小二乘”估计. 假设权重 w 已知，模型 M_1 的似然 (20.15) 是

$$L_1(\alpha) = \left(\frac{w}{2\pi}\right)^{n/2} \exp\left\{-\frac{nw}{2}\left[\overline{y^2} + \overline{x^2}(\alpha - \hat{\alpha})^2 - \overline{x^2}\hat{\alpha}^2\right]\right\}, \tag{20.18}$$

其中可以丢弃任何与 α 无关的因子，但它将在 (20.23) 中自行消失. 如果我们只是从数据中估计 α，结果将是

$$(\alpha)_{\text{est}} = \hat{\alpha} \pm \frac{1}{\sqrt{nw\overline{x^2}}} = \hat{\alpha} \pm \frac{1}{\sqrt{n}}\frac{\sigma}{x_{\text{rms}}} = \hat{\alpha} \pm \delta\alpha, \tag{20.19}$$

其中 $x_{\text{rms}} = \sqrt{\overline{x^2}}$ 是 x_i 的均方根值. 因此，可以粗略认为高似然区域 Ω' 的体积（在这种情况下是宽度）是 $V(\Omega') = 2(\delta\alpha)$.

现在，使用 (20.17) 可得 (20.3) 中模型 M_1 的“全局”抽样分布包含两个因子：

$$p(D|M_iI) = \int \mathrm{d}\alpha\, p(D|\alpha M_1)p(\alpha|M_1I) = L_{\max}(M_1)W_1, \tag{20.20}$$

其中

$$L_{\max}(M_1) = L_1(\hat{\alpha}), \tag{20.21}$$

因此模型 M_1 的奥卡姆因子是

$$W_1 = \int \mathrm{d}\alpha\, \frac{L_1(\alpha)}{L_1(\hat{\alpha})}p(\alpha|M_1I). \tag{20.22}$$

我们发现似然比是

$$\frac{L_1(\alpha)}{L_1(\hat{\alpha})} = \exp\left[-\frac{nw\overline{x^2}}{2}(\alpha - \hat{\alpha})^2\right]. \tag{20.23}$$

因为似然比不能超过 1，而先验是已经归一化的，显然 $W_1 \leqslant 1$.

现在必须为 α 分配先验. 我们通常会有一些理由（例如根据以前对此类问题的经验）来猜测某一数量级的值 α_0. 我们对这种猜测的准确性毫无信心，除了认为 $|\alpha-\alpha_0|$ 不能非常大之外（否则我们就不可能关心这个问题），但是我们很少有更多具体的先验信息. 我们可以通过分配归一化的先验密度

$$p(\alpha|M_1I) = \sqrt{\frac{w_0}{2\pi}} \exp\left\{-\frac{w_0}{2}(\alpha - \alpha_0)^2\right\} \tag{20.24}$$

来表明这一点，这表明我们认为 $|\alpha-\alpha_0|$ 不太可能远大于 $\sigma_0 = 1/\sqrt{w_0}$. 根据第 7 章讨论的中心极限定理以及第 11 章讨论的最大熵原理，这种高斯函数形式的先验原则上比所有其他形式都更受欢迎，因为它代表了我们在几乎所有实际问题中的实际知识状态. 然后幸运的是，这种形式也让我们可以对 (20.22) 准确积分，结果是

$$W_1 = \sqrt{\frac{w_0}{nw\overline{x^2} + w_0}} \exp\left\{-\frac{nw\overline{x^2}w_0}{2(nw\overline{x^2} + w_0)}(\hat{\alpha} - \alpha_0)^2\right\}. \tag{20.25}$$

通过高似然区域的半宽 $\delta\alpha = 1/\sqrt{nw\overline{x^2}}$ 和 α 先验的半宽 $\sigma_0 = 1/\sqrt{w_0}$ 重写此式，它变成

$$W_1 = \frac{1}{\sqrt{1+(\sigma_0/\delta\alpha)^2}} \exp\left\{-\frac{(\hat{\alpha}-\alpha_0)^2}{2\sigma_0^2}\right\}. \tag{20.26}$$

这有几种极限形式. 如果先验估计 α_0 恰好等于普通最小二乘估计 $\hat{\alpha}$，它简化为

$$W_1 = \frac{1}{\sqrt{1+(\sigma_0/\delta\alpha)^2}}. \tag{20.27}$$

这样，如果 $\sigma_0 \gg \delta\alpha$，我们有

$$W_1 \simeq \frac{\delta\alpha}{\sigma_0}, \tag{20.28}$$

这实际上只是高似然区域中包含的先验概率量. 在这种情况下，奥卡姆因子是参数空间被数据信息收缩的比率，它表示我们的先验信息的模糊性在多大程度上可以通过将先验概率置于高似然区域之外而使模型 M_1 的性能变差. 如果先验估计 α_0 与普通最小二乘估计 $\hat{\alpha}$ 的差异小于 σ_0，这个结论也大致正确.

如果在 (20.27) 中 $\sigma_0 \to 0$，我们就有 $W_1 \to 1$，趋于最大可能值. 如果先验信息已经准确告诉了我们根据数据得出的普通最小二乘估计值，且没有误差，那么模型 W_1 根本不会受到惩罚. 但在所有其他情况下，都会有一些惩罚. 举个例子，如果 $|\alpha_0-\hat{\alpha}| \gg \sigma_0$，则数据与先验信息强烈矛盾，模型将受到严重惩罚.

对于模型 M_2，抽样分布仍由 (20.15) 给出，但现在具有二次型

$$Q_2(\alpha,\beta) \equiv \frac{1}{n}\sum\left(y_i-\alpha x_i-\beta x_i^2\right)^2 = \overline{y^2}+\alpha^2\overline{x^2}+\beta^2\overline{x^4}-2\alpha\overline{xy}-2\beta\overline{x^2y}+2\alpha\overline{x^3}, \tag{20.29}$$

最大似然估计 $(\hat{\alpha},\hat{\beta})$ 现在是方程组 $\partial Q_2/\partial\alpha = 0, \partial Q_2/\partial\beta = 0$ 或者

$$\begin{aligned} \overline{x^2}\hat{\alpha}+\overline{x^3}\hat{\beta} &= \overline{xy}, \\ \overline{x^3}\hat{\alpha}+\overline{x^4}\hat{\beta} &= \overline{x^2y}, \end{aligned} \tag{20.30}$$

的根，其解是

$$\hat{\alpha} = \frac{(\overline{x^4})(\overline{xy})-(\overline{x^3})(\overline{x^2y})}{(\overline{x^2})(\overline{x^4})-(\overline{x^3})^2}, \qquad \hat{\beta} = \frac{(\overline{x^2})(\overline{x^2y})-(\overline{x^3})(\overline{xy})}{(\overline{x^2})(\overline{x^4})-(\overline{x^3})^2}, \tag{20.31}$$

我们注意到，随着 $\overline{x^3} \to 0$，这变成估计

$$\hat{\alpha} \to \frac{\overline{xy}}{\overline{x^2}}, \qquad \hat{\beta} \to \frac{\overline{x^2y}}{\overline{x^4}}, \tag{20.32}$$

其中 $\hat{\alpha}$ 是使用模型 M_1 (20.17) 找到的普通最小二乘估计. 现在，如同 (20.22)，模型 M_2 的奥卡姆因子是

$$W_2 = \int \mathrm{d}\alpha \int \mathrm{d}\beta\, \frac{L_2(\alpha,\beta)}{L_2(\hat{\alpha},\hat{\beta})} p(\alpha\beta|M_2 I), \tag{20.33}$$

经过一些相当冗长的代数运算，我们发现似然比只是一个熟悉的二次型：

$$\frac{L_2(\alpha,\beta)}{L_2(\hat{\alpha},\hat{\beta})}=\exp\left\{-\frac{nw}{2}Q(\alpha,\beta)\right\}, \tag{20.34}$$

其中

$$\begin{aligned}Q(\alpha,\beta)&\equiv Q_2(\alpha,\beta)-Q_2(\hat{\alpha},\hat{\beta})\\&=\overline{x^2}(\alpha-\hat{\alpha})^2+2\overline{x^3}(\alpha-\hat{\alpha})(\beta-\hat{\beta})+\overline{x^4}(\beta-\hat{\beta}).\end{aligned} \tag{20.35}$$

现在我们赋予联合先验

$$p(\alpha\beta|M_2I)=\sqrt{\frac{w_0}{2\pi}}\exp\left\{-\frac{w_0}{2}(\alpha-\alpha_0)^2\right\}\sqrt{\frac{w_1}{2\pi}}\exp\left\{-\frac{w_1}{2}(\beta-\beta_0)^2\right\}, \tag{20.36}$$

其中 w_0,α_0 与 (20.24) 中的相同，因此两个模型中 α 的边缘先验是相同的（否则在从 M_1 到 M_2 时将改变两种而不是一种条件，这将使结果很难解释）：

$$p(\alpha|M_1I)=p(\alpha|M_2I). \tag{20.37}$$

模型 M_2 的奥卡姆因子为

$$W_2=\frac{\sqrt{w_0w_1}}{2\pi}\int\mathrm{d}\alpha\int\mathrm{d}\beta\,\exp\left\{-\frac{1}{2}\left[nwQ(\alpha,\beta)+w_0(\alpha-\alpha_0)^2+w_1(\beta-\beta_0)^2\right]\right\}, \tag{20.38}$$

这一积分同样可以准确算出，结果是

$$W_2=\sqrt{\frac{w_0w_1}{(w_0+nw\overline{x^2})(w_1+nw\overline{x^4})}}\,\mathrm{e}^x. \tag{20.39}$$

新编练习 20.1 正如上面所写的，只有使用条件 $\overline{x^3}\to 0$ 时，(20.39) 中的分母才是正确的. 使用这一简化假设，推导出 W_2 并定义 x.

根据 (20.27) 和 (20.39) 计算倾向于 M_1 而非 M_2 的奥卡姆因子比是

$$\frac{W_1}{W_2}=\frac{1/\sqrt{1+(\sigma_0/\delta\alpha)^2}}{\sqrt{w_0w_1/(w_0+nw\overline{x^2})(w_1+nw\overline{x^4})}\,\mathrm{e}^x}. \tag{20.40}$$

新编练习 20.2 根据半宽 $\delta\alpha=1/\sqrt{nw\overline{x^2}}$, $\sigma_0=1/\sqrt{w_0}$, $\delta\beta=1/\sqrt{nw\overline{x^4}}$, $\sigma_1=1/\sqrt{w_1}$ 重写 (20.40). 在什么情况下，模型 M_2 会比模型 M_1 更受青睐?

20.5 评注

实际的科学实践并不真正遵循奥卡姆剃刀原则，无论是在前面的“简单性”还是我们修订后的“合情性”形式中都是如此. 正如许多人感到痛惜的那样，迷人的新假设或模型如此简洁、可信地解释了事实，以至于你想立刻相信它，但官方机构通常以一些单调乏味、复杂无趣的理由嗤之以鼻，或者甚至完全不提供其他选择. 科学的进步主要是由少数基本持不同意见的创新者推动的，例如哥白尼、伽利略、牛顿、拉普拉斯、达尔文、孟德尔、巴斯德、玻尔兹曼、爱因斯坦、魏格纳、杰弗里斯——他们都不得不经历这种最初的拒绝和攻击. 在伽利略、拉普拉斯和达尔文的事例中，这些攻击在他们死后持续了一个多世纪. 这并不是因为他们的新假设是错误的，而是因为这是科学社会学的一部分（实际上也是所有学术的一部分）. 在任何领域，当权派都很少追求真理，因为当权集团就是由那些真诚地相信自己已经拥有真理的人组成的.

此外，这也延缓了进步. 那些没有听从奥卡姆的威廉关于区分诉诸理性与诉诸信仰问题的教训的学者，注定过去而且现在仍然会一生都在胡说. 我们记录下了这种胡说过去最常见的形式.

终极原因

每一次关于科学推断的讨论似乎都迟早要面临对终极原因相信还是不相信的问题. 表现形式从雅克 · 莫诺（Jacques Monod，1970) 禁止我们提及宇宙的目的，到宗教原教旨主义者坚持认为不相信该目的是邪恶的. 我们惊讶于那些宣扬相反观点的人表现出的教条与情绪化的强烈程度，而且他们没有丝毫提及支持其立场的事实证据.

但是几乎所有讨论过这个问题的人都认为，所谓“终极原因”意味着某种超自然力量可以中止自然法则并接管事件的控制权（即以与运动方程不同的方式改变分子位置与速度），以确保达到所需的某个最终条件. 在我们看来，几乎所有过去的讨论都存在缺陷，因为未能认识到终极原因的运行并不意味着需要控制分子细节.

当一本教科书的作者说“我写本书的目的是……”时，他就在表明有一个真正的“终极原因”支配着作者、笔、秘书、文字处理器等的许多活动，这通常会持续数年. 当一名化学家对他的实验系统强加条件，迫使它具有一定的体积和温度时，他就像终极原因的真正持有者一样，决定他希望具有的最终热力学状态. 瓦匠和厨师同样从事为特定目的援引终极原因的艺术. 但是几乎总是被忽略的是，这些终极原因是*宏观的*，它们不确定任何特定的“分子”细节. 在所有情况下，如果这些细节在数十亿种方式中的任何一种里存在不同，终极原因也会得到满足.

终极原因可以说具有熵，表示可以实现其目的的微观方式的数量. 熵越大，可能实现的概率就越大. 因此，最大熵原理也适用于此.

换句话说，虽然微观终极原因的想法与科学家的本能背道而驰，但是宏观终极原因是一种非常常见与真实的现象，我们每天都在援引它. 当我们所做的几乎所有事情都具有某个明确的目的时，我们几乎无法否认宇宙也存在目的. 的确，如果一个人在生活中不追求某种明确的长期目标，他的同事就会将其斥为游手好闲者. 这显然只是一个熟悉的事实，没有任何宗教含义——也没有反宗教含义. 每位科学家都相信宏观的终极原因，不相信超自然、违反物理定律的事情. 终极原因的持有者不是暂停物理定律，只是在选择某个系统根据物理定律演化的哈密顿量. 看不到这一点就会产生最不可思议、最神秘的胡说.

第 21 章　离群值与稳健性

每一名参与实际测量的人都很可能发现自己面临以下处境. 你尝试测量某个量 θ (可能是天狼星的赤经，π 介子的质量，100 公里深处的地震波速度，一种新有机化合物的熔点，消费者对苹果的需求弹性等)，但是测量仪器或者数据获取流程总是不完善的. 因此，对 θ 进行 n 次独立测量后，你会得到 n 个不同的结果 $(x_1, \cdots, x_n)$. 你将如何报告对 θ 的了解呢? 更具体地说，你应该报告怎样的“最优”估计，其准确性是多少?

如果这 n 个数据值紧密聚集在一起形成相当平滑的单峰直方图，你将接受前几章给出的解，可能会觉得即使没有概率论，从好数据中得出结论也不是很困难. 但是如果数据没有很好地聚集在一起: 有一个值 x_j 与其他 $n-1$ 个值形成的良好聚类相距甚远，你将如何处理这个离群值①呢? 它对你有理由得出的关于 θ 的结论有什么影响?

我们在第 4 章和第 5 章中已经看到，出乎意料的惊人数据可能如何导致“死假设复活”，似乎，类似这种东西可能在这里起作用. 事实上，任何出人意料的十分难看的数据都可能引发这个问题. 这里只考虑离群值的特殊情况，而将为其他类型的意外结构构建相应的理论留给读者作为练习.

21.1　实验者的困境

自 18 世纪以来，围绕数据中的离群值问题一直有热烈的讨论. 这一问题出现在天文学、大地测量学、量热学和许多其他测量中. 让我们将“仪器”广义地解释为获取数据的任何方法. 哲学上，关于离群值有两种截然相反的观点.

(I) 仪器一定发生了问题，离群值不是好数据的一部分，我们必须将其丢弃以免得出错误结论.

(II) 不能如此! 仅仅因为数据离群就丢弃它是不诚实的. 这个离群值很可能是你拥有的最重要的数据，在你的数据分析中必须考虑到它，否则就是在随意“篡改”数据，不再具有科学客观性.

① 英文为 outlier，常见的翻译有“离群值”和“异常值”.“离群值”偏中性一些，只是说这个数据与众不同，不跟其他数据聚类在一起，但是未必就是坏的或异常的数据. 如果确定是坏的数据，那么翻译为“异常值”更合适些. 本章主要是对 outlier 做贝叶斯分析，主要说明 outlier 根据先验信息不同可能是正常(好)值或异常(坏)值. 为了更切合原意，一般翻译为离群值，而在确定指坏数据时翻译为异常值. ——译者注

从以上陈述中我们可以理解为什么这一问题会引起争议并且很难解决，其中不仅潜藏着一种正义的道德热情因素，同样清楚的是，这两种立场中都包含真理的成分. 这两者之间能调和吗?

在实用角度上，人们已经发明了几种随意的*特定方法*（例如一个世纪前天文学教科书中的肖维内准则）来决定何时拒绝离群值. 奇怪的是，这种随意的拒绝准则（如两个标准差等）似乎没有注意到以下方面. 我们认为它对于这一问题的任何理性解决方案都是至关重要的.

思考一下上面两个陈述，我们看到它们反映了关于测量仪器的不同*先验信息*. 这是在上述所有准则中都被忽略了的关键因素. 为了将此考虑在内，需要的不是更多的*特定方法*，而是直接的概率分析.

如果我们知道收集数据的方式不可靠，并且确实很可能在没有任何警告的情况下出错并给出错误数据，那么立场 (I) 似乎是合理的. 如果我们已经预料到这一点，那么离群值的出现似乎更有可能是由于"仪器错误"，而非真实效应. ①

另外，立场 (II) 对于一个对自己的仪器有绝对信心的人是合理的. 他确信他的电压表总是提供误差为 $\pm 0.5\%$ 的可靠读数，不可能出现 5% 的误差；或者相信他的望远镜在记录方向时的误差在 10 弧秒内，不可能差 1 度. 那么，离群值的出现无论多么出乎意料，都必须被视为重大事件，忽略它可能会错过一个重大发现.

但是 (I) 和 (II) 是极端的立场，真正的实验者几乎总是处于某种中间情况. 一方面，如果知道仪器非常不可靠，人们想必根本不会用它获取数据；但在生物学或经济学等领域，人们可能不得不使用大自然提供的任何"仪器". 另一方面，很少有科学家——即使是在国家标准局最好的实验室里的科学家——会对他们的仪器如此有信心，以至于会武断地断言它绝对不会出错.

人们希望以明确的形式看到估计结果，例如 $(\theta)_{\text{est}} = A \pm B$，其中 A 和 B 是两个确定值，想必是数据 $D \equiv \{x_1, \cdots, x_n\}$ 的两个函数. 但是它们是哪两个函数呢? 当数据紧密聚集在一起时，将样本均值 $A = \overline{x} \equiv n^{-1} \sum x_i$ 作为估计值肯定是合情的猜测. 观察到的数据值 x_i 的离散度表明了测量的*可重复性*，人们可以认为这也表明了它们的准确性. 如果是这样，计算均值的均方偏差或样本方差似乎是合理的: $s^2 \equiv n^{-1} \sum (x_i - \overline{x})^2 = \overline{x^2} - \overline{x}^2$ 并选择 $B = s$，即样本标准差. 一个受过教育并且熟悉概率论基本结果的人可以凭直觉通过取 $B = s/\sqrt{n}$ 来改进这一结果，即使没有任何明确规定的准则表明它是最优的，结论

$$(\theta)_{\text{est}} = \overline{x} \pm \frac{s}{\sqrt{n}} \tag{21.1}$$

① 我们在 (6.97) 后面的讨论中看到过这种现象的另一个例子. 概率论告诉我们，如果能预期计数率的大波动是仪器的产物，那么观察到的波动对于估计光束强度的变化就变得不那么有说服力了.

不会在位置或准确性估计上被批评为非常不合理.

> **练习 21.1** 我们在第 7 章中已经看到，在相当一般的条件下，高斯抽样分布 $p(x|\theta,\sigma) \propto \exp\{-(x-\theta)^2/2\sigma^2\}$ 将导致我们将数据均值 $\overline{x}$ 作为 θ 的点估计. 证明，任何具有圆顶的抽样分布（即 $p(x|\theta) = a_0 - a_1(x-\theta)^2 + \cdots$）都将在数据紧密聚集时的极限情况下产生相同的均值估计.

如果数据没有紧密聚集，上述讨论似乎只考虑了两种可能的操作：保留离群值并完全信任它，或者完全抛弃离群值. 有没有更合乎情理的中间立场?

21.2 稳健性

对于此类问题，最近出现了以胡贝尔（Huber，1981）为代表的另一种观点，这在第 6 章中已经做了简要说明. 它仍然试图通过基于直觉的特定流程来处理问题，不明确关注先验信息或概率论，但是确实在寻找一种中间立场. 人们寻求*稳健*的数据分析方法，这意味着对误差的具体抽样分布不敏感，或者通常描述为对模型不敏感，或者*抗异*的数据分析方法，也意味着一小部分数据中大的误差不会对结论有很大的影响.

笼统地说，一般思想是前几章使用的理论上的“最优性”，在实践中并不总是一个好的准则. 通常，我们不确定哪个模型是正确的，那么一种对各种不同模型有用的方法，尽管对任何模型都不是最优的，但是可能比完全适合一个特定模型却不适合其他模型的方法更可取.

显然，这种观点可能具有一些优点. 但是，以图基和莫斯特勒（例如 Tukey，1977）为代表的“稳健性/探索性”思想流派将其推向了反对所有最优性考虑的地步. 然而，试图不那么模糊地定义这一立场变得很麻烦. 给定数据 D 以及某个参数的任意两个估计量 $f(D)$ 和 $g(D)$，对于术语“稳健”或“抗异”是否有任何明确定义，使得一个估计量比另一个“更稳健”或“更抗异”有意义呢? 如果有，那么在给定的可能估计量集合 S 中，必然有“最优稳健”的估计量 $a(D)$ 和“最优抗异”的估计量 $b(D)$，它们未必是同一个. ①

这里要指出的要点是，如果任何直观的性质（例如稳健性）被认为是需要的，那么一旦足够精确定义这一性质允许比较之后，就会遵循最优性原则. 因此不可能提出任何定义明确的推断性质而又拒绝最优性原则，这将缺乏一致性.

① “稳健/抗异估计量”一词是图基发明的. 我曾经向他说过，从字面上看，这意味着“一个拒绝稳健的估计量”，但他否认了这一点.

同样麻烦的是，无论如何定义稳健性/抗异性，都必须付出代价——模型正确时效果较差的代价．事实上，效果可能会差很多．因为显然，最稳健的流程——如果只要求稳健性的“最优”流程——是完全无视模型、数据和先验信息，并认为所有参数为 0、所有假设为假的流程！我们将不可避免地需要在相互冲突的稳健性与准确性之间做出某种权衡．[①] 稳健性/抗异性的倡导者有义务说明他们要求我们接受怎样的权衡，即效果下降多少．

例如，在估计位置参数时，样本中值 M 通常被认为是比样本均值更稳健的估计量．但是很明显，这种“稳健性”是以对数据中的大部分相关信息不敏感为代价的．许多不同的数据集有相同的中值，高于或低于样本中值的数可以任意移动而不影响估计值．然而，这些数据中肯定包含与问题高度相关的信息，而这一切都丢失了．我们认为数据分析的全部目的是从数据中尽可能地提取所有信息．

因此，虽然我们同意在某些情况下可能需要稳健性/抗异性，但是我们认为强调它们的效果代价也很大．在历史文献中，通常仅仅基于“稳健”或“抗异”的理由提出某个特定流程，而不提及它们提供的推断效果，更不用说与替代方法的效果比较了．而贝叶斯方法等替代方法虽然由于缺乏稳健性而受到批评，但是没有任何支持性的事实证据．

那些以这种理由批评贝叶斯方法的人只是在表明他们不了解如何使用贝叶斯方法．我们想证明的是，贝叶斯数据分析如果使用得当，可以在需要时自动提供稳健性和抗异性．事实上，由于贝叶斯方法从不丢弃相关信息，这种方式与基于直观的特定流程所做的在定性上一致，但在定量上有所改进．换句话说，目前的稳健统计方法与其他正统统计方法一样，只是对完整贝叶斯分析自动给出的直观近似．

实际上，这种情况与我们在 5.6 节中讨论的赛马和天气预报的情况非常相似．新信息（那里称为数据）是不确定为真的，我们看到贝叶斯分析如何自动考虑这一点．这里是模型——作为先验信息的一部分——有疑问，但是在原则上没有区别，因为“数据”和“先验信息”只是我们全部证据的两个组成部分，它们以同样方式进入概率论．在本例中，详细的贝叶斯分析揭示了一些非常有趣和意想不到的洞见．

对模型变化没有反应的推理在某种程度上也一定会对数据变化没有反应．这是我们真正想要的吗？我们认为答案是：有时是；也就是，在我们不确定模型但

① 在参数估计中，正统的可容许性准则也存在同样的缺陷．如果在参数空间中有 $\theta = 5$，那么无视数据并始终估计 $\theta^* = 5$ 的流程是可容许的．然而很明显，几乎任何“不可容许”的估计规则都优于这个“可容许”规则．

仍然确定其中参数含义的问题中. 但是如果我们对模型感到确定，那么在数据分析过程中，稳健性/抗异性就是我们最不想要的，它会因丢弃强有力的信息而浪费数据.

同样，在对问题做出判断之前，我们必须明确注意相应的先验信息. 如下所示，如果选择我们的抽样分布来如实地表示我们对生成数据现象的先验知识，那么贝叶斯分析会在我们不确定模型时自动为我们提供稳健性/抗异性，并在我们确定模型时自动提供最优效果.

然而我们可以做出让步. 图基类型的直观工具能勉强考虑各种特殊、一次性的暂时应急手段，难以——也不适合——构建到模型中. 正式的概率模型应该描述非暂时的情况，这些情况值得仔细处理和记录以备将来使用. 正如一位数学家曾经说过的那样:“*方法是你使用两次的工具.*”

但是这种一次性的直觉工具必然也是一种个人流程，因为它没有提供任何理论依据或最优性准则来说明它所做的事情，以便其他人可以判断其适用性. 如果我们的直觉不同，那么没有理性推理的规范理论，我们就将陷入无法解决矛盾的僵局. 但是逻辑上一致的“理性推理的规范理论”由于考克斯定理的存在必然是一种贝叶斯理论.

让我们首先研究最常见情况的贝叶斯处理，其中数据只分为好坏两类.

21.3　双模模型

假设我们有一个“好”的抽样分布

$$G(x|\theta) \tag{21.2}$$

带有我们想要估计的参数 θ. 从 $G(x|\theta)$ 中获取的数据称为“好”数据. 但也有一个“坏”的抽样分布

$$B(x|\eta), \tag{21.3}$$

其中可能包含一个我们不感兴趣的参数 η. 来自 $B(x|\eta)$ 的数据称为“坏”数据，它们对于估计 θ 显得没用或者只会使其估计更糟，因为它们发生的概率与 θ 无关. 我们的数据集由 n 个观测值

$$D = \{x_1, \cdots, x_n\}, \tag{21.4}$$

组成. 但问题是这些数据有好有坏，我们不知道哪些是好的（不过或许可以做出猜测：一个明显的离群值——$G(x|\theta)$ 长尾处，或者 $G(x|\theta) \ll B(x|\eta)$ 区域中的任何数据——是坏的）.

然而在各种实际问题中，我们可能有一些关于确定给定数据好坏的先验信息.

分配好/坏选择过程的概率可以表达该信息. 例如，我们可以定义

$$q_i \equiv \begin{cases} 1, & \text{如果第 } i \text{ 个数据是好的,} \\ 0, & \text{如果它是坏的,} \end{cases} \tag{21.5}$$

然后分配联合先验概率

$$p(q_1, \cdots, q_n|I) \tag{21.6}$$

给 2^n 个可能的好坏序列.

21.4 可交换选择

让我们考虑最常见的情况，关于好/坏选择过程的信息可以通过分配可交换先验来表示. 也就是说，任何 n 个好/坏序列的概率仅依赖于好和坏的数量 r 和 $n-r$，而不依赖于它们出现的特定试验. 那么分布 (21.6) 对于 q_i 的排列是不变的，根据德菲内蒂表示定理（第 18 章），它由单个生成函数 $g(u)$ 确定:

$$p(q_1, \cdots, q_n|I) = \int_0^1 \mathrm{d}u\, u^r (1-u)^{n-r} g(u). \tag{21.7}$$

这很像抛一枚未知偏差的硬币，其中我们说“正面”与“反面”，而不是“好”与“坏”. 这里有一个参数 u，如果 u 已知，我们会说任意给定数据 x 可能以概率 u 来自好的分布，或者以概率 $1-u$ 来自坏的分布. 因此，u 代表的是我们数据的“纯度”，越接近 1 越好. 但是 u 是未知的，目前 $g(u)$ 可以被认为是它的先验概率密度（事实上，拉普拉斯已经这么做了. 关于这种表示的更多技术细节见第 18 章）. 因此，我们的抽样分布可以写成好坏分布的概率混合:

$$p(x|\theta, \eta, u) = u(x|\theta) + (1-u)B(x|\eta), \qquad 0 \leqslant u \leqslant 1. \tag{21.8}$$

这只是一般参数估计模型的一种特殊形式，其中 θ 是我们感兴趣的参数，而 (η, u) 是冗余参数，只需要第 6 章中阐述的原理就可以处理它.

实际上，通常的二元假设检验问题是模型 (21.8) 的特例，其中我们开始知道所有观测值都来自 G 或者 B，但不知道具体是哪个. 也就是说，u 的先验密度集中在点 $u = 0, u = 1$ 上:

$$p(u|I) = p_0\delta(1-u) + p_1\delta(u). \tag{21.9}$$

$p_0 = p(H_0|I)$, $p_1 = 1-p_0 = p(H_1|I)$ 是以下两个假设的先验概率:

$$\begin{aligned} H_0 &\equiv \text{所有数据来自分布 } G(x|\theta), \\ H_1 &\equiv \text{所有数据来自分布 } B(x|\eta). \end{aligned} \tag{21.10}$$

由于内部参数的存在，这是复合假设. 对于这种情况的贝叶斯分析在第 4 章中已

经简要提到. 当然, 我们在这里所做事情的逻辑并不依赖于“好”与“坏”的价值判断.

现在假定 u 未知, 问题变成估计 θ 的问题. 一个完整的非平凡贝叶斯解往往会很复杂, 因为贝叶斯定理会考虑与问题有哪怕是一点儿相关的每一个因素. 但是通常, 大部分细节对我们所寻求的最终结论几乎没有影响 (这可能只是后验分布的前几矩或百分位数). 这样我们就可以去寻找足够好的有用的近似算法, 这种算法不会丢失基本信息或在非基本信息上浪费计算资源. 可以想象, 这样得出的规则可能是直觉已经提出的规则, 但是鉴于它们是完整最优解的良好数学近似, 它们也可能远优于任何不考虑概率论而发明的直觉工具, 后者取决于直觉有多好.

我们的离群值问题就是这些评论的一个很好例子. 如果好的抽样密度 $G(x|\theta)$ 相对 $|x| > 1$ 非常小, 而坏的 $B(x|\eta)$ 有长尾延伸到 $|x| \geqslant 1$, 那么任何 $|y| > 1$ 的数据 y 可以怀疑来自坏分布. 直觉上, 我们应该通过在某种意义上对 θ 的估计少一点儿信念来“对冲我们的赌注”. 更具体地说, 如果一条数据的有效性是可疑的, 那么直觉表明, 我们的结论应该对其确切值不那么敏感. 但是我们刚刚说明了稳健性的条件 (直到现在, 这个推理才给出了以前缺少的理论依据). 随着 $|x| \to +\infty$, 它实际上肯定是坏的, 直觉可能告诉我们应该完全忽略它.

图基等人早就注意到这种直观的判断, 从而产生了诸如“降序 ψ 函数”之类的工具, 它们通过以这种方式修改数据分析算法来实现稳健/抗异性. 这些工作通常要么没有注意到贝叶斯方法的存在, 要么包含对贝叶斯方法的严厉批评, 说贝叶斯方法不稳健/没有抗异性, 而直觉方法的引入正是为了弥补这一缺陷. 但是这些工作中从未提供任何事实证据来支持这一立场.

下面我们将打破数十年的先例, 实际检查贝叶斯方法对离群值效应的计算, 以便人们可以——也许是第一次——看到贝叶斯学派对这个问题的看法, 从而提供缺失的事实证据.

21.5 一般贝叶斯解

我们首先给出基于模型 (21.8) 的一般贝叶斯解, 然后研究一些特殊情况. 令 $p(\theta\eta u|I)$ 为参数的联合先验密度. 给定数据 D 的联合后验密度是

$$f(\theta,\eta,u|DI) = Af(\theta,\eta,u|I)L(\theta,\eta,u), \tag{21.11}$$

其中 A 是归一化常数, 根据 (21.8),

$$L(\theta,\eta,u) = \prod_{i=1}^{n}\left[uG(x_i|\theta) + (1-u)B(x_i|\eta)\right] \tag{21.12}$$

是它们的联合似然. θ 的边缘后验密度为

$$p(\theta|DI) = \int\int \mathrm{d}\eta\mathrm{d}u\, f(\theta,\eta,u|DI). \tag{21.13}$$

为了更明确地写出 (21.12)，对先验密度进行分解:

$$f(\theta,\eta,u|I) = h(\eta,u|\theta,I)f(\theta|I), \tag{21.14}$$

其中 $f(\theta|I)$ 是 θ 的先验密度，$h(\eta,u|\theta,I)$ 是给定 θ 时 (η,u) 的联合先验. 那么 θ 的边缘后验密度（包含数据和先验信息提供给我们的所有关于 θ 的信息）为

$$f(\theta|D,I) = \frac{f(\theta|I)\overline{L}(\theta)}{\int \mathrm{d}\theta\, f(\theta|I)\overline{L}(\theta)}, \tag{21.15}$$

其中我们引入了拟似然

$$\overline{L}(\theta) \equiv \int\int \mathrm{d}\eta\mathrm{d}u\, L(\theta,\eta,u)h(\eta,u|\theta,I). \tag{21.16}$$

将 (21.12) 插入 (21.16) 并展开，我们有

$$\begin{aligned}\overline{L}(\theta) = \int\int \mathrm{d}\eta\mathrm{d}u\, h(\eta,u|\theta,I)\Bigg[&u^n L(\theta) + u^{n-1}(1-u)\sum_{j=1}^{n} B(x_j|\eta)L_j(\theta)\\ &+ u^{n-2}(1-u)^2\sum_{j<k} B(x_j|\eta)B(x_k|\eta)L_{jk}(\theta) + \cdots\\ &+ (1-u)^n B(x_1|\eta)\cdots B(x_n|\eta)\Bigg],\end{aligned} \tag{21.17}$$

其中

$$\begin{aligned} L(\theta) &\equiv \prod_{i=1}^{n} G(x_i|\theta),\\ L_j(\theta) &\equiv \prod_{i\neq j} G(x_i|\theta),\\ L_{ij}(\theta) &\equiv \prod_{i\neq j,k} G(x_i|\theta),\\ &\cdots\cdots \end{aligned} \tag{21.18}$$

是我们使用除 x_j 外、除 x_j 和 x_k 等之外所有数据的好分布的似然函数序列. 为了解释冗长的 (21.17)，注意 $L(\theta)$ 的系数

$$\int_0^1 \mathrm{d}u \int \mathrm{d}\eta\, h(\eta,u|\theta,I)u^n = \int \mathrm{d}u\, u^n h(u|\theta,I) \tag{21.19}$$

是以条件为 θ 和先验信息为所有数据 $\{x_1,\cdots,x_n\}$ 都是好数据的概率. 这用拉普拉斯-德菲内蒂形式 (21.7) 表示，其中生成函数 $g(u)$ 是以 θ 为条件的 u 的先验密度 $h(u|\theta,I)$. 当然，在大多数实际问题中，这与 θ 无关（这可能是与 u 完全不同的场景中的一些参数），但暂时保持一般性将有助于以后提出一些有趣的观点.

同样，(21.17) 中 $L_j(\theta)$ 的系数为

$$\int \mathrm{d}u\, u^{n-1}(1-u)\int \mathrm{d}\eta\, B(x_j|\eta)h(\eta,u|\theta,I). \tag{21.20}$$

现在，因子

$$\mathrm{d}\eta \int \mathrm{d}u\, u^{n-1}(1-u)h(\eta,u|\theta I) \tag{21.21}$$

是给定 I 和 θ，某一指定数据 x_j 为坏，其他 $n-1$ 个数据为好，并且 η 位于 $(\eta,\eta+\mathrm{d}\eta)$ 区间内的联合概率密度. 因此，系数 (21.20) 是在给定 I 和 θ 的情况下，第 j 个数据为坏且值为 x_j，而其他数据为好的概率. 这样继续下去，我们看到，用通俗语言描述，我们的拟似然是

$$\begin{aligned}\overline{L}(\theta) = &(\text{所有数据是好的概率})\times(\text{使用所有数据的似然})\\ &+\sum_j(\text{只有 } x_j \text{ 是坏的概率})\times(\text{使用除了 } x_j \text{ 之外的似然})\\ &+\sum_{j,k}(\text{只有 } x_j,x_k \text{ 是坏的概率})\times(\text{使用除了 } x_j,x_k \text{ 之外的似然})\\ &+\cdots\\ &+\sum_j(\text{只有 } x_j \text{ 是好的概率})\times(\text{只使用数据 } x_j \text{ 的似然})\\ &+(\text{所有数据是坏的概率}).\end{aligned} \tag{21.22}$$

简而言之：拟似然 $\overline{L}(\theta)$ 是好分布 $G(x|\theta)$ 似然的加权平均值. 这是关于数据好坏的所有的可能假设，根据这些假设的先验概率加权结果. 我们看到贝叶斯解如何考虑了我们关于数据生成先验知识的每个细节.

这个结果的范围如此之广，以至于需要大量篇幅来研究其所有含义及有用情形. 但是让我们注意最简单的情况并将其与我们的直觉做比较.

21.6　确定异常值

假设好数据的分布集中在一个有限区间

$$G(x|\theta)=0, \qquad |x|>1, \tag{21.23}$$

而坏数据分布在包含这一区间的更宽区间内是正的. 那么任何 $|x|>1$ 的数据 x 肯定是一个异常值，即坏数据. 如果 $|x|<1$，我们无法确定它是好是坏. 在这种情况下，我们的直觉非常有力地告诉我们：任何已知为坏的数据都与估计 θ 不相关，我们根本不应该考虑它. 因此，只需要将其丢弃并根据剩余数据进行估计.

根据贝叶斯定理，这几乎是正确的. 假设我们发现 $x_j=1.432, x_k=2.176$，

并且所有其他 x 都小于 1，那么观察 (21.24) 可以看到只有一项会保存下来：

$$\overline{L}(\theta) = \int \mathrm{d}u \int \mathrm{d}\eta\, h(\eta, u|\theta I) B(x_j|\eta) B(x_k|\eta) L_{jk}(\theta) = C_{jk}(\theta) L_{jk}(\theta). \qquad (21.24)$$

如上所述，因子 C_{jk} 几乎总是与 θ 无关，并且由于常数因子与似然无关，我们在 (21.15) 中的拟似然简化为丢弃异常值获得的似然，与直觉一致.

但是可以想象，在极少数情况下，$C_{jk}(\theta)$ 仍然可能依赖于 θ. 贝叶斯定理告诉我们，这种情况将会有所不同. 如果我们深入思考，会明白结果其实是在意料之中的. 因为如果获取两个值为 x_j, x_k 的异常值的概率依赖于 θ，那么我们得到这些异常值的事实本身就是与 θ 的推断相关的证据.

因此，即使在这种简单情况下，贝叶斯定理也会告诉我们一些凭借简单直觉看不到的东西：即使已知某些数据是异常值，它们的值原则上仍然有可能与 θ 的估计相关. 这就是我们所说的贝叶斯定理会考虑与问题相关的每一个因素的意思.

在更一般的情况下，贝叶斯定理告诉我们，当已知任何数据为异常值时，如果获得该特定异常数据的概率与 θ 无关，那么我们应该简单地将其丢弃. 因为一般来说，只有当所有 θ 的 $G(x_i|\theta) = 0$ 时，才能确切知道数据 x_i 是异常值. 在这种情况下，(21.24) 中包含 x_i 的每个似然都将为 0，并且我们对 θ 的后验分布将与从未观察到数据 x_i 一样.

21.7 一个远离值

现在假设我们感兴趣的是一个位置参数，并且有一个包含 10 个观测值的样本，但是其中一个数据 x_j 远离其他数据构成的聚类，最终偏离好分布 G 100 个标准差. 我们对 θ 的估计将如何考虑它？答案依赖于我们指定的模型.

考虑一般的模型，其中抽样分布被简单地视为 $G(x|\theta)$，没有提及任何其他“坏”分布. 如果 G 是高斯分布，$x \sim N(\theta, \sigma)$，并且我们对 θ 的先验很宽（比如大于 1000σ），那么二次损失函数的贝叶斯估计将还是等于样本均值，我们的孤立数据将使估计值与其他 9 个数据值的均值相差约 10 个标准差. 这大概是贝叶斯方法有时被指责为缺乏稳健性/抗异性的原因.

然而，这只是所假设模型的预期结果，它实际上坚持认为：我事先知道 $u = 1$，所有数据都来自 G，我对此非常确定，数据中的任何证据都无法改变我的想法. 如果一个人真的有这么强的先验知识，那么这个离群数据将是非常重要的，将其作为“异常值”抛弃将忽略强有力的证据，也许是数据中提供的最强有力的证据. 事实上，重要的科学发现往往来自一位对自己的仪器非常有信心的实验者，因此他会相信令人惊讶的新数据，而不仅仅是将其作为“偶然的”异常值而加以拒绝，这只是一种老生常谈.

然而, 如果我们的直觉强烈地告诉我们*应该*丢弃离群数据, 那么我们一定不相信 $u = 1$ 足以在面对令人惊讶的数据的证据时坚持它. 贝叶斯主义者可以通过使用更现实的模型 (21.8) 来纠正这一点. 这样, 对第一个流程的正确批评方式不是贝叶斯*方法*本身, 而是将贝叶斯方法强加在一个武断提出的不灵活模型上, 该模型否认异常值存在的可能性. 我们在 4.4 节关于多重假设检验的讨论中看到, 当允许机器人对过于简单的模型产生怀疑时, 结果会有多大的不同.

贝叶斯方法内在具有所需的稳健性/抗异性, 并且会在需要时自动具有这些性质——如果有足够灵活的模型允许它们这样做. 但是, 如果我们对它们加以荒谬的限制条件, 无论是贝叶斯还是任何其他方法都无法给出合理的结果. 这里面有一个寓意, 涉及所有的概率论. 在其他应用数学领域, 未能注意到某个特征 (例如坏分布 B 存在的可能性) 仅仅表示不会考虑这些特征. 在概率论中, 没有注意到某个特征可能等同于对其做出不合理的假设.

那么, 为什么贝叶斯方法在这个问题上比正统方法受到了更多的批评呢? 这是出于与以下情况相同的原因: 统计数据表明城市 B 的犯罪率高于城市 A, 但是事实是城市 B 的犯罪率更低, 更高犯罪率的表象是由于该城市检测犯罪的手段更有效. 未发现的错误没有被批评.

与该领域的其他问题一样, 这可以进一步推广和扩展为三模模型, 将参数放入 (21.6), 等等. 但是我们的模型已经足够一般化, 同时包含离群值问题和常规假设检验理论. 从该模型几个简单示例中可以学到很多东西.

第 22 章 通信理论导论

我们在第 11 章中特别提出，本书背后的写作动机之一是试图将吉布斯统计力学和香农的通信理论视为同一种推理过程的不同示例. 一旦引入熵的概念，就产生了统计力学的广义形式. 我们现在应该能够以类似的方式处理通信理论.

两者之间的差别是：在统计力学中，先验信息与频率无关（它由压力等宏观量的测量值组成），因此我们不容易犯错误；但是在通信理论中，先验信息通常由频率组成，这使得人们更容易掉进概率-频率的概念陷阱之中. 出于这个原因，最好先通过简单应用看清概率和频率之间的一般联系，再开始讨论通信理论.

22.1 理论起源

首先是给予应得荣誉的难题. 思想方面的所有重大进步都有其先驱，而先驱工作的全部意义在当时从未被认识到. 最明显的例子是，相对论在马赫、斐兹杰惹、洛伦兹和庞加莱的工作中都有体现. 通信理论有许多先驱，在吉布斯、奈奎斯特、哈特利、西拉德、诺依曼和维纳的工作中都有涉及. 但是不可否认的是，香农的论文（Shannon，1948）是通信理论诞生的主要标志，就像爱因斯坦 1905 年的论文标志着相对论的诞生一样. 可以这么说，在这两种情况下，长期以来以一种模糊的形式“处在迷雾之中”的想法得到了极大的澄清.

香农的论文中充满了重要的新概念和新成果. 它们不仅带给人们刺激，也令人崩溃. 在香农的论文出现后的最初几年里，人们普遍听到这样的悲观的声音：香农已经预料并解决了该领域中的所有问题，其他人已经无事可做.

除了少数例外，后香农时代的发展可以归为两个完全不同方向的尝试. 在应用方面，我们有扩展主义者（他们试图将香农的想法应用到其他领域，就像我们在这里所做的那样）、熵计算者（他们计算出电视信号、法语、染色体或者几乎任何你能想象到的其他任何东西的熵，然后发现没有人知道如何使用它）和全能主义者（他们确信香农的工作将彻底改变所有智力活动，但是无法提供任何被其改变的具体示例）.

我们不应过分批评这些尝试，因为正如皮尔斯所说的那样：一开始其实很难分辨哪些是有意义的，哪些纯属无稽之谈，而哪些又是有意义工作的开始. 我自己的工作可以被分到以上所有三类中. 我们曾经预期，香农的思想对语言学家、遗传学家、电视工程师、神经学家和经济学家来说最终都是不可或缺的. 但是，让我们与许多人一样感到失望的是，40 年来在这方面的尝试在这些领域中取得的真正有用的进展非常少.

在这段时间里，模糊哲学和抽象数学泛滥成灾. 但是，除了编码理论外，使用该理论解决具体实际问题的例子少之又少. 我们认为，造成这种情况的原因是概念上的误解，几乎所有这些都是由于思维投射谬误阻碍了人们提出正确的问题. 为了将通信理论应用于编码以外的其他问题，第一步、同样也是最难的一步，是明确说明我们想要解决的具体问题是什么.

与上述努力目标几乎截然相反的是，一批数学家将通信理论简单视为纯数学的一个分支. 该学派的特点是，认为在引入连续概率分布之前必须讨论集合论、博雷尔场、测度论、勒贝格-斯蒂尔杰斯积分和拉东-尼科迪姆定理. 重要的是按照当时数学家中流行的严格准则使定理变得严格，即使这样做会限制它们的应用范围. 辛钦 (Khinchin，1957) 关于信息论的书就是这种风格的典型例子.

再次强调，我们不需要对这些尝试进行严厉批评. 当然，我们希望我们的原则受到人类思想所能施加的最严格标准的审查. 如果存在重要的应用，那么对这方面的需求就会更大. 然而，本书不是为数学家，而是为关注实际应用的人而写的. 因此，我们将只讨论与实际应用相关的方面，并指出严格的定理与现实世界的问题无关. 通常，它们描述的情况并不存在（例如无限长的消息），因此通过将概率 1 分配为不可能事件，而为所有可能事件分配概率 0，就变成了“无意义的定理”. 我们无法使用这样的结果，因为我们的概率总是以我们对现实世界的了解为条件的. 现在讨论香农论文中的一些具体内容.

22.2 无噪声信道

我们处理从发送方到接收方的信息传输. 下面将用拟人化的术语来谈论它们，例如“接收端的人”，尽管一端或两端实际上可能是机器，如在遥测或遥控系统中. 传输通过某一信道进行，这些信道可能是电话或电报电路、微波链路、美国联邦通信委员会（FCC）分配的频段、德语、邮递员、邻居八卦或者染色体. 如果在接收到消息后，接收者总能确定发送者想要发送什么消息，我们就说该信道是无噪声的.

在通信理论发展的早期，特别是奈奎斯特和哈特利就认识到，信道的能力不是由它发送的特定消息的性质来描述的，而是由它可以发送的内容来描述的. 信道的用处在于它可以传输一大类消息中的任何一个，发送者可以随意选择.

在无噪声信道中，这种能力的一种显然的度量是信道在时间 t 内能够传输的

（在目的地）可区分消息的最大数量 $W(t)$. 在我们感兴趣的所有情况下，对于足够大的 t，这个数字最终会呈指数增长：$W(t) \propto e^{Ct}$，因此与任何特定时间间隔无关的信道性能度量是增长系数 C. 我们将信道容量定义为

$$C \equiv \lim_{t \to +\infty} \left[\frac{1}{t} \log[W(t)] \right]. \tag{22.1}$$

C 的单位依赖于我们选择的对数底数. 通常以 2 为底数，这样 C 的单位是“比特/秒”，1 比特是单个二进制（是-否）位中包含的信息量. 为了便于解释，比特是最好的单位，但是在形式运算中，使用自然对数 e 作为底数可能更方便. 这样我们的信道容量就以自然单位或“尼特/秒”来衡量. 要进行转换，请注意 1 比特 $= \ln 2 \approx 0.69315$ 尼特，或者 1 尼特 ≈ 1.4427 比特.

无噪声信道的容量是一个标识信道特征的确定数字，与人类信息无关. 因此，如果无噪声信道每秒可以传输从包含 a 个字母的字母表中以任意顺序选择的 n 个符号，我们就有 $W(t) = a^{nt}$，或者 $C = n \log_2 a$ 比特/秒 $= n \ln a$ 尼特/秒. 对可能字母序列的任何限制只会降低这一数值. 如果字母表是 $A_1, A_2, \cdots, A_a$，并且要求在 $N = nt$ 个符号的长消息中，字母 A_i 一定以相对频率 f_i 出现，那么在时间 t 内可能的消息数量只是

$$W(t) = \frac{N!}{(Nf_1)! \cdots (Nf_a)!}, \tag{22.2}$$

根据我们在第 11 章中描述的斯特林近似，

$$C = -n \sum_i f_i \ln f_i \text{ 尼特/秒}. \tag{22.3}$$

它在等频率 $f_i = 1/a$ 时达到最大值，即之前的 $C = n \ln a$. 因此，我们得到一个有趣的结果，即所有字母以相同频率出现的约束根本不会减小信道容量. 当然，它确实将数量 $W(t)$ 减少了很多，但 $\ln W$ 的减少是真正重要的，这比 t 的增长要慢，所以它在极限时没有差别. 根据第 11 章的熵集中定理，这可以用另一种方式来理解：在所有可能的消息中，绝大多数字母频率几乎相等.

现在假设符号 A_i 需要传输时间 t_i，但是对允许的字母序列没有限制. 这时信道容量是多大呢? 首先考虑字母 A_i 出现 n_i 次的消息的情况，其中 $i = 1, 2, \cdots, a$. 此类消息的数量是

$$W(n_1, \cdots, n_a) = \frac{N!}{n_1! \cdots n_a!}, \tag{22.4}$$

其中

$$N = \sum_{i=1}^{a} n_i. \tag{22.5}$$

这样时间 t 内可能被传输的不同消息数量是

$$W(t)=\sum_{n_i}W(n_1,\cdots,n_a),\tag{22.6}$$

其中的求和是对满足 $n_i\geqslant 0$ 且

$$\sum_{i=1}^{a}n_it_i\leqslant t\tag{22.7}$$

的所有可能 $(n_1,\cdots,n_a)$ 进行的. (22.6) 中的项数 $K(t)$ 满足 $K(t)\leqslant(Bt)^a$，其中 $B<+\infty$ 为常数. 通过将 n_i 想象为 a 维空间中的坐标并注意到 $K(t)$ 的几何意义为单纯形的体积，这很容易理解.

对 (22.6) 的准确计算是一项繁冗的工作. 但是我们现在只关心它的极限值，这样可以使用以下技巧. 注意到 $W(t)$ 不会小于 (22.6) 中的最大项 $W_m=W_{\max}(n_1,\cdots,n_a)$ 也不会大于 $W_mK(t)$:

$$\ln W_m\leqslant\ln W(t)\leqslant\ln W_m+a\ln(Bt),\tag{22.8}$$

因此我们有

$$C\equiv\lim_{t\to+\infty}\frac{1}{t}\ln W(t)=\lim_{t\to+\infty}\frac{1}{t}\ln W_m,\tag{22.9}$$

即为了得到信道容量，在约束条件 (22.7) 下最大化 $\ln W(n_1,\cdots,n_a)$ 就足够了. 这个相当令人惊讶的事实可以理解如下: $W(t)$ 的对数粗略地由 $\ln W(t)=\log W_{\max}+\ln[$(22.6) 中合理大小项的数量$]$ 给出. 尽管大项的数量以 t^a 趋于无限大，但是与 $W_{\max}$ 的指数增长相比，这还不够快，无法造成差别. 正如薛定谔（Schrödinger, 1948）所解释的，基于同样的数学原因，在统计力学中，达尔文-福勒方法与最概然分布方法在大系统的极限时会得到相同的结果.

我们可以通过与第 11 章中使用的相同的拉格朗日乘子方法来解决最大化 $\ln W(n_1,\cdots,n_a)$ 的问题. 但是问题并不完全相同，因为现在 N 也将在寻找最大值时变化. 使用对大 n_i 有效的斯特林近似，我们有

$$\ln W(n_1,\cdots,n_a)\approx N\ln N-\sum_{i=1}^{a}n_i\ln n_i.\tag{22.10}$$

带拉格朗日乘子 λ 的变分问题是

$$\delta\left[\ln W+\lambda\sum n_it_i\right]=0,\tag{22.11}$$

但是由于 $\delta N=\sum\delta n_i$，我们有

$$\delta\ln W=\delta N\ln N-\delta N-\sum_i(\delta n_i\ln n_i-\delta n_i)=-\sum\delta n_i\ln(n_i/N).\tag{22.12}$$

因此 (22.11) 简化为

$$\sum_{i=1}^{a}\left[\ln(n_i/N)+\lambda t_i\right]\delta n_i=0, \tag{22.13}$$

其解为

$$n_i=N\mathrm{e}^{-\lambda t_i}. \tag{22.14}$$

为了固定 λ 的值，我们需要

$$N=\sum n_i=N\sum \mathrm{e}^{-\lambda t_i}. \tag{22.15}$$

通过这样选择 n_i，我们得到

$$\frac{1}{t}\ln W_m=-\frac{1}{t}\ln(n_i/N)=\frac{1}{t}\sum n_i(\lambda t_i). \tag{22.16}$$

在 $t^{-1}\sum n_i t_i\to 1$ 的极限时有

$$C=\lim_{t\to+\infty}\frac{1}{t}\ln W(t)=\lambda. \tag{22.17}$$

最终结果可以简单描述为

> 为了计算符号 A_i 需要传输时间 t_i 并且对可能信息没有其他限制的无噪声信道的容量，定义分拆函数 $Z(\lambda)\equiv\sum_i \mathrm{e}^{-\lambda t_i}$，那么信道容量 C 就是以下方程的实根：
>
> $$Z(\lambda)=1. \tag{22.18}$$

可以看到这里的推理和形式体系与统计力学非常相似，尽管我们还没有谈到任何概率.

根据 (22.15)，我们看到当符号 A_i 的相对频率由规范分布

$$f_i=\frac{N_i}{N}=\mathrm{e}^{-\lambda t_i}=\mathrm{e}^{-Ct_i} \tag{22.19}$$

给出时，$W(n_1,\cdots,n_a)$ 达到最大化. 一些人由此得出结论：当我们对消息进行使得 (22.19) 成立的编码时，信道将被“最有效地使用”. 但这其实是错误的，因为在时间 t 中，无论我们使用什么相对频率，该信道实际上只会传输一条消息. (22.19) 告诉我们的只是——根据熵集中定理——信道在时间 t 内可能传输的所有消息中，绝大多数是相对频率典型的消息.

另外，我们对 (22.3) 之后的评论进行概括：如果额外要求相对频率由 (22.19) 给出——这可以视为定义了一个新信道——则信道容量不会减小. 但是任何要求可能消息具有不同于 (22.19) 的字母频率的约束将减小信道容量.

有许多其他方式可以解释这些等式. 例如，在以上论证中，我们假设传输总时间是固定的，并希望最大化发送者可以选择的可能消息的数量 W. 在实际通信

系统中，情况通常是相反的：我们预先知道可能通过信道发送的消息的选择范围，因此 W 是固定的. 然后要求在固定 W 时使消息的总传输时间最小化的条件.

众所周知，变分问题可以转化为几种不同的形式，许多不同问题的解是同样的数学结果. 对于给定的周长，圆具有最大面积；但是在给定面积时，圆也具有最小周长. 在统计力学中，规范分布可以表征为对于给定能量期望具有最大熵的分布，或者也是对于给定的熵具有最小能量期望的那个分布. 类似地，根据 (22.18) 得到的信道容量给出了给定的传输时间内最大可达到的 W，或者对于固定的 W 可达到的最小传输时间.

可以对这些等式的含义做另一种扩展：注意我们不需要将 t_i 解释为时间，它同样可以表示传输第 i 个符号的以任何标准度量的“成本”. 也许信道运行的总时间并不重要，因为无论是否使用，仪器都必须准备就绪. 真正的标准可能是太空探测器在将信息传输回地球时必须消耗的能量. 在这种情况下，我们可以将 t_i 定义为传输第 i 个符号所需的能量. 这样，根据 (22.18) 给出的信道容量，不是以每秒比特数而是以每焦耳比特数为单位，其倒数是传输 1 比特信息所需的最小焦耳数.

香农也考虑过一种更复杂的无噪声信道，它是一种有记忆的信道. 它可能处于“状态”集合 $\{S_1, \cdots, S_k\}$ 中的任意一种状态，并且未来的可能符号或其传输时间依赖于当前状态. 例如，假设信道处于状态 S_i，它可以传输符号 A_n，使得信道处于状态 S_j，对应的传输时间为 t_{inj}. 令人惊讶的是，在这种情况下，信道容量的计算非常容易.

令 $W_i(t)$ 是信道可以在时间 t 内从状态 S_i 开始传输的不同消息的总数. 根据传输的第一个符号将 $W_i(t)$ 分解为几项，我们将得到第 9 章中用于引入分拆函数的相同差分方程：

$$W_i(t) = \sum_{jn} W_j(t - t_{inj}), \tag{22.20}$$

其中求和是对所有可能的序列 $S_i \to A_n \to S_j$ 进行的. 与以前一样，这是一个常系数的线性差分方程，所以它的渐近解一定是指数函数：

$$W_i(t) \approx B_i \mathrm{e}^{Ct}, \tag{22.21}$$

显然，根据定义 (22.1)，系数 C 对于有限 k 是信道容量. 将 (22.21) 代入 (22.20)，我们得到

$$B_i = \sum_{j=1}^{k} Z_{ij}(C) B_j, \tag{22.22}$$

其中

$$Z_{ij}(\lambda) = \sum_{n} \mathrm{e}^{-\lambda t_{inj}} \tag{22.23}$$

组成“配分矩阵”. 可以将此论证与我们在第 9 章中对分拆函数的推导进行比较. 如果序列 $S_i \to A_n \to S_j$ 是不可能的，设 $t_{inj} = +\infty$. 通过这种方法，我们可以将 (22.23) 中的求和理解为针对字母表中的所有符号.

(22.22) 表明矩阵 (Z_{ij}) 的特征值等于 1，因此信道容量只是方程 $D(\lambda) = 0$ 的最大实根，其中

$$D(\lambda) \equiv \det[Z_{ij}(\lambda) - \delta_{ij}]. \tag{22.24}$$

这是香农给出的最漂亮的结果之一. 在 $k = 1$ 的单一状态时，它简化为先前的规则 (22.18).

以上解决的问题当然只是特别简单的问题. 通过构建对允许序列具有更复杂约束的信道 (即具有长记忆), 我们可以根据需要生成数学问题. 但这仍然只是数学问题——只要通道是无噪声的，就不会有原则上的困难. 在每种情况下，我们只需要根据不同的可能性应用定义 (22.1) 重新计算. 对于一些奇怪的信道，我们可能会发现其中极限不存在，在这种情况下，我们不能说信道容量，而只能通过给出函数 $W(t)$ 来表征信道.

22.3 信息来源

当我们进入下一步并考虑为信道提供信息源时，就会出现全新的问题. 在我们能说明哪些数学问题重要之前，有大量的数学问题需要考虑，但是也有更基本的概念问题需要考虑.

诺伯特 · 维纳教授首先提出使用概率术语表示信息源这一卓有成效的想法. 他将此应用于滤波器设计中的一些问题. 这项工作是发展出一种思维方式的重要一步，最终导致通信理论的诞生.

现在我们可能很难意识到这是多么重大的一步. 从前，通信工程师认为信息源只是有消息要发送的人，就其目的而言，可以简单地通过描述该消息来表征信息源. 但是维纳指出，信息源的特征在于它发出各种消息 M_i 的概率 p_i. 我们已经看到概率的频率理论所面临的概念上的困难——发送者大概很清楚自己要发送什么消息. 那么，我们所说的他发送东西的*概率*是什么意思呢? 这里没有任何类似于“偶然性”的东西.

概率 p_i 是指他发送特定消息的*频率*吗? 这个说法很荒谬: 一个理智的人最多发送一次指定消息，而从不发送其他消息. 我们的意思是消息 M_i 出现在某个想

象的通信行为“集合”中的频率吗？你愿意这么说也没有关系，但是这没有回答我们的问题．这只是将我们的问题重新表述为：是什么定义了该集合？如何设置它？使用不同的名字对我们没有帮助．熵 $H = -\sum p_i \ln p_i$ 测量的究竟是什么信息？

如果假设香农的熵 H 衡量的不是发送者的信息，而是接收者的无知（这种无知通过消息的接收消除），那么我们就朝着回答这个问题迈出了蹒跚的第一步．事实上，大多数后来的评论者做的是这种解释．然而，转念一想，这也没有任何意义，因为香农继续将 H 与传输消息 M_i 所需的信道容量 C 相关联发展定理．但是一个信道能多好地传输消息显然依赖于信道和消息的性质，而不是接收者的无知状态！你可以看到这个领域中已经存在 40 年概念上的混乱．

在这一点上，必须清楚地说明*我们想要解决的具体问题是什么*．概率分布是描述知识状态的一种手段．但是我们想谈论*谁的*知识状态？显然不是发送者或接收者的知识状态，香农在这方面没有明确地帮助我们．但是隐含的答案似乎很清楚．香农定理不是像许多人所假设的那样描述发送者和接收者之间通信的“一般原则”．他认为该理论对于一名设计通信系统的工程师来说具有实用价值．换言之，*香农所描述的知识状态是通信工程师设计设备时的知识状态*．熵 H 衡量的是通信工程师对要发送的消息的无知．

虽然这种观点对于贝尔电话实验室的工程师（比如当时的香农）来说似乎非常自然，但这种观点没有在香农的论文或者后来的文献中表述过．后来者往往看不到概率与频率之间的区别．因为在频率论者看来，*具有某种知识状态的人的*概率这一概念根本不存在，因为概率被认为是一种独立于人类信息而存在的真实物理现象．但是选择某一概率分布来表示信息源的问题仍然存在，这是无法回避的．现在很明显，理论的全部内容依赖于我们如何做到这一点．

我们已经多次强调，我们在概率论中从来不会解决真实的实际问题．我们只解决实际问题的某个抽象数学模型．建立该模型不仅需要数学能力，还需要大量的实践判断．如果我们的模型不能很好地与实际情况保持一致，那么我们的定理，无论数学上多么严格，都可能会误导人而不是提供帮助．这在通信理论中似乎是一种报复，因为不仅是定量的细节，甚至连可以证明的定理的定性性质，都取决于我们使用哪种概率模型来表示信息源．

这一概率模型的目的是描述通信工程师关于他的通信系统可能发送什么消息的*先验知识*．原则上，这种先验知识可以是任意的，特别是，没有什么阻止它在本质上是语义的．例如，他可能事先知道该信道将仅用于传输股市行情数据，而不是神话故事或打油诗．这是完全合法的先验信息，通过以明确的方式限制样本空间，它会对概率 p_i 产生明确的影响，尽管这可能很难用一般的数学术语来表述.

我们之所以强调这一点，是因为一些批评者对信息论不考虑语义的问题喋喋不休，认为这是我们整个哲学理念的一种基本缺陷. 他们大错特错了：语义问题不是哲学理念问题，而是技术问题. 我们不考虑语义的唯一原因是不知道如何将其作为*一般流程*来考虑，尽管对于特定有限的可能消息集合当然可以"人工"完成. 所有人都可能试图利用自己对文本语义的感知来恢复一些毁坏的文本，但是我们如何教计算机做到这一点呢?

所以让我们向那些批评者保证：如果你能向我们提供一个*确定可用的*算法来评估语义，那么我们非常渴望将它也纳入信息论. 事实上，我们目前无法做到这一点对于许多应用（从图像恢复到模式识别，再到人工智能）都是一种严重的障碍. 我们需要你们的建设性帮助，而不是批评.

但是在传统的香农类型的通信理论中，唯一考虑的先验知识是"统计的"，因为这可以立即进行数学处理. 也就是说，它由*过去*类似信息样本中观察到的字母或字母组合的频率组成. 一个典型的实际问题（实际上也是那些流行的文本压缩程序作者的实际问题）是，给定具有已知性质的可用信道如何设计编码系统，该系统将可靠地以最大可能的速率传输代表英文文本的二进制数字. 这也是计算机硬件（如磁盘驱动器和调制解调器）的设计者的实际问题，只是变得更复杂一些. 根据通常的观点，这时设计者需要给定正确的英文频率的准确数据. 让我们考虑一下这个问题.

22.4 英语有统计性质吗?

假设为了研究通信理论，我们试图通过指定各种字母或字母组合的相对频率来表征英语. 我们都知道，在诸如"字母 E 比 Z 出现的频率更高"这样的陈述中，有很多正确的成分. 早在通信理论诞生之前，许多人就已经使用了这些常识. 最早的例子是莫尔斯码的设计，其中最常用的字母由最短的代码表示——这是香农在一个世纪后形式化并精确化的通信理论的原型.

标准打字机键盘的设计充分利用了字母频率的知识. 这一知识为奥特玛 · 梅根塔勒以更直接、极端的方式所使用，他的不朽语句

$$\text{ETAOIN SHRDLU} \tag{22.25}$$

在 Linotype 排字机开始使用时经常在报纸上出现（一名没有经验的打字员，用手指在键盘上轻轻扫过时就会自动打出以上类型的语句）. 但是我们已经遇到了麻烦，因为即使对于英语中 12 个最常见字母的相对顺序问题，似乎也没有完全一致的意见，更不用说它们相对频率值了. 例如，根据普拉特 (Pratt，1942)，上

面的语句应该是

$$\text{ETANOR ISHDLF}, \tag{22.26}$$

而特里布斯 (Tribus，1961) 给出的是

$$\text{ETOANI RSHDLC}. \tag{22.27}$$

当涉及更低频使用的字母时，情况就变得更加混乱.

当然，我们很容易看到产生这些差异的原因. 获得不同英文字母相对频率值的人使用了不同的英文样本. 很显然，百科全书的最后一卷会比第一卷具有更高的字母 Z 的相对频率. 有机化学教科书、关于埃及历史的论文和现代美国小说中的词频会大不相同. 受过高等教育的人与只有小学文化的人写出的东西在词频上会存在系统性差别. 即使在更狭窄的领域内，我们也会预期詹姆斯 · 米切纳和欧内斯特 · 海明威著作中的字母和词频存在显著差异. 从演讲录音中获取的字母频率很可能与演讲者写出的讲稿中的字母频率明显不同.

语言的统计性质因作者和环境而异的事实是显而易见的，以至于这已经成为一种有用的研究工具. 詹姆斯 · 麦克多诺提交给哥伦比亚大学的一篇关于古典文学的博士论文[①]中包含对荷马史诗《伊利亚特》的统计分析. 古典研究者长期以来一直在争论:《伊利亚特》所有部分是否由同一个人撰写，以及荷马是否是一名真实的历史人物. 分析表明，作品的整体风格是一致的. 例如，15 693 行中有 40.4% 以一个短音节后面跟两个长音节的单词结尾，这种单词结构从未出现在一行的中间. 这种在希腊语中不太常见的特征的一致性似乎是表明《伊利亚特》是由一个人在相对较短的时间内写成的有力证据，而不是像一些 19 世纪的古典研究者所认为的那样是经过几个世纪演化的结果.

当然，演化论并不会被这个单一证据摧毁. 如果唱《伊利亚特》，我们必须假设音乐具有原始音乐的非常单调的节奏模式，这种模式在很大程度上一直持续到巴赫和海顿. 由于音乐的性质，作者可能已经强加了典型的文字模式.

考古学家告诉我们，《伊利亚特》中描述的特洛伊围城事件不是神话，而是发生在公元前 1200 年左右的一个历史事实. 这大约比荷马的时代早 4 个世纪. 米歇尔 · 文特里斯 (Ventris & Chadwick，1956；Chadwick，1958；Ventris，1988) 于 1952 年破译了米诺斯线性 B 文字，确定希腊语在特洛伊围城之前几个世纪就已经作为口语存在于爱琴海地区，但是腓尼基字母的引入使得现代意义上的书面希腊语成为可能，这大约发生在荷马的时代.

以上两段仍然暗示演化在进行. 显然，这个问题非常复杂，远没有被解决. 但

① “《伊利亚特》的结构化度量”，哥伦比亚大学博士论文，1966 年.

是有意思的是，我们发现对单词和音节频率的统计分析代表在《伊利亚特》中存在了大约 28 个世纪的证据. 对于任何有智慧提取它的人来说，它都最终被认为对这个问题的答案有明确的影响.

让我们回到通信理论，我们的观点很简单：说英文中存在且只存在一组“真实”字母或单词频率是完全错误的. 如果我们使用以这种唯一定义频率存在为前提的数学模型，可能很容易证明一些东西，它们虽然作为数学定理完全有效，但对于实际设计通信系统以有效地传输英文的工程师来说，可能比无用还要糟糕.

但是假设我们的工程师确实有大量频率数据，而没有其他先验知识，他能如何利用这些信息来描述信息源呢？从我们提倡的角度来看，通信理论的许多标准结果可以被视为最大熵推断的简单例子，即与统计力学中相同类型的推断.

22.5 已知字频的最佳编码

假设我们的字母表由不同的符号 $A_1, A_2, \cdots, A_a$ 组成, 用 A_i, A_j 等表示一般符号. 任何由 N 个符号组成的消息都具有 $A_{i_1}A_{i_2}\cdots A_{i_N}$ 的形式. 我们用 M 表示这一消息, 它是指标集合的简写: $M = \{i_1 i_2 \cdots i_N\}$. 可能的消息数为 a^N. $\sum_M$ 表示对它们进行求和. 另外，我们定义

$$\begin{aligned} N_j(M) &\equiv \text{字母 } A_j \text{ 在消息 } M \text{ 中出现的次数}, \\ N_{ij}(M) &\equiv \text{二元字母 } A_iA_j \text{ 在 } M \text{ 中出现的次数}, \end{aligned} \tag{22.28}$$

等等.

首先考虑工程师 E_1, 他有一组数 $(f_1, \cdots, f_a)$, 给出从历史消息样本中观察到的字母 A_j 的频率，但是没有其他先验知识. 在只有这些信息的基础上，怎样的通信系统是合理的设计？为了以每秒 n 个符号的速率传输消息，E_1 需要多大的信道容量?

为了回答这个问题，我们需要有 E_1 分配给各种可能消息的概率分布 $p(M)$. 现在，E_1 无法演绎地证明未来消息中的字母频率一定等于过去观察到的频率 f_i. 另外, 他的知识状态没有理由假设 A_i 的未来频率大于或小于 f_i. 所以他将假设未来频率多少与过去相同, 但是他不会对此过于武断. 他可以要求分布 $p(M)$ 只产生与过去已知频率相等的期望频率来做到这一点. 换句话说, 如果我们说分布 $p(M)$ “包含”某一信息，意思是该信息可以通过通常的估计方法从中提取出来. 换句话说，E_1 将施加约束条件

$$\langle N_i \rangle = \sum_M N_i(M) p(M) = N f_i, \qquad i = 1, 2, \cdots, a. \tag{22.29}$$

当然, $p(M)$ 不由这些约束条件唯一确定, 因此 E_1 这时必须自由地选择某一分布.

我们再次强调, 说这个问题中存在任何“物理”或“客观”概率分布 $p(M)$ 是没有意义的. 如果我们假设只有一条消息通过通信系统发送, 无论这一消息是什么 (也许我们知道通信系统随后将因木卫三的影响而毁坏), 我们都仍然希望它尽快并可靠地传输. 因此, 没有办法可以将 $p(M)$ 确定为频率. 但是这绝不会影响我们所考虑的工程设计问题.

在选择分布 $p(M)$ 时, E_1 完全可以假设一些涉及多个字母的消息结构. 例如, 他可以假设二元字母 A_1A_2 的可能性是 A_2A_3 的两倍. 但是在 E_1 看来, 这是不合理的, 因为据他所知, 基于任何此类假设的设计虽然可能带来好处, 但同样可能有坏处. 在 E_1 看来, 理性保守的设计是小心地避免任何此类假设. 简而言之, 这意味着 E_1 应该选择与 (22.29) 一致的最大熵分布 $p(M)$.

现在, 第 11 章中发展的最大熵推断方法对于 E_1 是可用的. 他的分布 $p(M)$ 将具有形式

$$\ln p(M)+\lambda_0+\lambda_1 N_1(M)+\lambda_2 N_2(M)+\cdots+\lambda_a N_a(M)=0, \tag{22.30}$$

为了计算拉格朗日乘子 λ_i, 他将使用分拆函数

$$Z(\lambda_1,\cdots,\lambda_a)=\sum_M \exp\{-\lambda_1 N_1(M)-\cdots-\lambda_a N_a(M)\}=z^N, \tag{22.31}$$

其中

$$z\equiv \mathrm{e}^{-\lambda_1}+\cdots+\mathrm{e}^{-\lambda_a}. \tag{22.32}$$

根据 (22.29) 以及一般关系

$$\langle N_1\rangle=-\frac{\partial}{\partial\lambda_i}\ln Z(\lambda_1,\cdots,\lambda_a), \tag{22.33}$$

我们得到

$$\lambda_i=-\ln(zf_i),\qquad 1\leqslant i\leqslant a. \tag{22.34}$$

代回 (22.30), 我们得到描述 E_1 知识状态的分布是多项分布

$$p(M)=f_1^{N_1}f_2^{N_2}\cdots f_a^{N_a}. \tag{22.35}$$

这是一个可交换序列, 任何特定消息的概率仅依赖于字母 $A_1, A_2, \cdots$ 出现的次数, 而不依赖于它们的出现次序. 结果 (22.35) 是正确归一化的, $\sum_M p(M)=1$, 因为我们看到任何指定 N_i 的不同可能消息数是多项式系数

$$\frac{N!}{N_1!\cdots N_a!}. \tag{22.36}$$

分布 (22.35) 的每个符号的熵是

$$H_1=-\frac{1}{N}\sum_M p(M)\ln p(M)=\frac{\ln Z}{N}+\sum_{i=1}^a \lambda_i f_i=-\sum_{i=1}^a f_i\ln f_i. \tag{22.37}$$

在得到 $p(M)$ 后，E_1 可以通过香农（Shannon，1948，第 9 节）和法诺独立发现的方法以最有效的方式编码为二进制数字. 将消息按概率递减的顺序排列，并通过分割将它们分成两类，使得分割左侧的所有消息的总概率尽可能地等于右侧消息的总概率. 如果给定的消息属于左类，则其代码中的第 1 个二进制数字为 0；如果属于右类，则为 1. 通过以尽可能接近 1/4 的总概率将这些类似地划分为子类，我们确定第 2 个二进制数字，等等. 接下来请你证明 (1) 传输一个符号所需的二进制数字的期望数量等于 H_1 比特；(2) 为了以每秒 n 个原始消息符号的速率传输，E_1 需要信道容量 $C \geqslant nH_1$，这是香农首先给出的结果.

前面的数学步骤众所周知，以至于它们可能被认为微不足道. 然而，我们给出的理论依据与常规处理的不同，这是本节的重点. 传统上，人们会使用概率的频率定义，并说 E_1 的概率分配 $p(M)$ 是假设不存在符号相互作用的结果. 这种说法暗示假设可能正确或错误，并暗示如果要证明最终设计是合理的，就必须证明其正确性，即如果实际上存在 E_1 未知的符号相互作用，则所得到的编码规则可能不令人满意.

另外，我们认为概率分配 (22.30) 根本不是假设，而是不做假设. (22.30) 表示：在某种朴素的意义上，是 E_1 除了指定期望的单字母频率外，完全不做任何假设，并且它是由该性质唯一确定的. 因此，基于 (22.30) 的设计是 E_1 知识状态下最安全的设计.

我们的意思如下. 事实上，如果 E_1 不知道的强符号间的相关性确实存在（例如 Q 总是跟在 U 之后），那么他的编码系统仍然能够很好地处理消息，无论这些相关性的性质如何. 这就是我们说的，目前的设计是最保守的. 它对相关性不做任何假设并不意味着它假设相关性不存在，如果相关性确实存在，就会遇到麻烦. 相反，这意味着它为可能存在的任何类型的相关性提前做好了准备，它们不会导致性能下降. 我们强调这一点是因为香农没有注意到这一点，而且这在最近的文献中似乎也没有被理解.

但是如果 E_1 得到了关于某种特定类型相关性的额外信息，他就可以使用它来设计一个新的编码系统，只要包含指定类型相关性的消息被传输，该系统将更加有效（即需要更小的信道容量）. 但是，如果消息中的相关性突然发生变化，这种新的编码系统可能会变得比刚刚发现的更糟糕.

22.6 依据二元字母频率知识的更好编码

以下是一个相当长的数学推导，它在当前特定问题之外还有其他应用. 考虑另一位工程师 E_2. 他有一组代表二元字母 A_iA_j 的期望相对频率的信息 f_{ij}（$1 \leqslant$

$i \leqslant a, 1 \leqslant j \leqslant a$). E_2 将分配消息概率 $p(M)$ 以与他的知识状态保持一致

$$\langle N_{ij} \rangle = \sum_M N_{ij}(M) p(M) = (N-1) f_{ij} , \tag{22.38}$$

并且，为了避免任何进一步的假设，据他所知，这些假设可能会带来伤害，也可能会带来帮助，他将使用受这些约束的最大熵方法来确定消息 $p(M)$ 的概率分布. 如果他可以计算分拆函数

$$Z(\lambda_{ij}) = \sum_M \exp\left\{ -\sum_{i,j=1}^{a} \lambda_{ij} N_{ij}(M) \right\} , \tag{22.39}$$

问题就解决了. 这可以通过解决给定 $\{N_{ij}\}$ 的不同消息数量的组合问题来完成，或者观察到 (22.39) 可以写成以下矩阵乘积的形式：

$$Z = \sum_{i,j=1}^{a} \left(\boldsymbol{Q}^{N-1}\right)_{ij} , \tag{22.40}$$

其中矩阵 $\boldsymbol{Q}$ 的定义如下：

$$Q_{ij} \equiv \mathrm{e}^{-\lambda_{ij}} . \tag{22.41}$$

如果假设消息 $A_{i_1} \cdots A_{i_N}$ 总是以第 1 个符号 A_{i_1} 结束，则它变成 $A_{i_1} \cdots A_{i_N} A_{i_1}$，结果在形式上可以变得更简单. 二元字母 $A_{i_N} A_{i_1}$ 被添加到消息中，在 (22.39) 中会出现一个额外的因子 $\mathrm{e}^{-\lambda_{ij}}$. 这样，修改后的分拆函数变成一个迹：

$$Z' = \operatorname{Tr}\left(\boldsymbol{Q}^N\right) = \sum_{k=1}^{a} q_k^N , \tag{22.42}$$

其中 q_k 是 $\left|Q_{ij} - q\delta_{ij}\right| = 0$ 的根. 物理学家将这种简化称为“使用周期性边界条件”. 显然，这一修改不会导致长消息的极限有什么不同. 当 $N \to +\infty$ 时，

$$\lim \frac{1}{N} \ln Z = \lim \frac{1}{N} \ln Z' = \ln q_{\max} , \tag{22.43}$$

其中 $q_{\max}$ 是 $\boldsymbol{Q}$ 的最大特征值. 特定消息的概率现在是 (22.40) 的特例：

$$p(M) = \frac{1}{Z} \exp\left\{ -\sum \lambda_{ij} N_{ij}(M) \right\} , \tag{22.44}$$

它产生 (22.42) 的特例的熵：

$$S = -\sum_M p(M) \ln p(M) = \ln Z + \sum_{i,j} \lambda_{ij} \langle N_{ij} \rangle . \tag{22.45}$$

鉴于 (22.38) 和 (22.43)，E_2 的每个符号的熵在极限 $N \to +\infty$ 时简化为

$$H_2 = \frac{S}{N} = \ln q_{\max} + \sum_{i,j} \lambda_{ij} f_{ij} , \tag{22.46}$$

或者，由于 $\sum_{i,j} f_{ij} = 1$，我们可以将 (22.46) 写成

$$H_2 = \sum_{i,j} f_{ij} (\ln q_{\max} + \lambda_{ij}) = \sum_{i,j} f_{ij} \ln \frac{q_{\max}}{Q_{ij}} . \tag{22.47}$$

因此，为了计算熵，我们不需要 $q_{\max}$ 是 λ_{ij} 的函数（对于 $a>3$，这在分析上是不切实际的），我们只需要找到作为 f_{ij} 函数的比率 $q_{\max}/Q_{ij}$. 为此，首先引入矩阵 $\boldsymbol{Q}$ 的特征多项式:

$$D(q) \equiv \det(Q_{ij} - q\delta_{ij}), \tag{22.48}$$

并且注意到行列式的一些众所周知的性质，以供后面使用. 第一个是

$$D(q)\delta_{ik} = \sum_{j=1}^{a} M_{ij}(Q_{kj} - q\delta_{kj}) = \sum_j M_{ij}Q_{kj} - qM_{ik}, \tag{22.49}$$

以及类似的

$$D(q)\delta_{ik} = \sum_j M_{ji}Q_{jk} - qM_{ki}, \tag{22.50}$$

其中 M_{ij} 是行列式 $D(q)$ 中 $Q_{ij}-q\delta_{ij}$ 的余子式，即 $(-1)^{i+j}M_{ij}$ 是通过删除矩阵 $(Q_{kj}-q\delta_{kj})$ 的第 i 行和第 j 列形成的矩阵的行列式. 如果 q 是 $\boldsymbol{Q}$ 的任一特征值，则表达式 (22.49) 对于 i 和 k 的所有选择都将变为 0.

第二个等式只在 q 是 $\boldsymbol{Q}$ 的特征值时成立. 在这种情况下，矩阵 $\boldsymbol{M}$ 的所有余子式都为 0. 特别是，对于二阶余子式，

$$\text{如果 } D(q)=0, \quad M_{ik}M_{jl} - M_{il}M_{jk} = 0. \tag{22.51}$$

这表明比率 M_{ik}/M_{jk} 和 M_{ki}/M_{kj} 独立于 k，即 M_{ij} 一定具有形式

$$\text{如果 } D(q)=0, \quad M_{ij} = a_i b_j. \tag{22.52}$$

代入 (22.49) 和 (22.52)，表明 b_j 构成 $\boldsymbol{Q}$ 的右特征向量，a_i 构成左特征向量:

$$\text{如果 } D(q)=0, \quad \sum_j Q_{kj}b_j = qb_k, \tag{22.53}$$

$$\text{如果 } D(q)=0, \quad \sum_i a_i Q_{ik} = a_k q. \tag{22.54}$$

现在假设 $\boldsymbol{Q}$ 的任一特征值 q 表示为拉格朗日乘子 λ_{ij} 的显式函数 $q(\lambda_{11},\lambda_{12},\cdots,\lambda_{aa})$，那么在保持其他 λ_{ij} 不变时改变特定 λ_{kl}，q 将变化以保持 $D(q)$ 为 0. 根据行列式 (22.48) 的微分规则，得出

$$\frac{\mathrm{d}D}{\mathrm{d}\lambda_{kj}} = \frac{\partial D}{\partial \lambda_{kl}} + \frac{\partial D}{\partial q}\frac{\partial q}{\partial \lambda_{kl}} = -M_{kl}Q_{kl} - \frac{\partial q}{\partial \lambda_{kl}}\operatorname{Tr}(\boldsymbol{M}) = 0. \tag{22.55}$$

使用这一关系，根据规定的二元字母频率 f_{ij} 固定拉格朗日乘子 λ_{ij}，条件 (22.38) 变为

$$f_{ij} = -\frac{\partial}{\partial \lambda_{ij}}\ln q_{\max} = \frac{M_{ij}Q_{ij}}{q_{\max}\operatorname{Tr}(\boldsymbol{M})}. \tag{22.56}$$

一元字母频率与 $\boldsymbol{M}$ 的对角元素成正比:

$$f_i = \sum_{j=1}^{a} f_{ij} = \frac{M_{ii}}{\operatorname{Tr}(\boldsymbol{M})}, \tag{22.57}$$

这里使用了 (22.49) 在 $q = q_{\max}, i = k$ 时为 0 的事实. 因此，根据 (22.56) 和 (22.57)，计算每个符号的熵所需的比率是

$$\frac{Q_{ij}}{q_{\max}} = \frac{f_{ij}}{f_i}\frac{M_{ii}}{M_{ij}} = \frac{f_{ij}}{f_i}\frac{b_i}{b_j}, \tag{22.58}$$

其中我们使用了 (22.52). 将其代入 (22.47)，我们发现涉及 b_i 和 b_j 的项抵消，E_2 的每个符号的熵就是

$$H_2 = -\sum_{i,j} f_{ij} \ln \frac{f_{ij}}{f_i} = -\sum_{i,j} f_{ij} \ln f_{ij} + \sum_i f_i \ln f_i. \tag{22.59}$$

这绝不会大于 E_1 的 H_1，因为根据 (22.42) 和 (22.59)，

$$H_2 - H_1 = \sum_{i,j} f_{ij} \ln \frac{f_i f_j}{f_{ij}} \leqslant \sum_{i,j} f_{ij} \left[\frac{f_i f_j}{f_{ij}} - 1\right] = 0, \tag{22.60}$$

其中我们使用了当 $0 \leqslant x < +\infty$ 时 $\ln x \leqslant x-1$ 的事实，当且仅当 $x = 1$ 时等号成立. 因此

$$H_2 \leqslant H_1, \tag{22.61}$$

当且仅当 $f_{ij} = f_i f_j$ 时等号成立，在这种情况下 E_2 的额外信息只是 E_1 会推断出的. 要明白这一点，注意在消息 $M = \{i_1 \cdots i_N\}$ 中，二元字母 $A_i A_j$ 出现的次数为

$$N_{ij}(M) = \delta(i, i_1)\delta(j, i_2) + \delta(i, i_2)\delta(j, i_3) + \cdots + \delta(i, i_{N-1})\delta(j, i_N), \tag{22.62}$$

如果我们让 E_1 通过最小化期望均方误差准则来估计二元字母 $A_i A_j$ 的频率，他会做出估计

$$\langle f_{ij} \rangle = \frac{\langle N_{ij} \rangle}{N-1} = \frac{1}{N-1}\sum_M p(M) N_{ij}(M) = f_i f_j, \tag{22.63}$$

其中使用了 E_1 对于 $p(M)$ 的分布 (22.40). 事实上，如果 $f_{ij} = f_i f_j$，E_1 和 E_2 得到的解是相同的，因为根据 (22.56) (22.57) (22.52)，我们有

$$Q_{ij} = \mathrm{e}^{-\lambda_{ij}} = q_{\max}\sqrt{f_i f_j}. \tag{22.64}$$

使用 (22.43) (22.62) (22.64)，我们发现 E_2 的分布 (22.44) 简化为 (22.40). 这是我们在 (11.93) 中注意到的一个相当不平凡的例子.

22.7　与随机模型的关系

就以下问题而言，上面引入的量有着更深的含义. 假设消息的一部分已经收到，那么 E_2 可以对消息的剩余部分说些什么呢? 这可以通过诉诸我们的乘法规则

$$p(AB|I) = p(A|BI)p(B|I) \tag{22.65}$$

来回答，或者注意到给定 B 时 A 的条件概率是

$$p(A|BI) = \frac{p(AB|I)}{p(B|I)}, \tag{22.66}$$

在传统理论中从未提及先验信息 I 被引入到条件概率（即两个“绝对”概率的比率）的定义中. 在我们的例子中，令 I 代表导致解 (22.44) 的问题的一般陈述且

$$B \equiv \text{前 } m-1 \text{ 个符号是 } \{i_1 i_2 \cdots i_{m-1}\}, \tag{22.67}$$

$$A \equiv \text{消息的剩余部分是 } \{i_m \cdots i_N\}. \tag{22.68}$$

那么 $p(AB|I)$ 与 (22.44) 中的 $p(M)$ 相同. 使用 (22.62)，这简化为

$$p(AB|I) = p(i_1 \cdots i_N|I) = Z^{-1} Q_{i_1 i_2} Q_{i_2 i_3} \cdots Q_{i_{N-1} i_N}, \tag{22.69}$$

且就像在分拆函数 (22.40) 中一样，在

$$p(B|I) = \sum_{i_m=1}^{a} \cdots \sum_{i_N=1}^{a} p(i_1 \cdots i_N|I) \tag{22.70}$$

中的和式生成矩阵 $\boldsymbol{Q}$ 的幂. 为简洁起见，记 $i_{m-1}=i$, $i_m=j$, $i_N=k$ 且

$$R \equiv \frac{1}{Z} Q_{i_1 i_2} \cdots Q_{i_{m-2} i_{m-1}}, \tag{22.71}$$

我们有

$$P(B|I) = R \sum_{k=1}^{a} \left(\boldsymbol{Q}^{N+m+1}\right)_{ik} = R \sum_{j,k=1}^{a} Q_{ij} \left(\boldsymbol{Q}^{N-m}\right)_{jk}, \tag{22.72}$$

因此

$$p(A|BI) = \frac{Q_{ij} Q_{i_m i_{m+1}} \cdots Q_{i_{N-1} i_N}}{\sum_{k=1}^{a} \left(\boldsymbol{Q}^{N-m+1}\right)_{ik}}. \tag{22.73}$$

由于包含在 R 中的所有 $\boldsymbol{Q}$ 相互抵消，我们看到消息的剩余部分 $\{i_m \cdots i_N\}$ 的概率仅取决于紧接在前面的符号 A_i，而不依赖于 B 的任何其他细节. 这一性质定义了一个广义马尔可夫链. 有大量文献涉及这个问题，这可能是概率论中得到最彻底解决的一个分支. 在第 3 章中，我们在计算条件抽样分布时使用过它的一个基本形式. 本质上所有其他内容都源于此的基本工具是“基础转移概率”矩阵 (p_{ij}). 它是假设上一个符号是 A_i，下一个符号是 A_j 的概率 $p_{ij} = p(A_j|A_i I)$. 把 (22.73) 对 $i_{m+1} \cdots i_N$ 求和，我们发现，对于长度为 N 的链，转移概率为

$$p_{ij}^{(N)} = p(A_j|A_i I) = \frac{Q_{ij} - T_j}{\sum_k Q_{ik} T_k}, \tag{22.74}$$

其中

$$T_j \equiv \sum_{k=1}^{a} \left(\boldsymbol{Q}^{N-m}\right)_{jk}. \tag{22.75}$$

T_j 依赖于 N 和 m 的事实是一个有趣的特征. 通常，人们从一开始就考虑无限长的链，因此它仅是 (22.74) 在 $N \to +\infty$ 时的极限，这是从未考虑过的. 这个例子表明，链长的先验知识会影响转移概率. 然而，极限情况显然是最令人感兴趣的.

为了得到极限，我们需要更多的矩阵理论. 方程 $D(q) = \det(Q_{ij} - q\delta_{ij}) = 0$ 有根 $q_1, q_2, \cdots, q_a$，这些根不一定都不同且不一定都是实数. 重新标记它们使得

$|q_1| \geqslant |q_2| \geqslant \cdots \geqslant |q_a|$. 存在一个非奇异矩阵 $\boldsymbol{A}$ 使得 $\boldsymbol{AQA}^{-1}$ 采用规范的“超对角”形式:

$$\boldsymbol{AQA}^{-1} = \overline{\boldsymbol{Q}} = \begin{pmatrix} \boldsymbol{C}_1 & 0 & 0 & \cdots & 0 \\ 0 & \boldsymbol{C}_2 & 0 & \cdots & 0 \\ 0 & 0 & \boldsymbol{C}_3 & \cdots & 0 \\ \vdots & \vdots & \vdots & \ddots & \vdots \\ 0 & 0 & 0 & \cdots & \boldsymbol{C}_m \end{pmatrix}, \tag{22.76}$$

其中 $\boldsymbol{C}_i$ 是具有以下形式之一的子矩阵:

$$\boldsymbol{C}_i = \begin{pmatrix} q_i & 1 & 0 & 0 & \cdots & 0 \\ 0 & q_i & 1 & 0 & \cdots & 0 \\ 0 & 0 & q_i & 1 & \cdots & 0 \\ 0 & 0 & 0 & q_i & \cdots & 0 \\ \vdots & \vdots & \vdots & \vdots & \ddots & \vdots \\ 0 & 0 & 0 & 0 & \cdots & q_i \end{pmatrix} \quad \text{或} \quad \begin{pmatrix} q_i & 0 & 0 & 0 & \cdots & 0 \\ 0 & q_i & 0 & 0 & \cdots & 0 \\ 0 & 0 & q_i & 0 & \cdots & 0 \\ 0 & 0 & 0 & q_i & \cdots & 0 \\ \vdots & \vdots & \vdots & \vdots & \ddots & \vdots \\ 0 & 0 & 0 & 0 & \cdots & q_i \end{pmatrix}. \tag{22.77}$$

$\boldsymbol{Q}$ 的 n 次方是

$$\boldsymbol{Q}^n = \boldsymbol{A}\overline{\boldsymbol{Q}}^n\boldsymbol{A}^{-1}, \tag{22.78}$$

并且，当 $n \to +\infty$ 时，从最大特征值 $q_{\max} = q_1$ 产生的 $\overline{\boldsymbol{Q}}^n$ 的元素与所有其他元素相比会变得任意大. 如果 q_1 是非退化的，它只出现在 $\overline{\boldsymbol{Q}}$ 的第 1 行和第 1 列，我们有

$$\lim_{N\to+\infty}\left[\frac{T_j}{q_1^{N-m}}\right] = A_{j1}\sum_{k=1}^{a}\left(\boldsymbol{A}^{-1}\right)_{1k}, \tag{22.79}$$

$$\lim_{N\to+\infty}\left[\frac{T_j}{\sum_k Q_{ik}T_k}\right] = \frac{A_{j1}}{q_1 A_{i1}}. \tag{22.80}$$

极限转移概率是

$$p_{ij}^{(\infty)} = \frac{Q_{ij}}{q_1}\frac{A_{j1}}{A_{i1}} = \frac{Q_{ij}}{q_1}\frac{M_{ij}}{M_{ii}}, \tag{22.81}$$

其中我们使用了一个事实，即 $\boldsymbol{Q}$ 的特征向量中的元素 A_{j1}（$j = 1, 2, \cdots, a$）具有特征值 $q_1 = q_{\max}$. 因此，参考 (22.52) 有 $A_{j1} = Kb_j$，其中 K 是某个常数. 使用 (22.56) 和 (22.57)，我们最终有

$$p_{ij}^{(\infty)} = \frac{f_{ij}}{f_i}. \tag{22.82}$$

从这个很长的计算过程中，我们学到了很多东西. 首先，对于有限长度的序列（实际存在的唯一类型），精确解具有依赖于长度的精细结构. 当然，那些试图在问题

开始时直接跳入无限集合的人是学不到这一点的. 其次, 有趣的是标准矩阵理论足以完全解决这个问题. 最后, 在无限长序列的极限下, 最大熵问题的精确解确实进入了我们熟悉的马尔可夫链理论. 这让我们可以更深入地了解马尔可夫链分析的基础及其可能的局限性.

练习 22.1 最后一句的确切含义可能不清楚. 在经典马尔可夫链中, 两步的转移概率由一步矩阵 (p_{ij}) 的平方给出, 三步的转移概率由该矩阵的立方给出, 依此类推. 但是我们的解是对相应的指标求和 (22.73) 来确定多步概率, 这显然不是一回事. 对此进行研究并确定最大熵多步概率是否与经典马尔可夫概率相同, 或者它们是否在某些极限下变得相同.

我们看到最大熵原理足以确定无噪声通道最佳编码问题的显式解. 当然, 当我们考虑更复杂的约束 (如三元字母频率等) 时, 用笔纸来求解将变得无比困难 (对此没有 "标准矩阵理论"), 据我们所知, 这必须求助于计算机求解.

现在, 香农号称最强的定理涉及给定 n 元字母频率在 $n \to +\infty$ 极限的问题. 他的 $H \equiv \lim H_n$ 被认为是英语的 "真实" 熵, 决定了传输它所需的 "真实" 最小信道容量. 我们不怀疑这是一个有效的数学定理, 但是从以上讨论中可以清楚地看出, 这样的定理与现实世界无关, 因为即使是在 $n = 1$ 时, 英语也不存在 "真实" 的 n 元字母频率这样的东西.

事实上, 就算这样的频率确实存在, 也请想一想人们如何确定它们. 即使我们不区分大小写字母, 也不在字母表中包含十进制数字或标点符号, 但是仍有 $26^{10} = 1.41 \times 10^{14}$ 个 10 元字母频率需要测量和记录. 要以每张纸 1000 条的方式将它们全部存储在纸上, 需要一叠大约 11 300 千米厚的纸.

22.8 噪声通道

让我们研究最简单的非平凡情况, 其中噪声独立 (无记忆地) 作用于每个传输的字母. 假设每个字母独立地具有被错误传送的概率 ε, 那么在 N 个字母的消息中, 有 r 个错误的概率是二项分布

$$p(r) = \binom{N}{r} \varepsilon^r (1-\varepsilon)^{N-r}, \tag{22.83}$$

并且期望错误数是 $\langle r \rangle = N\varepsilon$. 如果 $N\varepsilon \ll 1$, 我们可以认为该通信系统对大多数用途是令人满意的. 然而, 信息的传输可能必须完全没有任何错误 (如向在轨卫星发送计算机代码指令). 纠错码领域已经有大量文献和许多复杂的理论, 但是一个非常流行与简单的流程是使用校验和.

正如计算机实践中通常的情况，假设我们的“字母表”由 $2^8 = 256$ 个不同的字符组成. 每个字符以 8 位二进制数发送，称为“字节”. 在消息的末尾，再传输 1 字节，它在数值上是前 N 字节的和 (mod 256). 接收器根据接收到的前 N 字节重新计算该和，并将其与传输的校验和进行比较. 如果它们一致，那么几乎可以肯定传输没有错误 (如果有错误，那么一定至少有两个错误恰好在校验和中相互抵消，这种概率极其小，远小于 ε). 如果它们不一致，那么肯定有传输错误，因此接收器向发送器发送“请重复”信号，并重复该过程，直到实现无差错传输.

让我们看看根据概率论，校验和流程有多好. 为简洁起见，记

$$q \equiv (1-\varepsilon)^{N+1}. \tag{22.84}$$

然后，为了实现无差错传输，我们有

概率 q 需要传输 $N+1$ 个符号，

概率 $(1-q)q$ 需要传输 $2(N+1)$ 个符号，

概率 $(1-q)^2 q$ 需要传输 $3(N+1)$ 个符号，

等等.

实现无差错传输的期望传输长度是

$$\langle N \rangle = (N+1)q[1 + 2(1-q) + 3(1-q)^2 + 4(1-q)^3 + \cdots]. \tag{22.85}$$

由于 $|1-q| < 1$，级数收敛到 $1/q^2$，所以

$$\langle N \rangle = \frac{N+1}{(1-\varepsilon)^{N+1}} \simeq N\mathrm{e}^{N\varepsilon}, \tag{22.86}$$

如果 $N \gg 1$，则近似值保持得相当好. 但如果消息太长以至于 $N\varepsilon \gg 1$，则此流程失效. 我们几乎不可能在可接受的时间内无误地传输它.

但是现在我们有一个巧妙的方法来挽救，它表明一点儿概率论如何可以帮助我们达到准确传输. 让我们将长消息分成 m 个较短的、长度为 $n = N/m$ 的块，并使用自己的校验和传输每一块. 根据 (22.86)，期望的总传输长度现在是

$$\langle L \rangle = m\frac{n+1}{(1-\varepsilon)^{n+1}} = N\frac{n+1}{n(1-\varepsilon)^{n+1}}. \tag{22.87}$$

很明显，如果块太长，那么我们将不得不重复多次；如果块太短，那么我们将浪费传输时间发送许多不必要的校验和. 因此，应该有一个使 (22.87) 最小的最优块长度. 顺理成章地，结果证明这与 N 无关. 改变 n, 当

$$1 + n(n+1)\ln(1-\varepsilon) = 0, \quad \text{或} \quad (1-\varepsilon)^{n+1} = \mathrm{e}^{-1/n} \tag{22.88}$$

时 (22.87) 达到最小值. 对于所有实际目的，最优块长度是

$$(n)_{\text{opt}} = \frac{1}{\sqrt{\varepsilon}}, \tag{22.89}$$

最小可达到的期望长度是

$$\langle L\rangle_{\min} = N\left(\frac{n+1}{n}\right)\exp\left\{\frac{1}{n}\right\} \simeq N(1+2\sqrt{\varepsilon}). \tag{22.90}$$

通过将长消息分成多块，我们取得了巨大的进步. 如果 $\varepsilon \simeq 10^{-4}$，则通过单块发送长度为 $N = 100\,000$ 字节的无错误消息是不切实际的，因为在每次传输中预计大约有 10 个错误. 预期的传输长度约为 $22\,000N$ 字节，这意味着我们平均必须重复约 22 000 次才能得到无错误的结果. 但是最优块长度约为 $n \simeq 100$，通过使用它，期望长度减少到 $\langle L\rangle = 1.020N$. 这意味着我们需要发送 1000 个块，其中每个块都有额外的 1 字节（这大致相当于因子 $(n+1)/n \simeq 1+\sqrt{\varepsilon}$），大约 10 个可能需要重复（对应于因子 $\mathrm{e}^{1/n} \simeq 1+\sqrt{\varepsilon}$）. 但是 (22.87) 中的最小值非常宽：如果 $40 \leqslant n \leqslant 250$，我们有 $\langle L\rangle \leqslant 1.030N$. 如果 $\varepsilon = 10^{-6}$，则分块方法允许我们传输任何长度的无差错消息，而且几乎没有传输时间的损失（如果 n 接近 1000，则 $\langle L\rangle \simeq 1.002N$）.

据我们所知，分块方法是一种基于直觉的*特定工具*，不是从任何最优性准则中衍生出来的. 但是它使用起来很简单，并且非常接近所希望的最好值（$\langle L\rangle = N$），因此几乎没有任何动力去寻找更好的方法.

在微型计算机的早期，消息以 128 字节或 256 字节的块长度进出磁盘，如果每字节的错误概率在 $\varepsilon \simeq 10^{-5}$ 的数量级，这将是最优的. 在撰写本文时（1991 年），消息改为以 1024 字节到 4096 字节的块发送，这表明现在磁盘读写对于数量级为 10^{-8} 或更小的错误概率是可靠的. 当然，保守的设计使用的块长度比上述最优值略短，以防止设备磨损和错误率增加导致性能下降.

但是让我们注意一个哲学观点. 在这个讨论中，我们是否已经放弃作为逻辑的概率论的立场，而回到了频率定义？一点儿也不！*如果*错误概率 ε 确实是在所有重复类别测量中的"客观真实"错误频率，那么我们的 $\langle L\rangle_{\min}$ 同样是*在同样类型重复的*客观真实的最小可达到的平均传输长度，这是完全正确的.

但在只有在极少数情况下，这才是真实情况. 这类实验很耗费时间和资源. 在现实世界中，在设计截止并将制造产品交付给客户之前，它们永远不会完成. 事实上，在高可靠系统上的可靠性实验永远不可能真正完成，因为在需要进行的时候，我们的知识状态和技术能力会发生变化，使得基于最初目标的测试变得无关紧要.

我们现在的观点是，无论我们的概率是否为真实频率，作为逻辑的概率论在如下意义上都有效. 正如我们在第 8 章中看到的，作为逻辑的概率论的一个可推导的基础结果是，我们的概率是我们可以对所拥有信息做出的频率的最优估计.

这样，无论概率分配 ε 所依据的证据是什么，上述方程都描述了此时此地根据我们所掌握的信息可以做出的最合理的设计. 如前所述，即使事先知道只有一条消息将通过我们的通信系统发送，这仍然是正确的. 因此，作为逻辑的概率论具有更广泛的应用，即使有人有时出于心理原因假装自己使用频率定义时也是如此.

附录 A　概率论的其他流派

毋庸置疑，我们在第 2 章中构建概率论的方式并不是唯一的. 我们所选择的特定条件可能有其他选择方式，而且还有其他几种基于完全不同概念的流派.

对于前者，许多定性陈述似乎很显然，以至于人们可能会认为它们才是基本公理或合情条件，而不是我们所使用的那些. 因此，如果 A 蕴涵 B，那么对于所有 C，我们直觉上应该期望 $P(A|C) \leqslant P(B|C)$. 当然，我们的规则确实具有这个性质，因为乘法规则是

$$P(AB|C) = P(B|AC)P(A|C) = P(A|BC)P(B|C). \tag{A.1}$$

如果 A 蕴涵 B，那么 $P(B|AC) = 1$ 且 $P(A|BC) \leqslant 1$，因此乘法规则会简化为直觉的结论. 选择不同的公理很可能会简化第 2 章的推导. 然而，这不是我们使用的标准. 我们选择在我们看来最原始且最无可争辩的命题作为起点，相信由此产生的理论将具有可能的最大普遍性和应用范围.

下面简要地说明一些过去的其他流派.

A.1　柯尔莫哥洛夫概率系统

在第 2 章末尾的评注中，我们注意到维恩图以及它与集合论的关系，这成为柯尔莫哥洛夫概率论方法的基础. 这种方法在一般视角与动机上与我们的有很大不同，但是最终结果与我们的方法在几个方面是相同的.

柯尔莫哥洛夫概率系统（此后用 KSP 表示）是在基本命题 ω_i（或“事件”，在这个抽象层次上我们称之为什么无关紧要）的样本空间 Ω 上玩的游戏. 尽管抽样定义没有这么说明，我们可以认为它们大致对应于维恩图上的各个点.

然后存在一个域 F 由选定的 Ω 上的子集 f_j 组成. 这大致对应于我们的命题 $A, \cdots, B, \cdots$，由维恩图的区域表示（尽管抽象定义让集合不需要对应于区域）. F 具有三个基本性质.

(I) Ω 在 F 中.

(II) F 是一个 σ 域，意思是如果 f_j 在 F 中，那么它关于 Ω 的补 $\overline{f}_j = \Omega - f_j$ 也在 F 中.

(III) F 对于可数并是封闭的，这意味着，如果可数个 f_j 在 F 中，它们的并也在 F 中.

最后，在 F 上存在具有以下性质的概率测度 P.

(1) 归一化：$P(\Omega)=1$.

(2) 非负性：对于 F 中的所有 f_i 有 $P(f_i)\geqslant 0$.

(3) 可加性：如果 $\{f_1,\cdots,f_n\}$ 是 F 中的不相交元素（即它们没有共同点 ω_i），则 $P(f)=\sum_i P(f_i)$，其中 $f=\bigcup_j f_j$ 是它们的并.

(4) 零连续性：如果序列 $f_1\supseteq f_2\supseteq f_3\supseteq\cdots$ 趋于空集，则 $P(f_j)\to 0$.

这些公理没有什么令人惊讶的地方. 它们似乎是我们在第 2 章中所发现的熟悉内容，只是陈述了集合而不是命题的类似性质.

对于任何能被证实也能被证否的命题，柯尔莫哥洛夫想要 F 是一个 σ 域，这与我们在精神上是一致的. NOT 运算也是我们的原始运算之一. 事实上，我们通过包含 AND 运算走得更远. 令人惊喜的是，(AND, NOT) 是演绎逻辑的完备集合，结果证明对于我们的扩展逻辑也是完备的（即给定一组待考虑的命题 $\{A_1,\cdots,A_n\}$，我们的规则生成了一个形式上完全的推理系统，因为它足以为 $\{A_1,\cdots,A_n\}$ 通过布尔代数生成的所有命题分配一致的概率.）

在以下意义上，这一要求也暗示了柯尔莫哥洛夫在可列并下的闭包. 从根本上使用有限集合，我们从根本上满足于有限并；然而，作为有限集合良好定义极限的无限集合可能是一种方便的简化，可以为有限集合计算去除复杂但不相关的细节. 在如此产生的无限集合上，我们的有限并进入可数并.

但是，正如第 2 章中所指出的，一个涉及现实世界的命题 A 不是总能被视为有意义的集合 Ω 的基本命题 ω_i 的析取（或），而它的否 $\overline{A}$ 可能更难以解释为集合的补. 试图将命题 $A,B,\cdots$ 上的逻辑运算替换为集合上的集合操作不会改变理论的抽象结构，却使得它在应用中可能重要的方面变得不那么一般. 因此，我们试图在作为亚里士多德逻辑的扩展的更广泛意义上来构建概率论.

最后，柯尔莫哥洛夫将概率测度 P 的性质 (1) ~ (4) 表述为看似随意的公理，而 KSP 因为这种随意性而受到批评. 但是，我们认为它们只是对我们在第 2 章中根据一致性需求导出的四个性质在集合场景中的陈述. 例如，从 (2.35) 可以明显看出对非负性的需求. 仅作为公理表述时，可加性似乎也是随意的，但是在 (2.85) 中，我们根据一致性的需要推导出了它.

许多人认为归一化只是一种随意的约定，但 (2.31) 表明，如果确定性不用 $p=1$ 表示，那么我们必须重述加法规则和乘法规则，否则就会出现不一致. 例如，如果我们选择 $p=100$ 来表示确定性的约定，那么这些规则的形式为

$$p(A|B)+p(\overline{A}|B)=100,\qquad p(A|BC)p(B|C)=100p(AB|C). \tag{A.2}$$

更一般地，通过变量 $u=f(p)$ 对某个单调函数 $f(p)$ 的变换，我们可以在不同的尺度上表示概率，但是一致性将要求乘法规则和加法规则在形式上也进行修改以使得我们的理论内容不会改变. 例如，对于 $u=\ln[p/(1-p)]$ 的变换，加法规则采用同样简单的形式

$$u(A|B)+u(\overline{A}|B)=0, \tag{A.3}$$

而乘法规则将变得非常复杂. 实质性的结果并不是人们必须使用任何特定尺度，而是其中有一个归一化、非负可加的唯一尺度的*内容*不同的概率论将会包含不一致性.

这应该可以回答某些人（Fine，1973，第 65 页）提出的反对意见，即柯尔莫哥洛夫的尺度是任意的. 在 1973 年，这样指责看起来似乎是合理的，需要进一步研究. 根据进一步的研究，我们现在知道，他实际上做出了唯一能够通过我们所有一致性检验的选择，现在我们认为这种指责是不合理的.

我们不知道柯尔莫哥洛夫是如何看到其公理 (4)（零连续性）的必要性的，但是我们的方法实际上可以根据简单的一致性要求来导出它. 首先，让我们消除一种误解. 关于集合的陈述 (4) 似乎暗示给定了一个无限的子集序列，但是将其解释成关于命题的陈述并不要求我们将概率分配给无限数量的命题. 重要的是，我们拥有无限序列的不同*知识状态*，这可能是关于一个单一命题的，但是趋于不可能. 由于柯尔莫哥洛夫的集合与任何诸如“知识状态”之类的思想无关，因此在集合场景中似乎无法这样说，但在命题场景中，这很容易.

我们写下这一点是为了强调，“通过将讨论限制在一组有限命题上就可以不需要这一公理”是一个严重的错误. 由此产生的理论将使得人们很容易犯各种不一致错误.

在我们的系统中，“零连续性”采用以下形式：给定一系列趋于确定性的概率 $p(A)_1,p(A)_2,\cdots$，分配给相应否定的概率 $p(\overline{A})_1,p(\overline{A})_2,\cdots$ 一定趋于零. 事实上，正如我们在 (2.48) 中所指出的那样，$S(x)$ 满足的函数方程使得不同 x 值之间的联系非常紧密，以至于当 $x\to 1$ 时 $S(x)$ 趋于 0 的确切方式在整个值域（$0\leqslant x\leqslant 1$）中决定函数 $S(x)$，因此决定可加性 (2.58). 因此，从我们的角度来看，柯尔莫哥洛夫公理 (3) 和 (4) 似乎是密切相关的，它们在逻辑上是否独立并不显而易见.

因此，出于所有实际目的，如果将概率论应用于集合论场景，我们的系统将与 KSP 一致. 但是在更一般的应用中，虽然我们有一个具有相同性质的话语域 F 和 F 上的概率测度 P，但是我们不需要，也不总是有 F 中的元素都可以分解成的基本命题集合. 当然，在我们的许多应用中会出现这样一个集合：例如，在平衡统计力学中，Ω 中的元素 ω_i 可以用系统平稳“全局”量子态来识别，它形成一

个可数集合．在这些情况下，抽象理论阐述基本上会完全一致，尽管出于以下原因，我们在实际计算中一方面有更多自由，而另一方面则有更多禁忌.

我们的方法也以另一种方式支持 KSP．KSP 被批评为缺乏与现实世界的联系．在某些人看来它的公理是有缺陷的，因为它们不包含任何测度 P 在实际问题中能解释为随机试验的频率的陈述.[①] 但是在我们看来，这似乎是优点而不是缺陷．要求我们在使用概率论之前援引某个随机试验会对理论的适用范围施加不可容忍的随意的限制，使得概率论不适用于我们建议通过扩展逻辑解决的大多数问题.

即使在实际问题中援引了随机试验，适当考虑了指定频率的命题，这也不是用来确定测度 P 的，而是作为域 F 的元素．在柯尔莫哥洛夫的系统和我们的系统中，这样的命题不是进行推断的工具，而是进行推断的事物.

然而，这两种概率论体系之间存在一些重要差别．首先，在 KSP 中注意力几乎完全集中在可加测度的概念上．柯尔莫哥洛夫公理没有提到条件概率的概念．事实上，KSP 认为这是一个实际上不需要的尴尬概念，只是在看似重新考虑后不情愿地提到它．[②] 尽管柯尔莫哥洛夫的书中有一节名为“贝叶斯定理”，但是他的大多数跟随者忽略了它．相比之下，我们从一开始就认为，所有涉及现实世界的概率都必须以当前所掌握的信息为条件．在第 2 章中，乘法规则——条件概率和贝叶斯定理是其直接结果——甚至在可加性之前就出现在我们的系统中.

我们的推导表明，从逻辑的角度来看，乘法规则（以及贝叶斯定理）简单地表达了布尔代数的结合性和交换性．这是我们在计算中拥有更多自由的原因，使得我们在后面的章节中不受限制地使用贝叶斯定理．在该定理中，我们可以完全自由地以乘法规则和加法规则允许的方式在任何概率符号的左右两侧来回移动命题．这是一个极好的计算工具，也是迄今为止最强大的科学推断工具，但它完全没有出现在基于 KSP 工作的概率论阐述中（它根本不将概率论与信息或推断联系起来）.

作为对这种自由的回报，我们对自己施加了 KSP 中不存在的一种限制．在被德菲内蒂和他的追随者抨击之后，我们对无限集合保持警惕．我们只在确保问题中存在一个明确定义且行为良好的极限过程，不会导致我们陷入悖论且有用时才会使用它.

原则上，我们总是从枚举一些有限的命题 $A, B, \cdots$ 开始．因此，我们的话语域 F 也是有限的，它由这些命题以及可以通过合取（交、与）、析取（并、或）

① 事实上，德菲内蒂（de Finetti，1972，第 89 页）认为柯尔莫哥洛夫系统不可能用频率极限来解释.

② 在柯尔莫哥洛夫系统中，条件概率是一个外来元素，以至于拉奥写了另外一整本书（Rao，1993），试图通过一套单独的公理方法来解释条件概率的概念！

和否定从中自动“构建”的所有命题组成．我们没有必要，也不希望将它们分解为更细命题的析取，更不用说将其扩展到无穷极限了，除非由于特定问题的结构，这可能成为一种有用的计算工具．

我们采取这种立场有三个原因．第一个原因在第 8 章中通过萨姆的坏温度计场景进行了说明，我们看到超过某个点之后，这种越来越细的分解毫无意义．第二个原因是，在第 15 章中，我们看到一些悖论在等待着那些不考虑有限集合的任何极限过程，而直接跳入无限集合的人．但是即使在这里，当我们考虑所谓的“博雷尔-柯尔莫哥洛夫悖论”时，也发现自己同意柯尔莫哥洛夫对它的解决方案，而不同意他的一些批评者的意见．我们必须小心地处理无限集合，但是一旦进入不可数集合，也必须同样小心地处理测度为 0 的集合．

第三个原因是，不同的分解方式通常对我们更有用．除了将命题 A 分解为“较小”命题的析取 $A = B_1 + B_2 + \cdots$ 并应用加法规则外，我们同样可以将其分解为“较大”命题的合取 $A = C_1C_2\cdots$ 并应用乘法规则．这可以非常简单地以集合术语解释．要确定一个国家的地理布局，有两种可能的方法：(1) 指定其中的点；(2) 指定其边界．方法 (1) 是维恩-柯尔莫哥洛夫的方法，但是在我们看来，方法 (2) 同样基本，而且通常更简单，并与我们在实际问题中所拥有的信息更直接相关．在维恩图中，集合 A 的边界由 $C_1, C_2, \cdots$ 的边界组成，正如一个国家的边界是由河流、海岸线和相邻国家组成的一样．

这些方法并不冲突，在每一个问题中，我们都可以选择恰当的方法．但是在大多数问题中，方法 (2) 是更自然的．物理理论总是被表述为假设的合取，而不是析取；同样，数学理论是由它背后的一组公理定义的，它总是被表述为基本公理的合取．将任何理论的基础表述为析取几乎是不可能的，因此我们必定需要这种选择的自由．

总之，到目前为止，看不到我们的概率系统与柯尔莫哥洛夫系统之间有任何实质性冲突．但是，我们寻求更深层次的概念基础，使其能够扩展到更广泛的应用类型，这是当前科学问题所需要的．

然而，这里阐述的理论还远未达到其最终完整的形式．在目前的发展状态下，在很多情况下，我们的机器人不知道如何处理它的信息．假设有人告诉它“琼斯对 θ 可能大于 100 的提示感到非常高兴”，那么通过什么原则可以将其转化为关于 θ 的概率陈述呢?

然而，我们可以利用这些信息来修改我们对 θ 的看法（根据我们对琼斯的看法向上或向下调整）．事实上，我们几乎可以使用任何类型的先验信息，也许可以绘制一条曲线，粗略地表明它如何影响我们的概率分布 $p(\theta)$．换句话说，我们的大脑掌握着比机器人更多的原理，可以半定量地将原始信息转换为计算机可以使用的东西. 这就是为什么我们坚信一定有更多的诸如最大熵和变换群之类的原理等着被人发现. 每一个这样的发现都将为这一理论的应用开辟一个新的领域.

A.2 德菲内蒂概率系统

现在有一个活跃的概率学派,他们的大多数成员称自己为“贝叶斯主义者”,但是实际上是布鲁诺·德菲内蒂的追随者,关心的是贝叶斯从未想过的事情. 1937 年,德菲内蒂发表了一部作品，该作品表达了一种与我们有些相似的哲学，不仅包含他奇妙而核心的可交换性定理，而且试图在“连贯性”概念上建立概率论本身的基础. 这大致意味着，人们应该以在基于概率的投注中不会肯定成为输家的原则分配和操作概率. 他（de Finetti，1937）似乎很容易地从这个前提中推导出了概率论的规则.

自 1937 年以来，德菲内蒂发表了更多关于该主题的著作（de Finetti，1958，1974a,b）. 请特别注意以英文翻译出版的大型著作（de Finetti，1974b）. 有些人认为我们应该在当前工作中遵循德菲内蒂的连贯性原则. 当然，那会缩短我们的推导过程. 但是，我们认为连贯性在三个方面都不是令人满意的基础. 第一个无疑只是美学上的，在我们看来，将逻辑原则建立在诸如期望利润这样粗俗的事情上是不优雅的.

第二个方面是策略上的. 如果认为概率从根本上是根据投注偏好来定义的，那么分配概率时人们的注意力就集中在如何诉诸不同人的个人概率上. 在我们看来，这是一项有价值的努力，但是属于心理学领域而不是概率论领域，我们的机器人没有任何投注偏好. 当我们以作为逻辑的规范扩展应用概率论时，我们关心的不是不同人可能碰巧拥有的个人概率，而是考虑到他们所拥有的信息时所“应该”拥有的概率——正如詹姆斯 · 克拉克 · 麦克斯韦在第 1 章章首引文中指出的那样.

换句话说，从问题一开始，我们关心的就不是任何人的个人意见，而是在当前问题的背景下如何指定*先验信息*，这些先验信息是我们机器人意见的基础. 通过对先验信息的逻辑分析来一致地分配先验概率的原则对我们来说是概率论的必要组成部分. 在基于德菲内蒂方法的概率论阐述中几乎完全没有考虑这一点（当然它并不禁止我们考虑此类问题）.

第三个方面完全是实用的：如果发现任何规则具有德菲内蒂意义上的连贯性，但不具有考克斯意义上的一致性，那么作为逻辑推断的规则，它显然是不可接受的——实际上，在功能上是不可用的. 不会有“正确方式”来做任何计算，任何问题也都没有“正确答案”. 然后想想所有这些不同的答案至少是“连贯的”，这会让人感到些许安慰.

据我们所知，德菲内蒂没有将一致性作为一种合情条件提及，也没有对其进行检验. 然而，一致性——而不仅仅是连贯性——才是必不可少的. 我们发现，当我们指定的规则满足一致性要求时，它们很容易自动具有连贯性.

我们在前言中还提到了另一点. 与柯尔莫哥洛夫一样，德菲内蒂主要关注在任意不可数集上直接定义的概率，但是他以不同的方式看待可加性，并且导致了像洋葱一样无限层序列的异常情况，不同阶数 0 概率相加起来等于 1，等等. 德菲内蒂的追随者犯下了大部分无限集合悖论迫使我们转向（并且就像第 16 章中的亥姆霍兹那样在必要时夸大）相反的“有限集合”策略以避免它们. 这一思想及其技术细节在第 15 章中有所陈述.

A.3 比较概率

在 1.8 节中，我们注意到有人可能会反对我们的第一个合情条件：

(I) 合情性应由实数表示.

为什么这个条件必要? 一个现实的理由是：除非在某一点，合情性与某个确定的物理量相关联，我们无法明白机器人的大脑如何通过执行确定的机械或电子物理操作来发挥作用.

我们认识到这缺乏一些美感（忽略了一些美学上的考虑）. 例如，欧几里得几何之所以优雅，很大程度上是因为它不关心数值，而只认等价或相似的定性条件. 在选择其他公理时，我们非常注意这一点，小心确保“一致性”和“符合常识”表达的是定性而不是定量性质.

当然，我们基于现实的论证对于那些关心抽象公理而不关心实效的人没有任何意义，所以让我们考虑替代方案. 如果有人想替换我们的合情条件 (I)，可以将其分解为更简单的公理. 在下文中，“$(A|C) > (B|C)$”不是指数字比较，而只是“给定 C，A 比 B 更合情”的文字表达，等等. 那么合情条件 (I) 可替换为两个更基本的条件.

(Ia) 传递性. 如果 $(A|X) \geqslant (B|X)$ 且 $(B|X) \geqslant (C|X)$，则 $(A|X) \geqslant (C|X)$.

(Ib) 普遍可比性. 给定命题 A, B, C，那么关系 $(A|C) > (B|C)$, $(A|C) = (B|C)$, $(A|C) < (B|C)$ 其中之一必须成立.

要明白这一点，注意如果同时假定传递性与普遍可比性成立，那么对于任何有限命题集合，我们总是可以建立服从所有排序关系的实数（实际上是有理数）

的表示. 因为，假设有一个具有数值度量 $\{x_1, \cdots, x_n\}$ 的命题集合 $\{A_1, \cdots, A_n\}$，添加一个新命题 A_{n+1}，传递性与普遍可比性确保它会在符合这些排序关系时具有唯一位置. 由于任何两个有理数之间总能找到另一个有理数，我们总是可以给它分配一个数 x_{n+1} 使得有理数 $\{x_1, \cdots, x_{n+1}\}$ 也服从新集合 $\{A_1, \cdots, A_{n+1}\}$ 的排序关系.

所有体现传递性和普遍可比性的比较理论至此完结. 一旦建立了实数表示的存在性，考克斯定理就会生效并使得该理论与我们在第 2 章中推导出的理论相同. 也就是说，要么存在某一单调函数服从概率论的标准乘法规则和加法规则，要么我们可以展示在比较理论的规则中存在不一致性.

一些比较概率论系统同时具有这两个公理，这样它们就假设了保证与标准数值理论等价所需的一切. 在这种情况下，拒绝使用数值表示的极大便利似乎是愚蠢的. 但是现在，是否可以放弃传递性或普遍可比性，并获得与我们内容不同的、可接受的扩展逻辑理论?

如果违反传递性，比较概率论就不会走得太远. 没有人愿意或者能够使用它，因为我们会陷入无限的循环推理. 所以，传递性肯定会成为比较概率论的公理之一，发现不可传递性将成为立即拒绝任何理论系统的理由.

对许多人来说，普遍可比性似乎并不是一个令人信服的合情条件. 去掉它，我们可以创建一种“网格”理论. 之所以这么叫，是因为我们可以用点来表示命题，用通过各种方式连接它们的线来表示可比性关系. 那么有可能: A 和 C 可以比较，B 和 C 可以比较，但是 A 和 B 不能比较. 人们可能会构造这样一种情况，即 $(A|D) < (C|D)$ 且 $(B|D) < (C|D)$，但是 $(A|D) < (B|D)$ 和 $(A|D) \geqslant (B|D)$ 都不成立. 这允许一种不能为每个命题分配一个实数表示（尽管它可以用向量网格来表示）的更宽松的结构，任何引入单个数值表示的尝试都会产生系统中不存在的错误比较.

已经有很多努力来尝试发展这种更宽松形式的概率论. 在这些理论中，人们不以实数表示合情性，而只承认 $(A|C) \geqslant (B|C)$ 形式的定性排序关系，并且试图推导出具有性质 (2.85) 的（不一定是唯一的）可加性测度 $p(A|B)$ 的存在. 萨维奇的工作（Savage，1954) 可能是这方面最著名的例子. 法恩 (Fine，1973) 对此类尝试进行了总结. 这些努力似乎只是出于审美上的需要——普遍可比性是超出我们需要的更强的公理——而不是希望通过放弃它可以获得任何特定的实用优势. 然而，比较概率论中出现的一个局限性使得这种尝试失去了最初的吸引力.

排序关系不能随意分配，因为必须始终可以通过添加更多命题和排序关系来扩展话语域，而且不产生矛盾. 如果添加新的排序关系产生不传递性，则需要修改一些排序关系以恢复传递性. 但是这样的扩展可以无限地进行, 并且当一组具有传递排序关系的命题在从不可能到确定的路径上在某种意义上变得“到处稠密”时, 一致性将要求该理论逼近本书阐述的常规的数值概率论.

回想一下 (即考虑到考克斯的一致性定理), 这并不奇怪. 如果一种比较概率论的结果与我们的数值概率论的结果相冲突, 其中必然包含明显的不一致性或存在产生不一致性的种子, 当人们试图扩展讨论域时, 这些不一致性就会变得明显.

此外, 在我们看来, 任何执行比较概率论运算的计算机必然在某个阶段将排序关系表示为实数的不等式. 因此, 试图避免数值表示不仅没有实用的优势, 而且是徒劳的. 比较概率论的研究最终只是向我们展示了我们在这里遵循的考克斯方法优越性的另外一个方面.

A.4 对普遍可比性的反对

然而, 前面几节中的论证并没有完全终结这个主题, 因为作为逻辑的概率论的一些批评来自这样一些人, 他们认为假设所有命题都可以比较是荒谬的. 这种观点似乎源于两种不同的信念: (1) 人脑无法做到这一点; (2) 他们认为已经展示了从根本上不可能比较所有命题的例子.

论证 (1) 对我们没有任何意义. 在我们看来, 人的大脑做了很多荒谬的事情, 却没有做很多明智的事情. 我们发展形式推断理论的目的不是模仿它们, 而是纠正它们. 我们认同人类大脑难以比较和推断涉及不同背景的命题. 但是我们也会观察到, 这种能力也会随着接受教育而提高.

例如, 假设有两个命题: (A) 东京在 2230 年 6 月 1 日发生大地震; (B) 挪威那天捕鱼会异常适合. 命题 A 比命题 B 更有可能吗? 对大多数人来说, 命题 A 和命题 B 的背景似乎非常不同, 以至于我们不知道如何回答这个问题. 但是, 只要稍微接受过地球物理学和天体物理学的教育, 就会意识到月球很可能会同时影响这两种现象, 因为它会导致地壳中潮汐和应力幅度的锁相周期性变化. 毕竟, 认识到可能起作用的共同物理原因会使得这些命题看起来具有可比性.

上面提到的第二个对普遍可比性的反对意见似乎是对我们目前理论的误解, 但是它确实指出了普遍可比性从根本上不可能的情况. 在这些情况下, 我们试图针对不止一个属性对命题进行分类, 如第 1 章末尾提到的可能的心理活动多维模型. 我们看到的所谓的普遍可比性的反例无一例外都被证明是这种类型.

例如, 矿物学家可以根据两种量 (例如密度和硬度) 对一组岩石进行分类. 如果在它们的某个子类中, 仅密度不同, 那么显然存在可以由实数 d 准确表示的可传递的可比关系. 如果在另一个子类中硬度不同, 则实数 h 可以表示类似的可比性. 但是，如果我们需要同时根据两个维度对岩石进行分类，则需要两个实数 (d, h) 来表示，任何以唯一一维顺序排列它们的尝试都将是随意的.

如果引入某个新的价值判断或“目标函数” $f(d, h)$，它通过诸如 $f(d_1, h_1) = f(d_2, h_2)$ 之类的关系告诉我们如何权衡 d 中的变化 $\Delta d = d_2 - d_1$ 和 h 中的变化 $\Delta h = h_2 - h_1$，则可以消除这种随意性. 这样，我们就又根据一个属性对岩石进行分类，即 f，并且普遍可比性再次成为可能.

在这里发展的概率理论中，根据定义，我们仅根据一种属性对命题进行分类，可直观地称之为“合情性”. 一旦理解了这一点，我们就认为用实数表示的可能性永远不会受到质疑，并且这样做的吸引力已被该理论的所有好的结果和有用的应用所证明.

尽管如此，比较概率论的一般思想可能在两个方面对我们有用. 首先，出于许多目的，人们可能不需要精确定义的数值概率，任何在一组命题中保持排序关系的值都可能足以满足我们的需求. 如果只需要在两个相互竞争的假设或两种可行的行动之间进行选择，那么很大范围内的数值概率值都会导致相同的最终选择. 那么该范围内的精确位置是无关紧要的，确定它会浪费计算资源. 这样，一种非常像比较概率论的东西将会出现，不是作为数值概率论的推广，而是作为对数值概率论的简单、有用的近似.

其次，上述关于东京和挪威问题的观察显示了概率网格理论的一种可能的合理应用. 如果我们的大脑不自动具有普遍可比性的特性，那么也许网格理论可能比拉普拉斯-贝叶斯理论更接近描述我们实际思考的方式. 网格理论有哪些可以预期的性质?

A.5 关于网格理论的推测

一个明显的性质是，我们只能在由一组可比较命题组成的某个“领域”中进行合情推理. 如果涉及跨越网格的相距很远的部分，我们不知道如何推理，除非意识到命题之间的某种逻辑关系，否则我们就没有比较它们合情性的标准. 在网格的不同部分，合情性尺度可能相差很大，除非学会增加可比性的程度，否则我们无法知道这一点.

的确，人脑一开始就并不是一个有效的推理机器，无论是对于合情推理还是演绎推理. 这是我们需要多年才能学习的东西，并且一个知识领域的专家在另一个领域可能只能做非常差的合情推理.[①] 在学习过程中，大脑内部发生了什么?

① 生物学家詹姆斯 · 沃森曾在电视评论中说，当物理学家考虑生物学问题时，他们可能会“相当愚蠢”. 我们不否认这一点，尽管我们想知道如果没有物理学家罗莎琳德 · 富兰克林帮他获取数据，以及弗朗西斯 · 克里克向他说明如何解释它，他会在多大程度上发现 DNA 结构.

教育可以被定义为认识到越来越多的命题以及它们之间越来越多的逻辑关系的过程. 这样，一个似乎很自然的推测是：一个小孩会在一个具有非常开放结构的网格上推理，网格的大部分根本没有相互关联. 例如，历史事件中的时间关联不是自动的. 我曾见过一个孩子，他了解一些古埃及历史，并且研究过图坦卡蒙墓中宝藏的图片，但是放学回家却一脸疑惑地问道：“亚伯拉罕 · 林肯是第一个人吗?”

有人向他解释说，埃及文物已经有 3000 多年的历史，而亚伯拉罕 · 林肯在 120 年前还活着. 但是这些话的意思之前并没有在他的大脑中出现. 这让我们怀疑是否可能存在某种原始文化，其中的成年人没有将时间视为超出他们自己生命的概念. 如果是这样，这一事实可能不会被人类学家发现，因为他们根本不会提出这个问题.

随着学习的进行，网格会发展出越来越多的点（命题）和相互关联的线（可比关系），其中的一些需要根据以后的知识进行修改以保持一致性. 通过发展出具有越来越稠密结构的网格，人们会使合情性尺度被更加严格地定义.

没有一位成年人能够达到认识所有可能命题之间关系的受教育程度，但是他可以在某个狭窄的专业领域中达到这一程度. 在该领域内，会存在“类普遍可比性”他在这个领域内的合理推理将接近于拉普拉斯-贝叶斯理论给出的推理.

一个人的大脑可能会发展出几个孤立的区域，在这些区域中，网格局部非常稠密. 例如，一个人可能非常了解生物化学和音乐学. 这时，对于每个单独区域内的推理，拉普拉斯-贝叶斯理论将非常近似，但是仍然无法将不同区域相互关联.

那么，当网格变得处处稠密并且具有真正的普遍可比性的极限情况时，会发生什么? 显然，网格会坍缩成一条直线，所有合情性与实数的唯一联系将成为可能. 因此，拉普拉斯-贝叶斯理论并不是描述实际人类大脑的归纳推理，它描述了“受过无限教育”的大脑的理想极限情况. 难怪我们不知道如何在所有问题中使用它!

这种猜测可能很容易被证明只是科幻的. 然而，我们觉得其中至少应该包含一点儿真理的成分. 与所有真正基本的问题一样，我们必须将最终的判断留给未来.

附录 B　数学形式与风格

我们在此汇集了在整本书中使用的各种数学约定的简要说明，并讨论在概率论中出现的一些基本数学问题. 在最近的文献中,粗心的记号已经导致了很多错误结果. 我们需要找到合适的记号和术语的使用规则，使得人们不容易犯此类错误.

数学记号，就像语言一样，本身并不是目的，而只是一种交流的工具. 如果允许记号像语言一样随着使用而演变，那将是最好的. 这种演变通常是采用缩写形式，可以在根据上下文了解其含义时减少符号的数量.

但是，一种鲜活、不断变化的语言仍然需要语法与拼写形式的一套固定规则作为避风港. 这些规则隐藏在字典中，在可能存在歧义时使用. 同样，概率论需要一套固定的规范规则，我们在有疑问时需要依靠这些规则. 这里会陈述形式记号规则和逻辑层次结构，从第 3 章开始的所有章节都遵从这些标准记号形式，并由此演化. 在某一章中方便甚至几乎是必需的符号却可能在另一章中引起混淆，所以每个单独的主题必须允许从标准记号开始独立演变.

B.1　记号和逻辑层次结构

在我们的形式概率符号（大写 P 表示的那些）

$$P(A|B) \tag{B.1}$$

中，A, B 始终代表*命题*. 这些命题（至少对我们而言）具有足够清晰的含义，以至于我们愿意将它们作为服从布尔代数的亚里士多德逻辑的元素. 因此，$P(A|B)$ 并不是通常意义上的“函数”.

我们再次强调:如果条件 B 在我们问题的背景中碰巧具有零概率(例如,$B = CD$，但 $P(C|D) = 0$)，概率符号是未定义且没有意义的. 认识不到这一点可能会导致错误的计算——正如无意中除以一个恰好是 0 的表达式可能会使所有后续结果无效.

为了保持概率符号 (B.1) 的纯粹性，我们还必须有其他符号. 因此，如果命题 A 具有意义

$$A \equiv \text{变量 } q \text{ 具有特定值 } q', \tag{B.2}$$

那么通常就不写成 $P(A|B)$，而是倾向于写成

$$P(q'|B). \tag{B.3}$$

但 q' 并不是一个命题，所以作者显然想用 (B.3) 代表一个变量 q' 的普通数学函数. 但是在我们的符号系统中，这是不合法的. 如果想表示普通数学函数，我们将小心地使用一个不同的函数符号，比如 $f(\ |\ )$，将符号 (B.3) 写成

$$f(q'|B). \tag{B.4}$$

区分符号 (B.3) 和 (B.4) 在某些读者看来可能有些迂腐，但是我们为什么要这样坚持呢? 许多年前，我也会认为这一点太琐碎，不值一提. 但是后来的经验表明，未清晰地加以区别会导致许多人进行错误计算并得出错误结论. 这浪费了大量的时间和精力——而且这种浪费仍在概率论领域中发生——因此我们有必要采取措施来防止它重演.

关键是命题 A 可能确实指定某个变量 q 的值，也通常包含限定语句的陈述:

$$A \equiv \text{如果命题 } B \text{ 为真，则变量 } q \text{ 的值为 } q'. \tag{B.5}$$

如果尝试在概率符号中简短地用 q' 代替 A，就会忽略限定语句. 在后面的计算中，相同的变量 q' 可能出现在具有不同限定语句 B_1 的命题 A_1 中，人们可能会再次试图用概率符号中的 q' 替换 A_1. 后来，同样的概率符号会出现两种不同的含义，人们会误以为它们代表相同的量.

这就是著名的“边缘化悖论”中发生的事情，其中相同的概率符号用来表示两个不同先验信息为条件的概率，并得出杰恩斯 (Jaynes，1980) 和第 15 章中描述的奇怪结果. 这种混淆仍然会给那些尚未理解概率论的人造成麻烦.

但是，我们对这种记号法并不执着. 在几乎没有错误危险的简单情况下，我们允许做一定的妥协并遵循大多数作者的习惯，即使它不是严格一致的记号. 在带有小写 p 的概率符号中，我们将允许参数是命题、数字或者二者的任意组合: 因此，如果 A 是命题，q 是数，则等式

$$p(A|B) = p(q|B) \tag{B.6}$$

是被允许的. 但是要注意，当使用小写 p 符号时，读者必须根据上下文判断它的含义，并且有可能因未能正确区分而出错.

一个常见且有用的习惯是使用希腊字母表示概率分布中的参数，使用相应的拉丁字母表示数据的相应函数. 例如，可以用 $\mu = \langle x\rangle = E(x)$ 表示概率均值 (概率分布的平均值)，而数据的平均值将是 $m = \overline{x} = n^{-1}\sum x_i$. 我们坚持这一点，除非会由于与其他一些习惯用法相冲突而造成混淆.

B.2　我们的“谨慎”策略

从第 2 章中根据对合理性和一致性的简单合情条件导出的概率论规则适用于离散、有限的命题集合. 因此，有限集合是我们的安全港湾，其中考克斯定理适

用，并且没有人能从应用加法规则和乘法规则中产生不一致性．同样，在初等算术中，有限集合是安全港湾，没有人会通过应用加法和乘法运算产生不一致性．

我们一旦试图将概率论扩展到无限集合，就需要在数学上保持谨慎，就像人们从有限算术表达式扩展到无穷级数时那样．第 15 章开头的“室内游戏”的例子表明，将在有限集合上总是安全的初等算术运算与分析操作应用到无限集合上，是多么容易犯错误．

在概率论中，目前已知的唯一安全流程似乎是先通过将概率论规则严格应用于有限命题集合来推导出结果，然后在有限集合结果摆在我们面前之后，观察它在命题数量无限增加时的表现．基本上有以下三种可能．

(1) 它平滑地趋于一个有限的极限，有些项变得越来越小并消失，留下了一个更简单的解析表达式．

(2) 它会爆炸，即在极限时变为无限大．

(3) 它保持有界，但是会永远振荡或波动，从不趋于任何确定的极限．

在情况 (1) 下，我们说极限是“行为良好的”并接受极限是无限集合的正确解．在情况 (2) 和 (3) 下，该极限是“病态的”，不能被视为问题的有效解．这时我们从根本上拒绝取极限．

这就是“三思而后行”的策略：原则上，只有在验证极限行为良好后，我们才会取极限．当然，这并不意味着我们在实践中对每一个问题都会重新进行这样的检验．大多数情况会反复出现，标准情况的行为规则可以一劳永逸地使用．但是如果有疑问，我们别无选择，只能重新检验．

在极限行为良好的情况下，可以通过直接对无限集合运算来获得正确答案，但是我们不能指望这一定可行．如果极限是病态的，那么任何直接在无限集合上解决问题的尝试都会导致无意义的结果．*如果我们只看极限而不是取极限的过程，则无法看出其原因*．第 15 章中提到的悖论说明了这方面的粗心大意所导致的一些恐怖后果．

B.3　威廉 · 费勒对于测度论的态度

与我们的策略相反，概率论的许多论述从一开始就试图在可数或不可数的无限集合上分配概率．那些使用测度论的人实际上是假设在引入概率之前已经完成了到无限集合的途径．例如，费勒提倡这一策略，并在其著作（Feller，1966）的第二卷中使用它．

在讨论这一问题时，费勒（Feller，1966）指出，各种应用领域的专家有时“否认需要测度论，因为他们不熟悉其他类型的问题，以及模糊推理确实导致错误结果的情况”. 如果费勒知道这样的事情的任何示例，那么肯定会说明——但是他没有. 因此，正如他所说，我们仍然没有发现错误结果是由于未使用测度论的情况.

但是，正如第 15 章中特别指出的，在许多可记录的示例中对无限集合的粗心使用导致了荒谬的结果. 我们还没发现我们的“谨慎”策略会导致不一致、错误，或者未能产生合理结果的情况.

我们不使用测度论的符号，因为它预设在推导开始时已经完成了无穷极限的途径——无视第 15 章开始引用的高斯的建议. 我们经常在推导结束时取无穷极限，实际上是在直接使用“勒贝格测度”的原始含义. 我们认为未能使用当前的测度论符号并不是“模糊推理”，恰恰相反，这是是否以正确次序做事的问题.

费勒确实不情愿地承认了我们的立场是正确的. 虽然他认为从有限集合过渡到明确定义的极限是不必要的，但是他承认它“在逻辑上无可挑剔”并且具有“对于初学者来说是一个很好的练习”的优点. 这对我们来说已经足够了，因为在这个领域，我们都是初学者. 也许最需要学习的初学者是那些拒绝这种非常有指导意义的练习的人.

我们还注意到，测度论并不总是适用的，因为并非所有出现在实际问题中的集合都是可测的. 例如，在许多应用中，我们希望为事先知道是连续的函数分配概率. 但是马克 · 卡克（Mark Kac，1956）指出存在不可测的连续函数，它的内测度为 0，外测度为 1. [①] 作为数学家，他愿意牺牲现实世界的某些方面，以符合这一集合应该可测的先入之见. 因此，为了得到一个可测函数类，他将其扩展到包括处处不连续的函数. 但是，由此产生的测度“几乎完全”集中在这些处处不连续的函数类上. 出于物理原因，我们强烈要求从我们的集合中排除这些函数！因此，虽然卡克得到了令他满意的解，但这并不总是真正问题的解.

我们的价值判断恰恰相反：关注现实世界. 我们愿意牺牲关于可测类的先入之见，以保留现实世界中对我们的问题很重要的方面. 在这种情况下，我们的谨慎策略的某个形式将始终能够绕过测度论以获得我们寻求的有用结果. 例如，(1) 在有限数量的 n 个正交函数中展开连续函数；(2) 在有限维空间 R^n 中为展开系数分配概率；(3) 做概率计算；(4) 最后传递到极限 $n \to +\infty$. 在一个实际问题中，我们发现将 n 增加到超过某个值会使我们的结论发生数值上可忽略的变化（即如果我们正在计算有限数量的小数位，严格来说变化为 0）. 所以我们终究从不需要

① 连续函数是通过在每个有理点处指定它的值定义的，其数目是可数的. 因此，连续函数类比处处不连续函数类要小得多.

脱离有限集合.[1] 在从统计力学到雷达侦测的各种应用中, 都可以通过这种方式找到有用的结果.

在我们看来, 计算中出现的大多数（也许是全部）无限集合悖论是由过早地过渡到无穷极限的倾向造成的. 通常, 这意味着至关重要的信息在我们有机会使用之前就丢失了, 第 15 章中的非聚集性的情况就是一个很好的例子. 无论在何种情况下, 无论原因是什么以及有什么补救方法, 我们的观点都是, 无限集合悖论属于无限集合理论领域, 在概率论中没有立足之地. 我们对自己施加限制, 只考虑有限集合及其良好极限, 这使得我们能够避免最近统计文献中出现的所有无用和不必要的悖论. 根据这一经验, 我们推测概率论中的所有正确结果可能都是有限集合上的组合定理或它们的良好极限.

但是在这个问题上, 我们也不狂热. 我们认识到: 集合论和测度论的语言是术语上的一个有用发展, 在某些情况下使人们能够一般、简洁地陈述数学命题, 这在 19 世纪的数学中是相当缺乏的. 因此, 只要它有助于我们的目标, 我们就很高兴使用这种语言. 如果不偶尔使用“几乎所有”或“零测度”这些术语, 我们几乎无法前行. 然而, 当我们使用一点儿测度论时, 从来没有想过这会使论证更加严格, 而只是承认该语言的简洁性.

当然, 我们随时准备并且愿意使用集合论与测度论——就像我们准备并且愿意使用数论、射影几何、群论、拓扑学或任何其他数学分支一样——只要这对于找到或理解结果有所帮助. 但是, 我们认为没有必要使用集合论与测度论术语和符号陈述每个命题, 特别是在使用简单的语言更清晰的情况下. 而且据我们所知, 对我们的目的而言, 使用简单的语言会更有效, 而且实际上更安全.

事实上, 坚持对所有数学知识始终用术语表述可能会给理论带来不必要的负担, 尤其是对于一种旨在应用于现实世界的理论. 这也可能会显得比较造作, 只有语言上的作用, 而不具有实际功用. 给每一个我们熟悉的旧概念一个高斯和柯西不知道的新的令人印象深刻的名字和符号与严格无关. 它通常是一种花招, 真正目的是隐藏正在做的本质上平凡的事情. 用简单的语言陈述它会使人觉得脸红.

B.4　克罗内克与魏尔斯特拉斯的比较

说到这里, 读者心中肯定会有一个疑问. 我们强调有限集合的安全性, 似乎整个数学分析（一切都是在不可数集合上进行的）都是值得怀疑的. 让我们解释一下为什么事实并非如此, 以及为什么我们对柯西和魏尔斯特拉斯的数学分析充

[1] 但是, 即使在极限中, 展开系数的数量也只是可数的, 这很好地对应于第 623 页脚注 ① 中提到的连续函数的性质.

满信心. [①]

19 世纪后半叶，卡尔 · 魏尔斯特拉斯（1815—1897）和利奥波德 · 克罗内克（1823—1891）都在柏林大学讲授数学. [②] 他们之间形成了一种差别，这种差别被后来的评论家大大夸大了. 直到最近几年，他们之间关系的真相才开始浮出水面.

简而言之，魏尔斯特拉斯致力于完善分析工具（尤其是幂级数展开），时刻不忘应用于椭圆函数的具体例子. 克罗内克更关心数论的数学基础，并质疑不从整数开始进行推理的有效性. 表面上，这似乎否定了所有美好的数学分析结果. 莫里斯 · 克莱茵的书（Kline，1980）给人的印象也是，克罗内克的苦行主义否定了现代数学中的一些重要进展. 但是这种记录其实歪曲了事实.

例如，贝尔（Bell，1937，第 568 页）将魏尔斯特拉斯描绘成伟大的数学分析大师. 他对柯西的工作进行了最后的补全，而克罗内克则只是一只牛虻，攻击魏尔斯特拉斯所做的一切工作的有效性，但是没有做出任何积极的贡献. 克罗内克确实至少有一次曾经惹恼了魏尔斯特拉斯，这在魏尔斯特拉斯的信件中有所记载. 然而，他们在原则上并没有真正的冲突. 要了解他们的观点，我们需要一位比贝尔更好的证人，幸运的是，我们有两位：亨利 · 庞加莱和哈罗德 · 爱德华兹.

1897 年魏尔斯特拉斯去世时，庞加莱写了一篇对他的数学工作的总结（Poincaré，1899），其中指出："……所有作为分析对象以及处理连续量的方程只不过是符号，取代与整数相关的无限不等式集合." 用爱德华兹（Edwards，1989）的话来说，"……魏尔斯特拉斯和克罗内克的数学都完全基于整数，因此他们所有的工作都以算术的确定性为基础". 爱德华兹还指出，通常归于克罗内克的一些保守观点只是道听途说，在克罗内克自己的话中找不到支持证据.

例如，贝尔（Bell，1937，第 568 页）告诉我们（这没有任何文献支持）克罗内克在听到林德曼关于 π 是超越数的证明时，问这有什么用处，因为"……无理数并不存在". 可以明确的事实是克罗内克自己关于数论方面的工作（Kronecker，1901，第 4 页）将莱布尼茨公式

$$\frac{\pi}{4}=1-\frac{1}{3}+\frac{1}{5}-\frac{1}{7}+\cdots \tag{B.7}$$

描述为"关于奇数最优美的算术性质之一，即确定了这个几何无理数". 显然，克罗内克认为无理数至少具有足够的"存在性"以允许它们被精确定义. 的确，他并

① 的确，我的数学初恋不是概率论，而是利用柯西复积分求解带边界条件的微分方程组，先选择满足微分方程的被积函数，然后选择满足边界条件的积分区间. 几代理论物理学家热情地使用这种方法，教起来很有趣.

② 更具体地说，魏尔斯特拉斯于 1856~1897 年在那里，克罗内克于 1861~1891 年在那里. 贝尔（Bell，1937）给出了一张年轻的魏尔斯特拉斯的肖像和一张年老的克罗内克的照片；爱德华兹（Edwards，1989）给出了年老的魏尔斯特拉斯和年轻的克罗内克的照片.

不认为无理数是数学基础的必要组成部分. 事实上, 鉴于像上面那样允许完全用整数来定义无理数, 他或者其他人怎么会认为无理数是基础的必要组成部分呢? 奇怪的是, 魏尔斯特拉斯也以同样的方式根据整数定义了无理数. 那么他们之间的区别在哪里呢?

克罗内克和魏尔斯特拉斯之间的区别是审美上的而不是实质性的: 克罗内克希望始终保持第一原则 (起源于整数), 而已经做了新构造的魏尔斯特拉斯想忘记其构造步骤, 并将其用作进一步构造的元素. 用现代计算机术语来说, 魏尔斯特拉斯并没有否认克罗内克关于所有数学的 "机器语言" 基础的思想, 而是想用更高级的语言发展数学分析. 爱德华兹指出克罗内克的原则 "……在他的思想中以及事实上, 与他的前辈们——从阿基米德到高斯——的原理没有什么不同".

幸亏有爱德华兹的历史研究, 真相开始浮出水面, 克罗内克被证明是无辜的且被恢复名誉. 或许克罗内克过于狂热, 或许他误解了魏尔斯特拉斯的立场, 但从那以后的一系列事件表明他对自己的事业不够狂热. 他未能回应乔治 · 康托尔 (1845—1918) 似乎很不幸, 但是很容易理解.

对克罗内克来说, 康托尔的想法太*离谱*了: 它们与数学无关, 数学家们没有理由关注它们. 如果数学期刊的编辑们犯错误出版了这些东西, 那是他们的问题, 而不是他的问题. 但是克罗内克的通信中确实包含了一些非常重要的真理, 特别是, 他抱怨说, 集合论的大部分内容是幻想的, 因为没法算法化 (即不包含可以构造给定元素或者通过有限步骤的操作决定给定元素是否属于给定集合的规则). 今天, 以我们的计算机思维, 这似乎是陈词滥调, 很难想象有人会忽视它, 更不用说否认它了. 但是这正是已经发生的事情. 我们认为, 如果数学家们更加关注克罗内克的这一警告, 今天的数学可能会更健康.

B.5 什么是合法数学函数?

当前纯数学和应用数学之间的很大区别在于它们对 "函数" 概念的不同观念. 从历史上看, 人们从表现良好的解析整函数出发, 例如 $f(x) = x^2$ 或 $f(x) = \sin x$. 然后将这些 "好函数" 以两种不同的方式进行推广. 在纯数学中, 推广的原则是集合论概念仍然有效. 首先是分段连续函数, 然后发展到相当任意的其他规则. 根据这些规则, 给定一个数 x, 可以定义另一个数 f. 然后, 意识到函数或其参数不限于是实数或复数, 函数概念进一步推广到一个集合 X 到另一个集合 F 的任意映射, 其中的元素几乎可以是任何东西.

在应用数学中, 函数的概念以非常不同的方式推广, 原则是我们对函数执行的有用的*解析运算*仍然有效. 最重要的线索或许可以由傅里叶变换来说明. 这仍然是一种映射，却是地更高层次上将一个函数 $f(x)$ 映射到另一个函数 $F(k)$ 上. 该映射通过以下积分定义：

$$F(k) = \int \mathrm{d}x\, \mathrm{e}^{\mathrm{i}kx} f(x), \qquad f(x) = \frac{1}{2\pi} \int \mathrm{d}x\, \mathrm{e}^{-\mathrm{i}kx} F(k). \tag{B.8}$$

如果将傅里叶变换对用符号

$$\Big[f(x) \leftrightarrow F(k) \Big] \tag{B.9}$$

表示，我们就会发现它在平移、卷积和微分变换下的有趣性质：

$$\Big[f(x-a) \leftrightarrow \mathrm{e}^{\mathrm{i}ka} F(k) \Big], \tag{B.10}$$

$$\left[\int \mathrm{d}y\, f(x-y) g(y) \leftrightarrow F(k) G(k) \right], \tag{B.11}$$

$$\Big[f'(x) \leftrightarrow \mathrm{i}kF(k) \Big], \qquad \Big[-\mathrm{i}x f(x) \leftrightarrow \mathrm{i}F'(k) \Big]. \tag{B.12}$$

换句话说，一个函数的解析运算对应于另一个函数的代数运算.

在实践中，这些都是非常有用的性质. 因此，要求解线性微分方程或差分方程，或者卷积形式为 $\left[\int \mathrm{d}y\, K(x-y) f(y) = \lambda g(x)\right]$ 的积分方程，或者一个包含所有这三种运算的线性方程，可以先对其进行傅里叶变换，将其转换为关于 $F(k)$ 的代数方程. 如果方程对于 $F(k)$ 可以直接求解，那么进行傅里叶逆变换会产生原始方程的解 $f(y)$. 因此，傅里叶变换将线性解析方程的解简化为普通代数方程的解. 在 20 世纪初，慕尼黑的理论物理学家阿诺德 · 索末菲成为通过炫酷的轮廓积分来计算这些解的伟大艺术家. 下一代的一些最伟大的艺术家也从他那里学到了这一技术. 今天，没有傅里叶变换，物理学家和工程师几乎无法生存.

这个流程似乎只适用于有限的一类函数. 狄利克雷形式的傅里叶理论表明，如果 $f(x)$ 是绝对可积的，那么积分 (B.8) 肯定会收敛到实轴上表现良好的连续函数 $F(k)$，并且一切安好. 如果 $f(x)$ 对负 x 消失，那么 $F(k)$ 是解析的，并且在二分之一的复平面上是有界的，一切会更好. 但是如果 $f(x)$ 是绝对可积的，那么 $f'(x)$ 或 $f''(x)$ 可能不是，以上有用的性质是否仍然有效就会有一些疑问. 在关于傅里叶变换的早期工作中，如蒂奇马什的著作 (Titchmarsh，1937)，几乎所有注意力都集中在积分收敛理论上. 任何积分不收敛的函数都被认为不具有傅里叶变换. 这对傅里叶理论的应用范围造成了极大的限制.

随后，在理论物理学中出现了一种更复杂的观点. 人们意识到傅里叶变换的有用性不在于任何积分的收敛，而在于映射的上述性质 (B.10) ~ (B.12). 因此，只要我们的函数表现足够好，使得 (B.10) ~ (B.12) 中的运算有意义，那么，如果我们可以通过任何方式定义映射以保留这些性质，通常使用傅里叶变换来求解线性积分微分方程所得到的解将是非常严格的. 无论积分 (B.8) 还是类似的傅里叶级数收敛与否，都没有丝毫区别. 发散的傅里叶级数仍然是一个唯一有序的数字序列，传达了所有需要的信息（即它由其傅里叶变换唯一确定，并且有唯一确定的傅里叶变换）. 这种映射最初是通过只在特殊情况下存在的级数和积分表示被发现的，这只是一个历史偶然.

B.5.1 德尔塔函数

虽然德尔塔函数的起源可以追溯到 19 世纪的杜哈明和格林，但是通常被认为是从狄拉克开始的. 狄拉克在 20 世纪 20 年代发明了德尔塔函数符号 $\delta(x-y)$，推广了克罗内克的 δ_{ij}，并展示了如何在应用中充分利用它. 它是“常数的傅里叶变换”，因为当 $F(k) \to 1$ 时有 $f(x) \to \delta(x)$. 根据“函数”的集合论定义进行思考的数学家感到震惊，并认为这是不严谨的，理由是德尔塔函数不“存在”. 但这只是因为他们对“函数”一词的定义不恰当. 德尔塔函数不是任何集合到任何其他集合的映射. 洛朗 · 施瓦茨（Schwartz，1950）试图使德尔塔函数的概念变得更严谨. 但从我们的角度来看，这很尴尬，因为他坚持以一种不适合分析的方式定义“函数”一词.

意识到这一点，坦普尔（Temple，1955）和莱特希尔（Lighthill，1957）展示了如何简单地通过将函数定义为“好”函数和好函数序列的限制来消除这种尴尬（因此，在我们的系统中，一个不连续的函数定义为连续函数序列的极限）. 对此，开集和闭集之类的东西几乎不用说. 莱特希尔认为，“函数”的这种定义适合于傅里叶理论. 现在很明显，它也适用于概率论和所有数学分析. 有了它，我们的定理变得更简单、更通用，没有一长串例外和特殊情况. 例如，任何傅里叶级数现在都可以逐项微分任意次数，无论收敛与否，结果都表示（通过一一对应）我们对这个词的理解的唯一函数. 早在施瓦茨、坦普尔和莱特希尔的工作之前，物理学家就已经直观地看到这一点并正确地使用了它.

莱特希尔写了一本关于新形式傅里叶分析的非常薄的书（Lighthill，1957），其中包括一张傅里叶变换表，表中的每一条都是一个以前不具备傅里叶变换的函数. 该表是线性积分微分方程的有用解的金矿. 在对莱特希尔这本书的著名评论中，理论物理学家弗里曼 · 戴森（Dyson，1958）——剑桥数学家哈代的前学生——说莱特希尔的书“……将哈代的作品置于废墟之中，哈代会比任何人都更喜欢它”. 在本书中，我们认为莱特希尔的方法是理所当然的，并假设读者熟悉它.[①]

① 莱特希尔以与我们不同的方式定义术语“好函数”. 在我们看来，这似乎对其在无限远处的行为构成了不必要的限制. 显然，这是因为他不喜欢有限域上的积分，而我们喜欢它们. 但是莱特希尔的定义比我们的更一般化，因为“好函数”不需要是解析的. 然而，这种一般性在我们看来是不必要的，因为我们从未见过无法选择解析函数作为好函数的实际问题.

B.5.2　不可微函数

不可微函数的问题在概率论中有时会出现. 特别是当人们求解如第 2 章研究的那些函数方程时, 可微性会让一大群数学吹毛求疵者出现, 声称我们将一大类重要的潜在可能解排除在外. 但是我们注意到情况并非如此. 奥采尔证明考克斯的函数方程都可以在不假设可微性（以更长的推导过程为代价）的情况下求解出来, 并且得到与我们相同的解.

让我们仔细看看一般不可微函数的概念. 起初, 不可微函数概念并没有被数学家们所接受. 埃尔米特曾经写信给斯蒂尔杰斯:“我惊恐地远离了这种可怕的不可微函数的瘟疫. ”人们通常将这场瘟疫归咎于勒贝格（1875—1941）, 尽管魏尔斯特拉斯在他之前注意到了这种函数. 魏尔斯特拉斯不可微函数是

$$f(x) \equiv \sum_{n=0}^{\infty} a^n \cos(m^n x), \tag{B.13}$$

其中 $0 < a < 1$ 且 m 是正奇数. 因为 m^n 总是一个整数, 它是一个周期为 2π 的普通傅里叶级数. 此外, 该级数对于所有实数 x 是一致收敛的（因为它必须至少和 $\sum a^n$ 一样收敛）, 因此它定义了一个连续函数. 但是如果 $ma > 1$, 逐项微分会产生一个严重发散的序列, 其系数在 n 中呈指数增长. 导数

$$f'(x) \equiv \lim_{h \to 0} \frac{f(x+h) - f(x)}{h} \tag{B.14}$$

对于任何 x 都不存在的证明是相当冗长的. [①] 魏尔斯特拉斯函数实际上是好函数序列（前 k 项的部分和 S_k）的极限, 但不是一个行为良好的极限. 因为这种函数不满足条件 (B.12), 所以它们对我们没有明显的用处. 然而, 在实际应用中确实会出现这样的函数. 例如在第 7 章中, 我们尝试通过傅里叶变换方法求解积分方程 (7.49) 时, 如果核函数太宽, 就会遇到这种困难. 这样, 我们的结论是积分方程没有任何可用的解, 除非核函数 $\phi(x-y)$ 至少与“驱动”函数 $f(x)$ 一样尖锐.

B.5.3　臆造的不可微函数

最常被引用的不可微函数的例子是根据序列 $f(x)$ 导出的, 其中每个序列都是一个等腰直角三角形, 其斜边位于实轴上并且长度为 $1/n$. 当 $n \to +\infty$ 时, 三角形的大小缩为 0. 对于任何有限的 n, $f_n(x)$ 的斜率几乎处处为 ± 1. 那么当 $n \to +\infty$ 时会发生什么呢? 极限 $f_\infty(x)$ 经常被漫不经心地视为不可微函数. 显然, 导数的极限 $f_n'(x)$ 不存在, 但这里讨论的是极限 $f_\infty(x) \equiv 0$ 的导数, 它当然

① 见哈代的文章（Hardy, 1911）. 蒂奇马什（Titchmarsh, 1939, 第 350~353 页）只在 $ma > 1 + 3\pi/2$ 时给出了一个更短的有效证明. 一些作者指出 $f(x)$ 仅在这种情况下是不可微的, 但是据我们所知, 没有人声称哈代的证明存在错误.

是可微的. 我们可以定义任意数量的、在越来越精细尺度上具有不连续斜率的这种序列 $f_n(x)$. 基于导数的极限不存在，将结果极限 $f_\infty(x)$ 称为不可微的错误在文献中很常见. 在许多情况下，这样一系列坏函数的极限实际上是一个行为良好的函数（虽然定义很笨拙），没有理由将它排除在我们的系统之外.

勒贝格针对他的批评者这样为自己辩护："如果有人希望总是将自己限制在行为良好的函数上，那么就必须拒绝很久以前提出的许多简单问题的解."我无法举出任何已解决的具体问题，但是可以借用勒贝格的论证来捍卫自己的立场.

拒绝好函数序列的极限就要拒绝许多当前实际问题的解. 这些极限可以而且确实用于许多有用的目的，而当前许多数学教育与实践仍在试图消除这些目的. 事实上，拒绝承认德尔塔函数是合法数学对象导致数学家犯了错误. 例如，克拉默（Cramér，1946，第 32 章）给出了一个我们曾在第 17 章导出的不等式，为参数估计量 θ^* 的抽样分布的方差设置了下限：

$$\operatorname{var}(\theta^*) \geqslant \frac{(1+\,\mathrm{dB}/\mathrm{d}\theta)^2}{n\int \mathrm{d}x\,(\partial\ln f/\partial\theta)^2 f(x|\theta)}, \tag{B.15}$$

其中从抽样分布 $f(x|\theta)$ 中进行了 n 次观测，$b(\theta^*)\equiv E(\theta^*-\theta)$ 是估计量的偏差.

然后克拉默指出：如果 $f(x|\theta)$ 具有不连续性，那么"常规情况的条件通常不满足. 在这种情况下，通常可以找到'异常高'精度的无偏估计，即方差小于常规估计的下限 (B.15)". 既然 (B.15) 只是施瓦茨不等式，似乎不承认例外，他是如何得出如此惊人的结论的呢？我们发现他使用了函数的集合论定义，并得出导数 $\partial\ln f/\partial\theta$ 在不连续点处不存在的结论. 所以他只在 $f(x|\theta)$ 连续的那些区域上对 (B.15) 进行积分.

但是在分析中恰当的不连续函数的定义是我们对连续函数序列的极限. 当我们逼近这个极限时，导数会出现一个更高、更尖锐的峰值. 无论我们离那个极限有多近，尖峰都是正确函数导数的一部分，它的贡献必须包含在精确积分中. 因此，不连续函数 $g(x)$ 的导数必然包含不连续点 y 处的一个德尔塔函数 $[g(y^+)-g(y^-)]\,\delta(x-y)$，在 $g(x)$ 的微分傅里叶级数中其贡献始终存在，并且必须包括在内以获得正确的物理解. 如果克拉默包括这一项，(B.15) 的极限就会变为 $\operatorname{var}(\theta^*)\geqslant 0$，这几乎是一个无用的陈述，但至少不会出现异常，也不会违反施瓦茨不等式.

类似地，具有有限极限的形式为

$$\int_a^b \mathrm{d}y\,K(x,y)f(y)=\lambda g(x), \tag{B.16}$$

积分方程的解通常涉及端点处的德尔塔函数，如 $\delta(y-a)$ 或 $\delta'(y-b)$，等等，因此不相信德尔塔函数的人认为此类积分方程没有解. 但在实际物理问题中，正是这样的积分方程反复出现，而且必须再次包含德尔塔函数才能获得正确的物理解. 米德尔顿（Middleton，1960）给出了一些例子，它们在统计力学中对不可逆过程的预测中几乎无处不在. 令人惊讶的是，很少有非物理学家意识到需要包含德尔塔函数，但是我们认为这仅仅说明了我们独立观察到的情况. 那些从集合论的角度考虑基本原理的人没有看到它的局限性，因为他们几乎从不进行有用、实质性的计算.

因此，臆造的不可微函数通过越来越微小的三角形序列极限被制造出来，并且被不加批判地接受. 那些这样做同时又以怀疑态度对待德尔塔函数的人承认坏函数序列的极限是合法数学对象，同时拒绝承认好函数序列的极限！在我们看来，这似乎是一种病态的策略，因为德尔塔函数在真实、实质性的计算中可以用于许多基本目的，但我们无法想象不可微函数可以提供任何有用的目的. 它们的唯一用途似乎是，为捣乱分子对于任何人可以做出的任何合理及有用的数学描述提供人为设计的反例. 亨利 · 庞加莱（Poincaré，1909）以他特有的简洁方式指出了这一点：

> 过去，当人们发明一种新函数时，他们的脑海中会有一些有用的目的——现在他们发明它们，只是为了推翻祖宗的推理，而这正是他们试图摆脱的一切.

我们要指出的是，这些捣乱分子毕竟没有推翻我们祖宗的推理，病态函数的出现只是因为他们偷偷地采用与祖宗所用不同的“函数”一词的定义. 如果指出这一点，就很明显没有必要修改祖宗的结论.

今天，这种人为设计数学病态函数的风潮似乎已经走到了尽头，而这正是庞加莱预见的原因，用它不能做任何有用的事情. 虽然我们仍然看到劝告不要假设未知函数的可微性，但在最近的文献中很难找到不可微函数出现的具体例子——更不用说实际用于任何事情了. 人们必须回到像蒂奇马什（Titchmarsh，1939）这样的老作品才能看到它们.

因此，请注意，我们也通过以适合我们主题的方式定义术语“函数”来消除这种“瘟疫”. 对某个领域“适用”的数学概念的定义是允许其定理具有最大范围的有效性和有用性，而不需要一长串例外、特殊情况和其他异常情况. 在我们的工作中，术语“函数”包括好函数和好函数序列的良好行为极限，但不包含不可微函数. 我们不否认包含不可微函数的其他定义的存在，正如我们不否认荧光紫色染发剂在英国存在一样. 在这两种情况下，我们都只是不会用到它们. ①

① 关于一个不同的主题，在第 17 章（第 487 页脚注 ①）中，我们遵循相同的策略，通过定义术语有限时间序列的“移动平均”，使得我们的定理变得都是精确的，不需要任何混乱的“最终效果”校正. 当然，这是在应用中最直接有用的定义，并且保存了在其他情况下会丢失的信息.

B.6 无限集合计数?

众所周知，刘易斯 · 卡罗尔的儿童读物实际上是对逻辑原理的阐述，通过以一种即使对小孩子来说也觉得可笑的形式来传达. 他的一首诗这样结尾:

> 他以为自己看到一种证明他是教皇的论证，
> 再一看，他发现那只是一块斑纹皂.
> “一个如此可怕的事实，”他淡然说道，“让所有希望都破灭!”

事实上，概率论中许多严肃提出的论证，在仔细考虑后只不过是斑纹皂. 剑桥数学家哈代的著名轶事①印证了这一想法. 麦克塔格特质疑从一个错误的命题出发可以推导出所有命题的说法，他这样挑战哈代:“假定 $2+2=5$，请证明我是教皇.”哈代回答:“两边各减去 3，这样我们就有 $1=2$. 现在我们认同教皇和你是两个人，因此教皇和你是同一个人!”但这只是文字游戏，无限集合理论为我们提供了更高级的斑纹皂，可以用它以更令人信服的方式证明麦克塔格特的教皇身份.

我们的假设是: 如果两个集合可以一一对应，它们就具有相同的元素个数. 然后，对于 $n=1,2,\cdots$，通过关联 $n\leftrightarrow 2n$，我们可以将正整数与正偶数进行一一对应；通过关联 $2n\leftrightarrow 2n-1$，我们同样可以将正偶数与正奇数进行一一对应. 因此，根据这种逻辑，我们似乎会得出以下结论:

(A) 整数个数 = 偶数个数;

(B) 偶数个数 = 奇数个数;

(C) 整数个数 = 2 × 偶数个数.

从 (A) 和 (C) 可以得出 $1=2$. 这里的推理方式与 (15.2) 和 (15.3) 中的推理方式没有太大不同.

我们的观点是，除非作为有限集合的极限，“所有整数的集合”是没有定义的. 如果以这种方式逼近，通过引入具体取极限的过程，无论我们选择什么极限过程，都不会产生矛盾. 即使 (偶数个数)/(整数个数) 的极限比率可以是 $0\leqslant x\leqslant 1$ 中的任意 x，(奇数个数)/(整数个数) 的极限将为 $1-x$，我们的计数也将在极限时保持一致.

例如，每个整数在序列 $\{1,3,2,5,7,4,\cdots\}$ 中只出现一次，其中我们交替取两个奇数和一个偶数. 然后，只计算由该序列的前 n 个元素组成的有限集合中的元素，并在进行计数后取极限 $n\to+\infty$，我们将不会得到以上不一致的命题 (A)(B)(C)，而是得到一致性的命题集合:

---

① 引用自杰弗里斯的著作（Jeffreys，1931，1957 版，第 18 页）.

(A′) 整数个数 $= 3 \times$ 偶数个数;

(B′) 偶数个数 $= 1/2 \times$ 奇数个数;

(C′) 整数个数 $=$ 偶数个数 $+$ 奇数个数.

这些想法并不像人们想象的那么新颖. 伽利略在《关于两种新科学的对话》(Galileo, 1638) 中曾指出了两个奇怪的事实. 一方面, 每个整数有且只有一个平方数, 而且没有两个平方数是相同的, 从中可以看出整数的数量和平方数的数量必须相同. 另一方面, 很明显有许多整数 (在某种意义上是它们中的"绝大多数") 不是平方数. 他从中得出了一个非常明智的结论:

> 这是当我们试图用我们有限的头脑讨论无限时出现的困难之一, 将我们赋予有限的性质分配给无限. 但是我认为这是错误的, 因为我们不能将一个无限大量说成大于或小于或等于另一个无限大量.

如下所述, 300 年后, 赫尔曼 · 外尔表达了几乎完全相同的判断, 可见外尔 (Weyl, 1949).

B.7 豪斯多夫球体悖论与数学病理学

上述不一致陈述在结构上几乎与关于球体上全等集合的豪斯多夫悖论相同, 除了上升到不可数集合外 (这里 X, Y, Z 是几乎覆盖球体的不相交集合, 因为球体的旋转使 X 与 Y 重合, 所以 X 与 Y 全等, 同样 Y 与 Z 全等. 但特别的是, X 也与 Y 和 Z 的并集全等, 尽管 $Y \neq Z$). 我们与庞加莱和外尔一样, 对数学家如何接受和发表这样的结果感到困惑. 为什么他们没有看到其中存在明显的矛盾, 使得他们所用的推理无效呢?

尽管如此, 萨维奇 (Savage, 1962) 接受这个二律背反作为完全的事实, 并将其应用到概率论中. 他说, 有人可能会很轻率地认为球体上的全等集合具有同样的可能性, 但是豪斯多夫的结果表明他的信念实际上不具有这种性质. 深入思考之后, 我被迫得出相反的结论: 我相信存在一种知识状态, 认为球体上的全等集合具有同样的可能性, 而且这比我对导致豪斯多夫结果的推理可靠的信念要强得多.

豪斯多夫球体悖论和罗素的理发师悖论[①]大概可以有类似的解释: 从一个具有自相矛盾性质的奇怪集合定义出发, 我们当然可以从中推导出任何荒谬的命题. 豪斯多夫为他的著作冠名"集合论". 庞加莱曾说过一句著名的俏皮话: "后人将

① 理发师悖论是罗素悖论中的一个典型. 有一位理发师声称: "我将为本城所有不给自己刮胡子的人刮胡子, 我也只给这些人刮胡子." 但有一天, 这位理发师从镜子里看见自己的胡子长了, 那么他能不能给自己刮胡子呢? 如果他不给自己刮, 他就属于"不给自己刮胡子的人", 需要给自己刮胡子; 如果他给自己刮胡子, 他又属于"给自己刮胡子的人", 就不该给自己刮胡子. ——编者注

会把集合论视为一种已经痊愈的疾病.”但是他会为 80 年后这种疾病仍未痊愈而感到震惊. 尽管如此，庞加莱的观点仍然被今天的应用数学家普遍接受.

例如，在 1983 年，我曾听过一位非常杰出的统计学家的演讲，其中报告了一项历史调查. 他评论道:“我惊讶地发现，在布尔巴基时代之前，法国人实际上已经产生了一些有用的数学.”最近，诺贝尔奖获得者理论物理学家默里 · 盖尔曼（Murray Gell-Mann，1992）讨论了这种情况. 他认为，现代数学对物理学仍有很多价值，纯数学与科学的分歧部分是由于布尔巴基主义者的晦涩语言以及不愿详细写出任何非平凡的例子而产生的幻觉. 他总结道:“纯粹数学和科学终于重聚了，幸运的是，布尔巴基‘瘟疫’正在消失.”

我们希望自己能如此乐观. 在我们看来，这场瘟疫比单纯的语言晦涩要严重得多，它感染了纯数学的核心部分. 心智健全的人不可能对其中任何部分有信心，必须找到防止出现这些荒谬悖论的规则，而这要求我们的数学教科书必须全部改写. 众所周知，罗素的类型理论可以解决一些悖论，但远不能解决所有悖论. 我们担心的是，即使双方都表现出最好的意愿，至少还需要另一代人的努力才能够实现纯数学和科学的和解. 就目前而言，在试图将成果出口到其他领域之前，专门研究无限集合理论的人有责任整理好自己的房子. 在此之前，我们这些在概率论或任何其他应用数学领域工作的人，有权要求与这种我们对之并不负有责任的疾病隔离开，并使其远离我们的领域.

在这方面，我们并不孤单，并且确实得到了许多非布尔巴基主义数学家的支持. 在前言中，我们引用了莫里斯 · 克莱因（Morris Kline，1980）的话，关于允许无限集合理论在应用数学中立足的危险. 他反过来（在第 237 页）引用了赫尔曼 · 外尔的话. 布劳威尔和外尔都指出，经典逻辑是被发展用于有限集合的. 用外尔的话来说，将经典逻辑毫无根据地应用于无限集合的尝试是“……集合论的堕落和原罪，为此它已经受到了二律背反的惩罚. 这种矛盾的出现并不令人惊讶，但是它们出现在游戏的后期阶段的确令人感到惊讶”.

但是对于这些悖论的延迟出现有一个简单的解释. 在第 15 章中，我们用示例指出：如果一个错误的论证会立即导致荒谬的结果，它也将被立即放弃，我们就将从来没有听说过它. 如果它在前两三次尝试中产生了合理的结果，那么在一些问题中它还会继续成功. 人们会继续使用它，但一开始是保守的——用在非常相似的问题上，因此很可能会继续给出合理的结果. 只是到后来，当人们变得过于自信并试图将其应用于不同类型的问题时，矛盾才会显现. ①

① 我认识赫尔曼 · 外尔，曾在普林斯顿上过他的群论课程，并钦佩他是群论和广义相对论变分原理的最终权威. 但是普林斯顿的布尔巴基主义数学家们嘲笑他，在背后称他为“神圣的赫尔曼”，因为他刚才的话就像《圣经》中对美德的劝勉一样. 他们最好还是听他的.

同样的现象也发生在正统统计中，其中一些诸如置信区间的特定工具在很长一段时间内产生了可接受的结果. 这是由于它们最初仅仅用于没有冗余参数但是具有充分统计量且没有非常重要的先验信息的简单问题. 没有人注意到这样一个事实，即其数值结果与同一水平的贝叶斯后验概率区间相同（基于杰弗里斯给出的无信息先验）. 置信区间被奈曼、克拉默和威尔克斯等数学家广泛应用，并被认为是相对贝叶斯方法的巨大进步. 直到当人们试图将它们应用于更一般的问题，其中的矛盾才开始出现.[①] 最后，杰恩斯（Jaynes，1976）证明置信区间作为推断只有在它们碰巧与贝叶斯区间一致的那些特殊情况下是令人满意的.

克莱因（Kline，1980，第 285 页）在这个问题上也引用了威拉德 · 吉布斯的话:“纯数学家可以随心所欲，但是应用数学家必须至少保持部分理智.”无论如何，理智的人不会试图在实际应用中使用诸如豪斯多夫球体悖论之类的异常理论.

最后，我们提供一些关于数学风格的更一般性的评论.

B.8 我应该发表什么?

萨维奇（Savage，1962）曾经用这个问题表达了他的困惑. 无论他选择讨论什么话题，采用什么写作风格，都肯定会因为没有做出不同的选择而受到批评. 在这一点上，他并不孤单. 我们希望呼吁对个体差异多一点儿宽容.

如果有人想把注意力集中在无限集合、测度论和一般的数学病理学上，他完全有权这样做. 他不需要通过列举出相应的应用为之辩护或者为实际应用的缺乏而道歉. 正如好久以前我们就已经意识到的那样，抽象数学有其自身的价值.

但是反过来，其他人也拥有同等的权利. 如果我们选择专注于数学中那些在实际问题中有用并且我们能够正确地进行重要计算的方面——数学病理学家可能从来没有考虑过——我们可以自由地这样做而无须道歉.

最后，本书对数学层次和深度的选择，目的是让所有读者都能从中提取他们想要的东西. 由于那些以挑剔风格为唯一目的的人总是能够这样做，我们的目标是确保那些真诚希望理解其内容的人也可以这样做. 因此，我们试图给出令人信服的理由，说明为什么我们提出的想法是“显而易见的”，而我们批评的则不是，只要这样做足够简短，不会打断论证主线. 这会不可避免地留下一些空白，部分由大多数章节末尾的评述填补.

在这方面，什么是或不是“显而易见”的问题是两个方向相反的技巧问题. 一

① 置信区间作为关于估计量抽样性质的陈述总是正确的. 然而，作为对推断参数值的陈述可能是荒谬的. 例如，整个置信区间可能位于参数空间的某个区域里. 通过对数据进行演绎推理，我们知道该参数不可能存在于该区域.

方面，引入经不起批判的概念——或者贬低那些站得住脚而无可辩驳的概念——的标准方式就是称其为“显而易见的”. 另一方面，对显而易见的简单问题表示严重怀疑，则是将自己的深刻批判能力求全于不具备如此批判能力的其他人的标准技巧. 我们试图在这两者之间选择一条中间路线，但是就像萨维奇一样，我们知道无论我们做出什么选择，都会受到其中一种类型读者的批评.

我们要避免一个常见的错误:没有什么比某个领域的作者声称数学严格性“保证了结果的正确性”更可悲的错误了. 相反，经验告诉我们，越是专注于表面上的数学严格性，人们对现实世界中前提的有效性就会关注得越少，也就越有可能得出在现实世界中荒谬的最终结论.

B.9 数学礼仪

几年前，我参加了一位刚获得博士学位的年轻数学家的研讨会演讲. 我知道，他得出了概率论中的一个了不起的新极限定理. 他从一开始就定义他准备使用的集合，但是三块黑板还不够他写完——他一直没有写完集合定义. 一小时后，当演讲不得不结束时，我们困惑地走出房间，甚至不知道他的定理是什么.

像庞加莱这样的“19 世纪数学家”也许会在几分钟内进入计算的核心，并及时完成证明，指出其后果以供进一步讨论.

这位年轻人不应该受到指责，他只是在做他被教导的“20 世纪数学家”必须做的事情. 虽然他现在可能已经学会了如何更好地规划自己的演讲，但是肯定仍会浪费自己和他人的大部分时间来背诵 20 世纪数学要求的所有咒语，然后才进入实际问题. 他不是遵循了更高、更严格的标准，而是研究了现代数学礼仪的受害者.

现在，如果没有指定某个集合或“空间” X 而引入一个变量 x，你就会被指责处理的是一个未定义的问题. 如果对一个函数 $f(x)$ 取微分时没有首先说明它是可微的，你就会被指责缺乏严格性. 如果注意到函数 $f(x)$ 有一些对具体应用来说很自然的特殊性质，你就会被指责缺乏一般性. 换句话说，你所做的每一个陈述都会受到不合礼仪的解释.

显然，如果我们的陈述中没有一些像样的精确标准，就无法传达数学结果. 但是，对某种特定形式的精确性和一般性的狂热坚持可能会过头，以致我们不能达到最初的目的. 20 世纪的数学常常退化为一种无聊的对抗游戏，而不是一种交流过程.

数学礼仪的狂热者根本不试图理解你的实质性信息，而只是试图挑剔你的呈现风格. 只要能找到任何这样做的方法，他就会努力将你所说的内容解读为无意义. 为了自我防卫，作者们不得不把注意力集中在怎么说上，而不是说什么. 而前者通常是细枝末节、不相关、吹毛求疵的东西. 这会导致文字长度增加，而内容量减少.

如果我们采取不同的态度，数学交流可能会变得更加有效和愉快. 对于对别人写的东西做出有礼貌解释的人来说，引入 x 作为变量这一事实已经暗示存在可能值的集合 X. 为什么每次引入变量时都需要重复该话语，从而在只需要一个符号的地方用两个符号? [实际上，值域通常会在重要的地方更清楚地表示出来，方法是在等式后添加 $(0 < x < 1)$ 等条件.]

对于有礼貌的读者来说，作者将 $f(x)$ 微分两次这一事实本身已经意味着他认为它是可微的. 为什么要求他把每件事都说两遍? 如果他证明命题 A 的一般性足以涵盖他的应用，为什么他必须额外说明不相关的、使 A 为真的最一般的可能条件?

与狂热主义者同样令人讨厌的是他的兄弟——强迫性的数学吹毛求疵者. 我们希望作者定义他的术语，然后以与他的定义一致的方式使用它们. 但是如果有其他作者曾经使用这个词表示略微不同的含义，吹毛求疵者就会指责他使用不一致的术语. 我曾多次遭受这种折磨，我的同事也诉说过同样的经历.

19 世纪的数学家并不是不严格，只是理所当然地向他人提供简单的文化礼仪，并期望得到回报. 这将导致人们试图解读他人所写内容的意义. 这可能是在考虑到全部上下文的情况下完成的. 不要将我们对每一本数学著作的阅读都变成对是否偏离官方风格的审判.

由于同情这位年轻人的困境，而且不想像他一样被奴役，我们发出以下公告.

解放宣言

我们引入的每个变量 x 都应该被理解为具有某个可能值的集合 X. 我们引入的每个函数 $f(x)$ 都应该被理解为行为足够好，因此我们用它做的事情是有意义的. 我们承诺，每一个证明都足以涵盖我们对它的应用. 对这个问题感兴趣的读者可以将其作为家庭作业，目的是找出结果所适用的最一般条件.

通过制作一个包含此公告的图章，我们可以将许多 19 世纪的数学作品转换为 20 世纪的标准. 也许还有一个使用术语“σ 代数、博雷尔场、拉东 - 尼科迪姆导数”的句子，印在第一页上.

现代作者可以通过在版权信息中包含这样的公告，然后以 19 世纪的风格写作，从而大大缩短他们的作品，提高可读性并且不会减少内容的信息量. 也许一些出版商看到这些话，可能会出于经济原因要求他们这样做，这将是一种对科学的服务.

在本附录中，我们提供了许多没有参考文献的简短引文. 在贝尔（Bell，1937）、菲利克斯（Félix，1960）、克莱因（Kline，1980）、罗和麦克利里（Rowe & McCleary，1989）等人的著作中可以找到许多其他有趣细节的支持内容.

附录 C　卷积和累积量

首先，我们注意到一些与概率论无关的一般数学事实. 给定一组定义在实数轴上并且未必非负的实函数 $f_1(x), f_2(x), \cdots, f_n(x)$，假设它们的积分（零阶矩）和第一阶、第二阶、第三阶矩存在：

$$\begin{aligned} Z_i &\equiv \int_{-\infty}^{+\infty} \mathrm{d}x\, f_i(x) < +\infty, \qquad & S_i &\equiv \int_{-\infty}^{+\infty} \mathrm{d}x\, x^2 f_i(x) < +\infty, \\ F_i &\equiv \int_{-\infty}^{+\infty} \mathrm{d}x\, x f_i(x) < +\infty, \qquad & T_i &\equiv \int_{-\infty}^{+\infty} \mathrm{d}x\, x^3 f_i(x) < +\infty. \end{aligned} \tag{C.1}$$

f_1 与 f_2 的卷积定义为

$$h(x) \equiv \int_{-\infty}^{+\infty} \mathrm{d}y\, f_1(y) f_2(x-y), \tag{C.2}$$

或简记为 $h = f_1 * f_2$. 卷积是可结合的：$(f_1 * f_2) * f_3 = f_1 * (f_2 * f_3)$，因此我们可以将多重卷积写为 $h = f_1 * f_2 * f_3 * \cdots * f_n$ 而不会产生歧义. 这一操作下的矩会发生什么？$h(x)$ 的零阶矩是

$$Z_h = \int_{-\infty}^{+\infty} \mathrm{d}x \int_{-\infty}^{+\infty} \mathrm{d}y\, f_1(y) f_2(x-y) = \int \mathrm{d}y\, f_1(y) Z_2 = Z_1 Z_2. \tag{C.3}$$

因此，如果 $Z_i \neq 0$，我们可以将 $f_i(x)$ 乘以某个常数因子使得 $Z_i = 1$，并且这个性质将在卷积下保留. 下面假设已经对于所有 i 完成操作，那么卷积的第一阶矩为

$$\begin{aligned} F_h &= \int_{-\infty}^{+\infty} \mathrm{d}x \int_{-\infty}^{+\infty} \mathrm{d}y\, f_1(y) x f_2(x-y) = \int \mathrm{d}y\, f_1(y) \int_{-\infty}^{+\infty} \mathrm{d}q\, (y+q) f_2(q) \\ &= \int_{-\infty}^{+\infty} \mathrm{d}y\, f_1(y) [y Z_2 + F_2] = F_1 Z_2 + Z_1 F_2, \end{aligned} \tag{C.4}$$

所以第一阶矩在卷积下是可加的：

$$F_h = F_1 + F_2. \tag{C.5}$$

对于第二阶矩，通过类似的论证有

$$S_h = \int \mathrm{d}y\, f_1(y) \int \mathrm{d}q\, \left(y^2 + 2yq + q^2\right) f_2(q) = S_1 Z_2 + 2F_1 F_2 + Z_1 S_2, \tag{C.6}$$

或者

$$S_h = S_1 + 2F_1 F_2 + S_2. \tag{C.7}$$

减去 (C.5) 的平方，交叉项抵消了，我们看到还有另一个在卷积操作下的可加量：

$$\left[S_h-(F_h)^2\right]=\left[S_1-(F_1)^2\right]+\left[S_2-(F_2)^2\right]. \tag{C.8}$$

到第三阶矩，我们发现

$$T_h=T_1Z_2+3S_1F_2+3F_1S_2+Z_1T_2, \tag{C.9}$$

经过一些代数运算（减去 (C.5) 和 (C.7) 的函数），我们确认存在第三个量，即

$$T_h-3S_hF_h+2(F_h)^3 \tag{C.10}$$

在卷积操作下可加.

这立即可以推广到任意数量的这样的函数：令 $h(x)\equiv f_1*f_2*f_3*\cdots f_n$. 然后我们找到了可加量

$$\begin{aligned} F_h&=\sum_{i=1}^{n}F_i,\\ S_h-F_h^2&=\sum_{i=1}^{n}\left(S_i-F_i^2\right),\\ T_h-3S_hF_h+2F_h^3&=\sum_{i=1}^{n}\left(T_i-3S_iF_i+2F_i^3\right). \end{aligned} \tag{C.11}$$

这些在卷积下“累加”的量称为*累积量*. 我们以这种方式得到它们是为了强调这个概念从根本上与概率无关.

到目前为止，我们将第 n 个累积量定义为第 n 阶矩加上来自较低阶矩的“修正项”，因此使结果在卷积操作下可加. 那么有两个问题需要回答：(1) 这样的修正项是否一直存在？(2) 如果存在，如何找到构建它们的通用算法？

为了回答这些问题，我们需要一种更强大的数学方法. 引入 $f_i(x)$ 的傅里叶变换：

$$\mathscr{F}_i(\alpha)\equiv\int_{-\infty}^{+\infty}\mathrm{d}x\,f_i(x)\mathrm{e}^{\mathrm{i}\alpha x},\qquad f_i(x)=\frac{1}{2\pi}\int_{-\infty}^{+\infty}\mathrm{d}\alpha\,\mathscr{F}_i(\alpha)\mathrm{e}^{-\mathrm{i}\alpha x}. \tag{C.12}$$

在卷积下，它的行为非常简单：

$$\begin{aligned} \mathscr{H}(\alpha)&=\int_{-\infty}^{+\infty}\mathrm{d}x\,h(x)\mathrm{e}^{\mathrm{i}\alpha x}=\int\mathrm{d}y\,f_1(y)\int\mathrm{d}x\,\mathrm{e}^{\mathrm{i}\alpha x}f_2(x-y)\\ &=\int\mathrm{d}y\,f_1(y)\int\mathrm{d}q\,\mathrm{e}^{\mathrm{i}\alpha(y+q)}f_2(q)\\ &=\mathscr{F}_1(\alpha)\mathscr{F}_2(\alpha). \end{aligned} \tag{C.13}$$

换句话说，$\ln\mathscr{F}(\alpha)$ 在卷积下是可加的. 这个函数有一些与后面讨论的“倒谱”概念相关的非凡性质. 现在，检查 $\mathscr{F}(\alpha)$ 和 $\ln\mathscr{F}(\alpha)$ 的幂级数展开式. 第一个是

$$\mathscr{F}(\alpha)=M_0+M_1(\mathrm{i}\alpha)+M_2\frac{(\mathrm{i}\alpha)^2}{2!}+M_3\frac{(\mathrm{i}\alpha)^3}{3!}+\cdots, \tag{C.14}$$

其系数为

$$M_n = \frac{1}{\mathrm{i}^n}\frac{\mathrm{d}^n \mathscr{F}(\alpha)}{\mathrm{d}\alpha^n}\bigg|_{\alpha=0} = \int_{-\infty}^{+\infty} \mathrm{d}x\, x^n f(x), \tag{C.15}$$

这正好是 $f(x)$ 的第 n 阶矩. 如果 $f(x)$ 的矩达到 N 阶, 则 $\mathscr{F}(\alpha)$ 在原点可微 N 次. $\ln\mathscr{F}(\alpha)$ 也有类似的展开:

$$\ln\mathscr{F}(\alpha) = C_0 + C_1(\mathrm{i}\alpha) + C_2\frac{(\mathrm{i}\alpha)^2}{2!} + C_3\frac{(\mathrm{i}\alpha)^3}{3!} + \cdots. \tag{C.16}$$

显然, 它的所有系数

$$C_n = \frac{1}{\mathrm{i}^n}\frac{\mathrm{d}^n}{\mathrm{d}\alpha^n}\ln\mathscr{F}(\alpha)\bigg|_{\alpha=0} \tag{C.17}$$

在卷积下是可加的, 因此是累积量. 事实上, 术语"累积量"通常是由这种关系定义的, 而不是由累积的性质定义的. 前几个是

$$C_0 = \ln\mathscr{F}(0) = \ln\int \mathrm{d}x\, f(x) = \ln Z, \tag{C.18}$$

$$C_1 = \frac{1}{\mathrm{i}}\frac{\int \mathrm{d}x\, \mathrm{i}x f(x)}{\int \mathrm{d}x\, f(x)} = \frac{\mathscr{F}}{Z}, \tag{C.19}$$

$$C_2 = \frac{\mathrm{d}^2}{\mathrm{d}(\mathrm{i}\alpha)^2}\ln\mathscr{F}(\alpha) = \frac{\mathrm{d}}{\mathrm{d}(\mathrm{i}\alpha)}\frac{\int \mathrm{d}x\, x f(x)\mathrm{e}^{\mathrm{i}\alpha x}}{\int \mathrm{d}x\, f(x)\mathrm{e}^{\mathrm{i}\alpha x}} = \frac{\int f \int x^2 f - \left(\int x f\right)^2}{\left(\int f\right)^2}, \tag{C.20}$$

或者

$$C_2 = \frac{S}{Z} - \left(\frac{\mathscr{F}}{Z}\right)^2, \tag{C.21}$$

我们认为这些正好是上面直接发现的累积量. 同样, 经过一些烦琐的计算, 可以证明 C_3 和 C_4 等于第三个和第四个累积量 (C.10). 那么我们是否在 (C.17) 中找到了一个函数的所有累积量, 还是有更多无法通过这种方式找到的累积量呢? 我们会争辩说, 如果所有 C_i 都存在 (即 $f(x)$ 具有所有阶矩, 所以 $\mathscr{F}(\alpha)$ 是整函数), 那么 C_i 唯一地确定 $cF(\alpha)$ 和 $f(x)$, 所以它们必须包括所有代数独立的累积量. 任何其他累积量必须是 C_i 的线性函数. 但是如果 $f(x)$ 没有所有阶矩, 答案就不明显了, 还需要进一步研究.

C.1 累积量和矩的关系

在遵守我们的约定 $Z = 1$ 的同时, 对于 $n = 0, 1, 2, \cdots$, 让我们对函数的第 n 阶矩使用更一般的表示法:

$$M_n \equiv \int_{-\infty}^{+\infty} \mathrm{d}x\, x^n f(x) = \frac{\mathrm{d}^n}{\mathrm{d}(\mathrm{i}\alpha)^n}\int \mathrm{d}x\, f(x)\mathrm{e}^{\mathrm{i}\alpha x}\bigg|_{\alpha=0} = \mathrm{i}^{-n}\mathscr{F}^{(n)}(0). \tag{C.22}$$

通常也可以方便地使用符号

$$M_n = \overline{x^n} \tag{C.23}$$

表示相对于函数 $f(x)$ 的 x^n 的平均值. 要强调这些通常不是概率平均值. 我们只是在指出一些一般的代数关系，其中 $f(x)$ 不必是非负的. 对于概率平均值，我们总是保留符号 $\langle x \rangle$ 或 $E(x)$.

如果函数 $f(x)$ 具有所有阶矩，则其傅里叶变换具有幂级数展开

$$\mathscr{F}(\alpha) = \sum_{n=0}^{\infty} M_n(\mathrm{i}\alpha)^n. \tag{C.24}$$

显然，第一个累积量与第一阶矩相同:

$$C_1 = M_1 = \overline{x}, \tag{C.25}$$

对于第二个累积量，我们有 $C_2 = M_2 - M_1^2$，但这是

$$C_2 = \int \mathrm{d}x\,[x - M_1]^2 f(x) = \overline{(x-\overline{x})^2} = \overline{x^2} - \overline{x}^2, \tag{C.26}$$

关于其平均值的第二阶矩，称为 $f(x)$ 的第二阶中心矩. 类似地，第三阶中心矩是

$$\int \mathrm{d}x\,(x-\overline{x})^3 f(x) = \int \mathrm{d}x\,\left[x^3 - 3\overline{x}x^2 + 3\overline{x}^2 x - \overline{x}^3\right] f(x), \tag{C.27}$$

但这正好是第三个累积量 (C.11):

$$C_3 = M_3 - 3M_1M_2 + 2M_1^3, \tag{C.28}$$

这时我们可能推测所有的累积量只是相应的中心矩. 然而，事实证明并非如此：我们发现第四阶中心矩是

$$\overline{(x-\overline{x})^4} = M_4 - 4M_3M_1 + 6M_2M_1^2 - 3M_1^4, \tag{C.29}$$

但是第四个累积量是

$$C_4 = M_4 - 4M_3M_1 - 3M_2^2 + 12M_2M_1^2 - 6M_1^4. \tag{C.30}$$

所以它们通过关系

$$\overline{(x-\overline{x})^4} = C_4 + 3C_2^2 \tag{C.31}$$

相关联. 因此，第四阶中心矩不是累积量，也不是累积量的线性函数. 然而我们发现，对于 $n = 1, 2, 3, 4$，第 n 阶以下的矩和第 n 个以下的累积量是彼此唯一确定的. 我们留给读者验证这对于所有 n 是否都正确.

如果我们的函数 $f(x)$ 是概率密度，许多有用的近似值可以通过就累积量展开前几项更有效地写出来.

C.2 示例

高斯分布的累积量是什么? 令

$$f(x) = \frac{1}{\sqrt{2\pi\sigma^2}} \exp\left\{\frac{[x-\mu]^2}{2\sigma^2}\right\}, \tag{C.32}$$

我们发现其傅里叶变换为

$$\mathscr{F}(\alpha) = \exp\{\mathrm{i}\alpha\mu - \alpha^2\sigma^2/2\}. \tag{C.33}$$

这样,

$$\ln \mathscr{F}(\alpha) = \mathrm{i}\alpha\mu - \alpha^2\sigma^2/2, \tag{C.34}$$

所以

$$C_0 = 0, \quad C_1 = \mu, \quad C_2 = \sigma^2, \tag{C.35}$$

并且所有更高阶的 C_n 都为 0. 高斯分布的特点是只有两个非平凡累积量: 均值和方差.

引用文献

Abel, N. H. (1826), 'Untersuchung der Functionen zweier unabhängig veränderlichen Gröszen x und y, wie $f(x,y)$, welche die Eigenschaft haben, dasz $f[z,f(x,y)]$ eine symmetrische Function von z, x und y ist.', *J. Reine u. angew. Math.* (*Crelle's Journal*), **1**, 11–15.

结合性函数方程的第一个已知示例.

Aczél, J. (1966), *Lectures on Functional Equations and their Applications*, Academic Press, New York.

Aczél, J. (1987), *A Short Course on Functional Equations*, D. Reidel, Dordrecht.

Aitken, G. A. (1892), *The Life and Works of John Arbuthnot*, Clarendon Press, Oxford.

Akaike, H. (1980), 'The interpretation of improper prior distributions as limits of data dependent proper prior distributions', *J. Roy. Stat. Soc.* **B42**, 46–52.

处理边缘化悖论的失败尝试. 作者没有意识到这个悖论对于正常先验和非正常先验是一样的，正如本书第 15 章所讨论的那样.

Andrews, D. R. & Mallows, C. L. (1974), 'Scale mixtures of normal distributions', *J. Roy. Stat. Soc.* **B36**, 99–102.

Anscombe, F. J. (1963), 'Sequential medical trials', *JASA* **58**, 365.

宣称阿米蒂奇（Armitage，1960）的序列分析是“一场骗局”.

Arbuthnot, J. (1710), 'An argument for Divine Providence', *Phil. Trans. Roy. Soc.* **27**, pp. 186–190.

重印于肯德尔和普莱克特的著作（Kendall & Plackett，1977，第 2 卷，第 30 ~ 34 页）. 这本书第 5 章讨论以数据的非概率性为理由拒绝统计假设的第一个已知示例. 约翰 · 阿巴思诺特（1667—1735）是安妮女王的医生， 也是许多主题的多产作家. 艾特肯的著作（Aitken，1892）中有阿巴思诺特的传记.

Armitage, P. (1960), *Sequential Medical Trials*, Thomas, Springfield, Illinois; 2nd edn, Blackwell, Oxford (1975).

“可选停止”争议的主要源头之一. 萨维奇（L. J. Savage，1962）和安斯科姆（Anscombe，1963）对此进行了广泛讨论.

Barnard, G. A. (1947), 'Significance test for 2×2 tables', *Biometrika* **34**, 123–137.

Barnard, G. A. (1983), 'Pivotal inference and the conditional view of robustness (why have we for so long managed with normality assumptions?)', in Box, G. E. P., Leonard, T. & Wu, C-F., eds. (1983), *Scientific Inference, Data Analysis, and Robustness*, Academic Press Inc., Orlando, FL.

对正态分布的成功大致表达了与 145 年前奥古斯塔斯 · 德摩根相同的惊讶. 在第 7 章中，我们试图解释这一点.

Bayes, Rev. T. (1763), 'An essay toward solving a problem in the doctrine of chances', *Phil. Trans. Roy. Soc.*, pp. 370–418.

莫利纳的著作（Molina，1963）中有其照片. 巴纳德在《生物计量学》杂志［*Biometrika* **45**, 293–313 (1958)］中，以及皮尔逊和肯德尔（Pearson & Kendall，1970）对其进行了带有传记注释的重印. 发表的具体日期有不确定性，这篇论文于 1763 年在英国皇家学会上被宣读，但直到 1764 年才真正出版. 霍兰（Holland，1962）给出了托马斯 · 贝叶斯（1702—1761）的更多传记信息. 施蒂格勒（Stiger，1983）和萨贝尔（Zabell，1989）提供的证据表明，为了回应大卫 · 休谟（1711—1776）的挑战，可能贝叶斯早在 1748 年就已经发现此结果并将其告诉朋友.

Bean, W. B. (1950), *Aphorisms from the Bedside Teaching and Writings of Sir William Osler*, (1849–1919). Henry Schumann, New York.

奥斯勒认识到医学诊断的推理形式与后来乔治 · 波利亚给出的形式基本相同. 卢斯特德（L. Lusted，1968）将其作为贝叶斯医学诊断计算机程序的基础.

Bell, E. T. (1937), *Men of Mathematics*, Dover Publications, Inc., New York.

中译本 埃里克 · 坦普尔 · 贝尔. 数学大师——从芝诺到庞加莱. 徐源，译. 宋蜀碧，校. 上海：上海科技教育出版社，2012，2018. [1]

这本传记式小品集值得阅读，它似乎不存在替代品. 但读者应该知道，埃里克 · 坦普尔 · 贝尔也是一位著名科幻作家（笔名约翰 · 泰恩），这种天赋在这本书中也得到展现. 我们或许可以相信其中引用的名字、日期及有文献证明的历史事实的准确性. 但是，书中对所讨论问题的解释性陈述甚少而是包含很多关于作者的梦想和社会政治观点，以及他对技术事实的理解水平. 例如（第 167 页[2]），他以"社会正义"为由赞成将现代化学命名法之父拉瓦锡送上断头台. 他公然错误地谴责了拉普拉斯，并错误地将布尔描绘成一个从不会犯错的圣人. 他展示了 (第 256 页) 对爱因斯坦工作性质的荒谬理解，弄错了事实的时间顺序，还告诉我们（第 459 页）阿基米德从不关心数学的应用！

Bellman, R. & Kalaba, R. (1956), 'On the principle of invariant imbedding and propagation through inhomogeneous media', *Proc. Natl Acad. Sci. USA* **42**, 629–632.

Bellman, R. & Kalaba, R. (1957), 'On the role of dynamic programming in statistical communication theory', *IRE Trans.* **PGIT-1**, 197.

Bellman, R., Kalaba, R. & Wing, G. M. (1957), 'On the principle of invariant imbedding and one-dimensional neutron multiplication', *Proc. Natl Acad. Sci.* **43**, 517–520.

Berger, J. O. (1985), *Statistical Decision Theory and Bayesian Analysis*, Springer-Verlag, New York.

中译本 詹姆斯 · 伯杰. 统计决策论及贝叶斯分析. 贾乃光，译. 吴喜之，校译. 北京：中国统计出版社，1998.

① 上海科技教育出版社的中译本有 2012 年和 2018 年两种版本. ——编者注

② 英文原书页码 167、256、459，对应 2012 年中译本页码 194、295、524，对应 2018 年中译本页码 180、275、495. ——编者注

Berger, J. O. & Wolpert, R. L. (1988), *The Likelihood Principle*, 2nd edn, Institute of Mathematical Statistics, Hayward, CA.

Bernardo, J. M. (1980), 'A Bayesian analysis of classical hypothesis testing', in Bernardo, J. M. *et al.*, eds., *Bayesian Statistics*, University Press, Valencia, Spain, pp. 606–47.

带有讨论.

Bernoulli, D. (1738), 'Specimen theoriae novae de mensura sortis', in Bernoulli, D. (1730–1), *Comment Acad. Sci. Imp. Petropolitanae*, **V**, pp. 175–192; English translation by Sommer, L. (1954) *Econometrica*, **22**, 23–36.

Bernoulli, D. (1777), *Mem. St Petersburg Acad., Acta Acad. Petrop.*, pp. 3–33; English translation, 'The most probable choice between several discrepant observations', *Biometrika*, **45**, 1–18 (1961).

重印于皮尔逊和肯德尔的著作（Pearson & Kendall，1970，第 157～167 页）. 取多个观测值的平均值问题，本书第 7 章讨论过.

Bernoulli, J. (1713), *Ars Conjectandi*, Thurnisiorum, Basel.

重印于 *Die Werke von Jakob Bernoulli*, Vol. 3, Birkhaeuser, Basel (1975), 107–286. 第一个现代极限定理. 第 IV 部分（包含极限定理）由宋冰（Bing Sung）翻译成英文，见哈佛大学统计系技术报告 #2，1966 年.

Bertrand, J. L. (1889), *Calcul des Probabilités*, Gauthier-Villars, Paris; 2nd edn, 1907; reprinted (1972) by Chelsea Publishing Co., New York.

人们通常仅因出现在第 4～5 页的"贝特朗悖论"而引用该书. 然而，该书充满简洁的数学，展示了作者良好的概念洞察力. 这两方面都往往优于一些近作. 贝特朗清楚地认识到，我们从给定数据得出的结论在很大程度上必须依赖于先验信息，这种理解在后来的正统统计文献中丢失了. 我们在 6.23 节引用了他的话. 然而，我们不同意他对我们在第 7 章中给出的高斯分布的赫歇尔-麦克斯韦推导的批评. 他所认为的推导中的缺陷正是我们眼中的最大优点，也是爱因斯坦推理的先驱. 今天非常值得了解和复兴这种推理方式.

Birnbaum, A. (1962), 'On the foundation of statistical inference (with discussion)', *J. Am. Stat. Assoc.* **57**, 269–326.

反贝叶斯主义者接受的"似然原理"的第一个证明.

Blackman, R. B. & Tukey, J. W. (1958), *The Measurement of Power Spectra*, Dover Publications, Inc., New York.

周期图被特定的平滑破坏，抹去了其中大部分有用信息. 我们多次警告不要这样做.

Bloomfield, P. (1976), *Fourier Analysis of Time Series: An Introduction*, J. Wiley & Sons, New York.

该书作者利用布莱克曼-图基方法对来自惠特克和活森（Whittaker & Robinson，1924）的所谓变星天文数据进行了荒谬的极端处理（比噪声水平低约 50 dB！）. 他未能识别出数据的虚假性（他既不认为一个身份不明的天文台观测到连续 600 次晴朗的午夜天空有什么问题，也不担心作者没有提及任何数据来源这一事实）. 结果，他的周期图对于变星没有给出任何信息；其顶部显示放入模拟数据的两个正弦波，底部仅显示数字化误差的频谱. 这有力证明了在不合适的情况下盲目、不假思索地应用统计流程的愚蠢性. 贝叶斯主义者不得不考虑有关该现象和数据获取流程的先验信息，所以不会犯这种错误.

Boltzmann, L. W. (1871), *Wiener Berichte* **63**, pp. 397–418, 679–711, 712–732.

在这三篇文章中首次出现“$p \log p$”类型的熵表达式.

Boole, G. (1854), *An Investigation of The Laws of Thought*, Macmillan, London; reprinted by Dover Publications, Inc., New York (1958).

Boole, G. (1857), ‘On the application of the theory of probabilities to the question of the combination of testimonies or judgments’, *Edinburgh Phil. Trans.* **v**, xxi.

Borel, E. (1909), *Élements de la Théorie des Probabilités*, Hermann et Fils, Paris.

详细讨论了贝特朗悖论并推测出正确解，后来通过群不变性论证发现这种解.

Borel, E. (1924), ‘A propos d’un traitè de probabilitiès’, *Rev. Philos.* **98**, 321–336.

对凯恩斯的著作（Keynes，1921）的评论. 重印于凯伯格和斯莫克勒的著作（Kyburg & Smokler，1981）. 和贝特朗（Bertrand，1889）一样，博雷尔非常清楚概率必须依赖于我们的先验知识状态. 遗憾的是，两人都没有在实际应用中证明这一点的重要后果，他们本可以避免其他人长达 50 年的错误教导.

Boring, E. G. (1955), ‘The present status of parapsychology’, *Am. Sci.*, **43**, 108–16.

作者得出结论，超心理学家的行为是一种要研究的奇怪现象. 他指出，无论观察到什么事实，试图证明不存在对通灵的自然解释，在逻辑上都是不可能的；一个人不可能对一个普遍的否定结论加以证明（否认因果解释存在的量子理论学家请注意这一点）.

Bortkiewicz, L. V. (1898), *Das Gesetz der Kleinen Zahlen*, Teubner, Leipzig.

包含他著名的使用泊松分布拟合连续几年被马踢死的德国士兵数量的工作.

Bortkiewicz, L. V. (1913), *Die radioaktive Strahlung als Gegenstand Warscheinlichkeitstheoretischer Untersuchungen*, B. G. Teubner, Leipzig.

Box, G. E. P. (1962), ‘On the foundations of statistical inference: discussion’, *J. Am. Stat. Assoc.* **57**, (298), 311.

Box, G. E. P. & Tiao, G. C. (1973), *Bayesian Inference in Statistical Analysis*, Addison-Wesley, Reading, MA.

乔治 · 爱德华 · 佩勒姆 · 博克斯和吉米 · 萨维奇一样，在这个领域是异类. 博克斯是罗纳德 · 艾尔默 · 费希尔的助手，娶了费希尔的女儿. 但是，博克斯在推断问题上成为贝叶斯主义者，在显著性检验问题上仍然是费希尔主义者，因为他认为这超出了贝叶斯方法的范围. 杰恩斯（Jaynes，1985）认为，正相反，任何合理的显著性检验都需要完整的贝叶斯方法.

Box, J. F. (1978), *R. A. Fisher: The Life of a Scientist*, Wiley, New York.

琼 · 费希尔 · 博克斯是罗纳德 · 艾尔默 · 费希尔的小女儿，她讲述了其他人不知道的关于费希尔的许多个人轶事，其中穿插着对他所从事工作的叙述.

Bredin, J.-D. (1986), *The Affair: The Case of Alfred Dreyfus*, G. Braziller, New York.

这本书第 5 章讨论了意见分歧心理现象的一个著名例子.

Bretthorst, G. L. (1988), *Bayesian Spectrum Analysis and Parameter Estimation*, Lecture Notes in Statistics, Vol. 48, Springer-Verlag, Berlin.

该书作者 1987 年博士论文的修订版和扩充版. 这是计量经济学趋势分析和核磁共振数据频谱分析的重要新进展.

Buck, B. & Macaulay, V. A., eds. (1991), *Maximum Entropy in Action*, Clarendon Press, Oxford.

作者在牛津大学举办了八场讲座，涵盖核磁共振、光谱学、等离子体物理学、X 射线晶体学和热力学方面的基本概念与应用. 这是迄今为止对初学者来说最好的入门材料，并且其中足够的技术细节对实践科学家也有用. 请注意，这里所谓的“最大熵”被“窗口化”或数据“预滤波”等特定方法——由于会破坏数据中的某些信息为我们所谴责——扭曲. 如果应用得当，概率论完全有能力从未删减的原始数据中提取所有相关信息，并且在允许这样做时以最少的总计算量取得最优效果.

Cantril, H. (1950), *The 'Why' of Man's Experience*, Macmillan, New York.

Carnap, R. (1952), *The Continuum of Inductive Methods*, University of Chicago Press.

Chadwick, J. (1958), *The Decipherment of Linear B*, Cambridge University Press.

Cheeseman, P. (1988), 'An inquiry into computer understanding', *Comput. Intell.* **4**, 58–66.

另请参阅其后 76 页的讨论. 作者尝试向人工智能社区解释贝叶斯原理，但遭到不理解作者在说什么的讨论者的强烈反对. 杰恩斯（Jaynes，1990b）描述了这种境况.

Chernoff, H. & Moses, L. E. (1959), *Elementary Decision Theory*, J. Wiley & Sons, Inc., New York.

该书首次出版时，被描述为“唯一不落后于时代 20 年的统计学教科书”. 现在该书已经落后大约 40 年，因为作者无法接受概率不是频率的概念，没有意识到直接贝叶斯方法可以简单得多地得到所有相同结果. 尽管如此，它仍是对沃尔德原始思想有趣和引人入胜的阐述，比沃尔德的著作（Wald，1950）容易阅读得多.

Copi, I. M. (1994), *Introduction to Logic*, 9th edn, Macmillan, New York.

中译本 欧文 · M · 柯匹，卡尔 · 科恩. 逻辑学导论（第 13 版）. 张建军，潘天群，顿新国，译. 北京：中国人民大学出版社，2014.

Cournot, A. A. (1843), *Exposition de la Theorie des Chances et des Probabilités*, L. Hachette, Paris.

重印于 Oeuvres Complètes, J. Vrin, Paris（1984）. 对拉普拉斯的第一批攻击之一，埃利斯、布尔、维恩、贝尔和其他人紧随其后，直到如今.

Cox, R. T. (1946), 'Probability, frequency, and reasonable expectation', *Am. J. Phys.* **14**, 1–13.

在我们看来，这篇文章是自拉普拉斯以来对概率论概念（相对于纯数学）阐述的最重要进步.

Cox, R. T. (1961), *The Algebra of Probable Inference*, Johns Hopkins University Press, Baltimore MD.

考克斯的文章（Cox，1946）的扩展，有额外的结论和更多的讨论. 杰恩斯（Jaynes，1963）发表了评论.

Craig, J. (1699), *Theologiae Christianae Principia Mathematica*, Timothy Child, London.

带评论的重印见 Daniel Titus, Leipzig (1755). 更多评论见施蒂格勒的文章（Stigler，1986a）.

Cramér, H. (1946), *Mathematical Methods of Statistics*, Princeton University Press.

中译本 H. 克拉美. 统计学数学方法. 魏宗舒，郑朴，吴锦，译. 北京：高等教育出版社，1966.

这标志着相对于贝叶斯方法对置信区间高度信心的鼎盛时期，基于纯粹理念的理由将其断言为通常做法，没有注意到这两种方法产生的实际结果. 对它的评论见附录 B 和杰恩斯的著作（Jaynes，1976, 1986a）.

Crick, F. (1988), *What Mad Pursuit*, Basic Books, Inc., New York.

中译本 弗朗西斯 · 克里克. 狂热的追求：科学发现回忆录. 傅贺，译. 长沙：湖南科学技术出版社，2020.

克里克生活和工作的回忆录，其中充满了对一般科学行为的重要观察和建议，以及关于他在生物学中具有决定性意义的重要工作的精彩的技术细节——其中大部分发生在著名的克里克-沃森发现 DNA 结构几年之后. 几乎同样重要的是，这是对沃森一书（Watson，1968，见参考文献）的纠正. 我们在这里看到了克里克在 1974 年记录的 DNA 双螺旋结构发现故事的另一面，对事件的回忆有所不同. 在我们看来，这项工作作为重要科学发现的案例是有历史价值的，这些发现没有我们的数学形式的概率推断的帮助，但是——至少在克里克看来——严格遵守以波利亚给出的定性形式的规则. 我们希望理论物理学家也能如此推理.

Crow, E. L., Davis, F. A. & Maxfield, M. W. (1960), *Statistics Manual*, Dover Publications, Inc., New York.

有很多有用的表和图，但阐述的方法很传统，从不考虑信息内容，因此从来没有觉察到他们从数据中提取信息的缺陷. 在杰恩斯的著作（Jaynes，1976）中对此有一些有趣的讨论.

Dawid, A. P., Stone, M. & Zidek, J. V. (1973), 'Marginalization paradoxes in Bayesian and structural inference', *J. Roy Stat. Soc.* **B35**, 189–233.

在第 15 章中讨论.

Dawkins, R. (1987), *The Blind Watchmaker*, W. W. Norton & Co., New York.

中译本 理查德 · 道金斯. 盲眼钟表匠：生命自然选择的秘密. 王道还，译. 北京：中信出版社，2016.

对不了解达尔文理论的宗教原教旨主义者不断攻击达尔文理论的回应. 理查德 · 道金斯是牛津大学动物学教授. 他像 120 年前的查尔斯 · 达尔文一样耐心地详细解释为什么可以将自然事实解释为自然法则的运作，而无须援引目的论. 我们对此完全同意. 不幸的是，道金斯的热情似乎超出了他的逻辑范围. 在书的封面上，他声称这也解释了一个非常不同的事情："为什么进化证据揭示了一个没有设计的宇宙." 我们看不出有任何证据能证明这一点；基本逻辑警告我们试图证明一个普遍的否定结论是愚蠢的.

道金斯与原教旨主义者的斗争仍在继续. 1993 年，剑桥大学神学院设立了星桥神学与自然科学讲座. 道金斯在全国报刊上发声对此表示谴责，并强调神学与科学价值相比空洞无用. 这促使剑桥诺贝尔奖获得者化学家马克斯 · 佩鲁茨发表了反驳意见，他说道：“科学教给我们自然法则，但宗教教导我们应该如何生活. ……道金斯博士将科学家描绘成破坏宗教信仰的团体，这损害了公众对科学家的认知.” 在我们看来，道金斯谴责的是武断的神学体系，而不是其道德教义，这两者是非常不同的事情. 我们在第 20 章末尾给出了对此的看法.

de Finetti, B. (1937), 'La prevision: ses lois logiques, ses sources subjectives', *Ann. Inst. H. Poincaré*, **7**, 1–68.

英文翻译：'Prevision, its logical laws, its subjective sources'，收录于凯伯格和斯莫克勒的著作（Kyburg & Smokler，1981）.

de Finetti, B. (1972), *Probability, Induction and Statistics*, John Wiley & Sons, New York.

de Finetti, B. (1974a), 'Bayesianism', *Intern. Stat. Rev.* **42**, 117–130.

de Finetti, B. (1974b), *Theory of Probability*, 2 vols., J. Wiley & Sons, Inc., New York.

阿德里安 · 史密斯的英译本同样展示了这部作品的机智和幽默. 布鲁诺 · 德菲内蒂写这本书时充满了快乐，但是他几乎写出两句话，就要加上括号讨论突然出现在他脑海中的一个不同的主题，这一点忠实地反映在译文中. 书中充满了所有认真学习该领域的学生都应该知道的有趣信息，但是由于其混乱无序而无法总结. 任何一个话题的讨论都可能分散在多个不同章节中，没有任何交叉引用，所以人们最好随机地阅读这本书的各页.

de Groot, M. H. (1970), *Optimal Statistical Decisions*, McGraw-Hill Book Co., New York.

de Groot, M. H. (1975), *Probability and Statistics*, Addison-Wesley Publishing Co., Reading, MA; 2nd edn. (1986).

这本教科书中充满了有用的结果，代表了正统统计和现代贝叶斯推断的中间过渡阶段. 莫里斯 · 德格罗特（1931—1989），过渡贝叶斯主义者萨维奇的博士生，清楚地看到了贝叶斯方法的技术优势，并且是我们每年两次的 NSF-NBER 贝叶斯研讨会的常客和演讲者，但是他仍然保留了正统的术语、符号和一般的绝对主义心态. 因此，他仍然区分“真实概率”和“估计概率”，仿佛前者真实存在，并且把“概率论”和“统计推断”严格区别开来，就好像它们是不同的主题一样. 这并不妨碍他获得标准的有用结果，通常是通过沿用发明特定工具的正统习惯而不是应用概率论规则.（我们目前的相对主义理论认识到不存在“绝对”概率这样的东西，因为所有概率都表达了使用者的信息状态，因此也必然依赖于使用者的信息状态. 这使得概率论一般原则统一适用于所有推断问题，而不需要任何特定工具.）莫里斯 · 德格罗特的传记和参考书目可以在 *Statistical Science*, vol **6**, pp. 4–14 (1991) 中找到.

de Groot, M. H. & Goel, P. (1980), 'Only normal distributions have linear posterior expectations in linear regression', *J. Am. Stat. Assoc.* **75**, 895–900.

另一种由高斯（Gauss，1809）首次发现的联系，在第 7 章中有讨论.

de Moivre, A. (1718), *The Doctrine of Chances: or, A Method of Calculating the Probability of Events in Play*, W. Pearson, London; 2nd edn, Woodfall, London (1738); 3rd edn, Millar, London (1756); reprinted by Chelsea Publishing Co., New York (1967).

de Moivre, A. (1733), *Approximatio ad Summam Terminorum Binomii* $(a+b)^n$ *in Seriem expansi*; Photographic reproduction in Archibald, R. C., *Isis* **8**, 671–683, (1926).

de Morgan, A. (1838), *An Essay on Probabilities*, Longman & Co., London.

de Morgan, A. (1847), *Formal Logic: or the Calculus of Inference Necessary and Probable*, Taylor & Watton, London.

对拉普拉斯观点的热情阐述.

de Morgan, A. (1872), *A Budget of Paradoxes*, 2 Vols, de Morgan, S., ed., London; 2nd edn, Smith, D. E., ed. (1915).

Dover Publications, Inc., New York (1954) 以单卷重印. 奥古斯塔斯·德摩根（1806—1871）是一位数学家和逻辑学家，1828～1866 年间在伦敦大学学院工作. 他的笔记不仅涉及逻辑，还涉及逻辑悖论. 后者保存在这本书中，令人愉快地描述了 19 世纪英国大量存在的方圆论者、反哥白尼派、反牛顿派、宗教狂热者、命理学家和精神错乱者的活动. 它生动地描绘了严肃的学者为了在科学上取得任何进步而必须克服的困难，其中有很多有趣轶事.

de Morgan, S. (1882), *Memoir of Augustus de Morgan*, Longman, Green, London.

关于德摩根的更多传记和轶事材料.

Devinatz, A. (1968), *Advanced Calculus*, Holt, Rinehart and Winston, New York.

Dyson, F. J. (1958), 'Review of Lighthill (1957)', *Phys. Today* **11**, 28.

Edwards, A. W. F. (1974), 'The history of likelihood', *Int. Stat. Rev.* **42**, 9–15.

Edwards, A. W. F. (1991), *Nature* Aug. 1, p. 386.

Edwards, H. M. (1989), 'Kronecker's philosophical views', in Rowe, D. E. & McCleary, J., eds., *The History of Modern Mathematics*, Vol. 1, pp. 67–77.

Einstein, A. (1905a), 'On the electrodynamics of moving bodies', *Ann. Phys. Leipzig* **17**, 891–921.

Einstein, A. (1905b), 'Does the inertia of a body depend on its energy contend?', *Ann. Phys. Leipzig* **18**, 639–641.

Elias, P. (1958), 'Two famous papers', Editorial, *IEEE Trans.* **IT-4**, p. 99.

Ellis, R. L. (1842), 'On the foundations of the theory of probability', *Camb. Phil. Soc.*, vol. viii.

埃利斯是英国的库尔诺，他发起了反拉普拉斯运动，使得科学推断的进程倒退了一个世纪.

Ellis, R. L. (1863), *The Mathematical and Other Writings of Robert Leslie Ellis M. A.*, Wm. Walton, ed., Deighton, Bell, Cambridge.

Erickson, G. J. & Smith, C. R. (1988), eds., *Maximum-Entropy and Bayesian Methods in Science and Engineering, Vol. 1, Foundations; Vol. 2, Applications*, Kluwer Academic Publishers, Dordrecht, Holland.

Euler, L. (1749), *Recherches sur la Question des Inégalitiés du Mouvement de Saturne et de Jupiter, Sujet Proposé pour le Prix de l'Anneé 1748 pas l'Académie Royale des Sciences de Paris*; reprinted in *Leonhardi Euleri, Opera Omnia*, ser. 2, Vol. 25, Turici, Basel, (1960).

欧拉放弃了从 75 个相互矛盾的观察数据中估计 8 个未知参数的问题，但还是赢得了奖金.

Feinberg, S. E. & Hinkley, D. V. (1980), *R. A. Fisher: An Appreciation*, 2nd edn, Lecture Notes in Statistics #1, Springer-Verlag, Berlin.

这是该书于 1979 年出版后的第 2 次印刷. 如果将其视为历史文献而不是对当前统计原理的说明，则是宝贵的资料来源. 书中包含了费希尔最重要推导的丰富技术细节，其中提供了他的大量作品列表，包括 4 本书和 294 篇已发表的文章. 但是在对费希尔的赞誉中，本书未能注意到在 1979 年已经确立的一些东西：费希尔强烈拒绝的杰弗里斯的更简单、更统一的方法实际上可以完成费希尔方法所做的一切，具有相同或更好的结果，并且几乎总是更简单. 此外，这些方法可以轻松处理费希尔永远无法克服的技术难题（例如冗余参数或缺乏充分统计量），因此这本书也倾向于延续有害的费希尔传奇.

Félix, L. (1960), *The Modern Aspect of Mathematics*, Basic Books, Inc., New York.

布尔巴基主义观点，相反的观点见克莱因的著作（Kline，1980）.

Feller, W. (1950), *An Introduction to Probability Theory and its Applications*, Vol. 1, J. Wiley & Sons, New York; 2nd edn, 1957; 3rd edn, 1968.

中译本 威廉 · 费勒. 概率论及其应用 · 卷 1，第 3 版. 胡迪鹤，译. 北京：人民邮电出版社，2021.

Feller, W. (1966), *An Introduction to Probability Theory and its Applications*, Vol. 2, J. Wiley & Sons, New York; 2nd edn, 1971.

中译本 威廉 · 费勒. 概率论及其应用 · 卷 2，第 2 版. 郑元禄，译. 北京：人民邮电出版社，2021.

Fine, T. L. (1973), *Theories of Probability*, Academic Press, New York.

Fisher, R. A. (1922), ‘On mathematical foundations of theoretical statistics’, *Phil. Trans. Roy. Soc. Lond. Ser. A*, **222**, 309–368.

“充分统计量”这一术语的引入.

Fisher, R. A. (1925), *Statistical Methods for Research Workers*, Oliver & Boyd, Edinburgh.

有 12 个后续版本.

Fisher, R. A. (1930b), *The Genetical Theory of Natural Selection*, Oxford University Press; 2nd (rev) edn, Dover Publications, Inc., New York (1958).

在这里，费希尔表明孟德尔遗传学与达尔文进化论并不冲突，正如孟德尔在 20 世纪初所假设的那样；相反，孟德尔遗传的“粒子”或“离散”性质清除了达尔文理论的一些突出困难，这是由于混合遗传假设导致的，大多数生物学家——包括达尔文本人——在 19 世纪 60 年代认为这是理所当然的. 回想一下，孟德尔的工作，以及对显性和隐性基因等的了解，比达尔文晚；这是达尔文（1809—1882）从来不知道的，直到 1900 年之后才被大家普遍了解. 费希尔和其他人用这些术语重新解释达尔文的理论，现在被称为新达尔文主义. 到费希尔的这本书第 2 版（1958 年）出版时，由放射性引起的突变的存在已被充分证实，由 DNA 复制失败引起的突变已经变得非常可信，基因重组（早在 1886 年就由魏斯曼提出）被认为是提供自然选择赖以生存的个体变异的另一种机制，但其起源令达尔文感到困惑. 因此，费希尔以小字添加了许多新的段落，指出这种新的理解及其含义. 达尔文如果活着，会多么愿意看到这些对他的问题的漂亮回答！费希尔对科学真正、永久的贡献是在这样的作品中，而不是在他的统计学中．费希尔的统计学在 20 世纪 20 年代是一种进步，但自从杰弗里斯 1939 年的工作以来一直是一种阻碍的力量．

Fisher, R. A. (1933), 'Probability, likelihood and quantity of information in the logic of uncertain inference', *Proc. Roy. Soc.* **146**, 1–8.

一篇试图攻击杰弗里斯的著名作品，我们在第 16 章中有所讨论．

Fisher, R. A. (1934), 'Two new properties of mathematical likelihood', *Proc. Roy. Soc. London A* **144**, 285–307.

Fisher, R. A. (1950), *Contributions to Mathematical Statistics*, W. A. Shewhart, ed., J. Wiley & Sons, Inc., New York.

他的早期著名论文的合集．

Fisher, R. A. (1956), *Statistical Methods and Scientific Inference*, Oliver & Boyd, London; second revised edition, Hafner Publishing Co., New York (1959).

费希尔关于统计学的最后一本书，他试图总结他对不确定推断的逻辑性质的看法．人们可以看出这相对于他的早期作品有相当大的观点转变——他甚至偶尔承认自己以前错了．他现在更认同先验信息的作用，说可识别子集应该予以考虑，并且先验无知对于置信估计的有效性至关重要．他对哥德尔定理的简洁解释展示了他一贯的直觉洞察力，但书中也有一些明显的记忆失误和数值错误．每位认真学习统计学的学生都应该至少放慢速度仔细地阅读这本书两遍，因为其中的思考非常深刻，阅读一遍无法完全理解费希尔的意思．此外，费希尔谈到了我们在目前的工作中没有讨论的几个专门化主题．

Fisher, R. A. (1962), 'Some examples of Bayes' method of the experimental determination of probability a priori', *J. Roy. Stat. Soc.* **B 24**, 118–124.

Fisher, R. A. (1974), *Collected Papers of R. A. Fisher*, J. H. Bennett, ed., University of Adelaide.

Fowler, R. H. (1929), *Statistical Mechanics; The Theory of the Properties of Matter in Equilibrium*, Cambridge University Press.

Fraser, D. A. S. (1966), 'On fiducial inference', *Ann. Math. Stat.* **32**, 661–676.

Fraser, D. A. S. (1980), 'Comments on a paper by B. Hill', in J. M. Bernardo *et al.*, eds., *Bayesian Statistics*, University Press, Valencia, Spain, pp. 56–58.

声称找到一个对似然原理的反例．但它与第 15 章中贝叶斯方法解决的翻滚四面体问题相同，人们在 1980 年还不知道该问题的正确解．

Galilei, Galileo (1638), *Dialogues Concerning Two New Sciences*; English translation by Henry Crew & Alfonso de Salvio, MacMillan Company, London (1914).

中译本 伽利略．关于两门新科学的对话．武际可，译．北京：北京大学出版社，2020.

平装本由 Dover Publications, Inc., New York 重印，日期不详（约 1960 年）．

Galton, F. (1886), 'Family likeness in stature', *Proc. Roy. Soc. Lond.* **40**, 42–73.

Galton, F. (1908), *Memories of My Life*, Methuen, London.

更多的传记性和技术细节在皮尔逊的著作（Pearson，1914–1930）中．

Gardner, M. (1957), *Fads and Fallacies in the Name of Science*, Dover Publications, Inc., New York.

中译本 马丁 · 加德纳. 西方伪科学种种. 贝金，译. 长正，校. 北京：知识出版社，1984.

似乎是德摩根的著作（de Morgan，1872）的一本 20 世纪的续作，更多地关注科学而非数学领域的造假者. 在这里，我们遇到了真诚但悲惨的被误导者，以及故意欺诈以从轻信者中赚取不当钱财的人.

Gardner, M. (1981), *Science – Good, Bad, and Bogus*, Paperbound edition (1989), Prometheus Books, Buffalo NY; paperbound edn (1989).

加德纳的著作（Gardner，1957）的续作，其中有每个人都应该注意的发人深省的内容，记录着最近几种趋势的细节：神创论者利用电视面向数百万人攻击达尔文理论，同时严重歪曲达尔文理论；特异功能倡导者闯入科学会议，试图援引量子理论来支持特异功能，尽管他不了解什么是量子理论；宣传奇才将知识（人工智能、混沌、灾难理论、分形）的每一次微小进步都变成了革命性的宗教崇拜；专业的灾难贩卖者，通过从人类的每一项活动中营造越来越荒谬的危险来达到个人宣传的目的；最可怕的是，新闻媒体对这一切随时给予支持并进行免费的宣传. 今天，我们的电视广播中充斥着虚假的科学和中世纪的迷信，企图贬低和歪曲真正的科学. 在引言中，加德纳表达了他对网络管理人员以其有利可图为由拒绝纠正这一点的愤慨. 那么，这种持续、蓄意滥用言论自由以谋取利益的行为什么时候会成为对公共社会的明显与现实的威胁? 另见罗思曼（Rothman，1989）和胡贝尔（Huber，1992）的著作.

Gauss, K. F. (1809), *Theoria Motus Corporum Celestium*, Perthes, Hamburg; English translation, *Theory of the Motion of the Heavenly Bodies Moving About the Sun in Conic Sections*, Dover Publications, Inc., New York (1963).

Gauss, K. F. (1823), *Theoria Combinationis Observationum Erroribus Minimis Obnoxiae*, Dieterich, Göttingen; *Supplementum* (1826).

Geisser, S. & Cornfield, J. (1963), 'Posterior distribution for multivariate normal parameters', *J. Roy. Stat. Soc.* **B25**, 368–376.

正确处理了一个后来沦为边缘化悖论的问题，如第 15 章所述，在杰恩斯的著作（Jaynes，1983，第 337 ~ 339 页和第 374 页）中有更全面讨论.

Geisser, S. (1980), 'The contributions of Sir Harold Jeffreys to Bayesian inference', in Zellner, A., ed., *Bayesian Analysis in Econometrics and Statistics*, North-Holland Publishing Co., Amsterdam, pp. 13–20.

Gell-Mann, M. (1992) 'Nature conformable to Herself ', *Bull. Santa Fe Inst.* **7**, 7–10.

关于数学与物理关系的一些评论. 这位诺贝尔物理学奖获得者和我们一样，对“布尔巴基主义瘟疫”终于消失感到高兴，希望数学和理论物理学可以再次成为互助伙伴而不是敌手.

Gibbs, J. W. (1875), 'On the equilibrium of heterogeneous substances'; reprinted in *The Scientific Papers of J. Willard Gibbs*, Vol. I, Longmans, Green & Co. (1906), and Dover Publications, Inc., New York (1961).

Gibbs, J. W. (1902), *Elementary Principles in Statistical Mechanics*, Yale University Press,

New Haven, Connecticut.

中译本 约西亚 · 威拉德 · 吉布斯. 统计力学的基本原理. 毛俊雯，译. 汪秉宏，审校. 合肥：中国科学技术大学出版社，2016.

重印于 *The Collected Works of J. Willard Gibbs*, Vol. 2，由 Longmans, Green & Co. (1928) 和 Dover Publications, Inc.，New York (1960) 出版.

Glymour, C. (1985), 'Independence assumptions and Bayesian updating', *Artificial Intell.* **25**, 25–99.

Gnedenko, B. V. (1962), *The Theory of Probability*, Chelsea Publ. Co., New York, pp. 40–41.

中译本 Б. В. 格涅坚科. 概率论教程. 丁寿田，译. 北京：高等教育出版社，1956.

Gödel, K. (1931), 'Über formal unendscheidbare Sätze der Principia Mathematica und verwandter Systeme I', *Monatshefte für Math. & Phys.*, **38**, 173–198.

英译版：'On formally undecidable propositions of Principia Mathematica and related systems', Basic Books, Inc., New York (1962)；重印于 Dover Publications, Inc., New York (1992).

Goldman, S. (1953), *Information Theory*, Prentice-Hall, Inc., New York.

即使这部著作在该领域有奇怪的名声，我们仍想为其添加一个友好的说明. 作者重叙了维纳和香农的工作，而且为初学者着想，比维纳和香农更清楚地解释了它们. 它的奇怪名声是两个不幸的偶然的结果：(1) 第 1 章标题中的一个拼写错误没有引起作者和出版者的注意，但为 20 世纪 50 年代流传的数十个冷笑话提供了素材；(2) 在第 295 页有一张吉布斯的照片，标题是“吉布斯（1839—1903），他的遍历假设是信息论中基本思想的先驱”，但是由于吉布斯从未提到遍历性，这是更多笑话的来源. 然而，作者只是因为相信维纳的工作（Wiener，1948）的真实性而受到谴责.

Goldstein, H. (1980), *Classical Mechanics*, Addison-Wesley, Reading, MA.

中译本 H. 戈德斯坦. 经典力学. 陈为恂，译. 汤家镛，校. 北京：科学出版社，1981，1986.

Good, I. J. (1950), *Probability and the Weighing of Evidence*, C. Griffin & Co., London.

一部重要性与篇幅不成比例的著作. 它仍然是每位做科学推断的学生的必读之作，并且可以在一个晚上读完.

Good, I. J. (1962), *The Scientist Speculates*, Heinemann Basic Books, New York.

Good, I. J. (1967), 'The white shoe is a red herring', *Brit. J. Phil. Sci.* **17**, 322.

重印、转载于古德的文章集（Good，1983），其中指出了亨佩尔悖论中的错误.

Good, I. J. (1980), 'The contributions of Jeffreys to Bayesian statistics', in A. Zellner, ed., *Bayesian Analysis in Econometrics and Statistics*, North-Holland Pub. Co., Amsterdam.

Good, I. J. (1983), *Good Thinking*, University of Minnesota Press.

重印了古德的 23 篇文章，涵盖了多年完成的许多主题，以及其他作品的参考列表. 古德大约写过 2000 篇这样的短文章，从 20 世纪 40 年开始在统计和哲学文献中都可以找到. 该领域的工作者普遍认为，现代统计学中的每一个想法都可以在这些文章中的一篇或多篇中找到源头，但是它们的数量之多让我们无法找到或引用它们. 而且大多数文章只有一两页长，在一小时内匆匆写完，再也没有进一步发展. 因此，许多年来，无论人们在贝叶斯统计中做了什么，都只是默认将首先发明权让给古德，而没有尝试搜索相关文献. 找到相关文献可能需要几天时间. 最后，这本书提供了这些文章的前 1517 篇中的大部分的列表（大概是按照它们的写作顺序，而不是出版顺序排列），并且带有一个长索引，因此现在可以对他到 1983 年为止的作品给予适当引用. 请务必阅读第 15 章，他在那里指出了卡尔 · 波普尔工作中具体、定量的错误，并证明了波普尔拒绝的贝叶斯方法实际上能纠正这些错误.

Gould, S. J. (1989), *Wonderful Life: The Burgess Shale and the Nature of History*, W. W. Norton & Co., New York.

中译本 斯蒂芬 · 杰 · 古尔德. 奇妙的生命：六亿年地球生命演化的秘密. 郑浩，译. 海口：海南出版社，2019.

加拿大落基山脉中的一个小地区拥有完全合适的地质变迁历史，因此软体动物几乎完美地保存了下来. 因此，我们现在知道寒武纪早期存在的生命种类比想象的要多得多. 这对我们的进化观念有着深远的影响. 古尔德近乎狂热地坚持认为“进化”并不等同于“进步”. 当然，任何熟悉物理和化学原理的人都会同意，以一个方向进行的过程也能以相反方向进行. 尽管如此，在我们看来，至少 99% 的观察到的进化实际上是朝着进步的方向发展的（更有能力、适应性更强的生物）. 我们还认为，用符合当前基本知识和贝叶斯推断原理的术语正确表述的达尔文理论，恰恰预测了这一点.

Graunt, J. (1662), *Natural and Political Observations Made Upon the Bills of Mortality*, Roycroft, London.

重印于 Newman, J. R., ed. (1956), *The World of Mathematics*, Vol. 3, pp. 1420–1435, Simon & Schuster, New York. 首次意识到可以从出生和死亡记录中推断出的有用事实，是社会学推断的开始，区别于单纯的统计数据收集. 这项工作有时被归功于威廉 · 佩蒂，详情参见格林伍德的文章（Greenwood，1942）.

Gray, C. G. & Gubbins, K. E. (1984), *Theory of Molecular Fluids*, Oxford University Press.

Greenwood, Major (1942), ‘Medical statistics from Graunt to Farr’, *Biometrika*, **32**, 203–225.

三部分工作的第 2 部分. 对约翰 · 格兰特（1620—1674）、威廉 · 佩蒂（1623—1687）和埃德蒙 · 哈雷 (1656—1742) 第 1 张死亡率表的冗长但混乱的描述. 佩蒂（格兰特的朋友，也是那些躁动不安但没有受到良好训练的人之一，几乎对所有东西都简短地涉猎，但从未真正掌握任何东西）试图在哈雷之前许多年对爱尔兰进行人口普查，但没有足够仔细地推断得出有意义的结果. 格林伍德对佩蒂是否是格兰特工作的真正作者感到很困惑，他显然不知道佩蒂是在格兰特死后编辑了其死亡率表的第 5 版. 哈雷参考了佩蒂的版本，并看到了应如何纠正. 奥古斯塔斯 · 德摩根（Augustus de Morgan，1872，Vol. I，pp. 113–115）很久以前就用有趣而讽刺的语言对所有这些进行了解释.

Grosser, M. (1979), *The Discovery of Neptune*, Dover Publications, Inc., New York.

Haldane, J. B. S. (1932), *Proc. Camb. Phil. Soc.* **28**, 58.

提倡和使用非正常先验. 哈罗德 · 杰弗里斯（Harold Jeffreys，1939）承认这是他自己一些想法的来源.

Halley, E. (1693), ‘An estimate of the degrees of mortality of mankind’, *Phil. Trans. Roy. Soc.* **17**, 596–610, 654–656.

重印于 Newman, J. R., ed. (1956), *The World of Mathematics*, Simon & Schuster, New York, Vol. 3, pp. 1436–1447. 第一张死亡率表，基于 1687～1691 年布雷斯劳的出生和死亡记录. 另见格林伍德的文章（Greenwood，1942）.

Hamilton, A. G. (1988), *Logic for Mathematicians*, revised 2nd edn, Cambridge University Press.

中译本 A. G. 哈密尔顿. 数学家的逻辑. 骆如枫，陈慕昌，茹季札，黄万徽，译. 沈百英，校. 北京：商务印书馆，1989.

Hansel, C. E. M. (1980), *ESP and Parapsychology – A Critical Re-evaluation*, Prometheus Books, Buffalo, NY, Chap. 12.

Hardy, G. H. (1911), 'Theorems connected with MacLearin's test for the convergence of series', *Proc. Lond. Math. Soc.* **9**, (2), 126–144.

Haar, A. (1933), 'Der Massbegriff in der Theorie der Kontinuierlichen Gruppen', *Ann. Math. Stat.* **34**, 147–169.

Hartigan, J. (1964), 'Invariant prior distributons', *Ann. Math. Stat.* **35**, 836–845.

Hedges, L. V. & Olkin, I. (1985), *Statistical Methods for Meta-Analysis*, Academic Press, Inc., Orlando, FL.

Helmholtz, H. von (1868), 'Ueber discontinuirliche flussigkeitsbewegungen', Monatsberichte d. Konigl. akademie der wissenschaften zu Berlin.

Hempel, C. G. (1967), *Brit. J. Phil. Sci.* **18**, 239–240.

对古德（Good，1967）的回复.

Herschel, J. (1850), *Edinburgh Rev.* **92**, 14.

在麦克斯韦（Maxwell，1860）之前给出二维"麦克斯韦速度分布".

Hill, B. M. (1980), 'On some statistical paradoxes and nonconglomerability', in Bernardo, J. M. *et al.*, eds., *Bayesian Statistics*, University Press, Valencia.

Holland, J. D. (1962), 'The Reverend Thomas Bayes F.R.S. (1702–1761)', *J. Roy. Stat. Soc.* (*A*), **125**, 451–461.

Howson, C. & Urbach, P. (1989), *Scientific Reasoning: The Bayesian Approach*, Open Court Publishing Co., La Salle, Illinois.

一部奇怪的过时著作，它若在 60 年前出版可能有用. 主要是对过去哲学家开始的错误观点的重述，没有提供对它们的新见解，并且忽略了使得它们过时的科学家、工程师和经济学家的现代发展部分. 很少有贝叶斯统计的材料能超越哈罗德 · 杰弗里斯 50 年前的理解水平，除去应用它所需的数学. 他们坚持使用前杰弗里斯的记号表示法，无法在概率符号中表示先验信息，不注意冗余参数，也没有解决任何问题.

Howson, C. & Urbach, P. (1991), 'Bayesian reasoning in science', *Nature* **350**, 371–374.

豪森和乌尔巴赫的著作（Howson and Urbach，1989）的广告，也有同样的缺点. 由于他们使用 60 年前就存在的形式阐述贝叶斯原理，因此安东尼 · 爱德华兹（*Nature* **352**, 386–387）用 60 年前他的老师费希尔给出的标准反驳来回应是恰当的. 但是对于那些在当今真正的科学问题中积极实际使用贝叶斯方法的人来说，这种交流似乎是在对两种不同的本轮系统进行争论.

Hoyt, W. G. (1980), *Planets X and Pluto*, University of Arizona Press, Tucson.

Huber, P. J. (1981), *Robust Statistics*, J. Wiley & Sons, Inc., New York.

Huber, P. J. (1992), *Galileo's Revenge: Junk Science in the Courtroom*, Basic Books, Inc., NY.

记录了伪装成科学家的江湖骗子和疯子正在造成的破坏性影响. 他们受雇提供“专家”证词，声称存在各种实际并不存在的奇怪因果关系，以支持各种诉讼. 这使得消费者和企业浪费数十亿美元的费用. 亲因果偏见和反因果偏见现象在本书第 5 章、第 16 章和第 17 章中有讨论. 目前似乎没有什么有效的方法来对付这种行为，正如加德纳（Gardner，1981）指出的那样，新闻媒体总是倾向于报道能引起轰动的新闻，从而对江湖骗子给予支持和鼓励，同时拒绝负责任的科学家举行听证会来陈述事实. 看起来，什么是有效及无效的科学推断问题必须很快走出学术界，成为立法问题——这方面的前景比目前的滥用更可怕.

Hume, D. (1739), *A Treatise of Human Nature*, London; as revised by P. H. Nidditch, Clarendon Press, Oxford (1978).

中译本 休谟. 人性论. 关文运，译. 北京：商务印书馆，2016，2020.

Hume, D. (1777), *An Inquiry Concerning Human Understanding*, Clarendon Press, Oxford.

Jaynes, E. T. (1956), 'Probability theory in science and engineering', no. 4 in *Colloquium Lectures in Pure and Applied Science*, Socony-Mobil Oil Co., USA.

Jaynes, E. T. (1957a), 'Information theory and statistical mechanics', *Phys. Rev.* **106**, 620–630; **108**, pp. 171–190.

重印于杰恩斯的文章集（Jaynes，1983）.

Jaynes, E. T. (1957b), 'How does the brain do plausible reasoning?', Stanford University Microwave Laboratory Report 421.

重印于埃里克森和史密斯的著作（Erickson & Smith，1988，第 1 卷，第 1 ~ 23 页）.

Jaynes, E. T. (1963a), 'New engineering applications of information theory', in Bogdanoff, J. L. & Kozin, F., eds., *Engineering Uses of Random Function Theory and Probability*, J. Wiley & Sons, Inc., NY, pp. 163–203.

Jaynes, E. T. (1963b), 'Information theory and statistical mechanics', in K. W. Ford, ed., *Statistical Physics*, W. A. Benjamin, Inc., New York, pp. 181–218.

重印于杰恩斯的文章集（Jaynes，1983）.

Jaynes, E. T. (1963c), 'Comments on an article by Ulric Neisser', *Science* **140**, 216.

就人机交互交换意见.

Jaynes, E. T. (1965), 'Gibbs vs. Boltzmann entropies', *Am. J. Phys.* **33**, 391.

重印于杰恩斯的文章集（Jaynes，1983）.

Jaynes, E. T. (1967), 'Foundations of probability theory and statistical mechanics', in Bunge, M. (ed.), *Delaware Seminar in Foundations of Physics*, Springer-Verlag, Berlin.

重印于杰恩斯的文章集（Jaynes，1983）.

Jaynes, E. T. (1968), 'Prior probabilities', *IEEE Trans. Systems Science and Cybernetics*, **SSC-4**, 227–241.

重印于 Tummala, V. M. Rao & Henshaw, R. C., eds., *Concepts and Applications of Modern Decision Models*, Michigan State University Business Studies Series (1976)，以及杰恩斯的文章集（Jaynes，1983）.

Jaynes, E. T. (1976), 'Confidence intervals vs Bayesian intervals', in W. L. Harper & C. A. Hooker, eds., *Foundations of Probability Theory, Statistical Inference, and Statistical Theories of Science*, vol. II, Reidel Publishing Co., Dordrecht, Holland, pp. 175–257.

重印于杰恩斯的文章集（Jaynes，1983）.

Jaynes, E. T. (1978) 'Where do we stand on maximum entropy?', in Levine, R. D. and Tribus, M., eds., *The Maximum Entropy Formalism*, M.I.T. Press, Cambridge MA, pp. 15–118.

重印于杰恩斯的文章集（Jaynes，1983）.

Jaynes, E. T. (1980), 'Marginalization and prior probabilities', in Zellner, A., ed., *Bayesian Analysis in Econometrics and Statistics*, North-Holland Publishing Co., Amsterdam.

重印于杰恩斯的文章集（Jaynes，1983）.

Jaynes, E. T. (1983), in Rosenkrantz, R. D., ed., *Papers on Probability, Statistics, and Statistical Physics*, D. Reidel Publishing Co., Dordrecht, Holland; second paperbound edition, Kluwer Academic Publishers (1989).

1957~1980 年间 13 篇文章的重印.

Jaynes, E. T. (1984), 'The intuitive inadequacy of classical statistics', *Epistemologia, Special Issue on Probability, Statistics, and Inductive Logic* **VII**, 43–73.

带讨论.

Jaynes, E. T. (1985), 'Highly informative priors', in Bernardo, *et al.*, eds., *Bayesian Statistics 2*, Elsevier Science Publishers, North-Holland, pp. 329–360.

带讨论. 先是历史综述，然后是一个解决的示例（计量经济学中的季节性调整问题），显示先验信息可以如何影响我们的最终结论，甚至是以一种正统统计理论语言无法描述的方式，因为它不承认后验分布函数的相关性这一概念.

Jaynes, E. T. (1986a), 'Bayesian methods: general background', in Justice, J. H., ed., *Maximum Entropy and Bayesian Methods in Geophysical Inverse Problems*, Cambridge University Press.

面向初学者的非技术性通用入门教程，旨在解释术语和观点，并提醒常见的误解和沟通难点.

Jaynes, E. T. (1986b), 'Monkeys, kangaroos, and N', in Justice, J. H., ed., *Maximum Entropy and Bayesian Methods in Geophysical Inverse Problems*, Cambridge University Press.

使用狄利克雷先验对图像重建中的更深层假设空间做初步探索.

Jaynes, E. T. (1986c), 'Predictive statistical mechanics', in Moore, G. T. and Scully, M. O., eds., *Frontiers of Nonequilibrium Statistical Physics*, Plenum Press, NY, pp. 33–55.

Jaynes, E. T. (1987), 'Bayesian spectrum and chirp analysis', in Smith, R. C. & Erickson, G. J., eds., *Maximum Entropy and Bayesian Spectral Analysis and Estimation Problems*, D. Reidel, Dordrecht-Holland, pp. 1–37.

对图基（Tukey，1984；见参考文献）的答复，由布雷特索斯特（Bretthorst，1988）进一步阐述.

Jaynes, E. T. (1989), 'Clearing up mysteries – the original goal', in Skilling, J., ed., *Maximum Entropy and Bayesian Methods*, Kluwer Publishing Co., Holland, pp. 1–27.

包含我们认为是贝叶斯定理在动力学理论中的首次应用，在贝尔定理中隐藏假设的首次识别，以及热力学第二定律在生物学中的首次定量应用.

Jaynes, E. T. (1990a), 'Probability in quantum theory', in Zurek, W. H., ed. *Complexity, Entropy and the Physics of Information*, Addison-Wesley Pub. Co., Redwood City, CA, pp. 381–404.

使用作为逻辑的概率论使得量子理论的意义显得非常不同，并暗示量子力学概念上的困难可能在未来得到解决.

Jaynes, E. T. (1990b), 'Probability theory as logic', in Fougère, P., ed., *Proceedings of the Ninth Annual Workshop on Maximum Entropy and Bayesian Methods*, Kluwer Publishers, Holland.

通过一个不平凡的例子表明，条件概率不需要表达任何波普尔类型的因果作用——这一事实与杰恩斯（Jaynes，1989）讨论的贝尔定理中的隐藏假设高度相关.

Jaynes, E. T. (1992), 'Commentary on two articles by C. A. Los', *Computers & Math. Appl.* **24**, 267–273.

这位经济学家令人惊讶地不仅谴责我们的贝叶斯分析，而且谴责几乎所有在数据分析中做过的有用的事情，仿佛回到高斯时代.

Jefferson, T. (1781), *Notes on Virginia*; reprinted in Koch, A. & Peden, W. (eds.), *The Life and Selected Writings of Thomas Jefferson*, The Modern Library, New York (1944).

中译本 托马斯 · 杰斐逊. 杰斐逊选集. 朱曾汶，译. 北京：商务印书馆，2017. 第 VI 章：弗吉尼亚笔记.

1972 年由 Random House, Inc 重印.

Jeffrey, R. C. (1983), *The Logic of Decision*, 2nd edn, University of Chicago Press.

尝试以特别的方式修改贝叶斯定理. 正如第 5 章讨论的，这必然违反了我们的必备条件之一.

Jeffreys, H. (1931), *Scientific Inference*, Cambridge University Press; later editions, 1937, 1957, 1973.

中译本 哈罗德 · 杰弗里. 科学推断. 龚凤乾，译. 厦门：厦门大学出版社，2011.

请务必阅读引言部分，其中包含与伽利略的对话，展示了归纳法如何在科学中实际应用.

Jeffreys, H. (1932), 'On the theory of errors and least squares', *Proc. Roy. Soc.* **138**, 48–55.

表达对尺度参数完全无知的 $d\sigma/\sigma$ 先验的一个漂亮推导，受到费希尔（Fisher，1933）的猛烈攻击. 我们在第 7 章和第 16 章中对此有讨论.

Jeffreys, H. (1939), *Theory of Probability*, Clarendon Press, Oxford; later editions, 1948, 1961, 1967, 1988.

中译本 哈罗德 · 杰弗里. 概率论. 龚凤乾，译. 厦门：厦门大学出版社，2014.

在我们的前言中对此有感谢和赞誉.

Jeffreys, H. & Jeffreys, Lady Bertha Swirles (1946), *Methods of Mathematical Physics*, Cambridge University Press.

Jevons, W. S. (1874), *The Principles of Science: A Treatise on Logic and Scientific Method*, 2 vols., Macmillan, London.

重印于 Dover Publications, Inc., NY (1958). 杰文斯是德摩根的学生，也阐述了拉普拉斯的观点. 因此，杰文斯和德摩根都受到了维恩和其他人的攻击，萨贝尔（Zabell，1989）称之为“杰文斯大争论”.

Johnson, R. W. (1985), ‘Independence and Bayesian updating methods’, U. S. Naval Research Laboratory Memorandum Report 5689, November 1985.

Johnson, W. E. (1924), *Logic, Part III: The Logical Foundations of Science*, Cambridge University Press; reprinted by Dover Publications, Inc., NY (1964).

Johnson, W. E. (1932), ‘Probability, the deduction and induction problem’, *Mind* **44**, 409–413.

Justice, J. H. (1986), ed., *Maximum Entropy and Bayesian Methods in Geophysical Inverse Problems*, Cambridge University Press.

1984 年 8 月在卡尔加里举行的第四届年度“最大熵研讨会”的论文集.

Kac, M. (1956), ‘Some stochastic problems in physics and mathematics’, Field Research Laboratory. Magnolia Petroleum Co., Dallas, Colloquium Lectures in Pure and Applied Science no. 2.

Kadane, J. B., Schervish, M. J. & Seidenfeld, T. (1986), ‘Statistical implications of finitely additive probability’, in Goel, P. K. & Zellner, A., eds., *Bayesian Inference and Decision Techniques*, Elsevier Science Publishers, Amsterdam.

KSS 的工作在第 15 章中有详细讨论.

Kahneman, D. & Tversky, A. (1972), ‘Subjective probability: a judgment of representativeness’, *Cog. Psychol.* **3**, 430–454.

另见特韦尔斯基和卡奈曼的文章（Tversky & Kahneman，1981）.

Kempthorne, O. & Folks, L. (1971), *Probability, Statistics and Data Analysis*, Iowa State University Press.

Kendall, M. G. (1963), ‘Ronald Aylmer Fisher, 1890–1962’, *Biometrika* **50**, 1–15.

重印于皮尔逊和肯德尔的著作（Pearson & Kendall，1970）. 与之前的引用文献一样，这里告诉我们更多的是关于作者而不是相关主题的信息.

Kendall, M. G. & Moran, P. A. P. (1963), *Geometrical Probability*, Griffin, London.

很多有用的数学材料，所有这些材料都很容易适配贝叶斯主义.

Kendall, M. G. & Plackett, R. L. (1977), *Studies in the History of Statistics and Probability*, 2 vols, Griffin, London.

Kendall, M. G. & Stuart, A. (1961), *The Advanced Theory of Statistics: Volume 2, Inference and Relationship*, Hafner Publishing Co., New York.

这代表了置信区间的终结，尽管作者以“客观性”为由继续支持它，但是他们注意到很多由此产生的荒谬之处，以至于读者以后不再敢使用置信区间. 杰恩斯（Jaynes，1976）解释了产生这种困难的根源，并表明这些荒谬结果如何可以通过应用贝叶斯方法自动纠正.

Kendall, M. G. & Stuart, A. (1977), *The Advanced Theory of Statistics: Volume 1, Distribution Theory*, Macmillan, New York.

Kennard, E. H. (1938), *Kinetic Theory of Gases*, McGraw-Hill Book Co., NY.

Keynes, J. M. (1921), *A Treatise on Probability*, Macmillan, London; reprinted by Harper & Row, New York (1962).

首次明确解释逻辑独立性和因果独立性之间的区别. 直到今天依然很重要，因为它在历史上曾是考克斯工作的灵感来源. 有关凯恩斯的有趣评论见博雷尔的文章（Borel，1924）.

Keynes, J. M. (1936), *Allgemeine theorie der beschuftigung, des Zinses und des Geldes*, von Duncker & Humblot, Munchen, Leipzig.

Khinchin, A. I. (1957), *Mathematical Foundations of Information Theory*, Dover Publications, Inc., New York.

一位数学家试图“严格化”香农的工作，但是我们认为不需要这个. 无论如何，当人们从一开始就试图直接在无限集合上工作时，由此产生的定理不涉及现实世界中的任何内容. 辛钦可能足够小心地避免实际错误，从而产生了在他想象世界中有效的定理，但是我们在第 15 章中注意到其他试图以这种方式进行数学计算的人造成的一些恐怖结果.

Kline, M. (1980), *Mathematics: The Loss of Certainty*, Oxford University Press.

中译本 莫里斯 · 克莱因. 数学简史：确定性的消失. 李宏魁，译. 北京：中信出版集团，2019.

相当完整的数学史，记录了数百个有趣的轶事，但是表达的观点与菲利克斯（Félix，1960）的布尔巴基主义观点截然不同.

Kolmogorov, A. N. (1933), *Grundbegriffe der Wahrscheinlichkeitsrechnung*, Ergebnisse der Math. (2), Berlin; English translation, *Foundations of the Theory of Probability*, Chelsea Publishing Co., New York (1950).

中译本 柯尔莫哥洛夫. 概率论基本概念. 丁寿田，译. 北京：商务印书馆，1952.

在附录 A 中有描述.

Koopman, B. O. (1936), ‘On distributions admitting a sufficient statistic’, *Trans. Am. Math. Soc.* **39**, 399–509.

证明 NASC 存在充分统计量的条件是分布具有指数形式，后来被认为与最大熵自动生成的相同. 与皮特曼（Pitman，1936）同时发现了这一结论.

Kronecker, L. (1901), *Vorlesungen über Zahlentheorie*, Teubner, Leipzig; republished by Springer-Verlag, 1978.

Kullback, S. & Leibler, R. A. (1951), 'On information and sufficiency', *Ann. Math. Stat.* **22**, 79–86.

Kurtz, P. (1985), *A Skeptic's Handbook of Parapsychology*, Prometheus Books, Buffalo, NY.
里面的几章有相关材料，特别见贝蒂 · 马克威克写的第 11 章.

Kyburg, H. E. & Smokler, H. E. (1981), *Studies in Subjective Probability*, 2nd edn, J. Wiley & Sons, Inc., New York.

Lancaster, H. O. (1969), *The Chi-squared Distribution*, J. Wiley & Sons, Inc., New York.

Lane, D. A. (1980), 'Fisher, Jeffreys, and the nature of probability', in Fienberg, S., *et al.*, eds., *R. A. Fisher, an Appreciation*, Springer-Verlag, New York, pp. 148–160.

Laplace, P. S. (1774), 'Mémoire sur la probabilité des causes par les évènemens', *Mem. Acad. Roy. Sci.* **6**, 621–656.
重印于拉普拉斯的著作（Laplace，1878–1912，第 8 卷，第 27 ~ 65 页）. 由施蒂格勒（Stigler，1986b）翻译成英文.

Laplace, P. S. (1781), 'Memoire sur les probabilités', *Mem. Acad. Roy. Sci. (Paris)*.
重印于拉普拉斯的著作（Laplace，1878–1912，第 9 卷，第 384 ~ 485 页）. "高斯"分布特性的早期阐述，并且认为它是如此重要，以至于建议制成表格.

Laplace, P. S. (1810), 'Mémoire sur les approximations des formules qui sont fonctions de très grands nombres et sur leur application aux probabilités,' *Mem. Acad. Sci. Paris*, 1809, pp. 353–415, 559–565.
重印于拉普拉斯的著作（Laplace，1878–1912，第 12 卷，第 301 ~ 353 页）. 高斯分布起源、性质及使用的大量概略性描述.

Laplace, P. S. (1812), *Théorie Analytique des Probabilités*, 2 vols., Courcier Imprimeur, Paris; 3rd edition with supplements, 1820.
重印于拉普拉斯的著作（Laplace，1878–1912，第 7 卷）. 这部罕见但非常重要的作品的重印版本可以通过以下来源获得：Editions Culture et Civilisation, 115 Ave. Gabriel Lebron, 1160 Brussels, Belgium.

Laplace, P. S. (1814, 1819), *Essai Philosophique sur les Probabilités*, Courcier Imprimeur, Paris.
重印于 *Oeuvres Complètes de Laplace*, Vol. 7, Gauthier-Villars, Paris (1886). 可从以下来源获得：Editions Culture et Civilisation, 115 Ave. Gabriel Lebron, 1160 Brussels, Belgium. 英文翻译：F. W. Truscott & F. L. Emory, Dover Publications, Inc., New York (1951). 请注意，这一"翻译"只不过是字面上的转录，在许多方面扭曲了拉普拉斯的意思. 在接受该译本中的任何解释性声明之前，一定记得参阅法语原版.

Laplace, P. S. (1878–1912), *Oeuvres Complètes*, 14 vols., Gauthier-Villars, Paris.

Lee, Y. W. (1960), *Statistical Theory of Communication*, J. Wiley & Sons, New York.
源自维纳的可用但是有折扣的教学性著作（Wiener，1949）. 有大量解释得很清楚的示例，但没有任何诸如维纳原作中使用的佩利 - 维纳分解或维纳测度上的函数积分等数学技巧. 极大地扩充始于维纳（Wiener，1948）的关于吉布斯的传说. 评论见 E. T. Jaynes, *Am.*

J. Phys. **29**, 276 (1961).

Lehmann, E. L. (1959), *Testing Statistical Hypotheses*, Wiley, New York; 2nd edn, 1986.

Lighthill, M. J. (1957), *Introduction to Fourier Analysis and Generalised Functions*, Cambridge University Press.

所有不相信德尔塔函数的人的必读读物. 见戴森的评论（Dyson，1958）. 莱特希尔和戴森是哈代在剑桥大学著名的“纯数学”课程的同班同学，当时傅里叶分析主要专注于收敛理论，如蒂奇马什的著作（Titchmarsh，1937）中所述的那样. 现在，我们在附录 B 中对术语“函数”进行了重新定义，所有这些都变得几乎无关紧要. 戴森表示，莱特希尔“将哈代的著作毁于一旦，但是哈代会比其他任何人都更喜欢它”.

Lindley, D. V. (1957), ‘A statistical paradox’, *Biometrika* **44**, 187–192.

提到索尔和贝特曼（Soal & Bateman，1954）的超心理学实验.

Little, J. F. & Rubin, D. B. (1987), *Statistical Analysis with Missing Data*, J. Wiley & Sons, New York.

中译本 利特尔，鲁宾. 缺失数据统计分析. 孙山泽，译. 北京：中国统计出版社，2004.

缺失数据会对正统统计方法造成严重的破坏性影响，因为这会改变样本空间，从而不仅会改变估计量的抽样分布，甚至还会改变其分析形式. 对于这种情况，人们必须回到起点. 但是无论抽样分布变化如何复杂，似然函数的变化都是非常简单的. 贝叶斯方法可以毫不费力地适应缺失数据的情形. 在所有情况下，我们只是将我们拥有的所有数据包含在似然函数中，贝叶斯定理会自动返回该数据集的新的最优估计量.

Luce, R. D. & Raiffa, H. (1989), *Games and Decisions*, Dover Publications, NY.

Lukasiewicz, J. (1957), *Aristotle’s Syllogistic from the Standpoint of Modern Formal Logic*, 2nd edn, Clarendon Press, Oxford; reprinted 1972.

中译本 卢卡西维茨. 亚里士多德的三段论. 李真，李先焜，译. 北京：商务印书馆，2017.

Lusted, L. (1968), *Introduction to Medical Decision Making*, C. C. Thomas, Springfield, IL.

这本书中包含许多对重要医学问题有用的贝叶斯解，带有计算机源代码. 李 · 卢斯特德（1923—1994）是多年前我在康奈尔大学物理专业的同学. 然后，我们的经历出奇地相似：卢斯特德在哈佛无线电研究实验室从事微波雷达对抗研究，我在阿纳卡斯蒂亚的海军研究实验室从事雷达目标识别工作；二战后，卢斯特德进入哈佛医学院攻读医学博士学位，我在普林斯顿大学研究生院攻读理论物理学博士学位. 我们都主要对这些领域中使用的推理过程感兴趣. 然后我们都独立地发现了贝叶斯分析，认为它是解决我们问题的方法，并且把我们的余生都奉献给了它. 基本上在同一时间，阿诺德 · 泽尔纳的经历也类似，从物理学转向了经济学. 因此，现代贝叶斯对三个完全不同领域的影响都来自物理学家，他们的年龄和兴趣几乎相同. 一位社会学家抱怨：“上帝把简单问题给了物理学家.”虽然我们中的一些人愿意承认这一点，但我们只是想加一句：“……上帝如此安排的原因是使物理学家找到的解也有助于解决其他人的问题.”

McClave, J. T. & Benson, P. G. (1988), *Statistics for Business and Economics*, 4th edn, Dellen Publ. Co., San Francisco.

中译本 詹姆斯 · 麦克拉夫，乔治 · 本森，特里 · 辛西奇. 商务与经济统计学（第 12 版）. 易丹辉，李扬，译. 北京：中国人民大学出版社，2015.

Machol, R. E., Ladany, S. P. & Morrison, D. G. (eds.) (1976), *Management Science in Sports*, Vol. 4, TIMS Studies in the Management Sciences, North-Holland, Amsterdam.

概率论的奇特应用，得到了更奇特的结论. 同样，莫里斯（Morris，1977）对网球比赛进行了分析. 他将 1 分的"重要性"定义为如果球员赢得该分会赢得比赛的概率，减去如果输了该分同样会赢得比赛的概率. 比较能力相当的球员，他发现最重要的 1 分重要性值是 30~40. 然后他得出结论说，通过在最重要的分上更努力一点儿，球员可以大大提高他的胜利前景. 批评这里的逻辑对于读者是一个很好的练习.

Maxwell, J. C. (1860), 'Illustration of the dynamical theory of gases. Part I. On the motion and collision of perfectly elastic spheres', Phil. Mag. 56.

Middleton, D. (1960), *An Introduction to Statistical Communication Theory*, McGraw-Hill Book Co., New York.

一本包含大量数学材料的巨著（1140 页）. 书名具有误导性，因为该材料实际上适用于一般的统计推断. 不幸的是，大部分工作完成得有点儿早，所以结果是抽样理论和奈曼-皮尔逊决策规则，现在由于沃尔德决策理论和贝叶斯方法的进步已经过时了. 尽管如此，其中的数学问题——例如求解奇异积分方程的方法——与一个人的推断哲学无关，因此它包含有很多适用于当前问题的有用材料. 人们应该浏览这本书，并记录下其中的可用内容.

Middleton, D. & Van Meter, D. (1955), 'Detection and extraction of signals in noise from the point of view of statistical decision theory', *J. Soc. Ind. Appl. Math.* **3**, (4), 192.

Middleton, D. & Van Meter, D. (1956), 'Detection and extraction of signals in noise from the point of view of statistical decision theory', *J. Soc. Ind. Appl. Math.* **4**, (2), 86.

Molina, E. C. (1963), *Two Papers by Bayes with Commentaries*, Hafner Publishing Co., New York.

包含关于拉普拉斯和布尔关系的深入历史评论，指出那些引用布尔以支持他们对拉普拉斯的攻击的人可能误解了布尔的意图.

Monod, Jacques (1970), *Le Hazard et la Nécessité*, Seuil, Paris.

Morris, C. (1977), 'The most important points in tennis', in Ladany, S. P. & Machol, R. E., eds., *Studies in Management Science and Systems*, vol. 5 (North-Holland, Amsterdam).

Mosteller, F. (1965), *Fifty Challenging Problems in Probability with Solutions*, Addison-Wesley, Reading, MA.

Newcomb, S. (1881), 'Note on the frequency of use of the different digits in natural numbers', *Am. J. Math.* **4**, 39–40.

Neyman, J. (1950), *First Course in Probability and Statistics*, Henry Holt & Co., New York.

Neyman, J. (1952), *Lectures and Conferences on Mathematical Statistics and Probability*, Graduate School, US Dept of Agriculture.

包含贝叶斯区间与置信区间估计的令人难以置信的比较内容. 一个很好的作业是找出其中推理的错误.

Northrop, E. P. (1944), *Riddles in Mathematics; a Book of Paradoxes*, van Nostrand, New York, pp. 181–183.

Pearson, E. S. (1967), 'Some reflections on continuity in the development of mathematical statistics 1890–94', *Biometrika* **54**, 341–355.

Pearson E. S. & Clopper C. J. (1934), 'The use of confidence in fiducial limits illustrated in the case of the binomial', *Biometrika* **26**, 404–413.

Pearson, E. S. & Kendall, M. G. (1970), *Studies in the History of Statistics and Probability*, Hafner Publishing Co., Darien, Conn.

Pearson, K. (1914–1930), *The Life, Letters and Labours of Francis Galton*, 3 vols., Cambridge University Press.

弗朗西斯 · 高尔顿继承了一笔不多的财产，1911 年去世时，他在伦敦大学学院捐赠设立了优生学教授席位. 卡尔 · 皮尔逊是它的第一获得者. 这使他能够不再对工程师和物理学家讲授应用数学，而专注于生物学和统计学.

Pearson, K. (1920), 'Notes on the history of correlation', *Biometrika* **13**, 25–45.

重印于皮尔逊和肯德尔的著作（Pearson & Kendall，1970）.

Pearson, K. (1970), 'Walter Frank Raphael Weldon 1860–1906', in Pearson, E. S. & Kendall, M. G., *Studies in the History of Statistics and Probability*, London.

Penrose, O. (1979), 'Foundations of statistical mechanics', *Rep. Prog. Phys.* **42**, 1937–2006.

发表在"进展报告"中，但是实际上没有报告任何进展.

Pitman, E. J. G. (1936), 'Sufficient statistics and intrinsic accuracy', *Proc. Camb. Phil. Soc.* **32**, 567–579.

几乎与库普曼（Koopman，1936）同时证明 NASC 的充分性，现在称为皮特曼-库普曼定理.

Poincaré, H. (1899), 'L'Oeuvre mathématique de Weierstraß', *Acta. Math.* **22**, 1–18.

包含对克罗内克和魏尔斯特拉斯作品之间关系的权威描述，指出它们之间的差异更多在于品味而不是实质. 可与贝尔的著作（Bell，1937）做对比，后者似乎将他们描述为死对头. 这在附录 B 中有讨论.

Poincaré, H. (1904), *Science et Hypothesis*; English translation, Dover Publications, Inc., NY (1952).

中译本 昂利 · 彭加勒. 科学与假设. 李醒民，译. 北京：商务印书馆，2021.

庞加莱有一种天赋，就是一句话能比大多数作家一页说得更多. 这本书中充满了可引用的评论，到今天仍与其写作时一样真实和重要.

Poincaré, H. (1909), *Science et Méthode*; English translation, Dover Publications, Inc., New York (1952).

中译本 昂利 · 彭加勒. 科学与方法. 李醒民，译. 北京：商务印书馆，2010.

就像克莱因的著作（Kline，1980）一样，这是对数学和逻辑学当代工作的强烈控诉，布尔巴基主义者从未因此原谅过他. 然而，在知识和判断力上，庞加莱远远胜过他的现代批评家，因为他与现实世界有更好的联系.

Poincaré, H. (1912), *Calcul des Probabilités*, 2nd edn, Gauthier-Villars, Paris.

包含通过群不变性原则分配概率分布的第一个示例.

Pólya, G. (1920), ‘Über den zentralen Grenzwertsatz der Wahrscheinlichkeitsrechnung und das Momentenproblem’, *Math. Zeit.* **8**, 171–181.

重印于波利亚的著作（Pólya，1984，第 IV 卷）. “中心极限定理”一词首次出现在印刷品中. 他实际上并没有证明该定理（他将其归功于拉普拉斯），而是指出了可用于该定理各种证明的、关于一系列单调函数一致收敛的一个定理，但是我们在第 7 章中的证明更简单.

Pólya, G. (1945), *How to Solve It*, Princeton University Press. Second paperbound edition by Doubleday Anchor Books (1957).

中译本 G. 波利亚. 怎样解题：数学思维的新方法. 涂泓，冯承天，译. 上海：上海科技教育出版社，2018.

Pólya, G. (1954), *Mathematics and Plausible Reasoning*, 2 vols, Princeton University Press.

中译本 G. 波利亚. 数学与猜想（第一卷）（第二卷）. 李心灿，王日爽，李志尧，译. 杨禄荣，张理京，校. 北京：科学出版社，2001.

Pólya, G. (1984), *Collected Papers*, 4 vols., ed. G-C. Rota, MIT Press, Cambridge, MA.

第 IV 卷包含关于概率论和组合学的论文，几篇关于合情推理的短文章，以及波利亚的 248 篇论文的参考列表. 波利亚一直声称他的主要兴趣在于解决特定问题的心理过程，而不是推广. 尽管如此，他的一些结果通过其他人的推广开创了新的数学分支. 本书在比我们前言中提到的更多方面受到波利亚的影响：我们大部分阐述的目的不是为了自身原因阐述一般性，而是为了学习如何解决特定问题——尽管是通过一般方法.

Pólya, G. (1987), *The Pólya Picture Album: Encounters of a Mathematician*, G. L. Alexanderson, ed., Birkhäuser, Boston.

波利亚一生收藏了他认识的著名数学家的照片并做成了一个大相册，他乐于将其展示给参观者. 在他死后，这本迷人的书收录了该相册，其中包含约 130 张照片，并附有波利亚的评论，以及编辑撰写的波利亚传记.

Popper, K. (1957), ‘The propensity interpretation of the calculus of probability, and the quantum theory’, in *Observation and Interpretation*, S. Körner, ed., Butterworth's Scientific Publications, London, pp. 65–70.

在这里，批评了量子理论的波普尔向关注量子理论基础的科学家们总结了他的观点.

Popper, K. (1959), ‘The propensity interpretation of probability’, *Brit. J. Phil. Sci.* **10**, pp. 25–42.

Popper, K. (1974), ‘Replies to my critics’, in P. A. Schilpp, ed., *The Philosophy of Karl Popper*, Open Court Publishers, La Salle.

这大概是对波普尔立场的最权威的陈述，因为它比他最著名的作品晚了几年，并试图直接回应对他的批评.

Popper, K. & Miller, D. W. (1983), ‘A proof of the impossibility of inductive probability’, *Nature*, **302**, 687–688.

他们通过我们在第 5 章中检查过的过程得出这一结论，方法是断言一条概率论中不存在的基于直觉的特定原则. 对科学家而言，这就像试图向一群专业的飞行员证明重于空气的飞行器是不可能飞行的.

Pratt, F. (1942), *Secret and Urgent; The Story of Codes and Ciphers*, 2nd edn, Blue Ribbon Books, Garden City, NY.

Pratt, J. W. (1961), 'Review of Testing Statistical Hypotheses' [Lehmann, 1959], *J. Am. Stat. Assoc.* **56**, pp. 163–166.

对正统假设检验理论的强有力的批评.

Press, W. H., Teukolsky, S. A., Vetterling, W. T., and Flannery, B. P. (1986), *Numerical Recipes, The Art of Scientific Computing*, Cambridge University Press; 2nd edn, 1992.

中译本 W. H. Press, S. A. Teukolsky, W. T. Vetterling, B. P. Flannery. C 语言数值算法程序大全（第二版）. 傅祖芸，赵梅娜，丁岩，等译. 傅祖芸，校. 北京：电子工业出版社，1995.

Quetelet, L. A. (1835), *Sur L'homme et le Développement de ses Facultés, ou Essai de Physique Sociale* (Bachelier, Paris).

1869 年以 *Physique Sociale* 为标题重新出版.

Quetelet, L. A. (1869), *Physique Sociale, ou Essai sur le Développement des Facultés, de L'homme*, C. Muquardt, Brussels.

Raiffa, H. A. & Schlaifer, R. S. (1961), *Applied Statistical Decision Theory*, Graduate School of Business Administration, Harvard University.

Raimi, R. A. (1976), 'The first digit problem', *Am. Math. Monthly 83*, 521–538.

关于“本福德定律”的评论文章，其中有很多参考资料.

Rao, M. M. (1993), *Conditional Measures and Applications*, Marcel Dekker, Inc., New York.

我们在附录 A 中指出，条件概率的概念在柯尔莫哥洛夫系统中是多么陌生.

Reid, C. (1982), *Neyman – From Life*, Springer-Verlag, New York.

Rempe, G., Walter, H. & Klein, N. (1987), *Phys. Rev. Lett.* **58**, 353–356.

Rosenkrantz, R. D. (1977), *Inference, Method, and Decision: Towards a Bayesian Philosophy of Science*, D. Reidel Publishing Co., Boston.

由杰恩斯在 *J. Am. Stat. Assoc.*, Sept. 1979, pp. 740–741 进行评论.

Rothman, T. (1989), *Science à la Mode*, Princeton University Press.

说明当科学家失去客观性并随波逐流时会发生什么. 我们想强调的是，他们不仅使自己变得荒谬，而且通过宣传耸人听闻但没有意义的想法来损害科学. 例如，我们最终已经意识到“混沌”的潮流已经阻碍了六个不同领域的有序发展，而没有提供任何新的预测能力. 因为，只要混沌存在，它就肯定会被哈密顿运动方程——这正是一个世纪以来我们在统计力学中一直使用的——预测到. 混沌爱好者无法做出比现有的统计力学更好的预测，因为我们从来没有准确了解所需的初始条件. 自麦克斯韦和吉布斯时代以来，人们一直认识到，如果我们对微观状态有准确的了解，那么原则上就可以预测目前还不能预测的未来的“热波动”细节. 给定这些信息，如果存在混沌，它的细节也将被预测. 但是在目前的统计力学中，由于缺乏这些信息，我们只能预测与我们拥有的信息一致的所有可能的混沌行为的平均值，这只是传统的热力学.

Routh, E. J. (1905), *The Elementary Part of A Treatise on the Dynamics of a System of Rigid Bodies*, Macmillan, New York.

关于整个主题的论文的第 1 部分和第 2 部分.

Rowe, D. E. & McCleary, J., eds. (1989), *The History of Modern Mathematics*, 2 vols., Academic Press, Inc., Boston.

Royall, R. M. & Cumberland, W. G. (1981), 'The finite-population linear regression estimator and estimators of its variance – an empirical study', *J. Am. Stat. Assoc.* **76**, 924–930.

随机化荒唐的另一个证明.

Ruelle, D. (1991), *Chance and Chaos*, Princeton University Press.

中译本 大卫 · 吕埃勒. 机遇与混沌. 刘式达，李滇林，梁爽，译. 上海：上海世纪出版集团，上海科技教育出版社，2005.

如何在科学中不使用概率论，见第 4 章末尾的评注部分.

Savage, I. R. (1961), 'Probability inequalities of the Tchebyscheff type', *J. Res. Nat. Bureau Stand.* **65B**, 211–222.

一个有用的结果集合，应该做得更易于获取.

Savage, L. J. (1954), *Foundations of Statistics*, J. Wiley & Sons, NY; 2nd edn (rev.), Dover Publications, Inc., NY (1972).

这项工作遭到了范丹齐格（van Dantzig，1957）的强烈攻击.

Savage, L. J. (1961), 'The foundations of statistics reconsidered', *Proceedings of the 4th Berkeley Symposium on Mathematical Statistics and Probability*, Berkeley University Press.

Savage, L. J. (1962), *The Foundations of Statistical Inference, a Discussion*, Methuen, London.

Savage, L. J. (1981), *The Writings of Leonard Jimmie Savage – A Memorial Selection*, American Association of Statistics and the Institute of Mathematical Statistics.

吉米 · 萨维奇于 1971 年突然意外去世，通过将他散布在许多不起眼之处且难以找到的作品集结在一起，他的同事们完成了这项重要的工作. 关于他的一些个人回忆记录在杰恩斯的文章（Jaynes，1984，1985）中.

Schrödinger, E. (1948), *Statistical Thermodynamics*, Cambridge University Press.

中译本 E. 薛定谔. 统计热力学. 徐锡申，译. 陈成琳，校. 北京：高等教育出版社，2014.

Schuster, A. (1897), 'On lunar and solar periodicities of earthquakes', *Proc. Roy. Soc.* **61**, 455–465.

这标志着周期图的发明，几乎可以称为正统显著性检验的起源. 舒斯特在不存在周期性的假设下仅考虑周期图的抽样分布来反驳一些关于地震周期性的主张！如果某个频率的周期性确实存在，他从不考虑获得观测数据的概率是多少？从那以后，正统统计一直遵循着这种荒谬的流程.

Schwartz, L. (1950), *Théorie des Distributions*, 2 vols., Hermann et Cie, Paris.

Seal, H. (1967), ‘The historical development of the Gauss linear model’, *Biometrika* **54**, 1–24.

重印于皮尔逊和肯德尔的著作（Pearson & Kendall，1970）.

Shannon, C. E. (1948), ‘A mathematical theory of communication’, *Bell Syst. Tech. J.*, **27**, 379, 623.

重印于 C. E. Shannon & W. Weaver, *The Mathematical Theory of Communication*, University of Illinois Press, Urbana (1949). 另见斯隆和怀纳的著作（Sloane & Wyner，1993）.

Shewhart, W. A. (1931), *Economic Control of Quality of Manufactured Products*, van Nostrand, New York.

Shore, J. E. & Johnson, R. W. (1980), ‘Axiomatic derivation of the principle of maximum entropy and the principle of minimum cross-entropy’, *IEEE Trans. Information Theory* **IT-26**, 26–37.

许多不同的公理选择会导致相同的解决问题的实际算法. 两位作者提出了一个不同于最初（Jaynes，1957a）的公理基础. 但是我们强调最大熵和最小交叉熵是相同的原理，通过变量的变化可以将一个转换为另一个.

Simon, H. A. & Rescher, N. (1966), ‘Cause and Counterfactual’, *Phil. Sci.* **33**, 323–340.

Simon, H. A. (1977), *Models of Discovery*, D. Reidel Publ. Co., Dordrecht, Holland.

Sims, C. A. (1988), ‘Bayesian skepticism on unit root econometrics’, *J. Econ. Dyn. & Control* **12**, 463–474.

单位根假设（见第 7 章和第 17 章）与经济理论没有很好的联系，但对这些模型的贝叶斯分析在正统显著性检验误导人的地方取得了成功.

Sivia, D. S. & Carlile, C. J. (1992), ‘Molecular spectroscopy and Bayesian spectral analysis – how many lines are there?’, *J. Chem. Phys.* **96**, 170–178.

通过贝叶斯计算机程序成功地将噪声数据分解为多达 9 个高斯分量.

Sivia, D. S. (1996), *Data Analysis – A Bayesian Tutorial*, Clarendon Press, Oxford.

这本书比较薄（不到 200 页）却是亟需的. 它以与我们相同的理论视角进行阐述，其中包含大量关于贝叶斯数据处理的数值示例. 它为初学者提供了大量实用的建议，每个理工科学生都可以轻松掌握，应该被视为对本书的补充.

Sloane, N. J. A. & Wyner, A. D. (1993), *Claude Elwood Shannon: Collected Papers*, IEEE Press, Piscataway, NJ.

Smart, W. M. (1947), *John Couch Adams and the Discovery of Neptune*, Royal Astronomical Society, Occasional Notes No. 11.

Soal, S. G. & Bateman, F. (1954), *Modern Experiments in Telepathy*, Yale University Press, New Haven.

Stigler, S. M. (1980), 'Stigler's law of eponymy', *Trans. NY Acad. Sci.* **39**, 147–159.

Stigler, S. M. (1983), 'Who discovered Bayes's Theorem?', *Am. Stat.* **37**, 290–296.

Stigler, S. M. (1986a), 'John Craig and the probability of history', *JASA* **81**, 879–887.

Stigler, S. M. (1986b), 'Translation of Laplace's 1774 memoir on Probability of causes', *Stat. Sci.* **1**, 359.

Stigler, S. M. (1986c), *The History of Statistics*, Harvard University Press.

中译本 斯蒂格勒. 统计探源：统计概念和方法的历史. 李金昌，等译. 鲜祖德，主审. 杭州：浙江工商大学出版社，2014.

大部头的学术著作，值得该学科的所有学生阅读. 对我们只是简单涉及的许多主题进行了全面讨论.

Stone, M. (1965), 'Right Haar measure for convergence in probability to quasi-posterior distributions', *Ann. Math. Stat.* **30**, 449–453.

Stone, M. (1976), 'Strong inconsistency from uniform priors', *J. Am. Stat. Assoc.* **71**, 114–116.

平面上的随机游走.

Stone, M. (1979), 'Review and analysis of some inconsistencies related to improper priors and finite additivity', in *Proceedings of the 6th International Congress of Logic, Methodology, and Philosophy of Science*, Hanover, 1979, North Holland Press.

第 15 章提及的翻滚四面体问题.

Stove, D. (1982), *Popper and After: Four Modern Irrationalists*, Pergamon Press, New York.

Székely, G. J. (1986), *Paradoxes in Probability Theory and Mathematical Statistics*, D. Reidel Publishing Co., Dordrecht, Holland.

在第 64 页中给出有偏硬币的错误解，对物理学没有理解. 试与本书的第 10 章进行比较.

Takacs, L. (1958), 'On a probability problem in the theory of counters', *Ann. Math. Stat.* **29**, 1257–1263.

塔卡克斯有许多关于这一主题的早期论文.

Tax, S., ed., (1960), *Evolution After Darwin*, 3 vols., University of Chicago Press.

第 1 卷：生命的进化（*The Evolution of Life*）；第 2 卷：人类的进化（*The Evolution of Man*）；第 3 卷：进化中的问题（*Issues in Evolution*）. 该领域中许多研究工作者的文章和小组讨论的论文集合，总结了达尔文最初的著作出版 100 年后的知识状态和当前的研究方向.

Temple, G. (1955), 'Theory of generalized functions', *Proc. Roy. Soc. Lond. Ser. A* **228**, 175–190.

Titchmarsh, E. C. (1937), *Introduction to the Theory of Fourier Integrals*, Clarendon Press, Oxford.

在莱特希尔的著作（Lighthill，1957）出版之前，傅里叶分析中的“最新技术”. 莱特希尔的书使得所有冗长的收敛理论变得几乎无关紧要. 然而，这部经典著作只有一部分因此过时了，希尔伯特变换、埃尔米特函数和贝塞尔函数以及维纳-霍普夫积分方程的材料对于应用数学来说仍然是必不可少的.

Titchmarsh, E. C. (1939), *The Theory of Functions*, 2nd edn, Oxford University Press.

中译本 蒂奇马什. 函数论. 刘培杰数学工作室，译. 哈尔滨：哈尔滨工业大学出版社，2014.

在第 11 章中，读者可能会（也许是第一次）看到一些不可微函数的实际例子. 我们在附录 B 中对此有简要讨论.

Titterington, D. M., Smith, A. F. M. & Makov, U. E. (1985), *Statistical Analysis of Finite Mixture Distributions*, Wiley, NY.

Tribus, M. (1961), *Thermostatics and Thermodynamics; An Introduction to Energy, Information and States of Matter, with Engineering Applications*, Van Nostrand, Princeton, NJ.

Tribus, M. (1969), *Rational Descriptions, Decisions and Designs*, Pergamon Press, New York.

Tribus, M. & Fitts, G. (1968), 'The widget problem revisited', *IEEE Trans.* **SSC-4**, (3), 241–248.

Tukey, J. W. (1977), *Exploratory Data Analysis*, Addison-Wesley, Reading, MA.

引入“抗性”（resistant）一词作为“稳健”(robust) 的面向数据的版本.

Tversky, A. & Kahneman, D. (1981), 'The framing of decisions and the psychology of choice', *Science* **211**, 453–458.

Ulam, S. (1957), 'Marian Smoluchowski and the theory of probabilities in physics', *Am. J. Phys.* **25**, 475–481.

Uspensky, J. V. (1937), *Introduction to Mathematical Probability*, McGraw-Hill, New York, p. 251.

Valavanis, S. (1959), *Econometrics*, McGraw-Hill, New York.

现代学生会发现这本书作为正统统计教学下的计量经济学是什么样子的书面记录很有用. 对于无偏估计量的不惜一切代价的需求可能导致作者丢弃数据中的几乎所有信息，他只是不从信息内容的方面考虑.

van Dantzig, D. (1957), 'Statistical priesthood (Savage on personal probabilities)', *Statistica Neerlandica* **2**, 1–16.

今天很难理解贝叶斯学派如何为自己的观点而抗争的年轻读者，应该阅读这篇对吉米 · 萨维奇作品的攻击文章. 但是人们应该意识到，范丹齐格在这里并不孤单. 他的观点是 20 世纪五六十年代统计学家最常表达的观点.

Venn, John (1866), *The Logic of Chance*, MacMillan & Co., London; later edns, 1876, 1888.

从库尔诺和埃利斯在反拉普拉斯事业中停下来的地方重新开始. 杰恩斯（Jaynes，1986b）给出了一些细节.

Ventris, M. (1988), 'Work notes on Minoan language research and other unedited papers', Sacconi, A., ed., Edizioni dell'Ateneo, Rome.

Ventris, M. & Chadwick, J. (1956), *Documents in Mycenaean Greek*, Cambridge University Press.

Vignaux, G. A. & Robertson, B. (1996), 'Lessons from the New Evidence Scholarship', in G. R. Heidbreder, ed., *Maximum Entropy and Bayesian Methods*, Proceedings of the 13th International Workshop, Santa Barbara, California, August 1–5, 1993, pp. 391–401, Kluwer Academic Publishers, Dordrecht, Holland.

贝叶斯法理学领域的综述，有很多参考资料.

von Mises, R. (1957), *Probability, Statistics and Truth*, G. Allen & Unwin, Ltd, London.

von Mises, R. (1964), in Geiringer, H., ed., *Mathematical Theory of Probability and Statistics*, Academic Press, New York, pp. 160–166.

von Neumann, J. & Morgenstern, O. (1953), *Theory of Games and Economic Behavior*, 2nd edn, Princeton University Press.

中译本 冯 · 诺伊曼，摩根斯坦. 博弈论与经济行为. 王建华，顾玮琳，译. 北京：北京大学出版社，2018.

Wald, A. (1947), *Sequential Analysis*, Wiley, New York.

评论见 G. A. Barnard, *J. Am. Stat. Assoc.* **42**, 668 (1947).

Wald, A. (1950), *Statistical Decision Functions*, Wiley, New York.

中译本 A. 瓦尔特. 统计决策函数. 王福保，译. 魏宗舒，校阅. 上海：上海科学技术出版社，1960.

沃尔德的最后一部著作，他认识到贝叶斯方法的基础地位，并将自己的最优方法称为“贝叶斯策略”.

Wason, P. C. & Johnson-Laird, P. N. (1972), *Psychology of Reasoning*, Batsford, London.

Weaver, W. (1963), *Lady Luck, the Theory of Probability*, Doubleday Anchor Books, Inc., Garden City, NY.

Weber, B. H., Depew, D. J. & Smith, J. D., eds. (1988), *Entropy, Information, and Evolution*, MIT Press, Cambridge, MA.

在 1985 年举行的一次研讨会上发表的 16 篇论文的合集. 令人震惊地说明进化论由于试图用热力学第二定律来解释而会退化到什么状态——生物学家和哲学家对于“第二定律是什么意思”意见完全不一致且感到困惑. 本书第 7 章对此有简要的讨论.

Weyl, H. (1946), *The Classical Groups*, Princeton University Press, NJ.

Weyl, H. (1949), *Philosophy of Mathematics and Natural Science*, Helmer, O., trans., Princeton University Press.

中译本 赫尔曼 · 外尔. 数学与自然科学之哲学. 齐民友，译. 上海：上海科技教育出版社，2007.

Weyl, H. (1961), *The Classical Groups; Their Invariants and Representations*, Princeton University Press.

Whittaker, E. T. & Robinson, G. (1924), *The Calculus of Observations*, Blackie & Son, London.

由于第 349 页上的假“变星”数据被布卢姆菲尔德（Bloomfield，1976）使用而有名．布卢姆菲尔德继续按照这本书作者的分析方法进行分析，并得出荒谬的结论，这是他的频谱分析教科书的核心内容．

Whittaker, E. T. & Watson, G. N. (1927), *A Course of Modern Analysis*, 4th edn, Cambridge University Press.

Whyte, A. J. (1980), *The Planet Pluto*, Pergamon Press, NY.

Widder, D. V. (1941), *The Laplace Transform*, Princeton University Press, Princeton, NJ.

Wiener, N. (1948), *Cybernetics*, J. Wiley & Sons, Inc., New York.

中译本 诺伯特 · 维纳．控制论：或动物与机器的控制和通信的科学．王文浩，译．北京：商务印书馆，2020.

尽管我们不知道他有何工作实际上使用了贝叶斯方法，但在第 109 页，诺伯特 · 维纳表明自己是一个隐藏的贝叶斯主义者．不过无论如何，他对现实世界的概念性理解都太幼稚了，因此无法成功．在第 46 页，他得到了地球-月球系统中潮汐力的反向作用（地球加速，月球减速）．第 61~62 页关于吉布斯工作的陈述纯属想象，吉布斯并没有引入或假设遍历性，甚至根本没有提到它．今天很清楚的是，从奇异吸引子、混沌等的发现来看，几乎没有真正的系统是遍历的，遍历无论如何与统计力学无关，因为它在实际计算中没有任何差别．就这一点而言，吉布斯比其他人的理解领先一个世纪．不幸的是，维纳关于吉布斯的陈述被戈德曼（S. Goldman，1953）和李（Y. W. Lee，1960）等其他作者忠实地引用，他们反过来又被其他人引用，从而创造了一个庞大且仍在持续增长的“传说”．维纳没有尽心校对这部著作，许多方程只是看起来跟正确方程差不多．

Wiener, N. (1949), *Extrapolation, Interpolation, and Smoothing of Stationary time Series*, J. Wiley & Sons, Inc., New York.

另一部粗心和晦涩的杰作，由莱文森在附录中部分破译，在戈德曼和李的书中更完整．

Wigner, E. P. (1931), *Gruppentheorie und ihre Anwendung auf die Quantenmechanik der Atomspektren*, Fr. Vieweg, Braunschweig.

Wigner, E. P. (1959), *Group Theory*, Academic Press, Inc., New York.

Wing, G. M. (1962), *An Introduction To Transport Theory*, John Wiley and Sons, Inc., New York.

Woodward, P. M. (1953), *Probability and Information Theory, with Applications to Radar*, McGraw-Hill, NY.

一个有趣的历史文献，它显示了对即将发生的事情的预见能力，但不幸的是，它缺乏使其实际有用所需的技术细节．

Wrinch, D. M. & Jeffreys, H. (1919), *Phil. Mag.* **38**, 715–734.

这是哈罗德 · 杰弗里斯关于概率论的第一篇出版文章，与对拉普拉斯继承法则的修正有关．他一定很喜欢这个结果或者这种关联，因为在余生中，他在每一个可能场合下都回过头来引用了这篇论文．多萝西 · 林奇是一位出生于阿根廷的数学家，曾就读于剑桥大学，后来在美国史密斯学院任教，用杰弗里斯的话来说，“成了一名生物学家”．她的照片可以在波利亚的著作（Pólya，1987，第 85 页）中找到．后来林奇和杰弗里斯关于同一主题的两篇

论文发表于 *Phil. Mag.* **42**, 369–390 (1921); **45**, 368–374 (1923).

Zabell, S. L. (1989), 'The Rule of Succession', *Erkenntnis*, **31**, 283–321.

对该主题漫长而复杂的的历史进行综述，包含大量意想不到的细节和数量惊人的参考资料，强烈推荐. 他试图评估归纳法过去所受批评和现状的做法相对于波普尔是一种显著进步，但在我们看来，他仍然未能认识到归纳法在实际科学实践中是如何使用的. 本书第 9 章对此有讨论.

Zellner, A. (1971), *An Introduction to Bayesian Inference in Econometrics*, J. Wiley & Sons, Inc., New York; 2nd edn, 1987, R. E. Krieger Pub. Co., Malabar, Florida.

中译本 阿诺德 · 泽尔纳. 计量经济学：贝叶斯推断引论. 张尧庭，译. 蒋传海，沈根祥，校. 上海：上海财经大学出版社，2005.

尽管标题中有"计量经济学"这个词，但这项工作涉及一般原理，对所有科学家和工程师都非常有价值. 它可以被视为杰弗里斯的著作（Jeffreys，1939，第 3 版）的续作，在杰弗里斯当时所能达到的阶段之外进行了多元问题分析. 但是符号和风格是相同的，专注于有用的分析材料而不是数学上的无关细节. 这本书包含对线性回归先验的更高水平的理解，这在此后 20 多年的任何教科书中都是难以找到的.

Zellner, A. (1988), 'Optimal information processing and Bayes' theorem', *Am. Stat.* **42**, 278–284.

带讨论. 指出包含最大熵和贝叶斯算法作为解的一般变分原理的可能性. 在本书第 11 章中有讨论.

参考文献

Akhiezer, N. I. (1965), *The Classical Moment Problem*, Hafner, New York.

Archimedes (*c* 220 BC), in Works, T. L. Heath, ed., Cambridge University Press (1897, 1912).

平装版由 Dover Publications, Inc., New York 重印，未注明日期（约 1960 年）.

Aristotle (4th century BC), Organon.

三段论的定义.

Aristotle (4th century BC), *Physics*; translation with commentary by Apostle, H. G., Indiana University Press, Bloomington (1969).

Ash, B. B. (1966), *Information Theory*, John Wiley, New York.

Bacon, F. (1620), 'Novum Organum', in Spedding. J., Ellis, R. L. & Heath, D. D., eds., *The Works of Francis Bacon*, vol. 4, Longman & Co., London (1857–1858).

Barber, N. F. & Ursell, F. (1948), 'The generation and propagation of ocean waves and swell', *Phil. Trans. Roy. Soc. Lond.*, **A240**, 527–560.

噪声中哨声信号的检测.

Barlow, E. R. and Proschan, F. (1975), *Statistical Theory of Reliability and Life Testing*, Holt, Rinehart & Winston, New York.

Barndorf-Nielsen, O. (1978), *Information and Exponential Families in Statistical Theory*, J. Wiley & Sons, New York.

Barr, A. & Feigenbaum, E., eds. (1981), *The Handbook of Artificial Intelligence*, 3 vols., Wm. Kaufman, Inc., Los Altos, CA.

中译本 A. 巴尔，E. A. 费根鲍姆. 人工智能手册（第二卷）. 钟玉琢，夏莹，苗玉峰，译. 石纯一，校. 北京：科学出版社，1988.

中译本 P. R. 科恩，E. A. 费根鲍姆. 人工智能手册（第三卷）. 周少柏，黄汛，译. 北京：科学出版社，1991.

来自 100 多位作者的贡献. 第一卷对搜索进行了综述，这是 AI 为数不多可用于科学推断的方面之一.

Barron, A. R. (1986), 'Entropy and the central limit theorem', *Ann. Prob.* **14**, 336–342.

Bartholomew, D. J. (1965), 'A comparison of some Bayesian and frequentist inference', *Biometrika*, **52**, 19–35.

Benford, F. (1938), 'The law of anomalous numbers', *Proc. Am. Phil. Soc.* **78**, 551–572.

本福德可能是沃伦 · 韦弗在其著作（Warren Weave，1963，第 270 页）中也神秘地提到的那个人. 但是他们不知道的是，西蒙 · 纽科姆（Simon Newcomb，1881）很久以前就注意到了这种现象. 更多的细节和参考资料见赖米的文章（Raimi，1976）.

Berkson, J. (1977), 'My encounter with neo-Bayesianism', *Int. Stat. Rev.* **45**, 1–9.

Berkson, J. (1980), 'Minimum chi-squared, not maximum likelihood!', *Ann. Stat.* **8**, 457–487.

Bernardo, J. M. (1977) 'Inferences about the ratio of normal means: a Bayesian approach to the Fieller-Creasy problem', in Barra, J. D., *et al., eds., Recent Developments in Statistics*, North Holland Press, Amsterdam, pp. 345–350.

Bernado, J. M. (1979a), 'Reference posterior distributions for Bayesian inference', *J. Roy. Stat. Soc. B* **41**, 113–147.

带讨论

Bernado, J. M. (1979b), 'Expected information as expected utility', *Ann. Stat.* **7**, 686–690.

Bernado, J. M., de Groot, M. H., Lindley, D. V. & Smith, A. F. M., eds. (1980), *Bayesian Statistics*, Proceedings of the First Valencia International Meeting on Bayesian Statistics, Valencia, May 28–June 2, 1979, University Press, Valencia, Spain.

Bernado, J. M., de Groot, M. H. & Lindley, D. V., eds. (1985), *Bayesian Statistics 2*, Proceedings of the Second Valencia International Meeting on Bayesian Statistics, September 6–10, 1983, Elsevier Science Publishers, New York.

Billingsley, P. (1979), *Probability and Measure*, Wiley, New York.

包含更多我们没有深入讨论的有关博雷尔-柯尔莫哥洛夫的内容.

Bishop, Y., Fienberg, S., & Holland, P. (1975), *Discrete Multivariate Analysis*, MIT Press, Cambridge, MA.

中译本 Yvonne M. M. Bishop, Setphen E. Fienberg, Paul W. Holland. 离散多元分析：理论与实践. 张尧庭，译. 史宁中，校. 北京：中国统计出版社，1998.

Blanc-Lapierre, A. & Fortet, R. (1953), *Theorie des Fonctions Aleatoires*, Masson et Cie, Paris.

Boole, G. (1916), *Collected Logical Works, Vol. 1: Studies in Logic and Probability; Vol II: An Investigation of the Laws of Thought*; Open Court, Chicago.

Borel, E. (1926), *Traité du Calcul des Probabilités*, Gauthier-Villars, Paris.

球体上全等集合的豪斯多夫悖论在第 2 卷第 1 册中讨论.

Born, M. (1964), *Natural Philosophy of Cause and Chance*, Dover, New York.

中译本 M. 玻恩. 关于因果和机遇的自然哲学. 侯德彭，译. 北京：商务印书馆，1964.

Boscovich, Roger J. (1770), *Voyage Astronomique et Geographique*, N. M. Tillard, Paris.

通过校正和为 0 幅度和最小的标准调整数据.

Box, G. E. P. (1982), 'An apology for ecumenism in statistics', NRC Technical Report #2408, Mathematics Research Center, University of Wisconsin, Madison.

Box, G. E. P., Leonard, T. & Wu, C-F, eds. (1983), *Scientific Inference, Data Analysis, and Robustness*, Academic Press, Inc., Orlando, FL.

1981 年 11 月在威斯康星州麦迪逊举行的会议上的论文集.

Bracewell, R. N. (1986), 'Simulating the sunspot cycle', *Nature*, **323**, 516.

罗纳德·布雷斯韦尔或许是第一位敢于对未来太阳黑子活动做出明确预测的作者，我们兴味盎然地等待着太阳的判决.

Brewster, D. (1855), *Memoirs of the Life, Writings, and Discoveries of Sir Isaac Newton*, 2 vols., Thomas Constable, Edinburgh.

Brigham, E. & Morrow, R. E. (1967), 'The fast Fourier transform', *Proc. IEEE Spectrum* **4**, 63–70.

Brillouin, L. (1956), *Science and Information Theory*, Academic Press, New York.

Bross, I. D. J. (1963), 'Linguistic analysis of a statistical controversy', *Am. Stat.* **17**, 18.

已出版的对贝叶斯方法最激烈的论争性批评之一——没有丝毫尝试检查贝叶斯方法给出的实际结果！所有想要了解推断进展为何以及以何种方式被拖延这么久的人都应该阅读本文. 最初写于 1963 年的杰恩斯的文章（Jaynes，1976）就是对布罗斯的回复，具体场景在杰恩斯的著作（Jaynes，1983，第 149 页）中有解释.

Brown, E. E. & Duren, B. (1986), 'Information integration for decision support', *Decision Support Syst.*, **4**, (2), 321–329.

Brown, R. (1828), 'A brief account of microscopical observations', *Edinburgh New Phil. J.* **5**, 358–371.

布朗运动的第一份报告.

Burg, J. P. (1967), 'Maximum entropy spectral analysis', Proceedings of the 37th Meeting of the Society of Exploration Geophysicists.

Burg, J. P. (1975), 'Maximum entropy spectral analysis', Ph.D. Thesis, Stanford University.

Busnel, R. G. & Fish, J. F., eds. (1980), *Animal Sonar Systems*, NATO ASI Series, Vol. A28, Plenum Publishing Corp., New York.

1979 年在英国泽西岛举行的一次会议上的非常长的（1082 页）报告.

Cajori, F. (1928), in *Sir Isaac Newton 1727–1927*, Waverley Press, Baltimore, pp. 127–188.

Cajori, F. (1934), *Sir Isaac Newton's Mathematical Principles of Natural Philosophy and his System of the World*, University of California Press, Berkeley.

Carnap, R. (1950), *Logical Foundations of Probability*, Routlege and Kegan Paul Ltd., London.

Chen, Wen-chen, & de Groot, M. H. (1986), 'Optimal search for new types', in Goel, P. & Zellner, A., eds. (1986), *Bayesian Inference and Decision Techniques: Essays in Honor of Bruno de Finetti*, Elsevier Science Publishers, Amsterdam, pp. 443–458.

Childers, D., ed. (1978), *Modern Spectrum Analysis*, IEEE Press, New York.

最大熵频谱分析早期工作的重印集.

Chow, Y., Robbins, H. & Siegmund, D. (1971), *Great Expectations: Theory of Optimal Stopping*, Houghton Mifflin & Co., Boston.

Cobb, L. & Watson, B. (1980), 'Statistical catastrophe theory: an overview', *Math. Modelling*, **1**, 311–317.

我们对这篇文章没有异议，但想补充两个历史性说明. (1) 他们的“随机微分方程”是大约 1917 年以来物理学家所称的“福克-普朗克方程”. 然而，我们习惯于将我们的统计工作归功于数学家柯尔莫哥洛夫. (2) 今天，与勒内 · 汤姆名字相关的多值“折叠”函数的稳定性考虑等价于单值熵函数的凸性，这些结果是由吉布斯在 1873 年给出的.

Cohen, T. J. & Lintz, P. R. (1974), ‘Long term periodicities in the sunspot cycle’, *Nature*, **250**, 398.

Cooley, J. W. & Tukey, J. W. (1965), ‘An algorithm for the machine calculation of complex Fourier series’, *Math. Comp.*, **19**, 297–301.

Cooley, J. W., Lewis, P. A. & Welch, P. D. (1967), ‘Historical notes on the fast Fourier transform’, *Proc. IEEE* **55**, 1675–1677.

Cook, A. (1994), *The Observational Foundations of Physics*, Cambridge University Press.

注意，物理量是根据用于测量它们的实验装置来定义的. 当然，这只是尼尔斯 · 玻尔在 1927 年强调的老生常谈.

Cox, D. R. & Hinkley, D. V. (1974), *Theoretical Statistics*, Chapman & Hall, London; reprints 1979, 1982.

主要是重复旧的抽样理论方法，使用一种奇怪的记号法，可能会使最简单的方程变得不可读. 然而，它有许多有用的历史总结和旁注，指出了统计理论的局限性或扩展，这是在其他地方找不到的. 贝叶斯方法仅在倒数第 10 章中介绍，然后作者继续对贝叶斯方法重复所有陈旧、错误的反对意见，表明他们不理解这些早就被杰弗里斯（Jeffreys，1939）、萨维奇（Savage，1954）和林德利（Lindley，1956）纠正了的古老误解. 一位著名的统计学家注意到这一点，认为考克斯和欣克利“使得统计学倒退了 25 年”.

Cox, D. R. (1970), *The Analysis of Binary Data*, Methuen, London.

Cox, R. T. (1978), ‘Of inference and inquiry’, in Levine, R. D. & Tribus, M., eds., *The Maximum Entropy Formalism*, MIT Press, Cambridge, MA, pp. 119–167.

注意，对应于命题的逻辑，存在对于问题的双重逻辑. 正如杰恩斯在他的著作（Jaynes，1983，第 382 ~ 388 页）中讨论的那样，随着进一步的发展，这可能变得非常重要.

Cozzolino, J. M. & Zahner, M. J. (1973), ‘The maximum-entropy distribution of the future market price of a stock’, *Operations Res.*, **21**, 1200–1211.

Creasy, M. A. (1954), ‘Limits for the ratio of means’, *J. Roy. Stat. Soc.* **B 16**, 175–185.

Csiszar, I. (1984), ‘Sanov property, generalized I-projection and a conditional limit theorem’, *Ann. Prob.*, **12**, 768–793.

Czuber, E. (1908), *Wahrscheinlichkeitsrechnung und Ihre Anwendung auf Fehlerausgleichung*, 2 vols., Teubner, Berlin.

这里可以找到沃尔夫的一些著名的扔骰子数据. 大约在 1850 ~ 1890 年期间，苏黎世天文学家沃尔夫进行并报告了大量“随机”实验，此处给出了对这些情况的说明.

Daganzo, C. (1977), *Multinomial Probit: The Theory and its Application to Demand Forecasting*, Academic Press, New York.

Dale, A. I. (1982), 'Bayes or Laplace? An examination of the origin and early applications of Bayes' theorem', *Arch. Hist. Exact Sci.* **27**, 23–47.

Daniel, C. & Wood, F. S. (1971), *Fitting Equations to Data*, John Wiley, New York.

Daniell, G. J. & Potton, J. A. (1989), 'Liquid structure factor determination by neutron scattering – some dangers of maximum entropy', in Skilling, J., ed. (1989), *Maximum Entropy and Bayesian Methods*, Proceedings of the Eighth Maximum Entropy Workshop, Cambridge, UK, August 1988, Kluwer Academic Publishers, Dordrecht, pp. 151–162.

这里的"危险"是指，新手第一次尝试在复杂问题上使用最大熵方法时结果可能并不令人满意，因为他们在回答与用户的想法不同的问题. 所以最初的努力实际上是一个"训练"，让人知道如何正确地定义问题.

Davenport, W. S. & Root, W. L. (1958), *Random Signals and Noise*, McGraw-Hill, New York.

David, F. N. (1962), *Games, Gods and Gambling*, Griffin, London.

概率论最早起源的历史. 注意，在考古学中，"越往早走，证据越零碎". 这里有我们在别处找不到的那种深刻洞察力.

de Finetti, B. (1958), 'Foundations of probability', in *Philosophy in the Mid-century*, La Nuova Italia Editrice, Florence, pp. 140–147.

de Groot, M. H., Bayarri, M. J. & Kadane, J. B. (1988), 'What is the likelihood function?' (with discussion), in Gupta, S. S. & Berger, J. O., eds., *Statistical Decision Theory and Related Topics IV*, Springer-Verlag, New York.

de Groot, M. H. & Cyert, R. M. (1987), *Bayesian Analysis and Uncertainty in Economic Theory*, Chapman & Hall, London.

de Groot, M. H., Fienberg, S. E. & Kadane, J. B. (1986), *Statistics and the Law*, John Wiley, New York.

Deming, W. E. (1943), *Statistical Adjustment of Data*, John Wiley, New York.

Dempster, A. P. (1963), 'On a paradox concerning inference about a covariance matrix', *Ann. Math. Stat.* **34**, 1414–1418.

Dubois, D. & Prade, H. (1988), *Possibility Theory*, Plenum Publ. Co., New York.

Dunnington, G. W. (1955), *Carl Friedrich Gauss, Titan of Science*, Hafner, New York.

Dutta, M. (1966), 'On maximum entropy estimation', *Sankhya*, ser. A, **28**, (4), 319–328.

Dyson, F. J. (1979), *Disturbing the Universe*, Harper & Row, New York.

中译本 弗里曼 · J. 戴森. 宇宙波澜. 王一操，左立华，译. 重庆：重庆大学出版社，2018.

时间跨度为大约 50 年的个人回忆和猜想的集合，其中的 90% 与我们当前的目的无关，但是这里必须坚持将此文献列出，因为弗里曼 · 戴森在 20 世纪中叶理论物理学的发展中扮演了非常重要的角色，他对此的回忆具有独特的价值. 但不幸的是，它们分散在多章的片段中. 与一些不太深思熟虑的同事不同，戴森正确地看到了许多关于概率论和量子理论的一些基本的东西（但在我们看来，他忽视了其他一些同样基本的东西）. 阅读这本书就像阅读开普勒，需要提取其中重要的一小部分真理.

Eddington, Sir A. (1935), *The Nature of the Physical World*, Dent, London.

中译本 阿瑟 · 爱丁顿. 物理世界的本质. 王文浩，译. 北京：商务印书馆，2020.

另一位与我们一样思考概率的杰出科学家.

Edwards, A. W. F. (1972), *Likelihood*, Cambridge University Press.

安东尼 · 爱德华兹是费希尔的最后一个学生，尽管他与其他人一样了解与贝叶斯方法的所有技术事实，但一些心理障碍阻止他像费希尔那样接受它们的明显后果. 因此，遗憾的是，我们必须分道扬镳，在没有他的情况下继续进行推理的建设性发展.

Edwards, A. W. F. (1992), *Nature* **352**, 386–387.

贝叶斯方法的评论.

Edwards, H. M. (1987), 'An appreciation of Kronecker', *Math. Intelligencer*, **9**, 28–35.

Edwards, H. M. (1988), 'Kronecker's place in history', in Aspray, W. & Kitcher, P., eds., *History and Philosophy of Modern Mathematics*, University of Minnesota Press.

Efron, B. (1975), 'Biased versus unbiased estimation', *Adv. Math.* **16**, 259–277.

Efron, B. (1978), 'Controversies in the foundations of statistics', *Am. Math. Monthly* **85**, 231–246.

Efron, B. (1979a), 'Bootstrap methods: another look at the jackknife', *Ann. Stat.* **6**, 1–26.

Efron, B. (1979b), 'Computers and the theory of statistics: thinking the unthinkable', *SIAM Rev.* **21**, 460–480.

Efron, B. & Gong, G. (1983), 'A leisurely look at the bootstrap, the jackknife, and cross-validation', *Am. Stat.* **37**, 36–48.

正统统计学家一直试图通过发明随意的特定流程而不是应用概率论来处理推断问题. 这里解释说明了三个最近的例子. 当然，它们都违背我们对于合理性和一致性的合情条件，证明这一点并将他们的结果与贝叶斯方法的结果进行比较是有趣且有启发意义的.

Evans, M. (1969), *Macroeconomic Forecasting*, Harper & Row, New York.

Fechner, G. J. (1860), *Elemente der Psychophysik*, 2 vols.; Vol. 1 translated as *Elements of Psychophysics*, Boring, E. G. & Howes, D. H., eds., Holt, Rinehart & Winston, New York (1966).

中译本 古斯塔夫 · 费希纳. 心理物理学纲要. 李晶，译. 北京：中国人民大学出版社，2015.

Fechner, G. J. (1882), *Revision der Hauptpuncte der Psychophysik*, Breitkopf u. Härtel, Leipzig.

Feinstein, A. (1958), *Foundations of Information Theory*, McGraw-Hill, New York.

就像辛钦的工作（Khinchin, 1957）一样，这是一位数学家对事物的看法，与戈德曼（Goldman，1953）的物理视角几乎没有共同点.

Ferguson, T. S. (1982), 'An inconsistent maximum likelihood estimate', *J. Am. Stat. Assoc.* **77**, 831–834.

Fieller, E. C. (1954), 'Some problems in interval estimation', *J. Roy. Stat. Soc.* **B 16**, 175–185.

这篇论文和克里西的论文（Creasy，1954；见本参考文献）以估计两个正态抽样分布的均值比 μ_1/μ_2 的“菲耶勒-克里西问题”而著名．这一问题产生了大量的讨论和争议，因为正统方法没有处理它的原则——几十年来没有人肯屈尊检查一下贝叶斯解．这是估计问题的一个典型的例子．很容易说明，只有贝叶斯方法提供了解决它所需的技术工具．若泽 · 贝尔纳多（José Bernardo，1977）最终从贝叶斯的角度考虑了这个问题.

Fisher, R. A. (1912), 'On an absolute criterion for fitting frequency curves', *Messeng. Math.* **41**, 155–160.

Fisher, R. A. (1915), 'Frequency distribution of the values of the correlation coefficient in samples from an indefinitely large population', *Biometrika* **10**, 507–521.

Fisher, R. A. (1930), 'Inverse probabilities', *Proc. Camb. Phil. Soc.* **26**, 528–535.

Fisher, R. A. (1935), *The Design of Experiments*, Oliver & Boyd, Edinburgh; six later editions to 1966.

Fisher, R. A. (1938), *Statistical Tables for Biological, Agricultural and Medical Research* (with F. Yates), Oliver & Boyd, Edinburgh; five later editions to 1963.

Fisher, R. A. & Tippett, L. H. C. (1928), 'Limiting forms of the frequency distribution of the largest or smallest member of a sample', *Proc. Camb. Phil. Soc.* **24**, 180–190.

Fougeré, P. F. (1977), 'A solution to the problem of spontaneous line splitting in maximum entropy power spectrum analysis', *J. Geophys. Res.* **82**, 1051–1054.

Galton, F. (1863), *Meteorographica*, MacMillan, London.

这位非凡的人在这里发明了气象图，并通过研究它们发现了北半球的“反气旋”环流模式.

Galton, F. (1889), *Natural Inheritance*, MacMillan, London.

Gentleman, W. M. (1968), 'Matrix multiplication and fast Fourier transformations', *Bell Syst. Tech. J.*, **17**, 1099–1103.

Gillispie, C. C., ed. (1981), *Dictionary of Scientific Biography*, 16 vols., C. Scribner's Sons, New York.

寻找科学家基本信息的首选之处.

Glymour, C. (1980), *Theory and Evidence*, Princeton University Press.

Gnedenko, B. V. & Kolmogorov, A. N. (1954), *Limit Distributions for Sums of Independent Random Variables*, Addison-Wesley, Cambridge, MA.

中译本 Б. В. 哥涅坚科，A. H. 廓洛莫格若夫．相互独立随机变数之和的极限分布．王寿仁，译．北京：科学出版社，1955.

在第 1 页，我们发现了一个奇怪的陈述：“事实上，概率论的所有认识论价值都基于这一点：大规模随机现象在它们的集体行动中创造了严格的、非随机的规律性．”有人认为这是为了服务于政治目的．无论如何，今天概率论最有价值的应用都与不完全信息有关，而与所谓的“随机现象”无关．随机现象在理论上是未定义的，而且在自然中是未经确认的.

Goel, P. & Zellner, A. (1986), eds., *Bayesian Inference and Decision Techniques: Essays in Honor of Bruno de Finetti*, Elsevier Science Publishers, Amsterdam.

Gokhale, D. and Kullback, S. (1978), *The Information in Contingency Tables*, Marcel Dekker, New York.

Goldberg, S. (1983), *Probability in Social Science*, Birkhaeuser, Basel.

Good, I. J. (1965), *The Estimation of Probabilities*, Research Monographs #30, MIT Press, Cambridge, MA.

杰克·古德坚信“物理概率”的存在，这些概率具有某种独立于人类信息的实在性. 因此这本著作具有（对我们来说）不适当的标题.

Grandy, W. T. & Schick, L. H., eds. (1991), *Maximum Entropy and Bayesian Methods*, Proceedings of the Tenth annual Maximum Entropy workshop, Kluwer Academic Publishers, Holland.

Grenander, U. & Szegö, G. (1957), *Toeplitz Forms and their Applications*, University of California Press, Berkeley.

Griffin, D. R. (1958), *Listening in the Dark*, Yale University Press, New Haven.

另见 Slaughter, R. H. & Walton, D. W., eds. (1970), *About Bats*, SMU Press, Dallas, Texas.

Gull, S. F. & Daniell, G. J. (1978), ‘Image reconstruction from incomplete and noisy data’, *Nature* **272**, 686.

Gull, S. F. & Daniell, G. J. (1980), ‘The maximum entropy algorithm applied to image enhancement’, *Proc. IEEE (E)* **5**, 170.

Gull, S. F. & Skilling, J. (1984), ‘The maximum entropy method’, in Roberts, J. A., ed., *Indirect Imaging*, Cambridge University Press.

Hacking, I. (1965), *Logic of Statistical Inference*, Cambridge University Press.

Hacking, I. (1973), *The Emergence of Probability*, Cambridge University Press.

Hacking, I. (1984), ‘Historical models for justice’, *Epistemologia, Special Issue on Probability, Statistics, and Inductive Logic*, **VII**, 191–212.

Haldane, J. B. S. (1957), ‘Karl Pearson, 1857–1957’, *Biometrika* **44**, 303–313.

Hampel, F. R. (1973), ‘Robust estimation: a condensed partial survey’, *Zeit. Wahrsch, theorie vrw. Beb.* **27**, 87–104.

Hankins, T. L. (1970), *Jean d’Alembert: Science and the Enlightenment*, Oxford University Press.

中译本 托马斯·L·汉金斯. 科学与启蒙运动. 任定成，张爱珍，译. 上海：复旦大学出版社，2000.

Heath, D. & Sudderth, W. (1976), ‘de Finetti’s theorem on exchangeable variables’, *Am. Stat.* **30**, 188.

一个极其简单的推导.

Helliwell, R. A. (1965), *Whistlers and Related Ionospheric Phenomena*, Stanford University Press, Palo Alto, CA.

Hellman, M. E. (1979), 'The mathematics of public-key cryptography', *Sci. Am.* **241**, 130–139.

Hewitt, E. & Savage, L. J. (1955), 'Symmetric measures on Cartesian products', *Trans. Am. Math. Soc.* **80**, 470–501.

将德菲内蒂表示定理推广到任意集合.

Hirst, F. W. (1926), *Life and Letters of Thomas Jefferson*, Macmillan, New York.

Hobson, A. & Cheung, B. K. (1973), 'A comparison of the Shannon and Kullback information measures', *J. Stat. Phys.* **7**, 301–310.

Hodges, J. L. & Lehmann, E. L. (1956), 'The efficiency of some nonparametric competitors of the t-test', *Ann. Math. Stat.* **27**, 324–335.

Hofstadter, D. R. (1983), 'Computer tournaments of the Prisoner's dilemma suggest how cooperation evolves', *Sci. Am.* **248**, (5), 16–26.

Holbrook, J. A. R. (1981), 'Stochastic independence and space-filling curves', *Am. Math. Monthly* **88**, 426–432.

Jagers, P. (1975), *Branching Processes with Biological Applications*, John Wiley, London.

James, W. & Stein, C. (1961), 'Estimation with quadratic loss', Proc. 4th Berkeley Symp., Univ. Calif. Press, **1**, 361–380.

Jansson, P. A., ed. (1984), *Deconvolution, with Applications in Spectroscopy*, Academic Press, Orlando, FL.

由九位作者写的文章，总结了在引入贝叶斯和最大熵方法之前的最新技术（主要是线性处理方法）.

Jaynes, E. T. (1963), 'Review of Noise and Fluctuations, by D. K. C. MacDonald', *Am. J. Phys.* **31**, 946.

为杰恩斯（Jaynes，1976）所引用，以回应肯奥斯卡 · 普索恩关于物理学家很少关注噪声的指责. 注意到噪声出现在所有物理领域. 因此，早在存在统计学家之前，物理学家就在积极研究噪声并且知道正确的处理方法.

Jaynes, E. T. (1973a), 'Survey of the present status of neoclassical radiation theory', in Mandel, L. & Wolf, E., eds., *Proceedings of the 1972 Rochester Conference on Optical Coherence*, Pergamon Press, New York.

Jaynes, E. T. (1973b), 'The well-posed problem', *Found. Phys.* **3**, 477–493.

重印于杰恩斯的文章集（Jaynes，1983）.

Jaynes, E. T. (1980a), 'The minimum entropy production principle', *Ann. Rev. Phys. Chem.* **31**, 579–601.

重印于杰恩斯的文章集（Jaynes，1983）.

Jaynes, E. T. (1980b), 'What is the question?', in Bernardo, J. M., de Groot, M. H., Lindley, D. V. & Smith, A. F. M., eds., *Bayesian Statistics*, University Press, Valencia, Spain, pp. 618–629.

讨论问题的逻辑，正如理查德 · 考克斯（R. T. Cox，1978）指出的，并且应用于参数估计和假设检验之间的关系. 重印于杰恩斯的文章集（Jaynes，1983，第 382 ~ 388 页）.

Jaynes, E. T. (1981), 'What is the problem?', in Haykin, S., ed., *Proceedings of the Second SSSP Workshop on Spectrum Analysis*, McMaster University.

以下文章是扩充版本.

Jaynes, E. T. (1982), 'On the rationale of maximum-entropy methods', *Proc. IEEE* **70**, 939–952.

Jaynes, E. T. (1984), 'Prior information and ambiguity in inverse problems', in *SIAM-AMS Proceedings*, Vol. 14, American Mathematical Society, pp. 151–166.

Jaynes, E. T. (1985a) 'Where do we go from here?', in Smith, C. & Grandy, W. T., eds. *Maximum-Entropy and Bayesian Methods in Inverse Problems*, D. Reidel Publishing Co., Dordrecht, pp. 21–58.

Jaynes, E. T. (1985b), 'Entropy and search theory', in Smith, C. & Grandy, W. T., eds. *Maximum-Entropy and Bayesian Methods in Inverse Problems*, D. Reidel Publishing Co., Dordrecht, pp. 443–454.

表明以前在信息论和搜索理论之间寻找联系的失败原因是使用了错误的熵表达式. 事实上，只要我们在最深层假设空间上定义熵，两者之间就有非常简单和普遍的联系.

Jaynes, E. T. (1985c) 'Macroscopic prediction', in Haken, H., ed., *Complex Systems – Operational Approaches*, Springer-Verlag, Berlin.

Jaynes, E. T. (1985d), 'Generalized scattering', in Smith, C. & Grandy, W. T., eds., *Maximum-Entropy and Bayesian Methods in Inverse Problems*, D. Reidel Publishing Co., Dordrecht, pp. 377–398.

添加新约束前后的两个最大熵分布的比较中包含的一些有意思的物理预测结论.

Jaynes, E. T. (1986), 'Some applications and extensions of the de Finetti representation theorem', in Goel, P. & Zellner, A., eds., *Bayesian Inference and Decision Techniques: Essays in Honor of Bruno de Finetti*, Elsevier Science Publishers, Amsterdam, pp. 31–42.

该定理通常只适用于无限可交换序列，但是如果舍弃生成函数上的非负性条件，对于有限序列仍然有效. 这个结论使得它适用于更广泛的问题.

Jaynes, E. T. (1988a), 'The relation of Bayesian and maximum entropy methods', in Erickson, G. J. & Smith, C. R., eds. (1988), *Maximum-Entropy and Bayesian Methods in Science and Engineering*, Vol. 1, pp. 25–29.

Jaynes, E. T. (1988b), 'Detection of extra-solar system planets', in Erickson, G. J. & Smith, C. R., eds. (1988), *Maximum-Entropy and Bayesian Methods in Science and Engineering*, Vol. 1, pp. 147–160.

Jaynes, E. T. (1991), 'Notes on present status and future prospects', in Grandy, W. T. & Schick, L. H., eds. (1991), *Maximum Entropy and Bayesian Methods*, Proceedings of the Tenth annual Maximum Entropy Workshop, Kluwer Academic Publishers, Holland.

对于截止于 1990 年夏天的基本情况的总结.

Jaynes, E. T. (1993), 'A backward look to the future', in Grandy, W. T. & Milonni, P. W., eds., *Physics and Probability: Essays in Honor of Edwin T. Jaynes*, Cambridge University Press, pp. 261–275.

这本是庆祝我 70 岁生日的纪念文集，其中包含我以前学生和同事的 22 篇文章.

Jefferys, W. H. (1990), 'Bayesian analysis of random event generator data', *J. Sci. Expl.* **4**, 153–169.

表明正统显著性检验会严重高估特异功能数据的显着性，贝叶斯检验由于不依赖于研究者的意图会得出合乎情理的结论.

Jeffreys, H. (1963), 'Review of Savage (1962)', *Technometrics* **5**, 407–410.

Jeffreys, Lady Bertha Swirles (1992), 'Harold Jeffreys from 1891 to 1940', *Notes Rec. Roy. Soc. Lond.* **46**, 301–308.

对哈罗德 · 杰弗里斯爵士早年生活简短、有些令人费解的不完整描述，并附有他 30 多岁的照片. 详细描述了他对植物学的兴趣和早期的荣誉（他于 1910 年进入剑桥圣约翰学院读本科，同年因一篇关于“岁差和章动”的论文获得亚当斯纪念奖）. 但是，令人惊讶的是，论文中根本没有提到他在概率论方面的工作！在 1919 ~ 1939 年期间，这些工作引出了许多文章的发表以及对今天的科学家来说都非常重要的两本书（Jeffreys，1931, 1939）. 杰弗里斯的概率论工作具有根本上的重要性，并且在他的所有其他工作都已成为历史后仍将具有生命力. 伯莎 · 杰弗里斯也是一名物理学家，20 世纪 20 年代后期在哥廷根师从马克斯 · 博恩，后来成为剑桥格顿女子学院的院长.

Jerri, A. J. (1977), 'The Shannon sampling theorem – its various extensions and applications', *Proc. IEEE* **65**, 1565–1596.

有用公式的教程大合集，带有 248 篇参考文献.

Johnson, R. W. (1979), 'Axiomatic characterization of the directed divergences and their linear combinations', *IEEE Trans.* **IT-7**, 641–650.

Kale, B. K. (1970), 'Inadmissibility of the maximum likelihood estimation in the presence of prior information', *Can. Math. Bull.* **13**, 391–393.

Kalman, R. E. (1982), 'Identification from real data', in Hazewinkel, M. & Rinnooy Kan, A., eds., *Current Developments in the Interface: Economics, Econometrics, Mathematics*, D. Reidel Publishing Co., Dordrecht-Holland, pp. 161–196.

Kalman, R. E. (1990), *Nine Lectures on Identification*, Lecture Notes on Economics and Mathematical Systems, Springer-Verlag.

Kandel, A. (1986), *Fuzzy Mathematical Techniques with Applications*, Addison-Wesley, Reading, MA.

Kay, S. & Marple, S. L., Jr (1979), 'Source of and remedies for spectral line splitting in autoregressive spectrum analysis', Proceedings of the 1979 IEEE International Conference on Acoustics, Speech Signal Processing, October 1978, pp. 469–471.

Kemeny, J. G. & Snell, J. L. (1960), *Finite Markov Chains*, D. van Nostrand Co., Princeton,

NJ.

Kendall, M. G. (1956), 'The beginnings of a probability calculus', *Biometrika* **43**, 1–14; reprinted in Pearson & Kendall (1970).

一项有意思的心理学研究工作. 在试图将概率论早期发展缓慢的原因解释为他人毫无根据的偏见时, 他也无意中暴露了自己毫无根据的偏见, 在我们看来, 这是导致 20 世纪概率论进步缓慢甚至倒退的主要原因.

Khinchin, A. I. (1949), *Mathematical Foundations of Statistical Mechanics*, Dover Publications, Inc., New York.

将计算技巧建立在中心极限定理基础上的尝试, 对于我们当前感兴趣的问题来说不够普遍. 但是对于结构函数和分拆函数之间的拉普拉斯变换关系的处理在今天仍然很有价值, 并且为我们在第二部分中的研究奠定了数学基础.

Kiefer, J. & Wolfowitz, J. (1956), 'Consistency of the maximum likelihood estimation in the presence of infinitely many incidental parameters', *Ann. Math. Stat.* **27**, 887–906.

Kindermann, R. & Snall, J. L. (1980), *Markov Random Fields*, Contemporary Mathematics Vol. 1, AMS, Providence, RI.

Kuhn, T. S. (1962), *The Structure of Scientific Revolutions*, University of Chicago Press; 2nd edn, 1970.

中译本 托马斯 · 库恩. 科学革命的结构 (第四版). 伊安 · 哈金, 导读. 金吾伦, 胡新和, 译. 北京: 北京大学出版社, 2012.

Kullback, S. (1959), *Information Theory and Statistics*, John Wiley, New York.

这是一部美丽的作品, 从未被正确欣赏过, 因为它比所处的时代先进了 20 年.

Landau, H. J. (1983), 'The inverse problem for the vocal tract and the moment problem', *SIAM J. Math. Anal.* **14**, 1019–1035.

通过与伯格最大熵谱分析密切相关的反射系数技术对语音生成进行建模.

Landau, H. J. (1987), 'Maximum entropy and the moment problem', *Bull. Am. Math. Soc.* **16**, 47–77.

根据多个领域中更一般的问题来解释伯格解. 强烈推荐对其中的数学做更深入的了解.

Legendre, A. M. (1806), 'Nouvelles méthods pour la détermination des orbits des cométes', Didot, Paris.

Leibniz, G. W. (1968), *General Investigations Concerning the Analysis of Concepts and Truths*, trans. W. H. O'Briant, University of Georgia Press.

Lessard, S., ed. (1989), *Mathematical and Statistical Developments in Evolutionary Theory*, NATO ASI Series Vol. C299, Kluwer Academic Publishers, Holland.

1987 年在加拿大蒙特利尔举行的会议的记录.

Lewis, G. N. (1930) 'The symmetry of time in physics', *Science* **71**, 569.

对熵和信息之间联系的早期认识, 显示出远超 50 年后其他许多人发表文章的理解水平.

Lindley, D. V. (1956), 'On a measure of the information provided by an experiment', *Ann. Math.* **27**, 986–1005.

Lindley, D. V. (1958) 'Fiducial distributions and Bayes' theorem', *J. Roy. Stat. Soc.* **B20**, 102–107.

Lindley, D. V. (1971) *Bayesian Statistics: A Review*, Society for Industrial and Applied Mathemathics, Philadelphia.

Linnik, Yu. V. (1961), *Die Methode der kleinsten Quadrate in Moderner Darstellung*, Deutscher Verl. der Wiss., Berlin.

Litterman, R. B. (1985), 'Vector autoregression for macroeconomic forecasting', in Zellner, A. & Goel, P., eds., *Bayesian Inference and Decision Techniques*, North-Holland Publishers, Amsterdam.

Lukacs, E. (1960), *Characteristic Functions*, Griffin, London.

Macdonald, P. D. M. (1987), 'Analysis of length-frequency distributions', in Summerfelt, R. C. & Hall, G. E., eds., *Age and Growth of Fish*, Iowa State University Press, pp. 371–384.

用于对正态分布和其他分布的混合物进行反卷积操作的计算机程序. "MIX 3.0" 程序可从以下地址获得: Ichthus Data Systems, 59 Arkell St, Hamilton, Ontario, Canada L8S 1N6. 在第 7 章中, 我们注意到这个问题不是很适定的. 以克萨斯承认它"本质上是困难的", 并且可能无法在用户数据上令人满意地工作. 另见蒂特林顿、史密斯和马科夫的著作 (Titterington, Smith & Makov, 1985).

Mandel, J. (1964), *The Statistical Analysis of Experimental Data*, Interscience, New York.

直接的正统特定方法, 其中之一在杰恩斯的文章 (Jaynes, 1976) 中做了分析.

Mandelbrot, B. (1977), *Fractals, Chance and Dimension*, W. H. Freeman & Co., San Francisco.

中译本 B. 曼德尔布洛特. 分形对象: 形、机遇和维数. 文志英, 苏虹, 译. 北京: 世界图书出版公司, 1999.

Marple, S. L. (1987), *Digital Spectral Analysis with Applications*, Prentice-Hall, New Jersey.

Martin, R. D. & Thompson, D. J. (1982), 'Robust-resistant spectrum estimation', *Proc. IEEE* **70**, 1097–1115.

显然是在他们的导师约翰 · 图基的密切指导下写成的, 这延续了他根据直觉而非概率论发明一系列特定工具的实践. 它甚至不承认最大熵或贝叶斯方法的存在. 值得称赞的是, 作者确实通过他们的方法对几个数据集进行了计算机分析——结果对我们来说并不令人兴奋. 获取他们的原始数据并通过像布雷特索斯特 (Bretthorst, 1988) 那样使用概率论的方法来进行分析将会很有趣, 我们认为结果会完全不同.

Masani, S. M. (1977), 'A paradox in admissibility', *Ann. Stat.* **5**, 544–546.

Maxwell, J. C. (1850), Letter to Lewis Campbell; reproduced in L. Campbell & W. Garrett, *The Life of James Clerk Maxwell*, Macmillan, 1881.

McColl, H. (1897) 'The calculus of equivalent statements', *Proc. Lond. Math. Soc.* **28**, 556.

对布尔版本的概率论的批评.

McFadden, D. (1973), 'Conditional logit analysis of qualitative choice behavior', in Zarembka, P., ed., *Frontiers in Econometrics*, Academic Press, New York.

Mead, L. R. & Papanicolaou, N. (1984), 'Maximum entropy in the problem of moments', *J. Math. Phys.* **25**, 2404–2417.

Miller, R. G. (1974), 'The jackknife – a review', *Biometrika* **61**, 1–15.

Mitler, K. S. (1974), *Multivariate Distributions*, John Wiley, New York.

Molina, E. C. (1931), 'Bayes' theorem, an expository presentation', *Bell Syst. Tech. Publ.* Monograph B-557.

与凯恩斯（Keynes，1921）、杰弗里斯（Jeffreys，1939）和伍德沃德（Woodward，1953）站在一起，证明荒野中总是有孤独的声音呼唤一种更明智的推断方法.

Moore, G. T. & Scully, M. O., eds. (1986), *Frontiers of Nonequilibrium Statistical Physics*, Plenum Press, New York.

这里，几位发言者在贝尔不等式实验的基础上确认了他们的信念，即"原子不是真实的"，同时坚持概率是客观真实的信念！我们认为这是思维投射谬误的一个公开例子，到了荒谬的地步.

Munk, W. H. & Snodgrass, F. E. (1957), 'Measurements of Southern Swell at Guadalupe Island', *Deep-Sea Res.* **4**, 272–286.

这是图基（Tukey，1984）举出的最伟大的光谱分析例子，是用其他方法永远无法完成的. 反过来，杰恩斯（Jaynes，1987）用哨声分析回答了这个问题.

Newton, Sir Isaac (1687) *Philosophia Naturalis Principia Mathematica*, trans. Andrew Motte, 1729; revised and reprinted as *Mathematical Principles of Natural Philosophy*, Florian Cajori, ed., University of California Press (1946).

中译本 牛顿. 自然哲学的数学原理. 赵振江，译. 北京：商务印书馆，2020.

另见卡乔里的著作（Cajori，1928, 1934；见本参考文献）.

Neyman, J. & Pearson, E. S. (1933), 'On the problem of the most efficient test of statistical hypotheses', *Phil. Trans. Roy. Soc.* **231**, 289–337.

Neyman, J. & Pearson, E. S. (1967), *Joint Statistical Papers*, Cambridge University Press.

20 世纪 30 年代多篇奈曼-皮尔逊论文的再版，最初散布在几册不同的期刊上.

Neyman, J. (1959), 'On the two different aspects of representative method: the method of stratified sampling and the method of purposive selection', *Estadistica* **17**, 587–651.

Neyman, J. (1962) 'Two breakthroughs in the theory of statistical decision making', *Int. Stat. Rev.* **30**, 11–27.

定位和纠正其中的错误是一个很好的家庭作业.

Neyman, J. (1981), 'Egon S. Pearson (August 11, 1895–June 12, 1980)', *Ann. Stat.* **9**, 1–2.

Novák, V. (1988), *Fuzzy Sets and their Applications*, A. Hilger, Bristol.

Nyquist, H. (1924), 'Certain factors affecting telegraph speed', *Bell Syst. Tech. J.* **3**, 324.

Nyquist, H. (1928), 'Certain topics in telegraph transmission theory', *Trans. AIEE*, **47**, 617–644.

O'Hagan, A. (1977), 'On outlier rejection phenomena in Bayes inference', *J. Roy. Stat. Soc.* **B 41**, 358–367.

我们的观点是，贝叶斯推断没有病态、例外的情况，特别是没有异常值. 将任何观察值视为“异常值”加以拒绝都违反了理性推断的原则，这只是表明对问题的表述不正确. 也就是说，如果能够确定任何观察结果是你指定的模型的异常值，则该模型无法正确捕获有关生成数据的机制的先验信息. 原则上，补救措施不是拒绝任何观察值，而是定义一个更现实的模型（正如我们在讨论稳健性时指出的那样）. 然而，我们承认，如果严格正确的流程为可疑数据分配了非常低的权重，那么从数据集中直接删除该值可能是一个合理的近似，这很容易做到.

Ore, O. (1953), *Cardano, the Gambling Scholar*, Princeton University Press.

Ore, O. (1960), 'Pascal and the invention of probability theory', *Am. Math. Monthly* **67**, 409–419.

Pearson, K. (1892), *The Grammar of Science*, Walter Scott, London.

中译本 卡尔 · 皮尔逊. 科学的规范. 李醒民，译. 北京：商务印书馆，2012.

1900 年、1911 年由 A. & C. Black, London 重印，1937 年由 Everyman Press 重印. 科学推理原理的阐述，主要是因为哈罗德 · 杰弗里斯深受其影响并高度评价它. 这并不妨碍他指出，卡尔 · 皮尔逊在他后来的科学工作中远未应用自己的原则. 有关卡尔 · 皮尔逊（1857—1936）的传记材料，见霍尔丹的文章（Haldane，1957；见本参考文献）.

Pearson, K. (1905), 'The problem of the random walk', *Nature* **72**, 294, 342.

Pearson, K. (1921–1933), *The History of Statistics in the 17'th and 18'th Centuries*, Pearson, E.S., ed., Lectures given at University College, London, Griffin, London (1978).

Penfield, W. (1958), *Proc. Natl Acad. Sci.* (*USA*) **44**, 59.

脑部手术期间的观察记录，手术中对大脑特定部位的电刺激导致有意识的患者回忆起各种被遗忘的经历. 这个毫无疑问的真实现象与第 18 章中的 A_p 分布理论密切相关. 但现在有人指控精神科医生正在让他们的病人——尤其是年幼的孩子——回忆起从未发生过的事情，并带来灾难性的法律后果. 识别有效和无效回忆的问题似乎进入了一段争议期.

Pierce, J. R. (1980), *Symbols, Signals, and Noise: An Introduction to Information Theory*, Dover Publications, Inc., New York.

对完全的初学者简明地介绍信息论，但是不涉及当前的重要应用.

Poisson, S. D. (1837), *Recherches sur la Probabilité des Jugements*, Bachelier imprimeur-Libraire, Paris.

泊松分布的首次出现.

Pólya, G. (1921), 'Über eine Aufgabe der Wahrscheinlichkeitsrechnung betreffend die Irrfahrt im Strassennetz', *Math. Ann.* **84**, 149–160.

有时被称为“随机游走”一词的首次出现. 然而，我们可以指出皮尔逊（Pearson，1905；见本参考文献）和瑞利（Rayleigh，1919；见本参考文献）都提到过随机游走.

Pólya, G. (1923), 'Herleitung des Gauss'schen Fehlergesetzes aus einer Funktionalgleichung', *Math. Zeit.* **18**, 96–108.

Pontryagin, L. S. (1946), *Topological Groups*, Princeton University Press, Princeton, NJ.

Popper, K. (1958), *The Logic of Scientific Discovery*, Hutchinson & Co., London.

中译本 卡尔 · 波普尔. 科学发现的逻辑. 查汝强，邱仁宗，万木春，译. 北京：中国美术学院出版社，2008.

否认归纳的可能性，理由是每一个科学理论为真的先验概率都为零. 卡尔 · 波普尔之所以出名，主要是因为他提出理论可能不会被证明为真、只能证伪的学说. 因此，一个理论的优点在于它的可证伪性. 第 1 章的三段论表明这其中有明显真理的成分. 爱因斯坦在他的名言中也提到了这一点："无论多少实验都不能证明我是对的，但是只要一个实验就可以随时证明我错了." 然而，该学说只对断言存在不可观察原因或机制的理论是正确的，任何断言可观察事实的理论都是其反例.

Popper, K. (1963), *Conjectures and Refutations*, Routledge & Kegan Paul, London.

中译本 卡尔 · 波普尔. 猜想与反驳：科学知识的增长. 傅季重, 纪树立, 周昌忠, 蒋弋为，译. 上海：上海译文出版社，2015.

Popov, V. N. (1987), *Functional Integrals and Collective Excitations*, Cambridge University Press.

超流体、超导、等离子体动力学、超辐射和相变的应用大纲. 理解这些现象的有用起点，但是仍然缺乏任何连贯的理论基础——我们认为只有最大熵原理才能提供推理方法.

Prenzel, H. V. (1975), *Dynamic Trendline Charting: How to Spot the Big Stock Moves and Avoid False Signals*, Prentice-Hall, Englewood Cliffs, NJ.

不包含任何概率论或其他数学知识：只是绘制股票价格的月度变化，在图上画几条直线，它们的交点告诉你该做什么以及何时做. 这个系统至少确实可以让人非常清楚地看到四年的美国总统选举周期.

Press, S. J. (1989), *Bayesian Statistics: Principles, Models and Applications*, J. Wiley & Sons, Inc., New York.

中译本 S. 詹姆士 · 普雷斯. 贝叶斯统计学：原理、模型及应用. 廖文，陈安贵，等译. 袁卫，校. 北京：中国统计出版社，1992.

包含许多现在可用的贝叶斯计算机程序的列表.

Preston, C. J. (1974), *Gibbs States on Countable Sets*, Cambridge University Press.

在这里有使用"状态"一词来表示概率分布的讨厌做法. 人们无法想象一种更具破坏性的错误、误导性术语.

Priestley, M. B. (1981), *Spectral Analysis and Time Series*, 2 vols., Academic Press, Inc., Orlando, FL; combined paperback edition with corrections (1983).

Puri, M. L., ed. (1975), *Stochastic Processes and Related Topics*, Academic Press, New York.

Quaster, H., ed. (1953), *Information Theory in Biology*, University Illinois Press, Urbana.

Ramsey, F. P. (1931), *The Foundations of Mathematics and Other Logical Essays*, Routledge and Kegan Paul, London.

弗兰克 · 拉姆齐于 1925 年在剑桥大学获得数学学位，然后成为国王学院的院士，其间他与约翰 · 梅纳德 · 凯恩斯就经济学理论进行了合作. 如果不是 1930 年就在 26 岁去世，他无疑会成为 20 世纪最有影响力的贝叶斯主义者. 在这些文章中，我们可以看到与我们对概率论的阐述非常相似的东西.

Rayleigh, Lord (1919), 'On the problem of random vibrations, and of random flights in one, two or three dimensions', *Edin. & Dublin Phil. Mag. & J. Sci.* **37**, series 6, 321–347.

Reichardt, H. (1960), *C. F. Gauss–Leben und Werk*, Haude & Spener, Berlin.

Reid, C. (1970), *Hilbert*, Springer-Verlag, New York.

中译本 康斯坦丝 · 瑞德. 希尔伯特：数学界的亚历山大. 袁向东，李文林，译. 上海：上海科学技术出版社，2018.

Reid, C. (1959), 'On a new axiomatic theory of probability', *Acta. Math. Acad. Sci. Hung.* **6**, 285–335.

这项工作与我们的工作有几个共同点，但是阐述方式大不相同.

Rihaczek, A. W. (1981), 'The maximum entropy of radar resolution', *IEEE Trans. Aerospace Electron. Syst.* **AES-17**, 144.

对最大熵方法的另一篇攻击文章，仍然否认所谓的"超分辨率"的可能性，尽管多年前约翰 · 伯格在理论和实践中都已经证明了这一点，并且到 1981 年为止被许多科学家和工程师例行使用，如奇尔德斯的文章集（Childers，1978；见本参考文献）所示.

Rissanen, J. (1983), 'A universal prior for the integers and estimation by minimum description length', *Ann. Stat.* **11**, 416–431.

近几十年来为数不多的新思想之一. 我们认为它有着光明的未来，但是还不能预测它会是什么样子的.

Robbins, H. (1950), 'Asymptotically subminimax solutions of compound statistical decision problems', *Proceedings of the 2nd Berkeley Symposium of Mathematics Statistics and Probability*, University of California Press, pp. 131–148.

斯坦的研究（Stein，1956；见本参考文献）的先导.

Robbins, H. (1956), 'An empirical Bayes' approach to statistics', *Proceedings of the 3rd Berkeley Symposium on Mathematics, Statistics and Probability I*, University of California Press, pp. 157–164.

Robinson, A. (1966), *Non-standard Analysis*, North-Holland, Amsterdam.

中译本 A. 鲁滨逊. 非标准分析. 申又枨，王世强，张锦文，译. 北京：科学出版社，1980.

如何做每一个错误的计算.

Robinson, E. A. (1982), 'A historical perspective of spectrum estimation', *Proc. IEEE* **70**, 855–906.

Robinson, G. K. (1975), 'Some counterexamples to the theory of confidence intervals', *Biometrika* **62**, 155–162.

Rowlinson, J. S. (1970), 'Probability, information and entropy', *Nature* **225**, 1196–1198.

对最大熵原理的攻击表明了对推断性质的一种普遍误解. 杰恩斯（Jaynes，1978）对此做出了回答.

Sampson, A. R. & Smith, R. L. (1984), 'An information theory model for the evaluation of circumstantial evidence,' *IEEE Trans. Systems, Man, and Cybernetics* **15**, 916.

Sampson, A. R. & Smith, R. L. (1982), 'Assessing risks through the determination of rare event probabilities', *Op. Res.* **30**, 839–866.

Sanov, I. N. (1961), 'On the probability of large deviations of random variables', IMS and AMS Translations of Probability and Statistics, from *Mat. Sbornik* **42**, 1144.

Scheffé, H. (1959), *The Analysis of Variance*, John Wiley, New York.

Schendel, U. (1989) *Sparse Matrices*, J. Wiley & Sons, New York.

Schlaifer, R. (1959), *Probability and Statistics for Business Decisions: An Introduction to Managerial Economics Under Uncertainty*, McGraw-Hill Book Company, New York.

认识到在现实世界决策问题中需要贝叶斯方法的早期著作，与切尔诺夫和摩西同时期的决策论著作（Chernoff and Moses，1959）形成鲜明的对比.

Schneider, T. D. (1991), 'Theory of molecular machines', *J. Theor. Biol.* **148**, 83–137.

分为两部分，关注信道容量和能量消耗

Schnell, E. E. (1960), 'Samuel Pepys, Isaac Newton and probability', *Am. Stat.* **14**, 27–30.

我们从中了解到，帕斯卡和牛顿都有给出正确解但不被相信的经历，这个问题并不是现代贝叶斯主义者独有的.

Schrödinger, E. (1945), 'Probability problems in nuclear chemistry', *Proc. Roy. Irish Acad.* **51**.

Schrödinger, E. (1947), 'The foundation of the theory of probability', *Proc. Roy. Irish Acad.* (*A*), **51**, pp. 51–66, 141–146.

这篇论文由于使我们能在与我们有同样思考的人员名单中再添加一个杰出的名字，今天仍然很有价值. 在这里，薛定谔宣称概率的“频率论”观点不足以满足科学的需要，并通过在某种程度上与本书第 1 章和第 2 章的精神一致的努力，试图证明概率观点适用于个别事件而不是事件的“集合”. 他提出了一些巧妙的论证，但是不知道这些想法已经远远超出了他的工作水平. 他不知道考克斯定理，而且和当时大多数受过常规训练的科学家一样，显然从未听说过托马斯 · 贝叶斯或哈罗德 · 杰弗里斯. 他既没有给出任何有用的应用，也没有获得超出杰弗里斯八年前发表的理论结果. 尽管如此，他的思想在这个问题及其他有争议的问题上都朝着正确的方向发展.

Shafer, G. (1976), *A Mathematical Theory of Evidence*, Princeton University Press, Princeton, NJ.

一个狂热的反贝叶斯主义者试图发展二值概率理论.

Shafer, G. (1982), 'Lindley's paradox', *J. Am. Stat. Assoc.* **77**, 325–334.

显然，谢弗没有意识到这些内容都在比林德利早了大约 20 年的杰弗里斯的著作（Jeffreys，1939，第 194 页）中. 但谢弗的其他工作已经表明，他从未阅读和理解过杰弗里斯的著作.

Shamir, A (1982), 'A polynomial time algorithm for breaking the basic Merkle–Hellman cryptosystem', in Chaum, D., Rivest, R. L. & Sherman, A. T., eds., *Advances in Cryptology: Proceedings of Crypto 82, 23–25 August 1982*, Plenum Press, New York, pp.

279–288.

Shaw, D. (1976), *Fourier Transform NMR Spectroscopy*, Elsevier, New York.

Sheynin, O. B. (1978), 'S. D. Poisson's work in probability', *Archiv. f. Hist. Exact Sci.* **18**, 245–300.

Sheynin, O. B. (1979), 'C. F. Gauss and the theory of errors', *Archiv. f. Hist. Exact Sci.* **19**, 21–72.

Shiryayev, A. N. (1978), *Optimal Stopping Rules*, Springer-Verlag, New York.

Siegmann, D. (1985), *Sequential Analysis*, Springer-Verlag, Berlin.
没有提及贝叶斯定理或可选停止!

Simmons, G. J. (1979), 'Cryptography, the mathematics of secure communication', *The Math. Intelligencer* **1**, 233–246.

Sinai, J. G. (1982), *Rigorous Results in the Theory of Phase Transitions*, Akadémiai Kiado, Budapest.

Skilling, J., ed. (1989), *Maximum Entropy and Bayesian Methods*, Proceedings of the Eighth Maximum Entropy Workshop, Cambridge, UK, August 1988, Kluwer Academic Publishers, Dordrecht, Holland.

Smith, C. R. & Grandy, W. T., eds. (1985), *Maximum-Entropy and Bayesian Methods in Inverse Problems*, D. Reidel Publishing Co., Dordrecht, Holland.

Smith, C. R. & Erickson, G. J., eds. (1987), *Maximum-Entropy and Bayesian Spectral Analysis and Estimation Problems*, D. Reidel Publishing Co., Dordrecht, Holland.

Smith, D. E. (1959), *A Source Book in Mathematics*, McGraw-Hill Book Co., New York.
包含费马-帕斯卡通信.

Smith, W. B. (1905), 'Meaning of the Epithet Nazorean', *The Monist* **15**, 25–95.
得出的结论是，在尼西亚会议之前，“拿撒勒”不是地理名称，它有另外的含义.

Sonett, C. P. (1982), 'Sunspot time series: spectrum from square law modulation of the Hale cycle', *Geophys. Res. Lett.* **9**, 1313–1316.

Spinoza, B. (1663), 'Renati des Cartes Principiorum philosophiae pars I, & II, more geometrico demonstratae,' *Ethics*, part 2, Prop. XLIV: 'De natura Rationis no est res, ut contingentes; sed, ut necessarias, contemplari.'
翻译过来，这个命题是:“把事物看成偶然的，不是理性的本性；相反，事物应该被认为是必然的.”

Spitzer, F. (1964), *Principles of Random Walk*, van Nostrand, New York.
历史背景及当前现状.

Stein, C. (1945), 'A two sample test for a linear hypothesis whose power is independent of the variance', *Ann. Math. Stat.* **16**, 243–258.

Stein, C. (1956), 'Inadmissibility of the usual estimator for the mean of a multivariate normal distribution', *Proceedings of the 3rd Berkeley Symposium*, vol. 1, pp. 197–206, University of California Press.

首次宣称“斯坦收缩”现象.

Stein, C. (1959), ‘An example of wide discrepancy between fiducial and confidence intervals’, *Ann. Math. Stat.* **30**, 877–880.

Stein, C. (1964), ‘Inadmissibility of the usual estimate for the variance of a normal distribution with unknown mean’, *Ann. Inst. Stat. Math.* **16**, 155–160.

斯坦的不可容许性发现虽然令接受过常规训练的统计学家感到震惊，但是对贝叶斯主义者来说一点儿也不感到吃惊或不安. 它只是说明了我们已经清楚的事情：忽略所有先验信息的可容许性准则在实际问题中具有潜在危险. 在这里，该准则可以将实际上的最优估计量作为“不可容许的”加以拒绝，正如第 13 章中简要说明的那样.

Stigler, S. M. (1974a), ‘Cauchy and the Witch of Agnesi’, *Biometrika* **61**, 375–380.

Stigler, S. M. (1974b), ‘Gergonne’s 1815 paper on the design and analysis of polynomial regression experiments’, *Historia Math.* **1**, 431–477.

Stigler, S. M. (1982a), ‘Poisson on the Poisson distribution’, *Stat. & Prob. Lett.* **1**, 33–35.

Stigler, S. M. (1982b), ‘Thomas Bayes’s Bayesian inference’, *J. Roy. Stat. Soc.* **A145**, 250–258.

Stone, M. & Springer-Verlag, B. G. F. (1965), ‘A paradox involving quasi prior distributions’, *Biometrika* **52**, 623–627.

Stromberg, K. (1979), ‘The Banach-Tarski paradox’, *Am. Math. Monthly* **86**, 151–160.

关于全等集合.

Student (1908), ‘The probable error of a mean’, *Biometrika* **6**, 1–24.

Takeuchi, K., Yanai, H. & Mukherjee, B. N. (1982), *The Foundations of Multivariate Analysis*, J. Wiley & Sons, New York.

Taylor, R. L., Daffer, P. Z. & Patterson, R. F. (1985), *Limit Theorems for Sums of Exchangeable Random Variables*, Rowman & Allanheld Publishers.

介绍欧几里得空间和巴拿赫空间中离散时间可交换序列的极限定理的已知版本.

Thomas, M. U. (1979), ‘A generalized maximum entropy principle’, *Operations Res.* **27**, 1188–1195.

Tikhonov, A. N. & Arsenin, V. Y. (1977), *Solutions of Ill-posed Problems*, Halsted Press, New York.

中译本 A. H. 吉洪诺夫，B. Я. 阿尔先宁. 不适定问题的解法. 王秉忱，译. 陈恕行，校. 北京：地质出版社，1979.

特定数学方法的集合，作者不断尝试对没有逆运算的运算符取逆. 他从没有意识到这些是推断问题，而不是取逆问题.

Todhunter, I. (1865), *A History of the Mathematical Theory of Probability*, Macmillan, London; reprinted 1949, 1965, by Chelsea Press, New York.

Todhunter, I. (1873), *A History of the Mathematical Theories of Attraction and the Figure of the Earth*, 2 vols., Macmillan, London; reprinted 1962 by Dover Press, New York.

Toraldo di Francia, G. (1955), 'Resolving power and information', *J. Opt. Soc. Am.* **45**, 497–501.

首次认识到广义逆问题本质的文章，作者试图使用信息论，但没有看到（贝叶斯）概率论是解决问题的合适工具.

Train, K. (1986), *Qualitative Choice Analysis Theory, Econometrics, and an Application to Automobile Demand*, MIT Press, Cambridge, MA.

Truesdell, C. (1987), *Great Scientists of Old as Heretics in 'The Scientific Method'*, University Press of Virginia.

历史记录表明，数学物理中一些最伟大的进展是在很少甚至根本没有实验基础的情况下取得的，这似乎是对通常宣称的“科学方法”的挑战. 这只是表明构建创造性假设对于根据给定假设进行推断的首要重要性. 不幸的是，今天我们虽然有完善且非常成功的推断理论，但是根本没有关于最优假设构建的正式理论，而且最近成功的例子也很少.

Tukey, J. W. (1960), 'A survey of sampling from contaminated distributions', in Olkin, I., ed., *Contributions to Probability and Statistics: Essays in Honor of Harold Hotelling*, Stanford University Press, California, pp. 448–485.

Tukey, J. W. (1962), 'The future of data analysis', *Ann. Math. Stat.* **33**, 1–67.

对于所有试图预言将来自己的主观偏见会成真的人来说，这是一个强有力的教训.

Tukey, J. W. (1978), 'Granger on seasonality', in Zellner, A., ed., *Seasonal Analysis of Time Series*, US Dept of Commerce, Washington.

将贝叶斯推断的本质视为“羞怯地隐藏在形式方法背后”偷偷干不光彩事情的有趣观点.

Tukey, J. W. (1984), 'Styles of spectrum analysis', *Scripps Inst. Oceanography Ref.* Series 84–85, March, pp. 100–103.

对所有理论原理的强烈攻击，包括自回归模型、最大熵和贝叶斯方法等. 出现在第 103 页上的“最大熵的倡导者”正是埃德温 · 杰恩斯.

Tukey, J. W., Bloomfield, P. Brillinger, D. & Cleveland, W. S. (1980), *The Practice of Spectrum Analysis*, University Associates, Princeton, New Jersey.

1980 年 12 月的课程笔记.

Tukey, J. W. & Brillinger, D. (1982), 'Spectrum estimation and system identification relying on a Fourier transform', unpublished.

这篇罕见的文章是作为 1982 年 9 月关于频谱分析的 IEEE 特刊的特邀论文而写的，但是它的长度（不完整版本为 112 页）使得它出现在特刊里. 因为它是一份重要的历史文献，我们希望它能在别处出版. 图基的文章（Tukey，1984；见本参考文献）包含其中的一部分内容.

Valery-Radot, R. (1923), *The Life of Pasteur*, Doubleday, Page & Co., Garden City, New York.

中译本 R. 瓦莱里-拉多. 微生物学的奠基人巴斯德. 陶亢德，董元骥，译. 北京：科学出版社，1985.

Van Campenhout, J. M. & Cover, T. M. (1981), 'Maximum entropy and conditional probability', *IEEE Trans. Info. Theor.* **IT-27**, 483–489.

对物理学家自 1928 年以来称为"统计力学的达尔文-福勒方法"的概括总结.

van den Bos, A. (1971), 'Alternative interpretation of maximum entropy spectral analysis', *IEEE Trans. Info. Theor.* **IT-17**, 493–494.

重印于奇尔德斯的文章集（Childers，1978；见本参考文献）. 表达了对最大熵频谱分析的几种担忧，杰恩斯的文章（Jaynes，1982；见本参考文献）对此进行了回答.

Varian, H. (1978), *Microeconomic Analysis*, Norton & Co., New York.

中译本　哈尔 · R. 范里安. 微观经济分析（第三版）. 王文举，译. 北京：中国人民大学出版社，2015.

Vasicek, O. (1980), 'A conditional law of large numbers', *Ann. Prob.* **8**, 142–147.

Wald, A. (1941), *Notes on the Theory of Statistical Estimation and of Testing Hypotheses*, Mimeographed, Columbia University.

此时，沃尔德试图使得他的学生确信，贝叶斯方法是完全错误的，无法处理推断问题. 九年后，他自己的研究使他得出了相反的观点.

Wald, A. (1942), *On the Principles of Statistical Inference*, Notre Dame University Press.

Wald, A. (1943), 'Sequential analysis of statistical data: theory', Restricted report dated September 1943.

Waldmeier, M. (1961), *The Sunspot Activity in the Years 1610–1960*, Schulthes, Zürich.

也许是所有数据集中被分析得最多的.

Walley, P. (1991), *Statistical Reasoning with Imprecise Probabilities*, Chapman & Hall, London.

由于担心非正常先验，他引入了先验"近乎无知类"（NIC）的概念. 从那时起，许多人试图精确定义可用先验的 NIC. 我们认为任何导致正常后验分布的先验都是可用的并且可能有用，注意到这一点可以简化这一概念. 显然，一个给定的非正常先验是否能够做到这一点，不仅取决于先验的任何性质，还取决于先验和似然函数的联合行为——也就是说，通过先验、模型和数据. 还需要更多吗?

Watson, J. D. (1968), *The Double Helix*, Signet Books, New York.

中译本　詹姆斯 · 沃森. 双螺旋：发现 DNA 结构的故事. 刘望夷，译. 上海：上海译文出版社，2016.

描述导致发现 DNA 结构过程的著名图书. 它之所以成为畅销书，是因为激起了没有任何科学知识的人的强烈好评，他们很高兴有人认为象牙塔里的科学家有与他们一样肮脏的动机. 这不是具有技术知识的科学家的看法，其中一位私下对本书作者说："看起来最糟糕的人是沃森本人."但这是古老的历史，对于今天的我们来说，有趣的问题是：如果应用于 X 射线衍射数据的贝叶斯推断原理在 1950 年被开发并简化为计算机程序，这一发现过程是否会明显加快? 我们怀疑，如果通过计算机程序［如适配这一问题的布雷特索斯特（Bretthorst，1988）的程序］分析乍看起来非常令人困惑的罗莎琳德 · 富兰克林的第一张"A 结构"照片，是否会立即指出双螺旋是最可能的结构（或者至少说"螺旋"存在具有可能性，并且事后可以被肉眼识别到）. 从广义上讲，这一问题与雷达目标识别非常相似. 关于 DNA 发现故事的另一个版本，以及对事件过程的一些不同的回忆，见克里克的著作（Crick，1988；见引用文献）.

Wax, N., ed. (1954), *Noise & Stochastic Processes*, Dover Publications, Inc., New York.

Wehrl, A. (1978), 'General properties of entropy', *Rev. Mod. Phys.* **50**, 220–260.

Whittle, P. (1954), Comments on periodograms, Appendix to H. Wold (1954; this bibliography), pp. 200–227.

Whittle, P. (1957), 'Curve and periodogram smoothing', *J. Roy. Stat. Soc.* **B 19**, 38–47.

Whittle, P. (1958), 'On the smoothing of probability density functions', *J. Roy. Stat. Soc.* **B 20**, 334–343.

Wigner, E. P. (1967), *Symmetries and Reflections*, Indiana University Press, Bloomington.

从概率论的角度来看，这里重印的最有趣的文章是 #15，"自我复制单元存在的概率". 通过计算从（一个生物 + 环境）的初始状态到（两个相同生物 + 相容环境）的最终状态的量子力学转换概率，他得出结论：因为要满足的方程数量大于未知数的数量，所以复制的概率为 0. 由于事实是复制存在，如果这个论证正确，只能说明量子理论是错误的.

Wilbraham, H. (1854), 'On the theory of chances developed in Professor Boole's "Laws of Thought"', *Phil. Mag. Series 4*, **7**, (48), 465–476.

对布尔版本概率论的批评.

Williams, P. M. (1980), 'Bayesian conditionalisation and the principle of minimum information', *Brit. J. Phil. Sci.* **31**, 131–144.

Wilson, A. G. (1970), *Entropy and Urban Modeling*, Pion Limited, London.

Wold, H. (1954), *Stationary Time Series*, Almquist and Wiksell, Stockholm.

Yockey, H. P. (1992), *Information Theory in Molecular Biology*, Cambridge University Press.

Zabell, S. L. (1982), 'W. E. Johnson's sufficientness postulate', *Ann. Stat.* **10**, 1091–1099.

在杰恩斯的论文（Jaynes，1986b）中有讨论.

Zabell, S. L. (1988), 'Buffon, Price, and Laplace: scientific attribution in the 18'th century', *Arch. Hist. Exact Sci.* **39**, 173–181.

Zellner, A. (1984), *Basic Issues in Econometrics*, University of Chicago Press.

近期讨论和说明科学推断重要原则的 17 篇文章的重印合集. 与之前的引用文献一样，这对更广泛的读者来说是有价值的，而不是仅对标题中所提到领域中的人有价值. 这些问题和例子是在经济学的背景下陈述的，但是这些原则本身具有普遍的有效性和重要性. 在我们看来，它们对物理学、生物学、医学和环境政策的重要性甚至比对经济学更高. 请务必阅读标题为"因果关系和计量经济学"的第 1.4 章. 确定是否存在因果作用的问题对于物理学至关重要，人们可能期望物理学家能对其进行最佳分析. 然而，泽尔纳在这里给出了比物理学文献或任何其他"硬"科学都要复杂得多的处理方法. 他提出了与我们在本书中强调的相同的观点，并通过令人信服的例子说明了为什么先验信息在任何判断中都是绝对必要的.

Zubarev, D. N. (1974), *Nonequilibrium Statistical Thermodynamics*, Plenum Publishing Corp., New York.

中译本 Д. Н. 祖巴列夫. 非平衡统计热力学. 李沅柏，郑哲洙，译. 北京：高等教育出版社，1982.

一部了不起的作品. 作者开发了几乎所有的最大熵分拆函数算法作为特定工具，但是随后拒绝了给出其理由以及解释其为什么工作的最大熵原理！结果，他只愿意将形式方法用于它能够解决的一小部分问题，从而几乎失去了该方法的所有真正价值. 这个例子很好地证明了，通过对概率进行正统观念化，即使有所有必要的数学知识，有用的应用程序可以如何变得无力.

译后记

“你可知道我前四分之三的努力完全是为了最后的四分之一.”

——托马斯·哈代,《德伯家的苔丝》

一位物理学家的概率观

20 世纪 70 年代，一位物理学家参加了主要由计算机与航空航天行业的统计学家参与的可靠性与质量控制研讨会. 在会上，他做了题为“置信区间与贝叶斯区间”的主题演讲. 他举了几个简单、常见的显著性检验问题，并对使用正统的置信区间方法和贝叶斯方法的解答进行对比，得出的结论是：对于每一个问题，正统的置信区间方法给出的答案显然违背普通人的直觉，而贝叶斯方法得出的结论则合情合理. 这让台下炸开了锅. “下去吧！”很多人喊道，“这完全是胡说八道！像置信区间这种理论牢靠且有效的方法怎么可能有这种表现？你简直是在诽谤伟人！奈曼绝对不可能提出在如此简单的问题上失效的理论！你如果连简单的算术都不会，就没有必要跑到这里来做这样的演讲！”

于是，演讲者被轰下了台. 在气氛稍微缓和之后，他再次上台，向大家一步一步地展示得出结论的数学计算过程. 在场的人都斜视着他，企图第一个找到他计算过程中的错误. 整个检查过程持续了整整 4 小时，但是没有人能发现其中有任何错误，因为问题和计算都很简单，他得出的结果显然是对的. 于是，很多人的反应变成了：“我的天啊！为什么原来没有人告诉我这个呢？我的教授和教科书从来没有提到这一点！看来我得回去重新检查一下许多人所做的工作了！”

由于得不到普遍接受正统统计学教育的杂志编辑的认可，这个会议报告的内容直到十年后才得以正式发表，而这位演讲者正是本书的作者，物理学家埃德温·汤普森·杰恩斯. 他既没有获得过诺贝尔物理学奖，甚至也不是美国科学院院士. 如果不做考证，我们大多数人可能也不知道他的博士论文导师是 著名物理学家尤金·维格纳（1963 年诺贝尔物理学奖得主）. 他生前的主要身份只是圣路易斯华盛顿大学和斯坦福大学教授，所以他在 20 世纪 70 时代上台演讲时也不可能因为带着名人或头衔光环而受到任何优待. 他在物理学上的主要贡献是 1957 年提出热动力学的最大熵原理，以及 1963 年提出量子光学的杰恩斯–卡明斯（Jaynes-Cummings）模型. 但是正如作者所言，他对于理论物理学问题的兴趣只是短暂的细枝末节，最长久的兴趣还是在概率论上，并且在该领域中进行了长达 40 年的持续探索与思考．这种持续探索与思考的结晶就是这本遗著《概率论沉思录》（英文原名是 *Probability Theory: The Logic of Science*，直译为《概率论：科学的逻辑》），其主要思想是将概率论视为传统亚里士多德逻辑的扩展．在这种思想框架下，布尔逻辑只是概率逻辑的一种特殊情形．众所周知，传统数学是以演绎逻辑为基础的，而概率论却可以作为科学推断（归纳逻辑 + 演绎逻辑）的理论基础．这样，作为扩展逻辑的概率论就是可以融合归纳推理与演绎推理的统一理论．

有人可能会问：且慢，概率论不是一门数学学科吗？它与科学有何相关？的确，概率论的公理化是 20 世纪数学方面最重要的进展之一．现代概率论的诞生以柯尔莫哥洛夫 1933 年的奠基性著作《概率论基础》（*Foundations of the Theory of Probability*）的发表为标志．同时，现代统计学也在 20 世纪中如火如荼地发展，其代表人物是皮尔逊、费希尔、奈曼等．概率统计可以说是机器学习、人工智能最重要的基础之一．甚至可以说，概率论以及统计学对现代社会的影响无论是在思想层次还是现实层次，绝不亚于 20 世纪中出现的物理学的相对论与量子力学．

希尔伯特在 1900 年提出了 23 个待解决的数学问题，其中的第 6 个问题是用数学的公理化方法推演出全部物理原理，包括概率和力学．概率论的公理化问题在 1933 年由苏联数学家柯尔莫哥洛夫解决．从此，概率论成为一门数学学科．但是到目前为止，物理学包含力学的公理化工作并未完成，而且很多人相信这可能永远无法完成，即使完成，也没有什么实际意义．毕竟物理学与数学本质上还是存在很大差别的：物理学家使用数学作为工具，却又清楚地知道物理理论的正确与否不在于逻辑上是否自洽或成立，而在于是否与实际相符．

值得注意的是，概率论公理化之前经过了三个多世纪的发展，如本书作者所说，主要是以数学物理学家（丹尼尔 · 伯努利、拉普拉斯、高斯、勒让德、泊松等）为主体进行的．物理学家（哈罗德 · 杰弗里斯是个例外）基本上没有参与 20 世纪初概率论及现代统计学的蓬勃发展进程：皮尔逊、费希尔有生物学背景，奈曼主要是数学家．在作者看来，这主要是由于当时的物理学家都忙于相对论与量子力学的研究，等到他们感到在这两个领域已经没有太多重要的事情可做，将目光转向统计学时，却发觉统计学已经被正统统计学家所主宰，但是内部仍然派别林立，对很多问题没有统一的认识．这在物理学家看来是非常难以接受的：如果一门所谓科学的理论在内部都缺乏统一性，我们又该如何相信它的真理性呢？

哈罗德 · 杰弗里斯在 1939 年完成的《概率论》（*Theory of Probability*）是贝叶斯概率论的经典之作．当时，贝叶斯思想还少有人知，遑论得到欣赏和认同，而正统统计如日中天，该书出版后在很多年之内在主流学术界影响甚微，甚至是受强烈批评的对象. “贝叶斯主义者”最初几乎是正统统计学家用来嘲讽另一派统计同行的侮辱性用词. 正统统计学家对于贝叶斯主义者最主要的批评是他们使用的“先验”具有主观性，缺乏基本的“科学客观性”. 作为杰弗里斯思想继承者的杰恩斯，对杰弗里斯的辩护和费希尔的批评散见于本书很多章节中. 贝叶斯统计阵营内也有几个不同的流派（其主要差别见后文），杰恩斯可以说是客观贝叶斯派的代表人物. 在客观贝叶斯主义者看来，“先验”主要与信息相关，不同人掌握的信息可能不同，这很正常. 这些不同的“先验信息”是客观存在的，没有任何主观的成份. 而且先验信息无处不在，这对于物理学家来说几乎是显而易见的. 费希尔有句名言是“让数据自己说话（Let the data speak for themselves）”，但是数据不会自己说话. 在面对数据时，物理学家掌握的先验信息至少还有已知的物理定律，他们会同时利用已知理论模型和数据进行分析和推断，而不是仅仅依靠数据. 杰恩斯认为，有生物学背景的统计学家之所以不认同先验，是因为他们主要应用统计方法于生物统计问题上，而生物学中本来就没有什么说得出口的理论.

有时被当成数学物理学家的杰恩斯当然对于数学家没有什么成见，正如书中所说明的，对于柯尔莫哥洛夫的概率论公理系统，作者其实更多的是认同而非反对. 但是他认为，如果采取本书的框架，概率论的应用范围可以比柯尔莫哥洛夫的概率论更加广泛. 现代社会中的很多人对数学家有着莫名的崇拜，普遍认为数学家是这个世界上最聪明的人. 但是，物理学家一般不属于对数学家顶礼膜拜的群体，因为有追求的物理系学生所学的数学教材通常与数学系学生所学的教材是同等难度的，而且他们也会深刻理解科学与数学之间的区别. 因此，物理学家一般不会仰视数学家，而只会平视他们. 杰恩斯不认为使用集合论和测度论来重构概率论有多大的实际意义. 他对于基于测度论的概率论的批评主要是由于现代测度论引入了实无穷的概念和理论，不谨慎的使用会带来很多悖论. 引入测度论的确增加了概率论的“数学严格性”，但是这不能增进我们对于概率本身的理解，也通常无助于实际问题的解决. 我希望读者能通过本书掌握概率论在数学之外的另一种视角：物理学或者说是科学的视角. 按照这一视角，现在一般被称为“高等概率论”的内容严格来说应该称为“数学概率论”或者“基于测度论的概率论”才合适. 我之所以强调这一点，是因为发觉有些朋友说想要深入掌握概率论而准备学习“高等概率论”. 如果理解“高等概率论”其实就是“基于测度论的概率论”，那么在读完初等概率论教材后，为了深入理解概率论的思想以及实际科学推断的需要，其实更应该花时间研读这本《概率论沉思录》.

虽然贝叶斯统计现在没有像 20 世纪那样受到普遍歧视，但是国内的绝大多数数理统计学教材主要还是在传统频率派统计的框架下介绍统计学，最多在简单介绍一下贝叶斯统计后增加“贝叶斯派和传统派的争论仍将长期存在”“先验分布的客观性常引起争议”“实际贝叶斯方法还有很多困难”等评价，甚至还会加上一句“贝叶斯统计大体仍处于弱势地位”. 但是实际情况并非如此. 贝叶斯统计经过几代贝叶斯主义者艰苦不懈的努力，到目前为止已经为自己争夺了数理统计学的至少半壁江山. 国际流行的概率论教材《概率导论》[①]（迪米特里 · 伯特瑟卡斯、约翰 · 齐齐克利斯著）中有两章介绍统计推断: 一章是贝叶斯统计推断，另一章是经典统计推断. 该书第 1 章则一开始就指出，作为信念程度的概率解释有时与频率解释同样必要且有用. 著名的机器学习教材 MLaPP（全名 *Machine Learning: A Probablilistic Perspective*，凯文 · 墨菲著）同样用贝叶斯统计和频率派统计两章来介绍统计推断，甚至是以贝叶斯视角来概括整个机器学习，只是为了避免意识形态的争论，而选择了“概率视角”（probablilistic perspective）而非“贝叶斯视角”（bayesian perpective）的用词. 另一本经典书籍 PRML（全名 *Pattern Recognition and Machine Learning*，克里斯托弗 · 毕晓普著）也被誉为贝叶斯机器学习的圣经，因为它不仅向我们展示了一切都可以用贝叶斯解释的信仰，并且对于几乎所有重要经典机器学习算法都描述了其对应贝叶斯版本（贝叶斯线性回归、贝叶斯逻辑回归、贝叶斯神经网络等）. 可见在国际主流概率统计与机器学习界，贝叶斯统计学并不是还处在“弱势地位”这么简单，而是大家越来越意识到其重要性，并且会作为与频率派统计并列甚至更重要的地位来做介绍. 杰弗里斯的《概率论》被称为现代贝叶斯统计的奠基之作，而这本《概率论沉思录》则是对杰弗里斯概率论的直接继承和发展. 希望深入理解贝叶斯统计的读者自然不应该忽视这两本经典图书.

我在本译后记中将补充一些自己对与本书相关问题的说明与理解，希望能在翻译之外提供一些额外的价值. [②]

概率论公理与可列可加性

现代公理化的概率论教科书一般通过如下方式引入概率 [比如已经更新到第 9 版的谢尔登 · 罗斯的《概率论基础教程》(*A First Course in Probability*)]. 首先引入以下三个概率公理.

(1) 公理 1（非负性）: $0 \leqslant P(E) \leqslant 1$.

(2) 公理 2（规范性）: $P(S) = 1$.

(3) 公理 3（可列可加性）: $P(\bigcup_{i=1}^{\infty} E_i) = \sum_{i=1}^{\infty} P(E_i)$，所有命题 E_i 两两相斥.

① 《概率导论（第 2 版 · 修订版）》中文版已由人民邮电出版社出版（ituring.cn/book/3018）. ——编者注

② 本书的其它阅读辅助材料可参见 github.com/HairenLiao/jaynes-probability-cn.

这样，有限可加性就变成了一个定理（令后面无限项为空集，每一项概率为 0 即可）．绝大多数教科书理所当然地这样做，并且不做任何解释，仿佛这一切都是“显然”的！我不知道一般读者是否觉得这些公理都很容易理解．这也让人想起 R. 柯朗和 H. 罗宾在《什么是数学》（*What Is Mathematics*）中对序列极限概念的评价：“这是序列极限概念的一个抽象描述．初次遇到它时暂时不理解是不足为怪的．遗憾的是某些课本的作者故弄玄虚，他们不做充分的准备，而只是把这个定义直接向读者列出，好像做些解释就有损于数学家的身份似的．”概率论中对于可列可加性（又称完全可加性）的不加解释类似于微积分教材中对于极限概念的不加解释．可列可加性这一公理其实并非不言自明，初次接触该公理有疑惑才是正常的表现．

在这方面描述得比较清晰的是钟开莱教授的《初等概率论》（*Elementary Probability Theory*），其中定义概率测度如下．

样本空间 S 上的概率测度是 S 子集上满足以下三个公理的函数．

(i) 对于任何集合 $A \subset S$，函数值非负：$P(A) \geqslant 0$.

(ii) 对于任意两个不相交集合 A 和 B，其并集 $A \cup B$ 的函数值等于 A 和 B 分别的函数值之和．

$$P(A \cup B) = P(A) + P(B)，\text{如果 } A \cap B = \varnothing.$$

(iii) S（作为子集）的函数值等于 1.

$$P(S) = 1.$$

接着，他将有限可加性看作公理 (ii) 的一个自然扩展：

(iv) 对于任何有限数量的不相交集合 $A_1, \cdots, A_n$，我们有

$$P(A_1 \cup \cdots \cup A_n) = P(A_1) + \cdots + P(A_n). \tag{1}$$

所以有限可加性可以代替 (ii) 成为三大公理之一．然后，他将可列可加性看作公理 (ii) 或 (iv) 的一个扩展：

(ii*) 对于可数的无限个不相交集合 A_k（$k = 1, 2, \cdots$），我们有

$$P\left(\bigcup_{k=1}^{\infty} A_k\right) = \sum_{k=1}^{\infty} P(A_k). \tag{2}$$

这样，公理 (iv) 可以看作公理 (ii*) 的一个特殊情况．但钟开莱教授强调的是：可列可加性公式 (2) 不能通过对有限可加性公式 (1) 取 $n \to +\infty$ 推导得到，并在后面做了详细的解释．要点是从有限可加性到可列可加性的推导过程中需要允许极限与概率可交换，但是这种可交换性并不是无条件成立的！

如果觉得钟开莱教授的描述不够权威，那么我们可以看看公理化概率论的代表人物柯尔莫哥洛夫在《概率论基础》中的描述.

设 E 是元素的集合，我们称之为基本事件，S 是 E 的子集的集合. S 的元素称为随机事件.

I. S 是集合的域.

II. S 包含集合 E.

III. 对 S 中的每个集合 A 分配一个非负实数 $P(A)$. 这个数 $P(A)$ 称为事件 A 的概率.

IV. $P(E)=1$.

V. 如果 A 和 B 没有共同元素，那么 $P(A\cup B)=P(A)+P(B)$.

满足公理 I~V 的集合系统 S 和 $P(A)$ 的明确赋值一起称为概率域.

可见，他已经开始在有限可加性的基础上定义概率. 而可列可加性是在第 2 章“无限概率域”中通过一个额外的公理 VI（连续性公理）引入的.

VI. 对于 S 中事件的递减序列 $A_1\supset A_2\supset\cdots\supset A_n\supset\cdots$，其中 $\bigcap_{n=1}^{\infty}A_n=\varnothing$，以下等式成立：

$$\lim_{n\to+\infty}P(A_n)=0.$$

对于这一补充公理，柯尔莫哥洛夫说明道：

> 对于无限域，连续性公理 VI 被证明是独立于公理 I~V 的. 由于新公理只对无限概率域至关重要，因此几乎不可能如 1.2 节阐述公理 I~V 那样阐明其经验意义. 因为，在描述任何可观察的随机过程时，我们只能得到有限的概率域. 无限的概率域只能作为真实随机过程的理想化模型出现. 我们可以任意地将自己限定在那些满足公理 VI 的模型上. 我们发现这在各种不同的研究中是方便有效的.

可见他对于公理 VI 的非经验性有非常清晰的认识. 公理 VI 只是作为一种方便的假设引入的，并没有经验意义.

关于这一点，日本数学家伊藤清在其《伊藤清概率论》[①]中也有描述，他虽然在完全可加性的基础上定义概率，但是也明确说明：“仅依靠形式的推理是不能导出完全可加性的，将概率的完全可加性作为基础来假设，是数学上的理想化模式，你渐渐地便能理解这种理想化不是与实际相悖的，而是与其一致的.”

① 《伊藤清概率论（修订版）》中文版已由人民邮电出版社出版（ituring.cn/book/2835）. ——编者注

本书在三大合情条件的基础上推演出整个概率理论. 在这种概率理论中, 数学化公理基本都变成了推论或者方便的约定. 比如按照本书的推导过程, 规范性公理 $P(S) = 1$ 就是一种方便的约定. 若不做这种约定, 概率论的加法与乘法规则的形式就会变得更加复杂, 但是无关本质. 非负性公理 $0 \leqslant P(E) \leqslant 1$ 也可以替换为 $1 \leqslant P(E) < +\infty$, 以此构建另一种形式的概率理论. 本书只是在有限可加性的基础上定义与使用概率, 并且认为这已经可以满足实际应用的需求. 作者也不是完全排斥可列可加性, 只有当存在明确定义且行为良好的极限时为了方便才使用可列可加性. 值得说明的是, 柯尔莫哥洛夫概率系统是自洽却不完备的. 自洽性在于存在现实的对象, 它们的确满足这些公理, 说明这些公理之间是和谐的. 不完备性在于即使对于同一集合而言, 其中对象的概率也可以通过不同方式来满足概率论公理. 这种不完备性正是概率论能够应用于物理世界中各种不同随机事件的基础.

也论无穷大

无穷大有潜无穷与实无穷之分. 无穷的观念自古就有, 但是大家（包括亚里士多德、高斯、马克思等）普遍接受的是潜无穷, 而不是实无穷. 近代著名数学家康托尔和他的门徒建立了实无穷的数学理论. 康托尔创造的实无穷得到了一批著名数学家（如戴德金、魏尔斯特拉斯和希尔伯特等）的认同和赞许. 希尔伯特甚至有一句相关的名言: "没有人能够把我们从康托尔创造的乐园中驱赶出去!" 这种理论虽然形式上很迷人, 却从其诞生之日起, 就受到一批同样重量级的数学家（如克罗内克、庞加莱等）的猛烈批评和攻击. 将 "实无穷" 引入数学仿佛将 "上帝" 引入数学, 从而导致了数学 "确定性的丧失".

康托尔创造的无穷世界的确足够美好和理想. 比较典型的是"希尔伯特无穷旅店"的例子: 一家无穷旅店里的每个房间里已经住满了人, 这时又来了一个百人旅行团要住店. 店主不会像一般旅店店主那样说 "本店已住满, 请往别家", 而是让原来住第 1 间房的顾客挪到第 101 间, 原来住第 2 间房的顾客挪到第 102 间……这样就能腾出 100 间房让新来的旅行团成员都住下. 无论再来多少旅行团、来多少人, 店主都可以通过类似的方法解决问题. 多么神奇和美妙!

实无穷在物理学中更无地位. 物理学家基本只与有限、实在的经验世界打交道. 唯一相关的问题是宇宙的有限无限问题. 宇宙无限指的是宇宙在空间上是实无穷的. 按照目前标准宇宙模型的一般解释, 现代宇宙学并没有断言宇宙是有限的还是无限的. 只是不少人, 包括爱因斯坦和霍金等都倾向于相信宇宙是有限的. 这是为什么呢? 首先是由于实无穷大的观念不可理解. 如上所述, 实无穷即使在数学上也是一个很有争议的概念. 其次是由于物理学的方法论. 物理学是一门实验科学，实际上也是一门经验科学. 但是我们的经验没有也不可能接触到实无穷大. 即使宇宙真的是实无穷的，目前也没有验证这一事实的可靠方法（即宇宙无限的命题如果为真，那么既不能被证否，也不能被证实；但是宇宙有限如果被证实，则可以否定宇宙无限的说法）. 如果连宇宙都极有可能是有限的，那么真实世界上何来实无穷的集合呢? 虚构的世界再美好，也不能代替我们在真实世界中的生存；虚拟世界中解决问题的方式也不能随便拿来解决实际问题.

本书只在传统潜无穷的意义上使用无穷大，并且通过很多示例表明不考虑极限过程而直接跳到实无穷概念的危险性.

随机变量的迷雾

在概率论中，"随机变量"概念的引入是很重要的一件事情. 不知道读者在初学概率论时是否有过疑惑：什么是随机变量? 为什么要引入随机变量? 有了样本空间、σ 代数以及概率测度，难道不是一切都定义清楚了吗? 一般的概率论图书对此通常也是直接给出定义，一带而过. 概率论大师钟开莱教授没有轻易放过这个重要问题. 在《初等概率论》第 4 章中，他花了两节（4.1 节"什么是随机变量?"和 4.2 节"随机变量从何而来?"）的篇幅来对此进行解释. 但是这种追求明晰的做法似乎引起了某些读者的不满，觉得作者解释以后反而让自己困惑了. 的确，通过阅读这两节，我们原来觉得清晰的样本空间概念可能变得模糊，因为在一些实际问题中，样本空间可能很难描述，有时使用样本图更好，有时则直接使用随机变量更好.

事实上，随机变量的直接定义是样本空间上的实值函数，其引入是为了能够使用数学分析的方法研究概率论. 随机变量化也是一个一切皆"量化"的过程，有了这种数值化过程，就可以使用强大的数据分析工具来统一处理了. 不过我们也要注意：这种数值化的过程也可能使一些实际问题中的物理量的意义消失. 下面，我将使用机器学习中典型的点击概率预估问题来说明这一点.

点击概率预估是计算广告学中的一个基本问题，它指的是预估给定用户（U）在一定场景（C）下点击某个广告（A）的概率，可以用 $P(Y|X=(A,U,C))$ 来表示. 一般用 $Y=1$ 表示曝光后点击，用 $Y=0$ 表示曝光后不点击. 类似的条件概率估计问题在机器学习中的重要性也是不言而喻的. 该问题中的样本空间是什么?从数学上讲是乘积空间 $\mathcal{A}\times\mathcal{U}\times\mathcal{C}$，也就是三元组 (广告, 用户, 场景) 的集合，这没有什么问题. 核心是，以上每个方面都可能需要从多个维度来描述，广告至少可以分解为 (广告创意, 广告主, $\cdots$)，用户至少可以分解为 (性别, 身高, 体重, 居住城市, $\cdots$)，

场景至少可以分解为 (手机型号, 广告位所在 APP, 广告位 ID, $\cdots$)，所以可以使用 $A=(A_1,A_2,\cdots,A_m)$, $U=(U_1,U_2,\cdots,U_p)$, $C=(C_1,C_2,\cdots,C_q)$ 来分别表示. 这样 X 可以展开成 n 维变量空间 $(A_1,A_2,\cdots,A_m,U_1,U_2,\cdots,U_p,C_1,C_2,\cdots,C_q)=(X_1,X_2,\cdots,X_n)$, 其中 $n=m+p+q$. 随机变量化就是将每一维都数值化, 比如用 $U_1=1$ 表示性别男, 用 $U_1=0$ 表示性别女; 将每一手机型号映射成一个整数 ID; 身高、体重本身就是数值变量，直接列出其值即可. 一切似乎都很自然，这样我们就拥有了一个 n 维随机变量 X，然后预估概率 $P(Y|X)$. 但是随机变量的强大之处在于: 如果我们有两个随机变量 X_1 和 X_2，那么 X_1+X_2、X_1-X_2、X_1X_2、X_1/X_2（$X_2\neq 0$）以及任何函数 $f(X_1,X_2)$ 都是随机变量. 概率论图书中关于随机变量的章节可能主要是介绍如何计算各种随机变量函数的分布. 发现其中的问题了吗? 在将以上现实问题概率模型化以后, 类似 (性别 + 身高 + 体重 + 手机型号) 等都是合法的随机变量了！但是这有什么物理意义吗? 有人肯定会说：这不是数学本身的问题，数学模型化本来就是抽象化的过程，一定会抛弃现实物理上的一些所谓意义. 在数学上可以进行函数操作不代表有物理意义，最终是否及如何使用还在于实际应用者. 不同物理量的运算也未必没有意义，比如 Swolf 就是一个衡量游泳效率的合成指标，由一定距离内的游泳速度与划水次数相加得到. 我用这个例子只是想表明，实际问题的随机变量化实际上可能做了很大的抽象，特别是当对分类变量与数值变量都同样进行数值化时，但在此基础上的概率论本身允许的各种数学运算未必是有物理意义的. 当然，现代机器学习模型对于具有 R 个不同值的分类变量的处理未必是直接将其转化为一个维度上的 R 个不同数值，而可能是通过 One-Hot 编码的方式将其转化 R 维向量，但是这种处理方式可能产生数据稀疏和同一维度数据的借鉴性丧失等问题. 总之，实际数据随机变量化的方式及如何在建模时保持物理意义非常值得注意. 我希望读者在读完此段后不会认为我将随机变量的概念解释得更加令人费解.

波利亚的合情推理

本书的三大思想来源是波利亚的合情推理、考克斯定理以及杰弗里斯概率论. 波利亚对于合情推理模式的描述体现在其 1954 年出版的《数学与猜想: 合情推理模式》(*Mathematics and Plausible Reasoning: Patterns of Plausible Inferences*) 一书中. 该书对于类比和归纳推理的定性规则有更多的举例和说明. 但是作者在试图将定性形式转化为定量形式、使用概率论来定量描述归纳推理逻辑时，认为遇到了不可克服的困难：作者试图估计牛顿定理可靠的概率，但是在正确预测了一些罕见的事实后，作者认为其可靠性应该至少提高上万倍！这样，在未做预测时，牛顿定理可靠的概率就不能超过万分之一. 作者认为这是不可接受的，因此不可能发展出定量理论. 杰恩斯在本书中对于产生该困难的原因进行了解释：作者是在做模型比较，而在做这种比较时明确指明备择模型是至关重要的，作者实际上计算的是几率而非概率. 在贝叶斯理论中，谈论一个模型或假设成立的绝对概率是没有意义的，只有条件概率，而没有无条件的概率. 将这个疑难解决之后，波利亚的合情推理定性理论就可以向定量的概率论发展. 值得说明的是，传统哲学认为推理主要分为演绎推理与归纳推理，这里的归纳推理严格来说应该改为合情推理才合适. 归纳推理和类比推理在数学发现中都起着很大作用，但是这两种推理都只是合情推理的特殊情况. 归纳推理是一种从个别到一般的推理，这种“个别”一般有多个不同实例，但是合情推理却可以从单一实例中根据合情性推断很多事实：比如考古学家从考古挖掘发现的某个朝代的一件文物通过合情推理对这一朝代诸多原来尚不确定的问题的答案做出推断.

杰弗里斯概率论

杰弗里斯是著名地球物理学家，在地球物理学和地震学等方面都做出了突出贡献. 同时，他也以作为学术权威顽固地攻击魏格纳的大陆漂移（板块构造）假说而著名. 不过，这也不能掩盖他在统计推断和概率论方面的突出贡献. 他在 20 世纪 30 年代写的《科学推断》和《概率论》至今还在发挥着影响. 他的一位同事曾经感慨：“我写过五本书，但是没有一本还在印刷. 杰弗里斯的书（指其《概率论》）则在出版 80 年之后还在重印.”

杰弗里斯在《概率论》前言中指出，该书旨在发展一种根据观测数据进行推断的自洽且实用的方法，实际上是将概率论作为归纳推理的形式法则来建构整个理论. 他首先提出了建立该理论的一些指导规则.

(1) 所有假设都必须明确表述，结论必须从假设中得出.

(2) 理论必须是自洽的，也就是说，从假设和任何一组观测数据中都不能得出矛盾的结论.

(3) 给出的任何规则都必须适用于实践. 除非被定义的事物在出现时能根据定义被识别出来，否则定义就是无用的. 某个事物的存在或某个量的估计不应涉及不可能实施的实验.

(4) 理论必须明确说明它所做的推论有可能是错误的. 定律可能包含可调整的参数，这些参数可能被错误地估计，或者定律本身可能在事后被发现需要修改. 事实上，为了考虑新的信息（相对论和量子论就是明显的例子），科学定律经常需要修改，因此没有确凿的理由认为目前的任何定律都是最终的．但是，我们确实在同样的意义上接受归纳推理：我们有一定的信心，相信它在任何特定情况下都是正确的，尽管这种信心并没有逻辑上的确定性．

(5) 理论不得先验地否定任何经验命题：任何精确表述的经验命题都必须在给定适量相关证据的条件下，能够在上一条规则的意义上正式予以接受．

(6) 公设的数量应当尽量减少．

(7) 虽然我们不认为人类大脑是完美的推理器，但是必须承认它是有用且唯一可用的推理器．理论不必详细体现实际的思维过程，但应与之大体一致．

(8) 鉴于归纳法的复杂性较大，我们不能指望它可以比演绎法发展得更详尽．因此，如果对这里所发展的理论的类似反对意见会使普遍接受的纯数学的一部分失效，我们将认为这种反对意见没有分量．

根据以上规则，杰弗里斯指出："这些规则排除了任何用无限可能性的观察集合来定义概率的尝试，因为我们实际上不可能进行无限次的观察．根据规则 (3)，维恩概率极限、费希尔的无限总体假设、吉布斯的无限集合对我们来说都是无用的．"

在这八条指导规则的基础上，杰弗里斯提出以下三条约定和七条公理，并由此推演出所有概率论定理．

约定 1 我们将给定数据中较大的数值分配给可能性较大的命题（因此，将相等的数值分配给可能性相等的命题）．

约定 2 如果给定 p，q 和 q' 是相斥的，那么根据数据 p 分配给"q 或 q'"的数值就是分配给 q 和 q' 的数值之和．

约定 3 如果 p 蕴涵 q，则 $P(q|p) = 1$．

公理 1（概率可比较性公理）．给定 p，q 比 r 的可能性大、相等或小的这三个选项中不可能有两个为真．

公理 2（概率可传递性公理）．如果 p, q, r, s 是四个命题，给定 p，q 的可能性大于 r，且 r 的可能性大于 s，那么给定 p，q 的可能性大于 s．

公理 3（与演绎逻辑相容性）．从命题 p 推导出的所有命题在数据 p 上的概率相等，与命题 p 不一致的所有命题在数据 p 上的概率相等．

公理 4（加法公理）．如果给定 p，q 和 q' 不同时为真，r 和 r' 不同时为真，q 和 r 的可能性相同，q' 和 r' 的可能性相同，那么给定 p，“q 或 q'”和“r 或 r'”的可能性相同.

公理 5（与实数对应性公理）. 按“更有可能”关系排序的给定数据的概率的集合，可以按递增顺序与一个实数的集合一一对应.

公理 6（蕴涵推理公理）. 如果 pq 蕴涵 r，那么 $P(qr|p) = P(q|p)$.

公理 7（乘法公理）. 对于任何命题 p, q, r，有 $P(qr|p) = P(q|p)P(r|qp)/P(q|qp)$.

考虑到篇幅，这里只列出杰弗里斯概率论的基本框架，尽管其公理体系看似比柯尔莫哥洛夫体系复杂得多，但是可以看出他从一开始就将自己的理论与根据数据进行科学推断以及现实应用联系起来. 强烈建议想深入理解贝叶斯概率和统计理论的读者阅读杰弗里斯的《概率论》全书.

丹尼斯·林德利的概率统计思想

丹尼斯·林德利（1923—2013）是英国统计学家、决策理论家以及著名的贝叶斯统计的倡导者. 本书第 18 章开篇引用的就是他的话. 他给世界留下的遗产除了林德利佯谬（Lindley's paradox）、林德利过程（Lindley processes）以及克伦威尔规则（Cromwell's rule）等，还包括 2000 年发表在 *Journal of the Royal Statistical Society: Series D* (*The Statistician*) 上的“统计哲学”（“The philosophy of statistics”）一文以及 Wiley 出版社 2006 初版、2014 年修订再版的《理解不确定性》（*Understanding Uncertainty*）一书. 这些都是值得阅读的贝叶斯思想方面的重要文献. 这里仅列出其中一些重要的观点.

(1) 统计学是对不确定性的研究，统计学家是处理不确定性的专家.

(2) 对于不确定性的度量必须遵循概率原则，概率是不确定性的唯一合适的表达.

(3) 概率表示“信念度”（degree of belief），它表达的是人与世界的一种关系. 一方面，它不能离开人；另一方面，它也离不开外部世界.

(4) 概率总是有条件的，没有无条件的概率，因为一个人对一件事情的不确定性总是依赖于其知识水平.

(5) 概率必须遵守以下规则.

 (a) 规则 1（凸性）. 对于所有 A 和 B，有 $0 \leqslant p(A|B) \leqslant 1$ 和 $p(A|A) = 1$.

 (b) 规则 2（加法规则）. 如果 A 和 B 是互斥的，那么给定 C，有

$$p(A \cup B|C) = p(A|C) + p(B|C).$$

(c) 规则 3（乘法规则）. 对于所有 A, B, C，有

$$p(AB|C) = p(A|BC)p(B|C).$$

(d) 规则 4（可聚集性）. 如果 $\{B_n\}$ 是 C 的一个划分（可能是无限划分），对于所有 n 都有 $p(A|B_nC) = k$，那么 $p(A|C) = k$.

(6) 科学的统一性在于其方法，而非其内容. 科学方法在人文方面的应用甚少.

另外，林德利也曾为 1974 年德菲内蒂出版的两卷本《概率论》（主观贝叶斯概率论的代表著作）作序，并在其中预言贝叶斯主义会在 50 年后被广泛接受. 德菲内蒂这两卷本《概率论》的主题，按照他的说法，是“概率并不存在”（Probability does not exist）. 这当然只是故作惊人之语，德菲内蒂真正想表明的是，概率不像距离一样是世界本身的纯客观性质，而是依赖于主体，因此概率必然是主观的. 值得注意的是，林德利认为自己从频率主义者开始，过渡到客观贝叶斯主义者，最终成为跟德菲内蒂一样的主观贝叶斯主义者. 他跟本书作者杰恩斯所持的客观贝叶斯主义立场还是有很大差别的.

频率派、客观贝叶斯派、主观贝叶斯派，究竟谁正确?

到目前为止，我们看到至少有三种针对概率的观点：传统频率派，以本书作者杰恩斯为代表的客观贝叶斯派，以及以德菲内蒂为代表的主观贝叶斯派. 这里将概率的古典定义和统计定义都归到频率派里，因为两者都是用两个数的比值（频率）来定义概率的. 贝叶斯派其实还包含经验贝叶斯派等，这里姑且不论. 有一个基本的问题：如果将概率论视为数学或者科学理论，那么究竟哪一种观点才是正确的呢?

这个问题的争论在最近的差不多一百年间持续进行，有些人甚至认为事关“唯心”与“唯物”之争. 比较典型的是曾经影响一代人的莫斯科大学教授格涅坚科在《概率论教程》（丁寿田译，1956 年人民教育出版社第 1 版）中所持的观点. 在该书第 1 章第 2 节（对概率定义的种种见解）中，他对“把数学概率当作认识主体的‘信念程度’”这一“主观唯心论”定义进行了严厉的批评，并且认为作为对个体事件的信念程度的“概率”没有意义，因此绝不加以研究. 不过值得一提的是，这本书在 1998 年出版了英文第 6 版，虽然格涅坚科在其中仍然不认同主观概率定义，但是意识形态意味已经大大减少. 总之，频率派对于贝叶斯主义的主要批评是其作为信念度的概率缺乏基本的“科学客观性”.

再来说说主观贝叶斯派和客观贝叶斯派的区别. 两者都将概率看作个人的“信念度”（degree of belief），但是更确切地说，客观贝叶斯主义认为概率是个人的

“合理信念度”(degree of reasonable belief). 何谓“合理”? 就是确定其值的过程要满足本书第 1 章提到的用实数表示、与常识定性对应以及一致性这三大合情条件，最终其推理规则满足概率论的基本加法规则和乘法规则. 所以本书设计了一个理想的“合情推理机器人”来做这种合情推理，这种机器人在给定先验信息和数据的情况下做出的概率推断是唯一的. 只要给定同样的先验信息和数据，我们每个人都应该做出与这个合情推理机器人同样的概率推断，所以这种推断过程是完全“客观的”, 没有任何主观成分. 同时, 客观贝叶斯派认为先验概率分布也不是纯个人的选择，而是完全由证据确定的. 事实上，客观贝叶斯主义认为将先验信息唯一地转化为先验概率分布的问题是概率论的重要问题之一. 本书作者认为该问题还没有被完全解决，本书中探讨的最大熵、变换群等方法都是重要的工具. 而主观贝叶斯派认为先验概率在很大程度上取决于个人，也允许有不同. 这样，在给定新数据后，每个人得到的后验概率也会有不同，不同的人得到的概率必然是不可比较的. 杰恩斯对于德菲内蒂主观贝叶斯派的第一个批评 (见附录 A.2) 就是这种纯主观性——这似乎不是在做科学研究，而是属于心理学的研究范围. 另外，德菲内蒂的主观贝叶斯理论将概率论建立在需要满足“连贯性”(coherence) 的基础上，而杰恩斯认为概率推理要满足考克斯意义上的“一致性”(consistency) 才是最为重要的. 虽然有可能进行连贯但是不一致的推理，但满足一致性的推理则一定会满足连贯性. 由于概率估计的唯一性，客观贝叶斯方法估计的概率一般需要做校准 (calibration) 工作，因为估计的概率最终还是需要或者说可以用数据来验证的. 比如上面提到的计算广告学中典型的点击概率预估问题，模型直接给出的概率预估结果未必满足校准性的要求，一般需要进一步的概率校准工作才是真正客观贝叶斯意义上的概率.

那么，这三种观点究竟哪种正确? 也许还需要再等几十年，大家才会对该问题的答案形成基本共识. 我在这里也只能简单谈谈自己目前对这一问题的思考和体悟. 贝叶斯派经过与频率派的百年抗争才争取到现在至少半壁江山的地位，还是能说明其强大生命力的. 或然事件与不确定性在人类生活中普遍存在. 类似“某件事发生的可能性有多大”的问题在人类思想中是自然且很早就存在的. 这里所谓的“可能性”就蕴含着朴素的概率思想. 当然，这里的“某件事”的类型有很多种：可能是重复性随机事件，比如抛硬币、扔骰子等；也可能是在集体现象中体现的随机性，比如放射性核衰变 (每个原子核发生衰变的概率很小，但是有大量几乎等价的原子核, 所以衰变呈现泊松分布的统计规律); 更为普遍的则是所谓的“个体事件”，即非重复性事件. 明天是否会下雨? 下个月某个城市的房价是否会上涨? 基普乔格如果参加 2024 年奥运会，继续获得马拉松金牌的概率有多大? 商

朝灭亡的时间具体是哪一年？（考古学家可能需要根据考古证据进行推断.）对于这些事件，无论我们做出怎样的概率判断，都不太可能通过结果或实验去验证具体概率值的正确与否. 但是若说对于这些问题，概率论坚决不能应用和讨论，那么概率论的应用范围也就太狭隘了. 甚至可以说，人在社会生活中面临最多的是各种“个体事件”，而重复性随机事件和集体现象只是其中的特殊情况. 频率派将概率论限制在重复性随机事件和集体现象的讨论和研究上显然有些画地为牢的意味. 贝叶斯派则完全没有这种限制，无论是主观贝叶斯派还是客观贝叶斯派都是如此. 本书将概率论视为扩展逻辑的理论，即合情推理或归纳推理的形式化理论，还有哪种事件不能被其研究呢？频率派完全根据数据进行的推断（$p(\theta|D)$）可以看作贝叶斯推断（$p(\theta|D, I)$）在没有什么先验信息时的特例.

这当然不是说频率派概率论完全没有独立的意义. 一方面，这种理论对于重复性随机事件和集体现象的研究具有很大的指导意义，得出的结论也很客观、可靠. 另一方面，我们对于概率的赋值，无论是主观贝叶斯派还是客观贝叶斯派，都是在与频率派一致的意义上来理解的. 假如某人预测基普乔格在 2024 年奥运会马拉松比赛中获得金牌的概率是 0.99，尽管 2024 年奥运会马拉松比赛只有一次，但我们知道他说这句话的意义是：假定比赛可以重复进行 100 次，基普乔格会赢 99 次. 客观贝叶斯派的概率验证和校准都需要根据这一原则. 值得说明的是，对于某些事件，概率的预测虽然严格来说是个体事件的概率预测，但是由于会做多次预测，因此大致可以作为集体现象进行验证. 比如天气预报和上面提到的计算广告学中的点击概率的预估：虽然每个地方、每天的天气都是唯一的，不同用户、场景、广告的组合都是独特的，单次预测的准确与否很难验证，但是可以通过某个集合上预估的平均概率与真实统计频率的比较来确定模型预测是否存在系统偏差.

那么又当如何看待客观贝叶斯派与主观贝叶斯派之间的分歧呢？这似乎可以联系到中国思想史上的孟子荀子之辩，或者朱子王阳明之辩. 哲学上认为孟子、王阳明是主观唯心主义哲学家，荀子、朱子是客观唯心主义哲学家，大致可以将孟子、王阳明视为主观贝叶斯主义者，将荀子、朱子视为客观贝叶斯主义者. 对于相同的问题，他们有不同的看法，那么究竟谁对谁错呢？

客观贝叶斯派将不同人概率评估的不同归结为掌握信息的不同，这种信息既可能是数据，也可能是先验信息. 本书作者在 5.3 节讨论了意见分歧与趋同的问题以及在客观贝叶斯框架下如何解释它们. 但是我们看到，在对一些问题的分歧似乎不完全能用掌握的信息不同来解释. 也许可以在客观贝叶斯推断（$p(\theta|D, I)$）的基础上再加上一层代表文化价值观或公理系统的先验的推断（$p(\theta|D, I, V)$，其中 V 代表文化价值观或者公理系统等）. 如果底层的文化价值观或者公理系统不

同，那么即使接受同样的信息，对于世界的判断也会不同. 如此看来，主观贝叶斯派似乎更好些，因为这一流派的理论可以讨论一切事件和问题. 的确，我们也不可能阻止任何人对任何事件发生的“概率”进行评估. 但是科学意义上的研究和讨论似乎需要终止于客观贝叶斯主义哲学，因为纯主观的看法虽然并非一定没有意义，但是恐怕很难讨论出个是非曲直出来. 我们也可以说，主观贝叶斯派和客观贝叶斯派的侧重点不太一样. 人文方面的理论是偏主观的，而科学的理论则是偏客观的.

概率论与因果推断

这里再来简单说说朱迪亚 · 珀尔（Judea Pearl）的因果推断理论. 因果关系的数学化当然是科学界划时代的大事，珀尔也因此获得了 2011 年的图灵奖. 不过需要注意的，珀尔的因果推断工作是在其概率论工作的基础上完成的，他意识到基于规则系统的人工智能的局限，于是在 20 世纪 80 年代提出了基于概率推理的贝叶斯网络理论，用概率知识表达认知推理，其成果体现在 1988 年出版的《智能系统中的概率推理》（*Probablilistic Reasonning in Intellgent System: Networks of Plausible Inference*）一书中. 这是采用概率方法来研究人工智能的里程碑式著作. 珀尔在此基础上又花了十几年进一步发展了因果推断理论.

珀尔认为因果关系的学习者必须熟练掌握至少三个层级的认知能力：观察能力（seeing）、行动能力（doing）与想象能力（imaging），分别对应着相关、干预和反事实. 第一层级是观察能力，是指发现环境中的规律的能力，要求我们基于被动观察做出预测. 这一层级的基础工具是概率统计，特别是条件概率计算与变量之间的相关性分析. 这些年来广受推崇的深度学习算法（深度神经网络）仍然处在因果关系之梯的最低层. 第二层级是行动能力，涉及预测对环境进行干预后的结果，并根据预测结果选择行动方案. 第三层级是想象能力，涉及根据观察到的实际数据进行反事实推理，从而推断一个无法被观察到的反事实世界里将会发生的事情. 这其中离不开基础性的解释因果过程的理论模型.

对于频率派和贝叶斯派之争，珀尔无疑是坚定地站在了贝叶斯一方. 他认为正统统计学对于因果关系的漠视和无能的深层原因在于它对于客观数据优先于主观认识的过分坚持. 无论是贝叶斯网络理论还是因果推断理论都离不开“主观”构建的贝叶斯网络和因果图.

因果推断相对概率论当然有新的内容：比如 do 算子，反事实推理等. 学术界对于“因果关系不能简化为概率”的认识来之不易. 束缚在概率论的框架里，试图通过概率公式 $P(Y|X) > P(Y)$ 来推断因果关系实际上是不成立的，因为 X 与

Y 之间可能存在共同的因，即混杂因子（confounder）. 只有通过 do 算子，看到 $P(Y|\mathrm{do}(X)) > P(Y)$，我们才可以说 X 导致了 Y. 也就是说，$P(Y|\mathrm{do}(X))$ 一般不等于 $P(Y|X)$，这是因果推断理论的基本认识.

但是我们也不应该觉得有了因果推断理论，概率论就过时了. 作为扩展逻辑的概率推断实际上是比因果推断更一般、通用的推理方法. 杰恩斯作为物理学家，自然不会否定因果关系的重要性. 他在本书中也多次谈到因果关系，同时也多次警告不要将因果依赖性与逻辑依赖性混淆. 因果关系是有时间箭头的，只能从因到果，而且其间必须有真实的物理作用；而逻辑推断则既可以从因到果，也可以从果到因，即可以从后来发生的事情去推断前面发生的事情，不管其中有无因果关系.

本书的影响

能评估一本专业图书价值的未必是这本书的知名度或者销量，主要还得看它的专业影响力，特别是对领域内思考最深入的专家是否有影响. 我在写下这段文字时查到《概率论沉思录》英文版在 Google Scholar 上的引用量是 8953，对照起来，德菲内蒂的两卷本《概率论》的引用量是 4538，而威廉 · 费勒的《概率论及其应用》[①]的引用量是 61 972. 鉴于费勒的书第 1 卷初版出版于 1950 年，最终的第三版也早已在 1970 年出版，杰恩斯的这本《概率论沉思录》到目前为止的引用量还是非常高的. 资深计算机技术和概率统计专家凯文 · 范霍恩（Kevin S. Van Horn）认为本书是 20 世纪最重要的概率论著作之一，并在其个人主页上为本书英文版写了详尽的非正式勘误表，并提供了一些很有价值的评论和补充材料，非常值得在阅读本书时参考. 机器学习专家凯文 · 墨菲在著名的机器学习教材 MLaPP 第 2 章“概率论”中推荐了三本优秀教材，首先就是这本《概率论沉思录》，并且在多处引用了本书的观点和结论. 伊恩 · 古德费洛、约书亚 · 本吉奥和亚伦 · 库维尔所著号称 AI 圣经的《深度学习》第 3 章“概率论与信息论”推荐扩展阅读的概率图书也是这本《概率论沉思录》，此外还提到了珀尔的《智能系统的概率推理》. 1974 年菲尔茨奖得主大卫 · 曼福德（David Mumford）曾在 2000 年发表过一篇文章“The Dawning of the Age of Stochasticity”，主要思想是：亚里士多德的逻辑学两千多年来一直统治着西方知识分子的思维，所有精确理论、科学模型，甚至思维过程本身的模型，原则上都受逻辑的约束；但是现在，概率论和统计推断已经成为科学模型，尤其是思维过程模型的更好的基础，也是

① 《概率论及其应用（卷 1 · 第 3 版）》和《概率论及其应用（卷 2 · 第 2 版）》中文版已由人民邮电出版社出版（ituring.cn/book/2793 和 ituring.cn/book/2790）. ——编者注

理论数学的重要组成部分，甚至是数学本身的基础. 这种视角的转变将在下一个世纪对几乎所有数学理论产生影响. 曼福德在这篇文章中也多次提到杰恩斯的思想，并加以引用与讨论. 值得说明的是，曼福德引用的这本书还是杰恩斯放在网上的版本. 杰恩斯于 1998 年去世，这本书的英文版 5 年后才由他的学生及同事拉里 · 布雷特霍斯特（G. Larry Bretthorst）正式编辑出版.

概率观世界

概率论在这个时代的重要性无论再怎么强调都不为过. 现在所谓的人工智能革命都可以说是概率革命的延续. 前面已经提到，20 世纪概率论的数学化及概率统计后续发展的现实重要性绝不亚于相对论与量子力学的出现. 按照本书的阐述，概率论将归纳推理形式化和定量化，使得我们拥有了一个强大而重要的推理工具. 概率论作为数学是独特的，因为它虽然也像其他数学理论一样通过演绎推理来发展，却可以被看作在描述归纳推理的过程. 作为其应用的统计学一般会被认为是自然科学而非纯数学（至少对于应用统计而言是如此）. 因此可以说，这本《概率论沉思录》既是一本数学书，也是一本科学哲学书，还可以被看作一本逻辑学书，甚至一本生活智慧书（可以看作《易经》的现代科学版：两者都教我们如何面对这个充满不确定性、易变的世界. 古人凡事不决做占卜，我们凡事不决算概率）. 一般的科学或数学书对于个人的日常生活其实是没有多大实际作用的，更多的是作为科学研究或技术应用的辅助. 概率论却不相同，它可以帮助我们更好地认识这个世界并且更好地生活. 本书对保险的原理有很好的解释，对于如何认识特异功能也有讨论. 如果理解其中的思想，相信读者对该不该买保险、该不该炒股、如何看待超自然现象等都会有自己更好的判断.

从概率的视角看世界也会产生不同的认知. 比如，从概率论的角度来说，我们只能以概率的方式认识世界，这种认识不可避免地带有不确定性. 所谓科学理论，只是解释世界的一种模型而已. 公认的科学理论只是目前科学共同体认为正确概率最高的模型. 模型总是有局限性和适用范围的，往往只是近似描述了真实世界某个方面的特征. 非科学的模型未必就没有真理存在. 从某种程度上来说，我们现在掌握的科学知识是由基本确定的知识、不太确定的知识以及高级迷信组成的. 以物理学为例，牛顿力学已经成为基础科学，确定性很大；但是现代宇宙学的不确定性却很大，主流的宇宙大爆炸理论未必可靠，而其中所谓的平行宇宙理论在我看来是一种高级迷信（我不想为此做太多的解释和辩论，可以说这是我的主观贝叶斯主义判断）.

翻译因缘

查看购买记录，我应该是 2009 年 8 月 15 日在海淀图书城的九章书店（很遗憾，该书店现已关闭）看到了人民邮电出版社出版的本书英文影印版，看了一下前言觉得备受吸引，于是就买了下来. 这也是我沉迷物理大约十年左右，却最终转行做数据挖掘工作的第二年. 其后断断续续看了前言和前几章，虽然还是觉得很吸引自己，但也没有连续看完. 正如我买的大多数新书一样，这本书在我的书架上又沉寂了大概四五年. 直到 2015 年左右，我在一家 DSP 广告公司做算法优化工作时，才下定决心将其看完. 在 DSP 广告算法优化过程中，CTR/CVR 预估是最基础的任务之一，核心就是一种概率预估. 记得在将近两年时间里，几乎每个周六，我都会花一上午左右的时间来看这本书. 北宋程颐谈到读《论语》时说："有读了全然无事者，有读了后其中得一两句喜者，有读了之后好之者，有读了后直不知手之舞之足之蹈之者. "在读这本书时，我的确好几次体会到这种近乎手舞足蹈的感觉. 什么是好书呢? 就是当思考某个问题却又百思不得其解时，你发现书的作者在讨论同样的问题，并将你带到更深处；或者当你觉得已经对某个问题理解得非常清晰，没有任何疑义时，作者的讨论让你完全颠覆了原来的认知. 比如我在做转化率预估时，犹疑是直接做 CTCVR（曝光转化率）预估还是分别预估 CTR（点击率）和 CVR（点击转化率）再相乘. 此时我恰巧读到本书 5.6 节中对 $(C \to B \to A)$ 和 $(C \to A)$ 两种推断模型的比较：这不就是曝光点击转化和曝光转化吗? 而在读到第 21 章对稳健性数据分析的讨论时，我完全颠覆了具有稳健性总是更好的认知. 可以说，阅读这本书改变了我对概率论、统计学、数据挖掘、机器学习、人工智能甚至整个世界的认知，也激发了我对概率论和贝叶斯统计的热情. 在随后几年里，我将本来准备深入学习机器学习的时间几乎全部用来重新深入学习概率论了.

2019 年，由于知道我有购买英文原版书的习惯，在人民邮电出版社工作的朋友问我有没有人工智能方面值得引进的好书推荐. 那时我对珀尔的因果推断理论热情较高，除林德利的《理解不确定性》外，主要推荐了珀尔的三本书[①]，另外问了他杰恩斯的这本《概率论沉思录》是否有人翻译. 他问了出版社后说还没有，因为这本书实在是太厚了，似乎没有人愿意翻译. 我本来对于翻译科技书这种事是没有什么热情的，觉得人生精力有限，能够阅读英文文献本应该是现代科研人

① 这三本书中的《为什么：关于因果关系的新科学》与《因果论：模型、推理和推断》目前都已经有中译本. 但是《智能系统中的概率推理》似乎还没有受到应有的重视. 这三本书中最容易读的是《为什么》，因为它几乎可以说是一本关于因果论的科普书. 但是《因果论》作为专业书就比较难啃了. 在我看来，先读完《智能系统中的概率推理》再去研读《因果论》可能才是循序渐进的方式.

员的基本素养，花费那么多精力来翻译一本书还不如去读几本新书. 后来，我觉得要求所有人能够自由阅读英文原著可能有点苛求于人，再者这本书的英文影印版在国内已经不能再版，国内读者除高价购买英文原版书（原来的影印版二手书也被炒到了三四百元一本）外，基本没有了获取纸质书的渠道. 因此，我觉得这种经典书籍的翻译还是值得的，不完全是为人，也是为己——翻译的过程肯定也是译者多次研读而有更多收获的过程. 除此之外也有点宿命的感觉：自己原来一直痴迷物理并学习了那么多年，却最终没有以物理研究为业，总有点“无颜面对江东父老”之感，所以对于物理学家杰恩斯的这本遗著，我的喜爱之情难以言表，而且自视为作者的知音. 也许我是命中注定要来翻译本书吧，这也算是对自己多年的物理学学习与研究有所交代. 于是，我主动请缨来翻译本书，出版社也给予了支持，图灵公司当时的总经理武卫东先生还特意通过微信与我确认了翻译意向. 翻译过程虽然辛苦，但也的确充满了愉悦，因为这种经典书籍几乎每读一遍都会有新的收获.

致谢

首先感谢本书特约编辑江志强老师、黄志斌老师，图灵公司的编辑杨琳老师、张子尧老师和岳新欣老师. 虽然我作为译者需要为译文的总体质量负责，但是他们的工作也使得其中的错漏大大减少. 另外，带评注的引用文献和参考文献也是本书的重要组成部分，译文也在翻译和编辑时列出，提供了额外的价值.

在翻译过程中，我曾经就某些词的翻译与经济金融领域的学者刘庆先生、陈义博士以及冯佳奇先生进行了讨论，在此也向他们表示感谢. 本书中 desiderata 一词的翻译曾经多次修改，比如“理想条件”“必备条件”“预期条件”等，都不太满意，最后参考了刘庆先生的建议定为“合情条件”. 我的妻子王军丽女士作为曾经的专业校对就我翻译的初稿做了基础的校对工作. 感谢朋友贺瑞君先生为本书的翻译出版牵线搭桥. 另外，我也想在此感谢初中的英语老师郑咏申老师. 初中毕业时她送我的那套纯英文《新概念英语》一直陪伴着我后面的英语学习. 正是这套书，让我从高中阶段就养成了阅读英文原版书的习惯.

由于译者的学识和水平有限，译文难免有不妥之处，欢迎广大读者批评指正.

廖海仁

2023 年 10 月 31 日于江西宝峰

人名索引

A

阿巴思诺特，John Arbuthnot, 129, 130, 645
阿贝尔，Niels Henrik Abel, 26, 353, 354, 421
阿达马，Jacques Salomon Hadamard, 524
阿基米德，Archimedes, 42, 626, 646
阿喀琉斯，Achilles, 119
阿米蒂奇，Peter Armitage, 157
埃尔米特，Charles Hermite, 222–223, 629, 673
埃里亚斯，Peter Elias, 408
埃利斯，Robert Leslie Ellis, 296, 649, 652, 673
埃姆斯，小，Adelbert Ames Jr., 125
爱德华兹，Anthony William Fairbank Edwards, xv, 237, 315, 658, 682
爱德华兹，Harold. M. Edwards, 625, 626
爱因斯坦，Albert Einstein, 125, 128, 132, 139, 190, 193, 215, 218, 221, 269, 338, 345, 416, 465, 472, 574, 587, 646, 647, 692, 707
安德鲁斯，D. F. Andrews, 224
安妮女王，Queen Anne, 645
安斯科姆，Francis John Anscombe, 287, 645
奥采尔，János D. Aczél, 26, 31, 629
奥尔金，Ingram Olkin, 243
奥卡姆的威廉，William of Ockham, 563, 564, 566–569, 571–574
奥斯勒，Sir William Osler, 516, 646

B

巴尔，Avron Barr, 677
巴克，B. Buck, xi
巴拿赫，Stefan Banach, 5, 696
巴纳德，George Alfred Barnard, 187, 195, 198, 203, 236, 238, 646
巴斯德，Louis Pasteur, 293, 471, 473, 574
柏辽兹，Hector Louis Berlioz, 8, 11
保罗，Paul, 252
鲍尔弗，Arthur Balfour, 462
贝多芬，Ludwig van Beethoven, 8, 11, 59
贝尔，Eric Temple Bell, 625, 638, 646, 649, 661, 667, 690
贝尔曼，R. Bellman, 372, 542
贝尔纳多，José M. Bernardo, 114, 683
贝塞尔，Friedrich Wilhelm Bessel, 673
贝特朗，Joseph Louis François Bertrand, 184, 185, 358, 360, 364, 365, 454, 647, 648
贝特曼，Frederick Bateman, 114, 308, 665
贝叶斯，Thomas Bayes, ix, x, 2, 107, 111, 118, 119, 121, 122, 124–126, 128, 131–133, 135, 138, 140, 141, 156, 196, 230, 232, 233, 241, 247, 271, 275, 276, 280, 281, 286, 292, 293, 302, 318, 321, 342, 346, 355, 358, 360, 368, 377, 380, 383,

385, 389, 395, 401, 403, 405, 427, 429, 439, 447, 450, 455, 458, 463, 465, 467–470, 472, 474, 476, 477, 482, 486, 492, 494, 498, 499, 501, 503–506, 508, 509, 514–516, 518–521, 525, 527, 528, 534, 541, 554–556, 561, 563–565, 567–569, 576, 579, 580, 582, 584–586, 612, 614, 618, 619, 635, 650, 651, 654, 656–658, 661, 662, 665, 666, 671, 673–675, 679, 680, 682, 683, 685, 687, 689, 691, 693–697, 701–704, 710, 712–716, 718
本福德，Frank Albert Benford, 669, 677
本吉奥，Yoshua Bengio, 717
本森，P. George Benson, 213, 665
彼得，Peter, 252
比奥，Jean-Baptiste Biot, 118
比恩，William Bennett Bean, 516
比耶尔斯，Ambrose Bierce, 368
毕达哥拉斯，Pythagoras of Samos, 480
毕晓普，Christopher M. Bishop, 704
波利亚，George Pólya, vi–viii, xi, xv, 5, 35, 127, 130, 131, 138, 228, 253, 293, 460, 646, 650, 668, 675, 709, 710
波普尔，karl Raimund Popper, 58, 261, 292, 293, 307, 467, 657, 661, 668, 676, 692
玻尔，Niels Henrik David Bohr, 58, 308, 345, 680
玻尔兹曼，Ludwig Eduard Boltzmann, 196, 215, 227, 296, 410, 574
玻色，Satyendranath Bose, 269, 416
伯恩鲍姆，Allan Birnbaum, 237, 238
伯恩斯，Arthur Burns, 473
伯格，John Parker Burg, 688, 693
伯杰，James O. Berger, 237, 377, 379, 385, 390
伯努利，Daniel Bernoulli, vii, 130, 131, 192, 197, 220, 296, 302, 369–371, 374, 376, 387, 458, 702
伯努利，James Bernoulli, vi, 40, 41, 49, 56, 64, 69, 70, 78, 107, 113, 116, 136, 145, 154, 178, 192, 267, 275, 276, 278, 296, 461
伯特瑟卡斯，Dimitri P. Bertsekas, 704
博恩，Max Born, 687
博尔特凯维奇，Ladislaus von Bortkiewicz, 167
博克斯，George Edward Pelham Box, 286, 295–297, 648
博克斯，Joan Fisher Box, 461, 648
博雷尔，Félix Edouard Justin Émile Borel, 105, 359, 364, 435, 455, 588, 613, 637, 648, 663, 678
博林，Edwin Garrigues Boring, 114
布尔，George Boole, 8, 9, 47, 60, 61, 63, 235, 296, 646, 649, 666, 699
布尔巴基，Nicolas Bourbaki, ix, 421, 634, 653, 655, 663, 667
布丰，Georges Louis Leclerc Comte de Buffon, 359
布拉赫，Tycho Brahe, 192
布莱克曼，Ralph Beebe Blackman, 473, 490, 647
布莱克韦尔，David Harold Blackwell, 233, 330
布朗，Robert Hanbury Brown, 195, 679
布劳威尔，Luitzen Egbertus Jan Brouwer, 634
布勒丹，Jean-Denis Bredin, 121
布雷斯韦尔，Ronald N. Bracewell, 679

布雷特索斯特，G. Larry Bretthorst, v, xi, xv, 118, 196, 197, 225, 441, 473, 516, 661, 689, 698, 718
布卢姆菲尔德，Peter Bloomfield, 487, 488, 490, 675
布罗德，Charlie Dunbar Broad, 146
布罗斯，Irwin D. J. Bross, 679

C

赤池弘次，Hirotugu Akaike, 250

D

达尔穆瓦，Georges Darmois, 484
达尔文，Charles Galton Darwin, 410, 590, 650, 653, 655, 672, 698
达尔文，Charles Robert Darwin, viii, 125, 126, 216–218, 257, 296, 525, 574
达朗贝尔，Jean Le Rond d'Alembert, 421
戴德金，Julius Wilhelm Richard Dedekind, 707
戴森，Freeman John Dyson, 210, 524, 628, 665, 681
戴维，Philip A. Dawid, 438
戴维斯，Frances A. Davis, 285, 492
道金斯，Richard Dawkins, 218, 650
德菲内蒂，Bruno de Finetti, viii, 35, 252, 263, 298, 316, 346, 395, 422, 435, 548–550, 581, 583, 612, 614, 615, 651, 685, 713, 714, 717
德格罗特，Morris H.（“Morrie”）de Groot, 203, 233, 390, 651
德雷福斯，Alfred Dreyfus, 121
德摩根，Augustus de Morgan, 187, 195, 198, 202, 203, 205, 296, 645, 652, 655, 657, 662
德维纳茨，Allen Devinatz, 11
狄拉克，Paul Adrien Maurice Dirac, 210, 224, 628
狄利克雷，Johann Peter Gustav Lejeune Dirichlet, 119, 421, 627, 660
笛卡儿，René Descartes, 269
迪皮尤，David J. Depew, 218
棣莫弗，Abraham de Moivre, 107, 178, 191, 227, 273, 275
蒂奇马什，Edward Charles Titchmarsh, 627, 629, 631, 665, 673
蒂特林顿，Donald Michael Titterington, 224, 689
刁锦寰，George C. Tiao, 286
杜哈明，Jean Marie Constant Duhamel, 628

F

法恩，Terrence L. Fine, 611, 616
法诺，R. M. Fano, 599
范伯格，Stephen E. Feinberg, 461
范丹齐格，David van Dantzig, 670, 673
范霍恩，Kevin S. Van Horn, 717
范里安，Hal R. Varian, 698
范米特，David Van Meter, 396, 408
菲茨，Gary Fitts, 410, 411, 416
菲利克斯，L. Félix, 638, 663
菲耶勒，E. C. Fieller, 678, 683
斐兹杰惹，George Francis FitzGerald, 587
费根鲍姆，Edward A. Feigenbaum, 677
费勒，William Srecko Feller, 66, 84, 89, 187, 195, 198, 199, 203, 252, 253, 275, 302, 303, 309, 374, 433–435, 460, 473, 490, 491, 622, 623, 717
费马，Pierre de Fermat, 296, 695
费希尔，Sir Ronald Aylmer Fisher, 44, 141, 159, 165, 184–186, 199,

217, 230–235, 237–242, 263, 275, 285, 296, 297, 375, 382, 384, 452, 459–467, 470, 473, 477, 480, 481, 487, 489–492, 498, 514, 515, 532, 566, 648, 653, 654, 658, 661, 682, 702, 703, 711

费希纳，Gustav Theodor Fechner, 88, 91, 682

冯 · 博尔特凯维奇，Ladislaus von Bortkiewicz, 167

冯 · 亥姆霍兹，Hermann Ludwig Ferdinand von Helmholtz, 458, 471, 615

冯 · 林德曼，Carl Louis Ferdinand von Lindemann, 136, 625

冯 · 米泽斯，Richard von Mises, 275, 359, 365, 385, 460

冯 · 诺伊曼，John von Neumann, 6, 21, 587, 674

弗拉姆斯蒂德，John Flamsteed, 288

弗雷德霍姆，Erik Ivar Fredholm, 450

弗雷歇，René Maurice Fréchet, 484

弗雷泽，Donald Alexander Stuart Fraser, 237, 351, 439, 443, 444, 446, 447, 449

福尔摩斯，Sherlock Holmes, 59

福克，Adriaan Daniël Fokker, 195, 680

福克斯，John Leroy Folks, 237, 515

福勒，Ralph Howard Fowler, 410, 590, 698

傅里叶，Jean Baptiste Joseph Fourier, 118, 208, 209, 221–224, 487, 488, 550, 626, 627, 629, 630, 640, 642, 643, 665, 672

富兰克林，Rosalind Franklin, 618, 698

G

盖尔曼，Murray Gell-Mann, 634

盖塞尔，Seymour Geisser, 447, 451, 464, 466

高尔顿，Sir Francis Galton, 205, 213–218, 221, 224–226, 294, 459, 667

高斯，Johann Carl Friedrich Gauss, ix, 42, 53, 80, 103, 104, 107, 162, 165, 178, 187, 190, 191, 193, 195, 198, 199, 202, 203, 207, 216, 221–223, 226, 227, 229, 232, 234, 268, 296, 340, 403, 406, 420, 421, 424, 434, 435, 454, 458, 462, 469, 473, 479, 489, 495, 509, 515, 555, 556, 558, 562, 571, 578, 585, 623, 624, 626, 643, 647, 651, 661, 671, 702, 707

哥白尼，Nicolaus Copernicus, 574

哥德尔，Kurt Gödel, 6, 11, 15, 43–45, 79, 326, 392, 393, 654

戈埃尔，P. K. Goel, 203

戈德曼，S. Goldman, 675, 682

戈德斯坦，Herbert Goldstein, 299, 656

戈赛特，William Sealey Gossett, 462

格宾斯，Keith E. Gubbins, 196

格兰特，John Graunt, 287, 657

格雷，Christopher G. Gray, 196

格利穆尔，Clark N. Glymour, 93

格林，George Green, 628

格林伍德，Major Greenwood, 290, 657, 658

格罗瑟，Morton Grosser, 127

格涅坚科，Boris Vladimirovich Gnedenko, 713

古德，Irving John(Jack) Good, 89, 110, 113, 119, 136, 298, 656, 658, 684

古德费洛，Ian Goodfellow, 717

古尔德，Stephen Jay Gould, 185, 218, 294, 657

H

哈代，Godfrey Harold Hardy, 628, 629, 632, 665
哈代，Thomas Hardy, 701
哈蒂根，John A. Hartigan, 351
哈尔，Alfréd Haar, 47, 351, 658
哈雷，Edmund Halley, 220, 221, 287–291, 500, 657
哈密顿，A. G. Hamilton, 11, 15
哈密顿，William Rowan Hamilton, 524
哈特利，Ralph Vinton Lyon Hartley, 587, 588
海明威，Ernest Hemingway, 596
海森伯，Werner Karl Heisenberg, 345
亥姆霍兹，Hermann Ludwig Ferdinand von Helmholtz, 458, 471, 615
汉金斯，Thomas L. Hankins, 684
汉塞尔，Charles Edward Mark Hansel, 119
汉森，William W. Hansen, 183, 408
豪森，Cowlin Howson, 120, 658
豪斯多夫，Felix Hausdorff, 633, 635, 678
赫尔维茨，Adolf Hurwitz, 47
赫奇斯，Larry Vernon Hedges, 243
赫斯，Victor Hess, 472
赫希，Warren M. Hirsch, 374
赫歇尔，Sir Frederick William Herschel, 127
赫歇尔，Sir John Frederick William Herschel, 189, 190, 193, 494, 647
赫胥黎，Thomas Huxley, 308
赫兹，Heinrich Rudolf Hertz, 196
亨佩尔，Carl Gustav “Peter” Hempel, 136, 454, 456, 656
胡贝尔，Peter Jost Huber, 578, 655
怀特，Anthony J. Whyte, 132
怀特海，Alfred North Whitehead, 111, 125
惠更斯，Christiaan Huygens, 134, 398
惠特克，Edmund Taylor Whittaker, 421
霍尔丹，John Burdon Sanderson Haldane, 156, 538, 691
霍金，Stephen William Hawking, 707
霍兰，J. D. Holland, 646
霍普夫，Eberhard Frederich Ferdinand Hopf, 673
霍伊特，William G. Hoyt, 132

J

基普乔格，Eliud Kipchoge, 714, 715
吉布斯，Josiah Willard Gibbs, 218, 264, 273, 274, 279, 296, 312, 313, 339, 345, 374, 416, 419, 587, 635, 656, 664, 669, 675, 680, 711
伽利略，Galileo Galilei, 58, 281, 574, 633, 654, 661
加德纳，Martin Gardner, 186, 655, 659
加勒，Johann Gottfried Galle, 127
杰恩斯，Edwin Thompson Jaynes, v, ix, 9, 110, 126, 209, 218, 251, 274, 275, 281, 308, 326, 345, 348, 411, 439, 441, 445, 450–452, 470, 475, 480, 486, 496, 508, 512, 514, 515, 621, 635, 648–650, 655, 659–661, 663, 669–671, 673, 679, 680, 685, 686, 689, 690, 693, 697–699, 701, 703, 710, 713, 714, 717–720
杰斐逊，Thomas Jefferson, 346, 661
杰弗里，Richard Carl Jeffrey, 132

杰弗里斯，Lady Bertha Swirles Jeffreys, 462, 687
杰弗里斯，Sir Harold Jeffreys, iv, vi–viii, x, xiv, xv, 2, 35, 44, 128, 132, 146, 156, 168, 171–173, 176, 194, 199, 230, 235, 255, 263, 275, 293, 297, 305, 306, 317, 345, 350, 353–355, 357, 367, 393, 407, 419, 441–444, 446, 447, 449–452, 457, 460–467, 472, 484, 490, 495, 515, 528, 530, 532, 566, 574, 632, 635, 653, 654, 657, 658, 661, 662, 675, 676, 680, 687, 690, 691, 694, 702–704, 709–712
杰文斯，William Stanley Jevons, 296, 662
居维叶，Georges Cuvier, 528

K

卡登，Joseph B. Kadane, 422
卡尔达诺，Girolamo Cardano, 296
卡尔纳普，Rudolf Carnap, 263, 355, 534, 536–538
卡克，Mark Kac, 623
卡拉巴，R. Kalaba, 372, 542
卡莱尔，C. J. Carlile, 224, 225
卡罗尔，Lewis Carroll, 632
卡明斯，Fred Cummings, 701
卡奈曼，Daniel Kahneman, 121, 124
卡文迪许，Henry Cavendish, 464
卡西莫多，Quasimodo, 394
开尔文勋爵，William Thomson (Lord Kelvin), 40, 196
开普勒，Johannes Kepler, 471
凯恩斯，John Maynard Keynes, 9, 16, 35, 39, 194, 199, 215, 219, 461, 528, 548, 663, 690, 692
凯撒，Gaius Julius Caesar, 119
凯斯，John Caius, 462
凯特尔，Lambert Adolphe Jacques Quetelet, 221, 224, 225
坎伯兰，William G. Cumberland, 497
坎特里尔，Albert Hadley Cantril, 125
康德，Immanuel Kant, 83
康菲尔德，Jerome Cornfield, 447, 451
康托尔，Georg Ferdinand Ludwig Philipp Cantor, ix, 626, 707
考克斯，David Roxbee Cox, 680
考克斯，Richard Threlkeld Cox, vi–viii, x, xv, 16, 26, 31, 35, 43, 45, 63, 93, 102, 105, 111, 126, 136, 238, 249, 282, 305, 387, 395, 454, 456, 460, 476, 527, 580, 614, 616, 617, 622, 629, 650, 663, 686, 694, 709, 714
柯尔莫哥洛夫，Andrei Nikolaevich Kolmogorov, viii, 47–48, 105, 435, 455, 609–613, 615, 669, 678, 680, 702, 703, 706, 707, 712
柯朗，Richard Courant, 705
柯匹，Irving Marmer Copi, 15, 649
柯西，Augustin-Louis Cauchy, 200, 206, 211, 234, 421, 469, 470, 515, 516, 533, 562, 624
科恩，Carl Cohen, 649
科恩，Paul R. Cohen, 677
克拉默，Carl Harald Cramér, 58, 165, 276, 281, 284, 298, 309, 382, 460, 478, 484, 486, 526, 543, 630, 635, 650
克莱因，Morris Kline, ix, xiv, 420, 625, 634, 635, 638, 653, 663, 667
克莱因，Norbert Klein, 310
克雷格，John Craig, 82, 110
克里克，Francis Crick, 132, 618, 650, 699

克里西，M. A. Creasy, 678, 680, 683
克伦威尔，Oliver Cromwell, 288, 712
克罗，Edwin L. Crow, 285, 492
克罗内克，Leopold Kronecker, ix, 144, 625, 628, 667, 707
克洛珀，C. J. Clopper, 543
肯德尔，Sir Maurice George Kendall, 84, 359, 375, 376, 460, 484, 515, 645–647
肯纳德，Earle Hesse Kennard, 227
肯普索恩，Oscar Kempthorne, 237, 515, 685
库尔贝克，Solomon Kullback, 374
库尔茨，Paul Kurtz, 119
库尔诺，August Antoin Cournot, 130, 296, 652, 673
库普曼，Bernard Osgood Koopman, 233, 486, 667
库维尔，Aaron Courville, 717

L

拉奥，Calyampudi Radhakrishna Rao, 233, 382, 484, 612
拉达尼，Shaul P. Ladany, 392
拉东，Johann Karl Augus Radon, 588, 637
拉格朗日，Joseph-Louis Lagrange, 220, 311, 313, 322, 329, 334, 412, 486, 590, 601
拉马克，Jean-Baptiste Lamarck, 217
拉马努金，Srinivasa Aiyangar Ramanujan, 392
拉姆齐，Frank Plumpton Ramsey, 692
拉普拉斯，Pierre-Simon Laplace, vi, vii, 8, 23, 41, 42, 80, 106, 107, 118, 129–131, 136, 141, 143, 146, 156, 162, 164, 165, 178, 191, 193, 198, 199, 207, 216, 220, 221, 227, 229, 234, 263–265, 273, 275, 295–297, 302, 305, 310, 316, 318, 347, 350, 355, 358, 370, 374, 376, 387, 389, 407, 419, 445, 458, 460–462, 469, 471, 528–535, 538–542, 544–548, 550, 552, 554, 558, 574, 581, 583, 618, 619, 646, 649, 652, 662, 666, 668, 673, 688, 702
拉瓦锡，Antoine-Laurent de Lavoisier, 646
莱布勒，Richard Arthur “Dick” Leibler, 374
莱布尼茨，Gottfried Wilhelm Leibniz, 625
莱恩，David Lane, 464
莱曼，Erich Lehmann, 477
莱特希尔，Sir Michael James Lighthill, 210, 628, 665, 672
莱文森，Norman Levinson, 675
赖米，R. A. Raimi, 677
兰伯特，Johann Heinrich Lambert, 220
兰登，Vernon D. Landon, 193, 406
兰开斯特，Henry Oliver Lancaster, 286
勒贝格，Henri Léon Lebesgue, 42, 106, 224, 588, 623, 629, 630
勒让德，Adrien-Marie Legendre, 162, 226, 296, 334, 335, 339, 458, 550, 702
勒韦里耶，Urbain Jean Joseph Le Verrier, 127, 130, 131
雷法，Howard Raiffa, 377, 378
雷舍尔，Nichola Rescher, 4
黎曼，Georg Friedrich Bernhard Riemann, 224, 351
李，Y. W. Lee, 675
里德，Constance Reid, 464
利特尔，Roderick J. A. Little, 499, 665

林德利，Dennis Victor Lindley, 114, 447, 518, 525, 680, 694, 712, 713, 719
林德曼，Carl Louis Ferdinand von Lindemann, 136, 625
林肯，Abraham Lincoln, 619
林奇，Dorothy Maud Wrinch, 146, 675
刘维尔，Joseph Liouville, 218, 312
卢卡西维茨，Jan Lukasiewicz, 3, 665
卢斯，Robert Duncan Luce, 377, 378
卢斯特德，Lee Lusted, 516, 646, 665
鲁宾，Donald Bruce Rubin, 499, 665
伦珀，Gerhard Rempe, 310
伦琴，Wilhelm Konrad Röntgen, 6
罗，David E. Rowe, 638
罗宾，Herbert Ellis Robbins, 705
罗伯逊，Bernard Robertson, 138
罗德里格斯，Carlos Rodriguez, xv, 222
罗森克兰茨，Roger D. Rosenkrantz, 35, 565
罗思曼，T. Rothman, 655
罗斯，Edward John Routh, 299
罗斯，Sheldon M. Ross, 704
罗素，Bertrand Arthur William Russell, 111, 525, 633
罗亚尔，Richard M. Royall, 497
洛厄尔，Percival Lowell, 132
洛夫克拉夫特，Howard Phillips Lovecraft, 186
洛伦兹，Hendrik Antoon Lorentz, 190, 587
吕埃勒，David Pierre Ruelle, 112, 670

M

马尔可夫，Andrei Andreyevich Markov, 74, 76–78, 603, 605
马赫，Ernst Waldfried Josef Wenzel Mach, 587
马科夫，U. E. Makov, 224, 689
马克思，Karl Heinrich Marx, 707
马克斯菲尔德，Margaret W. Maxfield, 285, 492
马克威克，Betty Markwick, 664
马洛斯，C. L. Mallows, 224
马乔尔，Robert E. Machol, 392
麦考利，V. A. Macaulay, xi
麦克多诺，James T. McDonough, 596
麦克拉夫，James T. McClave, 213, 665
麦克利里，John McCleary, 638
麦克斯韦，James Clerk Maxwell, 2, 6, 189, 190, 195, 227, 296, 366, 462, 465, 614, 647, 658, 669
麦克塔格特，John Ellis McTaggart, 632
曼福德，David Bryant Mumford, 717, 718
梅根塔勒，Ottmar Mergenthaler, 595
孟德尔，Gregor Johann Mendel, 132, 574, 653
米德尔顿，David Middleton, 396, 408, 477, 631
米勒，David W. Miller, 292
米切纳，James Michener, 596
米斯纳，Charles W. Misner, 139
米泽斯，Richard von Mises, 275, 359, 365, 385, 460
密立根，Robert Andrews Millikan, 552
摩根斯坦，Oskar Morgenstern, 674
摩西，Lincoln E. Moses, 348, 371, 377, 389–391, 410, 480, 694
墨菲，Edward Aloysius Murphy Jr., 192
墨菲，Kevin P. Murphy, 704, 717
莫兰，Patrick Alfred Pierce Moran, 359
莫里森，Donald G. Morrison, 392
莫里斯，C. Morris, 666
莫利纳，Edward Charles Dixon Molina, 646

莫诺，Jacques Monod, 574
莫斯特勒，Frederick Mosteller, 578

N

奈奎斯特，Harry Nyquist, 193, 196, 218, 338, 487, 489, 570, 587, 588
奈曼，Jerzy Neyman, 192, 275, 297, 375, 396, 401, 406, 408, 460, 462–464, 466, 467, 477, 478, 635, 666, 690, 701, 702
尼科迪姆，Otton Marcin Nikodým, 588, 637
牛顿，Isaac Newton, 709, 710, 718
牛顿，Sir Isaac Newton, xiii, 67, 82, 127, 130–132, 139–140, 220, 256, 266, 288, 472, 574, 694
纽科姆，Simon Newcomb, 677
诺查丹玛斯，Michel de Nostredame, 447
诺伊曼，John von Neumann, 6, 21, 587, 674

O

欧几里得，Euclid of Alexandria, 350, 360, 615, 696
欧拉，Leonhard Euler, 106, 156, 191, 192, 212, 220, 252, 253, 312, 313, 527, 552, 554, 560, 561
欧姆，Georg Simon Ohm, 196

P

帕斯卡，de Blaise Pascal, 296, 694, 695
庞加莱，Jules Henri Poincaré, ix, 111, 243, 244, 297, 313, 317, 351, 359, 420, 524, 525, 587, 625, 631, 633, 634, 636, 667, 707
庞特里亚金，Lev Semenovich Pontryagin, 351
佩蒂，William Petty, 657
佩利，Paley, 664
佩鲁茨，Max Perutz, 651
佩亚诺，Giuseppe Peano, 111, 525
彭菲尔德，Wilder Penfield, 523
彭罗斯，Oliver Penrose, 57, 58
皮尔斯，J. R. Pierce, 587
皮尔逊，Egon Sharpe Pearson, 314, 375, 396, 401, 406, 408, 460, 477, 478, 543, 646, 647, 666, 690, 702
皮尔逊，Karl Pearson, 216, 226, 280, 281, 285, 314, 462, 463, 654, 667, 691
皮特曼，Edwin James George Pitman, 233, 486, 663, 667
泊松，Siméon-Denis Poisson, 160, 179, 268, 286, 296, 355, 458, 482, 702, 714
珀尔，Judea Pearl, 716, 717, 719
普安索，Louis Poinsot, 299
普拉特，John Winsor Pratt, 111, 568, 595
普莱克特，R. L. Plackett, 645
普朗克，Max Karl Ernst Ludwig Planck, 195, 197, 345, 680
普雷斯，William Henry Press, 55
普卢姆，Thomas Plume, 462

Q

奇尔德斯，D. Childers, 693, 698
齐德克，James V. Zidek, 438
齐尔希，Zilch, 128
齐齐克利斯，John N. Tsitsiklis, 704
切比雪夫，Pafnuty Lvovich Tchebycheff, 176
切尔诺夫，Herman Chernoff, 348, 371, 377, 389–391, 410, 480, 694
琼斯，Jones, 225
琼斯，Sir James Jeans, 462

R

RCJ, 参见 杰弗里, 132–134, 137
瑞利，Lord Rayleigh, 472, 691

S

萨贝尔，Sandy L. Zabell, 146, 296, 467, 646, 662
萨姆，Sam, 47, 247–249
萨维奇，I. Richard Savage, 176, 371
萨维奇，Leonard Jimmie Savage, xv, 247, 249, 275, 314, 390, 391, 460, 475, 516, 616, 633, 635, 636, 645, 648, 651, 670, 673, 680
塞登菲尔德，Teddy Seidenfeld, 422
塞凯伊，Gébor J. Székely, 420
舍维什，Mark J. Schervish, 422
施蒂格勒，Stephen Mack Stigler, 89, 110, 214, 227, 458, 467, 646, 650, 664, 672
施莱弗，Robert Schlaifer, 377
施瓦茨，Hermann Amandus Schwarz, 485, 486, 507, 630
施瓦茨，Laurent Moise Schwartz, 628
史密斯，Adrian F. M. Smith, 224, 651, 689
史密斯，James D. Smith, 218
史密斯，Smith, 113, 225
舒斯特，Arthur Schuster, 490, 670
斯蒂尔杰斯，Thomas Joannes Stieltjes, 106, 588, 629
斯马特，William Marshall Smart, 127
斯密，Adam Smith, 219
斯坦，C. Stein, 693, 696
斯特林，James Stirling, 269, 328, 590
斯通，Marshall Harvey Stone, 351, 424, 438
斯图尔特，Alan Stuart, 84, 484, 515
斯图尔特，Gloria Stewart, 114–121
斯托韦，David Charles Stove, 292
宋冰，Bing Sung, 647
索尔，Samuel George Soal, 114, 119, 308, 665
索末菲，Arnold Sommerfeld, 627

T

塔卡克斯，L. Takacs, 672
塔克斯，Sol Tax, 218
泰恩，John Taine, 646
泰勒，Brook Taylor, 536
泰勒，Charle E. Tyler, 365
坦普尔，George Temple, 628
汤博，Clyde Tombaugh, 132
汤姆，René Thom, 680
汤姆森（开尔文勋爵），William Thomson (Lord Kelvin), 40, 196
陶卡奇，Lajos Takács, 167
特里布斯，Myron Tribus, v, 24, 35, 110, 410, 411, 416, 596
特威斯，Richard Quintin Twiss, 195
特韦尔斯基，Amos Tversky, 121, 124
图基，John Wilder Tukey, xv, 473, 490, 578, 582, 647, 661, 689, 690, 697
图灵，Alan Turing, 6, 15, 110, 716
退尔，William Tell, 386
托斯卡尼尼，Arturo Toscanini, 59

W

瓦莱里-拉多，R. Valery-Radot, 697
瓦特，James Watt, 196
外尔，Hermann Klaus Hugo Weyl, 351, 361, 420, 633, 634
威德，David Vernon Widder, 549
威尔克斯，Samuel Stanley Wilks, 635
威尔逊，Wilson, 128

维恩，John Venn, 46–47, 192, 247, 263, 296, 462, 532, 535, 609, 613, 649, 662, 711
维格纳，Eugene Paul Wigner, 311, 351, 361, 701
维纳，Norbert Wiener, 195, 476, 587, 593, 656, 664, 673, 675
维尼奥，G. A. Vignaux, 138
韦伯，Bruce H. Weber, 218
韦伯，Ernst Heinrich Weber, 88, 91
韦尔登，Walter Frank Raphael Weldon, 216, 218, 314
韦弗，Warren Weaver, 677
魏尔斯特拉斯，Karl Theodor Wilhelm Weierstrass, 421, 625, 626, 629, 667, 707
魏格纳，Alfred Lothar Wegener, 132, 574, 710
魏斯曼，August Weismann, 653
温，G. Milton Wing, 542, 543
文特里斯，Michel Ventris, 596
沃尔德，Abraham Wald, 101, 297, 368, 375, 376, 378, 379, 382, 385, 387, 389, 390, 394, 395, 401, 407, 408, 460, 481, 649, 666, 674, 698
沃尔夫，Rudolf Wolf, 314, 680
沃尔珀特，Robert L. Wolpert, 237
沃尔特，Herbert Walter, 310
沃夫森，Woffson, 128
沃利斯，Graham Wallis, 327, 329
沃利斯，John Wallis, 288, 342
沃森，George Neville Watson, 421
沃森，James Dewey Watson, 618, 650, 698
沃森，Peter Cathcart Wason, 125
沃森，Watson, 128
乌尔巴赫，Peter Urbach, 120, 658
乌拉姆，Stanislaw Marcin Ulam, 5
伍德沃德，P. M. Woodward, 409, 675, 690

X

希尔，Bruce Hill, 425
希尔伯特，David Hilbert, ix, 234, 673, 702, 707
希罗多德，Herodotus, 321, 481
西尔，Hilary Seal, 226
西格特，Arnold Siegert, 401
西拉德，Szilard, 587
西蒙，Herbert A. Simon, 4, 408, 477
西姆斯，Christopher Albert Sims, 215
西维亚，D. S. Sivia, xi, 224, 225
喜帕恰斯，Hipparchus of Rhodes, 192
香农，Claude Elwood Shannon, vi, xv, 264, 274, 280, 323, 345, 387, 399, 486, 487, 587, 593–595, 599, 605, 663
小埃姆斯, 参见 埃姆斯，小
肖尔，John E. Shore, 327
肖维内，William Chauvenet, 577
谢弗，Brad Schaefer, 132
谢弗，G. Shafer, 694
欣克利，David Victor Hinkley, 461, 680
辛钦，Aleksandr Yakovlevich Khinchin, 195, 588, 663, 682
休哈特，Walter Andrew Shewhart, 108, 396
休谟，David Hume, 261, 292, 293, 467, 646
薛定谔，Erwin Rudolf Josef Alexander Schrödinger, 345, 590, 670, 694

Y

雅可比，Carl Gustav Jacob Jacobi, 230, 251, 352, 364, 436
亚当斯，John Couch Adams, 127, 130

亚里士多德，Aristotle, 3, 8, 12, 15, 21, 29, 33, 34, 44, 138, 519, 524, 563, 610, 620, 702, 707, 717

亚历山大大帝，Alexander the Great, 111

伊藤清，Kiyosi Ito, 706

以克萨斯，Icthus, 689

约翰逊-莱尔德，Philip Nicholas Johnson-Laird, 125

约翰逊，Rodney W. Johnson, 93, 327

约翰逊，William Ernes Johnson, 147, 263

Z

泽尔纳，Arnold Zellner, xv, 102, 196, 393, 516, 665, 699

芝士曼，Peter Cheeseman, 517

钟开莱，Kai Lai Chung, 705, 706, 708

祖巴列夫，D. N. Zubarev, 700

术语索引

符号

σ 域, 609

A

阿喀琉斯之踵, 119
埃尔米特多项式, 222–223
埃姆斯房间, 125

B

斑纹皂, 632
保险, 371
北极光, 490
备择假设, 59, 93, 99, 128–130
悖论, 45, 59, 420
    边缘化悖论, 53, 83, 156, 230, 426, 438–447, 455, 456, 530, 621
    博雷尔-柯尔莫哥洛夫悖论, 105, 435–438, 613
    豪斯多夫球体悖论, 633, 635
    皇帝悖论, 243, 317
    理发师悖论, 633
    批量生产悖论, 453
贝叶斯法理学, 137–138
贝叶斯区间, 635
贝叶斯周期分析, 492
本体论, 20
比较概率, 615
比较理论, 19, 616
边缘后验 PDF, 449
边缘化悖论, 53, 83, 156, 230, 426, 438–447, 455, 456, 530, 621
变化点问题, 443
变换方程, 38
变换群, 346, 353
病毒, 307
病态的例外情况, 182
波动-耗散定理, 218
伯努利试验, 154
伯努利坛子, 40, 49, 56, 64, 69, 70, 78, 145
博雷尔-柯尔莫哥洛夫悖论, 105, 435–438, 613
不可逆过程, 77
不可判定性, 45
不可信, 186
不确定性, 308
布尔巴基主义的支持者, 421
布尔代数, 8–10, 21, 25, 32, 47, 60, 61, 63, 96, 157, 433

C

参数估计, 380
草, 193
策略, 378
常识, 5, 27–29, 69
超几何二项式极限, 67
超几何分布, 53, 55, 56, 59, 64, 66, 67, 79, 80, 90, 141, 143, 144, 150, 262, 527
乘法规则, 23–29, 32–35, 49, 51, 52, 77, 80, 105
充分统计量, 231
充分性, 231
重数, 52
抽样分布, ix, x, xiv, 79–81, 84, 85

抽样论, 49–81, 84, 101, 112
出租车问题, 180
传递性, 378, 615
错误的相关性, 500

D

达尔文-福勒方法, 410, 590
达尔文进化, 216
大数定律, 71, 316
刀切法, 165
道德, 394
德尔塔函数, 103, 106, 628
德菲内蒂定理, 316
德菲内蒂系统, 614
德雷福斯事件, 121
等可能, 302
电噪声, 193
对称方程, 38
对称性, 304, 311
　对称性论证, 311
对数单位, 110
多重假设检验, 93–102, 111, 130, 292, 586
多维理论, 18
多项分布, 68
多值逻辑, 22

E

二项分布, 66–68, 72, 73, 76, 79, 90
二项式猴子先验, 151–153, 235
二项式系数恒等式, 65–66
二元假设检验, 85–92, 99
二元实验, 154
二值逻辑, 8, 21–22

F

犯罪行为, 392
放大, 282
非聚集性, viii, 321, 422–424, 447, 453, 454, 624
非理性主义者, 292
非亚里士多德命题, 138
非正常先验, 455
费希尔信息矩阵, 242
分贝, 86
分拆函数, 253, 265–267, 272, 274, 330, 331, 337, 339, 342, 349, 412, 415, 564, 591, 600, 603
风险, 378
否定, 9, 13, 14
弗雷德霍姆积分方程, 450
辅助信息, 239–241
复合假设, 109–112

G

概率, 40
概率记号的模糊性, 441
高斯超几何函数, 53, 55
高斯分布, 107, 462, 469
哥本哈根解释, 308
哥德尔定理, 11, 43–45, 79
隔离, 634
公共卫生教育, 306
工业质量控制, 306
共轭先验, 449
关于直觉的悖论, 136–137
观点趋同, 121
光电效应, 307
光学幻觉, 125
归纳, 292, 306–307
规范逆, 557
规范析取范式, 14, 33
鬼, 305
国家标准局, 537

H

海王星的发现, 126–132
汉伯里 · 布朗-特威斯干涉仪, 195
豪斯多夫球体悖论, 633, 635

合并数据, 245–246
合情条件, 23–25, 36, 82
合取, 8, 13, 14
黑乌鸦, 136
后向推断, 59, 77
后验概率, 85, 92, 101, 112
后验几率, 86
花招, 252–254
皇帝谬误, 243, 317
回降 ψ 函数, 165
惠更斯原理, 398
或非, 15
货币的效用, 370, 394

J

基本合情条件, 16–18, 82
基本域, 311
机器人, 7–8, 16, 26, 34–36, 49, 82, 83, 85, 87, 89, 90, 92, 94, 376, 379
集合论, 633
技巧, 69, 252–254
既得利益, 307
计算准确度, 211–213
记号, 53
加法规则, 29–33, 49, 80, 102, 105
加拿大鼠, 569
价值判断, 138
角动量, 299
教育, 617
杰弗里斯先验, 171–173, 393
金星, 309
进化, 297
精灵, 186
卷积, 639
决策论, 91, 375, 396, 554

K

卡方检验, 128
开尔文温标, 40, 196
考古学家, 59, 596
考克斯定理, x, 45, 93, 102, 105, 111, 126, 136, 238, 249, 454, 456, 616, 622, 709
柯尔莫哥洛夫系统, 48, 609
柯西分布, 469
科学救赎论, 140
科学社会学, 140
科学推断, vii, 22, 44, 49, 80, 84, 85, 101, 112
科学与神学之争, 305
可交换的, 581
可交换分布, 59, 76, 77
可交换性, 77
可交换序列, 77, 549
可列可加性, 435
可能集合, 557
可容许性, 378
可选停止, 92, 157
克拉默-拉奥不等式, 382
客观, 43
客观性, 19, 43, 82
客厅游戏, 421

L

拉格朗日函数, 313
劳动仲裁者, 391
勒贝格-斯蒂尔杰斯记号, 106
类型理论, 525
累积概率分布, 54
累积量, 209, 640
理发师悖论, 633
理念, 311
连贯性, 346, 395, 614–615
连续法则, 146, 149, 156, 197, 263, 318, 528–530, 532
连续假设, 101
链式一致性, 244

量子理论中, 307
林德曼定理, 136
零测度, 437
刘维尔定理, 218, 312
逻辑独立性, 87, 92, 93
逻辑函数, 11–15
逻辑斯谛, 110, 111, 525
洛桑农业研究所, 462, 498

M

马尔可夫近似, 77, 78
马尔可夫链, 74, 76
麦克斯韦速度分布, 190, 462
麦克斯韦妖, 195
酶, 307
冥王星, 132
命题演算, 21
墨菲定律, 192
木星和土星的时差, 191, 193, 220–221

N

NAND, 14
NOR, 15
奈奎斯特噪声, 197, 487, 570
奈曼-皮尔逊理论, 401
奈曼-皮尔逊准则, 406
牛顿理论, 139–140

P

抛掷的独立性, 315
皮特曼-库普曼定理, 233
匹配滤波器, 408
偏差, 382
频率解释, 296
泊松分布, 160, 174, 179, 714
普遍可比性, 615
普通语言, 11, 19–20
普通最小二乘估计, 571

Q

期望, 63–64
期望概率, 431
欺骗, 117
奇迹, 118
企鹅, 47
汽车安全带, 119
前向推断, 76, 77
强不一致, 424
强主导, 378
切比雪夫不等式, 176
倾向与逻辑, 57–61
权威机构, 310, 376
群不变性, 38, 83

R

热质说, 139
认识论, 20
冗余参数, 109, 493
冗余信息, 157

S

萨姆的坏温度计, 47, 247–249, 613
三段论, 3, 33–35, 126
商业交易, 391
熵, 115
上帝的旨意, 129
尚未确定的原因, 307
声音传播, 59
《生物计量学》杂志, 216
生物学, 307
圣彼得堡博弈, 370
圣马洛, 184
似然, 85
似然比, 86, 87
似然原理, 236–238, 473
视觉感知, 125
数据后问题, 141, 469
数据前问题, 141, 468

《数学原理》, 525
数值, 35–41
瞬心迹, 299
思维投射谬误, 20, 22, 71, 79, 87, 103, 108, 124, 200, 296, 381, 468, 473, 492, 516, 563, 570, 588
死假设复活, 100, 114, 127, 252, 576
死亡率法案, 287
四面体, 428
随机变量, 468
随机抽取, 70
随机化, 70
随机试验, 304
随机游动, 101
随机游走, 428
损失函数, 200, 350, 357, 371, 377, 380, 385–387, 391–392, 400–402
所有整数的集合, 632
索尔维大会, 309

T

坛子的内容, 141, 146
探索博物馆, 125
特异功能, 113–114, 283
特征向量, 74, 78
天气预报, 134
条件方程, 552
条件原理, 237
通货膨胀, 119
统计推断, 380
统计学家, 295
投注, 614
图灵机, 6, 15

W

完备集合, 14, 32, 33, 610
完全类定理, 379, 385
完全无知, 108, 171, 347, 350
网格理论, 616, 618
维恩图, 46–47, 247, 609
维生素, 307
韦伯-费希纳定律, 88, 91
伪问题, 452
位置参数, 459
未来理论, 393
谓词演算, 21
温标, 40
稳健性, 164
无差别原则, 39, 49, 358–367, 387, 529, 536
无放回抽样, 49–57, 90, 95
无偏估计量, 350, 460, 462, 477–484
无偏最小方差, 382
无限回溯, 305
无限总体, 79
无信息先验, 453
无意义, 393
无知先验, 346
无知者的傲慢, 318
物理概率, 299, 304, 307, 310
物理实在, 308

X

希尔伯特空间, 451
析取, 9, 13, 14
系统误差, 243
细粒度命题, 246
先验概率, x, 82–85, 101, 105, 200, 320, 321, 340, 342, 388–395
先验概率（古老术语）, 83
先验几率, 86
先验信息, 5, 25, 79, 83, 84, 89, 112, 252, 452
显著性检验, x, 67, 80, 81, 94, 112, 129, 130, 276–282, 286, 287, 292, 375, 393, 396, 460, 472, 477, 487, 489–492, 544, 563, 569

相关性, 72–78
小部件问题, 410
效率, 486
心理
　　容易成功的心理, 455
　　隐罪心理, 435
　　长期错误的心理, 420
心理测验, 124
心灵致动, 87
新闻报道和媒体, 121, 147, 471
新闻话语, 308

Y

亚里士多德逻辑, 8, 15, 21, 29, 33, 34, 44
亚里士多德命题, 8, 12, 29, 138
岩石分类, 617
样本重复使用, 249–250
一手牌, 302
一致性, 63, 97, 102
医疗事故, 138
医学, 307
医学实验, 306
移动平均值, 487
意见分歧, 121, 124, 126, 460, 475, 476
溢出的牛奶, 185
因果独立性, 87, 93
英国皇家学会, 288
有放回抽样, 69–72
有偏硬币, 298, 301
有限集合策略, 41–42
有限可加性, viii, 433, 453
有效估计量, 350
与非, 14
预滤波的数据, 487
元分析, 243
原假设, 490
原罪, 634
云中的力学, 309
陨石, 118
蕴涵关系, 10, 14

Z

灾难贩子, 471
真值, 9
真值表, 11, 12, 14
正态近似, 115–116
正统统计学, 297
证据, 86, 110, 111
直接概率, 80
直觉, 39
置信区间, 460, 462, 477, 635
中父母, 214, 215
中位数, 54
种群动力学, 216
周期性, 487
主观, 43
　　主观贝叶斯主义者, 346, 713, 715
专家证人, 186
自回归模型, 77
自然界中存在特定目的, 217
自然选择, 126
自然状态, 376, 380, 394
自相矛盾, 490
最大熵, x–xi, 83, 90, 347
最大熵原理, 196, 204, 701
最大似然, 165
　　最大似然估计, 384
最小化最大策略, 377
最小置信区间, 350
最小最大准则, 401, 406
作弊, 298